Detlev Ganten

Thomas Deichmann · Thilo Spahl

NATUR
WISSEN
SCHAFT

Alles, was man
wissen muss

Deutscher Taschenbuch Verlag

Für Kiara Mahulani, Olivia Lorena, Jasper David,
Jenny Mareike, Anton Jeremy und Lucie.

Ungekürzte Ausgabe
Oktober 2005
Deutscher Taschenbuch Verlag GmbH & Co. KG,
München
www.dtv.de
© Eichborn AG, Frankfurt am Main, Oktober 2003
Umschlagkonzept: Balk & Brumshagen
Umschlagbild: © Tullio Pericoli/© Margarethe Hubauer Illustration
Satz: Druckerei C. H. Beck, Nördlingen
nach einer Vorlage von Susanne Reeh
Druck und Bindung: Druckerei C. H. Beck, Nördlingen
Gedruckt auf säurefreiem, chlorfrei gebleichtem Papier
Printed in Germany · ISBN 3-423-34237-4

An die Leser

Dieses Buch handelt vom Leben und von der Welt, in der wir leben. Es geht uns besonders um die naturwissenschaftlichen Grundlagen und um die Evolution des Lebens, die im Zeitalter der Genomforschung zu einem neuen Selbstverständnis des Menschen führen. Eng verbunden mit der biologischen Evolution sind die Entwicklung unserer Kulturen sowie die großen intellektuellen Leistungen der Menschen, die Grundlage unserer realen Lebenswelt und der Bildung sind.

Zu leicht lassen wir uns von der Gegenwart gefangen nehmen. Das Hier und Heute ist uns selbstverständlich, und unsere derzeitige Sicht der Welt erscheint uns natürlich. Jeder weiß, dass die Erde rund ist und um die Sonne kreist. Wir kennen den Platz unseres Planetensystems im Kosmos, den Aufbau der Erde und den Platz des Menschen unter den lebenden Kreaturen. Alle Kontinente sind in Stunden erreichbar. Die Kommunikation ist weltumfassend. Als sei es nie anders gewesen.

Es war aber vor gar nicht langer Zeit alles anders. Ändern wir unser Zeitmaß und denken statt in Tagen und Wochen in Generationen und Jahrhunderten, so zeigt sich das Gestern als eine fremde Welt. Vor 100 Jahren fehlte die komplette Technik, die heute unseren Alltag prägt. Auch von einem großen Teil der Natur wussten wir nichts und so existierte er für uns nicht. Wir kannten weder Gene noch Hormone, keine Ozonschicht, keine Synapsen im Gehirn, keine Galaxien im Kosmos, keine Blutgruppen, keine Photonen, keine Raumzeit, keine Vitamine. Atome galten als unteilbar und Kontinente als unbeweglich. Vor 200 Jahren gab es in unserer Vorstellung keine Evolution, weder Viren noch andere Krankheitserreger, keine Dinosaurier, keine Gehirnströme, keine Neandertaler, keine Radioaktivität. Das Alter der Welt wurde auf 5800 Jahre datiert, und niemand wusste, dass er seine eigene Existenz der Vereinigung von Ei- und Samenzelle verdankt.

Den modernen Menschen gibt es erst seit etwa 100 000 Jahren. *Homo sapiens* war von Anfang an ein denkender Mensch. Doch er hat erst spät begonnen, Wissen um des Wissens willen zu gewinnen. Er hat damit eine kulturelle Tour de Force gestartet, die die Welt in wenigen Jahrtausenden in eine komplett andere verwandelte. Wissenschaftliches Denken entstand in den frühen Hochkulturen vor nicht viel mehr als 6000 Jahren, evolutionsgeschichtlich also vor einer Sekunde und fast gleichzeitig in Ägypten, Mesopotamien (4000 v. u. Z.), Kreta (3000 v. u. Z.), Babylon und China (2000 v. u. Z.) mit einer ersten Blüte der Wissenschaft im modernen Sinne in Griechenland (ab 600 v. u. Z.) – zunächst im kleinasiatischen Milet und dann in Athen. Es begann die Suche nach der Wahrheit, die seitdem einen Kern menschlicher Kultur bildet. Naturwissen-schaften und Geisteswissenschaften haben den gleichen Ursprung: die Neugier, wissen zu wollen, was hinter allen Erscheinungen und Beobachtungen als erste Ursache und letzter Beweggrund steht. So trugen die ersten wissenschaftlichen Schriften der frühen griechischen Wissenschaftler häufig den Titel »peri physeos« (über die Natur) und ihre wichtigste Frage war die nach der »Arche«, nach dem tragenden Grund der gesamten Wirklichkeit.

Wer sich heute ins Dickicht einer Metropole wie Beijing, New York, Rom, Paris, London, Berlin oder Kyoto begibt und Museen durchstreift, kann in die Kulturgeschichte der letzten 50 000 und die Naturgeschichte der letzten 4 Milliarden Jahre eintauchen, um dann wieder in die Hightech-Schluchten des 21. Jahrhunderts zurückzukehren. Ihm eröffnen sich große Zusammenhänge der Entwicklung unserer Welt und des Menschen. Bilder, Eindrücke und Assoziationen entstehen, die durch Worte nur unvollständig beschreibbar sind. Unser Horizont ist weiter denn je.

Wenn wir heute die Welt betrachten, sehen wir sie vor allem in Bewegung. Sie ist nicht statisch, sondern in ständiger Entwicklung begriffen. Das Gleiche gilt für die Wissenschaft selbst: Neues Wissen führt zu neuen Fragen und neuen Perspektiven. Es gibt keine Dogmen mit Ewigkeitsanspruch. Jede Theorie fordert dazu auf, widerlegt und durch eine neue, präzisere oder umfassendere ersetzt zu werden.

Die faszinierende Dynamik der letzten Jahrhunderte mag durch die der folgenden übertroffen werden. Wer mit der Entwicklung Schritt halten will, muss in der Lage sein mitzudenken. Es reicht nicht, nur die aktuelle »Benutzeroberfläche« der Welt zu kennen. Wissenschaftlicher Fortschritt führt nicht notwendig zu gesellschaftlichem Fortschritt. Er schafft jedoch Gestaltungsspielräume, die es nach demokratischer Meinungsbildung zu nutzen gilt. Daher muss in einer aufgeklärten Gesellschaft sichergestellt sein, dass die Fähigkeit zu wissenschaftlichem Denken und die Kenntnis der wichtigen wissenschaft-lichen und technischen Errungenschaften nicht einer kleinen Gruppe von Experten vor-behalten bleiben.

In diesem Buch haben wir zusammengestellt, was man über das Leben, die Natur und Wissenschaft selbst wissen sollte, um sich zu Beginn des dritten Jahrtausends an der Suche nach der Wahrheit beteiligen und bei der Gestaltung der Zukunft engagieren zu können. Wir wollen den Blick in die Vergangenheit und in die Zukunft öffnen. Wir möchten, dass unsere Leser eine Vorstellung vom großen Entwurf der Evolution der Menschheit, unserer Lebenswelt, der Erde und des Universums bekommen und zu einem tieferen Verständnis der Ursprünge unserer Kultur gelangen, um besser in der Lage zu sein, die Grundlagen für unsere gemeinsame Zukunft zu schaffen.

Inhalt

ÜBERSICHT

Anmerkungen zum Leben, zur Natur und zu den Wissenschaften sowie deren Bedeutung für die Gesellschaft

In der Einleitung fragen wir uns, welche Bedeutung das Erforschen der Natur, das kritische Nachdenken über das Leben und über die Fortschritte in den Naturwissenschaften für unsere Gesellschaft und für unser tägliches Leben hat. Wir kommen zu dem Schluss, dass Wissenschaft unseren Alltag durchdringt, ohne dass viele sich dessen bewusst werden, und dass die Konsequenzen der Forschungsergebnisse groß sind und weiter wachsen.

Unsere Zukunft wird in hohem Maße davon abhängen, ob nur wenige Experten darüber informiert sind und die Weichen stellen oder ob viele von uns über das Rüstzeug für eine kritisch nachfragende, informierte, das heißt wissenschaftliche Weltsicht verfügen. Alle Menschen haben einen forschenden Blick und einen kritischen Geist, sind also grundsätzlich in der Lage, sich mit naturwissenschaftlichen Fragestellungen auseinander zu setzen. Doch die Einheit von Kultur und Wissenschaft ist brüchig geworden, und die intellektuelle Debatte über die Zukunft leidet unter dem Auseinanderfallen. Wir plädieren daher für die Rückbesinnung auf das umfassende Bildungsideal der Aufklärung und für eine Pflicht zum Optimismus bei der Gestaltung unserer gemeinsamen Zukunft.

1. Die Entfaltung des Lebens

Vor fast 4 Milliarden Jahren begann sich in den urzeitlichen Ozeanen erstes Leben zu regen. Seitdem herrschen ständiges Entstehen und Vergehen. Es geht beileibe nicht ständig bergauf, aber das Leben auf der Erde wird immer vielfältiger. Wie alles begann, werden wir vielleicht nie mit Sicherheit wissen. Wie es in den letzten 3,5 Milliarden Jahren weiterging, ist jedoch mittlerweile recht gut bekannt. Die Theorie der natürlichen Auslese beschreibt, welchen Gesetzen die Entfaltung des Lebens folgt und bildet einen der Stützpfeiler unseres heutigen Weltbilds. Die Welt ist nicht statisch, sondern dynamisch. Paläontologen und Genetiker haben die Entwicklung des Lebens aus Fossilien und dem Vergleich des Erbguts rekonstruiert; sie haben beschrieben, wie aus einigen Fischen vor 400 Millionen Jahren Lurche und wie aus einigen Affen vor 2 Millionen Jahren Menschen wurden.

Wir geben einen Überblick über die Ursprünge des Lebens auf der Erde, über Pflanzen, Tiere, Pilze und Mikroorganismen, gestern und heute. Wir zeichnen nach, wie die Wissenschaft immer tiefere Einblicke gewinnt in die elementaren Vorgänge des Lebens: mikroskopisch und molekular in das Innere einer Zelle und ins Genom; makroskopisch in die umfassenden ökologischen Zusammenhänge der verwobenen Lebensgemeinschaften auf dieser Erde. Wir zeigen, was der Mensch von der Natur lernen kann und wie er mit der Genomforschung begonnen hat, im Buch des Lebens zu lesen und auch zu schreiben.

2. Unser Lebensraum

Der Planet Erde ist der einzige uns bisher bekannte Lebensraum im Universum. Wir beschreiben, wie er entstanden ist, dass er sich wie auch das Leben ständig verändert und wie er in ferner Zukunft wieder zu kosmischem Staub zerfallen wird. Wir schauen zurück auf alte historische Versuche, dem Erdgeschehen Sinn zu geben, bevor man erkannte, dass alle natürlichen Vorgänge auf der Erde – ob Regen, Sturm, Erdbeben oder Vulkanausbrüche – wie in einem lebenden Organismus zusammenhängen und bevor man zu erforschen begann, wie dieses komplexe Wechselspiel einschließlich der dramatischen Naturkatastrophen den Fortbestand des Lebens erst ermöglicht.

Wir zeigen, wie die Erkundung und technische Nutzung der natürlichen Ressourcen die menschliche Kultur und unseren Alltag in wenigen Jahrhunderten grundsätzlich verwandelte. Alles, was wir heute nutzen, gewinnen wir aus der obersten Schicht der Erdkruste, die zum größten Teil von Meeren bedeckt ist. Unsere Zivilisation fußt auf der Verarbeitung einiger weniger Stoffe – am wichtigsten Ackerboden, Eisen, Erdöl und Quarzsand – und der Energie der Sonne. Die Kräfte der Natur bestimmen noch immer unser Leben und stellen zugleich noch immer eine große Bedrohung dar. Deshalb ist es so wichtig, die Mechanismen, die zu Erdbeben, Vulkanausbrüchen, Flutwellen und Trockenperioden führen, zu verstehen und auch langfristige Prozesse wie die Veränderung der Erdatmosphäre und des Klimas verlässlich zu modellieren.

3. Leben im Universum

Die Wahrnehmungsorgane des Menschen sind nicht für kosmische Dimensionen gemacht. Ohne Hilfsmittel erkennen wir nur einen kleinen Ausschnitt unseres Lebensraumes. Wir können dem Licht nicht hinterher schauen, wenn es sich mit 300 000 Kilometern pro Sekunde durch den Raum bewegt. Und doch kennen wir uns mittlerweile in den Weiten des Universums aus. Galaxien und Sterne sind inventarisiert. Seit Newton gelten einheitliche Gesetze im Himmel und auf Erden. Die Quantentheorie liefert eine verlässliche Beschreibung der Vorgänge im Innern von Atomen und Molekülen und Einsteins Relativitätstheorien bilden die Grundlage des modernen Verständnisses von Raum, Zeit, Materie und Energie. Dennoch bleibt der Kosmos voller Rätsel.

Der Anfang von allem hört seit einem halben Jahrhundert auf den Namen »Urknall«. Doch was genau sich damals abspielte, kann nur in theoretischen Modellen entworfen werden. Auf einige zentrale Konzepte zur Beschreibung des Universums, wie dunkle Materie, dunkle Energie und schwarze Löcher, muss die Wissenschaft noch viel Licht werfen, um zu einer klaren Vorstellung zu kommen. Mit wissenschaftlichen Geräten, Teleskopen, Satelliten, Messinstrumenten erweitern wir den Blick unserer Wahrnehmungsorgane in unsere kosmische Umwelt. Zu den spannendsten Fragen zählt die nach den anderen, den vielleicht existierenden intelligenten Wesen, die an Orten leben, von denen Licht oder Radiowellen Millionen Jahre brauchen, um zu uns zu gelangen.

4. MenschenLeben

Der Mensch hat sich in seiner Entwicklung vor etwa 7 Millionen Jahren von seinem nächsten Verwandten, dem Schimpansen, getrennt. *Homo sapiens* hat Sprache und Kulturfähigkeit entwickelt, die ihn zur dominierenden Spezies auf diesem Planeten machten. Wir betrachten, wie der Mensch zum Menschen wurde und widmen uns besonders dem menschlichen Körper mit seinen Stärken und Schwächen, Gesundheit und Krankheit. Seit der endgültigen Öffnung des Körpers für die forschenden Blicke der Anatomen im 17. Jahrhundert dringen wir mit Röntgenapparaten und Laboranalysen immer tiefer in den Körper ein, unsere Organe werden immer exakter beschrieben und ihr Funktionieren immer besser verstanden. Mit der Genomforschung können wir sogar aus dem Innersten des Körpers, dem Kern der Zelle, in dem sich die Erbanlagen mit den Genen befinden, den Blick auf den Ursprung der Körperfunktionen richten. Damit wurde für die Medizin ein Wendepunkt erreicht. Seit wenigen Jahren werden Krankheiten immer weniger nach ihren äußeren Symptomen und immer mehr nach den zugrunde liegenden inneren Veränderungen auf der Ebene der Gene, Proteine und Zellen beurteilt und behandelt: die molekulare Medizin ist entstanden.

Der tiefe Blick in den Körper hinein und aus dem Genom heraus bleibt nicht ohne Auswirkungen auf unser Menschenbild. Der »molekulare Mensch« ist ein zunehmend durchschauter, möglicherweise formbarer Mensch. Dies ist zweifellos eine große Chance, wenn es um den Kampf gegen Krankheiten geht. Es wird von vielen jedoch auch als Bedrohung gesehen und stellt große Anforderungen an den bioethischen Diskurs und die demokratische Gestaltung der Gesellschaft.

5. Leben mit Bewusstsein und Gehirn

Zu den spannendsten Gebieten der Wissenschaft zählt die Erforschung von Geist und Gehirn. Hier hat in den letzten zwei Jahrzehnten eine Wissensexplosion stattgefunden, die dennoch wohl nur als Reisevorbereitung gelten darf für den Aufbruch zu einer interdisziplinären Expedition in unser Innerstes. Für diese rüstet sich ein bunt gemischtes Team von Biologen, Anthropologen, Genetikern, Informatikern, Mathematikern, Physikern, Neurologen, Psychologen, Roboterkonstrukteuren und Philosophen. In den Neurowissenschaften treffen neueste Untersuchungsmethoden auf philosophische Fragen, mit denen wir uns schon seit Jahrtausenden beschäftigen, etwa nach der Freiheit des Willens, dem menschlichen Bewusstsein oder der Möglichkeit von Erkenntnis. Wir nutzen unser Wissen über die natürliche Evolution, um zu verstehen, wie Geist, Sprache, Wahrnehmung, Intelligenz und Gefühle in die Welt gekommen sind und die unterschiedlichen Ausprägungen angenommen haben, in denen wir ihnen heute bei Mensch und Tier begegnen.

Wir beschreiben das Gehirn als Ensemble von geistigen Organen, aus deren enger Vernetzung wundersame Fähigkeiten resultieren: einen Tetraeder im Geiste zu drehen, sich zu verlieben, Sexualität zu verstehen oder die stammesgeschichtliche Entstehung des Gefühls der Dankbarkeit und der Verantwortung zu analysieren.

Auf dem Weg zu einer humanen Wissensgesellschaft

In einem kurz gehaltenen Ausblick fragen wir uns, welche Lehre aus dem in Jahrtausenden angesammelten Wissen über die Natur, das Leben und den Kosmos zu ziehen ist, und wir schlagen ein aufmunterndes Wort als Antwort vor. Die Lehre lautet: Das Leben geht weiter. Und es verändert sich weiter. Bewahren wir also einen freien Blick in den Raum der Möglichkeiten und vertrauen wir auf die Wissenschaft, die uns hilft, sie zu erkennen und mit Zuversicht und Selbstvertrauen zu nutzen.

Große Bücher der Wissenschaften

Einerseits sind die Naturwissenschaften der einzige Bereich menschlichen Wirkens, der sich durch kontinuierlichen Fortschritt, nämlich die objektive Zunahme von Wissen auszeichnet. Andererseits verläuft auch hier der Fortschritt unstetig mit Phasen ruhiger Fahrt, unterbrochen von Sprüngen und Wendungen, denen unser besonderes Interesse gilt. Wir haben eine Liste von Büchern und Aufsätzen zusammengestellt von Aristoteles über Isaac Newton, Charles Darwin, Max Planck, Albert Einstein bis James Watson, die den Verlauf der wissenschaftlichen Welterkenntnis nachhaltig prägten.

Bücher zum Weiterlesen

Unser Buch ist untypisch für populärwissenschaftliche Literatur, denn es bemüht sich um große inhaltliche Breite, was notwendig großen Mut zur Lücke erfordert. Wir hoffen, dass viele Leser unsere Darstellung so anregend finden, dass sie die Lücken schmerzlich empfinden und das dringende Bedürfnis haben, mehr zum jeweiligen Thema zu erfahren. Glücklicherweise gibt es viele gute Bücher, die geeignet sind, unseren Überblick mit spannenden und detaillierten Einblicken in die weite Welt der Wissenschaft zu ergänzen. Wir haben eine Liste mit solchen Titeln zusammengestellt.

Zeittafel der Wissenschaften

In allen Kapiteln dieses Buches versuchen wir zu zeigen, dass Wissenschaft im historischen Kontext ihrer Entstehungsgeschichte gesehen werden muss und dass sie sich in engem Zusammenhang mit Kunst, Technik, Politik und Philosophie entwickelt. Wie das Leben selber evolutionär entstand, so baut sich die Erkenntnis zum Teil auf dem Bestehenden, zum Teil durch dessen Zerstörung oder im eklatanten Widerspruch dazu auf. In der Zeittafel der Wissenschaften sind ausgewählte Daten besonders der naturwissenschaftlichen Entwicklung und deren Zusammenhänge und Wirkungen auf unsere Kultur aufgenommen.

EINLEITUNG

Habe Mut,
dich deines eigenen Verstandes
zu bedienen!

Anmerkungen zum Leben, zur Natur und
zu den Wissenschaften sowie deren Bedeutung
für die Gesellschaft

Der große Philosoph Immanuel Kant (1724–1804) erwarb sich im 18. Jahrhundert Verdienste auch als Astronom. Er formulierte eine erste schlüssige Theorie über die Entstehung des Sonnensystems, in dem wir leben, und widmete sich in der Folge intensiv den weltanschaulichen Fragen, die seine Forschungen aufwarfen. Kant stellte sich auf die Seite des Fortschritts und des Wandels. Beeindruckt von der Entschlossenheit der französischen Aufklärer, mit überholten Traditionen, Werten und Moralvorstellungen zu brechen, schrieb er im September 1784:

> »Aufklärung ist der Ausgang des Menschen aus seiner selbstverschuldeten Unmündigkeit. Unmündigkeit ist das Unvermögen, sich seines Verstandes ohne Leitung eines anderen zu bedienen. Selbstverschuldet ist diese Unmündigkeit, wenn die Ursache derselben nicht am Mangel des Verstands sondern der Entschließung und des Mutes liegt, sich seiner ohne Leitung eines andern zu bedienen. Sapere aude! Habe Mut, dich deines eigenen Verstandes zu bedienen, ist also der Wahlspruch der Aufklärung.«

Fünf Jahre nach der Niederschrift von Kants Essay *Was ist Aufklärung?* kam es 1789 zur Französischen Revolution. Liberté, Egalité, Fraternité – Freiheit, Gleichheit, Brüderlichkeit – waren die Schlagworte des neuen, selbstbewussten Bürgertums. In ganz Europa entstand ein neues Lebensgefühl und verhalf der mit der Renaissance einsetzenden Befreiung aus veralteten geistigen und materiellen Zwängen und zum Teil verkrusteten Strukturen der Neuzeit zum Durchbruch. Der aufgeklärte Mensch wurde zum Ideal einer neuen Epoche. Auf Grundlage der kulturellen, wissenschaftlichen und technischen Errungenschaften der alten Kulturen und den neuen Ansätzen der Naturforschung zog die Menschheit in den kommenden 200 Jahren mutig weiter. Die wissenschaftliche und industrielle Revolution und die Durchsetzung der parlamentarischen Demokratie brachten ein hohes Maß an Freiheit und einen stetig wachsenden Lebensstandard. Wir lernten, viele Krankheiten in den Griff zu bekommen, schwere körperliche Arbeit von Maschinen erledigen zu lassen, unsere Mobilität zu steigern oder kurz, wie der Philosoph Jürgen Mittelstraß es formulierte, unsere Kultur »als Inbegriff aller menschlichen Arbeit und Lebensformen« ständig weiterzuentwickeln. Die Umbrüche der damaligen Zeit waren ohne Zweifel viel dramatischer als das, was heute an »Reformbedürftigkeit« unseres Systems diskutiert wird. Dabei kam es immer wieder zu Rückschlägen mit zum Teil gravierenden Folgen – Kriege, Diktaturen und nicht beherrschbare Katastrophen. Dennoch waren Renaissance und Aufklärung ohne Zweifel eine entscheidende Etappe der Wissenschaftsgeschichte, der zivilisatorischen Entwicklung und der Emanzipation der Menschheit von natürlichen und gesellschaftlichen Zwängen. Die Entwicklung seither hat uns die Möglichkeiten eines selbst gestalteten, angenehmen und langen Lebens beschert, dessen sich längst nicht alle, jedoch immer mehr Menschen erfreuen können, samt einer Vielfalt von Errungenschaften unserer schillernden Weltkultur. Diese positive Entwicklung unserer Kultur ist, trotz eines seit einigen Jahren vor allem in den westlichen Ländern ausgeprägten Krisenempfindens, ungebrochen.

Zu Beginn des 21. Jahrhunderts befinden wir uns wiederum an einer bedeutenden Schwelle. Die rasch wachsenden wissenschaftlichen Erkenntnisse und die Entwicklung hoch moderner Technologien eröffnen uns die Möglichkeit, unsere Lebensverhältnisse im globalen Maßstab weiter zu verbessern. Die vielfältigen Fortschritte in den Naturwissenschaften, von denen in diesem Buch die Rede sein wird, lassen die Realisierung vieler Menschheitsträume in greifbare Nähe rücken. Moderne Physik und Chemie ermöglichen ein immer tieferes Verständnis von Materie, woraus sich neue Werkstoffe entwickeln lassen. Die sich rasant entwickelnden Computertechnologien verbessern unsere globalen Kommunikations- und Interaktionsmöglichkeiten. Die Biowissenschaften geben Anlass zur Hoffnung, die große Zahl der bis heute unheilbaren schweren Krankheiten deutlich zu verringern. Die Neurologie erlaubt mittlerweile tiefe Einblicke in die Funktionsweise unseres Gehirns. Moderne biotechnologische Anwendungen in der Landwirtschaft können die Ernährungslage auf der Erde trotz wachsender Weltbevölkerung weiter verbessern. Neue Energietechnologien stehen bereit, um den baldigen Ausstieg aus der Nutzung fossiler Brennstoffe, die langsam zur Neige gehen, zu erreichen. Wir leben ohne Zweifel in einer Zeit brillanter Fortschritte in vielen Wissensgebieten und Technologiefeldern. Der vielfach postulierte Aufbruch in eine Wissensgesellschaft bringt diesen Optimismus zum Ausdruck. Wissen wird zur entscheidenden Ressource und zum neuen Maßstab für politische und gesellschaftliche Entscheidungen.

Doch ist das nur die eine Seite der Medaille. Offenbar ist die aktuelle Lage nicht ganz so rosig wie beschrieben. Es gibt auch Gegenreaktionen. Das zeigen die Diskussionen um die Wissensgesellschaft. Während manche diesen Begriff mit einem ausgesprochen positiven Blick in die Zukunft verbinden, ist für viele andere die Vorstellung einer von naturwissenschaftlichem Fortschritt geprägten Zukunft Anlass zu großer Sorge. Wenn sie an das Morgen denken, kreisen ihre Gedanken um Klonarmeen, kollabierende Ökosysteme, neue, sich schnell ausbreitende Seuchen, entmenschlichte Cyborgs, ihrer Würde beraubte Designerbabys, künstliche Killerviren und außer Kontrolle geratene Nanomaschinen. Hier zeigt sich eine starke Verunsicherung auf individueller wie institutioneller Ebene. Angesichts der neuen Möglichkeiten, in die Vorgänge der Natur einzugreifen, ist das nachvollziehbar. Wir begegnen hier einem ganz grundsätzlichen Problem der Wissensgesellschaft, auf die wir uns seit langer Zeit und in rasantem Tempo seit der Renaissance und der Aufklärung zubewegen.

Der Wunsch, wissen und verstehen zu wollen, Neues zu entdecken und Erfindungen zum eigenen und gesellschaftlichen Vorteil zu nutzen, wurde zur wesentlichen Triebfeder der modernen Gesellschaft. Daraus erwuchs ein organisiertes Wissenschaftssystem mit eigens dafür eingerichteten Gremien und zahlreichen Forschungs- und Förderorganisationen – hierzulande zum Beispiel der Deutschen Forschungsgemeinschaft (DFG), der Max-Planck-Gesellschaft (MPG), der Hermann-von-Helmholtz-Gemeinschaft Deutscher Forschungszentren (HGF), der Wissenschaftsgemeinschaft Gottfried Wilhelm Leibniz (WGL) und der Fraunhofer-Gesellschaft (FhG) – und den Schulen und Universitäten als Basis für das gesamte Bildungs- und Forschungssystem. Auch die Wirtschaft investiert große Summen in dieses Wissenschaftssystem.

Der rasche Erkenntniszuwachs des globalen Wissenschaftsbetriebs liefert ständig Impulse für die Veränderung unseres Alltags und unserer Gesellschaften und verlangt von jedem, immer wieder umzudenken, Altes in Frage zu stellen und Neues zu bedenken – nichts ist garantiert. Auch das kann zu persönlicher und institutioneller Verunsicherung führen. Eine Gesellschaft braucht daher Orientierung und Zeit, um über neue Entwicklungen nachzudenken und zu diskutieren, denn Fortschritt ist langfristig nur denkbar, wenn er von der Gesellschaft als Ganzer getragen wird. Der aufgeklärte, verantwortungsbewusste Mensch und nicht die Verfügbarkeit einer Technologie entscheidet, wo es langgehen soll.

Kleine oder große Vertrauenskrisen in Hinblick auf bestimmte Aspekte technischer Entwicklungen hat es immer gegeben und wird es auch in Zukunft immer wieder geben. Sie sind wie Wissenschaft und Technik selbst Teil des Zivilisationsprozesses. Die Skepsis gegenüber dem, was Menschen in der Zukunft vernünftig werden leisten können, ist auch heute evident. Sie geht so weit, dass der »Mut, den Verstand zu gebrauchen«, um die Natur immer besser zu verstehen und immer leistungsfähigere Technik zu entwickeln, von vielen gefürchtet wird. Die schnellen Entwicklungen der letzten Jahrzehnte wie wachsender Energieverbrauch, Computerisierung, Umweltverschmutzung, Technisierung der Landwirtschaft und globales Bevölkerungswachstum werden mit Sorge betrachtet. »Zurück zur Natur« und »Entschleunigung der Entwicklungsprozesse« werden als alternative Leitbilder für eine sichere Zukunft und eine »nachhaltige Entwicklung« diskutiert.

Zwischen der von Kant monierten Mutlosigkeit der teilweise noch entmündigten Menschen im Preußen des ausgehenden 18. Jahrhunderts und der Lage zu Beginn des 21. gibt es demnach Parallelen. Auch wir lassen uns manchmal bei Fragen, die unsere Lebens- und Zukunftsplanung betreffen, lieber durch restriktive Gesetze »schützen«, als Eigenverantwortung einzufordern. Sicher ist es nicht einfach zu durchschauen, wie Gentechnik, Stammzellenforschung oder Kernfusion funktionieren und welche Folgen sich daraus ergeben können. Dazu kommt, dass viele Menschen von vornherein skeptisch gegenüber neuen Technologien sind. Manche scheuen auch die Mühe, sich durch Beschäftigung mit der Sache tiefere Einblicke zu verschaffen.

So stellt sich die Frage, ob Kants Appell an den Mut der Gesellschaft im Nachhinein für die heutige Zeit nicht ebenso wichtig ist, wie er es in seiner stürmischen Epoche vor über 200 Jahren war. Zukunftsängste begegnen uns heute in vielen Bereichen unseres Alltags, auch da, wo technologische Neuerungen in der direkten Anwendung kaum eine Rolle spielen – beispielsweise in den Bereichen Wirtschaft und Finanzwelt, Bildung und Erziehung. Wenn wir es mit der Wissensgesellschaft ernst meinen und ihre Chancen nutzen wollen, müssen wir aber Entscheidungen über die Zukunft der Gesellschaft auf der Basis rationaler Abwägungen treffen und es wagen, eine selbstbewusste, aufgeklärte Haltung gegenüber den Möglichkeiten, die Wissenschaft und Technik bieten, einzunehmen. Wir meinen, es gibt allen Grund, optimistisch nach vorne zu blicken. Dass wir unser Gemeinwesen heute als Wissensgesellschaft betrachten können, ist Ausdruck einer großartigen Leistung unserer Spezies.

In der Tat wird sich unser Leben in den nächsten Jahrzehnten weiter stark verändern – wie in den vergangenen Jahrzehnten. Die neuen Möglichkeiten, ins Erbgut von Menschen, Tieren und Pflanzen einzugreifen und immer gezielter Einfluss auf die biologische Reproduktion zu nehmen, stellen eine qualitativ neue Stufe der Intervention in natürliche Vorgänge dar. Moralvorstellungen und Werte unserer Gesellschaft werden mit neuer Grundsätzlichkeit diskutiert. Dabei werden auch neue ethische Fragen aufgeworfen, etwa die nach der Bedeutung von »Natürlichkeit«. Die Präimplantationsdiagnostik zum Beispiel (die genetische Untersuchung eines künstlich gezeugten Embryos vor der Einpflanzung in den Mutterleib) ist insofern »unnatürlich«, als sie den von der Natur vorgezeichneten Ablauf menschlicher Fortpflanzung technisch zergliedert und kontrolliert. Allerdings beruhen menschliches Leben, Kultur und Zivilisation, von der Landwirtschaft bis zur Medizin, seit jeher auf Techniken, die den natürlichen Lauf der Dinge verändern. Grundsätzlich ist eine Handlung also nicht schon deshalb moralisch geboten, weil sie natürlich ist, und nicht schon deshalb verwerflich, weil sie unnatürlich (technisch oder künstlich) ist. Geboten ist hingegen der Schutz der natürlichen Lebensgrundlagen, weil sie der Menschheit, den Tieren und Pflanzen den Fortbestand überhaupt erst ermöglichen. Wenn es schließlich als Reaktion auf die »Technisierung der Welt« zu einer Rückbesinnung auf ein natürliches Leben kommt (natürliche Ernährung, natürliches Wohnen, natürliche Geburt usw.), dann sollte man sich darüber im Klaren sein: Es handelt sich dabei um kulturelle Optionen, die man wählen oder zurückweisen kann, nicht aber um moralische Gebote, die für alle verbindlich gemacht werden dürfen.

Auch ist die »Natürlichkeit« der menschlichen Fortpflanzung in vielerlei Hinsicht längst ersetzt worden durch Eigenverantwortlichkeit selbst in diesem Bereich. Geburtenkontrolle und Reproduktionsmedizin haben den »natürlichen« Zusammenhang von Sexualität und Fortpflanzung aufgehoben. Die Zeugung von Kindern kann nun auch im Labor und die Geburt durch Kaiserschnitt erfolgen, um Mutter und Kind vor dem Tod zu bewahren. Die meisten Menschen sehen hier kein ethisches Problem. Ob Frauen die Pille nehmen oder eine In-vitro-Fertilisation wählen, gilt als eine Frage persönlicher Lebensführung, nicht als Frage allgemein verbindlicher Moral.

Auch wenn in modernen Gesellschaften nicht jede beliebige Technisierung der menschlichen Fortpflanzung moralisch neutral ist, ist damit nicht gesagt, dass sich die Grenzen des Zulässigen unmittelbar aus der Natur ablesen ließen und damit unverrückbar wären. Mit der Veränderung bisher als naturgegeben vorgefundener Grenzen und der Erweiterung von Handlungsmöglichkeiten verbindet sich zwar die Befürchtung eines Verlustes von Wertorientierungen und Lebenssicherheiten bis hin zum Zusammenbrechen des Wertegefüges. Dagegen lässt sich oft (etwa am Beispiel der Transplantationsmedizin) beobachten, dass das, was zunächst als Grenzüberschreitung oder gar als Tabubruch gilt, dann akzeptiert wird, wenn sich zeigt, dass die befürchteten negativen Folgen und der so genannte »Pietätsverlust« und der »Dammbruch« nicht eingetreten sind und die Entwicklungen beherrschbar bleiben.

Angesichts der Entwicklungen der Naturwissenschaften ist es also mehr als legitim und keineswegs verwunderlich, dass es heute breite und kontroverse Diskussionen über die möglichen Optionen gibt. Dürfen wir das Genom des Menschen verändern? Ist es vertretbar, an Embryonen zu forschen? Angesichts solcher Fragen ist dem polnischen Philosophen Leszek Kolakowski zuzustimmen, der schrieb, dass der Konflikt zwischen Alt und Neu ein Teil unserer Kultur sei, den es schon immer gab und den es vermutlich immer geben werde.

Desillusionierung und neue Visionen

Eine neue Qualität dieses Konflikts zeigt sich womöglich darin, dass die traditionellen politischen Abgrenzungen zwischen Befürwortern und Gegnern des Fortschritts in den vergangenen Jahrzehnten weitgehend verschwunden sind. Die Rolle des »Konservatismus« war es, das Alte zu bewahren oder zumindest viele Elemente des Alten in neue Zeiten hinüberzuretten. Auf der Gegenseite standen jene Kräfte, die den sozialen und technologischen Fortschritt begrüßten und bereitwillig alte Traditionen aufgaben. Trotz unterschiedlicher Ziele war beiden Fraktionen die Gewissheit gemein, dass die Menschheit sich in einem unaufhörlichen historischen Entwicklungsprozess befindet. Dieses Grundverständnis scheint Risse bekommen zu haben, und damit sind offenbar auch alte Grenzziehungen in politischen Parteien, Kirchen und anderen Institutionen zum Teil brüchig geworden.

Wie lässt sich dieser Prozess verstehen? Gerald Holton, Wissenschaftshistoriker und Physiker an der Harvard-Universität, stellte fest, es habe in den letzten Jahrzehnten »unter einflussreichen Intellektuellen außerhalb der Naturwissenschaften und allmählich in Teilen der Gesamtbevölkerung eine Verwerfung in dem seit der Aufklärung angenommenen Glauben stattgefunden, Wissenschaft und Technik seien in der Bilanz positive Kräfte«. In der Zeit nach dem Zweiten Weltkrieg gerieten die Naturwissenschaften in der Tat ins Zwielicht. Zwar gab es weiter enorme Fortschritte, die den rasch steigenden Lebensstandard möglich machten. Doch die Kriege hatten auch gezeigt, dass Menschen bereit und in der Lage sind, ihre intellektuellen Fähigkeiten in den Dienst mörderischer Regime zu stellen und Waffen zu entwickeln, die geeignet sind, die ganze Welt zu zerstören. Von dieser Erfahrung blieben die Naturwissenschaften nicht verschont. Die Physik hatte durch die Atombombenabwürfe auf Hiroshima und Nagasaki Ende des Zweiten Weltkrieges einen Teil ihres hohen Ansehens eingebüßt. Besonders in Deutschland hatten sich Wissenschaftler in den Dienst verbrecherischer politischer Systeme und Projekte gestellt.

Der französische Existentialismus, die zeitgenössische Dichtung und Malerei brachten eine tiefe Desillusionierung in Hinblick auf den Menschen und sein Vermögen, die Geschichte positiv zu gestalten, zum Ausdruck. Die Existenzialisten Jean-Paul Sartre (1905–1980) und Albert Camus (1913–1960) waren bedeutende Schriftsteller dieser Nachkriegsepoche. In seinem viel gelesenen Roman *Der Ekel* breitete Sartre die hoffnungslose Gedanken- und Gefühlswelt eines Menschen aus, der sich selbst und die ganze Welt zutiefst verabscheute. Camus griff mit *Der Mythos von Sisyphos* ein Bild aus der griechischen Mythologie auf, nach dem der Sohn des Königs von Korinth zur Strafe für seine Verschlagenheit einen großen Felsbrocken auf den Gipfel eines steilen Berges wälzen musste, von dem er aber immer wieder, fast am Ziel angelangt, hinunterrollte. Bei Camus stand dieses Bild für das vergebliche Mühen der Menschen, ihr Schicksal erfolgreich zu meistern. Die Grundaussage der Existenzialisten war, dass der Mensch in einer gottlosen Welt sein Dasein fristet und dass es jenseits der Religion keine kollektiven Interessen und Möglichkeiten gibt, dem individuellen Leben oder der Gemeinschaft einen Sinn zu geben. In der Malerei wurde in Europa und in den USA nach dem Zweiten Weltkrieg der abstrakte Expressionismus populär. Jackson Pollock (1912–1956) war einer der bekanntesten Vertreter dieser Richtung. Typisch für ihn waren seine riesigen Leinwände, die er auf den Boden legte und mit Farbe bespritzte. Die Künstler des abstrakten Expressionismus verweigerten sich den Themen, die die Malerei noch vor dem Krieg aufgegriffen hatte. Ihre Ablehnung kam in einem zuvor ungekannten Abstraktionsgrad der Kunst zum Ausdruck, in der es keine Menschen, Gegenstände und bildhaften Themen mehr gab.

Im Zusammenhang mit Wissenschaft und Technologie wurden in dieser Epoche zunehmend auch Schlüsselinnovationen zum Gegenstand düsterer Prognosen. Den Anfang machte der Fernseher, der zur geistigen Degeneration führen sollte, es folgten Videorekorder und dann die Computer, denen man zuschrieb, sie würden Arbeitsplätze vernichten – in ähnlicher Weise wie im vorherigen Jahrhundert die aufkommende maschinelle Textilindustrie die Arbeitsplätze der Weber bedrohte. Gerhart Hauptmann (1862–1946) hat dieser Epoche mit seinem Drama *Die Weber* ein eindrucksvolles literarisches Denkmal gesetzt. Später entdeckte man nun auch in eher geringfügigen Innovationen wie Walkman, Handy und Gameboy ein erhebliches Bedrohungspotenzial hinsichtlich sozialer und gesundheitlicher Auswirkungen. Die Errungenschaften von Wissenschaft und Technik wurden zusehends als Problem betrachtet. Stanley Kubricks Film *2001: Odyssee im Weltraum* von 1968 wurde nicht zuletzt deshalb so berühmt, weil er diesem Zeitgeist entsprach. Zu Beginn des Films schleudert ein Affenmensch einen Knochen, mit dem er zuvor die Schädel von Konkurrenten zertrümmerte, in die Höhe. Der Knochen verwandelt sich in ein Raumschiff. Das erste Werkzeug des Menschen war also eine Waffe und wird schließlich zum Symbol für die Technik, der sich die Menschen blind anvertrauen und die sich schließlich in Gestalt des Bordcomputers HAL verselbstständigt, der den Astronaut Dr. Frank Poole aus dem Raumschiff wirft.

In diesen Bildern mischt sich eine tiefe Desillusionierung in Hinblick auf die Fähigkeit der Menschen, eine bessere Welt zu gestalten, mit einer spezifischen Kritik an Technik und Wirtschaft. Ungezügeltes kapitalistisches Gewinnstreben, das sämtliche gesellschaftliche Institutionen, darunter die Naturwissenschaften, seinem Verwertungsinteresse unterworfen habe, wurde als wesentliche Ursache für Kriege, Umweltverschmutzung und andere Missstände auf der Welt gesehen. Programmatische Schriften, welche die noch vorherrschenden positiven Grundhaltungen gegenüber den Wissenschaften ins Visier nahmen, eroberten die Bestsellerlisten und zusehends auch die Köpfe der politischen Entscheidungsträger und Bürger. 1968 erschien beispielsweise Paul Ehrlichs *The Population Bomb* (Die Bevölkerungsbombe). Ehrlich warnte vor dem anhaltenden Bevölkerungswachstum und schärfte ohne Zweifel das Bewusstsein der politischen Entscheidungsträger, sich dieser Herausforderung zu stellen. Er prognostizierte Millionen von Hungertoten für bevölkerungsreiche Länder wie Indien, da diese es nie schaffen würden, ihre wachsende Bevölkerung mit ausreichend Nahrung zu versorgen. Die so genannte Grüne Revolution der 1970er-Jahre und die Entwicklung neuer Hochleistungssorten im Landbau entschärften dieses Szenario jedoch erheblich. Buchtitel der 1970er wie *Todeskandidat Erde. Programmierter Selbstmord durch unkontrollierten Fortschritt* von Ernest E. Snyder, *Selbstbegrenzung. Eine politische Kritik der Technik* von Ivan Illich oder *Das Prinzip Verantwortung. Versuch einer Ethik für die technologische Zivilisation* von Hans Jonas stehen für das damals neu geweckte Bewusstsein, vernünftiger und schonender mit unseren natürlichen Ressourcen umzugehen. In dieser Hinsicht hatten diese Schriften ohne Zweifel positiven Einfluss, denn fast überall hat es ein Umdenken in Richtung mehr Umweltschutz und mehr Nachhaltigkeit unseres Handelns gegeben. Doch da Technologien häufig ein immanentes zerstörerisches Eigenleben zugesprochen wurde, ging das neue Umweltbewusstsein andererseits mit einer größer werdenden Zukunftsangst und einer starken Entwertung der Naturwissenschaften einher.

In der Sozialphilosophie gelangte in dieser Periode die Kritische Theorie der Frankfurter Schule, vertreten durch Max Horkheimer, Theodor W. Adorno und die ihr nahe stehenden Herbert Marcuse, Walter Benjamin und Erich Fromm zu Ansehen. Die Frankfurter Schule leistete Großartiges beim Bemühen, eine neue Gesellschaftstheorie unter Einbeziehung der jüngsten Erfahrungen zu begründen. Doch sie vertrat einen ähnlichen Ansatz, was den Zusammenhang von menschlichem Zerstörungspotenzial und den Naturwissenschaften angeht. Horkheimer und Adorno beschäftigten sich insbesondere mit dem deutschen Faschismus und nannten ihr bedeutendstes Werk, das die Studentenbewegung der späten 1960er stark inspirierte, nicht umsonst *Die Dialektik der Aufklärung*. In ihren Augen war die Aufklärung und damit das Vertrauen in den wissenschaftlichen und technologischen Fortschritt während des Faschismus zum Komplizen finsterster Barbarei geworden und hatte sich diskreditiert. »Das Wissen, das Macht ist«, schreiben sie, »kennt keine Schranken, weder in der Versklavung der Kreatur noch in der Willfährigkeit gegen die Herren der Welt.« Der Fortschritt hatte die Menschen demnach nicht befreit, sondern zu Sklaven obskurer Strukturen werden lassen.

Die Unfälle in den Kernreaktoren von Harrisburg 1979 und Tschernobyl 1986 und die ungeklärte Frage der Entsorgung von Atommüll bestärkten die Skepsis hinsichtlich der Beherrschbarkeit moderner Technologien. In Deutschland manifestierte sich diese Entwicklung in einer ökologistischen Weltanschauung. Diese sorgte dafür, das dem Schutz der Umwelt in der Technikentwicklung eine sehr viel größere Bedeutung beigemessen wurde als zuvor. Doch sie verbreitete auch die irrige Vorstellung, Technik und Natur seien Gegensätze und Technik stelle vom Grundsatz her eine Bedrohung der Natur dar.

Ab den 1970er-Jahren überlagerte die Umweltfrage mehr und mehr die traditionellen Inhalte gesellschaftlicher Konflikte und ließ immer deutlicher den Menschen als größtes Problem für den Planeten erscheinen. Der zunächst noch verhältnismäßig periphere Bürgerprotest gegen unbeliebte Verwaltungsentscheidungen in Sachen Umwelt-, Verkehrs- und Baupolitik entwickelte sich zum Katalysator einer neuen sozialen Bewegung, in die sich schließlich auch die aus den Studentenprotesten hervorgegangene organisierte Linke auflöste. Der bekannte Studentenaktivist Rudi Dutschke begann 1975 für die Einheit der linken Gruppierungen unter einer ökologischen Programmatik zu werben. Er sprach im Zusammenhang mit der Umweltzerstörung von einer neuen Gattungsfrage, die nunmehr die Klassenfrage überdecke. Der Umweltbewegung gehörte auch eine Reihe Prominenter aus dem konservativen Lager an – zum Beispiel das ehemalige CDU-Mitglied Herbert Gruhl, dessen 1975 erschienenes Buch *Ein Planet wird geplündert. Die Schreckensbilanz unserer Politik* eindringlich vor den Folgen der Umweltzerstörung warnte.

In *Einstein, die Geschichte und andere Leidenschaften* beschreibt Gerald Holton die Abkehr vom Glauben an die positiven Potenziale von Wissenschaft, Forschung und Technologie in Politik und Philosophie. Holton zeichnet diesen Sinneswandel in den USA eindrucksvoll nach am Schicksal des 1945 von Vanevar Bush verfassten und dem US-Präsidenten Franklin D. Roosevelt vorgelegten Berichts *Science, the Endless Frontier.* Dieser Bericht entsprach einer damals in allen westlichen Gesellschaften vorherrschenden optimistischen Aufbruchsstimmung und dem Glauben, dass das Vorankommen der Menschheit unmittelbar von den Fortschritten in den Naturwissenschaften abhing. Vanevar Bush erklärte den großen Krankheiten den Krieg, forderte die Entdeckung und Förderung wissenschaftlicher Talente in der amerikanischen Jugend und stellte umfangreiche staatliche Förderprogramme für die Forschung in Aussicht. Holton schildert, wie dieser Bericht einige Jahrzehnte später an Wert verlor und die Naturwissenschaften aus ihrer herausragenden Stellung im Zentrum der amerikanischen Kultur verdrängt wurden. Er beschreibt, wie auch in den Vereinigten Staaten Skepsis und Misstrauen gegenüber Wissenschaftlern immer populärer wurden.

Vereinzelt schlossen sich auch prominente Naturwissenschaftler klassischer Prägung diesem Trend an, so Erwin Chargaff, der seit den 1980er-Jahren die »Verwissenschaftlichung unseres Lebens, unserer Interessen und Neigungen« beklagt und meint, die Wissenschaften hätten sich im »traurigen 20. Jahrhundert« dahingehend verändert, dass in der Forschung nur noch die Interessen der Industrie eine Rolle spielten. Der deutsche Wissenschaftshistoriker Ernst Peter Fischer hat diese negative Sicht der Naturwissenschaften schon Ende der 1980er-Jahre kritisiert. Er schrieb, die Gesellschaft behandle Wissenschaftler neuerdings »wie billiges Arbeitspersonal. Wir wollen alle von ihm bedient, aber ansonsten nicht weiter belästigt werden.« Eine Konsequenz sei die weit verbreitete Ansicht, »dass Naturwissenschaftler nur zweitrangige Dinge zustande bringen, während es die Dichter sind, denen wir große Werke verdanken«.

Geistes- und Naturwissenschaften

Damit wurde eine weitere Entwicklung deutlich: die Auseinandersetzung zwischen den Geistes- und den Naturwissenschaften um die Frage, wer unterm Strich mehr zum

Wohle der Gesellschaft beitrage – der Streit zwischen den so genannten »Zwei Kulturen«. Naturwissenschaftliche Forscher und Technologieentwickler bemühen sich dabei, das Potenzial und die gesellschaftliche Bedeutung ihrer Arbeit darzulegen. Geistes- und Sozialwissenschaftler halten in aller Regel dagegen und warnen vor genau den Entwicklungen, die von den Naturwissenschaften angestoßen werden. Jürgen Mittelstraß hat von einer »wechselseitigen Ignoranz und wechselseitigen Verarmung« dieser beiden Zweige gesprochen. In der Herausbildung der zwei Kulturen sieht er keinen unabwendbaren und schon gar keinen begrüßenswerten Prozess, sondern einen »institutionellen und terminologischen Befreiungsschlag«, der vielen Geistes- und Naturwissenschaftlern endlich die Berechtigung zu geben schien, »weiterhin mit Unkenntnis und Unverständnis das Tun und Treiben im jeweils anderen Wissenschaftsbereich zu beurteilen«.

Womöglich steht diese Haltung mit dem zuvor beschriebenen Trend im Zusammenhang, nach dem die Gesellschaft nicht mehr ausreichend Potenzial darauf verwendet, über ihre Zukunft mit der nötigen interdisziplinären Verständnisbereitschaft zu kommunizieren, einzelne Ergebnisse in einen größeren Zusammenhang zu stellen und über Zukunftsvisionen gemeinsam nachzudenken. Gerald Holton formuliert seine Sorge in Hinblick auf diesen Trend, indem er darauf hinweist, dass jede große Zeit »von Intellektuellen geformt« wurde, »die die Vorstellung erschreckt hätte, kultivierte Leute könnten auf ein vernünftiges Verständnis der wissenschaftlichen Aspekte des zeitgenössischen Weltbilds verzichten«.

Die Frage, wer mehr für die Emanzipation der Menschheit geleistet habe und wem eine vernünftigere Gestaltung unserer Zukunft zuzutrauen sei, bringt uns nicht weiter. Die Kluft scheint zum Teil ihre Entsprechung in dem ausufernden und allseits monierten Expertentum in allen Wissenschaftsdisziplinen zu finden. In der Tat ist es durch die anhaltende Verzweigung und Spezialisierung der großen Forschungsbereiche zum Teil schwieriger geworden, über Disziplinen und Fakultätsgrenzen hinweg zu kommunizieren. Allerdings lassen sich solche Kommunikationsbarrieren nicht nur zwischen den beiden Metazweigen Geistes- und Naturwissenschaft feststellen. Sie laufen vielmehr quer durch alle Disziplinen. Ein Gender-Forscher der Soziologie findet heute mit einem Experten zu Theorien über Staatensysteme genauso wenige spontane Anknüpfungspunkte wie mit einem Molekularbiologen oder Weltraumforscher. Umgekehrt verhält es sich ebenso.

Demgegenüber kann man seit langem eine viel bedeutendere Bewegung konstatieren: Statt sich mehr und mehr zu entfremden, wachsen viele wissenschaftliche Disziplinen und ihre Unterabteilungen immer mehr zusammen. Zu früheren Zeiten, da man nicht einmal erahnen konnte, dass die elementaren physikalischen und biologischen Prozesse auf der Erde wie in einem großen Getriebe miteinander verzahnt sind, gab es eine viel ausgeprägtere Isolation der Forschungszweige. Erst im letzten Jahrhundert und massiv in der Nachkriegszeit mit den großen Fortschritten in der Geologie, Physik, Chemie und Biologie erkannte man das komplexe Wechselspiel des Systems Erde. Was früher als eine unüberschaubare Fauna und Flora der Welt erschien, zeigt sich heute, im Lichte eines molekularen Verständnisses der Evolution, als logisch nachvollziehbares Kontinuum eines gemeinsamen, dynamischen Entwicklungsprozesses. Hinzu kamen neue Erkenntnisse über die Folgen menschlichen Handelns für die Prozesse in der Natur. Als Resultat dieser Wissenserweiterung bildeten sich ab den 1960er-Jahren neue intensive Bande zwischen den einzelnen Wissenschaftsdisziplinen. Der mit dem Nobelpreis für Medizin geehrte Peter B. Medawar bemerkte hierzu, dass die Zeit des »isolierten Spezialisten« vorbei sei und ergänzte zur »Frage der immer enger werdenden Spezialisierung«, man dürfe wohl behaupten, »dass in Wirklichkeit genau das Gegenteil zu beobachten ist. Eines der auffallendsten Merkmale der modernen Wissenschaft ist das Verschwinden des alten fachlichen Sektierertums.«

Dieser Trend hat sich in den letzten Jahrzehnten fortgesetzt. Heute arbeiten an biowissenschaftlichen Fragestellungen oft Biologen, Biotechnologen, Chemiker, Physiker, Informatiker, Anthropologen und Mediziner in enger Kooperation. In der Hirnforschung sind interdisziplinäre Projekte von Neurologen, Künstliche-Intelligenz-Forschern, Philosophen, Linguisten, Genetikern und Psychologen gang und gäbe. Dass Chemiker und Physiker in die Biologie überwechseln, war früher eher selten, heute geschieht dies durchaus häufig. Dieser Integrationsprozess hat längst auch die Sozial- und Geisteswissenschaften erreicht. Das gesamte Wissenschaftssystem ist gerade dort dynamisch und zukunftsweisend, wo es über die Fakultätsgrenzen hinweg kooperiert. Leider sind die Strukturen vieler Universitäten und der Forschungsförderung dieser Entwicklung noch nicht ausreichend gefolgt.

In solchen interdisziplinären Projekten gelingt es immer besser, komplexe Zusammenhänge zu erkennen, Puzzlestücke zusammenzufügen und damit die Forschung nach neuem Wissen weiter zu fokussieren. Die Befürchtung, die verschiedenen Wissenschaftszweige würden sich mehr und mehr entfremden, weil die Wissensmenge mit der Zeit exponentiell zunehme, wodurch die Forschungsgebiete Einzelner stetig verengt würden, findet in den aktuellen Entwicklungen keine Bestätigung. Die »Wissensexplosion« ist sowieso nur eine Chimäre. Man könnte zwar sagen, die Offenlegung des Erbmaterials von immer mehr Tieren, Pflanzen und des Menschen habe uns Myriaden neuer Daten beschert, und für 2001, das Jahr, in dem das Humangenom weitgehend sequenziert wurde, sei ein sprunghafter Anstieg auf der Wissenskurve zu vermerken. Doch viele Daten bedeuten nur dann Unübersichtlichkeit, wenn die Zusammenhänge unklar sind, wenn es also Daten, aber keine oder eine Vielzahl konkurrierender Theorien gibt. Wissenschaftlicher Fortschritt besteht jedoch genau darin, dass die Zahl der Theorien nicht zu-, sondern abnimmt und dass alte Hypothesen aufgegeben werden zugunsten einer zusammenfassenden, mächtigeren neuen Hypothese. In der Physik hegt man sogar Hoffnung auf die eine Theorie für alles, die »Theory of Everything«, und man ist diesem Ziel mit den zwei großen Fundamenten Allgemeine Relativitätstheorie und Quantentheorie schon sehr nahe gekommen. Der Blick richtet sich also immer weniger auf Einzeldaten und immer mehr auf die allgemeingültigen Theorien. Diese Entwicklung lässt sich in allen Wissenschaftsdisziplinen nachzeichnen, so auch in der Evolutionsbiologie. Über Jahrzehnte wurden hier Unmengen von Einzeldaten gesammelt, archiviert und bewertet. Im Laufe der Zeit gelang es immer besser, diese Daten miteinander in Beziehung zu setzen und daraus ein wissenschaftlich fundiertes System abzuleiten. Ähnlich gelangten die Geowissenschaften von der mühsamen Kartierung Zigtausender Gesteinsproben an der Erdoberfläche zu einem immer umfassenderen Verständnis des Aufbaus der Erde.

Medawar begegnete vor drei Jahrzehnten den damals schon laut werdenden Befürchtungen einer unkontrollierbaren Wissensakkumulation auf eine Art, die an Aktualität nichts eingebüßt hat. Es stimme einfach nicht, »dass in den Naturwissenschaften die Fakteninformation ständig anschwillt und uns zu ersticken droht. In Wirklichkeit wird der Faktenballast täglich weniger.« Denn in jeder Wissenschaft variiere der Faktenbestand »im umgekehrten Verhältnis zu ihrer Reife«.

Universeller Wissensbegriff

Betrachtet man das Verhältnis zwischen den Geistes- und Naturwissenschaften historisch, so zeigt sich, dass es fast immer solche Rangordnungskämpfe gegeben hat. Ernst Peter Fischer hat darauf hingewiesen, dass der Hochmut im 19. Jahrhundert im Gegensatz zu heute eher aus der naturwissenschaftlichen Ecke kam. »Damals, als der Fortschrittsglaube der Wissenschaft ungebrochen optimistisch war und die Zukunft erobern wollte, meinte etwa der physikalische Chemiker Wilhelm Ostwaldt, die Geisteswissenschaften als ›Papierwissenschaften‹ abtun zu können.« In ähnlicher Manier fühlten sich Mathematiker und Physiker lange den geologischen Feldforschern und Biologen überlegen. Doch auch diese Auseinandersetzungen waren lange Zeit Teil einer intensiven und konstruktiven Interaktion zwischen Intellektuellen, die sich mehr mit der Naturbeobachtung oder mehr mit philosophischen und politischen Fragen beschäftigten. So kam es auch erst sehr spät zur Unterscheidung zwischen Natur- und Geisteswissenschaften. Die meisten Denker waren immer in beide Richtungen interessiert und befruchteten sich gegenseitig.

Erst mit der im 15. und 16. Jahrhundert einsetzenden Renaissance in Italien und der wissenschaftlichen Revolution im Folgejahrhundert vollzog sich eine deutlichere Verzweigung in verschiedene Wissenschaftsdisziplinen. Die Physik, Chemie und Geologie auf der einen, die Rechtslehre und die Philosophie auf der anderen Seite entwickelten sich nebeneinander her. Aber auch jetzt war es noch kaum möglich, klare Trennlinien zu ziehen. Betrachtet man bedeutende Intellektuelle dieser Epoche, so zeigt sich bei fast allen, dass sie Allroundtalente waren – und auch sein mussten, weil ein möglichst weit gefasstes Verständnis der wissenschaftlichen Arbeit notwendig war, um die ganz elementaren Ansätze und Erkenntnisse über das komplexe organische und geistige Leben auf der Erde zu entwickeln.

Nehmen wir Immanuel Kant (1724–1804), den wir eingangs zitierten. Er postulierte, unser Sonnensystem sei durch die Zusammenballung von Sternenstaub entstanden. Sein wissenschaftliches Hauptwerk *Allgemeine Naturgeschichte und Theorie des Himmels* erschien 1755. Er stellte mit seinen Thesen, wie viele seiner wissenschaftlich arbeitenden Zeitgenossen, die Welt auf den Kopf, denn er widersprach der biblischen Schöpfungsgeschichte. Seine Arbeit führte ihn unweigerlich zu philosophischen und politischen Fragen zur Rolle des Menschen, seinen intellektuellen Fähigkeiten und seiner Bedeutung auf der Erde und im Universum. Kant ist uns deshalb nicht in erster Linie als Sternenforscher, sondern als großer Philosoph im Gedächtnis geblieben. Er war ein Universalgenie, doch sein breit gefächertes intellektuelles Interesse war eher der Normalfall unter den Gelehrten seiner Zeit – wenngleich es bei ihm besonders eindrucksvoll ausgeprägt war.

Dieses universelle Verständnis von Wissen und Bildung ermöglichte in einer gemeinsamen Kraftanstrengung die Überwindung statischer Gesellschaftsstrukturen und die Entwicklung der modernen Kultur und Zivilisation. Albert Einstein (1879–1955) bemerkte in diesem Sinne, er sei »zwar im täglichen Leben ein typischer Einspänner, aber das Bewusstsein, der unsichtbaren Gemeinschaft derjenigen anzugehören, die nach Wahrheit, Schönheit und Gerechtigkeit streben«, habe bei ihm das »Gefühl der Vereinsamung nicht aufkommen lassen«.

Das gegenseitige Interesse an den unterschiedlichen intellektuellen Betätigungsfeldern und der zukunftsoffene Grundtenor der Moderne zeigten sich auch daran, dass Dichter, Musiker und Künstler den Wissenschaften sehr aufgeschlossen gegenüberstanden und von ihren neuen Erkenntnissen, den Fragen und Selbstzweifeln, die durch sie aufkamen, zu Meisterleistungen angespornt wurden. Nicht umsonst haben Renaissance und Aufklärung so große Meister der Malerei und Literatur hervorgebracht. Johann Wolfgang von Goethe (1749–1832) zum Beispiel gilt vielen als bedeutendster Dichter der deutschen Sprache. Als Naturforscher ist er dagegen nur wenigen ein Begriff, obwohl ihm seine Naturstudien, denen er sich über Jahrzehnte widmete, durchaus Erfolge bescherten. So postulierte er 1784 nach der Untersuchung von Zwischenkieferknochen, dass es keinen wesentlichen Unterschied im Skelett von Menschen und Affen gab – eine für damalige Verhältnisse gewagte These, wo doch die Kirche den Menschen weit über den Tieren angesiedelt hatte. Neben der Anatomie widmete sich Goethe auch der Zoologie, Botanik, Meteorologie, Geologie, Mineralogie, Optik und Farbenlehre – und auch der Alchimie, wie wir aus dem *Faust* wissen. Goethe hielt angeblich seine naturwissenschaftlichen Forschungen für bedeutender als sein Schriftstellertum, wenngleich er sich aus Sicht der Nachwelt da wohl irrte.

Einheit von Forschung und Lehre

Ein Zeitgenosse Goethes und zweifelsohne einer der bedeutendsten Intellektuellen seiner Zeit, der sowohl auf natur- wie auch auf geisteswissenschaftlichem Terrain agierte und in diesem Sinne auch in beide Richtungen integrierend wirkte, war Alexander von Humboldt (1769–1859). Er beschäftigte sich intensiv mit Geologie, Biologie und vielen anderen Wissenschaftszweigen und würdigte gleichzeitig das Schaffen der zeitgenössischen Literaten und Künstler, die den Fortschritt ihrer Epoche verarbeiteten und ihr dadurch zu neuem Glanz verhalfen. Sein Bruder Wilhelm von Humboldt (1767–1835) gilt als Begründer des klassisch-idealistischen Humanismus (Neuhumanismus). Er war Philosoph, Sprachforscher und Politiker und die treibende Kraft bei der Reformierung des preußischen Bildungswesen und der Gründung der Universität Berlin im Jahre 1810. In seinen Schriften betonte er einerseits, das Ziel des Menschen liege in seiner Bildung als Individuum, andererseits aber gehe es in der Bildung um etwas Allgemeines, nämlich um die Humanität als Ideal. Für die humboldtsche Universitätsreform in Preußen war die Verbindung von Forschung und Lehre in allen Bereichen, in den Natur- wie in den Geisteswissenschaften, von großer Wichtigkeit. Dieses Prinzip der humboldtschen Universität war sehr erfolgreich und wurde in vielen Ländern übernommen.

Angesichts dieses umfassenden Verständnisses von Wissen und Bildung wundert es nicht, dass viele eine formelle Unterscheidung zwischen Natur- und Geisteswissenschaften nicht für sinnvoll halten. Der Berliner Naturwissenschaftler Hermann von Helmholtz (1821–1894) unterschied im Jahre 1862 zwar zwischen den »weichen« Geisteswissenschaften und den »harten« Naturwissenschaften. Helmholtz polemisierte zum Teil mit Genuss gegen Geisteswissenschaftler, die sich über die Naturwissenschaften zu erheben versuchten, und bezichtigte sie der Einseitigkeit. Er war aber der gleichen Überzeugung wie Humboldt und immer darum bemüht, die verschiedenen Wissenschaftszweige in einem konstruktiven Dialog zusammenzuführen. Seiner Unterscheidung in natur- und geisteswissenschaftliche Betätigungsfelder lag demnach keine Trennung in zwei miteinander konkurrierende intellektuelle Bereiche zu Grunde, sondern der Anspruch, diese zu verbinden.

Im Zuge der wachsenden Erkenntnisse über die naturwissenschaftliche wie philosophische Komplexität des Lebens wurde es natürlich immer schwieriger für eine einzelne Person, den Überblick zu behalten. Ins Zentrum der intellektuellen Neugier rückte auch das Spannungsverhältnis von Objekt und Subjekt. Damit bekam der Mensch einen Platz in der natürlichen Ordnung zugewiesen, der auch die Pflanzen und Tiere angehörten. Das schlug sich nieder in mechanistischen Auffassungen über das Leben. Die Entthronung des Menschen ging so weit, dass einige bedeutende Denker dieser Epoche zumindest seinen Körper als eine nach rein mechanischen Gesetzen funktionierende Maschine darstellten. Gleichzeitig wurden aber auch seine geistigen und schöpferischen Fähigkeiten entdeckt und seine Erhabenheit gegenüber den anderen

Lebewesen betont. Fortan galt es, diese beiden »Welten«, die materielle und die geistige, wieder neu zusammenzuführen. Seit der Renaissance werden die Diskussionen um das Wesen des Menschen von diesem Zwiespalt begleitet: Ein Menschenleben kann einerseits biologisch und in diesem Sinne objektiv immer besser erklärt werden, andererseits aber fasziniert seine Subjektivität, seine Gedanken- und Gefühlswelt und seine Fähigkeit, bewusst zu kommunizieren und zu handeln und Neues zu denken.

Der Mensch im Mittelpunkt

René Descartes (1596–1650) war der erste Denker, der sich systematisch mit diesem Problem auseinander setzte und damit philosophisch umzugehen vermochte. Er trennte den menschlichen Geist von der Sphäre der materiellen, organischen Natur. Letztere war für ihn wissenschaftlich ergründbar. Der Geist jedoch blieb dem Menschenverstand verschlossen. Dieser Dualismus war revolutionär, denn er verschaffte der Wissenschaft eine zuvor ungekannte Freiheit von theologischen Bindungen und rechtfertigte die naturwissenschaftliche Erforschung des Lebens. Er prägte ein Jahrhundert lang die kulturelle Entwicklung in ganz Europa.

Descartes' Ansatz ist gewiss aus heutiger Sicht unbefriedigend, denn das Selbstverständnis der Naturwissenschaften lässt es schwerlich zu, eine geistige, materiell nicht erfassbare oder gar unergründbare Sphäre im Menschen a priori hinzunehmen. Entscheidend und für die damalige Zeit bezeichnend war Descartes' Ehrfurcht vor dem schöpferischen Potenzial der Menschheit und sein optimistisches Vertrauen in die Möglichkeiten unaufhaltsamen wissenschaftlichen und zivilisatorischen Fortschritts. Das Diktum »Wissen ist Macht«, das auf den britischen Intellektuellen Francis Bacon (1561–1626) zurückgeht, brachte diese Zuversicht ebenfalls zum Ausdruck: Alle Grenzziehungen für das durch Menschen Erreichbare wurden damit zurückgewiesen. Bacon forderte als Erster, das generierte Wissen systematisch zum Vorteil der Menschheit technisch nutzbar zu machen.

Der Glaube an die fortschreitende Emanzipation des Menschen – die Befreiung von alten Hierarchien und den Zwängen der Natur – beflügelte schließlich die französischen Aufklärer. Der Mathematiker und Philosoph Marquis de Condorcet (1743–1794) brachte es auf den Punkt, als er schrieb, »dass der Verbesserung der menschlichen Fähigkeiten keine Grenzen gesetzt sind«. Dieser Fortschritt könne »zweifellos mehr oder weniger schnell erfolgen, aber einen Rückschritt« könne es nie geben.

Diese in der Zeit der Aufklärung geprägte Sicht vom Menschen bezeichnen wir als Humanismus. Die Renaissance verstand darunter zunächst vor allem die Rückbesinnung auf die griechische Bildung und Kultur. Benutzt man den Begriff in seiner aufklärerischen und emanzipatorischen Bedeutung, sieht der Humanismus den Menschen als bewusst handelndes und mündiges Subjekt im Mittelpunkt seiner Kultur. Seine Wurzeln finden sich in der Antike. Im alten Griechenland ging man erstmals in vollem Vertrauen auf die Menschheit davon aus, dass das Wissen ständig erweitert werden und der Mensch die Welt und ihre Ordnung immer besser verstehen kann. Dieser Gedanke wurde mit der Renaissance zum Leitbild einer neuen Epoche. Das rasch wachsende Wissen über das Leben auf der Erde und der Verzicht auf Götter- und Schöpfungsmythen weckten und stärkten das Selbstvertrauen und Selbstbewusstsein der Menschen, sie beflügelten das kulturelle Leben in jeder Hinsicht. Der Aufstieg des humanistischen Weltbilds war getragen von dem Wunsch, den Menschen in den Mittelpunkt aller philosophischen Debatten zu stellen, seine Fähigkeiten anzuerkennen und seinen Verstand als Werkzeug zum Verständnis der Natur und zur vernünftigen Entwicklung der Zivilisation zur Geltung zu bringen.

Die Maler, Dichter, Philosophen und Naturforscher dieser Zeit waren gleichermaßen an diesem Epochenwandel beteiligt. Gemeinsam wurden sie zu Wegbereitern der Moderne, indem sie die alten Denkmuster durchbrachen und den Menschen und ein rationales Verständnis der komplexen Lebensprozesse auf der Erde ins Zentrum ihres intellektuellen Interesses stellten.

Die statisch-symbolische Malerei des Mittelalters, deren vornehmste Aufgabe es war, die göttliche Schöpfung zu preisen und menschliche Unterwürfigkeit zu zeigen, wich den farbenfrohen und perspektivischen Darstellungen von Landschaften und von Menschen, in denen die Subtilität der menschlichen Empfindungen gefeiert wird. Bedeutend in dieser Hinsicht war der italienische Maler Giotto di Bondone (ca. 1266–1337). Er setzte entscheidende Impulse für eine neue Epoche der europäischen Kunst, indem er großartige perspektivische Malereien anfertigte und die Kunst damit aus dem Zwang der byzantinischen Ikonographie befreite. Unter anderem beobachtete er als Naturforscher den Kometen Halley, als dieser im Jahre 1301 die Erde passierte. Als Künstler malte er den Himmelskörper später als »Stern von Bethlehem« in der ersten wirklichkeitsnahen Darstellung eines Kometenschweifs auf einem Fresko in der Arenakapelle zu Padua. Nach ihm wurde die Raumsonde »Giotto« benannt, die im März 1986 am Kometen P/Halley vorbeiflog und Erkenntnisse über physikalische und chemische Prozesse in der Umgebung des Kometen lieferte. Giottos Wirken inspirierte die großen Renaissancekünstler Leonardo da Vinci (1452–1519), Michelangelo (1475–1564), Raffael (1483–1520) und Sandro Botticelli (1445–1510). Im deutschsprachigen Raum widmete sich als einer der ersten Maler der naturwissenschaftlich sehr interessierte Albrecht Dürer (1471–1528) systematisch der Landschaftsmalerei und dem Porträtieren von Menschen.

Auch in der Dichtkunst rückte der Mensch mit seinen Wünschen, Stärken und Schwächen immer mehr in den Mittelpunkt. Zum bedeutendsten Schriftsteller dieser Epoche wurde William Shakespeare (1564–1616). Er interessierte sich ebenfalls stark für die Naturforschung und thematisierte neue Entdeckungen der zeitgenössischen Forscher und Weltumsegler in seinen Werken. Seine Dramen waren von einem modernen

Menschenbild geprägt, von der Faszination der Subjektivität und der dynamischen Entwicklung starker Charaktere der Geschichte. Im berühmten *Hamlet* philosophiert die Titelfigur über das menschliche Dasein und ist bemüht, sein Inneres zu erforschen. Im Drama *Der Sturm* ist ein Alchemist die Hauptperson und es finden sich in diesem Werk zahlreiche für die damalige Zeit sehr aktuelle Bezüge zu naturwissenschaftlichen Erkenntnissen und zur Entdeckung Amerikas. Shakespeares naturwissenschaftliche Bildung war so umfassend, dass Literaturwissenschaftler später sogar die These vertraten, hinter diesem Autorennamen verberge sich in Wirklichkeit Francis Bacon, der bedeutendste Naturwissenschaftler seiner Zeit. Doch diese Vermutung wurde mittlerweile entkräftet.

Der Humanismus, der mit Darwins Evolutionstheorie neuen Schwung bekam, blieb die prägende Leitidee aller intellektuellen Disziplinen. Jürgen Mittelstraß bemerkte in diesem Zusammenhang, »*Theoria* und *historia* (systematisches und historisches Wissen) waren die maßgeblichen Orientierungspunkte, nicht Geist und Natur oder Philosophie und Wissenschaft (in unserem Sinne). Und so blieb es auch weit bis in die Neuzeit hinein. Was wir heute als Philosophie im Unterschied zur Wissenschaft und als Wissenschaft im Unterschied zur Philosophie bezeichnen, war Ausdruck ein und derselben Bemühung, in der Welt auf eine rationale Weise Fuß zu fassen, sich im Denken und durch das Denken zu orientieren.«

Humanismus und Wissensgesellschaft

Diese »maßgeblichen Orientierungspunkte«, die als Humanismus der Aufklärung bezeichnet wurden, scheinen heute häufig unklar. Wenn geistig-visionäre Bindeglieder und ein gemeinsames Grundverständnis über die Zusammenhänge fehlen, fällt es offenbar auch nicht leicht, eine konstruktive Kommunikation über die wissenschaftlichen Fachgrenzen hinweg aufrechtzuerhalten. Auch wenn es schon früher vielen schwer fiel, Einsteins Relativitätstheorien, Darwins Evolutionstheorie, Plancks Quantenphysik, Bohrs Atommodell oder andere naturwissenschaftliche Erkenntnisse zu begreifen, gab es doch im Grundsätzlichen etwas Verbindendes und eine grundlegend positive Übereinkunft, die zentralen Fragen der Menschheit zu erforschen und zu erörtern und weit über den engen Horizont der eigenen Wissensgrenzen hinweg über Lösungen und Optionen nachdenken zu wollen.

Vielleicht gibt es heute zu wenig Spezialisten mit der Fähigkeit zum Über- und Weitblick und zu wenig Generalisten, die bereit sind, in einigen Bereichen in die Tiefe zu gehen. Die Notwendigkeit hierfür wird aber zunehmend gesehen. In der heutigen Medizin zeigt sich besonders deutlich die Notwendigkeit, über eine Spezialisierung hinauszugehen und sich der Herausforderung einer erneuten Integration zu stellen. Der Arzt klassischer Prägung widmete sich seinen Patienten im Sinne der menschlichen Fürsorge für Leib und Seele, Wohl und Wehe sowie Gesundheit und Krankheit. Wissenschaftliche und technologische Entwicklungen haben aus Allgemeinärzten dann zusehends Spezialisten werden lassen: Chirurgen, Internisten, Frauenärzte, Urologen, Hautärzte, Augenärzte, Nervenärzte. Durch neue Erkenntnisse über Krankheitsvorgänge und technologische Innovationen kamen schließlich Laborärzte, Röntgenärzte und Nuklearmediziner hinzu. Der klassische Blick des behandelnden Arztes auf den Patienten und seine Diagnose auf Grundlage der Begutachtung seines Erscheinungsbilds, dem so genannten Phänotyp, wurde ergänzt durch den Blick in den Patienten hinein – mit Hilfe des Röntgenapparates, des Mikroskops, durch Ultraschall oder die Blutanalyse im Labor.

Einen gänzlich neuen Blickwinkel eröffnet heute die moderne Genomforschung. Durch die Offenlegung und Analyse unserer Erbanlagen, die im Kern jeder Zelle eines Menschen auf 46 Chromosomen platziert sind, können Gesundheit und Krankheit im wahrsten Sinne des Wortes auch vom »Kern des Geschehens« her analysiert werden. Die Genomanalyse führt zur Erfassung des individuellen Genotyps. Dadurch erwächst die Möglichkeit, Krankheiten schon vor ihrem Ausbruch zu erkennen. Mit der damit entstehenden neuen, auf einem molekularen Verständnis von Gesundheit und Krankheit basierenden Medizin sind gravierende Umwälzungen verbunden. So ergeben sich neue Herausforderungen an Ärzte, die nun sowohl Phänotyp als auch Genotyp ihrer Patienten erfassen müssen. Wie in wenigen anderen Wissensbereichen ist in der Medizin die Verbindung des Spezialisten und Generalisten in einer Person gefordert: Der Hilfe suchende Patient braucht einen Arzt, der ihm nach dem Stand der Wissenschaft die Fürsorge als Mensch zukommen lässt. Aus der Genomforschung entsteht ein neuer Gesundheitsbegriff und schließlich ein neues Menschenbild, mit dem sich neben den Ärzten und Naturwissenschaftlern auch Theologen, Philosophen und letztlich alle Menschen auseinander zu setzen haben. Für die Gesellschaft als Ganzes erwachsen neue komplexe Aufgaben, in denen das Gemeinwohl gegenüber individuellen Interessen sorgfältig abzuwägen ist. Es sind langfristig Rahmenbedingungen zu schaffen, in denen Gesunde und Kranke mit den Interpretationen der neuen Diagnosemöglichkeiten eigenverantwortlich umgehen und Missbrauch und nicht verantwortbare Risiken verhindert werden.

Dieser Entwicklungsprozess zu einem immer stärker ganzheitlich orientierten System hat längst begonnen, was sich nicht zuletzt an den heftigen Diskussionen über die Biomedizin in der Öffentlichkeit manifestiert. Es zeigen sich auch bereits Ansätze für einen zukunftsweisenden und konstruktiven Umgang mit diesen komplexen Herausforderungen, die vor uns stehen. Erlebbar sind solche für die Gesellschaft möglicherweise modellhaften Formen der Zusammenarbeit an den neu entstandenen Orten der Wissensgesellschaft. Für die molekulare Medizin ist ein solcher Ort Berlin-Buch. In diesem traditionsreichen Vorort Berlins wird, in alten historischen Gebäuden und in modernsten Genzentren, die Bandbreite der molekularen Medizin und der Fragestellungen, die sie aufwirft, deutlich. Mediziner, Genomforscher, Ethiker, Physiker, Biologen und Chemiker arbeiten auf einem gemeinsamen Campus in Labors und Kliniken zusammen. Die neuen Möglichkeiten der Biotechnologie haben hier einen ganz neuen dynamischen Wirtschaftszweig und eine Erfinderindustrie entstehen lassen. Durch die Vernetzung und den regen und nicht selten kontroversen Austausch kann sich keiner der Beteiligten den Vorstellungen, Zielen und Fragen der anderen entziehen. So entsteht im Wissenschaftsbetrieb, in der klinischen Anwendung und in der wirtschaftlichen Nutzung eine kollektiv erarbeitete, zukunftsoffene Gesamtsicht. Die Bevölkerung des Ortes und der Region kann sich dem nicht entziehen. Sie findet hier neue Arbeitsplätze, wird zur aktiven Teilnahme an diesem Entwicklungsprozess eingeladen und nimmt regen Anteil. In gläsernen Labors sind die neuen Techniken für jeden erkennbar, Führungen und Diskussionen laden zum Austausch ein. Mit Kunstausstellungen und Musikveranstaltungen wird eine neue Begegnungskultur geschaffen und der Geist Alexanders von Humboldt aufgegriffen, der eine Synthese von Wissenschaft und Ästhetik, von Begriff und Anschauung anstrebte. Er ging davon aus, durch die Verbindung von Wissenschaft und Kunst das naturwissenschaftliche Vorgehen um die ästhetische Dimension erweitern zu können.

Bei allem, was wir in dieser Einleitung angesprochen haben, geht es uns letztlich um das in solchen Projekten der Wissensgesellschaft erkennbare »große gemeinsame Bild«, das uns in unseren vielen verschiedenen Einzelaktivitäten vereint. Schließlich geht es um unser Leben und um unseren Lebensraum im engeren und weiteren Sinne. Und um die Zukunftsfähigkeit unserer modernen Gesellschaft und der Menschen. Wir benötigen hierfür eine humanistische und zukunftsoffene Orientierung als Rahmen für die Betätigung in Wissenschaft, Politik und Kultur – eine Orientierung, aus der auch das notwendige Selbstbewusstsein erwachsen kann, Krisen zu überwinden und Fehler als Chancen zu begreifen. Der Bildungsentwurf hierfür muss selbstverständlich Natur- und Geisteswissenschaften integrieren, und unsere Tätigkeit muss wieder verstärkt als Teil eines gesellschaftlichen und zukunftsoffenen Projekts verstanden werden. Von einer positiven Übereinkunft, die zentralen Fragen der Menschheit erörtern und weit über den engen Horizont der eigenen Wissens- und Erfahrungsgrenzen hinweg über Lösungen und Optionen nachdenken zu wollen, können wir alle nur profitieren.

Mit diesem Buch wollen wir dazu beitragen und anregen, das emanzipatorische Potenzial der Naturwissenschaften und ihre Bedeutung für unsere Kultur und Zivilisation in ausgewählten Zusammenfassungen zu erkennen. Wir sollten die Möglichkeiten nutzen, die sich uns bieten, um aktuelle Probleme zu meistern und die Zukunft positiv zu gestalten. Hierbei müssen alle mitwirken, die den Glauben an die Entwicklungsfähigkeit einer freiheitlichen Gesellschaft teilen. Gefordert sind nicht nur jene, die sich selbst eher dem Lager der literarischen Intelligenz zuordnen und sich mitunter dazu hinreißen lassen, über naturwissenschaftliche Entwicklungen vorschnelle Urteile zu fällen. Gefordert sind ebenso Forscher und Ingenieure, die mehr tun wollen, als über Kultur- und Wissenschaftskritiker zu schimpfen. Das heißt nicht, dass der Diskurs dem Harmoniebedürfnis »Runder Tische« unterworfen werden sollte. Im Gegenteil: Der offene und unverblümte Austausch kontroverser Positionen ist wünschenswert, sofern er nicht nur auf vorgefertigte feste Meinungen und »Schubladen« zielt.

Wir brauchen in jeder Hinsicht mehr Mut, um die »selbstverschuldete Unmündigkeit« zu Beginn des 21. Jahrhunderts zu überwinden. Dieser Mut ist gefordert im persönlichen Bereich, im besonderen Maße aber bei der Arbeit in Institutionen. Der Mensch ist das Produkt einer langen biologischen Evolution, die in großen Zeiträumen und mit zum Teil großer Dramatik das »Jetzt« hervorgebracht hat. Der *Homo sapiens* trat vor etwa 160 000 Jahren auf den Plan und hat beeindruckende zivilisatorische und intellektuelle Leistungen vollbracht. Dazu zählen in jüngerer Zeit Forschungsarbeiten mit dem Ziel einer Zusammenführung von Biologie und Geist und die Erkenntnis, dass nichts bleibt, wie es war. Dieses Wissen sollte uns dabei helfen, die eben skizzierte gemeinsame Anstrengung als lohnenswert anzuerkennen.

Wir hoffen, mit diesem Buch über verschiedene Aspekte des Lebens das Interesse an der Natur und an den Wissenschaften zu stärken. Wir haben bewusst das Leben in seinen Mittelpunkt gestellt und den Menschen in seiner räumlich und zeitlich unmittelbaren und weiteren Umgebung. Auf diesem Wege möchten wir insbesondere den Nachwuchs zur forschenden Tätigkeit anregen und zu einem umfassenden und möglicherweise einenden humanistischen Weltbild beitragen.

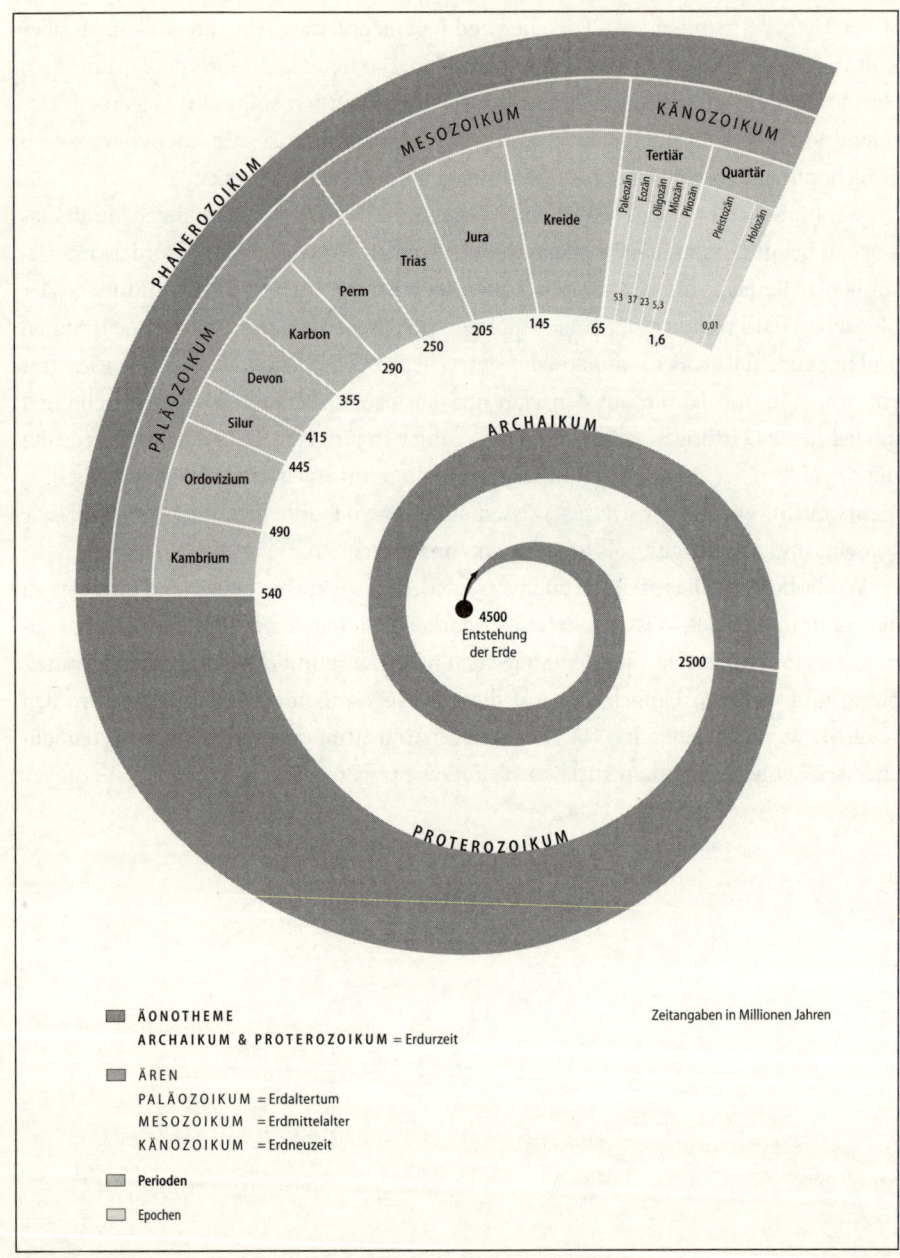

ABB. 1 *Die Geschichte der Erde, unterteilt in Äonotheme, Ären, Perioden und Epochen, angegeben in Millionen Jahren. Die Grenzen in der Zeitskala stehen für Veränderungen der Fossilienüberlieferungen, was darauf hindeutet, dass Organismen ganz oder teilweise verschwanden und neue entstanden. Die Namen der Perioden sind an geographische Orte angelehnt, an denen die für sie jeweils typischen Gesteine und Fossilien häufig vorkommen, oder sie stehen direkt für diese Funde. Die Bezeichnung Karbon zum Beispiel bedeutet Kohle. Der Mensch trat erst zu Beginn der Epoche Pleistozän auf.*

1. DIE ENTFALTUNG DES LEBENS

Der griechische Naturforscher und Philosoph Aristoteles saß oft stundenlang an kleinen Meeresbuchten bei Athen zwischen den Felsen und studierte das vielfältige Leben, das sich darin in Form von Fischen, Seesternen, Krebsen, Tintenfischen und dergleichen tummelte. Das war vor 2500 Jahren. Er machte sich Gedanken über die Beschaffenheit, die Fortbewegung und die Fortpflanzung der Tiere und begründete die Zoologie, Physiologie und Embryologie. Er begann mit der Dokumentation der Artenvielfalt, kam auf immerhin 560 Tierarten und erkannte: Leben ist Wachstum, Entfaltung und Veränderung. Unsere Gegenwart, die als schnelllebig gilt, zeigt uns dies jeden Tag. Der Übergang ins dritte Jahrtausend ist geprägt durch die Erfolge und Verheißungen von Genomforschung und Biotechnologie. Über Genpflanzen, Klonen, Designerbabys und Künstliches Leben und Bioethik kann man nicht nur in den Mensen der Universitäten, sondern in jeder Eckkneipe diskutieren. Die heutige Wissenschaft vom Leben scheint das Leben selbst umzukrempeln.

Doch das Ziel der griechischen Naturforschung war ein gänzlich anderes als das der modernen Naturwissenschaft. Es bestand gar nicht die Absicht, das erworbene Wissen praktisch anzuwenden oder gar gezielt in die Natur einzugreifen. Wissenschaft und Technik waren zwei Angelegenheiten, die wenig miteinander zu tun hatten. Die Untersuchung der Natur sollte zu tieferen Einsichten in die Ordnungsprinzipien der Welt führen. Es ging nicht darum, herauszufinden, wie etwas tatsächlich funktioniert, sondern welche Bedeutung es im universalen Gefüge der Welt hatte. Medizin und Pflanzen- bzw. Tierzucht hingegen waren rein praktische Unterfangen.

Auch das Verhältnis von Wissenschaft und Gesellschaft war damals durchaus nicht mit der Situation von heute zu vergleichen. Aristoteles war der angesehenste Gelehrte seiner Zeit und zu seinen Schülern zählte der mächtigste Politiker: Alexander der Große, der der Überlieferung nach die Forschungen seines Lehrers unterstützte, indem er auf seinen Feldzügen unbekannte Pflanzen sammelte. Ein anderer Schüler, Theophrast, widmete sich der Klassifizierung der Pflanzen und begründete die Botanik.

Doch nach wenigen Jahrhunderten kam diese frühe Blüte der Naturbeobachtung zu einem Ende. Im Orient wurden glücklicherweise die naturwissenschaftlichen Ansätze der Griechen erhalten und zum Teil weitergeführt. In den christlichen Klöstern begann man erst ab dem 11. Jahrhundert, die griechische Naturphilosophie wiederzuentdecken und Bruchstücke davon mit christlichem Gedankengut zu verbinden. Es entstand die zentrale Vorstellung der großen Kette des Seienden, die bis ins 20. Jahrhundert zur dominierenden Interpretation der Natur werden sollte. Sie geht zurück auf Platon und Aristoteles, die ein hierarchisches System entwickelt hatten, das mit den einfachsten, unbelebten Dingen begann und bis zum Menschen als dem höchstentwickelten Lebewesen reichte. Diese Leiter wurde nach oben erweitert, umfasste somit Erde und Himmel und eignete sich gut, alles in Gottes Schöpfung einzuordnen. Alle Dinge und alle Lebewesen und alle Menschen hatten für ewige Zeiten ihren unabänderlichen Platz und waren nach ihrer Nähe zu Gott sortiert. Dieses System war Garant für eine statische Gesellschaft in einer fest gefügten Welt. Die Idee, in dieses Werk Gottes einzugreifen, lag fern und galt als Sünde. Typische »Biologiebücher« dieser Zeit waren zum Beispiel die Bestiarien, die ab dem 10. Jahrhundert Merkmale und Verhaltensweisen von Tieren in moralischer Absicht zu Inhalten der christlichen Heilslehre in Beziehung brachten.

Die wichtigste Pflicht des Menschen war Demut und Ehrfurcht vor jenen, die über einem stehen, die schlimmste Sünde war Ungehorsam und Stolz. Deshalb ist der letzte Kreis der Hölle in Dantes *Göttliche Komödie* für jene vorgesehen, die ihre Herren verrieten. So hatte man bis zur Renaissance und Aufklärung viele gute Gelegenheiten, ein Sünder zu werden, jedoch wenig Chancen, Ansehen als kritischer Naturforscher zu erwerben. Andererseits waren gerade die Klöster das Sammelbecken nicht nur für Fromme, sondern auch für Neugierige, die das Mönchsdasein nutzten, um eine Ausbildung zu erhalten und sich im erlaubten Rahmen der Naturforschung zu widmen. Sie mussten dabei sehr vorsichtig sein, welche Aussagen sie über die Natur machten, denn diese galt neben der Bibel als zweite Offenbarung Gottes. Jede Erkenntnis eines Naturforschers hatte so unmittelbare theologische Bedeutung und musste mit der herrschenden Lehre vereinbar sein.

Nach der Zerstörung des byzantinischen Kaiserreichs durch die Türken 1453 waren viele Gelehrte nach Italien geflohen und hatten mit ihrem Wissen Europa infiziert. Einige weltliche Herrscher, etwa die Medici, begannen eine Tradition der Förderung der Wissenschaften – erstmals auch mit dem Gedanken, aus dem Wissen Nutzen zu ziehen. Allmählich bröckelte das mittelalterliche System unter der Last solcher Neuerungen wie dem Buchdruck (1450), der Entdeckung Amerikas (1492), der Reformation (1517), der ersten Umschiffung der Erde durch Magellan (1522), dem kopernikanischen Weltbild (1543) und vielem mehr.

Das Wissen der Antike wurde nun unter dem Wissenschaftsideal des Humanismus systematisch wieder erschlossen, durch eigene Beobachtungen und Berichte der seefahrenden Forschungsreisenden ergänzt und zu umfassenden Sammlungen zusammengestellt, die die Basis für die Entstehung der modernen Naturwissenschaften mit neuen Methoden und neuen Theorien bildeten. Der Protestantismus erlaubte es, neben der Bibel auch die Natur als Offenbarung Gottes zu betrachten und zu erforschen. »Die Naturforschung geht ihren Gang ganz allein an der Kette der Naturursachen nach allgemeinen Gesetzen derselben, zwar nach der Idee eines Urhebers, aber nicht um die Zweckmäßigkeit, der sie allerwärts nachgeht, von demselben abzuleiten, sondern sein Dasein aus dieser Zweckmäßigkeit, die in den Wesen der Naturdinge gesucht wird, womöglich auch in den Wesen aller Dinge überhaupt, mithin als schlechthin notwendig zu erkennen«, beschreibt Immanuel Kant in der *Kritik der reinen Vernunft* 1781 die neue Haltung.

So konnte Schritt für Schritt eine neue Wissenschaft des Lebens entwickelt werden. Galilei beschrieb in seiner Mechanik auch biologische Systeme, etwa die Statik hohler Tierknochen, Leonardo da Vinci fertigte akribische Zeichnungen vom Vogelflug und den Gelenken der Flügel. Francis Bacon gab der Wissenschaft ein neues Ziel, nämlich das menschliche Leben mit neuen Erfindungen und Mitteln zu bereichern. Er plante nicht nur Akademien, in denen freie Forschung ohne feste Dogmen betrieben werden sollte, sondern auch botanische Gärten, in denen durch Züchtung völlig neue Pflanzen entstehen sollten. Descartes erklärte den Körper zur Maschine und gab ihn damit endgültig zur detaillierten vorurteilslosen Untersuchung frei.

Die Erfindung des Mikroskops erlaubte der Biologie ab Anfang des 17. Jahrhunderts, in den Mikrokosmos vorzustoßen. Swammerdam entdeckte die roten Blutkörperchen, Leeuwenhoek die Bakterien, Hooke die Zelle. Weitere wichtige Schritte waren die neue Systematik Linnés für Flora und Fauna und die Einführung der Idee der Evolution durch Lamarck.

Anfang des 19. Jahrhunderts war der Boden für einen epochalen Durchbruch bereitet. 1859 verwandelte Darwin die Weltsicht eines jeden denkenden Menschen der westlichen Welt, indem er sein Werk über die Entwicklung der Arten vorlegte und damit den Menschen ins Tierreich einordnete, was von Sigmund Freud später als die zweite große Kränkung der Menschheit bezeichnet wurde.

Darwin formulierte mit seiner Theorie der natürlichen Auslese einen Mechanismus für das Entstehen und Vergehen aller Lebewesen einschließlich des Menschen. Damit schenkte er der Welt eine viele Millionen Jahre während natürliche Vergangenheit und eine offene Zukunft. Der Grieche Heraklit hatte zwar schon knapp 2400 Jahre vor ihm postuliert, dass »alles fließt«. Aber erst Darwin hat uns den Blick auf den Fluss des Lebens wirklich eröffnet und den progressiven Teil der Menschheit für den Kampf gegen die Propheten des ewig Gleichen gerüstet. 1864 antwortete Papst Pius IX. mit einem Bannfluch gegen die Moderne, in dem »80 Zeitirrtümer« aufgelistet wurden, die von der Evolutionstheorie über Pantheismus, Protestantismus, Rationalismus, Liberalismus bis zum Sozialismus reichten.

Doch der Gang der Geschichte war nicht aufzuhalten. Schon ein Jahr nach dem kirchlichen Bannfluch hatte der fromme und gottesfürchtige, aber wissbegierige

Augustinermönch Gregor Mendel die Grundlagen für die spätere Wissenschaft der Genetik gelegt, die es dem Menschen ermöglichte, die Schöpfung selbst in die Hand zu nehmen. Der »Code des Lebens« war zur Entdeckung freigegeben, konnte jedoch sein Wesen noch ein halbes Jahrhundert vor den forschenden Blicken verbergen. Mit Max Delbrück und Erwin Schrödinger nahmen sich erstmals Physiker Fragen der Biologie an. Aber bis 1953 blieb »Gen« nur ein Name für etwas, von dem niemand wusste, wie es aussieht und ob es überhaupt existiert. Dann kam der Jahrhundertdurchbruch und brachte die Struktur unseres Erbmaterials, die DNA, ans Licht. Die Biologie wurde zur Informationswissenschaft, die sich im Kern mit einem digitalen Code beschäftigt. 1973 wurde das erste Lebewesen gentechnisch verändert. Seitdem ist die Molekularbiologie, wie auch die Chemie, nicht mehr nur eine analytische, sondern ebenso eine synthetische Wissenschaft. So wie der Mensch es gelernt hat, Stoffe herzustellen, die es nirgendwo sonst im Universum gibt, so kann er nun auch Lebensformen schaffen, die die Natur selbst nicht hervorgebracht hat. Im Jahr 2000 wird der Text des Humangenoms vorgelegt – und Pius IX. selig gesprochen.

Diese neue Macht der Biologie hat einerseits schnell zur Entwicklung einer Vielzahl gentechnisch veränderter Mikroorganismen, Pflanzen und Tiere geführt, andererseits auch für Ängste und vor allem für viel Verunsicherung gesorgt, die bis heute vorherrscht. Seit Erfindung der Gentechnik wird daher die Forschung von einem bioethischen Diskurs flankiert. Dieser hat die wichtige Aufgabe, über die Anwendung von neuem Wissen nachzudenken und die Konsequenzen dieser Anwendungen von verschiedenen Seiten zu beleuchten, um die individuelle Meinungsbildung zu unterstützen. Er kann jedoch nur auf der Basis einer guten Kenntnis der belebten Natur, ihrer Gesetze und Entwicklungsprozesse erfolgen. Hierzu wollen wir mit diesem Kapitel einen Beitrag leisten.

Das ist Leben

> »Ich bin, ich weiß nicht wer.
> Ich komme, ich weiß nicht woher.
> Ich gehe, ich weiß nicht wohin.
> Mich wundert, dass ich so fröhlich bin.«

Diese Zeilen wurden vor rund 400 Jahren von Angelus Silesius verfasst. Die Frage nach dem Leben ist universell, doch schwer zu beantworten. Goethe beschreibt treffend die Verschlossenheit der Natur, die uns freiwillig keinen Tipp geben will: »Sie spritzt ihre

Geschöpfe aus dem Nichts hervor und sagt ihnen nicht, woher sie kommen und wohin sie gehen.« Im Brockhaus von 1851 lesen wir: »Leben ist ein schwer zu definierender Begriff, obschon vielleicht die meisten Menschen ganz gut zu wissen glauben, was sie sich darunter zu denken haben.«

102 Jahre später zeigten James Watson und Francis Crick, dass es zwar schön sein mag, wenn sich jeder so seine Vorstellungen macht, während die Natur ein Pokerface zeigt, dass man es aber auch genauer erforschen kann. Sie folgten der Marschroute, die Erwin Schrödinger (1887–1961) einige Jahre zuvor in seinem äußerst einflussreichen Buch *Was ist Leben?* vorgegeben hatte. Schrödinger hatte bereits mit seinem Beitrag zur Quantentheorie die Physik revolutioniert. Nun brachte er Schwung in die Biologie, indem er, während viele Biologen noch von der Idee einer Lebenskraft beeinflusst waren, das Geheimnis des Lebens in einer »höchst geordneten Gruppe von Atomen« lokalisierte, die einen »Code der Vererbung« bildeten. Er griff damit die Vorstellung von Max Delbrück (1906–1981) auf, der bereits 1935 gemeinsam mit dem Genetiker Nikolai Wladimirovich Timoféef-Ressovsky und dem Physiker Karl Günter Zimmer in der Schrift *Über die Natur der Genmutation und der Genstruktur* dargelegt hatte, dass es sich bei den Genen, die bis dahin nur als abstraktes Medium der Vererbung gesehen wurden, um große Moleküle handeln musste.

Watson und Crick bastelten aus Pappe, Metallscheiben und Draht ein Modell jener Moleküle, die heute jedes Kind als DNA kennt, und gaben damit eine Antwort auf die Frage »Was ist Leben?«, die bis heute Gültigkeit besitzt. Es ist eine Antwort unter vielen, doch sie geht an die Substanz. Weitere 50 Jahre dauerte es, bis die 3,2 Milliarden Buchstaben der menschlichen DNA mit ihren etwa 30 000 Genen auf den 46 Chromosomen entziffert waren. Die Frage »Was ist Leben?« kann im Grundsatz aus biologischer Sicht als beantwortet gelten.

Ebenso jene nach dem Ursprung des Lebens. Obwohl die Theorien zur Urzeugung noch bruchstückhaft und variantenreich sind, haben wir eine gute Vorstellung, wie die Stationen auf dem Weg zum Leben ausgesehen haben müssen. Die wissenschaftliche Schöpfungsgeschichte lautet in Kurzform:

Nach Abklingen des großen Bombardements aus dem All war die Atmosphäre der Erde sauerstofffrei, reduzierend, dicht, nass, heiß und giftig, erfüllt von Blitzen, vulkanischem Staub und aus heißen Quellen austretenden Dampfwolken. Die Urgase CO_2, NH_3, CH_4, H_2O und H_2 reagierten miteinander und bildeten Aminosäuren, Alkane, Säuren, Lipide und schließlich die ersten zellähnlichen Strukturen, welche begannen, sich selbst zu vervielfältigen. Mit Variation und Selektion setzte die biologische Evolution ein. Die Erde wurde zur Heimat von Chemobakterien und schleimig grünen Biomatten, den Urvätern aller Pflanzen, Tiere und Menschen.

Betrachten wir zum Vergleich die ägyptische und die sumerische Überlieferung sowie den Schöpfungsmythos aus dem Alten Testament:

»Am Anfang war der riesige Ozean Nun. Aus dem Chaos dieses unendlichen Wassers wächst der Urhügel Tatenen empor. Genau über ihm steigt eine Lotosblüte auf, aus der der Sonnengott Re hervorsteigt. In dem Chaos macht sich der Gott Ur-Atum (das All) an die Erschaffung des unendlichen Universums.«

»Nachdem der Himmel von der Erde getrennt wurde und die Muttergottheiten hervorgesprossen waren, nachdem die Erde gesetzt wurde, die Erde gegründet wurde, da nahmen An, Enlil, Utu und Enki, die großen Götter, an dem erhabenen Hochsitz Platz und erzählten untereinander: Was wollt ihr nun tun? Was wollt ihr nun schaffen? Im Uzumua von Nippur wollen wir die Lamga-Götter schlachten, damit ihr Blut die Menschheit hervorsprießen lasse.«

»Am Tag, da Er, Gott, Erde und Himmel machte, noch war aller Busch des Feldes nicht auf der Erde, noch war alles Kraut des Feldes nicht aufgeschossen, und Mensch, Adam, war keiner, den Acker, Adama zu bedienen: aus der Erde stieg da ein Dunst und netzte all das Antlitz des Ackers, und Er, Gott, bildete den Menschen. Staub vom Acker, er blies in seine Nasenlöcher Hauch des Lebens, und der Mensch wurde zum lebenden Wesen.«

Die Mythen zeigen, dass sich die Menschen die Frage nach ihrer Entstehung schon seit langem stellen. Wir müssen zugeben, dass die wissenschaftliche Story weit weniger anschaulich ist. Doch sie hat einen großen Vorteil: sie lässt Platz zum Weiterforschen. Und das Forschen ist Teil der menschlichen Natur.

Der universelle Code

Dass alle Lebewesen aus den gleichen chemischen Elementen bestehen, ist im Grunde nicht weiter verwunderlich. Schließlich gibt es auf der Erde nur 92 chemische Grundbausteine, die wir daher nicht umsonst als elementar bezeichnen. Doch das Baumaterial macht nicht das Wesen aus – weder bei der Kathedrale noch beim Frosch. Entscheidend sind die Baupläne, die bei allen Lebewesen in Form des Genoms vorliegen und – wie in den letzten Jahren gezeigt wurde – überraschende Übereinstimmungen aufweisen. Sie sind erstens alle in derselben Sprache verfasst, die über lediglich vier Buchstaben verfügt. Und sie haben zweitens eine Vielzahl weitgehend übereinstimmender Textblöcke. Bei Mensch und Schimpanse, unserem nächsten lebenden Verwandten, sind sie zu 98,7 Prozent identisch, aber auch schon zwischen Mensch und Maus, einem dem Augenschein nach eher entfernten Verwandten, besteht eine Übereinstimmung von 97,5 Prozent. Beruhigend zu wissen, dass der Unterschied zwischen den Arten nicht nur von den Genen an sich herrührt, sondern auch von der Art und

Weise, wie sie im Organismus an- und ausgeschaltet werden. Wir brauchen uns wegen ein paar Zehntausend gemeinsamer Gene also nicht für mausartige Wesen zu halten. Im Leben sind besonders die kleinen Unterschiede wichtig.

Die hohe Übereinstimmung zeigt uns, dass Genome in der Evolution ein paar Jahrmillionen benötigen, um sich deutlich auseinander zu entwickeln. Die Abstammungslinie, aus der später der Mensch hervorging, und die, die zur heutigen Maus führte, trennten sich vor etwa 100 Millionen Jahren, die zwischen Mensch und Fisch schon vor etwa 420 Millionen Jahren. Trotzdem hilft heute die Erforschung des Zebrafischs dabei, die biologischen Funktionen des Menschen und vor allem seine Krankheiten besser zu verstehen.

Die gärende Saftzeit des Weltfrühlings

Wir müssen über 3 Milliarden Jahre zurückschauen, um zu sehen, wie das allererste Leben in die Welt kam. Am Anfang war nicht das Wort, sondern, wie der Romancier Jean Paul es im vorletzten Jahrhundert formulierte, »elternlose Leben-Krystallisationen«, die in der »gärenden Saftzeit des Weltfrühlings« stattfanden. Wie haben wir uns diese vorzustellen?

»Die Regale ächzen unter der Last der Bücher, die sich mit dem Ursprung des Lebens beschäftigen«, sagt der US-Biochemiker Robert Shapiro, der freilich ebenfalls zu dieser Last beigetragen hat. Das Ächzen der Regale ist ein sicheres Zeichen dafür, dass man diesen Ursprung noch nicht kennt. Sonst gäbe es nicht Tausende von Seiten mit Hypothesen und Spekulationen zu füllen. Faktenwissen lässt sich weit komprimierter darstellen. Es gibt aber einige Vorstellungen, die plausibel und auch experimentell belegt sind. Dabei kann man natürlich immer nur zeigen, dass dieser oder jener Mechanismus sich so oder so hätte abspielen können, niemals, ob es wirklich so war. Streng genommen kann Wissenschaft immer nur versuchen, Fragen zu beantworten, letzte Wahrheit kann sie nicht für sich in Anspruch nehmen. Bescheidenheit und Demut steht Wissenschaftlern gut an und unterscheidet sie von anderen, die behaupten, letzte Wahrheiten zu kennen.

Das Ur-Gen-Kollektiv

Alles Leben hat einen gemeinsamen Ursprung. Aber wie sah der aus? Gab es wirklich jenes eine erste Lebewesen? Oder waberte das Leben mehr so diffus umher? Nach neuesten Forschungen scheint Letzteres der Fall. Die Entwicklung des Lebens begann nicht mit einer einzigen, ersten Zelle, sondern mit einer Art Gen-Kollektiv, in dem die Vorläufer der ersten Zellen ihre Gene und Proteine rege untereinander austauschten. Irgendwann wurden dann die Zellen so kompliziert, dass die Gene nicht mehr so leicht hin und her zu schieben waren. Diesen Zeitpunkt nennt der Biologe Carl Woese von der Universität Illinois »darwinsche Schwelle«. Von da an gewann die Weitergabe von Informationen an Nachfahren an Bedeutung. Die Urbakterien kopierten ihre Gene komplett und gaben die Kopien an ihre Tochterzellen weiter. So setzte die eigentliche Evolution ein, und der Baum des Lebens begann, zu wachsen und sich zu verzweigen.

Die Ursuppe

Bevor aber überhaupt die Vorläufer von Zellen und jene berühmten Informationsmoleküle namens DNA die biologische Evolution in Gang setzen konnten, muss es eine famose Entwicklung gegeben haben, die mit toter Materie begann und mit lebender endete. Der Russe Aleksandr Oparin (1894–1980) prägte in seinem 1924 entstandenen Buch *Ursprung des Lebens* dafür den Begriff der chemischen Evolution und führte ihn damit aus der Biologie in die Welt der Chemie ein.

Zu gerne würde man jene unbekannten Prozesse, die sich vor 4 Milliarden Jahren abgespielt haben, im Labor rekonstruieren. So ging es jedenfalls dem Chemiestudenten Stanley Miller, der sich daher Anfang der 1950er-Jahre eine passende, leicht vereinfachte Erde im Reagenzglas baute. Er packte Wasser und ein Gemisch aus Wasserstoff, Ammoniak, Methan und Wasserdampf in einen Glaskolben und ließ dann kleine Blitze dort einschlagen. Nach ein paar Tagen wurde das Wasser trüb und man konnte unter anderem Aminosäuren, die Bausteine des Lebens, darin finden, aus denen Proteine aufgebaut werden. Das »Miller-Experiment« hatte gezeigt, dass Bestandteile des Lebens, wie bereits in den 1920er-Jahren postuliert, durch eine chemische Reaktion spontan in einer Ursuppe entstanden sein könnten.

Heute wissen wir, dass Millers Laborwelt mit den wirklichen Verhältnissen vor 4 Milliarden Jahren wenig Ähnlichkeit hatte. So hatte er zwar gezeigt, dass Leben aus Nicht-Leben entstehen kann, aber nicht, wie es wirklich abgelaufen ist. Deshalb wurde das Miller-Experiment in allerlei anderen Zusammensetzungen wiederholt – mit einem verblüffenden Ergebnis: Es klappte eigentlich immer. Hoimar von Ditfurth schrieb später:

»Es schien vollkommen gleich zu sein, auf welche Ausgangsstoffe man zurückgriff. Hauptsache war, dass das Gemisch Kohlenstoff, Wasserstoff und Stickstoff enthielt, jene Atome, die den Hauptteil aller lebenden Materie bilden ... Mit welchen Mitteln auch immer man die Bedingungen der Urerde zu kopieren versuchte, in praktisch jedem Fall entstanden die komplizierten Moleküle, deren ›abiotische Genese‹, deren Entstehung ohne die Anwesenheit von Lebewesen nicht nur so vielen vorangegangenen Forschergenerationen, sondern auch den Männern, die diese Versuche jetzt durchführten, bis dahin so geheimnisvoll erschienen war.«

Hilfe aus dem All?

Bleibt noch die Frage, wo jene Urzeugung stattgefunden hat. Die ersten Lebewesen tauchten vor etwa 3,8 Milliarden Jahren auf. Die Erde entstand aber gerade einmal kurz vorher, nämlich vor 4,5 Milliarden Jahren. Da kommen Zweifel auf, ob das wirklich so flott hat gehen können. Viele neigen daher zur Annahme, dass der ganze Prozess schon vor der Entstehung der Erde losgetreten wurde, als unser Sonnensystem allmählich Gestalt annahm. Durchgespielt wurde das Szenario mit ein paar Krümeln Monderde, die man im Vakuum mit UV-Licht bestrahlte. Russische Forscher zeigten, dass dabei bereits Bestandteile der DNA synthetisiert werden konnten. Diese ersten Monomere (einteilige organische Moleküle) könnten bei Entstehung der Erde also schon da gewesen sein. Das Leben musste auf der Erde nicht in der Ursuppe starten, sondern konnte gleich im zweiten Gang durchstarten und mit der Bildung von Polymeren (mehrteilige Moleküle) loslegen. Als vor einigen Jahren der eisige Komet Hale Bopp an der Erde vorbeirauschte, entdeckte man in ihm eine Menge organischer Bausteine, die für diese Theorie sprechen, die schon im Jahre 1906 der Chemie-Nobelpreisträger Svante Arrhenius vertreten hat. Der behauptete in seiner Panspermie-Theorie sogar, dass das Leben fix und fertig durch Kometen oder Meteoriten, in denen sich Sporen oder Keime befanden, aus dem All zu uns gekommen sei – eine Vorstellung, die bis heute nicht widerlegt ist, jedoch auch noch auf eine Bestätigung durch die Forschung der Astrobiologie wartet. Mehr dazu im Kapitel LEBEN IM UNIVERSUM.

Süßwassertümpel oder Schwarze Raucher

Bleiben wir bei irdischer Theoriebildung. Wir brauchen einen Weg der chemischen Evolution von der Aminosäure bis zur Zelle. Insgesamt 20 verschiedene Aminosäuren sind die Grundbausteine aller Proteine, die in Lebewesen vorkommen. Denn wenn die Zelle da ist, ist auch das Leben da. Ein entscheidender Schritt war vielleicht ein molekularer Mechanismus, der Primärpumpe genannt wird und dafür sorgte, dass sich Aminosäuren zu längeren Ketten, den Peptiden, verbanden. Um sich vervielfältigen zu können, mussten die aber zuvor in etwas Zellenartiges rein, in irgendein Bläschen mit einer umgebenden Membran, die sie vor ihrer Umgebung schützte. Wie so ein Vesikel entstehen kann, hat man ausprobiert. Dabei zeigte sich, dass das Leben, wenn es auf diese Weise entstanden ist, nicht im Meer begonnen haben konnte, sondern in Frischwasserreservoirs an Land.

Oder doch nicht? Eine Konkurrenztheorie lokalisiert unser aller Anfang in einer Art marinen Hölle in Gestalt von heißen Quellen der Tiefsee, die als »Schwarze Raucher« (black smokers) bezeichnet werden, weil sie Schwefelwasserstoff enthalten, wobei Wolken aus schwer löslichen schwarzen Metallsulfiden entstehen. Das Wasser ist dort 350 Grad Celsius heiß, der Druck beträgt teilweise mehr als das 300fache des Atmosphärendrucks. Auch dieses Inferno wurde im Experiment nachgestellt. Entstanden sind dabei kleine kugelige Strukturen von etwa zwei Tausendstel Millimeter Durchmesser, welche zellartige Membranen aufwiesen, die denen von primitiven Einzellern gleichen.

Vielleicht war es aber auch ganz anders. Letzte Klarheit wird es hier wohl nie geben, da die chemische Evolution keinerlei Zeugnisse hinterlassen hat und so jede Rekonstruktion nur durch ihre interne Stimmigkeit und Vereinbarkeit mit allem, was man weiß, zu überzeugen vermag, niemals aber bewiesen werden kann.

Von Zelle zu Zelle

Wie auch immer der biologische Urknall ausgesehen haben mag, spätestens vor 3,5 Milliarden Jahren waren die ersten Einzeller und damit das Leben, wie wir es kennen, da. Lebewesen sind Ansammlungen von Zellen. Was nicht aus Zellen besteht, lebt auch nicht. Die einfachsten Lebewesen sind Einzeller. Der Mensch hat 100 Billionen Zellen. Die Zelle ist der Elementarorganismus schlechthin. Wer nichts über Zellen weiß, weiß wenig über die Biologie des Lebens.

Jede Zelle ist ein geschlossenes Gebilde und enthält einen kompletten Datensatz mit allen Anweisungen, die sie benötigt, um ihre Aufgaben erfüllen und sich fortpflanzen zu können. Jede Zelle benutzt das gleiche Betriebssystem, das in vereinfachter Form nach der Kurzformel »DNA macht RNA macht Protein« funktioniert. Die DNA enthält alle Informationen, die RNA übersetzt diese Informationen zur Bildung der Proteine. Die Proteine sind die eigentlichen Akteure. Es gibt Milliarden verschiedener Proteine. Aber alle bestehen aus nur 20 verschiedenen Aminosäuren, den Bausteinen des Lebens.

Warum sind Zellen der Kern allen Lebens? Die Antwort ist einfach: Weil sie einen eigenen Energiestoffwechsel haben und sich teilen können. Nur Gegenstände, die über die Fähigkeit zur Replikation verfügen, zählen zum Reich des Lebendigen. Höhere Organismen bestehen aus Zellgemeinschaften, die ihre Existenz immer einer einzelnen Zelle verdanken, die sich teilt und damit neue Zellen hervorbringt, die sich wiederum teilen und zugleich differenzieren und so weiter: bis aus einer befruchteten Eizelle ein Mensch oder ein Huhn oder ein Krokodil geworden ist.

Bevor im 17. Jahrhundert das Mikroskop erfunden wurde, konnte aus rein technischen Gründen niemand etwas über Zellen wissen, da selbst die größten Exemplare mit einem Durchmesser von 0,2 Millimeter für das bloße Auge nicht erkennbar sind, von den 500-mal kleineren Winzlingen ganz zu schweigen. 1665 sah Robert Hooke (1635–1703) erstmals (tote) Zellen in Korkscheiben unter dem Mikroskop. Gegen Mitte des 19. Jahrhunderts waren genug tierische und pflanzliche Zellen beobachtet worden, um die überaus kühne Behauptung aufstellen zu können, dass Zellen immer aus anderen Zellen entstehen, woraus sich leicht folgern lässt, dass auch alle lebenden Organismen nicht spontan entstehen, sondern aus anderen Organismen hervorgehen. 1858 stellte Rudolf Virchow (1821–1902) in Berlin ein für alle Mal fest: »Omnis cellula e cellula« (Jede Zelle entstammt einer Zelle). Alles Leben auf der Erde ist ein ununterbrochener Strom sich seit etwa 3,8 Milliarden Jahren teilender Zellen, die große Gemeinschaften in allen erdenklichen Gestalten bilden – Virchow sprach von »Zellenstaaten«.

Wie aber sieht es im Innern der Zelle aus? Bis Mitte des 19. Jahrhunderts wusste man darüber praktisch nichts. Dann begann der deutsche Zellforscher Walther Flemming (1843–1905) damit, allerlei kurz zuvor erfundene synthetische Farbstoffe auf seine Proben zu träufeln, bevor er sie unters Mikroskop legte. Erfreulicherweise zeigte sich, dass Zellbestandteile im Kern die Farbe sehr stark aufnahmen und so sichtbar wurden. Er nannte sie Chromatin (nach dem griechischen Wort für Farbe), ohne zu wissen, dass er mit ihnen zum ersten Mal die Träger des Erbguts zu sehen bekam, deren Namen später zu Chromosomen (gefärbte Körper) abgewandelt wurde. Mit Hilfe immer besserer Färbetechniken und des 1933 erfundenen Elektronenmikroskops wurde nach und nach das restliche Inventar der Zelle ebenfalls sichtbar.

Einfache Bakterienzellen bestehen aus nur einer Kammer, die durch die Plasma-Membran von der Außenwelt getrennt ist. Sie enthält Wasser, in dem Proteine und DNA schwimmen. Alle anderen Zellen sind dagegen durch Membranen in verschiedene abgegrenzte Kompartimente gegliedert. Sie verfügen über:
- einen Zellkern, in dem sich die DNA befindet;
- Mitochondrien (mit eigener DNA) zur Energiegewinnung aus Nahrung, wobei sie Sauerstoff verbrennen;
- das Endoplasmatische Reticulum, in dem vor allem Stoffe für den Aufbau der Zellwand produziert werden, die dann im
- Golgi-Apparat weiter verarbeitet und zu ihrem Bestimmungsort transportiert werden;
- Lysosomen, in denen die Zelle Nahrung verdaut;
- Peroxisomen, eine Art Sicherheitskammern für den Umgang mit gefährlichen Stoffen, und
- andere Vesikeln, die Stoffe in die Zelle hinein zu den Lysosomen und aus ihr heraus transportieren.

Die Zelle hat außerdem ein Skelett aus Proteinfäden. Überall in der Zelle verteilt sind Ribosomen, die nach Anleitung der Gene alle Proteine produzieren, die benötigt werden. Pflanzenzellen verfügen zusätzlich über Chloroplasten, in denen sie durch Photosynthese Sonnenenergie zur Herstellung von Nahrung nutzen.

Der Baum des Lebens

Wie kann man sich einen Überblick über all die Lebewesen auf der Erde verschaffen? Die ersten Bemühungen finden wir in Form von Pflanzenbüchern in der Antike, etwa von Theophrast, der um 300 v. u. Z. eine Naturgeschichte der Pflanzen verfasste, die 1500 Jahre lang als Standardwerk diente.

Auch Aristoteles hatte eine Liste mit etwa 500 Pflanzen und Tieren angelegt und damit begonnen, sie zu klassifizieren, wobei er weit präziser beobachtete als so mancher nach ihm. So entging ihm zum Beispiel nicht, dass Wale und Delphine Luft atmen und ihre Jungen lebend zur Welt bringen, weshalb sie nicht mit den Fischen, sondern mit den Landtieren in eine Gruppe zu stecken waren. Er erkannte auch, dass eine klare und eindeutige Abgrenzung verschiedener Gruppen voneinander unmöglich war. Doch der Gedanke, dass es auch in der Wirklichkeit einen fließenden Übergang gibt und aus vorhandenen Tierarten neue hervorgehen, war noch fern. Aristoteles' Einteilung der Welt auf der Stufenleiter des Seienden war eine statische: Ganz unten stand die unbelebte Welt, dann folgten Pflanzen, dann die Tiere, schließlich der Mensch. Daran änderte sich auch nichts, als im 17. Jahrhundert die Zahl der bekannten Arten förmlich explodierte. Allein der britische Naturforscher John Ray (1628–1705) beschrieb über 18 000 Pflanzenarten. So wurde es immer schwieriger, den Überblick zu bewahren. Die Datenflut verlangte nach einer besseren Systematisierung.

Besonders für die Biologie war dieser Schritt nötig. Im Gegensatz zu Physik und Astronomie hat sie es nämlich mit Millionen unterschiedlicher Objekte zu tun, die noch dazu nicht tot daliegen oder geruhsam ihre Bahnen am Himmel ziehen, sondern ein fröhliches Durcheinander veranstalten. Solange hier keine Ordnung geschaffen war, war an die Entdeckung von Gesetzmäßigkeiten nicht zu denken. Solange Tiere nicht in Arten unterteilt waren, konnte auch nicht die Entstehung der Arten erforscht werden.

Gut sortiert ist halb gewonnen

Übernommen hat den mühsamen Job der Systematisierung der Schwede Carl Linnaeus (1707–1778), der sich selbst als »Buchhalters Gottes auf Erden« bezeichnete. Sein Hauptwerk *Systema naturae* wuchs von zwölf Seiten der Erstveröffentlichung 1735 auf 2340 Seiten der 12. Auflage im Jahr 1768.

Carl von Linné, wie der vom schwedischen König geadelte Linnaeus sich später nannte, sorgte dafür, dass seitdem alle von denselben Tieren oder Pflanzen sprechen, wenn sie denselben Namen gebrauchen. In seiner binären Nomenklatur reichen jeweils zwei Begriffe, um eine Art zu identifizieren. Der erste gibt die Gattung an, in die eine Art gehört, der zweite bezeichnet die genaue Art. So heißt zum Beispiel der Grauwolf mit zoologischem Namen *Canis lupus*, womit klar ist, dass er als Angehöriger der Gattung Canis (Hunde) zur Familie der Canidae (Hundeartige), gehört, die wiederum Teil der Ordnung Carnivora (Fleischfresser) ist, welche zur Klasse der Mammalia (Säugetiere) zählen, die unter den Stamm Chordata (Achsentiere) fällt, welcher sich schließlich im Tierreich (Animalia) findet.

Das Linnésche System hat damit eine wichtige Voraussetzung für die weitere wissenschaftliche Forschung geschaffen. Es wurde zum Begleiter jedes ernsthaften Naturforschers. »Nun habe ich zwar meinen Linné bei mir und seine Terminologie wohl eingeprägt, wo soll aber Zeit und Ruhe zum Analysieren herkommen, das ohnehin, wenn ich mich recht kenne, meine Stärke niemals werden kann?«, seufzt Goethe auf seiner *Italienischen Reise* im September 1786.

Linnés System war jedoch ein künstliches. Es basierte nicht auf tatsächlichen Verwandtschaftsbeziehungen, da Linné noch davon ausging, dass die Zahl der unterschiedlichen Arten konstant sei. Seiner Meinung nach gab es »so viel verschiedene Arten, als im Anfange vom unendlichen Wesen verschiedene Formen erschaffen worden sind«.

Der wirkliche Stammbaum

Seit Darwin wissen wir, dass alle Arten aus früheren hervorgehen und sich das Leben dabei wie ein Baum immer weiter verzweigt, wobei drei Hauptstämme (Bakterien, Archaea und Eukaryoten) zu Millionen kleiner Zweige führen. Das ist die natürliche Ordnung der Lebewesen und daher die Basis moderner, so genannter phylogenetischer Klassifikationssysteme.

Heute wird die Verwandtschaft nicht mehr nur aufgrund von Übereinstimmungen in Körperbau und Organfunktionen ermittelt, sondern im genetischen Material der verschiedenen Arten. Genetische Daten spiegeln den Fluss der Vererbung wider. Die gesamte biologische Welt kann damit untersucht werden. Zusätzlich zur sichtbaren Erscheinung vergleicht man nun die Bauanleitungen für die Körper in den Genen. Man geht dabei davon aus, dass eine feste Zahl von Mutationen pro Zeitabschnitt erfolgt. Wenn dem so ist, ist die Anzahl der Unterschiede im Genom ein Maß für die Zeit, die verstrichen ist, seit sich die Entwicklungswege der zu vergleichenden Arten getrennt haben.

Um Übereinstimmungen zu ermitteln, darf man natürlich nicht einfach nur zwei komplette Sequenzen, etwa eine vom Menschen und eine von der Maus, mit ihren jeweils gut 3 Milliarden Buchstaben nebeneinander legen. Mit dieser Methode erhielte man, da der gesamte Text ja nur in vier Buchstaben verfasst ist, einfach nach dem Zufallsprinzip 25 Prozent übereinstimmende Buchstaben. Gene mit gemeinsamem Ursprung können jedoch bei verschiedenen Arten an ganz unterschiedlichen Stellen im Genom sein. Man muss deshalb – vereinfacht gesagt – nach Textbausteinen mit höherer Übereinstimmung suchen, bei denen man davon ausgehen kann, dass sie einen gemeinsamen Ursprung haben, und den Gesamttext mit Hilfe diverser Tricks und Kniffe rearrangieren.

So kann man auch sehr entfernte Verwandte miteinander vergleichen und herausfinden, ob etwa dem Menschen der Tannenbaum oder die Sonnenblume näher steht. Bei solchen Untersuchungen kommt manches heraus, was man erwartet, zum Beispiel, dass Geschwister genetisch zu 99,95 Prozent übereinstimmen. An andere Ergebnisse müssen sich viele Menschen erst noch gewöhnen, etwa dass zwei beliebige Menschen, egal aus welchem Winkel der Erde sie stammen, zu 99,9 Prozent übereinstimmen, Mensch und Schimpanse zu 98,7 Prozent und Mensch und Hefepilz immerhin noch zu 30 Prozent, womit sie enger verwandt sind als manche Bakterienarten untereinander.

Darzustellen, wie alles, was auf diesem Planeten lebt und je gelebt hat, miteinander verwandt ist, ist freilich eine gewaltige, kaum zu bewältigende Aufgabe. Von einem lückenlosen und fehlerfreien Stammbaum des Lebens, der den tatsächlichen Verlauf der Evolution wiedergibt, und damit von einer phylogenetischen Systematik sind wir noch sehr weit entfernt. Um Vollständigkeit zu erreichen, müssten wir alle lebenden Arten und alle, die je gelebt haben, erfassen.

Schaut man sich eine aktuelle Übersichtsdarstellung an, so muss man mit Erschrecken feststellen, dass Pflanzen, Tiere und Pilze, auf die nicht nur unser Speiseplan, sondern auch unsere Vorstellung vom Leben begrenzt ist, nur drei von 23 Hauptästen des Baums des Lebens darstellen. Wir müssen uns also in unserem Forscherdrang bescheiden. Das meiste, was auf dieser Erde lebt, ist extrem klein und unscheinbar: Lebewesen, über deren Bedeutung man sich durchaus Gedanken machen kann, deren Namen man allerdings nicht zu kennen braucht. Wir müssen nicht wissen, welche Bakterien zu den Gram-positiven gehören und mit wem die Cyanobakterien über wie viele Ecken verwandt oder verschwägert sind. Interessant ist jedoch, welche Bakterien Magengeschwüre oder Lungenentzündung verursachen und warum. Mehr dazu im Kapitel MenschenLeben.

Zu den großen Aufgaben der Wissenschaft vom Leben gehört es, das Leben in seiner Vielfalt zu erfassen und die vielen unterschiedlichen Spielarten kennen zu lernen, die Abstammungslinie des Menschen exakt nachzuzeichnen, um so unseren eigenen Körper und Geist besser verstehen zu können, die Biologie jener Lebewesen im Detail zu erforschen, die für den Menschen von unmittelbarer Bedeutung sind – sei es als Nahrung (Reis), als Bedrohung (Krankheitserreger), als Freund (Bello) oder als Symbiont (Darmbakterium) – und schließlich auch die Prozesse im Gesamtgefüge des Lebens auf der Erde, der Biosphäre, zu beschreiben.

Mit oder ohne Zellkern?

Beginnen wir mit den grundsätzlichen Spielarten. Die erste Unterscheidung ist die zwischen Lebewesen, deren Zellen über einen Zellkern verfügen, und den Einzellern ohne Zellkern. Die ersten heißen Eukaryoten, die zweiten Prokaryoten.

Prokaryoten sind eher einfach gestrickt. Sie bestehen alle nur aus einer Zelle. Sie sehen alle ziemlich ähnlich aus – entweder kugelig, stabförmig oder korkenzieherartig. Sie sind also eher langweilig. Aber sie sind in evolutionärer Hinsicht extrem erfolgreich. Denn sie können sich mit so ziemlich jeder noch so garstigen Ecke dieser Erde als Lebensraum anfreunden. Jene, die an den übelsten Orten hausen und ohne Sauerstoff auskommen, heißen Archaea. Die anderen sind uns unter dem Namen Bakterien bekannt. Gemeinsam werden sie oft auch als das Reich Monera bezeichnet.

Pflanzen, Tiere, Pilze und der Rest

Zu den Eukaryoten zählen sowohl viele Einzeller, etwa die Amöbe, als auch der Mensch – woran man deutlich sieht, dass sie sich eklatant durch ihren Formenreichtum von den Prokaryoten unterscheiden. Angefangen hat die große Diversifizierung vermutlich damit, dass sehr frühe einzellige Eukaryoten vor rund 2 Milliarden Jahren Bakterien verspeisten, ohne diese zu verdauen. Die lebten dann sozusagen als innere Organe in ihnen weiter und erledigen bis heute wichtige Jobs. Dies behauptet die Endosymbiose-Hypothese, nach der etwa die Mitochondrien, die Kraftwerke unserer Zellen, in Wirklichkeit Bakterien sind (bzw. waren). Sie sind eine Symbiose mit unseren sehr frühen Vorfahren eingegangen und pflegen diese bis heute zum beiderseitigen Nutzen. Sie bekommen in unseren Zellen alles, was sie zum Leben brauchen, sowie Schutz vor ihren Feinden und liefern uns im Gegenzug Energie, ohne die wir nicht leben können.

Eukaryoten sind also in zweierlei Hinsicht vielfältiger als Prokaryoten. Ihre Zellen sind viel größer und enthalten eine Vielzahl unterschiedlicher Zellorgane, Organellen genannt. Und viele von ihnen bilden riesige Zellgemeinschaften, innerhalb deren sehr unterschiedliche Zelltypen unterschiedliche Funktionen übernehmen. Der Mensch ist ein solches Gebilde aus über 200 verschiedenen Zelltypen, die etwa als Leber-, Herz-, Hirn- oder Hautzellen Hand in Hand zusammenarbeiten und gemeinsam einen lebenden Organismus bilden.

Wer stammt von wem ab?

Steigt man am Baum des Lebens den Hauptstamm der Eukaryoten hoch, um in die Gegend zu kommen, die uns am meisten interessiert, weil wir selbst uns dort befinden, kommt man an allerlei unscheinbaren Wesen vorbei, um endlich auch zu jenen zu gelangen, die der durchschnittliche Leser dieses Buches aufzählen würde, wenn er nach Lebewesen gefragt wird: Pflanzen, Tiere und Pilze. Da der große Rest auch der Wissenschaft bis heute kaum bekannt ist, unterscheiden wir bei den Eukaryoten meist nur vier Reiche, nämlich jene drei und den Rest, genannt Protoctista oder Protista, worunter man einfach alle Einzeller mit Zellkern subsummiert. Neue molekularbiologische Analysen haben jedoch ergeben, dass es unter diesen Dutzende von Gruppen gibt, die nicht enger miteinander verwandt und evolutionsbiologisch daher ebenso voneinander zu trennen sind wie Pflanzen und Tiere.

Trotz aller spür- und beschreibbaren Distanz zwischen uns Tieren und den anderen Lebewesen müssen wir uns im Klaren darüber sein, dass alle Lebewesen einen gemeinsamen Ursprung haben. Und dann stellt sich eben die Frage: Wer stammt von wem ab? Wir von den Pflanzen? Die Pflanzen von den Pilzen? Wir von den Pilzen? Die Pilze von uns? Alle drei von einem gemeinsamen Vorfahren? Nun, vier der genannten Möglichkeiten sind schon gleich falsch gefragt. Da es sich um unabhängige Reiche handelt, kann nicht eines aus dem anderen hervorgegangen sein. Bei einer biologischen Klassifikation müssen Wesen, die unmittelbar von Pilzen abstammen, immer auch Pilze sein. Sind sie es nicht, so können sie höchstens einen gemeinsamen Vorfahren haben. Wollen wir richtig fragen, bleiben uns also nur vier Hypothesen. Entweder alle drei haben einen gemeinsamen Vorfahren oder jeweils eines der Reiche stammt vom gemeinsamen Vorfahr der beiden anderen ab. Unter den Forschern besteht heute weitgehende Einigkeit, dass sich die Pflanzen zunächst in ihrer Entwicklung vom gemeinsamen Vorgänger von Tieren und Pilzen getrennt haben. Mit anderen Worten: Der Pfifferling ist enger mit uns verwandt als mit der Sauerkirsche. Die lange vorherrschende Lehrmeinung, Pilze gehörten zu den Pflanzen, wurde von der modernen molekularbiologischen Forschung gekippt. Wer aber war der gemeinsame Vorfahre von Pilz und Mensch? Wahrscheinlich ein einzelliger Schleimpilz, der daher, da man ihn lange für einen gehalten hat, zwar Pilz heißen, aber kein Pilz sein kann.

So sind wir also bei den Tieren angekommen. Und noch immer ist die Welt kunterbunt und bedarf weiterer Ordnung. Nach aktueller Einschätzung gibt es etwa 35 verschiedene Tierstämme. Jeder dieser Stämme untergliedert sich wiederum in Klassen, und in denen geht die Verästelung erst richtig los. So umfasst die Klasse der Wirbeltiere 46 500 Arten, die der Gliederfüßer 1,5 bis 2 Millionen. Etwas übersichtlicher sieht es im Pflanzenreich aus. Hier gibt es vermutlich insgesamt nur etwa 1 Million verschiedene Arten, wovon mehr als drei Viertel zu den Samenpflanzen (Spermatophyta) zählen. Der Rest verteilt sich auf Algen, Farne und Moose.

Chronologie des Lebens

Es gibt zwei Arten von Spuren, die das Leben hinterlässt: Spuren im Gestein und Spuren im Genom. Mit Ersteren befasst sich die Paläontologie, die nach mineralisierten Teilen von Lebewesen oder Abdrücken und anderen Spuren sucht. Das Wort Fossil stammt vom lateinischen »fossilis« und bedeutet »ausgegraben«. Es wird für alle Überreste und Spuren von Organismen benutzt, die älter als zirka 10 000 Jahre sind. Highlights sind natürlich komplett erhaltene Tiere, beispielsweise tiefgefrorene Mammuts, die man als Körperfossilien bezeichnet. Als Begründer der Paläontologie gilt der Schweizer Conrad Gesner (1516–1565), der sich in seinem Werk *De Rerum Fossilium* erstmals systematisch mit den im Boden gefundenen Objekten aus vergangenen Zeiten auseinander setzte.

Bevor sich die Evolutionstheorie Darwins durchgesetzt hatte, mussten alternative Erklärungen für Fossilien gefunden werden. Aristoteles interpretierte sie als Beweis der Urzeugung von Lebewesen aus Erde und Schlamm, wobei manche der organischen Gestalten nicht zu vollem Leben erwacht und im Erdreich verborgen geblieben sein sollen. In Übereinstimmung mit der Sintfluttheorie galten Versteinerungen lange als bei

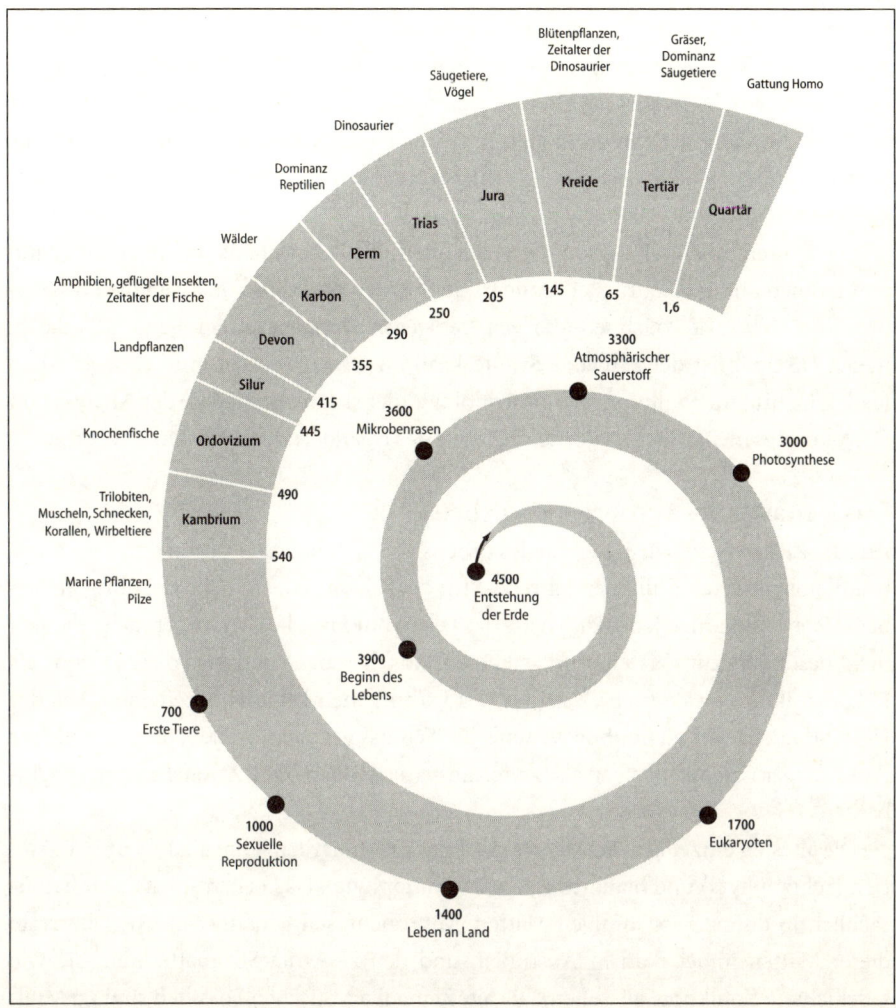

ABB. 1.1 *Das erste Leben auf der Erde entsteht vor etwa 3,9 Mrd. Jahren. Mit Beginn des Kambriums vor 540 Mio. Jahren findet eine sprunghafte Entwicklung neuer Lebensformen statt. Beim Übergang von Perm zu Trias und beim Übergang von Kreide zu Tertiär ereigneten sich gigantische Massensterben. Beim Letzteren verschwanden die Dinosaurier von der Erde (Zeitangaben in Millionen Jahren).*

dieser biblischen Katastrophe ertrunkene Lebewesen. Nachdem im Jahre 1635 ein Mammutknochen im Rhein gefunden worden war, schien der Beweis erbracht, dass sich in der Gegend früher häufig 9 Meter große Riesen und Drachen aufgehalten haben mussten. Der Forscher E. Bertram meinte 1766, Gott habe die Fossilien in den Boden gelegt, um diejenigen zu prüfen, die an der göttlichen Schöpfung zweifelten. Der Breslauer Mineraloge Karl Georg von Raumer war 1819 davon überzeugt, dass Fossilien verunglückte Probeschöpfungen der Natur seien. Als einer der Ersten stieß der Franzose

Georges Cuvier (1769–1832) auf die richtige Fährte. Durch seine Rekonstruktion des Riesenfaultiers *Megatherium* (großes Tier) zeigte er Ende des 18. Jahrhunderts, dass sich die fossilen Funde zu ausgestorbenen Tieren zusammensetzen ließen. Cuvier lehnte dennoch die Idee einer Evolution ab und vertrat die so genannte Katastrophentheorie, nach der immer wieder viele Arten vernichtet und anschließend neue erschaffen worden seien.

Die Spuren im Genom erforscht seit kurzem die Paläogenetik, die nicht aufgrund von Zähnen und Fußabdrücken, sondern in Protein- und Gensequenzen die Entwicklung des Lebens nachzeichnet, was weit weniger zur Fantasie anregt. Begründer dieser neuen Disziplin ist der Schwede Svante Pääbo, zurzeit Direktor am Leipziger Max-Planck-Institut für evolutionäre Anthropologie, der sich insbesondere der Analyse von DNA unserer menschlichen Vorfahren, etwa des Neandertalers oder Ötzis, widmet.

Das Zeitalter des verborgenen Lebens

Aus der Zeit zwischen dem Beginn des Lebens vor 3,9 Milliarden Jahren und dem Kambrium vor rund 540 Millionen Jahren ist für die Paläontologen nicht viel übrig geblieben. Über 3 Milliarden Jahre lang hatte das Leben nur Einzeller hervorgebracht, die sich nicht besonders zur Versteinerung eigneten. Aus diesem Grund wird diese Periode als Kryptozoikum, zu deutsch »Zeitalter des verborgenen Lebens« bezeichnet. Aus der Unsichtbarkeit darf nicht ohne weiteres der Schluss gezogen werden, dass es in dieser Zeit weniger Organismen gab als heute. Sie waren jedoch ohne Zweifel sehr unscheinbar.

Die ältesten einzelligen Fossilien sind zirka 3,6 Milliarden Jahre alt. Es waren Bakterien (Schizophyta) und blaugrüne Algen (Cyanophyta). Das Leben spielte sich hauptsächlich in dünnen schaumigen Matten, Mikrobenrasen genannt, ab. Als Überreste dieser Matten findet man in Australien und den USA die Stromatholiten, die wie geschichtete Kohlköpfe aussehen. Die ältesten eukaryotischen Fossilien sind 1,7 Milliarden Jahre, die ersten Tierfossilien zirka 1 Milliarde Jahre alt. Da sie wohl ausschließlich aus Weichteilen bestanden, kann lediglich aus Abdrücken und anderen Spuren geschlossen werden, wie sie aussahen.

Die Kambrische Explosion

Vor etwa 540 Millionen Jahre begannen die Tiere zur Freude der Paläontologen, Schalen, Knochen und Panzer in Hülle und Fülle zu bilden. In gerade einmal 40 Millionen Jahren schien auf einen Schlag die Urfamilie fast aller späteren Tiere entstanden zu sein. Doch vermutlich repräsentiert die »Kambrische Explosion« lediglich den kurzen Zeitraum, in dem bereits existierende Tiergruppen Hartteile entwickelt haben und somit besser fossil erhaltungsfähig wurden. Schalenlose Vorläufer dürften wohl schon lange vorher entstanden sein.

Verantwortlich für diese Entwicklungen waren Veränderungen in der Umwelt. Durch das Aufbrechen des präkambrischen Superkontinents Megagäa, der sich vermutlich vor 750 Millionen Jahren gebildet hatte, entstanden warme Flachwassermeere, die viel Experimentierraum für neue Lebensformen boten. Der wachsende Gehalt an Calciumcarbonat eröffnete die Möglichkeit, Kalkschichten zu entwickeln, die zunächst nur vor Beschädigungen bewahren sollten, allmählich aber auch als Schutz gegen Fressfeinde dienten.

Mit dem Entstehen größerer Tiere beginnt das Spiel des Fressens und Gefressenwerdens, das bald zu einem der zentralen Antriebe der Evolution wird und zu allen denkbaren Angriffs- und Verteidigungsmechanismen führt.

Eine Vielzahl der Tiere lebt zu dieser Zeit im oder auf dem schlammigen Meeresboden. Die meisten sind nur wenige Millimeter oder Zentimeter groß. Eine Länge von einem Meter ist rekordverdächtig und erlaubt es dem räuberisch lebenden *Anomalocaris canadensis* bereits, Angst und Schrecken zu verbreiten. Die ersten Muscheln, Schnecken, Kopffüßer, Korallen und Schwämme erscheinen. Die Stars unter den kambrischen Tieren sind die Trilobiten (Dreilappkrebse). Sie machen 60 Prozent der damals lebenden Arten aus. Das ganze Leben spielt sich nach wie vor im Meer ab. Das Land ist felsig und öd.

Kopffüßer und Wirbeltiere

Auf das Kambrium folgte vor rund 490 Millionen Jahren das Ordovizium. Muscheln und Armfüßer tauchen auf, den Trilobiten wachsen Augen und die ersten Wirbeltiere schwimmen umher. Sie sehen aus wie Fische, haben aber noch keine Kiefer und werden daher Agnathen (Kieferlose) genannt. Flott voran geht es mit den Kopffüßern, die wir heute vor allem als Tintenfisch kennen. Sie sind aber keine Fische, sondern als Angehörige der Klasse der Weichtiere (Mollusken) verwandt mit Schnecken und Muscheln. Der nächste noch heute lebende Verwandte dieser Tiere ist der Nautilus, jener Urtintenfisch, welcher in den Gewässern vor Südafrika lebt und unzähligen Tauchclubs, Restaurants und U-Booten seinen Namen leiht.

Das Leben besucht das Land

Auf das Ordovizium folgte vor ungefähr 445 Millionen Jahren das Silur. Die Kieferlosen besiedeln in großer Artenfülle alle marinen Lebensräume. Die Korallen bilden die ersten Riffe. Seeskorpione wagen sich gelegentlich ans Land, wo erste Pflanzen den steinigen Boden bedecken.

Amerikanische Forscher von den Carnegie-Instituten in Washington stellten kürzlich die These auf, dass eine einzelne Mutation es den Algen erlaubt hat, das Land zu erobern. Sie untersuchten Feuerstein aus Schottland, in dem sich Reste von einigen der ältesten bekannten Pflanzen befanden, und kamen zum Schluss, dass vor etwa 400

Millionen Jahren einige Algen durch eine Mutation die Fähigkeit erwarben, die Substanz Lignin zu bilden. Diese Verbindung soll ihnen ermöglicht haben, feste Zellwände aufzubauen und von flachen Gewässern an Land überzugehen.

Das Zeitalter der Fische

Auf das Silur folgte vor etwa 415 Millionen Jahren das Devon. Die Pionierpflanzen haben inzwischen das Land mit dicken Matten und niedrigen Sträuchern überzogen. Die Entfaltung der Fische verläuft rasant. Es entstehen große Fische mit Knochenpanzer (Panzerfische), Fische mit Knorpelskelett (Knorpelfische), zu denen Hai und Rochen zählen, und Knochenfische, die Vorfahren unserer heutigen Fische. Ihre Vorgänger, die Kieferlosen, verschwinden fast komplett von der Bildfläche. Die Urenkel der verbleibenden sind die heute lebenden Schleimfische und Neunaugen.

Einige Fische entwickeln sich zu Amphibien. Dieser Schritt stellt weniger einen Übergang vom Wasser zum Land dar, sondern in erster Linie einen Übergang von Flossen zu Füßen. Die allerersten Amphibien haben entwickelte Beine und Füße, um am Boden des Wassers herumzuwühlen. Erst später entdecken sie, dass sich diese auch für einen mühsamen Ausflug an Land eignen, um dort ein paar exotische Leckerbissen zu ergattern. Erste Spinnen, Milben, Hundertfüßer, flügellose Insekten und Skorpione bewegen sich zwischen verschiedenen Landpflanzen, darunter den Farnen, Vorläufer der Nadelgewächse.

Wald

Auf das Devon folgte vor zirka 355 Millionen Jahren das Karbon. Aus dieser Zeit sind sehr viele pflanzliche Fossilien erhalten. Die bis zu 40 Meter hohen Schuppenbäume (Lepidodendrales) sind die erste erfolgreiche Gruppe der Landpflanzen. Wälder verdrängen die Pioniervegetation und beherbergen eine Vielzahl von Insekten, die mittlerweile das Fliegen gelernt haben.

An Land sind große Amphibien unterwegs, etwa die Panzerlurche, die bis zu 3 Meter groß werden. Auch Insekten bringen es auf beachtliche Formate. Es gibt Libellen mit 70 Zentimeter Flügelspannweite und bis 2 Meter lange Tausendfüßer.

Das erste Massensterben

Auf das Karbon folgte vor etwa 290 Millionen Jahren das Perm. An Land dominieren mittlerweile die Reptilien. Einige zeigen erste Vorläufer von Flügeln: mehr oder weniger große Segel am Rücken, gebildet aus Fortsätzen der Wirbelsäule. Wahrscheinlich dienen sie als Wärmetauscher, vielleicht auch zur Abschreckung von Fressfeinden.

Doch plötzlich hält die Evolution inne und geht erst einmal einen großen Schritt zurück. Vor rund 250 Millionen Jahren sterben 75 Prozent aller Amphibien, 80 Prozent der Reptilien sowie insgesamt 90 bis 95 Prozent aller Meeresbewohner aus. Nur die

Landpflanzen, zu denen sich Koniferen gesellt haben, bleiben verschont. Die Ursachen des P/T-Massensterbens (P/T steht für den Übergang von Perm zu Trias) sind nicht bekannt. Höchstwahrscheinlich waren über 800 000 Jahre während gigantische Vulkanausbrüche in Sibirien und Klimaänderungen infolge der allmählichen Vereinigung aller Kontinente der Erde zu einem einzigen, riesigen Kontinent namens Pangäa schuld an diesem größten Artensterben aller Zeiten.

Schreckliche Echsen

Auf das Perm folgte vor ungefähr 250 Millionen Jahren das Trias. Pangäa zerbricht wieder. Bei den Reptilien zeichnet sich ein Übergang zu Säugetieren ab. Die ersten Dinosaurier schauen sich die Erde an, die sie die nächsten 150 Millionen Jahre beherrschen werden. Der Name Dinosaurier leitet sich von den zwei griechischen Wörtern deinos (schrecklich) und sauros (Echse) ab. Ausgedacht hat ihn sich 1842 der britische Anatom Richard Owen (1804–1892), der die beachtlichen Monster dann auch gleich aus Beton nachbauen ließ und zu Silvester 1853 ein Abendessen für führende Wissenschaftler im Innern eines Iguanodon veranstaltete.

Während die Tiere also schrecklich werden, gewinnt die Pflanzenwelt an Schönheit. In der späten Trias erscheinen sehr wahrscheinlich die Vorfahren der Blütenpflanzen (Angiospermen).

Tiere, wie wir sie kennen

Auf das Trias folgte vor etwa 205 Millionen Jahren das Jura. Allmählich sehen einige der Tiere so aus, wie wir sie heute kennen. Die ersten Säugetiere tauchen auf, die ersten Vögel flattern durch die Luft. Das Sagen haben aber noch die Dinosaurier an Land und die Fischsaurier (Ichtyosaurier) im Meer, wo sie gemeinsam mit Plesiosauriern und Meereskrokodilen Jagd auf Fische und Kopffüßer machen. An Land beginnt der Siegeszug der Blütenpflanzen und über ihnen kreist der Urvogel *Archaeopteryx* (von griechisch archaio, was alt bedeutet, und pteryx, was für Flügel, Feder steht), dessen erste versteinerte Feder 1860 in Bayern entdeckt wird.

Die Welt der Dinosaurier

Auf das Jura folgte vor rund 145 Millionen Jahren die Kreidezeit. Die Modellpalette der Dinosaurier wird erheblich ausgeweitet. Sie sind in fast allen Formen, Farben und Größen zu haben. Der kleinste Dinosaurier der Erde ist vermutlich der Raubsaurier *Compsognathus*, der mit einer Gesamtlänge von 65 Zentimeter nur so groß wie eine heutige Hauskatze war. Die größten Dinosaurier könnten der *Argentinosaurus* und der *Supersaurus* mit Längen von über 40 Meter gewesen sein. Da von den beiden nur wenige Fragmente gefunden wurden, sind das allerdings reine Schätzwerte. Im Januar 2000 wurden in Patagonien, an der Südspitze des amerikanischen Kontinents, Wirbel- und

Oberschenkelknochen eines Sauropoden gefunden, dessen Länge man sogar auf über 50 Meter schätzt. Das größte in einem Museum ausgestellte Dinosaurierskelett von einem 12 Meter hohen Dinosaurier der Gattung *Brachiosaurus* steht im Naturkunde-Museum der Humboldt-Universität zu Berlin. Das Gewicht des *Brachiosaurus* dürfte bei etwa 80 Tonnen gelegen haben. Das kleinste Gehirn unter den Dinosauriern hatte vermutlich der *Stegosaurus*. Es war nur so groß wie eine Walnuss. Die größte Anzahl von Zähnen, nämlich an die 3000, hatte der Entenschnabel-Dinosaurier *Anatosaurus*. Die so genannten Ornitischier, beispielsweise der außer für sein kleines Gehirn auch für seine 17 um so größeren, zackigen Knochenplatten auf dem Rücken bekannte *Stegosaurus*, waren strenge Vegetarier, andere dagegen Aasfresser und Räuber, wie etwa der berüchtigte *Tyrannosaurus rex*.

Viele der anatomischen Merkwürdigkeiten der Saurier hängen wahrscheinlich mit ihrer Größe zusammen und fungieren als eine Art Kühlaggregat. Wenn die riesigen Dinosaurier sich bewegen, wird im Körper viel Wärme frei. Das kennen wir von anderen großen Tieren, etwa den Elefanten heute, die mit ihren Ohren fächeln, um das durchfließende Blut abzukühlen. Bei den Dinos finden sich andere Möglichkeiten, wie man durch eine vergrößerte Hautfläche Wärme abgeben kann. Der *Triceratops* trägt einen großen Nackenschild, der ebenso wie die großen Knochenplatten des *Stegosaurus* mit Blutgefäßen überzogen ist. Der *Diplodocus* hat einen langen Hals und kann über die derart vergrößerte Hautoberfläche die Körperwärme abgeben. Der *Amargasaurus* trägt an Hals und Rücken lange Knochenstäbe, die ein großes Hautsegel aufspannen. Doch trotz allen Erfindungsreichtums und evolutionären Erfolgs, die Zeit der Dinos sollte nicht ewig währen.

In der Kreidezeit gibt es zwei entscheidende Entwicklungen im Gesamtgefüge des Lebens. Zunächst verbreiten sich die Blütenpflanzen stark und mit ihnen Insekten, Vögel und kleine Säugetiere. Eine differenzierte Nahrungskette entsteht, die Anzahl der Arten wächst rasant an. Dann aber geht es ebenso rasant wieder abwärts. Das K/T-Ereignis (Übergang von der Kreidezeit zum Tertiär) legt die Welt in Schutt und Asche. Ein Asteroid dringt in die Erdatmosphäre ein, ein Feuerball mit der Energie von Millionen Atombomben rast auf die Halbinsel Yukatan im heutigen Mexiko zu, schlägt mit einer gigantischen Explosion ein. Alles steht in Flammen. Eine Druckwelle rast über die Erde und löscht rund um den Krater alles Leben aus. Der Asteroid und mit ihm die hundertfache Masse an Erdboden und Wasser ist komplett verdampft. Das Staub-Dampf-Gemisch steigt in die Atmosphäre auf und verdunkelt die Sonne. Es dauert Monate, vielleicht Jahre, bis sie wieder sichtbar wird. Ohne Licht können die Pflanzen keine Photosynthese betreiben, den Tieren geht die Nahrung aus. Die Luft ist giftig, der Regen sauer, Erdbeben und Vulkane sorgen für weitere Verwüstungen. Nur 10 bis 20 Prozent der Meeresbewohner und etwa die Hälfte der landbewohnenden Arten überleben. Die Dinos zählen nicht dazu.

Tiere wie im Zoo

Auf die Kreide folgte vor zirka 65 Millionen Jahren das Tertiär. Die Dinos sind weg, die Säugetiere machen sich breit und besetzen die frei gewordenen Nischen. Das Klima ist mild, in Mitteleuropa dominieren warme sumpfige Gegenden. Die ersten Gräser sprießen aus dem Boden, es entstehen Savannen und Steppen. Viele der uns heute vertrauten Tiere treten auf den Plan: darunter Schweine, Schafe, Katzen, Hunde, Bären, Hyanen, Antilopen, Hirsche, Flusspferde, Tapire, Fledermäuse, Kamele, Füchse, Biber, Vorfahren der Pferde, Elefanten und Giraffen. Frösche, Ratten, Mäuse, Schlangen und Singvögel breiten sich enorm aus.

Vor etwa 6 bis 7 Millionen Jahren trennen sich die Entwicklungslinien von Mensch und Schimpanse. Im Jahr 2000 werden auf dem Gebiet der heutigen Afar-Senke in Äthiopien Überreste der ersten menschenähnlichen Spezies, des Ardipithecus ramidus kadabba, entdeckt und ein Alter von 5,2 bis 5,8 Millionen Jahren ermittelt.

Der Mensch kommt und friert

Auf das Tertiär folgte vor rund 1,6 Millionen Jahren das Quartär, das auch Zeitalter der Eiszeiten genannt wird. Seitdem schwanken die Temperaturen ständig. Während der rund 20 Kälteperioden liegen sie 10 bis 15 Grad Celsius tiefer als heute. Bis zu einem Drittel der Festlandoberfläche vergletschert. In vielen Teilen Norddeutschlands war das Eis bis zu 1000 Meter dick. Zum Höhepunkt der Eiszeit vor etwa 135 000 Jahren reichen die Gletschermassen bis südlich von Berlin. In den nicht vergletscherten Gebieten bilden sich Kältesteppen. Die Erdoberfläche ist ständig gefroren. Tiere und Pflanzen müssen an die Kälte angepasst sein, um zu überleben. Zu den imposanten Großtieren zählen Säbelzahntiger, Wollhaarnashorn, Mammut, Riesenhirsch, Rentier und Moschusochse.

Seit 10 000 Jahren ist das Klima zumindest in Mitteleuropa wieder recht angenehm. Von den Eiszeittieren überleben nur Rentier und Moschusochse. Dafür vollendet der Mensch seinen Siegeszug zu jener weltumspannend dominierenden intelligenten Spezies, deren Vertreter uns auch heute noch gelegentlich begegnen. Die älteste Spezies, Homo habilis, entwickelt sich aus dem Australopithecus in Afrika vor zirka 2 Millionen Jahren. Daraus entsteht vor etwa 1,6 Millionen Jahren der Homo erectus, der sich auch in anderen Erdteilen ausbreitet, dann vor 400 000 Jahren der Homo heidelbergensis und schließlich vor 160 000 Jahren der Homo sapiens, welcher vor etwa 50 000 Jahren den »großen Sprung« zum Kulturwesen macht, als Einziger der Gattung Homo überlebt, vor etwa 2500 Jahren die Wissenschaft erfindet und seit kurzem sein eigenes Genom buchstabieren kann.

Evolution

Die Darwinsche Revolution

>Die Weltsicht eines jeden denkenden Menschen
der westlichen Welt war nach 1859,
dem Erscheinungsjahr von
On the Origin of Species (Über die Entstehung der Arten),
notwendigerweise ganz anders als vor 1859.«

Diese Einschätzung von Ernst Mayr ist keine Übertreibung. Charles Darwin (1809–1882) löste in der Tat eine intellektuelle Revolution aus, bei der eine Weltsicht zertrümmert und eine neue errichtet wurde. Darwins Erkenntnisse waren ein Angriff auf die Stützpfeiler des christlichen Dogmas. Seit Darwin muss der Mensch als Tier gesehen werden – wenn auch in herausragender Sonderstellung. Alles, was kreucht und fleucht, verdankt seine Existenz einem einfachen Mechanismus. Die Natur reiht in klitzekleinen Schritten Verbesserung an Verbesserung und kommt so nach Milliarden von Jahren zu unglaublichen Resultaten.

Darwin war gläubiger Christ und hatte auf Wunsch seines Vaters ein Studium der Theologie in Cambridge absolviert. Doch er tat, was Wissenschaftler tun: Er beobachtete genau und versuchte für das Gesehene natürliche statt übernatürliche Erklärungen zu finden. Zu beobachten gab es in Darwins jungen Jahren viel, denn er verbrachte fünf Jahre auf dem Forschungsschiff Beagle, mit dem der 22-Jährige am 27. Dezember 1831 von Plymouth aus in See stach, um erst am 2. Oktober 1836 wieder nach England zurückzukehren. Qualifiziert hatte er sich für den Job als Forschungsreisender durch seine autodidaktisch erworbenen Kenntnisse der Biologie und Geologie. Motiviert und vorbereitet war er vor allem durch die Lektüre des berühmten Alexander von Humboldt, über den er später schrieb: »Mein ganzer Lebenslauf beruht darauf, dass ich in meiner Jugend seine Reisetagebücher wieder und wieder gelesen habe.« Die eigentliche Aufgabe des geologisch geschulten Mannes sollte, so der Auftrag der Admiralität, darin bestehen, herauszufinden, ob zum Beispiel die Berge von Feuerland Erzvorkommen bargen oder bestimmte Koralleninseln als Häfen genutzt werden könnten. Darwin nahm seine geologischen Pflichten sehr ernst, veröffentlichte später auch drei Werke über Korallenriffe, Vulkaninseln und Südamerika, doch seine eigentliche Liebe galt der Erforschung des Lebens.

Bald nach seiner Rückkehr zog er 1842 mit seiner Familie in ein Landhaus und verbrachte den Rest seines Lebens dort relativ zurückgezogen, durch chronische Krankheit geschwächt, die ihm nur drei bis vier Stunden Arbeit pro Tag ermöglichte. Über die

Ursache seiner schlechten Verfassung wurde später viel spekuliert, vielfach wurde eine hypochondrische Komponente betont. Doch vermutlich handelte es sich um die Chagas-Krankheit infolge einer Trypanosomen-Infektion, die er sich in Argentinien zugezogen hatte und die der afrikanischen Schlafkrankheit sehr ähnelt.

Sein Werk war dennoch epochal. Darwin lieferte ein ganzes Bündel von Theorien, die weniger widersprüchlich waren als der Schöpferglaube, dem, Umfragen zufolge, noch heute 60 Prozent der US-Amerikaner anhängen. Dieser besagt, dass Gott die Welt in sechs Tagen erschaffen hat – und zwar mit all den Tieren und Pflanzen, die sie heute und zu allen anderen Zeiten bevölkern. Zeitpunkt dieses Ereignisses war nach der damals vorherrschenden Meinung das Jahr 4004 vor Christus. Das hatte James Ussher, Erzbischof von Irland, im Jahre 1650 »ausgerechnet«. Dass die Welt viel älter war, konnte sich damals kaum jemand vorstellen, und es gab auch keinen Grund, dies anzunehmen. Für eine sich nicht verändernde Welt waren ein paar tausend Jahre schon ein stattliches Alter, eine Zeitspanne, die getrost als halbe Ewigkeit gelten und ein beruhigendes Gefühl von Stabilität und Konstanz vermitteln konnte.

Das Meinungsspektrum variierte allenfalls in bescheidenem Rahmen. Einige glaubten, dass Gott alle Arten (oder sogar alle je existierenden Organismen) auf einmal geschaffen hatte. Die so genannten Progressionisten wagten die Hypothese, dass er immer mal wieder ein paar neue hinzugefügt oder gar alle komplett ausgetauscht hatte. Dass die Lebewesen einen anderen Ursprung als den Schöpfungsakt haben könnten, stand indes nicht zur Diskussion. Es war auch nachgerade absurd, den Menschen ins Tierreich einzuordnen, denn er war so offensichtlich von einem Geist beseelt, der bei keinem Tier zu beobachten war. Einen fließenden Übergang vom Mensch zum Tier anzunehmen war unvorstellbar.

Vor Darwin hielten sich die Konflikte zwischen Kirche und Wissenschaft noch in Grenzen. Sowohl die newtonsche Physik als auch die Astronomie von Kopernikus und Kepler stellten vergleichsweise harmlose Herausforderungen für die christliche Schöpfungslehre dar, denn sie waren noch einigermaßen mit einem statischen Weltbild zu vereinbaren. Die Erde stand zwar nicht mehr im Mittelpunkt des Universums, aber alles war doch wenigstens, wie es Gott einst geschaffen hatte. Die newtonschen Gesetze wurden sogar als Beweis gewertet, dass es einen großen Designer, einen göttlichen Mathematiker, geben musste. Auch die schöne Ordnung, die Linné der Welt des Lebendigen gegeben hatte, war ohne Mühe als Entdeckung einer von Gott geschaffenen ewigen Ordnung zu interpretieren.

Erst der Gedanke der Evolution, der ständigen Entwicklung und Veränderung, geriet notwendigerweise auf direkten Kollisionskurs mit dem biblischen Weltbild, in dem alles für alle Zeiten seinen Platz hat. Nach Darwin erreichte die Erklärungsmacht der Naturforschung eine solche Stärke, dass es selbst liberalen Kirchenvertretern nicht mehr gelang, das neue Wissen mit der überlieferten Lehre zu versöhnen. Der Darwinist

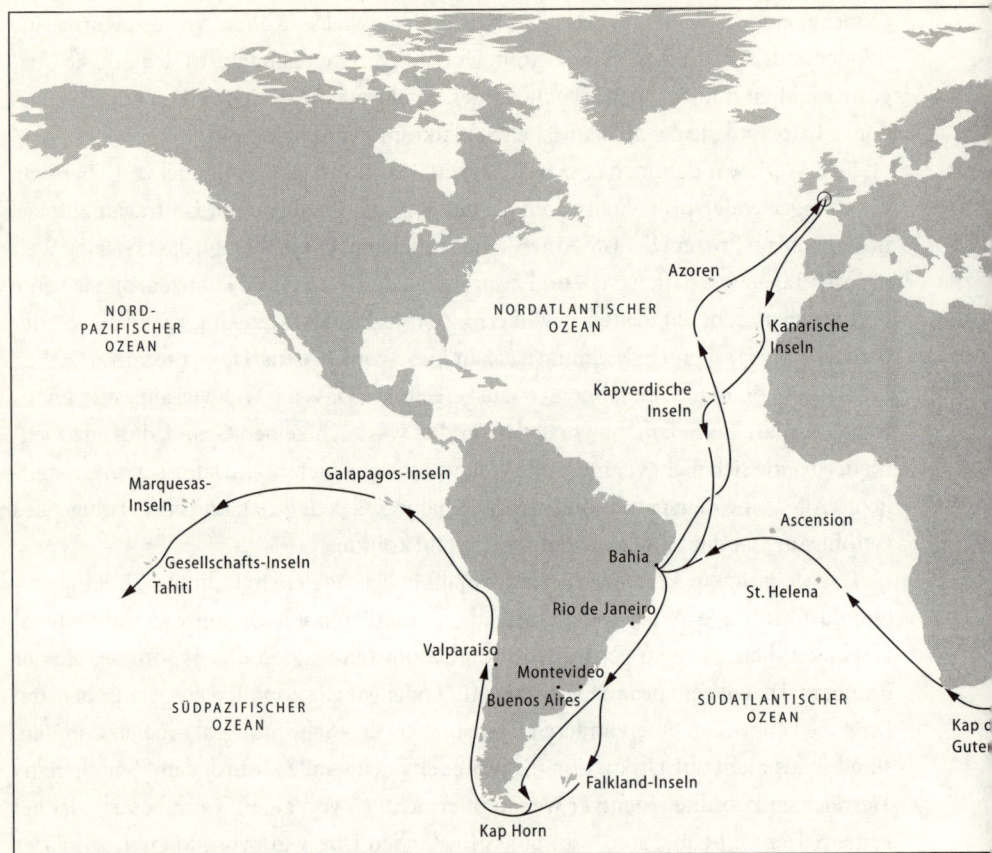

Ernst Haeckel beschreibt die wachsende Diskrepanz zwischen alten und neuen Gelehrten am Ende des 19. Jahrhunderts so:

»Den Gipfel des Gegensatzes gegen die moderne Bildung und gegen deren Grundlagen, die vorgeschrittene Natur-Erkenntnis, erreicht unstreitig die Kirche. Wir wollen hier gar nicht vom ultramontanen Papismus sprechen, oder von den orthodoxen evangelischen Richtungen, welche diesem in Bezug auf Unkenntnis der Wirklichkeit und Lehre des krassesten Aberglaubens nichts nachgeben. Vielmehr versetzen wir uns in die Predigt eines liberalen protestantischen Pfarrers, der gute Durchschnittsbildung besitzt und der Vernunft neben dem Glauben ihr gutes Recht einräumt. Da hören wir neben vortrefflichen Sittenlehren ... und neben humanistischen Erörterungen, die wir durchaus billigen, Vorstellungen über das Wesen von Gott und Welt, von Mensch und Leben, welche allen Erfahrungen der Naturforschung direkt widersprechen. Es ist kein Wunder, wenn Techniker und Chemiker, Ärzte und Philosophen, die gründlich über die Natur beobachtet und nachgedacht haben, solchen Predigten kein Gehör schenken wollen.«

Der Lyriker Christian Morgenstern schildert wenige Jahre später jenen geschicht-

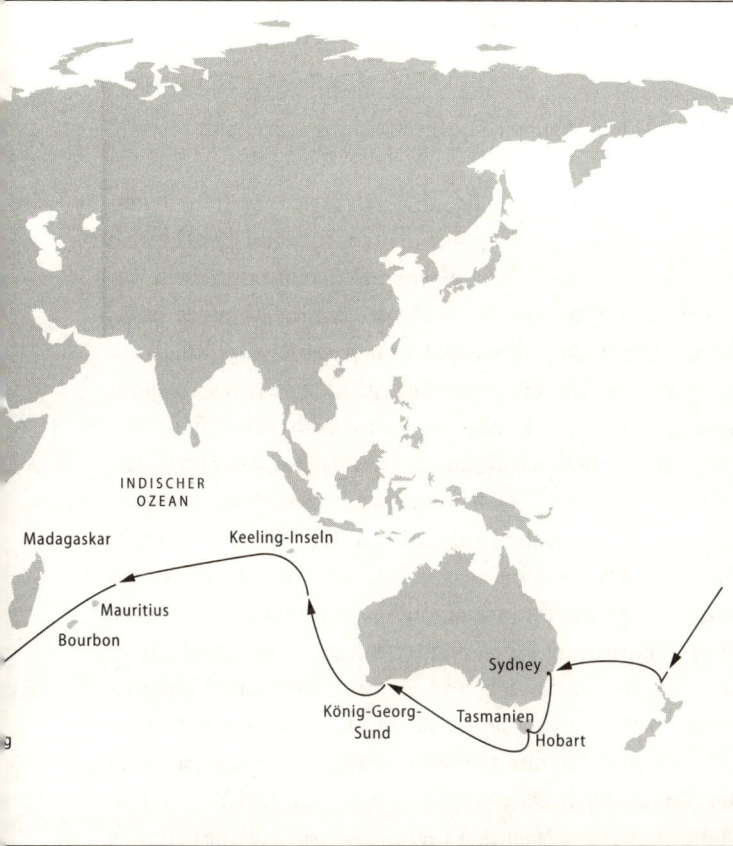

ABB. 1.2 *Der Kurs des Forschungsschiffes Beagle, an dessen Bord Charles Darwin in den Jahren 1831–1836 rund um den Erdball segelte und Beobachtungen machte, auf deren Basis er über 20 Jahre später seine Theorie der natürlichen Auslese formulierte.*

lichen Übergang von der religiösen zur wissenschaftlichen Weltsicht in seinem Gedicht *Die Weste:*

> Es lebt in Süditalien eine Weste
> an einer Kirche dämmrigem Altar.
> Versteht mich recht: Noch dient sie Gott aufs beste.
> Doch wie in Adam schon Herr Haeckel war,
> (zum Beispiel bloß), so steckt in diesem Reste
> Brokat voll Silberblümlein wunderbar
> schon heut der krause Übergang verborgen
> vom Geist von gestern auf den Leib von morgen.

Um nachvollziehen zu können, wie sich die Welt dem gebildeten Menschen nach 1859 zeigte, beschreiben wir in den folgenden Abschnitten, welche Theorien Darwin der Menschheit zum Weiterdenken überließ und welche Vorstellungen er und mit ihm die wissenschaftliche Welt nach dem großen Crash zu den Akten legten.

Was heißt Evolution?

Wenn jemand von Evolution spricht, weiß man noch lange nicht, was genau er sagen will. Meist meint er einen allmählichen Wandel, eine Entwicklung von einem Zustand zu einem anderen.

Die einfachste Theorie der Evolution besagt, dass die Welt erstens nicht unveränderlich ist, zweitens die Veränderung stetig erfolgt und drittens nicht im Kreis bzw. in immer wiederkehrenden Zyklen verläuft. Diese allgemeine Evolutionstheorie war keine Erfindung von Darwin. Der französische Graf von Buffon, Georges Louis Leclerc (1707–1788), betrachtete bereits 100 Jahre vor Darwin in seiner zusammen mit Louis Jean-Marie Daubenton (1716–1800) verfassten Naturgeschichte *Histoire naturelle* Arten als veränderlich: »Das Schwein ist nicht nach einem ursprünglichen perfekten Plan geschaffen, sondern eine Zusammensetzung aus anderen Tieren. Es besitzt Teile, die niemals benötigt werden, wie zum Beispiel die seitlichen Zehen, deren Knochen perfekt, die aber komplett nutzlos sind.« Affen sind für ihn degradierte Menschen, Esel degradierte Pferde. Weitere 50 Jahre später war es Darwins Großvater Erasmus Darwin (1731–1802), der eine Theorie der evolutionären Entwicklung der Arten vorschlug, die von der Vererbung erworbener Eigenschaften ausging. Die ausgefeilteste Evolutionstheorie vor Darwin hatte sicherlich Jean Baptiste de Monet Lamarck (1744–1829) in seiner 1809 erschienenen *Philosophie zoologique* formuliert. Laut Lamarck konnten Arten über längere Zeit nur dann unverändert bleiben, wenn auch ihre Umgebung gleich blieb. Da diese sich jedoch ändert, passen sich auch die Tiere an und vererben die neuen Merkmale an ihre Nachkommen. Als Beispiel diente Lamarck die damals gerade entdeckte Giraffe, die seiner Meinung nach ihre Karriere als gewöhnliche Antilope angefangen haben musste. Da sie an viele Blätter ranwollte, musste sie sich ordentlich strecken, ihr Hals wurde dabei im Laufe des Lebens etwas länger. Sie vererbte ihn an ihre Kinder, die sich ebenfalls viel nach oben reckten und wieder ein paar Zentimeter rausholten und so weiter. Wie bei Erasmus Darwin ist auch bei Lamarck Motor der Veränderung die Vererbung erworbener Eigenschaften. Wie wir heute wissen, gibt es eine solche Vererbung erworbener Eigenschaften nicht. Schon an der nahe liegenden Frage, wie denn die Giraffe zu ihren Flecken kommen konnte, versagt diese Theorie. Ebenfalls als falsch erwiesen haben sich Lamarcks Annahme eines Vervollkommnungstriebs und seine Überzeugung, dass Arten niemals aussterben, sondern sich nur stark verändern. Dennoch war Lamarck ein verdienstvoller Mann, der die Idee der Evolution in der Biologie als Erster verankerte und übrigens auch den Begriff »Biologie« erstmals für die gemeinsame Wissenschaft von Pflanzen und Tieren gebrauchte.

Heute wird unter Lamarckismus gewöhnlich die Lehre von der Vererbung erworbener Eigenschaften verstanden. So gesehen war auch Darwin Lamarckist. Auch er konnte noch nicht wissen, dass die Variation ausschließlich durch den Zufall auf der Ebene der Gene regiert wird und sich nicht etwa bestimmte Organe durch intensiven Gebrauch verbesserten.

Als Darwin 1859 die *Entstehung der Arten* veröffentlichte, war die Idee einer Evolution in wissenschaftlichen Kreisen also schon seit einem halben Jahrhundert intensiv diskutiert und weitgehend akzeptiert worden. Strittig war vor allem, welche Rolle Gott dabei spielte, wie der Prozess genau ablief und welcher Status dem Menschen zukommt. Dazu gab es einen faulen Kompromiss, demzufolge Gott von Zeit zu Zeit an Gruppen von Tieren Veränderungen vornahm. Das wollte Darwin nicht einleuchten. Seine Antworten waren andere. Erstens: Die »Hypothese Gott« ist nicht erforderlich. Zweitens: Die Evolution erfolgt durch die natürliche Auslese. Drittens: – Nein, den Menschen wollte Darwin vorsichtshalber erst einmal noch nicht vom Thron stoßen. Er begnügte sich mit einem einzigen Satz, der es dem Leser erlaubte, sich seinen Teil zu denken: »Licht wird auf den Ursprung der Menschheit und ihre Geschichte fallen.« Erst 1871 in seinem Buch *Die Abstammung des Menschen und die geschlechtliche Zuchtwahl* äußerte er sich eindeutig zum Thema. In der Zwischenzeit hatte jedoch selbstverständlich schon sein Freund Thomas Henry Huxley (1825–1895), der für den kranken und zurückgezogen lebenden Darwin den offenen Schlagabtausch mit den Gegnern der Evolutionstheorie übernahm und sich daher selbst als Darwins Bulldogge bezeichnete, klare Worte gefunden und 1863 die *Zeugnisse für die Stellung des Menschen in der Natur* vorgelegt. Ein paar Jahre zuvor, 1856, war der Mensch aus der Vergangenheit im Neandertal im Rheinland selbst auf der Bildfläche erschienen. Zumindest ein Teil von ihm: seine Schädeldecke. Der Schädel war eindeutig menschlich, aber dem lebender Menschen so unähnlich, dass er entweder von einem primitiven Vorfahren des heutigen Menschen stammen musste oder aber von einem gewöhnlichen Wilden, dessen Kopf durch Krankheit deformiert war. Die erste Interpretation vertrat der französische Anthropologe und Schädelexperte Paul Broca (1824–1880), die zweite der deutsche Arzt Rudolf Virchow. Broca hatte Recht. Der Neandertaler war wenn auch kein direkter Vorfahr des modernen Menschen, so doch immerhin bereits ein naher Verwandter, der vor 30 000 Jahren ausgestorben ist. Wenig später wurde auch unser unmittelbarer Urahn gefunden. In der Höhle Cro-Magnon entdeckte man 1868 menschliche Überreste von fünf verschiedenen Individuen.

Die natürliche Auslese

Survival of the Fittest

Auch jemand, der kaum etwas von Darwin gehört hat, kennt meist die These vom »Überleben der Tüchtigsten« (Survival of the Fittest) bzw. vom »Kampf ums Dasein«

(Struggle for Existence bzw. Battle for Life). Was genau sollen wir uns darunter vorstellen?

Evolutionärer Erfolg ist etwas anderes als Erfolg im Alltag. Man unterscheidet dabei zwei Ebenen. Auf der Ebene des individuellen Organismus sind die Menschen oder Schafe oder Buschwindröschen am erfolgreichsten, welche die meisten Nachkommen hervorbringen und großziehen – wobei das bei den Pflanzen nicht zu wörtlich zu nehmen ist. Als Maß für die Fitness gilt hier die so genannte Lebensreproduktivität (der Gesamtfortpflanzungserfolg eines Individuums).

Auf der Ebene der Gene ist das Gen am erfolgreichsten, das die meisten Kopien seiner selbst verbreitet. Das Maß für die Fitness ist dabei die Gesamtzahl der auf der Welt existierenden Kopien des Gens. Der für den evolutionären Verlauf entscheidende »Kampf ums Überleben« findet nicht zwischen Tom und Jerry, sondern zwischen den Genen statt. Und dabei geht es nicht um ein paar Jahre mehr oder weniger, sondern um Hunderte von Millionen von Jahren. Überleben heißt für sie, dass sie den Sprung in den Genpool der jeweils nächsten Generation schaffen. Dazu müssen die Individuen, in denen sie sich befinden, Nachwuchs bekommen. Doch Überleben allein genügt nicht. Gene »wollen« sich ausbreiten. Diese Tendenz fällt uns besonders unangenehm bei Viren auf. Die sind der Inbegriff des Sich-Ausbreitens, und sie sind tatsächlich nichts anderes als in eine Hülle verpackte Gene.

Und jetzt kommen wir doch auf das Überleben des einzelnen Organismus zurück. Bei vielen Tieren und Pflanzen stirbt ein großer Teil der Nachkommen, bevor sie sich wieder fortpflanzen können. Deshalb gilt im Hinblick auf den Nachwuchs das Prinzip der Überproduktion. Hier hängt das Überleben der Gene direkt mit dem Überleben der Individuen zusammen. Und jedes Gen, dem es gelingt, die Überlebenschancen der Individuen um ein paar Prozent oder auch nur Promille zu erhöhen, sorgt so unmittelbar auch für die eigene Verbreitung. Eine Genvariante, die eine junge Antilope um durchschnittlich 5 Prozent schneller rennen lässt, bewirkt, dass diese Antilope durchschnittlich etwas später von Löwen gefressen wird und etwas mehr Zeit hat, Nachwuchs zu bekommen. Das Gen selbst landet seltener im Magen des Löwen und erhöht die eigene Verbreitungschance ebenfalls um ein paar Prozent. Käme das gleiche Gen auf die Idee, sich im heutigen Menschen ausbreiten zu wollen, hätte es Pech. Beim Menschen gibt es, soweit wir wissen, keinen statistischen Zusammenhang zwischen Sprintgeschwindigkeit und Kinderzahl. Allein solche statistischen Zusammenhänge zählen in der Evolution. Wenn Plattfüße die Anzahl der Nachkommen erhöhen, breiten sich das »Plattfuß-Gen« und mit ihm die Plattfüße aus; wenn Immunität gegen Malaria das Gleiche bewirkt, breitet sich das Malariaresistenz-Gen aus. Und wenn es ein Gen gäbe, das das Krebsrisiko im Alter erhöht und die Lebenserwartung senkt, gleichzeitig aber auch dafür sorgt, dass die sexuelle Aktivität in der Jugend höher ist, dann würde sich dieses Krebsgen ausbreiten, obwohl es seine Träger früher ins Grab bringt.

Dennoch ist natürlich auch die landläufige Vorstellung vom »Überleben des Stärksten« nicht ganz falsch. Wer stärker, schneller, klüger ist, hat natürlich gute Chancen, auch beim Kinder-in-die-Welt-Setzen die anderen zu übertrumpfen. Aber wenn er schnell, stark, reich, 100 Jahre alt und Schach-Weltmeister, aber impotent ist, dann ist sein evolutionärer Erfolg gleich Null.

Noch deutlicher wird die Diskrepanz, wenn man den Erfolg verschiedener Arten miteinander vergleicht. Die großen Gewinner im Kampf ums Dasein sind nämlich keineswegs die hoch entwickelten, starken und relativ intelligenten großen Tiere, etwa Affen, Delfine oder Elefanten, sondern die simplen Insekten und die noch viel primitiveren plattfüßigen Einzeller, wie man sie sich schwächer und dümmer gar nicht vorstellen kann. Ihre Gene sind schon seit Milliarden von Jahren im großen Spiel des Lebens und damit die absoluten Überlebenskünstler, die Champions im Kampf ums Dasein.

Fit heißt angepasst

Auch was »fit« bedeutet, wird oft falsch verstanden. Zwar hat sich herumgesprochen, dass man dabei nicht an Aerobic und Jogging denken sollte, sondern unter »fit« im Deutschen »angepasst« zu verstehen ist. Doch geht es nicht darum, dass sich Herr Müller oder Frau Amsel an ihr jeweiliges Umfeld anpassen und dafür mit einem langen Leben belohnt werden. In einer Umwelt voll hoher Bäume passen sich nicht die einzelnen Giraffen an. Sie variieren einfach nur. Die Länge ihrer Hälse schwankt (zum Beispiel) mit plus/minus 10 Zentimeter um einen Durchschnitt. Die eigentliche Arbeit der Evolution macht erst die Selektion. Die Selektion sorgt dafür, dass die Lang- und Längerhalsigkeit bis zu einem gewissen Punkt zunimmt. Das geht so: Die zufällig Längerhälsigen sind im Durchschnitt ein paar Prozent erfolgreicher in ihrer Fortpflanzung. Der Rest ist Mathematik. Von Generation zu Generation steigt der Anteil der relativ Längerhälsigen und damit die durchschnittliche Länge der Hälse. So findet für die Giraffen (der betreffenden Population) insgesamt eine Anpassung statt. Der Begriff Anpassung bzw. Adaption bezieht sich also immer auf eine Population (oder eine gesamte Art), nie auf ein einzelnes Individuum! Weder Machiavellist noch Opportunist mögen sich daher auf Darwin berufen!

Darwin beschäftigt sich übrigens auch mit dem anderen Ende der Giraffe, für das natürlich die gleichen Mechanismen gelten:

»Der Schwanz der Giraffe sieht wie ein künstlich gemachter Fliegenwedel aus, und es scheint anfangs unglaublich zu sein, dass derselbe seinem gegenwärtigen Zwecke durch kleine aufeinander folgende Modifikationen, von denen eine jede einer so unbedeutenden Bestimmung, nämlich Fliegen zu verscheuchen, immer besser und besser angepasst war, hergerichtet worden sein solle. Doch sollten wir uns selbst in diesem Falle hüten, uns allzu bestimmt auszusprechen, indem wir ja wissen, dass das Dasein und die Verbreitungsweise des Rindes und anderer Tiere in Südamerika unbedingt von deren Vermögen abhängt, den Angriffen der Insekten zu widerstehen; daher wären Individuen, welche einigermaßen mit Mitteln zur Verteidigung gegen diese kleinen Feinde versehen sind, geschickt, sich über neue Weideplätze zu verbreiten, und würden dadurch große Vorteile erlangen.«

Anpassungsprozesse sind also beileibe nicht darauf beschränkt, dass Tiere einfach nur immer stärker werden. Sie können zu allen nur denklichen Resultaten führen. Eine Anpassungsleistung der Clownfische in Korallenriffen in Papua-Neuguinea besteht darin, dass sie beim Wachstum auf das richtige Timing achten. Junge Fische beziehen zunächst als Untermieter eines ausgewachsenen Fischpärchens eine Seeanemonen-Wohnung, wo sie nur aufgenommen werden, wenn sie nicht zu groß sind. Zu ihrer endgültigen Größe wachsen sie erst, wenn einer der großen Fische stirbt oder auszieht.

Mit ihren ziemlich zerfleddert aussehenden Blattspitzen täuscht die Fensterpalme in Mexiko Pflanzen fressenden Insekten vor, bereits angeknabbert worden zu sein und nicht gut zu schmecken. Auch viele Krankheitssymptome sind nichts als Anpassungsleistungen. Ein Mückenstich juckt nicht einfach so, sondern weil das unangenehme Gefühl uns dazu bringt, uns vor Mücken zu schützen und damit die Gefahr der Übertragung schwerer Krankheiten zu verringern. Fieber dient dazu, Bakterien abzutöten. Die Fähigkeit, Juckreiz zu empfinden und leicht Fieber zu bekommen, ist also Bestandteil unserer Fitness.

Doch gibt es keine Anpassungsleistung, die für jede Situation taugt. Nichts ist per se gut oder schlecht. Anpassung erfolgt immer relativ zum Selektionsdruck. Was in einer bestimmten Umgebung gut ist, kann in einer andern nachteilig sein. Das trifft zum Beispiel auf die Lust auf Süßes zu. Sie führt heute bei vielen Menschen eher zu einer Verschlechterung der Ernährung und der Gesundheit und müsste daher eigentlich wieder verschwinden. Doch die Evolution braucht bekanntlich ihre Zeit. Was in Millionen von Jahren entstanden ist, verschwindet nicht innerhalb von ein paar Generationen, nur weil die Menschen die Erde mit Zuckerrübenfeldern und Süßwarenfabriken übersät haben.

Genetische Variation

Von Genen ist bei Darwin noch nicht die Rede. Er wusste, dass die Evolution durch Variation und anschließende Selektion vorangetrieben wird, jedoch nicht, was bei dem Prozess der Variation tatsächlich abläuft. Er konnte nur von den sichtbaren Merkmalen ausgehen. Die äußere Erscheinung eines Lebewesens, der so genannte Phänotyp, wird jedoch durch seine speziellen Genvarianten und deren Kombination, also seinen individuellen Genotyp in einem komplizierten Wechselspiel mit der Umwelt bestimmt.

Für die Vererbung spielt ausschließlich der Genotyp eine Rolle. Seine Fähigkeit zur Variation schöpft aus zwei Quellen: der Mutation und der Rekombination. Ursache der Mutation sind äußere Einwirkungen auf die DNA, die man als erbgutverändernd oder mutagen bezeichnet. Hierzu zählen radioaktive Strahlung und eine Vielzahl natürlicher (und künstlicher) chemischer Substanzen. Die Mutation verändert einzelne Gene, indem sie einzelne oder einige der Millionen von Bausteinen darin austauscht. Sie macht aus einer Variante eines Gens eine etwas andere.

Ursache der Rekombination ist Sex. Die Rekombination verändert die Mischung der Gene, indem sie die Gene von zwei Individuen zusammenwirft, wenn diese sich fortpflanzen. Jeder von uns hat die Hälfte seiner Genvarianten von seiner Mutter, die andere Hälfte von seinem Vater.

Zufall und Notwendigkeit

Ein verbreitetes Missverständnis besteht in der Annahme, die Evolution sei ein rein zufälliger Prozess. Das wird immer wieder behauptet und ist als Argument besonders bei Gegnern des Darwinismus beliebt. Tatsächlich spielt der Zufall in der Evolution eine sehr große Rolle. Er ist konstitutiv für die Phase eins des Evolutionsmechanismus, nämlich die Variation. Doch der Zufall ist eben nur Zufall und kann damit prinzipiell nicht für jene unendlich komplexen Organismen verantwortlich sein, die wir beim morgendlichen Blick in den Spiegel sehen. Er kann noch nicht einmal jene winzig kleinen Mikroorganismen hervorbringen, die wir im Spiegel nicht erkennen, obwohl bis zu einer Million von ihnen auf jedem Quadratzentimeter unserer Gesichtshaut leben.

Entscheidend für den Verlauf der Evolution ist vielmehr ein ganz und gar unzufälliger Prozess, nämlich die Phase zwei: die Selektion oder Auslese. Darwin hat seine Theorie nicht Theorie der natürlichen Variation genannt, sondern Theorie der natürlichen Auslese. Und Auslese ist bekanntlich das Gegenteil von Zufall. Um zu verstehen, was in der Natur passiert, brauchen wir nur genau zu betrachten, was wir selbst tun. Seit Jahrtausenden erschaffen wir neue Pflanzensorten und Tierrassen. Wir haben Kohlköpfe und Hunde in allen nur erdenklichen Varianten vom Broccoli bis zum Königspudel gezüchtet und sind dabei immer in zwei Schritten vorgegangen: natürliche Variation und künstliche Selektion. Darwin hat nun die kluge Frage gestellt: Wenn die Natur den ersten Schritt gehen kann, könnte sie nicht auch den zweiten Schritt in Eigenregie erledigen? Braucht man unbedingt einen Menschen, der immer den schnellsten Hund heraussucht und ihn zum Rendezvous mit der schönsten Hündin des Nachbars schickt? Nun, da es sich hier um einen bewussten Auswahlprozess handelt, ist zunächst schwer zu erkennen, wer eine solche Entscheidung treffen sollte, wenn nicht der Mensch. Doch auf den zweiten Blick findet man, dass es durchaus auch eine Auswahl ohne bewussten Auswähler geben kann. Beispiele für eine solche nicht-bewusste, dabei aber überhaupt nicht zufällige Auswahl findet man in der Natur schnell. So trifft etwa das Wasser eine Auswahl zwischen Objekten, die darin versinken, und solchen, die auf der Oberfläche schwimmen. Handelt es sich dabei um Tiere, die unter Wasser nicht atmen können, ist die Sache klar. Darwin hat erkannt, dass die Physik (hier des Wassers) ständig und überall solche Entscheidungen trifft und dass so die Natur selbst den Part des Züchters übernehmen kann. »Es gibt keinen Grund, weshalb die Prinzipien, die in der Domestikation so effizient funktionieren, nicht ebenso in der Natur funktionieren sollten. Im Überleben von bevorzugten Individuen und Rassen während des immer währenden Kampfes ums Dasein sehen wir eine machtvolle und permanente Form der Auslese«, schreibt er im Resümee der *Entstehung der Arten*.

Die Natur entscheidet also selbst, welche Eigenschaften »wünschenswert« sind. Da sie nicht sprechen kann, zeigt sie es auf andere Weise, die wir oben bereits beschrieben haben: Sie verhilft den Organismen mit den »gewünschten« Eigenschaften zu einem Tick mehr Nachwuchs – und sichert damit den aktuell bevorzugten Eigenschaften und den für sie verantwortlichen Genvarianten wachsende Verbreitung.

Es ist also nicht der Zufall, sondern der zweistufige Evolutionsmechanismus aus zufälliger Variation und nicht zufälliger Auslese, der eine fast vollkommene Illusion von Gestaltung schafft, die man lange als göttliche Schöpfung interpretierte.

Wohin des Weges?

Dass die gesamte Evolution weder Ziel noch Richtung hat, ist wirklich sehr schwer zu glauben. Deshalb ist es verständlich, dass die Suche nach Mechanismen, die dem Zufall Einhalt gebieten, nie aufgehört hat. Darwin selbst glaubte noch daran, dass es eine Vererbung erworbener Eigenschaften gebe und dass insbesondere der Gebrauch von bestimmten Organen zu deren Vervollkommnung beitrage, der Nicht-Gebrauch zu ihrer Verkümmerung.

Heute wissen wir, dass es keinerlei Einfluss des lebenden Organismus auf die Gene in seinen Geschlechtszellen gibt. Aber genau dort findet jene zufällige Variation statt, die für die Unterschiede der Merkmale der Kinder verantwortlich ist. Eine Vererbung erworbener Eigenschaften ist also nicht möglich. Kein Bodybuilder kann seine Muckis an seine Kinder weitergeben.

Auf einer höheren Ebene können wir indes tatsächlich Effekte des Gebrauchs und Nicht-Gebrauchs beobachten. Wenn bei ganzen Populationen von Tieren ein bestimmtes Organ im täglichen Leben intensiv genutzt wird, ist über viele Generationen hinweg eine Verbesserung des Organs zu beobachten. Das bedeutet aber nicht, dass es einen Trend zu verbessernden Mutationen gäbe. Es liegt ausschließlich an der Selektion, die dafür sorgt, dass jene Exemplare der Art, bei denen sich zufällig Verbesserungen ergeben, besser mit ihren Lebensumständen zurechtkommen und daher mehr Nachfahren hervorbringen, denen sie ihre genetische Verbesserung vererben, sodass sich diese in der Population ausbreitet. Umgekehrt verkümmern Organe, die keine Funktion mehr haben, weil sie zum Beispiel unnötig Energie verbrauchen und daher einen Überlebensnachteil darstellen. Oder weil sie das Tier anfällig für Krankheiten machen. So ist es für einen Maulwurf besser, zu erblinden und die Augen mit Fell zuwachsen zu lassen, als regelmäßig unter Entzündungen der Augen zu leiden, in die ohnehin fast nie ein Lichtstrahl gelangt.

Es kann auch vorkommen, dass eine körperliche Ausstattung, die zunächst einmal Vorteile zu verschaffen scheint, in Wirklichkeit von Nachteil ist. So fragt sich Darwin in der *Entstehung der Arten*, weshalb so viele der Käfer auf Madeira verkümmerte Flügel haben, die es ihnen nicht erlauben zu fliegen. Er kommt zu dem Schluss, dass das Fliegen für diese Käfer ein evolutionärer Nachteil ist. Denn die, die fliegen, werden leicht aufs Meer hinaus geweht und kommen ums Leben. So haben die schlechten Flieger, die kaum vom Boden wegkommen, einen Überlebensvorteil. Wieder ist allein die Selektion verantwortlich. Darwin vergleicht die Käfer mit Schiffbrüchigen vor der Küste. Die guten Schwimmer unter ihnen haben einen Vorteil und können es an Land schaffen, die schlechten jedoch tun besser daran, es gar nicht zu versuchen, sondern sich lieber an einem Wrackteil festzuhalten, wenn sie ihre Überlebenschance erhöhen wollen.

Der initiale Zufall

Die Evolution des Lebens begann in grauer Vorzeit mit einem ersten sich vervielfältigenden Ding. Wem aber verdankt jener ominöse erste Replikator seine Existenz? War es der Zufall? Dann wäre zumindest das Leben an sich zufällig entstanden. Oder musste das Leben unter den damals gegebenen Umständen einfach entstehen?

Selbst ein einzelnes Protein, ein Grundbaustein des Lebens, ist so komplex, dass es durch reinen Zufall nie und nimmer hätte entstehen können. Isaac Asimov hat einmal berechnet, wie viele Möglichkeiten es gibt, die Bausteine des Blutfarbstoffs Hämoglobin anzuordnen, ohne dass Hämoglobin entsteht. Das Ergebnis wird »Hämoglobinzahl« genannt und hat 190 Nullen. Das ist keine kleine Zahl, bedenkt man, dass die Zahl der Atome im bekannten Universum lediglich 80 Nullen zu bieten hat. Die Wahrscheinlichkeit eines zufälligen Entstehens des Hämoglobinmoleküls kann somit mit Null angegeben werden.

Doch es gibt keinen Grund anzunehmen, dass alles mit einem ganz bestimmten Molekül angefangen haben muss. Es reicht ja, wenn es mit irgendeinem losging. In Sachen Wahrscheinlichkeit ist das ein großer Unterschied. Wenn ich in einen Regenschauer gerate, ist es extrem unwahrscheinlich, dass ich von 100 ganz bestimmten Regentropfen getroffen werde. Es ist aber sicher, dass ich von irgendwelchen erwischt werde. Und das genügt, um nass zu werden.

Tatsächlich ist es ziemlich egal, wie jenes erste Molekül aussah, das den Ausgangspunkt der biologischen Evolution bildete. Es musste nur eine einzige Eigenschaft haben, nämlich einen Vererbungsmechanismus. Wo Vererbung ist, entsteht automatisch Leben und darwinistische Evolution. Das erste »lebende« Ding muss etwas gewesen sein, das etwas hervorbringt, das ihm selbst ähnelt und selbst wieder etwas hervorbringt, das ihm ähnelt und so weiter. Die Wahrscheinlichkeit, dass ein solcher »Replikator« in der Anfangszeit der Erde entstand, ist nach heutiger Ansicht äußerst hoch. Die Moleküle, mit denen alles begann, waren demnach Zufallsprodukte. Aber dass sie entstanden, war kein Zufall, sondern statistische Notwendigkeit.

Sex als Einheizer

Nachdem wir ihn erst kleingeredet haben, soll nun doch noch der Zufall zu seinem Recht kommen. Und mit ihm sein bester Freund, der Sex. Die Selektion kann nämlich nur dann so richtig aus dem Vollen schöpfen, wenn die Auswahl an Varianten groß genug ist. Eine solche Auswahl entsteht, wenn Gene zu Tausenden bunt gemischt werden – also beim Sex. Deshalb gleicht kein Mensch dem anderen, sondern jeder ist ein Unikat.

Doch wie kam es überhaupt dazu, dass auf diesem Planeten der Sex erfunden wurde? Auf den ersten Blick scheint er in der auf Effizienz bedachten Evolution nur Nachteile zu bieten: »Asexuelle Geschöpfe sparen sich die Paarung, die oft mühselige Partnersuche, die aufreibende Balz. Die Zeit, die sexuelle Lebewesen mit solchen Dingen vergeuden, nutzen Klone zu ihrem Vorteil: zum Beispiel indem sie mehr fressen oder besser aufpassen, nicht selbst gefressen zu werden. Auf geschlechtliche Statussymbole können sie getrost verzichten. Sie brauchen keine langen bunten Federn, die sie im Flug behindern, kein Geweih, mit dem sie im Unterholz hängen bleiben, und kein dickes Cabrio, mit dem sie vergeblich Parkplätze suchen«, schreibt Michael Miersch in seinem Buch *Das bizarre Sexualleben der Tiere*.

Wann der Sex in die Welt kam, ist mittlerweile datiert. Die ersten Lebewesen, die es machten, traten vor etwa 1 Milliarde Jahren auf. Unklar ist nur, warum sie es taten. Es ist heute noch nicht endgültig klar, wie Zweigeschlechtlichkeit und Sexualität entstanden sind. Eine plausible Ursache könnte das Wettrüsten mit den Krankheitserregern liefern. Ein Tier, das mit vielen anderen genetisch identisch ist, ist ein gefundenes Fressen für Bakterien, Viren und Parasiten. Hat der Erreger die entscheidende Schwachstelle erkannt, kann er nicht nur ein Individuum befallen, sondern gleich die ganze Population dahinraffen. Sich sexuell fortpflanzende Arten bilden dagegen genetisch sehr unterschiedliche Populationen und Individuen mit ständig wechselnder genetischer Ausstattung. Wie bei einem Boxer gilt auch hier die Devise »Immer in Bewegung bleiben«. Wer einen Moment still steht, wird ausgeknockt. Diese Theorie wird von Beobachtungen an Arten bestätigt, die beide Varianten beherrschen. So pflanzen sich bestimmte Wasserschnecken bevorzugt asexuell durch Klonen fort. Taucht in ihrem Teich jedoch der parasitische Wurm Microphallus auf, stellen sie schnurstracks auf Sex um. Vielleicht sollten wir uns also bei garstigen Schmarotzern dafür bedanken, dass wir in einer Welt voller Individualität, Vielfalt, Flexibilität und eben Sex leben dürfen.

Obgleich das Vorhandensein zweier Elternteile das Leben bekanntlich komplizierter macht, war die Entstehung des Sex ein Glückstreffer der Evolution und für den weiteren Fortgang der Naturgeschichte äußerst bedeutsam. Sex sorgt nämlich nicht nur für

Bewegung, sondern auch dafür, dass wirklich nur die Crème de la crème der Gene überlebt. Denn wegen der ständigen Rekombination schaffen schlechte Gene es nicht, über lange Strecken als Trittbrettfahrer im Genpool zu bleiben. Bei Lebewesen, die sich asexuell vermehren, ist das hingegen oft der Fall. Da heftet sich ein ungünstiges Gen an ein Spitzengen und wird mit ihm zusammen verbreitet. Beim Sex aber werden Gene regelmäßig voneinander getrennt und so ist sozusagen jedes nur auf sich selbst gestellt. Es herrscht freier Wettbewerb. Gute Gene profitieren daher von Sex, schlechte stehen eher aufs Klonen. Da jeweils von Mutter und Vater ein kompletter Gensatz beigesteuert wird, gibt es auch für jedes defekte Gen noch ein (meist gesundes) Backup. Deshalb sind auch Bakterien, die sich asexuell vermehren, wenn sie genetische Schädigungen erleiden, bemüht, ihr Erbgut durch Genaustausch wieder in bessere Verfassung zu bekommen. Sie nutzen hierfür oft Gene aus toten Artgenossen.

Im Tierreich hat sich im Gegensatz zum Pflanzenreich fast ausnahmslos die zweigeschlechtliche Fortpflanzung durchgesetzt. Offenbar gibt es nur wenige Nischen, in denen asexuelle Fortpflanzung Vorteile bringt. Asexuell, also über Klone, pflanzen sich – abgesehen von diversen niederen Tieren – lediglich einige Insekten und Würmer sowie ein paar Echsen und Lurche fort. Bevorzugte Methode ist dabei die Jungfernzeugung, wobei sich aus einem unbefruchteten Ei ein Embryo entwickelt, Männchen also nicht erforderlich sind. Nach dieser speziellen Fortpflanzungsmethode benannt sind die Jungferngeckos. Erstaunlicherweise verzichten nicht alle Klon-Arten auf Sex. Einige rein weibliche Salamander und Fische lassen sich von Männchen verwandter Arten begatten, wobei es jedoch nicht zur Befruchtung der Eier kommt, sondern lediglich die Entwicklung der Eier angeregt wird. Die Kinder kommen als Klone zur Welt.

Auch bei eigentlich zweigeschlechtlichen Arten, etwa beim domestizierten Truthahn, schlüpft manchmal ein Küken aus einem unbefruchteten Ei. Beim Menschen wurden im Rahmen der Klonforschung im Jahr 2001 erstmals Embryonen mittels Jungfernzeugung im Labor erzeugt, jedoch selbstverständlich nicht zum Austragen in eine Gebärmutter implantiert. Mehr dazu im Kapitel MENSCHENLEBEN.

Blondinen bevorzugt

Bleiben wir beim Sex. Wenn evolutionärer Erfolg in letzter Konsequenz Fortpflanzungserfolg ist, dann zählt nicht nur, wie fit man ist, sondern auch wie sexy. Laut Darwin ist dies eine der Hauptursachen für die Schönheit in der Natur: »Auf der andern Seite gebe ich gern zu, dass eine große Anzahl männlicher Tiere, wie alle unsere prächtigst geschmückten Vögel, manche Fische, Reptilien und Säugetiere und eine Schar prachtvoll gefärbter Schmetterlinge der Schönheit wegen schön geworden sind; dies ist aber nicht zum Vergnügen des Menschen bewirkt worden, sondern durch geschlechtliche Zuchtwahl, d. h., es sind beständig die schöneren Männchen von den Weibchen vorgezogen worden.«

Die sexuelle Auslese kann in Konkurrenz mit der natürlichen Auslese geraten. Wenn der männliche Paradiesvogel sich mit immer schöneren und vor allem längeren Federn als Hochzeitskleid schmückt, kann ihm das am Ende zum Verhängnis werden. Es nützt ihm wenig, dass die Paradieshühner auf ihn stehen, wenn er dafür nicht mehr vom Boden wegkommt und gefressen wird. So wird er zum Exempel für kompensierende Selektionsdrücke, wobei ein Vorteil durch einen Nachteil erkauft wird.

Beim Menschen funktioniert die sexuelle Auslese bekanntlich andersherum. Nicht der Mann, sondern die Frau gilt als das schöne Geschlecht. Die Kriterien, die aus Sicht der Männer in allen Kulturen für die Attraktivität der Frau im Durchschnitt ganz oben rangieren, sind keine Manifestationen eines von wem auch immer geprägten, im Grunde beliebigen Schönheitsideals, sondern die relativ verlässlichen äußeren Anzeichen für Gesundheit, Jugend und Fruchtbarkeit. Dazu zählen namentlich das Fehlen von Missbildungen, Sauberkeit, reine und glatte Haut, klare, große Augen, volles Haar, makellose Zähne, volle, rote Lippen, feste Brüste und ein Taille/Hüfte-Verhältnis von 0,7. Die Verlässlichkeit dieser Indikatoren hat zwar in der letzten Zeit stark nachgelassen. Schuld sind unter anderem Mode, Fitnessprogramme, Kosmetik und plastische Chirurgie, die es in Verbindung mit dem gestiegenen Lebensstandard möglich gemacht haben, dass Frauen noch im fortgeschrittenen Alter über ein Aussehen verfügen, mit dem sie in der Steinzeit locker als Teenager durchgegangen wären. Doch genau diese Erfindungen sind auch ein guter Beleg dafür, dass der männliche Partnersuchblick biologisch fest verankert und auch wegen der kulturellen Errungenschaften der jüngsten Vergangenheit längst noch nicht vom Aussterben bedroht ist.

Aus Sicht der Frau bildet ebenfalls in fast allen Kulturen nicht die Schönheit, sondern die soziale Stellung des Mannes das wichtigste Kriterium, da diese zu allen Zeiten der entscheidende Faktor war, wenn es darum ging, sich viele Kinder leisten zu können, diese gut zu versorgen, gesund zu halten und gut zu verheiraten. Auch hier zeigen sich in der allerjüngsten Vergangenheit in den Industriegesellschaften kleinere Abweichungen, etwa in der Tendenz, das biologisch bedingte Schönheitsideal der Frau auf den Mann zu übertragen und Waschbrettbäuche zu verherrlichen. Dieses Phänomen ist soziologisch interessant, global gesehen jedoch von geringer Relevanz.

Selbstverständlich vergessen wir nicht an dieser Stelle zu betonen, dass die Freiheit des Geistes jeder Frau und jedem Mann erlaubt, sich über biologische Verhaltenstendenzen hinwegzusetzen und anderen Präferenzen zu folgen. Statistisch gesehen tut dies jedoch nur eine Minderheit.

Weggefährten

Die Umwelt von Lebewesen besteht zum großen Teil aus anderen Lebewesen. Alles, was irgendwie miteinander lebt, ist daher irgendwie aufeinander abgestimmt. Das eine Ende dieses Spektrums markiert die Symbiose, jene innigste Form gegenseitiger

Abhängigkeit zum beiderseitigen Nutzen. Am anderen Ende finden wir das weniger angenehme Verhältnis des Fressen-und-Gefressen-Werdens, das eher der landläufigen Vorstellung vom Kampf ums Überleben entspricht.

Die Natur ist durchwoben von sowohl Kooperation als auch Konkurrenz. So ist Evolution immer auch Ko-Evolution. Verändert eine Art bestimmte Eigenschaften, hat das Auswirkungen auf andere Arten. Wird die Antilope schneller, muss auch der Löwe schneller werden – oder sich neue Beutetiere in einer anderen Umgebung suchen. Das ist das bekannte Wettrüsten in der Natur.

So entstehen oft wundersame Ensembles, die schnell wieder den Glauben an einen Schöpfer sprießen lassen, weil alle Beteiligten auf so überaus erstaunliche Weise aufeinander abgestimmt sind. Der Biologe Richard Dawkins schildert solche Fälle in seinem Buch *Gipfel des Unwahrscheinlichen*, in dem er aufzeigt, wie es der Evolution mit langem Atem und letztlich auf relativ flachen Pfaden gelingt, noch die höchsten Höhen des Unwahrscheinlichkeitsgebirges zu erklimmen.

Ein besonders hübsches Beispiel ist die Kannenpflanze, die gemeinsam mit ihren madigen Freunden Jagd auf Insekten macht. Man findet diese Fleisch fressende Blume auf den Seychellen und ist zunächst ob der wohlgeformten Behälter beeindruckt, die sich am Ende lang gestreckter Blätter finden und wie Vasen aussehen.

Die Öffnung der Gefäße der Kannenpflanze zeigt nach oben und die Vasen sind im unteren Drittel mit Wasser gefüllt. Dawkins bezeichnet solche Gebilde, die unmittelbar den Eindruck vermitteln, von jemandem geformt worden zu sein, als gestaltoid (designoid). Sie gehorchen im Wesentlichen zwei Gestaltungsprinzipien. Das erste findet sich in der Natur an allen Ecken und Enden. Es ist die Effizienz. Im Kampf ums Überleben ist es für jedes Lebewesen prinzipiell von Nachteil, mehr Energie zu verbrauchen als nötig. Also wird mit so wenig Material wie möglich so stabil wie nötig gebaut. Das Ergebnis wirkt meist äußerst kunstvoll und filigran. Schon dies allein sorgt für Eleganz. Das zweite Prinzip heißt Zweckmäßigkeit und ergibt sich aus der Ko-Evolution mit jenen Lebewesen, die in der Vase den Tod finden sollen, einerseits, und jenen, die sie als Lebensraum nutzen, andererseits. Damit die Beutetiere in die Vase hineingeraten und nicht wieder herauskönnen, musste sich die Evolution einiges einfallen lassen. So verströmt die Kannenpflanze einen Duftstoff, der die Insekten anlockt, und außerdem ziert den oberen Rand der Vase ein Farbmuster, das demselben Zweck dient. Dieser Rand ist glatt und glitschig, damit die Insekten sich sogleich auf eine rasante Rutschfahrt auf nach unten gerichteten Härchen begeben und im Handumdrehen im Wasser landen, wo zunächst der Tod durch Ertrinken auf sie wartet. Aber von ertrunkenen Fliegen in ihren Kännchen hat die Pflanze unmittelbar noch nichts. Die Tierchen wollen erst einmal zerkleinert und verdaut werden, damit die Raubpflanze an die Nährstoffe gelangt. Da es wenig effizient für eine Pflanze ist, einen Kaumechanismus samt Magen und Darm zu entwickeln, war also eine Kooperation mit Wesen angesagt, die diesen Job für die Pflanze übernehmen können. So finden sich im Wasser unten in der Kanne – und nirgendwo anders in der Welt! – bestimmte Maden und andere Geschöpfe, die die Insekten aufessen und dabei jene Stoffe ausscheiden, von denen wiederum die Pflanze lebt. Als Gegenleistung liefert die Pflanze den Maden Sauerstoff, den sie direkt in das Wasser abgibt, das sonst schnell abgestanden vor sich hin stinken würde.

Wie in diesem Beispiel finden wir überall in der Natur Effizienz und Zweckmäßigkeit, die die Illusion von Gestaltung vermitteln, aber in Wirklichkeit das Ergebnis von Anpassungsprozessen sind.

Das Prinzip der Zweckmäßigkeit erklärt auch, weshalb einige durchaus beliebte Formen in der Natur bei ganz unterschiedlichen Tieren oder Pflanzen zur Anwendung kommen. Man spricht hier von konvergenter Evolution, weil verschiedene Entwicklungen aufs gleiche Ziel hinauslaufen. Auch das trägt wieder zur Illusion von Gestaltung bei, da scheinbar sogar bestimmte Vorlieben des Gestalters zu erkennen sind. Auch hier finden sich Zweckmäßigkeit und Effizienz gepaart, etwa in der Stromlinienform, die sich sowohl bei Säugetieren (Delfin) als auch bei Sauriern (Ichthyosaurus) und bei Vögeln (Pinguin) entwickelt hat. Sie ist vor allem deshalb zweckmäßig, weil sie effizient ist.

Gegner des Darwinismus haben die Wortbildung von Dawkins übrigens aufgenommen und umgedreht. Sie behaupten, Gott hätte die Lebewesen nur in einer Weise gestaltet, dass sie aussehen wie durch Evolution entstanden. Sie seien daher nicht gestaltoid, sondern evolvoid. Nur, was hat er sich dabei gedacht?

Fließende Übergänge

Die Theorie des Gradualismus besagt, dass es in der Evolution keine Sprünge, sondern nur fließende Übergänge geben kann. Nur solche sind vereinbar mit der Komplexität aller Lebewesen und der natürlichen Auslese. Pflanzen, Tiere und selbst Einzeller sind so kompliziert, dass der Organismus plötzliche große Umgestaltungen einzelner Teile einfach nicht toleriert. Genetische Veränderungen mit großen Auswirkungen finden durchaus häufig statt, führen aber fast ausschließlich zu nicht oder nur sehr eingeschränkt lebensfähigen Varianten mit schweren Missbildungen, welche die natürliche Auslese sofort wieder von der Bildfläche verschwinden lässt.

Der Gradualismus ist der am häufigsten attackierte Aspekt des Darwinismus. Kreationisten behaupten, die fließenden Übergänge, durch die eine Art aus der anderen hervorgeht, seien unbewiesen und die gesamte Evolutionstheorie daher falsch. Dabei berufen sie sich fast immer auf den Genetiker Richard Goldschmidt und den Paläontologen und Bestsellerautor Steven Jay Gould als Kronzeugen.

Der deutsch-amerikanische Zoologe Richard Goldschmidt (1878–1958) kam Ende der 1930er-Jahre zu der Überzeugung, durch Mutation und Selektion könnten keine wirklich großen Veränderungen erreicht werden. Er schlug daher als Grundmechanismus für die Entstehung neuer Arten das Konzept des »aussichtsreichen Ungeheuers« vor. Demnach sollen komplette Umgestaltungen durch zufällige Makromutation innerhalb einer Generation erfolgen. Laut Goldschmidt ist irgendwann einmal aus dem Ei eines Dinosauriers ein Vogel geschlüpft. Diese Vorstellung erschien so grotesk, dass niemand sie ernst nahm. Und man würde heute wohl nirgendwo mehr davon hören, hätte nicht Steven Jay Gould in den 1970er-Jahren sein Konzept der »unterbrochenen Gleichgewichte« als eine Art Revival der Hopeful-Monster-Hypothese präsentiert. Goulds Theorie ist durchaus ernst zu nehmen, behauptet aber keinesfalls eine wirklich sprunghafte Evolution, sondern lediglich eine Art dynamischen Gradualismus. Plötzliches Entstehen bedeutet bei ihm nicht über Nacht, sondern in einem Zeitraum von bis zu 500 000 Jahren.

Wirkliche Sprünge infolge von Makromutationen lässt die natürliche Auslese offenbar so gut wie nie zu. Eines der wenigen Gegenbeispiele sind Schlangen. Verschiedene Schlangenarten haben eine sehr unterschiedliche Zahl von Wirbeln, zwischen 200 und 350. Da es keine halben Wirbel gibt, muss die Zu- oder Abnahme jeweils auf eine größere Mutation zurückgeführt werden. Allerdings handelt es sich lediglich um Verdopplungen vorhandener komplexer Strukturen und nicht um größere »Umbauten«.

Aufgegriffen werden solche Missbildungen jedoch bei der Zucht. Besonders auffällig ist der Hang des Menschen, auch sehr »unnatürliche« Rassen zu entwickeln, etwa bei der Hundezucht. So kann der Dackel durchaus als Beispiel für ein »aussichtsreiches Monster« gelten. Seine Kurzbeinigkeit geht ursprünglich auf eine Missbildung zurück, eine starke Verkürzung von Knochen namens Achondroplasie. Züchter haben erkannt, dass diese Kurzbeinigkeit von Vorteil ist, wenn es darum geht, auf der Jagd in einen Dachsbau einzudringen, und das Merkmal genutzt. Und zwar natürlich lange bevor das entsprechende Gen identifiziert wurde. Erste Erwähnung finden die zwergwüchsigen Hunde im 16. Jahrhundert. Vor einigen Jahren konnten Wissenschaftler zeigen, dass Achondroplasie durch Mutationen in einem Gen verursacht wird, das die Bauanleitung für einen Rezeptor trägt, den »Fibroblast Growth Factor Receptor 3« (FGFR3). Aufgabe dieses Rezeptors ist es, das Knochenwachstum zu bremsen. Er wird normalerweise erst ab einem bestimmten Zeitpunkt aktiv, bei Achondroplasie-Patienten ist er es jedoch ständig.

Am Dackel unter den Kühen wird übrigens zurzeit noch gezüchtet, es handelt sich um das Dexterrind, dessen Aussehen ebenfalls wesentlich durch ein Achondroplasie-Gen geprägt ist.

Abdrücke der Zwischenwesen

Auch von Seiten der Paläontologie kann der Gradualismus als bestätigt gelten. Selbstverständlich gibt es noch viele »missing links« im Stammbaum des Lebens, aber das heißt lediglich, dass es entweder keine Versteinerungen gegeben oder dass man sie noch nicht gefunden hat. Versteinerungen entstehen keineswegs überall und zu jeder Zeit, sondern nur unter bestimmten Bedingungen. Manche Tiere oder Teile von Tieren versteinern auch nicht, weil sie einfach zu klein und zierlich sind. Nach dem immer länger werdenden Rüssel des Elefanten kann man lange fahnden. Da er keine Knochen enthält, wird man nichts von ihm finden. Ein weiterer wichtiger Grund für die Wissenslücken besteht darin, dass große Teile der Welt überhaupt noch nicht untersucht wurden. Wo keiner sucht, kann auch nichts gefunden werden.

Bei all diesen Einschränkungen kann für einen Großteil der Tiergruppen die Theorie vom fließenden Übergang weitgehend durch Funde dokumentiert werden. Man kann zum Beispiel die Ordnung, zu der die Pferde gehören (Perissodactyla), und jene, zu der die Wale zählen (Cetacea), in vielen Schritten bis zu ihren gemeinsamen Vorfahren zurückverfolgen, die übrigens weder Pferden noch Walen ähnelten, sondern eher wie eine Mischung aus Fuchs und Waschbär aussahen.

Vom Sonnensegel zum Flügel

Im Verlauf der Evolution muss jede einzelne jener kleinsten Veränderungen für sich eine Daseinsberechtigung haben. Denn für die Evolution gibt es nur das Hier und Jetzt. Obwohl die Versuchung groß ist, darf man sie niemals von einem Ziel her denken. Obwohl der Elefant einen langen Rüssel hat, der zu unglaublich vielen Dingen nützlich ist, ist die Nase keiner seiner Vorgänger je auch nur einen Millimeter gewachsen, damit am Ende dieser fantastische Rüssel herauskommt. Immer musste dieser Millimeter für sich schon nützlich sein und einen evolutionären Vorteil bieten. In vielen Fällen verändert ein Organ dabei seine Funktion. Ein Flügel dient in seiner entwickelten Form dem Fliegen. Er hätte sich aber nie entwickeln können, wenn er von Anfang an dem Fliegen hätten dienen sollen. Deshalb waren seine Vorformen zu ganz anderen Zwecken gut, etwa als Sonnensegel zur Aufnahme von Wärme. Solche vorübergehenden Funktionen nennt man Präadaptionen.

Von Null auf 200 Millionen

Die Zahl der Arten nimmt ständig zu. Alles Leben fing mit einer einzigen Lebensform an. Heute leben vermutlich zwischen 10 und 200 Millionen verschiedene Arten auf der Erde. Wie kommt es zu dieser Vervielfachung?

Art, Population und Genpool

Was ist überhaupt eine Art? Die heute vorherrschende Definition, das biologische Art-konzept, bezeichnet damit die Gesamtheit der Lebewesen, die sich untereinander fruchtbar fortpflanzen können.

Solche Gruppen existieren in der Natur tatsächlich, und die Angehörigen einer Art unterlassen in der Regel jeden Versuch, sich mit Vertretern einer anderen Art zu paa-ren. Das heißt nebenbei, dass auch alle Organismen über ein Paarungspartner-Erken-nungssystem (Specific Mate Recognition System, SMRS) verfügen müssen. Elemente eines solchen SMRS können etwa die Paarungszeit, ein Sexualduftstoff oder ein Hoch-zeitstanz sein.

Unter dem Begriff »Population« wiederum versteht man eine Fortpflanzungsge-meinschaft von Lebewesen, die zur selben Zeit im selben Raum leben, zum Beispiel eine Wildschweinpopulation in einem Waldgebiet. Der Genpool ist die Summe aller Gene in einer Population.

Wie Arten entstehen

Die Evolution verfügt über einen einzigen Motor zur Artbildung: die natürliche Ausle-se. Er treibt sowohl Artentwicklung als auch Artbildung an. Bei der Artentwicklung verändert eine gesamte Art ihre Eigenschaften allmählich so stark, dass man die Urur-ahnen irgendwann als Vorgängerart bezeichnet. So wurde zum Beispiel aus dem *Homo erectus* der *Homo heidelbergensis*.

Bei der Artbildung verzweigt sich der Stammbaum des Lebens, und aus einer Art werden mehrere. Die Frage ist, wann verschiedene Populationen einer Art verschiede-ne evolutionäre Entwicklungspfade einschlagen?

Eine erste Antwort ergibt sich unmittelbar aus der Tatsache, dass unterschiedliche Umwelten einen unterschiedlichen Selektionsdruck bewirken. Man muss also nur zwei Populationen einer Art voneinander isolieren, und schon ist es höchst unwahrschein-lich, dass sie sich in genau der gleichen Art und Weise weiterentwickeln. Man spricht hier von geographischer oder allopatrischer Artbildung. Darwin konnte das bei den später nach ihm benannten Darwin-Finken auf den Galápagosinseln beobachten. Vor 2 bis 3 Millionen Jahren zog ein Schwarm Finken von Mittel- oder Südamerika aus nach Westen und landete nach einem Flug von fast 1000 Kilometern auf den Galápagos-Inseln. Diese Vögel bildeten die Gründergeneration jener 13 Arten, die Darwin 1835 auf seiner Forschungsfahrt mit der Beagle entdeckte. Die Finkenarten, von denen manche nur auf einer einzigen Insel des Archipels vorkommen, unterscheiden sich grundsätz-lich in Verhalten, Nahrungserwerb und äußerlich in der Form des Schnabels. Einige haben sehr spezielle Eigenarten entwickelt. Specht- und Mangrovenfink benutzen einen Kaktusstachel, um nach Termiten oder anderen Holzbewohnern zu stochern. Der Vampirfink reißt Albatrossen und Tölpeln einzelne Schwanzfedern aus und leckt das an den offenen Kielansätzen austretende Blut auf. Darwin verwarf die Annahme, dass die Schöpfung extra für diese kleine Inselgruppe 13 verschiedene Finkenarten vorgesehen hätte. Plausibler schien ihm, dass sie alle ursprünglich von einer Art abstammten und sich in ihrer neuen Umwelt unterschiedlich weiterentwickelt haben.

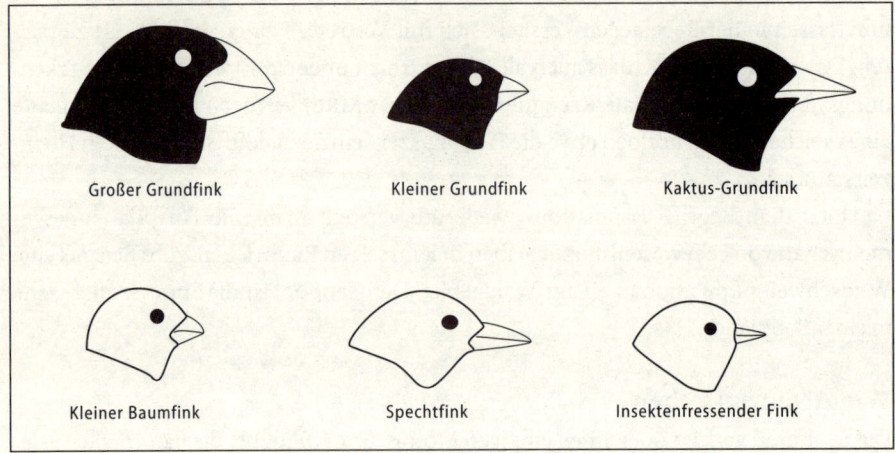

Großer Grundfink   Kleiner Grundfink   Kaktus-Grundfink

Kleiner Baumfink   Spechtfink   Insektenfressender Fink

ABB. 1.3 *Die verschiedenen Darwin-Finken stammen ursprünglich von einer Art ab. Die körperlichen Unterschiede, insbesondere die verschiedenen Schnabelformen, sind Anpassungen an die Umwelt und an die Ernährungsgrundlagen im jeweiligen Verbreitungsgebiet.*

Tatsächlich können solche Spezialisierungen recht schnell erfolgen. Wenn es sich um kleine Gründerpopulationen handelt, gibt es zunächst eine viel kleinere Zahl an Genvarianten, und es findet eine Phase der Inzucht statt, bei der es zu schnellen Veränderungen kommen kann. Aus heutiger Sicht entstehen die allermeisten Arten durch geographische Artbildung.

Eine zweite Form der Artbildung ist zu beobachten, wenn nicht die Umwelt sich verändert, sondern Tiere ihre Lebensweise ändern, indem sie zum Beispiel neue Nahrungsquellen erschließen. Die neue Art entwickelt sich hier nicht auf einer Insel, sondern in einer ökologischen Nische. Sie bleibt auf dem Territorium der Elternart, steht aber aufgrund der Nischenstrategie nicht mehr in Konkurrenz zu ihr. Man spricht von ökologischer Spezialisierung und sympatrischer Artbildung (sympatrisch bedeutet »aus der gleichen Heimat«). Diese Form der Artbildung ist zum Beispiel bei Insekten zu beobachten, die von einer Wirtspflanze auf eine andere wechseln.

Das große Sterben

Ist heute von Artenvielfalt oder Biodiversität die Rede, wird meist der Verlust derselben beklagt. Jürgen Wolters, Biologe und Vorstandsmitglied der Arbeitsgemeinschaft Regenwald und Artenschutz e.V., sieht für das Leben auf unserem Planeten ziemlich schwarz: »Seit dem ausgehenden Mittelalter haben wir uns zum sündhaften Vorbild in Sachen Naturvernichtung entwickelt, das natürlich längst weltweit Schule macht. Alle Ökosysteme der Erde sind durch menschliche Eingriffe bedroht, die Antarktis ebenso wie die tropischen Regenwälder. Das Resultat ist schlimm: wir stehen an der Schwelle der größten Naturvernichtung der Erdgeschichte. Artenverlust erfolgt heute mit einer tausendfach höheren Rate als je zuvor ... Erstmals in der Geschichte der Erde gefährdet eine einzelne Spezies den gesamten Rest pflanzlicher und tierischer Organismen und damit in gefährlicher Weise den weiteren Verlauf der Evolution.«

Wolters besorgte Haltung dürfte von vielen Menschen geteilt werden. Wir erleben heute das sechste große Sterben in der Geschichte des Lebens. Die fünf vorhergehenden sind noch kaum erforscht, aber in etwa zeitlich lokalisiert. Andererseits ist, abgesehen von den jüngsten Einbußen, das Leben auf der Erde heute so vielfältig wie nie zuvor. Schätzungen zufolge existieren heute zwischen 10 und 200 Millionen unterschiedlicher Arten, über 60 Prozent davon bilden Insekten, vermutlich nicht viel mehr als 4327 die Säugetiere. Auch der durch Menschen bedingte Rückgang während der letzten Jahrhunderte wird an dem langfristigen, generellen evolutionären Trend zu wachsender Vielfalt wahrscheinlich nichts ändern.

Im Lauf der Evolution stirbt jede Art irgendwann auch wieder aus. Man schätzt, dass die meisten Arten nur etwa 1 Million Jahre existieren. Die heute vorhandenen Arten machen daher nur weniger als 1 Prozent aller je da gewesenen aus.

Die Gründe für das derzeitige Artensterben sind leicht zu ermitteln. In der prähistorischen Zeit waren Überjagung und das Einschleppen exotischer Tiere (mitsamt deren Krankheiten) Hauptursachen für das Artensterben. So haben die von Indonesien nach Australien einwandernden Aborigines schon vor etwa 30 000 Jahren einen Großteil der größeren Tiere wie Riesenkängurus, Nashörner, Tapire, Beutellöwen und so weiter erledigt. Auch die Paläoindianer haben vor etwa 12 000 Jahren bei der Besiedlung Nordamerikas ganze Arbeit geleistet und 80 Prozent der Großsäuger, darunter Mammuts, Riesenwölfe, Bisons und Kamele, eliminiert. Ähnliches spielte sich in Madagaskar, Neuseeland und anderswo ab – überall dort, wo der neu sich ansiedelnde Mensch »ahnungslose« Tiere antraf, die bis dahin mit keinen vergleichbaren Feinden zu tun hatten und daher für ihn ein gefundenes Fressen waren.

In den letzten Jahrhunderten bewirkt in erster Linie die Vernichtung der Lebensräume den Verlust an Biodiversität. Dabei spielen die medienwirksamen Nashörner, Pandas und so weiter keine so große Rolle; es geht um unbekannte Tiere und Pflanzen, die oft nur in sehr eng begrenzten Gebieten vorkommen. Wie aber ist dieser Verlust an Artenreichtum zu bewerten? Gibt es so etwas wie einen Wert der Vielfalt? Tatsächlich sinnvoll ist das Argument vom Wert der Vielfalt weder für die Natur als Ganze, die einfach in ihrer Vielfalt besteht und in geringerer Vielfalt eben weniger vielfältig bestehen würde, noch für eine einzelne Art (zum Beispiel eine Kellerassel oder einen Schwamm), die schlicht auf eine ganz bestimmte Umwelt Wert legt. Von Bedeutung ist das Argument besonders für den Menschen selber, das einzige Wesen, das prinzipiell in der Lage ist, alles, was existiert, für sich zu nutzen. Vor allem der bei Naturschützern eher verpönte Nutzungsaspekt liefert ein gewichtiges Argument für die Erhaltung der Biodiversität. Auch der ästhetische Genuss der Naturbetrachtung stellt eine Art der Nutzung dar. Darin liegt wohl ein Grund dafür, dass uns insbesondere die charismatischen Arten wie Panda, Elefant und Robbe am Herzen liegen.

Im Mittelpunkt des Interesses der aktuellen Biodiversitätsdebatte stehen ganz klar tropische Regenwälder – aus dem einfachen Grund, weil es dort die meisten Arten gibt, also auch die meisten aussterben können. Dabei darf man sich das Sterben sicher nicht so vorstellen, dass mit jedem Prozent Regenwald, das gerodet wird, auch ein Prozent der Arten dahingeht. Zunächst erwischt es einige ausgeprägte Spezialisten, die nur in geringer Zahl und ausschließlich auf dem gerodeten Areal existierten. Bei großflächigen Rodungen aber sterben in Gebieten mit einem hohen Anteil endemischer Arten (das sind solche, die nur an diesem Ort der Welt vorkommen) tatsächlich viele Spezies aus. Forscher gehen heute davon aus, dass nach dem so genannten Arealeffekt bei einer Reduzierung der Fläche auf ein Zehntel mit einer Halbierung der Artenzahl zu rechnen ist.

Die unmittelbaren Ursachen für den Rückgang des Regenwaldes sind bekannt. William Burley vom World Resources Institute in Washington fasst sie so zusammen: »Die meisten Verluste tropischer Wälder sind auf Rodungen durch Millionen von Familien zurückzuführen, die einfach nur versuchen, sich mühsam durchzuschlagen, wie wir das an ihrer Stelle auch tun würden.«

Das wird so lange weitergehen, bis man ihnen andere, bessere, weniger primitive Existenzgrundlagen bietet. Letztlich kann das Ziel von uns ökologisch denkenden Menschen sein, nicht nur Wildnis zu bewahren um des Bewahrens willen, sondern sinnvolle Nutzungsformen für die Natur zu finden. Dabei ist die Kenntnis des natürlichen Artenvorkommens und deren Lebensbedingungen für die Gestaltung erforderlich. Die exakte Bewahrung des zufällig zurzeit vorgefundenen Zustands kann schon aus Gründen der natürlichen Evolution nicht gelingen. Der Biologe John Todd beschreibt den notwendigen Zusammenhang zwischen Nutzung und Erhaltung so: »Die Restauration der Natur mit dem ökonomischen Bedarf des Menschen in Einklang zu bringen dürfte der einzige Weg sein, das terrestrische Gefüge unseres Planeten wiederherzustellen.«

Mit anderen Worten: Ökosysteme müssen produktiv gemacht werden, wenn sie einen Wert darstellen sollen. Genutzte Ökosysteme sind – selbst wenn es sich um Naturparks handelt – im strengen Sinne keine Natur mehr, sondern anthropogene Lebensräume, in denen Tiere, Pflanzen und Mikroorganismen in einem definierten Gleichgewicht unter mehr oder weniger starkem Einfluss durch den Menschen leben.

In Ländern wie Deutschland gibt es praktisch nur noch solche menschengemachte Lebensräume, dennoch betrachten die meisten von uns, wenn sie aufs Land fahren, das, was sie dort vorfinden, als Natur und finden Gefallen daran.

Der gegenwärtige Artenschwund ist eine Entwicklung, bei der Ergebnisse aus Milliarden Jahren Evolution endgültig verschwinden. Sie alle haben etwas zu bieten, sonst würden sie nicht existieren. Das ist ein wichtiger Grund, sie nach Möglichkeit zu bewahren und sie nicht leichtfertig zur Erlangung eines kurzfristigen Nutzens zu gefährden.

Die Widerlegungen

Will man die historische Bedeutung des Darwinismus verstehen, darf man nicht nur sehen, welche wissenschaftlichen Erkenntnisse er gebracht hat, sondern vor allem auch, womit er alles aufgeräumt hat. Neben dem Schöpfungsglauben gab es noch eine ganze Reihe weltanschaulicher Grundauffassungen, die das Denken vor Darwin dominiert haben. Zu ihnen zählen der Vitalismus, der Physikalismus und der Essentialismus sowie die Vorstellungen von der spontanen Entstehung und der Stufenleiter des Lebendigen.

Das Leben hat keine eigene Kraft

Laut der Lehre der Vitalisten, etwa des deutschen Arztes Georg Ernst Stahl (1660–1734), weisen lebendige Organismen spezifische Eigenschaften auf, die nicht durch Rückführung auf physikalische Phänomene erklärt werden können. Vitalisten unterscheiden eine Welt des Lebendigen und eine des Nichtlebendigen, die strikt voneinander getrennt sind und jeweils eigenen Naturgesetzen gehorchen. Um diesen Unterschied zu definieren, wurde eine Kraft postuliert, meist als »Lebenskraft« bezeichnet. Die Darwinsche Theorie konnte bei oberflächlicher Betrachtung durchaus zugunsten des Vitalismus ausgelegt werden. Denn wenn alle Arten aus anderen entstehen, entsteht ja Leben immer nur aus Leben und nie – wie eine Maschine – aus unbelebten Teilen.

Dennoch war die Überwindung des Vitalismus schon bei Darwin angelegt. Denn die Theorie vom gemeinsamen Ursprung sagt, dass das Leben irgendwo einen Anfangspunkt hat. Und vor diesem kann es logischerweise kein Leben gegeben haben, also muss es vor langer Zeit einmal jenen natürlichen Übergang vom Nichtlebendigen zum Lebendigen gegeben haben, den der Vitalismus kategorisch ausschließt. Experimentell widerlegt wurde der Vitalismus durch Friedrich Wöhler, der 1828 aus den anorganischen Ingredienzien Ammoniak und Blausäure den organischen Harnstoff herstellte.

Einige Spielarten des Vitalismus haben sich dennoch bis heute gehalten. Die meisten tummeln sich in den esoterischen Lehren der so genannten alternativen Medizin, wo für die Lebenskraft allerlei Namen gefunden werden – und natürlich ebenso viele Mittelchen, um sie aufzupäppeln. So meinen etwa Homöopathen, dass es dann zu einer Erkrankung komme, wenn die »Lebenskraft« des Körpers geschwächt sei. Viele Akupunkteure sehen die Ursache für Krankheiten in einer Störung des Gleichgewichts der stets fließenden »Lebensenergie« (Chi oder Qi genannt), ayurvedische Heiler reden von »Prana« und so weiter.

Justus von Liebig hielt schon 1844 nicht sonderlich viel von Medizinern, die dem Vitalismus anhingen: »Nicht das Studium der Natur, sondern das ihrer Bücher sei, so meinen sie, für die medicinische Praxis von Werth. In den Worten ›Lebenskraft‹ und ›Lebensgewalten‹ schaffen sie sich wunderbare Dinge, mit denen sie alle Erscheinungen erklären, die sie nicht verstehen.«

Erde gebiert keine Würmer

Auch die Idee, Lebewesen würden mit Hilfe der Lebenskraft spontan aus organischer Materie entstehen, war vor Darwin weit verbreitet. Rund 300 Jahre vor Christus formulierte als Erster Aristoteles, dass »Würmer, Motten und Kröten spontan durch göttliche Schöpfung aus nasser Erde« entstünden. Und wer Augen hatte, zu sehen, der konnte dies ja auch tagtäglich beobachten. Im Matsch entstanden plötzlich kleine Fische, aus dreckigen Lappen schlüpften Mäuse wie Glühwürmchen aus dem glitzernden Morgentau, und ein Misthaufen produzierte Fliegen en masse.

Laut Darwin war der Übergang vom Nichtlebendigen zum Lebendigen jedoch ein einmaliger Vorgang. Und seit der Entstehung dieser ersten Lebensform gilt das eherne Gesetz, dass kein lebend Ding das Licht der Welt erblickt, das nicht mindestens eine Mama oder einen Papa oder beides hat. 1864 lieferte Darwins Zeitgenosse Louis Pasteur (1822–1895) den endgültigen experimentellen Beweis gegen den Vitalismus. Er bewahrte gekochten Fleischextrakt in einem Gefäß auf, in das zwar Luft gelangen konnte, jedoch keine Mikroorganismen, weshalb sich in der Brühe auch nichts regen wollte, woraufhin er das Machtwort sprach: »Omne vivum ex vivo« (Alles Leben stammt von Leben ab).

Die Physik kann nicht alles

Der Physikalismus war der philosophische Gegenspieler des Vitalismus. Doch auch er wurde von Darwin zurechtgetrimmt, um einen anderen Blickwinkel auf die Phänomene der Biologie zu ermöglichen. Er hat seine Wurzeln in der dualistischen Konzeption von René Descartes (1596–1650), der sich selbst als »Physico-Mathematicus« bezeichnete. Im kartesianischen Dualismus sind Geist und Körper strikt getrennt, weshalb der Körper unabhängig zu betrachten und mit den Mitteln der Physik zu erforschen sei, während für die Seele andere Gesetze gelten mochten.

Der Physikalismus war die Grundauffassung der modernen Wissenschaft vor Darwin. In letzter Konsequenz beanspruchte er, dass jedes Ereignis auf der Welt voraussagbar sei, wenn man nur alle Rahmenbedingungen kennt. Die Entstehung neuer Arten lässt sich jedoch immer nur zurückschauend nachvollziehen, aber nie voraussagen. Das liegt nicht daran, dass die physikalischen Gesetze nicht gelten würden, sondern dass die Erfassung aller Rahmenbedingungen, die es erlauben würden, eine einzelne Mutation vorherzusagen (von ihren Folgen ganz zu schweigen), eine (physikalische) Unmöglichkeit darstellt. Es ist daher sinnvoll, die genetische Variation als zufällig zu bezeichnen, obwohl sie selbstverständlich Ursachen hat.

Der Physikalismus folgte der auf den ersten Blick einleuchtenden Devise: Alles in der Natur ist physikalisch, folglich ist die Physik für alles in der Natur zuständig. Die Evolutionstheorie zeigt klar, dass diese Folgerung nicht schlau ist und dass die Physik für die Erklärung der Entstehung und Entwicklung der Lebewesen nicht taugt. Hier lautet die entscheidende Frage nämlich »Wozu?« Wir suchen nach dem evolutionären Nutzen des langen Rüssels des Elefanten, nicht nach physikalischen Kräften, die ihn haben wachsen lassen. Darwin hat somit der Biologie einen Platz unter den modernen Wissenschaften erobert, den sie vor 1859 nicht hatte. Und er hat die Physik in die Schranken gewiesen.

Die Evolution kennt kein Ziel

»In der Variabilität der organischen Wesen und in der Wirkungsweise der natürlichen Zuchtwahl scheint nicht mehr Zweckmäßigkeit zu liegen als in der Richtung, in der der Wind weht«, schreibt Darwin in seiner Autobiographie. Das mag hart klingen. Zu gerne glaubt man an übergeordnete Prinzipien und sucht nach dem höheren Sinn. Das rein mechanische und blinde Wirken der Natur steht in hartem Gegensatz zu den Fähigkeiten des menschlichen Geistes, dem es daher schwer fällt, zu glauben, er selbst könne aus solch primitivem Wirken hervorgegangen sein.

Die alten Griechen haben sich das Universum als wohl geordnete, hierarchische große Kette des Seienden vorgestellt. Aristoteles hat dies in seiner großen Stufenleiter des Lebens ausgeführt. In dieser Seinsskala sind die höheren Stufen von den niederen abhängig. Den Pflanzen kommt nur die Reproduktionsseele zu, den Tieren die Fähigkeit zu empfinden, zu begehren und sich zu bewegen, dem Menschen schließlich noch Vernunft. Diese Ordnung galt als ewig und unveränderlich, eine Evolution war ausgeschlossen. In China formulierte Hsün-Dse (286–238 v. u. Z.) eine ähnliche Stufenleitertheorie: »Wasser und Feuer haben Kraft, aber kein Leben. Gräser und Bäume haben Leben, aber kein Empfinden. Vögel und Vierfüßer haben Empfinden, aber kein Pflichtbewusstsein. Der Mensch allein hat Kraft, hat Leben, hat Empfinden und dazu noch Pflichtbewusstsein.« Die chinesische Variante war jedoch weniger statisch, im taoistischen Denken deutete sich bereits die Idee einer Evolution an.

Das Christentum übernahm das Bild der Leiter aus Griechenland; damit hat es sich als außerordentlich erfolgreich erwiesen. Viele Menschen sehen es auch heute noch so. Der Mensch ist demnach der Gipfel der Schöpfung bzw. Höhepunkt der Evolution. Über ihm kommt nur noch Gott. Unter ihm befinden sich unsere Freunde aus dem Tierreich, also Affen, Hunde, Katzen und andere nette Tiere, dann kommen Reptilien, Fische, Ungeziefer, Pflanzen und schließlich die unbelebte Natur. Dabei wurde immer großer Wert darauf gelegt, darauf hinzuweisen, dass es auf einer Leiter keinen fließenden Übergang gibt. »Auch die Angrenzung der Menschen an die Affen wünschte ich nie so weit getrieben, dass, indem man eine Leiter der Dinge sucht, man die wirklichen Sprossen und Zwischenräume verkenne, ohne die keine Leiter stattfindet«, schreibt Johann Gottfried Herder im Jahre 1787. Doch einige seiner Zeitgenossen, etwa Spinoza, Leibniz oder Locke, begannen die Idee der Kontinuität herauszuarbeiten. »Ich habe gute Gründe für die Annahme, dass alle die vielen verschiedenen Arten von Wesen, die zusammen das Universum bilden, im Denken Gottes, der ihre Wesensabstufungen genau kennt, nur wie die Ordinaten einer einzigen Kurve enthalten sind, die so nahe beieinander liegen, dass keine weitere dazwischen liegen kann«, schreibt Gottfried Wilhelm Leibniz (1646–1716). So werden die Übergänge fließend, doch bleiben die Statik, die Einstämmigkeit und das Oben und Unten zunächst noch erhalten.

Laut Darwin gibt es jedoch weder Schöpfung noch Gipfel, dafür ausschließlich fließende Übergänge und sowohl Aufwärts- als auch Abwärtsbewegungen. Die Evolution verfügt über keinen Mechanismus der Vervollkommnung. Eine Vorstellung, gegen die sich bis heute unsere Intuition sträubt. Wer wollte behaupten, der Mensch sei nicht höher entwickelt als Fisch oder Amöbe? In der Tat gibt es offensichtlich eine Zunahme an Komplexität und Vielfalt, eine Entwicklung des Lebens als solche vom Einfachen und Wenigen zum Komplexen und Zahlreichen. Doch die Entwicklung verläuft ohne vorher bestimmbares Ziel. Die Komplexitätszunahme findet auch nicht überall in gleichem Maße statt. Schaut man in die Welt der Archaea oder der Bakterien, kann man lange nach Komplexität suchen. Diese Einzeller sind heute noch so primitiv wie vor 3 Milliarden Jahren.

Die einzig sinnvolle Bedeutung des Wortes »Fortschritt« in Bezug auf die Evolution ist die des wachsenden evolutionären Erfolgs. Darwin schreibt in der *Entstehung der Arten*: »In einem bestimmten Sinne aber müssen, nach meiner Theorie, die neueren Formen höher sein als die älteren; denn jede neue Art wird gebildet, weil sie gegenüber anderen und älteren Formen irgendeinen Vorteil im Kampf ums Dasein hatte.« Dieser Fortschritt kann Motor einer anhaltenden Höherentwicklung sein, stellt zunächst aber nur eine im jeweiligen Umfeld vorteilhafte Anpassungsleistung dar. Manchmal läuft das tatsächlich auf ein Optimum hinaus. Doch dass ein solches Ziel erreicht wird, heißt noch lange nicht, dass es auch angestrebt wurde. Das Optimum ergibt sich aus dem konkreten evolutionären Wettbewerb und nicht aus einem vorher definierten Ideal.

Die Evolution kann also nicht als Mittel zum Zwecke der Herstellung einer vorbe-

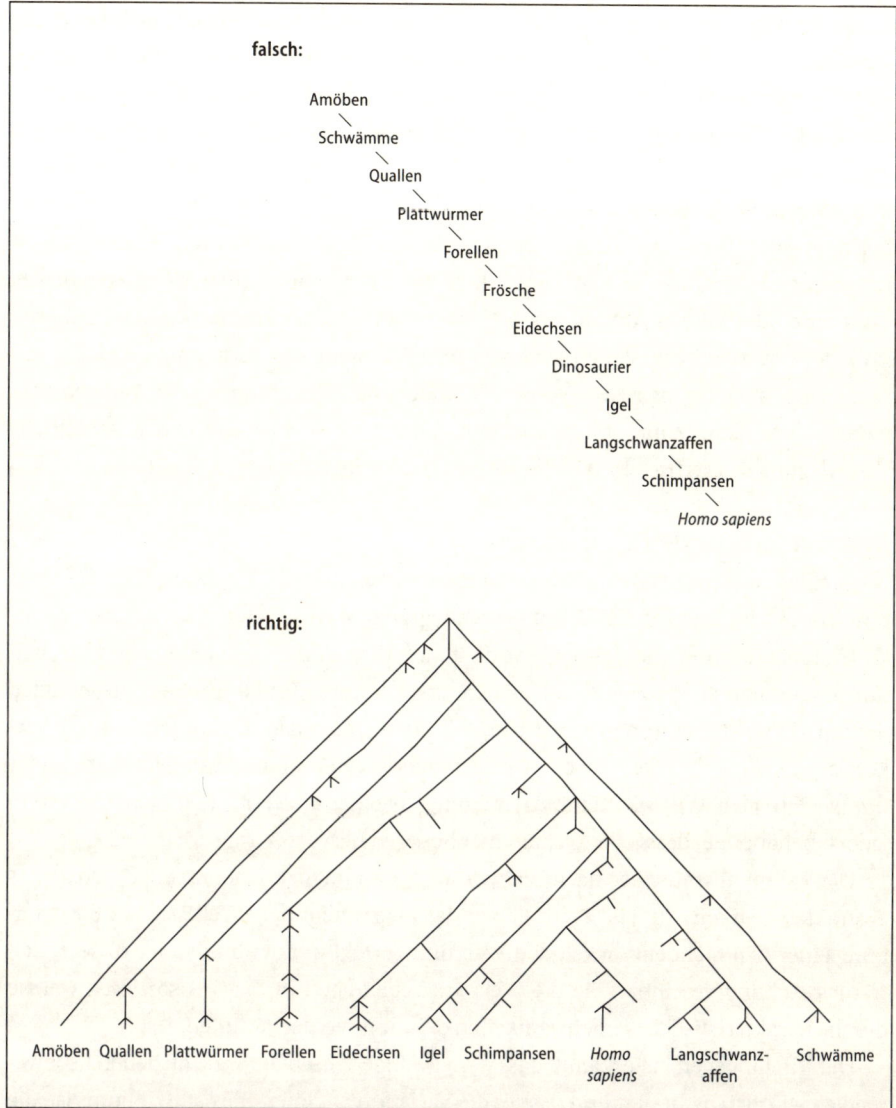

falsch:

Amöben
Schwämme
Quallen
Plattwurmer
Forellen
Frösche
Eidechsen
Dinosaurier
Igel
Langschwanzaffen
Schimpansen
Homo sapiens

richtig:

Amöben Quallen Plattwürmer Forellen Eidechsen Igel Schimpansen *Homo sapiens* Langschwanz-affen Schwämme

ABB. 1.4 *Das falsche Modell zeigt eine Stufenleiter des Lebens, die von einer zielgerichteten Höherent-wicklung ausgeht. Das richtige Modell zeigt den Stammbaum als weit verzweigten Busch, bei dem alle heute existierenden Arten Produkte individueller Entwicklungslinien sind (Darstellung in Anlehnung an S. Pinker: Der Sprachinstinkt, München 1996).*

stimmten, stabilen, hierarchischen Ordnung gelten, wie sie die Stufenleiter der Natur beschreibt. Diese symbolisierte auch nicht nur ein biologisches Ordnungssystem, son-dern die Weltsicht schlechthin. Sie war bis in die Renaissance hinein (und bis heute) vor allem deshalb von solch großer Bedeutung, weil sie die herrschende soziale Ordnung legitimierte. Herrscher waren Herrscher von Gottes Gnaden. Und auch für alle anderen galt: Ihr Platz im hierarchischen sozialen Gefüge war genau der, den Gott ihnen zugedacht hatte – in der Regel unten. Dieser Mythos durchzog das gesamte soziale, kulturelle und wissenschaftliche Denken. Er zeigt sich im Weltbild des Ptolemäus ebenso wie in der Kosmologie Dantes oder der mittelalterlichen politischen Theorie. Die Geburt der modernen Wissenschaft geht einher mit der Zerstörung der Idee einer göttlich-natürlichen hierarchischen Ordnung. Diese war zwar schon oft angefochten worden, etwa durch das bereits Anfang des 14. Jahrhunderts entwickelte Modell eines auf der Volkssouveränität beruhenden Staates, wie es Marsilius von Padua (1275–1342) in seinem Hauptwerk *Defensor Pacis* fordert. Doch letztlich konnte sie erst zu Fall gebracht werden, nachdem zum politisch-moralischen Angriff auch die wissenschaftliche Widerlegung des statischen Weltbilds hinzugekommen war.

Kein Wesen vor dem Lebewesen

Nach einer zu Darwins Zeiten herrschenden Vorstellung, die heute als Essentialismus bezeichnet wird, besteht die Welt aus einer begrenzten Anzahl unveränderlicher Essentia (Platons *eidē*, Ideen in der Rolle von Archetypen) und die veränderlichen Erscheinungen der sichtbaren Welt sind lediglich unvollständige und ungenaue Spiegelbilder, die von uns wahrgenommen werden. Jedes Tier und jede Pflanze wäre demnach die Verkörperung eines charakteristischen, unveränderlichen und unabhängig von ihm oder ihr existierenden Wesens. Keine Art könnte aus einer anderen hervorgehen. Darwin jedoch behauptete, dass jede Art aus einer anderen hervorgegangen sei.

Der Essentialismus, der nach wie vor als große intellektuelle Errungenschaft des abstrakten Denkens zu würdigen ist, war das Instrument par excellence zur Beschreibung einer sich nicht entwickelnden Welt und perfekt mit der bis dahin existierenden Naturforschung vereinbar, die die Welt des Lebendigen in Klassen sortierte, welche durch charakteristische Gemeinsamkeiten definiert werden konnten.

Darwin hingegen hat erkannt, dass das jeweilige Wesen der verschiedenen Lebewesen keine Konstanz besitzt und dass es die Variation auf Ebene des Individuums ist, die die Veränderung der Art bewirkt. Individuen einer Art sind nicht durch ein gemeinsames Wesen bestimmt, sondern dadurch, dass die weiblichen Exemplare mit den männlichen verkehren und Nachwuchs hervorbringen können. Deshalb gehören Zwergpinscher und Deutsche Dogge zur selben Art, obwohl sie sich nicht gerade sonderlich ähnlich sehen.

Für Carl von Linné war es keine Frage, dass den Gruppen, in die er Tiere und Pflanzen einteilte, ein ihnen innewohnendes unveränderliches Wesen eigen war. Die heutige Klassifikation orientiert sich stattdessen letztlich am Erbgut des jeweiligen Organismus. Daher ist man versucht, das Wesen im Genom zu erkennen. Doch das Genom ist nichts weiter als ein Genom. Ganz und gar materiell, chemisch exakt zu beschreiben und durchaus veränderlich. Es gibt keinen Grund, in ihm zusätzlich ein Wesen zu erkennen.

Updates

Seit seiner Begründung vor 150 Jahren hat der Darwinismus einige Korrekturen und Ergänzungen erfahren. Deshalb ist heute oft von Neo-Darwinismus die Rede, wenn die moderne Evolutionstheorie gemeint ist.

Keine weiche Vererbung

Eine erste wesentliche Korrektur der darwinschen Theorie hat Ende des 19. Jahrhunderts der deutsche Evolutionstheoretiker August Weismann (1834–1914) vorgenommen. Er postulierte, dass es ausschließlich harte Vererbung gebe. Die These von der weichen Vererbung unterstellt, dass erworbene Eigenschaften vererbt werden können. Das glaubte auch Darwin. Harte Vererbung bedeutet dagegen puren Selektionismus. Das Erbgut variiert zufällig und allein die Bevorzugung von vorteilhaften Mutationen in der natürlichen Auslese sorgt für die Veränderung einer Art.

Im Jahre 1968 wies der japanische Genetiker Motoo Kimura darauf hin, dass die nach wie vor zufällige Variation auch ohne Selektion ihre Spuren hinterlassen kann. Die meisten Mutationen verschaffen weder Vor- noch Nachteile, ihre Ausbreitung wird daher nicht durch die natürliche Auslese gesteuert, sondern folgt einem Zufallsdrift. Man spricht dann von neutraler Evolution. Diese ist insbesondere für die stetige, geringfügige Veränderung von Molekülen verantwortlich, die immer im gleichen Tempo verläuft, auch wenn sich an der äußeren Erscheinung des Lebewesens rein gar nichts verändert.

Die Wiederentdeckung Mendels

Ein großes Problem des Darwinismus bestand darin, dass er keine Erklärung dafür hatte, wie Merkmale vererbt werden. Diese lieferte die mendelsche Genetik. Bereits im Jahre 1865 veröffentlichte der Augustinermönch Gregor Mendel (1822–1884) einen kurzen, aber inhaltsschweren Text mit dem Titel *Versuche über Pflanzenhybride*, in welchen er seine Beobachtungen über das Verhalten von sieben unterschiedlichen Merkmalen in Kreuzungen der Erbse beschrieb. Leider hat 30 Jahre lang kaum jemand diese wichtige Arbeit zur Kenntnis genommen. Mendel selbst war von ihrer Bedeutung überzeugt und äußerte kurz vor seinem Tod: »Mir haben meine wissenschaftlichen Arbeiten viel Befriedigung gebracht und ich bin überzeugt, dass es nicht lange dauern wird, da die ganze Welt die Ergebnisse dieser Arbeit anerkennen wird.« 16 Jahre später war es soweit.

Mendel hatte entdeckt, dass es nicht die Eigenschaften der Eltern selbst sind, die vererbt werden, sondern die Anlagen für bestimmte Eigenschaften. Diese Anlagen waren wie kleine Kärtchen, die irgendwo tief in der Erbse verborgen waren und jeweils ein Merkmal der Pflanze bestimmten. Man konnte sie in verschiedenen Zusammensetzungen kombinieren, aber in ihrer Wirkung nicht vermischen. Sie zeigten sich als unveränderlich und wurden unabhängig voneinander vererbt. Die Erbsensamen waren immer entweder runzlig oder glatt, die Blütenblätter weiß oder rot, aber nie rosa. Die Merkmale wurden nach dem Entweder-Oder-Prinzip vererbt, und Mendel konnte Gesetzmäßigkeiten beobachten, die wir heute als mendelsche Erbgänge kennen.

Er kreuzte zum Beispiel zwei Erbsen, deren eine, wenn sie sich selbst bestäubt, immer Nachkommen mit glatten Samen hervorbrachte, mit einer, die »rein runzlig« war. Mit dem Ergebnis, dass alle Nachkommen glatte Samen hatten. In heutiger Terminologie ist das Merkmal »glatt« dominant. Wenn wir »glatt« als »A« bezeichnen und »runzlig« als »a«, können wir sagen: »A« dominiert über »a«. Die rein glatte Pflanze hatte die genetische Kombination »AA«, die rein runzlige die Kombination »aa«, alle Nachkommen der Kreuzung die Kombination »Aa«. Ihre Samen unterschieden sich nicht von den glatten Samen der rein glatten Elterngeneration, ihre Gene jedoch schon: Sie waren nicht »AA«, sondern »Aa«. Kreuzte Mendel nun zwei »Aa-Pflanzen«, ergaben sich auf genetischer Ebene vier Kombinationsmöglichkeiten: »AA«, »Aa«, »aA« und »aa«. Drei von vier Nachkommen hatte also wieder glatte Samen, eine jedoch runzlige. Ausschlaggebend für die äußere Erscheinung war also eine zu erschließende innere Merkmalskombination.

Leider gibt es nur wenige äußere Merkmale, die nach diesen einfachen Regeln vererbt werden, weil sie von einem einzigen Gen abhängen. Hierzu zählen jedoch viele Erbkrankheiten, weshalb man die Wahrscheinlichkeit vorhersagen kann, mit der diese Krankheiten von den Eltern auf Kinder vererbt werden.

Die evolutionäre Synthese

Erst in den 30er- und 40er-Jahren des 20. Jahrhunderts einigte sich die Fachwelt darauf, dass die auf Darwin zurückgehende Evolutionstheorie grundsätzlich gilt und gemeinsam mit den Erkenntnissen aus der Genetik die Basis der neuen Evolutionsbiologie bildet. Einer der Architekten dieser evolutionären Synthese, Ernst Mayr, sagte später, es habe sich hierbei eher um ein Großreinemachen gehandelt als um eine Revolution.

Diese »große Synthese« hat den Darwinismus keineswegs zu einer abgeschlossenen Theorie erklärt. Ganz im Gegenteil. Der Darwinismus bietet keine fertige Erklärung für jedes beliebige Phänomen. Er ist vielmehr ein Forschungsansatz, eine »Erklärungsmaschine« (mit dem Namen »adaptionistisches Programm«), mit der man seit vielen Jahrzehnten die Natur kreuz und quer durchstreift, sich dabei in die entlegensten Winkel vorwagte und sich immer darauf verlassen konnte, dass sie Erkenntnisse produzieren kann, wenn es den Wissenschaftlern gelingt, sie immer weiter zu verbessern und ihre Möglichkeiten auszureizen. Die Synthese der Evolutionsbiologie dauert an und integriert Erkenntnisse aus anderen Disziplinen, etwa Genetik, Molekulargenetik, Biochemie, Ökologie, Geologie, Physik und Medizin.

Das egoistische Gen

Prägend für die Wahrnehmung des Neodarwinismus in der Öffentlichkeit war eine wissenschaftliche Metapher, die die zugrunde liegende Sichtweise sehr klar auf den Punkt bringt, jedoch auch sehr häufig missverstanden wird. Sie stammt von Richard Dawkins, der es liebt, sehr zugespitzt zu formulieren. Er schrieb 1976: »Wir sind Überlebensmaschinen – Roboter, die blind darauf programmiert sind, diese egoistischen kleinen Moleküle zu erhalten, die gemeinhin als Gene bekannt sind.« So lautet die Ausgangsthese seines Buches *Das egoistische Gen*. Dann erläutert Dawkins auf immerhin über 500 Seiten diese These und legt dar, weshalb er die Metapher vom »egoistischen Gen« erfunden hat. Er zeigt, dass es in der Natur weder Harmonie noch Altruismus gibt, sondern nur den Kampf ums Überleben – und zwar nicht um das Überleben einzelner Organismen und auch nicht um das von Arten, sondern einzig und allein um das Überleben von Genen, die man daher zutreffend metaphorisch als »egoistisch« bezeichnen kann. »Wie erfolgreiche Chicagoer Gangster haben unsere Gene in einer Welt intensiven Existenzkampfes überlebt – in einigen Fällen mehrere Millionen Jahre. Aufgrund dessen können wir ihnen bestimmte Eigenschaften unterstellen. Ich würde argumentieren, dass eine vorherrschende Eigenschaft, die wir von einem erfolgreichen Gen erwarten müssen, ein skrupelloser Egoismus ist.« Da Dawkins aber weiß, in welcher Welt er lebt, beeilt er sich hinzuzufügen, dass er seine Beschreibung der Evolution nicht normativ verstanden wissen möchte: »Ich sage nicht, wie wir Menschen uns in moralischer Hinsicht verhalten sollen. Ich betone dies angesichts der Gefahr, dass ich von jenen – allzu zahlreichen – Leuten falsch verstanden werde, die nicht unterscheiden können zwischen einer Darstellung dessen, was nach Überzeugung des Sprechenden oder Schreibenden der Fall ist, und einem Plädoyer für das, was der Fall sein sollte.«

Moralisch, so Dawkins, sind wir gefordert, uns gegen den Egoismus unserer Gene zu wehren: »Unsere Gene mögen uns anweisen, egoistisch zu sein, aber wir sind nicht unbedingt gezwungen, ihnen unser ganzes Leben lang zu gehorchen.« Denn obwohl die Gene die Subjekte der Evolution sind, die über Jahrmillionen existieren und ihre Kopien in alle möglichen Lebewesen einbauen, und wir nur die so genannten »Überlebensmaschinen«, in denen ein paar Kopien dieser Gene eine Zeit verbringen, um sich selbst zu vermehren, haben in unserem persönlichen Leben wir das Sagen und nicht unsere Gene.

Doch um die Abläufe in der Natur zu verstehen, ist es höchst nützlich, davon auszugehen, dass Gene sich egoistisch verhalten. Gene wollen sich also möglichst oft kopieren und möglichst lange leben. Dazu konstruieren sie Überlebensmaschinen der unterschiedlichsten Art. »Ein Affe ist eine Maschine, die für den Fortbestand von Genen auf Bäumen verantwortlich ist, ein Fisch ist eine Maschine, die Gene im Wasser fortbestehen lässt, und es gibt sogar einen kleinen Wurm, der für den Fortbestand von Genen in deutschen Bierdeckeln sorgt. Die DNA geht rätselhafte Wege«, schreibt Dawkins. Doch er ist keinesfalls, wie viele glauben, Verfechter eines genetischen Determinismus. Ganz im Gegenteil. Der Biologe erkennt, dass, seit der Mensch auf die Bühne getreten ist, die Biologie nicht mehr ausreicht, um die Welt zu erklären: »Ich behaupte, dass wir uns, um die Evolution des modernen Menschen verstehen zu können, zunächst davon freimachen müssen, das Gen als einzige Grundlage unserer Vorstellung von Evolution anzusehen.« Deshalb stellt er uns versuchsweise einen zweiten Replikator vor, sozusagen den kulturellen Bruder des Gens: das Mem, auf das wir im Kapitel Leben mit Bewusstsein und Gehirn noch einmal zurückkommen werden.

Die Molekularbiologie bestätigt den Darwinismus

Es ist eine Kunst, in der Wissenschaft jeweils die richtige Betrachtungsebene zu finden. In der Evolutionsbiologie gibt es vier davon: Gen, Individuum, Population, Ökosystem.

Das so genannte Zielobjekt der Evolutionsbiologie ist das Individuum. Das Gen ist, wie wir gesehen haben, nur im metaphorischen Sinne ein Akteur. Überleben und Nachkommen zeugen muss das Individuum. Darwins großes Verdienst war es, zu erkennen, dass alle Individuen der natürlichen Selektion unterliegen und wie sich hieraus Veränderungen auf der Ebene der Population bzw. Art ergeben. Der Mechanismus der Vererbung als solcher musste bei ihm noch eine Black Box bleiben. Mendel erkannte, dass eine Kreuzung die Kombination diskreter Erbanlagen ist. Der amerikanische Genetiker Thomas Hunt Morgan (1866-1945) zeigte 1910 im »Fliegenzimmer« der Columbia-Universität, wo er mit Mutanten der Taufliege Drosophila experimentierte, dass Gene auf Chromosomen liegen. Aber erst die Molekularbiologie ab Mitte des 20. Jahrhunderts begann zu beschreiben, was da im Innersten ablief. 1953 klärten Watson und Crick die Struktur der DNA auf. Heute sind wir in der Lage, auch die Phase eins des Evolutionsprozesses, nämlich die Variation auf der Ebene des Genoms, zu beschreiben. Wir wissen, dass sie durch Mutation und Rekombination erfolgt. Und wir haben inzwischen für viele Gene die genaue Abfolge ihrer Bausteine ermittelt und wissen, welche Varianten dieser Gene für welche Merkmale des Organismus, beispielsweise Erkrankungen, verantwortlich sind.

Mit der Genomanalyse wurde auch die Arbeit am Stammbaum des Lebens auf ein neues Fundament gestellt. Die Evolutionsgenetik erlaubt es, die Verwandtschaft von Lebewesen nicht nur durch den mühsamen Vergleich von versteinerten Zähnen und Knochen und Ähnlichem zu rekonstruieren, sondern auch durch den Vergleich der Erbanlagen.

Sozialdarwinismus

Nicht mit dem Darwinismus zu verwechseln ist der Sozialdarwinismus. Er ist nämlich erstens nicht Wissenschaft, sondern Weltanschauung, begründet durch den englischen Philosophen George Herbert Spencer (1820–1903), und basiert zweitens auf einer falschen Interpretation der Ideen Darwins. Er bläst den Darwinismus zu einer allgemeinen Theorie der Konkurrenz auf, um daraus abzuleiten, dass Konkurrenz auch für Menschen die natürliche Form des Umgangs und damit moralisch legitim und der Menschheit dienlich sei. Doch um zu einer solchen Schlussfolgerung zu gelangen, sind zwei kapitale Denkfehler vonnöten. Erstens die zu wörtliche Auslegung des Begriffs »Kampf ums Dasein«, der doch eigentlich ein Adaptionsprozess ist. Zweitens jenen in der Philosophie berüchtigten »naturalistischen Fehlschluss«, bei dem zu Unrecht aus der Tatsache, dass etwas natürlich ist, abgeleitet wird, dass es auch (moralisch) legitim sei.

Der sozialdarwinistischen Ideologie zufolge setzen sich auch in der menschlichen Gesellschaft im Laufe der Geschichte die Tüchtigen gegenüber den weniger Tüchtigen durch. Die Vorstellung wurde auch auf den Wettstreit zwischen den Nationalstaaten ausgeweitet und als biologistische Legitimation des Kolonialismus genutzt. Sozialdarwinisten wenden sich beispielsweise gegen die staatliche Unterstützung armer Bevölkerungsschichten, da dadurch in die natürliche Auslese eingegriffen werde. Als ob Gesellschaft Natur sei!

Evolution und Technik

Wir haben gesehen, dass die Natur es perfekt versteht, optimale Lösungen für die Herausforderungen der Umwelt hervorzubringen. Sie hat im Laufe der Evolution eine unendliche Vielfalt von Organismen und Stoffen entwickelt, die hinsichtlich ihrer Funktionalität und Effizienz kaum zu schlagen sind und auf technische Systeme übertragen werden können. Wenn wir schlau sind, lernen wir also von der Natur. Deshalb untersuchen Bioniker die Eigenschaften, Fähigkeiten und Problemlösungen von Pflanzen und Tieren im Hinblick auf ihre Übertragbarkeit auf Technologien und Materialien. Der Begriff »Bionik« ist 1958 von J. E. Stelle eingeführt worden. Was darunter zu verstehen ist, lässt sich am Beispiel des »Lotus-Effekts« erläutern: Jeder, der an einer stark befahrenen Hauptstraße wohnt, kann ein Lied davon singen, wie schnell die Fenster, das vor dem Haus geparkte Auto oder die Häuserfassade verdrecken. Aus eigener Anschauung weiß man aber auch, dass es in der Natur Organismen gibt, denen niemals Dreck anhaftet. Ein Mistkäfer zum Beispiel schaut selbst nach stundenlangem Suhlbad in dampfendem Kot wie frisch poliert aus. Und würde man ein paar Töpfe mit Lotuspflanzen (die in Asien als Symbol für Reinheit gelten) direkt am Frankfurter Autobahnkreuz abstellen, so wären ihre Blüten auch am Abend noch strahlend weiß. Nicht einmal mit Klebstoff lassen sich diese Blüten verschmieren – lässt man einen Tropfen darauf fallen, perlt der Kleber ab. Mistkäfer und Lotuspflanze sind also der lebende Beweis dafür, dass es Schmutz abweisende Materialien gibt. Das erkannten Forscher schon im 19. Jahrhundert, aber erst vor ein paar Jahrzehnten machten sich Botaniker an die Arbeit, dieses Wunder der Natur zu enträtseln – mit Erfolg. Mittlerweile sind Schmutz abweisende Lacke auf dem Markt. Der Handelsname »Lotusan« verrät, wer Pate stand. Forscher der Universität Bonn hatten die Wasser abweisende und genoppte Oberfläche der Lotusblüte im Detail studiert. Sie stellten fest, dass die ganz spezifische Blattstruktur Schmutzpartikeln keine Chance lässt, sich auf dem Blütenblatt lange zu halten. Die Noppen sorgen dafür, dass sich der Dreck mit der Blattoberfläche nicht verzahnen oder verkleben kann. Da sie zusätzlich Wasser abweisend sind, sorgen Luftfeuchtigkeit, Regen oder Tau dafür, dass Schmutzpartikel sich an die Wassertropfen binden und gemeinsam mit ihnen vom Blatt kullern.

Der Lotusblüte und dem Mistkäfer geht es dabei nicht um die eigene Kosmetik. Sie wollen vor allem gefährliche Bakterien abperlen lassen. Angesichts der Billiarden von Mikroben, die sich ihres Daseins im Misthaufen erfreuen, erscheint das in der Tat keine schlechte Idee. Bis der Lotus-Effekt in Technologien umgesetzt werden konnte, mussten die Bonner Wissenschaftler allerdings einiges über sich ergehen lassen. Obwohl der nutzbringende Lotus-Effekt so augenscheinlich ist und von ihnen erstmals wissenschaftlich hergeleitet werden konnte, wollte zunächst niemand etwas von der Arbeit wissen. Von einigen Kollegen belächelt und von der Industrie hochnäsig abgetan, meldeten sie dennoch ein Patent an. Dann ging es Schlag auf Schlag: Der selbstreinigende Lack kam auf den Markt und fand reißenden Absatz. Plötzlich standen Chemiefirmen aus der ganzen Welt Schlange. Mittlerweile gibt es auch selbstreinigende Fassadenfarben.

Die Technologien zur Herstellung der Anti-Schmutz-Werkstoffe werden beständig weiterentwickelt und auf andere Materialien übertragen. So ist auch der Wunsch, irgendwann keine Fenster mehr putzen zu müssen, bald keine Utopie mehr. Es gibt bereits Glasplatten, die Regenwasser abperlen lassen. Denkbar sind auch Scheiben, die kein Licht mehr reflektieren und keinen Reibungswiderstand mehr bieten und daher im wahrsten Sinne des Wortes spiegelglatt oder besonders bruchfest sind.

Wer verstehen will, wie solche hochmodernen Gläser funktionieren, muss ein bisschen genauer hinschauen. Der Fachbegriff für diesen Kunstgriff lautet »selbst aufbauende Monoschichten« (SAMs). Bei diesen SAMs handelt es sich um für das Auge unsichtbare, nur 1 oder 2 Millionstel Millimeter dünne Filme aus organischen Molekülen. Sie werden auf speziell präparierte Materialoberflächen wie Glas oder Metall aufgebracht und bilden dann einen »Nano-Teppich« auf ihrer Oberfläche. (Bei allen Stoffen, die mit Nano beginnen, geht es um Abmessungen in der Größenordnung zwischen 0,000 000 1 und 0,000 001 Millimetern.) Die Schichten sind so dünn, dass sie manchmal nur aus einer Molekülebene bestehen. An ihrem einen Ende sitzen Atome, die sich aufgrund spezieller physikalischer oder biochemischer Eigenschaften vom Untergrund angezogen fühlen und dort andocken. Die andere Seite bevorzugt den Blick ins Freie, hat aber nichts dagegen, wenn man, je nach Bedarf, weitere chemische Teppiche draufsattelt, mit denen die Oberflächeneigenschaften des eigentlichen Werkstoffs weiter variiert werden können. Man kann also förmlich Schicht auf Schicht übereinander kleben und hat einen ähnlichen Effekt, wie wenn man verschiedene Lackkomponenten nacheinander aufträgt, um zum Beispiel einen Stahlträger optimal vor Rost zu schützen.

Der Lotus-Effekt ist ein gutes Beispiel dafür, wie sich Forscher von der Natur inspirieren lassen. Das gilt aber auch für alle anderen Technikfelder. So erkundet die Bionik die filigranen, aber extrem belastbaren spiralförmigen Trägersysteme der Schneckenhäuser. Bioniker studieren den komplizierten Flügelaufbau eines hässlichen Nachtfalters, um bessere Flugzeuge bauen zu können, und sie entwerfen hoch flexible Roboterarme nach dem Vorbild der Krake, die keine Knochen und kein starres Skelett besitzt.

Wer als Wunder bestaunt, wenn sich ein mächtiger Jumbojet in die Lüfte erhebt, der sollte sich einmal mit süßem Nektar voll gefressene Hummeln anschauen, die auf dem torkelnden Heimflug sind. In Anspielung auf solche unschlagbaren Problemlösungsfähigkeiten der Natur steht in der Empfangshalle einer amerikanischen Fluggesellschaft geschrieben: »Berechnungen unserer Ingenieure haben ergeben, dass die Hummel nicht fliegen kann. Sie weiß es nicht und fliegt trotzdem.«

Miniaturisierung und Energieeffizienz

Wer weiß, dass das Auge einer Stubenfliege auf einem um ein Tausendfaches kleineren Raum als eine Digitalkamera alle für eine elektromagnetische Signalverarbeitung nötigen mechanischen, optischen und elektronischen Komponenten integriert, kann vor diesem schlichten Geschöpf nur den Hut ziehen. Bei Pflanzen und Tieren gibt es auch ausgefeilte Mini-Druckknöpfe, Klemm- und sonstige Konstruktionen, von denen Designer viel lernen können. Die kräftigen Oberkiefer einer Ameise gleichen nicht zufällig der Form einer Kombizange. Und die Saugrüssel einer Schmeißfliege sehen aus wie Wattestäbchen, während die Fühlerputzapparate eines Käfers an das Aussehen einer Klobürste erinnern. Sicher war der Mensch klug genug, funktionstüchtige Putzgeräte auch ohne vorheriges Biologiestudium zu entwerfen. In der Regel wird aber unterschätzt, wie eng moderne Technologieentwicklungen mit der wachsenden Kenntnis über das Leben auf unserem Planeten verknüpft sind. In der Nano-Technologie versucht man Kombizangen, Reißverschlüsse, Kugelgelenke und andere Systeme im Original-Insektenmaßstab oder noch kleiner nachzubauen.

Im Bereich der Materialwissenschaften macht man sich in ganz besonderem Maße zunutze, dass die Natur der beste Energiesparer ist und in der Regel mit minimalem Materialaufwand auskommt. Das Blatt der Seerose ist ein Beispiel hierfür. Ein anderes ist Spinnenseide, die von Bionikern als »elastischer Biostahl« bezeichnet wird, weil sie fester und elastischer als jede andere künstlich hergestellte Faser dieses Durchmessers ist.

Energiesparen zieht sich wie ein roter Faden durch die gesamte Evolution. Daraus hervorgegangen sind einzigartig robuste und zugleich leichte Naturstoffe und -technologien. Und genau solche brauchen wir auch für die Technik. Deshalb gilt es, die Milliarden Jahre alte Erfahrung der Natur anzuzapfen, wo immer es geht.

Mikroorganismen

Leben und sonst nichts

Mikroorganismen sind sozusagen das Destillat des Lebens. Sie können zwei Sachen extrem gut. Und genau diese zwei Sachen müssen normalerweise für die Definition des Lebens herhalten.

Mikroorganismen sind die Verkörperung von Stoffwechsel und Reproduktion und sonst nichts. Sie sind die Basisversion des Lebens, und sie sind zugleich unverzichtbare Basis allen Lebens auf der Erde. Mikroorganismen sind Einzeller oder Wenigzeller. Damit unterscheiden sie sich von den Pflanzen, Tieren und Menschen.

Bakterien bestehen aus einer Zellwand, die die äußere Form gibt, dann kommt eine Zellmembran, die den Austausch mit der Umwelt steuert, und innen drin ist eine wässrige Grundsubstanz, in der DNA und Ribosomen schwimmen. An einem Ende hängt noch eine Art Außenbordmotor mit einer langen, rotierenden Geißel. Manchmal gibt es auch ein Geißelbüschel oder eine Rundum-Begeißelung, außerdem kleine Ärmchen zum Andocken.

Doch innendrin, wo sie ihre biochemischen Stoffwechselkunststücke vollführen, sind sie durchaus vielfältig. Zu den Mikroorganismen zählen neben den Bakterien die Blaualgen (Cyanobakterien), ein- und wenigzellige Pilze sowie Algen und einzellige Tiere (Protozoen).

Bakterien haben typischerweise einen Zelldurchmesser von etwa 1 Mikrometer (ein Tausendstel Millimeter), größere Bakterien, wie die Cyanobakterien, erreichen wie Pilze und Hefen so um die 10 Mikrometer. Wenn man also ein Bakterium unterm Mikroskop in 1000facher Vergrößerung ansieht, erkennt man gerade einmal einen millimetergroßen Punkt. In einem Schnapsglas finden (unterm Eichstrich!) rund 200 000 Milliarden Bakterien Platz, das sind 30 000-mal mehr, als Menschen auf der Erde wohnen.

Die längste Zeit ahnte der Mensch nichts von den wahren »Herrschern der Biosphäre«, denn er konnte sie schlicht nicht sehen. Erst als der niederländische Kaufmann und begeisterte Amateurforscher Antony van Leeuwenhoek (1632–1723) im 17. Jahrhundert leistungsfähige Mikroskope baute, wurden die putzigen kleinen Wesen sichtbar, mit denen freilich niemand irgendetwas anzufangen wusste. Man wusste nun zwar, dass es sie gab. Das war aber auch schon alles, und daran änderte sich lange nichts. Nicht zuletzt deshalb, weil Leeuwenhoek offenbar seine besten Mikroskope nicht aus der Hand gab und niemandem verriet, mit welcher Technik er so überragende Linsen fertigen konnte.

Der surrealistische Maler und exzentrische Katholizist Salvador Dalí schrieb 1930 über diese Entdeckung: »Leeuwenhoek ist ein Ingenieur; er verbessert das Mikroskop. Das Sichtbare zu durchdringen gehört für ihn in die Ordnung der Technik. Er entdeckt die roten Blutkörperchen und die Spermatozoen. Das Auge der Vernunft glaubt, die Geheimnisse der Materie enthüllt und ihr Mysterium in diesem Gewimmel offenbart zu haben. Als Peter der Große, Zar aller Reußen, herbeieilt, um dieses Bild des Lebens durch die holländischen Lupen zu betrachten und sich damit vor der Wissenschaft zu demütigen, beginnt der Materialismus, die Welt zu erobern.«

Gut 200 Jahre später wird nicht Leeuwenhoek, sondern seine Beobachtungsobjekte, die Bakterien, als Übeltäter entlarvt. Und genau dieses Image haftet ihnen bis heute an. Der deutsche Bakteriologe Robert Koch (1843–1910) weist nach, dass Bakterien Krankheitserreger sind, und die Menschen beginnen mit dem Kampf gegen die »Bazillen«. Mittlerweile wissen wir, dass nur wenige von ihnen tatsächlich Schaden verursachen und viele durchaus hilfreiche Symbiosen mit Mensch, Tier und Pflanze eingegangen sind. Allmählich wird auch klar, dass es die Mikroorganismen waren, die den Planeten erst für den Rest der kreatürlichen Welt bewohnbar machten, dass sie unsere Urahnen sind und dass keiner ihrer noch so hoch entwickelten Nachkommen bis hin zum Menschen ohne sie am Leben bleiben könnte.

Am 26. Mai 1995 publizierten Craig Venter und seine Co-Autoren die komplette Zusammensetzung des Genoms des Bakteriums Haemophilus influenzae. Das Genom des Keimes, der viele Infektionen – vor allem bei Kindern – hervorruft, besteht aus einer DNA mit 1 830 121 Basenpaaren. Es war das erste Genom eines frei lebenden Organismus, das je entschlüsselt wurde.

Das Hintergrundrauschen des Lebens

Die ältesten fossilen Bakterien wurden in 3,4 Milliarden Jahre altem Sedimentgestein gefunden. Sie betrieben damals, was sie noch heute tun: Stoffwechsel und Fortpflanzung. Beides sollte nicht folgenlos bleiben. Der Stoffwechsel führte dazu, dass der Planet sich über Hunderte von Millionen Jahren zu einer – aus unserer Sicht – lebensfreundlichen Umwelt entwickelte. Als die Bakterien mit ihrer Arbeit loslegten, war das durchaus nicht der Fall. Vom Sauerstoff, der Grundlage allen höheren Lebens, war weit und breit keine Spur. Er ist, wie der Paläontologe Richard Fortey schreibt, »der wertvollste Müll am Firmament«, ein Abfallprodukt der Blaugrünbakterien (Cyanobakterien), die Wasserstoff als Energiequelle nutzten und, um an diese ranzukommen, Wasser in seine zwei Bestandteile auftrennten. Ohne sie hätten wir heute nichts zu atmen. Zunächst war der Sauerstoff jedoch übelste »Luft«-Verschmutzung, denn er ist sehr reaktionsfreudig und war für die damals lebenden Organismen, denen es nicht gelang, Abwehrmechanismen zu entwickeln, tödlich. Die Nachkommen der Cyanobakterien, darunter die Pflanzen, nutzten später den im Kohlendioxid der Luft gebundenen Kohlenstoff und setzten ebenfalls Sauerstoff frei. So kommt es, dass heute unsere Atmosphäre nur noch weniger als 0,1 Prozent CO_2 enthält, während die Atmosphäre unserer Nachbarn Mars und Venus satte 90 Prozent dieses Gases enthält.

Sex und Fortpflanzung

Sex und Fortpflanzung sind bei Bakterien zwei Paar Schuhe. Die Fortpflanzung erfolgt einfach durch Verdopplung bzw. Teilung oder Knospung, je nachdem, wie man es sehen will. Dabei wird zunächst eine Kopie des Erbguts erstellt. Der Austausch von genetischem Material, der bei Tieren bekanntlich über das Vehikel der Samenzelle beim Sex stattfindet, erfolgt bei Bakterien unabhängig von der Fortpflanzung, aber dafür umso hemmungsloser.

Die Biologin Lynn Margulis schreibt: »Bakterien handeln mit größerer Leidenschaft Gene als die Makler an der Frankfurter Börse ihre Aktien.« Sie erläutert den Vorgang durch den Vergleich mit einem mysteriösem Erlebnis: »Stellen wir uns vor, Sie treffen in einem Café einen grünhaarigen Menschen. Bei diesem kurzen Zusammentreffen nehmen Sie den Teil seiner Erbinformation in sich auf, der für die grünen Haare codiert, vielleicht auch noch einige weitere neue Eigenschaften. Sie können jetzt nicht nur die Gene für das grüne Haar an Ihre Kinder vererben, sondern verlassen selbst das Café mit grünen Haaren. Bakterien erlauben sich diese Art eines zufälligen, schnellen Generwerbs zu jeder Zeit. Sie lassen es einfach zu, dass sich ihre Gene in die umgebende Flüssigkeit ausbreiten.«

Das funktioniert nur, weil bei den Bakterien die DNA nicht fest im Zellkern verpackt ist, sondern sich lose im Körper befindet. So kann sie über Brücken zwischen Bakterien hin- und hergeschoben werden, wobei neue genetisch veränderte Bakterienstämme entstehen. Dabei kann man Geber (Donor) und Nehmer (Rezipienten) unterscheiden. Wenn man möchte, lässt sich das mit Männchen und Weibchen übersetzen, was freilich etwas weit hergeholt ist, zumal nur ein Sex-Gen über das »Geschlecht« entscheidet, und das kann auch noch weitergeschoben werden. Ein Bakterium kann also als Mann das Café betreten und als Frau mit grauen Haaren wieder herauskommen.

Während wir bei Organismen mit Zellkern nur einen vertikalen Gentransfer, von Eltern auf Kinder, haben, sind Bakterien auch zu horizontalem Gentransfer fähig – eine Eigenschaft, die sich die Gentechnik zunutze macht, wenn sie zum Beispiel menschliche Gene in Bakterien überträgt, mit denen diese dann menschliche Proteine, etwa Insulin, produzieren.

Bakterien kennen auch weder Alter noch Tod. Sie sind in zweierlei Hinsicht unsterblich. Zum einen, weil sie sich identisch reproduzieren, und zum anderen, weil das Elternbakterium im Prinzip auch in alle Ewigkeit weiter leben kann, wenn es nicht durch äußere Einflüsse wie Hitze oder Nahrungsmangel zugrunde geht. Der älteste lebende Organismus wurde im Jahr 2000 aus einer Art Winterschlaf geweckt, in dem er die letzten 250 Millionen Jahre in einer mit Salzlake gefüllten Höhlung im Inneren eines pflaumengroßen Salzkristalls verbracht hatte. Es handelt sich um ein Bakterium der Gattung Bacillus.

Kleine nimmersatte Allesfresser

Weil sie so klein sind, sind alle Mikroorganismen außerordentlich extrovertiert. Ihre Oberfläche ist im Verhältnis zu ihrem Volumen oder Gewicht extrem groß. Dadurch ist ihr Kontakt zur Umwelt ausgeprägt. Sowohl Stoffwechsel als auch Fortpflanzung gehen in einem Höllentempo vor sich. Die Generationenfolge beträgt bei vielen Bakterien nur wenige Minuten. Wer also wissen will, was eine Bevölkerungsexplosion ist, der sollte nur einmal den *Escherichia coli* (E.coli-Bakterien) bei der Fortpflanzung zuschauen. Nach 20 Minuten wird er zwei Exemplare vor sich haben, nach 40 Minuten vier, nach vier Stunden über 4000, nach einem halben Tag schon über 68 Milliarden. Nach anderthalb Tagen wäre bereits die gesamte Oberfläche unseres kleinen Planeten knapp 2 Meter hoch mit E.coli bedeckt. So weit kommt es natürlich nicht, da der Nahrungsnachschub ausbleibt.

Als Nahrung kann den Bakterien jedoch im Grunde jeder Mist dienen. Sie verputzen praktisch jedes organische Material von Holz bis Erdöl. Viele ernähren sich jedoch auch von anorganischen Stoffen. Bakterien sind wahre Meister bei der Umwandlung von Stoffen und können daher ihre Energie aus so unterschiedlichen Quellen wie Traubenzucker, Stickstoff, Schwefelwasserstoff, Wasser, Kohlendioxid und vielen mehr gewinnen. Sie tun sich sogar an giftigen Industrieabfällen gütlich und werden mittlerweile auch speziell für diesen Zweck, die so genannte Bioremediation von verseuchten Böden oder Gewässern, gezüchtet. Hierzu ist es nicht einmal nötig, sie gentechnisch zu verändern. Da es eine so ungeheure Vielfalt an Mikroben gibt, hat man für die meisten gefährlichen Stoffe schon natürliche Bakterien oder Pilze mit dem passenden Appetit gefunden. Oft werden auch einfach Mischkulturen eingesetzt: Die Mikroben, die die zu entfernenden Stoffe am meisten lieben, vermehren sich schließlich ganz von alleine stärker als die anderen. Aufgrund der schnellen Generationenfolge und des regen Genaustauschs verläuft bei Bakterien die Evolution so schnell, dass sie sich selbst schnell auf Stoffe einrichten können, die in ihrer Umgebung in größeren Mengen vorkommen. Wichtige Einsatzgebiete für Bakterien sind die Beseitigung von Lösungsmitteln, radioaktiven Substanzen und Schwermetallen.

Im Laufe der Erdgeschichte ernährten sich die Bakterien zunächst vor allem von dem überall reichlich vorhandenen Zucker, den sie vergärten – wie ihre heutigen Kollegen, die dabei den Zucker der Weintrauben in Alkohol umwandeln. Als der Zucker knapp wurde, mussten sie sich etwas anderes einfallen lassen. Die Lösung dieser ersten planetaren Energiekrise brachte die Erfindung der Photosynthese: der Kunst, von Sonne, Wasser und Luft zu leben, die seitdem zur Ernährungsgrundlage fast aller Lebewesen geworden ist. Denn wir Tiere ernähren uns alle von organischen Substanzen wie Salat und Sauerbraten. Und die kann es nicht geben, wenn nicht die Pflanzen sich selbst aus Luft und Liebe aufbauen und zum Verzehr und damit zur Fleischproduktion zur Verfügung stellen würden. Doch auch die Pflanzen stünden ohne Bakterien auf verlorenem Posten. Erstens können sie nicht selbst Stickstoff aus der Luft gewinnen, sondern brauchen hierzu kleine Helferlein. Das mit Leguminosen in Symbiose lebende Bakterium Rhizobium erledigt diesen Job und sorgt so für eine Verbesserung der Böden, die man sich auch in der Landwirtschaft zunutze macht. Zweitens waren die Chloroplasten, jene Organellen, die in den Pflanzen Photosynthese betreiben, selbst ursprünglich Bakterien, die sich bei der Entstehung der Pflanzen dauerhaft in deren Zellen niedergelassen haben.

Die ersten Lebewesen, die Photosynthese betrieben, waren wahrscheinlich grüne Schwefelbakterien, die die Energie des Sonnenlichts nutzten, um Zucker zu produzieren.

Wie ein Vergleich der Genome verschiedener Bakterien ergab, ist der Mechanismus offenbar nicht auf dem Weg der Evolution innerhalb einer Art entstanden, sondern durch ein Vermengen mehrerer Elemente, die in verschiedenen Bakterienarten entstanden waren, mittels horizontalem Genaustausch, jenem promiskuitiven Bakterien-Sex, der lange vor Erfindung der geschlechtlichen Fortpflanzung viel Schwung in die Entwicklung des Lebens brachte.

Überlebenskünstler

Wenn die Lebensbedingungen, beispielsweise wegen mangelnder Nahrung, sich verschlechtern, können einige Bakterien durch Schrumpfung und Verkleinerung Dauerformen bilden, die man Sporen nennt. Diese können über Jahrzehnte ohne Nahrung und Energie überleben. Sobald eine Spore auf günstigere Umweltbedingungen trifft, wandelt sie sich wieder zum lebenden Bakterium um. Ein berühmt-berüchtigter Sporenbildner ist das Anthrax-Bakterium (Milzbrand), dessen Sporen in Raketensprengköpfen genügsam Jahrzehnte überdauern.

Die weite Welt der Einzeller

Bakterien finden überall auf der Welt eine gemütliche Heimstatt. Mindestens 60 unterschiedliche Arten fühlen sich zum Beispiel auch nach dem Zähneputzen noch zwischen Zahn und Zahnfleisch wohl. Auf einem einzigen Zahn lebt etwa 1 Milliarde Bakterien. Würde man einen Menschen nehmen und in einen Zellsortierer werfen, würde dieser 90 Prozent Mikroorganismen und 10 Prozent menschliche Zellen auswerfen, was einen nebenbei lehrt, dass Bakterienzellen sehr viel kleiner sind als menschliche.

Am besten gefällt es den Bakterien im Garten. Als besonders artenarm hingegen haben sich Abwässer erwiesen: Nur gerade 70 verschiedene Bakterienarten leben in einem Milliliter Kanalwasser, verglichen mit 160 in Ozeanwasser und bis zu 38 000 in einem Gramm Gartenerde. Darunter finden sich viele, die für die Medizin nützliche Substanzen produzieren, und nur sehr wenige, die uns gefährlich werden können, insbesondere der Erreger des oft tödlich verlaufenden Wundstarrkrampfs (*Clostridium tetani*), gegen den jedoch in Deutschland routinemäßig geimpft wird.

Liebhaber des Unwirtlichen

Eine besondere Gruppe von Mikroorganismen sind die Archaea, die man früher als Archaebakterien bezeichnete, mittlerweile jedoch als eigenständige Domäne neben den Bakterien betrachtet. Sie finden sich überall dort, wo es sonst kein Lebewesen aushält. Zu ihren Lebensräumen zählen konzentrierte Salzlaken, heiße, vulkanische Quellen, der Schlamm von Kläranlagen, das sauerstofffreie Innere des Rindermagens. Archaea sind, wie der Name schon sagt, Überlebende aus der Zeit der Entstehung des Lebens auf der Erde, als es hier – aus menschlicher Sicht – nicht besonders lebensfreundlich zuging. Zu den abgeschottetsten Orten der Welt, an dem seit Millionen Jahren Lebewesen in vollkommener Dunkelheit ohne jeden Kontakt zum Rest der Welt leben, zählt der Vostok-See, der sich, 200 Kilometer lang, 48 Kilometer breit und über 700 Meter tief, unter einem vier Kilometer dicken Eispanzer in der Antarktis befindet. Bis heute hat man sich nicht zu ihm vorgewagt. Denn man will absolut sicher sein, dass beim Anbohren keine Bakterien aus der Außenwelt eindringen können.

Hierfür soll eine Sonde aus zwei Teilen eingesetzt werden. Der »Kryobot«, der Anfang 2002 erste Tests erfolgreich absolviert hat, soll sich zunächst mit Hilfe thermischer Energie durch das Eis hindurchschmelzen. Hinter ihm schließt sich das Eis wieder, sodass keine offene Verbindung entsteht. Kryobot soll sich auf seiner Reise durch das Eis automatisch von allen überirdischen Mikroorganismen befreien. Wenn er die Wasseroberfläche erreicht, wird der zweite Teil der Sonde aktiv. Kryobot entlässt »Hydrobot«, der die Unterwasserwelt erkunden soll. Für ihn gibt es wie bei Weltraumsonden kein Zurück. Er wird die bis zu seinem Erlöschen gesammelten Daten an die Bodenstation über dem Eis senden. Die Forscher hoffen, auf vielfältiges Leben zu stoßen.

Bisher wurden lediglich die rund 400 000 Jahre alten Eiskerne, die knapp oberhalb der Seeoberfläche in rund 3,5 Kilometern Tiefe entnommen wurden, analysiert. In den Eisproben befanden sich Pilze, Algen und Mikroben, die sowohl höchstem Druck als auch klirrender Kälte trotzen.

Putzige kleine Monster

Wenn wir vorhin gesagt haben, alle Mikroorganismen sähen ziemlich gleich aus, müssen wir doch eine Ausnahme machen. Die Protozoen, auch Urtierchen genannt, haben nicht die simple Gestalt von Kügelchen oder Stäbchen, sondern scheinen eher einem Monsterfilm entsprungen. Die Raubtiere unter den Protozoen benehmen sich auch so; sie ziehen umher und verschlingen andere kleine Monster, während andere Protozoen eher friedlichen Pflanzen ähneln, die Photosynthese betreiben und sich nicht vom Fleck rühren. Obwohl sie Einzeller sind, können Protozoen wahrhaft skurrile Formen annehmen. Sie verfügen über Sinneshärchen, Photorezeptoren, Geißeln, stielartige Fortsätze, Mundteile, Wurfstacheln und muskelartige Faserbündel. Sie sind Eukaryoten, haben also ihre Gene in einem Zellkern sicher verpackt und sind weit größer als Bakterien. Didinium zum Beispiel, ein bewimperter Klops mit rüsselartigem Höcker, hat einen Durchmesser von 150 Mikrometern und kommt somit volumenmäßig auf rund das dreimillionenfache Format eines kleinen Bakteriums und das tausendfache einer durchschnittlichen menschlichen Zelle.

Zu den Protozoen zählen Wimperntierchen (Ciliaten), Geißeltiere (Flagellaten), Sporentierchen (Sporozoen) und Wurzelfüßler (Rhizopoden). Einige Protozoen sind Parasiten und befallen den Menschen. Angehörige der Gattung Trypanosoma verursachen unter anderem die Schlafkrankheit, die Leishmaniose und die Chagas-Krankheit (unter der wahrscheinlich Charles Darwin die größte Zeit seines Lebens gelitten hat). Wurzelfüßler können Hirnhautentzündung und Amöbenruhr auslösen und Sporentierchen Toxoplasmose und Malaria.

Die Killer

Kommen wir zurück zu Robert Koch. Er entlarvte Bakterien als Krankheitserreger und setzte einen Meilenstein für die moderne Medizin und Hygiene. Ab Mitte des 19. Jahrhunderts kam der Verdacht auf, dass Krankheiten durch Keime verursacht werden könnten. 1865 riefen Vertreter der Seidenindustrie Südfrankreichs den großen Louis Pasteur zur Hilfe, weil irgendetwas die Seidenraupen dahinraffte. Der zückte sein Mikroskop, präsentierte einen winzig kleinen Parasiten als Schuldigen und empfahl, die ganze Brut zu vernichten und neu zu beginnen. Diese Radikalkur war erfolgreich. Der Parasit verschwand und die Keimtheorie war geboren.

Es wurde schnell klar, dass nicht nur Seidenraupen, sondern auch andere Tiere und Menschen von solcherart Krankheiten befallen werden konnten. Diese Entdeckung allein war für die Menschheit von höchster Bedeutung. Man musste gar nicht wissen, um welche Erreger es sich handelte und wie sie uns krank machen – Letzteres kann erst seit kurzer Zeit mit den Mitteln der Molekularbiologie aufgeklärt werden und ist daher bis heute bei den meisten Krankheiten unklar. Dass es überhaupt Überträger gab, war Anlass genug, die Hygiene zu erfinden, die bis heute einen größeren Beitrag zur Gesundheit leistet als die Medizin. Ironischerweise gerieten als Nächstes die Ärzte in den begründeten Verdacht, den Tod zu bringen. Der ungarische Gynäkologe Ignaz Philipp Semmelweis (1818–1865) stellte fest, dass in den Krankenhäusern weit mehr Frauen am Kindbettfieber starben als bei Hausgeburten ohne Arzt. Er folgerte, dass Überträger der Keime die Ärzte sein mussten, die oft genug von der Obduktion einer Leiche zur nächsten Geburt eilten. Er forderte, dass sie sich die Hände gründlich waschen müssten, stieß damit jedoch auf erbitterten Widerstand der Ärzte und musste zunächst klein beigeben.

Der englische Chirurg Joseph Lister (1827–1912) führte schließlich erst die Anästhesie und dann die Desinfektion ein, was zu einer Revolution in der Chirurgie führte: der schmerzlosen Operation ohne anschließenden Tod durch Infektion. Doch die Wissenschaft wollte mehr. Sie wollte die winzigen todbringenden Feinde aus der Unsichtbarkeit und Anonymität reißen, sie stellen und bekämpfen. Den Anfang machte Koch mit dem Milzbrand-Erreger *Bacillus anthracis*, den er 1876 isolierte und im Labor auf einem Gelatine-Nährboden züchtete, was seinen schnellen Aufstieg vom Landarzt zum Leiter der Bakteriologischen Abteilung des neu gegründeten Kaiserlichen Gesundheitsamtes in Berlin bewirkte. 1882 präsentierte er den Verursacher der Weißen Pest, das Tuberkelbazillus, womit er endgültig Weltruhm erntete. Koch blieb am Ball und entlarvte noch viele weitere Übeltäter, darunter die Erreger von Cholera, Malaria, Schlafkrankheit und Pest. 1905 erhielt er den Nobelpreis. Vielleicht noch bekannter als Koch wurde sein Assistent Julius Richard Petri, einen Nobelpreis bekam er für die von ihm erfundene überaus nützliche, aber wenig revolutionäre Petrischale allerdings nicht.

Unter den Bakterien gibt es sozusagen Berufskiller und Gelegenheitsübeltäter. Die ersten nennt man obligat, die zweiten fakultativ krankheitserregende (pathogene) Bakterien. Fakultativ pathogene Bakterien sind normalerweise nützliche oder zumindest harmlose Bewohner der Menschen, die nur dann gefährlich werden, wenn sie sich entweder irgendwo im Körper niederlassen, wo sie nicht hingehören, oder wenn sie durch horizontalen Gentransfer eine unangenehme Eigenschaft von einem anderen Bakterium übernehmen.

Ein Beispiel für einen fakultativen Erreger ist das Darmbakterium *E.coli*. Es wird zum einen dann unangenehm, wenn es aus dem Darm in die Harnröhre wechselt – es ist der wichtigste Erreger von Harnwegsinfektionen, vor allem bei der Frau. Zum anderen haben sich mittlerweile einige gefährliche Stämme gebildet. Die enterohämorrhagischen *E.coli* (EHEC) haben, wahrscheinlich von Shigellen, die Fähigkeit übernommen, Gifte zu produzieren. Die Infektion wird über Rohmilch und Fleisch von infizierten Rinderbeständen übertragen und hat auch in Deutschland in den letzten Jahren zu einigen Todesfällen geführt.

Zu den obligaten Pathogenen, die im menschlichen Körper grundsätzlich nichts zu suchen haben, zählen zum Beispiel die Erreger von Tuberkulose, Diphtherie oder der Pest. Viele Bakterien werden von einem Menschen auf den anderen übertragen, wobei sie verschiedene Wege bevorzugen. Salmonellen und Cholera-Erreger wandern fäkooral vom Stuhl zum Mund. Die Erreger von Scharlach, Keuchhusten und Tuberkulose nutzen die Tröpfcheninfektion, Shigellen lauern auf Türklinken, *Staphylococcus aureus* bevorzugt die Hände von Krankenschwestern, der Syphilis-Erreger nutzt den Sexualkontakt, der Malaria-Erreger kommt per Mücke, und Borrelien lassen sich in Zecken auf ihren neuen Wirt fallen.

Die Pest hatte im Mittelalter so heftig gewütet, dass sie noch heute als Inbegriff der Seuche (lateinisch pestis bedeutet Seuche, Verderben) gilt. Bis ins 18. Jahrhundert hinein brachte der »Schwarze Tod« mehr Menschen um als alle Naturkatastrophen und Kriege zusammen. Allein in der großen Pandemie im 14. Jahrhundert tötete die Pest 25 Millionen Menschen in Europa und Nordafrika. Im deutschsprachigen Raum wurden 200 000 kleine Orte und Dörfer völlig entvölkert und von den Landkarten getilgt. In Lübeck soll nicht einmal 1 Prozent der Bevölkerung überlebt haben. Überträger des Pestbakteriums *Yersinia pestis* ist ein Floh, der sich bevorzugt im Fell von Ratten aufhält. Im Flohdarm vermehren sich die Erreger und der Floh erbricht einen Teil der Bakterien in die Bisswunde.

Die Reaktionen auf die Seuche waren von Hilflosigkeit geprägt. An vielen Orten kam es zu Pogromen gegen Juden und Zigeuner, die der Brunnenvergiftung beschuldigt wurden. Die »medizinischen« Gegenmaßnahmen reichten von der von Paracelsus empfohlenen Behandlung von Pestbeulen mit gedörrten Kröten oder lebenden Sperlingen bis hin zu Schutzgräben um infizierte Dörfer, welche von nackten, alten Weibern auszuheben waren.

Erst seit 1948 kann die Pest mit dem Antibiotikum Streptomycin erfolgreich behandelt werden. Trotzdem könnten erneute Ausbrüche in den Rattenpopulationen großer Städte auch heute katastrophale Folgen haben. Es ist unklar, weshalb es in den letzten beiden Jahrhunderten nicht mehr dazu gekommen ist. Vieles spricht dafür, dass der

ursprüngliche Pesterreger durch eine weniger gefährliche mutierte Variante weitgehend verdrängt worden ist. Es wäre nicht das erste Mal, dass der Erreger seinen Charakter stark verändert hat. Sehr wahrscheinlich hat sich das Pestbakterium aus dem
harmlosen Darmparasiten *Yersinia pseudotuberculosis* entwickelt. »Vor 2000 Jahren hat
das Pestbakterium leichte Bauchschmerzen verursacht«, meint der Forscher Brendan
Wren, Genetiker an der Londoner Hochschule für Hygiene und Tropenmedizin.

Vielleicht war es auch gar nicht die Pest, die das Verderben brachte. In den letzten
Jahren wurden wiederholt Zweifel angemeldet, ob der »Schwarze Tod« wirklich die Pest
war. Verdächtigt werden mittlerweile auch mit dem Ebola-Erreger verwandte Viren.

Die kleinen Helfer

Biotechnologen haben gelernt, Bakterien als sich selbst vermehrende Mikro-Fabriken
zur Herstellung von allem Möglichen zu nutzen. Die traditionelle Biotechnologie nutzt
sie seit langem bei der Produktion von Bier, Wein und Käse, die chemische Industrie und
die Ernährungsindustrie zur Herstellung von Enzymen. Im Dienste des Umweltschut-
zes bauen sie Schadstoffe ab und im Bergbau (Biomining) lösen sie Metalle aus Erzen.

In einer Hand voll Dreck kann man mit gutem Grund eine Fülle von genetischen
Ressourcen vermuten, aus denen alle möglichen Medikamente gewonnen werden können. Heute stammen mehr Medikamente aus Bodenbakterien als aus jeder anderen
Quelle. Doch von den unzähligen Bodenbakterien sind nur die wenigsten bekannt und
99 Prozent davon lassen sich nicht im Labor kultivieren. Mit den Möglichkeiten der
Gentechnik kann auch dieses Potenzial erschlossen werden. Da sich die Mikroorganismen selbst nicht züchten lassen, hat man Methoden entwickelt, um die Gene zu extra-
hieren und anschließend in das gut kultivierbare Bakterium *E.coli* einzubauen, zu vervielfältigen und zu untersuchen, welche Stoffe sie produzieren und ob bzw. wofür man
diese nutzen könnte.

Der Lebensretter

Der segensreichste Mikroorganismus, den die Menschheit bisher entdeckt hat, ist wahrscheinlich der Schimmelpilz *Penicillium notatum*, dessen Fähigkeiten der britische Bakteriologe Alexander Fleming (1881–1955) im Jahre 1928 zufällig entdeckte, als er ein paar
stehen gebliebene Bakterienkulturen entsorgen wollte und bemerkte, dass sie teilweise
abgestorben waren und sich stattdessen ein Pilz, eine Art grünlicher Schimmel, in den
Petrischalen ausgebreitet hatte. Fleming sah sich die Sache genauer an und erkannte um
die Schimmelkolonien herum eine Zone, in der keine Bakterien wuchsen. Der Pilz
schien für sie tödlich zu sein. Er experimentierte weiter und fand heraus, dass Staphylokokken, Streptokokken, die Erreger von Milzbrand, Diphtherie, Pfeifferschem Drü-

senfieber und Starrkrampf von dem Penicillin-Extrakt vernichtet wurden. Eigentlich hätte dieser Zufallstreffer einschlagen müssen wie eine Bombe. Doch als Fleming seine Ergebnisse im *British Journal of Experimental Pathology* veröffentliche, nahm kaum jemand Notiz davon. Fleming übergab das Projekt an ein Team aus Chemikern und Pilz-Spezialisten, das sich nach einiger Zeit ohne große Erfolge auflöste. Erst 1938 stolperte der russisch-britische Biochemiker Ernst Chain (1906–1979), ein Mitarbeiter des Pathologen Howard Florey (1898–1968) von der Universität Oxford, über Flemings ursprüngliche Arbeit, stürzte sich auf den famosen Pilz und testete dessen Gift an Mäusen und Menschen. Im Februar 1941 wurde der erste Patient von Chain erfolgreich behandelt. Der an Staphylokokken- und Streptokokkensepsis erkrankte 43-jährige Mann erhielt Penicillin. Danach ging es ihm deutlich besser. Nach dieser Behandlung war der Penicillin-Vorrat jedoch aufgebraucht und der Mann starb einen Monat später. Das große Problem bestand darin, ausreichende Mengen der Bakterien tötenden Substanz herzustellen, die nur durch einen aufwändigen Prozess zu gewinnen war.

Doch wieder stockte die Forschung, da England mittlerweile im Krieg war. Florey besorgte daher neue Gelder von der Rockefeller-Stiftung und führte das Projekt in den USA fort. Dort gelang schließlich der Durchbruch, wobei wieder der Zufall eine große Rolle spielte. Erstens half er dem Team bei der Auswahl der geeigneten Nahrung für den Pilz. In den USA wurde in großem Maßstab Mais angebaut und aus nahe liegenden Gründen auch als Nährsubstanz für Bakterienkulturen verwendet. Der Pilz zeigte sich darüber hoch erfreut und steigerte seine Giftproduktion gleich auf das 500fache. Zweitens half der Zufall, als es darum ging, einen Penicilliumstamm zu finden, der aufgrund seiner individuellen genetischen Ausstattung noch größere Mengen des begehrten Giftes produzierte. Die US-Luftwaffe sammelte Bodenproben aus aller Welt, aber ausgerechnet auf einer verschimmelten Melone auf einem Markt in der Kleinstadt Petoria in Illinois, direkt vor der Tür des Forschungsinstituts, fand sich schließlich der Champion, mit dem man in die Großproduktion des Antibiotikums ging, die nun, da auch die USA in den Zweiten Weltkrieg eingetreten waren, von der Regierung massiv ausgebaut wurde. 1945 erhielten Chain, Fleming und Florey den Nobelpreis für Physiologie oder Medizin.

Das Bakterium in uns

Der Mensch lebt mit einer Vielzahl von Organismen in einem symbiotischen Verhältnis zu beiderseitigem Nutzen. Die meisten davon sind Bakterien. Einige von ihnen leben schon so lange in uns, dass sie zum festen Bestandteil unserer Zellen geworden sind. Jede Tier-, Pflanzen- und Pilzzelle enthält Mitochondrien, in denen aus Sauerstoff Energie gewonnen wird. Diese Mitochondrien sind direkte Nachkommen von Bakterien, die vor Milliarden von Jahren in die Zellen der ersten Eukaryoten aufgenommen wurden, aus denen sich alle anderen nicht-bakteriellen Lebewesen entwickelt haben. Die Mitochondrien sehen nach wie vor wie Bakterien aus, sie haben ihr eigenes Erbgut und vermehren sich in unseren Zellen selbstständig. Pflanzen besitzen außerdem Plastiden, die ebenfalls vor langer Zeit als Bakterien zu ihnen gelangten, um sich dauerhaft niederzulassen und in den Pflanzenzellen Photosynthese zu treiben.

Die meisten unserer Besiedler leben nicht im Inneren der Zellen, sondern auf unserer Oberfläche, wozu auch der mit der Außenwelt in Kontakt stehende Schlauch zwischen Mund und After zählt. Insbesondere unsere Darmbewohner erfüllen viele wichtige Aufgaben. Die Funktion der einzelnen Arten und ihr Einfluss auf das Wohlbefinden des Menschen sind größtenteils noch unverstanden. Noch längst sind nicht alle Arten und Stämme entdeckt und beschrieben worden. Ihre wichtigste Aktivität besteht darin, die Nahrungsbestandteile zu spalten, die die Verdauungsorgane sonst nicht nutzen könnten. Sie produzieren außerdem die B- und K-Vitamine, die in unserer Nahrung nicht enthalten sind. Die Darmflora ist bei Gesunden optimal an die Verhältnisse im Darm angepasst und es ist für fremde Organismen fast unmöglich, sich anzusiedeln. Menschlicher Kot besteht zu 30 bis 50 Prozent aus bakterieller Biomasse.

Viren

Nicht selten werden Bakterien und Viren in einen Topf geworfen, da sie gemeinsam das Reich der kleinen Missetäter bilden. Doch es gibt einen erheblichen Unterschied: Viren sind keine Lebewesen. Sie hätten also eigentlich in diesem Kapitel gar nichts zu suchen.

Viren haben keinen eigenen Stoffwechsel. Sie ernähren sich nicht, sondern sie vermehren sich lediglich und nutzen dazu die Zellmaschinerie von Tieren, Pflanzen oder Bakterien, die sie befallen. Viren bestehen lediglich aus Erbgut und einer Hülle. Sie sind im Grunde nur kleine Programme, die sich in die Gene ihrer Wirtsorganismen einbauen und die Produktionsmaschinerie der Zelle dazu bringen, statt der eigenen Proteine virale Proteine zu produzieren. Insofern ist die Übertragung des Begriffs »Virus« auf die kleinen Störprogramme, die man als »Computerviren« bezeichnet, durchaus nahe liegend, denn diese beiden Virenarten unterscheiden sich in ihrem Grundmechanismus tatsächlich nicht sehr. Viren besitzen auch nur sehr wenig Erbsubstanz, meist nur ein paar oder ein paar Dutzend Gene, während Bakterien mehrere tausend haben.

Da sie nicht wie die Bakterien Stoffe umwandeln können, gibt es auch keine für uns nützlichen symbiotischen Viren, sondern nur entweder harmlose oder gefährliche. Ein Bakterium kann man bekämpfen, indem man es durch ein Gift, ein Antibiotikum, tötet. Ein Virus lebt nicht und kann daher nicht getötet werden. Es hat keinen eigenen Stoffwechsel, keine Körperfunktionen, die man lahm legen könnte.

Der Kampf gegen die Viren wird die Menschen immer begleiten. Die Grippe – wohlgemerkt nicht die gewöhnliche Erkältung, sondern die Influenza – erwischte in der großen Pandemie von 1918/19 jeden fünften Menschen und kostete etwa 40 Millionen Menschenleben. Das Influenzavirus erwies sich damit als der Killer des 20. Jahrhunderts. Es war so virulent, dass Infizierte innerhalb von Stunden starben. Auch heute sterben jährlich weltweit noch über 1 Million Menschen an Grippeepidemien. Neue gefährliche Virustypen gehen vor allem von Geflügel auf den Menschen über.

Das Pockenvirus hatte seine große Zeit in den zurückliegenden Jahrhunderten. Schon vor über 200 Jahren, im Jahre 1796, wurde ein Impfstoff dagegen gefunden – ohne dass man auch nur die leiseste Ahnung von der Ursache der Krankheit oder jenem mysteriösen kleinen Ding namens Virus hatte (mehr dazu im Kapitel MENSCHENLEBEN). Dennoch starben noch in der zweiten Hälfte des 20. Jahrhunderts (genau gesagt bis zum Jahre 1966) rund 2 Millionen Menschen jährlich an den Pocken. Zwölf Jahre später war diese Zahl auf null reduziert und das Virus durch ein konsequentes weltweites Impfprogramm ausgerottet. Nach Anlaufen der WHO-Aktion forderte die Krankheit 1972 ihr letztes Opfer in Deutschland, und 1978 erlag in Somalia der offiziell letzte Erkrankte seinem Leiden. Die wahrscheinlich wirklich letzte Pockentote war die britische Fotografin Janet Parker, die sich in der Medizinischen Fakultät der Universität von Birmingham ansteckte, als sie dort Bilder von den Forschungsarbeiten machte. Heute existieren (hoffentlich) nur an zwei Orten in der Welt noch Pocken-Viren: im Zentrum für Seuchenkontrolle und Prävention (Center for Disease Control and Prevention) in Atlanta und im Institut für virale Präparation (Institute for Viral Preparations) in Moskau.

Krankheitserreger als Protagonisten der Menschheitsgeschichte

Die historische Entwicklung der Welt, insbesondere die Eroberung und Unterwerfung der Neuen Welt durch die Europäer seit Ende des 16. Jahrhunderts, lässt sich nicht verstehen, wenn man unbeachtet lässt, auf wessen Seite die kleinen Killer kämpften und warum.

Bakterien und Viren waren die wichtigsten Waffen der Europäer (ohne dass diese etwas von ihren Verbündeten wussten) und besorgten bei der Eroberung des amerikanischen Kontinents den Großteil der mörderischen Arbeit. Die Eroberer und Besiedler brachten im 16. bis 19. Jahrhundert Pocken, Masern, Grippe, Typhus, Diphtherie, Malaria, Mumps, Keuchhusten, Pest, Tuberkulose und Gelbfieber nach Amerika, während die Indianer – abgesehen von der Syphilis, deren Ursprung nicht sicher ist – keinen einzigen Tod bringenden Erreger auf ihrer Seite hatten. Amerigo Vespucci berichtet von seiner Brasilien-Reise im Jahr 1501: »Wie ich sagte, werden die Menschen dort sehr alt, sie kennen keine Krankheiten, keine Seuchen und keine Fieberdünste, und sterben sie nicht eines natürlichen Todes, dann von der Hand eines anderen oder aus eigener Schuld, kurz, Ärzte hätten dort einen schweren Stand.«

Wie war es zu dieser Ungleichheit der Waffen gekommen, die weit mehr noch als jene zwischen spanischem Schwert und Azteken-Knüppel den Gang der Geschichte lenkte? Es gibt zwei Gründe. Erstens konnten diese akut und epidemisch verlaufenden Krankheiten, die später auch auf menschliche Populationen ähnlicher Dichte übergriffen und sich größtenteils auch auf den menschlichen Wirt spezialisierten, sich nur in den Viehherden sesshafter Bauern entwickeln. Die ersten belegten Ausbrüche der heute bekannten Infektionskrankheiten liegen daher in erstaunlich junger Vergangenheit. Die Pocken traten erstmals im Jahre 1600 v. u. Z. auf, Mumps und Pest um 400 v. u. Z., Cholera und Fleckfieber im 16. Jahrhundert, Kinderlähmung im Jahre 1840 und Aids 1959. Die Ausbreitung wurde durch die Handelsrouten quer über den eurasischen Kontinent noch begünstigt.

Weitgehend isoliert in kleinen Gruppen lebende Jäger- und Sammler-Kulturen boten dagegen dieser Art Krankheitserreger keine Chance. Die Bevölkerungsdichte bei Tier und Mensch war zu gering für Keime, die auf eine schnelle Verbreitung von Individuum zu Individuum angewiesen sind. Die Masern zum Beispiel können Berechnungen zufolge nur in Populationen von mindestens 500 000 Menschen dauerhaft überleben. Zweitens konnten die eurasischen Völker, bei denen die Erreger entstanden waren, über Hunderte und Tausende von Jahren eine relative Immunität entwickeln, da bei Epidemien vorwiegend die überlebten und ihre Gene weitergaben, denen die Krankheit weniger schaden konnte. Zudem kann man bekanntlich viele der Krankheiten nur einmal im Leben bekommen, sodass bei wiederkehrenden Krankheitswellen immer nur ein Teil der Bevölkerung gefährdet ist und damit auch die Ausbreitungsgeschwindigkeit sinkt. So hat die Bevölkerung Eurasiens über längere Zeiträume betrachtet im Spiel gegen die Epidemien ein Remis erzwungen. Die Menschen der neuen Welt hatten jedoch keine Zeit, Resistenzgene zu verbreiten, wurden von den unbekannten Erregern kalt erwischt und fielen daher den Keimen fast restlos zum Opfer.

Gentechnisch veränderte Mikroorganismen

Die Bausteine der genetischen Codes sind bei allen Lebewesen der Erde gleich. Nur Anzahl und Reihenfolge sind von Art zu Art verschieden. Das Erbgut des Bakteriums *Helicobacter pylori* (verantwortlich für Magengeschwüre) besteht aus 1,66 Millionen Basenpaaren, das Reisgenom enthält 400 Millionen, die Genome von Maus, Mensch und Schimpanse jeweils gut 3 Milliarden und das des Weizens 16 Milliarden. Deshalb ist mit der Gentechnik auch ein Austausch von Genen zwischen beliebigen Organismen möglich. Vermeintlich hoch ominöse Manipulationen, etwa Fischgene in Kartoffeln, sind auf molekularer Ebene betrachtet überhaupt nicht seltsam, denn einem Gen sieht man seine Herkunft nicht an. Lachsgene riechen nicht fischig und Tomatengene sind nicht vegetarisch; sie bestehen beide aus genau den gleichen vier chemischen Bestandteilen.

Paul Berg, Herbert Boyer und Stanley Cohen entwickelten Anfang der 1970er-Jahre die Technik zur Übertragung von Genen. Die ersten Lebewesen, deren Evolution der Mensch in die Hand genommen hat, waren die einfachsten, also Bakterien. Für sie ist die Aufnahme von »Fremdgenen« ohnehin das Normalste auf der Welt, da sie munter untereinander Erbgut austauschen.

Bakterien besitzen kleine, ringförmige DNA-Moleküle, so genannte Plasmide, die neben dem »Bakterienchromosom« existieren und sich unabhängig von diesem vermehren können. Diese Plasmide nutzt man auch in der Gentechnik, um fremde Gene in ein Bakterium einzuschleusen. Dabei werden den Plasmiden zunächst die Informationsregionen entfernt, die für die selbstständige Ausbreitung notwendig sind. So können sie nicht mehr von selbst auf andere Bakterien übertragen werden. Zusätzlich werden die Plasmide so verändert, dass sie sich stärker vermehren.

Für den zweiten Weg der Genübertragung nutzen die Bakterien sozusagen ihre natürlichen Feinde, nämlich Viren, die speziell Bakterien befallen. Man nennt sie Phagen. Diese Viren besitzen die Fähigkeit, die eigene Erbinformation in das Erbgut anderer Lebewesen einzubauen. Wie der Kuckuck nutzen sie gewissermaßen andere Wesen, um den eigenen Nachwuchs »auszubrüten«. Unter bestimmten Umständen veranlasst das Virus das Bakterium, eine neue Proteinhülle herzustellen, mit der die Viren-DNA das Bakterium wieder verlassen kann. Dabei kommt es vor, dass zusätzlich zur Phagen-DNA andere Teile der Bakterien-DNA mitgenommen werden. So werden Bakteriengene über Viren von einem Bakterium auf ein anderes übertragen.

Der dritte Übertragungsweg ist die Aufnahme nackter Erbinformation durch die Zellwand hindurch.

Die Gentechnik nutzt diese natürlichen Übertragungswege für den gezielten Gentransfer und hat so schon unzählige Mikroorganismen zu Produzenten für wertvolle Substanzen umfunktioniert, die hauptsächlich als Medikamente dienen. Die Gentechnik ermöglicht es, genau die Proteine zu erzeugen, die der menschliche Körper selbst auch erzeugt, und sie außerdem auf die gleiche Weise herzustellen. Denn jedes Gen ist sozusagen das Herstellrezept für ein Protein. Wo das Protein hergestellt wird, spielt im Grunde keine Rolle. Deshalb können menschliche Gene in Zellen von Bakterien, Pflanzen oder Tieren eingebaut werden. Dann stellen diese das Protein her. Da Bakterien sich rasend schnell vermehren, sind die Ausbeuten erklecklich.

Viele Proteine kommen im menschlichen Körper in so geringen Mengen vor, dass es praktisch unmöglich wäre, sie aus Blut oder Geweben Verstorbener zu gewinnen. Sie können ausschließlich gentechnisch erzeugt werden. Am Anfang ging es vor allem darum, bewährte medizinische Wirkstoffe besser und preiswerter herzustellen. Das erste gentechnisch hergestellte Medikament war Insulin für Zuckerkranke, das 1982 in den USA auf den Markt kam. Zuvor wurden Diabetiker schon seit Jahrzehnten mit Insulin behandelt, allerdings nicht mit einem von gentechnisch veränderten Bakterien erzeugten, sondern mit Schweine- oder Rinderinsulin. Für die Produktion eines Gramms tierischen Insulins wurden Bauchspeicheldrüsen von rund 50 Rindern benötigt.

Um Bakterien zu bekommen, die Insulin produzieren, muss man das spezielle Gen, das für die Insulinproduktion verantwortlich ist, aus der menschlichen DNA isolieren und in das Erbgut eines Bakteriums einfügen. Die veränderten Bakterien werden dann in großen Fermentern vermehrt und später abgetötet, sodass das Insulin aus ihnen gewonnen werden kann.

Das Mittel der Gentechnik erfordert ohne jeden Zweifel eine verantwortungsvolle Nutzung und eine gesellschaftliche Kontrolle. Dies war den beteiligten Wissenschaftlern von Beginn an klar. Sie veranstalteten daher eine Konferenz, nachdem von elf US-Biochemikern und Molekularbiologen, unter ihnen Paul Berg und James Watson, ein vorläufiges Moratorium für bestimmte gentechnologische Versuche (beispielsweise mit Krebsgenen) gefordert worden war. Im Februar 1975 diskutierten über 100 Wissenschaftler im kalifornischen Asilomar über notwendige Reglementierungen. Als Ergebnis wurden gentechnologische Experimente mit menschlichen Krebsgenen verboten; Experimente mit potenziellen Krankheitserregern dürfen nur mit Sicherheitsstämmen (das sind Mikroorganismen, die besonders von den Laborbedingungen abhängig sind und daher außerhalb von diesen nicht überlebensfähig sind) in besonders eingerichteten Laboratorien vorgenommen werden. In Folge wurden durch nationale Gentechnikgesetze weitere Sicherheitsvorschriften erlassen und jeweils an den Stand der Erkenntnisse der Risikoforschung angepasst. Die Debatte um die denkbaren Risiken gentechnischer Anwendungen wurde bald auch durch die Beschäftigung mit möglichen ethischen und sozialen Folgen ergänzt, die in den letzten Jahren sehr an Breite und Dynamik gewonnen hat. Da es in den meisten Fällen um Anwendungen am Menschen geht, beschäftigen wir uns mit den bioethischen Fragestellungen im Kapitel MENSCHENLEBEN.

Die Laborratte

Der Produzent von Insulin, das Darmbakterium *Escherichia coli*, ist ein Superstar in den Forschungslabors und Pharmafabriken dieser Welt. Es hat seinen Namen von dem Kinderarzt Theodor Escherich, der es 1884 aus dem Kot eines 14 Stunden alten Säuglings herausfischte und zunächst auf den Namen *Bacterium coli commune* taufte.

Im normalen Leben hilft *E.coli*, das sich als erster Besiedler gleich nach unserer

Geburt in unserem Darm niederlässt, bei der Verdauung, trainiert durch die Abgabe kleiner Giftportiönchen das Immunsystem und produziert nebenbei die Vitamine B1 und K. Als Darmbewohner ist es anaerob, lebt also ohne Sauerstoff. Doch wenn es nach draußen will, kann es seinen Stoffwechsel auch problemlos umstellen und Luft atmen.

E.coli ist das bestuntersuchte Lebewesen der Welt, denn es ist leicht zu kultivieren und vermehrt sich auch in Gefangenschaft prächtig. Deshalb wird ein Experiment nach dem anderen an ihm durchgeführt. Als »Laborratte« der Mikrobiologen liefert das Modellbakterium viele Erkenntnisse darüber, wie Lebewesen auf molekularer Ebene funktionieren. Dabei wusste man bis 1940 noch nicht einmal, dass Bakterien überhaupt Gene haben, denn ihnen fehlt ja der Zellkern, der bei anderen Lebewesen das Erbgut enthält. Natürlich ist heute das *E.coli*-Genom komplett entziffert. Es besteht aus 4288 Genen. 15 Prozent aller menschlichen Gene enthalten Teile, die sich auch im *E.coli*-Genom finden.

Künstliches Leben

Wann wird der Mensch künstliche Lebewesen erschaffen? Im Juli 2002 war es fast soweit. Chemikern und Molekulargenetikern gelang es, das Erbgut des Poliovirus im Reagenzglas anhand der Genomsequenz nachzubauen. Für die Erzeugung der Viren nutzte das Team die Kenntnis über den genetischen Code und die dreidimensionale Struktur von Polioviren. Sie erzeugten erst das komplette Genom der künstlichen Viren und in einer Suppe aus ausgequetschten Menschenzellen dann die kompletten Erreger, die aus einem RNS-Erbgut eingeschlossen in einer Eiweißschale bestehen. Die künstlich erzeugten Viren waren von natürlichen in verschiedenen Tests nicht zu unterscheiden: Damit infizierte Mäuse etwa hatten unter den gleichen Symptomen zu leiden wie von natürlichen Polioerregern befallene Tiere, fanden die Forscher.

Doch ein Virus aus dem Reagenzglas bedeutet noch nicht Leben aus dem Reagenzglas, denn Viren zählen nicht zu den Lebewesen. Sie können sich zwar vermehren, benötigen dafür aber die Zellmaschinerie von »richtigen« Lebewesen. Sie sind daher noch viel, viel simpler als die primitivsten Bakterien. Ein Bakterium sollte es also schon sein. Der Gedanke liegt nahe, genug künstliche Gene zu erzeugen, um ein einfaches Lebewesen damit auszustatten und solchermaßen wahrlich und ganz und gar aus dem Nichts zu erschaffen. Dies ist das Ziel des Kleinstgenom-Projekts (Minimal Genome Project).

Wissenschaftler des Instituts für Genomforschung (TIGR) in Rockville veröffentlichten Ende 1999 in der Fachzeitschrift *Nature* einen Aufsatz, in dem sie darlegten, dass nach ihrer Auffassung 265 bis 350 Gene die Minimalausstattung des Lebens darstellen. Auf diese Zahl waren die Forscher um Craig Venter gekommen, indem sie bei einem sehr einfachem Bakterium (*Mycoplasma genitalium*), das insgesamt über 517 Gene verfügt, im Zufallsprinzip Gene ausschalteten und so ermittelten, welche der 517 für das (Über-)

Leben erforderlich waren. Mittlerweile ist ein noch einfacheres Lebewesen entdeckt. Es wurde kürzlich von Regensburger Forschern 120 Meter tief im Meer nördlich von Island gefunden. *Nanoarchaeum equitans* ist nur 400 Nanometer groß, sein Genom besteht aus lediglich etwa 500 000 Buchstaben mit weniger als 500 Genen.

Der nächste Schritt auf dem Weg zum künstlichen Leben wäre die Konstruktion eines künstlichen Chromosoms, das mit dieser Minimalausstattung an Genen bestückt wäre. Würde man dieses Chromosom in eine Bakterienzelle einbauen, der zuvor ihr gesamtes Erbgut entfernt worden war, wäre das Ergebnis das Minimallebewesen. Dieses könnte gewissermaßen als Basisversion des Lebens je nach Wunsch mit weiteren Genen ausgestattet werden. So könnten künstliche Lebensformen geschaffen werden, die jeweils ausschließlich eine ganz bestimmte, in irgendeiner Weise nützliche Funktion ausüben sollten. Sie könnten zum Abbau von Schadstoffen oder zur Produktion von Medikamenten genutzt werden, wie das gentechnisch modifizierte Bakterien heute schon tun. Ob es wirksamer ist, ein Bakterium nachzubauen als eine existierende Form gentechnisch zu verändern oder der Natur unter geeigneten Bedingungen freien Lauf zu lassen, bleibt allerdings offen.

Pflanzen

Pflanzen ernähren die Welt. Sie sind die Primärproduzenten der Biosphäre. Sie wandeln Sonnenlicht in eigene Körpersubstanz um und bilden damit die Ernährungsgrundlage für Tiere, Pilze und viele Mikroorganismen.

Ohne Pflanzen läuft heute gar nichts mehr. Deshalb ist man erstaunt, zu erfahren, dass sie erst relativ spät aufgetaucht sind. Über 3 Milliarden Jahre lang kam das Leben auf der Erde ohne Pflanzen aus. Die ersten höheren Pflanzen begannen erst vor 450 Millionen Jahren mit der Besiedlung des Landes. Bevor das Leben an Land gehen konnte, mussten die Meeresbewohner genügend Sauerstoff produzieren und die Atmosphäre damit anreichern, sodass sich eine Ozonschicht bilden und die gefährliche UV-Strahlung abmildern konnte.

Als »Urlandpflanze« schlechthin gilt Rhynia (nach ihrem Fundort Rhynie in Schottland benannt). Sie hatte keine Blätter und wird daher als Nacktpflanze (Psilophyt) bezeichnet. Wahrscheinlich wurden die Nacktpflanzen bereits im mittleren Devon, vor etwa 380 Millionen Jahren, weitestgehend durch Vorläufer der farnartigen Pflanzen, also der Bärlappe, Schachtelhalme und Farne, abgelöst. Diese haben sich in der darauf folgenden Erdepoche, der Steinkohlenzeit (Karbon), explosionsartig entwickelt und eine Vielfalt erreicht, die von krautigen und kletternden Arten über kleinere Baumfarne bis hin zu mächtigen Baumriesen reichte. Was davon übrig blieb, verfeuern wir heute in unseren Kohlekraftwerken.

Doch die Artenfülle des Karbons stellte nur eine kurze Episode im Verlauf der Erdgeschichte dar. Vor etwa 260 bis 280 Millionen Jahren ging es aufgrund eines globalen Klimawechsels mit den Farnen zu Ende. Auf das Farnzeitalter (Paläophytikum) folgte das Zeitalter der nacktsamigen Pflanzen (Mesophytikum). Allmähliche entstanden neue Formen wie Nadelbäume (Koniferen), Ginkgogewächse und Palmfarne (Cycadeen).

Nach 120 Millionen Jahren gab es schließlich den letzten großen Wandel, den Übergang ins Neophytikum, in dem die bedecktsamigen Pflanzen (Angiospermen) die Herrschaft übernahmen. Zu ihnen zählen fast alle heute lebenden Arten; sie sind die mit Abstand artenreichste und mannigfaltigste Abteilung des Pflanzenreiches. Bedecktsamer und Tiere haben sich in enger Wechselbeziehung entwickelt und viele unmittelbar voneinander abhängige Arten hervorgebracht. Dabei dienen die Pflanzen den Tieren in erster Linie als Nahrung und Lebensraum, während die Tiere für die Verbreitung und Fortpflanzung der Pflanzen sorgen, indem sie Samen und Pollen transportieren.

Viele der Arten fielen später den Eiszeiten zum Opfer, was vor allem Europa hart traf, da hier die überwiegend in ost-westlicher Richtung verlaufenden Gebirgszüge kaum überwindbare Barrieren bildeten. Etliche Pflanzenarten waren nach dem Ende der Eiszeiten nicht in der Lage, die lebensfeindlichen Hochgebirgskämme der Alpen und Karpaten zu überwinden und sind daher bereits lange vor dem massiven Eingreifen des Menschen in die Natur bei uns ausgestorben. Zur Abwechslung waren also einmal Berge am Massensterben schuld. Im Vergleich zu Nordamerika, wo die Gebirge vorwiegend in Nord-Süd-Richtung verlaufen und die Pflanzen nach einer Eiszeit relativ einfach wieder in ihre angestammten Gebiete zurückkehren konnten, ist Mitteleuropa daher eher eintönig bewachsen.

Das heutige Pflanzenreich besteht aus etwa 1 Million Pflanzenarten, verteilt auf zwölf Abteilungen. Neun davon gehören den Algen. Die verbleibenden drei bilden zusammen die Grünen Landpflanzen, die (von den Moosen abgesehen) über Gefäße zum Wassertransport verfügen, daher vom Boden weg nach oben wachsen können und folglich weit mehr hermachen als der grünmattige Rest.

Algen

Den Anfang aber machten die Algen. Die leben fast ausnahmslos im Wasser, wo sie als Primärproduzenten die Lebensgrundlage für die restlichen Meeresbewohner liefern und dazu noch einen großen Teil des Sauerstoffs. Ohne ihre Abgase könnten wir nicht leben. Die einzelnen Algenabteilungen werden vor allem danach unterschieden, wie sie die Photosynthese erledigen.

Entstanden sind sie, als schwimmende Mikroorganismen grüne Bakterien zu fressen versuchten, diese aber nicht verdauen konnten. Die grünen Bakterien blieben am Leben. Da der unverdauliche Gast selbst Nahrung produzieren konnte, wurde seine Anwesenheit bald geschätzt. Wirt und Bakterien gewöhnten sich aneinander und blieben für immer vereinigt. Wahrscheinlich ist diese ursprüngliche Einverleibung mehrmals erfolgt. Denn die verschiedenen Algenabteilungen haben keinen gemeinsamen Vorfahren.

Die meisten Algen leben im Plankton oder fest sitzend im Boden von Gewässern (Benthal). Planktische Algen vermehren sich oft sehr stark und färben das Wasser grün. Einige Arten leben in Symbiose mit Pilzen und bilden Flechten.

Moose

Moose haben weder Wurzeln noch Stängel. Es gibt thallöse Moose, die nur aus einer Art grünem Lappen, dem Thallus bestehen. Die meisten Moose allerdings sind beblätterte Laubmoose. Moose sind wie Gefäßsporenpflanzen heteromorph. Sie wechseln von Generation zu Generation zwischen zwei Gestalten: dem Gametophyt mit einfachem (haploiden) Chromosomensatz und dem Sporophyt mit doppeltem (diploiden) Chromosomensatz. Das grüne Moospflänzchen, das wir gemeinhin als Moos identifizieren, ist der Gametophyt. Auf ihm wächst nach Selbstbefruchtung meist lang gestreckt der Sporophyt, an dessen Ende eine Kapsel mit Sporen entsteht, die schließlich freigelassen werden, um neue Gametophyten zu bilden.

Gefäßsporenpflanzen

Die Gefäßsporenpflanzen, zu denen Bärlappe, Farne und Schachtelhalme zählen, haben ihre beste Zeit schon hinter sich. Die war vor etwa 250 bis 350 Millionen Jahren. Danach wurden sie weitgehend von den Samenpflanzen abgelöst, die besser mit Trockenheit zurechtkommen. Dennoch zählen zu den Kosmopoliten unter den Pflanzen, die man überall auf der Welt antreffen kann, besonders viele Sporenpflanzen.

Samenpflanzen

Bei den Samenpflanzen unterscheidet man Nackt- und Bedecktsamer. Die Nacktsamer sind Holzgewächse aller Art, also Bäume und Sträucher. Die Blätter sind meist derb und immergrün und besitzen unverzweigte oder gabelig-verzweigte Leitbündel. Der Renner unter den Pflanzen sind die Bedecktsamer. Sie haben sich an das Leben an den unterschiedlichsten Orten besonders gut angepasst. Ihre Gestalt reicht vom riesigen Laubbaum über Sträucher und Kräuter bis zu winzigen Schwimmpflanzen. Ihr Erfolgsrezept ist natürlich der Samen, der typischerweise eine Schale, einen Embryo und manchmal auch ein Nährstoffdepot umfasst.

Samen sind eine großartige Erfindung der Evolution: junge, in Nährgewebe verpackte Pflanzen im Ruhezustand, die darauf warten, durch Wind, Wasser oder Tiere nach überall hin verbreitet zu werden. Der Samen der Pflanze entspricht also nicht dem Samen (Spermium) beim Tier, sondern ist in Wirklichkeit ein Embryo! Je nach Art und Lagerbedingungen kann er ziemlich lange Zeit, oft mehrere Jahre, in seinem Ruhestadium überdauern, ohne seine Fruchtbarkeit zu verlieren (Samen der Buche zwei Jahre, Mohn zehn Jahre, Bohne 22 Jahre, Möhre 31 Jahre, Löwenzahn 68 Jahre, Kartoffel 200 Jahre, Hahnenfuß 600 Jahre).

Der Bauplan

Die Botanik verfügt über eine umfangreiche Terminologie zur Beschreibung aller Teile der Pflanze in allen Variationen. Das muss man nicht alles auswendig können. Deshalb hier nur das Wichtigste in aller Kürze. Eine typische Blütenpflanze besteht aus einer Wurzel, einem Stamm oder Stängel, Blättern und Blüten, die teilweise zu Früchten reifen. Als Beiwerk kann es noch Haare, Stacheln und Dornen geben. Die beiden Letzten werden oft verwechselt. Sie unterscheiden sich dadurch, dass Dornen aus Oberhaut, Rinde und Holz bestehen, Stacheln dagegen nur aus Oberhaut und Rinde. Die Berberitze also hat Dornen, die Rose Stacheln.

Die Wurzeln verankern die Pflanze im Boden und saugen aus der Erde Wasser mit den darin gelösten Nährsalzen auf. In langen Röhren, den Wasserleitungsbahnen, wird das aufgezogene Wasser in alle Teile der Pflanze, vor allem in die Blätter, transportiert. Eine einzige Roggenpflanze besitzt 14 Milliarden Wurzelhaare, was eine Aufnahmefläche von zirka 400 Quadratmeter ausmacht. Eine zum Nährstoffspeicher verdickte Hauptwurzel heißt Rübe.

Der Stängel ist unterteilt in Nodien, die Stellen, an denen Blätter und Seitensprosse abgehen, und die Zwischenräume zwischen zwei Nodien, die Internodien heißen. Unterirdische Stängelteile (Zwiebelscheibe, Wurzelstock, Ausläufer, Stängelknolle) sind Nährstoffspeicher.

Die Blätter zweigen mit dem Blattstiel am Blattgrund von der Sprossachse ab und bestehen vor allem aus der Blattspreite, die bei zweikeimblättrigen Pflanzen von einem Nervennetz, bei einkeimblättrigen von parallel laufenden Nerven durchzogen werden.

Die Blüten dienen der Fortpflanzung und bestehen – von außen nach innen – aus

Kelchblättern, Kronblättern, männlichen Staubblättern, die die Pollen bilden, und weiblichen Fruchtblättern, die den Stempel bilden und die Samenanlagen tragen. Bei eingeschlechtlichen Blüten fehlen entweder Staubblätter oder Stempel.

Nach der Befruchtung entwickelt sich aus der Samenanlage der Samen. Aus dem unteren Teil des Stempels, dem Fruchtknoten, wird die Frucht, aus der der Samen wieder freikommt, wenn wir den Kirschkern ausspucken oder den Apfelbutzen auf die Wiese werfen.

Das grüne Chemielabor

Die exakte Beschreibung der äußeren Gestalt der Pflanzenarten, ihres Wuchs- und Fortpflanzungsverhaltens und ihrer Verbreitung ist das klassische Betätigungsfeld der Botanik. Das Innenleben von Pflanzen ist vielleicht noch viel interessanter. Wie die Bakterien können sie eine Vielzahl von Stoffen synthetisieren.

Das Wichtigste ist natürlich die Photosynthese, bei der aus Kohlendioxid mit Hilfe des Pflanzenfarbstoffes Chlorophyll und Sonnenlicht Nahrung und Sauerstoff für uns alle produziert wird. Ein Quadratmeter Blattfläche bildet in einer Stunde etwa ein Gramm Zucker.

Doch das ist längst nicht alles, was in der grünen Biofabrik hergestellt wird. Es gibt noch eine Unmenge von Stoffen, die nur von ganz bestimmten Pflanzen hergestellt werden: die Sekundärmetaboliten. Die galten lange als Abfallprodukte ohne Nutzen. Mittlerweile hat man jedoch erkannt, dass sie eine entscheidende Bedeutung bei der Anpassung von Pflanzen an biotische und abiotische Stressfaktoren haben. Pflanzen können Umweltreize (Licht, chemische Reize, Berührung) genauso empfindlich wie Tiere wahrnehmen und sich entsprechend anpassen. Sie haben jedoch keine Sinnesorgane, sondern jede Zelle besitzt ihre Rezeptoren und verarbeitet die Reize selbst. Sie haben auch keine Beine, um bei Gefahr wegzurennen, oder Tatzen zum Zuschlagen. Deshalb haben sie für ihre kleinen Auseinandersetzungen mit der Umwelt in ihren Zellen Giftküchen eingerichtet.

Die Sekundärmetaboliten sind also häufig Waffen im Kampf ums Überleben. Es gibt in der Natur mindestens 300 000 Insektenarten, die es auf Pflanzen abgesehen haben – von den großen Tieren mal ganz zu schweigen. All diesen gilt es, sich bitter, stinkend und am besten giftig zu präsentieren. Hinzu kommen Parasiten und Krankheitserreger. Dazu produziert die Pflanze eine Vielzahl von Insektiziden und Fungiziden, die also keineswegs eine Erfindung des Menschen sind. Um die Pflanze zu schützen, muss das Gift nicht überall gleich verteilt sein. Bei der Kartoffel sind daher auch nur Blätter, Blüten und Früchte giftig, die Knollen indes genießbar. Aber die kleinen Knabberer halten natürlich im Rüstungswettlauf mit und schaffen es zum Teil sehr gut, den Giften zu entgehen. Die Larven des Monarchfalters können das Gift ihrer Lieblingsspeise, der Seidenfadengewächse, sorglos aufnehmen – und sogar gut gebrauchen: Sie speichern es und sind daher ihrerseits für Fressfeinde giftig.

Andere Substanzen werden als Duft- oder Farbstoffe eingesetzt, um Insekten anzulocken, welche die Pflanzen entweder zur Bestäubung benötigen oder damit sie ihnen im Kampf gegen andere Fraßfeinde helfen. So locken manche Pflanzen Schlupfwespen an, wenn sie von Schmetterlingsraupen befallen sind. Denn die Schlupfwespe legt ihre Eier in die Raupen, damit die Schlupfwespenlarve, wenn sie geschlüpft ist, etwas Gutes zu essen hat. Zu den wichtigsten Sekundärmetaboliten zählen:

- Alkaloide, zum Beispiel Koffein, Nikotin, Strychnin, Morphin, Kokain,
- Terpenoide, zum Beispiel Menthol, Carotin, Steroide, Kautschuk,
- Phenolverbindungen, zum Beispiel Kaffeesäure,
- Glykoside, zum Beispiel Digitaloide (Fingerhut-Gifte), Steviosid (Süßstoff), Indigo (Farbstoff).

Wie die Aufzählung zeigt, entsteht in den Chemielabors der Pflanzen auch so manches, was Menschen zu schätzen gelernt haben. Weil sie aber oft nur sehr geringe Mengen oder nicht genau das, was man will, produzieren, versuchen Forscher, maßgeschneiderte Pflanzen zu entwerfen. Sie verändern die Gene so, dass in den Pflanzen der Bau einzelner Sekundärmetaboliten gefördert oder unterbunden wird. Dies nennt man »metabolic engineering«.

Pflanzliche Stoffe bilden auch bis heute die Basis der Arzneimittelgewinnung. Das erfolgreichste Medikament überhaupt ist wahrscheinlich die von der Weide Salix (und anderen Pflanzen) gebildete Salicylsäure, ein Pflanzenhormon, das bei Befall durch Krankheitserreger die Abwehrkräfte aktiviert und das wir in abgewandelter Form als synthetisch hergestellte Acetylsalicylsäure (Aspirin) schlucken. Im menschlichen Körper fängt die Salicylsäure Schmerz auslösende Hormone (Prostaglandine) ab.

Die Pflanzenzelle

Von ganz wenigen Ausnahmen abgesehen sind Pflanzenzellen von einer cellulosehaltigen Zellwand umgeben. Während des Wachstums ist sie plastisch, das heißt dehnungsfähig und verformbar. Danach wird sie elastisch. Die Dehnbarkeit bleibt erhalten, doch die Verformbarkeit geht verloren. Der von einer Membran umgebene Zellinhalt ist das Plasma (Cytoplasma).

Die Pflanzenzelle enthält wie alle eukaryotischen Zellen einen Kern, Mitochondrien und Ribosomen. Darüber hinaus verfügt sie über Chloroplasten, Chromoplasten, Leukoplasten und Vakuolen. In den zehn bis fünfzig Chloroplasten pro Zelle erfolgt die Photosynthese. Die Vakuolen sind Reservoire für Wasser und Nährstoffe. Chromoplasten sind an der Bildung von Farbstoffen beteiligt, Leukoplasten ermöglichen die Speicherung von Stärke.

Nahrungspflanzen

Die menschliche Ernährung beruht wie die der Kuh auf Gras. Außerdem essen wir ganz gerne andere Samen sowie Früchte (daran zu erkennen, dass sich am Fruchtknoten noch der Blütenansatz befindet, z. B. Äpfel, Birnen, Tomaten, Zucchini) und Gemüse, also andere essbare Pflanzenteile, zum Beispiel die Wurzeln (Mohrrüben), Wurzelknollen (Kartoffeln), die Sprossachse (Spargel) oder Blätter (Salat). Es sind insgesamt rund 270 000 Arten höherer Pflanzen bekannt, davon eignen sich etwa 3000 Arten grundsätzlich als Nahrungsmittel. Kultiviert werden jedoch nur etwa 200 Arten, und von 20 kann man sagen, dass sie eine gewisse ökonomische Bedeutung haben. Bei den Tieren sieht es ähnlich aus. Nur etwa 30 Arten wurden überhaupt je domestiziert.

Im Wesentlichen beschränken wir uns auf die Familien der Doldengewächse (z. B. Möhre), der Korbblütler (z. B. Kopfsalat), der Kreuzblütler (z. B. Wirsing), der Gänsefußgewächse (z. B. Rote Rübe), der Kürbisgewächse (z. B. Wassermelone), der Hülsenfrüchte (z. B. Sojabohne), der Gräser (z. B. Reis), der Liliengewächse (z. B. Porree) und der Nachtschattengewächse (z. B. Tomate). Die drei Haupternährer der Menschen sind Weizen, der für rund 54 Prozent der Erdbevölkerung die Nahrungsgrundlage bietet, Reis (34 Prozent) und Mais (12 Prozent). Innerhalb der Zuchtformen dieser Pflanzen gibt es aber eine hohe genetische Vielfalt, so existieren jeweils mehrere tausend Sorten Weizen, Reis und Mais. Wichtige Nahrungspflanzen sind außerdem Kartoffeln, Gerste, Maniok, Süßkartoffeln und Sojabohnen.

Gräsersamen

Die Basis der menschlichen Ernährung bilden eindeutig die kohlenhydratreichen Samen der Gräser bzw. das, was wir durch künstliche Selektion aus ihnen gemacht haben, vor allem die Getreidepflanzen Weizen, Reis, Mais, Roggen, Gerste und Hafer.

Die ersten kultivierten Gräser stammen aus dem Gebiet des Fruchtbaren Halbmonds, das durch Steppen gekennzeichnet ist und in dem Landwirtschaft ohne Bewässerung möglich ist. Halbmondförmig erstreckt sich dieser Bereich von Israel, Jordanien, Libanon, Syrien im Westen über den Südrand der Türkei im Norden, den Nordosten Iraks bis in den Südwesten Irans im Osten und umschließt die Halbwüsten und Wüsten der arabischen Halbinsel im Süden. Die Sommer sind hier lang, heiß und trocken, die Winter kurz, mild und feucht. Daran ideal angepasst ist der einjährige Lebenszyklus der Gräser: die Samen keimen im feuchten Winter, die Pflanze blüht und fruchtet bereits im Frühjahr und stirbt danach. Nur die Samen bleiben am Leben und überdauern den sehr

langen, trockenen Sommer im Boden, um im feuchten Winter erneut zu keimen. Groß-
fruchtige Nutzgräser wie der Wilde Emmer wurden bereits in der Altsteinzeit von Menschen gesammelt und gegessen. Die ältesten Funde sind etwa 20 Jahrtausende alt. Die
Kultivierung begann vor etwa 10 500 Jahren. Da sie gleichzeitig reifen, schnell zu sammeln und lange zu lagern waren, erwiesen sie sich als ideal, um Nahrungsreserven aufzubauen.

Verbreitung der Landwirtschaft

Den Anfang machte also Vorderasien vor gut 10 000 Jahren mit Weizen, Gerste, Erbse,
Olive, Schaf und Ziege. Doch auch anderswo lernte man den Ackerbau zu schätzen.
Unabhängig voneinander wurde die Landwirtschaft in mindestens fünf Regionen der
Welt erfunden. China folgte vor rund 9500 Jahren mit Reis, Hirse, Schwein und Sei-
denraupe, Mesoamerika vor 5500 Jahren mit Mais, Bohne, Kürbis und Truthahn, in den
Anden und im Amazonasgebiet wurden zur gleichen Zeit bereits Kartoffel und Maniok
angebaut sowie Lamas und Meerschweinchen gehalten, und schließlich erfanden auch
noch die Indianer im Osten der heutigen USA ein letztes Mal die Landwirtschaft und
erweiterten die Sammlung der Kulturpflanzen um Sonnenblume und Gänsefuß.

Europa erhielt sein Gründerpaket aus Vorderasien in der Zeit um 6000 bis 3500
v. u. Z. und erweiterte es mehrere tausend Jahre später um Roggen und Hafer, die
zunächst als Unkräuter mit frühen Kulturformen von Weizen und Gerste aus den asiatischen Ursprungsgebieten gekommen waren und dann zu Kulturpflanzen entwickelt
wurden, weshalb man von sekundären Kulturpflanzen spricht. Einzig gesicherte europäische Eigenentwicklung war der Mohn, der zuerst in Südeuropa angebaut wurde und
sich dann als Kulturpflanze nach Osten ausbreitete.

Heu

Auf die Frage, was als wichtigste Erfindung der letzten 2000 Jahre gelten könne, nennt
Freeman Dyson, Physikprofessor in Princeton, das Heu. Er schreibt: »In der klassischen
Welt der Griechen und Römer und in der Zeit davor gab es kein Heu. Zivilisation konnte es nur in warmen Gebieten geben, wo die Pferde den Winter hindurch grasen konnten. Ohne Gras konnte man im Winter keine Pferde halten, und ohne Pferde war keine
städtische Zivilisation möglich. Irgendwann im so genannten Dunklen Zeitalter hat ein
unbekanntes Genie das Heu erfunden. Wälder wurden in Wiesen verwandelt, Heu
wurde geerntet und gelagert, und die Zivilisation rückte über die Alpen vor. So war das
Heu am Ursprung von Städten wie Wien, Paris, London, Berlin, später Moskau und
New York schuld.« Oft sind es die einfachen Dinge, die die Menschheit voranbringen.
Doch auch die Erfindung des Heus hätte nichts genutzt, wäre nicht 4000 Jahre zuvor
das Pferd domestiziert worden.

Pflanzenzüchtung

Manche unserer Nahrungspflanzen haben sich durch die Züchtung bis zur Unkenntlichkeit verwandelt. So sind etwa die Ähren des Wildmaises (Teosinte) gerade mal 1 Zentimeter lang. Bei vielen Pflanzen mussten für die Kultivierung die Kriterien der Natur auf den Kopf gestellt werden. Bei Weizen und Gerste wurde – lange bevor man etwas von Genen wusste – ein Todesgen zum zentralen Kriterium für die künstliche Selektion genommen. Dieses mutierte Gen bewirkt, dass die Samen nicht abgeworfen werden, sondern am Halm vertrocknen. Bis der Mensch kam, beseitigte die Natur diese Genvariante stehenden Fußes nach ihrem Auftreten, da aus vertrockneten Samen, die 20 Zentimeter über der Erde in der Luft hängen, keine neuen Pflanzen entstehen. Genau diese Samen konnten jedoch von den Menschen im Fruchtbaren Halbmond gut gesammelt, gegessen und zum Anbau neuer Pflanzen genutzt werden. Für die Entstehung von Kulturpflanzen war diese Mutation also ein Glückstreffer. Das Gleiche gilt etwa für das Gen, das bei Hülsenfrüchten dafür sorgt, dass sich die Hülse öffnet und der Samen herausgeschleudert wird, das in seiner mutierten Form jedoch die wertvollen Samen schön eingeschlossen zur Ernte bereithält. Es ist also kein Wunder, dass fast alle heutigen Nutzpflanzen in der Natur sich selbst überlassen sofort die absoluten Verlierer wären und in kürzester Zeit wieder von der Bildfläche verschwinden würden.

Erst vor relativ kurzer Zeit gelangten die süßen Früchte auf den Speiseplan der Menschen, denn die Kultivierung von Apfel, Birne, Pflaume, Kirsche und so weiter war weit komplizierter als die des Getreides. Die notwendigen Veredelungstechniken wurden in China erfunden. Eine besondere Schwierigkeit bestand darin, dass die Wildformen der Obstbäume keine Selbstbestäuber waren, sondern Pollen von genetisch verschiedenen Unterarten benötigten, um Früchte hervorbringen zu können. Doch von diesen Mechanismen hatte natürlich noch niemand eine Ahnung. Erst im Jahre 1694 zeigte Rudolph Jakob Camerarius in Tübingen, dass Pflanzen sich zweigeschlechtlich fortpflanzen. Dennoch gelang bereits im klassischen Altertum der Anbau.

Im Großen und Ganzen war so etwa vor 2000 Jahren alles, was wir heute essen, schon im Angebot. Nur ein paar Spezialitäten wie die Erdbeere, die erst im Mittelalter kultiviert wurde, kamen später hinzu. Fortschritte waren jedoch bis Anfang des 18. Jahrhunderts allein dem Zufall und der künstlichen Auslese zu verdanken. Die Bauern sammelten einfach die Samen der gesündesten und kräftigsten Pflanzen und nutzten sie für die Weiterzucht und Aussaat. 1720 kreuzte der Londoner Gärtner Thomas Fairchild erstmals Pflanzen zweier Arten, nämlich Gartennelke mit Bartnelke, und gab so den Startschuss für die Pflanzenzucht. Doch erst seit Bekanntwerden der mendelschen Gesetze Anfang des 20. Jahrhunderts wird wissenschaftlich fundierte Pflanzenzüchtung durch gezielte Kreuzung betrieben. Das Verfahren ist sehr aufwändig. Möchte man eine Eigenschaft von einer Pflanze auf eine andere übertragen, muss man die kompletten Genome der beiden mit Zehntausenden von Genen kombinieren und anschließend den Großteil der Gene durch Rückkreuzungen wieder entfernen. Eine Erfolgsgarantie gibt es nicht. Oft mussten solche Experimente nach Jahrzehnten als gescheitert aufgegeben werden.

Um die Effizienz der klassischen Züchtungsmethoden zu steigern, ließen sich Pflanzenwissenschaftler im Laufe des letzten Jahrhunderts einiges einfallen. Zum Beispiel Mutationszüchtungen: Saatgut wurde in Atomkraftwerken und Speziallabors radioaktiver Strahlung ausgesetzt; somit wurden Veränderungen der pflanzlichen DNA herbeigeführt, in der Hoffnung, dass etwas Brauchbares entstehen möge. Leider ist das Ergebnis ganz dem Zufall überlassen. Dennoch sind viele gängige Getreidearten, Gemüse- und Obstsorten durch eine solche Strahlenbehandlung entstanden. Der nächste große Schritt gelang erst am Ende des 20. Jahrhunderts mit der Entwicklung gentechnisch veränderter Sorten, auf die wir weiter unten eingehen.

Die grüne Revolution

Doch zunächst zur Frage, wie es gelingen konnte, die Weltbevölkerung zu ernähren, die sich von 1 Milliarde Anfang des 19. Jahrhunderts auf gut 6 Milliarden am Ende des 20. Jahrhunderts versechsfachte.

Mitte des 19. Jahrhunderts wurde klar, dass es immer schwieriger werden würde, genügend Nahrung zu produzieren. Die Böden in Europa waren nach 500 bis 1000 Jahren ununterbrochener Kultivierung an die Grenzen ihrer Ertragsfähigkeit gelangt. Man düngte mit Ernterückständen, Kompost und Exkrementen. Niemand wusste jedoch genau, welche Stoffe dem Boden von den Nahrungspflanzen entzogen wurden. Man kippte einfach alles auf die Felder, von dem man aus Erfahrung wusste, dass es das Pflanzenwachstum förderte. Pflanzenasche wurde ausgebracht, Straßenkehricht aus den Städten aufs Land gefahren, selbst stinkende tote Fische auf den Äckern verstreut. Letztlich reichte das jedoch nicht aus. Die wachsende Bevölkerung litt immer öfter Hunger. So ging man in Deutschland dazu über, Vogelkot (Guano), der reich an Salzen der Phosphor- und Salpetersäure ist, von den peruanischen Felsinseln zu importieren. Aber es war nicht zu erwarten, dass die Vögel dort auf Dauer genug fallen lassen, um die Welt zu ernähren.

Die Wissenschaft musste einen Ausweg finden. Einen maßgeblichen Beitrag lieferte der deutsche Chemiker Justus von Liebig (1803–1873), der in der ersten Hälfte des 19. Jahrhunderts die organische Chemie begründete. Schon im Alter von 19 Jahren wandte sich der Chemie-Student im dritten Semester mit seiner Doktorarbeit *Über das Verhältnis der Mineralchemie zur Pflanzenchemie* dem Thema Pflanzenernährung zu. Vier Jahre später wurde er auf Empfehlung Alexander von Humboldts zum Außerordentlichen Professor an der Landesuniversität Gießen berufen. 1840 legte er sein erstes großes Werk, *Die organische Chemie in ihrer Anwendung auf Agricultur und Physiologie*, vor. Er erkannte, dass Pflanzen ganz spezifische Nährstoffe benötigen, dass Böden sie in unterschiedlichem Maße enthalten und die Chemie herausfinden kann, wie das Wachstum der Pflanzen zu fördern ist. Im ersten seiner berühmten »Chemischen Briefe«, die als Kolumne in der *Augsburger Allgemeine Zeitung* erschienen, schreibt er:

»Ein Feld, auf dem wir eine Anzahl von Jahren hintereinander die nämliche Pflanze kultivieren, wird in drei, ein anderes in sieben, zehn, hundert Jahren unfruchtbar für diese Pflanze; das eine Feld trägt Weizen, keine Bohnen, es trägt Gerste, aber keinen Tabak, ein drittes gibt reichliche Ernten von Rüben, aber keinen Klee!

Die Ermittlung der Zusammensetzung des Bodens und der Asche der Pflanze lässt Sie den Grund erkennen, warum der Acker bei der Kultur einer und derselben Pflanze, wenn der Boden keinen Dünger empfängt, seine Fruchtbarkeit für dieselbe allmählich verliert, warum eine Pflanze darauf gedeiht und die andere darauf fehlschlägt. Die Chemie lehrt den Grund der Wirkung des Düngers und die Mittel kennen, durch welche die Fruchtbarkeit des Feldes wieder hergestellt wird. Dies ist die angewandte Chemie.«

Liebigs erste Rezepturen waren zwar ein Misserfolg, da er die Bedeutung des Stickstoffs nicht erkannt hatte. Dennoch brachte er die Wende hin zur Ernährung der Pflanzen durch von Menschen künstliche hergestellte Düngemittel, die genau die Stoffe enthalten, die sie brauchen und dem Boden entziehen. Die Erkenntnis, dass Nitrat- und Ammoniumsalze Motor des Pflanzenwachstums sind, kam von dem deutschen Agrarwissenschaftler Emil von Wolff (1818–1896). Wichtigster Bestandteil der Dünger ist seitdem die Stickstoffverbindung Nitrat, das leider nur an wenigen Stellen der Welt natürlich in großen Mengen vorkommt, insbesondere in der Atacama-Wüste in Chile. Die ersten Kunstdünger wurden in Deutschland in Form von Chilesalpeter, der hauptsächlich aus Natriumnitrat besteht, bereits seit 1842 eingesetzt, nachdem Alexander von Humboldt 1804 die Lagerstätten entdeckt hatte. Der Zugang zum »weißen Gold« war wegen der weltweit steigenden Nachfrage ein Grund für den Krieg zwischen Chile, Peru und Bolivien im Jahre 1879. Nach dem Sieg übernahm Chile die Kontrolle über das gesamte Gebiet der Salpeterminen.

Der Kunstdünger veränderte die Landwirtschaft komplett. Auch die magersten Böden konnten nun genutzt werden. Anfang des 20. Jahrhunderts löste schließlich der Chemiker Fritz Haber (1868–1934) durch die Ammoniaksynthese das Nitratmangelproblem. Die Ausgangsstoffe zu gewinnen ist seitdem kein Problem mehr, da der Stickstoff aus der Luft genommen wird, die zu 79 Prozent daraus besteht. Die industrielle Landwirtschaft versorgt die Pflanzen also sozusagen mit verarbeiteter Luft. Das Gleiche kann auch die Natur: so genannte Stickstofffixierende Bakterien sind in der Lage, aus Luftstickstoff und Wasser Ammoniak zu erzeugen. Die wichtigste Art ist Rhizobium, die in den Wurzelknöllchen von Hülsenfrüchten lebt, diese mit Stickstoff versorgt und dafür im Gegenzug Kohlenhydrate erhält.

Im Sommer 1913 wurde in Oppau das erste Werk für die synthetische Ammoniak-Gewinnung in Betrieb genommen. Kurz darauf begann der Erste Weltkrieg und die Alliierten schnitten dem Kaiserreich den Zugang nach Chile ab.

Nach dem Ende des Zweiten Weltkriegs eroberte der Kunstdünger die gesamte industrielle Welt. Die Erträge konnten um bis zu 200 Prozent gesteigert werden. Ohne diese geniale Errungenschaft wäre an eine Ernährung von Milliarden von Menschen nicht zu denken. Fritz Haber erhielt 1918 den Nobelpreis für Chemie, der BASF-Chemiker Carl Bosch,
der das Laborverfahren Habers im großen Maßstab umgesetzt hatte, bekam ihn 1931.

Die heute angewendeten mineralischen Dünger enthalten die Stoffe, von denen man
weiß, dass sie von der Pflanze benötigt werden und dass sie sich besonders positiv auf
das schnelle Pflanzenwachstum und den Ernteertrag auswirken: Stickstoff und die
Mineralien Phosphor und Kalium sowie weitere Spurenelemente. Ohne die Stickstoff-
verbindungen ist in der Pflanze keine Eiweißsynthese möglich. Neben den Mineral-
düngern gibt es auch organische Dünger für Biobauern. Die am häufigsten verwende-
ten organischen Dünger sind Stallmist und Gülle, deren Verfügbarkeit begrenzt ist.
Hauptbestandteile sind auch hier Stickstoff, Kalium und Phosphate. Der Pflanze ist es
egal, ob der Stickstoff im Pulver aus der Fabrik oder im Urin aus der Kuh kommt. Auch
uns kann es egal sein, denn Stickstoff ist eben Stickstoff. Es gibt keinen »organischen
Stickstoff« und kein »künstliches Nitrat.« Nitrat besteht aus einem Stickstoffatom, das
von drei Sauerstoffatomen umgeben ist. Die sind überall im Universum gleich, egal
woher sie stammen. In Hinblick auf Gesundheit und Nährstoffgehalt der Pflanzen gibt
es keinen Unterschied.

Gibt man mehr künstlichen oder auch natürlichen Dünger aufs Feld, als die Pflanzen
aufnehmen können, wird der Stickstoff ausgewaschen und gelangt in Gewässer, in
denen durch diese Überdüngung übermäßig Algen wachsen, die den anderen Pflanzen
das Licht nehmen, sodass diese sterben und verrotten, dabei Sauerstoff verbrauchen,
der wiederum den Fischen fehlt, sodass das Gewässer am Ende ganz »umkippen« kann.
Schuld ist jedoch nicht der Dünger, sondern die falsche und unökonomische Anwendung. Tatsächlich wurde inzwischen ermittelt, dass der Kunstdünger am wenigsten zur
Auswaschung von Nitrat beiträgt, da er dann eingesetzt wird, wenn die Pflanzen ihn für
ihr Wachstum benötigen. Organischer Dünger setzt dagegen über längere Zeiträume
Nitrat frei, also auch im Winter, wenn es von Pflanzen nicht verwertet werden kann. Die
Hauptquellen für Nitrat in Gewässern sind natürliche Stickstoffquellen (Humus und
tierischer Urin), es folgt der Regen, der Stickstoff aus Abgasen enthält, organischer
Dünger und zuletzt Kunstdünger.

Aus welchen Gründen auch immer ist dennoch heute die Ansicht verbreitet, Kunstdünger, ohne den es die Zivilisation des 20. Jahrhunderts nicht hätte geben können und
mehr als ein Viertel der heutigen Menschheit verhungern müsste, zähle zu den schädlichen Erfindungen der Menschheit.

Während Europa und Nordamerika vom Hunger befreit bzw. verschont waren, galt
das längst nicht für den Rest der Welt. Der Hunger breitete sich weiter aus und forderte
vor allem in den bevölkerungsstarken Ländern Asiens unzählige Menschenleben.

Im Jahre 1944 lud daher die Rockefeller-Stiftung Norman Borlaug ein, in Mexiko an einem Projekt zur Steigerung der Weizenproduktion mitzuarbeiten. Zu jener Zeit musste Mexiko einen Großteil des benötigten Weizens importieren. In knapp 20 Jahren gelang es Borlaug und seinen Mitarbeitern, eine Weizensorte zu züchten, die resistent war gegen eine Vielzahl von Pflanzenschädlingen und -krankheiten und außerdem doppelt bis dreifach so hohe Ernteerträge lieferte wie herkömmliche Sorten. 1965 begann das Borlaug-Team, Saatgut der neuen Hochertragssorte an Indien und Pakistan auszuliefern, wo Hungersnöte herrschten. Hochertragsreissorten folgten. In der Zeit von 1950 bis 1992 konnte so die globale Getreideproduktion bei nahezu gleich bleibender Ackerfläche fast verdreifacht werden. Obwohl die Weltbevölkerung rapide angewachsen ist, stehen heute laut FAO pro Kopf 18 Prozent mehr Nahrung zur Verfügung als vor 30 Jahren.

1970 erhielt Borlaug den Friedensnobelpreis für seinen Beitrag zur »Grünen Revolution«. Gleichzeitig wurde er zu einem der umstrittensten Wissenschaftler, da es Menschen gibt, die nicht nur Kunstdünger, sondern jeden technologischen Fortschritt ablehnen und die »Grüne Revolution«, die Milliarden von Menschen in der Dritten Welt mit Nahrung versorgte, als Trick der Agrarkonzerne zur Ausbeutung der Welt interpretieren.

Gentechnisch veränderte Pflanzen

Mit Hilfe der Gentechnik gelang es, die Pflanzenzüchtung zu einer schöpferischen Disziplin zu machen. Sie erlaubt es, bestimmte Eigenschaften gezielt aus einer Pflanze zu entfernen oder einzubringen. Besonders wichtig: Man kann Eigenschaften auch über Artgrenzen hinweg übertragen, wodurch sich die biologische Vielfalt entschieden besser für die Landwirtschaft nutzen lässt. Insbesondere Bakterien bieten ein nahezu unerschöpfliches Genreservoir für die Pflanzenzüchtung.

Das Einschleusen eines fremden Gens bewirkt, dass im Stoffwechsel der Pflanze ein Protein neu gebildet oder ein schon vorhandenes nicht mehr erzeugt bzw. deaktiviert wird. Bislang finden im Wesentlichen zwei Methoden Anwendung, um einen Gentransfer zu bewerkstelligen. Bei der ersten wird das zu übertragende Gen auf ein Bodenbakterium geklebt und die Pflanze anschließend damit infiziert. Bei der zweiten Methode werden mit einer »Gen-Kanone« Tausende kleine, mit dem Genmaterial beschichtete Wolfram- oder Goldteilchen in die Pflanzenzellen geschossen. So gelangen die neuen Gene in den Zellkern und werden ins Genom der Pflanze integriert.

Die bisherige Entwicklung von Gentech-Pflanzen lässt sich grob in drei Stufen unterteilen. Die erste Generation brachte höhere Erträge bei geringerem Aufwand. Die entsprechenden Pflanzen sind widerstandsfähig gegen Schädlinge und widrige Umweltbedingungen, etwa Trockenheit oder salzige Böden, und können mit weniger

Pflanzenschutzmittel- und Energieeinsatz angebaut werden. Die zweite Generation umfasst Pflanzen mit verbessertem Nährwert oder besseren Verarbeitungseigenschaften, die dritte Pflanzen mit zusätzlichen Inhaltsstoffen, die als gesundheitsförderlich gelten. Lebensmittel dieser Kategorie werden als »Functional Food« bezeichnet. Die Pflanzen werden jedoch auch zur Herstellung von Substanzen für die Industrie oder von medizinischen Wirkstoffen genutzt.

2002 wurden weltweit auf 58,7 Millionen Hektar Ackerfläche transgene Pflanzen angebaut. 99 Prozent der Fläche entfallen auf nur vier Länder, nämlich die USA, Argentinien, Kanada und China. Angebaut wurden hauptsächlich transgene Soja (36,5 Mio. ha), transgener Mais (12,4 Mio. ha) und transgene Baumwolle (6,8 Mio. ha). Der Anteil gentechnisch veränderter Soja an der globalen Ernte betrug bereits mehr als 50 Prozent. In Europa gibt es aus politischen Gründen noch keinen nennenswerten Versuchs-, geschweige denn kommerziellen Anbau transgener Pflanzen.

Die denkbaren Risiken gentechnisch veränderter Pflanzen werden intensiv erforscht und diskutiert. Prinzipiell kann man Pflanzen mit gentechnischen Methoden natürlich auch dazu bringen, für Menschen giftige Substanzen oder Allergene zu produzieren. Deshalb werden wie bei konventionellen Nutzpflanzen vor der Zulassung umfangreiche Sicherheitsstudien durchgeführt. Außerdem wird beobachtet, ob und in welchem Maße Insekten oder anderen Tieren der Verzehr der Pflanzen bekommt und ob veränderte Gene aus Gentech-Pflanzen auf andere Pflanzen übertragen werden. Besondere ökologische oder gesundheitliche Beeinträchtigungen durch zugelassene Pflanzensorten konnten jedoch bislang nicht beobachtet werden. Die heftigen Auseinandersetzungen in Hinblick auf Gentech-Pflanzen beschäftigen sich daher gegenwärtig mit hypothetischen Risiken.

Pflanzen als Energielieferant

Als Nahrungsmittel liefern Pflanzen Energie für Mensch und Tier. Es ist zu fragen, ob es auch sinnvoll ist, sie als Energielieferant für unsere Maschinen zu nutzen. Teile der pflanzlichen Biomasse lassen sich relativ einfach aufbereiten und auf verschiedene Arten in nutzbare Energie umwandeln. Die Idee klingt verlockend, denn die Natur produziert gigantisch viel Biomasse: Jedes Jahr werden durch die Photosynthese aller Land- und Wasserpflanzen rund $1,7$-mal 10^{11} Tonnen Biomasse aufgebaut. Ihr potenzieller Energieinhalt beträgt 3-mal 10^{21} Joule und entspricht damit in etwa dem Zehnfachen des aktuellen Weltenergieverbrauchs pro Jahr. Einen extrem hohen Wert pflanzlicher Substanzbildung an (trockener) Biomasse liefert der tropische Wald: Er kommt jährlich auf 2 Kilogramm pro Quadratmeter. Doch wie man weiß, sind Tropenwälder nicht gerade weit verbreitet. Durch geeignete Kulturpflanzen und moderne Landwirtschaft

(z. B. gute Wasserversorgung und Düngung) kann die Effektivität für pflanzliche Substanzbildung erhöht werden. Neuerdings wird darauf abgezielt, auch durch gentechnische Methoden den Wirkungsgrad, mit dem Sonnenenergie in Biomasse umgewandelt wird, zu erhöhen. Zu den Pflanzen, die die Sonnenenergie schon jetzt mit einem relativ hohen Wirkungsgrad in Biomasse umwandeln, gehören zum Beispiel rasch wachsende Pappeln und Zuckerrohr.

Von den Zahlen über die jährliche Biomasseproduktion auf Äckern, Wiesen und in Wäldern sollte man sich allerdings nicht blenden lassen. Der globale Wirkungsgrad beim Aufbau von Biomasse durch Photosynthese ist nämlich äußerst bescheiden. Der große Nachteil nachwachsender Biomasse im Vergleich zu fossilen Energierohstoffen besteht im geringen spezifischen Energieinhalt von Pflanzen. Der niedrige Wirkungsgrad bei der Umwandlung von Sonnenenergie liegt unter anderem darin begründet, dass (glücklicherweise) der Kohlendioxid-Gehalt in der Atmosphäre mit etwa 0,03 Volumenprozent für einen optimalen Photosyntheseprozess viel zu niedrig ist. Auf den Kontinenten wird deshalb nur 0,3 Prozent und in den Meeren nur 0,07 Prozent der Strahlungsenergie, die von der Sonne ausgeht, in Biomasse überführt. Für die gesamte Erde ergibt sich ein Wirkungsgrad von 0,12 Prozent.

Das heißt im Klartext: Die Energiegewinnung durch Biomasse ist sehr ineffizient, denn man müsste schon riesig große Landstriche umpflügen und die darauf wachsenden Pflanzen verarbeiten, um am Ende ein bisschen Strom zu erhalten. Würde man auf die Idee kommen, den Energiegehalt des in Deutschland derzeit benötigten Erdöls durch den von Rapsöl zu ersetzen, bräuchte man dazu (von den technischen Schwierigkeiten der Energieumwandlung einmal abgesehen) einen etwa 1,3 Millionen Quadratkilometer großen Rapsacker – also in etwa von der dreieinhalbfachen Größe Deutschlands. Wollte man auch das genutzte Erdgas durch Rapsöl ersetzen, kämen weitere 900 000 Quadratkilometer (oder zweieinhalb Deutschlands) hinzu. Wer also die Landschaft nicht allzu sehr strapazieren möchte, sollte davon Abschied nehmen, auf Rapsöl und dergleichen als Energieträger der Zukunft zu setzen.

Sinnvoll ist die energetische Nutzung von Biomasse dort, wo aus spezifischen Gründen große Mengen an organischem Material anfallen und daraus gewonnene Energie problemlos zum Verbraucher gebracht werden kann – prädestiniert hierfür sind Müllverbrennungsanlagen, die im Übrigen viel netter klingen, wenn man sie als Biomassereaktoren bezeichnet.

Ackerschmalwand: die Pflanze schlechthin

Die Ackerschmalwand *Arabidopsis thaliana* findet sich in der Natur zumeist unscheinbar nebst allerlei Unkraut und Wildwuchs am Ackerrand und neben Bahnstrecken. In molekularbiologischen Labors ist sie begehrtes Sezierobjekt, weil sie bei der Entschlüs-selung des pflanzlichen Genoms als Modellorganismus auserwählt wurde.

Bei dem schnell wachsenden Wildkraut handelt es sich um eine kleine Einjahres-pflanze aus der Familie der Senfpflanzen (Brassicaceae), zu der auch Kohl und Rettich gehören. Sie ist eng verwandt mit zahlreichen dieser Kulturpflanzen. Erkenntnisse über ihre Gene erlauben deshalb Rückschlüsse auf die meisten, wenn nicht alle der rund 270 000 höheren Pflanzensorten, vor allem aber auf die bedeutenden Nahrungspflan-zen. Sehr günstig für die Forschung ist, dass die Analyse des Arabidopsis-Genoms ein-facher ist als bei anderen Pflanzen, weil das Erbmaterial sehr kompakt vorliegt, dass das Kraut ohne großen Pflegeaufwand in nur sechs Wochen ausgereift ist und etwa 5000 Samenkörner liefert und dass mittlerweile viele verschiedene Varianten dieses Orga-nismus vorliegen.

Ende November 2000 meldete ein internationales Forscherteam aus Deutschland, den USA und Japan unter dem Dach der 1996 gegründeten Arabidopsis-Genom-Initia-tive (AGI) die Entschlüsselung der rund 25 000 Gene mit zirka 130 Millionen Basenpaa-ren auf fünf Chromosomen. Nun werden die Funktionen der Arabidopsis-Gene und ihr komplexes Zusammenspiel untersucht. Mittlerweile wurden mehr als 100 000 Mutan-ten von *A.thaliana* erzeugt, indem jeweils ein einzelnes Gen ausgeschaltet oder in seiner Aktivität gesteigert wurde. Für jeden dieser Mutanten wurde ein Stoffwechselprofil erstellt, um zu sehen, wie sich die Eigenschaften der Pflanze verändert haben, sodass all-mählich Licht ins Dunkel der Genfunktionen kommt.

Viele Arabidopsis-Gene zeigen deutliche Übereinstimmung mit menschlichen Genen. Das ist nicht verwunderlich, denn schließlich haben wir gemeinsame Vorfah-ren. Wir sind beide Abkömmlinge der gleichen eukaryotischen Zellen und bestehen noch heute aus diesen. Und sie funktionieren in vielen grundsätzlichen Mechanismen gleich, egal ob sie Teil eines Gänseblümchens oder eines Genforschers sind. So finden sich im Genom von *A. thaliana* zum Beispiel auch viele Gene, die wir aus der medizini-schen Forschung beim Menschen kennen, etwa solche, die bei der Krebsentstehung eine Rolle spielen.

Interessanterweise sind darunter auch einige, für die bisher bei anderen Modellor-ganismen keine Entsprechung gefunden wurde, wie zum Beispiel für BRCA1 und 2, die an der Entstehung einer erblichen Form von Brustkrebs beteiligt sind. Solche Beispiele zeigen, dass Pflanzen uns molekular manchmal näher stehen als wir vermuten.

Tiere

Tiere sind sehr beweglich. Sie können durch die Gegend laufen, schwimmen oder fliegen. Sie können die Arme heben und mit den Ohren wackeln. Aber das ist noch nicht alles: Auch ihre Zellen können in den Zellzwischenräumen durch den Körper wandern. Dadurch unterscheiden sie sich fundamental vom Rest der vielzelligen Welt, also den Pflanzen und Pilzen, die fest verwurzelt stehen und ihre Zellen ohne Bewegungsspielraum dicht aneinander packen.

Pflanzen, Tiere und Pilze sind ungefähr zur gleichen Zeit aus den Schleimpilzen hervorgegangen. Die Vorgänger der Pflanzen sind wahrscheinlich als Erste abgezweigt. Die Wege von »später Pilz« und »später Tier« trennen sich kurz danach.

Das Tierreich ist weit umfangreicher als das von Pflanzen und Pilzen. Man unterscheidet zunächst große Stämme, wobei für jeden Stamm ein bestimmter Aufbau des Körpers charakteristisch ist. Über die Anzahl der Stämme herrscht keine Einigkeit. Man unterscheidet so um die 30. Die Anzahl unterschiedlicher Arten in einem Stamm variiert erheblich. So ist bis heute lediglich ein Tier bekannt, das zum Stamm der Placozoa zählt, nämlich *Trichoplax adherens*, ein 2 bis 3 Millimeter kleiner Bewohner der Küstenzone warmer Meere. Dagegen umfasst der Stamm der Gliederfüßer etwa 1,5 bis 2 Millionen Spezies. Diese machen fast 80 Prozent des Tierreichs aus, und von ihnen sind wiederum über 80 Prozent Insekten. Die Unterteilung innerhalb der Gliederfüßer ist einfach. Die vier Klassen werden nach Anzahl der Beine sortiert. Insekten haben sechs, Spinnentiere acht, Krebstiere meist zehn und Tausendfüßer mehr als 30. Spinnen leben bekanntlich in enger Beziehung zu Insekten, da sie sich von ihnen ernähren. Sie unterscheiden sich von den Insekten unter anderem dadurch, dass Kopf und Brust zusammengewachsen sind, sie statt Fühler Tastbeine und statt Komplex- nur einfache Punktaugen haben. Sie sind praktisch alle giftig, allerdings in der Regel nur für ihre Beutetiere. Zu den Spinnentieren gehören neben den Spinnen unter anderem auch Skorpione, Milben und Zecken sowie Weberknechte. Zu den Krebstieren gehören neben Flusskrebs, Krabbe und Garnele auch Wasserfloh und die nicht im Wasser lebende Assel.

Insekten

Insekten gibt es in Hülle und Fülle. Rund 1,5 Millionen Arten besiedeln Land, Süß- und Meerwasser, selbst Salzseen und heiße Quellen. Seit 300 Millionen Jahren dominieren sie die Tierwelt dieser Erde. Sie werden in zwei Unterklassen unterteilt: die kleine Klasse der ungeflügelten Insekten und die große der Fluginsekten. Die größte Gruppe mit an die 300 000 bekannten Arten bilden die Käfer. Es folgen Hautflügler, zu denen unter anderem Ameisen, Bienen, Wespen und Hornissen zählen, außerdem Schmetterlinge und Zweiflügler, die uns in Gestalt von Fliegen und Mücken ärgern.

Bewohner und Bestäuber

Der Grund, weshalb es so viele Insekten gibt, liegt wahrscheinlich in ihrer engen Beziehung zu den Blütenpflanzen, die ebenfalls eine sehr artenreiche Abteilung des Lebens darstellen. Insekten ernähren sich von Pflanzen und bewohnen so ziemlich jede Ritze derselben. Die Vielfalt der Pflanzen bietet eine Unmenge kleiner Nischen, die wiederum die Herausbildung von neuen Insektenarten fördern. Viele Arten hängen von einer einzigen Pflanzenart ab; sie ernähren sich dabei ausschließlich von einem bestimmten Teil der Pflanze, etwa den Blättern, dem Stängel, den Blüten oder den Wurzeln.

Auch Pflanzen profitieren in hohem Maße von Insekten. Sie nutzen sie als Vehikel für ihre Pollen und sind damit in ihrer Existenz unmittelbar von ihnen abhängig. Insekten zersetzen außerdem totes Gewebe in der Erde und machen so den Pflanzen Nährstoffe verfügbar. Der enge Zusammenhang der Entwicklung von Insekten und Blütenpflanzen hat den deutschen Botaniker Hermann Müller veranlasst, 1879 ein Werk mit dem Titel *Die Insekten als unbewusste Blumenzüchter* zu verfassen.

Grundkonstruktion

Der Körper aller ausgereiften Insekten ist übersichtlich aus drei Teilen aufgebaut: Kopf, Brust und Hinterleib. Jeder dieser Teile setzt sich aus einer Anzahl von Segmenten zusammen. Die Mundwerkzeuge zahlreicher Insekten sind bedauerlicherweise zum Stechen und Saugen umgewandelt.

Sämtliche Insekten besitzen drei Beinpaare, von denen jedes an einem anderen Brustsegment sitzt. Alle Insektenbeine bestehen aus fünf Gliedern. Geflügelte Insekten haben meist vier Flügel mit einem charakteristischen Adermuster. Der Hinterleib von Insekten besteht in der Regel aus zehn oder elf deutlich abgegrenzten Segmenten. Bei weiblichen Insekten trägt der Hinterleib noch den Eiablageapparat oder Ovipositor, der zu einem Stachel, einem Dorn oder einem Bohrer zur Ablage der Eier in Tieren oder in Pflanzen umgewandelt sein kann. Die Geschlechtsorgane der Insekten liegen am achten oder neunten Hinterleibssegment.

Insekten besitzen ein Außenskelett. Sie sind gut durchlüftet. Die Atmung erfolgt meist durch ein Netzwerk von Röhren oder Tracheen. Diese leiten die Luft durch den gesamten Körper zu kleineren Kapillaren oder Tracheolen, die sämtliche Organe des Körpers versorgen. Die meist 20 Öffnungen der Tracheen nach außen liegen an den Körperseiten.

Die Kunst der Verwandlung

Fast alle Insekten ändern im Laufe ihres Lebens mindestens einmal ihre Gestalt. Bei einer vollständigen Verwandlung schlüpft aus dem Insektenei eine Larve, eine aktive, unreife Form (z. B. Raupe). Die verwandelt sich erst in eine Puppe und dann in das erwachsene Insekt, auch Imago genannt. Bei einer unvollständigen Verwandlung kommt das Insekt in relativ ausgereifter Form zur Welt, die man als Nymphe bezeichnet; sie ähnelt der Erwachsenenform, besitzt aber noch keine oder nur teilweise ausgebildete Flügel und keinen Fortpflanzungsapparat.

Eine typische unreife Form ist die Raupe, die zur Nahrungssuche umherkriechen kann und für den Verzehr von Blättern oder Gräsern geeignete Mundwerkzeuge besitzt. Während ihres Wachstums häutet sich die Larve drei- bis neunmal. Am Ende der Larvalperiode spinnt das Insekt einen Kokon um sich selbst oder bildet eine unterirdische Kammer und verpuppt sich. Während des Puppenstadiums ruht das Insekt und frisst nicht, doch sein Körper nimmt allmählich die Gestalt der Imago an. Zu diesem Zeitpunkt beginnen sich die Flügel und andere Körperstrukturen des erwachsenen Insekts auszubilden. Wenn die Puppe voll entwickelt ist, durchbricht sie ihren Kokon und kommt als vollständiges erwachsenes Insekt hervor, etwa als Schmetterling.

Staaten bildende Insekten

Viele Insekten leben als eine Art Mega-Organismus. Sie bilden Staaten, in denen jedes einzelne Tier aufgrund starker Spezialisierung eher einer Zelle in einem großen Tier gleicht als einem autonomen Individuum. Zu den sozialen Insekten zählen etwa 800 Wespenarten, 500 Bienenarten sowie Ameisen und Termiten.

Ein Insektenstaat ist eine sehr große Familie, deren Mitglieder alle von einer Mutter abstammen. Es gibt Arbeiterinnen und Arbeiter, die je nach Aufgabe unterschiedlichen Kasten angehören, und Königinnen, die für die Fortpflanzung sorgen. Bei Ameisen, Bienen und Wespen gibt es normalerweise nur eine einzige Königin. Die macht keine Hochzeitsreise, sondern unternimmt in ihrer Jugend einen Begattungsflug, bei dem sie genug Sperma einsammelt, um den Rest ihres Lebens, das über zehn Jahre dauern kann, Nachwuchs zu produzieren.

Bei den Ameisen gibt es auch viele Sklaven haltende Arten mit Arbeiterkasten, deren Arbeiter schlecht im Arbeiten, aber dafür gut im Überfallen andere Nester sind, wo sie alle Tiere umbringen, um die Brut zu rauben und zu versklaven. Andere Ameisen und Termiten treiben Landwirtschaft. Sie kultivieren Pilze, von denen sie sich ernähren. Zu ihnen zählen die berüchtigten Blattschneiderameisen, die die Unmengen an Blättern, die sie wegschneiden, nicht selbst essen, sondern zu Kompost für ihre Pilzgärten verarbeiten. Wieder andere widmen sich der Nutztierhaltung und melken Blattläuse. Von weiteren Eigenarten des Insektenverhaltens berichten wir weiter unten.

Wirbeltiere

Gehen wir weiter in Richtung Mensch und lassen einmal alle Tiere beiseite, die in keinem Zoo der Welt aufgenommen würden. Dort ist eigentlich nur der Stamm der Chorda- oder Achsentiere vertreten. Der teilt sich in drei Unterstämme: die Manteltiere, die Schädellosen und die Wirbeltiere. Von den ersten beiden ist wiederum im Zoo wenig zu sehen. Zu den Manteltieren gehören Seescheiden, Salpen und Copelaten, zu den Schädellosen lediglich 30 Arten von Lanzettfischchen.

Bleiben die Wirbeltiere, deren 46 500 bekannte Arten noch genug Auswahl lassen. Mit anderen Worten: Tiere ohne Wirbelsäule kommen in unserer Wahrnehmung kaum vor. Eine solche haben Fische, Lurche (Amphibien), Kriechtiere (Reptilien), Säugetiere und Vögel. Schauen wir uns die Wirbeltiere in der Reihenfolge ihres Entstehens genauer an.

Fische

Es gibt Knorpelfische (Chondrichthyea) und Knochenfische (die neuerdings Knochenkiefertiere bzw. Osteognathostoma heißen). Die ersten haben ein Innenskelett aus Knorpel, die zweiten aus Knochen. Knorpelfische sind eher selten. Zu ihnen zählen lediglich Haie, Rochen und Seedrachen. Der ganze Rest sind Knochenfische.

Eine Sache ist ganz typisch für Fische: Sie leben im Wasser. Daher benutzen sie Flossen zum Schwimmen und brauchen eine gasgefüllte Schwimmblase zur Höhenregulierung. Erhöht der Fisch die Füllmenge mit mehr Sauerstoff, geht's nach oben, lässt er Luftbläschen ab, geht's nach unten. Geatmet wird mit den Kiemen. Der Fisch saugt durch den Mund Wasser ein, das durch die Kiemen fließt. Dort wird in den haarfeinen Kiemenblättchen Sauerstoff aus dem Wasser ins Blut aufgenommen und Kohlendioxid ins Wasser abgeben. Anschließend fließt das Wasser durch die Kiemenspalten wieder ins Meer.

Fische sind glitschig, weil sie mit Schleim überzogen sind, der ihren Wasserwiderstand verringert und Bakterien abtötet. Der Schleim bedeckt das Schuppenkleid, das aus Knochen gebildet ist. Es schützt, stabilisiert und ist meist tarnfarben, in der Regel unten hell und oben dunkel. Außer Augen, Nase und Ohren hat der Fisch Bartfäden zum Tasten und Riechen sowie das Seitenlinienorgan, das aus dünnen schleimgefüllten Röhrchen links und rechts des Körpers besteht und sehr empfindlich Druckveränderungen aufgrund von Wasserbewegungen registriert. Er spürt dadurch jede Änderung seiner Umgebung wie zum Beispiel das Herannahen eines Raubfisches oder eines Hindernisses. Haie benutzen außerdem Wärmedetektoren zum Aufspüren ihrer Beute. In ihrer Haut befinden sich mit Gel gefüllte Kanäle, die auf Temperaturveränderungen reagieren und es zudem erlauben, elektrische Felder in ihrer Umgebung wahrzunehmen. So können sie die Muskelbewegungen ihrer Beutetiere registrieren.

Fische sind wechselwarm. Ihre Körpertemperatur steigt und sinkt mit der Außentemperatur. Die meisten Fische kennen keinen Sex. Die Weibchen laichen, indem sie
ihre Eier in rauen Mengen ins Wasser entlassen. Die Männchen schütten Sperma drü-
ber.

Amphibien

Bei den Amphibien unterscheidet man drei Ordnungen. Zu den Froschlurchen zählen
Frösche, Unken und Kröten, zu den Schwanzlurchen Salamander, Olme und Molche.
Die Blindwühlen kennt hierzulande kaum jemand, weil sie in den Tropen leben und die
meiste Zeit in der Erde verbringen.

Amphibien entstanden, als ein paar Fische vor fast 400 Millionen Jahren an Land
gingen. Als Brückentier gilt Ichthyostega. Seine fleischigen Brustflossen ermöglichten
es ihm, kurzzeitige Ausflüge an Land zu machen und dort kleine Tiere zu erbeuten.
Ähnliche Brustflossen hat der noch heute als »lebendes Fossil« anzutreffende Quastenflosser, von dem man angenommen hatte, dass er seit 80 Millionen Jahren ausgestorben sei, bis unerwartet 1938 ein Exemplar in Südafrika entdeckt wurde. Mittlerweile hat
sich jedoch die Auffassung durchgesetzt, dass die ersten Landbewohner von Lungenfi-
schen, die ebenfalls zu den Muskel- und Fleischflossern gehören, abstammen, also die
Atmung der entscheidende Faktor für die Eroberung des Landes war.

Die Atmung der Amphibien erfolgt durch einfache Lungen und die Haut. Dabei
atmen sie nicht wie wir ein, sondern sie schlucken Luft. Eine andere Möglichkeit hatten
sie ja nicht, als sie als Fische an Land kamen. Die Schleimhaut im Mund ist feucht und
kann Sauerstoff aufnehmen, allerdings nur sehr wenig. Wird die Luft geschluckt, so bildet sich eine Luftblase im Darm. Aus dieser kann Sauerstoff über die Darmwand in das
Blut diffundieren (eindringen). Die Luftblase drückt im Darm nach oben gegen die
Darmwand. So hat sich allmählich eine Tasche entwickelt, in die Luft aufgenommen
wird, und es entstand eine simple Lunge, die sich dann weiter in Richtung der Lunge der
Landtiere entwickelt hat. Das Luftschlucken ist dabei erhalten geblieben. Nach wie vor
nehmen die Amphibien Luft in den Mund, schließen dann die Nasenlöcher und pressen die Luft in die Lunge. Dadurch bekommen sie niemals richtige Frischluft, sondern
nur ein Gemisch von frischer Mundluft und verbrauchter Lungenluft, was dazu beiträgt, dass ihre Sauerstoffversorgung nicht so toll ist. Kleine Eidechsen und Salamander
hören übrigens auch mit der Lunge, sie haben keine Ohren. Es wird vermutet, dass die
vibrationsempfindliche Lunge vielleicht sogar das erste Hörsystem von Landtieren war.

Auch beim Sauerstofftransport im Blut haben die Amphibien nur einen mäßigen
Level erreicht. Der Kreislauf ist zwar im Vergleich zu den Fischen etwas aufwändiger.
Ihr Herz hat eine Haupt- und zwei Vorkammern. In die eine Vorkammer strömt das
sauerstoffreiche Blut aus der Lunge, in die andere das sauerstoffarme aus den Körper-
venen. In der Hauptkammer werden dann die beiden Blutsorten vermischt. Amphibien

laufen also mit Mischblut, haben daher nicht so viel Sauerstoff zur Verfügung wie Säugetiere und sind wie die Fische wechselwarm.

Für ihre Fortpflanzung sind die Amphibien ans Wasser gebunden. Wie die Fische legen sie ihre Eier ins Wasser, aus denen dann aquatische Larven mit Kiemenatmung entstehen. Ihre beste Zeit hatten die Lurche im Karbon vor 300 Millionen Jahren, als die Welt im Großen und Ganzen ziemlich sumpfig war.

Reptilien

Zu den Kriechtieren zählen freundliche Schildkröten, garstige Krokodile, seltene Schnabelköpfe und verschlagene Schuppenkriechtiere (Echsen, Doppelschleichen und Schlangen). Man kann sie nicht einfach als Nachfolger von Amphibien sehen. Zu den heute lebenden Reptilien führten offenbar verschiedene Wege. Die Schildkröten hatten wohl einen gemeinsamen Vorfahren mit den Amphibien, Echsen und Schlangen sind aus dem Lepidosaurier hervorgegangen und Krokodile aus dem Archosaurier.

Die Reptilien sind komplett zum Landleben übergegangen. Die Haut wurde undurchlässig, verhornt und drüsenarm, damit sie nicht austrocknen. Die Lungenatmung wurde verbessert, die Kiemen fielen ganz weg. Statt wie Amphibien Luft zu schlucken, erzeugen sie durch Ausdehnung des Brustkorbes einen Unterdruck, sodass Luft in die Lungen strömt.

Da sie vor allem bei Kälte nicht besonders flott unterwegs waren, legten sie sich eine Panzerung zum Schutz vor Feinden zu. Linke und rechte Herzkammer sind bei ihnen (außer bei den Krokodilen) noch nicht vollständig durch eine Scheidewand getrennt, sauerstoffreiches und sauerstoffarmes Blut vermischen sich aber nicht mehr so stark wie bei Amphibien. Reptilien sind ebenfalls wechselwarm. Die epochale Erfindung des schalenumhüllten Eis ermöglicht es den Reptilien, ihre Eier an Land zu legen.

Säugetiere

Die Säugetiere gibt es in etlichen Ausführungen. Man unterscheidet 20 Ordnungen. Sie sind aus säugetierähnlichen Reptilien hervorgegangen. Als Brückentier gilt *Cynognathus*: ein vor 200 Millionen Jahren lebender gieriger Fleischfresser mit einem schlanken Körper und etwa 30 Zentimeter langem Kopf, der verblüffend dem eines modernen Hundes ähnelt.

Säugetiere haben zwei vollständig getrennte Blutkreisläufe und daher eine konstante Körpertemperatur, die sie sehr viel flexibler macht, da sie bei Kälte nicht träge und unbeweglich werden. Sie legen keine Eier, sondern bringen ihren Nachwuchs nach relativ langer Schwangerschaft lebend zur Welt, um ihn dann eine Weile zu säugen. Fast alle Säugetiere sind behaart, fast alle haben ausgeprägte Gebisse mit unterschiedlichen Kombinationen von Schneide-, Eck- und Backenzähnen. Sie zeigen in der Regel ein schlankes Bein und sind damit laufend, hüpfend und kletternd flott unterwegs. Damit ihre Wirbelsäule diese Fortbewegungskapriolen unbeschadet übersteht, haben sich kleine Pölsterchen zwischen den Wirbeln gebildet, die bei etwas Pech verrutschen können. Dann hat man einen Bandscheibenvorfall. Ihr Kiefergelenk haben sie zum Schall leitenden Apparat des Mittelohrs umgebaut. Deshalb hören sie so gut. Die Lunge ist sehr fein verästelt und kann große Mengen an Sauerstoff aufnehmen. Am stärksten zur Menschwerdung trug der Ausbau des Gehirns bei, das sich beim Säugetier in drei Bereiche gliedert. Im Zwischenhirn werden die Informationen der Sinnesorgane und des Nervensystems verarbeitet. Das Großhirn ist die Speicherzentrale für Bewusstsein, Gedächtnis, Intelligenz, Lernfähigkeit und Gefühle, während das Kleinhirn die Bewegungsabläufe koordiniert.

Vögel

Als Brückentier für den Übergang vom Reptil zum Vogel gilt der »Urvogel« *Archaeopteryx*, der vor 150 Millionen Jahren lebte. Manche Forscher sind jedoch der Ansicht, dass die Vögel keine eigene Abteilung im Tierreich bilden, sondern eigentlich den ansonsten ausgestorbenen Dinosauriern zuzurechnen sind.

Vögel können vor allem zwei Sachen gut: fliegen und atmen. Nicht schlüssig geklärt ist, wie sie zu ihren Flügeln gekommen sind. Die konnten ja in der Evolution nicht auf einen Schlag entstehen. Zuerst müssen also Tausende von Generationen mit einer Art Stummel durch die Gegend gerannt sein. Und wozu könnten diese gut gewesen sein? Die Frage ist gar nicht so schwer zu beantworten. Schaut man sich in der Tierwelt um, sieht man viele Vorstufen der Flügel von Vögeln, aber auch Insekten und fliegenden Säugetieren (Fledermäuse), deren evolutionärer Nutzen ganz klar ist. Der Vogelflug könnte aus dem Gleitflug entstanden sein, wie ihn eine ganze Reihe von baumbewohnenden Wirbeltieren praktiziert, zum Beispiel der Philippinen-Gleitflieger, der Flugdrache oder der Baumfrosch. Sie gleiten mittels Hautsegeln zwischen den Gliedmaßen. Wahrscheinlicher ist jedoch, dass der Vogelflug sich aus dem Hochspringen und Gleiten schnell auf den Hinterbeinen laufender Bodenbewohner entwickelt hat. Federn sind abgewandelte Reptilienschuppen, die ursprünglich der Wärmeisolierung dienten. Sowohl beim Gleiten als auch beim Warmhalten ist jeder kleine Evolutionsschritt ein Vorteil und eine graduelle Entwicklung vollkommen plausibel. Dass dann irgendwann aus dem Rudern zur Richtungsänderung beim Gleiten das typische Flattern des echten Vogelflugs entstanden ist, erstaunt nicht. Man darf sich den Vorläufer der Vögel also als kleinen, flinken Dinosaurier vorstellen, der ständig hinter Insekten herrannte und immer höher in die Luft sprang, um sie zu erbeuten, wobei er mit den Armen ruderte, um den Kurs zu halten oder die Richtung zu ändern. Am Ende einer langen Entwicklung stehen heute so begnadete Flieger wie der Mauersegler, der noch nicht einmal zum Sex oder zum Schlafen landet. Viele Vögel sind mittlerweile so gut an das Leben in der Luft angepasst, dass sie beim Rasten mehr Energie verbrauchen als beim Fliegen. Dies haben Forscher von der Princeton Universität kürzlich bei Drosseln ermittelt, die auf ihrem Zug von Panama nach Kanada nur 29 Prozent der nötigen Energie während der 18 Tage in der Luft verbrauchten, den Rest während der insgesamt 24 Tage dauernden Pausen.

Vögel können dreimal so schnell wie gleich große Säugetiere atmen, weil sie nicht über einen Zugang abwechselnd ein- und ausatmen, sondern permanent die Luft durch ihre Lungen strömen lassen. Auf der einen Seite rein, auf der anderen raus. Das gelingt ihnen mit einem System von Luftsäcken.

Wie die Säugetiere haben Vögel ein zweigekammertes Herz und sind gleichwarm, allerdings mit 41 bis 44 Grad Körpertemperatur deutlich wärmer als wir. Deshalb und weil sie fliegen, brauchen sie trotz guter Wärmeisolierung viel Nahrung. Trinken tun sie allerdings wenig, um Gewicht zu vermeiden. Pinkeln tun sie gar nicht. Schlafende Vögel fallen nicht vom Ast, weil ihr Körpergewicht eine Anspannung der Sehnen bewirkt, sodass die Zehen automatisch den Ast umklammern, ohne dass der Vogel sich willentlich anstrengen muss.

Was sonst noch kreucht und fleucht

Niedere Tiere

Die meisten Tiere, ob Dörnchenkoralle, Borstenwurm, Moostierchen oder Kalkschwamm, die hier bisher in keiner Weise erwähnt wurden, sind niedere Tiere. Darunter versteht man Einzeller und Mehrzeller, an deren Aufbau nur wenige Zellformen beteiligt sind.

Ein Großteil dieser Tiere ist einfach sehr klein. Von den meisten wissen wir wenig. Was soll man auch groß über sie sagen? Es ist ja nicht viel dran an ihnen. Denn je kleiner ein Tier ist, desto weniger braucht es die komplizierten Organe wie Lunge oder Verdauungstrakt, die große Tiere haben. Ein Großteil seiner Zellen steht in unmittelbarem Kontakt zur Außenwelt und erledigt den Austausch von Gasen, Nährstoffen und Ausscheidungen direkt. Das vielleicht Bemerkenswerteste an ihnen ist ihre Anwesenheit an vielen Orten unseres Körpers. Wem von uns ist schon aufgefallen, dass es sich an jedem seiner Augenbrauenhärchen ein paar Haarbalgmilben gemütlich gemacht haben und von dort aus ihre Kollegen, die Talgdrüsenmilben, beobachten, wie sie sich kopfüber in den Poren auf unserer Stirn verkriechen? Milben gehören übrigens zu den Spinnentieren.

Weichtiere

Da wir einige davon gerne essen und andere uns dafür das Gemüse in unserem Garten wegfressen, seien noch die Weichtiere erwähnt. Wir kennen sie vor allem in Gestalt von

Muscheln und Schnecken, auf die zusammen etwa 48 000 der 50 000 bekannten Weichtierarten entfallen.

Alle Weichtiere bestehen aus Kopf, Fuß und Eingeweidesack. Sie haben keine Knochen, sondern eine Art Flüssigskelett, das es ihnen erlaubt, durch Veränderung des Blutdrucks in einzelnen Regionen des Körpers ihre Gestalt zu verändern. Ihre Zähne haben sie auf der Zunge, die man daher Raspelzunge nennt. Das Blut der Weichtiere enthält als Blutfarbstoff nicht nur Hämoglobin, sondern vor allem Hämocyanin, einen Sauerstoff bindenden Kupferkomplex. Daher ist das Blut der Weichtiere eher bläulich bis farblos. Die meisten Weichtiere leben im Wasser.

Vom Ei zum Körper

Jeder von uns hat als kleine Zelle angefangen, und manche von uns haben es dennoch zu etwas gebracht. Wie es die Evolution geschafft hat, mit einer primitiven Urzelle zu beginnen und daraus alle Lebewesen zu entwickeln, die je diesen Planeten bewohnt haben, ist schon erstaunlich genug – obwohl des Rätsels Lösung, wie wir gesehen haben, im Grunde sehr einfach ist. Noch erstaunlicher mag es sein, wie aus einer einzigen Zelle nicht im Laufe von Jahrmilliarden, sondern in wenigen Tagen, Wochen oder Monaten ein komplettes Tier mit allem Drum und Dran entsteht.

Die Embryologie konnte erst mit der Arbeit beginnen, nachdem die Mikroskope gut genug waren, um einzelne Zellen zu beobachten. Davor war man auf reine Spekulation angewiesen. Es gab zwei Hypothesen. Die erste war die Präformationstheorie. Sie besagte, dass Lebewesen sich nicht entwickeln, sondern einfach nur größer werden. Entweder im Spermium, wie im 17. Jahrhundert von dem holländischen Arzt Jan Swammerdam (1637–1680) behauptet, oder in der Eizelle, wie im 18. Jahrhundert vom französischen Philosophen und Naturforscher Charles de Bonnet (1720–1793) vorgeschlagen, war Söhnchen oder Töchterchen schon winzig klein enthalten und wuchs dann im Mutterleib. Bei besonders strenger Lesart bedeutete dies, dass die ersten Exemplare einer Art zur Zeit der Schöpfung bereits alle kommenden Generationen in immer kleineren Ausführungen wie russische Puppen in sich hatten. Der berühmte Physiologe Albrecht von Haller (1708–1777) berechnete, dass Gott vor 6000 Jahren – am sechsten Tage seines Schöpfungswerkes – die Keime von 200 000 Millionen Menschen gleichzeitig erschaffen und sie im Eierstock der Urmutter Eva kunstgerecht ineinander geschachtelt habe.

Die auf Aristoteles zurückgehende Epigenesis-Theorie ging dagegen davon aus, dass der Embryo erst aus der Vermischung von weiblichen und männlichen Geschlechtszellen entstand und sich durch einen unbekannten vitalistischen Prozess von einer einfachen zu einer komplexen Form entwickelte. Eine empirische Bestätigung hierfür lieferte 1759 in Halle ein junger 26-jähriger Mediziner, Caspar Friedrich Wolff (1733–1794), in seiner Dissertation mit dem Titel *Theoria generationis*. Er zeigte am bebrüteten Hühnerei, dass anfangs keine Spur vom späteren Vogelkörper vorhanden ist. Stattdessen befindet sich auf dem Eidotter eine kleine, kreisrunde, weiße Scheibe. Diese dünne Keimscheibe wird länglich rund und zerfällt dann in vier übereinander liegende Schichten. 1826 entdeckte der deutsche Biologe Karl Ernst von Baer (1792–1876) in der Hündin seines Chefs das Säugetierei. Er wurde zum bedeutendsten Epigenetiker, zeigte, dass Leben immer mit einer Zelle beginnt, und lieferte erste Beschreibungen der Embryonalentwicklung vom Ei bis zur Geburt für eine Reihe von Wirbeltieren.

Mittlerweile wissen wir natürlich weit mehr über diese wundersame Entwicklung vom Einfachen hin zum Komplexen. Die Entwicklung eines Tieres beginnt mit der Verschmelzung von Eizelle und Spermium. Dabei entsteht die Zygote, deren Kern zu gleichen Teilen mütterliche und väterliche Chromosomen enthält. Damit es mit der Zellteilung losgehen kann, werden die Chromosomen zunächst verdoppelt, um später jeweils eine Kopie an die beiden Tochterzellen weitergeben zu können. Der eine Chromosomensatz wandert ans eine Ende, der andere ans andere Ende der Zelle. Dann wird in der Mitte der Zelle eine Wand eingezogen, und schon hat man aus eins zwei gemacht. So geht es immer weiter. Am Anfang sehen noch alle Zellen gleich aus. Nach kurzer Zeit zeigen sich Unterschiede, sie bilden Gruppen, schlüpfen oder falten sich in den Embryo, verschieben sich gegeneinander, teilen sich weiter und bilden Anlagen der Organe und Gewebe. Schließlich differenzieren sich die Zellen, um ihre vielfältigen Funktionen im Tier erfüllen zu können.

Unklarheit herrschte lange darüber, wie es kommt, dass sich die ursprünglich gleichen Zellen zu unterschiedlichen Zelltypen entwickeln. Enthalten sie unterschiedliche Gene? Nein, jede unserer Zellen enthält die gleichen, nämlich sämtliche Gene, die wir haben, und zwar in doppelter Ausführung, einen Satz von der Mutter und einen vom Vater.

Wenn alle Zellen alle Gene haben, muss die Ursache für die Ausdifferenzierung der Zellen während der Entwicklung im Zytoplasma, dem wässrigen Inhalt der Zelle, zu suchen sein. Dort müssen sich Faktoren befinden, die dafür sorgen, dass die Aktivität der Gene in den Zellen kontrolliert wird, dass bestimmte Gene zu bestimmten Zeiten an- oder ausgeschaltet werden. Dadurch werden schließlich in jeder Zelle nur die für das Stadium, den Ort und den Typ der Zelle charakteristischen Proteine gebildet. Diese Faktoren können nur von der Mutter kommen, und sie können ihr »Wissen« nur von mütterlichen Genen haben. Der Embryo greift sozusagen auf die Gene der Mutter, unter deren Anweisung diese Schalterproteine entstanden sind, zurück. Später, wenn seine eigenen Proteine gebildet werden, übernimmt das embryonale Genom die Regie. Spezielle Entwicklungsgene geben Infos an die Schalterproteine, und die steuern wieder andere Gene. Die räumliche Verteilung solcher Schalterproteine bilden so genannte

Vormuster, die die Merkmale der späteren Gestalt des Embryos in Stufen entwickeln. Solche Vormuster befinden sich bereits im frisch abgelegten Ei. Bei Fliegen zum Beispiel, wo dieser Prozess von der Tübinger Nobelpreisträgerin Christiane Nüsslein-Volhard erforscht wurde, sind im Ei lediglich vier Signalstoffe an der Peripherie deponiert, die Oben und Unten, Vorn und Hinten bestimmen. Drei Stunden später besteht der Embryo aus etwa 6000 Zellen, die noch alle gleich aussehen, aber jetzt ein schon sehr detailliertes, molekulares Vormuster bilden, das durch die Verteilung solcher Schalterproteine gebildet wird. 14 Streifen markieren die Zellen, die dann die 14 Körpersegmente der Fliege bilden werden. Die Muster werden während der Entwicklung immer deutlicher und leiten den frühen Differenzierungsprozess. Noch komplizierter wird die ganze Sache, wenn sich erst einmal die Organe und das Nervensystem bilden. Dann kommen neue Informationsaustauschprozesse zwischen den Zellen hinzu, die bei der Steuerung mitwirken. Hier steht die Forschung noch am Anfang.

Noch einmal ganz anders sieht die Sache bei Säugetieren aus, die keine Eier legen. Beim Menschen ist die Eizelle sehr klein und kann noch kein Muster aus Faktoren aufweisen. Hier bildet sich nach der Befruchtung zunächst eine Blastozyste, ein Bläschen aus wenig mehr als 100 Zellen. Die inneren Zellen der Blastozyste bilden später den Embryo sowie die Placenta, sie sind alle gleich. Das sind die embryonalen Stammzellen. In der zweiten Phase, der eigentlichen Embryogenese, nistet sich die Blastozyste im Uterus des weiblichen Tieres ein. Dort beginnt die Entwicklung. Der Uterus versorgt den Embryo und steuert wohl auch orientierende Faktoren zur Gestaltbildung bei. Was bei Eier legenden Tieren vor der Befruchtung stattfindet, nämlich die Versorgung des Embryos mit Nährstoffen und Orientierungshilfen, ist hier auf einen späteren Zeitpunkt nach der Einnistung verschoben. Säugetiere entwickeln sich daher nur im Mutterleib. Beim Menschen ist 14 Wochen nach der Befruchtung alles angelegt, was ihn später ausmacht. Ein genetischer Fahrplan bestimmt die Schritte: Nach sechs bis acht Wochen erkennt man die Hände, nach vier Monaten arbeiten Muskeln und Blutgefäße, und aus Knorpelmasse bilden sich Knochen. Viereinhalb Monate nach der ersten Zellteilung hat der Mensch sein unverwechselbares Gesicht; Körperteile und Organe sind dann so gut ausgebildet, dass eine Frühgeburt mit ärztlicher Hilfe eine Überlebenschance hat. Nach 40 Wochen kommt das Baby zur Welt.

Tierisches Treiben

Für das Verhalten von Tieren gilt grundsätzlich dasselbe wie für ihre Körpermerkmale. Beide sind Ergebnisse der Evolution. Tierisches Verhalten ist in der Regel angeboren oder wird nach einem angeborenen Mechanismus planmäßig erlernt. Das Repertoire kann nichtsdestotrotz sehr vielfältig sein. Da steht der Vogelgesang dem Federkleid in nichts nach. Denn die typischen Verhaltensweisen einer Art müssen als spezifische Anpassungen in der jeweiligen ökologischen Nische von evolutionärem Vorteil sein. Die Aufgabe des Ethologen besteht darin, Verhaltensweisen genau zu beschreiben und diesen Vorteil aufzuspüren, auch wenn sich zunächst ganz andere Erklärungen anbieten.

Warum watscheln junge Graugänse einem Menschen oder einer Attrappe unbeirrbar den Rest ihrer Kindheit nach, wenn sie sie zu einem bestimmten Zeitpunkt früh in ihrem Leben zu sehen bekommen, statt sich an ihre wirkliche Mutter zu halten? Der »Vater der Graugänse« und zugleich der Ethologie, Konrad Lorenz (1903–1989), hat es herausgefunden. Das Phänomen heißt Prägung und ist deshalb sinnvoll, weil das Graugansküken ja nicht rumfragen kann, wer seine Mutter ist, aber eine sehr gute Chance besteht, dass die Mutter genau jenes erste Wesen ist, von dem bestimmte Schlüsselreize ausgehen. Und weil sie einen beschützt, ist es gut, unter allen Umständen bei der Mutter zu bleiben.

Wie wählen Biber die Stämme für ihren Damm aus? Nun, in der Nähe des Dammes nehmen sie alles. Doch je weiter sie das Holz transportieren müssen, desto wählerischer werden sie. Sie verschmähen sowohl zu große Stämme, die schwer zu schleppen sind, als auch zu kleine, für die sich der Weg nicht lohnt, bis sie bei einer bestimmten Entfernung nur noch Bäume idealer Größe nehmen und von noch weiter weg gar keine mehr. Ein solches Verhalten entspricht dem Effizienzkriterium der Evolution, das striktes Haushalten mit den Kräften gebietet. Das Verhalten ist eine durch die Evolution geformte spezifische Anpassung der Biber an ihre Umwelt.

Solcherart spezifische Erklärungen für konkretes Verhalten einzelner Tierarten vermeiden den großen Fehler, irgendwelche allgemeinen Pauschalursachen zu postulieren, die nichts wirklich erklären. Denn einfache Antworten waren und sind leider immer noch sehr beliebt. Da wird zum Beispiel gerne auf alle Arten von angeblichen Trieben verwiesen, etwa den Aggressionstrieb, der heimtückisch in jedem lauere und immer wieder hervorbreche. So etwas gibt es nicht. Angriffslustiges Verhalten kann ganz unterschiedliche Ursachen haben, die man nicht einfach mit einem angeblichen Trieb erklären kann. Alle Lebewesen haben die elementaren Bedürfnisse der Selbsterhaltung und der Fortpflanzung. Doch auch in der Tierwelt dominiert nicht ein triebhaftes Verhalten, sondern ein an die Umwelt angepasstes.

Allgemein kann man sagen: Tiere reagieren im Rahmen ihrer Möglichkeiten auf Informationen aus ihrer Umwelt. Sie sind zu zielgerichtetem Verhalten fähig, sie können lernen. Aber sie unterscheiden sich vom Menschen in einem entscheidenden Punkt: Sie wissen nicht, was sie tun. Sie agieren ausschließlich instinktiv. Um diesen Unterschied richtig zu verstehen, muss man sich etwas ausführlicher mit dem menschlichen und dem nicht-menschlichen Bewusstsein beschäftigen, was wir in einem späteren Kapitel tun.

Weil der Mensch (ab einem gewissen Alter) weiß oder sich zumindest bewusst machen kann, was er tut, lässt sich sein Verhalten nicht mit den gleichen Begründungen erklären wie das von Tieren. Genau darin besteht eine zweite Unart schlechter Ethologie oder so genannter evolutionärer Psychologie. Sie erliegt immer wieder der Verlockung, einfache Erklärungen, die für Tiere zutreffen, auf Menschen zu übertragen. Menschen haben jedoch immer nur biologisch begründete Verhaltenstendenzen; ihr tatsächliches Verhalten ist grundsätzlich kulturell überformt, und dieser sehr starke kulturelle Anteil muss immer in die Erklärung eingehen. Konrad Lorenz lag also falsch, als er in seinem Buch *Das sogenannte Böse* schrieb:

»Sähe man als voraussetzungsloser Beobachter den Menschen, wie er heute dasteht, in der Hand die Wasserstoffbombe, die ihm sein Geist beschert hat, im Herzen den von Anthropoiden-Ahnen ererbten Aggressionstrieb, den seine Vernunft nicht zu meistern vermag, man würde ihm kein langes Leben voraussagen!«

Ein ererbter Aggressionstrieb bietet alles andere als eine befriedigende Erklärung für die politische Weltlage während des Kalten Kriegs und auch keine Erklärung für irgendein menschliches Verhalten. Leider hatte Lorenz genau mit solch plakativen Darstellungen eines negativen Menschenbildes seine größten Erfolge und verbuchte Bestseller, während seine Verdienste bei der Beschreibung der Tiere nur von vergleichsweise wenigen Kennern gewürdigt wurden.

Mythos Nächstenliebe

Von besonderem Interesse für die Ethologie ist auch das Gegenteil der Aggression, nämlich jenes Verhalten, das wir als altruistisch bezeichnen und das es im allgegenwärtigen Kampf ums Überleben eigentlich gar nicht geben dürfte. Bei genauer Betrachtung zeigt sich, dass aber genau dies dennoch der Fall ist. Altruistisches, also selbstloses Verhalten gibt es in der Natur nicht. Das einzige Wesen, das zu Selbstlosigkeit (ohne gen-egoistische »Hintergedanken«) fähig ist, ist der Mensch.

Diese Tatsache wird bis heute häufig bestritten, ja sogar völlig verdreht, da viele Menschen aus weltanschaulichen Gründen knallharten Egoismus nicht als natürliches Prinzip sehen wollen. Sie wollen der Natur und den unschuldigen Tieren gerne eine Art Vorbildfunktion zuschreiben. Sie meinen, der entfremdete, Krieg führende Mensch könne von ihr Friedfertigkeit lernen. Doch es gibt keinen vernünftigen Grund, die Natur zu einer moralischen Instanz zu erheben. Wir können uns die Natur wegen ihres Erfindungsreichtums, ihrer Anpassungsleistungen und ihrer Effizienz zum Vorbild nehmen. Das reicht völlig aus, um sie hoch zu schätzen. Moral, Selbstlosigkeit, Nächstenliebe und so weiter bleiben jedoch Errungenschaften des Menschen – auch wenn jeder Einzelne von uns die Freiheit besitzt, sich darüber hinwegzusetzen.

Es wurde von Ethologen immer wieder über vermeintlich altruistisches Verhalten bei Tieren berichtet. Doch bei genauerer Analyse konnte stets gezeigt werden, dass die scheinbare Selbstlosigkeit letztlich zum eigenen Vorteil gereichte – um genauer zu sein: zum Vorteil der eigenen Gene.

Ein Beispiel ist die Thompsongazelle, die für die hohen Sprünge bekannt ist, die sie vollführt, wenn ein Raubtier sich nähert. Schnell ist man geneigt, zu glauben, diese Prellsprünge dienten – riskant und uneigennützig – dazu, die anderen Gazellen zu warnen und den Feind auf sich zu ziehen. Doch eine andere Erklärung scheint viel plausibler: Eine prellende Gazelle signalisiert dem Löwen durch ihre imponierenden Sätze, dass sie topfit ist und es sich nicht lohnt, sie zu verfolgen, sondern dass der Löwe sich besser nach Artgenossen umsehen soll, die weniger hoch springen und weniger schnell laufen können. Diese Erklärung passt auch sehr viel besser zu der bekannten Tatsache, dass sich Fleisch fressende Jäger bevorzugt auf kranke und schwache Tiere stürzen.

Viele Formen scheinbarer Selbstlosigkeit finden sich auch bei Staaten bildenden Insekten und sind aus den genetischen Besonderheiten zu erklären. Ein befremdliches selbstloses Verhalten zeigen hier beispielsweise die so genannten Honigtöpfe. Das ist ein spezielle Arbeiterklasse von Ameisen, die ihr Leben damit fristen, mit Honig voll gepumpt bewegungslos an der Decke zu hängen und den anderen Ameisen als Nahrungsspender zu dienen. Doch wie viele andere Mitglieder von Insektenstaaten sind die Honigtöpfe selbst unfruchtbar. Sie haben also keine Chance, selbst Gene weiterzugeben, und stellen sich daher ganz in den Dienst des Staates, in dem alle spezialisierten Arbeiterkasten ihren Beitrag dazu leisten, den Fortpflanzungserfolg der Königin zu vergrößern und damit die Gene dieser Gemeinschaft zu verbreiten, die so eng ist, dass man sinnvollerweise den gesamten Staat als einen Organismus betrachtet.

Das Gegenteil von Selbstlosigkeit findet man dagegen allerorten draußen in der Welt des Fressens und Gefressenwerdens. So schubsen zum Beispiel Pinguine ihre Kumpel ins Wasser, um zu testen, ob dort eine Robbe lauert. Von einer besonders garstigen Demonstration fehlender Nächstenliebe bei Gottesanbeterinnen berichtet Richard Dawkins in seinem Buch *Das egoistische Gen*:

»Die Gottesanbeterinnen sind große, Fleisch fressende Insekten. Normalerweise fressen sie kleinere Insekten, etwa Fliegen, aber sie greifen nahezu alles an, was sich bewegt. Bei der Begattung kriecht das Männchen vorsichtig an das Weibchen heran, besteigt es und kopuliert. Wenn das Weibchen eine Gelegenheit dazu bekommt, das Männchen zu fressen, sei es während der Annäherung, unmittelbar nach der Begattung oder nach der Trennung, so tut es das, und es beginnt damit, dass es dem Männchen den Kopf abbeißt. Man könnte meinen, es sei am vernünftigsten, wenn das Weibchen abwartete, bis die Kopulation beendet ist, bevor es das Männchen aufzufressen beginnt. Aber der Verlust des Kopfes scheint den übrigen Körper des Männchens nicht von seinem sexuellen Schwung abzubringen. Tatsächlich ist es – da der Insektenkopf der Sitz einiger inhibitorischer Nervenzentren ist – sogar möglich, dass das Weibchen die sexuelle Leistungsfähigkeit des Männchens dadurch verbessert, dass es dessen Kopf auffrisst.«

Die einzig unbestreitbare Form der Nächstenliebe im Tierreich ist die elterliche Zuwendung zu den eigenen Kindern. Diese ist offenkundig mit der Weitergabe der eigenen Gene bestens vereinbar und somit eindeutig ein gen-egoistisches Verhalten.

Ein noch immer verbreiteter Irrtum besteht in der Vorstellung, Tiere würden versuchen, über die Kleinfamilie hinaus der eigenen Art oder Population und ihrer Erhaltung nutzen – eine Idee, die vielleicht deshalb so populär war, weil sie so schön zum Dienst am (und notfalls Tod fürs) Vaterland passt, der sich ja lange (bei manchen Menschen bis heute) großer Wertschätzung erfreute. In die Biologie ging diese Vorstellung im Begriff der Gruppenselektion ein. Als vermeintlicher Beleg hierfür wuselten lange Jahre die putzigen Lemminge durch allerlei Tierfilme. Sie mussten von sich behaupten lassen, dass sie sich bei knapper werdender Nahrung haufenweise in den Tod stürzten, damit einige wenige satt würden und die Art erhalten bliebe. In Wirklichkeit sieht die Sache etwas anders aus. »Wenn die Nahrung im späten Winter rar wird, beginnen die Lemminge zu wandern, eilen in großen Gruppen vorwärts und machen dabei längst nicht immer Halt, wenn sie Wasserläufen begegnen, die durch frühes Schmelzwasser entstanden sind. Sie ertrinken dabei allerdings äußerst selten. Um die eindrucksvollen Mengen zusammenzubekommen, kehrten die Filmer die Lemminge offenbar mit Besen zusammen und trieben sie hinterhältig ins Wasser – ein dramatisches Beispiel dafür, dass der Mensch lieber die Realität verändert als seine Theorien, falls beide in Konflikt geraten sollten!«, schreiben der Mediziner Randolph Nesse und der Evolutionstheoretiker George Williams.

Gentechnisch veränderte Tiere

Wie Bakterien und Pflanzen lassen sich auch Tiere durch Veränderung ihres Erbguts dazu nutzen, wertvolle Substanzen zu erzeugen. Die Vorteile dieser biologischen »Produktionssysteme« liegen auf der Hand. Eine Kuh kann sich selbst fortpflanzen; sie braucht als Rohmaterial für die Medikamentenproduktion nur Gras und kann einfach von einem Melker bedient werden. Auf diese Weise des »Biopharming« lassen sich Arzneimittel ökonomischer herstellen als mit Millionen Euro teuren herkömmlichen riesigen Reaktoren.

Bereits gut etabliert ist die Methode bei traditionellen Nutztieren wie Schaf, Kuh, Schwein und Ziege, die Wirkstoffe in ihrer Milch produzieren, und Hühnern, die »veredelte« Eier legen. Neben der Milch kommen allerdings auch andere Körpersäfte in Frage. Kanadische Forscher entwickelten Mäuse, die ein menschliches Wachstumshormon in ihrer Samenflüssigkeit produzieren – keine unergiebige Quelle, wie man sich denken kann, wenn man die Fortpflanzungsrate von Mäusen kennt. Das erste Schwein, das ein menschliches Protein produzierte, heißt Genie und wurde von Forschern des

US-amerikanischen Roten Kreuzes konzipiert. In Genies Milch befindet sich ein Blut-
gerinnungsfaktor namens Protein C.

Das wichtigste Einsatzgebiet für transgene Tiere ist jedoch nach wie vor die medizinische Forschung, für die sie einen enormen Beitrag geleistet haben. Mit Hilfe von speziellen krebsanfälligen Mäusen konnten Substanzen, mit denen der Mensch umgeht,
systematisch auf ihre Krebs erzeugende Wirkung getestet werden. Die Verwendung
dieser Tiere hat zu einer erheblichen Reduzierung von Versuchen mit anderen Versuchstieren geführt. Ähnliche Erfolge wie mit Krebsmäusen wurden mit Bluthoch-
druck-Ratten, Diabetes-Mäusen und so weiter erzielt. Untersuchungen, die am Tier,
aber niemals am Menschen gemacht werden können, liefern wichtige Erkenntnisse
über den Verlauf der Krankheiten. Daher gibt es heute für fast alle menschlichen
Erkrankungen sehr unterschiedliche Tiermodelle. Neuerdings gibt es auch Stämme, die
nicht dauerhaft gentechnisch verändert sind, sondern bei denen sich Gene von außen
für Versuche gezielt an- und ausschalten lassen.

Fadenwurm, Fruchtfliege, Zebrafisch, Maus und Ratte – die Haustiere der Molekularbiologie

Die biologische Grundlagenforschung arbeitet fast ausschließlich mit einigen wenigen
Modellorganismen, an denen grundlegende Prozesse des Lebens wie zum Beispiel die
Embryonalentwicklung erforscht werden. Neben dem Bakterium *E. coli*, der Bäckerhe-
fe *Saccharomyces cerevisia* und der Ackerschmalwand *Arabidopsis thaliana* sind das der
Fadenwurm *Caenorhabditis elegans*, die Fruchtfliege *Drosophila melanogaster*, der Zebra-
fisch, Maus und Ratte.

Alle dienen als Modell für höhere Organismen, also letztlich den Menschen. *C. elegans* gehört zu den Fadenwürmern (Nematoda) und hat als ausgewachsenes Tier eine
Größe von etwa 1 Millimeter. Fadenwürmer gibt es fast überall, die Zahl der Arten
könnte mehrere Millionen betragen. Der Lebenszyklus beträgt unter Laborbedingungen etwa dreieinhalb Tage. Der Wurm kann nicht nur einfach und schnell gezüchtet
werden, die Tiere können auch bei minus 80 Grad Celsius eingefroren werden, was die
Herstellung einer Stammsammlung wesentlich vereinfacht. Der größte Vorteil von
C. elegans als entwicklungsbiologischem Modellsystem liegt aber im Phänomen der
Zellkonstanz: Das Zellteilungsmuster während der Entwicklung der Individuen ist
absolut stereotyp. Die Tiere besitzen genau 959 Zellen. Jede davon hat inzwischen einen
Namen, man weiß, wie sie entsteht, und man kann ihr Schicksal vorhersagen. 1998
wurde das Genom von *C. elegans* als erstem vielzelligen Organismus komplett gelesen.
Der Wurm verfügt über 17 000 Gene. Für die Hälfte davon gibt es Entsprechungen beim
Menschen. In der Folge wurde jedes Einzelne dieser Gene einzeln ausgeschaltet, um ihre

Funktion zu erforschen. Dabei nutzte man die Tatsache aus, dass *C. elegans*' Lieblings-speise ausgerechnet das Bakterium *E. coli* ist, das Arbeitstier der Gentechnik, in das man mühelos alle möglichen Gene einbauen kann. Also hat man einfach in *E. coli* jeweils eine bestimmte RNA-Sequenz eingebaut, die ein entsprechendes Gen beim Wurm blo-ckiert, die veränderten Bakterien vermehrt und an den Wurm verfüttert. So hat man zum Beispiel 400 Gene ermittelt, die einen Einfluss auf den Fettstoffwechsel haben. 200 davon finden sich auch beim Menschen.

Fruchtfliegen sind die kleinen, lästigen schwarzen Fliegen, die überall auftauchen, wo Obst eine Weile herumsteht. Für die Forschung eignen sie sich, weil sie leicht zu züchten sind. Man braucht nur irgendwo eine Birne vergammeln zu lassen und schon hat man Tausende von ihnen. So wurden sie schon früh zu einem der Lieblingstiere der Genetiker. Diese rückten den Genen dieser Fliegen mit chemischen Substanzen zu Leibe und erzeugten so über 20 000 verschiedene Mutanten (genetisch veränderte Vari-anten) der Fruchtfliege. Es entstanden teilweise kleine Monster mit Beinen statt Fühlern am Kopf, mit zu vielen oder gar keinen Flügeln und so weiter. Die Untersuchung dieser Mutanten konnte die Funktion von vielen Genen aufklären. Das Prinzip ist einfach: Man schaut, was sich durch die Mutation am Körper der Fliege ändert, und kann daraus Rückschlüsse auf die Funktion des jeweils mutierten Gens ziehen. Doch die Erkennt-nisse an der Fliege müssen begrenzt bleiben, da sie über viele Organe und Prozesse, die bei Wirbeltieren (und somit auch dem Menschen) auftreten, gar nicht verfügt.

Mittlerweile hat man sich daher verstärkt dem Zebrafisch zugewandt, um die Ent-wicklung von Wirbeltieren zu studieren, die weit komplizierter ist als die von Fliegen. Der große Vorteil des Zebrafisches besteht darin, dass die Embryonen zu Beginn der Entwicklung durchsichtig sind. Dadurch kann man die Entwicklung der Organe am lebenden Tier sehr gut verfolgen. Auch hier werden wieder Mutanten erzeugt und die entstehenden Veränderungen studiert, wobei man sich natürlich besonders für bestimmte Bereiche interessiert (z. B. Herz-Kreislauf-System, Muskeln, Gehirn, Leber und Auge). Weil das Max-Planck-Institut für Entwicklungsbiologie unter Leitung der Nobelpreisträgerin Christiane Nüsslein-Volhard dort angesiedelt ist, gibt es heute in der Stadt Tübingen weit mehr Fische als Menschen. In 9000 Aquarien leben dort rund eine halbe Million Zebrafische, die in einem groß angelegten Projekt 17 Millionen genetisch veränderte Larven erzeugen.

Für spezifischere Fragestellungen, etwa nach der Entstehung von Krankheiten, sind Tiere erforderlich, die dem Menschen noch näher stehen. Als wichtigste Säugetiermo-delle spielen Maus und Ratte eine entscheidende Rolle in der medizinischen Forschung. Ohne sie gäbe es einen Großteil der heutigen Medizin nicht. Das Vorgehen ist im Prin-zip wieder das gleiche. Man sorgt für genetische Veränderung und schaut, welche Kon-sequenzen sich daraus ergeben. Bei so genannten Knock-out-Mäusen beispielsweise wird jeweils ein Gen ausgeschaltet. Die Folgen geben Hinweise darauf, wozu dieses Gen gut ist. Und da sehr viele Gene der Maus mit denen des Menschen übereinstimmen, kann man so auch etwas über die Bedeutung des jeweiligen Gens beim Menschen erfahren.

Tierversuche sind gesetzlich unter Tierschutzaspekten genauso umfassend geregelt wie die gesamte medizinische Forschung, um Missbrauch zu verhindern. Sie werden nur durchgeführt, wenn es nicht mit Alternativmethoden (im Reagenzglas oder der Zellkultur) möglich ist, die entsprechenden Fragen zu beantworten. Wenn man etwa den Bluthochdruck erforschen will, geht das nur am ganzen Tier, da einzelne Zellen nicht über ein Herz-Kreislauf-System verfügen.

Pilze

Pilze sind so eine Art ausufernde Allesfresser, ohne deren unstillbaren Appetit wir längst in den sterblichen Überresten unserer tierischen und pflanzlichen Freunde versunken wären. Die »Müllmänner der Biosphäre« sind keine Pflanzen, weil sie keine Photosynthese betreiben. Und sie sind keine Tiere, da sie keine Embryonen bilden. Sie sind auch keine Bakterien, da sie aus eukaryotischen Zellen mit Zellkern bestehen. Sie sitzen also sozusagen zwischen allen Stühlen. Einige von ihnen können sich sogar von Stühlen ernähren, indem sie das Lignin des Holzes abbauen. Diese Arten gehören zu den Schlauchpilzen, die auch gerne Knochen, Haut, Haare und Fingernägel verputzen.

Man unterscheidet bei den Pilzen fünf Stämme: Jochpilze, Schlauchpilze, Ständerpilze, Deuteromycota und Flechten. Die Zahl der Arten wird auf zwischen 100 000 und 1,5 Millionen geschätzt. Am liebsten sind uns natürlich die Ständerpilze, weil die nicht nur uns, sondern wir auch einige von ihnen essen können. Ungeliebt sind die Schimmelpilze, gern genutzt die Hefepilze.

Wenn wir im Wald einen Steinpilz erbeuten, dann sollten wir tunlichst nur den Fruchtkörper pflücken. Dieser ist jedoch nur so eine Art kleiner Finger, den der Pilz aus der Erde streckt, um zu sehen, ob es draußen regnet. Der größte Teil des Pilzes findet sich unter der Erde: ein Geflecht von Pilzfäden, die man Hyphen nennt. Ein einziger Pilz kann sich auf einer Bodenfläche von mehreren zehntausend Quadratmetern ausbreiten.

Viele Pilze leben in Symbiose mit Pflanzen. Der gegenseitige Nutzen lässt sich besonders deutlich bei Waldbäumen und Speisepilzen erkennen. Pfifferling und Steinpilz wachsen in Sterilkulturen nur sehr schlecht und bilden keine Fruchtkörper aus. Fichten wiederum bilden auf sterilen Böden bis zu 20 Prozent weniger Biomasse als eine symbiotische Kultur mit Pilzen. Denn Pilz und Baum helfen sich gegenseitig bei der

Gewinnung von Nährstoffen. 20 bis 99 Prozent der Fichtenwurzelspitzen sind in einem normalen Waldboden von einem dichten Geflecht aus Pilzhyphen umgeben.

Flechten sind, genau genommen, halb Pilz, halb Alge. Da die Algen ihre Energie von der Sonne beziehen, sind Flechten extrem genügsam und leben zum Beispiel ganz gerne auf Dachpfannen oder Grabsteinen. Könnten Steine leben, würden die Flechten sie oft sogar überleben, denn sie können Tausende von Jahren alt werden und verwandeln den Stein allmählich in Erde. Manche Pilze leben auch in sehr einseitiger Beziehung mit anderen Lebewesen. So ernährt sich zwar der Fußpilz von unserer Haut, wir haben aber keinen Nutzen von dem kleinen Parasiten, es sei denn, wir wären Hersteller eines Anti-Fußpilz-Mittels.

Die Fortpflanzungszellen der Pilze sind Bestandteil der Luft, die wir atmen. Es sind winzige Sporen, die, wenn sie irgendwo landen, wo sie Feuchtigkeit verspüren, sogleich mit der Lieblingsbeschäftigung der Pilze, nämlich dem Wuchern nach allen Seiten, beginnen.

Von besonderer Bedeutung für unser gesundheitliches Wohlergehen sind die Schimmelpilze – und zwar im Guten wie im Bösen. Einerseits produzieren einige von ihnen gefährliche Gifte. Von diesen rund 300 bekannten Mykotoxinen können 20 in Nutzpflanzen wie Reis und Mais auftreten. Am bedeutendsten ist dabei das Aflatoxin, das die Leber schädigt.

Auf der anderen Seite ist unser wichtigster Verbündeter im Kampf gegen Infektionskrankheiten ein Pilz, der 1928 von Alexander Fleming als das Wachstum von Bakterien hemmend beschriebene *Penicillium notatum*, aus dem 1940 das erste Antibiotikum gewonnen wurde. Bis zur Einführung der Antibiotika waren Infektionskrankheiten in Europa Todesursache Nummer eins.

2. Unser Lebensraum

Wo mag der Ort, an dem ich mich gerade befinde, wohl vor 250 Millionen Jahren gewesen sein? Haben Sie sich das schon einmal gefragt? Nein? Dann werden Sie vielleicht denken, es sei gerade dort gewesen, wo er jetzt auch ist. Falsch! Alle jetzigen sieben Kontinente – Europa, Asien, Afrika, Nord- und Südamerika, Australien und die Antarktis – bildeten damals eine einzige, riesig große Landmasse um den Äquator herum. Man nennt sie Pangäa. Und das Klima? Auch schon am Rande der Katastrophe? Allerdings. In Sibirien fauchten unzählige Vulkane rund 800 000 Jahre lang und sorgten dafür, dass das Klima komplett verrückt spielte und ein Großteil aller Lebewesen vor etwa 250 Millionen Jahren auf Nimmerwiedersehen von unserem Planeten verschwand.

Lange her? O ja. Umso erstaunlicher, dass wir so genau Bescheid wissen! In den letzten Jahrzehnten ist zur jahrtausendealten Ehrfurcht vor der Natur und ihren elementaren Gewalten solides Wissen über die meisten globalen Prozesse getreten. Das Wissen darüber, wie und wann unser Planet entstanden ist, wie er seine Atmosphäre, seine Kontinente und seine Meere bekommen hat, wie das Klima sich wandelt, das Wetter sich zusammenbraut und weshalb Flutwellen, Vulkane und Erdbeben die Welt immer wieder erzittern lassen, ist tatsächlich erst eine Errungenschaft der zweiten Hälfte des 20. Jahrhunderts. Und ganz allmählich gibt es uns auch Anlass zur Hoffnung, manche Katastrophe in Zukunft elegant umschiffen zu können.

Bis zum Beginn der Neuzeit hatten nur wenige Menschen eine Ahnung davon, welche Form ihr Heimatplanet hatte. Viele stellten sich die Erde bekanntlich als Scheibe vor. Der Mensch fühlte sich damals bestenfalls als Randfigur eines Schöpfungsspiels, das von den Göttern und ihren irdischen Abgesandten bestimmt wurde. Fragen nach einer aktiven Einflussnahme auf die komplexen Lebensprozesse auf der Erde stellten sich noch lange nicht. Die alten Griechen zerbrachen sich zwar die Köpfe über die Ursache von Naturkatastrophen, Sonnenfinsternissen und vorbeifliegende Kometen. Über Jahrtausende blieben ihnen jedoch nur Mythen und Götterglaube, um für die Zeit bedeutende, aber dennoch unzureichende Antworten für solche Phänomene zu liefern. Exakte Naturwissenschaft, wie wir sie heute kennen, gab es nicht. Die meisten Erklärungen lieferte die Philosophie, und die war vorrangig darum bemüht, die Alltagsbeobachtungen der Menschen mit den Schöpfungslegenden in Einklang zu bringen. Angesagt waren plastische Bilder und anschauliche Analogien, etwa dass die Welt einst aus einem Ei geschlüpft sei. In der Genesis im Alten Testament wird von der großen Sintflut berichtet, mit der Gott als Strafe für die Bosheit der Menschen die Erde überzog. Auf die Arche retten durften sich einzig der besonders fromme Noah samt Familie und die Tiere. So wurden Naturkatastrophen in die Schöpfungsmythen eingebaut. Wenn man den Gewalten schon ganz und gar schutzlos ausgeliefert war, so wünschte man offenbar wenigstens, dass ein höherer Sinn dahinterstecken möge. Dass in der Genesis und in vielen anderen Mythen von einer Sintflut berichtet wird, ist indes wenig verwunderlich; das alte Babylonien wurde wiederholt von verheerenden Überschwemmungen von Euphrat und Tigris heimgesucht.

Vorstellungen, in denen die Menschen ihrem Lebensraum noch eher passiv und hilflos gegenüberstanden, bestimmten das geistige Leben bis ins ausgehende Mittelalter. Der Mensch blieb ein Winzling, die Erde eine weitgehend unergründbare Quelle für Leben und Tod. Auch bis weit in die Zeit der Aufklärung hinein waren Wissenschaftler bestrebt, Naturbeobachtungen mit dem Gottesglauben im Einklang zu halten. So legte Johann Esaias Silberschlag (1716–1791), ein Königlich Preußischer Oberconsistorial, der sich gleichermaßen für Wasserbau, Geologie und die Bibel interessierte, im Jahre 1780 ein Werk mit dem Titel *Geogenie* vor, in dem er die Korrektheit des biblischen Sintflutberichts mit vermeintlichen geologischen Erkenntnissen zu beweisen suchte. Im Vorwort schrieb er, dass »weder die Schöpfungs- noch die Sündfluthsgeschichte der Physik und Mathematik widersprechen, sondern vielmehr ungemein vieles in diesen vortrefflichen Wissenschaften aufklären«. Er legte also Wert darauf, dass Mensch und Naturwissenschaften sich nach wie vor der Theologie unterordneten. Auf die Frage, woher eine derartige Wassermenge habe stammen können, erklärte Silberschlag, dass sich im Erdinneren ein riesiges Reservoir befände, dessen Wassermassen bei der Sintflut die Erde einschließlich der höchsten Berge überflutet hätten – immerhin der Versuch einer natürlichen Erklärung.

Zeitgenossen Silberschlags gingen auf ihrer Suche nach Erklärungen für derartige Phänomene bereits einen bedeutenden Schritt weiter. Zahlreiche Naturforscher hatten bereits früher begonnen, ein wissenschaftliches Verständnis der Prozesse, die sich in auf der Erde abspielen, zu entwickeln. Die Astronomen des 16. Jahrhunderts konstruierten Teleskope und studierten akribisch die Sternenbewegungen. Sie postulierten schließlich, dass die Erde nicht der Mittelpunkt des Universums war. Um 1800 lieferten Kant und Laplace eine erste plausible Theorie über die Entstehung unseres Sonnensystems durch die Zusammenballung von Staub, der lange zuvor bei Sternenexplosionen in den Raum geschleudert worden war.

Mit den neuen Erkenntnissen wurde der Mensch zum aktiven Gestalter und gewann das notwendige Selbstbewusstsein, um sich gemäß Kants von Horaz entliehenem Imperativ »Sapere aude! Habe Mut, dich deines eigenen Verstandes zu bedienen!« mit eigener Urteilsbildung aus der Unmündigkeit zu befreien. Zum herausragenden Dokument dieser Epoche wurde die zwischen 1751 und 1772 von Denis Diderot und Jean le Rond d'Alembert herausgegebene *Encyclopédie ou dictionnaire raisonné des sciences, des arts et des métiers*. Die in dem 28-bändigen Werk versammelten Autoren – darunter Rousseau, Voltaire und Montesquieu – erstellten ein Kompendium des Wissens ihrer Zeit über die neu gesehene Welt. Die Entwicklungen gipfelten in der Französischen Revolution, in der der freie Mensch als handelndes Subjekt auf den Plan trat.

Durch die politischen Umbrüche und wissenschaftlichen Fortschritte dieser Zeit stellte sich auch die Frage nach dem Verhältnis des Menschen zu seinem Lebensraum Erde neu. Die Erforschung der Natur wurde jetzt von einem Geist getragen, demzufolge alle Vorgänge auf der Erde ohne übernatürliche Deutungen auskommen mussten. Systematisch durchstreiften die Pioniere der Geologie und Biologie die Landschaften. Sie sammelten Steine, Pflanzen und Fossilien und versuchten ihr Wesen zu ergründen. Sie fügten ihre Entdeckungen sorgfältig zu kunstvollen Erdschichtenkartierungen zusammen und konnten dadurch zeigen, dass die Erde nicht aus einem Ei geschlüpft, sondern über sehr lange Zeiträume entstanden war. Die Erkenntnisse der Geologen wurden in bahnbrechende Technologien übersetzt. Die Ressourcen der Erde wurden darauf abgeklopft, ob sie zum Nutzen der Menschen eingesetzt werden konnten. Die Chemie und die Materialwissenschaften brachten moderne Werkstoffe aus Stahl, Glas, Keramik und Kunststoffen hervor. Erdöl, Gas und Kohle wurden zu den primären Energieträgern und ermöglichten die industrielle Revolution. Von dieser bewegten Zeit der Naturwissenschaften im 18. und 19. Jahrhundert zeugen auch die fantastischen Romane von Jules Verne. Sie sind typisch für die damalige Aufbruchsstimmung und den Glauben, dass dem Menschen auf der Erde keine Grenzen mehr gesetzt sind. Sein Roman *Die Reise zum Mittelpunkt der Erde* formulierte eine Fiktion, die bis heute Traum geblieben ist. Andere Visionen wie *Von der Erde zum Mond* sind ein paar Jahrzehnte nach ihrer Veröffentlichung verwirklicht worden. Vor kurzem wurde die bislang leistungsfähigste europäische Raumfähre fertig gestellt und nach dem großen alten Mann der Sciencefiction benannt.

Den wichtigsten Beitrag zum Verständnis der Prozesse, die sich im Inneren unseres Planeten abspielen und damit das gesamte »System Erde« steuern, lieferte die Theorie der Plattentektonik. Sie wurde erst in den 1960er- und 1970er-Jahren entwickelt. Ihr Wegbereiter war Alfred Wegener, der zu Beginn des 20. Jahrhunderts mit seiner Theorie der Kontinentalverschiebung erstmals darlegen konnte, dass die riesigen Kontinente auf der Erdoberfläche niemals still stehen und dass sie einst sogar im eingangs erwähnten Superkontinent Pangäa zusammengeschlossen waren. Auf Grundlage der Theorie der Plattentektonik konnte in den letzten 30 bis 40 Jahren ein umfassendes Wissen darüber, wie sich Kontinente und Ozeane an der Erdoberfläche bewegen und wie und warum Gebirge, Vulkane und Erdbeben kommen und gehen, entwickelt werden. Die Geowissenschaften wurden zu einem der bedeutendsten Zweige der Naturwissenschaften.

Nach und nach wurde das System Erde analysiert. Man erkannte, dass alle natürlichen Vorgänge auf der Erde – ob Regen, Sturm, Beben oder Vulkanausbrüche – wie in einem lebenden Organismus zusammenhängen und dass dieses komplexe Wechselspiel den Fortbestand des Lebens ermöglicht. Damit konnte auch der Mensch an die Stelle gerückt werden, an der wir ihn heute sehen: Er ist ein bedeutender Mitspieler im komplexen System Erde. Sein Agieren beeinflusst die biologischen und physikalischen Prozesse, die sich in unserem Lebensraum abspielen. Wir wissen heute, dass die Nutzung der natürlichen Ressourcen deutliche Spuren hinterlässt. Umfangreiche Studien zum Treibhauseffekt, der sehr wahrscheinlich durch die Verbrennung fossiler Energieträger beschleunigt wird, sind beispielhaft für diese neue Sicht.

Deutlich wird an diesem Diskurs aber auch eine ausgeprägte Skepsis bezüglich des vermeintlichen Fortschritts. Das in der Moderne gewachsene Selbstbewusstsein der Menschen im Umgang mit ihrer Umwelt hat im 20. Jahrhundert Risse bekommen. Dabei geben die Erkenntnisse der Geowissenschaften allen Grund zum Optimismus. Sie haben es überhaupt erst ermöglicht, so etwas wie die Klimaerwärmung festzustellen und einen Zusammenhang mit der Emission von Kohlendioxid zu erkennen. Sie eröffnen mit diesen und anderen Thesen und Theorien auch die Chancen, tatsächliche von fiktiven Problemen zu unterscheiden, die wirklichen in den Griff zu kriegen und uns den Aufenthalt auf der Erde so lange so angenehm wie möglich zu gestalten.

Im Hinblick auf das Verhältnis von Mensch und Erde haben uns die Geowissenschaften aber auch auf den Boden der Tatsachen zurückgeholt. Eine Reise zum Mittelpunkt der Erde, die Verne vorschwebte, wird niemals möglich sein, weil es dort schlicht zu heiß ist. Und obwohl die Geowissenschaften den Menschen als aktiven Mitspieler im System Erde im Auge haben, wissen sie auch, dass sein Wirken in erdgeschichtlicher Perspektive für das Schicksal des Planeten vollkommen unbedeutend ist. Er kann zwar vieles bewirken, bleibt aber dennoch ein Winzling. Gegen die Kräfte, die im Erdinneren und in unserem Sonnensystem wirken, hat der Mensch nichts zu melden. Trotz anhaltender CO_2-Emissionen und derzeitiger Klimaerwärmung ist davon auszugehen, dass uns in den nächsten zigtausend Jahren eine neue Vereisungsperiode bevorsteht, die unsere Nachfahren sehnsüchtig an die mollig warmen Zeiten zu Beginn des dritten Millenniums zurückdenken lassen wird. Der Mensch kann auch nichts daran ändern, dass in ein paar Milliarden Jahren die Erde verschwinden wird, weil sich die Sonne in ihrem eigenen Todeskampf zu einem gefräßigen »roten Riesen« entwickelt und das ganze Sonnensystem verbrennt. Doch deshalb muss sich niemand Sorgen machen, denn mit an Sicherheit grenzender Wahrscheinlichkeit wird die Spezies Mensch schon lange zuvor ausgestorben sein. Denn die Antriebsmaschinen der Erde werden erlahmen; den Kernreaktionen im Erdinneren wird der Brennstoff ausgehen. Die Erde wird sich in etwa 500 Millionen Jahren so weit abgekühlt haben, dass alle lebenserhaltenden Prozesse, von denen in diesem Kapitel die Rede ist, zum Erliegen kommen. Es wird bitterkalt, die Platten der Erdkruste und die Erdrotation werden zur Ruhe kommen, Vulkane werden schweigen, Erdbeben der Vergangenheit angehören. Der Planet Erde wird wie schon Mond, Mars und Venus »geologisch einfrieren« und in einen Tiefschlaf verfallen. Alles Leben auf Terra wird zugrunde gehen.

Doch Kopf hoch! Ein bisschen Zeit haben wir ja noch. Und so unbeherrschbar die Naturgewalten heute (wieder) erscheinen mögen: Je besser wir die Mechanismen kennen, desto eher werden wir in der Lage sein, in sie einzugreifen und mit den immer neuen Herausforderungen umzugehen. Es lohnt sich also sicher, die Lebensprozesse auf der Erde weiter zu erforschen und Wissen zu sammeln. Vielleicht finden wir sogar einen Weg, vor dem Tod von Erde und Sonne Leben auf anderen Planeten anzusiedeln.

Auf jeden Fall wird uns eine gewisse Ehrfurcht vor den Kräften der Natur auch in Zukunft nicht schaden. Außerdem sollten wir nicht vergessen, dass auch in der Natur der Zufall eine Rolle spielt. Wir haben es sogar einer ganzen Reihe von glücklichen Zufällen in der Urzeit zu verdanken, dass es uns überhaupt gibt. Hätte die Erde nämlich nur einige tausend Kilometer weiter weg von der Sonne ihre Kreisbahn gefunden, wäre es auf der Oberfläche rasch bitterkalt und lebensfeindlich geworden. Nur wenig näher an der Sonne wäre wiederum die Hitze unerträglich. Glück haben wir auch mit der Form unseres Planeten. Die Erde hat genau die richtige Größe, um Gase wie Sauerstoff in der Atmosphäre halten und Wasser aus dem Erdinneren durch Vulkantätigkeit freisetzen zu können. Ohne flüssiges Wasser, das es bekanntlich nur zwischen null und hundert Grad Celsius gibt, hätte wahrscheinlich überhaupt kein Leben zumindest in der uns bekannten Form entstehen können.

Von den Schöpfungsmythen zur Neuzeit

Die Erde und ihre Naturgewalten übten schon sehr früh eine große Faszination auf die Menschen aus. Schon unsere Vorfahren dachten darüber nach, wie Erde und Sterne überhaupt entstanden sein konnten und wer oder was Menschen, Tiere und Pflanzen geschaffen hatte. Jahrtausendelang mussten sie sich mit mythischen Deutungen zufrieden geben, denn es fehlte noch an grundlegendem Wissen über die Entstehung der Erde und des Kosmos. Im Lauf der Zeit aber sammelten die alten Denker immer mehr Erfahrungen und Wissen und emanzipierten sich langsam auch von den herrschenden Denk- und Machtstrukturen. Dabei zeigte sich schon ganz früh jener Gegensatz zwischen der Idee der Selbstorganisation der Erde auf der einen Seite und dem Glauben an göttliche Schöpfung auf der anderen, der bereits im vorigen Kapitel im Abschnitt über die »darwinsche Revolution« angesprochen wurde und der auch heute noch die Gemüter bewegt.

Die alten Reiche und Naturvölker

Die ersten großen, politisch organisierten Reiche etablierten sich in den Flusstälern Afrikas und Asiens – dazu zählte Ägypten, das zwischen 3100 und 2900 v. u. Z. entstand und bis zur Eroberung durch die Römer im Jahre 30 v. u. Z. existierte. Das Ägyptische Reich war streng hierarchisch geordnet. Ganz oben standen die Götter, an zweiter Stelle kamen die Toten, und erst ganz unten in der Hierarchie waren die Menschen angesiedelt, die von einem Pharao beherrscht und zum Teil geknechtet wurden. Die Machthaber Ägyptens zeigten zwar nicht so sehr Interesse an politischen und geistigen Innovationen wie später die Griechen. Dennoch wurde in den gebildeten Kreisen über den Sinn und die Entstehung des Lebens nachgedacht. Die Philosophie der ägyptischen Gelehrten, die hieraus entstand, umfasste die Theogonie, die Kosmogonie sowie Mathematik und Physik. Unter Theogonie ist die Lehre von der Abstammung der Götter zu verstehen. »Wer wissen will, wie die Welt beschaffen ist«, so der Philosoph Jürgen Mittelstraß, »wird in endlose Familienstreitigkeiten unter Göttern hineingezogen.« Zur Kosmogonie zählen weiter gehende Fragen nach der Weltentstehung.

Wie andere Frühkulturen gingen auch die Ägypter davon aus, dass alles, was es gab, in einem irgendwie gearteten »Chaos« begonnen hatte und dass erst durch die Verbindung verschiedener Elemente und vor allem durch Gottes Wirken eine Ordnung in die Welt gekommen war. In der ägyptischen Schöpfungsmythologie gab es die Vorstellung des Urgewässers Nun, aus dem sich die Erde als Hügel erhob. Auf diesem Hügel lag ein Ei, aus dem eine Gans schlüpfte, die die Menschen als Sonnengott Re verehrten. In einer anderen Überlieferung aus Ägypten wird vom Wassergott Re berichtet, der mit einer Scholle Land unterm Arm aus dem Urozean emporstieg, um die Welt und ihre Ordnung zu schaffen. Die jeden Abend von den Göttern entzündeten Fixsterne am Firmament wurden als Ausdruck des göttlichen Wirkens interpretiert.

Die Gelehrten hatten beachtliche Erkenntnisse, aber sie waren noch weit davon entfernt, so etwas wie eine wissenschaftlich anmutende Theorie der Erdentstehung zu präsentieren. Angesichts des damaligen Wissensstandes, der über die Jahrhunderte beständig anwuchs, waren ihre intellektuellen Leistungen nicht weniger bedeutend als die der heutigen Forscher. So war Eratosthenes von Cyrene (ca. 276–194 v. u. Z.), dem heutigen Shahat in Libyen, der Erste, der den Durchmesser der Erde berechnen konnte. Er kam darauf, indem er die verschiedenen Schattenwürfe der Sonne an unterschiedlichen Orten zur exakt gleichen Tageszeit untersuchte und aus den Messungen eine mathematische Formel für den Erdumfang, ihren Radius und Durchmesser ableitete.

Die Fixierung auf die Götter war für alle Frühkulturen typisch. Man findet sie auch bei den Sumerern, die sich ab 3400 v. u. Z. um Sumer im südlichen Irak (dem damaligen südlichen Mesopotamien) ansiedelten. Aus dieser Zeit und der sumerischen Stadt Uruk stammen die frühesten uns bekannten Schriftzeichen. Da es sich bereits um ein vollständiges Bilderschriftsystem mit über 700 Zeichen handelte, muss die Entwicklung der Schrift schon viel früher eingesetzt haben. Die Gerste wurde auf Tontafeln durch die vereinfachte Abbildung einer Ähre dargestellt. Schwierigere Sachverhalte wurden durch Zeichenkombinationen ausgedrückt – ein Kopf neben einer Schale bedeutet »essen«. Auf den Tontafeln sind auch Szenen aus den sumerischen Schöpfungsmythen festgehalten. So gingen die Sumerer davon aus, dass zunächst Himmel und Erde voneinander getrennt wurden, um die Muttergottheiten An, Enlil, Utu und Enki hervorzubringen, die sich dann auf der Erde niederließen, um über das Schicksal der Menschen zu wachen.

Andernorts ging man davon aus, dass Erde und Himmelskörper gar nicht real existierten, sondern nur die »Emanation« einer Gottheit waren, das heißt, alle Dinge wurden für fiktive Erscheinungen einer vollkommenen Gottheit gehalten, die sich zu diesem wundersamen Schauspiel auf der Erde bemüßigt fühlte. In den alten Kulturen Persiens und Indiens waren solche Ansätze weit verbreitet. In der hinduistischen Vendata-Lehre beispielsweise galt die Welt als reine Illusion.

Viele Naturvölker begnügten sich in ihren Schöpfungsmythen mit nur einem Schöpfer. Auch die Welterschaffung war einfach gestrickt: Man glaubte zum Beispiel, eine Krähe, eine Schildkröte oder ein alter Mann hätten aus einem Stück Lehm die Erde und die Sterne geformt.

Für die Irokesen, eine der frühen Indianergesellschaften Nordamerikas, die sich ab etwa dem Jahre 300 bildete, entstand der Kontinent, als eine schwangere Frau vom Himmel zur Erde hinabgestoßen wurde. Die Erde war von einem endlosen Ozean bedeckt. Ein Seevogel fing die Frau auf und setzte sie auf den Rücken einer aufgetauchten Seeschildkröte. Aber dort war es sehr eng, weshalb eine Bisamratte eine Hand voll Erde vom Meeresboden holte und auf den Schildkrötenpanzer legte. Der Panzer fing daraufhin an zu wachsen und bildete schließlich Nordamerika, das die Irokesen bis heute als Turtle Island (Schildkröteninsel) bezeichnen.

Auf mehreren Inseln Südostasiens wurde dagegen die Schwalbe als Schöpfer der Welt vergöttert. Am weitesten verbreitet war die Vorstellung eines Uruniversums in der Form eines Welteneis, in dem sich alle für die Schöpfung notwendigen Zutaten befanden. Die Verehrung des Eis lag durchaus nahe, konnten unsere Vorfahren doch täglich beobachten, dass allerlei Kreaturen wie Krokodile, Schildkröten und sämtliches Federvieh aus Eierpellen schlüpften. In Westafrika besagt ein Mythos, dass die Schale dieses Welteneis bei einem Beben aufbrach, das vom Schöpfergott Amma ausgelöst worden war. Im kosmischen Weltenei der Chinesen hingegen wuchs der göttliche Urahn Pan Gu erst 18 000 Jahre heran, bis die Schale in zwei Teile zerbrach.

Nach dieser Legende aus der Zeit der chinesischen Shang-Dynastie, die um 1766 v. u. Z. von König T'ang begründet wurde, zerbricht das Ei in zwei Hälften, die unterschiedliche Eigenschaften haben. Die lichte Hälfte bildete den Himmel und die dunkle wurde zur Erde. Eine ähnliche Dualität gab es bei den Maori, einem polynesischen Volk, das sich zwischen 900 und 1000 v. u. Z. auf Aotearoa, dem heutigen Neuseeland, ansiedelte. Bei ihnen wurde die Welt geschaffen, als sich zwei Schöpferfiguren aus der Umarmung lösten und dadurch ihre Positionen im Kosmos einnehmen konnten: Rangi (der männliche Himmel) und Papa (die weibliche Erde).

Dass Männer und Frauen zu besonderen Schöpfungsakten in der Lage waren, war bekannt und spiegelte sich in den Mythen wider. Eine interessante Variante stammt von den Bambara-Königreichen Westafrikas: Dort stieß ein kosmisches Ei einen ohrenbetäubenden, schrillen Laut aus und schuf dadurch sein gegengeschlechtliches Ebenbild – und damit die göttlichen Ureltern der Welt. Ein anderer in Afrika überlieferter Schöpfungsmythos besagt, dass am Anfang der Welt nur eine Götter-Mutter existierte. Sie lebte im Himmel und schuf dort neben den Menschen auch die Tiere und Geister, die lange Zeit gemeinsam im Himmel lebten und sich dort vermehrten. Als es im Himmel zu eng wurde, wurde die Erde geschaffen, indem Gott Staub mit Wasser mischte und kreisrund formte. Über eine lange Kette wurden dann Menschen und Tiere auf die Erde hinuntergelassen.

In den meisten frühen Schöpfungsmythen ist die Darbringung von Tier- und Menschenopfern ein zentrales religiöses Ritual. Die Vorstellung, dass der Schöpfungsakt durch einen Opfertod eingeleitet worden war, war nicht eben selten und forderte unzählige Menschenleben. Im Aztekenreich spielte der Opferkult eine große Rolle. Die Azteken übernahmen im Jahre 700 die kulturelle Hoheit im Hochland Mexikos von den Teotihuacán. Den Höhepunkt seiner Macht erlebte das Aztekenreich unter Itzcoatl zwischen 1428 und 1440. Bei der Begegnung mit den Spaniern 1519 zählte dieses Volk etwa 5 Millionen Menschen. Binnen eines Jahres wurde das Reich der Azteken brutal zerschlagen. Ein paar Jahre später drangen die Spanier ins Hochland der Anden vor und stießen dort auf eine weitere Hochkultur – das Reich der Inka. Der Inkastaat war erst um 1200 von Manco Capac in Cuzco gegründet worden. Er bestand zunächst aus nicht viel mehr als der Stadt und dem umliegenden Tal. In der Quechua-Sprache, die in den Anden noch heute gesprochen wird, bedeutet cuzco aber so viel wie »Nabel«. Die Inka sahen ihre Hauptstadt als Mittelpunkt des Universums, der von den vier Vierteln der Erde umgeben war. Im 15. Jahrhundert entwickelte sich der Inkastaat zum größten präkolumbianischen Reich ganz Nord- und Südamerikas und erstreckte sich vom heutigen Quito in Ecuador bis nach Santiago de Chile. Nach einem Bürgerkrieg und der Invasion der Spanier brach das Inkareich mit seinen etwa 12 Millionen Einwohnern zusammen. Die schönste Inka-Stadt Machu Picchu in der Nähe der einstigen Hauptstadt Cuzco ist bis heute eine beliebte Touristenattraktion. Auch die Inka brachten Menschenopfer, zum Beispiel wenn ein Inkakaiser starb. Dann wurden junge Mädchen betäubt, geköpft und mit dem toten Herrscher begraben.

Die biblische Genesis

Zu einer Schöpfungsgeschichte besonderer Art ohne solche Opferrituale bekannten sich lange vor unserer Zeit die Hebräer, die sich nach ihrem Stammvater Abraham Israeliten und Juden nannten. Im Gegensatz zu den ägyptischen Schöpfungsmythen gibt es weder im Judentum noch in dem aus ihm hervorgegangenen Christentum Hinweise auf eine Art Selbstorganisation der Erde. Im Alten Testament sucht man auch vergeblich nach einem Urstoff, aus dem die Welt hätte entstehen können. Stattdessen wird ganz auf den alleinigen Schöpfer gesetzt, durch dessen Wort die Erde und das Leben erschaffen wurde. Zwei Schöpfungsberichte (Genesis) sind überliefert worden. Beim zweiten (Gen 2,4b–25) handelt es sich um eine Erzählung, die 950 v. u. Z. in Palästina niedergeschrieben wurde: Gott formt einen Mann aus Ackererde und lässt ihn in seinem Paradies als Gärtner arbeiten. Tiere und eine Frau werden ihm als Hilfe zur Seite gestellt. Es kommt zum Sündenfall, Adam und Eva werden aus dem Paradies verstoßen. Der erste Schöpfungsbericht (Gen 1,1–2,4a) ist zwischen 586 und 538 v. u. Z. als Gedicht niedergeschrieben worden. Es verkündete eine durch und durch geordnete Schöpfung: Gott schafft in sechs Tagen die Zeit, den Himmel und die Erde und alle Lebewesen, am siebten Tag ruht er sich aus.

Im Unterschied zu den Schöpfungsmythen anderer Völker haben Himmel und Erde hier keinen mythisch-göttlichen Charakter. Der Mensch wurde als die »Krönung der Schöpfung« als Ebenbild Gottes präsentiert. Der Auftrag »Unterwerft euch die Erde; herrscht über die Tiere!« erregt bis heute die Gemüter; bedeutsam daran war, dass er den Menschen über alle anderen Formen des Lebens stellte.

Die Griechen und der Beginn der Wissenschaft

Wenn es darum ging, die Ursprünge des Lebens auf der Erde zu erkunden, waren die Griechen allen damaligen (und selbst vielen nachkommenden) Völkern weit voraus. Im alten Griechenland hat die moderne Wissenschaft ihre Wurzeln. Bis heute ist nicht abschließend geklärt, wie dieser bedeutende Wandel zu erklären ist. Die Griechen beschäftigten sich ebenfalls mit philosophischen Fragen über Leben und Tod und auch ihre theoretischen Ansätze umfassten die Theogonie und Kosmogonie. Eine erste umfassende Lehre von der Abstammung der Götter (Theogonie) formulierte Hesiod, der um 700 v. u. Z. lebte. Geläufiger ist uns sein Zeitgenosse Homer, der in seinen Erzählungen *Ilias* und *Odyssee* eine wundersame Götterwelt präsentierte. Diese war so vielfältig wie das griechische Reich, das aus einer Vielzahl weitgehend unabhängiger Stadtstaaten, den Poleis, bestand. Sie reichte von A wie Aphrodite (der Göttin der Liebe und der Schönheit) bis Z wie Zeus (dem Beherrscher aller Götter und Menschen und dem

Hüter von Gerechtigkeit und Schicksal). In den Erzählungen Homers haben die Götter geradezu menschliche Züge und steigen bereitwillig herunter vom Olymp.

Die Griechen entwickelten eine zuvor ungekannte Bereitschaft, Althergebrachtes zu überdenken und in Frage zu stellen, was beeindruckende naturphilosophische Ansätze begründete. Wie keine andere Kultur der Antike studierten sie systematisch natürliche Vorgänge im Himmel und auf der Erde und begannen den Zauber der Erdgeschichte zu lüften. Das Studium der Sternenlaufbahnen und der Schattenwürfe der Sonne brachte griechische Gelehrte, darunter den berühmten Pythagoras (580–500 v. u. Z.), zum Beispiel schon im 6. Jahrhundert vor unserer Zeit zu dem Schluss, dass die Erde rund und keine Scheibe war. Als Beweis für ihre These hielten sie den Skeptikern entgegen, dass ein Schiff am Horizont nicht nur immer kleiner wurde, sondern auch langsam abtauchte, als würde es einen Abhang hinuntersegeln. Außerdem deutete die Beobachtung des Mondes auf die Kugelform der Erde hin, denn der Schatten, den die Erde warf, war seit jeher immer und überall kreisförmig.

Angesichts der damals noch sehr populären Schöpfungsmythen mag man sich vorstellen, wie die Menschen nach der Verkündung solcher Erkenntnisse zu grübeln begannen. Auch das war neu, damit entstand im alten Griechenland erstmals so etwas wie eine »kritische Diskussion«. Die Gelehrten suchten gezielt nach Widersprüchen zwischen den populären Weltbildern und der Wirklichkeit und sie debattierten über deren Auflösung, ohne dabei auf religiöse Vorurteile oder Aberglauben Rücksicht zu nehmen. Ein Ansatz, den sie damals vertraten, klingt aus heutiger Sicht ziemlich selbstverständlich: Sturm, Blitz oder Donner sollten nicht mehr länger das Werk von Göttern oder Dämonen sein. Stattdessen gingen sie von einem natürlichen Ursprung aus, den es zu erforschen galt. Dazu mussten sie – als Grundannahme sozusagen – voraussetzen, dass das menschliche Wissen ständig erweitert werden konnte, dass Wissen also kein statisches Konstrukt war. Die Idee, dass der menschliche Geist die Welt und ihre Ordnung verstehen könne, war damals neu und herausfordernd zugleich. Die alten Griechen brachten es mit solchen Thesen als Erste fertig, über Wissen und Wissenschaft an und für sich abstrakt zu philosophieren.

Ab dem 6. Jahrhundert v. u. Z. vollzog sich in Griechenland eine gewaltige Wissensexplosion, bei der so manche althergebrachte Weltsicht entzaubert wurde. Die materielle Basis für diesen ersten Aufbruch der Wissenschaften bildete der in dieser Zeit stark expandierende Handel sowie die Gründung von zahlreichen griechischen Stadtstaaten und Kolonien, die miteinander kooperierten und konkurrierten, und nicht zuletzt die Entwicklung der ersten Geld- und Schriftformen. Zu einem bedeutenden Vordenker der Griechen sollte Thales von Milet werden, der von 625–547 v. u. Z. lebte. Viele Historiker bezeichnen ihn sogar als den Urvater der Wissenschaften. Dass er zu solchem Ruhm gelangte, lag an seiner Klugheit und an der Besonderheit der Stadt, in der er lebte: Milet war seit dem 10. Jahrhundert v. u. Z. die größte und wohlhabendste griechische Siedlung. Sie war von den griechisch sprechenden Ioniern weit im Süden der kleinasiatischen Küste Ioniens gegründet worden und lag an der Mündung des Mäander in das Ägäische Meer.

Von Milet aus gründeten die Ionier vor allem an den Küsten des Schwarzen Meeres etwa 80 Kolonien. Die antike Stadt entwickelte sich zu einem bedeutenden kulturellen Zentrum und wurde zum Ausgangspunkt weit reichender Handelsbeziehungen. In Milet endeten die großen Karawanenstraßen, die aus dem Innern des asiatischen Kontinents kamen. Ab dem 6. Jahrhundert v. u. Z. hatte Milet den wohl bedeutendsten Handelshafen. Hier wurden die aus Asien stammenden Waren auf Schiffe verladen und nach Griechenland verfrachtet. Mit diesem Warenstrom kamen auch Kenntnisse über kulturelle Errungenschaften und Technologien der asiatischen Völker zu den Ioniern und den Griechen. So wurden die Griechen nicht nur schon früh mit allerlei fremden Schöpfungsmythen und Göttern konfrontiert. Sie lernten auch die Handwerkskünste fremder Länder kennen. Die Verarbeitung von Schilfgras zu Papyrus, das sich beschreiben ließ, war ein ägyptisches Importprodukt, welches die Entwicklung der Schrift in Griechenland enorm beflügelte. Entscheidend aber war, dass der Zeitgeist die Öffnung nach außen und neues Wissen nicht als Bedrohung des Bestehenden abwehrte wie in vielen anderen Kulturen, sondern als Bereicherung willkommen hieß.

In dieser geistig inspirierenden Oase Milet wurde Thales geboren. Seine Genialität bestand darin, das aus der Ferne zusammengetragene Wissen klug zu sortieren und darüber hinaus Theorien, Abstraktionen und Hypothesen zu formulieren, ohne sich zunächst um die praktischen Folgen zu scheren. Natürlich hatten viele Überlegungen keinen Bestand. Einige aber doch. So heißt es, er habe dank der systematischen Beobachtung der Sterne 585 v. u. Z. eine Sonnenfinsternis vorhergesagt. Falsch lag er dagegen mit seiner Behauptung, die Erde schwimme auf Wasser, welches für ihn der Urstoff aller Materie war. Aber mit seiner Urstoff-These, die besagt, es gäbe einen physikalischen Grundstoff, aus dem alle Dinge der Welt entstanden sind, war er vielen seiner Zeitgenossen voraus. Thales konnte eine ganze Generation von Griechen inspirieren. Er brachte ihnen auch bei, die Weisheiten ihrer Lehrer nicht einfach unhinterfragt abzunicken. Diesem Rat folgte sein Schüler Anaximander (611–547 v. u. Z.), der seinem Meister in vielerlei Hinsicht widersprach. Für Anaximander schwamm die Erde nicht einfach auf Wasser. Vielmehr hatte sie für ihn die Form einer zylindrischen Trommel und schwebte inmitten der Welt. Und nicht Wasser, sondern ein gasförmiges Etwas, das er »Apeiron« taufte, galt ihm als Urstoff aller Materie. Anaximander brachte für die damalige Zeit erste, weit vorausschauende biologische Entwicklungsgedanken hervor. Er meinte beispielsweise, die ersten Lebewesen seien im Wasser entstanden und der Mensch stamme vom Tier ab.

Auch die These, die Ordnung im Kosmos habe sich aus sich selbst heraus entwickelt, wurde von den Griechen sehr weit getrieben. Dieser Ansatz zeigte sich schon bei

Hesiod, dem bereits erwähnten Dichter, der mit Homer die olympische Religion schuf. Bei ihm gab es zwar ein Urchaos, aus dem sich die Erde spontan ohne göttlichen Eingriff entwickelt hatte. Auch sämtliche Elemente, die zum Leben auf der Erde notwendig waren, sollten Hesiod zufolge aus eigenem Vermögen entstanden sein. Damit lag auch dieser alte Grieche (wie wir noch sehen werden) schon ganz gut im Einklang mit unserem modernen Weltbild, demzufolge die Erde aus einer Wolke aus rotierendem Gas und Staub entstanden ist.

Auch die griechischen Atomisten kamen früh und für alle Zeiten zu Ruhm und Ehre. Sie formulierten erste atomphysikalische und astrophysikalische Thesen, aus denen naturwissenschaftlich anmutende Erklärungen für die Beschaffenheit von Materie abgeleitet wurden. Als Erfinder des Atomismus galten Demokrit von Abdera (460–375 v. u. Z.) und der etwa zeitgleich lebende griechische Philosoph Leukipp. Sie lehrten, dass in einem Wirbel unteilbarer Atome, die sich spontan bewegten und Verbindungen eingehen konnten, das Universum samt Erde und Sterne seine jetzige Form gebildet hatte. Ausgangspunkt waren auch hier philosophische Fragen über die Entstehung und Wahrnehmung des Lebens. So beschäftigten sich die beiden auch mit optischen Täuschungen und subjektiven Empfindungen von Farbe, Geschmack und Temperatur. Das versuchten sie mit Studien der Natur zu verknüpfen. Historiker meinen, ein Experiment wie das folgende könnte Demokrit und Leukipp auf ihr Atommodell gebracht haben: Wenn man ein Tongefäß in einen Behälter mit salzigem Meerwasser stellt, sickert nach und nach Wasser durch die Wand ins Innere des Gefäßes. Aber dieses Wasser ist dann längst nicht so salzhaltig wie das Meerwasser. Hieraus lässt sich folgern, dass das Salz aus kleinen Atomen besteht, die von der Tonwand zurückgehalten werden.

Das Wissen der alten Griechen verdichtete sich nach und nach zu einer zuvor ungekannten interdisziplinären Wissenschaft der Selbstorganisation eines komplexen Weltsystems. Freilich blieb vieles noch reine Spekulation und mit allerlei Mythen behaftet. Dennoch haben die Griechen das kritische, vorurteilsfreie Nachdenken über das Leben in wissenschaftlichen Kategorien erfunden und damit die Entwicklung der Menschheit wesentlich vorangebracht. Angesichts ihrer Leistungen im Bereich der Philosophie und Naturkunde mag nicht verwundern, dass sich ihre fortschrittliche Geisteshaltung in allen Bereichen des gesellschaftlichen Lebens spiegelte. Das griechische Staats- und Rechtssystem, ihr Verständnis von Politik, Moral und Ethik, aber auch Baukunst und Technik waren für die damalige Zeit einzigartig und zweifelsohne moderner als so manches, was später noch kommen sollte.

Naturforschung im Mittelalter

Die Herrschaft der Griechen wurde von den Römern beendet. Einige Historiker meinen, dass das Wissen der Griechen von Rom zwar adaptiert und zum Teil auch weiter-

entwickelt wurde, dass die Wissenschaft unterm Strich jedoch nur noch ein Schatten-
dasein fristete und erst Jahrhunderte später, im ausgehenden Mittelalter, eine neue Blütezeit erleben sollte. Ganz abwegig ist diese Vorstellung nicht. Aber es wäre natürlich
falsch und unhistorisch zu glauben, dass ab dem 16. Jahrhundert ein neuer Aufschwung
der Naturwissenschaften möglich werden konnte, ohne dass die Menschheit in der
Zwischenzeit zu weiteren wichtigen Erkenntnissen und Erfahrungen gelangt wäre. Die
im Christentum erfolgte »Entgöttlichung« der Welt machte diese sogar in besonderem
Maße für die Naturforschung frei. Auch wenn die Wissenschaften über rund ein-
einhalbtausend Jahre oft einen schweren Stand hatten, sich gegen Dogmen, Religion
und Herrschaftsansprüche frei zu entwickeln, brachte jede Epoche brillante Denker
hervor, die dafür sorgten, dass das Wissen über die Erde anwuchs. Sie standen in der
Tradition ihrer Vorfahren aus den frühen Hochkulturen, insbesondere Ägypten, Mesopotamien und Griechenland, und bemühten sich, Aberglauben zurückzudrängen, um
der wissenschaftlich fundierten Vernunft mehr Geltung zu verschaffen.

Im antiken Rom zählte der Philosoph Seneca (4 v. u. Z. – 65) zu den bedeutendsten
Gelehrten – er war Autor des enzyklopädischen Werkes *Naturwissenschaftliche Untersu-
chungen* und Berater des Kaisers Nero. Seneca betonte immerzu, dass die Fragen der
Menschheit über das komplexe Leben auf der Erde noch offen seien und dass nach der
Wahrheit gesucht werden müsse.

Nach dem Niedergang des Römischen Reiches und der Absetzung des letzten römischen Kaisers im Jahre 476 wurde das griechische Wissenserbe bis ins 11. Jahrhundert
zum Großteil in der islamischen Welt aufbewahrt und weiterentwickelt. Das Zentrum
der Naturwissenschaften wanderte nach Osten und speziell nach Bagdad, nachdem die
Kirchenväter im westlichen Europa argwöhnisch bis feindselig auf die Ausbreitung der
griechischen Lehren reagierten, die in vielfältigem Widerspruch zur Offenbarung standen. In den Islamkulturen erlebten vor allem die Medizin und die Astronomie neue Blü-
tezeiten. So gelang es zum Beispiel dem arabischen Naturforscher Abu-Ali Al-Hasan
Ibn al-Haitham (ca. 965–1041, auch Alhazen genannt), eine erste Theorie des Sehens zu
entwickeln, die auf physikalischen Überlegungen beruhte.

Aber auch die Hüter des Islam und Koran predigten einen Schöpfungsmythos, der
mit den zunehmend rationalen Ansätzen der Weltentdecker schwer in Einklang zu
bringen war, weshalb im 12. Jahrhundert unliebsame Naturforscher und Philosophen
zum Teil ins Exil getrieben wurden. Für ein paar Jahrhunderte war wissenschaftliche
Forschung hier wie dort nur unter erschwerten Bedingungen möglich. Kritisches Denken und Arbeiten wurde an vielen Orten zu einem gefährlichen Unterfangen, und
mystische Ideen fanden starke Verbreitung. Bedeutende wissenschaftliche Erkenntnisse der Antike wurden zum Teil verdrängt und gingen verloren. Schon die alten
Griechen hatten aus Naturbeobachtungen geschlossen, dass die Erde sehr alt und
langsam entstanden sein musste. Mehr als 1000 Jahre später drohten nun Folter und

Kerker der Inquisition, wenn man solche Thesen vertrat und das Sieben-Tage-Schöp-
fungswerk Gottes in Frage stellte. Innerhalb der Klostermauern und in den hoch entwickelten kirchlichen Bildungseinrichtungen entfaltete sich indes ein geistiges Leben,
das zum Ausgangspunkt einer neuen intellektuellen Blüte des Abendlandes werden
sollte.

Die Wiedergeburt der Naturwissenschaften

Ab etwa 1500 setzte die Wissenschaft zu ihrem zweiten und bislang ungebrochenen
Siegeszug an. Europa wurde zum neuen Zentrum von Bildung und Fortschritt –
obwohl China hinsichtlich der Entwicklung von modernen Technologien viel mehr zu
bieten hatte. Einer der wesentlichen Gründe hierfür war, dass sich in Europa nach dem
Ende des Römischen Reiches in geographischer wie politischer Hinsicht ein sehr
heterogenes Machtsystem herausgebildet hatte, das nur schwer auf einen Nenner zu
bringen und gegenüber fremden Einflüssen kaum abzuschotten war – ganz anders
China, das von einer alles dominierten Herrscherschicht angeführt und reglementiert
wurde. Der Einfluss von Teilen der fortschrittsskeptischen Kirche blieb zwar noch eine
gewisse Zeit in Europa groß. Aber schon die Konkurrenz zwischen unterschiedlichen
Richtungen und Orden der Kirche sowie besonders zwischen einzelnen Adelshäusern
ließ Stätten der Gedankenfreiheit und der kritischen Wissenschaft entstehen – zum Beispiel Großstädte wie Paris, in denen ab dem 12. Jahrhundert Universitäten gegründet
wurden. In der Kirche selbst regte sich zunehmend ebenfalls Widerstand gegen den
katholischen Fundamentalismus. Auf Dauer war es also nicht möglich, fortschrittli-
ches Gedankengut aus der europäischen Kultur zu verbannen. Enorm beflügelt wurde
der Aufbruch durch die Erfindung der Buchdruckkunst im 15. Jahrhundert. Gegen eine
anhaltende Stagnation sprach auch die Alltagserfahrung normaler Menschen, die
längst von technischen Fortschritten wie dem eisernen Pflug oder Wind- und Wasser-
mühlen profitierten und sich mehr solcher Verbesserungen erhofften. Die Entde-
ckungsreisen der großen Seefahrer wie Christoph Kolumbus (1451–1506) taten ihr Übri-
ges, um Europa aus seinen gedanklichen und geographischen Grenzen zu befreien. Wie
bei den seefahrenden und handelnden Griechen wurde das gesellschaftliche Leben
durch die multikulturellen Kontakte und den zunehmenden materiellen Wohlstand auf
allen Ebenen beflügelt. Die Marktwirtschaft entwickelte sich, die aktive Gestaltung des
politischen Gemeinwesens durch die Bürger bis hin zur Demokratie nahm ihren
Anfang.

Die Wissenschaften glänzten in dieser als Renaissance bezeichneten Epoche wie nie
zuvor. Ganz zentral wurden auch Fragen nach der Entstehung der Erde und des Lebens
diskutiert. Viele neue Wissenschaftszweige entstanden – darunter auch die Geowis-

senschaften. Die ersten sehr bedeutenden Fortschritte wurden im Bereich der Sternenforschung erzielt. Weitgehend unbestritten galt bis zum Ende des Mittelalters das geozentrische Weltbild, demzufolge die Erde den Mittelpunkt des Sonnensystems bildete. Der im 2. Jahrhundert in Alexandria lebende einflussreiche Astronom Claudius Ptolemäus (ca. 100–160) hatte diese Lehre in seinem umfangreichen Werk *Almagest* niedergeschrieben. Seitdem war sie zwar immer wieder in Frage gestellt worden, gültig blieb sie dennoch. Das sollte sich erst ändern, als der 1473 im ostpreußischen Thorn geborene Nikolaus Kopernikus auf den Plan trat. Er studierte in Krakau, Rom, Padua und Ferrera die Fächer Mathematik, Medizin, Jura – und mit besonderer Leidenschaft Astronomie. Dabei setzte er sich intensiv mit den griechischen Lehren auseinander und stellte sie auf die Füße. Kopernikus wurde zum Begründer des heliozentrischen oder auch kopernikanischen Weltbildes, demzufolge sich die Erde einmal am Tag um sich selbst dreht und in einem Jahr die Sonne umwandert. Doch Kopernikus scheute schließlich die Konfrontation mit der Kirche und ließ sich mit der Herausgabe seines bedeutenden wissenschaftlichen Werkes *Sechs Bücher über die Umläufe der Himmelskörper* viel Zeit, sodass es unvollendet blieb und erst posthum veröffentlicht werden konnte. Selbst darin erklärte er nur sehr verklausuliert, was er über die Stellung der Erde herausgefunden hatte. Offenbar befürchtete er, in die Wirren einer von ihm ausgehenden intellektuellen Revolution zu geraten. Unbegründet war das nicht: Der Papst ließ das Werk von Kopernikus auf den Index setzen.

So sollte es noch etwa ein Jahrhundert dauern, bis von einer kopernikanischen Wende tatsächlich die Rede sein konnte. Zuzuschreiben ist das vor allem dem Wirken von Johannes Kepler (1571–1630), der im württembergischen Weil der Stadt geboren wurde. Da auch ihm die wissenschaftliche Arbeit nicht leicht gemacht wurde, siedelte er nach Prag über, wo er zum kaiserlichen Mathematiker ernannt wurde und gemeinsam mit dem Dänen Tycho Brahe (1546–1601) astronomische Forschung betrieb. Die beiden stritten nächtelang über die Theorien von Kopernikus. Brahe war ein Anhänger der Lehren von Ptolemäus, während Kepler, ohne ein Blatt vor den Mund zu nehmen, das kopernikanische Weltsystem verteidigte. Sehr bedeutend waren auch die von ihm formulierten Gesetze zur elliptischen (statt kreisförmigen) Bewegung der Planeten, auf die wir im nächsten Kapitel eingehen. Er vermutete außerdem, dass die Planeten von Fernkräften auf ihren Bahnen gehalten wurden und verwarf damit die von den Griechen überlieferte Meinung, hier seien göttliche Mächte am Werk. Auf Kepler, der 1630 in Regensburg starb, folgten weitere Wissenschaftsgenies. Gegen Ende des 17. Jahrhunderts konnte der in Cambridge studierte Isaac Newton (1643–1727) die Richtigkeit der keplerschen Annahmen untermauern. Er stellte seine berühmten Gravitations- und Bewegungsgesetze auf und gilt als Begründer der Mechanik. Sein berühmtestes Buch lautet *Mathematische Prinzipien (Philosophiae naturalis principia mathematica)* aus dem Jahre 1687. Darin erklärte er die Gesetze der Schwerkraft, die den Mond auf seiner Laufbahn

um die Erde festhält, zugleich die Gezeiten bewirkt und reife Äpfel auf die Erde plump-
sen lässt. Der englische Dichter Alexander Pope (1688–1744) war so beeindruckt von
dem als bescheiden, aber streitsüchtig geltenden Newton, dass er ihm folgenden Zwei-
zeiler widmete:

> »Die Natur und ihre Gesetze lagen verborgen im Dunkel der Nacht
> Gott sprach: Es werde Newton! Und alles wurde ans Licht gebracht.«

Vor Newton sollten noch andere bedeutende Forscher den Wissensstand der Menschheit erheblich erweitern. Einer davon war Galileo Galilei, 1564 in Pisa geboren, 1642 bei
Florenz verstorben. Galilei studierte und lehrte Mathematik und postulierte als Erster,
dass viele, wenn nicht alle physikalischen Phänomene mit mathematischen Formeln
beschrieben werden konnten. Der berühmte Ausspruch »Das Buch der Natur ist in der
Sprache der Mathematik geschrieben« stammt von ihm. Galilei machte Furore, nachdem er 1609 von der Erfindung des Fernrohrs erfahren hatte und sich daraufhin ein
eigenes zusammenbaute, das es immerhin schon auf eine achtfache Vergrößerung
brachte. Er beobachtete Mond und Jupiter mit ihren Kratern und Tälern und schließlich
auch die Sonne. Er machte detaillierte Aufzeichnungen über die Standorte und Lauf-
bahnen der Planeten. Auf der Oberfläche der Sonne entdeckte er seltsame Flecken und
Wulste, die ihre Form und Farbe ständig änderten. Er mutmaßte daraufhin, dass der
Unterschied zwischen Himmel und Erde wohl doch nicht so gravierend sein konnte,
denn überall gab es Berge und Täler und ständige Veränderung – Erde, Mond, Jupiter
und Sonne schienen sich da durchaus ähnlich. Aber Galileis Fernrohr war freilich mit
einem modernen Teleskop nicht zu vergleichen. Man musste schon ein bisschen daran
glauben, was er beim Durchblicken erkannt haben wollte. Die Kirchenväter am päpst-
lichen Hof in Rom legten ihm nach der Lektüre seiner Abhandlung *Sternenbotschaft*
nahe, seine Deutungen auf optische Täuschungen zurückzuführen. Sie hielten Galilei
die Heilige Schrift entgegen, nach der es zwischen Himmel und Erde einen gewaltigen
Unterschied gab: Im Himmel wohnt Gott, auf der Erde die aus dem Paradies vertriebe-
ne Menschheit. Galilei ließ sich zunächst wenig von seinen Kritikern beeindrucken.
Dass man ihn eine Weile ziemlich unbehelligt weiter forschen ließ, lag sicher auch
daran, dass er selbst ein gläubiger Christ war – was ihn nicht davon abhielt, während
der Predigten im Dom zu Pisa die Leuchter zu beobachten und dabei eine Theorie der
Pendelbewegung aufzustellen. Schließlich wurde Galilei vom damals bedeutendsten
Theologen der römischen Kirche, Kardinal Robert Bellarmin (1542–1621), doch noch
zum Schweigen verdammt. Der Forscher hielt sich weitgehend an das Publikationsver-
bot, während der Kardinal heilig gesprochen wurde. Doch auf lange Sicht waren Galileis Theorien nicht unterzukriegen. Im Jahr 1992 hob Papst Johannes Paul II. den Bann
auf, indem er erklärte, es habe sich um ein Missverständnis gehandelt.

Auch René Descartes (1596–1650), der eine Jesuitenschule besuchte und damit eine für die damalige Zeit herausragende Ausbildung genoss, beschäftigte sich mit der Logik der Mathematik und Physik und verknüpfte dies mit philosophischen Fragen. Er unterhielt Briefkontakte mit den wichtigsten Gelehrten seiner Zeit und wurde zu einem der bedeutendsten Denker der Renaissance. Seines kritischen Denkens und seiner mechanistischen Naturauffassung wegen bezeichnen ihn Historiker als den ersten systematischen Denker der Neuzeit. Descartes hielt in seinen philosophischen Abhandlungen zwar an der Verknüpfung theologischer Fragen mit den Grundsätzen der Wissenschaft fest, er behandelte Letztere allerdings rein rationalistisch mit mathematischen Methoden. Die Existenz Gottes wurde von ihm nicht angezweifelt, aber er trennte die Sphären Rationalität und Glaube – der Spagat gelang ihm, indem er eine ausgedehnte Körperwelt (extensio) und das Bewusstsein bzw. die Seele (cogitatio) unterschied. In seiner berühmten Schrift *Abhandlungen über die Methode, richtig zu denken und die Wahrheit in den Wissenschaften zu suchen* schilderte er seinen Ansatz, der auf dem Grundsatz »Ich denke, also bin ich« (cogito ergo sum) basierte. Er gab der modernen Wissenschaft eine zuvor ungekannte Selbstständigkeit und trieb ihre in der Renaissance begonnene Befreiung von den theologischen Bindungen voran. Dass er wegen einem Dutzend Ketzereien verurteilt wurde und seine Schriften auf den Index kamen, verwundert nicht, denn es gab wohl keinen, der die Autorität der Kirche mehr untergrub. Vor ihm galt einzig die Theologie als erhabene Wissenschaft. Physik und Mathematik waren ihr untergeordnet. Mit Descartes änderte sich die Reihenfolge. Viele aufstrebende Wissenschaftler fühlten sich von seiner Weltsicht zutiefst beeindruckt, weil sie eine intellektuelle Legitimation bot, alles in Frage zu stellen. Descartes' Lebenswerk hatte revolutionären Einfluss auf alle Wissensgebiete. Der Cartesianismus prägte ein Jahrhundert lang auch die Philosophie in Westeuropa, indem ihre Beschränkung als eine rein theologische Hilfswissenschaft überwunden wurde. Descartes starb 53-jährig 1650 in Stockholm an einer Lungenentzündung, die er sich zugezogen hatte, weil er allmorgendlich um fünf Uhr in eisiger Kälte seine Gastgeberin, Königin Christine von Schweden, in Philosophie unterrichtete.

Aufstieg der Geologie

Descartes war ein aufmerksamer Naturbeobachter. Sein Ziel war es, Erde und Kosmos in ihrer Gesamtheit zu begreifen. Er widmete sich in diesem Sinne auch den Geowissenschaften und knüpfte dabei an Theorien der alten Griechen an, die sich bereits mit der Bildung von Sedimentgesteinen und anderen geologischen Fragen beschäftigt hatten. Descartes entwickelte die so genannte Hohlraumtheorie und bot eine durchaus plausibel klingende Erklärung für die Entstehung von Gebirgen. Er behauptete, die Erde habe sich aus einem Stern gebildet – eine Art Sonnenschlacke habe sich angesammelt und sei dann erkaltet. Er meinte, bei diesem Prozess seien flüssige und feste Schichten übrig geblieben, die Hohlräume einschlossen. Im Laufe der Zeit seien diese Hohlräume dann eingestürzt, wodurch auch die darüber liegende Erdkruste einbrach und Berge und Täler entstanden. Descartes postulierte erstmals das Vorhandensein unterschiedlicher mächtiger Schichten im Erdinneren, was später mit wissenschaftlichen Methoden bestätigt werden sollte.

Er warf mit seiner Hohlraumtheorie zwar mehr Fragen auf, als er beantworten konnte. Doch das mindert seine Leistungen in keiner Weise, denn seine Arbeiten ermutigten andere, die neu aufgekommenen Fragen zu klären. Gegen Ende des 17. Jahrhunderts gelangte der englische Universalgelehrte Robert Hooke (1635–1703), ein Zeitgenosse und Gegner von Isaac Newton, zu einiger Bedeutung. Er nahm sich Descartes' Hohlraumtheorie vor und suchte Antworten auf ihre Ungereimtheiten. Warum waren die Gebirge auf der Erde nicht gleichmäßig verteilt? Und wieso konnte man versteinerte Überreste von Lebewesen nicht nur auf dem Festland, sondern auch in den Böden der Ozeane finden? Sollte das alles auf einstürzende Hohlräume im Erdinneren zurückgeführt werden können? Hooke glaubte das nicht. Stattdessen studierte er die oberen Schichten der Erdkruste und schloss daraus, dass die in ihnen enthaltenen Objekte eine Art Chronik der Erde abbildeten. Aus der Lage und Beschaffenheit dieser Einlagerungen konnte man seiner Meinung nach Informationen über die ganze Erdgeschichte ablesen. So behauptete er folgerichtig, dass sich im Laufe der Zeit die Verteilung von Land und Wasser verändert haben musste, weil auch im Binnenland Fossilien von Meereslebewesen gefunden worden waren. Hooke war damit auf der richtigen Fährte. Doch was hatte diese Formänderungen der Erdkruste verursacht? Wie konnten sich diese gewaltigen Landmassen bewegen? Hier musste er letztendlich passen. Hooke machte fälschlicherweise die Verschiebung der Erdpole für die Erdkrustenbewegungen verantwortlich. Er behauptete, die Äquatorialregionen würden langsam, aber sicher wie auf Gummi gelagert in Richtung der Pole oder von ihnen weg gezogen. Das verknüpfte er mit den Gravitationsgesetzen von Newton und gelangte zur These, durch diese Vorgänge würden sich die auf die Erdmasse wirkenden Fliehkräfte dermaßen stark verändern, dass Erdschichten einbrachen, Erdbeben entstanden und Vulkane Feuer spien und schließlich Teile des Festlandes im Meer absanken.

So vorausschauend Hookes Theorie von einer sich bewegenden Erdmasse war, so überholt war sein Glaube (den er mit den meisten Zeitgenossen teilte), dass die Erde bestenfalls einige tausend Jahre alt sei. Wenn seine Theorie der Erde stimmte, hätten sich die Polverschiebungen ziemlich schnell vollziehen müssen. Doch dafür gab es keinerlei Anzeichen. Selbst in den ältesten überlieferten Karten sah die Welt immer ziemlich genauso aus wie in der Gegenwart. Hookes Theorie geriet deshalb bald wieder in Vergessenheit. Aber immerhin hatte er bereits den Weg beschritten, auf dem mehr als zwei Jahrhunderte später die Theorie der Kontinentalverschiebung von Alfred Wegener und in seiner Folge die Theorie der Plattentektonik Geltung erlangten.

Bis die Grundlagen dafür gelegt waren, feierten Naturwissenschaftler weitere großartige Erfolge. Insbesondere die Geologen konnten dabei auch zeitgenössische Künstler inspirieren. Maler zogen mit ihnen durch die Lande, viele begleiteten sie zum Ätna, in die Alpen und zu anderen Gebirgszügen, die nun nach und nach erforscht und kartographisch vermessen wurden. Die Landschafts- und Naturmalerei erlebte ihre Blütezeit. Eine Art Manifest der neuen Naturbetrachtung stellte Carl Gustav Carus im Jahre 1820 auf. Er hatte zuvor eine neue »Historienmalerei der Natur« gefordert und gegen die harmlosen »Küpferchen von bekannten Gegenden« polemisiert. In seiner »Geognostischen Landschaft« von 1820 zeigte er mit dem Blick eines Geologen präzise Darstellungen der Natur: schräge Basaltkegel, die mit einer Urgewalt Berghänge zu durchdringen scheinen, und detaillierte Wolkenformationen. Auch die berühmten Landschaftsmalereien von Caspar David Friedrich sind in dieser Epoche entstanden. Die Kunst und die aufblühende Naturwissenschaft befruchteten sich gegenseitig. Alexander von Humboldt (1769–1859) etwa studierte während seiner Südamerika-Expedition von 1799 bis 1804 sehr gründlich die Bilder des Tropenmalers Frans Post. Er schloss daraus, dass Pflanzen unbedingt auch unter Einbeziehung ihrer Umgebung untersucht werden müssten, und entwickelte eine »Geographie der Pflanzen«. Ein Zeitgenosse von Humboldt, der Engländer John Gould (1804–1881), war ebenfalls Naturforscher und Künstler zugleich. Als Ornithologe und Kunstmaler stellte er auf 2999 handkolorierten Lithographien in bestechender Schönheit verschiedene Vogelarten dar. Von 1838 bis 1840 begab er sich auf eine Forschungsreise nach Australien. Im Anschluss daran stellte er sein Meisterwerk *Birds of Australia* fertig. Die zu den Prachtfinken zählenden nordaustralischen Goulds-Amadine sind nach ihm benannt.

Sehr bedeutend für das Verständnis der Entstehung und des Aufbaus unseres Planeten waren auch Immanuel Kant (1724–1804) und Pierre Simon de Laplace (1749–1827). Etwa um 1800 lieferten sie die bis heute weitgehend gültigen und mit dem Begriff »Kant-Laplace-Theorie« zusammengefassten Thesen über die Entstehung unseres Sonnensystems durch die Zusammenballung von Wolken aus Staub und Gas im Weltraum. Kant postulierte zudem, dass die Sterne in räumlich getrennten, aber einander ähnlichen Sonnensystemen (Galaxien) angeordnet waren. Er nahm damit ganz wesentliche Erkenntnisse der Astronomie vorweg. Sein wissenschaftliches Hauptwerk *Allgemeine Naturgeschichte und Theorie des Himmels* erschien 1755. Er war, wie zu der Zeit nicht selten, ein Universalgenie.

Auch das 19. Jahrhundert brachte bedeutende Erkenntnisgewinne. Carl Friedrich Gauß (1888–1963) erklärte das Magnetfeld der Erde und entwarf, aufbauend auf den Schichtentheorien seiner Vorgänger, das erste Schalenmodell unseres Planeten. Es hat bis heute weitgehend Gültigkeit. Außerdem trat Charles Darwin (1809–1882) auf den Plan, der mit seiner Evolutionstheorie die Voraussetzung für die Biologie und Geologie verbindende Paläontologie schuf, die sich der Aufgabe stellte, die vorzeitliche Tier- und Pflanzenwelt im komplexen Wechselspiel des Systems Erde zu erkunden.

Das moderne System Erde

Die Geowissenschaften haben sich seit ihren Ursprüngen immer weiter verzweigt. Heute weiß man, dass alle natürlichen Vorgänge auf der Erde, ob Regen, Sturm, Beben oder Vulkanausbrüche, zusammenhängen. Der Nasa-Forscher James Lovelock war der Erste, der explizit auf die Dynamik dieses Systems hinwies. Im Jahre 1972 formulierte er seine nach der griechischen Erdgöttin genannte »Gaia-Hypothese«, derzufolge sämtliche biologischen und physikalischen Prozesse auf der Erde wie in einem lebenden Organismus zusammenwirken und damit den Fortbestand des Lebens ermöglichen. Lovelocks Ideen wurden leider sehr stark von Esoterikern vereinnahmt. Mittlerweile gehören viele Aspekte seiner Hypothese ganz selbstverständlich zum Repertoire der Geowissenschaften.

Um den Überblick in diesem komplexen Gebilde zu behalten, sind systematische Untergliederungen getroffen worden, die man kennen sollte. Zu den oberflächennahen Bereichen der festen Erde zählen die Hydrosphäre (das Wasser), die Atmosphäre (die Lufthülle) und die Kryosphäre (das Eis). Als Biosphäre wird sozusagen der belebte Teil der Erde bezeichnet. Die flache Biosphäre, die 90 Prozent der Biomasse liefert, umfasst Organismen in der Luft, auf der Erde und in den Gewässern, die auf Sauerstoff angewiesen sind. Als tiefe Biosphäre werden die unterirdischen Bereiche bezeichnet, in denen sich Leben in Form von Mikroorganismen bis zu einer Umgebungstemperatur von etwa 120 Grad Celsius tummelt. Sie reicht bis in mehrere Kilometer Tiefe der festen Erde.

Die Komplexität der Wechselwirkungen und Kopplungssysteme dieser unterschiedlichen Sphären ist unbeschreiblich groß, und man steht bei ihrer Erforschung trotz allem, was schon geleistet wurde, wohl immer noch ziemlich am Anfang. Im Inneren des Erdkörpers laufen permanent chemische, physikalische und in den oberflächennahen Bereichen auch biologische Prozesse ab. Im Erdinneren sitzt die treibende Kraft der großen geologischen Aktivitäten, zu denen Vulkanausbrüche, Erdbeben und Kontinentalverschiebungen zählen. Alles, was im Inneren der Erde rumort, wird als endogene Kraft bezeichnet. Die äußeren Einflüsse werden als exogene Vorgänge zusammengefasst. In einer Darstellung aktueller Forschungsschwerpunkte der deutschen Geowissenschaften wird das komplexe System Erde wie folgt beschrieben:

»Die Erde ist ein dynamischer Planet, der sich – angetrieben durch großräumige konvektive Stoff- und Energieumlagerungsvorgänge in seinem Inneren und durch vielfältige Einwirkungen von außen – in einem ständigen Wandel befindet. Es hat sich deshalb die Erkenntnis durchgesetzt, dass wir den Lebensraum Erde nur verstehen, wenn wir die Erde als System, das heißt im Zusammenwirken aller ihrer Komponenten – der Geosphäre, Kryosphäre, Hydrosphäre, Atmosphäre und Biosphäre – betrachten. Dieses ›System Erde‹ zeichnet sich durch eine hohe Komplexität aus. Prozesse, die in und auf der Erde ablaufen, sind miteinander gekoppelt und bilden verzweigte Ursache-Wirkung-Ketten, die durch den Eingriff des Menschen in die natürlichen Gleichgewichte und Kreisläufe zusätzlich beeinflusst werden können.«

Eine wichtige Erkenntnis der modernen Geowissenschaften besteht darin, dass der Mensch in der Neuzeit selbst zu einem bedeutenden geologischen Faktor geworden ist. Das macht die Forschung gewiss nicht einfacher, aber es eröffnen sich auch neue Möglichkeiten des vernünftigen Umgangs mit der Erde. Bei der Prognose künftiger Entwicklungen kann jedenfalls auf die Unterscheidung der natürlichen von anthropogenen, also vom Menschen verursachten Veränderungen nicht mehr verzichtet werden. Bei der Klimaforschung ist das schon sehr deutlich. Hier wird eifrig darüber gestritten, ob und wenn ja welchen Einfluss der Mensch auf die Erwärmung der Atmosphäre, den so genannten Treibhauseffekt hat. Man sieht, dass die Koordinaten der Forschung im Laufe der Jahrhunderte bedeutend verschoben wurden.

Prinzip des Aktualismus

Die Geowissenschaften haben den Vorteil, dass sie an richtiger Materie arbeiten können. Während ein Astronom mitunter nach Leben in fremden Galaxien sucht, von dem höchst ungewiss ist, ob es überhaupt existiert, hat ein Geologe unseren unmittelbaren Lebensraum als zentralen Forschungsgegenstand, den er tasten, schmecken, riechen und unters Mikroskop legen kann. Weil aber kein Mensch bei der Entstehung unseres Sonnensystems mit dabei war und das Rad der Geschichte nicht zurückgedreht werden kann, bleiben sämtliche Theorien über die Formierung der Erde auf immer Theorien – und der Menschheit damit wahrscheinlich auch auf ewig sagenhafte Schöpfungsmythen erhalten. Dennoch: »Die Gegenwart ist ein Fenster zur Vergangenheit.« Dieses Motto der Geologie stammt von einem der wichtigsten Vertreter des Fachs, der auch als »Darwin der Geologie« bezeichnet wird – dem Schotten Charles Lyell (1797–1875). In seinen zwischen 1830 und 1833 erschienenen *Prinzipien der Geologie* bezeichnete er sein Diktum als »Versuch, die früheren Veränderungen der Erdoberfläche durch den Bezug auf heute wirksame Ursachen zu erklären«. Das sollte Schule machen. Sein Konzept entspricht dem heutigen »Prinzip des Aktualismus«: Wissenschaftler gehen davon aus, dass bestimmte geologische Prozesse seit jeher von den gleichen chemischen und physikalischen Gesetzen gesteuert werden. So können sie Rückschlüsse über die Umgebungsbedingungen eines mehrere hundert Millionen Jahre alten Sandsteins mit einer bestimmten Musterung ziehen, wenn sie ähnliche Muster an einem geschützten Sandstrand am Rande eines Ozeans finden. Die Schlussfolgerung liegt nahe, dass der uralte Sandstein in einer ähnlichen Umgebung abgelagert wurde. Solche Vergleiche der heutigen Situation mit der Vergangenheit liefern auch den notwendigen Rahmen, um die Empfindlichkeit des Systems Erde-Leben gegenüber den natürlichen und anthropogenen Einflüssen und Veränderungen besser zu verstehen.

Die Entstehung unseres Planeten

Wie genau die Erde entstanden ist, vermag bis heute niemand zu sagen. Doch es gibt eine durchaus schlüssige Theorie, die in ihrer Rohfassung erstmals Anfang des 19. Jahrhunderts von Immanuel Kant und Pierre Simon de Laplace formuliert wurde. Sie besagt, dass sich unser gesamtes Sonnensystem durch die Zusammenballung von Wolken aus Staub und Gas im Weltraum formierte, und bietet nach wie vor die Grundlage für das aktuelle Erklärungsmodell. Im nächsten Kapitel werden wir hierauf näher eingehen.

Der unmittelbare Vorgänger unseres Heimatplaneten wuchs im Laufe von wenig mehr als 10 Millionen Jahren zu dem, was er heute ist, indem er etliche Materiebrocken und -teilchen, die ihm beim Umlauf um die Sonne in den Weg kamen, schluckte. Nein, schlucken musste! Die Aufprallenergie war unvorstellbar groß. Die ständige Bombardierung und gravitative Vorgänge im Erdinneren formten an der Erdoberfläche ausgedehnte Vulkanlandschaften und Ozeane aus geschmolzenen Gesteinen. Die mächtigen Einschläge erhitzten die Erde immer wieder neu, ohne dass die Wärme von der Erdoberfläche abgestrahlt werden konnte. Doch das war durchaus von Vorteil, denn geschmolzene, also flüssige Materie verbindet sich viel besser zu einem einzigen großen Körper. Die schwereren Elemente, vor allem Eisen, sanken aufgrund ihres Gewichts allmählich nach innen, wo sie den Erdkern bildeten, die leichteren blieben oben und wurden zur Erdkruste. Diese frühe Periode der Erdentstehung hielt bis vor etwa 3,9 Milliarden Jahren an. Man bezeichnet sie als formative Phase.

Dauerbeschuss durch Himmelskörper

Der Dauerbeschuss durch Himmelskörper hält bis heute an. Zwar ist im Laufe der Jahrmilliarden die Mehrzahl der größten Brocken aus dem Weg geräumt worden. Aber immer noch fallen jährlich Zehntausende von Materiebrocken auf die Kontinente und in die Ozeane. Wir kennen sie als Sternschnuppen. Bei den meisten handelt es sich um Meteoriten (kleine Asteroiden), die verglühen, wenn sie in die Erdatmosphäre eindringen. Nur wenige davon landen tatsächlich auf der Erdoberfläche. Es gibt verschiedene Meteoriten. Rein äußerlich sehen sie aus wie normale Steine oder geschmolzene Metallstücke. Doch in Wahrheit sind sie Boten aus der Vergangenheit und begehrte Sammler- und Forschungsobjekte. Schon wegen ihrer Herkunft aus dem All sind sie faszinierend. Geowissenschaftler interessieren sich für ihre chemischen Bestandteile, die Aufschlüsse über die Entstehungsgeschichte der Erde und unseres gesamten Sonnensystems geben. Manch ein Meteoritenjäger hofft sicher auch darauf, einmal etwas völlig Ungewöhnliches in einem solchen Brocken zu finden und dadurch berühmt zu werden. Aber das hat es lange nicht mehr gegeben – dazu sind sie schon zu gut erforscht.

Wissenschaftler haben beim Aufspüren solcher Himmelskörper immer größere Erfolge erzielt. Erst vor einigen Jahren sind bestimmte Stellen in der Antarktis als ergiebige Fundorte für Meteoriten ausgemacht worden. Das hat einen einfachen Grund: Die Meteoriten bohren sich beim Aufprall ins Eis. Das Eis liegt jedoch nicht still, sondern wandert langsam auf die Ozeane zu. Es schiebt sich dabei über Hügel und kleinere Gebirgszüge. Im Sommer, wenn die Temperatur ansteigt, wird die Eismasse an solchen Erhebungen durch den Wind mitunter genauso schnell abgetragen, wie sie nachrückt. Die Meteoriten bleiben bevorzugt an diesen Stellen liegen, sammeln sich an und kommen zur Freude der Forscher zum Vorschein. Von den anderen Gesteinen in der Antarktis sind sie durch ihre besonderen Eigenschaften unschwer zu unterscheiden. Seitdem das bekannt ist, machen sich jedes Jahr mehrere Expeditionsteams auf den beschwerlichen Weg, um Zeugen der frühesten Geschichte unseres Sonnensystems einzusammeln.

Die meisten Meteoriten, die heute gefunden werden, sind Chondrite. Es handelt sich dabei um Kügelchen bzw. Meteoriten, in denen die Minerale zum Teil in radial aufgebauten Schichten angeordnet sind. Sie stammen sehr wahrscheinlich aus einem Asteroidengürtel zwischen Mars und Jupiter. Ihre Analyse erlaubt Aussagen über die Zusammensetzung von den tieferen Schichten der Erde, denen wir keine Proben entnehmen können. Davon geht man zumindest aus. Der Grund: Chondrite bestehen zum einen aus Mineralen, die wir aus der Erdkruste kennen. Aber sie weisen zum anderen auch metallisches Eisen auf, das nur selten an der Erdoberfläche auftritt. Daraus lässt sich folgern, dass aus solchem Eisen, das zu Urzeiten in chondritähnlicher Form die Erde erreichte, der Erdkern entstanden ist.

Gesteine als Schlüssel zur Vergangenheit

Auch aus gewöhnlichen Gesteinen, die man auf der Erde findet, kann man eine Menge lernen. Dazu braucht man sich nur die Architektur verschiedener Regionen genauer anzuschauen. Gesteine werden als Baustoffe verwendet und prägen die Baustile gewisser Regionen in hohem Maße. Es macht nämlich einen Unterschied für die Konstruktion von Gebäuden, ob hartes oder weiches Gestein und welche sonstigen Rohstoffe genutzt werden können.

Für Geologen sind sie ein bedeutender Schlüssel zum Verständnis der 4,5 Milliarden Jahre langen Vergangenheit. Streng genommen sind Gesteine zusammenhängende, vielkörnige Einheiten verschiedener Minerale, die durch Kristallisation entstehen. Die ersten Geologen waren im Grunde vor allem Steinesammler und Prospektoren. Sie streiften durch die Lande und zeichneten Karten, auf denen sie festhielten, wo und in welcher Tiefe sie welche Gesteine, Erze und Fossilien gefunden hatten. Ihre Akribie war

Voraussetzung dafür, dass die Erdgeschichte in Zeitabschnitte unterteilt werden konnte, denn jede Epoche brachte ihre eigenen typischen Formationen hervor. Dabei kam den Fossilfunden (versteinerte Reste von Lebewesen aus der Vorzeit) in den Gesteinen eine bedeutende Rolle zu. Erst ihre Typisierung ermöglichte die Festlegung der Grenzen der uns bekannten Zeitskala. Die Fossilfunde erregten auch die Aufmerksamkeit vieler Biologen. Der Franzose Georges Cuvier (1769–1832) zum Beispiel untersuchte die Anatomie der in ihnen erhaltenen Lebewesen und wurde zum Begründer der vergleichenden Anatomie. Er war sogar in der Lage, aus der Existenz einiger Knochen die Gestalt ganzer Tierkörper abzuleiten.

Die Naturwissenschaften erhielten auch von Ingenieuren wichtige Impulse – beispielsweise von William Smith (1769–1839), einem englischen Schiffskanalvermesser. Bei seiner Arbeit hatte er reichlich Gelegenheit, Ausgrabungen zu studieren. Er war ein Meister der geologischen Kartierung und notierte exakt, wie verschiedene Gesteinsarten in parallelen Ablagerungsschichten angeordnet waren, denen er unterschiedliche Farbtöne gab, und dass jede Schicht ihre eigene, charakteristische Form von Fossilüberresten hatte. Aber selten bot sich ein lückenloses Bild. So musste sich auch Darwin damit auseinander setzen, dass Fossilüberlieferungen nicht jeden einzelnen Evolutionsschritt abbildeten. Erst durch das Aneinanderfügen übereinstimmender Fossilienspuren aus allen Teilen der Welt konnte schließlich die geologische Zeitskala erstellt werden.

Heute kann man in Steinbrüchen in ein paar Millionen Jahren Erdgeschichte lesen. Man erkennt wie seinerzeit Smith unterschiedliche Gesteinsschichten, die für einen bestimmten Zeitabschnitt der Erdgeschichte stehen, und mit ein bisschen Glück findet man darin für die Epoche typische Fossilien – zum Beispiel einen im wahrsten Sinne des Wortes steinalten Zahn eines haiähnlichen Raubfisches.

Kreislauf der Gesteine

Den ersten Geologen fiel auf, dass man Steine bereits mit dem bloßen Auge und durch Tasten und Kratzen in ganz unterschiedliche Typen unterscheiden kann. Die einen sind feinkörnig und weich, lassen sich gut ritzen oder tragen Fossilien in sich, andere sind hart und kantig und dabei glatt oder rau. Mit solchen Beobachtungen legte der schottische Arzt und Geologe James Hutton (1727–1797) Ende des 18. Jahrhunderts einen bedeutenden Grundstein der modernen Geowissenschaften. Hutton betrieb wie sein Landsmann Smith die Geologie zunächst nur als Hobby. Er tat es dabei den alten Griechen nach, beobachtete die langsam vonstatten gehenden Sedimentbildungen in Flussläufen und machte sich Gedanken, wie Wasser, Wind und Wetter langsam die Erdoberfläche verändert hatten. Im Jahre 1785 veröffentlichte er ein Buch mit dem Titel *Theorie der Erde*. Er behauptete, dass Prozesse wie das Entstehen von Gebirgen und das Auswaschen von Flusstälern nur in sehr großen Zeiträumen von Jahrmillionen erfolgt sein konnten. Er formulierte außerdem bis heute weitgehend gültige Modelle über die Entstehung von drei verschiedenen Gesteinstypen als Folge komplexer geologischer Vorgänge. Seiner Meinung nach waren die Übergänge von Sedimentgesteinen, vulkanischen und metamorphen Gesteinen fließend – er sprach von immer währenden irdischen Zyklen. Um 1790 entwarf er den »Kreislauf der Gesteine«: Durch Verwitterung und Erosion an der Erdoberfläche entstehen in den Weltmeeren Ablagerungen und Sedimente, die zu Metamorphiten werden können, wenn sie weiter ins Erdinnere versinken. Magmatische Gesteine entstehen in noch größeren Tiefen, wenn das Gesteinsmaterial erhitzt und aufgeschmolzen wird. Alle drei können wieder an die Erdoberfläche befördert werden, wo sie dann erneut verwittern.

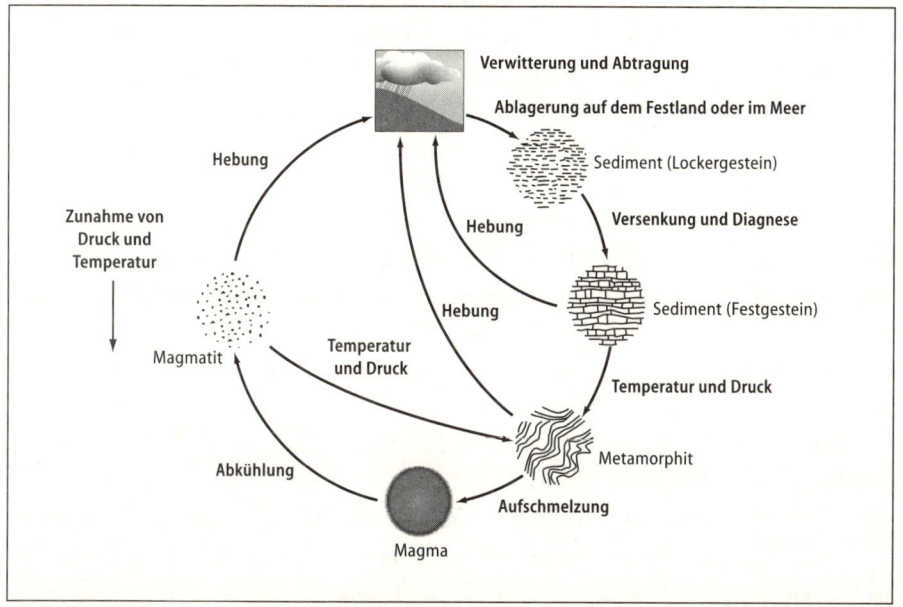

ABB. 2.1 *Kreislauf der Gesteine, zurückgehend auf den schottischen Geologen James Hutton, mit fließenden Übergängen zwischen den verschiedenen Gesteinstypen. Gesteine an der Erdoberfläche verwittern und sedimentieren, wachsender Erddruck und Temperatur verwandeln Sedimente in Metamorphit und Magma (Darstellung in Anlehnung an R. Meissner:* Geschichte der Erde, *München 1999).*

Hutton entfachte mit seiner Theorie einen Gelehrtenstreit. Er zählte sich zu den »Plutonisten«, die (im Gegensatz zu den »Neptunisten«) davon ausgingen, dass sich nicht alle Gesteine durch Sedimentablagerungen im Wasser gebildet hatten. Er sollte Recht behalten und damit den Evolutionsbiologen den Rücken stärken, denn die Fossilfunde, für welche sie sich ebenfalls interessierten, fanden in seinen Thesen eine plausible Erklärung. Auf Grundlage von Huttons »Kreislauf der Gesteine« wurde die Unterscheidung in drei Gesteinstypen weiter ausgefeilt. Mit etwas Übung und Geschick lassen sie sich auch ohne Mikroskop auseinander halten.

Sedimente, Metamorphite und Magmatite

Sedimentgesteine bilden sich Schicht für Schicht am Meeresgrund. Sie bestehen aus mechanisch oder biologisch angehäuften Fragmenten existierender Gesteine und Minerale sowie chemischen Ausfällungen. Sie überlagern sich und werden durch den so genannten Prozess der Diagenese bei steigendem Erddruck und wachsender Umgebungstemperatur verfestigt. In der Tiefe werden sie zu Sandstein, Tonschiefer, Konglomerat oder Kalkstein. Sie schließen Muscheln, Knochenreste, Blätter, Insekten und andere Überreste von Tieren und Pflanzen ein und konservieren sie über Millionen von Jahren. Typisch ist ihre häufig parallele Schichtung. Große Sedimentbecken können eine Stärke von über 10 Kilometern erreichen. Das Norddeutsche Becken hat immerhin eine Mächtigkeit von bis zu 8,5 Kilometern. Da sich Meeresböden und Erdoberfläche heben und senken, findet man Sedimentgesteine auch weit oberhalb des heutigen Meeresspiegels – zum Beispiel in den Alpen, den Rocky Mountains und dem Himalaja. Ein herausragendes Beispiel für diese Vorgänge ist die Grube Messel bei Darmstadt, eine von der UNESCO zum Weltkulturerbe erklärte Fundstelle für Fossilien. Hier wurde über mehr als 100 Jahre Ölschiefer abgebaut. Dabei kamen außergewöhnliche Versteinerungen zum Vorschein. Man fand uralte Fledermäuse, bei denen sogar noch die Flughäute erhalten waren. Eine weitere Attraktion war der Fund eines 50 Millionen Jahre alten versteinerten Urpferdchens, das sich von Blättern und Weintrauben ernährte und dessen Vorderbeine mit je drei, die Hinterbeine mit je vier Hufen ausgestattet waren. Ein weiteres Weltkulturerbe ähnlichen Kalibers ist der Burgess-Schiefer im Yoho-Nationalpark in den kanadischen Rocky Mountains. Hier entdeckte man unter den etwa 70 000 verschiedenen zu Tage beförderten Fossilien auch das als Pikaia bezeichnete Wesen, das im kambrischen Meer lebte und als unser frühester Wirbeltiervorfahr gilt, da er bereits die erste Anlage eines Zentralnervensystems besaß. Die Entdeckung des Burgess-Schiefer verdanken wir dem Paläontologen Charles Doolittle Walcott (1850–1927), der bei einer Wanderung im Sommer 1909 ein Geröllfeld durchquerte und dabei zufällig auf Fossilien stieß.

Eine Besonderheit unter den Ablagerungsgesteinen ist der Löss, den man am Kaiserstuhl bewundern kann. Er entstand nicht durch Ablagerungen im Wasser, sondern durch Wind, der in der letzten Eiszeit zerriebene Teilchen von Gesteinen vom Boden aufgewirbelt hatte. Die winzigen Gesteinspartikel lagerten sich an Hindernissen ab, wodurch ein sehr weiches, gelbes, in trockenem Zustand sehr standfestes Gestein entstand. Solche Lössböden sind äußerst fruchtbar. Der Hwangho (auf deutsch Gelber Fluss) in China hat seinen Namen von dem Löss, den er durchfließt und der ihn färbt. Andere vom Wind abgelagerte Sedimentkomplexe sind fossile und rezente Dünen.

Sedimentgesteine können auch zu metamorphen Gesteinen werden. Infolge des wachsenden Drucks und steigender Temperaturen im Erdinneren verändern sie ihre mineralogische Zusammensetzung grundlegend. Metamorphe Gesteine entstehen bevorzugt dann, wenn abgelagerte Sedimente des Meeresbodens unter einen Kontinent ins Erdinnere abtauchen, aber auch in tiefen Sedimentbecken. Solche Versenkungen sind möglich durch Horizontalbewegungen der Erdplatten. Durch Erosion und Bodenhebungen können die Sedimente in veränderter Form wieder an die Erdoberfläche gelangen. Zu den bekanntesten Vertretern der Metamorphite zählen Marmor und Tonschiefer: Marmor ist metamorphisierter Kalkstein, Schiefer metamorphisierter Ton.

Magmatische Gesteine entstehen im Erdinneren durch Aufschmelzung bei Temperaturen über 600 Grad Celsius und die anschließende Kristallisation. Das flüssige Gestein (Magma) kann durch Vulkane und Lavaströme an die Erdoberfläche befördert werden. Auf der Reise nach oben kühlt es ab, und die aufgeschmolzenen Minerale kristallisieren zu einem festem Gestein. Geschieht diese Abkühlung gemächlich in größerer Tiefe, bleibt viel Zeit für diese Kristallisation. Die Gesteine bestehen dann aus deutlich erkennbaren Kristallen in der Größenordnung von einigen Millimetern. Man spricht in diesem Fall von Tiefen-, Intrusiv- oder plutonischen Gesteinen. Der Granit zählt hierzu. Man erkennt deutlich die Kristalle, die ihm ein schönes Muster geben – es handelt sich dabei überwiegend um die Minerale Feldspat, Quarz und Glimmer. Der Granit kommt in vielen Farbtönungen vor und ist ein beliebter Baustoff. Ein ähnliches kristallines Gestein ist der dunkle Diorit. Bei einer raschen Abkühlung des Magmas hingegen bleibt weniger Zeit für diesen sorgfältigen Kristallisationsprozess. Das so entstehende vulkanische Gestein (Vulkanit) ist anschließend feinkörnig und hat eine glatte Oberfläche. Der dunkle Basalt, der durch die Rifttäler der Meeresrücken ins kühlende Ozeanwasser emporsteigt, ist typisch für diesen Gesteinstyp, der subaerisch auch in weiten Teilen Mitteleuropas abgelagert wurde – zum Beispiel in der Eifel, im Vogelsberg und im Westerwald. Basalt dient häufig als Baumaterial und wurde früher zur Herstellung von Kopfsteinpflaster sehr geschätzt.

Geologische Uhren

James Hutton konnte zwar postulieren, dass Gesteine sehr alt sein mussten. Aber detailliertere Angaben dazu machen konnte er nicht. Erst der Untersuchung von Meteoriten im 20. Jahrhundert ist es zu verdanken, dass das Alter von Gesteinen und das der Erde einigermaßen exakt bestimmt werden konnte. Seitdem wissen wir: Unser Planet ist etwa 4,5 Milliarden Jahre alt – ein Zeitraum, den sich Menschen schwer vorstellen können. Würde man die Geschichte der Erde vom Anfang bis heute verfilmen, bräuchte man in einem dreistündigen Streifen nur für die letzten eineinhalb Sekunden Menschen als Darsteller.

Berechnet wurde das Alter der Erde erstmals von Clair Patterson, der in Pasadena bei Los Angeles forschte. Er entdeckte in den 1950er-Jahren, dass Meteoriten und Gesteinsproben aus der Erde den gleichen Gehalt an radioaktiven Blei-Isotopen aufweisen, und wertete das als Indiz dafür, dass sie gleichen Ursprungs waren. Außerdem wusste er, dass bestimmte, in der Natur vorkommende Isotope (etwa von Thorium und Uran) mit einer konstanten Geschwindigkeit über lange Zeiträume zerfallen und dabei Wärme abgeben und neue Isotope bilden. Dieser Theorie war bereits 1907 der Chemiker Bertram Boltwood (1870–1927) nachgegangen. Er untersuchte die radioaktiven Isotope eines Minerals und schätzte sein Alter auf 410 Millionen Jahre (was später auf 265 Mio. Jahre korrigiert wurde). Sein Kollege Williard Frank Libby (1908–1980) entwickelte schließlich im Jahre 1947 die Radiokarbonanalyse, mit der das Alter von organischen Materialien exakt bestimmt werden konnte. Sie wurde sofort zu einem wichtigen Hilfsmittel der Geologie, Archäologie und Paläontologie, auch wenn sie nur einen Zeitraum bis vor etwa 60 000 Jahren abdeckt. Patterson konnte nunmehr schließen, dass alle Gesteine »geologische Uhren« in sich tragen. Durch den Vergleich verschiedenster Proben erkannte er, dass alle Gesteinskörper vor etwa 4,5 Milliarden Jahren von einer gemeinsamen Urmaterie entstanden sein müssen. Damit wurde die natürliche Radioaktivität zum Zeitmesser für alle Geologen. Die neue Technologie der Radiokarbonmethode ließ aber auch so manchen Mythos platzen: Die Untersuchung des weltberühmten Turiner Grabtuches, in das Jesus Christus nach seinem Tod eingewickelt gewesen sein sollte, ergab 1988, dass es sich um ein Flachsgewebe aus dem 14. Jahrhundert handelte.

Geologische Zeitskala der Erde

Heute haben wir eine einigermaßen klare Vorstellung vom Werdegang der Erde. Die Zeitspannen, in denen sich die Fossilüberlieferungen stark ändern, markieren in der geologischen Zeitskala Abschnittsgrenzen (s. Abb. 1, S. 34). Die gröbste Zeiteinteilung kennt drei Abschnitte, genannt Äonotheme. Über das Äonothem Archaikum, auch Urzeit genannt, wissen wir bislang noch recht wenig, da nur wenige Gesteine aus dieser Zeit gefunden wurden. Von den ersten 600 Millionen Jahren der Erdgeschichte ist praktisch keine Festmaterie erhalten. Zu Beginn des Archaikums vor etwa 3,9 Milliarden Jahren war die Bildung des Erdkörpers weitgehend abgeschlossen. Die ältesten Gesteinsproben stammen just aus dieser Zeit. Sie wurden im Nordwesten Kanadas, in Südafrika und in Grönland gefunden.

In den ersten hundert Millionen von Jahren wuchsen Ozeane und Kontinente, die jedoch wesentlich kleiner als die heutigen waren. Nach einigen hundert Millionen Jahren hatte sich die Erde allmählich abgekühlt. Aus dieser Zeit stammen die seltenen archaischen Sedimente der alten Ozeanbecken, in denen die ersten Fossilien entdeckt wurden. Sie verfügten aber noch über keine Hülle und kein Skelett. Deshalb gibt es keine gut erhaltenen Abdrücke. Das Archaikum ging vor 2,5 Milliarden Jahren zu Ende. Die von Geologen definierte Grenze zum Proterozoikum ist die einzige, die nicht auf einen grundlegenden Wandel der Fossilienüberlieferungen zurückgeht. Vielmehr änderte sich in diesem Zeitraum die chemische Zusammensetzung der um diese Zeit entstandenen Gesteine.

Das Proterozoikum dauerte etwa 2 Milliarden Jahre. Vom Beginn dieses Abschnitts stammen die ältesten bekannten Gletscherablagerungen. Der Sauerstoffanteil in der Atmosphäre nahm während des Proterozoikums zu, und die Entstehung komplexerer Lebensformen auf unserem Planeten begann. Gesteinsfunde aus dieser Zeit lassen darauf schließen, dass während ihrer Frühphase die erste globale Eiszeit herrschte. Das folgerten Geologen, als sie bemerkten, dass die Strukturen der Ablagerungen in den etwa 2,3 Milliarden Jahre alten Sedimentgesteinen am Huronsee im heutigen Kanada den Warven, die innerhalb eines Jahres in den Gletscherseen der Alpen gebildet werden, sehr ähnlich waren. Typisch für sie ist die Ansammlung von feinkörnigen Partikeln während der kalten Wintermonate (wenn ein Gletscher sich nur langsam bewegt) und gröberer Partikel während der Sommerschmelze (mit einem schnelleren Sediment-transport). Gegen Ende des Proterozoikums, vor etwa 850 bis 600 Millionen Jahren, gab es weitere solcher Vereisungsperioden. Schließlich wurden während des Proterozoikums auch die ersten großen Gebirgszüge, die den uns bekannten ähnlich waren, gebildet und wieder zerstört.

Das Phanerozoikum ist das dritte und bisher letzte Äonothem der Erdgeschichte und beginnt vor zirka 540 Millionen Jahren. Der Beginn dieses Abschnitts ist von der im Kapitel DIE ENTFALTUNG DES LEBENS beschriebenen »kambrischen Explosion« gekennzeichnet, weil hier eine sprunghafte Entwicklung neuer Lebensformen stattfand. Urplötzlich weisen die Gesteinsfunde aus dieser Epoche unterschiedlichste Fossilien auf. Ihr Studium brachte immer exaktere Zeitskalen hervor – die so genannte Biostratigraphie der Erde. Die seismische Stratigraphie aus der Explorationsgeophysik und Messungen des Erdmagnetfelds (magnetische Stratigraphie), die später behandelt werden, ermöglichten die detaillierte Analyse der Sedimentationszyklen. Das Phanerozoikum konnte dadurch sehr feinmaschig in weitere Ären, Perioden und Epochen unterteilt werden.

Die komplizierten Begriffe, die dafür gefunden wurden, sind an geographische Orte angelehnt, an denen die für den jeweiligen Zeitabschnitt typischen Gesteine und Fossilien häufig vorkommen, oder sie stehen direkt für den Typus dieser Funde. Die Bezeichnung Karbon zum Beispiel stammt aus dem Lateinischen und bedeutet Kohle. Sie wurde wegen der reichen Kohlenvorkommen in Europa, Asien und Nordamerika, die aus der Zeit von vor 355 bis 290 Millionen Jahren stammen, für einen geologischen Zeitabschnitt gewählt. Auf das Karbon folgte das Perm. Seine Bezeichnung leitet sich von dem russischen Regierungsbezirk Perm an der Westseite des Urals ab. Hier gibt es sehr reiche Vorkommen der für die Periode typischen Salzlagerstätten. Früher nannte man das Perm »Dyas«, also die zweigeteilte Zeit, weil sie zwei gänzlich unterschiedliche

Gesteinsschichten hervorbrachte: unten das Rotliegende, das zu Beginn des Perms gebildet wurde, darüber der Zechstein. Entsprechend steht der englische Begriff Jura für Gesteinsschichten in den Juragebirgen Europas. Und die Kreidezeit leitet sich von der Schreibkreide her – das typischste Sediment dieser Periode. So erzählt jeder dieser Begriffe seine eigene Geschichte.

An den Abschnittsgrenzen spielten sich oft grässliche Dramen ab, nämlich Massensterben und die völlige oder teilweise Ausrottung bestimmter Lebensformen wie der Dinosaurier, die heute mit Hilfe aufwändiger Special Effects im Film zu neuem Leben erweckt werden. Diese Wendemarken des Lebens, ausgelöst durch den Zusammenprall mit Kometen und Asteroiden und den daraus resultierenden drastischen Temperaturschwankungen und für viele Lebensformen unerträglichen Veränderungen des globalen Klimas, spiegeln die wahrlich großen Krisen der Evolution.

Das Erdinnere

Wie wir gesehen haben, faszinieren die unendlichen Weiten des Universums seit jeher Dichter, Naturphilosophen und Wissenschaftler. Wenn man sich ins Gedächtnis ruft, wie winzig die Erde allein im Vergleich mit unserem Sonnensystem ist, ist es schon bemerkenswert, wie viel Wissen über die kosmischen Gesetze gesammelt wurde und welch ausgereifte Technologien heute zur Verfügung stehen, um Millionen von Lichtjahre ins Weltall zu blicken und zu lauschen und Raumschiffe auf fremden Planeten landen zu lassen. Erst kürzlich ist es mit dem Hubble-Weltraumteleskop gelungen, eine Aufnahme des 320 Lichtjahre entfernten und erst rund 5 Millionen Jahre alten Sterns namens HD 141569A zu liefern. Er ist von einer Art Staubscheibe umgeben und durchlebt, ähnlich wie einst unser Sonnensystem, gerade seine formative Phase.

Angesichts solcher Fernblicke ins All wirkt es schon etwas seltsam, dass immer noch mehr als 99 Prozent des Erdvolumens dem Menschen verschlossen geblieben sind. Das tiefste jemals vorgetriebene Bohrloch befindet sich auf der russischen Halbinsel Kola und reicht gerade einmal 12 Kilometer in die Tiefe. Dies zeigt, wie unerforscht das Innenleben unserer Erdkugel ist. Als ziemlich gesichert gilt jedoch, dass es (bis auf ein paar besonders hartnäckige Mikroorganismen) keine Lebensformen im Erdinneren gibt. Diese schlichte Erkenntnis ist wahrscheinlich ein Grund dafür, dass sich die Erdkugel nicht mehr als Vorlage für Sciencefictionromane eignet, wie das noch der Fall war, als die Geowissenschaften in den Kinderschuhen steckten. Es scheint, als ob Jules Verne (1828–1905) in seinem fantastischen Roman *Die Reise zum Mittelpunkt der Erde* aus dem Jahre 1864 das Thema bereits erschöpfend behandelt habe. Verne schilderte darin, wie ein Geologe aus Hamburg mit zwei Kollegen in einen isländischen Vulkankrater hinabsteigt. Wochenlang kraxeln sie durch düstere Erdspalten, vorbei an Kohleflözen, Salzlagern und Grotten voll mit Edelsteinen. Sie erreichen schließlich das Ufer eines unterirdischen Meeres und überqueren es mit einem Floß, wobei sie von wilden Ursauriern bedrängt werden. Anschließend befördert ein Vulkanausbruch sie an die Erdoberfläche zurück.

Später wandte sich der Begründer des utopisch-technischen Abenteuerromans eher oberirdischen und kosmischen Themen zu. 1865 veröffentlichte er *Von der Erde zum Mond* und vier Jahre später seine *Reise um den Mond*, bevor er seine Leser mit *20 000 Meilen unter dem Meer* von 1870 nochmals in die tiefen Ozeane abtauchen ließ. Während aber Vernes Mond- und Tauchfahrten bald Wirklichkeit wurden, ist *Die Reise zum Mittelpunkt der Erde* auch rund 140 Jahre nach ihrem Erscheinen reine Fiktion geblieben. Das wird sich auch in Zukunft nicht ändern. Die Entfernung von der Oberfläche der Erde bis zu ihrem Mittelpunkt beträgt zwar nur 6371 Kilometer. Kein menschliches Wesen ist aber jemals tiefer als einige wenige Kilometer unter die Erdoberfläche vorgedrungen.

Dennoch gibt es Interessantes über die Erdkugel zu berichten – zum Beispiel dass sie gar keine Kugel ist. Sie ist auch viel weicher, als man erst einmal annehmen würde. Die Rotation des Erdkörpers verformt sie nämlich zu einem Ellipsoid. Die stärksten Flieh- oder Zentrifugalkräfte der Erde wirken am Äquator, wo die Erdkruste mit jeder Erddrehung den längsten Weg zurücklegt. Wer auf dem Äquator steht, kommt auf eine Geschwindigkeit von 1670 Kilometer pro Stunde und legt jeden Tag mehr als 40 000 Kilometer zurück. An den Polen sind die Drehbewegungen und Fliehkräfte hingegen minimal. Unsere Vorstellung von einer Erdkugel ist also nur eine Annäherung an die Realität – geodätisch wird die ruhende Oberfläche eines die gesamte Erde überziehenden Ozeans als Geoid bezeichnet. Die Folge der Verformung: Der Erddurchmesser am Äquator ist mit 12 765 Kilometern um 43 Kilometer größer als von Pol zu Pol. Die gequetschte Form der Erde sowie die Unregelmäßigkeiten durch Gebirge, Tiefseegräben und Unterschiede bei den Gesteinsdichten führen auch dazu, dass die Schwerkraft auf der Erde sehr unterschiedlich ist.

Schalenbau der Erde

Die gemittelten 6371 Kilometer bis zum Mittelpunkt der Erde sind ein ziemlich langer Weg. Immerhin entspricht das etwa zehn Mal der Entfernung von Frankfurt nach Berlin. Und das geschätzte Erdgewicht ist mit 5,96 Quadrillionen Kilogramm auch nicht von schlechten Eltern. (Will man diese Zahl ausschreiben, muss das Komma um 23 Stellen nach rechts verschoben und die Zwischenräume mit Nullen aufgefüllt werden.)

Was sich auf der Erdoberfläche abspielt, können wir immerhin mit eigenen Augen verfolgen. Alles darunter bleibt uns verborgen und überrascht die Menschen mit zum Teil tödlichen Eskapaden wie Erdbeben und Vulkanausbrüchen. Dass wir nicht tief in die Erde hineinblicken können, heißt aber nicht, dass wir überhaupt nichts über ihre inneren Strukturen wissen. Im Gegenteil: Naturwissenschaftler können den Aufbau der Erde immer besser rekonstruieren. Wesentlich dazu beigetragen hat die Erdbebenkunde (Seismologie). Seismologen dokumentieren mit einer stetig wachsenden Anzahl von Messstationen, wie sich die Stoßwellen nach einem Erdbeben durch die Erde fortbewegen. Die durch die Erdbewegungen verursachten Vibrationen breiten sich wellenförmig aus und lassen sich selbst an weit entfernten Orten mit Seismographen messen. Man unterscheidet dabei eine schnellere (P-Welle) und eine langsamere Raumwelle (S-Welle). Diese Unterscheidung führte 1897 der britische Geologe Richard Dixon Oldham (1858–1936) ein. Außerdem werden heute zwei verschiedene Oberflächenwellen gemessen, die die Erde nach einem schweren Beben sogar mehrmals umrunden können.

Die ersten Erdbebenwarten entstanden Ende des 19. Jahrhunderts. Heute gibt es weltweit mehr als 10 000 Seismographenstationen. Jahrzehntelange Aufzeichnungen haben Aufschlüsse darüber geliefert, mit welcher Geschwindigkeit die Erdbebenwellen die verschiedenen Schichten des Erdinneren durchlaufen. Dabei macht man sich einfache physikalische Gesetze zu Nutze: Man weiß, dass die Art der Wellenbewegung stark von der Dichte des durchlaufenen Materials abhängt. Ausprobieren kann man das, wenn man nacheinander eine Metall- und eine Holzstange in die Hand nimmt und an ihrem freien Ende mit einem Hammer darauf schlägt. Das dichte Metall leitet die Schlagwelle in Blitzesschnelle weiter. Beim Holz hingegen ist von einer solchen Schwingung kaum etwas zu spüren – ein Grund dafür, warum Stimmgabeln nicht aus Holz gemacht sind. Anhand der Messungen von Erdbebenwellen können Geologen auf die in der jeweiligen Erdschicht hauptsächlich vorhandenen Strukturen schließen. Dadurch wurde es möglich, den Erdkörper in verschiedene Bereiche zu unterteilen. Aber diesbezüglich ist noch längst nicht das letzte Wort gesprochen. Die Messinstrumente werden immer genauer und entsprechend können immer exakter verschiedene Bereiche des Erdinneren unterschieden werden. Erst kürzlich wurden seismologische Messungen präsentiert, die auf einen »innersten inneren Erdkern« mit einem Durchmesser von etwa 600 Kilometern schließen lassen. Folgen wir also Jules Verne auf seiner Reise zum Mittelpunkt zur Erde und übersetzen seinen Roman in die Sprache der Geowissenschaften.

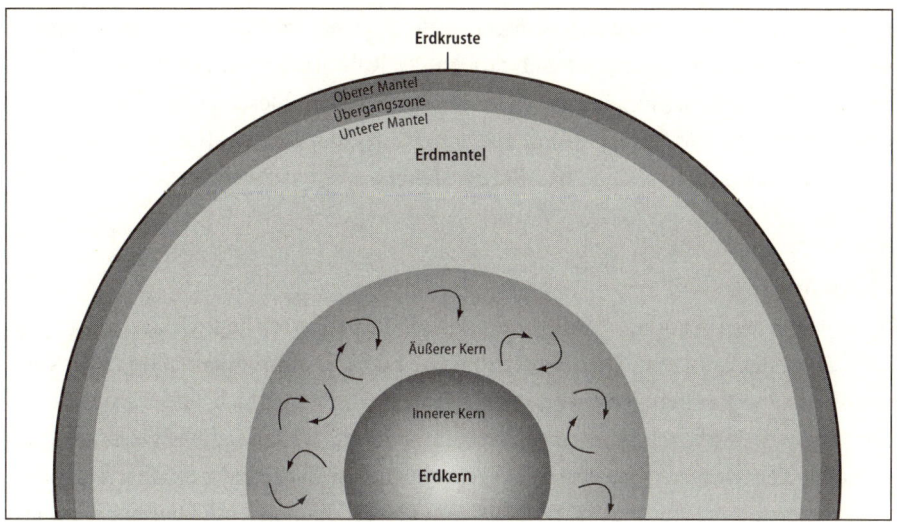

ABB. 2.2 *Die Entfernung von der Erdoberfläche bis zu ihrem Mittelpunkt beträgt etwa 6300 Kilometer. Die Erdkruste ist bis zu 80 km dick, der Erdmantel etwa 2900 km. Der Erdkern mit etwa 3400 km Mächtigkeit besteht aus einem äußeren flüssigen Teil, in dem das Magnetfeld der Erde erzeugt wird, und dem inneren Erdkern, der fest ist und Temperaturen um die 5000° C aufweist.*

Erdkruste

Die Reise beginnt auf der so genannten Erdkruste, die von Masse und Volumen her verglichen mit den anderen Teilen unseres Planeten verschwindend klein ist. Würde die Erde auf die Größe einer Zwiebel schrumpfen, so entspräche deren äußerste dünne Haut in etwa der Erdkruste. Verblüffend ist, dass uns diese dünne Schale alle wichtigen Rohstoffe liefert, die wir zum Leben brauchen. Unter den Meeren ist die ozeanische Kruste etwa fünf bis sechs Kilometer dick. Sie ist dort basaltisch und relativ jung, weil sie beständig neu gebildet wird – etwa 17 Kubikkilometer pro Jahr steigen aus den Meeresrücken empor. Wie das vor sich geht, erläutern wir später. Die kontinentale Erdkruste hingegen erreicht 30 bis 40 Kilometer Tiefe – in Zonen, wo verschiedene Erdplatten miteinander kollidieren, sogar bis zu 80 Kilometer. Die kontinentale Kruste ist sehr alt und überwiegend gneisisch-granitisch, sie kann in Subduktionszonen recycelt werden. Sie setzt sich im Wesentlichen aus kristallinem Gestein und Mineralen niedriger Dichte zusammen. Zu den darin am häufigsten vorkommenden Mineralen zählt Quarz (SiO_2), der sich in Hülle und Fülle an den Sandstränden der Kontinente findet.

Jules Verne konnte noch nicht wissen, wie schnell die Temperatur in der Erdkruste in Richtung zum Mittelpunkt zunimmt. Heute kann man das schon spüren, wenn man durch einen großen Alpentunnel fährt. Die Erwärmung der Luft ist nicht nur den Autoabgasen geschuldet, sondern auch der Erwärmung des umgebenden Gesteins – je 100 Meter Tiefe wird es in der Erdkruste um etwa 3 Grad wärmer. Davon können die Kumpels in den Kohlengruben ein Lied singen. Ohne Frischluftzufuhr würde die Temperatur in den bis zu 1200 Metern tiefen Stollen des Ruhrgebiets um die 50 Grad Celsius betragen. Bei einer kontinentalen Tiefbohrung in Windischeschenbach in der Oberpfalz, die fast 9100 Meter ins Erdinnere reicht, wurde der Temperaturanstieg systematisch aufgezeichnet. An Ende des Bohrgestänges wurden zuletzt 270 Grad Celsius gemessen.

Erdmantel

Nach einem relativ kurzen Abstieg durch die Erdkruste erreichen wir den mächtigen Erdmantel, der etwa zwei Drittel der Erdmasse bildet und insgesamt rund 2900 Kilometer dick ist. Die Grenze zwischen Kruste und Mantel wird durch eine rasche Zunahme der Geschwindigkeit seismischer Wellen markiert. Der Erdmantel besteht also aus dichteren Gesteinsarten, was auf den wachsenden Druck durch die darüber liegenden Komplexe zurückzuführen ist. Die Gesteine des Erdmantels enthalten auch höhere Anteile von Eisen und Magnesium. Aluminium hingegen, ein sehr leichtes Material, findet sich dort kaum. Die Grenze zwischen Kruste und Mantel wird nach dem jugoslawischen Geophysiker Andrija Mohorovičić (1857–1936) als Moho-Diskontinuität bezeichnet. Der Geophysiker erblickte das Licht der Welt etwa 30 Jahre nach Jules Verne. Es ist anzunehmen, dass er seine Romane kannte. Jedenfalls entdeckte er im Jahre 1909 bei Erdbebenmessungen in einigen Kilometern Tiefe eine starke Diskontinuität und legte eine Schichtgrenze fest. Sein 1980 in Zagreb verstorbener dritter Sohn Stjepan trat sehr früh in die Fußstapfen des Vaters. Er studierte in Zagreb und Göttingen und wertete die Aufzeichnungen der süddeutschen Erdbeben von 1911 aus. Drei Jahre danach lokalisierte er im Alter von 24 Jahren unter den Alpen in etwa 60 Kilometer Tiefe die »Moho-Grenze«.

Etwa zur gleichen Zeit erkannte man, dass der darunter liegende Erdmantel alles andere als homogen ist. Vielmehr gibt es einen oberen und einen unteren Bereich, die sich stark voneinander unterscheiden. Der obere Bereich reicht in eine Tiefe von etwa 400 Kilometern. Teilkomplexe davon treten in erodierten Bergketten und bei vulkanischen Ausbrüchen zu Tage. Bei der Festlegung der Grenze zum unteren Mantel war ebenfalls die stark variierende Wellengeschwindigkeit maßgeblich. Sie fällt beim Übergang vom oberen zum unteren Erdmantel stark ab. Bemerkenswert ist dabei allerdings, dass sich die Gesteinsarten nicht grundlegend ändern. Man spricht deshalb von einer physikalischen Grenze: Hier kommen die Gesteine des Mantels ihrem Schmelzpunkt am nächsten und es wird so richtig ungemütlich. Wegen der extrem hohen Temperatur und des hohen Drucks werden die Steine verformbar wie heiße Knetmasse. Der wachsende Druck sorgt dann im tiefer gelegenen Bereich wieder dafür, dass sie trotz extremer Temperaturen fest sind. Der untere Erdmantel besteht überwiegend aus besonders schweren Silikatgesteinen. Im Labor kann man bei entsprechend großer Hitze und mit riesigen Hydraulikpressen winzige Proben dieser Gesteine erzeugen. Silikat ist vermutlich der häufigste Feststoff der Erde, seine Gesamtmasse wird auf etwa 3 Trillionen Tonnen geschätzt.

Der Übergang zwischen diesen beiden Schichten des Erdmantels vollzieht sich übrigens in einer Zone von rund 250 Kilometern, die schlicht und einfach auch so bezeichnet wird. Diese Übergangszone ist, wie man sich vorstellen kann, äußerst lebhaft und Ursprung des basaltischen Magmas, das bis an die Erdoberfläche gelangen kann.

D"-Schicht

Auch zwischen dem Erdmantel und dem darunter liegenden Erdkern gibt es eine Übergangszone. Sie ist bis zu 200 Kilometer dick, heißt D"-Schicht und wird zum unteren Erdmantel gerechnet. Sie zeichnet sich in Richtung Erdmittelpunkt durch einen drastischen Temperaturanstieg von etwa 1000 Grad aus. Wissenschaftler vermuten, dass das Material der D"-Schicht entweder aus dem darunter liegenden Kern ausflockte oder durch den Mantel absank, wegen seiner geringeren Dichte aber nicht in den Kern eindringen konnte. Ihr futuristischer Name lässt schon vermuten, dass sie vor gar nicht allzu langer Zeit entdeckt wurde. Besonders interessant an ihr ist, dass sie wahrscheinlich einen Beitrag dazu leistet, dass die Erde seit 1998 um die Äquatorhüfte Speck ansetzt. Umfangreiche Messungen haben zweifelsfrei ergeben, dass der Erdumfang langsam, aber sicher zunimmt. Vor 1998 war die Erdkugel etwa 25 Jahre lang immer schlanker geworden. Wissenschaftler rätseln, woran dieser Formwandel liegt. Einige meinen, Massenverschiebungen im Grenzbereich zwischen äußerem Erdkern und Erdmantel könnten die Ursache für das wachsende Figurproblem der Erde sein.

Erdkern

Der Erdkern führt uns schließlich zum Ziel der Reise: dem Erdmittelpunkt. Die Kernschicht hat eine Dicke von insgesamt rund 3400 Kilometern. Dieses restliche Drittel der Erdmasse besteht größtenteils aus metallischem Eisen und wird ebenfalls etwa zu gleichen Teilen in einen oberen und unteren Bereich geteilt. Entdeckt wurde die Schichtgrenze zwischen Mantel und Kern in einer Tiefe von rund 2900 Kilometern im Jahre 1911 von Beno Gutenberg – nicht zu verwechseln mit seinem Namensvetter Johannes, der im 15. Jahrhundert die Buchdruckkunst erfand. Beno Gutenberg (1889–1960) war ein deutscher Seismologe, der früh in die USA übersiedelte und 1925 den Geoklassiker *Der Aufbau der Erde* herausgab. Mit seinem Forscherkollegen Charles Francis Richter (1900–1985) entwickelte er 1935 die nach diesem benannte und nach oben offene Richter-Skala, die seitdem zur Bestimmung der Stärke von Erdbeben genutzt wird. Weniger bekannt ist, dass es Gutenberg war, der den genauen Detonationszeitpunkt der ersten Atombombenexplosion festhielt. Als nämlich im Juli 1945 in der Wüste Nevadas der erste Atomtest stattfand, fiel das Zeiterfassungssystem am Sprengort aus. Gutenberg benutzte die Geräte der Erdbebenstation Tucson in Arizona, um diesen historischen Moment zu dokumentieren.

Der von Gutenberg im Jahre 1911 ermittelte Übergang von festem zu metallischem Material an der Schichtgrenze zwischen Mantel und Kern ist charakterisiert durch eine rapide Verlangsamung der Wellengeschwindigkeit. Das liegt daran, dass bestimmte Wellen Flüssigkeiten nicht durchlaufen können. Der äußere Erdkern besteht aus einer heißen, elektrisch leitenden Flüssigkeit. Er ist verformbar und sein Wärmeaustausch erzeugt das Magnetfeld der Erde. Er ist auch für die Schwankungen der Erdrotationsgeschwindigkeit verantwortlich und nicht ganz so dicht wie reines geschmolzenes Eisen. Geologen meinen deshalb, dass auch leichtere Elemente darin vorhanden sein können. Schätzungen zufolge besteht der äußere Kern zu 10 Prozent aus Schwefel und Sauerstoff. Der innere Erdkern ist dagegen wieder fest. Seine Temperatur erreicht durch den Zerfall radioaktiver Elemente und möglicherweise zusätzlich infolge der Reibung der einzelnen Schichten ungefähr 5000 Grad Celsius.

Lithosphäre und Asthenosphäre

Seit im letzten Drittel des vorigen Jahrhunderts mit Hilfe der Theorie der Plattentektonik geklärt werden konnte, warum sich die Kontinente der Erde bewegen, gehören noch zwei weitere Begriffe zum Wortschatz der Geologie. Lithos heißt auf griechisch Stein oder Fels, entsprechend steht Lithosphäre für die feste äußerste Schicht der Erde – den starren oder kalten Teilbereich einschließlich Erdkruste und oberem Erdmantel. Die Lithosphäre ist der Bereich, der die tektonischen Platten bildet. Der darunter liegende kriechfähige Bereich wird als weiche oder heiße Asthenosphäre bezeichnet.

Erdmagnetfeld

Die Chinesen sollen schon etwa im Jahre 300 v. u. Z. gewusst haben, dass ein fein ausbalanciertes Stäbchen aus dem Eisenmineral Magnetit immer nach Süden zeigt. Um die Jahrtausendwende erkannten sie, dass sich solche »Südzeiger« für die Seefahrt nutzen ließen. Andere frühe Hochkulturen taten sich etwas schwerer, das Phänomen namens Magnetismus sinnvoll einzusetzen. Die mysteriösen unsichtbaren Kräfte, die hier offenbar im Spiel waren, veranlassten die frühen Denker aber zu allerlei Spekulation. Vom bereits erwähnten Ptolemäus ist beispielsweise die Geschichte überliefert, dass sich im Ozean zwischen Indien und einem weiter südlich gelegenen Kontinent (der damals nur als Sage existierte) ein riesiger Magnetberg versteckt hielt, der Schiffe, deren Rümpfe mit eisernen Nägeln zusammengezimmert waren, anzog und in die Tiefe riss. Solche mystischen Interpretationen hielten sich lange, wenngleich auch die Nutzung des Erdmagnetfelds für die Schifffahrt rasche Verbreitung fand. Im 13. Jahrhundert streuten Seeleute magnetische Nadeln in eine Wasserschale, um die Nord-Süd-Richtung abzulesen. Die Araber brachten die Entdeckung in die Mittelmeerregion. Bis zum 17. Jahrhundert waren Kompasse in der Schifffahrt unentbehrlich. Nur wusste immer noch niemand, was es mit dieser äußerst nützlichen Einrichtung auf sich hatte.

Naturwissenschaftler rätselten sehr lange, wie das Magnetfeld auf der Erde zustande kommt. Ein bedeutender Fortschritt war es, den Ursprung der Magnetkräfte im Erdinneren zu vermuten. Erstmals postulierte diese Ansicht um 1600 der englische Arzt William Gilbert (1544–1603). Er und andere experimentierten mit Magnetstäben und beobachteten an der Ausrichtung von Eisenspänen, wie das Kraftfeld verlief. Man nahm an, dass in der Erdkugel ein gewaltig großer Stabmagnet steckte, der vom Süd- zum Nordpol reichte. Gilbert dagegen behauptete, die gesamte Erde sei ein Kugelmagnet. Als Geologen dann aber die Kompassausrichtungen rund um den Globus verglichen, stellten sie fest, dass die Magnetpole der Erde jeweils einige tausend Kilometer von den geografischen Polen entfernt sind. Magnet- und Rotationsachse sind also nicht identisch, weshalb eine Kompassnadel auch nur ungefähr nach Norden zeigt. Die Differenz heißt Missweichung und wird seit dieser Entdeckung in den Seefahrtskarten eingetragen.

Erst in den 1830er- und 1840er-Jahren entwickelte der deutsche Mathematiker, Physiker und Astronom Carl Friedrich Gauß (1777–1855) eine umfassende Theorie des Erdmagnetfelds. Er verwarf alle früheren Spekulationen und konnte darlegen, dass das Magnetfeld im Inneren der Erdkugel erzeugt wird. Die Vorstellung eines verbuddelten Eisenstabs schmolz dahin, als man erkannte, dass es im Erdinneren brodelnd heiß ist. Bei Experimenten hatten Physiker nämlich festgestellt, dass alle Stoffe oberhalb des so genannten Curie-Punktes bei 400 bis 600 Grad Celsius ihre magnetischen Eigenschaften verlieren. Langsam erschlossen sich den Geophysikern die Kräfte, die Kompassnadeln zum Tanzen bringen. Gauß postulierte, dass das Erdmagnetfeld und die Entstehung eines Dipolfelds in Richtung Nord-Süd durch die Strömung des flüssigen Eisens im äußeren Erdkern erzeugt wird. Wie genau dieser Prozess vonstatten geht, ist immer noch unklar. Die dahinter liegende Dynamik ist wohl am ehesten mit einem elektrischen Fahrraddynamo und der Rotation einer Spule in einem elektrischen Feld zu vergleichen. Deshalb ist auch von einem »Geodynamo« im Erdkern die Rede. Diesem Modell folgend leitet das flüssige Eisen im äußeren Erdkern einen elektrischen Strom, der vermutlich durch die gewaltigen Materialumwälzungen in diesem brodelnden Eisen-Meer erzeugt wird. Dafür sprechen unter anderem die gemessenen Schwankungen der erdmagnetischen Kraft. Die Magnetpole liegen nämlich nicht still, sondern durchwandern auf unregelmäßigen Bahnen die Polargebiete. Der südliche Magnetpol hat sich seit seiner Entdeckung im Jahre 1831 mehr als 1000 Kilometer nordwestwärts bewegt.

Mittlerweile weiß man auch, dass das Erdmagnetfeld nicht nur für die Seefahrt genutzt wird. Es wirkt wie ein natürliches Ortungssystem für viele Lebewesen auf der

Erde, wenn sie zum Überwintern ihre Quartiere wechseln. Es wirkt aber auch bis Tausende von Kilometern in den Weltraum hinein als unentbehrlicher Schutzschirm für das Leben auf unserem Planeten. Es fängt nämlich elektrisch geladene Teilchen, die von der Sonne ausgestrahlt werden, und lenkt diese Sonnenwinde an der Erde vorbei. Bei diesem gigantischen kosmischen Schlagabtausch verformt sich das Magnetfeld. Wie bei einem Dampfer, der durch den Ozean fährt, entsteht eine Bugstoßwelle, auf der der Sonne abgewandten Seite hingegen ein langer Schweif.

Im letzten Jahrhundert erkannte man anhand von Messungen auf den Meeresböden, dass sich das dipolare Erdmagnetfeld in Laufe der Geschichte wiederholt gedreht hat. Der magnetische Nordpol wurde dabei immer für einige tausend Jahre zum Südpol. Die letzte Feldumkehr fand vor nur 30 000 Jahren statt. Diese Entdeckung war eine Sensation und bedeutend für das Verständnis der Plattentektonik. Die Ursache dieses Phänomens ist aber bis heute ungeklärt. Geophysiker vermuten, dass das Magnetfeld der Erde auch derzeit wieder im Begriff ist, sich umzupolen. Französische Forscher haben kürzlich auf der Erde zwei große Zonen mit Störungen des Magnetfeldes nachgewiesen, die in den vergangenen Jahrzehnten gewachsen sind.

Die Kontinente

Für die meisten Menschen erscheint der Lebensraum Erde sehr beständig. Wir reden zwar viel über die Veränderungen des Klimas, hin und wieder sehen wir auch kleine Veränderungen der Landschaft – zum Beispiel wenn nach Vulkanausbrüchen meterhohe Lavaschichten übrig bleiben oder sich bei Beben Erdspalten auftun. Die Formation von Bergen, Ländern und Kontinenten scheint uns hingegen als unvergänglich. Das ist, wie wir bereits gesehen haben, ein gewaltiger Trugschluss. Am Beispiel der Kontinente soll der Irrtum verdeutlicht werden. Im Laufe ihres Bestehens hat die Erde enorme Verwandlungen durchgemacht. Gebirgszüge und Ozeane sind gekommen und vergangen, das gesamte Biosystem unterlag riesigen Schwankungen.

Die ältesten Gesteinsproben lassen darauf schließen, dass wohl schon vor 4,3 Milliarden Jahren die ersten kleinen Kontinente existierten. Um das herauszufinden, nutzte man das Prinzip des Aktualismus. Da auch heute an den Rändern der Kontinente nach der Erosion wieder abgelagerte Sedimente eine Art Strand bilden, ging man davon aus, dass sich auch entlang der Küstenstreifen uralter Kontinente Strände mit Mineralkörnern gesammelt haben mussten. Man machte sich auf die Suche und fand in einem 3,6 Millionen Jahre alten Sandstein dann tatsächlich extrem witterungsbeständige Körner des Minerals Zirkon. Sie haben ein Alter von 4,1 bis 4,3 Milliarden Jahren, lassen sich an vielen Plätzen der Erde aufsammeln und werden sogar als Halbedelsteine verkauft. Zirkon ist aber nur in Kontinentalgesteinen wie dem Granit weit verbreitet. In den Basalten der Meeresböden kommt es praktisch nicht vor. Das bedeutet: Die uralten Steine, aus denen Zirkon ursprünglich herausgewaschen wurde, waren Gesteine vom Kontinent. Das erhärtete die These über die frühe Existenz von Kontinenten. Es zeigte sich aber auch, dass die Kontinente im Laufe der Erdgeschichte nicht still gestanden hatten, sondern vielmehr ständig Form und Lage veränderten. Die Theorie der Plattentektonik, die ebendiese Bewegungsvorgänge der Erdkruste zu erklären vermochte, lieferte den Geowissenschaften einen neuen wissenschaftlichen Unterbau, mit dessen Hilfe eine Reihe zuvor unverständlicher Beobachtungen endlich erklärt werden konnte.

Theorie der Plattentektonik

Schon lange rätselten die Menschen, wie die Gebirge entstanden und warum es zu Vulkanausbrüchen und Erdbeben kam. Als aufgrund von Fossilfunden und glazialen Sedimenten klar wurde, dass die Kontinente nicht immer in gleicher Form am gleichen Ort gewesen waren, stellte sich die Frage, wie sich die gewaltigen Kontinentalmassen bewegt haben konnten. Erst in den 1960er-Jahren konnte hierauf eine einigermaßen zufrieden stellende Antwort gefunden und der Jahrhunderte andauernde Gelehrtenstreit zwischen so genannten »Fixisten« und »Mobilisten« endgültig zu Grabe getragen werden. Die Fixisten gingen davon aus, dass die Erde im Wesentlichen starr sei. Bis ins 20. Jahrhundert hielten bedeutende Physiker und Mathematiker an dieser These fest. Mobilisten hingegen sahen sowohl die Erdoberfläche als auch das Erdinnere in ständiger Bewegung. Zu den frühesten Mobilisten zählte der Grieche Heraklit (ca. 544–480 v. u. Z.), der im Feuer den Urstoff und das Wesen der Erde sah und von dem der berühmte und tief schürfende Satz »Alles fließt, alles ist in Fluss« stammt. Zweieinhalbtausend Jahre später konnte man mit Gewissheit sagen, dass die Mobilisten auf der richtigen Fährte waren.

Nach der Theorie der Plattentektonik besteht die Erdoberfläche aus einer bestimmten Anzahl großer, starrer Platten, die sich relativ zueinander bewegen – wie fließende Eisschollen. Die bis zu 100 Kilometer dicken Erdplatten können auseinander driften, also divergieren. Sie können sich aber auch aufeinander zu bewegen, also konvergieren und kollidieren. Zu guter Letzt können sie auch aneinander vorbeischrammen. Dabei zermalmen sie langsam die Erdkruste an ihren Rändern. Die bekannteste solcher Transformstörungen ist die »San-Andreas-Spalte« in Kalifornien.

Diese Theorie löste viele Probleme bei der Erklärung von geologischen Strukturen und gab Antwort zum Beispiel auf die Frage, warum die Gesteine der Ozeanböden im Vergleich mit den Gesteinen der Kontinente sehr jung sind. Die älteste Kontinentalkruste ist rund 4 Milliarden Jahre alt, der älteste Meeresboden hingegen nur 200 Millionen Jahre. Der Grund dafür ist, dass sich die Ozeanböden in einem ständigen Kreislauf des Auf- und Abtauchens befinden. An den Meeresrücken inmitten der Ozeane tritt ständig neues ozeanisches Krustenmaterial an die Erdoberfläche, es wandert an die Ränder, um dort wieder in den Erdmantel geschoben zu werden. An diesen Übergangszonen können Tiefseegräben mit einer Tiefe von bis zu 10 Kilometern entstehen.

In den 1970er-Jahren wurde das Plattenmosaik der Erdkruste erkundet. Seit den 1980er-Jahren wurden immer mehr kleinere Mikroplatten (Terrane) entdeckt, die zum Beispiel durch Abspaltungen von großen Platten entstanden waren. Die Erforschung solcher Terrane ist einer der jüngsten und spannendsten Zweige der Geowissenschaften. Sie lieferte in den letzten Jahren ein viel besseres Verständnis für die Entstehung der Alpen, der Pyrenäen und anderer Teile Mitteleuropas. Die Kollision und das Andocken solcher Terrane an Europa wird heute auch für den Aufstieg der deutschen Mittelgebirge verantwortlich gemacht. An einigen Stellen sind Überbleibsel kleinerer Ozeane entdeckt worden, die früher einmal zwischen solchen Terranen lagen – zum Beispiel in der Oberpfalz und in Nordhessen.

Mit dem Wissen um die Plattentektonik wird verständlich, warum geologische Aktivitäten, also deutlich erkennbare Bewegungen der Erdkruste wie an der kalifornischen Küste, ziemlich exakt an solchen Plattengrenzen auftreten. Denn die gegenläufigen Bewegungen zweier Platten verlaufen nicht reibungslos. Vielmehr bauen sich hier über die Zeit hohe mechanische Spannungen im Gestein auf, die sich früher oder später entladen. Dann kommt es zu Erdbeben und auch zur Entstehung neuer Gebirge. Deshalb ist es nicht verwunderlich, dass sich sämtliche Erdbebengebiete an den Rändern tektonischer Platten befinden. Das Gleiche gilt auch für die meisten Vulkangebiete. Wenn nämlich an den Rändern der Kontinente die wassergesättigten Gesteine der Ozeankruste in die Tiefe abtauchen, verdampft das Wasser und kann mit Magma nach oben schießen.

Die tektonische Weltkarte zeigt demnach die Erdoberfläche als ein äußerst dynamisches Gebilde und die Redewendung, nach einem Flug wieder »festen Boden unter den Füßen« zu haben, trifft streng geologisch gesehen nicht zu. Die Platten verändern beständig Form und Größe.

Die nebenstehende Abbildung zeigt die gegenwärtige Lage und die relativen Bewegungsrichtungen. Während eines Menschenlebens liegt die Größenordnung dieser Bewegungen in der Regel nur im Millimeter- und Zentimeterbereich. Über einen längeren Zeitraum betrachtet, legen die Platten aber Tausende von Kilometern zurück. Vor 50 Millionen Jahren lag das Stück Erde, auf dem sich heute Los Angeles befindet, auf einer Insel vor dem heutigen Britisch-Kolumbien in Kanada, waren die indonesischen Inseln noch mit Australien verbunden. Hätte es damals schon Flugzeuge gegeben, wäre

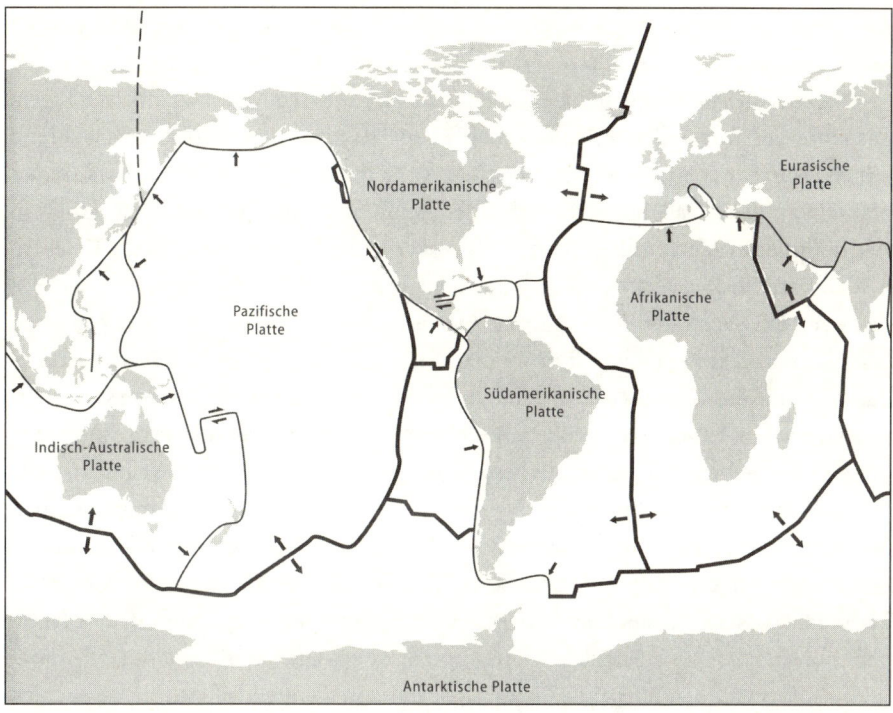

ABB. 2.3 *Die Lithosphärenplatten ändern permanent und gemächlich ihre Lage. Dargestellt ist die derzeitige Situation mit den Grenzbereichen der großen Platten. Dicke Linien bedeuten Scheitelgräben der sich ausdehnenden ozeanischen Rücken. Dünne Linien sind Kollisions- bzw. Subduktionszonen, in denen häufig Erdbeben und Vulkanausbrüche auftreten – einfache Pfeile bezeichnen die Abtauchrichtung der Platten. Gegenläufige Pfeile stehen für Reibungszonen bzw. Transformstörungen wie die San-Andreas-Spalte an der Westküste der USA.*

ein Flug von Frankfurt nach New York wesentlich kürzer gewesen, weil sich mittlerweile der Atlantik vergrößert hat, der Pazifik dafür geschrumpft ist.

Alfred Wegeners Kontinentalverschiebungstheorie

Bis die Theorie der Plattentektonik geboren wurde, durchliefen die Geowissenschaften stürmische Zeiten. Ihr Wegbereiter war die Theorie der Kontinentalverschiebung. Der in Berlin geborene Geophysiker Alfred Wegener (1880–1930) gilt als ihr Begründer. Er verstarb im Alter von 50 Jahren bei einer Expedition in Grönland, die er selbst leitete. Er erfror beim Rückmarsch von der Station Eismitte. Kurz vor seinem Tod notierte er in sein Notizbuch:

»Kilometer 62, den 28. September 1930: Meine Befürchtungen sind eingetroffen ... Unsere Schlittenreise ist durch die Ungunst des Wetters zusammengebrochen ... Wir haben heute früh -28,2 Grad, Schneefegen und Gegenwind, eine liebliche Witterung ...

Das Ganze ist eine schwere Katastrophe, und es nutzt nichts, es zu verheimlichen. Es geht jetzt ums Leben ... «

Wegener ist Autor bedeutender Abhandlungen über die Kontinentalbewegungen, das Klima der Vorzeit und die Atmosphäre – sein bedeutendstes Werk ist 1915 während seiner Professur in Marburg unter dem Titel *Die Entstehung der Kontinente und Ozeane* erschienen. Er galt als harter Bursche, der schon kurz nach seiner Doktorarbeit in Astronomie zur Meteorologie wechselte, weil er in der Sternenkunde »keine Gelegenheit zu körperlicher Betätigung« sah. Die neue meteorologische Disziplin, die Aerologie, war ganz nach seinem Geschmack. Sie verschlug ihn mehrfach auf Expeditionen nach Grönland und erlaubte ihm waghalsige Messfahrten im Fesselballon. Hätte es damals schon das Guinness-Buch der Rekorde gegeben, Wegener wäre darin sicher vertreten gewesen. Es gelang ihm nämlich schon 1905, mit dem Ballon über 52 Stunden in der Luft zu bleiben und damit den bestehenden Weltrekord des Franzosen Graf de la Vaux um 17 Stunden zu verbessern. Neben seiner Ausdauer und seinem unbeugsamen Willen war es vor allem die ungewöhnliche Beobachtungsgabe, die Wegener zu einem berühmten Wissenschafter machte. So fiel ihm beim sorgfältigen Studium der Weltkarte auf, dass die Küstenlinien Afrikas und Südamerikas, die durch den Atlantik getrennt sind, wie zwei Puzzleteile zusammenpassen. Das veranlasste ihn, alle möglichen Informationen über die Flora, Fauna und Fossilienüberlieferungen der beiden Kontinente miteinander zu vergleichen. Es dauerte nicht lange, bis er zu dem Schluss kam, dass die Kontinente in der Vergangenheit einmal vereint gewesen sein mussten. Als Beweis präsentierte Wegener Proben von offenbar zusammengehörenden Erzlagerstätten und weitgehend identische Fossilienfunde eines kleinen vorzeitlichen Reptils mit dem lateinischen Namen *Mesosaurus*, die in Südamerika und in Afrika gefunden worden waren.

Heute steht fest, dass sich ein südafrikanischer Gebirgszug in Argentinien fortsetzt und dass eine brasilianische Hochebene zur Elfenbeinküste gehört. Doch bis Wegener sich mit seiner Theorie durchsetzen konnte, sollte es noch ein paar Jahrzehnte dauern. Gegen ihn sprach, dass ein kleiner Feldforscher wie er über die in der Forscherhierarchie ganz oben angesiedelten theoretischen Physiker und Mathematiker triumphieren und damit die Hackordnung durcheinander bringen wollte. Das war ganz sicher ein Grund, warum einige Koryphäen die Verschiebungstheorie als blanken Unsinn zurückwiesen. Andere Gegner Wegeners stürzten sich begierig auf die Schwächen seiner Thesen. Er war in der Tat auf dem Holzweg, als er kurzerhand erklärte, die durch die Erdrotation entstehenden Fliehkräfte würden ausreichen, um die gewaltigen Kontinente in Bewegung zu versetzen. Die Vorstellung, die Kontinent-Kolosse würden sich wegen der Erddrehung bewegen, fand selbst unter seinen Anhängern wenig Freunde. So sollte es noch ein halbes Jahrhundert dauern, bis groß angelegte geodätische und geologische Messreihen auf den Weltmeeren bewiesen, dass alle heutigen Kontinente mindestens einmal in der Erdgeschichte zu einem einzigen Superkontinent verbacken waren. Immerhin gab man diesem Kontinent den Namen, den Wegener sich schon 1912 ausgedacht hatte: Pangäa – das kommt vom griechischen pan gaia und heißt so viel wie »ganze Erde«. Mittlerweile hat sein Name einen guten Ruf. So wurde 1980 das Alfred-Wegener-Institut für Polar- und Meeresforschung nach dem Erfinder der Kontinental-verschiebungstheorie benannt. Auch das Polar- und Meeresforschungsinstitut der Helmholtz-Gemeinschaft in Bremerhaven trägt seinen Namen, ebenso wie die Alfred-Wegener-Stiftung zur Förderung der Geowissenschaften, ein Zusammenschluss aller deutschen geowissenschaftlichen Gesellschaften.

Ozenanisches Rückensystem

Alfred Wegeners Theorie erlebte in den 1950er- und 1960er-Jahren eine Renaissance, als mit der aus dem Weltkrieg erprobten neuen Sonartechnik umfangreiche Untersuchungen des Meeresbodens vorgenommen wurden. Dabei werden Schallimpulse zum Meeresboden geschickt, dort reflektiert und mit Hilfe der Zeitmessung schließlich die Meerestiefe errechnet. So entstanden im Laufe der Jahre immer detailliertere topographische Karten der Ozeane, die später durch den Einsatz von Satellitennavigation verfeinert wurden. Dabei gelangte man zu überraschenden Feststellungen. Bislang hatte man geglaubt, dass sich die Sandstrände Frankreichs und Spaniens bis tief ins Meer fortsetzten und der Meeresboden von eintönigen Sedimentablagerungen gekennzeichnet sei. Dank des Echolots wurde man eines Besseren belehrt: tiefe Gräben, Vulkane und lange Steilhänge kamen zum Vorschein. Im Marianengraben des Pazifiks lotete das sowjetische Schiff Witjas im Jahre 1957 eine Meerestiefe von über 11 Kilometern aus.

Die größte Sensation barg Anfang der 1950er-Jahre die systematische Erfassung der weltweit existierenden Gebirgssysteme inmitten der Ozeane. Dazu zählt ein riesiger Meeresrücken im Atlantik – eine mehrere Kilometer mächtige Erhebung, die das Meer ziemlich genau in der Mitte teilt und in ihrem Verlauf den Ein- und Ausbuchtungen der Küsten folgt. Dieser mittelatlantische Rücken erstreckt sich von Norden nach Süden über eine Strecke von fast 18 000 Kilometern. Zum Teil ragt er über die Wasseroberfläche hinaus. Island im Nordatlantik ist eine solche Erhebung. Die höchste Aufwölbung erreicht fast 9 Kilometer Höhe über dem Meeresboden. Es ist die Azoreninsel Pico Alto, die immerhin noch 2345 Meter über den Meeresspiegel herausragt. Unter dem Indischen Ozean und dem Südostpazifik setzt sich der mittelatlantische Rücken bis zum Golf von Kalifornien fort. Dieses System ozeanischer Gebirgsrücken ist insgesamt über 60 000 Kilometer lang, bis zu 1000 Kilometern breit und erhebt sich im Durchschnitt 3000 Meter über den Meeresboden. An den meisten Stellen hat dieser ozeanische Rücken in seinem Scheitelpunkt ein bis zu 30 Kilometer breites und 2000 Meter tiefes zentrales Grabensystem.

Streifenmagnetisierung der Ozeanböden

In den 60er-Jahren des 20. Jahrhunderts machten die ersten topographischen Karten der Ozeane die Runde. Die Geowissenschaftler entdeckten ein weiteres Phänomen: die seltsamen magnetischen Eigenschaften des basaltischen Meeresbodens. Man wusste mittlerweile, dass Gesteine wie der Basalt magnetische Minerale enthalten können, die vom globalen Magnetfeld der Erde magnetisiert und in diesem Zustand »eingefroren« wurden. Mit Magnetometern, die Schiffe hinter sich her zogen, konnte man die durch diese Minerale hervorgerufenen Störungen des Erdmagnetfeldes bestimmen. Auf den Karten, welche die Magnetisierung des Meeresbodens verzeichneten, zeigten sich überall entlang der ozeanischen Grabenspalten rechts und links der Meeresrücken deutliche magnetische Intensitätsschwankungen. Es war zu sehen, dass diese Schwankungen exakt symmetrisch verliefen. Legte man die Flächen schwarz (für positive magnetische Anomalien) und weiß (für negative Anomalien) an, entstand ein Muster wie auf dem Fell eines Zebras. Die Weltöffentlichkeit staunte, als diese Skizzen vorgelegt wurden. Man musste daraus schließen, dass die Basaltgesteine der Meeresböden in Streifen magnetisiert worden waren. Zur Verblüffung aller waren die »schwarzen« Streifen so ausgerichtet, wie man es erwarten würde – in Richtung des Magnetfelds der Erde vom Nord- zum Südpol. Die sie unterbrechenden »weißen« Streifen hingegen waren genau umgekehrt ausgerichtet, so wie sich eine Kompassnadel um genau 180 Grad dreht, wenn man die Pole eines daneben liegenden Stabmagneten vertauscht.

Messungen des Gesteinsmagnetismus auf den Kontinenten hatten bereits Jahrzehnte zuvor das gleiche Ergebnis geliefert. In Regionen mit großen Aufkommen von Basaltströmen aus dem Erdinnern gab es ebenfalls wechselnde Ausrichtungen der Magnetpole. Der japanische Geologe Motonori Matuyama (1884–1985) konnte das erstmals 1929 nachweisen. Allmählich dämmerte der internationalen Wissenschaftlergemeinde der Hintergrund dieses Phänomens: Im Laufe der Erdgeschichte hatte sich das magnetische Feld der Erde mehrfach umgepolt. Die unterschiedlich ausgerichteten Magnetisierungsstreifen auf den Meeresböden sind Zeugen dieses Vorgangs.

Sea-floor spreading (Meeresbodenausbreitung)

Basierend auf dieser Erkenntnis dauerte es nicht mehr lang, um den Zusammenhang zwischen den Umpolungen und den Kontinentalverschiebungen zu erkennen. Die englischen Geophysiker Frederick Vine (1939–1988) und Drummond Matthews (1931–1997) folgerten 1964, dass sich der Meeresboden kontinuierlich ausbreitet und neue ozeanische Kruste gebildet wird, indem in den Rifttälern der Meeresrücken ständig neue basaltische Lava aufsteigt. Sie wird durch das Erdmagnetfeld magnetisiert, während sie sich abkühlt und seitwärts ausbreitet. Dieser Vorgang wird international als »Sea-floor spreading« bezeichnet. Das Zebramuster der Magnetisierungsstreifen, die als Anomalien bezeichnet und durchnummeriert wurden, half dabei, die Ausbreitungsgeschwindigkeit der Ozeane zu messen. Immerhin legt der Meeresboden jedes Jahr einige Zentimeter zurück. Anhand dieser Messungen ließ sich schließlich auch errechnen, dass sich ein Ozean von der Größe des Atlantiks in nur 200 Millionen Jahren bildet. Die Kontinente zur Rechten wie zur Linken des Atlantiks (Afrika und Südamerika) bewegen sich dabei voneinander weg. Da die Erde sich aber nicht wie ein Luftballon ausdehnt, muss der Zuwachs der Lithospähre an anderer Stelle ausgeglichen werden. Dies geschieht an den Rändern des Pazifiks, wo die ozeanische Kruste abtaucht. Sie drängt also in den Rifttälern der Meeresrücken an die Erdoberfläche, um ein paar Millionen Jahre später an den Rändern der Kontinentalplatten wieder im Erdinneren zu verschwinden. Da bei diesem Abtauchvorgang immer Gesteinsmaterial abgeschabt und aufgetürmt wird, sind die Kontinente im Laufe der Erdgeschichte kontinuierlich angewachsen.

Pazifischer Feuergürtel

Die Stellen, an denen ozeanische und kontinentale Lithosphärenplatten ihre Kräfte messen, werden heute als Subduktionszonen bezeichnet. Die bisherigen Studien lassen vermuten, dass die höhere Dichte der wassergesättigten ozeanischen Kruste dafür verantwortlich ist, dass die leichteren kontinentalen Platten oben liegen bleiben. Während es in den Spalten der Meeresrücken zu eher gemächlichen Basaltausbrüchen kommt, haben die vulkanischen Aktivitäten entlang der Subduktionszonen oft katastrophale Auswirkungen auf Mensch und Natur. Darauf werden wir in einem späteren Abschnitt über Naturkatastrophen eingehen. Der gesamte so genannte Feuergürtel mit seinen unzähligen Erdbeben und Vulkangebieten streckt sich um den Pazifik über die Anden, die Aleuten, die Region Kamtschatka, Japan und die Marianen. Tiefbeben, die sich bis in eine Tiefe von 600 Kilometern ereignen können, entstehen, wenn zwei ozeanische Platten kollidieren und die ältere unter die jüngere ins Erdinnere abtaucht. 1928 wurden erstmals Tiefbeben Hunderte Kilometer unter Japan aufgezeichnet. Das stärkste jemals gemessene Beben war ein solches Tiefbeben 620 Kilometer unter dem Erdboden Boliviens, das 1994 in Toronto aufgezeichnet wurde.

Tanz der Lithosphärenplatten

All diese Erkenntnisse stellten die Kontinentalverschiebungstheorie von Wegener auf die Füße. Sein Ansatz erhielt mit der Theorie der Meeresbodenausbreitung eine präzisere Bezeichnung. Kontinente schlittern nicht aufgrund der Fliehkräfte auf der Erde herum. Vielmehr bewegen sich kontinentale und ozeanische Kruste gemeinsam als Teil der Lithosphäre. Die Theorie der Plattentektonik wirkte wie eine Revolution. Plötzlich gab es plausible Erklärungen für die großartigsten Phänomene auf der Erde. Alle Zweige der Geowissenschaften mussten sich daraufhin einer Prüfung unterziehen und so manche alte Schule, etwa die der Neptunisten, wurde eingemottet.

Die ersten überzeugenden Modelldarstellungen der Bewegungen der Lithosphärenplatten kamen 1968 von dem Briten Dan McKenzie und dem Amerikaner Jason Morgan. Beide hatten über Jahre fieberhaft an ihrer Theorie der Plattentektonik gearbeitet – wie so oft bei großen Entdeckungen stießen auch sie zunächst auf viele taube Ohren. Sie ließen jedoch nicht locker und platzierten Artikel in Fachzeitschriften. Nach 1968 konnten dann auch rasch die Wirkkräfte dieser Bewegungsvorgänge in der Lithosphäre erklärt werden: Die Bewegung der tektonischen Platten wird von einer Art plastischer Strömung im Erdinneren verursacht.

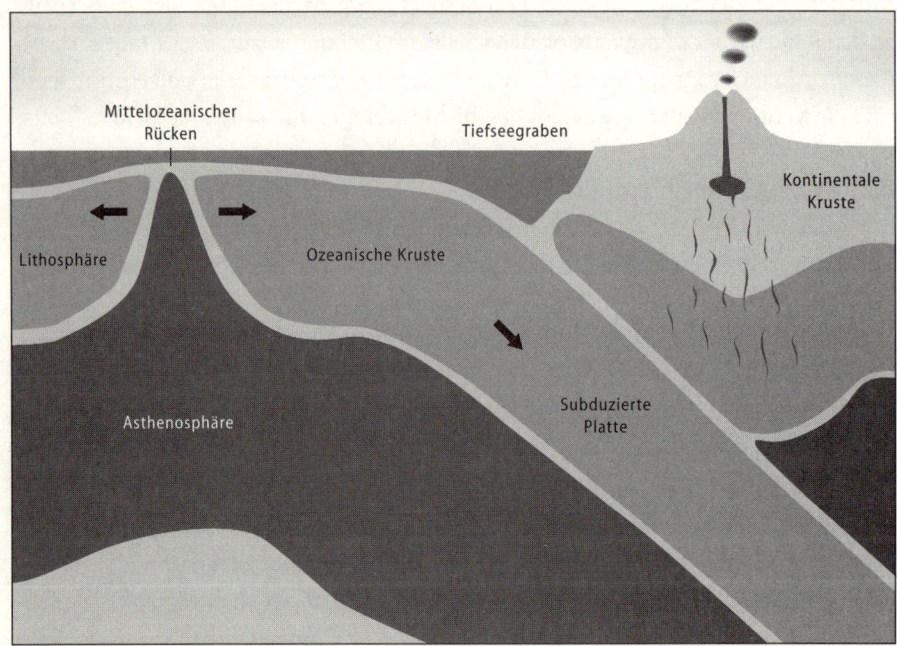

ABB. 2.4 *Durch das ozeanische Rückensystem bildet sich beständig neue ozeanische Kruste, die mit den kontinentalen Lithosphärenplatten kollidiert und ins Erdinnere abtaucht bzw. subduziert wird. Im Bereich der Subduktionszonen entstehen Tiefseegräben, Vulkane und Gebirgsaufwerfungen.*

Ein Teil des Erdmantels ist heiß, er fließt und verformt sich sehr langsam – vergleichbar mit dem Eis großer Gletscher. Die oberen Schichten der Erde hingegen sind relativ kühl und nahezu starr. Die Krustengesteine sind zudem gute Isolatoren, das heißt sie verhindern, dass die Hitze aus dem Erdinneren einfach durch Wärmeleitung an die Oberfläche gelangt. Dass die Erde überhaupt merklich Wärme abgibt, liegt an der so genannten Konvektion im Inneren. Dabei drängt heißes Gesteinsmaterial allmählich an die Erdoberfläche und gibt Wärme an die Atmosphäre ab. In einem entgegengesetzten Strom wird zum Ausgleich kühlendes, mit Wasser angereichertes Material nach innen transportiert. Dieser Konvektionskreislauf ist mitverantwortlich für die Plattenbewegungen an der Oberfläche und sorgt für den schon Ende des 18. Jahrhunderts von James Hutton postulierten ständigen Kreislauf der Gesteine.

Gondwana und Pangäa

Mit Hilfe der Theorie der Plattentektonik gelang es Geologen, den Tanz der Erdplatten zu verstehen und nachzuzeichnen. Geologen haben herausgefunden, dass zu Beginn

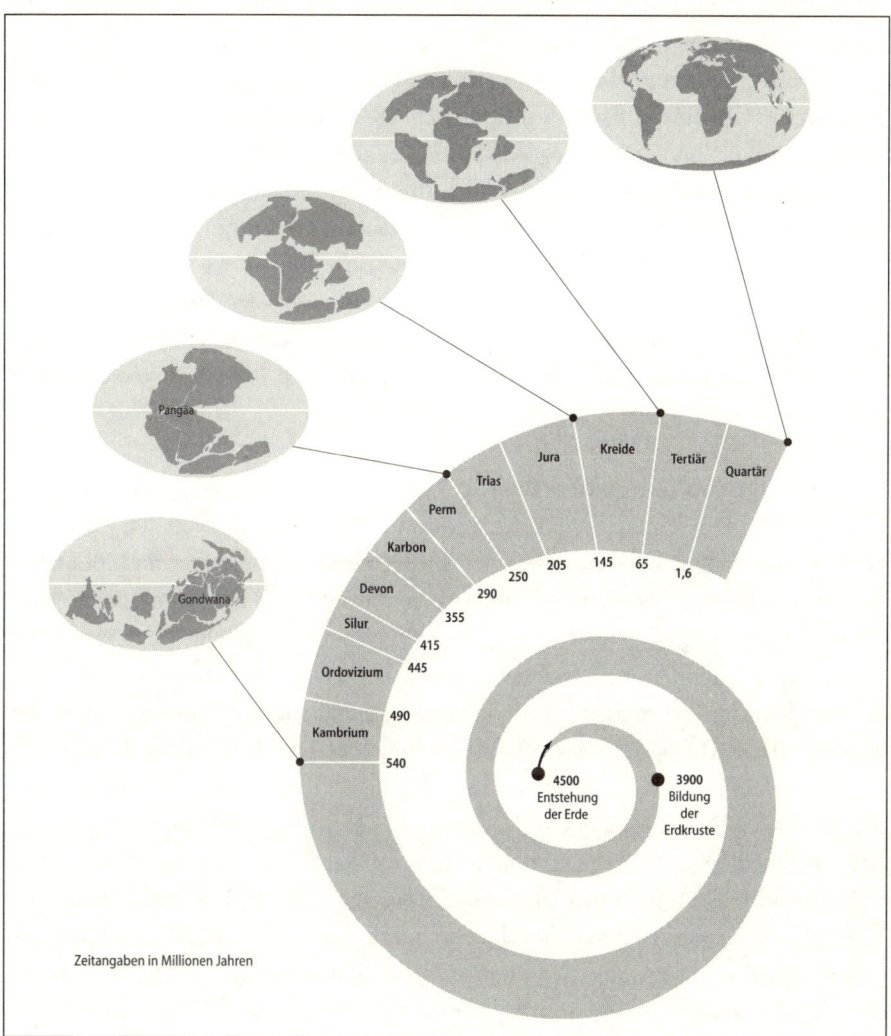

ABB. 2.5 *Die ersten kleinen Kontinente existierten wahrscheinlich schon vor 4,3 Mrd. Jahren. Kontinente befinden sich in ständiger Bewegung, weshalb man auch vom »Tanz der Erdplatten« spricht. Beim Übergang von Perm zu Trias waren alle Kontinente zum Superkontinent Pangäa vereint. Bei Gondwana fehlte noch das heutige Nordamerika. Möglicherweise gab es auch in der Erdurzeit schon einmal einen Superkontinent.*

des Kambriums und während der meisten Zeit des Paläozoikums ein Großteil der Kontinente in der gigantischen Landmasse Gondwana vereint war. Das heutige Südamerika war an Afrika angeschmiegt, auch Australien, Indien und die Antarktis zählten zu Gondwana – davon getrennt war hingegen Nordamerika. Gegen Ende des Paläozoikums kollidierte Gondwana mit den anderen Kontinenten. Als Folge entstand eine noch größere Landmasse: der von Alfred Wegener benannte Superkontinent Pangäa, der praktisch alle heutigen Kontinente umfasste und sich vom Nord- bis zum Südpol erstreckte. Die Spuren von Vulkanismus und die Gebirgsbildungen an der Ostküste Nordamerikas deuten auf die Kollisionen und die Entstehung von Pangäa hin. Untersuchungen von Gesteinsproben lassen darauf schließen, dass sich das zunächst zwischen Gondwana und Nordamerika liegende Meeresbecken im Laufe des Paläozoikums vor etwa 380 Millionen Jahren langsam schloss und Pangäa entstehen ließ. Im Osten des Superkontinents lag das Thethys-Meer, im Westen der Ozean Panthalassa. Erst lange Zeit später, im Mesozoikum, brach er wieder auseinander. Europa wurde von Afrika abgespalten, der Atlantik öffnete sich zwischen Nordamerika, Europa und Afrika. Langsam löste sich Südamerika. Die neuen Meeresbecken wurden zu Barrieren für die Tier- und Pflanzenwelt, und die Evolution ging fortan zum Teil sehr unterschiedliche Wege.

Gebirgszüge und Landschaften

Riesige stille und noch aktive Vulkankrater und Erdbeben zeugen von den gewaltigen Energien, die freigesetzt werden, wenn sich der Meeresboden unter die Kontinente schiebt. Die Kollision von Lithosphärenplatten hat im Laufe der Jahrmillionen auch immer wieder neue Berge und Gebirgszüge entstehen und verschwinden lassen. Bei solchen Kollisionen werden Schichten der Erdkruste wie Stofffalten zusammengeschoben. Der Himalaja ist durch einen solchen Prozess entstanden: Indien und Asien waren einst durch einen riesigen Ozean voneinander getrennt. Die Plattentektonik ließ sie vor etwa 50 Millionen Jahren aufeinander stoßen. Dort, wo früher eine Subduktionszone war, befindet sich heute die höchste Gebirgskette und das größte Hochlandgebiet der Erde. Von geologischer Ruhe ist dort noch lange keine Rede. Zwischen Asien und Indien kommt es immer noch zu Plattenbewegungen, die Region wird immer noch angehoben. Erdbeben bis nach China hinein sind Folge dieses gigantischen Kräftespiels.

Im Laufe der geologischen Zeit können solche Gebirge wieder vollends verschwinden. Schuld daran ist die Erosion. In Gebirgsregionen trägt sie alle 1000 Jahre bis zu 1,5 Meter Gesteinsmaterial ab. Davon zeugen die Schuttkegel an den Berghängen. Allein der Rhein trägt jährlich 4 Millionen Tonnen Sedimente in die Nordsee, obwohl ein Teil der Sedimentfracht bereits im Bodensee deponiert wird. In 25 000 Jahren legt er sein komplettes Einzugsgebiet um 1 Meter tiefer. Landschaften unterliegen demnach einem ständigen Wandel. Durch die unaufhaltsame Erosion werden sich die Alpen, die

Pyrenäen und selbst der Himalaja in ein paar Millionen Jahren wahrscheinlich wieder auf Meeresniveau befinden. Genaue Prognosen, wann es soweit sein wird, sind allerdings nicht möglich, denn mit den flacher werdenden Hängen verlangsamt sich auch der Gebirgsabtrag. Außerdem führt der Abtransport des Gebirgsmaterials zu Hebungen der Erdkruste, so wie ein Frachtschiff beim Entladen im Hafen immer höher aus dem Wasser ragt. Geologen schätzen, dass es mindestens 50 Millionen Jahre dauert, bis ein Hochgebirgszug wie die Alpen wieder verschwunden ist. Unbestritten ist auf jeden Fall, dass es irgendwann einmal keine Zugspitze und keinen Mount Everest mehr geben wird. Neben den Gebirgsbildungen ruft die Plattentektonik auch ihren notwendigen Gegenpart hervor: Absenkungen der Erdkruste und die Entstehung tiefer Landschafts- und Meeresbecken. Sie sind Folge von Dehnungsvorgängen.

Der Gebirgsgürtel der Appalachen, der sich bis heute sichtbar von Neufundland im Norden bis nach Alabama im Süden des amerikanischen Kontinents erstreckt, ist ein eindrucksvolles Beispiel für die Bewegungen großer Gesteinsmassen. Er ist ein Überbleibsel der Kollision der alten Kontinente Gondwana und Nordamerika bei der Entstehung des Superkontinents Pangäa. Es dauerte knapp 200 Millionen Jahre vom Ordovizium bis ins Perm, bis der Gebirgszug während stark schwankender Meeresspiegel mit völligen Überflutungen des nordamerikanischen Kontinents in drei Entstehungsabschnitten aufgefaltet wurde. Die heutige sanfte Topographie des Gebirges hat mit den alten Appalachen nichts mehr zu tun. Sie ist vielmehr das Resultat einer relativ leichten Anhebung des ehemaligen Faltengebirges in der jüngeren Vergangenheit. Der größere Teil der alten Appalachen liegt heute unter der Erdoberfläche. Während des Paläozoikums sind weitere gigantische Gebirgszüge entstanden. Auch der Ural in Russland ist das Ergebnis der Vereinigung der Kontinente zum Superkontinent Pangäa.

Ein Naturschauspiel gleichen Ursprungs, aber mit besonderer Qualität bietet der Alpengürtel. Der Wiener Geologe Eduard Suess (1831–1914) legte in seinem fünfbändigen Werk *Das Antlitz der Erde* eine erste umfassende Beschreibung der Alpen vor. Damals belächelte man noch seine bahnbrechende Arbeitshypothese, auf deren Basis er die großen Gebirgszüge der Erde miteinander verglich und aus ihren Verwerfungen und Ausrichtungen schloss, dass sie als Einheit zu betrachten waren. Heute weiß man, dass die Alpen im Känozoikum entstanden sind, als Gondwanaland nordwärts driftete und mit Europa und Asien zusammenstieß. Während dieser Periode sind sehr viele Gebirge entstanden: das Atlasgebirge, die Pyrenäen, die Alpen, der Kaukasus, der Pamir, das Hochland von Tibet und der Himalaja. Sie sind allesamt Ergebnis dieser Kontinentaldrifte. Die Gebirgsbildungen kamen erst vor etwa 10 Millionen Jahren weitgehend zum Stillstand. Die alpine Geologie ist von ganz besonderem Reiz, weil hier Sedimentschichten in mehrere Kilometer Höhe aufgeschoben wurden. Es bildeten sich Falten, wie wenn man einen Teppich von den Rändern her zusammenschiebt. Zahlreiche dieser Falten kippten um und bedeckten sogar das benachbarte Festland. Die Faltenwürfe und Überschiebungen lassen sich trotz der Erosionen noch deutlich erkennen. Zwar ist die alpine Gebirgsbildung längst zu Ende gegangen. Das heißt aber nicht, dass die Lithosphärenplatten, deren Kollision die Alpen haben entstehen lassen, vollkommen zur Ruhe gekommen sind. Die afrikanische Platte dringt weiter in Richtung Norden. Die Vulkane vor der Nordküste Siziliens und die Erdbeben in der Region zeugen von diesem Vorgang. Aller Voraussicht nach wird in ferner Zukunft das Mittelmeer völlig verschwinden und Europa und Afrika zu einem Kontinent zusammengeschweißt werden – doch das wäre nicht das erste Mal in der Erdgeschichte. Als Folge dieser Kollision werden sich die nordafrikanische und die südeuropäische Gebirgslandschaft erneut drastisch verändern.

Geowärme im Haushalt

Sobald sie die Ursachen der Kontinentalverschiebungen kannten, machten sich Geowissenschaftler gezielt daran, die Kräfte im Erdinneren energetisch zu nutzen. Im oberen Erdmantel herrschen immerhin noch Temperaturen um 1300 Grad Celsius. Jeden Tag kriecht ein Mehrfaches des globalen Energiebedarfs durch die Erdkruste hindurch und verflüchtigt sich in den Weiten des Weltalls. Was liegt da näher, als dieses System anzuzapfen? Das hört sich leicht an, ist es aber nicht. Der Grund: Die Wärmestromdichte an der Erdoberfläche beträgt im Allgemeinen nur etwa 0,06 Watt pro Quadratmeter. Das heißt, man müsste die durch die Kruste dringende Wärme auf einer Fläche von 1000 Quadratmetern (ohne irgendwelche Verluste) in Strom umwandeln, um eine einzige 60-Watt-Birne zum Glühen zu bringen.

Deshalb sucht man lieber nach warmen unterirdischen Wasser- und Dampfreservoirs, die sich anbohren lassen und die sich an manchen Stellen sogar freiwillig als heiße Quellen und speiende Geysire an der Erdoberfläche zeigen. Zwar ist global betrachtet der Anteil dieser geothermischen Energie an der Energieversorgung bisher noch unbedeutend. Dennoch können solche Kraftwerke von regionaler Bedeutung sein. Im italienischen Larderello in der Toskana befindet sich das größte europäische geothermische Kraftwerk – eine Heißdampflagerstätte, die bereits seit 1904 zur Stromerzeugung genutzt wird. Sie kommt auf eine Leistung von 300 Megawatt, was in etwa der Power von eintausend 400-PS-Trucks entspricht. Beliebtes Postkartenmotiv sind außerdem »The Geysers« nördlich von San Francisco, mit denen seit Anfang der 1960er-Jahre Stromgeneratoren angetrieben werden. Auch in Russland und Japan gibt es solche Anlagen. Besonders ergiebig sind sie aber alle nicht, denn in der Regel entweicht der Dampf aus der Tiefe nur mit geringem Druck. Problematisch ist außerdem, dass immer auch Gase mit nach oben befördert werden, die man am liebsten im Erdinneren belassen würde. Den Hauptanteil des Gasgemisches bei den Geysiren in den USA bilden mit etwa 63 Prozent Kohlendioxid und rund 15 Prozent Methan, die als Treibhausgase gefürchtet sind.

Tritt heißes Wasser nach oben, kann es aufgefangen und in Heizungssysteme integriert werden. Im isländischen Reykjavik sind rund 90 Prozent aller Häuser an ein solches System angeschlossen. In Deutschland gibt es mehr als 20 Anlagen, die Nassdampfquellen zur Stromerzeugung nutzen. Sie kommen zusammen aber lediglich auf etwa 50 Megawatt. Zwischen Donau und Alpen, im so genannten süddeutschen Molassebecken, profitiert eine Reihe von Thermalbädern von dieser Erdenergie. Das warme Thermalwasser des Malmkarst wird dort aus Tiefen von bis zu 2,5 Kilometern nach oben befördert und kann nach dem Abkühlen als Trinkwasser verwendet werden. Das geht nicht immer, weil die Dampf-Wasser-Gemische meistens extrem salzhaltig sind. Es gibt zwar auch reine Heißwasserquellen, aber sie sind auch nicht einfach zu erschließen. Bei Ölbohrungen im Golf von Mexiko wurden kürzlich große Heißwasservorkommen in 3300 Metern Tiefe entdeckt. Das eingeschlossene Wasser steht allerdings unter sehr hohem Druck und enthält große Mengen an Methan. Ob es jemals genutzt werden kann, ist fraglich.

Hot Rocks

Vielversprechender erscheint gegenwärtig die Nutzbarmachung von tief liegenden Gesteinsschichten mit Temperaturen ab 175 Grad Celsius – so genannten »Hot Rocks« (heiße Gesteine). Das Gute an diesen Lagerstätten ist, dass sie überall zur Verfügung stehen. Man muss nur tief genug bohren. Das Prinzip ist einfach: Um ihre Energie zu nutzen, wird Wasser durch Bohrlöcher in die Tiefe gepumpt. Dort erhitzt es sich und der entstehende Wasserdampf wird durch ein zweites Bohrloch nach oben geleitet. Von Ausnahmen abgesehen sind die Hot Rocks allerdings sehr kompakt und für Wasser undurchlässig. Man muss sie deshalb in der Tiefe zertrümmern. Das geschieht durch Sprengungen oder durch sehr hohen Wasserdruck. In einem Forschungsprojekt im Oberrheingraben bei Soultz-sous-Forêts ist in einer Tiefe von 3900 Metern eine etwa 3 Quadratkilometer große Wärmetauschfläche erschlossen worden. Tests ergaben 1997 eine kontinuierliche Energieleistung von rund 10 Megawatt. Eine weitere Demonstrationsanlage soll im schwäbischen Bad Urach entstehen. Praktisch ist bei dieser Energietechnologie, dass auch alte Bohrlöcher genutzt werden können, die früher der Erdölsuche dienten. In Prenzlau wurde ein solches Vorhaben bereits realisiert. Die Erdwärmesonde holt aus einer Tiefe von etwa 2,8 Kilometern eine thermische Leistung von 400 Kilowatt.

Die effizientere Erschließung von Wärmetauschflächen in der Tiefe ist die wichtigste Aufgabe, um die Bedeutung von Hot-Rock-Systemen zu erhöhen. Außerdem müssen die Bohrtechniken verbessert und billiger werden, damit sich der Aufwand lohnt.

Derzeit liegen die Kosten für eine Bohrung bis in 5 Kilometer Tiefe bei rund 4 Millionen Euro.

Wärmepumpen

Wärmepumpen sind in den letzten Jahren sehr populär geworden. Sie sind die heimische Variante der Erdenergienutzung und stehen in den Kellern kleinerer Wohnhäuser. Vom Prinzip her funktionieren sie wie umgepolte Kühlschränke. Sie hängen an der Steckdose und verbrauchen Energie. Der Clou ist aber, dass sie mit wenig Strom die Umweltwärme aus dem oberflächennahen Erdreich, aus dem Grundwasser und der Luft abzapfen und damit generell einen sparsameren Energieeinsatz bei der Beheizung und Warmwasserversorgung erlauben. Am effektivsten ist die Nutzung von Erdwärme, weil die Temperatur im Erdreich selbst bei Dauerfrost nicht unter 5 Grad Celsius absinkt. Sie funktionieren folgendermaßen: Ein flüssiges Kältemittel wird bei niedrigem Druck durch im Garten vergrabene Wärmepumpeleitungen geführt. Es nimmt dabei die Erdwärme auf. Anschließend wird die Flüssigkeit mit einer kleinen elektrischen Pumpe auf ein höheres Druckniveau gebracht. Dadurch steigt auch seine Temperatur an. Im nächsten Arbeitsschritt wird diese Wärme auf den Heizwasserkreislauf übertragen. Schließlich wird der Druck im Wärmepumpenkreislauf wieder abgesenkt und das flüssige Kältemittel wieder in den Garten geschickt.

Die Ozeane

Die Theorie der Plattentektonik veränderte das Bild, das die Menschheit seinerzeit von den Ozeanen hatte, dramatisch. Die vorherrschende Meinung, die wahre Geologie und das wirkliche Leben spiele sich nur an Land ab und die Ozeane seien nicht viel mehr als große Planschbecken, an denen man schöne Badeurlaube verbringen konnte, wurde widerlegt. Jetzt war klar: Geologie findet zuallererst an den Rändern der ozeanischen und kontinentalen Erdkrustenplatten statt und die Meeresrücken sind ein zentraler Schlüssel zum Verständnis der Verschiebung ganzer Kontinente. Außerdem: Während die kontinentalen Platten rund 4 Milliarden Jahre alt sind, befinden sich die Ozeanböden in einem ständigen Kreislauf. Die ozeanische Kruste wird ständig neu gebildet. Dieser Erkenntnis verdankte die Meeresforschung ihren Boom. Das Interesse an der Tiefsee und dem in ihr verborgenen Leben war auf einmal riesig. In dieser Zeit sind die ersten Dokumentationen des französischen Meeresforschers Jacques Cousteau entstanden.

Dass es sich lohnt, die Weltmeere ein bisschen näher anzuschauen, darauf deuten schon die Unmassen Wasser hin, die es darin gibt: Unser Planet ist zu fast drei Vierteln mit Wasser bedeckt. Wäre die Erde kugelrund und eben, so wäre sie ringsherum von einer 2,5 Kilometer dicken Wasserschicht umgeben. Die Form der Meere hat sich im Laufe der Erdgeschichte ständig verändert. Wir unterscheiden heute drei große und einen kleineren Ozean: Der Pazifik (oder Stille Ozean), der Atlantik und der Indische Ozean zählen zu den großen, der Arktische Ozean ist vergleichsweise klein. Der Pazifik beherrscht fast die gesamte Südhalbkugel. Man kann sich leicht vorstellen, dass diese Wassermassen erheblichen Einfluss auf das komplexe Wechselspiel im System Erde haben. Im Durchschnitt verdunsten in Mitteleuropa jedes Jahr rund 500 Liter Wasser pro Quadratmeter Bodenfläche. Über den Ozeanen erreicht die Verdunstungsmenge mitunter den dreifachen Wert. Über Niederschläge kommen die Wassertropfen wieder ins Meer. Entweder sie fallen direkt dort hinein oder sie nehmen einen Umweg über die Kontinente, versickern dort und gelangen über Grundwasserströme oder Flüsse zurück in die Ozeane. Angenommen, man würde diesen Kreislauf stoppen und das Wasser an Land speichern, wären die Weltmeere in nur 4000 Jahren ausgetrocknet.

Kleine Kinder sind oft sehr überrascht, wenn sie im ersten Strandurlaub die Erfahrung machen müssen, dass Meerwasser ziemlich salzig ist und sich gar nicht zum Trinken eignet. Würde man am Strand von Ibiza eine Umfrage starten, wie das Salz ins Meer und außerdem noch in die Salzstöcke am Rande der Alpen kommt, bekäme man sicher viele verschiedene Antworten zu hören. Für die Salzansammlungen sorgt der globale Wasserkreislauf. Salz wird über Jahrmillionen aus Gesteinen herausgelöst und gelangt über Gletscher und Flüsse in die Weltmeere. Da Salz nicht verdunsten kann, reichert es sich dort an – im Laufe der Erdgeschichte kamen auf diese Weise pro Liter Meerwasser etwa drei volle Esslöffel zusammen. In heißen Regionen verdampft viel Wasser, weshalb es dort besonders salzhaltig ist – zum Beispiel im Toten Meer. Dort, wo es eher kühl ist oder viel Flusswasser in die Meere einströmt, tritt der gegenteilige Effekt ein. Salzstöcke auf dem Festland sind Ablagerungen, die von mittlerweile vergangenen Meeren zeugen.

Bis Mitte des 19. Jahrhunderts ging man davon aus, dass unterhalb einer Tiefe von 750 Metern weder tierisches noch pflanzliches Leben in den Weltmeeren existieren kann – ein weiterer Grund für das lange Zeit mäßige Interesse an ihnen. Doch auch diese Vorstellung ist längst Schnee von gestern. Im Jahre 1869 fischte der schottische Biologe Charles Wyville Thomson (1830–1882) Lebewesen aus 4600 Metern Tiefe. Heute weiß man, dass sich in den lichtdurchfluteten Schelfmeeren das üppigste Leben entwickelt. Schelfe nennt man die Randbereiche von früherem Festland, das heute 60 bis 200 Meter unter Wasser liegt und bis zu 200 Kilometer breit ist. Vor der letzten Eiszeit befanden sich diese Regionen noch über dem Meeresspiegel. Erst durch das Schmelzen der Eismassen und den steigenden Wasserspiegel sind sie im Meer verschwunden. Den Schelfmeeren schließen sich die mehrere Kilometer langen steilen

Kontinentalabhänge an. Erst danach beginnt die Tiefsee, in der sich auch in ihren letzten Winkeln Leben tummelt – selbst da, wo die basaltische Magma ins Meer strömt und brodelnde Temperaturen herrschen, sind Mikroorganismen gefunden worden.

Ozeanische Strömungen

Jahrhundertelang betrachteten die frühen Meereskundler die großen Ozeane als einen ruhig dahinfließenden Strom, der Wasser gemächlich um die Erde führt. Erst die großen Weltumsegler Christoph Kolumbus (1451–1506), Vasco da Gama (1468–1524), Magellan (1480–1521) und James Cook (1728–1779) machten die Erfahrung, dass es auf offener See gewaltige Strömungen gibt, die so manchen ins Unheil führten. Mitte des 19. Jahrhunderts wurden erste Wind- und Strömungskarten erstellt, doch dafür interessierten sich neben den Meeresforschern nur die Seeleute. Da man noch nicht so recht wusste, wie man die Strömungen feststellen konnte, griff man tausendfach auf die Technologie der Flaschenpost zurück. Noch heute sollen etliche dieser Flaschen die Weltmeere durchkreuzen – es lohnt sich also, im nächsten Sommerurlaub das Treibgut am Strand ein bisschen genauer anzuschauen.

Die Ozeane weisen zum Teil sehr starke Oberflächen- und ebensolche Tiefenströmungen auf. Aber wie entstehen sie? Die Oberflächenströmungen werden hauptsächlich durch Winde erzeugt. Hauptmotor sind hierbei die Passatwinde, die wir aus den Wettervorhersagen kennen. Ihre Quelle liegt in der Nähe des Äquators. Dort heizt die Hitze der Sonne die Luft stark auf und lässt sie nach oben steigen. Der daraus resultierende Sog wirkt wie ein gigantischer Staubsauger, der Luft aus den umliegenden Gebieten zum Äquator hinzieht. Durch die Rotation der Erde werden die Passatwinde allerdings nach Westen abgelenkt. Sie bilden folglich zwei mächtige Luftströme in westlicher Richtung beiderseits des Äquators und schieben gewaltige Wassermassen vor sich her, die auf die Ostküsten der Kontinente treffen. Dort wird das Wasser nach Norden und Süden abgelenkt und verzweigt sich weiter. In den Ozeanen gibt es insgesamt fünf solcher großen Strömungsringe. Seeleute wussten schon lange von den Passatwinden. Erstmals untersucht wurden sie von dem britischen Meteorologen George Hadley (1685–1768), der freilich noch keine schlüssige Theorie über Wind, Wetter und Meeresströmungen liefern konnte.

Die ozeanischen Tiefenströmungen (auch thermohaline Strömungen genannt) kommen wesentlich langsamer voran und haben mit dem Wind nichts zu tun. Hier sind die Dichteunterschiede des Wassers in Abhängigkeit von seiner Temperatur maßgeblich. Kaltes Wasser ist nämlich schwerer als warmes. Deshalb sinken im kühlen Nordatlantik und am Rande der Antarktis riesige Wassermassen ab und sorgen für Strömungen in mehreren Kilometern Tiefe. Um Platz für dieses abgesunkene kalte Wasser zu machen, steigt ganz woanders, vor allem im Pazifik, wieder ebenso viel Wasser nach oben.

Vergletscherung der Pole

Wie drastisch solche Naturereignisse das Leben auf der Erde beeinflussen können, davon zeugt das Kommen und Gehen der Eiszeiten. Die Strömungen der Ozeane blieben natürlich im Laufe der Erdgeschichte nicht unbeeinflusst von den Verschiebungen der Erdplatten. Dieses Wechselspiel hatte enorme Veränderungen des Klimas und der Lebensbedingungen auf der Erde zur Folge. Bevor im Mesozoikum der Superkontinent Pangäa, von dem bereits die Rede war, aufbrach, bestanden geschlossene Festlandverbindungen, die eine Wasserströmung um die südliche Polarregion (Antarktis) verhinderten. Kalte und warme Wassermassen der großen Weltmeere mischten sich und die Antarktis blieb relativ warm und eisfrei. Man hätte dort zwar keinen Badeurlaub verbringen können, aber so kalt wie heute war es längst nicht. Im Känozoikum spalteten sich Australien und Südamerika von Pangäa ab, und zu Beginn des Oligozäns, vor etwa 36 Millionen Jahren, hatte sich schließlich auch die Antarktis von den übrigen Kontinenten gelöst. Erst jetzt bildete sich eine polare Oberflächenströmung, die wie auch heute noch um die Antarktis herum fließt. Das hat zur Folge, dass die Antarktis von wärmeren Wassermassen weitgehend abgeschnitten ist. Als diese Veränderung vor Urzeiten eintrat, kühlte sich die Antarktis und mit ihr das globale Klima deutlich ab. Die antarktische Vergletscherung und die Bildung der südpolaren Eiskappe begann.

Vor 4 oder 5 Millionen Jahren krachte es dann erneut im Untergrund, die Meeresströmungen kamen wieder völlig durcheinander und die Temperatur auf der Erde sackte jäh ab. Nord- und Südamerika reichten sich vor rund 4,7 Millionen Jahren in der neu entstehenden Landenge von Panama die Hand, die Ost-West-Verbindung vom Atlantik in den Pazifik war somit unterbrochen. Dafür kam die Wasserzirkulation entlang der Ostküste Nordamerikas, der bereits erwähnte Golfstrom, erst richtig in Schwung. Der schiebt seitdem warmes Wasser in Richtung Norden und sorgt dort für reichlich Niederschlag. Paradoxerweise war diese warme Strömung, die Regen bzw. Schnee in die kühlen Nordregionen brachte, eine wesentliche Voraussetzung für die Entstehung der arktischen Polareiskappe, denn wo kein Schnee fällt, kann auch nichts gefrieren.

Wenn aber alles hin- und herströmt, will auch das Eis der Pole nicht ständig an den Enden der Welt bleiben. Die Eismassen von Nord- und Südpol wanderten mehrfach in Richtung Äquator und bedeckten große Teile der Kontinente. Wenn aber viel Eis auf dem Land gehalten wird, fehlt es als Wasser im Meer. Daher fiel der Meeresspiegel wiederholt um bis zu 100 Meter ab.

Ebbe und Flut

Wie das Salz im Ozean zählen auch Ebbe und Flut zu den normalen Alltagserscheinungen, bei denen sich kaum jemand fragt, wie sie entstehen. Dass sie mit dem Mond zu tun haben, darauf wird noch jeder kommen. Aber wenn das alles wäre, dürften sich die Gezeiten doch nur einmal täglich ändern. Jeder, der schon einmal im Watt der Nordsee marschierte, wird aber wissen, dass es zwei Gezeitenänderungen gibt. Woran liegt das? Fangen wir mit dem Mond an: In der Tat sorgt er für reichlich Bewegung auf dem Meer. Die Gezeitenunterschiede können in einigen Küstenregionen 15 Meter oder mehr erreichen – im offenen Meer in der Regel aber nicht mehr als 1,5 Meter. Um zu verstehen, welche Kräfte Ebbe und Flut verursachen, musste 1666 zunächst einmal Isaac Newton (1643–1727) sein Gesetz der Gravitation formulieren, nach dem sich zwei Körper in Abhängigkeit ihrer Massen und ihres gegenseitigen Abstands anziehen. Mit Newtons Formel lassen sich alle möglichen Anziehungskräfte berechnen, so auch jene, die der Erdkörper auf einen Apfel ausübt, weshalb er zu Boden fällt, sobald man ihn loslässt. Genau die gleiche Kraft wie zwischen Apfel und Erde wirkt auch zwischen den Himmelskörpern. Dass die Sonne die Erde anzieht, erscheint einleuchtend, denn sonst würde die Erde nicht um die Sonne kreisen. Dass auch der Mond eine Anziehungskraft auf die Erde ausübt, ist nicht so leicht ersichtlich, denn schließlich kreist der Mond um die Erde. Dennoch zieht der Mond in der Tat die Erde an. Seine Anziehungskraft ist schwächer als die der Erde, aber sie ist vorhanden. Wenn Mond und Sonne in die gleiche Richtung ziehen, was bei Neu- und Vollmond der Fall ist, haben wir Springflut, wenn sie entgegengesetzt wirken, schwächen sie sich gegenseitig ab und man redet von Nippflut.

Aber wie kommt es nun zur zweifachen Gezeitenänderung pro Tag? Die Mondkräfte ziehen nicht nur einfach Wasser an und entlassen es beim Abdrehen wieder in die Ausgangslage. Sie erzeugen vielmehr einen so genannten Gezeitenwulst auf der Erde: Auf der dem Mond zugewandten Erdseite wird der Meeresspiegel durch seine Anziehungskräfte angehoben. Ein zweiter Flutberg entsteht gleichzeitig auf der ihm abgewandten Seite, wo sich das Wasser aufgrund der Erdrotation und der Fliehkraft anhebt. Die Erde dreht sich pausenlos durch diese beiden Gezeitenwulste hindurch. Immer wenn die Nordseeküste in einen der beiden Wasserwülste hineingerät, herrscht Flut, wenn sie weiterwandert, kommt die Ebbe.

Doch damit nicht genug: Durch diesen Vorgang entsteht auch die Gezeitenreibung, die dafür sorgt, dass die Erde sich mit der Zeit immer langsamer dreht. Alle 100 Jahre werden die Tage so um 0,002 Sekunden länger, was pro Million Jahre immerhin schon 20 Sekunden ausmacht. Gleichzeitig entfernt sich der Mond von uns jährlich um 5,6 Zentimeter. Noch schwerer vorstellbar, aber ebenso gewiss ist, dass nicht nur Wasser in Richtung Mond gezogen wird, sondern auch an der festen Erdkruste Gezeitenkräfte mit der gleichen Periodizität von Ebbe und Flut ziehen. Die Gravitationskräfte des Mondes bewirken, dass die Erdkruste bis zu 60 Zentimeter angehoben wird, ohne dass wir es merken.

Ozeanische Energie

Dass die Ozeane zu mehr taugen, als mit dem Boot darüber hinwegzusegeln und Angeln hineinzuhalten, wussten bereits unsere Vorfahren. Sie versuchten, die Bewegung der gigantischen Wassermassen in nutzbare Energie zu wandeln. Das geschieht bis heute. Wer seinen nächsten Urlaub in der Bretagne in Nordfrankreich verbringt, kann dort Ausflüge zu einem uralten und zu einem hoch modernen Projekt ozeanischer Energiegewinnung machen. Am Unterlauf des Flusses Aven ist eine gut erhaltene Gezeitenmühle aus dem Mittelalter zu bewundern. Die in den Flusslauf hineinströmende Flut trieb einst ein Wasserrad an. Ein modernes Gezeitenkraftwerk steht vor der Küste bei St. Malo an der Mündung der Rance. Es wurde 1966 in Betrieb genommen und nutzt einen Tidenhub von 12 Metern. Das Kraftwerk mit 24 Turbinen steckt in einem 750 Meter langen Damm, hinter dem sich ein Staubecken mit einer Fläche von 22 Quadratkilometern befindet. Gezeitenkraftwerke brauchen also viel Platz und zählen nicht gerade zu den ergiebigsten Energiequellen. Man benötigt freie Buchten oder Flussmündungen, durch die die Wassermassen kanalisiert werden können. Zu ihren Gunsten sei angefügt, dass sie keine natürlichen Ressourcen verbrauchen und auch keinen Müll produzieren. Dennoch gibt es derzeit nur drei davon: ein zweites steht bei Kislogubsk an der Barents-See in Russland, das dritte in China.

Auch den Wellenschlag kann man energetisch ausnutzen, zum Beispiel um Bojen auf offener See mit ein bisschen Strom zu versorgen. Solche Mini-Kraftwerke leisten bis zu 500 Watt – damit kann man schon ganz schön weit leuchten. Den Wellenschlag auch in Steckdosen zu bekommen ist dagegen schwierig. Auf der schottischen Insel Islay steht eine Versuchsanlage, die bei starkem Wellengang 75 Kilowatt liefert – damit kann man gerade einmal 40 bis 50 Herdplatten zum Glühen bringen. Die Technik hat man sich aus der Natur abgeschaut und zwar an stürmischen Felsbuchten, wo die Brandung in die Klippen hineinhaut und wie durch Röhren gepresst mehrere Meter hoch in die Luft spritzt. In Schottland werden die Wellen in eine Betonkammer gelenkt. Das ansteigende Wasser presst die Kammerluft durch eine Turbine. Beim Zurückschwappen der Welle wird der entstehende Unterdruck noch einmal zum Turbinenantrieb genutzt. Andere Systeme übersetzen das Auf und Ab der Wellen in einen Art Kolbenhub eines Schwimmkörpers. Oder sie fangen das Wasser beim Aufwärtsgang der Welle in einem Becken, von wo aus es durch Stollen und Turbinen abgelassen wird. In Norwegen erbrachten zwei solcher Testanlagen immerhin Leistungen von 500 Kilowatt.

Die Atmosphäre

In Flugzeugen ist es üblich, dass einen die Stewardessen in die Sicherheitsvorkehrungen für Notfälle einweisen. Irgendwann meldet sich dann auch der Pilot und gibt Auskunft über Flugroute, -länge, -höhe und die Außentemperatur. Minus 20 oder 30 Grad bei einer Flughöhe von einigen Kilometern sind normal. Aber warum wird es da oben immer kälter? Sollte es nicht umgekehrt sein, wo wir uns doch der Sonne nähern? Dass das Gegenteil der Fall ist, bemerkt man auch beim Bergwandern. Man kann sich leichter einen Sonnenbrand zuziehen, weil die Sonnenstrahlen mit steigender Höhe immer intensiver werden, und das bei gleichzeitig sinkender Lufttemperatur. Der Grund dafür ist folgender: Jede Sekunde landen etwa 50 Milliarden Kilowattstunden Sonnenenergie auf der Erde, was etwa der Leistung von 150 Millionen großen Kraftwerken entspricht. Paradoxerweise erwärmt sich die Luft aber nicht direkt durch die Sonnenstrahlen, sondern erst durch die Abstrahlung der Wärme durch Gesteine, Wasser und Boden. Das ist der wesentliche Grund, weshalb es in Bodennähe wärmer ist.

Die Atmosphäre reicht als ein nach oben hin rasch dünner werdender Schleier in mehreren Etagen bis in eine Höhe von 1000 Kilometern. Durch die Erdanziehung werden die Luftteilchen über der Erde gehalten, denn Luft ist zwar sehr leicht, aber auch sie hat eine Masse. Wäre das nicht der Fall, würde die Luft im Weltall verschwinden und es gäbe auch keinen Luftdruck auf der Erde. Der wird nach dem französischen Naturforscher, Mathematiker und Religionsphilosophen Blaise Pascal (1623–1662), der ihn erstmals erklären konnte, in Pascal angegeben. Der Luftdruck ist gemäß Newtons Gravitationsgesetz in Bodennähe am stärksten. Das Luftgemisch drückt dabei in alle Richtungen gleichmäßig – in Meereshöhe mit einer Kraft von etwa 1 Kilogramm auf jeden Quadratzentimeter unseres Körpers.

Dass die Atmosphäre lebenswichtig ist, dürfte klar sein. Sie dient uns zum Atmen und schützt uns vor gefährlichen Strahlen aus dem All. Wie ungemütlich es ohne sie wäre, zeigt der Merkur. Er liegt ohne Schutzhülle näher an der Sonne und ist den Sonnenstrahlen gnadenlos ausgesetzt. Tagsüber erwärmt sich seine Oberfläche auf rund 425 Grad Celsius. Nachts herrscht mit minus 180 Grad eisige Kälte.

Kohlendioxid, Sauerstoff und Ozon

Als die Erde entstand, war die Atmosphäre komplett anders zusammengesetzt als heute. Untersuchungen archaischer Sedimentgesteine und unserer Nachbarplaneten Mars und Venus deuten darauf hin, dass sie reich an Kohlendioxid (CO_2) und Stickstoff (N_2) war. Das Kohlendioxid wurde seitdem fast vollständig aus der Atmosphäre gefiltert und in der Erde versenkt. Dorthin gelangte es, indem es zunächst einmal aus der Luft herausgespült und vom Meer geschluckt wurde, um sich dort mit Kalzium zu verbinden und anschließend als Kalziumkarbonat im Kalkstein zu landen. In diesem Sedimentgestein ist heute 100 000 Mal so viel CO_2 zu finden wie in der Atmosphäre. Die Lufthülle der Erde besteht nicht einmal mehr zu 0,1 Prozent aus Kohlendioxid.

Sauerstoff, den wir beim Atmen besonders schätzen, gab es dafür bei der Entstehung der Erde erst einmal gar nicht. Auch wenn es sich seltsam anhören mag: Der erste Sauerstoff war ein Abfallprodukt des Lebens und wurde von den ersten Organismen gebildet – den Cyanobakterien. Ihr Sauerstoff entstand bei der Photosynthese (der Umwandlung von CO_2 in einen energiereichen Zucker infolge der Einwirkung von Sonnenlicht). Dieser erste Sauerstoff kam aber nicht gleich in die Atmosphäre, sondern er wurde zunächst an Eisenminerale gebunden, wodurch unlösbares Oxid entstand.

Die bekannten Umwandlungsprozesse von Eisen haben uns sehr dabei geholfen, die atmosphärische Sauerstoffentwicklung nachzuzeichnen. Prozesse, die wir gemeinhin als Oxidieren oder Verrosten kennen, sind nämlich stark abhängig von der Sauerstoffzufuhr. Bestimmte Umwandlungsprodukte können demnach nur bei einem bestimmten Sauerstoffgehalt der Umgebung geschehen – oder anders formuliert: Eisen in sauerstofffreier Umgebung rostet nicht. Besonders interessant war hier die Untersuchung von rot gefärbten Sandsteinen, die als Rotschichten oder kontinentale Rotsedimente bezeichnet werden. Sie dienen als Material für wunderschöne Bauten – die Kathedralen von Chester und Carlisle im Nordwesten Englands sowie die Münster von Straßburg und Freiburg im Breisgau sind aus ihnen errichtet worden. Die rote Färbung des Sandsteins stammt von feinkörnigem, oxidiertem Eisen, das in Form des Minerals Hämatit auftritt. Die ältesten Rotschichten sind rund 2,3 Milliarden Jahre alt. Daraus konnte man schließen, dass die Atmosphäre vor diesem Zeitraum noch nicht genügend Sauerstoff enthielt, um die Eisenminerale so weit oxidieren zu lassen, dass Hämatit entstehen konnte.

Erst bei einem Erdalter von etwa 2 Milliarden Jahren trat durch Photosynthese geschaffener Sauerstoff langsam in die Atmosphäre ein. Allerdings betrug seine Konzentration nur etwa ein Hundertstel der heutigen. Trotzdem kam das einer gewaltigen Umweltverschmutzung gleich. Sauerstoff ist nämlich chemisch aggressiv und er wirkte auf fast alle frühen Lebewesen wie ein Giftstoff. Sie vertrugen den Sauerstoff nicht, und etliche Frühformen des Lebens verschwanden wieder vollständig von der Erde. Dafür breiteten sich andere Arten aus, die Schutzmechanismen gegen Sauerstoff entwickelten und das Gas für den eigenen Stoffwechsel nutzen konnten.

Die enorme Empfindlichkeit aller Lebensformen auf der Erde gegenüber Änderungen in der Atmosphäre bietet genug Anlass, die Lufthülle genauestens zu studieren – und sicher auch dafür, dass natürliche und vom Menschen verursachte Änderungen mit großer Sorge betrachtet werden – zum Beispiel die Abnahme ihres Ozongehalts. Im Jahre 1974 prognostizierten die beiden in Kalifornien forschenden Wissenschaftler Mario Molina und Sherwood Rowland erstmals, dass die Fluor-Chlor-Kohlenwasserstoffe (FCKW), die als Treibmittel in Spraydosen, für Schaumstoffe und viele andere technische Prozesse verwendet werden, die Ozonschicht zerstören und damit das irdische Leben bedrohen. Elf Jahre später diagnostizierte ihr britischer Forscherkollege Joseph Farman über dem Südpol ein saisonales Ozonloch. Gemeint ist damit eine Schwächung des Ozonschildes, welcher das Leben auf der Erde vor ultravioletter Strahlung abschirmt – also eine deutliche Abnahme der Ozonkonzentration in der Stratosphäre. Man erkannte, dass die FCKW in Verbindung mit Sonneneinstrahlung und extremen Wintertemperaturen über den Polen verschiedene ozonzerstörende Kettenreaktionen auslösen. Daraufhin gab es redliche Bemühungen, den globalen FCKW-Ausstoß zu reduzieren. Im Jahre 1996 trat schließlich das »Montreal-Protokoll« der Vereinten Nationen in Kraft, mit dem sich die internationale Staatengemeinschaft verpflichtete, auf den Einsatz von FCKW zu verzichten. Heute geht man davon aus, dass sich die Lage langfristig stabilisieren wird. Kurzfristig wird es aber sicher noch weitere Ozonlochwarnungen geben, denn die FCKW breiten sich nur langsam in der Atmosphäre aus. Ganz gewiss ist das aber alles nicht, denn dazu ist über die komplexen Vorgänge in der Atmosphäre noch zu wenig bekannt.

Aufbau der Atmosphäre

Atmosphärenforscher teilen die Lufthülle der Erde in unterschiedliche Bereiche. Unten in der Troposphäre spielt sich das Wetter ab, hier findet sich die Luft, die wir atmen. Diese Schicht ist an den Polen bis 8, am Äquator bis 17 Kilometer hoch. In Erdnähe beträgt die Durchschnittstemperatur 15 Grad Celsius, am oberen Ende hingegen ist es bis zu minus 70 Grad kalt. Unsere Atemluft enthält 78 Prozent Stickstoff, 21 Prozent Sauerstoff und 0,9 Prozent Argon sowie Spuren von Kohlendioxid (0,035 Prozent), anderen Edelgasen und Wasserdampf.

Die Stratosphäre bildet die nächste Etage. Dort wird das lebenswichtige Ozon gebildet. Würde man es gleichmäßig auf der Erdoberfläche verteilen, käme dabei nur eine 3 Millimeter dünne Schicht heraus – so wenig gibt es davon. Die Ozonschicht entstand bereits in der Frühzeit der Erde als Folge der Sauerstoff-Freisetzung erster Mikroorganismen. Dabei bildete die ultraviolette Sonnenstrahlung aus dem normalen zweiatomigen Sauerstoff der Lufthülle das dreiatomige Ozon – ein giftiges, scharf riechendes und ätzendes Gas, das heute sehr häufig, aber fälschlicherweise mit einem globalen Klimawandel in Zusammenhang gebracht wird. Die Ozonschicht befindet sich etwa 20 bis 30 Kilometer über dem Boden, und sie schützt das Leben auf der Erde vor UV-Strahlen.

Über der Stratosphäre beginnt in etwa 50 Kilometer Höhe die Mesosphäre. Da wird die Luft schon ziemlich dünn und eisig kalt. Den fließenden Übergang ins All bilden die Thermosphäre in einer Höhe von 80 bis etwa 500 Kilometern und darüber die Exosphäre. Die oberen Schichten werden auch Ionosphäre genannt, weil hier die Röntgen-

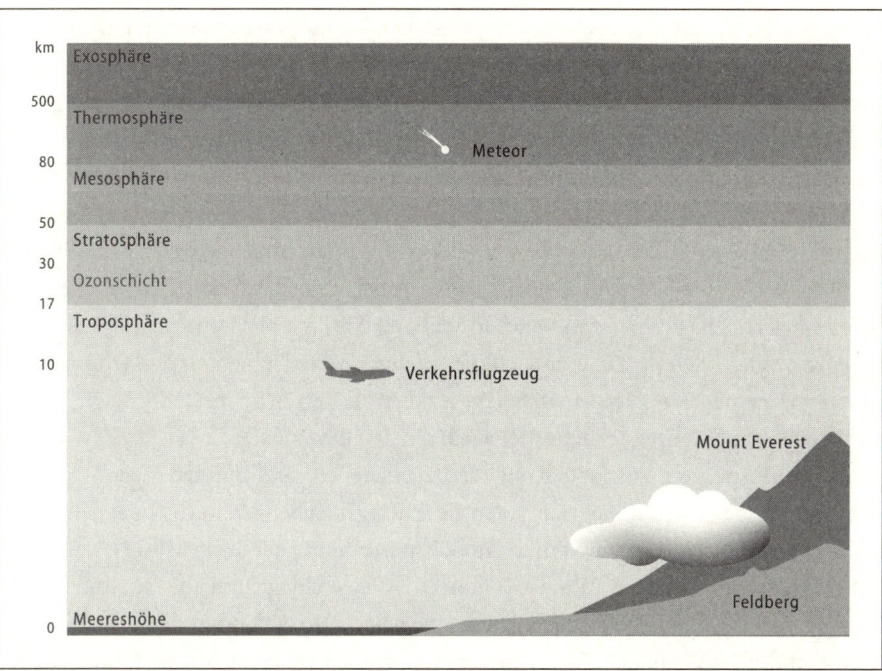

ABB. 2.6 *Atmosphärenforscher unterscheiden in der Lufthülle der Erde fünf Schichten. In der untersten Etage, der Troposphäre, spielt sich unser Wetter ab. Am Boden beträgt die Temperatur im Durchschnitt 15° C. Am oberen Ende der Troposphäre ist sie auf -50° bis -70° C gesunken. Beheizt wird die Troposphäre hauptsächlich von unten durch die Infrarotstrahlung, die vom Erdboden abgegeben wird.*

und UV-Strahlen der Sonne Elektronen aus den Molekülen und Atomen der Luft herausschlagen. Die Luftteilchen bleiben positiv geladen zurück, werden also zu Ionen.

Die Magnetosphäre bildet den oberen Abschluss der Atmosphäre und wirkt wie ein unsichtbarer Schutzschirm. Das Magnetfeld im All lässt energiereiche Partikel, die von der Sonne auf die Erde zurasen, abprallen und leitet sie um die Erdatmosphäre herum. Nur dort, wo die Sonnenwinde annähernd senkrecht auf diesen Schutzschirm prallen, rutschen ein paar Teilchen durch und erzeugen dann die Polarlichtspektakel mit hell strahlenden farbigen Lichtschleiern.

Wetter- und Klimamaschine

Wie wir alle wissen, kommt das Wetter nicht auf einfache Art zustande. Zum Ärger der Wettervorhersager braut es sich auf schwer durchschaubare Weise zusammen. Das liegt daran, dass das Wetter von allen möglichen Kräften beeinflusst wird. Zu den großen Akteuren hierbei zählen die Eis- und Wassermassen und die Sonne. Die Polarkappen und Gletscher der Erde bedecken große Land- und Wasserflächen und isolieren diese von der Atmosphäre, sodass weniger Wärme und Feuchtigkeit ausgetauscht werden können. Andererseits wirken sie aufgrund ihrer silbrig-weißen Farbe wie große Reflektoren, die bis zu 95 Prozent der Sonnenstrahlung zurück in die Atmosphäre lenken. Die Antarktis birgt 80 Prozent aller Süßwasservorräte in Eisform. Die Eispanzer über dem kontinentalen Festland sind bis zu 4 Kilometer dick. Auch die Ozeane, die 71 Prozent der Erdoberfläche bedecken, sind wichtige Wettermacher, weil sie die Temperatur an der Unterseite der Atmosphäre vorgeben und das Wasser für Regen und Schnee liefern. Die Sonne bringt alles in Wallung. Sie lässt permanent riesige Wassermengen verdampfen. In kälteren Gefilden in den oberen Schichten der Troposphäre geht der Dampf in Tropfenform über. Diese fallen als Regen, Schnee oder Hagel auf die Erde herab. Der Großteil landet dabei wieder in den Ozeanen.

Die Atmosphärenströmungen, die hierbei entstehen, sind mit den Tiefenströmungen der Ozeane vergleichbar, nur laufen sie in umgekehrter Richtung. In den Tropengebieten wird die Atmosphäre durch die Wärmestrahlung der Erdkruste erwärmt, was aufsteigende Luftschichten, Windströmungen, Niederschläge und andere atmosphärische Wettervorgänge zur Folge hat. Die Sonne liefert also die Energie für die Klimamaschine in der Troposphäre. Die Erdoberfläche absorbiert zunächst die Sonnenstrahlung, erwärmt sich dabei und schickt Wärmestrahlung, die mit Infrarotgeräten sichtbar gemacht werden kann, in die Erdatmosphäre zurück. Warme Luft ist leichter als kalte, deshalb steigt sie auf. Weiter oben kühlt sie sich ab, um dann wieder zur Erde zu sinken.

Hoch- und Tiefdruck

Die Wetterkarten, die uns allabendlich im Fernsehen gezeigt werden, bestehen überwiegend aus Hoch- und Tiefdruckgebieten. Doch wer drückt hier eigentlich und wie kommt es dazu? Von einem Tiefdruckgebiet spricht man, wenn bei aufsteigender Luft der Luftdruck am Boden sinkt. Der sinkende Luftdruck führt dazu, dass weniger Feuchtigkeit im gasförmigen Zustand gehalten werden kann. Dadurch entstehen Wolken und die Niederschlagswahrscheinlichkeit steigt. Deshalb ist es ratsam, bei Tiefdruck den Regenschirm mitzunehmen. Bei Hochdruck verläuft alles umgekehrt: Feuchtigkeit wird in der Luft gebunden, die Wolken lösen sich auf.

Wenn man also nur auf die Intensität der Sonnenstrahlung achtet, würde man fälschlicherweise meinen, dass in Äquatornähe ständig Hochdruck herrscht. Das Gegenteil ist der Fall. Meteorologen sprechen vielmehr von einer äquatorialen Tiefdruckrinne, weil hier ständig von der Sonne aufgewärmte Luft nach oben steigt und oben beschriebener Effekt eintritt. Erst ein paar Grad nördlich und südlich von dieser Rinne liegen die subtropischen Hochdruckgürtel mit den großen Wüsten.

Doch die Sache wird noch komplizierter. Durch die Erdrotation und die Neigung der Erdachse wird dieses Naturschauspiel ständig durcheinander gewirbelt und es entstehen Winde und Jahreszeiten. Auch der Wasserdampf ist ein bedeutender Wettermacher. Seine Moleküle stecken voller Energie, die freigesetzt wird, wenn Dampf zu Regen kondensiert. Dadurch gerät die Troposphäre zusätzlich in Bewegung. Die komplexe Klimamaschinerie der Erde wird durch eine Reihe weiterer externer Faktoren schnell oder langsam beeinflusst. Hierzu zählen die Gezeiten, die Variation der Sonnenstrahlung, die Veränderungen der Erdbahn und die ungleichförmige Erdoberfläche. Auch die Landnutzung für Ackerbau und Viehzucht und die Verbrennung fossiler Brennstoffe durch den Menschen, also anthropogene Faktoren, können Klima und Wetter modifizieren. Angesichts der Komplexität der Wechselbeziehungen wird verständlich, warum sich Meteorologen schwer tun, Wettervorhersagen für längere Zeiträume abzugeben. Sie schildern in der Regel nur den aktuellen Zustand der Atmosphäre und prognostizieren zukünftige Verläufe. Für die nächsten paar Tage gelingt das immer besser. Vor 30 bis 40 Jahren lautete dagegen noch der Standardspruch des Wetterdienstes »heiter bis wolkig«, was auf mehr oder weniger jede Wetterlage zutraf. Aus dieser Zeit stammt auch die These vom »Schmetterlingseffekt«, der zum geflügelten Wort der Chaosforschung wurde. Der US-Meteorologe Edward Lorenz vertrat Anfang der 1960er-Jahre die Ansicht, der Flügelschlag eines Schmetterlings in Brasilien könne einen Tornado in Texas auslösen, nachdem er mit einem Computermodell der Atmosphäre wahrlich chaotische Ergebnisse errechnet hatte. Zwar ist unbestritten, dass selbst kleinste Störungen in der Atmosphäre große Auswirkungen auf die Wettermaschine haben können. Die Möglichkeit des Schmetterlingseffekts wurde allerdings entkräftet.

Monsun und Föhn

Wind ist bewegte Luft und wird wie oben erläutert in erster Linie durch die Sonnenstrahlung und die beschriebenen Erwärmungs- und Abkühlungsvorgänge sowie die Erdrotation hervorgerufen. So entstehen die Passatwinde, die im Abschnitt über die Ozeanströmungen bereits erwähnt wurden. Es gibt aber auch Winde, die nur zu einer bestimmten Jahreszeit auftreten – der Monsun zum Beispiel. Er weht in den Küstenländern der Tropen am Indischen Ozean. Es handelt sich dabei um eine gewaltige Luftspirale: Durch die starke Erwärmung der asiatischen Landmassen steigt im Sommer permanent Luft in die Höhe. Dadurch herrscht in Bodennähe ständig Tiefdruck. Da sich das Wasser und damit auch die darüber liegende Luft langsamer erwärmen, verhält es sich über dem Ozean genau umgekehrt: Dort herrscht Hochdruck. Jetzt kann man sich ausmalen, was passiert. Über dem Land strömen permanent Luftmassen nach oben, aber irgendwoher muss Nachschub kommen. Den stellt der Ozean zur Verfügung. Beständig strömen Luftmassen über die Küsten ins Landesinnere. Sie führen viel Wasserdampf mit sich, der dann als Regen zu Boden geht. Im Winter dreht sich die Luftspirale umgekehrt. Als Folge gibt es kaum Niederschläge auf dem Festland. Der Mistral in

Südfrankreich beruht auf einer ganz ähnlichen Dynamik. Ohne diese Luftschleife wären Regatten auf dem Mittelmeer wahrscheinlich ziemlich langweilig.

Ein weiterer, in unseren Breitengraden bekannter Wind ist der Föhn, der im Alpenvorland regelmäßig für starke Kopfschmerzen sorgt. Er entsteht, wenn feuchte Luftmassen von Süden her gegen die Alpen drücken. Sie werden in Richtung Gipfelkämme nach oben geschoben und kühlen sich dabei ab. Dadurch kommt es zu Niederschlägen. Die Luft verliert also den Großteil ihres Wasserdampfs und wird leichter. Vom Wasser entleert stürzt sie über die Gebirgskämme ins Tal herab und erwärmt sich dabei um etwa 1 Grad Celsius pro 100 Höhenmeter. Bei einem Dreitausender kommen da selbst im dicksten Winter frühlingshafte Temperaturen zustande, und starke Schneeschmelzen können den Spaß beim Skifahren verderben. Föhn ist also ein warmer Fallwind.

Selbstverständlich sind solche Winde nicht nur auf die Alpen beschränkt. Sie heißen aber nicht überall Föhn. Auf der anderen Seite der Alpen, im Tessin, nennt man diesen Fallwind interessanterweise Tedesco, also der Deutsche. Der große Bruder des Salzburger Föhns heißt Chinook. Er bläst in Colorado von den Rockys mit bis zu 180 Stundenkilometern in Städte wie Boulder hinein.

Windkraftwerke

Luftbewegungen kann man nutzen. Windräder zeugen davon. Sie trieben im Mittelalter unzählige Wasserpumpen, Mühlen oder Hammerwerke an. Anfang des 20. Jahrhunderts standen allein in Norddeutschland noch rund 30 000 Windmühlen. Erst in den letzten Jahren ist die gewerbliche Nutzung der Windkraft wieder interessant geworden. Das hat vor allem politische Gründe und mit den kursierenden Ängsten vor dem Versiegen der Ölquellen, dem Treibhauseffekt und der Atomkraft zu tun. Trotzdem sind von der Windkraft erst dann nennenswerte Beiträge zur Energieversorgung zu erwarten, wenn leistungsfähigere Energiespeicher zur Verfügung stehen. Ein gravierendes Problem der Windkraft ist nämlich, das es oft dann bläst, wenn der Großteil der Nation schläft. Die Windenergie muss deshalb zwischengespeichert werden, bevor der Verbraucher sie anzapft. Leider lassen sich große Energiemengen jedoch nur schwer speichern. Sonst wäre die Energieversorgung um einiges einfacher.

Darin also gleicht der Wind dem Wetter: Man kann sich nicht darauf verlassen. Wind ist eine lokal und zeitlich extrem stark schwankende Energiequelle und schwer vorhersagbar. Das zeigt auch die Leistungsbilanz von Windrädern: Sie erreichen unter günstigen Bedingungen nur bis zu 20 Prozent ihrer Nennlast (liefern also nur in zwei von zehn Betriebsstunden die Energiemenge, für die sie eigentlich ausgelegt sind). Deshalb benötigt man ziemlich viele Anlagen, um nennenswerte Ergebnisse zu liefern. Das wiederum hat zur Folge, dass immer mehr Windräder den Blick in die Landschaften verstellen. Man nennt diese Entwicklung Verspargelung, denn logischerweise werden sie ausgerechnet dort aufgestellt, wo sich ansonsten ein weiter Ausblick bietet (und wo es entsprechend zieht). Windräder auf offener See kommen zwar auf 30 Prozent Nennlast, problematisch und teuer wird hier jedoch der Transport des Stroms zum Festland.

Zu viel Wind ist auch nicht gut. Ab etwa 25 Meter pro Sekunde Sturmgeschwindigkeit (das entspricht etwa Windstärke 10) müssen die Rotoren aus dem Wind gedreht oder abgeschaltet werden, weil die Anlagen weggefegt oder die Flügel zerstört werden können. Schon so mancher tonnenschwere Rotor ist auch ohne Sturm auf die Erde gedonnert. Erst im Sommer 2002 ist im Hohen Vogelsberg bei Ullrichstein ein Rotor mit einem Durchmesser von 44 Metern aus 50 Metern Höhe auf einen Feldweg gestürzt. Zum Glück war gerade kein Spaziergänger in der Nähe. Und der Herbststurm Jeanett hat im Oktober 2002 bei Goldenstedt im Kreis Vechta eine 70 Meter hohe Windkraftanlage samt Betonfundament aus der Verankerung gehoben.

Ungeachtet ihrer Nachteile wird die Windkraft hierzulande stark gefördert. Im Zuge der Umsetzung des deutschen Erneuerbare-Energien-Gesetzes (EEG) vom April 2000 und der damit verbundenen Subventionen hat sie stark zugelegt. Anfang 2002 gab es in Deutschland rund 11 400 Windkraftanlagen, die knapp 9000 Megawatt Strom ins Netz einspeisten. Das entspricht etwa einem Drittel des weltweit erzeugten Windstroms, was deutlich macht, dass vor allem die deutsche Politik einen Narren an Windrädern gefressen hat. In den nächsten Jahren sollen neue Offshore-Windkraftparks in der Nord- und Ostsee in Betrieb genommen werden. Ein interdisziplinäres Projektteam prüft derzeit, wie sich der Bau dieser Anlagen auf die Umwelt, die Tiere und die Sicherheit der Schifffahrt auswirken könnte. Dabei ist es bereits zu Konflikten gekommen: Der World Wide Fund for Nature (WWF) hat im Rahmen der Untersuchung der Umweltverträglichkeit eines geplanten Windparks in dem flachen Ostseeabschnitt zwischen Rügen und Bornholm moniert, dass in dieser Gegend viele Schweinswale leben, die von dem Bauvorhaben bedroht sind.

Eine exotischere Form der Nutzbarmachung von Luftturbulenzen sind so genannte Aufwindkraftwerke. Sie funktionieren ein bisschen wie Tornados und machen sich zu Eigen, dass warme Luft leichter als kalte ist und deshalb aufsteigt. Der gleiche Effekt, der für die atmosphärischen Luftspiralen an den Küsten verantwortlich ist, wird in solchen Anlagen künstlich erzeugt. Im Zentrum eines Aufwindkraftwerks steht ein riesiger Kamin, durch den erwärmte Luft emporsteigt, die dabei Turbinen antreibt. Die Lufterwärmung erfolgt auf der Erde mit großflächigen Glasdachkonstruktionen, unter denen sich die Hitze staut. In Spanien ist 1982 eine kleine Testanlage mit einer Leistung von schlappen 50 Kilowatt in Betrieb genommen worden. Man kann sich leicht vorstellen, dass riesige Freiflächen benötigt werden, um akzeptable Energiemengen zu gewinnen. Eine Großanlage mit einer Leistung von immerhin 100 Megawatt war lange Zeit für Ghana geplant. Sie wird jetzt aber wahrscheinlich in Australien realisiert. Als besonders schwierig dürfte sich die stabile Konstruktion des geplanten 950 Meter hohen und 115 Meter breiten Kamins erweisen.

Sonnenthermik

Die Sonnenenergie, die die Erde erreicht, entspricht in etwa dem Energieausstoß von 150 Millionen Kernkraftwerken. Daran wird schon klar, welches Energiepotenzial hier zumindest theoretisch zur Verfügung steht. Praktisch ist die Nutzung aber nicht so einfach, weil die Sonnenenergie jahreszeitlich, geographisch und klimatisch bedingt sehr stark schwankt und weil die Atmosphäre zwischengeschaltet ist. Ihretwegen ist die Energiedichte der Sonnenstrahlung auf der Erde nämlich ziemlich niedrig – zum Glück, muss man sagen, denn sonst würden wir alle gebraten. Die Atmosphäre lässt nur einen Teil der Sonnenstrahlung direkt auf die Erdoberfläche durch. Der Großteil wird beim Durchdringen gestreut. Deshalb unterscheidet man eine direkte und eine diffuse Strahlung, wobei nur die erste mit Kollektoren gebündelt werden und konzentrierte Wärme liefern kann. Diffuse Strahlung lässt sich hingegen per Photovoltaik zur direkten Stromerzeugung nutzen.

Die Herzstücke von Solarthermikanlagen sind Kollektoren, die ganz unterschiedlich dimensioniert werden. Kleinere Systeme mit Flachkollektoren nutzen diffuse und direkte Sonnenstrahlen und können Wasser gerade so zum Kochen bringen. Man kann sie sich aufs Dach packen und für die Schwimmbadheizung, Warmwasserbereitung oder Gebäudeheizung nutzen. Für höhere Temperaturen kommen Konzentratoren in Form von Parabolspiegeln und Linsen zum Einsatz. Sie ahmen den Brennglaseffekt nach und bündeln die Sonnenstrahlen. Die einfachsten Modelle stehen in Afrika; man nennt sie Solarkocher. Ihre Wirkungsweise ist denkbar einfach: ein Spiegel konzentriert die Sonnenstrahlen auf einen Kochtopf. Dadurch werden an sonnigen Tagen locker Temperaturen von 250 bis 550 Grad Celsius erreicht. Ein viel größerer Versuchsofen steht im französischen Odeillo – er kommt auf 4000 Grad und kann Metalle schmelzen. Das Problem mit der Nutzung der Solarthermik in unseren Gefilden ist, dass Sonnenangebot und Wärmenachfrage zeitlich auseinander fallen. Etwa 60 Prozent des Raumwärmebedarfs entstehen zwischen November und Februar. In diesen Monaten stehen aber nur 12 Prozent des jährlichen Sonnenenergieangebots zur Verfügung. In größeren solarthermischen Kraftwerken, die für Länder in der Nähe des Äquators attraktiv sind, kann die erzeugte Wärme auch zur Stromerzeugung genutzt werden, indem Wasser verdampft und Stromgeneratoren angetrieben werden. Allerdings ist auch hier der Flächenbedarf enorm. Sonnenkraftwerke mit einer theoretischen Leistung von 1000 Megawatt (das entspricht anderthalb normalen Kohlekraftwerken) würden je nach Klima zwischen 20 und 50 Quadratkilometer Fläche benötigen. Schon seit Mitte der 1980er-Jahre werden einige Solarkraftwerke in Kalifornien betrieben. Sie sind überschaubar, haben allerdings nur Nennleistungen von rund 80 Megawatt. Zukünftige Kraftwerke sollen für 200 Megawatt ausgelegt werden. Als Kollektoren kommen dabei hauptsächlich Parabolkollektoren zum Einsatz, die nebeneinander montiert sind. Sie folgen dem Lauf der Sonne, und in ihrer Brennlinie liegt ein dickes Rohr, das bis auf

400 Grad Celsius erhitzt wird. Durch dieses Rohr strömt eine ölige Flüssigkeit, die die Wärme aufnimmt und über einen Tauscher zur Dampferzeugung abgibt.

Photovoltaik

Die Photovoltaik ist etwas komplizierter. Sie beruht auf der Erkenntnis, dass bei bestimmten, übereinander angeordneten Halbleiterschichten unter dem Einfluss von Sonnenlicht freie positive und negative Ladungen entstehen. Diese Ladungen können durch ein elektrisches Feld getrennt werden. Die negativ geladenen Elektronen kann man über ein leitendes Medium abfließen lassen – so gewinnt man Strom. Dieser photovoltaische Effekt ist 1839 vom französischen Physiker Alexandre Edmond Becquerel (1820–1891) entdeckt worden. Zuerst nutzte man ihn bei der Belichtungsmessung in der Fotografie. Zur gezielten technischen Verfeinerung kam es mit der Raumfahrtentwicklung in den 1950er-Jahren. Die Photovoltaik ist bis heute der einzige Weg, Satelliten und Raumschiffe über längere Zeit mit Energie zu versorgen. Die Grundelemente einer Photovoltaikanlage sind Solarzellen (bei einem Raumschiff heißen sie Sonnenflügel). Die Standardsolarzelle besteht aus monokristallinem Silizium und erbringt eine Leistung von rund 1 Watt. Das Silizium wird aus Quarzsand gewonnen und ist als zweithäufigstes Element der Erdkruste so gut wie unerschöpflich. An einer Vielzahl weiterer Materialien für Solarzellen wird geforscht. Sie können theoretisch ein breites Leistungsspektrum abdecken – von der Versorgung von Taschenrechnern bis hin zu Großkraftwerken ist alles denkbar. Sinnvolle Verwendung finden sie schon heute an Orten, wo eine Anbindung an das öffentliche Stromnetz nicht möglich oder nicht gewünscht ist – zum Beispiel in Berghütten, entlegenen Bauernhöfen, Wochenendhäusern, Parkuhren oder Notrufsäulen entlang der Autobahnen. Auch das höchstgelegene Observatorium der Welt auf dem amerikanischen Mount Evans arbeitet mit einer solchen Inselanlage. Sinn und Effizienz netzgekoppelter Anlagen, für deren Integration in Wohnhausdächer und Fassaden in Deutschland große Förderprogramme eingerichtet wurden, sind hingegen fraglich. Ohne massive Förderung würde diese Technologie dem Anwender bislang keine wirtschaftlichen Vorteile bringen.

Attraktiver würde die Kosten-Nutzen-Rechnung bei photovoltaischen Kraftwerken erst, wenn damit im großen Maßstab Strom erzeugt wird. Aber auch das ist nicht ohne. Es heißt zwar, eine 500 000 Quadratkilometer große Photovoltaikanlage in der Sahara würde ausreichen, um die gesamte Menschheit mit Energie zu versorgen. Unberücksichtigt bei solchen Rechnungen bleibt aber die Frage der Energiespeicherung und des Energietransports, denn auch in der Sahara wird es dunkel, und außerdem wird dort nur wenig Strom benötigt. Folglich wäre schon eine globale Vernetzung mehrerer großer photovoltaischer Kraftwerke nötig, um einen wesentlichen Beitrag zur globalen Energieversorgung zu leisten. Doch wer diesen Aufwand betreiben möchte, sollte sich vielleicht besser überlegen, die Solarenergiegewinnung gleich ins Weltall zu verlegen.

Blitz und Donner

Blitz und Donner wurden von den alten Germanen als schlechte Laune ihres Donner-
gottes Thor gedeutet. Bis in die frühe Neuzeit bevorzugte man für solche Naturphänomene allegorische Erklärungen – als schlechtes Omen oder Vorbote eines
schlimmen Ereignisses. Heute wissen wir ziemlich genau, wie Gewitter entstehen. Es
blitzt und donnert meistens im Sommer und zwar dann, wenn hohe Luftfeuchtigkeit
herrscht. Wir nennen diese Wetterlage schwül. Bezeichnend dafür ist, dass wir leichter
schwitzen, weil die Luft die von unserem Körper ausgedünstete Feuchtigkeit nicht mehr
aufnehmen kann. Zu einem Gewitter kommt es, wenn die feuchte, warme Luft sehr
schnell in die oberen kühlen Sphären der Troposphäre aufsteigt. Die Luft kühlt sich
dabei ab und kann den Wasserdampf nicht mehr halten. Riesige Wolkentürme mit bis
zu 10 Kilometern Höhe formieren sich. Die Luftzirkulation ruft in den Gewitterwolken
starke Bewegungen hervor. Die Eiskristalle im oberen kühlen Bereich und die Wassertröpfchen weiter unten werden wild durcheinander gewirbelt und bauen elektrische
Ladungen auf. Die Eiskristalle werden positiv, die Wassertröpfchen negativ. Sobald der
Ladungsunterschied zu groß wird, entladen sich die Spannungen in einem Blitz. Da die
Luftpartikel ungleichmäßig verteilt sind und der Blitz den Weg des geringsten Widerstands zur Erde wählt, zeichnet er eine Zackenlinie in den Himmel. Durch die Entladung wird die den Blitz umgebende Luft schlagartig auf etwa 30 000 Grad Celsius aufgeheizt. Das bewirkt, dass sie sich sehr schnell ausbreitet – und zwar so schnell, dass sie
die Schallmauer durchbricht. Das nehmen wir als Donner wahr. Da sich das Licht aber
viel schneller ausbreitet als der Schall, hören wir ihn erst mit einiger zeitlicher Verzö-
gerung.

El Niño

Ein Wetterereignis mit großräumigen und extremen Auswirkungen ist das El-Niño-
Phänomen, das mittlerweile von der Wissenschaft einigermaßen genau beschrieben
und vorhergesagt werden kann. El Niño führt zu gewaltigen Überschwemmungen und
Niederschlägen und geht mit der Ausdehnung und dem Rückgang warmen Wassers im
äquatorialen Pazifik einher. Die Pazifikküste Südamerikas wird dann um die Weihnachtszeit herum von einer Warmwasserperiode und Regenfällen heimgesucht, während es in Australien heiß und regenarm ist. Als Folge des Warmwasserstroms bleiben
in Südamerika für einige Wochen die Fische aus. Peruanische Fischer nennen das
Naturschauspiel seit dem 19. Jahrhundert El Niño, das Christkind, weil ihnen dadurch
ein besonderer Weihnachtsurlaub beschert wird.

Die genauen Ursachen von El Niño sind noch nicht ganz klar. Forscher beschreiben
das Phänomen als eine Art Warmwasserschwall, der quer über den Pazifik schwappt.
Diese lauwarme Wassermasse wird normalerweise von den westwärts wehenden Passatwinden im Westen des Meeres festgehalten. Die Meerestemperatur kann dann im

Westpazifik bis zu 10 Grad höher liegen als im Osten und das gestaute Wasser wölbt die Meeresoberfläche im Westen bis zu 150 Zentimetern auf. In El-Niño-Jahren sind die Passatwinde schwächer und können das Wasser nicht mehr bändigen. Es strömt in Richtung Osten, sammelt sich vor der Küste Südamerikas und blockiert dort den Austausch mit den darunter liegenden Kaltwasserschichten. Dadurch wird der Humboldtstrom entlang der südamerikanischen Küste unterbrochen, die aufgeheizte Meeresoberfläche lässt große Mengen Wasser und Wärme in die Atmosphäre aufsteigen – und das globale Wetter spielt für ein paar Wochen verrückt.

Klimaschwankungen

Unser Klima wird also durch allerlei Kräfte bestimmt und durcheinander gewirbelt. Für einen gewissen Rhythmus sorgt die Neigung der Erdachse, um die unser Planet rotiert, und der alljährliche Lauf um die Sonne. Weil die Erdachse zur Ebene der Umlaufbahn geneigt ist, dreht die Erde der Sonne etwa 3 Monate lang mehr die nördliche, dann ebenso lang die südliche Halbkugel zu. Entsprechend herrscht dort im Wechsel Sommer und Winter.

Große Gebiete, in denen das Klima weitgehend einheitlich ist, werden als Klimazonen bezeichnet. Sie laufen ringförmig um die Erde und für jede Klimazone gibt es eine typische Vegetation und Tierwelt. Unterschieden werden fünf große Klimazonen. Rund um die Pole, etwa in Grönland, herrscht Schneeklima. Die Mitteltemperatur des wärmsten Monats liegt unter 10 Grad Celsius. In Finnland trifft der genügsame Urlauber auf boreales bzw. Schnee-Wald-Klima. Hier liegt die Temperatur des kältesten Monats unter minus 3 Grad Celsius, die des wärmsten schafft es auf über 10 Grad. In Deutschland haben wir warm-gemäßigtes Klima. Die Temperatur des kältesten Monats liegt zwischen plus 18 und minus 3 Grad. In Saudi-Arabien herrscht Trockenklima. Hier ist die Definition am umständlichsten. Bei vorherrschendem Winterregen darf die Niederschlagsmenge in Zentimeter nicht mehr als das Doppelte der Jahresmitteltemperatur in Grad Celsius sein, bei gleichmäßiger Regenverteilung ein bisschen mehr und bei vorherrschendem Sommerregen noch etwas mehr. So kann man für jeden Ort ausrechnen, ob er in diese Kategorie gehört. Hauptsache, es ist trocken. In Malaysia schließlich herrscht Tropisches Regenwaldklima ohne Winter. Es ist das ganze Jahr über im Schnitt mehr als 18 Grad warm.

Wetterextreme

Wenn es heute wie aus Kübeln schüttet oder Sturmfluten für Überschwemmungen sorgen, wenn zum Beispiel Anfang Dezember 1999 der Jahrhundertsturm Anatol über Nordeuropa fegt, einige Wochen später das Orkantief Lothar große Landstriche in

Frankreich, der Schweiz und in Süddeutschland verwüstet, zwei Tage darauf der nächste Jahrhundertsturm namens Martin das Zerstörungswerk fortsetzt, dann kann man sicher sein, dass die Ursache dafür schnell gefunden ist. Sie heißt globale Erwärmung und gilt als Nebenwirkung der Industrialisierung der Welt durch den Menschen. Ob diese Schlechtwetterereignisse tatsächlich mit der globalen Klimaerwärmung zu erklären sind, kann jedoch mit Gewissheit derzeit niemand sagen.

Definitive Aussagen, wie Wetterextreme erdgeschichtlich einzuordnen sind, fallen deshalb so schwer, weil Klimatologie und Meteorologie noch sehr junge Disziplinen sind. Erst seit wenigen Jahrzehnten erfolgen systematische Aufzeichnungen über die zentralen Parameter des Wetters: Niederschlagsmengen und -häufigkeiten, Sonnenscheindauer, Bewölkung, Lufttemperatur und -feuchtigkeit, Windstärke sowie Wasserstände an Ozeanen, Seen und Flüssen. Vereinzelt haben zwar auch schon unsere Vorfahren Wetterdaten festgehalten. Aber erst mit der Entwicklung der Computer und dem Einsatz satellitengestützter Messsysteme ist es möglich geworden, systematisch gesammelte und standardisierte Datenmengen mathematisch auszuwerten und bestimmte physikalische Gesetzmäßigkeiten daraus abzuleiten sowie Klimaprognosen aufzustellen.

Bestätigt hat sich dabei, was auch unsere Urgroßväter schon wussten, dass es nämlich ziemlich normal ist, wenn das Wetter launisch ist. Der biblische Sintflutbericht und atemberaubende Schilderungen katastrophaler Wetterlagen aus dem Mittelalter bestätigen die Sprunghaftigkeit der Wettergötter. Seit jeher üben Jahrhunderthochwasser wie das im Osten Deutschlands im Sommer 2002 große Faszination aus und verleiten zu Spekulationen. Die Informationen über frühere Niederschlagsmengen sind aber viel zu spärlich, um eindeutige Aussagen über ihre klimatische Bedeutung zu treffen. Heute sind dank moderner Messtechniken Wettervorgänge zwar einigermaßen gut zu erfassen. Daten unserer Vorfahren hingegen sind mit allergrößter Vorsicht zu genießen, denn was da wie und wo gemessen wurde, ist in der Regel unklar. Oft wurde auch schon einfach die Art einer Datenerhebung geändert und entsprechende Schwankungen leichtfertig als Klimawandel interpretiert – so geschehen in den 1940er-Jahren, als die Ozeantemperatur nicht mehr mit Hilfe von Schleppeimern gemessen wurde, sondern am Kühlwasser der Schiffsmotoren.

Eiszeit versus Klimaerwärmung

Fest steht, dass sich das Klima im Laufe der vergangenen Jahrmilliarden ständig gewandelt hat. Die Entstehung und das Verschwinden polarer Gletscher während der letzten 65 Millionen Jahre zum Beispiel haben die Evolution von Tier und Mensch erheblich beeinflusst. Momentan leben wir aller Voraussicht nach in einer vorübergehenden Warmzeit – unerfreulicher, aber treffender formuliert: in einer Zwischeneiszeit, denn den Messungen der momentanen Aufwärmung des Erdklimas zum Trotz erlebt die

Erde seit ein paar Millionen Jahren eine Periode der Vereisung. Vieles spricht dafür, dass sie noch längst nicht zu Ende ist und dass eine neue Vergletscherung großer Landstriche vor der Tür steht. Diese Erkenntnis geht zurück auf den Anfang des 20. Jahrhunderts: Während seiner ungarischen Gefangenschaft im Ersten Weltkrieg entwarf der jugoslawische Geophysiker Milutin Milanković (1879–1959) die Theorie der Klimazyklen, die bis heute weitgehend gültig ist. Milanković erkannte, dass die Sonneneinstrahlung auf verschiedene Regionen der Erde über lange Zeiträume alles andere als gleichförmig ausfällt. Er nannte drei sich überlagernde Faktoren, aus denen sich Klimaschwankungen ergeben: die Tatsache, dass sich erstens die Erdumlaufbahn um die Sonne alle etwa 100 000 Jahre von mehr elliptisch zu mehr kreisförmig ändert (wodurch der Abstand zwischen Sonne und Erde um immerhin bis zu 20 Millionen Kilometer variiert), dass sich die Erde zweitens aufgrund ihrer Rotation eher taumelnd fortbewegt und bestimmte Regionen nur alle 26 000 Jahre wieder die gleiche Stellung gegenüber der Sonne einnehmen, wenn die Erde in ihrem Umlauf der Sonne am nächsten steht, und dass drittens die Neigung der Erdachse zu ihrer Umlaufbahn alle 40 000 Jahre um ein paar Grad schwankt. Mit Hilfe dieser Annäherungen Milankovićs konnte der Lauf der Erde im Sonnensystem nachgezeichnet werden.

Dass das globale Klima kein gradliniges und einfach zu begreifendes Phänomen ist, zeigen die letzten Jahrtausende. Der größte Teil Großbritanniens, Skandinavien, Teile von Nordrussland, Kanada und der Norden der USA waren vor gerade mal 20 000 Jahren kilometerdick unter Eis begraben. Eiszeitforscher haben herausgefunden, dass die Eisdecken in den vergangenen Jahrmillionen mehrmals vorstießen und sich wieder zurückgezogen haben. Wodurch genau die Eisbewegungen verursacht werden, ist bis dato unklar. Die gegenwärtige Warmphase des »Icehouse«-Zustands der Erde hält erst seit knapp 10 000 Jahren an – wir können also fürwahr froh sein, dass wir gerade heute leben. Der Übergang zur heutigen Zwischeneiszeit erfolgte im Laufe von 3000 Jahren mit starken Wechseln zwischen warmen und kalten Perioden. Zuvor waren große Teile Deutschlands kilometerdick unter Gletschereis begraben. Von der Ostseeküste im Norden erstreckte sich das Eis über die Mark Brandenburg und die Mecklenburgische Seenplatte bis zum Niederrhein. Zudem waren das komplette Voralpenland und die südlichen Teile des heutigen Sachsens und Thüringens schneebedeckt. Auch die Norddeutsche Tiefebene zeugt davon, wie sehr sich die klimatischen Bedingungen im Laufe der Erdgeschichte gewandelt haben. In dieser Ebene zwischen den Höhenzügen des Teutoburger Waldes und der Nordsee gab es vor 300 Millionen Jahren sehr üppigen Waldbewuchs. Aus dieser Zeit stammen die großen Steinkohlelager, die heute abgebaut werden. Rund 50 Millionen Jahre später war das Gebiet von einem flachen tropischen Meer überflutet, das dicke Salzschichten hinterließ. Vor 100 Millionen Jahren grasten Dinosaurier im alten Ozeanbecken. Und vor 20 000 Jahren lag die Region unter einem dicken Eispanzer.

Angesichts dieser Tatsachen und der weitgehenden Unerforschtheit des Klimas erscheint es eher müßig, darüber zu spekulieren, wie sich das Erdklima in den nächsten 20 000 Jahren entwickeln wird. Jedenfalls wagen wir, nach gründlichem Studium der Unterlagen, keine Vorhersage.

Treibhauseffekt

Der Treibhauseffekt ist ein einfaches natürliches Phänomen: Die Sonne strahlt auf die Erde, ein Teil der Strahlung wird von der Atmosphäre reflektiert, der Großteil dringt jedoch durch sie hindurch und trifft auf die Erdoberfläche, die sich dadurch erwärmt. Die Erde strahlt die Wärme als Infrarotstrahlung wieder ab. Ein Teil davon wird aber durch Treibhausgase in der unteren Atmosphäre eingefangen. So wird verhindert, dass die Erde auskühlt. Der britische Physiker und Geologe John Tyndall (1820–1893) war der Erste, der diesen Treibhauseffekt erkannte. Er war Bergsteiger und erklomm als Erster das Weißhorn in den Alpen. Bei seinen Expeditionen in der Höhe dachte er darüber nach, warum die warme Luft in den Tälern gehalten wurde. Ihm wurde klar, dass der Wasserdampf hierbei eine Schlüsselrolle spielen musste. In der Tat ist Wasserdampf das wichtigste Treibhausgas, das zweitwichtigste ist Kohlendioxid. Ohne CO_2 in der Atmosphäre wäre die durchschnittliche Temperatur auf der Erde etwa 33 Grad niedriger, als sie es heute ist. Der natürliche Treibhauseffekt ist also Voraussetzung für das Leben, das heute auf der Erde existiert. Wenn vor den möglichen Auswirkungen des Treibhauseffekts gewarnt wird, ist damit offensichtlich nicht der hier beschriebene natürliche, sondern der durch Menschen verursachte (anthropogene) zusätzliche Treibhauseffekt gemeint.

Der Anstieg des CO_2-Gehalts der Atmosphäre, der hauptsächlich für den zusätzlichen Treibhauseffekt verantwortlich gemacht wird, soll zwischen 1790 und heute 27 Prozent betragen haben. Zur Beschreibung des CO_2-Haushalts unterscheidet man Quellen, aus denen das Gas in die Atmosphäre abgegeben wird, und Senken, in denen es wieder gebunden wird. Tiere, Pflanzen und Ozeane geben CO_2 ab und nehmen es auch wieder auf. Gleiches gilt auf der anderen Seite für die Atmosphäre. Es erfolgt also ein regelmäßiger Austausch zwischen Erde und Atmosphäre. Die Bilanz dieses Kreislaufs geht indes nicht ganz auf. Insgesamt behält die Erde etwas mehr zurück, was allerdings von Zeit zu Zeit durch Vulkanausbrüche in etwa wieder ausgeglichen wird. Zu diesem natürlichen CO_2-Kreislauf kommen die anthropogenen Emissionen hinzu. Große Mengen Kohlendioxid werden seit der Industrialisierung durch die Nutzung von Öl, Gas und Kohle freigesetzt. Jede Minute gelangen durch ihre Verbrennung 40 000 Tonnen CO_2 in die Atmosphäre. Zudem werden Waldflächen abgeholzt, die somit kein Kohlendioxid mehr bei der Photosynthese binden können. Die Viehbestände – allen voran Schafe und Kühe – sind auch nicht unbedeutend. Unzählige Herden blasen etliche Milliarden Tonnen Methangase aus ihren Gedärmen in die Luft.

Klimaforscher rechnen als Folge dieser Datenlage damit, dass die Temperatur in den nächsten Jahrzehnten um ein paar Grad zunimmt. Wie zuverlässig diese Voraussage ist, ist schwer einzuschätzen, denn ein Blick in die Vergangenheit zeigt, dass das Klima auch ohne den Einfluss des Menschen Zwischenspurts und abrupte Wenden einlegen kann. Die letzte Warmzeit, das Eem, begann vor 135 000 und endete vor 115 000 Jahren. Damals war die durchschnittliche globale Temperatur etwa 2 bis 3 Grad höher als heute. Die nächsten gut 100 000 Jahre war es ziemlich kalt, bis vor 14 500 Jahren erneut eine Erwärmung um 5 Grad innerhalb von nur 20 Jahren stattfand und die klimatischen Verhältnisse hervorbrachte, die wir bis heute haben. Wie vor kurzem die Untersuchung von Eisbohrkernen ergab, war während des Eems das Klima allerdings keineswegs stabil, sondern es gab starke Temperaturveränderungen, die zwischen 75 und 5000 Jahre dauerten. Nach diesen Erkenntnissen könnten die heutigen stabilen Klimaverhältnisse der letzten 8000 Jahren eine Ausnahme und nicht von Dauer sein.

Untersuchungen von in Gletschern eingeschlossenen Gasproben haben gezeigt, dass die atmosphärische Konzentration der Treibhausgase in der Vergangenheit während Warmzeiten immer zugenommen hat, in Kälteperioden hingegen immer gefallen ist. Einige Wissenschaftler vertreten deshalb die These, dass die CO_2-Anreicherung in der Erdatmosphäre nicht nur Ursache, sondern auch Folge der relativen Erderwärmung der letzten Jahrzehntausende ist und dass die gegenwärtige Erwärmung durch menschliche Aktivitäten lediglich verstärkt wird. Das gilt auch für das Ansteigen der Meeresspiegel. Derzeit heben sich die Ozeane um jährlich 1 bis 2 Millimeter. Aber ob das eine lang anhaltende Geschichte ist, vermag niemand mit Gewissheit zu sagen, denn auch ein Gegeneffekt ist beobachtet worden: Durch die CO_2-Anreicherung in der Atmosphäre kommt es weltweit zu mehr Niederschlägen – auch über den Polargebieten. Das könnte dazu führen, dass sich deren Eiskappen vergrößern. Denn selbst wenn es dort nur minus 20 Grad Celsius statt minus 30 Grad kalt wäre, würde der niedergehende Regen immer noch gefrieren. Wichtig ist zu beachten, dass Schmelzwasser sowieso nur dann zu steigenden Meeresspiegeln führen kann, wenn das schmelzende Eis zuvor Festland bedeckte. Schwimmendes Eis verdrängt genauso viel Volumen, wie flüssiges Wasser einnehmen würde. Auf den Wasserspiegel hat es keinerlei Einfluss, wenn ein schwimmender Eisberg schmilzt.

Eine weitere Schwierigkeit liegt darin, dass Prognosen immer unsicher sind – vor allem, wie es in einem Sprichwort heißt, wenn sie die Zukunft betreffen. Um wissenschaftliche Prognosen abgeben zu können, benötigt man zum einen Daten, zum anderen Rechenmodelle, die einen natürlichen Prozess als im Zeitverlauf sich verändernde Ausprägung seiner Beschreibungsgrößen abbilden können. Dass heute Klimamodellierung betrieben werden kann, ist erst durch die in den letzten Jahrzehnten rapide wachsende Rechnerleistung und die weltweite systematische Sammlung von Daten möglich geworden. Doch auch enorm schnelle Computer können nicht mehr liefern als die Konsequenzen aus den Voraussetzungen und Annahmen, die in das Modell eingebaut worden sind. Deshalb stehen die Prognosen auch heute noch auf tönernen Füßen. Es ist möglich, dass die aktuellen Simulationen tatsächlich die Erwärmung der nächsten 100 Jahre einigermaßen genau einschätzen. Wir wissen es nur schlicht und einfach nicht. Man kann jetzt beginnen, die Modelle anhand der Messung der tatsächlichen Klimaänderungen zu überprüfen, und je weiter wir in den Vorhersagezeitraum vordringen, desto genauer werden die Modelle und ihre Verlässlichkeit werden.

Klimafolgenforschung

Nun könnte man sagen, ein bisschen wärmeres Wetter wäre doch gar nicht das Schlechteste. Da könnten wir doch zum Beispiel eine Menge Heizkosten sparen. Dennoch scheint kaum jemand positive Erwartungen mit dem Klimawandel zu verbinden. Als Folgen des Treibhauseffekts werden genannt: das Abschmelzen der Pole, das Ansteigen des Meeresspiegels, Dürren, Stürme, Waldsterben, Überschwemmungen, Verminderung des Artenreichtums, Verarmung, Hungersnöte, im Meer versinkende Inseln und Küstengebiete und ausbleichende Korallenriffe. Um dieses und vieles mehr zu untersuchen, gibt es neben der Klimaforschung die Klimafolgenforschung. Diese erweist sich zum Teil als einfacher, andererseits dann wieder als noch schwieriger als die Erstere. Einfacher, weil man zum Beispiel von bestimmten Pflanzen sagen kann, dass sie einen bestimmten Temperaturbereich benötigen und in einem anderen eben nicht mehr gedeihen: Wenn es da und da 3 Grad wärmer wird, wird man diese oder jene Pflanze dort kaum mehr finden. Schwierig ist indes die Bewertung dieser Veränderung. Hier wird in der Regel auf die Notwendigkeit des Erhalts des Artenreichtums hingewiesen. Und schon werden aus Veränderungen, die einem zunächst durchaus positiv vorkommen, schlimme Verlustgeschäfte. Beispielsweise wird von einer Erwärmung angenommen, dass sie zu einer Ausbreitung der Wälder um mehrere hundert Kilometer im Norden führen würde. Nicht schlecht, sagen manche, da können wir uns das Aufforsten anderswo sparen und bekommen große neue CO_2-Senken. Stattdessen wird meist beklagt, dass die Wälder andere Pflanzen, solche nämlich, die nur in extrem unwirtlicher und kalter Umgebung gedeihen (also irgendwelche Gräser, Moose und Flechten), verdrängen würden und so die Artenvielfalt gefährdet sei. Gleiches hört man in Bezug auf das Ansteigen der Baumgrenze in den Gebirgen.

Noch schwieriger wird die Klimafolgenforschung, wenn es nicht mehr um einzelne Pflanzen geht, sondern von Ökosystemen die Rede ist – schon allein deshalb, weil keine einheitliche Auffassung darüber besteht, was ein Ökosystem ist. Ein Ökosystem scheint für die meisten etwas zu sein, was, so wie es ist, gut ist und nicht verändert werden darf. Und noch einmal schwieriger wird es, wenn von sozialen, wirtschaftlichen, psychologischen und politischen Folgen die Rede ist, da diese Bereiche, wie wir wissen, nicht ausschließlich vom Wetter abhängig sind. Man könnte sagen, sie sind vom Klima ungefähr so abhängig wie eine Partystimmung von der Wohnzimmereinrichtung. Einige Umweltschützer warnen uns entsprechend schon einmal vorsorglich vor Hitzschlag, Frühgeburten, Heuschnupfen, Bronchitis, Lippenherpes, Diarrhöe und Fußpilz, sollte es wirklich wärmer werden. Mit anderen Worten: Szenarien als Ergebnisse von Simulationen sind äußerst voraussetzungsreiche Produkte der Wissenschaft. Ergebnisse beruhen auf Annahmen und mathematischen Modellen. Noch hypothetischer wird das Ganze, wenn man von einem System in ein anderes wechselt, etwa vom klimatologischen ins medizinische oder soziale. Die Prognosen über Ausprägung und Folgen des Klimawandels werden daher wohl noch öfter wechseln. Dennoch handelt es sich hierbei natürlich um ein höchst relevantes und interessantes Forschungsgebiet mit möglichen Konsequenzen für uns alle.

Naturkatastrophen

Naturkatastrophen wüten seit jeher auf der Erde und verbreiten Angst und Schrecken. Erdbeben und Vulkanausbrüche sind Urgewalten, und das Krachen im Untergrund ist seit jeher Quelle für allerlei Aberglauben und wildeste Theorien. Lange galten Erdbeben als Erschütterungen, die von unterirdisch lebenden Ungeheuern und Tieren ausgelöst wurden. In Japan vermutete man einen gewaltigen unterirdisch lebenden Skorpion, in Indien einen Molch, und die in Nordamerika lebenden Indianer glaubten an Schildkröten, die im Erdinneren ihr Unwesen trieben. Die Maori in Neuseeland hingegen erkannten in jedem Erdbeben das Strampeln eines ungeborenen Kindes im Mutterleib Erde. Und in der griechischen Mythologie war der Meeresgott Poseidon zugleich Erderhalter und -erschütterer.

Immerhin formulierten die Griechen und Römer erste wissenschaftlich anmutende Theorien über die ungebändigten Naturgewalten. Der Grieche Anaxagoras (500–428 v. u. Z.) führte Erdbeben auf Einbrüche des Erdinneren zurück. Als Ursache vermutete er Auswaschungen durch Wasser und Aushöhlungen infolge großer Feuer. Aristoteles (384–322 v. u. Z.) mutmaßte, Erdbeben entstünden durch in der Erde eingeschlossene Luft, die sporadisch zu entweichen versuchte. Diese aristotelische Lehre der Erdbebenentstehung behielt bis ins ausgehende Mittelalter ihre Gültigkeit. Erst mit der Renaissance wurde sie zum Teil umgekrempelt, neue Erklärungsansätze kamen und gingen. Einen nicht zu unterschätzenden Beitrag zu den geistigen Umwälzungen im 18. Jahrhundert leistete das Erdbeben, das im Jahre 1755 das blühende Handelszentrum Lissabon in Schutt und Asche legte und 60 000 Menschenleben forderte. »Der Knabe, der alles dieses wiederholt vernehmen musste, war nicht wenig betroffen. Gott, der Schöpfer und Erhalter des Himmels und der Erden, den ihm die Erklärung des ersten Glaubensartikels so weise und gnädig vorstellte, hatte sich, indem er die Gerechten mit den Ungerechten gleichem Verderben preisgab, keineswegs väterlich bewiesen«, bemerkt Goethe, der zur Zeit des Geschehens gerade sechs Jahre alt war und dennoch schon den allgemeinen Zweifel an der vermeintlich besten aller Welten und ihrem Schöpfer mit vollzogen hatte, in seiner Autobiographie.

Anfang des 19. Jahrhunderts führte Alexander von Humboldt (1769–1859) nach Exkursionen in Vulkangebiete die aristotelische Theorie weiter und behauptete, Erdbeben entstünden durch die Energien unterirdisch gefangener und expandierender Vulkangase. Folglich funktionierten Vulkane in seinen Augen wie gigantische Überdruckventile. Diese Theorie vertraten auch andere Naturwissenschaftler seiner Epoche. Für sie waren Vulkane und Erdbeben als eine Einheit zu betrachten. Die (nach dem römischen Gott der Unterwelt bezeichnete) Schule der »Plutonisten« war dieser Ansicht. Sie lag sich damals wegen dieser und anderer Fragen mit den »Neptunisten« in den Haaren. Sie hatten ihren Namen vom römischen Meeresgott und sahen im Wasser den unbestreitbaren Urstoff aller Naturgewalten. Die Neptunisten hielten ihren Widersachern entgegen, dass es Erdbeben auch fern von Vulkanen gab, weshalb die von Humboldt und anderen postulierte Einheit von Erdbeben und Vulkanen ein Trugschluss sein musste. In den Augen der Neptunisten stürzten bei Erdbeben unterirdische, durch Wasserauslaugung entstandene Höhlen ein.

Bedeutende Fortschritte machte die Erdbebenforschung Anfang des 20. Jahrhunderts. Einschneidend waren die Erkenntnisse nach dem großen katastrophalen Beben von 1906 in San Francisco. Der Geologe Harry Fielding Reid formulierte danach die Theorie des »elastischen Zurückschnellens« (elastic rebound), derzufolge sich über lange Zeiträume bei den Bewegungen der Erdkruste Scherspannungen herausbilden können, die sich beim Überschreiten der maximalen Belastbarkeit der Gesteine binnen Sekunden und Minuten mit riesiger Wucht entladen.

Aber erst im letzten Drittel des 20. Jahrhunderts und mit der Entwicklung der Theorie der Plattentektonik erkannte man, dass für die gewaltigen Kräfte, die Vulkane, Erdbeben, Gebirge und Ozeane entstehen lassen, die Erdwärme verantwortlich ist. Der Erdwärmestrom liefert zwar nur ein Achtzehntausendstel der Energie, die uns die Sonne spendet. Aber was diese Wärmekraftmaschine unter unseren Füßen im Erdmantel hervorbringt, ist nicht ohne: Der Wärme- und Massentransport tief liegender, heißer Gesteine an die kühlere Erdoberfläche setzt unvorstellbare mechanische Kräfte frei, die ein Matterhorn formen können.

Allein in den letzten beiden Jahrzehnten haben Erdbeben, Vulkanausbrüche, Hochwasser oder Hangrutschungen in der ganzen Welt über 3 Millionen Menschenleben gefordert und das Leben von mindestens 800 Millionen weiteren Menschen beeinträchtigt. China ist am schwersten von den Naturgewalten betroffen. Schätzungen zufolge sind dort in den letzten 350 Jahren mehr als 4 Millionen Menschen allein bei Überschwemmungen ums Leben gekommen. Durch Erdbeben sind in den letzten 1000 Jahren vermutlich weitere 2 Millionen Chinesen getötet worden, allein beim großen Beben in den Provinzen Shanxi und Henan im Frühjahr 1556 starben über 800 000 Menschen.

Gemessen am Ausmaß der Zerstörung sind Überschwemmungen die schlimmsten Naturkatastrophen, gefolgt von Erdbeben und Sturm. Vulkanausbrüche stehen an vierter Stelle. Statistisch lässt sich eine Zunahme von Naturkatastrophen nicht nachweisen. Überproportional gewachsen sind aber ohne Zweifel ihre Folgen. Immer mehr Menschen und Wirtschaftsgüter konzentrieren sich in gefährdeten Gebieten – zum Beispiel an den Küstengebieten der Ozeane, wo zugleich Erdbeben und Vulkane auftreten. In einem 200 Kilometer breiten Streifen entlang der heutigen Kontinentalränder der Erde konzentrieren sich 80 Prozent der Weltbevölkerung. Unter diesem Streifen finden sich die meisten Rohstoffe. Dort liegen aber auch die Subduktionszonen, in denen die ozeanischen Lithosphärenplatten unter die Kontinente abtauchen.

Auch Feuer können große Schäden anrichten. Mehr als 90 Prozent aller Vegetationsfeuer werden heute von Menschen verursacht. Jedes Jahr gehen Millionen von Hektar Wald in Flammen auf. Oft geht es darum, Waldbestand gezielt zu zerstören, um neues Ackerland zu gewinnen. Teils wird diese Praxis legal betrieben. Wald- und Buschbrände werden aber auch durch natürliche Vorgänge entfacht. In allen Ökosystemen der Erde spielen sie eine mitunter produktive, aber in jedem Fall große Rolle. In den USA, in Australien und im Mittelmeerraum (zum Beispiel auf Korsika) sind Brände eine fast alltägliche Erscheinung. Die Vegetation hat sich längst daran gewöhnt. Viele Pflanzen, die hier wachsen, sind feuertolerant. Sie haben eine dicke Borke entwickelt und können ihre Samen vor der Feuerbrunst schützen. Es gibt sogar Pflanzensorten, die ohne Feuer gar nicht keimen können. Ein Beispiel dafür sind die australischen Banksien. Sie öffnen ihre Samenkapseln erst, wenn es um sie herum richtig heiß wird. Ohne Buschbrände würde diese Baumart aussterben.

Massensterben und Meteoriteneinschläge

Noch ungeheuerlicher als plötzliche Vulkanausbrüche erscheint uns die Vorstellung, von einem Himmelskörper ins Jenseits befördert zu werden. In Hollywoodstreifen wie *Deep Impact* und *Armageddon* sind solche Szenarien eindrucksvoll dargestellt worden. Es steht außer Frage, dass es auch in Zukunft zu gewaltigen Einschlägen auf der Erde kommen wird. Im Hinblick auf die Trefferquote sprach ein NASA-Forscher einmal von einer »kosmischen Schießbude«. Einer der jüngsten, erst 1985 entdeckten großen Einschlagkrater mit einem Durchmesser von 8 Kilometern liegt in Bolivien. Er wird derzeit intensiv studiert. Vermutlich ist dieser Arona-Krater nicht älter als 30 000 Jahre. Wissenschaftler der NASA haben 1994 errechnet, dass im laufenden Jahrhundert mit einer Wahrscheinlichkeit von 1:10 000 ein Asteroid einschlagen könnte, dessen Größe ausreicht, um die Menschheit drastisch zu dezimieren. Der größte bekannte Asteroid, der die Sonne umkreist, hat einen Durchmesser von fast 1000 Kilometern. Forscher vermuten, dass sich etwa 300 Asteroiden in der Nähe der Erdumlaufbahn bewegen. Die statistische Gefahr für einen jeden von uns, durch einen Asteroideneinschlag zu sterben, ist immerhin so hoch wie die, bei einem Flugzeugabsturz ums Leben zu kommen – oder so niedrig, je nachdem, wie man es sieht. Überängstlichen Hausbesitzern bieten Versicherungsunternehmen bei Gebäudeschutzpolicen deshalb auch den Schutz vor »unbemannten Flugkörpern«. Die Bemühungen von Militärs und Weltraumforschern, die Menschheit für einen solchen Angriff aus dem All mit allen Mitteln der Kriegskunst zu rüsten, sind angesichts dieser Daten jedenfalls so abwegig gar nicht. Auch Meteoriten, kleinere Gesteinsbrocken aus dem Weltall, können bei einem Aufprall auf die Erde tiefe Krater hinterlassen.

Erst 1989 kam es fast zum Desaster, als ein Asteroid von mehreren hundert Metern Durchmesser in nicht einmal doppelter Mondentfernung an der Erde vorbeizog. Sein Aufprall hätte die geschätzte Größenordnung von 1000 Megatonnen TNT-Sprengstoff erreicht. Das entspricht etwa der Gewalt von 50 000 Atombomben des Typs, der am Ende des Zweiten Weltkriegs über Hiroshima abgeworfen wurde. Man muss kein Sciencefictionautor sein, um sich auszumalen, was beim Aufprall passiert wäre. Einer der letzten großen Meteoriten, der vor rund 25 000 Jahren auf der Erde einschlug, traf das heutige Arizona. Der Krater, den er hinterließ, kann vom Flugzeug aus bewundert werden. Er hat einen Durchmesser von etwa 1500 Metern.

Über einem entlegenen Teil Sibiriens explodierte wahrscheinlich im Juni 1908 in einer Höhe von etwa 10 Kilometern ein Himmelskörper und verursachte den Tunguska-Krater. Vermutlich handelte es sich um einen kleinen Kometen. Die Druckwelle seines Aufpralls, bei dem Energie von der Gewalt einer 50-Megatonnen-Wasserstoffbombe freigesetzt wurde, ließ noch Tausende von Kilometern entfernt in Westeuropa die Wände wackeln. Mehr als 2150 Quadratkilometer Taiga wurden verwüstet, Bäume und ganze Wälder wie Strohhalme umgeknickt. Ein russischer Geologe hat im Sommer 2002 die These aufgestellt, dieser Krater sei durch eine gewaltige explodierende Öl- und Gasfontäne aus den Tiefen der Erde entstanden. Für diese These spricht unter anderem, dass sich unter der Erdoberfläche der Region ausgedehnte Kohlenwasserstoffvorräte befinden und keine fremden Substanzen eines Himmelskörpers im Boden gefunden wurden, die auf einen Einschlag eines Meteoriten schließen lassen. Möglicherweise wird also die Geschichte des Tunguska-Krater neu geschrieben werden müssen.

Seit den 1960er-Jahren haben wissenschaftliche Studien immer wieder neue physikalische Kennzeichen von Einschlagsstrukturen entdeckt. Geologen bezeichnen sie als Schockmetamorphismen. Alle bekannten Strukturen irdischer Einschläge zeigen manche oder alle der bislang bekannten Schockeffekte – zum Beispiel Mineralumwandlungen, die nur infolge extremer Aufpralldrücke entstehen können.

Dieser geologische Forschungszweig ist immer wieder für Überraschungen gut. US-Forscher referierten im Sommer 2002 ihre Erkenntnisse, denen zufolge vor 3,5 Milliarden Jahren ein Riesenmeteorit mit einem geschätzten Durchmesser von 20 Kilometern auf der Erde einschlug. Zeitgleich entdeckten Ölsucher in der Nordsee den 20 Kilometer großen Einschlagkrater eines Meteoriten. Sein Alter wird auf etwa 65 Millionen Jahre geschätzt. Er entstand also in der Zeit, als die Dinosaurier von der Erde verschwanden. Der Krater ist besonders gut erhalten und weist Strukturen auf, die man bisher noch nie zuvor auf der Erde gesehen hat. Wer nicht in die Nordsee tauchen oder nach Übersee fliegen möchte, dem bleibt das Nördlinger Ries. Hier kann man einen Meteoritenkrater mit einem Durchmesser von 25 Kilometern durchwandern.

Mondkrater

Eine erste vage Vorstellung von der Wucht und der Wirkung der unzähligen Einschläge zu Beginn der Erdgeschichte erhielt man erst nach den Apollo-Missionen zum Mond, bei denen die dortigen Einschlagkrater ziemlich exakt vermessen wurden. Die mit einem Fernrohr erkennbare genarbte Oberfläche des Mondes stammt nicht von Vulkanen, wie noch bis in die 1950er-Jahre gemutmaßt wurde, sondern überwiegend von auf den Mond einhämmernden Himmelskörpern. Sie haben Durchmesser von über 1000 Kilometern. Da der Mond etwa zur gleichen Zeit entstanden ist wie die Erde, sich jedoch rascher abkühlte und sich seit Milliarden von Jahren geologisch ruhig verhält, liefert schon sein Äußeres eine Vielzahl von Hinweisen, wie es auch auf unserem Planeten in den Urzeiten zuging. So ließ sich anhand der Messungen rekonstruieren, dass vor etwa 3,7 Milliarden Jahren die Einschlaghäufigkeit auf Mond und Erde rapide abnahm. Vor diesem Zeitraum sorgten die Dauerbombardements dafür, dass sich primitives organisches Leben nicht entwickeln oder über längere Zeiträume halten konnte. Die starke Erhitzung der Erdoberfläche und der Atmosphäre hat womöglich zur Verdampfung bereits existierender Ozeane geführt. Der Wasserdampf in der Atmosphäre führte in einem solchen Szenario zu einem Treibhauseffekt, der Leben auf der Erde ausschloss.

Perm-Trias-Krise

Die Grenzen in der historischen Zeitskala zeichnen gewaltige globale Naturkatastrophen nach. Sie stehen für abrupte Veränderungen der Fossilienüberlieferungen, was darauf hindeutet, dass für die vorausgehende Periode typische Organismen in kurzer Zeit dahingerafft wurden. Das Paläozoikum (beim Übergang von Perm zu Trias) und das Mesozoikum (beim Übergang von Kreide zu Tertiär) endeten mit gigantischen Massensterben. Die genauen Ursachen für die erstgenannte Zäsur, die so genannte Perm-Trias-Krise, sind noch unklar. Fest steht, dass an dieser Grenze zwischen dem Paläozoikum (Erdaltertum) und dem Mesozoikum (Erdmittelalter) vor rund 250 Millionen Jahren die größte bekannte Vernichtung von Lebensformen stattfand. Geologen meinen, dass dieses Massensterben nur durch eine Kombination von Katastrophen bewirkt werden konnte. Der Einschlag eines Asteroiden oder auch eine nahe Supernova-Explosion werden dabei nicht ausgeschlossen. Als wahrscheinlichste Ursache gilt jedoch Vulkanismus. Bohrungen haben ergeben, dass allein in Sibirien etwa 1 Million Kubikkilometer Lava ausgetreten sein müssen. Vermutlich wurden dadurch auch große Mengen Giftgase freigesetzt. Zudem könnten Vulkanausbrüche eine anhaltende Verfinsterung der Sonne durch Asche und Schwefelgase bewirkt haben und damit auch einen schlagartigen Temperaturabfall und ein Sinken der Meeresspiegel wegen der wachsenden Gletscher. Zuvor hatten sich über einen Zeitraum von mehreren Millionen Jahren alle Kontinente zu einem einzigen Superkontinent Pangäa zusammengefügt: Eine absolut lebensfeindliche Landmasse mit extremen Klimaschwankungen zwischen Sommer und Winter. Die Küstenstreifen der früheren Kontinente waren verschwunden, der Lebensraum wurde knapp. Die großen Ozeane glichen einem Massenfriedhof, und der blanke Überlebenskampf tat das Übrige, das Leben auf der Erde fast gänzlich zum Stillstand zu bringen.

Wie apokalyptisch es auf unserem Planeten zuging und wie sehr sich das Leben auf der Erde in diesen Zeitfenstern änderte, wird deutlich, wenn man bedenkt, dass etwa 90 Prozent aller Arten, die am Ende des Perms existierten, zu Beginn des Mesozoikums verschwunden waren. Das fortlaufende Artensterben und selbst solche Massensterben sind allerdings ein vollkommen normales Merkmal der Evolution: Alte Lebensformen verschwinden, neue entstehen. Und das glückliche Überleben eines solchen Massenexitus war auch kein Garant für anhaltenden evolutionären Erfolg. Annähernd ein Fünftel aller Tierordnungen, die eines der fünf größten Massensterben der Erdgeschichte überstanden, starben in den darauf folgenden 5 bis 10 Millionen Jahren aus.

Kreide-Tertiär-Massensterben

Die Diskussion um das frühe Artensterben auf der Erde nahm 1980 eine dramatische Wendung. Der Wissenschaftler Walter Alvarez legte Beweise für eine außerirdische Ursache des Massensterbens am Ende der Kreidezeit vor 65 Millionen Jahren vor. Sein Forscherteam, in das auch sein Vater, der Physik-Nobelpreisträger Louis Alvarez (1911–1988) eingebunden war, fand in den für den Übergang von der Kreide- zur Tertiärzeit typischen Sedimenten bei Gubbio in Italien Iridium in völlig ungewohnter Menge – ein sehr seltenes chemisches Element; ein schweres Edelmetall, das sich überwiegend im Erdkern befindet. Stücke von kleineren Asteroiden, so genannte Chondrite, enthalten fast zehntausendfach höhere Konzentrationen Iridium als die Erdkruste. Alvarez wagte nach seinen Funden die These, ein etwa 10 Kilometer starker Asteroid sei an der Grenze der Kreidezeit zum Tertiär auf die Erde eingeschlagen und habe fast alles Leben vernichtet. Die Iridiumspuren in den Sedimentgesteinen deuteten seiner Meinung nach auf folgenden Prozess hin: Der Asteroid verdampfte während des Aufpralls. Das reaktionsträge, also über lange geologische Zeiträume stabile Iridium wurde daraufhin über ein weites Gebiet verstreut. Durch Jahrtausende anhaltende Regenfälle wurde es aus der Atmosphäre auf die Erde gespült und landete aufgrund der Erosion in den Ozeanen, wo es als schmales Band Zeugnis ablegte von dieser Naturkatastrophe. Alvarez beschrieb auch die Schritte, die zum Massensterben führen konnten: eine Staubwolke, die die Erde umhüllte und das Sonnenlicht abschirmte, wodurch sich der Planet abkühlte, die Photosynthese verhindert und alle Nahrungsketten zerstört wurden. Die vom Aufprall zeugenden Schockwellen hätten außerdem gravierende Auswirkungen auf die Atmosphäre gehabt: ihre beiden Hauptbestandteile Stickstoff und Sauerstoff verbanden sich zu Stickoxiden und ließen aggressive Salpetersäure vom Himmel herabregnen.

Auch wenn die These vom Asteroideneinschlag am Ende der Kreidezeit nach wie vor umstritten ist, gibt es doch eine Reihe von Hinweisen, die ihre Richtigkeit unterstreichen. Auf der mexikanischen Halbinsel Yucatán und im angrenzenden Meer wurde mittlerweile sogar der etwa 200 Kilometer breite, 10 Kilometer tiefe und mit 400 Meter mächtigen Kalksedimenten gefüllte Einschlagkrater ausgemacht. Der Krater wird Chicxulub genannt. Berechnungen haben ergeben, dass der Aufprall die milliardenfache Kraft der Atombombe von Hiroshima hatte und 50 000 Kubikkilometer Gestein als Gas, Staub und Schmelztropfen in die Atmosphäre geschleudert wurden. Fest steht, dass bei dieser K/T-Krise die Dinosaurier und mit ihnen rund die Hälfte aller Lebensformen auf der Erde vernichtet wurden.

Vulkane

Würde man eine Karte anfertigen, auf denen die gewaltigsten Vulkanausbrüche der letzten Jahrhunderte eingezeichnet sind, und die Orte miteinander verbinden, würde man fast exakt die Subduktionszonen der Erdkruste markieren, an denen sich die ozeanische Erdkruste unter Kontinente schiebt. Der Fudschijama in Japan ist in einer solchen Region entstanden. Auch der Vesuv bei Neapel erhebt sich über einer Subduktionszone. Seine Lava verschüttete im August des Jahres 79 die römischen Städte Pompeji und Herculaneum. Seine Oberfläche und der Krater waren zuvor grün und mit Vegetation bedeckt, sodass die Eruption völlig unerwartet kam. Schon wenige Stunden nach seinem Ausbruch begruben heiße vulkanische Asche und Staub die beiden Städte so vollständig, dass sie fast 1700 Jahre unentdeckt blieben. Erst 1748 konnte eine der äußeren Stadtmauern lokalisiert werden, die moderne Archäologie feierte einen ihrer größten Erfolge. Der Vesuv setzte seither seine Aktivitäten mit einigen Unterbrechungen fort und hielt Land und Leute in Atem. Es kam zu zahlreichen kleineren und in den Jahren 1631, 1794, 1872, 1906 zu größeren Eruptionen. Zuletzt meldete sich der Vesuv 1944 inmitten des italienischen Feldzugs im Zweiten Weltkrieg. Viele Menschen werteten das als schlechtes Omen. Heute ist der Vesuv einer der am besten untersuchten Vulkane. William Hamilton (1730–1803) wurde Ende des 18. Jahrhunderts durch ihn zu einem der ersten bedeutenden Vulkanologen. Er erlebte die Gewalt der Feuerbrunst und startete umfangreiche Feldbeobachtungen, analysierte Gesteine und aus dem Schlot entweichende Gase und verknüpfte die Existenz von Vulkanen mit der frühen Entstehungsgeschichte der Erde. Goethe traf während seiner Italienreisen wiederholt mit Hamilton am Fuße des Vesuv zusammen und ließ sich von seinen Theorien inspirieren.

Katastrophale Auswirkungen hatte 1883 der Ausbruch des Krakatau in Indonesien. Unvergessen bleibt ebenfalls der plötzliche Ausbruch des Pinatubo auf den Philippinen Anfang 1991, der zuvor etwa 600 Jahre lang inaktiv war. Von April bis Juni steigerte sich die seismische Unruhe, am Ende stieß er täglich fast 5000 Tonnen vulkanische Aerosole aus, darunter hauptsächlich Schwefeldioxid. Er schleuderte sie bis 8 Kilometer hoch in die Atmosphäre. Noch im 2500 Kilometer entfernten Singapur schneite es Asche. Der Vulkanausbruch und die Abschirmung der Erde führte zu einem vorübergehenden globalen Temperaturrückgang. Im Mittel kühlte sich die Temperatur an der Erdoberfläche um 0,5 Grad Celsius ab, die Ozonkonzentration in der Stratosphäre sank um bis zu 50 Prozent. Den gewaltigsten Vulkanausbruch der jüngeren Geschichte erlebte die indonesische Insel Sumbawa im Jahre 1815, als der Tambora ausbrach. 92 000 Menschen kamen dabei ums Leben. Auch nach dieser Explosion änderte sich das Klima auf der ganzen Erde.

Bei einem Vulkanausbruch spielt kochendes Wasser eine zentrale Rolle. Die ozeanischen Gesteinsschichten, die an den Subduktionszonen ins Erdinnere geschoben werden, sind feucht und wassergesättigt, sie tragen wasserhaltige Minerale mit sich. Ein Teil dieses Wassers wird beim Abtauchen durch den sich permanent erhöhenden Druck aus den Gesteinsporen gepresst und bahnt sich ohne viel Aufhebens durch die ozeanische Erdkruste den Weg zurück nach oben. Andere Wassermoleküle lassen sich aber nicht so einfach herausquetschen und sinken mit den Gesteinen immer tiefer. In etwa 150 Kilometer Tiefe werden Druck und Hitze derart unerträglich, dass sich das Wasser nach oben in den darüber liegenden kontinentalen Erdmantel verflüchtigt. Dieses aufsteigende Wasser verringert den Schmelzpunkt des Mantelgesteins. Das Magma schießt schließlich an die Oberfläche, weil sich das Wasser aufgrund des nach oben abnehmenden Erddrucks ausdehnt und ein Ventil schafft.

Man muss nicht weit reisen, um gigantische Vulkanlandschaften bewundern zu können. Nordwestlich von Mayen erstreckt sich das etwa 50 Kilometer lange Westeifelvulkanfeld mit cirka 240 Vulkankegeln und mindestens ebenso vielen Mythen über ihre Entstehung. Gleich daneben liegt das 35 Kilometer lange Osteifelvulkanfeld mit immerhin 100 erkalteten Schloten. In einem davon befindet sich der Laacher See, der nach dem letzten Ausbruch vor rund 13000 Jahren entstanden ist. Wassergefüllte Vulkankrater werden Maare genannt. Die Eifel-Vulkane sind zwar erloschen, allerdings haben jüngste Forschungen gezeigt, dass unter diesem Mittelgebirge noch immer große Mengen heißen Magmas schlummern. Auch am Kaiserstuhl im Oberrheintal, am Vogelsberg, im Hegau und im Siebengebirge finden sich Spuren ehemaliger Feuerberge.

Manteldiapire und Hawaii

Ein Blick auf den Pazifik zeigt allerdings, dass Vulkane auch außerhalb der Subduktionszonen mitten in Erdplatten entstehen können. Ein Beispiel dafür sind die Hawaii-Inseln, allesamt sind sie vulkanischen Ursprungs. Wie eine Perlenkette strecken sich die Inseln und eine Reihe versunkener Vulkane westlich vom noch aktiven Hawaii-Vulkan bis zum Aleutengraben. Erst in den 1960er- und 1970er-Jahren konnten Geologen nachweisen, dass diese Vulkankette auf eine langlebige, tiefe vulkanische Aktivität im Erdinneren zurückzuführen ist. Es gibt nämlich tief unter der Erdkruste ortsfeste Quellen vulkanischen Materials, die Manteldiapire genannt werden. Sie liegen vermutlich in der Übergangszone zwischen Erdkern und Erdmantel, wo heiße Blasen, so genannte »Plumes« oder »Hot Spots« entstehen. Von Zeit zu Zeit schießen sie mit unvorstellbaren Kräften Magma an die Erdoberfläche und durchbrechen dabei die Erdkruste. Da die Erdkruste und der obere Teil des Mantels im Laufe der Jahrmillionen aufgrund der Plattentektonik verschoben werden, finden diese gelegentlichen Durchbrüche an unterschiedlichen Stellen statt.

Die hawaiische Inselkette zeichnet demnach ziemlich exakt die Bewegungsrichtung der pazifischen Platte nach. Sie driftet jedes Jahr etwa 10 Zentimeter, und diese Bewegung hat die etwa 7000 Kilometer lange Inselkette entstehen lassen. Je weiter die etwa 90 alten Vulkane von den noch heute aktiven Hawaiis entfernt sind, desto älter sind ihre magmatischen Gesteine.

Erdbeben

Im August und September 1999 ereignete sich in der Türkei eines der gewaltigsten Erbeben Europas. Entlang der nordanatolischen Bruchzone wurde eine Stärke von 7,5 auf der nach oben offenen Richter-Skala gemessen. Diese Skala wurde 1935 von den bereits erwähnten Erdbebenforschern Gutenberg und Richter eingeführt. Der Wert 4,2 entspricht einem vorbeifahrenden Lastwagen, ab 5,4 wird es ungemütlich: Bäume schwanken und einfache Gartenhütten stürzen ein. Ab der Stärke 7,3 werden Eisenbahnschienen verbogen, bei Beben der Stärke über 8,1 bleibt nichts mehr übrig, selbst die stabilsten Bauwerke werden total zerstört. Das Beben in der Türkei richtete verheerende Schäden an, Tausende von Opfern waren zu beklagen. Die Europäische Platte dehnte sich bei der Entladung ungeheuer großer mechanischer Spannungen in der Erdkruste im Westen aus, während sie im Osten gestaucht wurde. Die Anatolische Platte, an der sich die Europäische Platte rieb, erlebte die Zwängung in umgekehrter Richtung. Die Relativverschiebung der beiden Platten betrug an manchen Stellen mehrere Meter.

Erdbeben treten wie Vulkane fast ausschließlich an den Grenzen der Lithosphärenplatten auf, wo jene sich aneinander vorbei oder übereinander schieben. Dabei wackelt die Erde, Spalten tun sich auf und große Felsblöcke zerbrechen wie Glas. Unzählige Menschen sind bei Erdbeben ums Leben gekommen. Es ist davon auszugehen, dass die Todesrate bei Beben weiter zunimmt, denn immer mehr Siedlungen befinden sich in den hoch gefährdeten Gebieten. So ist sicher, dass es in der Türkei noch lange keine tektonische Ruhe gibt. Auch den Bewohnern San Franciscos und Tokios stehen verheerende Beben bevor. Ungewiss ist lediglich der Zeitpunkt. Erst wenn eine komplette ozeanische Lithosphärenplatte zwischen zwei Kontinenten verschluckt ist, kann der Erdmantel in dieser Grenzregion zur Ruhe kommen.

San-Andreas-Störung

Die San-Andreas-Störungszone hat schon manchen Drehbuchautor zu dramatischen Thrillern inspiriert. Geologisch betrachtet handelt es sich um eine Plattengrenze, wobei hier zwei Platten aneinander vorbeigleiten – man spricht von einer Transformstörung. Im Vergleich zu den Subduktionszonen mit ausgeprägtem Vulkanismus und Tiefbeben sind Transformstörungen relativ harmlos. Die Platten zermalmen lediglich das Gestein zwischen ihnen. Die Vorstellung, die San-Andreas-Störung sei eine einzige Spalte, ist wohl auf die Fantasie der Filmindustrie zurückzuführen. In Wirklichkeit ist ein großes Gebiet Kaliforniens durch eine Reihe von Deformationen und Störungen geprägt.

Transformstörungen treten meistens in Ozeanen auf. Im Fall der San-Andreas-Störung werden Segmente des ozeanischen Rückensystems miteinander verbunden. Das Besondere daran ist, dass dabei ein Teil eines Kontinents durchschnitten wird. Die tektonischen Verschiebungen der Nordamerikanischen und der Pazifischen Platte in den letzten Millionen von Jahren haben dazu geführt, dass ein Teil der Nordamerikanischen Platte abgebrochen und der Pazifischen Platte angehängt worden ist. Für die Bewohner von San Francisco und Los Angeles kann das ziemlich unangenehme Folgen haben. Sie leben seit einigen Millionen Jahren streng genommen nicht mehr auf der Nordamerikanische Platte, sondern im direkten Übergangsbereich zur Pazifischen und damit in einem der aktivsten Erdbebengebiete der Erde.

Im Jahr 1906 kam es in San Francisco zum letzten gewaltigen Beben. Das anschließende Feuer zerstörte fast die gesamte Innenstadt. 1989 wurden Gebäude und Brücken
der Stadt bei einem leichteren Beben mit einem Epizentrum in etwa 100 Kilometer Entfernung beschädigt, 65 Menschen fanden dabei den Tod.

Flutwellen

Wellen werden normalerweise durch Wind verursacht. Je größer die Freifläche, desto
gewaltigere Ausmaße nehmen sie an. An einem kleineren Badesee plätschert es höchstens ein bisschen, auf dem Bodensee ist schon so manch einer seekrank geworden. Die
höchsten der Wellen, so genannte Flutwellen, können entstehen, wenn Meteoriten in
die Ozeane fallen. Doch das passiert sehr selten. Meistens sind sie Folge von Erdbeben
im Ozean oder in Küstengebieten. Solche Flutwellen werden als Tsunamis bezeichnet.
Der Begriff stammt aus dem Japanischen und setzt sich zusammen aus tsu (Hafen) und
nami (Welle). Tsunamis können riesige Meeresbecken durchströmen und ganze Küstenregionen samt Hafenanlagen verwüsten. Eine der größten bekannten Flutwellen
startete 1960 vor der Küste Chiles und traf 22 Stunden später in Japan ein. Der Tsunami
überquerte den Pazifik mit einer Wellenhöhe von lediglich 1 Meter, aber mit einer
Geschwindigkeit von mehreren hundert Stundenkilometern war er rasend schnell. In
der Welle steckte also enorm viel Energie. In Küstennähe wurde die Welle wegen der
sinkenden Wassertiefe stark abgebremst. Dadurch erhöhte sich die Wellenfront auf
mehr als 20 Meter. Große Küstenregionen wurden komplett zerstört, 200 Menschen
kamen ums Leben. Die bisher größte Tsunami-Katastrophe zerstörte im Indischen
Ozean am 26. 12. 2004 weite Küstenregionen und forderte ca. 300 000 Opfer.

Im Juli 1998 forderte eine 15 Meter hohe Flutwelle an der Nordküste Papua-Neugui-
neas mindestens 3000 Menschenleben. Ausgelöst wurde die Naturgewalt von einem
Erdbeben der Stärke 7,1. Und in Nicaragua hat ein Tsunami 1992 etwa 170 Todesopfer
gefordert. 1993 verschlang eine 31 Meter hohe Flutwelle 239 Menschen der japanischen
Halbinsel Okushiri. Eine noch größere Welle mit einem maximalen Scheitel von 35
Metern hatte 1946 Hilo auf Hawaii erreicht. Auch Europa ist schon von Tsunamis heimgesucht worden, zum Beispiel als Folge des Erdbebens vor der Küste Lissabons im Jahre
1755. Das Beben und die Flutwelle machten Lissabon dem Erdboden gleich. Mehr als
60 000 Opfer waren zu beklagen.

Die Gefahren von Tsunamis sind also nicht zu unterschätzen. Sie sind keine Rarität,
ihre Auswirkungen lassen sich aber leichter kontrollieren als andere Naturkatastrophen, weil zwischen dem sie auslösenden Beben und dem Eintreffen der Flutwelle am
anderen Ende des Ozeans oft mehrere Stunden vergehen. Das Pacific Tsunami Warning
Center (PTWC) auf Hawaii ist damit betraut, Tsunami-Warnungen herauszugeben.

Durch das Engagement dieser und anderer Institutionen sind in den letzten Jahrzehnten wahrscheinlich Tausende von Menschenleben vor den Fluten gerettet worden. Die Neugier der Menschen auf diese Naturspektakel kann ihre Arbeit allerdings auch konterkarieren. Als 1964 ein Tsunami von Alaska aus durch den Pazifik rauschte, pilgerten trotz eindringlicher Warnungen, lieber das Weite zu suchen, Zehntausende an die Küste Kaliforniens, um die Flutwelle mit eigenen Augen zu sehen.

Natürliche Ressourcen

Alles, was wir brauchen, nehmen wir aus jener dünnen Haut unseres Planeten, die von der Biosphäre gebildet wird. Ganz obenauf liegen die bedeutendsten Rohstoffe der Menschen: Wasser und Ackerboden, das Substrat des Lebens. Ein wenig tiefer, in den oberen 10 Kilometern der Erdkruste, liegen alle dem Menschen mit Bohrgeräten zugänglichen Bodenschätze wie Grundwasser, Kohle, Öl, Gas und die Eisenerze. In den Sedimentbecken finden sich die Baustoffe wie Zement und unsere Düngemittel. Die dünne Erdkruste ist also im weitesten Sinne unsere Lebensressource und die Suche nach Rohstoffen war und ist einer der zentralen Triebfedern der Forschung.

Wasser

Wasser wird nicht von ungefähr als die Quelle allen Lebens bezeichnet. Eine kaum zu überbietende Würdigung legte der weise Grieche Thales von Milet (625–547 v. u. Z.) vor, als er klarstellte:

>»Das Prinzip aller Dinge ist das Wasser,
>denn Wasser ist alles
>und ins Wasser kehrt alles zurück.«

Die landschaftsbildenden Kräfte dahinfließenden Wassers beschrieb eindrucksvoll der chinesische Philosoph Laotse (ca. 300 v. u. Z.):

>»Auf der Welt gibt es nichts,
>was weicher und dünner ist als Wasser
>Doch um Hartes und Starres zu bezwingen,
>kommt nichts diesem gleich.«

Goethe schließlich kombinierte wissenschaftliches Systemdenken mit poetischer Wahrheit. In seinem »Gesang der Geister über den Wassern« heißt es:

»Vom Himmel kommt es,
zum Himmel steigt es,
und wieder zur Erde muss es,
ewig wechselnd.«

Auch moderne Chemiker zollen dem Lebenselixier ihren Tribut, wenn sie das Wassermolekül als »magisches Dreieck« bezeichnen, welches die zwei Wasserstoffatome mit dem Sauerstoff bilden. Ein Wassermolekül (H_2O) ist an der Sauerstoffecke negativ geladen, an den beiden Wasserstoffatomen positiv. Die Moleküle halten fest zusammen, sie machen es aber auch anderen leicht, sich anzubinden. So entstehen wässrige Lösungen, und so entstanden Eiweißmoleküle, aus denen sich vor Urzeiten erste Lebensformen bildeten. Wasser war das Lösungsmittel, in dem sich die Grundbausteine des Lebens finden konnten. Alles Leben benötigt seitdem über alle möglichen Variationen von Gefäßsystemen eine andauernde Wasserversorgung. Bekanntlich besteht der Mensch zu rund 70 Prozent aus H_2O.

So mag es einen beruhigen, dass Wasser die Substanz auf der Erde ist, die am häufigsten vorkommt. Die Erdoberfläche ist zu 71 Prozent damit bedeckt. Das Gesamtvolumen beträgt etwa 1,4 Milliarden Kubikkilometer. Ganz Europa ließe sich mit dieser Wassermenge unter einer 140 Kilometer dicken Schicht versenken. Beruhigend ist zudem, dass sich Wasser nicht verbrauchen lässt, sondern allenfalls gebrauchen. Um es dem System Erde zu rauben, müsste man es schon ins Weltall befördern. Angesichts dessen erscheint es verwegen, wenn uns manchmal suggeriert wird, Wasser sei wie Erdöl ein Rohstoff, dessen Bestände langsam zur Neige gehen. Die Knappheit resultiert ausschließlich aus der nicht gelösten technischen und organisatorischen Herausforderung, allen Menschen sauberes Wasser in ausreichendem Maße zur Verfügung zu stellen. 97 Prozent der Wasservorkommen sind Salzwasser in den Ozeanen, das für den Verbrauch aufbereitet werden muss. Der Rest ist trinkbares Süßwasser. Problemlos zugänglich, weil nicht in Eis und Schnee gebunden, sind davon nur etwa 8 Prozent. Trinkwasser kann als Oberflächenwasser aus Seen oder Flüssen abgeschöpft werden. Bevorzugt wird bei uns indes das sauberere Grundwasser. Alleine unter dem Bundesland Hessen, einem der wasserreichsten Gebiete der Erde, schlummern rund 60 Milliarden Kubikmeter Wasser, das fest in Gesteinen gespeichert ist – das ist mehr als der Inhalt des kompletten Bodensees. Dazu fließt eine kleinere Menge Grundwasser unter Hessen hindurch und wird an manchen Stellen zur Trinkwassernutzung an die Erdoberfläche befördert.

Wasserkraft

Die Bewegungsenergie fließenden Wassers lässt sich relativ einfach in mechanische oder elektrische Energie umwandeln, weil Wasser dank der Gravitationsgesetze immer bergab fließt. Wenn man bedenkt, dass sekündlich auf der Erde rund 14 Millionen Kubikmeter Wasser verdunsten, die durch Niederschläge wieder zur Erde gelangen, um sich dann größtenteils den Weg in die Ozeane zu bahnen und dass außerdem Europa im Schnitt 300 Meter über dem Meeresspiegel liegt (Asien sogar mehr als das Dreifache höher), dann kann man sich leicht vorstellen, welche gigantischen Wassermassen über die Kontinente strömen. Die Kraft, die dahinter steckt, wird seit Jahrtausenden genutzt. Die ersten Wasserschöpfräder gab es schon um das Jahr 3500 v. u. Z. in Mesopotamien. Im alten Rom erreichten sie Durchmesser von bis zu 30 Metern. Im Laufe der Zeit sind die schwerfälligen hölzernen Wasserräder an den rauschenden Bächen durch Hightech-Turbinen ersetzt worden. Man muss nur ein paar davon in die Strömungen hängen und mit Stromgeneratoren koppeln, um dem Wasser Energie zu entziehen. Bekannt geworden sind die Francis-, Pelton- und Kaplan-Turbinen. Die Erstgenannte wurde 1849 von James Bicheno Francis (1815–1892) konstruiert. Typisch für sie ist ihr schneckenförmiges Äußeres. Die größten Exemplare wiegen bis zu 150 Tonnen und kommen auf eine Leistung von über 700 Megawatt (was in etwa der Leistung eines Kohlekraftwerks entspricht). Die Pelton-Turbine, auch Freistrahl-Turbine genannt, wurde 1880 von dem amerikanischen Ingenieur Lester Pelton (1829–1908) erfunden. Vom Aussehen erinnert sie noch am ehesten an ein klassisches Wasserrad. Sie kommt überwiegend in Kraftwerken im Hochgebirge zum Einsatz. Die Kaplan-Turbine erfand zu Beginn der 1920er-Jahre der österreichische Ingenieur Viktor Kaplan (1876–1934). Sie gleicht einem Schiffspropeller.

Das derzeit größte Wasserkraftwerk der Welt steht in Brasilien am Parana und heißt Itaipu. Es hat eine Kapazität von 12 600 Megawatt. Aber solche monströsen Werke lassen sich nicht überall bauen. Die Geographie muss stimmen. In flachen Regionen wie Holland spielt die Wasserkraft deshalb so gut wie keine Rolle. In Norwegen hingegen deckt sie fast den kompletten Strombedarf. Dort gibt es reichlich Berge und Niederschläge (aber auch nur 4,4 Mio. Menschen zu versorgen). In Bayern ist es auch bergig – dort liegt der Stromanteil aus Wasser bei etwa 16 Prozent. Hier gibt es an den Flüssen etliche Laufwasserkraftwerke, die in aller Regel mit Staustufen kombiniert sind. In ganz Deutschland gibt es knapp 600 solcher Anlagen, sie liefern zusammen fast 3000 Megawatt. Ihre Leistung kann aber jahreszeitlich bedingt sehr stark schwanken. Um das auszugleichen, werden Speicherwasserkraftwerke herangezogen. Hier wird Wasser in höher gelegenen Seen aufgefangen und über Druckrohrleitungen oder Stollen den Kraftwerksturbinen zugeführt. Typisch für sie sind die so genannten Wasserschlösser, die als Ausgleichsbehälter dienen, wenn die Turbinenzufuhr einmal abgestellt wird und die nachschießenden Wassermassen abgebremst werden müssen. Das Innenleben solcher Wasserschlösser ist also weniger aufregend, als ihr Name vermuten lässt. Es handelt sich meist um schlichte Betonschächte mit einer Höhe von 20 bis 30 Metern. In unseren Gefilden lässt sich ein eindrucksvolles Speicherwasserwerk am bayerischen Walchensee bewundern. Ganz ähnlich funktionieren Pumpspeicherkraftwerke wie das am Hengsteysee. Der Unterschied ist, dass sein Speicherbecken nicht durch einen natürlichen Zufluss gefüllt wird, sondern nachts, wenn der Strombedarf gering ist, Wasser vom Tal hinaufgepumpt wird, um es dann tagsüber durch die Turbinen jagen zu können.

Solarer Wasserstoff und Brennstoffzellen

Solchen althergebrachten Energiesystemen langsam den Rang ablaufen wird möglicherweise schon bald eine hochmoderne Form der Wasserstoffwirtschaft. Wenn man nämlich simples Wasser (H_2O) in seine Bestandteile Wasserstoff (H) und Sauerstoff (O) zerlegt, wird aus dem kühlen Nass eine noch ergiebigere Energiequelle. Auch wenn man es ihm nicht ansieht und schon gar nicht riecht: Bezogen auf die Masse hat Wasserstoff (H) drei Mal so viel Energie wie herkömmliches Benzin. Deshalb ist er als Raketentreibstoff im Einsatz. In der Zukunft will man den Wasserstoff aber auch verstärkt für den normalen Gebrauch nutzbar machen – zum Beispiel in Form von Brennstoffzellen. Die Automobilindustrie hat bereits erste Prototypen mit Brennstoffzellmotoren entwickelt. Sie funktionieren mit Strom und sind geräuscharm, aus ihrem Auspuff kommt reiner Wasserdampf. Wasserstoff als Energieträger bietet also eine Reihe von Vorteilen: Er ist Teil des Wasserkreislaufes des Systems Erde und daher unerschöpflich, seine Nutzung umweltschonend und risikoarm. Er kann in Gasheizungen verfeuert werden und Gebäude sowie Brauchwasser heizen; er lässt sich in Verbrennungsmotoren in mechanische Energie umwandeln, und in Gasturbinenkraftwerken oder Brennstoffzellen liefert er Strom.

Brennstoffzellen müssen kontinuierlich mit Luft und einem Brennstoff versorgt werden. Wird Wasserstoff als Brennstoff eingesetzt, kommt es zu einer kalten Verbrennung ohne Detonation und Flammenbildung. Das liegt daran, dass in einer Brennstoffzelle die Oxidation des Wasserstoffs und die Elektronenaufnahme des Luftsauerstoffs voneinander räumlich getrennt ablaufen. Eine Knallgasreaktion, die wir aus dem Chemieunterricht kennen, wird dadurch verhindert. Bei der Brennstoffzelle läuft die chemische Reaktion folgendermaßen: Mit Hilfe eines Katalysators wird Wasserstoff auf der Anodenseite der Zelle in positiv geladene Wasserstoff-Ionen (H^+) und negativ geladene Elektronen aufgespalten. Ein Wasserstoff-Atom gibt dabei ein Elektron ab, welches über eine externe Leitung zur Kathode wandert. Dieser Stromfluss wird abgezapft und dem Elektromotor zugeführt. Das Wasserstoff-Ion diffundiert unterdessen durch einen flüssigen Elektrolyten (der den direkten Kontakt zwischen Wasserstoff und der Luft verhindert) und vereinigt sich auf der Kathodenseite mit dem Luftsauerstoff zu Wasser. So liefert eine Brennstoffzelle Wasserdampf und Strom.

Erfunden wurden die Grundzüge dieser recht simplen Technologie bereits 1839 von dem walisischen Physiker William Robert Grove (1811–1896) – er nannte seine kleinen Apparate, mit denen er immerhin schon ein paar Birnen zum Glühen brachte, »galvanische Gasbatterien«. Das Problem, das sich Grove und seinen Nachfolgern stellte und das erst jetzt langsam gelöst wird, besteht darin, dass es nicht einfach ist, Wasserstoff in genügender Menge und vor allem wirtschaftlich effizient bereitzustellen. Die Technologie dafür gibt es zwar schon lange: die Elektrolyse, bei der die chemische Verbindung Wasser in Sauerstoff und Wasserstoff zerlegt wird. Aber für diesen Prozess wird sehr viel Energie benötigt, weil die Wassermoleküle sich nicht so leicht knacken lassen. Physiker und Energieexperten arbeiten seit Jahren an diesem Problem. Dabei sind sie auf die zukunftsträchtige Idee gekommen, dort, wo reichlich Platz ist und massig Sonnenenergie gratis zur Verfügung steht, kombinierte Kraftwerke aufzubauen. Die Sonnenkraft soll dort in Strom verwandelt werden, der dann sofort und ohne aufwändige Zwischenspeicherung Elektrolyseprozesse anfeuert und den Wasserstoff liefert. Hierbei wird eine besondere Attraktivität des Energieträgers Wasserstoff deutlich: Sein hohes Energiepotenzial kann verlustfrei über lange Zeiträume und in beliebigen Mengen gespeichert und ohne großen Aufwand transportiert werden kann. Der Wasserstoff könnte also verflüssigt und mittels Pipelines oder sonstiger Transportmittel in den globalen Energiemarkt eingebracht werden.

Fossile Energieträger

Der Mensch hat schon sehr früh gelernt, die Kräfte der Natur zu seinem Nutzen einzusetzen. Anfangs ging es ihm dabei ums blanke Überleben – die Nahrungssicherung und das Überwintern standen im Vordergrund. Dazu benötigt man täglich etwa 9000 Kilojoule Energiezufuhr. Um diese mit rein vegetarischer Kost zu decken, brauchte jeder unserer Vorfahren rund 1000 Quadratmeter guten Bodens. Durch die Nutzung von Feuer und die Erfindung von Kochen und Braten stand auch bald Fleisch auf der Speisekarte und die Ackerfläche konnte reduziert werden. Das Feuer erlaubte den Urmenschen außerdem, sesshaft zu werden und in Höhlen zu überwintern. Im Laufe der Jahrtausende nahm der Anteil des Energieverbrauchs, der nicht allein der Deckung des täglichen Kalorienbedarfs diente, beträchtlich zu. Je luxuriöser das Leben wurde, desto mehr Energie wurde für »externe« Zwecke benötigt und desto mehr mussten natürliche Ressourcen angezapft werden. Die 9000 Kilojoule, die der Mensch täglich als Nahrung benötigt, sind heute weniger als ein Fünfzigstel von dem, was er extern verbraucht. Die wichtigsten Energieträger der Gegenwart sind Erdöl, Gas und Kohle.

Sonnenenergie der Urzeit

Die fossilen Rohstoffe sind ein ganz spezifisches Produkt von biologischen Umwandlungsprozessen in der Erdkruste und stellen heute 90 Prozent der Weltenergieversorgung sicher. Sie sind aus organischen (tierischen und pflanzlichen) Resten entstanden und sozusagen gespeicherte Sonnenenergie aus der Urzeit. Erdöl besteht zum Großteil aus Kohlenstoff und zu 15 bis 20 Prozent aus Wasserstoff und bildete sich über einen Zeitraum von mehreren Millionen Jahren. Südlich von Europa und Asien lag während der Kreidezeit, also vor etwa 65 bis 145 Millionen Jahren, der riesige Ozean Tethys. Entlang seiner Ränder war das Meerwasser sehr warm, was der Entwicklung von Organismen sehr zugute kam. Deren sterbliche Überreste sanken in riesigen Mengen auf den Meeresgrund und wurden im Schlamm eingebettet. Wo der Luftsauerstoff keinen Zutritt zu den sich immer höher anhäufenden Schichtgesteinen hatte und daher keine völlige Verwesung stattfinden konnte, blieb das organische Material erhalten. Es zersetzte sich teilweise und bildete Muttergestein – so nennt man jene Sedimente, die ausreichend organisches Material (Kerogen) enthalten, um Erdgas und Erdöl hervorzubringen. Das wesentliche Ausgangsmaterial für Erdöl waren Algen und Bakterien. Aus Plankton, Pollen, Sporen und Landpflanzengewebe konnten Erdöl und Erdgas entstehen. Holziges Material der Festlandpflanzen bildet hingegen nur Gas. Dazu war notwendig, dass das Muttergestein weiter absank und sich dabei erhitzte. Ab einer Temperatur von etwa 70 Grad Celsius verwandelte sich ein Teil des Kerogens in Öl. Eine typische Tiefe für die Erdölbildung ist 2000 Meter. Ab Temperaturen von etwa 200 Grad bildete sich nur mehr Gas.

Kohle ist überwiegend aus Land- und Sumpfpflanzen entstanden, die nach dem Absterben in Überschwemmungsgebieten vom Luftsauerstoff abgeschirmt wurden und deshalb nicht verwesen konnten. Dabei entstand zunächst Torf. Unter zunehmendem Erddruck und erhöhter Temperatur in der Tiefe wurde daraus Braunkohle und bei noch höherem Druck und wachsender Umgebungstemperatur Steinkohle oder Anthrazit. Die Steinkohle führenden Ablagerungen entstanden vor rund 290 bis 355 Millionen Jahren. Sie sind so typisch für dieses Erdzeitalter, dass es den Namen Karbon erhielt.

Der Porenraum im Erduntergrund ist üblicherweise mit Wasser (Salzwasser) gesättigt. Da die fossilen Energieträger Erdöl und Gas eine geringere Dichte als Wasser haben, wanderten sie im Laufe der Jahrmillionen langsam nach oben und sammelten sich mit Vorliebe in Gesteinsmaterial mit großen Poren wie Sandstein. Die gasförmigen Kohlenwasserstoffe setzten sich dabei oft wie eine Blase über den flüssigen Rohstoff. Erdgas mit der Hauptkomponente Methan befindet sich oft über Erdöllagerstätten. Es kann sich jedoch auch unabhängig in tieferen Horizonten befinden. Aufgespürt werden die Kohlenwasserstoffe mit Hilfe seismischer Messungen, durch Tiefbohrungen werden sie erschlossen.

Endliche Ressourcen

Um den Energiebedarf der Erdbevölkerung decken zu können, ist eine Vielzahl Explorationsgeologen und Lagerstättenkundler tätig. Ihre Aufgabe ist es herauszufinden, welche physikalischen und chemischen Prozesse notwendig sind, um natürliche Ressourcen wie Öl, Gas oder Kohle entstehen zu lassen, und wo sich ihre Lagerstätten befinden. Sie haben längst erkannt, dass unsere fossilen Energievorräte im Gegensatz zu Wind und Wasser erschöpflich sind. Deshalb ist ihre Nutzung ein politisch brisantes Thema. Die Menschheit verbraucht derzeit innerhalb eines Jahres in etwa so viel Öl, Kohle und Gas, wie die Natur in einer Million Jahre herzustellen vermochte. Global betrachtet werden derzeit noch jährlich größere Mengen fossiler Rohstoffe in neuen Lagerstätten gefunden, als verbraucht werden. Allerdings schmilzt der Vorsprung der Fund- gegenüber der Verbrauchsrate. Je nachdem, welche Eingangsparameter verwendet werden, reichen die globalen Kohlereserven noch 540 oder nur noch 160 Jahre, die Erdgasreserven 60 oder 45 und die Ölreserven 50 oder 35 Jahre. Die fossilen Energieträger stehen uns also nicht auf Dauer zur Verfügung. Ihre Ära, in deren Endblüte wir stehen, begann im 19. Jahrhundert. Sie wird im 22. oder 23. Jahrhundert zu Ende gehen und auf der Zeittafel der Menschheitsgeschichte nur einen sehr kurzen Abschnitt umfassen.

Wenn wir auf andere Technologien umgestiegen sind, werden aber trotzdem noch rund 70 Prozent des globalen Erdöls in der Erdkruste kleben. Das liegt daran, dass mit den herkömmlichen Fördermethoden nur rund 30 Prozent der Reserven gefördert werden können – in Deutschland liegt die durchschnittliche »Entölungsrate« sogar bei nur 18 Prozent.

Heute liefert Erdöl knapp 40 Prozent der in Deutschland benötigten Primärenergie. Das schwarze Gold wird zu 97 Prozent importiert. Einzig im Wattenmeer vor der Westküste Schleswig-Holsteins befindet sich noch ein zukunftsträchtiges heimisches Ölfeld, das seit 1987 mit einer Jahreskapazität von rund 800 000 Tonnen gefördert wird. Mehr als 80 Prozent allen Erdöls wird als Heizöl oder Kraftstoff eingesetzt, zur Erzeugung von Strom hingegen nur 1 Prozent. Die Brennstoffe müssen zuvor in Raffinerien aus dem Rohmaterial aufbereitet werden. Diese Fabriken liefern auch Schwefel, Bitumen, Petrolkoks, Flüssiggas und Schmierstoffe sowie die Grundstoffe zur Herstellung von Kunststoffen.

Das Erdgas für deutsche Heizungen und Herde wird immerhin zu etwa 20 Prozent im Inland gefördert – den größten Anteil davon mit knapp 90 Prozent liefert Niedersachsen. Im Jahre 2000 ist in der Nordsee sogar mit der ersten deutschen Offshore-Erdgas-Förderung begonnen worden. Da der Bedarf an Erdgas saisonbedingt stark schwankt, werden natürliche und künstlich geschaffene Speicher zur Zwischenlagerung genutzt. Allein in Deutschland stehen rund 40 Untertagespeicher mit einem Fassungsvermögen von rund 16 Milliarden Kubikmetern zur Verfügung.

Kohle deckt heute rund ein Viertel des Weltenergieverbrauchs. Anders als bei Erdöl und Erdgas sind die Vorräte reichlich. Experten gehen davon aus, dass erst 28 Prozent der weltweit gewinnbaren Menge an Kohle verbraucht worden ist. Vorteilhaft ist zudem, dass Kohle leicht zu finden und regional ausgewogen verteilt ist. Mehr als die Hälfte der in Deutschland genutzten Steinkohle wird im Inland gefördert – im Jahre 2000 waren das 25,9 Millionen Tonnen. Zu knapp drei Vierteln landet die Kohle in Kraftwerken und wird in elektrische Energie überführt. Ungefähr 20 Prozent wird von der Stahlindustrie benötigt. Steinkohle wird überwiegend im Untertagebau gefördert. Typisch für die Bergwerke sind die über den Schächten stehenden Förder- und Versorgungstürme. Die Steinkohleförderung wird aber zunehmend unwirtschaftlich, weil man aus immer tieferen Flözen fördern muss. Noch sind zehn Bergwerke in Betrieb. Sie befinden sich im Ruhr- und Saarrevier sowie im Ibbenbürener Revier. Im Aachener Revier wurde zuletzt 1997 Steinkohle gefördert.

Was die Braunkohle angeht, hat Deutschland besonders gute Karten – oder schlechte, je nachdem, wie man es sieht. Hierzulande stehen nämlich mehr als 10 Prozent der wirtschaftlich gewinnbaren Braunkohlereserven der Erde zur Verfügung. Entsprechend sind bereits große Landstriche umgepflügt worden. Im Rheinischen Revier zwischen Köln, Aachen und Mönchengladbach haben die mächtigen Schaufelradbagger deutliche Spuren hinterlassen. Etwa 35 Milliarden Tonnen Braunkohle, von denen bislang etwa ein Drittel abgebaut sind, lagern dort. Umfangreiche Vorkommen gibt es auch im Osten des Landes, zum Beispiel im Lausitzer Revier. Da die Braunkohleförderung in offenen Gruben erfolgt, sind Veränderungen der Landschaft unausweichlich. Allerdings kann ein Reviergelände nach der Auskohlung auch wieder zugeschüttet und rekultiviert werden. Im Westen Deutschlands sind dafür große Programme gestartet worden. Im Osten hingegen fehlten zu DDR-Zeiten die Mittel. So sind unansehnliche Mondlandschaften entstanden, die erst nach der Wiedervereinigung Deutschlands mit aufwändigen Rekultivierungsprogrammen zurückgebaut werden konnten. Die Lausitzer Gegend ist heute wieder ein beliebtes Ausflugsziel.

Vorboten der industriellen Revolution

Als Menschen das erste Mal mit den fossilen Rohstoffen in Berührung kamen, wussten sie noch lange nicht, welche Schätze sie vor sich hatten. Im Jahre 1652 trat in der Lüneburger Heide in der Nähe von Celle stinkendes Erdöl an die Erdoberfläche und sammelte sich in Kuhlen. Das war den Bauern zunächst ein Gräuel. Andere erkannten die vorteilhaften Eigenschaften dieser »Smeer« und nutzen es als Schmiermittel, und Quacksalber verscherbelten es als Allheilmittel. Als die Gegend 1859 geologisch untersucht wurde, fand man eine Lagerstätte, aus der die nächsten 25 Jahre kleine Mengen Öl gefördert wurden. Im selben Jahr trieb ein gewisser Colonel Drake in der US-amerikanischen Ortschaft Titusville mit einer Dampfmaschine ein Loch in den Boden. In 22

Metern Tiefe stieß er auf Öl. Täglich wurden 4500 Liter ans Tageslicht befördert. Ein regelrechtes Ölfieber brach aus, wenige Monate später waren in Pennsylvania mehr als 2000 Bohrlöcher in Betrieb. Das Öl wurde weltweit für Öllampen und als Schmiermittel vertrieben, dann wurden Otto- und Dieselmotoren erfunden und Öl lieferte den Treibstoff. Später befeuerte es zusammen mit Erdgas die ersten Heizungsanlagen.

Viel früher hat der Bergbau und die Gewinnung von Kohle das wirtschaftliche und kulturelle Leben Amerikas und Europas beeinflusst. Im Aachener Revier und im Ruhrrevier wurde bereits im 13. Jahrhundert Steinkohle gefördert, an der Saar und bei Ibbenbüren vermutlich etwa 300 Jahre später. Der Grund für den Beginn der gezielten Suche nach Steinkohle war, dass damals das Holz der Wälder zur Neige ging und zum Heizen der Hütten und Häuser alternative Brennstoffe benötigt wurden. In dieser Frühzeit des Bergbaus ist die Kohle aber noch nicht planmäßig abgebaut worden. Wahrscheinlich haben Bauern einfach ab und an nach Kohle gegraben, weil sie ihre guten Brenneigenschaften erkannten. Diese Form von primitiver Kohlengräberei ging im 18. Jahrhundert zu Ende, als man erkannte, dass sich Kohle hervorragend zum Schmelzen von Eisenerzen eignet. Der menschliche Arbeitseinsatz bei der einsetzenden industriellen Kohleförderung war immens. Tausende von Arbeitern siedelten sich in den Regionen mit Kohlevorkommen an. Allmählich entstanden so die für die Kohlereviere typischen Siedlungs- und industriellen Ballungsräume wie der Ruhrpott mit seiner schweren Eisenindustrie. Zunächst trieb man leicht ansteigende, horizontale Stollen in Berge hinein. Dampfmaschinen ermöglichten es später, zum Schacht-Tiefbau überzugehen. Die Dampfmaschine veränderte die Welt von Grund auf. Sie war die erste künstliche Kraftquelle des Menschen und der Wegbereiter der industriellen Revolution. Dampfmaschinen nutzen die Kräfte von heißem Wasserdampf. Ihr Erfinder war der Brite James Watt (1736–1819). Im Jahre 1765 nahm er den ersten Prototyp in Betrieb. Ab 1776 wurden Dampfmaschinen im Bergbau zur Grubenentwässerung eingesetzt. Bedeutender war zu dieser Zeit aber noch ihr Einsatz in der britischen Textilindustrie. Ihren Siegeszug krönten die schwerfälligen Apparate im 19. Jahrhundert im Bergbau und im Verkehrswesen. Einerseits wuchs der Bedarf an Kohle, um die Dampfmaschinen anzufeuern. Andererseits ermöglichten sie den Abbau und den Transport von Kohle in mehreren hundert Metern Tiefe.

Viele alte Bräuche sind in die modernen Kohlewerke übernommen worden. So heißt ein Umkleideraum für Bergleute nach wie vor »Kaue« – ein mittelalterliches Wort für Waschhaus. In den »Weißkauen« wird die Straßenkleidung der Kumpel während ihres Schichtbetriebs aufbewahrt. In den »Schwarzkauen« wartet die Grubenkleidung auf den nächsten Einsatz. Typisch für beide sind die Aufbewahrungskörbe, die mit einer Kette an die Decke gezogen werden. Einige der mittlerweile still gelegten Bergwerke sind zu Museen umgebaut worden – das Deutsche Bergbau-Museum in Bochum ist das weltweit bedeutendste Fachmuseum seiner Art.

Minerale

Allgemein bekannt ist, dass Minerale lebenswichtig sind. Unser Körper kann sie nicht selbst herstellen, deshalb müssen wir sie über die Nahrung zu uns nehmen. Hierbei kommt es auf die richtige Mischung an. Einige Mineralstoffe sind in ihrer elementaren Form giftig, als Verbindung jedoch essenziell für die gute Küche. Chlor beispielsweise sollte man nicht in die Suppe rühren, Natriumchlorid (Kochsalz) hingegen darf nicht fehlen. Wenn man anschaut, was sich so alles in unserem Organismus findet, kann man nur staunen: Neben Chlor, Magnesium, Phosphor, Eisen und Schwefel tragen wir pro Kilogramm Körpergewicht auch ein paar Mikrogramm Arsen, Bor, Nickel, Zink und 15 weitere so genannte Mengen- und Spurenelemente mit uns. Ihre genauen Funktionen im Körper sind zum Teil noch gar nicht geklärt. Von Arsen beispielsweise weiß man, dass es seit dem Altertum als Gift verwendet wurde, um unliebsame Mitmenschen aus dem Weg zu räumen, und dass Spuren davon in praktisch allen Nahrungsmitteln und Getränken enthalten sind. Aber was es im Organismus anrichtet und ob es sich überhaupt um ein lebenswichtiges Element handelt, ist bis heute unklar. Bei Tierversuchen zeigten sich Wachstumsstörungen und Veränderungen in der Herzmuskulatur, wenn die tägliche Arsenration gestrichen wurde.

Von ganz besonderem Interesse für den Laien sind die Minerale, die zu Schmuck verarbeitet werden und alljährlich zuhauf unter Weihnachtsbäumen landen. Etwa 100 Mineralarten zählen zu den Edelsteinen. Über ihren Wert entscheiden Reinheitsgrad und Größe. Rubine zum Beispiel sind zwar nichts anderes als eine Verbindung aus Aluminium und Sauerstoff. Aber große Ansammlungen davon mit kleinsten Spuren fremder Elemente, durch die der Edelstein seine rötliche Färbung bekommt, findet man selten. Grundstoff vieler Edelsteine sind die in vielen Farben vorkommende Quarz-Minerale, die man zuhauf an allen Sandstränden der Welt auflesen kann.

Diamanten zählen zu den kostbarsten Mineralen. Sie sind gleichzeitig die härtesten, die wir kennen. Ihre Bezeichnung stammt vom griechischen adamas, was im Deutschen so viel wie unbezwingbar bedeutet, oder von einer Verbindung aus adamas und diaphan, was durchsichtig heißt. Es ist bislang nicht gelungen, im Labor ein noch härteres Material künstlich herzustellen. Chemisch betrachtet sind Diamanten wenig spektakulär und der Holzkohle sehr ähnlich – beide Materialien haben als Hauptbestandteil Kohlenstoff. Das Besondere an Diamanten ist, dass sie erst ab einer Tiefe von etwa 80 Kilometern entstehen können. Nur dort herrschen der notwendige hohe Druck und die Hitze, um Kohlenstoff über Jahrmillionen in Diamanten zu verwandeln. Ihr Gewicht wird seit Anfang des 20. Jahrhunderts in Karat (ct) angegeben (1 ct entspricht 0,2 Gramm). So ergeben sich die Bezeichnungen als Ein-, Dreiviertel-, Halb oder Viertelkaräter. In Indien werden die Edelsteine schon seit Ende des zweiten Jahrtausend v. u. Z. geschätzt. Die meisten Diamanten sind durch Vulkanausbrüche im südlichen Afrika in

Richtung Erdoberfläche befördert worden. Sie werden dort zum Beispiel aus dem Kimberlit herausgetrennt – einem Muttergestein, das nach seiner Fundstätte Kimberley in Südafrika benannt worden ist und das vor etwa 70 bis 140 Millionen Jahren durch die Erdkruste nach oben stieg. In dieser Gegend entbrannte im 19. Jahrhundert das erste Diamantenfieber, nachdem ein gelber Rohdiamant mit einem Gewicht von 21 Karat gefunden worden war. Er bekam den Namen Eureka. Im Zeitraum 1871 bis 1908 wurde das größte je von Menschenhand ausgehobene Loch in die Erdkruste gegraben – das so genannte »Große Loch« (Big Hole), wie die Kimberley-Mine genannt wird. An der Oberfläche hat es einen Durchmesser von 460 Metern, der Schacht reicht 1070 Meter in die Tiefe. Insgesamt wurden aus der Mine 14,5 Millionen Karat Diamanten gefördert. Heute ist sie zur Hälfte mit Grundwasser gefüllt.

Zu Tage gefördert wurden durchsichtige und leicht gelb-, grün-, rot- oder blaugefärbte Diamantkristalle. Die farbigen Exemplare gehören zu den seltensten Edelsteinschätzen. Australien gilt seit mehr als 120 Jahren als bedeutendster Fundort von farbigen Diamanten. Ob durchsichtig oder leicht gefärbt: Die Rohlinge werden zu edlen Schmuckstücken verarbeitet. Es gibt aber auch unansehnlichere schwarze, die als Carbonados bezeichnet und zum Bohren, Schleifen und Fräsen von Stein, Stahl oder Beton genutzt werden. Da die Schmucksteine extrem hart sind, können sie selbst auch nur mit Diamantenstaub geschliffen und poliert werden. Ihren Brillantschliff erhalten sie in kunstvoller Handarbeit. Erst dadurch kommt ihr Lichtbrechungsvermögen, das so genannte Diamantenfeuer, zur Geltung.

Blickt man über die Erde hinaus, sind Diamanten nicht gerade selten. Im Staub der Milchstraße befindet sich die unvorstellbare Menge von 10^{38} Kilogramm Diamanten. Diamantminen im Weltall wird es wohl dennoch niemals geben: Die glitzernden Steine sind nur wenige Millionstel Millimeter groß.

Man kann also davon ausgehen, dass fast alle irdischen Feststoffe aus Mineralen bestehen. Wenig bekannt dürfte sein, dass auch Wasser ein Mineral ist. Seine Besonderheit ist, dass es in allen drei Aggregatszuständen (gasförmig, fest, flüssig) auftreten kann. Zu den flüssigen Mineralen zählen übrigens auch das Metall Quecksilber und Mineralöl. Aus naturwissenschaftlicher Sicht versteht man unter Mineralen chemisch einheitlich zusammengesetzte Stoffe. Kochsalz ist ein Mineral namens Natriumchlorid. Es besteht homogen aus Natrium und Chlor. Gesteine bestehen in aller Regel aus mehreren Mineralen. Eine Ausnahme bildet der Kalkstein, der einzig aus Kalkmineralen besteht. Aber nur etwa zehn der vielen in der Natur vorkommenden Minerale sind gesteinsbildend, zu mehr als 99 Prozent sind sie in der Lithosphäre vertreten. Bei zahlreichen technischen Anwendungen nutzt der Mensch die chemische Reaktionsfreudigkeit von Mineralien.

Eine besonders wichtige Gruppe von Mineralen stellen die Metalle dar, deren Nutzungsmöglichkeiten im folgenden Abschnitt noch eingehender beleuchtet werden.

Entlang der Ozeanrücken werden beständig neue Erzlager gebildet – doch das geschieht im Laufe von Jahrmillionen. Zunächst versickert Meerwasser, es erhitzt sich im Erdinneren und löst Metallverbindungen aus dem Magma. Schließt dringt metallisches Wasser wieder aus den Rifttälern der Ozeanböden hervor. Aus der Tiefe kommen aber auch Schwefelgase. Sie bilden Metall-Schwefel-Verbindungen und lagern sich ebenfalls am Meeresboden ab. In diesem Schlamm kann der Eisenanteil bis zu 30 Prozent betragen. An anderen Stellen finden sich vermehrt Silber, Kupfer, Blei oder Zink. Zu den Schätzen auf dem Meeresboden zählen auch die Manganknollen. Es handelt sich dabei um dunkle, kartoffelähnliche Gebilde, die neben Eisen, Nickel und Titan auch das für die Stahlveredlung wichtige Mangan enthalten. Die reichsten Vorkommen gibt es inmitten des Pazifiks in Wassertiefen zwischen 4000 und 5000 Metern. Ihre Bergung ist technologisch äußerst kompliziert. Mit Pumpen, Raupenfahrzeugen und Schleppnetzen sollen sie alsbald in großem Maßstab gefördert werden.

Reine Metalle gibt es aber nur selten. Ausnahmen bilden die Edelmetalle Gold und Silber. Etwa 50 000 Tonnen, das sind rund 40 Prozent allen Goldes, das in den vergangenen 120 Jahren gefunden wurde, stammt aus dem Witwatersrandbecken in Südafrika. Warum sich ausgerechnet hier die größten vermuteten Goldlagerstätten bildeten, darüber streiten sich die Geister. Wer zuerst das Geheimnis lüftet, dürfte ein gemachter Mann sein, denn er wird dann wahrscheinlich auch in der Lage sein, neue Lagerstätten aufzuspüren. In Südafrika sollen goldbeladene Flüsse vor etwa 3 Milliarden Jahren ihre kostbare Fracht in das Witwatersrandbecken befördert haben. Vermutlich schob sich 250 Millionen Jahre später eine mächtige Felsschicht über die Sedimente. Goldschürfer müssen deshalb heute an die 2 Kilometer tief graben, um das Edelmetall abzubauen.

Werkstoffe

Die Alchimisten des Mittelalters wollten Gold herstellen. Das konnte nicht klappen, denn Gold entsteht, wie alle schweren Elemente, nur unter Bedingungen, die in einer Supernova herrschen. Die Ziele heutiger Chemiker sind nicht weniger ambitioniert. Sie kombinieren, was sie in der Natur vorfinden, zu neuen Stoffen und bauen Materialien, die es im ganzen Universum noch nicht gibt. Wir alle halten sie täglich in Händen. Vom faszinierenden Mikrokosmos einer Plastiktüte oder Türfüllung zu schwärmen, erzeugt trotzdem bestenfalls Stirnrunzeln. Glücklicherweise gibt es genug Chemiker und Materialforscher, die sich für solche Materie interessieren. Sie kümmern sich um die inneren Werte (die mechanischen, elektrischen, magnetischen, chemischen, thermischen oder sonstwelchen Eigenschaften) von Stoffen. Sie fragten sich also zum Beispiel irgendwann einmal, warum Metall Strom leitet und Keramik nicht oder wieso sich Kunststoff so gut biegen lässt. Das ist längst geklärt. Aber mit jeder geklärten Frage sind neue hinzugekommen – zum Beispiel: Wie bekomme ich es hin, dass eine Plastiktüte trotz darin verstauter Rieseneinkäufe nicht reißt, dass ein Porzellankrug nicht in tausend Stücke bricht, wenn er auf den Boden knallt, dass ein Stahlträger nicht rostet oder dass Brillengläser bei Sonneneinstrahlung automatisch dunkel werden? Wir nutzen solche Erfindungen seit Jahren, ohne auch nur eine Sekunde darüber nachzudenken, wie sie funktionieren. Dabei stehen wir bei vielem, was die Materialwissenschaft anbelangt, erst am Anfang.

Vom Zufallsprinzip zur Materialwissenschaft

Bis ins vorletzte Jahrhundert waren ausgefeilte Materialtechnologien nicht realisierbar. Über Jahrtausende hinweg hat der Mensch einfach nur das, was ihm sein Lebensraum bot, irgendwie nutzbringend verwendet. Dabei war aber der Einsatz neuer Werkstoffe für die kulturelle Entwicklung so bedeutend, dass ganze Zeitalter nach ihnen benannt worden sind. In der Steinzeit begannen die Urmenschen damit, Steine als Baustoff, Werkzeug oder Waffen zu nutzen. Als die ersten menschlichen Siedlungen entstanden, nahm die Bedeutung solchen Wissens rapide zu. Aus Stein und Holz wurden nun auch Hütten gebaut, aus Pflanzenfasern Kleidung und Behälter gefertigt. Daneben kamen Lehm, Knochen und Tierhäute zum Einsatz.

Irgendwann erkannten unsere Vorfahren, dass sich natürliche Rohstoffe auch ganz gezielt verändern lassen, um sie noch vielfältiger einsetzen zu können. Den Anstoß für solch zielgerichtetes Handeln könnte ein Stück Ton gegeben haben, das bei einem Sippenstreit in einem Lagerfeuer landete. Über Nacht wurde daraus ein harter Brocken. Der Zufall lehrte, aus dem zunächst weichen Naturrohstoff Ton Gefäße zu formen, die dann durch das Brennen härteten, wasserundurchlässig wurden und sich außerdem noch zum Garen in glühender Kohle eigneten. Die frühe Herstellung solcher Keramiken ab etwa 6000 v. u. Z. gilt als Begründung der Werkstofftechnik.

Rund 3000 Jahre später kam die Bronzezeit, während der mit den metallischen Werkstoffen die zweite kulturhistorisch bedeutende Materialgruppe erschlossen wurde. Die Ursprünge der Erzaufschmelzung und Eisenverarbeitung werden in Anatolien, Nordsyrien und Teilen des Iran vermutet. Aus Erzen wurden Behälter, Waffen und Schmuck geformt, als Grundmaterialien dienten Kupfer und Zinn. Die Erfahrungen mit solchen Bronzelegierungen gaben den Anstoß, auch die Keramikproduktion weiterzuentwickeln. Ab der Eisenzeit vor etwa 1500 v. u. Z. wurde dann auch die Eisenproduktion bedeutend. Schon ab etwa 2000 v. u. Z. waren Menschen außerdem in der Lage, das erste Glas herzustellen. Der Ursprung des Glasschmelzens liegt wahrscheinlich im einstigen Phönizien, dem heutigen Libanon, sowie in Ägypten und Mesopotamien – dem so genannten Zweistromland zwischen Tigris und Euphrat im heutigem

Irak. Von dort ist überliefert worden, dass irgendwann einmal feuchte Oberflächen von Tongefäßen zufällig mit einem Gemisch von Sand und Soda in Berührung kamen. Dadurch entstanden beim Brennen der Töpferware glatte, glänzende Stellen. Solche Glasuren gelten als die Vorläufer des heutigen Glases.

Die in der Erdkruste verborgenen Schätze waren also seit jeher Grundlage für die Entwicklung von Gebrauchsgegenständen. Da jede Stufe mit einem größeren technischen Aufwand verbunden war, ist leicht nachvollziehbar, dass sich die Entwicklung beispielsweise der Metallverarbeitung von Kupfer über Bronze zu Eisen und Stahl in allen Kulturen gleich vollzog. Im Orient, in China oder im Mittelmeerraum: Überall zeigte sich trotz räumlicher Trennung das gleiche Bild. Lediglich die Zeitpunkte der Entwicklungsstufen variierten.

Die Technik, metallische und keramische Werkstoffe sowie Glas aufzubereiten und zu verarbeiten, wurde im Laufe der Jahrhunderte immer weiter verbessert und schließlich industriell betrieben. Die Grundzusammensetzung der Werkstoffe änderte sich jedoch seit dem Ende der griechisch-römischen Antike bis Anfang des 20. Jahrhunderts kaum mehr. Über Jahrhunderte stagnierte die Entwicklung neuer Werkstoffe, denn es fehlte ein tieferes Verständnis über die Zusammenhänge zwischen bestimmten Materialeigenschaften und ihrem inneren Aufbau. Erst mit Beginn des letzten Jahrhunderts konnten neue Pfade der Werkstoffkunde beschritten werden. Es gelang, ganz neue synthetische, also künstliche Materialien herzustellen. Voraussetzung dafür war die Entwicklung der grundlegenden Naturwissenschaften, vor allem der Chemie. Sie baute ab Mitte des 19. Jahrhunderts langsam, aber sicher eine Brücke zwischen der oft rein intuitiven Handwerksarbeit eines Schlossers, Schmieds oder Töpfers und der präzisen Materialkunde. Sie konnte erklären, warum sich beispielsweise aus unterschiedlichen Tonsorten Keramiken mit verschiedenen Eigenschaften herstellen ließen. Es gab exakte Untersuchungen der Faserstrukturen von Werkstoffen und ihrer chemischen Bestandteile. Damit war der Grundstein gelegt, die Eigenschaften von Werkstoffen gezielt zu modifizieren.

Mitte des letzten Jahrhunderts setzte dann die Kunststoffproduktion zu ihrem Höhenflug an. Die neuen synthetischen Werkstoffe mit Erdöl als Grundstoff ließen sich für alle möglichen Anwendungsbereiche maßschneidern. Mit den Kunststoffen ist eine riesig große Materialklasse hinzukommen.

Vor eineinhalb Jahrhunderten war es noch ein riesiger Fortschritt, rostende Eisenträger mit ein paar Metern Länge vom Band laufen zu lassen. Heute geht es darum, die Oberflächen von Stahlträgern oder Keramiken mit wundersamen Eigenschaften zu versehen. So haben, in historischer Perspektive, in den letzten Jahrzehnten die Materialwissenschaften einen großen Sprung gemacht. Früher entwickelte man neue Werkstoffe und fragte sich oft erst hinterher, wo und wie man sie am besten einsetzen kann. Heute ist man eher damit beschäftigt, genau das Material, das für eine bestimmte

Anwendung benötigt wird, im Labor zusammenzubauen. Ein Beispiel dafür ist die Autoindustrie. Wenn zum Beispiel eine Autotür oder ein Stoßdämpfer produziert wird, überlegte man früher, welcher Werkstoff steht zur Verfügung, der sich dafür am besten eignet. Hüben nahm man Blech, drüben Plaste. Heute ist die Anforderungsliste der Autodesigner der Ausgangspunkt für die Kreation einer Türfüllung oder einer Stoßdämpferflüssigkeit. Die Materialtüftler greifen natürlich auch weiterhin auf vorhandene Werkstoffe zurück. Wenn es sein muss, wird aber auch Teilchen für Teilchen neu komponiert: So sind in den letzten Jahren völlig neuartige, von Menschenhand kreierte Stoffgruppen entstanden und es verwundert auch nicht mehr, dass mittlerweile von »intelligenten Werkstoffen« (smart materials) die Rede ist, die ihre Eigenschaften in Abhängigkeit von der Umgebungstemperatur oder auf bestimmte Signale gezielt ändern können.

Glas aus Quarz

> »Glas heißt es, weil es durch die Klarheit Einblicke freigibt. Denn, was im Innern von Metallen verwahrt wird, das bleibt verborgen. Im Glase aber erscheint jede Flüssigkeit und jedes andere Ding so wie es drinnen ist auch draußen, und gleichsam verschlossen und doch offenbar.«

So philosophierte im frühen Mittelalter der Benediktiner und Erzbischof von Mainz, Hrabanus Maurus (etwa 780–856), über die Besonderheiten von Glas. Heute kann man das Innenleben des Werkstoffs, der uns im Alltag in Form von Fensterscheiben und Trinkbehältern ständig begegnet, viel präziser beschreiben. Ganz prosaisch betrachtet ist Glas der Sammelbegriff für eine Vielzahl von Stoffen verschiedenster Zusammensetzungen, die sich in »glasigem Zustand« befinden. Kennzeichnend für sie ist, dass sie aus sehr rasch abgekühlter Schmelze entstehen. Die Betonung liegt auf sehr rasch, denn normalerweise setzt bei Unterschreiten der Schmelztemperatur eines Werkstoffs die Kristallisation ein. Dabei entstehen kompakte Kristallsysteme auf atomarer Ebene. Bei spontaner Abkühlung kann dies verhindert werden: Das Gefüge der Schmelze erstarrt, es wird quasi eingefroren. Deshalb sind glasige Stoffe von der Struktur her Flüssigkeiten sehr ähnlich. Das kann man erahnen, wenn man alte Glasscheiben anschaut. Sie sind wellig und zumeist am unteren Ende dicker als oben und erinnern eher an einen langsam schmelzenden Eisblock denn an Doppelglasfenster aus dem Baumarkt.

In der Natur entstehen glasige Stoffe eher selten. Manchmal wird der aus Vulkanlava entstandene Obsidian (ein siliziumoxidreicher Feldspat) als Glas bezeichnet. Geologisch alte Funde werden Pechstein genannt, den wir auch als Schmuckstück schätzen. Beim Aufprall großer Meteoriten kann außerdem Gestein in schmelzflüssigem Zustand in die Atmosphäre geschleudert werden und dann zu flaschengrünen bis schwarzbraunen Glasklümpchen erstarren, die man Tektite nennt. Und wenn ein Blitz in Sand einschlägt, entstehen mitunter glasige Blitzröhren, so genannte Fulgurite.

Die Fähigkeit zur Glasbildung besitzen also offenbar ganz verschiedene chemische Stoffe. Hauptsächlich handelt es sich hierbei um Sauerstoffverbindungen (Oxide) von Silicium (Si), Bor (B), Germanium (Ge), Phosphor (P) und Arsen (As). Der wichtigste Glasbildner ist schlichter Quarzsand, also Siliciumdioxid (SiO_2), den es wie Sand am Meer gibt. Bei der Glasherstellung wird er zu einem feinen Pulver gemahlen und dann unter sehr hohen Temperaturen über 1000 Grad Celsius aufgeschmolzen. Mit den richtigen Beimengungen erhält man die gewünschte Glassorte. Bei der modernen Glasproduktion kommen rund 50 der auf der Erde vorkommenden chemischen Elemente zum Einsatz. Für die Produktion von Glas für optische Zwecke sind knapp 20 verschiedene Elemente erforderlich. In der Regel kommt man mit acht aus.

Ab Mitte des 19. Jahrhundert wurde die Glasherstellung, die sich in ihren wesentlichen Zügen über Jahrhunderte technisch kaum verändert hatte, systematisch weiterentwickelt. Man forschte nach Glassorten mit bestimmten optischen Eigenschaften, ohne die viele Zweige der Naturwissenschaften nicht weitergekommen wären. Bahnbrechend war die Entwicklung verbesserter Linsensysteme, ohne die es weder brauchbare Teleskope zur Sternenforschung noch Mikroskope für Biologie und Medizin gegeben hätte. Doch bis dahin war es ein weiter Weg. Die alten Griechen hatten zwar schon erkannt, dass Wassertropfen Vergrößerungseffekte bewirken. Aber erst zu Beginn des 17. Jahrhunderts ging man dazu über, gezielt mit Glaslinsen zu experimentieren. Astronomen setzten mehrere Linsen hintereinander, um den Vergrößerungseffekt zu steigern, die Konstrukteure von Mikroskopen taten es ihnen nach. Aber die Qualität der alten Linsen war noch sehr dürftig. Ihre Oberflächen waren rau und im Inneren hatten sie Luftblasen. Kombinierte man sie zu Linsensystemen, konnte man Details oft nur noch erraten.

Der holländische Kaufmann Antony van Leeuwenhoek (1632–1723) kam einen bedeutenden Schritt weiter. Ihm gelang es, stecknadelkopfgroße Linsen aus einem einzigen blasenfreien Stück Glas herzustellen. Er schliff und polierte sie stundenlang, das Ergebnis konnte sich sehen lassen: Unter dem Mikroskop erhielt er relativ klare Bilder in bis zu 200-facher Vergrößerung. Bis Anfang des 19. Jahrhunderts hatten aber alle optischen Geräte den Nachteil, dass sie weißes Licht in Regenbogenfarben streuten. Kleinere Objekte, die inspiziert werden sollten, waren deshalb von störenden Farbringen umgeben und nicht wirklich zu erkennen. Erst um das Jahr 1820 gelang es, diesen Mangel zu beheben und so genannte »achromatische Mikroskope« ohne diese Farbringe herzustellen. Sie waren das zentrale Werkzeug bei der Untersuchung von Zellen und Mikroorganismen.

Bedeutend auf diesem Gebiet war die in Berlin angesiedelte Forschergemeinde um den Mediziner Rudolf Virchow (1821–1902). Er zählt zu den Begründern der modernen

Medizin und nahm insbesondere durch Krankheit veränderte Zellen unter die Lupe. Virchow traf sich wiederholt mit den Pionieren der Glasherstellung: dem Optiker Carl Zeiss aus Weimar (1816–1888), dem Physiker Ernst Abbe aus Eisenach (1840–1905) und dem Chemiker Friedrich Otto Schott aus Witten (1851–1935), und erläuterte die optischen Grenzen seiner Forschung. Das spornte die Herren an und ließ im Osten des Landes ein Imperium der modernen Glasindustrie entstehen. Carl Zeiss gründete 1846 in Jena eine Werkstatt für feinmechanische und optische Instrumente – daraus gingen später die Carl-Zeiss-Werke hervor. Er engagierte mit Abbe einen bedeutenden Wissenschaftler, um die Produktion von Mikroskopen auf wissenschaftlicher Grundlage anzugehen. Im Jahre 1872 bauten sie die ersten auf wissenschaftlicher Grundlage berechneten Objektive. Binnen kurzer Zeit waren sie weltberühmt. Schott gründete schließlich 1884 mit Abbe, Zeiss und dessen Sohn das Jenaer Glaswerk Schott und entwickelte rund 200 verschiedene technisch nutzbare Gläser – ein gutes und frühes Beispiel dafür, wie Wissenschaft und Forschung den Grundstein für einen bedeutenden Wirtschaftszweig legten. Als es dann möglich wurde, den Fadenwurm *Trichinella spiralis* mit dem Mikroskop im Fleisch von Schlachtvieh zu erkennen, war die Grundlage dafür gelegt, eine häufig tödliche Krankheit (Trichinose), die durch den Verzehr frischen Fleisches ausgelöst werden konnte, zu vermeiden. Einige der Leser erinnern sich vielleicht noch an den »amtlichen Trichinenbeschauer«, der bei der früher üblichen Hausschlachtung mit seinem Mikroskop zugegen war, trichinenfreies Fleisch freistempelte und dafür (ohne bestechlich zu sein) einen Schnaps bekam.

Heute bieten moderne Gläser mannigfaltige Einsatzmöglichkeiten. Selbst althergebrachte Gebrauchsgegenstände wie Brillengläser werden ständig verbessert. So ist es seit einiger Zeit nicht mehr nötig, Brillengläser, die sowohl bei Kurz- als auch bei Weitsichtigkeit helfen, aus zwei Rohlingen, die den exakt gleichen thermischen Ausdehnungskoeffizienten haben müssen, zusammenzufügen. Neue Glassorten erlauben es, in unterschiedlichen Bereichen des Glases verschiedene Brechzahlen einzustellen und damit verschiedene Sehschwächen zu korrigieren. Außerdem gibt es längst Gläser mit sehr hohen Brechzahlen, geringer Linsenkrümmung und minimalen Abbildungsfehlern. Die berüchtigten Kassengestelle mit millimeterdicken »Panzergläsern« sind deshalb (fast) nur noch in alten Filmen oder zu Erheiterungszwecken zu sehen.

Keramik aus Ton

Der Begriff Keramik umfasst alles vom guten alten Meißener Porzellan bis zu Hochleistungskeramiken, die hart wie Krupp-Stahl sind. Die Automobilindustrie nutzt Keramiken als Zündkerzenisolatoren, für Auspuffteile und leichtgewichtige Motorventile. Sie begegnen uns auch als Mauerziegel, Dachpfannen, Fliesen, Geschirr, Kloschüsseln, Hüftgelenkprothesen, Zahnimplantate, Schleifscheiben, Gleitlager und Brennerdüsen. Trotz der Vielfalt der Einsatzgebiete ist leicht auf den Punkt zu bringen, was Keramik ist. Kéramos ist der griechische Begriff für Töpferton, Keramik der zusammenfassende Begriff für Töpferwaren, die überwiegend aus Ton bestehen. Chemisch betrachtet sind sie anorganisch, nichtmetallisch und zu mindestens 30 Prozent kristallin (was eine Werkstoffgrenze zu Glas zieht). Keramik kann man herstellen, wenn in der Natur vorkommende Tone mit Wasser vermischt, geformt und im Feuer gebrannt werden. Das ist alles.

Kein Wunder also, dass Keramik eines der ältesten Kulturgüter der Menschheit ist. Nur sehr wenige Kulturen, zum Beispiel die Inuit, die im eisigen Grönland leben, kannten sie (aus einleuchtenden Gründen) vor dem Kontakt mit den Kolonialmächten nicht. Eine Voraussetzung für die frühe Verbreitung der Töpferei war, dass fast überall auf der Welt im Erdboden Ton vorkommt. Tonlager sind das Resultat von Jahrmillionen andauernden chemischen und mechanischen Verwitterungsprozessen von feldspatreichen Gesteinen – dazu zählen insbesondere der Granit und der Gneis. Viele der heute genutzten Tonlager sind in der Jungtertiärzeit vor vielen Millionen Jahren entstanden. Begehrt sind die Primärlager, wo Verwitterungsprodukte am Ort ihrer Entstehung liegen geblieben sind. An solchen Stellen kann man den reinen, weißen Ton, genannt Kaolin, finden. Aus ihm wird das teure Porzellan gefertigt.

Die Grundstoffe von Keramiken sind seit den Anfängen der Töpferei die gleichen geblieben. Allerdings wurden die Herstellungsverfahren verfeinert und die einst mühsame Mischung von Ton und Wasser per Hand und die Formgebung wie das Brennen durch moderne Maschinen abgelöst. Um ihre Materialeigenschaften zu verbessern, experimentieren Materialwissenschaftler mit immer neuen Rohstoffmixturen. So gelingt es heute spielend, die Biegefestigkeit und Härte von Keramik extrem zu steigern. Ein Beispiel dafür ist der so genannte keramische Stahl, dem unter anderem Zirconiumdioxid (ZrO_2) beigemischt wird.

Stahl aus Eisen

Metalle begleiten die Entwicklung der Menschheit ebenfalls schon seit uralten Zeiten. Zu den Metallen zählen einzelne Elemente wie Eisen, Kupfer und Aluminium. Vermengt man sie im Schmelzofen, spricht man von einer Legierung. Die berühmtesten sind Messing, Bronze und Stahl – der bedeutendste metallische Werkstoff, aus dem heute von Wolkenkratzern bis Operationswerkzeugen so ziemlich alles gefertigt wird. Mit einer weltweiten Produktion von jährlich rund 700 Millionen Tonnen wird heute mehr Rohstahl produziert als alle anderen Werkstoffe zusammen. Allein in Westdeutschland beträgt die Jahresproduktion seit Anfang der 1960er-Jahre ziemlich konstant etwa 40 Millionen Tonnen. Anfang dieses Millenniums waren mehr als 2000 unterschiedliche Stahlsorten auf dem Markt, wovon etwa die Hälfte gerade einmal fünf Jahre zuvor entwickelt worden waren. Darin erkennt man die anhaltende Dynamik der Metall- und Stahlforschung.

Ihr Vorläufer war die Eisenproduktion, die zwischen dem 10. und 13. Jahrhundert ein wesentliches Element im System der Handwerksfertigung des frühen Mittelalters wurde. In der ersten Hälfte des 15. Jahrhunderts verlagerte sich die Produktion von den Werkstätten eines Hufschmieds zunehmend in Fabrikhallen, wo Hochöfen zur Eisenverarbeitung zur Verfügung standen. Im 19. Jahrhundert begann schließlich die industrielle Stahlproduktion. Voraussetzung war, dass die Hochöfen von Holz auf Koks umgestellt und Dampfmaschinen zur Werkstoffverarbeitung eingesetzt wurden. Dem englischen Instrumentenbauer Benjamin Huntsman (1704–1776) gelang es 1742 erstmals, flüssigen Stahl herzustellen. Unangefochtene Pioniere auf dem Gebiet der Stahlproduktion waren später Friedrich Krupp (1787–1826) und sein Sohn Alfred (1812–1887) aus Essen.

Stahl ist seit dieser Zeit einer unserer wichtigsten Werkstoffe. Sein Name rührt vom althochdeutschen »stahal« her, was so viel wie »der Feste« bedeutet. Wie die meisten metallischen Werkstoffe basiert er auf Eisen (Fe). Dass aber vom Rohstoff bis zur Fertigstellung eines Stahlträgers komplexe Materialprozesse ablaufen müssen, zeigt sich schon daran, dass reines Eisen so weich ist, dass man es mit einem Nagel ritzen kann. Stahl hingegen zählt zu den härtesten Werkstoffen, die es gibt. Der Umwandlungsprozess beginnt mit der Gewinnung von Eisen, das in der Natur nicht in reiner Form vorliegt. Vielmehr ist es mit Anteilen von 30 bis 60 Prozent als Eisenerz gebunden – das sind Gesteine, in denen ein Metall mit anderen chemischen Elementen wie Sauerstoff oder Schwefel zusammenhängt. Bevor die im Tage- oder Untertagebau gewonnenen Erze zur Verhüttung in den Hochofen kommen, werden sie gereinigt, gemahlen und in für die Öfen geeigneten Stückgrößen zu Sinterkuchen zusammengebacken. Danach landen sie im Hochofen, wo sie aufgeschmolzen werden und ihnen der Sauerstoff entzogen wird. Dadurch entsteht Roheisen, das ins Stahlwerk wandert. Hier geht es vor allem darum, den Kohlenstoffgehalt des flüssigen Eisens exakt einzustellen, denn das ist der entscheidende Parameter für die Eigenschaften der Stahlprodukte. Liegt er über 2,06 Prozent, erhält man Gusseisen. Nur wenn er niedriger ist, bezeichnet man den Werkstoff als Stahl. Gusseisen ist zwar hart, aber spröde und somit nur begrenzt nutzbar.

Im Stahlwerk werden dem Roheisen unerwünschte Elemente entzogen, andere werden beigemischt. Dadurch wird das beim Abkühlen entstehende Kristallgefüge der Stahllegierungen gezielt beeinflusst. Will man zum Beispiel rostfreien Stahl erzeugen, wird der Schmelze Chrom und Nickel beigegeben. Außerdem arbeiten moderne Stahlwerke mit ausgeklügelten Zeit-Temperatur-Diagrammen. Man weiß nämlich, das die Schmelze bei ihrer Abkühlung in Abhängigkeit vom Kohlenstoffgehalt unterschiedliche Phasen durchläuft. Die wiederum sind für bestimmte Kristallstrukturen im Inneren des Werkstoffs und entsprechende chemische Zusammensetzungen und Eigenschaften typisch. Durch rasches oder mäßiges Abkühlen lassen sich manche Strukturänderungen auf atomarer Ebene unterdrücken bzw. forcieren.

Zu den Intelligenzbestien unter den Stählen zählen heute Formgedächtnislegierungen. Erkannt wurde diese Eigenschaft in den 1950er-Jahren bei Kupferlegierungen, die wiederholt ihre Form immerzu gleich veränderten, wenn man sie nacheinander erwärmt und abkühlt. Auf dem Reißbrett lassen sich daraus allerlei Zukunftstechnologien konstruieren. Jeder kennt aus der wohl spannendsten Unterrichtseinheit in Physik das Video mit den imposanten Bildern von Brücken, die bei Sturm in Schwingung geraten und bei Erreichen der Eigenfrequenz zusammenstürzen. Dass dieser Effekt bis heute nicht ganz einfach in den Griff zu bekommen ist, zeigte der Bau der Millenniumsbrücke in London. Sie musste nach ihrer feierlichen Eröffnung gleich wieder für mehr als zwei Jahre geschlossen werden, weil sie beim ersten Ansturm von Fußgängern in bedenkliche Schwingungen geriet. Da die Belastungen von Brückenbauteilen sehr stark variieren können, sind Ingenieure auf die Idee gekommen, sie mit Formgedächtnislegierungen zu kombinieren. Das könnte beim Erreichen der Eigenfrequenz dazu führen, dass ihre Träger die Gefahrensituation selbst erkennen und einen Mechanismus auslösen, durch den sie erwärmt oder abkühlt werden, um das Schwingungsverhalten vorübergehend zu verändern.

Plastik aus Erdöl

Unter Kunststoff firmiert alles, was wir gemeinhin als Plastik bezeichnen. Dabei fallen uns auf Anhieb Joghurtbecher, Frischhaltefolien, Kinderspielzeug und Gummis ein. Mit etwas Grübeln kommt man auch auf Plexiglas und Nylon. Dass es Hunderte von verschiedenen Kunststoffsorten gibt, ist trotzdem kaum jemandem geläufig. Einen ersten Eindruck von ihrer Vielfalt bekommt man, wenn man auf die Aufdrucke achtet. Man findet zumeist ein kleines unscheinbares Dreieck mit einer Kurzbezeichnung – mit ein bisschen Glück steht daneben PVC. Das kennt jeder, freilich ohne zu wissen, was sich dahinter verbirgt.

Alle Kunststoffe werden natürlich künstlich hergestellt. Es gibt aber auch eine Reihe von natürlichen Materialien (darunter Kautschuk, Harz, Horn und Stärke), die zur gleichen Materialklasse zählen. Ihre übergeordnete Fachbezeichnung lautet Polymere. Vom chemischen Aufbau her sind sie sich alle sehr ähnlich. Sie sind organischen Ursprungs und bestehen aus relativ einfach gebauten Kohlenstoffverbindungen, die überwiegend von fossilen Rohstoffen wie Erdöl und Erdgas stammen. Immerhin werden rund 4 Prozent des weltweit geförderten Erdöls und 8 Prozent des in Deutschland verarbeiteten für die Kunststoffherstellung verwendet. Grundsätzlich kommen aber alle kohlenstoffhaltigen Substanzen in Frage – also auch nachwachsende Rohstoffe wie Melasse, die bei der Zuckergewinnung anfällt. Der Unterschied zwischen künstlichen und natürlichen Polymeren ist, dass ein Plastikbecher nicht in der Erdkruste heranwächst, sondern durch chemische Umwandlungen oder durch Zusammenfügen (Synthese) von Naturprodukten entsteht.

Um diese Synthese kümmert sich heute ein riesiger Industriezweig. In den Kunststofffabriken wird der Rohstoff erhitzt und ein chemischer Prozess ausgelöst, durch den sich einzelne gleichartige Molekülbausteine der Kohlenstoffverbindungen (genannt Monomere) zu langen Ketten (so genannten Makromolekülen) verbinden. Diese Molekülketten können miteinander verwoben sein. Allerdings bilden die Atome kein durchgehendes Kristallgitter, bei vielen Kunststoffen fehlt es völlig. Das ist der entscheidende Grund, weshalb sie besonders gute plastische Eigenschaften haben. Unter einem hoch auflösenden Mikroskop erkennt man, dass sich in einem Stück Plastik die Bestandteile dieser Molekülketten ständig wiederholen.

»Poly« bedeutet viele und »meros« heißt so viel wie »Teil«. Ein Polymer ist also ein Vielteiler. Aus dieser simplen Logik ergeben sich die kompliziert klingenden Namen vieler Kunststoffe: Polyethylen (PE), aus dem Plastiktüten und Folien hergestellt werden, besteht aus vielen Ethylenteilchen, Polypropylen (PP), der Grundstoff für Plastikrohre und Haushaltswaren, aus vielen Propylenteilchen und das berühmte PVC (Polyvinylchlorid), Ausgangsmaterial für Fensterprofile und Bodenbeläge, aus vielen Vinylchlorid-Teilchen.

Der Aufbau aus solchen Makromolekülen und deren Vernetzung ist ein typisches Merkmal für alle Kunststoffe und ihre Materialeigenschaften. Durch die gezielte Auswahl und Mixtur der richtigen Bausteine und Zusatzstoffe lassen sich diese ziemlich exakt steuern. Kunststoff ist daher ein extrem flexibler Werkstoff. Er liefert fast alles zwischen kantigen Hartplastiken für Maschinenteile und hauchdünnen Verpackungsfolien für Salat, die einen exakt dosierten Gasaustausch gestatten und seine Haltbarkeit um bis zu 50 Prozent erhöhen. Kunststoffe sind auch gut formbar und extrem leicht, weshalb sie im Fahrzeugbau sehr begehrt sind. In einem Mittelklassewagen werden heute etwa 140 Kilogramm Kunststoffe verbaut. Sie ersetzen rund 250 Kilo Alternativwerkstoffe aus Metall oder Keramik. Außerdem sind sie sehr gute Isolatoren für Strom und Wärme. Eine wenige Zentimeter dicke Isolierschicht aus dem Kunststoffschaum Polystyrol (Styropor) kann die Heizkosten eines Einfamilienhauses um die Hälfte senken.

Angesichts dieser tollen Eigenschaften wundert es wenig, dass die Kunststoffproduktion seit Anfang letzten Jahrhunderts kontinuierlich ansteigt – die weltweit produzierte Menge liegt derzeit bei etwa 150 Millionen Tonnen jährlich. Man kennt heute weit mehr als 200 verschiedene Kunststoffarten, die unter Tausenden von Handelsnamen firmieren.

Ihren Siegeszug begannen sie mit der Industrialisierung im 19. Jahrhundert und der Entwicklung der »organischen Chemie«, die sich mit den Kohlenstoffverbindungen befasst. Zunächst wurden vor allem die Einsatzmöglichkeiten bereits bekannter natürlicher Polymere durch gezielte Modifikationen verbessert. Ein uralter Naturstoff organischen Ursprungs ist der Asphalt. Solche Naturschätze sind ab dem 19. Jahrhundert chemisch umgewandelt worden, um Einfluss auf ihre Eigenschaften zu nehmen. Nicht selten spielte im Labor der Zufall eine Rolle. Eine Reihe von solchen halbsynthetischen Kunststoffen ist im planlosen Experiment entstanden.

Ein wahrer Klassiker unter den Polymeren sind Schallplatten aus Schellack. Sie werden heute als Antiquitäten gehandelt. Kaum ein Sammler weiß, dass seine guten Stücke unter anderem aus Eiern und Altpapier bestehen. Als roter Basisstoff diente eine harzige Substanz, die von speziellen Insekten (*Coccus lacca*) in Ostindien ausgeschieden wird. Eines der bedeutendsten halbsynthetischen Polymere ist Gummi. Diesem Stoff verdankt der amerikanische Chemiker Charles Goodyear (1800–1860) seinen Ruhm und ein gigantisches Reifenimperium. Im Jahre 1839 entdeckte er, dass man eine tiefschwarze Gummimasse erhielt, wenn man das Latex des Kautschukbaumes mit Schwefel anreicherte und unter Druck erhitzte. Er nannte diesen Vorgang Vulkanisation.

Ein zweiter wichtiger halb natürlicher Kunststoff ist Zelluloid – ein durchsichtiger, sehr zäher, aber leicht schmelzbarer und gut formbarer Kunststoff mit dem Holzstoff Cellulose als Ausgangsbasis. Legendärer Anstoß für die Entwicklung des Zelluloids war ein Preisausschreiben. Gesucht wurde ein neuer Werkstoff, um das teure Elfenbein der Billardkugeln zu ersetzen. Der Chemiker John Wesley Hyatt (1837–1920) machte sich an die Arbeit. Er konnte zwar nicht die Prämie von 10 000 US-Dollar kassieren, war aber dennoch erfolgreich. Denn er erfand Zelluloid, in dem er nitrierte Cellulose und Kampfer unter Druck erhitzte. 1870 ließ er sich das Herstellungsverfahren patentieren, der farblose Kunststoff wurde binnen kurzer Zeit weltberühmt und bescherte ihm einen reichen Dollarsegen. Zelluloid ließ sich hervorragend einfärben und sogar in heißem Wasser verformen. George Eastman (1854–1932) entwickelte daraus wenig später transparente Filme, die als Träger einer fotografischen Schicht genutzt werden konnten. Er erfand den Kodak-Fotoapparat und wurde ebenfalls zum Großindustriellen.

Mit der Entwicklung der Chemie gelang es bald, auch künstliche (vollsynthetische) Polymere herzustellen und für immer neue Anforderungen der Industrie maßzuschneidern. Phenoplast, das zur großen Familie der Phenolharze zählt, sollte unter dem Produktnamen Bakelit als erster vollsynthetischer Kunststoff ab der Jahrhundertwende größere Verbreitung erlangen. Dank seiner blendenden Isolierfähigkeiten fand es in der boomenden Elektroindustrie der 1920er- und 1930er-Jahre reißenden Absatz. Schalter, Lampen, Telefone und unzählige andere Gebrauchsgeräte konnten in riesigen Stückzahlen aus ihm gefertigt werden. Ein gravierender Vorteil dieses Werkstoffs war, dass seine Ausgangsmaterialien Phenol und Formaldehyd in großen Mengen verfügbar waren.

Bevor die vollsynthetische Polymerproduktion so richtig loslegen konnte, war aber erst noch das Innenleben der Polymere vollständig zu analysieren. Bedeutenden Anteil daran hatte der deutsche Chemiker Herrmann Staudinger (1881–1965). Er arbeitete im Labor an der Nachbildung der Molekülfäden und knüpfte an die Erkenntnisse seines

Chemikerkollegen Friedrich August Kekulé (1829–1896) an. Dieser hatte – ungefähr zeitgleich mit dem schottischen Chemiker Archibald Scott Couper (1831–1892) – schon 1858 die Voraussetzungen für das Verständnis der organischen Moleküle gelegt. Er erkannte, dass ein Kohlenstoffatom chemische Bindungen mit bis zu vier anderen Atomen bilden kann, und postulierte die Kettenform der Kohlenstoffverbindungen. Staudinger wies nach, dass sich kleine Moleküle in der Tat zu großen, kettenförmigen Molekülen (Polymeren) verbinden konnten. Er schuf damit die theoretischen Grundlagen der Kunststoffchemie. Im Jahre 1922 schlug er vor, die entsprechenden Verbindungen als »Makromoleküle« zu bezeichnen. Es dauerte allerdings bis 1935, ehe seine Arbeiten anerkannt wurden – und weitere 18 Jahre, bis er dafür 1953 einen Nobelpreis erhielt. Als Ergebnis der Arbeit von Staudinger und seinen Forscherkollegen in den 1920er- und 1930er-Jahren wurden die Herstellungsprozesse für etliche synthetische Kunststoffe entwickelt. Das Polyvinylchlorid (PVC) ist zusammen mit Polyethylen (PE), Polystyrol (PS) und Polypropylen (PP) das wohl bekannteste Polymer, das im Chemielabor erfunden wurde.

3. Leben im Universum

Wollen wir unseren Lebensraum, den Planeten Erde, noch besser verstehen, so muss sich unser Blick ins All richten. Von dort erreicht uns vor allem Licht. Für Kosmologen ist dieses Licht eine ergiebige Quelle vielfältiger Informationen, mit deren Hilfe sie im 19. und 20. Jahrhundert ein erstaunlich differenziertes Bild der großen und kleinen Ordnung des Kosmos, aber auch seiner Entstehung entworfen haben. Es kommt zu uns nicht nur aus den Weiten des Raums, sondern gleichzeitig aus den Tiefen der Zeit. Das Licht benötigt von der Sonne zur Erde etwa acht Minuten. Wir sehen also die Sonne, wie sie vor acht Minuten ausgesehen hat. Der Andromedanebel – eine unserer Nachbargalaxien – ist 2 Millionen Lichtjahre entfernt. Betrachten wir den Andromedanebel, schauen wir also 2 Millionen Jahre in die Vergangenheit.

»Es erscheint fast unvorstellbar, dass wir, eine intelligente Affenart auf dem dritten Planeten eines unbedeutenden Sterns in einer unbedeutenden Galaxie, in der Lage sein sollten, die Geschichte unseres Universums fast bis zum Augenblick seiner Entstehung zurückzuverfolgen, bis zu einem Moment, wo die Temperaturen und Drücke alles übertrafen, was unser Sonnensystem je erlebt hat«, schreibt der Physiker Michio Kaku, um im nächsten Satz hinzuzufügen, dass er der Meinung ist, dass dies dennoch gelungen sei.

Da ist gewiss das letzte Wort noch nicht gesprochen. Dennoch ist es das Verdienst der Physik, dass wir heute umfassende Modelle zur Beantwortung letzter Fragen nicht nur nach der Herkunft unseres kleinen Planeten, sondern nach der des ganzen Universums und damit auch der Natur von Materie, Energie, Raum und Zeit haben.

Um dorthin zu gelangen, sind die Forscher mit neuen Methoden, neuen Geräten und neuen Denkweisen der Frage, was die Welt im Innersten zusammenhält, immer wieder aufs Neue nachgegangen und haben unser Weltbild mehrmals auf den Kopf gestellt.

Ein Großteil des heutigen Wissens entstand erst im 20. Jahrhundert, an dessen Beginn Quanten- und Relativitätstheorien der Physik eine neue Basis gaben, die Teilchenphysik das Innere der Atome erforschte, die Kosmologie die Urknalltheorie aufstellte, der Mensch den Mond betrat und das Hubble-Weltraumteleskop Bilder vom Beginn der Zeit lieferte. Das 19. Jahrhundert stand im Zeichen der Theorie der elektromagnetischen Kräfte, die zur Elektrifizierung der Welt und später zu Funk und Fernsehen führte. Unsere Weltsicht wurde durch die Vermessung des Universums erweitert, dessen wahre Größe man allmählich erahnte. Die Analyse des Lichts der Sterne mit Hilfe der Spektroskopie zeigte, aus welchen chemischen Elementen die Himmelskörper bestehen. Am Beginn des Jahrhunderts stand auch die Atomtheorie Daltons, die der Chemie eine neue Basis gab.

Schon im 17. Jahrhundert erarbeiteten Galilei, Kepler und Newton die Grundlagen eines physikalischen Weltbilds. Galilei begann damit, Annahmen in einer Weise zu testen, die zum charakteristischen Merkmal der modernen Naturwissenschaft wurde, nämlich durch systematisches Experimentieren. So widersprach er der Behauptung, schwere Gegenstände fielen schneller zur Erde als leichte. Obwohl diese Vermutung durchaus nahe liegt. Ein Apfel fällt ganz offensichtlich schneller als ein Blatt. Doch Apfel und Blatt haben ja nicht nur ein unterschiedliches Gewicht, sondern auch eine unterschiedliche Beschaffenheit. Galilei entwickelte zunächst die Theorie, dass nicht das Gewicht, sondern die Dichte eines Körpers die Fallgeschwindigkeit bestimmt, was der Wahrheit näher kommt, aber auch nicht ganz stimmt. Später kam er dann zur richtigen Einsicht, die wir als Fallgesetz kennen, dass im Vakuum, wo es keinen Luftwiderstand gibt, alle Körper gleich schnell fallen. Er ermittelte auch, dass die Geschwindigkeit beim Fallen mit der Zeit zunimmt.

Galileis Experimente verbanden Theorie und Beobachtung. Er schrieb: »Ich habe ein Experiment darüber angestellt, aber zuvor hatte die natürliche Vernunft mich ganz fest davon überzeugt, dass die Erscheinung so verlaufen musste, wie sie tatsächlich verlaufen ist.« Die entscheidende Neuerung bestand darin, die Geisteswissenschaft Mathematik, die in der Antike ausschließlich auf Vollkommenes und Unveränderliches angewandt wurde, zur Beschreibung der »wilden« Natur einzusetzen, die zuvor hierfür seziert und in Einzelaspekte zerlegt werden musste. Eine mathematische Formel lässt eine exakte und eindeutige Voraussage zu, die dann durch Messungen widerlegt oder bestätigt werden kann.

Im 16. Jahrhundert hatte Nikolaus Kopernikus den Startschuss für das neue physikalische Weltbild gegeben, indem er die Erde aus dem Zentrum der Welt hinaus- und in die Umlaufbahn um die Sonne hineinbugsierte. Er tat dies nicht, um mit alten Vorstellungen aufzuräumen, sondern aus der Not heraus, weil er nämlich genau an alte Vorstellungen anknüpfen und diesen durch Beseitigung von Unstimmigkeiten zu besserer Geltung verhelfen wollte. So behielt Kopernikus wesentliche Aussagen des ptolemäischen Weltbilds bei, nämlich dass die Welt nur aus kreisrunden Sphären bestehen konnte.

Wie Kopernikus selbst im Jahr 1507 schrieb, überlegte er oft, »ob nicht etwa eine vernünftigere Anordnung von Kreisen zu finden sei, von welchen alle erscheinende Ungleichmäßigkeit abhinge, wobei diese aber in sich selbst alle gleichmäßig bewegt wären, wie doch die Weise vollkommenerer Bewegung dies fordert«. Sein Ziel war es, die alten Kreise vernünftiger anzuordnen. Hierzu musste er die folgenschwere Entscheidung treffen, die Erde aus dem Mittelpunkt des Systems zu nehmen und zu einem Planeten wie die anderen zu erklären. Doch auch hierfür gab es Vorbilder. Sowohl im alten Ägypten als auch in Griechenland hatte es schon Weltbilder gegeben, deren Mittelpunkt die Sonne war. Bereits mehr als 1700 Jahre vor Kopernikus hatte Aristarchos von Samos ein heliozentrisches System entworfen, in dem die Planeten die Sonne umkreisen und das ganze Sonnensystem von einer unbeweglichen Fixsternsphäre umgeben wird. Kopernikus folgte also ganz dem Grundsatz des Renaissance-Humanismus, sich auf die Ursprünge zu besinnen und das antike Denken weiterzuführen. Er sorgte dennoch für eine Revolution des Weltbilds. Er gab zur richtigen Zeit die richtigen Impulse, die dazu beitrugen, dass in den Jahrhunderten nach ihm jene Art von Beschäftigung mit der Welt entstehen konnte, die wir heute als Naturwissenschaft bezeichnen. Für die Wissenschaft war es von entscheidender Bedeutung, dass die Welt aus der Mitte gerückt worden war.

Diese Perspektivverschiebung war das eigentliche Verdienst des Kopernikus, auch wenn es ihm gar nicht darum gegangen war. Tatsächlich konnte das kopernikanische Modell das Geschehen am Himmel nicht besser vorhersagen als das alte des Ptolemäus. Es kam jedoch bei der Erklärung der Phänomene mit weniger Grundannahmen aus. Es war sparsamer und Sparsamkeit ist bis heute ein Zeichen guter Wissenschaft. »Also reichen aufs Ganze 34 Kreise aus, mit deren Hilfe das ganze Welt-Werk und der gesamte Sternenreigen erklärt sei«, bemerkt stolz Kopernikus, der damit die 55 Kreise des ptolemäischen Systems deutlich unterboten hat. Doch wirklich »einfach« wurde das Ganze erst, als Kepler tatsächlich mit der Tradition brach und sich erlaubte, aus den Kreisen Ellipsen zu machen und mit nur drei Gesetzen das Planetensystem korrekt zu beschreiben.

Von dort bis zu einem Bild des Kosmos, das über unser Sonnensystem und unsere Galaxie hinausgeht, war es noch ein weiter Weg.

Die Kosmologie, die ihre Aufgabe darin sieht, das Universum im Großen und Ganzen zu erforschen, ist auch aus technischen Gründen eine wissenschaftliche Disziplin des 20. Jahrhunderts. Erst da waren die Teleskope, die physikalischen und mathematischen Theorien leistungsstark genug, um sich an einen solch ausufernden Gegenstand zu wagen. Das Gleiche gilt für den Mikrokosmos des Atoms. Auch er wurde im letzten Jahrhundert neu geordnet, und zwar in einer Weise, die dem Nicht-Physiker einige Schwierigkeiten bereitet. Nicht besser erging es den elementaren Kategorien unserer Wahrnehmung, nämlich Raum, Zeit und Kausalität.

»Jede der ›letzten‹, ›unreduzierbaren‹ primären Eigenschaften der physikalischen Welt erwies sich ihrerseits als eine Illusion. Die groben Atome der Materie gingen in einem Feuerwerk auf; die Begriffe der Substanz, der Kraft, der Kausalität und schließlich der ganze Rahmen von Raum und Zeit zeigten sich als ... illusorisch ... Verglichen mit dem Weltbild der neuesten Physik war das ptolemäische Universum der Epizykel und Kristallsphären ein Beispiel des gesündesten Menschenverstands. Der Stuhl, auf dem ich sitze, scheint eine nicht wegzuleugnende Tatsache zu sein, aber ich weiß, dass ich auf einem beinahe vollkommenen Vakuum sitze … Ein Zimmer, in dem ein paar Stäubchen in der Luft schweben, wäre überfüllt im Verhältnis zur Leere, die ich einen Stuhl nenne und auf der meine Sitzfläche ruht«, schrieb Arthur Koestler in dem 1959 erschienenen historisch-philosophischen Abriss der sich wandelnden Weltbilder *Die Nachtwandler*. Wie Koestler dazu kommt, seinen Stuhl als Vakuum zu bezeichnen, erklären wir weiter unten, wenn wir uns mit dem Atommodell beschäftigen.

Doch so unverständlich die moderne Physik dem Laien erscheinen mag, so präsent ist sie doch an allen Ecken und Enden unseres Alltags. Der Wissenschaftshistoriker Gerald Holton stellt sich vor, man könnte Produkte mit Etiketten mit einem geistigen Stammbaum versehen. Dann würde allein der Name Einstein auf unzähligen Geräten von der Fernsehkamera über das Glasfaserkabel, den Strichcodescanner im Supermarkt bis hin zu Laser, Kernkraftwerk, Solarzelle, GPS und Vitaminpillen stehen. Die Technik des 20. Jahrhunderts basiert in der Tat auf der Physik des 20. Jahrhunderts. Die Theorien einiger »weltfremder Theoretiker« sind zur Grundlage unseres Alltagslebens geworden.

Das Universum

Erst haben sich die Menschen das Universum ziemlich klein vorgestellt, dann unendlich groß. Heute kann man sagen, dass es zwar nicht unendlich, aber immerhin unvorstellbar groß ist.

Bis ins 16. Jahrhundert bestand das vorherrschende Bild der Welt aus der Erde und Kristallsphären rundherum, an denen die Himmelskörper festgemacht waren. Eine klare und übersichtliche Angelegenheit, die man als geozentrisches Weltbild bezeichnet, was nichts anderes heißt, als dass sich alles um die Erde dreht. Um dieses Bild in Einklang mit den beobachtbaren Bewegungen von Sonne und Planeten zu bringen, entwickelte Claudius Ptolemäus (ca. 100–160) ein kompliziertes System zur Berechnung der Himmelsbewegungen. Dieses hatte rund 1400 Jahre Bestand. Dann erst kam Nikolaus Kopernikus (1473–1543), setzte die Sonne in die Mitte und verhalf dem heliozentrischen Weltbild zum Durchbruch. Das Universum war für den damaligen Geschmack schon aberwitzig groß, denn die Unbeweglichkeit der Fixsterne konnte bei einer nun bewegten Erde nur damit erklärt werden, dass die Fixsternsphäre, die das Sonnensystem wie eine Kugel umgab, sehr weit weg war. Doch immerhin bestand das ganze Universum noch aus einer einzigen, riesigen Kugel. Diese Übersichtlichkeit hielt bis ins 19. Jahrhundert. Seitdem hat unser Bild vom Universum noch deutlich an Größe gewonnen, dafür an Anschaulichkeit verloren. Unser Sonnensystem ist nur ein winziger Teil einer Galaxis und diese Galaxis nur ein kleiner Ort im Universum.

Die kopernikanische Wende

Heute weiß jeder, dass sich die Erde um die Sonne dreht und nicht umgekehrt. Der Gedanke kommt einem alles andere als revolutionär vor. Doch noch Anfang des 19. Jahrhunderts waren ausführliche Erläuterungen nötig, um solch seltsame Ideen zu vermitteln.

Wir erlauben uns, hier eine Passage aus Johann Peter Hebels 1811 erschienenen *Schatzkästlein des rheinischen Hausfreundes* zu zitieren, die dem Leser die Erkenntnisse von Kopernikus nahe bringt.

> »Der geneigte Leser wird jetzt erfahren, was Kopernikus behauptet und bewiesen hat, wird aber ersucht, zuerst alles zu lesen, ehe er den Kopf schüttelt, oder gar lacht.
>
> Erstlich, sagt Copernicus, die Sonne, ja selbst die Sterne haben gegen die Erde weiters keine Bewegung, sondern sie stehen für uns so gut als still.
>
> Zweitens, die Erde dreht sich in 24 Stunden um sich selber um. Nämlich, man stelle sich vor, wie wenn von einem Punkt der Erdkugel durch ihr Zentrum bis zum entgegengesetzten Punkt eine lange Spindel oder Achse gezogen wäre. Diese zwei Punkte nennt man die Pole. Gleichsam um diese Achse herum dreht sich die Erde in 24 Stunden, nicht nach der Sonne, sondern gegen die Sonne, und wenn ein langer roter Faden ohne Ende, ich will sagen am 21. März von der Sonne herab auf die Erde reichte, und mittags um 12 Uhr, an einen Kirschbaum oder an einem Kruzifix auf dem Felde angeknüpft würde, so würde die Erdkugel diesen Faden in 24 Stunden einmal ganz um sich herum gezogen haben, und so jeden andern Tag...
>
> Drittens, sagt Copernicus, ... bleibt sie nicht an dem nämlichen Ort, im unermesslichen Weltraum stehen, sondern sie bewegt sich unaufhörlich, und mit unbegreiflicher Geschwindigkeit in einer großen Kreislinie, zwischen der Sonne und den Sternen fort, und kommt in 365 Tagen und ungefähr 6 Stunden um die Sonne herum, und wieder auf den alten Ort.«

Tatsächlich war das System von Kopernikus noch weit komplizierter, da es allerlei beobachtbare Abweichungen vom idealen Modell zu erklären galt. Dass auch Kopernikus mit seinem heliozentrischen Ansatz hierfür noch jene Epizykel genannten kleinen Kringel auf den Bahnen der Planeten bemühen musste, mit denen 1400 Jahre vorher

Ptolemäus mit einer mathematischen Glanzleistung dem alten geozentrischen Weltbild zu Exaktheit verhelfen wollte, war, wie eingangs erwähnt, eine Folge seiner geerbten Vorliebe für kreisförmige Bahnen. Doch auch die Epizykel des Kopernikus konnten die Abweichungen der Planetenpositionen von den Vorhersagen nicht besser korrigieren als die des Ptolemäus, sodass sich Kopernikus nicht nur mit dem Widerstand der Kirche, sondern auch dem gerechtfertigten Vorwurf anderer Wissenschaftler konfrontiert sah, seine Theorie erlaube auch keine besseren Vorhersagen als die gute alte, in der noch die Erde der Mittelpunkt der Welt war. Außerdem wurde eingewandt, dass wenn die Erde sich bewegt, wir dies merken müssten. Dann dürfte ein Stein doch nicht senkrecht zu Boden fallen, sondern müsste ein Stück weiter hinten auftreffen, da die Erde sich während seines Falls ja weiterbewegt habe. Laut Aristoteles war der natürliche Zustand eines irdischen Objektes die Ruhe im Mittelpunkt des Universums. Damit ließ sich leicht erklären, dass alles zu Boden fällt, es strebte eben zum Mittelpunkt. Und auch Ptolemäus schien es klar, dass sich die Erde nicht drehen könne, sonst würde sie ja den Vögeln und Wolken davoneilen.

Diese Einwände entkräftete Galileo Galilei mit seinem Relativitätsprinzip. Er demonstrierte es unter anderem anhand des Ballspiels in einem gleichmäßig schnell fahrenden Boot. Dass an Aristoteles' Theorie etwas nicht stimmen kann, zeigt sich daran, dass es unter Deck gleich schwer ist, den Ball nach vorne oder nach hinten zu werfen. Hätte Ptolemäus Recht, müsste der Ball, sobald man ihn losließe, nach hinten schnellen, denn das Boot fährt ja unter ihm nach vorne. Und wenn das Ganze in einem bewegten Boot so funktioniert, dann braucht man sich nur noch die Erde als Boot vorzustellen, und schon gibt es kein Problem mehr mir einer durch den Weltraum sausenden Erde.

Das Problem mit den Planetenbahnen löste erst Johannes Kepler (1571–1630), der im Jahre 1609 seine *Astronomia nova* veröffentlichte. Kepler gelang es mit Brahes Messdaten zu zeigen, dass der Mars nicht auf einer kreisrunden, sondern auf einer elliptischen Bahn um die Sonne kreiste. Dies war keineswegs eine unbedeutende Korrektur, sondern eine ganz und gar nicht gottgefällige Brechung der Symmetrie. Denn der Kreis galt als perfekt und somit als Gottes Werk.

Die Ellipsenbahn der Erde ist zum Glück annähernd kreisförmig, sonst hätten wir große Temperaturschwankungen. Aber eben doch nicht ganz. Am sonnennächsten Punkt beträgt die Entfernung 147,1 Millionen Kilometer, am entferntesten 152,2 Millionen.

Den wirklich mit eigenen Augen zu erblickenden Beweis gegen das Modell der zentralen, umkreisten Erde lieferte schließlich Galileo Galilei (1564–1642), als er mit seinem Teleskop erstmals die vier hellsten Monde des Jupiter sehen und in ihrer Bahn verfolgen konnte und seine Beobachtungen im Jahre 1610 in seinem Werk *Sidereus Nuncius* darstellte.

»Was aber alles Erstaunen weit übertrifft … ist die Tatsache, dass ich nämlich vier

Wandelsterne gefunden habe, die keinem unserer Vorfahren bekannt gewesen und von keinem beobachtet worden sind. Sie kreisen um einen bestimmten auffallenden Stern ... Jetzt haben wir ein ausgezeichnetes und durchschlagendes Argument, um denjenigen ihr Bedenken zu nehmen, die zwar das Kreisen der Planeten um die Sonne im kopernikanischen System noch ruhig hinnehmen, aber von der einzigen Ausnahme, dass der Mond sich um die Erde dreht, während beide eine jährliche Kreisbahn um die Sonne vollenden, sich so verwirren lassen, dass sie dieses Weltbild als unmöglich verbannen zu müssen glauben ... «

Rund 380 Jahre nach Galileis Entdeckung der Jupitermonde, am 18. Oktober 1989, startete die NASA-Raumsonde Galileo auf ihren Flug zum fünften Planeten des Sonnensystems zur Erforschung der Jupitermonde. Ende 1995 erreichte Galileo Jupiter und schickte hoch aufgelöste Bilder der vier galileischen Monde zur Erde zurück.

Doch zurück ins frühe 17. Jahrhundert. Im Unglücksjahr 1611, in dem seine Frau an Fleckfieber, sein sechsjähriger Sohn an den Pocken starb, lieferte Kepler die Grundlage für weitere Erfolge in der Astronomie. In dem Werk *Dioptrice* formulierte er eine Theorie der Optik und schuf die Voraussetzung für astronomische Teleskope. Galileis Fernrohr, die Kombination einer Streulinse mit einer Sammellinse, war für damalige Verhältnisse mit mehr als 10-facher Vergrößerung pure Hightech, aus heutiger Sicht jedoch kaum besser als ein einfaches Opernglas. In *Dioptrice* beschreibt Kepler nun die Lichtbrechung in einem doppelten Sammellinsensystem, das bessere Lichtsammeleigenschaften bietet und für das Parameter wie Brennweite oder Öffnung berechnet werden konnten. In den folgenden Jahren vollendete Kepler seine Theorie des Sonnensystems, deren kürzeste Zusammenfassung die drei keplerschen Gesetze sind. Sie lauten in der heutigen Form:

1. Die Planeten bewegen sich auf Ellipsen, in deren einem Brennpunkt die Sonne steht.
2. Die Verbindungslinie Planet-Sonne überstreicht in gleichen Zeiten gleiche Flächen.
3. Die Quadrate der Umlaufzeiten der Planeten verhalten sich wie die Kuben ihrer mittleren Entfernung zur Sonne.

An Keplers Wirken lässt sich gut erkennen, wie anders die Situation des Forschers damals im Vergleich zu heute war. Die Naturwissenschaften gab es noch nicht, damit auch keine naturwissenschaftliche Ausbildung und kein entsprechendes Weltbild, das der Plausibilität von Hypothesen auf Basis der bekannten und akzeptierten Naturgesetze klare Grenzen steckte. So war Kepler überzeugt, dass die Strahlen der Himmelskörper die Erde, ihre Natur, das Wetter und den Menschen beeinflussen. Erde, Sonne, Mond und Planeten waren für ihn und die meisten seiner Zeitgenossen keine toten Objekte, sondern sie hatten eine Seele. Die Astrologie war ihm so legitim und wertvoll wie die Astronomie. Das Schreiben von Horoskopen zählte zu seinen Hauptbeschäftigungen. Dem Feldherrn Albrecht von Wallenstein bescheinigte er zum Beispiel einen durchaus düsteren Charakter:

»Und weil der Mond verworfen stehet, wird ihm diese seine Natur zu einem merk-lichen Nachteil und Verachtung … gedeihen, sodass er für einen einsamen, lichtscheu-en Unmenschen wird gehalten werden. Gestaltsam er auch sein wird: unbarmherzig, ohne brüderliche oder eheliche Lieb, niemand achtend, nur sich und seinen Wolllüsten ergeben, hart über die Untertanen, an sich ziehend, geizig, betrüglich, ungleich im Ver-halten, meist stillschweigend, oft ungestüm, auch streitbar, unverzagt, weil Sonne und Mars beisammen, wiewohl Saturnus die Einbildungen vererbt, sodass er oft vergeblich Furcht hat.«

Galileis wissenschaftliche Weltsicht war dagegen in ganz anderer Weise geprägt. Bei ihm dominierte das ästhetische Empfinden. Das Verhältnis von Kepler und Galilei gab Wissenschaftshistorikern lange Rätsel auf. Während Kepler ein glühender Verehrer Galileis war, zeigte dieser ihm nur die kalte Schulter und akzeptierte nie die keplerschen Gesetze, obwohl diese ihn in der Auseinandersetzung mit seinen Gegnern enorm unterstützt hätten. Der berühmte Kunsthistoriker Erwin Panofsky lieferte schließlich eine Erklärung für diese schwer nachvollziehbare Ablehnung. Er wies darauf hin, dass für Galilei ein ganz entscheidendes Kriterium wissenschaftlichen Handelns darin bestand, nur Gedanken zu verwenden, die sozusagen künstlerisch wertvoll waren. Er lehnte Keplers Theorien also aus verschiedenen ästhetischen Gründen ab. Das Durch-einander an astrologischen und astronomischen Ideen war ihm ebenso zuwider wie die Ellipse, als welche Kepler die Umlaufbahnen der Planeten identifiziert hatten und der in Galileis Sicht als Verzerrung eines Kreises kein wirklicher Wert zukam. Galileis kom-promisslose Verehrung des Kreises ist wohl auch der Grund, weshalb erst Newton die Trägheit entdecken konnte, denn Galilei war überzeugt, dass alle Körper sich, wenn nicht andere Kräfte auf sie wirken, kreisförmig bewegen. Seit Isaac Newton (1643–1727) wissen wir, dass sie sich in Wirklichkeit nach dem Trägheitssatz geradlinig mit kon-stanter Geschwindigkeit bewegen.

Schwerkraft und Trägheit

Interessanterweise wird Galileis Vorstellung auch heute noch von vielen Menschen intuitiv für richtig gehalten. Fragt man, was passiert, wenn man einen Stein an einer Schnur kreisförmig schwingt und dann loslässt, erhält man oft die Antwort, er fliege in einem Bogen davon.

Isaac Newton aber akzeptierte die elliptische Bahn und konnte die keplerschen Gesetze auf eine gegenseitige Anziehung der Himmelskörper zurückführen. Eine Anziehung, die nicht nur auf die Himmelskörper, sondern auf alle Körper wirkt, weil sie eine Eigenschaft der Masse ist. Die Anziehung zweier leichter Körper ist jedoch sehr klein und war vorher noch nicht entdeckt worden. Newton formulierte so die erste Gra-vitationstheorie, die besagt, dass Körper sich gegenseitig anziehen und zwar umso stärker, je größer ihre Massen sind. Diese Anziehung wirkt über unbegrenzte Distanz, ihre Stärke nimmt jedoch umgekehrt proportional zum Quadrat der Entfernung ab. Bis dahin galt die Lehre von Aristoteles, wonach sich die Himmelsmechanik grundlegend von der Mechanik auf der Erde unterscheidet. Newton kam hingegen mit einer Gravitation aus, die beides in sich vereinigt. Er beschrieb so als Erster die Physik des Weltalls mit Formeln, die auch auf der Erde galten.

Newton erkannte auch eine weitere Eigenschaft von Massen: die Trägheit. Laut Aristoteles musste ein Objekt, das sich bewegt, ständig angetrieben werden. Und zwar umso stärker, je schneller es ist. Ein Nachlassen des Antriebes würde also bewirken, dass das Objekt sofort zur Ruhe kommt. Diese Vorstellung war wenig geeignet, die Bewegung der Planeten zu erklären. Newton betrachtete sie stattdessen als träge Massen, die immer in dem Bewegungszustand verharrten, in dem sie gerade waren, solange keine Kraft auf sie wirkte. Ist ein Körper in Ruhe, bleibt er es, bis man ihn durch äußere Kraft in Bewegung setzt. Ist er in Bewegung, bewegt er sich mit konstanter Geschwindigkeit in gerader Linie dahin, bis man ihn bremst, beschleunigt oder ablenkt.

Dass die Theorie Newtons bis heute nicht mit unserer Intuition vereinbar ist, wundert nicht. Denn sie geht von einer idealisierten Welt aus, die mit unserem Alltag, in dem jede Bewegung durch Reibung gebremst wird, wenig gemein hat. Ein Bauer, der sich müht, seinen Ochsenkarren durch den Schlamm zu zerren, wird aus der Bemerkung, der Karren würde sich – einmal in Fahrt gebracht – ohne neue Kraftanwendung immer geradeaus weiter bewegen, nicht unbedingt schließen, dass der Herr Physiker ein intelligenter Mann sei.

Entdeckung der Lichtgeschwindigkeit

Auch bei der Frage der Lichtgeschwindigkeit musste Galilei passen. Hier war er zwar auf der richtigen Fährte, kam jedoch zu keinem Ergebnis. Bis ins 17. Jahrhundert glaubte man, dass das Licht sich unendlich schnell ausbreite. Daran zweifelte Galilei und dachte sich ein Experiment aus, um die Lichtgeschwindigkeit zu messen oder zumindest ihre Endlichkeit zu beweisen. Er und sein Assistent nahmen jeder eine abdunkelbare Laterne und stellten sich im Abstand von ein paar Kilometern auf zwei Hügel. Galilei ließ seine Laterne kurz aufblitzen, und sein Assistent sollte das Gleiche mit seiner eigenen Laterne machen, sobald er Galileis Lichtblitz sah. Galilei wollte dann messen, wie lange es dauerte, bis er das Licht vom anderen Hügel sah. Das Einzige, was er damit messen konnte, war jedoch die Reaktionszeit seines Assistenten. Damit diese das Ergebnis nicht verfälschte, wiederholte er den Versuch mit unterschiedlichen Entfernungen. Doch die waren alle viel zu klein. Das Licht brauchte zwar Zeit, um vom einen Hügel zum anderen zu gelangen, jedoch nur ein paar Millionstel Sekunden. Es war für Galilei also unmöglich, die Zeitverzögerung festzustellen.

Der dänische Astronom Olaus Rømer (1644–1710) beschäftigte sich mit Licht, das sehr viel größere Distanzen zurücklegte, und konnte so im Jahre 1675 erstmals die ungefähre Lichtgeschwindigkeit bestimmen. Er beobachtete mit Hilfe eines astronomischen Fernrohres die Bewegung der vier bis dahin bekannten Jupitermonde. Er maß die Zeit, die der Mond Io benötigte, um einmal den Jupiter zu umkreisen, und kam auf 42,5 Stunden. Da Rømer davon ausging, dass sich Io annähernd mit gleich bleibender Geschwindigkeit bewegte, konnte er vorausberechnen, wo er wann zu sehen sein müsste. So konnte er feststellen, dass Io von den berechneten Werten abwich. Die Verspätung nahm immer mehr zu und betrug nach einem halben Jahr etwa 1000 Sekunden. Dann nahm sie wieder ab und nach einem ganzen Jahr flog Io wieder nach Plan. Der Grund für diese Verspätung konnte nur darin liegen, dass das Licht für die sich ändernde Distanz zwischen Jupiter und Erde auch unterschiedlich lang brauchte, sich also nicht mit unendlicher Geschwindigkeit ausbreitete.

Vermessung des Universums

Mit der Abkehr vom geozentrischen Weltbild wurde aus der Erde eine mobile Beobachtungsplattform. Das bedeutet auch, dass man die Sterne nun von verschiedenen Punkten der Erdumlaufbahn aus beobachten und mit der Vermessung des Weltalls beginnen konnte.

Im 19. Jahrhundert ging man daran, mit der trigonometrischen Parallaxenmessung die Entfernung der Sterne von der Erde zu berechnen. Wie das funktioniert, kann man leicht verdeutlichen, wenn man einmal so tut, als sei das linke Auge die Erde im Sommer, das rechte die Erde im Winter, also auf der anderen Seite der Sonne, und der Daumen an der ausgestreckten Hand ein Stern. Betrachtet man den Daumen erst mit dem linken Auge, schließt es dann und öffnet das rechte, dann macht der Daumen einen kleinen Sprung nach links. Aus dieser Verschiebung lässt sich die Länge des Armes berechnen. Da selbst die hellen Sterne im Schnitt 20 Millionen Mal weiter entfernt sind als die Erde von der Sonne, ist der Effekt nicht so deutlich wie beim Daumen, der ja keinen Meter von unserer Nase entfernt ist. Dennoch ließen sich so mit präzisen Instrumenten die Entfernungen der Sterne bestimmen. Heraus kam, dass selbst unsere nächsten Nachbarn Lichtjahre entfernt sind. Als Erster berechnete der deutsche Astronom Friedrich Wilhelm Bessel (1784–1846) im Jahre 1838 die Entfernung von 61 Cygni (im Sternbild Schwan) und kam auf zehn Lichtjahre. Mit der Erfindung der Parallaxenmessung wurde das Weltall auf einmal unvorstellbar groß. Heute wissen wir, dass es noch viel größer ist und sich diese Methode nur für die nähere Umgebung eignet. So wurden immer neue Techniken der Entfernungsmessung entwickelt. Für die tiefsten Blicke in den Raum nutzt man heute Supernovae (vom Typ 1a) und ganze Galaxien als so genannte Standardkerzen. Wenn ein normaler Stern heller erscheint als ein anderer, dann kann das entweder daran liegen, dass er näher bei uns ist oder dass er heller leuchtet. Erscheint jedoch eine Supernova, auf die wir weiter unten ausführlicher eingehen, dunkler als eine andere, dann weiß man, dass sie weiter entfernt sein muss als die hellere, denn die Supernovae sind alle gleich hell. Auf Basis der bei uns ankommenden Helligkeit kann man die Entfernung berechnen. Denn die Helligkeit einer Lichtquelle nimmt mit dem Quadrat ihrer Entfernung ab.

Seit in den 1930er-Jahren erkannt wurde, dass das Universum sich ausdehnt, haben wir ein Weltbild, in dem nicht nur weder Erde noch Sonne im Zentrum des Universums stehen, sondern in dem es überhaupt kein Zentrum gibt. Gleichgültig wo im Universum ich mich befinde: Alles bewegt sich von mir weg! Man könnte auch sagen: Jeder beliebige Ort im Universum bildet ein relatives Zentrum, von dem sich alles wegbewegt. So gesehen ist die Erde dann doch ein Zentrum des Universums.

Die große Leere

Das Universum besteht zum größten Teil aus leerem Raum. Durchschnittlich ist jeder Ort im Universum mit 0,2 Atomen pro Kubikmeter ziemlich dünn besiedelt. In Galaxien sind es rund 200 000 Atome. Zum Vergleich: Eine relativ dünne Substanz auf der Erde, die Luft, besteht aus etwa 30 000 000 000 000 000 000 000 000 (30 Quadrillionen oder 3-mal 10^{25}) Atomen pro Kubikmeter. Die direkten Nachbarn der Sonne sind etwa drei Lichtjahre entfernt – 60 Millionen Mal weiter, als je ein Mensch von der Erde weg war. Bis zur nächsten größeren Galaxie, dem Andromedanebel, braucht unser Licht 2 Millionen Jahre. Die Kosmologie bietet Gründe, sich einsam und ein wenig verloren im All zu fühlen.

Was uns die Sterne verraten

Eine neue Qualität erlangte die Astronomie, als man lernte, aus dem Licht, das uns von fernen Himmelskörpern erreicht, Informationen herauszulesen. Dies gelingt mit Hilfe der Spektralanalyse, die wir dem Optiker Joseph Fraunhofer (1787–1826) verdanken. Er beobachtete 1814, dass die Flammenspektren in seinem Labor und diejenigen der Sonne und anderer Sterne durch dunkle Linien unterbrochen wurden. 50 Jahre später fanden die Physiker Gustav R. Kirchhoff (1824–1887) und Robert W. Bunsen (1811–1899) eine wissenschaftliche Erklärung für dieses Phänomen. Die dunklen Linien im Spektrum des Lichts sind so genannte Absorptionslinien. Die Photonen werden vom Inneren eines Sterns ausgesendet und müssen dann erst einmal durch die Gashülle, um ihren weiten Weg durch den Weltraum beginnen zu können. Je nachdem, welche chemischen Elemente in dieser Hülle sind, werden einige der Photonen abgefangen, daher die dunklen Linien. So kann man etwas über die chemisch-physikalische Zusammensetzung von Himmelskörpern erfahren, ohne an diese etwas zu entfernten und zu heißen Orte reisen zu müssen.

Je nach Absorptionsspektrum werden Sterne in Spektralklassen eingeordnet. Die so genannte Harvard-Klassifikation staffelt die Sternspektren nach fallender Oberflächentemperatur und unterscheidet sie durch Großbuchstaben. Sie beginnt mit sehr heißen, blauweißen und weißen Sternen (Typ O) und reicht bis zu roten Sternen mit niedriger Oberflächentemperatur (Typ M). Das einfache Harvard-Klassifikationsschema lautet O – B – A – F – G – K – M, für das sich Astronomen die Eselsbrücke »O Be A Fine Girl Kiss Me« ausgedacht haben.

Im Jahre 1861 analysierte der Physiker Gustav Kirchhoff in Heidelberg das Sonnenlicht und ermittelte, dass die Sonne unter anderem aus Natrium, Magnesium, Kalzium und Eisen besteht. Inzwischen werden Zehntausende von Sternen analysiert, und das Ergebnis beruhigt: Wenn schon alles unvorstellbar weit weg ist, ist es uns doch in anderer Hinsicht sehr nah, denn in jeder anderen Ecke des Weltraums sieht es eigentlich ziemlich ähnlich aus wie bei uns. Die Sterne bestehen alle aus den gleichen Elementen und bewegen sich nach den gleichen physikalischen Gesetzen.

Das »beobachtbare Universum«

Selbst mit den leistungsfähigsten Teleskopen sind nur Sterne zu sehen, deren Licht seit ihrer Entstehung ausreichend Zeit gehabt hat, zu uns zu gelangen. Von einer Galaxie beispielsweise, die 9 Milliarden Jahre alt, aber 10 Milliarden Lichtjahre von uns entfernt ist, werden wir nie etwas erfahren. Wir unterscheiden daher zwischen dem Universum und dem »beobachtbaren Universum«, das auch als »Hubble-Volumen« bezeichnet wird.

Die tatsächliche Größe des Universums kann man daher nicht messen, sondern nur auf Basis von Theorien hinsichtlich seiner Entstehung und Entwicklung abschätzen. Je nachdem, welche Werte man in die Gleichungen eingibt, mit denen das Geschehen nach dem Urknall beschrieben wird, ist das komplette Universums entweder viel, viel größer oder sogar eher noch unvorstellbar viel größer als das beobachtbare Universum.

Das wichtigste Instrument zur Beobachtung des Universums sind Teleskope in der Erdumlaufbahn. Das erste und größte ist das Hubble-Weltraumteleskop, das im Auftrag der amerikanischen und europäischen Weltraumbehörden NASA und ESA gebaut wurde und am 24. April 1990 in Betrieb ging. Anders als die Teleskope auf der Erde können diese Weltraumteleskope völlig ungestört von den Trübungen der Erdatmosphäre in die hintersten Winkel des Weltalls schauen. Das 2 Milliarden Dollar teure Hubble Space Telescope (HST) ist das größte Fernrohr der Welt. Es umkreist täglich mit einer Geschwindigkeit von 8 Kilometern pro Sekunde etwa 15 Mal die Erde in einer Höhe von 600 Kilometern. Per Funk gelangen die digitalen Beobachtungsdaten zur Erde.

Die Bilder, die das Hubble-Teleskop liefert, sind etwa zehnmal schärfer als herkömmliche und es kann hundertmal schwächere Lichtquellen untersuchen und zwar auch, wenn sie infrarotes und ultraviolettes Licht aussenden, das auf der Erde kaum wahrgenommen werden kann.

Mit Hubble kann man bis an die Grenzen der Zeit schauen. Für Kosmologen befindet sich der »Horizont« 13,7 Milliarden Lichtjahre entfernt. Er zeigt sich als das Licht, das

sich einige hunderttausend Jahre nach dem Urknall auf den Weg machte, als die Dichte des Universums so stark abgenommen hatte, dass es lichtdurchlässig wurde. Die
heute messbare Hintergrundstrahlung besteht aus den Photonen, die seit damals nie
mehr mit Materie kollidierten. So bestimmt das Alter des Universums auch automatisch die Größe des »beobachtbaren Universums«. Umgekehrt können wir aus der Entfernung der fernsten noch sichtbaren Galaxien und dem Licht der kosmischen Hintergrundstrahlung unter Berücksichtigung der Ausdehnung des Universums sein Alter
berechnen. Im Jahr 2002 wurde dieses auf 13,7 Milliarden Jahre plus/minus 1 Prozent
bestimmt.

Die Theorie vom Urknall

Wo kommt es her, das Universum? Eine Frage, wie man sie sich fundamentaler nicht
vorstellen kann. Und doch kennt fast jedes Kind die Antwort: Es kam mit einem großen
Rumms aus dem Nichts. Die heute vorherrschende Meinung geht von einem Urknall
aus, einem einzigartigen Ereignis, an dessen Beginn alle Materie-Energie auf kleinstem
Raum komprimiert war, um sich dann auszubreiten und das Universum zu formen.

Aber wie kam man bloß auf die Idee, das Universum müsse extrem klein angefangen haben und würde ständig wachsen? Aus der Beobachtung des Sternenhimmels
ergab sich bis Ende der 1920er-Jahre kein Grund zur Annahme, das Universum hätte
keine konstante Größe. Lange Zeit hatten Astronomen geglaubt, das Universum bestehe aus nichts anderem als aus der Milchstraße. Doch wie wir weiter unten darstellen
werden, tat sich zu Beginn des 20. Jahrhunderts eine Menge in der Physik und die Relativitätstheorien Einsteins bezogen sich speziell auf Geschehnisse in kosmischem Maßstab. Tatsächlich legte Einsteins Theorie nahe, dass das Universum nicht stabil sein
könne, sondern sich entweder ausdehnen oder zusammenziehen müsse. Da kaum
jemand die Relativitätstheorie richtig verstand, ist das naturgemäß erst einmal nicht
allzu vielen Leuten aufgefallen. Vielleicht nur einem: dem Russen Aleksandr Friedmann
(1888–1925), der daher 1922 ein mathematisches Modell für ein expandierendes Universum konstruierte. Einstein passte es indes gar nicht, dass sich aus seiner Theorie solch
seltsame Schlüsse ziehen lassen sollten, und er bestand zunächst darauf, dass Friedmann sich geirrt habe. Der konnte die Sache nicht lange weiter verfolgen, da er drei
Jahre später im Alter von 37 Jahren starb.

1929 jedoch kamen Hinweise aus dem All selbst. Der US-Astronom Edwin Hubble
(1899–1953) entdeckte den nach ihm benannten Hubble-Effekt. Er stellte eine Verschiebung der Spektrallinien bei Galaxien fest und schloss daraus, dass sich die Galaxien
voneinander entfernten, und zwar desto schneller, je weiter sie von uns weg sind. Das
ließ sich am besten damit erklären, dass das ganze Universum sich ausdehnt. Dabei

werden die Lichtwellen in die Länge gezogen und alle Farben in Richtung des langwelligen Rots hin verschoben. Das Maß dieser Rotverschiebung erlaubt Rückschlüsse auf die Ausdehnungsgeschwindigkeit des Universums.

Was sich ausdehnt, muss früher aber kleiner gewesen sein und noch früher noch kleiner und ganz am Anfang eben unendlich klein. Um jedoch von unendlich klein zu riesengroß zu gelangen, reicht es nicht, sich gemächlich auszudehnen, es muss eine Art Explosion her, also: der Big Bang. 1931 formulierte erstmals der belgische Astronom Georges Lemaître (1894–1966) diese Vorstellung. 1947 präsentierte George Gamow (1904–1968) die Theorie, nach der das Universum aus einer winzigen Raumblase entstanden sei. 1949 untermauerten er, Ralph Alphner und Robert Herman ihre Theorie wissenschaftlich; kurz darauf verspottete der englische Mathematiker Fred Hoyle, der die Theorie ablehnte, sie als »Big Bang«, was später als Urknall übersetzt wurde. Nun galt es, Fakten zu sammeln, die diese Vorstellung bestätigen. Zwei davon sollte man kennen.

Nach etwa 500 000 Jahren war laut Urknall-Theorie das Universum so groß und die darin enthaltene Materie so verdünnt, dass sich Licht ausbreiten konnte. Die Lichtteilchen (Photonen) nutzten diese Chance, um fortan unabhängig von der Materie durchs Weltall zu schießen. Diese Geburtsstunde des Lichts wird als Photonen-Entkopplung bezeichnet. Das damals frei gewordene Licht müsste, soll die Urknalltheorie stimmen, überall im Universum gleichmäßig verteilt sein. Und genauso ist es. Wir bezeichnen dieses Licht, dessen Wellenlänge im Mikrowellenbereich liegt, als kosmische Hintergrundstrahlung. Und die hat nach Messungen des Satelliten COBE (Cosmic Background Explorer) von 1989 überall die Intensität von 2,726 Kelvin. Allerdings ließen sich auch kleinste Unterschiede ausmachen. Die Ursache hierfür ist, dass den Mikrowellen-Photonen sozusagen die Struktur des Universums, wie es 400 000 Jahre nach dem Urknall aussah, aufgeprägt ist. Aus den minimalen Dichteunterschieden im jungen Universum entwickelten sich später die Galaxien.

Eine zweite Schlussfolgerung aus der Urknalltheorie besagt, dass das Universum nach Berechnungen von Kernphysikern zu einem Viertel aus Helium und zu knapp drei Vierteln aus Wasserstoff bestehen sollte. Wasserstoff und Helium sind die beiden kleinsten Elemente und müssten in diesem Verhältnis entstanden sein, als sich bei der Abkühlung rund 100 Sekunden bis eine Viertelstunde nach dem Urknall Neutronen und Protonen zu Atomkernen verbanden. Messungen haben auch dies bestätigt. Das Universum besteht zu 73 Prozent aus Wasserstoff und zu 25 Prozent aus Helium. Die restlichen Elemente sind erst später entstanden, was ebenfalls bestätigt wurde, denn sie finden sich in alten Sternen in geringerer Konzentration als in jüngeren.

Kleine Geschichte des Universums

Ganz am Anfang also war das Universum extrem komprimiert. Alles, was über den Zeitpunkt Null gesagt werden kann, ist sehr spekulativ. Deshalb fangen die Kosmologen mit ihren Modellen häufig erst einen kleinstmöglichen Moment später an, den man als Planck-Zeit bezeichnet und auf 5,3-mal 10^{-44} Sekunden beziffert. Zu diesem Zeitpunkt sollen das Raum-Zeit-Gefüge sowie die Gravitationskraft und eine Superkraft so weit »funktionsfähig« gewesen sein, dass man über den weiteren Verlauf mit einigermaßen einleuchtenden Modellen nachdenken kann.

Der Rest der Geschichte des Universums wird in drei Ären eingeteilt. Die Ära der Elementarteilchen dauerte gerade mal 0,1 Milliardstel Sekunden, die Ära der Nukleonenbildung immerhin 300 000 Jahre, die anschließende Materie-Ära dauert bis heute an.

In den ersten beiden Ären ergab sich alles aus der Ausdehnung und der damit verbundenen Abkühlung, die dafür sorgte, dass Energie und Materie die aus unserer Sicht seltsam anmutenden Kapriolen sein ließen, die sie in Zuständen extrem hoher Energiedichte vollführen. In der dritten Ära ergab sich alles aus der Gravitation, die zur Bildung von Sternen und größeren Strukturen des Universums führte.

In der Ära der Elementarteilchen nahmen Kraft und Materie allmählich Form an. Quarks, Photonen und Leptonen existierten dicht gedrängt zusammen mit ihren Antiteilchen in einer Ursuppe. Die expandierte, wobei die Temperatur sank, bis es kalt genug war, dass sich immer drei Quarks zusammentun konnten, um ein Proton oder ein Neutron zu bilden – oder auch drei Antiquarks zu einem Antiproton oder Antineutron wurden. Wenn diese neu gebildeten Teilchen und Antiteilchen sich begegneten, löschten sie sich gegenseitig aus. Sie zerstrahlten, und übrig blieb Energie in Form von Photonen. Die gewannen daher schnell die Oberhand, ein Großteil der Energie wurde zu Licht, das nicht mehr in Materie zurückgewandelt wurde. Der Grund, warum dies nicht geschah, liegt darin, dass ein Teilchen und ein Antiteilchen immer in zwei Photonen zerstrahlen, die Energie, die einem Teilchen und einem Antiteilchen entspricht, also auf zwei Photonen verteilt wird. Weil jedes Einzelne nicht ausreichend energetisch ist, um Teilchen und Antiteilchen zu erzeugen, haben diese Photonen nicht mehr die Möglichkeit, sich in Materie zurückzuverwandeln.

Da sich das Universum schnell weiter ausdehnte, kam die Materie-Antimaterie-Vernichtung zum Erliegen, als die Suppe so dünn wurde, dass sich Teilchen und Antiteilchen erfolgreich aus dem Weg gehen konnten und kaum mehr aufeinander prallten. Tatsächlich gab es anscheinend von Anfang an weniger Antimaterie, weshalb zu diesem Zeitpunkt noch genug Materie übrig blieb, um später Milliarden von Galaxien zu bilden, aber fast keine Antimaterie. Warum dies so war, ist nach wie vor ein Rätsel. Denn gemäß dem Standardmodell der Teilchenphysik können Teilchen nur gemeinsam mit ihren zugehörigen Antiteilchen aus reiner Energie erzeugt oder zu Energie vernichtet werden. Eigentlich hätte es also immer zu jedem Materieteilchen ein Antimaterieteilchen geben müssen. Neueste Forschungen weisen jedoch darauf hin, dass es geringfügige Unterschiede im Zerfallsverhalten von Teilchen und Antiteilchen gibt. Dies könnte erklären, weshalb bei der großen Vernichtung etwas Materie übrig geblieben ist und das Universum daher nicht leer bleiben musste.

Das Universum bestand nun, nach etwa einer Sekunde, aus einem Neutrino-Hintergrund und war gefüllt von einem Photonensee, welchen ein Gas aus Protonen, Neutronen und Elektronen durchdrang. Den Neutrino-Hintergrund kann man für die weitere Entwicklung vernachlässigen, denn er hat mit dem Rest wenig zu tun, da Neutrinos durch alle andere Materie praktisch ohne anzuecken durchsausen.

Protonen und Neutronen blieben stabil, um nach etwa 100 Sekunden, als es nur noch 1 Milliarde Grad heiß war, die ersten Heliumkerne zu bilden. Bis aus denen richtige Atome werden konnten, musste das Universum noch 300 000 Jahre abkühlen. Dann war es nur noch etwa 3300 Grad heiß und damit kalt genug, dass sich die Atomkerne mit Elektronen verbinden konnten. Dieser Schritt war sozusagen die endgültige Emanzipation der Materie von der Herrschaft der Photonen. Diese hatten bis dahin jedes weitere Zusammenballen der Materie unterbunden, da sie, masselos wie sie sind, von gegenseitiger Anziehung nie etwas wissen wollten und durch ihre enge Kopplung mit den Materiebausteinen diese in präatomarem Singledasein verharren ließen. Nach der Photonen-Entkopplung war der Weg frei, die Schwerkraft das Ihre tun zu lassen, auf dass sich Materie zu Staub, Sternen, Galaxien und Galaxienhaufen verbinden konnte. Dieser Prozess dauert bis heute an.

Die Inflationshypothese

Zum Urknallmodell gesellte sich Anfang der 1980er-Jahre das Inflationsmodell. Es besagt, dass ganz am Anfang der Kosmos für einen klitzekleinen Moment – den John Maddox als »Milliardstel der Zeit, die ein Lichtstrahl benötigt, um den Durchmesser eines Atomkerns zu durchlaufen« quantifiziert – eine Phase durchgemacht hat, an deren Ende ein Neuanfang steht, von dem aus, wie der Berliner Astrophysiker Erwin Sedlmayer sagt, »die zukünftige Entwicklung des Universums sinnvoll gedacht und physikalisch formuliert werden kann«.

Was soll sich also zugetragen haben? Das Universum hat sich in diesem Moment kurz, aber heftig exponentiell ausgedehnt, um danach linear weiterzumachen. Vor Beginn der Inflation war es kleiner als ein Proton. Danach vielleicht so groß wie ein Fußball, vielleicht auch schon schlicht und einfach unvorstellbar groß. Das Modell hat den Vorteil, dass es zwei Probleme löste, die das Standard-Urknall-Modell nicht erklären konnte. Erstens lässt die Inflation offen, dass das Universum noch viele Milliarden Mal größer sein kann als vorher angenommen. Damit ist klar, weshalb es uns flach erscheint, obwohl es nach der Allgemeinen Relativitätstheorie gekrümmt sein müsste. Das liegt einfach daran, dass wir nur einen winzigen Teil von ihm sehen können. Wären wir selbst milliardenfach kleiner und würden nur einen Quadratmeter der Erde besiedeln, so würde sie uns ja auch als flach erscheinen. Zweitens erklärt sie, weshalb der beobachtbare Teil des Universums fast homogen ist, also eine gleichmäßige Verteilung der Materie aufweist. Die Inflation soll nämlich alle Klumpen aufgelöst haben, die sich beim Urknall gebildet haben. Wir können uns den Urknall auch als kleine Bombe vorstellen, der durch seine Explosion die Megabombe Inflation gezündet hat.

Die Ursachen für diesen Tritt aufs Gaspedal sind spekulativ, bzw. – etwas netter gesagt – die Inflationshypothese bietet viel Raum für weitere Hypothesen. Durch diesen Raum schwirren zurzeit solche Begriffe wie falsches Vakuum, Anti-Gravitation, Skalarfelder, zerfallende Superkraft und vieles mehr, auf das wir hier nicht eingehen können.

Ob das heutige Modell vom Urknall ein gutes Abbild der Geschehnisse vor fast 14 Milliarden Jahren ist, kann niemand sagen. Bezeichnend sind Bemerkungen wie jene des Kosmologen Timothy Ferris, der schreibt: »Zusammenfassend lässt sich also sagen, dass die Urknalltheorie gegen Ende des 20. Jahrhunderts anscheinend in ziemlich guter Verfassung ist.« Mit Sicherheit wird es jedoch nicht die letzte Theorie sein, die aufgestellt wird, und vielleicht wird es nie eine letzte geben und wir müssen uns auf die Warnung des englischen Mathematikers und Biologen John Burdon Haldane (1892–1964) besinnen, der einmal sagte: »Das Universum ist nicht nur viel sonderbarer, als wir annehmen, es ist noch viel sonderbarer, als wir überhaupt annehmen können!«

Das Jenseits

Wenn aber das Universum sich immer weiter ausdehnt, dann stellt sich die Frage: Wohin? Die Antwort lautet: Nicht in den leeren Raum. Denn das Universum ist der Raum selbst. Der Raum dehnt sich mit allem, was in ihm enthalten ist, aus. Ein Jenseits des Raums kommt in unserer Vorstellungswelt nicht vor. Wir können also rein gar nichts darüber sagen.

Was für den Raum gilt, gilt auch für die Zeit. Vor dem Urknall gab es kein Universum und damit auch keine Zeit. Wie wir weiter unten sehen werden, sind Raum und Zeit ohnehin nicht zu trennen, sondern bilden zusammen die Raumzeit.

Endkrach oder Wärmetod?

Das Gravitationsgesetz besagt, dass und wie alle Materie sich gegenseitig anzieht. Die Schwerkraft wirkt also notwendig der Ausdehnung des Universums entgegen. Deshalb fragt man sich, ob es mit der Ausdehnung immer so weiter gehen kann. Es gibt drei Möglichkeiten. Entweder ist die Bremskraft so stark, dass sie irgendwann die Oberhand gewinnt. Dann zieht sich das Universum wieder zusammen und endet in einem vergleichbaren Zustand wie jenem, mit dem es angefangen hat und für den die schöne Bezeichnung »Endkrach« gefunden wurde. Oder es dehnt sich immer weiter aus, wird also immer dünner und kälter, da sich die Wärme im vorhandenen Raum verteilt und nicht mehr in den Galaxien zentriert ist. In etwa 100 Milliarden Jahren stirbt es schließlich den so genannten Wärmetod, bei dem alle Lichter ausgehen. Dies ist die heute vorherrschende Ansicht, wobei angenommen wird, dass sich die Ausdehnung, getrieben von der so genannten Dunklen Energie, sogar noch beschleunigt. Die dritte Variante geht davon aus, dass die Ausdehnung zwar immer weitergeht, dabei aber immer langsamer wird, was irgendwann auch auf einen Wärmetod hinauslaufen könnte.

Das kosmische Inventar

Kommen wir zu den profaneren Dingen, über deren Existenz wir nicht zu spekulieren brauchen, da wir sie mit bloßem Auge, Feldstecher oder Teleskop sehen können.

Schauen wir des Nachts ins All, sehen wir Sterne, Sterne und noch mehr Sterne. Für den unbedarften Beobachter besteht das All aus Sternen und Zwischenräumen. Im Grunde ist es auch so. Etwas vielfältiger wird das Geschehen am Himmel nur deshalb, weil die Sterne verschiedene Stadien durchlaufen, etwa von Hauptreihensternen zu Roten Riesen werden und sich zu größeren Einheiten wie Doppelsterne und Galaxien gruppieren. Manche werden zudem von Planeten umrundet, die wir jedoch nicht sehen können, da sie kein Licht aussenden. Und dann ist da noch jene mysteriöse Dunkle Materie.

Sterne und Galaxien

Ein Stern ist ein großer Gasball, in dessen Innerem Atomkerne miteinander verschmelzen, wobei große Mengen Energie frei werden, die der Stern als Strahlung in den Raum abgibt.

Sterne entstehen aus Gas- und Staubwolken, die man interstellare Materie nennt, wenn sich diese durch die Schockwelle von Supernova-Explosionen verdichtet. Erst entsteht ein Protostern, der durch die Schwerkraft immer dichter und heißer wird, bis bei einer Temperatur von 10 Millionen Grad in seinem Kern der Fusionsprozess einsetzt. Dabei verschmelzen jeweils vier Wasserstoffatomkerne zu einem einzigen Heliumkern und es werden riesige Mengen von Energie frei. Dieses Modell entwickelte 1920 der englische Physiker und Astronom Arthur Eddington (1882–1944), um zu erklären, wie es kommt, dass Sterne so lange leuchten können. Bis dahin war man von konventionellen Verbrennungsprozessen ausgegangen, die jedoch einfach nicht genug Energie liefern konnten. Der genaue Fusionsprozess wurde 1938 unabhängig voneinander durch Carl Friedrich von Weizsäcker und Hans Bethe ausgearbeitet.

Wenn der Fusionsprozess einsetzt, ist der Protostern gezündet und leuchtet fortan als Stern, wobei der Strahlungsdruck ein weiteres Verdichten verhindert, sodass der Stern so lange stabil bleibt, wie sein Brennmaterial ausreicht. Das dauert zwischen 2 Millionen und 20 Milliarden Jahren. Was danach alles passieren kann, steht weiter unten.

Galaxien

Galaxien sind Materieanhäufungen im Universum, in denen sich Sterne bilden. Man geht also davon aus, dass sich bei der Entwicklung des Universums erst Galaxien gebildet haben und anschließend die ersten Sterne. Wenn ein Stern am Ende seiner Entwicklung angelangt ist, gibt er einen Großteil des Gases an das interstellare Medium zurück, das dann wiederum die Quelle einer neuen Sterngeneration darstellt. Galaxien kann man sich als Systeme vorstellen, die Gas in Sterne umwandeln und diese wieder zurück in Gas.

Man unterscheidet Spiralgalaxien, Elliptische Galaxien und Irreguläre Galaxien. Die Milchstraße ist eine typische Spiralgalaxie. Spiralgalaxien sind flach und bestehen aus einem Kern, einer Scheibe, einem Halo und Spiralarmen. Sie sind deutlich heller als elliptische Galaxien, weil die Spiralen größtenteils aus relativ jungen und hellen Sternen mit viel interstellarer Materie bestehen. Elliptische Galaxien bestehen aus bis zu 1 Billion Sterne und haben eine Ausdehnung von bis zu 2 Millionen Lichtjahren – dies entspricht etwa der 20fachen Größe der Milchstraße. Sie sind von Wolken aus sehr heißem Gas (Halos) umgeben. Die hellsten, massereichsten Ellipsen sind vorwiegend kastenförmig (boxy), während die kleinen, weniger hellen meist die Form einer Zitrone haben (disky). Ihre rötliche Farbe verweist auf ältere, kühlere Sterne, die gleichmäßig in der gesamten Galaxie verteilt sind. Man kann daher annehmen, dass sich die meisten Sterne in diesen Galaxien vor langer Zeit und in etwa gleichzeitig gebildet haben.

Zu den irregulären Galaxien zählt alles, was weder elliptisch noch spiralenartig aussieht. Sie weisen keinerlei erkennbare Strukturen auf, Sterne, Gas und Staub sind zufällig verteilt. Sie sind mit nur etwa 1 Million Sterne die kleinsten Galaxien und dienen vielleicht als Baumaterial für große Galaxien.

Dass es außer unserer Milchstraße noch andere Galaxien gibt, wurde endgültig erst 1929 durch Hubbles Beobachtungen klar. Im 17. und 18. Jahrhundert wurden zwar insbesondere durch William Herschel viele »Nebel« erfasst, ihre Natur blieb jedoch unklar. 1864 erkannte erstmals William Huggins, dass einige Spektren aufwiesen, die typisch für Sonnenlicht waren, einzelne Sterne zu erkennen war jedoch unmöglich.

Haufen, Superhaufen, Wände und Blasen

Die Galaxien bilden selbst wiederum Haufen (cluster), Superhaufen und Wände entlang großer Räume, die man als Blasen (voids) bezeichnet und die so gut wie leer sind. Ihre Dichte ist zehn bis hundert Mal geringer als die der Wände.

Galaxienhaufen werden durch die Schwerkraft zusammengehalten. Sie sind die größten gravitativ gebundenen Einheiten im Universum und enthalten Hunderte von Galaxien. Kleine Zusammenschlüsse von nur drei bis einigen Dutzend Galaxien bezeichnet man als Gruppen.

Ein Galaxienhaufen besteht aus den sichtbaren Galaxien und dem Haufenmedium: dünnem, heißem Gas, das den ganzen Haufen durchdringt. Doch Galaxien und Haufengas machen nur jeweils etwa 10 Prozent der Gesamtmasse eines Haufens aus. Der überwiegende Teil der Masse besteht aus Dunkler Materie. Die Gesamtzahl der Galaxien in dem von uns beobachtbaren Teil des Universums beläuft sich auf mehr als 1 Billion.

Sterbende Sterne

Rote Riesen und Weiße Zwerge

Auf welche Art ein Stern stirbt, hängt von seiner ursprünglichen Größe ab. Junge Sterne beziehen ihre Energie aus Kernfusion im Inneren. Sie verschmelzen Wasserstoffatome zu Helium. Wenn sie das aufgebraucht haben, können sie verschiedene Wege gehen. Hat ein Stern eine Masse kleiner als 0,4 Sonnenmassen, dann fehlt ihm die Energie, um auf die nächste Stufe der Kernfusion zu schalten. Im Innern sammelt sich dann eine Kugel aus Helium an. Das Wasserstoffbrennen findet in einer Schale um diese Heliumkugel herum statt. Die Hülle eines solchen Sterns dehnt sich zu einem hell leuchtenden Roten Riesen aus. Ist der Stern schwerer als 0,4 Sonnenmassen, so wird der innerste Bereich aus Helium heiß und dicht genug für die Fusion zu Kohlenstoff. Dies geschieht in der Regel explosionsartig als so genannter Helium-Flash. Dabei stößt der Stern einen erheblichen Teil seiner Masse ab. Verliert der Stern genug Masse, um unter 1,44 Sonnenmassen zu kommen (was Sternen bis etwa 8 Sonnenmassen gelingt), bleibt ein nackter, heißer Weißer Zwerg aus Kohlenstoff und Stickstoff übrig. Der kühlt wie die Glut eines gigantischen Feuers nach vielen Milliarden Jahren aus und wird zum Schwarzen Zwerg.

Supernovae

Sterne, deren Masse oberhalb der nach dem indischen Astrophysiker Subrahmanyan Chandrasekhar (1910–1995) benannten Grenze von 1,44 Sonnenmassen liegt, haben eine derart große Gravitation, dass sie nicht als Weiße Zwerge enden können. Nach dem Wasserstoffbrennen verdichten auch sie sich so lange weiter, bis das Heliumbrennen gezündet wird. Dabei entsteht neue Strahlungsenergie und der Kollaps kann verhindert werden. Doch auch das Helium ist irgendwann verbraucht. Dann gewinnt wieder die Schwerkraft die Oberhand und der Stern zieht sich weiter zusammen. So werden immer schwerere Elemente verbrannt, bis die Fusion bei Eisen ankommt. Dabei bläht sich der Stern immer weiter auf und erhöht seine Leuchtkraft um etwa das 1000- bis 10 000fache, bis er zum Roten Überriesen wird. Danach gibt es kein Halten mehr, der Kern kollabiert ungehindert weiter und explodiert schließlich als Supernova. Ein anderer Typ von Supernova entsteht, wenn ein Weißer Zwerg in einem Doppelstern-system seinem Partner so viel Materie entreißt, bis seine Masse schließlich die Chan-drasekhar-Grenze überschreitet. Dadurch entzündet sich der Kohlenstoff unter extrem entarteten Bedingungen. Gewaltige Energiemengen werden frei, sodass der Stern wie eine riesige Atombombe explodiert, wobei er in einer Sekunde mehr Energie freisetzt als alle anderen Sterne im beobachtbaren Universum in derselben Zeit.

Neutronensterne und Pulsare

Beträgt die Masse eines Sterns vor der letzten Kollapsphase zwischen 1,4 und 3,2 Son-nenmassen, entsteht ein Neutronenstern. Während die äußere Hülle bei einer Super-nova-Explosion abgestoßen wird, kollabiert der Kern des Sterns. Elektronen werden in Protonen gepresst und bilden Neutronen. Aus dem Kern entsteht ein 20 bis 30 Kilome-ter großes Objekt, das vorwiegend aus Neutronen besteht. An der Oberfläche dieser Kugel ist die Schwerkraft 200 Milliarden Mal stärker als auf der Erde. Brächte man einen Kubikzentimeter dieses Materials auf die Erde, so würde dieser im Mittel 650 Millionen Tonnen wiegen! Die Neutronensterne rotieren wegen ihres geringen Durchmessers mit bis zu mehreren hundert Umdrehungen pro Sekunde. Charakteristisch für einen Stern in diesem Stadium ist die periodische Aussendung von Radiowellen und anderer Strah-lung. Sie werden daher auch Pulsare (Pulsierende Radioquellen) genannt. Ihre Rotation ist aufgrund der gigantischen Masse so gleichförmig, dass sie extrem präzise Uhren dar-stellen. Darauf basiert die Idee, die absolute, auf der Erde verwendete Zeit nicht mehr durch eine Gruppe von verschiedenen Atomuhren, sondern durch ein Ensemble von Millisekunden-Pulsaren bestimmen zu lassen. Die Astronomie würde so wieder zu einem ihrer ersten Ziele, nämlich der Zeitmessung, zurückkehren.

Angeblich soll es noch kompaktere Sterne als Pulsare geben. Laut NASA sollen sie aus »seltsamen Quarks« bestehen und heißen daher Quarkssterne.

Schwarze Löcher

Hat der Stern nach der Supernova-Explosion noch mehr als 3,2 Sonnenmassen, so reicht der Entartungsdruck nicht mehr aus, um ihn als Neutronenstern zu stabilisieren und der Stern bricht endgültig unter seiner eigenen Masse in sich zusammen. Das ist der Tod der klassischen Materie und zugleich die Geburt eines schwarzen Lochs.

Dies ist eine Art kosmisches Abflussrohr. Ob Licht oder Materie: alles, was in seine Nähe kommt, gerät in einen Strudel und wird schließlich verschluckt. Innerhalb des schwarzen Loches ist alles anders als draußen. Zeit verwandelt sich in Raum und Raum in Zeit. Nichts kann aus einem schwarzen Loch entweichen. Es ist umgeben vom so genannten Ereignishorizont, aus dem keine Teilchen und keine Informationen dringen können. Daher können wir auch niemals wissen, wie es da drinnen wirklich aussieht.

Prinzipiell kann jeder Körper in ein schwarzes Loch verwandelt werden. Man muss ihn nur so stark komprimieren, dass eine Grenze namens Schwarzschild-Radius unterschritten wird. Die Sonne zum Beispiel müsste man auf einen Durchmesser von etwa 6 Kilometern zusammenquetschen, die Erde auf knapp 2 Zentimeter.

Laut Theorie könnten schwarze Löcher auch Wurmlöcher bilden. Diese verbinden zwei Stellen des Raums oder der Zeit und im Fernsehen können sogar Raumschiffe diese ultimative Passage nutzen. Schwarze Löcher sind also höchst mysteriös, aber als Endstadien massereicher Sterne keineswegs selten. Viele sind jedoch sehr klein und fallen mit ein paar Sonnenmassen nicht weiter auf. Noch viel kleiner sind die ersten sterbenden schwarzen Löcher, die einige Forscher für die Ursache spezieller Blitzlichter halten. Ein schwarzes Loch lebt nämlich umso länger, je schwerer es ist. Einige, die heute schon sterben und nicht vor Beginn des Universums entstanden sein können, dürften daher gerade mal einige 100 Millionen Tonnen wiegen – also etwa so viel wie ein kleiner Berg – und einen kleineren Durchmesser als ein Atomkern haben.

Übrigens: dass es im Universum schwarze Löcher geben könnte, ist eine erstaunlich alte Idee. Bereits im Jahr 1784 äußerte der Geistliche John Michell die Vermutung, dass die schwersten Objekte im Universum unsichtbar sein könnten, da sie alles Licht, das von ihnen ausgeht, durch die starke Gravitation zu sich zurückziehen.

Quasare

Von ganz anderem Kaliber sind jene Gebilde, die sich vermutlich in den Kerngebieten vieler Galaxien finden und dort während ihrer aktiven Zeit ein gehöriges Feuerwerk entfachen, das man als Quasar (Quasi-Stellar Radio Source) bezeichnet. Ein Quasar, so das gängige Modell, besteht aus einem schwarzen Loch, in das gerade Materie hineinstürzt. Gas, Staub und ganze Sterne in der Nähe eines schwarzen Lochs werden in diesem Sog auf Millionen von Grad aufgeheizt, gewaltige Energiemengen werden frei. Bevor die Materie ins Jenseits befördert wird, können um die 10 Prozent seiner Ruhemasse nach Einsteins berühmter Formel $E = mc^2$ (auf die wir später noch näher eingehen) in Energie verwandelt werden.

Schwarze Löcher, die nicht mehr aktiv sind und als Quasare so hell wie Tausende Milliarden von Sonnen strahlen, lassen sich nur noch indirekt über die Bewegung der Sterne in ihrer unmittelbaren Nähe nachweisen. Wegen der extremen Anziehungskraft eines schwarzen Loches bewegen sich die Sterne nämlich umso schneller, je näher sie ihm kommen. Untersuchungen weisen darauf hin, dass selbst völlig normale und passive Galaxien massereiche schwarze Löcher enthalten können. Ein extremer Fall ist die nahe gelegene, harmlos aussehende So-Galaxie NGC 3115, in deren Kern ein gigantisches schwarzes Loch von 1 Milliarde Sonnenmassen zu finden ist. Forscher vom Institut für Astronomie und Astrophysik der Universität München gehen davon aus, dass in der Tat jede Galaxie ein schwarzes Loch im Zentrum enthält, dessen Masse wahrscheinlich proportional zur Galaxienmasse ist. Auch im Zentrum unserer Milchstraße gibt es eines. Allerdings gehört es nicht gerade zu den Angst einflößenden Exemplaren. Pro Jahr verschlingt es gerade mal Materie mit einem Gewicht von 1 Prozent der Erdmasse. »Es sieht so aus, als wäre das schwarze Loch im galaktischen Zentrum ziemlich isoliert und ausgehungert«, sagt Heino Falcke vom Max-Planck-Institut für Radioastronomie in Bonn.

Planeten

Planeten sind Himmelskörper mit einer Masse von weniger als 0,001 Sonnenmassen, bei denen es nicht zur Kernfusion kommt, also Materieansammlungen, die nicht schwer genug wurden, um als Sterne gezündet zu werden. Der Baustoff der Planeten kommt nicht aus dem interstellaren Medium, sondern aus der Scheibe um einen Protostern. Sie umkreisen daher Sterne. Die einzigen Planeten, die wir aus unmittelbarer Beobachtung kennen, sind die unseres eigenen Sonnensystems, die sich mit der Sonne gemeinsam aus einer Gas- und Staubwolke gebildet haben. Aus kleinen Kristallisationskeimen wurden immer größere Brocken, die immer mehr Partikel und Bruchstücke einfangen konnten und sich dabei immer mehr aufheizten. Durch die hohen Temperaturen fing die Materie im Kernbereich an zu schmelzen und aus einem losen Verbund einzelner Bruchstücke wurden fest zusammenhängende Planeten. Wahrscheinlich enthalten die meisten Planeten einen Kern aus Eisen, wohingegen die neu entstandenen Silikate aufschwammen. Nachdem die Protosonne gezündet wurde, bereitete der erste starke Sonnenwind der weiteren Planetenbildung ein Ende, indem er lose gebundenes Gas und Staub fortblies. Wie viele Planeten es in anderen Sonnensystemen gibt, ist unbekannt. Gesehen hat man von den nicht leuchtenden Objekten erwartungsgemäß noch keines. Nachgewiesen wurden jedoch schon mehr als 200. Man erkennt sie an einem kaum messbaren Taumeln ihrer Sonne, das durch die Anziehungskraft des Planeten hervorgerufen wird.

Braune Zwerge

Braune Zwerge sind Sterne, die es nicht geschafft haben, das Licht anzuknipsen. Ihre Masse liegt zwischen 0,085 und 0,013 Sonnenmassen. Nicht genug, um eine Kernfusion zu zünden, aber genug, um Deuterium in Helium 3 umzuwandeln und so ein schwach dunkelrotes bis braunes Glimmen zu erzeugen. Sie sind ein Mittelding zwischen Stern und Planet.

Asteroiden und andere Kleinkörper

Es gibt außer den Planeten noch einige andere Kleinkörper: die aus Eis bestehenden Kometen, auch kosmische Schneebälle genannt, und die aus Stein oder Eisen bestehenden Meteoroiden, deren größere Exemplare Asteroid oder auch Planetoid bzw. Kleinplanet genannt werden.

Dann gibt es noch Meteore und Meteoriten, die man ständig verwechselt, was kein Wunder ist, da es sich um ein und dieselben Objekte handelt. Meteor heißt ein Meteoroid, wenn er in die Erdatmosphäre eindringt und leuchtet, Meteorit heißt er, wenn er die Erdoberfläche erreicht und als Fundstück anschließend in einem Museum gezeigt wird. Täglich fallen bis zu 40 Tonnen von dem Zeug auf die Erde, wovon wir zum Glück nichts merken, da der Großteil kleiner als ein Zehntel Millimeter ist. Alle zehn bis 100 Millionen Jahre erwischt uns jedoch ein Asteroid mit über 10 Kilometer Durchmesser. Dann wird es wegen des in die Atmosphäre geschleuderten Staubes zappenduster. Bevorzugter Aufenthaltsort der Asteroiden ist ein Gürtel zwischen Mars und Jupiter.

Monde sind Kleinplaneten, die größere Planeten umkreisen.

Unser Sonnensystem

In unserem Sonnensystem gibt es neun Planeten, Tausende Asteroiden, Meteoroiden und Kometen, eine Menge Staub und einen Stern, die Sonne.

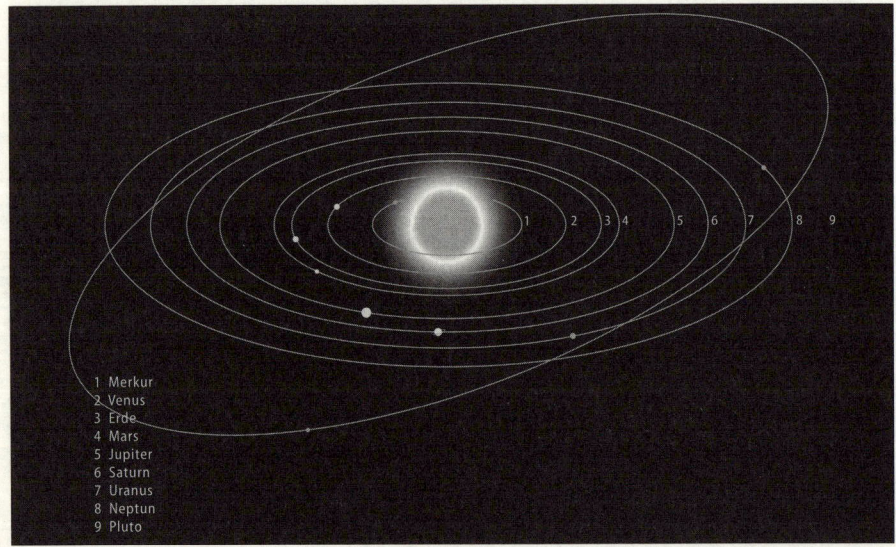

1 Merkur
2 Venus
3 Erde
4 Mars
5 Jupiter
6 Saturn
7 Uranus
8 Neptun
9 Pluto

ABB. 3.1 *Die neun Planeten und ihre elliptischen Umlaufbahnen um die Sonne. Am sonnennächsten Punkt beträgt die Entfernung der Erde zur Sonne 147,1 Millionen Kilometer, am entferntesten 152,2 Millionen.*

Entstehung der Sonne

Die Sonne ist aus Recyclingmaterial hergestellt. Sie gehört mindestens zur zweiten Generation der Sterne, bildete sich also aus den Überresten alter Sterne. Das wissen wir, weil sie selbst und das sie umgebende Planetensystem schwere Elemente enthalten, und die gab es noch nicht, als die ersten Sterne entstanden. Sie wurden erst in diesen »gebacken« und stellen insbesondere das Baumaterial für Planeten dar, die hauptsächlich aus den Elementen Eisen, Magnesium, Aluminium, Silizium und Sauerstoff bestehen. Selbst bei den großen Gasplaneten besteht der Kern aus diesen Elementen und wird von einer riesigen Hülle aus Sternmaterial, also Wasserstoff und Helium, umgeben.

Unser Sonnensystem bildete sich aus einem Urnebel, der aus Überbleibseln einer Supernova-Explosion bestand. So ein Urnebel bleibt so lange Nebel, bis das Gleichgewicht zwischen der Strahlung, die nach außen drückt, und der Gravitation, die nach innen zieht, gestört wird. In unserem Fall geschah dies wohl durch eine Schockfront von einer weiteren Supernova, die den Nebel zusammenfallen ließ und ihn gleichzeitig auch noch in Rotation versetzte. So bildete sich eine Gas- und Staubscheibe mit einer Protosonne in der Mitte. Unsere Sonne wurde gezündet, als der Urnebel im Zentrum so weit komprimiert war, dass Wasserstoffatome miteinander fusionierten. Seitdem brennt sie und es hat sich ein neues Gleichgewicht zwischen Strahlungsdruck und Gravitation eingestellt.

Der Kern der Sonne ist also eine Brennzone, in der die Fusionsreaktionen ablaufen. Hier herrscht eine Temperatur von 15 Millionen Grad. Was wir von der Sonne sehen, ist die Photosphäre. Sie hat durch das Aufsteigen heißer Gase aus dem Sonneninneren eine körnige Struktur, eine Temperatur von etwa 6000 Grad und ist von den etwas kälteren Sonnenflecken bevölkert. Die werden durch magnetische Felder verursacht und durchlaufen einen im Durchschnitt elfjährigen Zyklus der Zu- und Abnahme. Ganz außen herum gibt es dann noch die dünngasige Chromosphäre, die bei einer totalen Sonnenfinsternis als rötliche Sichel oder Ring erkennbar ist, und die noch dünnere, über 1 Million Grad heiße Korona.

Die Leistung der Sonne beträgt 400 Trillionen Gigawatt, das entspricht 400 Trillionen Großkraftwerken zu je 1000 Megawatt. Pro Sekunde verliert die Sonne dadurch 4 Millionen Tonnen an Masse – und das schon seit 5 Milliarden Jahren. Könnten wir den ganzen Energieausstoß der Sonne auffangen, würde eine einzige Sekunde genügen, um den Energiebedarf der Industriestaaten für Milliarden Jahre zu decken.

Entstehung von Erde und Mond

Aus der Gas- und Staubscheibe um die Sonne bildeten sich die Planeten. Es fing mit sandkorngroßen Klümpchen an, die sich dann zu immer größeren Gesteinsbrocken zusammenfanden, gelegentlich aufeinander prallten und wieder auseinander brachen, dann wieder mit anderen zusammenklumpten, allmählich jedenfalls immer größer wurden, bis sie nach ein paar Millionen Jahren einige Kilometer dick waren und fast kein Staub mehr übrig blieb. Nun wurde die Protosonne nicht mehr von Staub, sondern von ein paar Millionen solcher Planetesimalen umkreist. Die knallten weiter aufeinander, sodass am Ende nur noch die neun Planeten übrig blieben, die auch heute noch unterwegs sind, und dazu der Asteroidengürtel zwischen Mars und Jupiter.

Während der Planetenbildung heizen sich Planeten durch Zerfall radioaktiver Elemente, durch Kollisionen und gravitativen Druck auf und schmelzen im Kern. Leichte Elemente steigen auf und schwere sinken zum Kern. Im Kern sammeln sich hauptsächlich Eisen und Nickel und im darum liegenden Mantel Silizium, Magnesium, Aluminium und Sauerstoff. So bekam auch die Erde ihren grundsätzlichen Aufbau. Dieser Prozess begann vor etwa 4,5 Milliarden Jahren. Die Erde hat einen Durchmesser von etwa 12 700 Kilometern und wiegt knapp 6 Trilliarden Tonnen.

Unser Mond ist etwas seltsam. Er ist mit immerhin einem Viertel des Erddurchmessers erstaunlich groß. Planetologen bezeichnen daher das Erde-Mond-Gespann als Doppelplanet. Er hat außerdem eine ungewöhnliche Zusammensetzung, denn er enthält nur Material, das auch im Erdmantel gefunden wird, jedoch keine schweren Bestandteile, insbesondere kein Eisen. Und dann umrundet er die Erde auch noch auf der »falschen« Bahn. Er kreist nämlich nicht wie andere Monde um den Äquator, sondern auf der gleichen Ebene wie die Bahn der Erde um die Sonne. Was lernen wir daraus über seine Entstehung? Er kann nicht gleichzeitig mit der Erde entstanden sein, sonst hätte er etwa die gleiche chemische Zusammensetzung. Stattdessen war es wohl so: Auf die frisch gebackene, noch rot glühende Erde knallte ein anderer, etwa marsgroßer Planet. Den größten Teil dieses Angreifers schluckte die flüssige Erde, die dadurch ein gutes Stück größer wurde. Der Dampf jedoch, der in der ungeheuren Hitze der Einschlagexplosion entstand und vollständig aus Materie der Erdkruste bestand, wurde in den Raum geschleudert und sammelte sich dort auf einer Umlaufbahn, wo er allmählich zum Mond kondensierte.

Wer glaubt, es gebe nur einen Mond, täuscht sich. Der zweite Trabant ist allerdings viel kleiner, wurde erst 1986 entdeckt und ist nicht offiziell als Mond anerkannt. Er hört auf den Namen Cruithne3753, hat einen Durchmesser zwischen 1 und 10 Kilometern und ist am erdnächsten Punkt seiner elliptischen Bahn 15 Millionen Kilometer von der Erde entfernt (also rund 40-mal weiter als der Mond), an seinem erdfernsten Punkt 375 Millionen Kilometer.

Der Platz der Erde im Universum

Wo genau in der weiten Welt des Kosmos befinden wir uns? Zunächst einmal auf einer elliptischen Bahn in etwa 150 Millionen Kilometern Entfernung um die Sonne. Der uns nächste Stern ist Proxima Centauri mit einer Entfernung von 4,3 Lichtjahren bzw. 40,85 Billionen Kilometern. Die Sonne mit ihrem Planetensystem ist nur eine von vielen in der Milchstraße. Die ist mit über 10 Milliarden Sonnen und einem Durchmesser von 100 000 Lichtjahren eine durchschnittlich große Spiralgalaxie und bildet mit der Andromeda-Galaxie und 24 Zwerggalaxien die lokale Gruppe am Rande des großen Virgohaufens, der selbst Tausende von Galaxien enthält.

Unsere Sonne befindet sich weit weg vom Zentrum der Milchstraße und umrundet dieses mit fast 800 000 Stundenkilometern auf einer nahezu kreisförmigen Bahn. Der Abstand Sonne/Galaxiszentrum ist mehr als 1 Milliarde Mal größer als der Abstand Erde/Sonne. Wir brauchen daher für eine Umrundung 230 Millionen Jahre. Die Milchstraße wiederum kreist um das Zentrum des Virgohaufens und entfernt sich mit diesem im sich ausdehnenden Universum von den anderen Superhaufen.

Wir können froh sein, dass wir uns eher am Rand befinden, denn im Zentrum des Virgohaufens sind sich die Galaxien so nahe, dass es häufig zu Kollisionen oder Beinahezusammenstößen kommt. Spiralgalaxien haben dort nur eine geringe Überlebenschance.

Alle Galaxien in unserer Nähe werden in die Richtung der großen Ansammlung von Galaxienhaufen im Sternbild Centaurus gezogen. In dieser Region muss es eine riesige Masse geben, die die Galaxien anzieht und die man deshalb als »Großen Attraktor« bezeichnet. Er hat eine geschätzte Masse von mehreren Millionen von Milliarden von Sonnen. Nur ein Bruchteil dieser Masse strahlt aber Licht ab. Der Rest muss daher aus dunkler Materie bestehen.

Noch einmal ganz kurz: Wir rotieren, am Äquator stehend, mit fast 1700 Stundenkilometern um den Mittelpunkt des Planeten, kreisen mit über 100 000 Sachen um die Sonne, gleichzeitig mit 180 000 Kilometern pro Stunde ums Zentrum der Milchstraße und mit 800 000 Stundenkilometern um das Zentrum des Virgohaufens, rasen dabei auf den Großen Attraktor zu und schlittern in die Weiten des sich ausdehnenden Raums. Zum Glück wird einem dabei nur theoretisch schwindelig.

Das absehbare Ende der Erde

Dass das Universum voraussichtlich irgendwann den »Wärmetod« sterben wird, haben wir bereits erwähnt. Wie die Menschheit sich dann vielleicht durch einen Trick in ein Paralleluniversum retten kann, wollen wir an dieser Stelle nicht weiter ausführen. Klar ist, dass dieser Sprung nicht von unserer Erde und nicht aus unserem Sonnensystem heraus erfolgen wird, denn deren Zeit wird dann längst vorüber sein.

Die Sonne wird sich voraussichtlich in 7,5 Milliarden Jahren, wenn ihr Wasserstoffvorrat verbraucht ist, in einen Roten Riesen verwandeln. Dabei wird sie groß und heiß und beendet alles Leben auf der Erde. Noch eine Milliarde Jahre später knallt dann vielleicht noch die Milchstraße mit dem Andromedanebel zusammen – aber das ist uns dann auch schon egal.

Doch auch ein viel früheres Ende des Lebens auf der Erde ist denkbar. Der Mensch selbst hat das Zeug dazu, einen nuklearen Winter auszulösen. Und auch die Gefahr von außen in Gestalt großer Asteroiden bleibt bestehen. Todessehnsüchtige ohne Eile warten auf den »Great Big One«, der nicht nur ein gigantisches Massensterben auslöst, wie die Erdgeschichte es schon mehrmals erlebt hat, sondern ein für alle Mal Schluss macht. Vorbild ist Shoemaker Levy 9, der im Juli 1994 mit der Energie von 50 Millionen Hiroshima-Bomben auf dem Jupiter einschlug – aus nächster Nähe beobachtet von der Raumsonde Galileo.

Dass es gerade Jupiter traf, ist kein Zufall. Computersimulationen haben ergeben, dass wir es dem massereichen Jupiter zu verdanken haben, dass es bei uns nur relativ selten zu großen Kometen- und Asteroideneinschlägen kommt. Er lenkt die Bahnen der Kometen ab und wirkt so wie ein kosmischer Staubsauger. Ohne ihn käme es auf der Erde etwa tausendmal häufiger zu einem vernichtenden Treffer aus dem All. Mehr zu solchen Naturkatastrophen gibt es im Kapitel Unser Lebensraum.

Materie und Energie

Die Grundannahmen der modernen Physik bestehen schon seit 2500 Jahren. Der Philosoph Demokrit von Abdera (ca. 460–375 v. u. Z.) war der Auffassung, alle Dinge bestünden aus unsichtbar kleinen Materieteilchen (griechisch atomos bedeutet unteilbar). Die Eigenschaften aller Dinge – egal ob fest, flüssig oder gasförmig – werden vom Zusammenhalt der Materieteilchen bestimmt. Die Entstehung der Welt war nach Demokrit eine Folge der Bewegung der Atome in Raum und Zeit. Damit hatte er vollkommen Recht, wenn man einmal davon absieht, dass der Begriff »Atom« später für Teilchen benutzt wurde, die sich im 20. Jahrhundert als doch nicht ganz so elementar herausstellten. Aber man konnte von Demokrit nun wahrlich nicht verlangen, seine Elementarteilchen prophetisch »Quarks« zu nennen. Außerdem ist auch heute noch das Atom als zwar nicht elementare, aber immerhin stabile Einheit in der Chemie ein äußerst gefragter Protagonist.

Die Beschaffenheit der Atome

Demokrits Ideen ließen sich erst ab dem 18. Jahrhundert allmählich konkretisieren. Um 1800 formulierte der englische Physiker und Chemiker John Dalton (1766–1844) das nach ihm benannte Gesetz, nach dem sich chemische Verbindungen stets in festen Verhältnissen der einzelnen Stoffe bilden. Dem entsprach die Vorstellung, chemische Verbindungen könnten durch das Aneinanderhaften einzelner Atome zustande kommen, die man sich als kleine homogene Kügelchen vorstellte. Knapp 100 Jahre später musste diese Idee wieder fallen gelassen werden. Daltons Landsmann Joseph J. Thomson (1856–1940) entdeckte 1897, dass die Kathodenstrahlung (die man heute in Fernsehbildröhren findet) aus geladenen Teilchen besteht, die aus den Atomen kommen. Wenn man aber Teilchen aus dem Atom herauslösen konnte, dann konnten diese so richtig unteilbar wohl nicht sein. Die von Thomson beobachteten Teilchen bekamen den Namen Elektronen. Sie sind wesentlich kleiner als Atome und dürfen bis heute als unteilbar gelten. Thomson erklärte nebenbei auch erstmals den elektrischen Strom als Bewegung von Elektronen und bekam dafür 1906 den Nobelpreis für Physik. An sein Atommodell mag mancher wehmütig zurückdenken. Man fand später dafür das Bild des Rosinenkuchens, das an Anschaulichkeit kaum zu schlagen sein dürfte. Anschaulichkeit existiert indes für den heutigen Atomphysiker nur noch als Stimulus zur Erzeugung nostalgischer Gefühle. Im Rosinenkuchenmodell war das Atom der Kuchen und die Elektronen die Rosinen. Der Kuchenteig hatte eine positive Ladung, die von den Rosinen ausgeglichen wurde.

1909 zeigte sich, dass das Kuchenmodell schön, aber nicht gut war, da im Gegensatz zum Kuchen Atome fast ausschließlich aus Nichts bestehen. Der Physiker Lord Rutherford of Nelson (1871–1937) schoss radioaktive Teilchenstrahlung (die gerade entdeckt worden war, von der er jedoch noch nicht wissen konnte, woraus sie bestand) auf eine einen Tausendstel Millimeter dünne Goldfolie und stellte fest, dass die meisten Teilchen der radioaktiven Strahlung ohne mit der Wimper zu zucken die Goldfolie durchschlugen, einige jedoch stark abgelenkt wurden, ja geradezu abprallten, »als wenn jemand eine 15-Zoll-Granate auf ein Stück Seidenpapier abgefeuert hätte und sie wäre zurückgekommen«. Er schloss, dass die Atome im Wesentlichen hohl sein müssen und die große Masse sich auf einen kleinen Bereich konzentriert. Seitdem kennt man das Atom als einen leeren Raum mit einem sehr kleinen Kern, der fast die ganze Masse trägt, und Elektronen, die ihn irgendwie umgeben. Der Durchmesser des Kerns eines Wasserstoffatoms ist 100 000 Mal kleiner als das gesamte Atom, das selbst nur einen Zehnmillionstel Millimeter groß ist. Rutherford ging davon aus, dass die Elektronen schnell kreisen, damit sie mittels Zentrifugalkraft der Anziehung durch den positiven Kern widerstehen.

Portionierte Energie

Offen war noch die Frage, wie es in diesem Atom zugeht. Und hier kamen immer stärker die Quanten ins Spiel. Als ihr »Erfinder« darf Max Planck (1858–1947) gelten, der am 14. Dezember 1900 in Berlin die Annahme formulierte, dass Licht und somit Energie nicht kontinuierlich in beliebigen Energiemengen abgestrahlt wird, sondern in kleinen Portionen nur als ganzzahliges Vielfaches eines Energiequants. Energie existiert demnach in kleinen Stücken. Das war ein schwerer Schlag für die bis dahin stetige, homogene und glatte Physik – »wie eine Rap-Einlage in der Finlandia oder wie Kubismus bei Rubens«, kommentiert später der Physiker Peter Schattschneider.

Gleichzeitig war damit der Startschuss für die Entwicklung einer neuen Physik durch eine kleine Gruppe europäischer Physiker gefallen, von denen jeder Einzelne den Nobelpreis erhalten sollte. Max Planck bekam ihn 1918, Albert Einstein 1921, Niels Bohr 1922, Heinrich Hertz 1925, Louis de Broglie 1929, Werner Heisenberg, Erwin Schrödinger und Paul Dirac 1933, Wolfgang Pauli 1945 und Max Born 1954.

Planck hatte sich mit der Licht- bzw. Wärmestrahlung beschäftigt, die von Körpern ausgeht. Sie ist bekanntlich je nach Temperatur der Körper unterschiedlich. Ein Mensch sendet bei einer Körpertemperatur von 37 Grad langwellige Infrarotstrahlung aus, die mit Nachtsichtgeräten sichtbar gemacht werden kann. Erhitzt man einen Körper, so wird seine Wärmestrahlung immer kurzwelliger und man kann erreichen, dass er sichtbares Licht abstrahlt – leicht zu beobachten an schwarzer Kohle, die im Grill rot wird: Bläst man die Glut ein wenig an, so wird sie sogar gelb. Gelbes Licht ist also kurzwelliger als rotes. Je höher die Temperatur, desto kleiner die Wellenlänge des emittierten Lichts. Es gelang Planck, eine Formel für das abgestrahlte Licht (die so genannte Schwarzkörperstrahlung) herzuleiten. Er führte das besagte Energiequant ein und machte die Energie des Lichts von der Wellenlänge abhängig. Kurzwelliges Licht sollte demzufolge mehr Energie haben als langwelliges Licht. Die kleinste Energiemenge von Licht einer Wellenlänge ergibt sich, wenn man die Frequenz des Lichtes mit der Konstante h, die später den Namen plancksches Wirkungsquantum erhielt, multipliziert (deren Wert bei 6,6-mal 10^{-34} Joulesekunden liegt).

Mit dieser Zerstückelung der Energie verstieß Planck gegen das Stetigkeitsprinzip der klassischen Physik und Leibniz' Diktum »Natura non facit saltus« (Die Natur macht keine Sprünge). Das behagte ihm selbst nicht. Planck hielt Quanten nicht für real und hatte sie nur aus mathematischen Gründen eingeführt. Er selbst beschrieb seine Leistung so: »Kurz zusammengefasst kann ich die ganze Tat als einen Akt der Verzweiflung bezeichnen: Denn von Natur bin ich friedlich und bedenklichen Abenteuern abgeneigt, aber eine theoretische Deutung musste um jeden Preis gefunden werden, und wäre er noch so hoch ... «

Der damals noch völlig unbekannte Albert Einstein (1879–1955) jedoch schlug 1905 vor, dass sich die Quantelung der Energie am besten erklären lasse, wenn man Quanten nicht nur als mathematische Größe, sondern als reale Gebilde, nämlich Lichtteilchen betrachtet, denen man jene Energie zuordnet, die sich als Produkt von Frequenz des Lichtes mal plancksches Wirkungsquantum h ergibt. Die kleinste Energiemenge ist damit die Energie eines einzelnen Teilchens von Licht (bzw. elektromagnetischer Strahlung) einer bestimmten Wellenlänge. Er hatte erkannt, dass Lichtteilchen sich gut zur Beschreibung des photoelektrischen Effekts eigneten. Dass es solche Lichtteilchen gibt, die es vermögen, aus einem Metall Elektronen herauszuschlagen, ist die Grundlage für Digitalkameras und Solarzellen, die auf dem photoelektrischen Effekt beruhen. Die Lichtteilchen wurden später Photonen genannt. In Solarzellen aus Silizium löst das Sonnenlicht im Material Elektronen heraus, die dann einen Stromfluss bewirken. Digitalkameras haben lichtempfindliche Sensoren für Rot, Grün und Blau, die jeweils für einen der Wellenlängenbereiche die Zahl der eintreffenden Photonen messen, woraus dann vom nachgeschalteten Computer ein farbiges Bild konstruiert wird. Auch die Photosynthese der Pflanzen nutzt natürlich Photonen. Sie benötigt acht bis zwölf Photonen, um ein Molekül Sauerstoff freizusetzen.

Bohrs Atommodell

Blieb die Frage, wie die Photonen zu ihrer jeweiligen Energie kommen. Um sie zu beantworten, musste weiter am Atommodell gefeilt werden. Das Problem des bisherigen Atommodells bestand darin, dass die Elektronen, wenn sie im Kreis um den Atomkern flitzen, nach den Gesetzen der Elektrodynamik ständig Energie abstrahlen müssten, wodurch sie schnell so geschwächt wären, dass sie zu langsam würden und in den positiv geladenen Atomkern hineinfielen. Das war offensichtlich nicht der Fall, daher postulierte Niels Bohr (1885–1962) im Jahre 1913, die Elektronen könnten sich auf festgelegten Bahnen mit jeweils unterschiedlichen Energiestufen strahlungslos, das heißt ohne Energieverlust bewegen. Bohr schien im Grunde einfach das Bild des kopernikanischen Sonnensystems auf die kleine Welt des Atoms übertragen zu haben. Welch schöne Vorstellung: Atome sind Sonnensysteme in Miniaturausgabe. Das ganze Große erscheint wieder im ganz Kleinen.

Doch das Bild trügt. Im Atom gelten andere Gesetze als im Sonnensystem. Kein Planetensystem würde nach dem Zusammenstoß mit einem anderen in seinen Ausgangszustand zurückkehren. Auch gibt es im Atom nach Bohr festgelegte Bahnen, während Planeten in beliebiger Entfernung um die Sonne kreisen können. Übergänge zwischen diesen Bahnen waren laut Bohr nur in Sprüngen, nämlich den berühmten Quantensprüngen, möglich. Ein Übergang von einem Energiezustand in einen anderen erfolgt quasi ruckartig. Quantensprünge sind die kleinstmöglichen Veränderungen, die ein physikalisches System durchmachen kann. Dabei springt das Elektron mit einem Satz von einer erlaubten Bahn auf eine andere und wechselt von einem niedrigeren auf ein höheres Energieniveau oder umgekehrt. Zum Sprung nach oben wird die Energie eines auf das Elektron treffenden Lichtquants benötigt. Der Sprung nach unten kommt durch den Energieverlust durch ein vom Elektron ausgesandtes Quant zustande.

Quantensprünge im Alltag

Bei den verbreiteten Leuchtzeigern von Uhren handelt es sich um Stoffe, bei denen der Sprung nach unten deutlich später als der nach oben stattfindet. Hat ein Elektron mit einem sehr energiereichen Quantensprung gleich mehrere Orbitale übersprungen, muss der Rücksprung nicht in einem Zug erfolgen. Gelegentlich kommt es vor, dass das Elektron in mehreren kleinen Sprüngen zurückhüpft. Beispielsweise absorbiert ein Atom ein Quantum unsichtbares UV-Licht. Das angehobene Elektron springt danach aber in zwei Sprüngen auf sein altes Orbital zurück. Die beiden Rücksprünge haben addiert die gleiche Energie wie der erste Sprung. Fluoreszierende Stoffe scheinen mehr Licht zu reflektieren, als sie eigentlich erhalten. Dieser Eindruck entsteht, weil sie Anteile aus dem unsichtbaren UV-Licht absorbieren und danach diese Energie in einem sichtbaren und einem unsichtbaren Sprung wieder abgeben.

Unterschiedliche Atome benötigen unterschiedlich viel Energie, um ein Elektron auf eine höhere Bahn zu bringen. Diese Energiemenge ergibt sich aus der Anzahl der im Kern vorhandenen Protonen, da deren positive Ladung die negativ geladenen Elektronen anzieht. Diese Energiemengen sind so typisch wie ein Fingerabdruck.

Normalerweise besteht Licht, das etwa vom glühenden Draht einer Lampe ausgestrahlt wird, aus unterschiedlich energiereichen Photonen, die sich ungeordnet in verschiedene Richtungen ausbreiten. Dieses ungerichtete Licht ist technisch außer zur Beleuchtung kaum einsetzbar. Deshalb wurde die Methode entwickelt, kohärentes Laserlicht zu erzeugen, mit dem man eine Vielzahl sinnvoller Dinge tun kann, etwa Schweißen, Nierensteine zertrümmern, Fehlsichtigkeiten des Auges korrigieren, Compact Discs lesen, Nachrichten in Glasfasern übermitteln, ein Plasma auf 50 Millionen Grad aufheizen und so eine Kernfusion auslösen, Kunstwerke restaurieren oder Atome bis fast zum absoluten Nullpunkt abkühlen. Laserlicht besteht aus einem Strahl von Lichtteilchen mit der gleichen Energie, die alle parallel fliegen. Dies beruht auf dem Effekt der stimulierten Emission. Einstein hat schon 1916 darauf hingewiesen, dass Atome nicht nur entweder beim Sprung nach oben Photonen schlucken oder beim Sprung nach unten aussenden können. Wenn sie sich in angeregtem Zustand befinden, werden sie durch ein einlaufendes Photon dazu stimuliert, ein anderes Photon mit gleicher Energie und gleicher Richtung auszusenden.

Um Laserlicht zu erzeugen, bringt man daher die Atome eines Gases durch Energiezufuhr in einen angeregten Zustand und bestrahlt sie mit Licht einer bestimmten Wellenlänge, wodurch sie stimuliert werden, ihre Energie in Form von Licht abzugeben. Parallele Spiegel an beiden Enden des Lasers reflektieren das Licht hin und zurück, sodass die Photonen auf weitere angeregte Teilchen treffen und diese ebenfalls zur

Abgabe der gleichen Energie bringen. So entsteht ein Lawineneffekt, eine Lichtverstär-kung, bei der die zugeführte Energie in einen Strom gleichartiger Photonen umgewandelt wird. Der Spiegel an einem Ende des Lasers ist teildurchlässig, sodass ein Teil der Photonen als Laserstrahl austreten kann. Mit optischen Linsen lässt sich dieser und damit auch seine Energie auf sehr kleine Bereiche konzentrieren. Das Wort »Laser« ist eine Abkürzung für »light amplification by stimulated emission of radiation« (Lichtverstärkung durch stimulierte Strahlungsemission).

Auch Leuchtdioden (LEDs) beruhen auf Quantensprüngen. Sie bestehen aus zwei dünnen Schichten unterschiedlich dotierter Arten von Halbleitern. Die einen verfügen über einen Elektronenmangel, die anderen über einen Elektronenüberschuss. Legt man eine geringe Spannung an, wandern überschüssige Elektronen von der einen Schicht in die andere und fallen in die dort vorhandenen »Löcher«. Dabei geben sie ihre Energie in Form von Licht einer Wellenlänge ab. Je nachdem, welches Material für die Dotierung benutzt wird, entsteht rotes, gelbes, grünes oder blaues Licht.

Von Wellen und Teilchen

Einsteins Photonen waren nun also die von Elektronen beim Sprung von einer Bahn auf eine tiefer liegende abgegebenen Energieportionen. Eigentlich war das Photon nichts Neues. Schon Newton nahm in seinem dritten Buch über Optik an, dass »Lichtstrahlen aus sehr kleinen Körpern bestehen, die von den leuchtenden Substanzen ausgesandt werden«, während sein Zeitgenosse Christiaan Huyghens (1629–1695) Licht erstmals als eine dem Schall vergleichbare Wellenerscheinung betrachtete, sich mit dieser Auffassung aber nicht durchsetzen konnte. Erst im 19. Jahrhundert gewann das Wellenbild zunehmend Fürsprecher, und als der Schotte James Clerk Maxwell (1831–1879) im Jahre 1862 mit seinen Gleichungen eine überzeugende Theorie der elektromagnetischen Wellen lieferte, wandten sich die meisten Wissenschaftler von Newtons Korpuskeln ab. Maxwell hatte berechnet, dass die Ausbreitungsgeschwindigkeit elektromagnetischer Wellen gleich der Lichtgeschwindigkeit ist und folgerte daraus, dass Lichtwellen elektromagnetische Wellen hoher Frequenz sind. Die klassische Physik bestand nun aus Newtons Mechanik und Maxwells Elektrodynamik.

So war Anfang des vorigen Jahrhunderts einerseits die Wellennatur des Lichts gut etabliert, andererseits hatte Einstein gute Gründe für die Annahme von Lichtteilchen geliefert. Man begann sich langsam an den Gedanken zu gewöhnen, dass Licht eine Zwitternatur hat. Einsteins Vorstoß wurde jedoch erst mit Bohrs Atommodell, in dem die Lichtquanten eine Hauptrolle erhalten hatten, allgemein akzeptiert.

Doch damit nicht genug. 1923 kam der französische Prinz Louis Victor Raymond de Broglie (1892–1987) und verkündete, dass nicht nur das masselose Licht eine Welle sei, sondern auch alle Materie. Vier Jahre später konnte diese Behauptung erstmals experimentell für Elektronen bestätigt werden, später auch für Wasserstoffmoleküle und dann immer größere Moleküle. Seitdem gilt der Welle-Teilchen-Dualismus für alle Teilchen. So wie das Licht offenbar Teilcheneigenschaften hat, so haben typische Teilchen – wie Elektronen, Atomkerne und auch ganze Atome – auch Welleneigenschaften. Die Frage, ob wir es mit Wellen oder Teilchen zu tun haben, lässt sich ebenso wenig beantworten wie die, mit welchem Auge man sieht, wenn man beide offen hat.

1931 folgte die erste praktische Anwendung dieser Erkenntnis: Das Elektronenmikroskop, das zur »Beleuchtung« statt Licht Elektronen nutzt, die eine viel geringere Wellenlänge besitzen und daher eine weit größere Auflösung ermöglichen.

Funk und Fernsehen

Nicht nur die Physik, auch der Alltag wurde durch Maxwells Theorien ein anderer. Heinrich Hertz (1857–1894) gelang es im Jahre 1887 experimentell elektromagnetische Wellen zu erzeugen, die sich frei im Raum ausbreiteten. Guglielmo Marconi (1874–1937), Karl Ferdinand Braun (1850–1918) und andere entwickelten dann die Technik der Nachrichtenübertragung durch freie elektromagnetische Wellen über große Entfernungen und bescherten uns Funk und Fernsehen. Elektromagnetische Wellen verdanken sich wackelnden Elektronen. Sie entstehen, wenn in einer Sendeantenne ein hochfrequenter elektrischer Strom fließt und die Ladungen sich so schnell bewegen, dass sich die von ihnen erzeugten elektrischen und magnetischen Felder von ihnen lösen und sich als freie, aber miteinander gekoppelte Felder mit Lichtgeschwindigkeit im Raum ausbreiten. Das Signal, das sie transportieren, kann dann an beliebigen Orten von einer Antenne aufgefangen werden.

Mit hochfrequenten elektromagnetischen Feldern arbeitet auch die Mikrowelle. Mikrowellenherde heizen selektiv das Wasser auf, das in fast allen Lebensmitteln enthalten ist. Die elektromagnetischen Wellen drehen die Wassermoleküle, die eine positiv und eine negativ geladene Seite haben, wie Kompassnadeln hin und her, und zwar rund 2,5 Milliarden Mal pro Sekunde. Das führt zu einer Reibung, bei der Wärme entsteht. Je wasserhaltiger das Essen, desto schneller wird es heiß. Die Wärme kommt von innen und nicht wie im Backofen von außen.

Auch von elektrischen Geräten, die nicht dazu da sind, Informationen zu verbreiten, etwa Heizkissen, Haartrocknern, Ventilatoren, Mixern oder Nachtspeicherheizungen, gehen elektrische und magnetische Felder aus. Denn überall, wo sich Elektronen bewegen, also Strom fließt, entsteht ein magnetisches Feld. Wo immer ein Gefälle zwischen einem Pluspol mit Elektronenmangel und einem Minuspol mit Elektronenüberschuss, also eine Spannung entsteht, gibt es ein elektrisches Feld – also auch wenn ein Gerät nicht angeschaltet ist. Diese niederfrequenten Felder sind ebenso wie die hochfrequenten von Radio, Fernsehen und Funktelefonen in unserer Umwelt allgegenwärtig. Deshalb kamen bereits Warnungen vor so genanntem »Elektrosmog« auf, der angeblich eine Vielzahl von Gesundheitsbeeinträchtigungen bewirken soll, insbesondere einen Anstieg des Risikos für bestimmte Krebsarten. Ein Wirkmechanismus konnte jedoch bisher nicht nachgewiesen werden. Im Gegensatz dazu sind die Wirkungen von energiereicher, ionisierender Strahlung, etwa durch Röntgengeräte, UV-Licht und radioaktive Stoffe, gut erforscht (siehe hierzu den noch folgenden Abschnitt über Strahlung).

Die Quantenmechanik

Bis aus Plancks Vorstellung vom Licht in Quanten eine ausgearbeitete Theorie der physikalischen Vorgänge auf atomarer Ebene entwickelt war, verging etwa ein Vierteljahrhundert. Im Jahre 1925 nutzten zwei Urlauber den Tapetenwechsel, um die Sache festzuklopfen. Der 23-jährige Werner Heisenberg (1901–1976) hatte sich vom Heuschnupfen geplagt von Göttingen nach Helgoland geflüchtet. Der 15 Jahre ältere Erwin Schrödinger (1887–1961) hatte seine Frau Annemarie in Zürich gelassen, um den Weihnachtsurlaub in Arosa zu verbringen – in Begleitung einer unbekannten Freundin, der im Nachhinein (wenig verwunderlich) eine positive Wirkung auf des Forschers Schaffenskraft attestiert wurde.

Danach gab es zwei sehr verschiedene Theorien. Heisenberg präsentierte gemeinsam mit Max Born (1882–1970) und Pascual Jordan (1902–1980) die wegen der mathematischen Formulierung so genannte Matrizenmechanik, die die Vorgänge im Atom durch Quantensprünge und Diskontinuitäten charakterisiert sah. Schrödinger hingegen gelangte über die Wellen ans Ziel und legte die Wellenmechanik vor, die im Atom harmonische Schwingungen am Werk sah. Es kam eine gewisse Konkurrenz auf, die auch nicht verschwand, als Paul Dirac (1902–1984) kurz darauf zeigte, dass beide Formulierungen mathematisch äquivalent waren, also die gleichen Ergebnisse lieferten. Einige »Duelle« später einigte man sich darauf, dass beide Theorien nicht gänzlich zufrieden stellten und eine neue Interpretation wünschenswert sei.

Die neue Unbestimmtheit

Wenige Monate darauf präsentierte Heisenberg seine berühmte Unschärferelation. Diese lehrt uns, dass man auf atomarer Ebene nie so ganz genau sagen kann, was sich gerade abspielt.

Will man ein Teilchen auf seinen Ort und seinen Impuls hin untersuchen, so beschießt man es mit Photonen und leitet seine Eigenschaften aus dem unterschiedlichen Auftreffen der zurückkommenden Photonen her. Das ist die einzige Möglichkeit, den Zustand des Teilchens zu messen. Sie hat allerdings ein Manko: Ermittelt man den Ort des Teilchens genau, kann man nichts über seinen Impuls aussagen und umgekehrt genauso. Je exakter die eine Größe gemessen wird, desto ungenauer wird die andere. Und das Gemeine an der Sache: Schuld sind nicht schlechte Messmethoden, sondern die Ungenauigkeit liegt in der Natur der subatomaren Vorgänge. Der Trost:

Mit Heisenbergs Unschärferelation lässt sich die Grenze der Unbestimmtheit der Mess-
größen exakt berechnen. Man weiß also immerhin genau, wie ungenau man etwas
weiß.

Das Atommodell musste also noch einmal etwas modifiziert werden. Ursprünglich
hatte sich Bohr die Elektronen noch als winzige Kügelchen vorgestellt, die einen festen
Ort und eine feste Geschwindigkeit haben. Das war nun nicht mehr zu halten. Stattdessen konnte man ihnen nur noch einen verschmierten Bereich zuordnen. Die
Elektronenhülle eines einzelnen Atoms ist, wenn es nicht von außen gestört wird,
kugelförmig. Es gibt keinen Bereich, in dem sich die Elektronen bevorzugt aufhalten,
jedoch eine Art Aufenthaltsräume, die Orbitale genannt werden und jeweils höchstens
zwei Elektronen enthalten können.

Die Unschärferelation war das Kernstück der so genannten Kopenhagener Deutung
der Quantenphysik. Über diese schrieb Carl Friedrich von Weizsäcker, der bereits in
den 1930-Jahren zu den führenden deutschen Physikern zählte: »Ich selbst habe freilich
damals, bis etwa 1954, unter dem Empfinden gelitten, dass ich die Quantentheorie nicht
verstand. Logisch hatten sie, so schien mir um 1935, vielleicht vier bis fünf Leute verstanden, ich gewiss nicht. Philosophisch verstand sie, so schien mir, nur Bohr; ihn verstand kein anderer; und zudem wusste selbst Bohr, so schien mir weiter, nicht das letzte Wort über sie.«

Das Problem mit der Quantenphysik war, dass sie einer Deutung bedurfte. Man
hatte eine mathematisch formulierte Theorie, die hervorragende Voraussagen über den
Ausgang von Experimenten und damit über die Welt zuließ, und man musste sich den
Kopf darüber zerbrechen, wie man eine Wirklichkeit der Atome beschreiben konnte,
die einigermaßen zu dieser Theorie passte. Das Ergebnis war seltsam und lässt sich
nicht mit dem gesunden Menschenverstand und der klassischen Physik vereinbaren.
Der »Kopenhagener Deutung« zufolge befindet sich nämlich ein Teilchen nicht an
einem bestimmten Ort, sondern gleichzeitig an allen Orten, an denen die Wellenfunktion nicht Null ist. Erst wenn man den Ort misst, bricht die Wellenfunktion zusammen
und man findet das Teilchen an einer bestimmten Stelle.

Diese Interpretation traf nicht auf allgemeine Begeisterung. Albert Einstein war die
Wahrscheinlichkeitsdeutung der Wellenfunktion immer ein Dorn im Auge. Er drückte
sein Unbehagen mit dem berühmten Satz »Gott würfelt nicht« aus und vermutete, dass
es versteckte Variablen geben musste, die bestimmen, wo genau das angeblich zufällig
irgendwo entstehende Elektron sich befindet. Bis heute konnten jedoch keine solchen
Variablen gefunden werden. Einer Anekdote zufolge soll Einstein während seiner Zeit
in Prag seinen Besuchern von seinem Fenster aus die Patienten einer benachbarten
Irrenanstalt mit der Bemerkung gezeigt haben: »Sie sehen dort den Teil der Verrückten,
der sich nicht mit der Quantentheorie beschäftigt.«

Noch etwas markanter drückte Max Born, der mit der Wahrscheinlichkeitsinterpretation den Grundgedanken zur Kopenhagener Deutung lieferte, die Sache aus: »Die Quanten sind doch eine hoffnungslose Schweinerei.«

Schrödingers Katze

Ins Burleske wendete Erwin Schrödinger die neue Unbestimmtheit, indem er eine Katze erfand, die zugleich tot und am Leben war. »Schrödingers Katze« sollte in einer Kiste eingeschlossen sein, die Kiste einen radioaktiven Atomkern enthalten, der, wenn er zerfällt, einen Mechanismus in Gang setzt, durch den die Katze vergiftet wird. Nach der Quantentheorie kann man nicht wissen, wann der Mechanismus in Gang gesetzt wird, sondern nur eine Wahrscheinlichkeit dafür angeben, mit der die Katze getötet wird. Also wäre die Katze nach Ablauf einer gewissen Zeit weder tot noch lebendig. Erfreulich zu hören, dass sie nach heutiger Ansicht wenigstens nicht lange in diesem zweifelhaften Zustand zu verweilen hätte. Denn er endet, sobald das isolierte Atom in Kontakt mit der Umwelt kommt und sich für einen Zustand (zerfallen oder nicht zerfallen) entscheiden muss. Dieser Kollaps des Quantenzustands wird als Dekohärenz bezeichnet.

Dekohärenz ist der Grund, warum wir die Welt im Alltagsleben nur klassisch-mechanisch und nicht quantenmechanisch erleben. Die Dekohärenztheorie entschärft die Kopenhagener Deutung und sorgt dafür, dass kein Raum für esoterische Interpretationen mehr bleibt. Diese erfreuen sich dennoch durchaus großer Beliebtheit. Insbesondere die Annahme, das Bewusstsein des Beobachters sorge für den Zusammenbruch des Quantenzustands, hatte für viele Gerede rund um die unauflösliche Verstrickung von Subjekt und Objekt, physikalisch nicht fassbare Wirkungen des menschlichen Bewusstseins und so weiter gesorgt. Zu den skurrilsten Ideen zählt gewiss die Viele-Welten-Interpretation, die der US-Physiker Hugh Everett im Jahr 1957 formulierte: Ihr zufolge verwirklicht das Elektron alle möglichen denkbaren Zustände – jedoch in verschiedenen Universen. Bei einer Messung komme es zu einer Aufspaltung des Universums in neue Universen.

Die Katze hat also für einige Aufregung gesorgt. Von Stephen Hawking soll folgender Ausspruch stammen: »Wenn mir noch mal jemand mit Schrödingers Katze kommt, dann greife ich zum Gewehr!« Erwin Schrödinger selbst sagte in späteren Jahren: »Ich wollte, ich hätte das Viech nie erfunden!«

Verschränkte Zustände

Eine weitere Eigenschaft der Quantenwelt liefert Stoff für Sciencefiction. Oder Gespenstergeschichten – Albert Einstein hat das Phänomen 1935 entdeckt und als »spukhafte Fernwirkung« beschrieben. Sie hat ihm schon deshalb nicht gepasst, weil dabei Informationen mit Überlichtgeschwindigkeit übertragen werden, was laut Relativitätstheorie nicht möglich ist.

Der Spuk besteht darin, dass zwei Teilchen in ihren Eigenschaften miteinander gekoppelt sind. Man stelle sich vor, ein Pion (kurzlebiges Elementarteilchen, das beim Zusammenstoß zwischen Proton und Neutron entstehen kann) zerfällt in zwei Photonen. Diese rasen auseinander und können an weit voneinander entfernten Orten beobachtet werden. Nach den Regeln der Quantenmechanik besitzen die beiden Photonen keine wohldefinierte, getrennte Existenz, bevor sie beobachtet werden. Stattdessen bilden sie ein verschränktes System: Messbare Eigenschaften des einen Photons hängen von den Eigenschaften des anderen, weit entfernten Photons ab. Wird ein Photon eines solchen verschränkten Paares in seinen Eigenschaften verändert, dann ändert sich das zweite, entfernte Photon parallel und gleichzeitig. Die Eigenschaften werden in Nullzeit über eine große Entfernung übertragen.

Dieses Phänomen wird auch Nichtlokalität genannt und ist die Grundlage der Teleportation, die uns besser unter dem Ausdruck »Beamen« vom Raumschiff Enterprise her bekannt ist. Lässt man nämlich ein drittes Photon (das Photon, das teleportiert werden soll) mit einem Photon dieses verschränkten Paares interagieren, dann ändert sich das zweite Photon des verschränkten Paares am anderen Ort. Anton Zeilinger, einer der führenden Quantenforscher, hat 1997 erstmals erfolgreich demonstriert, dass einzelne Lichtquanten (Photonen) teleportiert werden können. Bei der Teleportation wird die exakte Kopie eines Quantensystems an einem anderen Ort erzeugt, das Original wird dabei eigenschaftslos. Es enthält keine Informationen mehr und wird als »ausgewaschen« bezeichnet.

Ein Photon zu beamen ist indes etwas anderes als einen Schuh oder gar einen Menschen zu beamen. Es mag dennoch theoretisch denkbar sein. Norbert Wiener, Begründer der Kybernetik, behauptete bereits im Jahre 1952 in seinem Buch *Mensch und Menschmaschine*: »Die Tatsache, dass wir das Schema eines Menschen nicht von einem Ort zu einem anderen telegrafieren können, liegt wahrscheinlich an technischen Schwierigkeiten und insbesondere an der Schwierigkeit, einen Organismus während solch einer umfassenden Rekonstruktion am Leben zu erhalten. Sie liegt nicht an der Unmöglichkeit der Idee.« Dennoch kann man die Angelegenheit guten Gewissens als praktisch unmöglich bezeichnen. Wollte man einen einzigen Menschen beamen, müsste man laut Zeilinger Informationen übertragen, die (auf CD gespeichert) einen CD-Turm von hier bis zum Zentrum der Milchstraße ergeben würden. Außerdem ist unklar, wie es gelingen soll, einen Menschen in einen Quantenzustand zu versetzen.

$E = mc^2$ – Masse ist Energie

Es mag manchen verblüffen. Doch Energie lässt sich nicht verbrauchen. Wenn dennoch immer wieder von »Energieverbrauch« die Rede ist, so meint man damit, dass Energie in aus unserer Sicht wertvollerer Form (z. B. chemische Energie des Erdöls) in eine weniger wertvolle Energieform (z. B. heiße Luft) umgewandelt wird. In einfacher Fassung lautet der Energieerhaltungssatz: In einem energetisch abgeschlossenen System ist die

Gesamtenergie konstant. Wenn man ein Auto gegen eine Mauer fährt, wird die Bewegungsenergie des Autos nicht vernichtet, sondern in Energie von Krach, Wärme, wegfliegenden Teilen und so weiter umgewandelt. Der 26-jährige Albert Einstein hat diesen Energieerhaltungssatz erweitert, indem er die Masse mit einbezogen hat. Er hat in der wohl berühmtesten Formel der Welt beschrieben, dass Masse nur eine Form von Energie ist. »Keine Kraft ohne Stoff – kein Stoff ohne Kraft! Eines für sich ist so wenig denkbar als das andere für sich; auseinander genommen zerfallen beide in leere Abstraktionen«, hatte bereits Ludwig Büchner in seinem Buch *Kraft und Stoff* postuliert, das Einstein in seiner Jugend sehr beeindruckt und dazu beigetragen hatte, dass sich bei ihm jener außerordentlich starke Drang nach einem vereinheitlichenden Weltbild herausbildete, der ihn schließlich zu den Meisterstücken der Vereinigung von Raum und Zeit, Kraft und Materie führte.

Energie kann demnach nicht nur in unterschiedliche Formen von Energie umgewandelt werden, sondern auch in Masse, und umgekehrt. Laut Relativitätstheorie steigt die Masse eines Körpers, wenn man ihn auf hohe Geschwindigkeiten beschleunigt, und wird bei Lichtgeschwindigkeit unendlich groß. Bei 99,9999999999999 Prozent der Lichtgeschwindigkeit wöge eine Mücke mehr als 7 Tonnen.

Einsteins Formel sagt, dass man den Wert der Energie erhält, wenn man die Masse mit dem Quadrat der Lichtgeschwindigkeit (c^2) multipliziert. c^2 ist jedoch eine riesengroße Zahl. Und das bedeutet nichts anderes, als dass in Materie Unmengen von Energie stecken. 10 Gramm reichten aus, um Hiroshima zu zerstören.

Umgekehrt kann auch Energie in Masse umgewandelt werden. So entstehen aus dem »Nichts« Paare von Teilchen und Antiteilchen, deren Masse der Energie entspricht, die für ihre Erzeugung benötigt wird.

Auch kann ein schweres Teilchen in mehrere leichte Teilchen zerfallen. Bleibt dabei Energie übrig, so wird sie den entstehenden Teilchen als Bewegungsenergie mitgegeben. Genau das passiert beim radioaktiven Zerfall eines Atomkerns. Beim Betazerfall verwandelt sich ein Neutron in ein Proton und es werden ein Elektron und ein Neutrino frei. Das Neutron muss also etwas schwerer sein als das Proton. Die Summe der Massen von Proton, Elektron und Neutrino ist jedoch immer noch etwas kleiner als die des Neutrons. Dieser Überschuss wird beim Betazerfall in Bewegungsenergie umgewandelt.

Da Masse und Energie also zwei Seiten einer Medaille sind, unterscheidet man in der Teilchenphysik nicht mehr zwischen Masse und Energie, sondern misst beides in Elektronenvolt. Ein Elektronenvolt entspricht 1,6-mal 10^{-19} Joule. Die aus dem Kochbuch bekannte Kilokalorie ist – in Elektronenvolt angegeben – eine recht unhandliche Zahl mit 22 Nullen vor dem Komma.

Im täglichen Leben werden Masse und Gewicht oft gleichgesetzt. Meist gibt man ein Gewicht in Kilogramm an, obwohl Kilogramm die physikalische Einheit für Masse ist.

Das Gewicht ist jedoch im physikalischen Sinne eine Kraft und wird daher in der Einheit Newton gemessen.

Auf der Erdoberfläche unterliegen alle Gegenstände der Erdanziehungskraft, die ungefähr 9,81 Newton pro Kilogramm Masse beträgt. Man kann daher einfach bei einer Federwaage an die Stelle, auf die der Zeiger bei 9,81 Newton zeigt, »1 kg« schreiben, und schon hat man ein Gerät zur Messung der Masse. Eine solche Waage funktioniert allerdings nur auf der Erde.

Teilchen und Kräfte

Quantenobjekte sind wie beschrieben weder nur als Wellen noch nur als Teilchen zu verstehen. Dennoch hat sich der Begriff Elementarteilchen für die grundlegenden Objekte der Quantenwelt durchgesetzt. Und die sind mittlerweile sehr genau erforscht.

Gewöhnliche Materie

Alles, was wir aus eigener Wahrnehmung kennen, besteht aus gewöhnlicher Materie, die unzählige verschiedenartige Moleküle bildet. Moleküle sind aus Atomen zusammengesetzt. Wassermoleküle bestehen aus drei Atomen, Proteinmoleküle aus Zigtausenden. Atome erhält man, wenn man Protonen, Neutronen und Elektronen in unterschiedlicher Zahl zusammenbaut. Positiv geladene Protonen und ungeladene Neutronen bilden den Kern, die etwa 2000-mal leichteren negativ geladenen Elektronen die Hülle. Etwa 602 252 000 000 000 000 000 000 Protonen oder Neutronen wiegen zusammen 1 Gramm. In der Natur kommen 92 verschiedene Arten von Atomen vor, die wir als Elemente bezeichnen. Jedes Element hat eine unterschiedliche Anzahl von Protonen und ebenso vielen Elektronen. Wasserstoff jeweils eins, Uran jeweils 92. Elemente, die schwerer sind als Uran, nennt man Transurane; sie können auf natürlichem oder künstlichem Wege entstehen, sind jedoch nicht stabil, zerfallen also früher oder später wieder.

Das Universum besteht zu 73 Prozent aus Wasserstoff und zu 25 Prozent aus Helium. Bleiben 2 Prozent für die restlichen 90 Elemente.

Wasserstoff, Helium und ein bisschen Lithium, die drei kleinsten Elemente, sind infolge des Urknalls entstanden, als sich Elektronen, Protonen und Neutronen zu Atomen verbanden. Die anderen Elemente wurden allesamt später in Sternen und Supernovae gebacken und in den Raum geschleudert, um sich dann überall dort anzufinden, wo sich Materie zu Planeten und Sternen, gelegentlich auch Menschen, zusammenballt. Jeder von uns hat noch 2 bis 3 Gramm fast 14 Milliarden Jahre alten Originalmaterials (schweren Wasserstoff) aus der Zeit des Urknalls in seinem Körper!

Im großen Fusionsofen im Zentrum der Sterne verbrennt zunächst Wasserstoff vollständig zu Helium, dann beginnt das Heliumbrennen und es bildet sich Kohlenstoff. Irgendwann ist das Helium verbraucht, dann fängt das Kohlenstoffbrennen an und so weiter. Diesem Prozess verdanken wir 27 Elemente bis hin zum Eisen. Die 65 schwereren entstehen durch so genannten Neutroneneinfang. Viele Sterne explodieren am Ende ihres Lebenszyklus. Bei diesen Supernova genannten Explosionen werden hoch energetische Neutronen freigesetzt und knallen mit Atomen zusammen, wobei schwerere Isotope (Varianten mit höherer Neutronenzahl) desselben Atoms entstehen. Eisen mit normalerweise 29 Neutronen besitzt plötzlich 30, 31, 32 oder noch mehr Neutronen. Viele dieser Isotope sind nicht stabil und zerfallen sofort wieder. So entstehen aus leichten Elementen schwerere, zum Beispiel wird aus Eisen mit anomalen 38 Neutronen Kupfer.

Außer der gewöhnlichen Materie gibt es noch die etwas seltsame Materie Licht, die aus masselosen Photonen besteht, und dann noch die ganz und gar oder zumindest fast masselosen, aber dafür massenhaft auftretenden Neutrinos.

Der subatomare Teilchenzoo

Protonen, Neutronen, Elektronen, Photonen und Neutrinos bilden noch ein ganz überschaubares Quintett. Doch die Hochenergiephysiker sind damit nicht zufrieden und suchen nach weiteren Teilchen. Da sich mit Mikroskopen noch nicht einmal ganze Atome beobachten lassen, nutzen sie zur Erforschung der subatomaren Teilchenwelt so genannte Beschleuniger. Das sind kilometerlange luftleer gepumpte Röhren, in denen mit Hilfe elektrischer Felder kleine Teilchen, wie etwa Elektronen oder Protonen, bis auf Lichtgeschwindigkeit beschleunigt werden, um sie auf irgendetwas (»targets«) zu schießen. Die Teilchen zerplatzen oder wandeln sich in Energie um, wobei die Energiequanten wieder zu neuen – eventuell unbekannten – Materieteilchen kondensieren können.

Teilchenbeschleuniger von geringerer Größe finden sich in jedem Wohnzimmer. In der Bildröhre des Fernsehers werden nämlich Elektronen beschleunigt und gegen die Mattscheibe geschossen.

In den großen Beschleunigern wurden mittlerweile haufenweise Teilchen zertrümmert und lange Listen der dabei herausgehauenen und mit hübschen Namen versehenen Partikel erstellt. Dabei entstand viel Konfusion, weshalb oft von einem Teilchenzoo die Rede ist, der in seiner bunten Vielfalt auch nicht das Wahre sein konnte. Deshalb waren schnell wieder die Vereinheitlicher gefragt.

Mittlerweile ist man bei einem Baukasten aus jeweils sechs Leptonen und Quarks angelangt. Die Quarks lassen sich jeweils zu zweit oder zu dritt zu den anderen Teilchen zusammensetzen. Jüngst soll auch eine Fünferkombination, eine Pentaquark, gesichtet worden sein. Einzelne Quarks sind noch niemandem begegnet. Die Leptonen treten dagegen als Einzelgänger auf. Wichtig ist für uns vor allem das Elektron, das die Atomhülle bildet. Bei den restlichen reicht es, wenn man den Namen gehört hat. Es sind Elektron-Neutrino, Myon und Myon-Neutrino sowie Tauon und Tauon-Neutrino. Die Neutrinos wurden oben bereits erwähnt. Sie besitzen fast keine Masse und keine Ladung, sind daher extrem unauffällig und werden auch Geisterteilchen genannt. Von 100 Milliarden Neutrinos, die die Erde durchwandern, bleibt nur ein Einziges irgendwo hängen. Doch ihre Unscheinbarkeit machen die Neutrinos durch ihre Zahl wett. Es gibt 1 Milliarde Mal mehr Neutrinos als Atome im Universum. Und selbst wenn sie nur eine verschwindend geringe Masse haben, könnten sie einen Teil jener dunklen Materie bilden, von der weiter unten noch die Rede sein wird.

Von Myon und Tauon kriegt man deshalb nichts mit, weil sie sehr kurzlebig sind und nur Bruchteile von Sekunden existieren.

Auch für den Aufbau der Protonen und Neutronen sind lediglich zwei verschiedene Sorten Quarks notwendig. Das Proton besteht aus zwei Ups und einem Down, das Neutron aus zwei Downs und einem Up. Die restlichen heißen Charme, Strange, Top und Bottom. Aus allen zusammen und ihren jeweiligen Antiteilchen kann man die ganzen seltsamen Teilchen des Teilchenzoos basteln, zum Beispiel aus einem Strange und einem Anti-Up ein Kaon, aus einem Up, einem Down und einem Strange ein Lambda und so weiter. Insgesamt sind heute mehr als 200 dieser unstabilen Teilchen bekannt. Kennen muss man sie nicht. Sogar der Nobelpreisträger Enrico Fermi, immerhin selbst Namensgeber der Fermionen und Erfinder des Neutrinos, sagte einmal zu seinem Studenten (und ebenfalls zukünftigen Nobelpreisträger) Leon Lederman: »Junger Mann, wenn ich mich an all die Namen dieser Teilchen erinnern könnte, wäre ich besser Botaniker geworden!«

Die vier Kräfte im Universum

Mit Teilchen allein ist die Welt nicht zu beschreiben. Es braucht auch etwas, das die Teilchen so zusammenhält, wie sie eben zusammenhängen, und dieses Etwas bezeichnet man als Kraft. Kräfte kann man nicht anfassen, man erkennt sie nur an ihren Wirkungen. Aus heutiger Sicht lassen sich alle physikalischen Phänomene im Universum und auf Erden mit vier Kräften beschreiben. Alle Kräfte werden durch die zugrunde liegenden Wechselwirkungen zwischen den Teilchen hervorgerufen. Die Schwerkraft ist eine Wechselwirkung zwischen Massen. Die starke Kernkraft, die schwache Kraft und die elektromagnetische Kraft sind Wechselwirkungen zwischen den Ladungen von Teilchen.

Die erste Kraft, deren Natur ein Mensch richtig erfasste, war die Schwerkraft, mit der Newton den Lauf der Planeten und den Fall des Apfels erklärte. Sie wirkt über unendliche Distanzen, spielt aber im Innern von Atomen keine Rolle. Wir gehen daher erst weiter unten im Zusammenhang mit Einsteins Allgemeiner Relativitätstheorie ausführlicher auf sie ein.

Ebenfalls aus dem alltäglichen Leben bekannt ist uns die elektromagnetische Kraft.

Sie ist eine Wechselwirkung zwischen negativ geladenen Elektronen und positiv geladenen Protonen und somit dafür verantwortlich, dass im Atom Kern und Hülle zusammenhalten und dass sich Atome zu Molekülen verbinden. Dies tun sie, indem zwei Atome ihre äußeren einzelnen Elektronen zu energetisch günstigeren Paaren koppeln und dadurch aneinander haften. Die elektromagnetische Kraft hat eine unbegrenzte Reichweite. Wir kennen sie aus dem Alltag in unterschiedlichster Gestalt: als Sonnenlicht, Röntgenstrahlung, Funkverbindung und so weiter – alles elektromagnetische Wellen, die sich lediglich in der Frequenz unterscheiden, bzw. Photonen, die sich in der Energie unterscheiden.

Doch reicht das noch nicht aus, damit Kern und Hülle zusammenhalten. Auch damit die Kerne selbst nicht auseinander fallen, muss wieder eine Kraft wirken. Man nennt sie die starke Kraft und sie wirkt sogar noch eine Stufe tiefer, nämlich zwischen den Quarks, die so Protonen und Neutronen bilden. Dass Protonen und Neutronen im Kern zusammenbleiben, liegt an der so genannten Restwechselwirkung der starken Kraft. Diese hat ihren Namen nicht umsonst, sie ist enorm stark (10^{38}-mal stärker als die Gravitation), verfügt aber nur über eine Reichweite von 1 Billionstel Millimeter und spielt daher für die Welt außerhalb der Atome keine Rolle.

Vierte im Bunde ist die schwache Kernkraft, die ebenfalls ausschließlich im Inneren des Atoms wirkt, jedoch 10 Billionen Mal schwächer ist als die starke. Während die starke Kernkraft für stabilen Zusammenhalt sorgt, ist die schwache dafür verantwortlich, dass schwerere Quarks in leichtere und schwerere Leptonen ebenfalls in leichtere Leptonen zerfallen können. Daher besteht die Materie, die uns umgibt, nur aus Elektronen und den beiden leichtesten Quarkarten (dem Up- und dem Down-Quark). Die radioaktive Beta-Strahlung ist Ausdruck der schwachen Kernkraft. Wenn in einem Kern genügend Energie vorhanden ist, so verwandelt sich ein Neutron in ein Proton und gibt ein Elektron sowie ein unsichtbares Neutrino ab. Die abgegebenen Elektronen werden Beta-Strahlung genannt.

Man muss sich fragen, weshalb die Natur vier unterschiedliche Kräfte benötigt und nicht mit einer auskommt. Physikern ist dies ein Dorn im Auge, denn sie suchen nach dem Elementaren und wollen alle Erscheinungen aus möglichst wenigen Grundphänomenen ableiten. Daher ist man auf der Suche nach der einen Kraft, auf die sich alle anderen zurückführen lassen. Zumindest in der Theorie existiert sie und trägt den Namen »SUSY-Kraft«. SUSY steht für Supersymmetrie. Sie soll bei den extrem hohen Temperaturen von über 10^{32} Grad Celsius direkt nach dem Urknall geherrscht haben, in Folge der Abkühlung dann in Gravitation und GUT-Kraft (GUT bedeutet Grand Unified Theory) zerfallen sein, welche dann bei 10^{28} Grad in starke Kernkraft und elektroschwache Kraft zerfiel, welche wiederum bei 10^{15} Grad etwa 1 Zehnmilliardstel Sekunde nach dem Urknall in elektromagnetische und schwache Kernkraft zerfiel. Die uns bekannten Kräfte wären somit alle Sonderformen der SUSY bei »niedrigen« Temperaturen – so wie die newtonsche Physik eine Sonderform der einsteinschen Physik bei »niedrigen« Geschwindigkeiten ist.

Wie für die elektromagnetische Kraft die Photonen, gibt es auch für die anderen Kräfte so genannte Austauschteilchen. Die werden hin- und hergeschoben und damit die entsprechende Kraft übertragen. Das Austauschteilchen der starken Kraft heißt Gluon (von englisch glue, was Leim bedeutet). Das der Gravitation heißt Graviton, es funktioniert in der Theorie gut, konnte aber leider bis heute in natura noch nicht aufgespürt werden. Die schwache Kraft hat nicht nur ein, sondern gleich drei Austauschteilchen, so genannte Vektorbosonen W^+, W^- (W steht für weak, was schwach heißt) und Z^0 (Z steht für zero, da es keine Ladung hat).

Die starke Kraft wirkt ausschließlich auf Quarks. Die elektromagnetische Kraft wirkt auf alle elektrisch geladenen Teilchen, also die Quarks und die elektrisch geladenen Leptonen. Die schwache Kraft wirkt auf alle Elementarteilchen, sogar Neutrinos.

Insgesamt ist das alles nicht weiter kompliziert: Alle bekannten materiellen Teilchen sind aus Quarks und Leptonen zusammengesetzt und sie wechselwirken untereinander durch den Austausch von Austauschteilchen. Was man lange als kleinste Einheit gesehen hat, das Atom, besteht tatsächlich zu 99,999999999999 Prozent aus leerem Raum!

Murray Gell-Mann, der Erfinder der Quarks, fand, dass man sich die Terminologie für eine so seltsame Physik, die kaum einer versteht, am besten auch aus einer ebenso seltsamen Literatur borgt, zum Beispiel bei James Joyce. »Ich blätterte in *Finnegans Wake*, wie ich es oft tue, und versuchte, hier und da etwas zu verstehen – so wie man eben *Finnegans Wake* liest –, und fand dort ›Three quarks for Muster Mark‹. Ich sagte: ›Das ist es! Drei Quarks machen einen Neutron oder ein Proton.‹« Der langjährige Herausgeber von *Nature*, John Maddox, sieht in dieser Namensentlehnung einen Ausdruck »des humoristischen Geistes, der damals Einzug in die Elementarteilchenphysik hielt«. Tatsächlich ist der subatomare Raum ebenso wie das Universum zur Zeit seiner Geburt so ziemlich für jeden Spaß zu haben, solange er sich mathematisch kohärent formulieren lässt.

Antimaterie

Nicht vergessen dürfen wir natürlich die Spiegelwelt der Antimaterie. Antiteilchen sehen genauso aus wie die entsprechenden normalen Teilchen. Sie verhalten sich auch gleich, tragen aber entgegengesetzte elektrische Ladungen. Das Proton zum Beispiel ist elektrisch positiv geladen, das Antiproton negativ. Wenn ein Teilchen und ein Antiteilchen zusammenstoßen, dann zerstrahlen sie zu reiner Energie. Umgekehrt können Teilchen nur gemeinsam mit ihren zugehörigen Antiteilchen aus reiner Energie erzeugt werden.

Eine terminologische Ausnahme bildet das Antiteilchen des Elektrons. Es heißt nicht Antielektron, sondern Positron und wurde als erstes Antiteilchen 1928 von Paul

Dirac im Zuge der Weiterentwicklung der Quantenmechanik gefordert und 1932 von Carl Anderson (1905–1991) nachgewiesen und benannt.

Ganz aus der Reihe tanzt das Neutrino. Es ist sein eigenes Antineutrino. In gewisser Hinsicht keine Kunst, denn es hat keine Ladung.

Anfang 2002 stellten Forscher am Europäischen Kernforschungszentrum CERN bei Genf erstmals ganze Atome aus Antimaterie her. Während ein Wasserstoffatom aus einem Elektron und einem Proton besteht, setzt sich Antiwasserstoff aus einem Positron und einem Antiproton zusammen.

Das Vakuum

Wo nichts ist, ist nach landläufiger Vorstellung das Vakuum – ein Raum, in dem weder Materie noch Energie existieren. Von diesem Vakuum haben Wissenschaftler nie etwas gehalten. Bis zum 19. Jahrhundert haben sie es mit Äther gefüllt. Denn man nahm bis zu Beginn des 20. Jahrhunderts an, dass das Licht wie der Schall zur Ausbreitung ein Medium benötigt.

Neuerdings wurde das Vakuum erneut gefüllt, und zwar mit einem Higgs-Feld bzw. mit Higgs-Bosonen, denen die Aufgabe zugedacht ist, allen Teilchen jene Masse zu verleihen, die wir offensichtlich vorfinden, für die die Physik, die einfach nichts für selbstverständlich nehmen will, jedoch noch keine andere Erklärung gefunden hat. Im Higgs-Meer, das das Vakuum füllt, geht es allen anderen Teilchen wie Promis auf einer Party. Sie werden umringt vom gewöhnlichen Volk und so wird ihnen Gewicht verliehen, das sie von sich aus nicht besitzen. Möglicherweise existiert die Masse als Eigenschaft von Teilchen nur im übertragenen Sinne und in Wirklichkeit treiben nur Higgs-Felder ihren Schabernack. Die Teilchen haben in diesem Sinne nicht verschiedene Massen, sie sind nur mehr oder weniger prominent.

Doch das Higgs-Feld ist nicht das Einzige, was das Vakuum mit Leben erfüllt. Der Kernphysiker Hans Christian von Baeyer schreibt: »Das dynamische Vakuum ist wie ein stiller See in einer Sommernacht, dessen Oberfläche sich sanft kräuselt, während überall Paare von Elektronen und Positronen wie Glühwürmchen aufleuchten. Es ist ein geschäftigerer und freundlicherer Ort als die erschreckende Leere des Demokrit oder der eisige Äther des Aristoteles.«

Tatsächlich können laut Theorie Teilchen und Antiteilchen aus dem Nichts entstehen. Doch kaum sind sie da, verschwinden sie nach etwa 0,000 000 000 000 000 000 000 01 Sekunden schon wieder, indem sie sich gegenseitig vernichten. Photonen, Neutrinos und womöglich auch Gravitonen schwirren en masse durchs vermeintliche Nichts – von Gluonen und Bosonen ganz zu schweigen. Manch ein Physiker denkt daher bereits in die Richtung, die Materie als Sonderzustand des Vakuums zu sehen und den Anfang von allem demnach in einer Big Bubble statt in einem Big Bang.

Beschränken wir uns einmal auf gewöhnliche Materie, so ist das Vakuum wirklich leer. Doch ein solches zu erzeugen ist verdammt schwer, denn in normaler Luft sind gut 30 Trillionen Moleküle pro Kubikzentimeter enthalten. In der Isolierschicht einer Thermoskanne sind es 5 Billionen, im Raum zwischen den Sternen sind es immerhin noch drei. Richtig dünn wird es erst im Raum zwischen den Galaxien, wo bei 0,000 000 000 1 Molekülen pro Kubikzentimeter nur noch alle 10 Meter ein Molekül anzutreffen ist.

Dunkle Materie

Zu allem Überfluss haben Kosmologen festgestellt, dass 80 bis 90, wenn nicht 99 Prozent der Materie für uns unsichtbar sind, weil sie weder Licht aussendet noch absorbiert. Dass es sie dennoch geben muss, sieht man daran, dass wir von ihrer Schwerkraft angezogen werden, beispielsweise von jenem Großen Attraktor, den wir bereits erwähnten. Außerdem funktionieren ohne sie die bisherigen Modelle für die Entstehung des Universums nicht. In einem Universum ohne dunkle Materie dürfte es weder Sterne noch Galaxien geben. Es bestünde nur aus einer langweiligen, leicht gewellten Wasserstoff-Helium-Suppe.

Woraus aber besteht die dunkle Materie? Woraus bestehen 80 bis 90 Prozent der Materie des Universums? Ein kleiner Teil davon dürfte uns bereits vertraut sein. Sehr vertraut sogar, denn unsere Erde gehört wie alle anderen Planeten dazu. Ebenso sehr kalte Weiße Zwerge, Neutronensterne und schwarze Löcher. Doch das reicht längst nicht aus. Deshalb wird noch über einige andere Kandidaten spekuliert. Die beliebtesten sind die so genannten Weichlinge, englisch WIMPs (weakly interacting massive particles, schwach wechselwirkende massive Teilchen). Hierzu zählen die Neutrinos, falls sie denn, was bisher noch nicht endgültig bewiesen werden konnte, eine Masse besitzen, und außerdem Photinos, Neutralinos und Axionen, die von der supersymmetrischen Feldtheorie vorausgesagt werden, von denen man aber leider nicht weiß, ob sie existieren. Zu den WIMPs haben sich mittlerweile noch die weit weniger schwächlichen Wimpzillas gesellt, eine Art Monstervariante der WIMPs, die laut Edward Kolb vom Enrico-Fermi-Institut in Chicago kurz nach der Inflationsphase entstanden sein sollen und deren Masse etwa das Billionenfache der Masse eines Protons betragen soll.

Aber es kommt noch schlimmer. Es sieht so aus, als bestünde das Weltall nur zu gut einem Viertel aus Materie, genauer gesagt zu 4 Prozent aus gewöhnlicher Materie und zu 23 Prozent aus dunkler Materie. Die restlichen 73 Prozent macht die dunkle Energie aus, die noch mysteriöser ist als dunkle Materie. Diese dunkle Energie hat Albert Einstein erstmals als »kosmologische Konstante« in seinen Gleichungen der Allgemeinen Relativitätstheorie als eine Art Gegengewicht zur Schwerkraft eingeführt, weil er glaubte, dass das Universum sonst in sich zusammenstürzen müsste. Später hat er dies jedoch bereut und als »größte Eselei« seiner Karriere bezeichnet, da der Urknall als Erklärung für die Ausdehnung gewertet wurde. Nichtsdestotrotz erfreut sich die dunkle Energie heute wieder wachsender Beliebtheit und wird für die kürzlich entdeckte beschleunigte Ausdehnung des Universums verantwortlich gemacht.

Strahlung

Wir wissen nun, dass es sich bei Sonnenlicht, Mikrowellen, Röntgenstrahlen um ein und dasselbe Phänomen in unterschiedlicher Ausprägung handelt, nämlich um elektromagnetische Wellen, die durch Photonen übertragen werden. Doch nicht alle Strahlung ist elektromagnetisch. Wenn wir etwas von Strahlung hören, denken wir als Erstes meist an Radioaktivität. Was ist Radioaktivität? Wo kommt sie her? Was bewirkt sie?

1896 stieß der französische Physiker Antoine Becquerel (1852–1908) bei der Untersuchung von Uranverbindungen auf eine bisher unbekannte Art von Strahlung, die sich unabhängig von allen äußeren Einflüssen unter anderem durch Schwärzung von fotografischen Platten und Ionisation der Luft bemerkbar machte. Becquerels Doktorandin, die 29-jährige Marie Curie (geborene Sklodowska, 1867–1934), machte sich daran, die neue Art der Strahlung genauer zu untersuchen. Sie war überzeugt, dass die entdeckte Strahlung des Elements Uranium sich auch bei anderen Elementen nachweisen lassen würde. Sie konnte keine bloße Eigenschaft eines Elements sein. Sie musste tiefer liegen und unmittelbar mit der Natur der Atome zu tun haben. Gemeinsam mit ihrem Mann Pierre Curie (1859–1906) entdeckte sie zwei bisher unbekannte Elemente, die sie als radioaktiv bezeichnete. Eines taufte sie daher auf den Namen Radium, das andere nannte sie nach ihrer polnischen Heimat Polonium. Den Rest ihres Lebens widmete sie der Erforschung der Radioaktivität. Als ihr Mann 1906 von einer Pferdekutsche überfahren wurde und dabei ums Leben kam, führte sie seine Vorlesungen an der Pariser Universität weiter und war damit die erste Frau, die an der Sorbonne lehrte. Pierre Curie war die Professur und ein Assistent, nämlich seine Frau, erst zugestanden worden, nachdem er und Marie gemeinsam mit Becquerel 1903 den Nobelpreis für Physik bekommen hatten. Zuvor betrieben beide ihre mühevolle Forschung ohne Anstellung mit bescheidenen Zuschüssen der Industrie, die an den Ergebnissen interessiert war. Pierre war Lehrer an der Fachhochschule für Physik und Chemie der Stadt Paris. 1911 erhielt Marie einen zweiten Nobelpreis, diesmal für Chemie. Während des Ersten Weltkrieges unterbrach sie ihre wissenschaftliche Arbeit, bildete gemeinsam mit ihrer 18-jährigen Tochter Irène Röntgenpersonal aus und fuhr selbst zum Röntgen an die Front.

Sie starb 1934 im Alter von 66 Jahren an Leukämie, einer Folge ihrer langjährigen Kontakte mit hoch dosierten radioaktiven Präparaten. Ihre 1897 geborene älteste Tochter Irène führte ihre Arbeit fort, entdeckte 1934 die künstliche Radioaktivität und erhielt 1935 gemeinsam mit ihrem Mann Frédéric Joliot-Curie, den sie im Institut von Marie kennen gelernt hatte, ebenfalls den Nobelpreis für Chemie.

Für Marie Curie bot das Phänomen Radioaktivität einen Einblick in das Wesen der Materie. Sie glaubte, dass es in der Medizin zum Nutzen der Menschheit eingesetzt werden konnte, was heute auch tatsächlich der Fall ist. Seit langem wissen wir jedoch auch, dass radioaktive Strahlung gefährlich ist und der Umgang mit strahlenden Substanzen daher umfangreiche Sicherheitsmaßnahmen erforderlich macht.

Radioaktiv nennt man einen Stoff, wenn die Atome von selbst zerfallen, ohne dass man irgendwie Einfluss darauf nehmen könnte, und dabei ionisierende Strahlung in Form von Alpha-, Beta- oder Gamma-Strahlen emittiert wird. Gemessen wird sie in Becquerel (Bq). Ein Becquerel bedeutet, dass in einer Sekunde ein Atom zerfällt. Ein Kilogramm ganz normaler Erde strahlt mit einer natürlichen Aktivität von einigen hundert Becquerel. Das im Körper eines Menschen vorhandene Kalium-40 verursacht sogar eine Strahlungsaktivität von etwa 5000 Becquerel. Die wichtigsten Zerfallsarten sind der Alpha- und der Beta-Zerfall. Beim Alpha-Zerfall wird ein aus zwei Protonen und zwei Neutronen bestehendes Alpha-Teilchen aus dem zerfallenden Kern herausgeschleudert.

Alpha-Strahlung hat in Luft eine Reichweite von einigen Zentimetern, im menschlichen Körper nur Bruchteile eines Millimeters. Beim Beta-Zerfall verwandelt sich ein Neutron in ein Proton und es werden ein Elektron und ein Neutrino frei. Beta-Strahlung besteht also aus Elektronen mit einer Reichweite von Metern in Luft und Millimetern im menschlichen Körper. Wenn ein radioaktives Element Alpha- oder Beta-Teilchen abgibt, verwandelt es sich in ein anderes Element oder ein anderes Isotop desselben Elements. So wird zum Beispiel Uran 238 mit 92 Protonen und 146 Neutronen zu Thorium 234 mit 90 Protonen und 144 Neutronen. Thorium 234 wird als Beta-Strahler zu Protactinium 234, der weitere Zerfall erfolgt über Uran 234, Thorium 230, Radium 226, Radon 222, Polonium 218, Blei 214, Bismuth 214, Polonium 214, Blei 210, Bismuth 210, Polonium 210 bis zum stabilen Isotop Blei 206.

Im Falle von Uran 238 dauert dieser Prozess sehr lange. Nach der Halbwertszeit von 4,5 Milliarden Jahren ist die Hälfte der Atome zerfallen. Es strahlt also nur sehr schwach. Sehr viel schneller zerfällt etwa Polonium 210. Es hat eine Halbwertszeit von 138 Tagen. Dies ist der Grund, weshalb es Marie Curie nie gelang, reines Polonium zu gewinnen. Die Isolierung dauerte so lange, dass das Ausgangsmaterial sich während des Prozesses »verflüchtigte«, indem es sich in Blei verwandelte. Noch viel schneller zerfällt Polonium 214 mit einer Halbwertszeit von gerade einmal 0,16 Millisekunden.

Bei einem Alpha- oder Beta-Zerfall entsteht oft zusätzlich Gamma-Strahlung. Sie ist elektromagnetische Strahlung, besteht also wie Röntgenstrahlung und die ultraviolette Strahlung der Sonne aus energiereichen Photonen. Sie wird beim Durchgang durch Materie nur allmählich abgeschwächt. Bei hoher Energie durchdringt Gammastrahlung Hunderte von Metern Luft und menschliches Gewebe bis zu etwa einem Meter.

Alle drei Strahlungsarten haben im Körper die gleiche Wirkung. Treffen diese Strahlen auf Lebewesen, so werden einzelne Elektronen aus den Atomhüllen herausgeschlagen und es entstehen Ionen. Dies kann zu Veränderungen von Körperzellen und damit zu Erbschäden, Missbildungen und Krebs führen. Entscheidend ist dabei jedoch nicht die Strahlungsaktivität, sondern die Strahlendosis, die man aufnimmt. Je höher die Dosis, desto stärker werden Zellen, Erbsubstanz und Proteine geschädigt. Diese so genannte Äquivalentdosis wird in Sievert (Sv) gemessen. Dabei ist es egal, um welche Art von Strahlung es sich handelt oder welche Energie sie besitzt. Gammastrahlung von einem Sievert hat die gleiche biologische Wirkung wie ein Sievert Röntgenstrahlung oder ein Sievert Alpha-Strahlung.

Alpha- und Beta-Strahlung durchdringen die Kleidung nicht, belasten uns also normalerweise nur, wenn wir strahlendes Material zu uns nehmen. Dies tun wir vor allem in Form von Kalium. Es wird durch die Nahrung aufgenommen und vom Körper wieder ausgeschieden. Ein geringer Teil der Kalium-Atome ist radioaktiv, nämlich das Kalium-40. Die Aktivität im Körper beträgt etwa 9000 Becquerel pro Sekunde. Da Kalium neben Beta-Strahlung auch Gammastrahlen aussendet, strahlen wir auch nach außen. Die im Boden vorkommende natürliche Radioaktivität beträgt in den meisten Gebieten einige 100 Becquerel pro Kilogramm Erde. Die stärkste natürliche Belastung geht von dem Edelgas Radon 222 aus. Radon und seine Folgeprodukte reichern sich in geschlossenen Räumen an. Sie können sich an Staubteilchen anlagern und sich in der Lunge festsetzen.

Radioaktive Strahlung ist ein natürliches Phänomen, an das alles Leben auf der Erde seit Milliarden von Jahren gewöhnt ist. Deshalb verfügen alle Lebewesen über zelluläre Reparaturmechanismen, um die erbgutverändernden Wirkungen der Strahlen zu kompensieren. Sie können mit einem gewissen Maß an Strahlung gut leben, ohne Schaden zu nehmen. Die natürliche Radioaktivität hängt sehr stark davon ab, wo man lebt. Es gibt Regionen in der Welt, in denen die natürliche Hintergrundstrahlung weit überdurchschnittlich ist. Sehr hohe Werte werden in kleineren Gebieten Indiens und Europas gemessen. In den Alpen liegt die Belastung teilweise bei bis zu 150 Millisievert (mSv) pro Jahr, also fast 40-mal so hoch wie im deutschen Durchschnitt (4 mSv) und rund siebenmal höher als die für Beschäftigte in kerntechnischen Anlagen erlaubte Dosis.

Neben der natürlichen Radioaktivität erzeugen wir mittlerweile auch künstliche. Die künstliche Strahlenbelastung geht fast ausschließlich auf medizinische Maßnahmen, vor allem Röntgenuntersuchungen, zurück (1,5 mSv pro Jahr). Die Belastung durch Flugreisen, Atombombentests, Kern- und Kohlekraftwerke summiert sich im Durchschnitt auf 0,05 Millisievert pro Jahr. Diese »normale« zusätzliche Belastung liegt innerhalb der natürlichen regionalen Schwankungen und ist für unsere Gesundheit von sehr geringer Bedeutung. Deutliche gesundheitliche Schäden zeigten sich jedoch infolge des schweren Reaktorunfalls in Tschernobyl und nach den Atombombenabwürfen auf Hiroshima und Nagasaki bei Personen, die hoher Belastung ausgesetzt waren. In

Japan starben 200 000 Menschen unmittelbar durch die thermonukleare Explosion der Bomben, die meisten durch die Druck- und Hitzewelle, einige tausend innerhalb weniger Tage an den Folgen der akuten Verstrahlung. Darüber hinaus gab es Spätfolgen bei Überlebenden, die erhöhter Strahlung ausgesetzt waren und in den folgenden 50 Jahren beobachtet wurden.

1948 wurde die amerikanische ABCC (Atomic Bomb Casualities Commission) in Hiroshima gegründet, die eine große Studie an etwa 100 000 Atombomben-Überlebenden begann. 1975 wurde die ABCC durch die Radiation Effects Research Foundation (RERF) in Hiroshima, eine japanisch-amerikanische Institution, abgelöst, die seitdem die Beobachtung und wissenschaftliche Auswertung fortführt. In den ersten 25 Jahren wurde eine Häufung von Leukämieerkrankungen deutlich. Unter den Überlebenden erkrankten etwa doppelt so viele Menschen wie im Durchschnitt der Bevölkerung. In den folgenden Jahren normalisierten sich die Leukämiehäufigkeiten allmählich wieder. Bis heute sind von etwa insgesamt 250 Leukämiefällen, die unter den Atombomben-Überlebenden auftraten, etwa 80 der Strahlenexposition zuzuschreiben. Für den einzelnen Betroffenen lässt sich nicht sagen, ob die Erkrankung durch Strahlung oder andere Ursachen ausgelöst wurde. Die Zahl 80 ergibt sich aus der Differenz zwischen tatsächlichen und statistisch zu erwartenden Erkrankungen, wenn es keinen Bombenabwurf gegeben hätte. Erst mehrere Jahrzehnte nach den Bombenabwürfen zeigte sich ein Anstieg bei anderen Krebsarten, etwa Brust-, Lungen- und Magenkrebs, die bis heute noch vermehrt auftreten. Insgesamt sind etwa 400 bis 500 Menschen an den Spätfolgen der Bombenabwürfe gestorben. Dies ist im Vergleich zu den 200 000 direkten Opfern zwar wenig, belegt jedoch eindrucksvoll, wie schädlich eine erhöhte Strahlenexposition ist. Beobachtungen bei Anwohnern von Atomtestgeländen und Bewohnern der am Fluss Tetscha im Südural liegenden Dörfer, der in den Jahren 1949 bis 1955 mit großen Mengen von Spaltprodukten aus den geheimen Plutoniumwerken von Mayak verunreinigt wurde, bestätigen die Ergebnisse aus Japan.

Der Reaktorunfall von Tschernobyl im Jahre 1986 kostete nach Angaben der Vereinten Nationen 31 Menschen, die hohen Strahlendosen ausgesetzt waren, das Leben, und führte bis zum Jahr 2003 zu rund 2000 zusätzlichen Fällen von Schilddrüsenkrebs in der Ukraine, in Russland sowie Weißrussland, vor allem bei Kindern, die glücklicherweise zum größten Teil geheilt werden konnten.

Die meisten strahlenbedingten Krebserkrankungen traten bisher als Folge des Uranbergbaus auf. In den 1950er-Jahren atmeten Bergarbeiter unter Tage zum Teil über Jahre hohe Mengen des radioaktiven Edelgases Radon und seiner Folgeprodukte ein. Allein im Uranbergbau wurden schon zu Zeiten der DDR mehr als 6000 Todesfälle durch Lungenkrebs als berufsbedingt anerkannt.

Weitere strahlenbedingte Krebserkrankungen entstehen durch das Rauchen, das – abgesehen von allen anderen Giftstoffen in Zigaretten – auch zu einer radioaktiven

Belastung der Lunge führt. Ursache ist die Anreicherung von radioaktivem Polonium 210 in den Blättern der Tabakpflanze.

Die Bombe

Die wichtigen, grundlegenden Entdeckungen des frühen 20. Jahrhunderts, der heroischen Zeit der modernen Physik, also Einsteins Relativitätstheorie, Bohrs Atommodell und Curies Radioaktivität, wurden von zwei Weltkriegen überschattet, die alle Wissenschaft und Technologie der militärischen Logik unterwarfen. Im Falle der von Marie Curie konstruierten mobilen Röntgenstationen zur Untersuchung verletzter Soldaten kam immerhin die humanitäre Seite zum Ausdruck, in den Atombomben, die Hiroshima und Nagasaki zerstörten, jedoch die mörderische.

In Michael Frayns Theaterstück *Copenhagen*, das 1998 in London uraufgeführt wurde, wird am Beispiel Werner Heisenbergs die Verantwortung des Wissenschaftlers thematisiert. Kann ein Physiker es moralisch vertreten, im faschistischen Deutschland an der praktischen Nutzung der Atomenergie zu arbeiten? Das Drama basiert auf einer wahren Begebenheit: Heisenbergs Besuch bei Niels Bohr 1941 in Kopenhagen. Nachdem er mit Bohr in den 1920er-Jahren die Physik revolutioniert hat, wird Heisenberg trotz Anfeindungen durch Nazis, die ihn als Anhänger der »jüdischen Physik« Einsteins betrachten, Leiter des deutschen Atomprojekts. Heisenberg sucht Bohr im besetzten Kopenhagen auf und es kommt zum Bruch der Freunde – wobei sich die beiden Physiker im Stück nicht einigen können, worüber überhaupt gesprochen worden war. »In dem Stück geht es um die Unschärfe des menschlichen Denkens und unserer Handlungsmotive«, sagt der Autor Michael Frayn. »Natürlich sind die Gründe, warum wir nicht alles über eine Person wissen können, ganz andere als die Gründe, warum wir nicht alles über ein Teilchen wissen können. Aber in beiden Fällen gibt es eine grundsätzliche Barriere, über die man nicht hinaus gelangen kann.« Es geht ganz allgemein um die Schwierigkeit, sich über historische Begebenheiten ein Urteil zu bilden.

In der Tat sind sich auch die Historiker bis heute uneins, ob Heisenberg und andere deutsche Physiker bereit gewesen wären, für Hitler die Bombe zu bauen, oder ob er nur mitspielte, damit nicht andere es taten. Bohr war zumindest beim Treffen 1941 von Ersterem überzeugt. In einem Briefentwurf an Heisenberg aus dem Jahr 1957 schreibt er: »Ich kann mich an jedes Wort unserer Unterhaltungen erinnern ... Insbesondere machte es einen starken Eindruck, sowohl auf Margrethe als auch auf mich und auf jeden am Institut, mit dem Sie beide geredet hatten, dass Sie und Weizsäcker die definitive Überzeugung zum Ausdruck brachten, dass Deutschland den Krieg gewinnen werde und es daher töricht sei, wenn wir auf einen anderen Ausgang hofften und uns allen Kooperationsangeboten von Seiten der Deutschen verschlössen. Ich erinnere mich auch sehr deutlich an unser Gespräch in meinem Zimmer am Institut, als Sie, ohne konkret zu werden, in einer Weise sprachen, die in mir nur zu dem festen Eindruck führen konnte, dass unter Ihrer Leitung in Deutschland alles unternommen werde, um Atomwaffen zu entwickeln.«

Tatsächlich gelang es bekanntlich als Ersten den USA, die Bombe zu bauen. Die hierbei maßgeblichen Wissenschaftler waren ein Italiener, vier Ungarn und ein Deutscher: Enrico Fermi, Leo Szilard, Eugene Wigner, John von Neumann, Edward Teller und Hans Bethe, allesamt Emigranten, die vor Hitler geflohen waren.

Enrico Fermi (1901–1954) war ein begnadeter Physiker. Mit 22 Jahren arbeitete er in Deutschland mit Werner Heisenberg und Wolfgang Pauli (1900–1958) zusammen. Als er im Alter von 25 Jahren eine Professur für theoretische Physik an der Universität von Rom annahm, wurde er von seinen Kollegen »Der Papst« genannt, da er als unfehlbar galt. Zu internationalem Ruhm gelangte er 1933, als es ihm gelang, das Problem des radioaktiven Beta-Zerfalls zu lösen. Gemeinsam mit Pauli postulierte er ein hypothetisches Teilchen und taufte es auf den Namen Neutrino (kleines Neutron). Neutrinos sind extrem unauffällig, sie haben höchstens ein Tausendstel der Masse eines Elektrons und führen beim Beta-Zerfall einen Teil der Energie ab. Gleichzeitig führte Fermi die vierte und bislang letzte Kraft in die Physik ein: die schwache Wechselwirkung, die dafür verantwortlich ist, dass ein Neutron in ein Proton und ein Elektron zerfallen kann.

1934 schlug Fermi vor, Atomkerne mit Neutronen zu beschießen, um schwere Varianten der bestrahlten Elemente, so genannte Isotope, zu gewinnen. Zuvor hatte das Ehepaar Irène Curie und Frédéric Joliot-Curie die künstliche Radioaktivität entdeckt, indem es Aluminiumkerne mit Alpha-Strahlung beschossen hatte. Fermi beschoss nun alle möglichen Materialien und entdeckte rund 40 neue radioaktive Substanzen. Im Herbst 1934 stellte er fest, dass sich langsame Neutronen für Kernreaktionen besser eignen als schnelle. Diese Entdeckung war der entscheidende Schritt zur Nutzung der Kernenergie – und zur Bombe.

Die deutschen Forscher Otto Hahn (1879-1968) und Fritz Straßmann (1902–1980) beschossen 1938 Uran-Atome mit Neutronen und nahmen an, dass dabei Uran-Isotope entstehen würden, also Uran mit einer höheren Anzahl von Neutronen. Erstaunlicherweise entstand aber das Metall Barium, das die Kernladungszahl 56 besitzt. Hahn fand dies äußerst befremdlich. Die Mitarbeiterin Hahns, Lise Meitner (1876–1968), eine österreichische Jüdin, die zu dieser Zeit bereits im schwedischen Exil war, interpretierte dieses Ergebnis so, dass der Urankern tatsächlich in zwei Hälften gespalten wurde. Diese Folgerung war durchaus gewagt, denn bis dahin galt ein chemisches Element selbstverständlich als elementar, also nicht zerlegbar. Lise Meitner wurde auch klar, was Kernspaltung bedeuten musste: die Freisetzung riesiger Energiemengen. Sie berechnete mit Hilfe der einsteinschen Formel $E = mc^2$ die gigantische bei der Kernspaltung freigesetzte Energiemenge. Nach der Veröffentlichung der Ergebnisse reagierten die emigrierten Forscher sofort. Der ungarisch-amerikanische Physiker Leo Szilard (1898–1964) überredete Albert Einstein, einen Brief an Präsident Roosevelt zu schreiben, um darauf hinzuweisen, dass den Deutschen eventuell ein entscheidender Schritt in Richtung einer gigantischen Vernichtungswaffe geglückt sei, und zu fordern, die Forschung in den USA zu unterstützen.

1939 konstruierten Fermi und Szilard, die in den USA damals offiziell noch den Status feindlicher Ausländer hatten, an der Columbia-Universität gemeinsam den ersten Kernreaktor. Das erste funktionsfähige Exemplar wurde in einer Squash-Halle der Universität von Chicago gebaut. Es hatte die Größe einer Doppelgarage, war etwa 8 Meter breit, 6,5 Meter hoch und 100 Tonnen schwer. Am 2. Dezember 1942 fand dort die erste atomare Kettenreaktion der Geschichte statt und wurde nach 28 Minuten wieder gestoppt. Der Reaktor hatte funktioniert und war nicht explodiert. Ein verschlüsseltes Telegramm mit dem Text »Der italienische Steuermann ist in die Neue Welt eingefahren« wurde an die US-Regierung geschickt. Der Beweis der Machbarkeit war erbracht und der Physiker Robert Oppenheimer (1904–1967) wurde beauftragt, die Bombe zu bauen. Der Sohn einer deutschstämmigen jüdischen Familie in New York war umfassend gebildet. Er hatte nicht nur Naturwissenschaften, sondern auch Philosophie, Sprachen und Kunst studiert. Das Atombombenprojekt mit dem Namen »Manhatten Engineering District« wurde im abgelegenen Los Alamos im Hochland von Neu-Mexiko angesiedelt.

Der ursprünglich für Deutschland vorgesehene Abwurf kam nicht mehr zur Ausführung, da der Krieg in Europa zu Ende war, bevor die Bombe fertig gestellt werden konnte. Nach der Kapitulation Deutschlands am 8. Mai 1945 forderten einige der in den USA an der Erprobung und Fertigstellung der Atombomben beteiligten Wissenschaftler um Leo Szilard Kriegsminister Stimson auf, die Bombe nicht einzusetzen. Doch die Regierung traf eine andere Entscheidung.

Der Abwurf auf Hiroshima und Nagasaki war ein kriegstechnisches Experiment. Die Städte wurden so ausgewählt, dass die Wirkung der Bomben genau beobachtet werden konnte. Sie durften daher nicht schon vorher durch konventionelle Bomben zerstört worden sein und mussten groß genug sein, um hinterher zu sehen, wie weit die Zerstörungswirkung reicht. Zur Wahl standen die Städte Kokura, Hiroshima, Niigata und Kyoto. Kyoto wurde jedoch wegen seines kulturellen Reichtums wieder von der Liste gestrichen und dafür Nagasaki aufgenommen. Am 6. August 1945 vernichtete die Uranbombe »Little Boy« Hiroshima, drei Tage später wurde Nagasaki durch die Plutoniumbombe »Fat Man« zerstört. Mehr als 200 000 Menschen wurden getötet.

Die deutschen Atomphysiker hatten bis zu diesem Tag nichts vom amerikanischen Bombenprogramm gewusst. Werner Heisenberg, Otto Hahn, Carl Friedrich von Weizsäcker und andere hörten von der Bombe zum ersten Mal, als im Radio die Zerstörung

Hiroshimas gemeldet wurde. Sie befanden sich zu dieser Zeit in englischer Kriegsgefangenschaft.

Sehr deutlich hatte sich das Ehepaar Joliot-Curie gegen die militärische Nutzbarmachung der Atomenergie eingesetzt. Während der Okkupation arbeiteten sie in der Résistance und sorgten dafür, dass Forschungsunterlagen nach England gebracht wurden, um nicht den Deutschen in die Hände zu fallen. Nach dem Krieg leitete Frédéric Joliot-Curie als Vorsitzender der französischen Atomenergiekommission den Bau des ersten französischen Atomreaktors Zoe, der 1948 in Betrieb genommen wurde. Er verfasste den »Stockholmer Appell gegen die Atombombe« und wurde wie Irène, die Direktorin an der Atomenergiekommission war, 1950 von seinem Amt abberufen, unter anderem weil er führendes Mitglied der Kommunistischen Partei Frankreichs war und weil er es ablehnte, Ergebnisse der Atomforschung militärischen Zwecken nutzbar zu machen.

Atomkraft

Die wissenschaftlichen und technischen Wege zur Kernenergie und zur Atombombe liefen weitgehend parallel. Der entscheidende Unterschied liegt darin, dass im einen Fall die Kettenreaktion unkontrolliert verläuft und zu einer thermonuklearen Explosion führt, im anderen Fall hingegen gebremst und kontrolliert, sodass Energie gewonnen werden kann.

Kernspaltung

Ein Atom besteht aus einer elektrisch negativ geladenen Hülle, in der sich Elektronen befinden, und einem Atomkern aus positiv geladenen Protonen und ladungsneutralen Neutronen. Die Anzahl von Elektronen, Protonen und Neutronen ist bei den verschiedenen Elementen sehr unterschiedlich – das einfachste Element, Wasserstoff (H), verfügt im Atomkern nur über ein Proton. Uran hat im Periodensystem die Ordnungszahl 92, es verfügt also über 92 Protonen im Kern, hinzu kommen im Fall von Uran 235 noch 143 Neutronen. Im Normalzustand und wenn man einmal von langfristigen Zerfallsprozessen absieht, halten sich die unterschiedlich geladenen Teilchen eines Atoms im Gleichgewicht. Verändert man künstlich ihre Struktur und damit die Masse des Atomkerns, können große Energiemengen spontan freigesetzt werden.

Nach Einsteins Formel $E = mc^2$ lässt sich aus 1 Kilogramm Masse theoretisch eine Energie von 9-mal 10^{16} Joule gewinnen. Damit könnte man Hamburg zwei Jahre lang mit Strom versorgen. Allerdings können Kernreaktoren bei weitem nicht die gesamte Masse in Energie umwandeln. Die Aufspaltung des Urans in einem Reaktor beginnt damit, dass ein Uran-235-Atom zunächst ein Neutron aufnimmt und dann zerbricht, wobei durchschnittlich 2,3 Neutronen freigesetzt werden, die weitere Atomkerne spalten können. Natürlich nur, wenn genug weitere da sind, sodass die Neutronen nicht entweichen können, ohne ein weiteres Atom zu treffen. Die erforderliche Menge heißt »kritische Masse« und beträgt bei Uran 235 etwa 10 Kilogramm. Geht man der Einfachheit halber von zwei freien Neutronen nach jeder Kernspaltung aus, sind es in den weiteren Schritten 4, 8, 16, 32, 64, 128 und so weiter. Solange genügend Urankerne vorhanden sind und keine Neutronen dem System verloren gehen, verdoppelt sich also auch die Anzahl der Kernspaltungen mit jedem Mal. Der gesamte Vorgang läuft lawinenartig ab. Es entsteht eine gewaltige Kettenreaktion, bei der in kürzester Zeit riesige Mengen von Energie frei werden. Bei einer vollständigen Spaltung von einem Kilogramm Uran 235 tritt zwar nur ein Masseverlust von einem einzigen Gramm auf. Dieses eine Gramm Masse aber wird in 90 Milliarden Kilojoule Energie umgewandelt.

Im Prinzip können zwar alle Atomkerne gespalten werden. Bei bestimmten Uran- und Plutoniumisotopen ist die Spaltung mit Hilfe von Neutronen allerdings besonders leicht durchzuführen, und sie lohnt sich auch, denn bei der Spaltung ihrer Kerne wird mehr Energie frei, als dafür aufgewendet werden muss – sonst würde das Ganze keinen Sinn machen. Daher werden Reaktoren nur mit Uran 235 und Plutonium betrieben.

Die einmal entfachte Kettenreaktion in den Brennstäben kann gezielt gesteuert und in aller Regel auch wieder in Sekundenschnelle gestoppt werden, indem man von außen in den Neutronenhaushalt des Energiesystems eingreift. Entzieht man dem Kernspaltungsprozess die für seine Fortsetzung notwendigen Neutronen, wird er verlangsamt oder er kommt vollständig zum Erliegen. Das geschieht mit Hilfe von Stoffen, die eine große Neigung zur Absorption von Neutronen besitzen, zum Beispiel Bor, Indium, Silber und Cadmium. Diese Stoffe werden auf so genannte Steuerstäbe gepackt, die bei Bedarf in die Moderatoren (z. B. in das die Brennstäbe umgebende Wasser) hineingeschoben werden. Wird ein Reaktor angefahren, werden die Steuerstäbe zuvor zurückgefahren. Will man den Reaktor abschalten, werden sie bis zum Anschlag hineingeschoben. Dadurch wird die Kernspaltung zum Erliegen gebracht.

Die zivile Nutzung der Kernenergie begann im Dezember 1951 im US-Staat Idaho, wo mit dem Versuchsreaktor EBR 1 zum ersten Mal Strom durch Kernenergie erzeugt wurde. Das erste kommerziell genutzte Kernkraftwerk ging 1956 im englischen Calder Hall in Betrieb. Im Oktober 1957 startete als erster Reaktor in Deutschland der Forschungsreaktor der TU München (das berühmte Atomei) die zivile Nutzung.

Auch ohne menschliches Zutun kann es in der Natur zur Kernspaltung kommen. In der Oklo-Region im heutigen Gabun wurde 1972 in einer Mine Uran entdeckt, das einen ungewöhnlich geringen Anteil an spaltbarem Material enthielt. Untersuchungen ergaben, dass es in der Lagerstätte vor 1,8 Milliarden Jahren auf natürliche Weise zu einer Kernspaltung gekommen war, die etwa 1 Million Jahre andauerte.

Kernfusion

Nicht nur bei der Spaltung von Atomen verwandelt sich Masse in Energie, sondern auch bei der Verschmelzung (Fusion). Die Kernfusion in der Sonne ist die Quelle allen bekannten Lebens. Leider erwies es sich als sehr viel einfacher, auf dieser Basis eine Bombe zu bauen als einen Reaktor. Bereits im November 1952 detonierte auf dem Eniwetok-Atoll im Pazifik die von Edward Teller konstruierte erste Wasserstoffbombe der Welt. Die Sprengwirkung war 5000-mal so hoch wie die der Hiroshima-Bombe.

Die Schwierigkeit bei der Kernfusion besteht darin, zwei Kerne so nahe zusammenzubringen, dass sie verschmelzen können. Da beide positiv geladen sind, stoßen sie sich nämlich ab. Diese Coulomb-Abstoßung kann erst bei Umgebungstemperaturen von 50 bis 100 Millionen Grad Celsius überwunden werden. Unkontrolliert geht das: Eine Wasserstoffbombe wird durch eine kleine Atombombe gezündet. In kontrollierter Weise ist es jedoch bis heute nur in Ansätzen gelungen.

Der Aufwand ist groß. Werden die Atomkerne der Wasserstoff-Isotope Deuterium und Tritium extrem erhitzt, verlieren sie ihre negativ geladene Elektronenhülle. Die Kerne trennen sich also von den Elektronen und es entsteht eine Wolke aus geladenen Teilchen – das so genannte Plasma. Wenn zusätzlich der Umgebungsdruck erhöht und die Atomkerne zusammengezwungen werden, wenn zudem dieser Zustand eine gewisse Zeit aufrechterhalten werden kann und darüber hinaus eine genügend hohe Dichte des Brennmaterials vorherrscht, dann »zündet« schließlich das Plasma und liefert weit mehr Energie, als zur Bereitstellung dieser Reaktion benötigt wurde. Eine große Herausforderung besteht darin, diese Plasmawolke zu kontrollieren. Mit herkömmlichen Materialien ist das nicht möglich, denn bei Temperaturen von 100 Millionen Grad Celsius würde kein Stoff den direkten Kontakt aushalten. Stattdessen arbeiten Forscher mit extrem starken Magnetfeldern, die das der Erde um das 200 000fache übertreffen und das Plasma zusammenhalten. Magnetfeldkäfige, die aussehen wie riesige Autoreifen, schließen die heiße Gaswolke ein und fungieren zudem als Wärmeisolator. In ihnen schwebt das Plasma ohne Wandberührung in einer Art Vakuum. Dieses Magnetfeld sorgt auch dafür, dass ein Fusionsreaktor nicht außer Kontrolle geraten kann, da bei seinem Abschalten die Reaktion erlischt.

Erstmals gelang es 1991 im Rahmen von Joint European Torus (JET) – einem europäischen Großexperiment zur kontrollierten Kernfusion im englischen Culham –, nennenswerte Energie durch kontrollierte Kernfusion freizusetzen: Für die Dauer von zwei Sekunden erzeugte die Anlage eine Fusionsleistung von 1,8 Megawatt.

Die Kernfusion bietet gegenüber der Kernspaltung zahlreiche Vorteile. Die theoretisch aus einer Fusion zu gewinnende Energie ist unbeschreiblich groß. Die Energieausbeute von 1 Gramm Fusionsbrennstoff entspricht derjenigen von 10 000 Litern Heizöl, es muss also etwa 10 Millionen Mal weniger Material transportiert werden. Außerdem entsteht bei der Kernfusion kein langlebiger Atommüll. Lediglich die Stahlkonstruktion eines Fusionsreaktors würde durch die freigesetzten Neutronen im Laufe der Zeit radioaktiv. Doch diese Radioaktivität wäre schon nach 100 Jahren wieder so weit abgeklungen, dass die Bauteile neu verarbeitet werden könnten. Die Hauptbestandteile des Fusionsbrennstoffs, Deuterium und Tritium, sind zudem praktisch unbegrenzt verfügbar. Selbst bei einem tausendfach anwachsenden Energiebedarf der Menschheit in den nächsten Jahrhunderten würden sie für Millionen von Jahren reichen. Deuterium ist in normalem Wasser enthalten. Sein Fusionspartner Tritium kann ziemlich einfach aus Lithium gewonnen werden, welches als Alkalimetall in großen Mengen in der Erdkruste vorkommt. Bei der Kernfusion verschmelzen Deuterium und Tritium unter Freisetzung eines Neutrons mit hoher Energie zu Helium, welches als Edelgas für Mensch und Natur ungefährlich ist.

Es wird wohl noch einige Jahrzehnte dauern, bis man so weit ist, in Fusionskraftwerken kommerziell Strom zu erzeugen. Das bislang größte Forschungsprojekt, an dem die EU, die USA, Japan und Russland beteiligt sind, der International Thermonuclear Experimental Reactor (ITER), ist wiederholt verschoben worden, weil die Finanzierung in Höhe von über 10 Milliarden Euro bisher nicht gesichert werden konnte.

Raum und Zeit

»Holt mir einen Bauern vom Pfluge,
macht ihm die Frage verständlich,
und er wird euch sagen, dass, wenn alle Dinge
am Himmel und auf Erden verschwänden,
der Raum doch stehen bliebe, und dass,
wenn alle Veränderungen am Himmel und auf
Erden stockten, die Zeit doch fortliefe.«

Arthur Schopenhauer lässt einen einfachen Menschen aussprechen, was jeder einfache Mensch denkt, nämlich dasselbe, was auch der große Newton gedacht hat. Raum und Zeit erscheinen uns als Kategorien der Wahrnehmung, die einen festen Rahmen für die Einordnung aller Dinge und Ereignisse bilden. Sie sind strikt voneinander getrennt und jeder für sich unabhängig von allem materiellen Treiben. Newton stellte fest: »Der absolute Raum bleibt vermöge seiner Natur und ohne Beziehung auf einen äußeren Gegenstand stets gleich und unbeweglich.« Und: »Die absolute, wahre und mathematische Zeit verfließt an sich und vermöge der Natur gleichförmig und ohne Beziehung auf einen äußeren Gegenstand.« Das galt bis zum Jahre 1905, dem Jahr, in dem Einstein seine erste Arbeit zur Speziellen Relativitätstheorie veröffentlichte.

Einstein gilt heute als Inbegriff des wissenschaftlichen Genies. Er ist wohl der bekannteste Wissenschaftler aller Zeiten. Im Gegensatz zu anderen großen Erneuerern der Physik, etwa Planck, Schrödinger, Bohr, Heisenberg oder Fermi, kennt fast jeder Albert Einstein und auch das Gesicht samt zerzauster Frisur. Die Gründe für diesen Ruhm sind gewiss vielfältig: Einsteins Außenseitertum, die Originalität seines Denkens, sein unerkanntes Genie in der Jugend, die Einprägsamkeit des Namens »Relativitätstheorie«, die Einfachheit der Formel $E = mc^2$, seine Diffamierung durch die Nazis, seine deftige Sprache, sein rebellischer Habitus, das politische Engagement als Pazifist und anderes mehr dürften dazu beigetragen haben. Doch das Fundament seines Ruhmes – und das ist keineswegs selbstverständlich – bildet seine wissenschaftliche Leistung. Jemand, der die Grundbegriffe unseres Weltbilds – Raum, Zeit, Energie und Materie – durch bloßes Nachdenken im stillen Kämmerlein neu definiert, trifft einfach das, was man sich unter einem Genie vorstellt, am besten. Wir verzichten hier darauf, weiter auf Leben und Person Albert Einsteins einzugehen, da hierüber schon sehr viel geschrieben wurde, und beschränken uns darauf, seine wissenschaftlichen Erfolge kurz vorzustellen.

Im Alter von 26 Jahren ging der bis dahin ziemlich erfolglose Albert Einstein, der nach Abschluss seines Studiums als Fachlehrer für Mathematik und Physik lange gar keine Stelle und dann erst über Beziehungen einen Job als »technischer Experte dritter Klasse« am Berner Patentamt gefunden hatte, mit drei Aufsätzen, veröffentlicht im Band 17 der *Annalen der Physik*, als Shootingstar am Firmament der großen Wissenschaft auf.

In dem Artikel *Über einen die Erzeugung und Verwandlung des Lichtes betreffenden heuristischen Gesichtspunkt* stellt Einstein die gewagte Behauptung auf, elektromagnetische Strahlung bestehe aus den von Planck eingeführten Energiequanten entsprechenden realen Teilchen. Er legte damit die Grundlage einer Quantentheorie der Strahlung, stieß aber zunächst auf wenig Begeisterung, da der Wellencharakter des Lichts seit langem ausgemachte Sache schien und ein Welle-Teilchen-Dualismus nur für Verwirrung sorgen konnte.

Noch acht Jahre nach Veröffentlichung lehnte Planck die Lichtquantenhypothese ab. In einer Beurteilung für die Preußische Akademie der Wissenschaften, die Einstein als Mitglied aufnehmen wollte, schrieb er: »Dass er in seinen Spekulationen gelegentlich auch einmal über das Ziel hinausgeschossen haben mag, wie beispielsweise in seiner Hypothese der Lichtquanten, wird man ihm nicht allzu sehr anrechnen dürfen. Denn ohne einmal ein Risiko zu wagen, lässt sich auch in der exaktesten Wissenschaft keine wirkliche Neuerung einführen.« Weitere acht Jahre später erhielt Einstein für diese Photonentheorie des Lichts den Nobelpreis. Die Lichtquanten spielten, wie sich bald erwies, eine entscheidende Rolle in Bohrs Atommodell und der Quantenmechanik.

Der Artikel *Zur Elektrodynamik bewegter Körper* legt die Prinzipien der Speziellen Relativitätstheorie dar, durch die Einstein berühmt wurde und die ihm den Weg ins wissenschaftliche Establishment ebnete. Schnell folgten Promotion und Habilitation und schließlich der Ruf des Kaiser-Wilhem-Instituts für Physik in Berlin, einer Hochburg der Naturwissenschaften, wo er bis zu seiner Emigration in die USA 1933 forschte.

Spezielle Relativitätstheorie

Mit der Speziellen Relativitätstheorie brachte Einstein unsere Vorstellung von Raum und Zeit völlig durcheinander. Dies kam ihm jedoch keinesfalls revolutionär vor. Er betonte, er habe lediglich eine »Modifikation der Lehre von Raum und Zeit« vorgenommen.

Hierfür traf er zunächst eine Aussage über die Natur des Lichts: Licht ist im Vakuum immer gleich schnell, egal ob es von einem ruhenden oder einem bewegten Körper abgestrahlt wird. Wenn man einem Auto, das 100 Stundenkilometer fährt, mit 80 Sachen folgt, dann entfernt es sich nur noch mit 20 Kilometern pro Stunde von einem. Fährt man jedoch einem Lichtstrahl mit halber Lichtgeschwindigkeit hinterher, dann entfernt er sich immer noch mit ganzer Lichtgeschwindigkeit von einem. Die einzige sinnvolle Erklärung für dieses Phänomen ist, dass sich im Auto die Zeit verlangsamt. Genau das behauptete Einstein. Ist die Lichtgeschwindigkeit absolut, muss die Zeit relativ sein. Wie kann man sich das vorstellen?

Einstein hat für die Relativität der Zeit das Bild eines schnell fahrenden Zuges gewählt. Vor dem Zug und hinter dem Zug soll aus Sicht eines in der Mitte auf dem Bahnsteig stehenden Beobachters exakt gleichzeitig ein Blitz einschlagen. Es stellt sich die Frage, ob die Blitze auch für einen im Zug fahrenden Beobachter zur gleichen Zeit einschlagen. Das ist nicht der Fall. Für den Beobachter im Zug gibt es einen kurzen Zeitunterschied, da er sich schnell auf den ersten Blitz zubewegt und vom zweiten entfernt. Da das Licht einige Zeit benötigt, um die Mitte zu erreichen, hat der Beobachter die Mitte schon wieder verlassen. Also braucht das Licht von dem Blitzeinschlag vor dem Beobachter weniger Zeit, um diesen zu erreichen, als das Licht von dem Blitz hinter ihm. Für den im Zug mitfahrenden Beobachter schlägt der Blitz vor dem Zug daher früher ein. Das Bild zeigt, dass die Gleichzeitigkeit zweier Ereignisse nicht absolut ist, sondern das Verstreichen der Zeit vom Bewegungszustand des Beobachters abhängt. Längen und Zeiten hängen davon ab, wer sie misst. Allerdings ist bei auf der Erde üblichen Geschwindigkeiten diese Zeitverschiebung so gering, dass ein Mensch sie nicht erfassen könnte – selbst wenn er in zwei Richtungen gleichzeitig blicken könnte. Glücklicherweise gibt es die Kunst, die auch extreme Zeitlupe zulässt. In der Fünf-Stunden-Oper *Einstein on the Beach* von Robert Wilson und Philip Glass, die 1976 uraufgeführt wurde, kriechen Zug und Blitzschlag sehr langsam über die Bühne.

Zur Speziellen Relativitätstheorie gehört auch jene kleine Formel, die man allerorten neben dem Bild des die Zunge herausstreckenden Einstein lesen kann: $E = mc^2$. Sie
besagt, dass Masse und Energie äquivalent sind. Multipliziert man die Masse eines Körpers mit einer sehr hohen Zahl, dem Quadrat der Lichtgeschwindigkeit, so erhält man
seine Energie. Wächst die Energie, so wächst auch die Masse. »Gibt ein Körper die Energie E in Form von Strahlung ab«, schreibt Einstein in einem Nachtrag zu oben erwähn-
ter Arbeit, »verkleinert sich seine Masse um E/c^2. Die Masse eines Körpers ist ein Maß
für dessen Energiegehalt.«

Die Behauptung, die Masse würde bei wachsender Geschwindigkeit zunehmen, ließ
sich leicht mit einem Elektron überprüfen. Elektronen, die von radioaktiven Beta-Strah-
lern ausgehen, haben Geschwindigkeiten nahe der Lichtgeschwindigkeit, müssten also
deutlich schwerer werden. Da die Trägheit eines bewegten Objekts direkt aus seiner
Masse folgt, lässt sich die Masse leicht bestimmen. Man muss nur die Krümmung seines Weges innerhalb eines Magnetfeldes messen. Je mehr Masse das Elektron hat, desto
größer ist seine Trägheit und desto geringer die Ablenkung durch das Magnetfeld. Die
Messungen bestätigten Einsteins Vorhersagen: Das Elektron gewann an Masse und der
Zuwachs ließ sich mit der Formel $E = mc^2$ genau bestimmen.

Während also die scheinbar ehernen Größen Raum, Zeit, Masse und Energie relativiert wurden, hat sich die Lichtgeschwindigkeit zum Absolutum aufgeschwungen. Sie
beträgt rund 300 000 Kilometer pro Sekunde und gilt als uneinholbar. Übermütigen,
die es wagen, sich ihr zu nähern, spielt sie übel mit. Sie quetscht sie in Raum und Zeit
zusammen und lässt ihre Masse ins Unermessliche ansteigen. Physiker wie Michio
Kaku stellen sich solche Phänomene gerne auf dem Weg zur Arbeit vor:

»Wenn ich auf dem Bahnsteig stehe und nichts zu tun habe, als auf die nächste U-
Bahn zu warten, lasse ich meiner Fantasie manchmal freien Lauf und frage mich, wie es
wäre, wenn die Lichtgeschwindigkeit nur, sagen wir, 50 Stundenkilometer betrüge, die
Geschwindigkeit eines U-Bahnzugs. Wenn der Zug dann hereindröhnt, erscheint er
zusammengedrückt wie ein Akkordeon. Es käme dann, so stelle ich mir vor, eine flache
Metallscheibe von 30 Zentimeter Dicke die Schienen entlanggesaust. Und die Menschen in den U-Bahnwagen wären so dünn wie Papier. Außerdem wären sie praktisch
erstarrt in der Zeit, als wären sie bewegungslose Statuen. Doch während der Zug mit
quietschenden Bremsen zum Halten käme, dehnte er sich plötzlich aus, sodass die
Metallscheibe allmählich die ganze Station ausfüllte.«

Die Reisenden im Zug würden indes von dem grotesken Anblick, den sie dem
Außenstehenden bieten, nichts ahnen. Ihnen erschiene alles in bester Ordnung. Oder,
wie Kaku formuliert: »Ihnen bleibt gnädig verborgen, dass sie sich in begriffsstutzige
Pfannkuchen verwandeln.«

Allgemeine Relativitätstheorie

»Das Gravitationsfeld hat ... nur eine relative Existenz ... Denn für einen vom Dache eines Hauses frei herabfallenden Beobachter existiert während seines Falles – wenigstens in seiner unmittelbaren Umgebung – kein Gravitationsfeld.«

Diese einfache Überlegung bezeichnete Einstein als den glücklichsten Gedanken seines Lebens. Er bildet den Kern der 1915 veröffentlichten Allgemeinen Relativitätstheorie, die eine neue Erklärung für die Schwerkraft lieferte und unser Bild von Raum und Zeit noch weiter veränderte, indem sie die beiden zu einem Raum-Zeit-Kontinuum verband.

Was meint Einstein, wenn er sagt, im freien Fall existiere kein Gravitationsfeld? Natürlich rast der vom Dach Gesprungene zu Boden. Doch wenn er einen Apfel in der Hand hält und diesen während des Fallens loslässt, schwebt der Apfel bei ihm in der Luft. Nicht nur Geschwindigkeit ist, wie in der Speziellen Relativitätstheorie beschrieben, relativ, sondern auch Beschleunigung. Es kommt auf den Standpunkt des Betrachters an.

Laut Spezieller Relativitätstheorie kann eine Person in einem geschlossenen Fahrzeug, das auf einer absolut glatten und ebenen Oberfläche rollt, in keiner Weise herausfinden, ob sie sich in Ruhe befindet oder gleichförmig bewegt. Ruhe und gleichförmige Bewegung sind ununterscheidbar. Einstein hat daher den Begriff der Ruhe abgeschafft und postuliert, dass es keinen absolut ruhenden Körper im Universum gibt. Als ein solches absolut ruhendes Bezugssystem galt bis dahin der Kosmos.

Laut Allgemeiner Relativitätstheorie kann die Person in einem Raumschiff, wenn dieses eine Kurve fliegt, beschleunigt oder abgebremst wird, nicht feststellen, ob die spürbaren Kräfte durch die Gravitation oder infolge von Beschleunigung, Abbremsung oder Kurvenflug wirken. Laut Äquivalenzprinzip sind Beschleunigungskraft und Schwerkraft ununterscheidbar. Einstein mit seinem starken Drang zu Verallgemeinerung und Vereinfachung konnte diese Ununterscheidbarkeit nicht tolerieren und beschloss daher zu zeigen, dass beide nur zwei Formen von ein und derselben Sache sind. So hat er mit Newtons Schwerkraft etwas ganz Seltsames angestellt. Er hat sie sozusagen in Geometrie aufgelöst. Laut Allgemeiner Relativitätstheorie bewegt sich ein Objekt dann nicht nach den Gesetzen der Schwerkraft, weil es von eben dieser Kraft bewegt werde. Denn es gibt diese Kraft gar nicht. Das Objekt folgt stattdessen einfach dem Weg des kleinsten Widerstands in der Raumzeit. Die vermeintliche Schwerkraft ist lediglich eine Auswirkung der Masse auf den Raum. Masse verzerrt den Raum. Diese veränderte Geometrie zwingt die Materie auf andere Bahnen.

Der Raum, wie wir ihn kennen, hat drei Dimensionen: Höhe, Breite und Länge. Die Zeit hat nur eine Dimension. Sie bewegt sich geradlinig von der Vergangenheit in die Zukunft. Einstein vereinigte die beiden. Wir leben somit in einer drei- plus ein-, also vierdimensionalen Welt. Diese hat den Nachteil, dass man sie sich schlecht vorstellen kann. Man muss daher einen Trick anwenden, um nachvollziehen zu können, wie es einem Körper im gekrümmten Raum ergeht. Wir kennen ein- und zweidimensionale Objekte in einer dreidimensionalen Welt: Das sind Striche und Flächen. Um uns Vorgänge in der vierdimensionalen Welt (4D) zu veranschaulichen, müssen wir sozusagen alles um eine Dimension runterstufen. Die Kugel wird zur Fläche, die Fläche zur Linie, die Linie zum Punkt. Da die Kugel nur noch den Status der Fläche hat, schafft das Platz für das 4D-Äquivalent zur 3D-Kugel. Das nennt man Hyperkugel. Eine Kugel ist ein dreidimensionales Gebilde, ihre Oberfläche ist jedoch nur zweidimensional, eben eine Fläche. Ebenso muss man sich unsere Welt als eine dreidimensionale Oberfläche in einer vierdimensionalen Welt vorstellen. So erklärt sich auch, dass die Welt zugleich endlich groß und doch unbegrenzt sein kann: Auf der Oberfläche einer Kugel kann man sich immer weiter bewegen, ohne je an ein Ende zu kommen, dennoch ist die Kugel nicht unendlich groß. Das Gleiche, nur eine Stufe höher, mag für unser Universum gelten. Wenn man mit einem schnellen Raumschiff immer geradeaus flöge – egal in welche Richtung –, würde man irgendwann wieder an der gleichen Stelle ankommen.

Die Oberfläche der Welt wird durch Ansammlungen von Masse (Materie-Energie) eingedellt. Je mehr Materie-Energie an einem Ort, desto gekrümmter die Raumzeit. Und genau dadurch entsteht der Eindruck von Beschleunigung bzw. Gravitation. Denn alle Gegenstände verhalten sich so, als wollten sie dorthin, wo die Zeit am langsamsten verläuft. Die Erde kreist demnach nicht um die Sonne, weil diese die Erde anzieht. Die Sonne drückt bei sich die Zeit ein – sie krümmt die Raumzeit. Die Erde will an der Sonne geradeaus vorbeifliegen, wegen der Delle in der Raumzeit fliegt sie aber um die Sonne herum. Die Delle ist so groß, dass sich der Bogen der Erde zu einer Umlaufbahn schließt. Gleichzeitig macht die Erde natürlich auch selbst eine Delle in die Raumzeit, in welcher der Mond gefangen ist. Je größer und schwerer etwas ist, desto größer ist auch die Delle.

Mit einem einfachen Bild kann man verdeutlichen, was hier vor sich geht. Nimmt man als Modell der Raumzeit ein gespanntes, elastisches Tuch und als Modell der Sonne einen Stein, den man auf das Tuch legt, so entsteht rund um den Stein eine Einwölbung im Tuch. Versucht man nun, die Erde in Gestalt einer Murmel knapp an der Sonne vorbeikullern zu lassen, so wird sie von der Delle gefangen und gerät auf eine Kreisbahn entlang des Dellenrands. Man könnte meinen, vom Stein gehe eine Anziehungskraft aus. Doch das ist nicht der Fall. Legt man denselben Stein auf einen ebenen Tisch und schnippst die Murmel an ihm vorbei, so wird sie keineswegs von ihrem geraden Weg abgebracht.

Die praktischen Auswirkungen dieser Theorie sind in der Tat seltsam, für unser Alltagsleben jedoch zum Glück ohne Bedeutung. So vergeht für die Bewohner desselben Hauses die Zeit unterschiedlich schnell. Im Erdgeschoss ein bisschen langsamer als im ersten Stock, dort langsamer als im zweiten und so weiter. Natürlich merkt das niemand, weil die Unterschiede äußerst gering sind. Schuld ist die Schwerkraft der Erde,

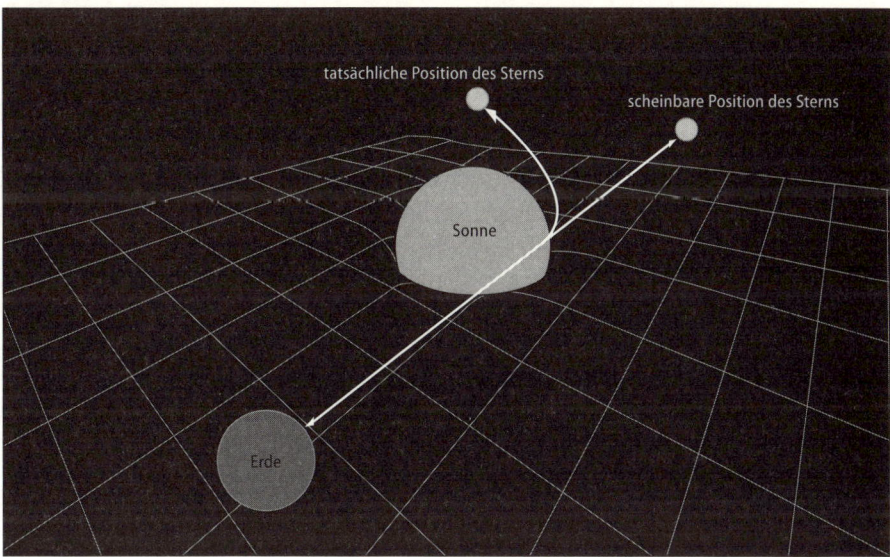

ABB. 3.2 *In der Nähe der Sonne ist die Raumzeit eingedellt. Das Licht eines hinter der Sonne befind-lichen Sterns wird daher abgelenkt, so dass der Stern an einer anderen Stelle zu sein scheint, als er in Wirklichkeit ist. Durch diese Beobachtung wurde bei der Sonnenfinsternis 1919 die allgemeine Relativi-tätstheorie empirisch bestätigt.*

die die Raumzeit verzerrt. Eine Atomuhr auf der Zugspitze läuft daher schneller als eine an der Nordseeküste. Atomuhren auf der Internationalen Raumstation gehen im Ver-gleich zu Uhren auf der Erde in 10 000 Jahren eine Sekunde vor. Auch bei den Atom-uhren, die sich auf den Satelliten des Global Positioning System (GPS) befinden, macht sich der Effekt bemerkbar und muss korrigiert werden. Die je aktuelle Zeit der GPS-Uhren stimmt dennoch aus einem anderen Grund nicht mit der auf der Erde überein. Bei irdischen Atomuhren wird nämlich bei Bedarf eine Schaltsekunde eingefügt, um die Abweichung zwischen Atomzeit und der über die Erddrehung definierten astronomi-schen Zeit auszugleichen. Die so ermittelte Zeit nennt sich koordinierte Weltzeit (UTC). Die Zeitmessungen laufen auseinander, da die Atomsekunde als 86 400. Teil der durch-schnittlichen Tageslänge in den Jahren 1700 bis 1900 definiert wurde, die Tageslänge jedoch nicht konstant ist, sondern schwankt und seit 1900 leicht zugenommen hat. Aufgrund der fehlenden Schaltsekunden gibt es mittlerweile eine Differenz von 13 Sekunden zwischen der Zeit auf den GPS-Satelliten und der UTC.

Je weiter man sich von der Erde entfernt, ohne sich anderen Materie-Energie-Ansammlungen zu nähern, desto schneller vergeht die Zeit. Direkt am Ereignishori-zont schwarzer Löcher bleibt für einen außenstehenden Beobachter die Zeit sogar ste-hen. Die Masse dieser Objekte ist so groß, dass sie unendlich tiefe Krater im Raumzeit-Kontinuum bilden.

Durch die neue Definition der Schwerkraft hat Einstein auch ein Paradoxon aufgelöst, das mit Newton nicht zu klären war, dass nämlich die gegenseitige Anziehung von Massen auch für masselose Teilchen gilt. Die Gravitation wirkt ausnahmslos auf alle Teilchen, selbst auf diejenigen, die keine Ruhemasse besitzen. Die Feldtheorie der Gravitation sagt also eine Ablenkung des Lichts im Schwerefeld der Sonne voraus. Wenn das Licht eines Sterns nahe an der Sonne vorbei muss, um zu uns zu kommen, müsste der Stern an einem anderen Ort erscheinen als gewöhnlich, da der Raum, in dem sich die Lichtstrahlen geradlinig ausbreiten, um die Sonne herum einen Bogen macht. Dummerweise kann man normalerweise Sterne, die sich beim Blick in Richtung Sonne knapp neben ihr befinden, nicht sehen, weil es viel zu hell ist. Deshalb musste für die Messung eine Sonnenfinsternis abgepasst werden. Die erste Chance dazu war am 21. August 1914. Einstein bereitete daher von Berlin aus gemeinsam mit dem Astronomen Erwin Freundlich eine Expedition nach Russland vor. Doch daraus wurde nichts, da knapp drei Wochen zuvor der Erste Weltkrieg ausbrach.

Nach Kriegsende beschloss die British Royal Society eine Expedition zu den Isle of Principe im Golf von Guinea vor Westafrika, um das verpasste Experiment nachzuholen und die Allgemeine Relativitätstheorie empirisch zu bestätigen, was dem Astrophysiker Arthur Eddington (1882–1944) durch eine Messung am 29. Mai 1919 auch gelang. Am 6. November veröffentlichte Eddington seine Ergebnisse.

Die Weltformel

Einstein dachte nach seinen epochalen Erfolgen mit Photonentheorie und den beiden Relativitätstheorien keineswegs daran, sich zur Ruhe zu setzen. Sein Ziel blieb bis zuletzt die ganz große Vereinheitlichung, die »Eine Theorie« der physikalischen Welt, in der Elektromagnetismus und Gravitation vereinigt sein sollten und die jenseits des Welle-Teilchen-Dualismus nur noch mit Feldern arbeiten sollte. Doch Einstein hat die große Vereinheitlichung nicht mehr erlebt und wir warten bis heute auf sie.

In der Physik gibt es noch keine Theorie, die das gesamte Universum beschreibt. Die Weltformel existiert bisher nur als Zauberwort, meist TOE (Theory of Everything) oder GUT (Grand Unified Theory) genannt. Versuche in diese Richtung wurden mit der Quantenfeldtheorie und der Superstringtheorie gemacht, in der die Elementarteilchen als verschiedene Schwingungszustände von Gebilden betrachtet werden, die Strings genannt werden. Die nach wie vor größten und umfassendsten etablierten Teiltheorien, die wir zurzeit kennen, sind die Quantentheorie und die Allgemeine Relativitätstheorie.

Wie wir gesehen haben, beschreibt die Quantentheorie das ganz Kleine, sprich die Atome, während die Allgemeine Relativitätstheorie lieber mit Lichtgeschwindigkeit durch das intergalaktische Raumzeit-Kontinuum spaziert. Die beiden haben einen fast unversöhnlich unterschiedlichen Charakter und es ist reines Glück, dass sie sich kaum in die Quere kommen. Im Inneren des Atoms kann man die Krümmung der Raumzeit getrost vergessen, dafür spürt man in den Weiten des Raums nichts von der starken Kernkraft. Doch bei extremen Phänomen, insbesondere den schwarzen Löchern, versagen beide Teiltheorien und man kommt ohne vereinheitlichte Theorie nicht weiter.

Wie aber lässt man zusammenwachsen, was zusammengehört? Einstein hat seine große Vereinheitlichung geschafft, indem er aus unserer dreidimensionalen Welt eine vierdimensionale machte. Die Superstringtheorien, von denen zurzeit mindestens fünf verschiedene diskutiert werden, wollen diesen Weg weiter gehen und glauben, durch die Erhöhung der Dimensionen auf zehn ließen sich Quantenwelt und relativistische Welt vereinen. Alle Phänomene ergeben sich dann nur noch aus den Schwingungen kleiner Fäden in zehn Dimensionen. Dass die sechs zusätzlichen Dimensionen uns bisher nicht aufgefallen sind, wird damit erklärt, dass sie »kompaktifiziert« seien, was bedeutet, dass sie sich zu Schleifen winzigst kleiner Ausmaße zusammengerollt haben. Wem das zu seltsam erscheint, dem sei zur Beruhigung gesagt, dass der Vorläufer der Superstringtheorien, die Stringtheorie, noch von 25 Dimensionen ausging.

Ob es je eine TOE geben wird? Wir wissen es nicht. Falls nicht, würde es sich anbieten, auf Philosophie und Kunst zurückzukommen oder gar Gott die Schuld zu geben. Tim Joseph dichtet:

Furgeson and the Grand Unified Theory

In the beginning there was Aristotle
And objects at rest tended to remain at rest
And objects in motion tended to come to rest
And God saw that it was boring, although very restful.

Then God created Newton
And objects at rest tended to remain at rest
And objects in motion tended to remain in motion
And energy was conserved, and momentum was conserved,
And matter was conserved
And God saw that it was conservative.

Then God created Einstein
And everything was relative
And fast things became short
And straight things became curved
And the universe was filled with inertial frames
And God saw that it was relatively general
But some of it was especially relative.

Then God created Bohr

And there was the principle

And the principle was quantum

And all things were quantified

But some things were still relative

And God saw that it was confusing.

Then God was going to create Furgeson

And Furgeson would have unified

And he would have fielded a theory

And all would have been one.

But it was the seventh day

And God rested

And objects at rest tend to remain at rest. [1]

[1] Am Anfang, da war Aristoteles,
und ruhende Objekte neigten dazu, weiter zu ruhen,
und bewegte Objekte neigten dazu, zur Ruhe zu kommen,
und bald kamen alle Objekte zur Ruhe,
und Gott sah, dass dies langweilig war.

Dann erschuf Gott Newton,
und ruhende Objekte neigten dazu, weiter zu ruhen,
und bewegte Objekte neigten dazu, in Bewegung zu bleiben,
und Energie wurde erhalten, und Bewegung wurde erhalten,
und Materie wurde erhalten,
und Gott sah, dass dies konservativ war.

Dann erschuf Gott Einstein,
und alles war relativ,
und schnelle Objekte wurden kurz,
und gerade Objekte wurden gekrümmt,
und das Universum war voller Trägheitsmomente,
und Gott sah, dass dies relativ allgemein,
einiges aber speziell relativ war.

Dann erschuf Gott Bohr,
und da war das Prinzip,
und das Prinzip war das Quant,
und alle Objekte wurden quantifiziert,
aber einige Objekte waren immer noch relativ,
und Gott sah, dass dies verwirrend war.

Dann wollte Gott Furgeson erschaffen,
und Furgeson hätte vereinheitlicht,
und er hätte eine Theorie ins Feld geführt,
und alles wäre eins gewesen,
aber es war der siebte Tag,
und Gott ruhte,
und ruhende Objekte neigen dazu, weiter zu ruhen.

Zeitreisen und Wurmlöcher

Die einsteinsche Theorie lässt Überlegungen zu, die zuvor nicht mit einem wissenschaftlichen Weltbild vereinbar waren. Zu den faszinierendsten davon gehören sicher Reisen durch die Zeit. Man muss dafür jedoch sehr schnell sein. Je näher man der Lichtgeschwindigkeit kommt, desto langsamer vergeht die Zeit. Man reist also in die Zukunft. Oder anders gesagt: Man altert weniger schnell als die Welt außerhalb der Zeitmaschine. Die Reise dauert jedoch lange und braucht viel Energie. Je schneller man sich bewegt, desto größer wird die Masse von Zeitmaschine und Zeitreisendem. Und je größer die Masse, desto mehr Energie ist notwendig, um die Zeitmaschine zu beschleunigen. Daher ist bei annähernder Lichtgeschwindigkeit für eine annähernd unendliche Masse eine unendlich große Energiemenge erforderlich. Die praktische Konsequenz: Wir können auch nach Einstein nur im Geiste die Zeiten durchreisen. Auch ist die Hoffnung verfehlt, man könne als Pilot länger leben als andere Menschen. Wenn man mit einem Verkehrsflugzeug einmal um die Erde fliegt, verkürzt sich die Zeit im Flugzeug gerade einmal um ein paar Nanosekunden.

Auch die zweite faszinierende Reisemöglichkeit scheitert bis auf weiteres an praktischen Problemen. In der Theorie lässt die gekrümmte Raumzeit es zu, durch so genannte Wurmlöcher im Handumdrehen an weit entfernte Orte im Universum oder sogar in Paralleluniversen zu reisen. Man muss gewissermaßen nur eine Abkürzung nehmen. Um sich vorstellen zu können, wie das gehen mag, müssen wir das vierdimensionale Universum, wie oben gezeigt, wieder auf ein dreidimensionales projizieren, mit dem unser Vorstellungsvermögen umzugehen vermag. So wird der Raum flach und wir können uns das Universum wie ein großes Tuch vorstellen, das aber jetzt nicht flach ausgebreitet, sondern gefaltet ist. Um von einer Stelle zu einer anderen zu kommen, gibt es nun zwei Wege: Entweder wir bleiben an der Oberfläche des Tuches oder wir springen von einer Stelle einfach zu der darüber liegenden Stelle des Tuches, die bei ausgebreitetem Tuch vielleicht Meter entfernt wäre, beim gefalteten jedoch nur Bruchteile von einem Millimeter. In dieser Weise durchstößt ein Wurmloch den dreidimensionalen Hyperraum und verbindet zwei entfernte Welten miteinander.

Der Haken bei der Sache ist nur: Wurmlöcher aus normaler Materie sind instabil. Sie sind nur sehr kurzlebig und stürzen bei kleinen Störungen, etwa hindurchfliegenden Raumschiffen, in sich zusammen. Man müsste sie daher aus einem Material bauen, das durch seine Gravitation die Wände auseinander drückt und gewaltige Spannungen aushält. Dabei muss die Spannkraft des Baumaterials 100 Billiarden Mal größer sein als dessen Dichte. Stahl hat eine Materialdichte von 30 Gramm pro Kubikzentimeter und eine Zugfestigkeit von 10 000 Kilogramm pro Quadratzentimeter. Ein Stahlrohr wäre somit rund 100 Milliarden Mal zu schwach, um sich der geforderten Wurmlochspannung zu widersetzen. Der Physiker Kip Thorne beschreibt die exotischen Eigenschaften einer Materie, aus der stabile Wurmlöcher bestehen müssten. Nicht Anziehungs-

sondern Abstoßungskräfte müssten von ihr ausgehen, sie müsste also eine negative Masse und damit auch negative Energie aufweisen.

Ist alles relativ?

Quantenphysik und Relativitätstheorie haben die Physik verändert. Beide waren zugleich profund als auch skurril genug, um auch außerhalb der Physik Wellen zu schlagen. Sie lieferten Stoff für Sciencefictionautoren und Philosophen. Während die ersten besonders die spukhafte Fernwirkung, den gekrümmten Raum, Wurmlöcher und Zeitreisen zu schätzen wussten, nahmen die zweiten begierig die Relativität von Raum und Zeit, die Unschärferelation und den Welle-Teilchen-Dualismus auf, die offenbar geeignet waren, das naturwissenschaftliche Weltbild zu relativieren, dessen Grundfesten in der Behauptung unbedingter Kausalität liegen. In der Physik gab es bis 1925 nichts, was keine Ursache hat, und kein Ding, das gleichzeitig an mehreren Orten sein konnte. Die Kopenhagener Deutung hatte für die Elektronen im Atom das Prinzip von Ursache und Wirkung außer Kraft gesetzt. Was war daraus zu folgern?

Da sich die Philosophie bis dahin nicht mit den Vorgängen im Inneren von Atomen beschäftigt hatte, wäre anzunehmen, dass aus der Welt der Quanten wenig für die Welt »draußen« abzuleiten sei. Es war eigentlich nur eines nahe liegend: die Philosophie des Physikalismus endgültig zu begraben, deren Kern absolute deterministische Bestimmtheit ist, wie sie der französische Mathematiker und Physiker Pierre Simon de Laplace im Jahre 1795 formuliert hatte:

»Wir müssen also den gegenwärtigen Zustand des Weltalls als die Wirkung seines früheren und als die Ursache des folgenden Zustands betrachten. Eine Intelligenz, welche für einen gegebenen Augenblick alle in der Natur wirkenden Kräfte sowie die gegenseitige Lage der sie zusammensetzenden Elemente kannte, und überdies umfassend genug wäre, um diese gegebenen Größen der Analysis zu unterwerfen, würde in derselben Formel die Bewegungen der größten Weltkörper wie des leichtesten Atoms umschließen; nichts würde ihr ungewiss sein und Zukunft wie Vergangenheit würden ihr offen vor Augen liegen.«

Der »laplacesche Dämon« ließ sich nun nicht mehr am Leben halten, aber er war ohnehin schon reichlich angeschlagen. Denn wie im ersten Kapitel ausgeführt, eignet der physikalische Determinismus sich nicht, um die Entfaltung des Lebens zu beschreiben. Im übernächsten Kapitel werden wir sehen, dass er auch nicht dazu taugt, den menschlichen Geist zu erklären. Weder Biologie noch Psychologie lassen sich also auf Physik reduzieren.

So weit, so gut. Doch viele wollten sich mit diesen wenig spektakulären Schlussfolgerungen nicht begnügen. Die Unschärferelation wurde, insbesondere in der zweiten Hälfte des letzten Jahrhunderts, häufig so gewertet, als habe sich die Naturwissenschaft damit ihr eigenes Grab geschaufelt. Wenn wir im Innern des Atoms das Prinzip von

Ursache und Wirkung nicht mehr wie gewohnt anwenden können, so sollte es generell seinen Wert verloren haben.

Erwin Schrödinger liefert in seinem Buch *Was ist Leben?* eine, wir wir meinen, zutreffendere Lesart dessen, was geschehen ist, wenn er schreibt, die raumzeitlichen Abläufe eines Lebewesens, die seiner Geistestätigkeit entsprechen, seien »wenn nicht strikt deterministischer, so doch stochastisch-deterministischer Art«. Was für die Vorgänge im Gehirn gilt, gilt erst recht für den Rest der Welt: Der Determinismus ist durch die Quantentheorie nicht abgeschafft, sondern nur derart modifiziert, dass manche physikalischen Voraussagen mit Wahrscheinlichkeiten versehen werden müssen.

In ähnlicher Weise lieferte auch der Begriff der Komplementarität Anlass genug, das Grundverständnis der Wissenschaft als einer autonomen, reales Wissen produzierenden Institution in Frage zu stellen. Bohr hat in der Kopenhagener Deutung mit dem Begriff »Komplementarität« ausgedrückt, dass sich zwei ganz verschiedene Betrachtungen der Welt zu einem Gesamtbild ergänzen können. Diese Vorstellung wird oft überstrapaziert. Sie verführt dazu, alle möglichen unterschiedlichen Sichtweisen als gleichberechtigt und sich ergänzend zu bezeichnen und sich dabei weit vom ursprünglichen Kontext der Beschreibung der Vorgänge im Innern des Atoms zu entfernen. So bezeichnet etwa der Wissenschaftshistoriker Ernst Peter Fischer die Idee der Komplementarität als die wichtigste Erfindung der letzten 2000 Jahre und schreibt: »Die Komplementarität ist wichtiger als alles, was wir haben, auch wenn wir es in unserem Kulturkreis noch nicht wissen. Das östliche Denken hat die Idee der sich ergänzenden Gegensätze schon längst in sich aufgenommen und ihr als Yin-Yang-Symbol auch einen angemessenen – künstlerischen – Ausdruck verliehen. Das westliche Denken laboriert stattdessen immer noch an dem Schnitt herum, den René Descartes (1596–1650) ihm verpasst hat, als er die Seele aus dem Körper löste.«

So soll die Quantentheorie uns zur »komplementären« Vereinigung von Denken und Fühlen, Wissen und Glauben, Körper und Seele, Yin und Yang animieren. Ob dies im Sinne der Erfinder ist, darf bezweifelt werden. Heisenberg schreibt zwar, der Dualismus zwischen zwei verschiedenen Beschreibungen der gleichen Wirklichkeit könne nicht länger »als eine grundsätzliche Schwierigkeit« betrachtet werden. Er fügt jedoch hinzu: »... da wir aus der mathematischen Formulierung der Theorie wissen, dass es in ihr keine Widersprüche geben kann«. Das kann man von der Komplementarität von Wissenschaft und Kunst, in der Fischer (Alexander von Humboldt folgend) den Schlüssel zur Humanität erkennt, nicht behaupten. Wir sind durchaus der Meinung, dass sowohl Wissenschaft als auch Kunst unverzichtbare Bestandteile menschlicher Kultur sind, die beide auf Kreativität beruhen, beide Aspekte der Welt symbolisch verdichten und die sich durchaus auch gegenseitig befruchten können und sollen. Wir sehen jedoch keinen Grund, anzunehmen, Wissenschaft und Kunst seien in irgendeinem nicht trivialen Sinne zwei Formen der Erkenntnissuche, deren wie auch immer geartete Vereinigung ein neues Weltbild formen oder eine neue Ära der Menschheitsgeschichte herbeiführen könnte. Es sind verwandte Manifestationen der menschlichen Kulturfähigkeit, die jedoch eigenständige Kulturgüter hervorbringen: die Wissenschaft überprüfbare Theorien, die Kunst subjektiv erfahrbare Kunstwerke.

Ganz und gar nichts hat wiederum die volkstümliche Variante der Relativitätstheorie, die »Kann-man-so-oder-auch-anders-sehen-Theorie«, mit ihrem wissenschaftlichen Vorbild gemein. Einstein war daher von Anfang an gegen die Bezeichnung »Relativitätstheorie«. Ihm wäre der Name »Invariantentheorie« lieber gewesen, denn sie besagt ja im Kern, dass die Lichtgeschwindigkeit im Vakuum unveränderlich, also invariant ist. Den Namen Relativitätstheorie hatte Planck 1906 eingeführt. Einstein vermied ihn zunächst oder sprach von der »so genannten Relativitätstheorie«, fand sich später aber damit ab, dass seine Theorie aufgrund der Wortähnlichkeit immer wieder als Beleg für einen philosophischen bzw. volkstümlichen Relativismus herhalten musste und viele Menschen bis heute glauben, Einstein hätte gezeigt, dass doch alles irgendwie relativ sei.

Außerirdisches Leben

Wie ist der Stand der Wissenschaft in Sachen grüne Männchen vom Mars? Die Möglichkeit extraterrestrischen Lebens oder gar außerirdischer Intelligenz gibt der Beschäftigung mit den unendlichen Weiten einen besonderen Reiz. Sind wir wirklich allein?

Bisher kann man nur spekulieren und versuchen herauszufinden, ob es irgendwo die Voraussetzungen für Leben, wie wir es kennen, gibt. Als Hauptindikator gilt Wasser, da sich auf der Erde das Leben im Wasser entwickelt hat und Wasser für die Chemie des Lebens unverzichtbar ist. Wir suchen also nach Planeten mit Wasser in unserem Sonnensystem und nach Planeten, auf denen es Wasser geben könnte, außerhalb unseres Sonnensystems.

Noch spannender ist natürlich die Frage nach außerirdischen Intelligenzen, in welcher Gestalt auch immer. Um diese zu finden, setzt man sinnvollerweise auf Kommunikation. Wir senden Botschaften ins All und sperren die Ohren auf, ob irgendwelche Signale uns erreichen.

Leben in unserem Sonnensystem?

Leben auf dem Mars?

Unter unseren Nachbarn gilt nach wie vor der Mars als Top-Favorit bei der Suche nach Leben. Bisher gibt es keine definitive Antwort darauf, ob dort irgendetwas kreucht und fleucht bzw. (wissenschaftlich gesprochen), ob dort etwas Stoffwechsel betreibt und sich fortpflanzt. Klar ist jedoch: Wenn es so etwas gibt, dann ist es eine sehr primitive Form von Leben. Sonst hätte man bei den Missionen zum Mars schon deutlichere Spuren finden müssen.

Der Mars ist nicht nur der Nachbar der Erde, er ähnelt ihr auch in vielerlei Hinsicht. Er dreht sich in 24 Stunden und 37 Minuten einmal um sich selbst. Ein Marstag ist also kaum länger als ein Tag auf der Erde. Ein Marsjahr entspricht 1,88 Erdjahren. Da die Marsachse, wie bei der Erde, nicht genau senkrecht zu der Ebene steht, in welcher der Planet die Sonne umläuft, gibt es auch auf dem Mars Jahreszeiten. Sein Durchmesser ist nur halb so groß wie der Erddurchmesser. Seine Masse beträgt nur ein Zehntel der Erdmasse. Die Schwerkraft beträgt immerhin ein Drittel derjenigen auf der Erde.

Nach einer sechsmonatigen Reise trat am 13. November 1971 erstmals eine Sonde des Menschen in den Mars-Orbit ein, um den Planet zu erforschen. Mariner 9 fotografierte die gesamte Oberfläche und zeigte uns, dass es staubig und wüst ist auf dem Mars. Am 5. November 1976 setzte eine rasenmähergroße Landefähre der Sonde Viking 1 auf der Marsoberfläche auf.

Es bot sich folgendes Bild: Die Außentemperaturen schwankten um bis zu 50 Grad Celsius zwischen Tag und Nacht. Im Winter fiel das Thermometer auf bis zu minus 118 Grad ab und stieg im Sommer auf bis zu minus 14 Grad. Die Analyse der Zusammensetzung der Marsatmosphäre ergab 95 Prozent Kohlendioxid, 3 Prozent Stickstoff und 1,5 Prozent Argon, geringe Anteile Krypton und Xenon sowie 0,03 Prozent Wasserdampf. Die Oberflächen waren von rostbraunen Felsbrocken und kleinen Sanddünen bedeckt. Die Atmosphäre erschien aufgrund der Staubmassen rötlich bis pinkfarben. Für einen blauen Himmel ist die Luftfeuchtigkeit des Planeten zu gering.

Da ein Ziel der Sonde die Suche nach Leben war, wurden Experimente durchgeführt, welche den Stoffwechsel hypothetischer Lebewesen im Marsboden nachweisen sollten. Die Ergebnisse waren jedoch negativ.

Seitdem hat niemand mehr versucht, Leben auf dem Mars direkt nachzuweisen. Doch bald soll noch einmal nachgebohrt werden. Wenn die am 2. Juni 2003 gestartete europäische Sonde Mars Express im Dezember 2003 den Mars erreicht, setzt sie wieder ein Landegerät ab: den Beagle 2, der nach dem Forschungsschiff Beagle benannt ist, auf dem Charles Darwin seine berühmte Reise unternahm. Das Gerät soll nahe dem Äquator niedergehen und dort nach Spuren organischen Lebens suchen. Da man wenig Hoffnung hat, an der Oberfläche etwas zu finden, soll Beagle 2 auch tiefere Bodenschichten untersuchen. Mit dabei ist daher der Maulwurf, ein Mini-Bohrer, der Boden-proben aus einer Tiefe von bis zu 1,5 Metern nehmen kann. Das Gleiche sollte schon das Landegerät Deep Space 2 der Mars Polar Lander Mission tun. Es ging jedoch bei der Ankunft am 3. Dezember 1999 verloren.

Ermutigend für die Planer von Mars Express waren die Bilder der amerikanischen Sonde Global Surveyor von Juni 2000, auf denen Oberflächenformationen zu sehen waren, die augenscheinlich durch enorme Mengen fließenden Wassers entstanden sind, und Informationen der NASA-Sonde Mars Odyssee, die im Juni 2002 wasserstoffreiche Bodenschichten dicht unter der Oberfläche ausgemacht hat. Die Menge an aufgespür-tem Wasserstoff lässt vermuten, dass sich in den obersten Schichten des Marsbodens in einem weiträumigen Gebiet rund um den Südpol des Planeten ausgedehnte Eisfelder finden.

Leben auf der Venus?

Neben dem Mars haben Forscher im Sommer 2002 ein zweites Örtchen ausgemacht, an dem primitive Lebensformen ein schlichtes Dasein fristen könnten: in den sauren Wolken der Venus. Das verwundert, denn die Venus galt bisher als überaus unwirtlich. Temperaturen von fast 500 Grad Celsius und ein 90-mal stärkerer Luftdruck als auf der Erde klingen alles andere als einladend.

Doch in etwa 50 Kilometern Höhe scheint es nicht ganz so übel zu sein. Bei einem Druck von einer Erdatmosphäre herrschen Temperaturen von um die 70 Grad Celsius. Auch wenn die Venuswolken sehr sauer sind, ist dort die Konzentration von Wasser am höchsten – und darauf kommt es wohl an.

Die Forscher halten es für denkbar, dass sich auf der Venus vor mehreren Milliarden Jahren, als es deutlich kälter war und große Ozeane an der Oberfläche zu finden waren, wie auf der Erde bakterielles Leben entwickelt hat, das sich dann im Zuge der allmäh-lichen Aufheizung des Planeten in die kühleren Schichten der Atmosphäre geflüchtet haben könnte. Sie plädieren deshalb für eine neue Venus-Mission.

Erdähnliche Planeten

Am 21. Dezember 2001 hat die NASA das vom Ames Research Center entwickelte Pro-jekt »Kepler Mission – Search For Habitable Planets« bewilligt. Die Kepler Mission hat sich zum Ziel gesetzt, in der Milchstraße, außerhalb unseres Sonnensystems erdähnli-che oder auch kleinere Planeten aufzuspüren.

Bis heute hat man noch keinen solchen Planeten entdeckt – weder um unsere nächs-ten Nachbarsterne herum noch sonstwo in unserer Galaxis. Das heißt aber nicht, dass es sie nicht geben könnte. Es bedeutet nur, dass sich mit den bisher angewandten

Methoden nur große Gasplaneten aufspüren lassen, die größtenteils aus Wasserstoff und Helium bestehen und wohl kaum Möglichkeiten für Leben bieten.

Mit Hilfe eines neuartigen Photometer-Teleskops soll die Kepler Mission auch wesentlich kleinere, erdähnliche Planeten entdecken, indem die geringfügige Reduktion der Helligkeit des jeweiligen Sterns beim Durchgang eines solchen kleinen Planeten zwischen uns und seiner Sonne gemessen wird. Aus der Helligkeitsschwankung lässt sich die Größe des Planeten errechnen und Umlaufdauer und Größe der Umlaufbahn liefern Rückschlüsse auf die Temperatur und die Möglichkeit für die Existenz flüssigen Wassers vor Ort.

Vier Jahre lang sollen gleichzeitig 100 000 Sterne unserer Milchstraße auf solche Planetendurchgänge beobachtet werden. Das Projektteam der Kepler Mission erwartet, einige hundert erdähnliche Planeten zu entdecken. Der Start des Raumfluges für die Kepler Mission ist für 2006 vorgesehen. Im Jahr 2014 soll die Mission »Terrestrial Planet Finder« die Arbeit fortführen.

Terra-Forming

Wenn es die Natur nicht geschafft hat, auf dem Mars Leben entstehen zu lassen, dann kann sich ja immer noch der Mensch an diese Aufgabe machen.

Der prominente britische Astrophysiker Stephen Hawking äußerte in einem Vortrag im Oktober 2000 seine Überzeugung, dass der Mensch die Erde in den nächsten 1000 Jahren verlassen müsse, wenn die Spezies überleben solle. Doch wohin im unwirtlichen Weltraum? Dazu müsste erst durch so genanntes Terra-Forming ein passender Planet, am ehesten der Mars, hergerichtet werden. Christopher McKay vom Ames-Forschungszentrum der US-Weltraumbehörde NASA in Silicon Valley meint: »Die Wiederherstellung von bewohnbaren Bedingungen auf dem Mars ist technisch möglich. Die Erde könnte dem Mars, der seit langem tot ist, das Geschenk ihres Genoms geben: ein biologisches Erbe, das Milliarden von Jahren der Evolution einschließt. Für den Mars würde dies einen Sprung zurück in die biologische Zukunft bedeuten.«

Die ersten Gene, die wir unserem Nachbarplaneten schenken, müssten ihrer Arbeit in gentechnisch veränderten Mikroorganismen nachgehen. Diese würden sich von Steinen ernähren und dabei Kohlendioxid freisetzen. Das Kohlendioxid soll dazu führen, dass sich die Atmosphäre des Mars von heute durchschnittlich minus 60 Grad langsam erwärmt und an Feuchtigkeit gewinnt. Basis für die zu entwickelnden Mars-Besiedler könnten Bakterien der Antarktis sein, die es gewohnt sind, in recht unwirtlicher, vor allem kalter Umgebung zu gedeihen. Die müssten dann noch unempfindlich gegen verschiedene Chemikalien, große Trockenheit und Strahlung gemacht werden.

Unter den bekannten Bakterien kommt dem Ideal des Weltraumpioniers bisher eine Art namens *Deinococcus radiodurans* am nächsten. Das Bakterium ist äußerst robust und kann Säure, kalte und heiße Temperaturen, lange Trockenperioden, relatives Vakuum und sogar extrem hohe Strahlungen an Radioaktivität aushalten.

Als Alternative zu diesen Bakterien werden in letzter Zeit auch Nanomaschinen (Naniten) vorgeschlagen, die sich in gigantischen Größenordnungen selbst vermehren und dabei den Permafrost-Boden auftauen und den Sauerstoff in den Steinen und Böden freisetzen sollen. Nach diesem Auflösungsprozess würden sich mit der Zeit Seen bilden, die dann Bakterien beherbergen könnten.

Die Suche nach außerirdischer Intelligenz

Leben außerhalb unseres Planeten zu finden wäre großartig. Regelrecht fantastisch wäre die Entdeckung intelligenten Lebens. Obwohl wir durch Sciencefictionfilme an die Vorstellung gewöhnt sind, in Frieden oder Feindschaft mit Außerirdischen in allen Formen und Farben zu tun zu haben, ist keine größere Sensation denkbar, als wirklich auf intelligentes Leben zu stoßen, und nichts würde unser Weltbild mehr verändern als das Wissen, nicht allein zu sein.

Das allgemein genutzte Kürzel für die mehr als 100 Programme, in denen seit 1960 nach außerirdischer Intelligenz gesucht wird, ist SETI und steht für Search for Extraterrestrial Intelligence. Seitdem der US-Kongress 1993 SETI aus dem NASA-Budget gestrichen hat, wird der bedeutendste SETI-Lauschangriff, das Project Phoenix des SETI-Institutes, vollständig durch private Spenden finanziert, unter anderem von *E.T.*-Regisseur Steven Spielberg und Microsoft-Mitgründer Paul Allen. Das Mittel der Wahl, um in Kontakt zu treten, sind Radiowellen. Sie sind mit wenig Aufwand zu erzeugen und bewegen sich mit Lichtgeschwindigkeit. Da man unterstellt, dass die Aliens das auch so sehen, versucht man, Radiosignale von fernen Planeten zu empfangen.

Das ist nicht ganz einfach, denn ein Radioteleskop fängt natürlich allerlei Signale natürlichen Ursprungs auf, und man muss herausfinden, welches woher stammt und ob es uns etwas mitteilen will. Einige kommen aus dem All selbst. Andere stammen aus der Erdatmosphäre. Man erhält ein unvermeidliches Rauschen, das auf den niedrigeren Frequenzen aufgrund der galaktischen Einflüsse sehr geräuschvoll ist. Einen relativ ruhigen Bereich findet man zwischen etwa 1 und 10 Gigahertz (ein GHz entspricht 10^9 Hertz). Dieser Teil des Radiospektrums liegt direkt über den Frequenzen, die von Handys genutzt werden. Der Großteil der Suche konzentriert sich hier auf den Bereich zwischen 1,2 und 3 Gigahertz. Es bestehen zwei Möglichkeiten. Entweder die andere Zivilisation sendet ein Signal, um absichtlich auf sich aufmerksam zu machen, oder sie nutzt eben wie wir Radiowellen, die dann zufällig bei uns ankommen. Wir selbst strahlen bisher vor allem unbeabsichtigt Signale aus. Unsere Radio- und Fernsehprogramme sickern seit über 50 Jahren in den Weltraum.

Diesen Umstand greift eine sehr originelle Szene in dem Spielfilm *Contact* von Robert Zemeckis auf. In der Verfilmung des gleichnamigen Romans von Carl Sagan spielt Jodie Foster die enthusiastische und erfolgreiche SETI-Forscherin Ellie Arroway. Sie erhält ein Signal, das von der 29 Lichtjahre entfernten Wega kommt und leicht zu entschlüsseln ist. Es basiert auf Primzahlen, folglich muss intelligentes Leben dahinterstecken. Ellie benachrichtigt Teleskope rund um die Welt, um das Signal lückenlos aufzeichnen zu können. Bald stellt sich heraus, dass das Signal eine Botschaft enthält: ein Hakenkreuz ist zu sehen. Die Verwirrung ist groß. Die weitere Entschlüsselung ergibt TV-Bilder, die Adolf Hitler bei der Eröffnungsrede der Olympischen Spiele 1936 zeigen. Ausgerechnet Hitlers Ansprache war die erste Übertragung, deren Sendeleistung groß genug war, um ins Weltall abzustrahlen. Die Außerirdischen haben diese »Botschaft«, nachdem sie 29 Lichtjahre zurückgelegt hatte, aufgefangen und zurückgeschickt, sodass sie nach 58 Jahren wieder bei uns eintraf.

Tatsächlich gibt es einen pikanten Berührungspunkt zwischen dieser ersten unabsichtlich ausgesandten Botschaft und der ersten absichtlich von Menschen verschickten Botschaft an Außerirdische. Diese befindet sich auf einer goldenen Schallplatte, die gemeinsam mit einem Plattenspieler 1977 an der Sonde Voyager 2 befestigt wurde. Was darauf zu hören ist, hat der Astronom und *Contact*-Autor Carl Sagan zusammengestellt: unter anderem Grüße in 55 Sprachen, Babygeschrei, EEG-Aufzeichnungen der Meditationen einer verliebten Frau, 90 Minuten Musik aus aller Welt und eine Friedensbotschaft. Diese hat – in Englisch mit österreichischem Akzent – der damalige Generalsekretär der Vereinten Nationen, Kurt Waldheim, gesprochen, von dem heute angenommen wird, dass er als Offizier der deutschen Wehrmacht zumindest indirekt an Nazi-Verbrechen beteiligt war. Sie lautet: »As the Secretary General of the United Nations, an organization of the 147 member states who represent almost all of the human inhabitants of the planet earth, I send greetings on behalf of the people of our planet. We step out of our solar system into the universe seeking only peace and friendship, to teach if we are called upon, to be taught if we are fortunate. We know full well that our planet and all its inhabitants are but a small part of the immense universe that surrounds us and it is with humility and hope that we take this step.«

Die Schallplatte war nicht die erste Botschaft und ist insgesamt wohl eher als PR-Maßnahme der NASA zu werten. Im Jahre 1974 ging über das Radioteleskop in Arecibo die bisher stärkste absichtlich versandte Nachricht in den Weltraum. Ziel ist der Kugelsternhaufen M13 im Sternbild Herkules, wo die Nachricht in rund 21 000 Jahren eintreffen wird. Die weniger als drei Minuten lange Botschaft zeigt als Symbole das Arecibo-Teleskop, unser Sonnensystem, ein Strichmännlein, die DNA-Erbsubstanz und andere chemische Bausteine irdischen Lebens.

Bei diesen zwei Botschaften ist es bis heute geblieben. Denn Lauschen verspricht mehr Erfolg. Da ein Signal immer schwächer wird, je weiter es sich von seiner Quelle entfernt und die Distanzen zwischen den Sternen riesig sind, benötigt man sehr leistungsfähige Radioteleskope.

Das größte Radioteleskop der Erde nutzt die Universität Berkeley für SETI. Das Arecibo-Radioteleskop im Nordwesten von Puerto Rico verfügt über einen nicht schwenkbaren, sphärischen Reflektor mit einem Durchmesser von 305 Metern. Dieses Teleskop und außerdem das Parkes-Radioteleskop in Australien und das Green-Bank-Teleskop in den USA suchen die Umgebung von etwa 1000 sonnenähnlichen Sternen in einem Umkreis von 200 Lichtjahren nach künstlichen Signalen ab.

Um die Unmengen an Daten auswerten zu können, sind weltweit einige Millionen Computer vernetzt im Einsatz. Sie stehen allerdings nicht in den Rechenzentren großer Labors, sondern in unseren Wohn- und Schlafzimmern. Die Auswertung erledigt das SETI@home-Programm, eine besondere Art Bildschirmschoner. Wie andere Bildschirmschoner startet es, wenn man den Computer nicht benutzt, und endet, sobald man zur Arbeit zurückkehrt. In der Zwischenzeit nutzt SETI den Computer, um nach außerirdischer Intelligenz zu suchen, indem es ihn Daten analysieren lässt, die vom Arecibo-Radio-Teleskop aufgefangen wurden. Obwohl dieses Programm 100 Trillionen Mal effektiver ist als die ersten SETI-Lauschangriffe 1960, gibt es bis heute kein Zeichen von Leben. Doch die Suche geht weiter.

Im März 2003 haben die SETI-Forscher mit Hilfe der SETI@home-Auswertungen von weltweit mehr als 4 Millionen Computern eine Liste von etwa 150 Orten erstellt, die Ausgangspunkt außerirdischer Signale sein könnten. Zusammengenommen hatten alle Computer bis dahin mehr als 1 Million Jahre Rechenzeit abgeleistet. Die ausgewählten Punkte zeichnen sich beispielsweise durch auffällig starke Signale aus oder durch solche, die mehr als einmal am selben Ort aufgetreten sind, oder sie liegen in der Nähe eines Sterns, den Planeten umkreisen.

Insgesamt sollten wir aber nicht zu optimistisch sein. Es gibt viele Gründe, weshalb die Chance, Nachrichten zu erhalten, wohl sehr gering ist.

Die Wahrscheinlichkeit, auf Signale einer außerirdischen Intelligenz zu stoßen, nimmt mit der Lebensdauer einer solchen Zivilisation zu. Wenn sie nur 1000 Jahre ins All strahlt, ist sie erheblich geringer, als wenn sie bereits 1 Million Jahre Botschaften sendet. Eine Zivilisation mit einem Alter von 1 Million Jahren wiederum könnte uns aber technisch so weit voraus sein, dass Radiowellen möglicherweise ein lange veraltetes Medium sind, das sie nicht mehr nutzt. Andererseits sollte man erwarten, dass die fremden Intelligenzen sich schon etwas einfallen lassen, wie sie mit weniger entwickelten Zivilisationen Kontakt aufnehmen können. Vielleicht bauen sie eine kleine Hürde ein, wie in der Kurzgeschichte *The Sentinel* von Arthur C. Clarke, in der die Außerirdischen ein tetraederförmiges Artefakt auf dem Mond platzieren, das beim Eintreffen der

Menschen seinen Erbauern signalisiert, dass die Menschheit nun, da sie es zum Mond geschafft hat, für eine Kontaktaufnahme bereit ist.

Auch die Meinungen hinsichtlich der Frage, ob sich überhaupt Intelligenz entwickelt haben könnte, gehen weit auseinander.

Frank Drake, Leiter des SETI-Institutes, hat 1961 eine Formel vorgestellt, die nach verschiedenen, auf Wahrscheinlichkeiten beruhenden Annahmen die Anzahl (N) der Zivilisationen in unserer Milchstraße angibt, die technisch in der Lage wären, miteinander zu kommunizieren. Die Formel lautet $N = R * f_s * f_p * n_e * f_l * f_i * f_c * L$

Setzt man für jeden Faktor einen Wert ein, den man für wahrscheinlich hält, kommt man am Ende auf eine Gesamtzahl von möglichen Kommunikationspartnern. Geht man zum Beispiel von einer Sternentstehungsrate (R) von zehn Sternen pro Jahr aus, von denen 10 Prozent sonnenähnlich (f_s) sein sollen, davon wiederum 50 Prozent Planeten haben (f_p), wovon durchschnittlich zwei lebensfreundlich (n_e) sind, wovon auch die Hälfte tatsächlich Leben (f_l) beherbergt, wovon 10 Prozent intelligentes Leben (f_i) hervorgebracht hat, wovon wiederum die Hälfte über Radioteleskope (f_c) verfügt und nimmt als Überlebensdauer einer technischen Zivilisation im Durchschnitt (L) 200 Jahre an, so kommt man auf fünf Zivilisationen in unserer Milchstraße.

Über jeden der eingesetzten Prozentsätze lässt sich allerdings trefflich streiten. Insbesondere in der biologischen Frage, wie wahrscheinlich es ist, dass sich, wo Leben ist, auch intelligentes Leben entwickelt, gehen die Meinungen sehr auseinander. Wir sind im ersten Kapitel ausführlich auf die falsche Vorstellung der großen Stufenleiter des Lebens eingegangen, wonach die Evolution eine Entwicklung vom Einfachen zum Komplexen sei. Nach dieser verbreiteten Ansicht tauchen irgendwann gewissermaßen zwangsläufig intelligente Wesen auf. Evolutionstheoretiker weisen indes entschieden darauf hin, dass dem nicht so ist. Der Biologe Ernst Mayr kommentierte die Suche nach außerirdischer Intelligenz damit, dass er zu bedenken gab, dass auf der Erde nur eine von 50 Millionen Arten eine Zivilisation entwickelt hat. Wenn für die Entstehung des Menschen kein Vervollkommnungsdrang der Evolution, sondern nur der Zufall reklamiert werden kann, dann müsste man in Drakes Formel für f_l statt 0,1 den sehr viel kleineren Wert 0,000 000 02 eintragen. Das Ergebnis würde dann statt fünf nur noch 0,000 001 lauten. Folgt man den Annahmen von Drake selbst, kommt man dagegen auf stolze 10 000. Wohlgemerkt: Wir reden nur von der Milchstraße. Es gibt jedoch noch viele Milliarden weitere Galaxien.

Auch wenn die Chancen klein sind, wir sollten weiter die Ohren spitzen. Wenn in zehn, tausend oder hunderttausend Jahren tatsächlich ein Signal kommt, wäre es doch schade, es zu verpassen.

Offene Fragen

Der Wissensstand zu Beginn des 21. Jahrhunderts ist nicht zu vergleichen mit dem zu Beginn des letzten. Unser Bild vom Universum und den Naturgesetzen hat sich in den letzten hundert Jahren enorm gewandelt. Nach wie vor sind viele Fragen unbeantwortet. Um einen Ausblick auf die Physik und Kosmologie der nächsten Dekaden zu geben, zitieren wir die vom National Research Council der National Academies der USA im Jahr 2002 genannten elf offenen Fragen, die durch gemeinsame Anstrengung der großen Forschungsinstitute gelöst werden sollen:

1. Wie hat das Universum begonnen – speziell, was ist die physikalische Ursache der kosmischen Inflation, jener extrem schnellen Ausdehnung zu Beginn des Universums?
2. Was ist das Wesen der dunklen Energie, die mit ihrer abstoßenden Gravitationswirkung dafür verantwortlich ist, dass sich das Weltall immer schneller ausdehnt, je größer es wird?
3. Was ist die dunkle Materie – jene unsichtbare Materieform, deren Anziehungskraft zur Bildung der Galaxien und großräumiger Strukturen beigetragen hat?
4. Lässt sich Einsteins Gravitationstheorie mit Quanteneffekten vereinbaren?
5. Welche Massen tragen die Neutrinos und wie haben diese die Entwicklung des Alls beeinflusst?
6. Wie funktionieren kosmische Beschleuniger, die für hochenergetische Teilchen aus dem All verantwortlich sind?
7. Sind Protonen instabil – sodass sich das Ungleichgewicht von Materie und Antimaterie erklären ließe?
8. Gibt es bei hohen Dichten und Temperaturen neue Materiezustände wie Quark-Gluonen-Plasmen?
9. Gibt es weitere Raum-Zeit-Dimensionen?
10. Wie entstanden die schwereren Elemente vom Eisen bis zum Uran?
11. Ist eine neue Theorie der Materie und des Lichts bei hohen Energien erforderlich?

4. MenschenLeben

Der Mensch, rein naturwissenschaftlich betrachtet, ist zunächst einmal ein biologisches Wesen, dessen Körper sich wie der von Tieren erforschen und beschreiben lässt. Doch da wir Menschen dank unserer einzigartigen Gehirne eine hoch entwickelte Kultur nebst Wissenschaft hervorgebracht haben, können wir uns in ganz anderer Weise zu unserem Körper – wie auch zu unseren Artgenossen und unserer Umwelt – verhalten als alle anderen Lebewesen. Der Mensch hat unter anderem aus diesem Grunde für sich und seine Mitmenschen eine umfassende Verantwortung übernommen, die sich zum Beispiel im Artikel 1 des Deutschen Grundgesetzes niederschlägt mit dem Satz: »Die Würde des Menschen ist unantastbar.«

Biologische und kulturelle Evolution sind untrennbar miteinander verschränkt, wobei die kulturelle Entwicklung im Vergleich zur biologischen Evolution rasend schnell verläuft und daher dominiert. Zumindest für die letzten 30 000 Jahre kann gelten, dass wir uns biologisch so gut wie nicht mehr verändert haben, unsere Kultur jedoch die ganze Welt und unsere eigene Lebensweise komplett verwandelt hat. Gottfried Benn, selbst Arzt, hatte Recht, als er schrieb, jede Definition, die in der Begriffsbestimmung des Menschen das Tierische hervortreten lasse, lasse das Charakteristische und Wesentliche dieser Existenz außer Acht. Doch gerade wenn man den Menschen nicht auf das Biologische reduzieren möchte, muss man umso mehr die biologischen Grundlagen des Menschseins kennen, denen wir uns in diesem Kapitel widmen, um dann im folgenden Kapitel zu sehen, wie der menschliche Geist, der es vermag, Natur in Kultur zu verwandeln, in diesem Körper entstehen und sich entwickeln konnte.

Nach der bis ins 16. Jahrhundert gültigen Auffassung des Aristoteles waren alle Lebewesen durch die Einheit von Leib und Seele geprägt. Die einzelnen Organe des Körpers hatten je eine besondere Funktion oder Aufgabe, für die sie kraft ihrer eigentümlichen Form eben besonders geeignet waren. Die Erfüllung ihrer Aufgabe ergab sich nicht aus den biochemischen Prozessen, sondern war die Entsprechung ihre Anlage, der jeweiligen »virtus«, die selbst nicht unmittelbar der Natur entstammte. Die Leber arbeitete also einfach, indem sie ihrem Wesen entsprach. Der Körper war gesund, wenn alle Teile gut und harmonisch arbeiteten. Seit Hippokrates konnten sie das immerhin, ohne dass irgendwelche Götter noch ihre Finger im Spiel hatten. Das war ein enormer Fortschritt und kann als Beginn der wissenschaftlichen Biologie und Medizin gewertet werden, der somit auf das Jahr 400 v. u. Z. zu datieren ist. Damals erklärte Hippokrates am Beispiel der Epilepsie, die wegen ihres anfallartigen Auftretens ohne äußeren Anlass als heilige Krankheit bezeichnet wurde, dass es nutzlos sei, die Verantwortung für Krankheiten Göttern zuzuschreiben.

Das Sagen hatte für die nächsten zwei Jahrtausende die Seele. Jegliche Körperfunktion war von einem Seelenvermögen abhängig. Der in seiner Zeit führende Arzt Jean Fernel (1497–1558) schrieb: »Man kann also sagen, der Körper wirkt nicht, sondern er wird bewirkt!« Die Frage nach dem »Wie« stellte sich nicht. Jeder analytische Blick war erlässlich. Auf Fragen gab es einfache Antworten: Warum tötet Gift? Weil es das Wesen des Giftes ist, zu töten. Und vermeintliche Gifttote gab es viele, da Infektionskrankheiten bis zu Pasteurs Keimtheorie aus dem Jahre 1865 als Vergiftungen betrachtet wurden. Während die Physiologie, die Beschäftigung mit der Funktion der Organe, also bis zur offiziellen Trennung von Körper und Seele praktisch nicht existierte, lieferte die Anatomie in Antike und Mittelalter bereits viele Erkenntnisse. Immerhin gab es auch drei Berufsgruppen, die sich ihr widmeten: Ärzte, Künstler und Schlachter. Hauptproblem war das Verbot des Sezierens von menschlichen Leichen. Glücklicherweise kamen in der frühen Renaissance einige Juristen den Medizinern zur Hilfe, die den Wert einer Obduktion für die Ermittlung von Todesursachen erkannten und so das Sektionsverbot kippen konnten.

Der bekannteste Anatom aller Zeiten war zweifellos ein Künstler: Leonardo da Vinci (1452–1519), der unter anderem präzise zeichnerische Beschreibungen von Knochen, Gelenken, Auge und Herz anfertigte. Der einflussreichste Anatom war der Belgier Andreas Vesalius (1514–1564), der im Alter von 28 Jahren mit seinem Buch *Über den Aufbau des menschlichen Körpers* (*Humani corporis fabrica*) 1543 der Biologie zu einem großen Schritt nach vorn verhalf. Das Buch kam in Tausenden von Exemplaren in Umlauf und zeigte jedem, der es wissen wollte, in detaillierten Zeichnungen, wie es im menschlichen Körper zuging. Dank der großartigen Holzschnitte zählt man es zu den bedeutendsten illustrierten Büchern der Renaissance. Die anatomischen Tafeln waren so gut, dass sie noch mehr als 200 Jahre später in der *Encyclopédie* von Diderot und d'Alembert abgedruckt wurden. Vesalius selbst wandte sich nach Veröffentlichung seines Hauptwerks dem Arztberuf zu und wurde Leibarzt von Kaiser Karl V., dem damals mächtigsten Herrscher der Welt, dessen Reich sich von Deutschland bis Spanien erstreckte.

Die Körperorgane kannte man nun. Es fehlte nur noch einer, der wissen wollte, wie sie funktionieren. Um die Frage nach dem »Wie« stellen zu können, musste indes eine sehr schwer wiegende Operation vorgenommen werden: die Entfernung der Seele. Descartes griff zum Messer, tat einen beherzten Schnitt und präsentierte der Wissenschaft einen auf sich selbst gestellten Körper, den es zu untersuchen galt. Die Seele ist seitdem nicht mehr die Lebensfunktion, sondern steuert nur mehr von außen, was der Körper selbst unbeseelt ausführt. Die Antriebskraft dieser Körpermaschine war für Descartes noch immer das von Gott in Gang gesetzte, unsichtbare Feuer im Herzen, das nun aber autonom seine mechanische Arbeit verrichtete. Wie es dies tat, zeigte im Jahre 1628 der Engländer William Harvey (1578–1657), der mit der alten Vorstellung des römischen Arztes Galen aufräumte, wonach das Blut im Körper immer zwischen Venen und Arterien hin und her schwappte und dabei das Herz durchströmte. Wie wir seit Harvey wissen, tut es das nicht, sondern fließt im Kreis, genauer gesagt: in zwei Kreisläufen.

Das zweite Standbein für eine moderne, naturwissenschaftliche Betrachtung des menschlichen Körpers lieferte über 200 Jahre später Darwin, der uns zeigte, dass unser Körper nicht nur eine im Hier und Jetzt arbeitende biochemische Maschine ist, sondern Resultat einer 4 Milliarden Jahre dauernden Evolution – und wir daher nicht nur die Frage »Wie funktioniert unser Körper?« stellen und beantworten können, sondern auch jene, warum er so funktioniert, wie er funktioniert, und wie er sich bis zur Gegenwart entwickelt hat.

Beide Sichtweisen, die mechanistisch-technomorphe von Descartes und die evolutionsbiologisch-adaptionistische von Darwin, bilden heute eine gemeinsame Grundlage für Humanbiologie und Medizin. Und beide wurden in ihrer Bedeutung durch die molekulargenetische Revolution der Biologie in der zweiten Hälfte des 20. Jahrhunderts bekräftigt und mit vielen neuen Erkenntnismöglichkeiten versehen. Biologie und Medizin haben endlich zusammengefunden, nachdem sie lange ganz voneinander getrennt waren und sich in den letzten Jahrhunderten immer häufiger begegneten. So ist es oft in der Wissenschaft. Nach der Ansammlung von viel und fast unüberschaubarem Detailwissen ergeben sich neue Einsichten, die die Einzelfakten in einem neuen kohärenten System zusammenführen.

Die Medizin war die meiste Zeit ihrer Existenz eine allein aus der Erfahrung schöpfende Kunst ohne theoretische Basis. In der Antike basierte sie letztlich auf dem Vertrauen auf die Selbstheilungskräfte des Körpers. Platon (427–348 v. u. Z.) fasst die Situation so zusammen:

»Eine griechische Stadt, in der es von Ärzten und Rechtsgelehrten nur so wimmelt, ist kein gesundes Gemeinwesen. Dieses begnügt sich vielmehr mit einer einfachen Medizin: Entweder lässt sich ein Übel mit einem kräftigen Heiltrank austreiben oder man kann es chirurgisch durch Schneiden und Brennen beseitigen. Nützen aber diese drastischen Maßnahmen nichts, so muss sich der Kranke in sein Schicksal fügen – vielleicht wird er wieder von selber gesund, oder aber er stirbt und ist so seiner Sorgen ledig. Eine lange und komplizierte Behandlung ist nichts als ein Hätscheln der Krankheit und hindert den Bürger daran, seinen häuslichen, privaten und militärischen Pflichten nachzukommen, verlängert nur den Tod.«

Als Begründer der Pharmakologie gilt der römische Arzt Pedianos Dioskurides (ca. 40–90). Unter dem Titel *De materia medica* beschreibt er über 1000 Substanzen, vorwie-

gend Heilkräuter. Dioskurides verfolgt in seiner Zusammenstellung einen rein pragmatischen Ansatz. Er beschäftigt sich nicht mit Theorien über Ursachen von Krankheiten, sondern konzentriert sich ganz darauf zu beschreiben, was wann hilft; er systematisiert, was an volksmedizinischem Wissen bis dahin entstanden war. Die Schrift
galt bis zum 17. Jahrhundert als Standardwerk.

Die mittelalterliche Klostermedizin sah Krankheit einerseits als Strafe für Sünden an,
zum anderen nach der Lehre des Claudius Galen (129–199) als Folge einer Störung des
Gleichgewichtes der vier Kardinalsäfte, nämlich des Blutes, des Schleimes, der gelben
und der schwarzen Galle. Wenn zum Beispiel zu viel schwarze Galle vorhanden war,
musste der Arzt entweder mittels Heilkräutern oder durch den Aderlass versuchen, das
Gleichgewicht wieder herzustellen. »Wird bei einem Menschen ein Gefäß angeschnitten,
so erleidet das Blut, wie durch einen plötzlichen Schrecken, eine Erschütterung, und was
dann zutage kommt, ist Blut, und fauliges und zersetztes Blut fließen gleichzeitig mit ab«,
schreibt die Äbtissin Hildegard von Bingen (1098–1179). Diese Vorstellung vom Heil
bringenden Aderlass verkürzte im Mittelalter vielen Menschen das Leben.

Der Arzt, Astrologe und Alchimist Paracelsus (1493–1541) kam Anfang des 16. Jahrhunderts auf die Idee, dass im Körper biologisch-chemische und physikalische Vorgänge ablaufen und Krankheiten äußere Ursachen haben könnten. Daher sollten
Krankheiten durch Wirkstoffe beeinflusst werden können. Entgegen der Grundhaltung
des Humanismus forderte Theophrast Bombast von Hohenheim, mit den Vorstellungen der Antike zu brechen und sich aus eigener Erfahrung eine neue Medizin zu erarbeiten. Er gab sich daher den Namen Paracelsus, um auszudrücken, dass er besser sei als
der berühmte römische Arzt Celsus. Ihm kommt das große Verdienst zu, die Säftelehre
re ad acta gelegt und den Grundgedanken moderner medikamentöser Behandlung
geliefert zu haben. Praktische Erfolge waren ihm indes nicht vergönnt, da eine tatsächliche Entwicklung von Medikamenten mit Mitteln der Alchimie nicht möglich war. So
änderte sich an der medizinischen Praxis nichts Grundsätzliches. Sie blieb auf Heilkräuter, Aderlass, schmerzhafte Chirurgie und Ernährungstipps begrenzt.

Wirklicher Fortschritt ist erst im 19. Jahrhundert zu verzeichnen. In dessen erster
Hälfte läutete die Einführung von vier hoch wirksamen, Schmerz stillenden und betäubenden Mitteln, Morphin, Lachgas, Schwefeläther und Chloroform, eine neue Ära der
Medizin, besonders der Chirurgie, ein. Mit den Erfolgen der Bakteriologie, der Pockenimpfung sowie der Erkenntnis, wie wichtig öffentliche Hygiene ist, begann der Siegeszug gegen Infektionskrankheiten. Rudolf Virchow, der »Papst der Berliner Medizin«,
legte die Grundlagen für die heutige Zellbiologie und molekulare Medizin, indem er
1858 zur Erklärung von Krankheiten den Blick auf Veränderungen der Zellen lenkte. Er
begründete zudem die vergleichende Pathologie und forderte, dass die Medizin auf drei
Säulen ruhen müsse: der klinischen Beobachtung, dem Tierexperiment und der anatomisch-mikroskopischen Untersuchung, zu der sich später die Biochemie gesellte.

Das 20. Jahrhundert brachte schließlich Antibiotika, umfangreiche Medizintechnik, die systematische Erprobung der pharmakologischen Wirkung von unzähligen natürlichen und synthetischen Substanzen, auf denen die medizinische Therapie bis heute größtenteils beruht, und den Übergang zur molekularen Medizin, auf die wir weiter unten ausführlich eingehen.

Menschwerdung

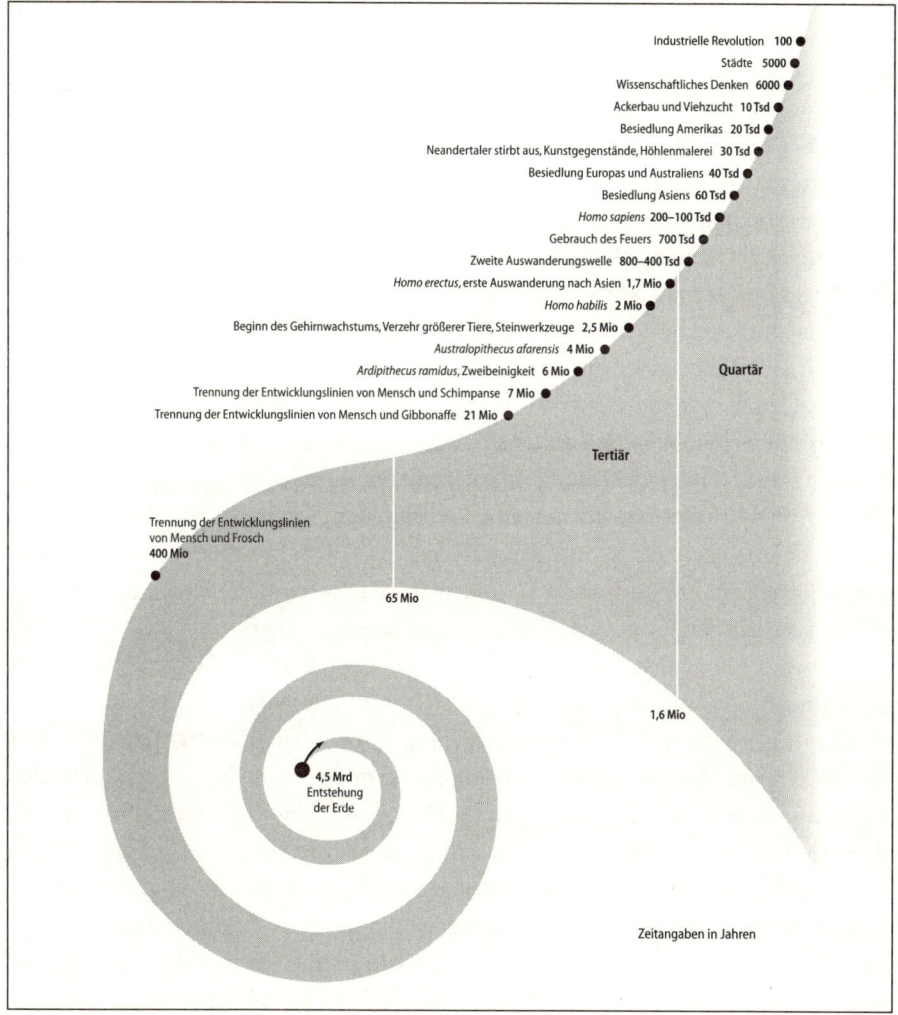

ABB. 4.1 *Die Ursprünge und die Entwicklung des Menschen. Der* Homo sapiens *erschien vor 100 bis 200 Tausend Jahren.*

Der Mensch, ein Affe?

Die menschliche Verwandtschaft ist weitläufig. Der menschliche Körper ist biologisch der eines Säugetiers, funktioniert also im Grundsatz so wie der eines Schweins oder eines Wals. Unser nächster Verwandter ist, soweit wir wissen, der Schimpanse.

Doch wir sind nicht nur Körper, sondern auch Geist. Da der Mensch in erster Linie ein kulturelles Wesen ist, wird die Debatte über Herkunft und Natur des Menschen gewiss noch lange anhalten. Die Anthropologie läuft in hohem Maße Gefahr, moderne Weltanschauungen in die Vergangenheit zu projizieren. Denn sie hat die schwierige Aufgabe, ausgehend von ein paar spärlichen Knochenfunden ein plastisches Bild der Menschen und ihrer Vorfahren in den letzten 7 Millionen Jahren zu zeichnen. Da ist der Interpretationsspielraum groß. So entstanden schon viele Porträts, die mehr über den Maler verraten als über den Porträtierten. Darwin sah unsere Vorfahren, passend zur Vorstellung des Kampfes ums Überleben, als Steinewerfer und Speereschleuderer. Zu Beginn des 20. Jahrhunderts, als die Wissenschaft enorme Durchbrüche erlebte, konzentrierte man sich ganz auf das vergrößerte Gehirn und den denkenden Menschen. Es folgte der von marxistischen Vorstellungen geprägte arbeitende Mensch, dessen entscheidende Fähigkeit im Werkzeugmachen bestand. Nach den Schrecken des Zweiten Weltkriegs und der unfassbaren Grausamkeit des Holocaust kam das Bild vom Menschen als mörderischem Affen auf. In den 1960er-Jahren folgten die Bilder vom Menschen als Wildbeuter und vom Menschen im Einklang mit der Natur, worauf sich die Umweltschutzbewegungen berufen konnten. Passend zum Feminismus, der in den 1970ern einen Höhepunkt erlebte, entwickelte sich das Bild der aktiven und selbstbewussten Frau als Mutter der Familie und Sammlerin. All diese Vorstellungen und Hypothesen griffen einzelne Entwicklungen unserer biologischen und kulturellen Geschichte auf, um sie zum Dreh- und Angelpunkt der Menschwerdung und damit der menschlichen Natur zu machen. So hatten sie alle ein bisschen Recht, müssen sich jedoch auch alle den Vorwurf unzulässiger Vereinseitigung gefallen lassen.

Wir werden im Folgenden auf alle derartigen Hypothesen verzichten und einfach zusammenfassen, was als einigermaßen gesichertes Wissen gilt.

Alles begann vor rund 7 Millionen Jahren, als einige Affen sich genötigt sahen, auf 2 Beinen herumzurennen. Diese zweibeinigen Affen fächerten sich in den folgenden 5 Millionen Jahren in viele verschiedene Varianten auf. Eine von ihnen ging weiter in Richtung Mensch, entwickelte seit etwa 2 Millionen Jahren ein immer größeres Gehirn und brachte es so zu Werkzeuggebrauch und Sprache. Vor rund 100 000 Jahren machte er sich dann an den Aufbau einer vielfältigen Kultur, die ihm, beginnend mit den Griechen vor 3000 Jahren und dann vor gut 300 Jahren mit der »Aufklärung« auch die moderne Wissenschaft bescherte. Damit konnte er nun den Blick zurück in seine Vergangenheit richten – um dort vor allem Steine und Knochen zu finden, die sich sorgfältig analysieren und aus denen sich Theorien basteln ließen.

Zweibeinige Affen

Zur Familie der Menschen (Hominidae) gehören alle Spezies, die seit dem letzten gemeinsamen Vorfahren von Menschen und heutigen Affen gelebt haben – und bis auf den *Homo sapiens* alle wieder ausgestorben sind. Die Zweibeinigkeit oder Bipedie gilt heute als entscheidende Weichenstellung, die jedoch keineswegs schon als großer Übergang gewertet werden darf.

Sie ist als biologische Anpassung an eine veränderte Umwelt zu sehen. Die lange beliebte Vorstellung, unsere Vorfahren seien vom Wald in die Savanne gezogen und zweibeinig geworden, um dort schneller laufen und weiter sehen zu können, ist jedoch mittlerweile widerlegt. Sie kann aus einem einfachen Grund nicht stimmen. Vor 7 Millionen Jahren gab es nämlich in Afrika gar keine Savannen. Die entstanden erst etwa 4 Millionen Jahre später. Tatsächlich wurden jedoch die Wälder in Ostafrika weniger dicht und unterbrochen von Buschland und Heide. Dadurch wurden die Entfernungen zwischen den Nahrungsquellen, etwa Früchte tragenden Bäumen, größer. Die Zweibeinigkeit war eine Möglichkeit, die größeren Entfernungen mit geringerem Energieaufwand zu bewältigen. Das war zunächst aber auch schon alles. Unser Vorfahre *Australopithecus afarensis* unterschied sich von den restlichen Affen einzig in seiner ökonomischeren Art der Fortbewegung. Bemerkenswerterweise wurde diese These lange abgelehnt und behauptet, die Fortbewegung auf vier Beinen sei effizienter als die auf zweien. Das stimmt. Aber nur, wenn man Menschen mit Hunden oder Pferden vergleicht. Bei unserem Körperbau ist man auf zwei Beinen besser unterwegs.

Die Zweibeinigkeit brachte keineswegs automatisch eine andere Lebensweise mit sich, wie etwa Friedrich Engels, einer der Vordenker des Materialismus und Kommunismus, glaubte, als er in seinem berühmten Text *Anteil der Arbeit an der Menschwerdung des Affen* schrieb: »Wenn der aufrechte Gang bei unsern behaarten Vorfahren zuerst Regel und mit der Zeit eine Notwendigkeit werden sollte, so setzt dies voraus, dass den Händen inzwischen mehr und mehr anderweitige Tätigkeiten zufielen.«

Im Verhalten blieben die Australopithecinen ganz Affe – am ehesten mit heutigen Steppenpavianen zu vergleichen. Sie lebten in Gruppen von 30 bis 40 Individuen in Polygamie, wobei die starken, ranghohen Männchen das Sagen hatten.

Bis das Verhalten der zweibeinigen Affen sich merklich in Richtung Mensch veränderte und sie lernten, die frei gewordenen Hände als evolutionären Glücksfall zu erkennen und in vielfältiger Weise zu nutzen, sollten noch 5 Millionen Jahre vergehen.

Lucy

Die bekannteste unserer Australopithecinen-Ahnen ist Lucy, eine kleine Frau, die vor über 3 Millionen Jahren an einem See im heutigen Äthiopien lebte. Da 40 Prozent ihres Skeletts geborgen werden konnten, ist sie das vollständigste Exemplar eines frühen Hominiden, das jemals gefunden wurde. Ihren Namen verdankt die 1974 gefundene

Lucy dem Beatles-Song *Lucy in the Sky with Diamonds* (eigentlich ein Loblied auf LSD), der am Tag ihres Fundes regelmäßig aus dem Kassettenrekorder der glücklichen Finder, des Paläontologen Donald Johanson und seines Studenten Tom Gray, ertönte. Mittlerweile gibt es naturgetreu rekonstruierte Abbildungen der nur 90 Zentimeter kleinen Lucy. Doch einige Forscher glauben, dass wir uns in einigen Jahrzehnten ein noch viel besseres Bild machen werden können, indem wir Lucy leibhaftig wiedererstehen lassen. Das »Lucy-Genom-Projekt« sollte nach dieser Vorstellung, ausgehend vom Human-Genom, eine vollständige Rekonstruktion des kompletten Erbguts unserer bekanntesten Vorfahrin liefern. Über die ethischen Aspekte eines solchen Projekts und besonders über die reale Machbarkeit lässt sich streiten. Richard Dawkins, der die Idee lancierte, hat offensichtlich wenig Bedenken. »Trotz *Jurassic Park* mache ich mir nur darüber Sorgen, dass ich wahrscheinlich nicht mehr lange genug leben werde, um dies mitzuerleben – und um mit meinem kurzen Arm Lucys langen Arm zu ergreifen und ihn mit Tränen in den Augen zu schütteln.«

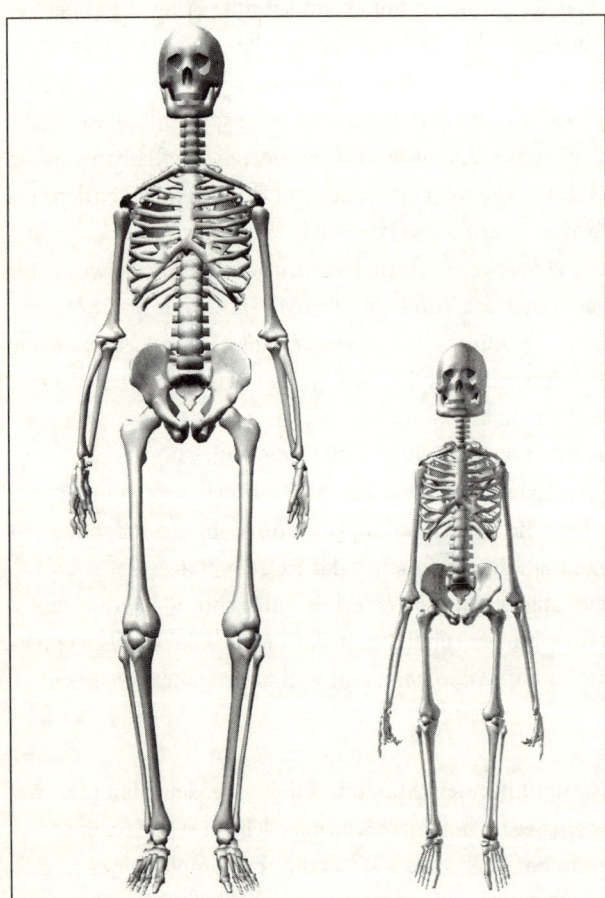

Abb. 4.2 *Rekonstruktion des zu 40 Prozent geborgenen Skeletts unserer Vorfahrin Lucy, eines weiblichen Australopithecus afaransis, der vor etwa 3,2 Millionen Jahren in Äthiopien lebte, im Vergleich zum modernen Menschen (links).*

Das Gehirn

Lucys Gehirn hatte nur ein Drittel der Größe des unsrigen. Erst das zügige Wachstum des Gehirns und die sozialen und kulturellen Veränderungen, die damit einhergingen und ihrerseits dieses Wachstum vorantrieben, machten uns schließlich zu Menschen.

Dieses Wachstum setzte wahrscheinlich vor rund 2 Millionen Jahren mit *Homo habilis* ein, der genau deshalb als Erster der neuen Gattung *Homo* zugerechnet wird. Rein körperlich gesehen ist ein großes Gehirn so ziemlich das Lästigste, was man sich vorstellen kann. Der Psychologe Steven Pinker schreibt: »Ein Wesen mit großem Gehirn ist zu einem Leben voller Nachteile verdammt – es muss sich damit herumschlagen, eine Wassermelone auf einem Besenstiel zu balancieren, sich mit einer Daunenjacke warm zu halten und – falls es sich um eine Frau handelt – alle paar Jahre ein sperriges Etwas durch die Geburtswege zu pressen. Jede Auslese hinsichtlich der Gehirngröße an sich hätte zweifellos den Stecknadelkopf bevorzugt.«

Ein wachsendes Gehirn ist also nur dann von Nutzen, wenn sich gleichzeitig – und zwar vom ersten Kubikzentimeter Wachstum an – kognitive Fähigkeiten entwickeln, die einen Vorteil im Kampf ums Überleben bieten. Damit verbieten sich alle Spekulationen, die postulieren, Denken und Sprechen und die Anwendung derselben in den Kulturleistungen und der sozialen Interaktion seien plötzlich entstanden, nachdem das Gehirn nach langem Wachstum eine Schallmauer der Komplexität durchbrochen habe. Sie sind – wie alles andere in der Evolution auch – Ergebnis eines kontinuierlichen Prozesses. Wie wir im nächsten Kapitel sehen, spiegelt sich im Aufbau unseres Geistes unsere biologische Vergangenheit in gleicher Weise wie in der Anatomie unseres Körpers. Sowohl Körper als auch Geist sind Resultate der Evolution.

Der aufrechte Gang scheint für die Entwicklung des menschlichen Denkens eine notwendige Voraussetzung gewesen zu sein, die selbst bereits Prozesse des Intelligenzwachstums auslöste. So dürfte nach einer Hypothese die für die Zweibeinigkeit nötige Feineinstellung des Gleichgewichtssinns mit der Entwicklung feinmotorischer Fähigkeiten einhergegangen sein. Zudem haben Neurobiologen festgestellt, dass die Affen für jeden Laut und auch für jeden Schritt separat Luft holen müssen. Das macht es dem Schimpansen unmöglich, eine verfeinerte Kontrolle über die Atmung zu entwickeln, wie sie zum Sprechen nötig ist. Erst der aufrechte Gang führte zu einer Umstellung des Atmens und eröffnete so die Möglichkeit, das Sprechen, wie wir es kennen, zu entwickeln.

Weitere wahrscheinlich unabdingbare Voraussetzungen unserer Intelligenz sind das dreidimensionale Sehen, das wir von unseren Primatenvorfahren geerbt haben, das Leben in der Gruppe, das soziale Intelligenz zur evolutionären Triebkraft machte, sowie die frei gewordene Hand, die sozusagen die Exekutive unsere Intelligenz darstellt, indem sie die Welt nach den Befehlen aus dem Kopf manipuliert. Hätten unsere Vorfahren keine Hände gehabt, wäre es für sie nutzlos gewesen, die dazu passende Intelligenz zu entwickeln. Hand und Gehirn haben sich gemeinsam und gegenseitig perfektioniert. Die Einzigartigkeit der menschlichen Hand im Tierreich rühmte schon vor fast 2000 Jahren Galen, als er schrieb: »Der Mensch geht mit allem um, als seien seine Hände ausschließlich für jedes Einzelne gemacht.«

Früh geborene Kinder

Wenn ein Mensch das Licht der Welt erblickt, ist er hilflos wie sonst kaum ein Wesen in der Tierwelt. Es scheint, dass wir den Mutterleib viel zu früh verlassen. Und genau so ist es auch. Bei den Primaten steht die Schwangerschaftsdauer in einem bestimmten Verhältnis zu Hirngröße, Entwöhnung, Geschlechtsreife und anderen Faktoren. Der Mensch weicht hier deutlich ab. Er müsste bei einer Gehirngröße von durchschnittlich 1350 Kubikzentimetern eigentlich nicht neun, sondern 21 Monate im Mutterleib verbringen. So gesehen sind wir alle Frühgeburten und kommen rund ein Jahr vor der Zeit zur Welt. Das Volumen unseres Gehirns wächst in den ersten vier Jahren nach der Geburt auf das Vierfache. Wenn wir zur Welt kommen, sind wir unreif und hilflos. Die Hauptursache hierfür liegt zweifellos in einer Form des Beckens, die für einen aufrechten Gang erforderlich, einer leichten Geburt jedoch abträglich ist. Das war noch in Ordnung, solange Gehirn und damit Schädel in affenüblichen Ausmaßen blieben. Seit jedoch *Homo habilis* vor 2 Millionen Jahren die Grenze von rund 800 Kubikzentimetern Gehirnvolumen überschritt, ist der wachsende Preis für die steigende Intelligenz die zunehmende relative Hilflosigkeit bei der Geburt.

Doch dieser Nachteil scheint aus heutiger Sicht auch eine überaus positive Seite zu haben: erstens eine Gehirnentwicklung in vielfältiger Interaktion mit der Umwelt, worauf wir im nächsten Kapitel näher eingehen werden, und zweitens eine Kindheit, wie nur der Mensch sie kennt. Die Hilflosigkeit des Babys schreit geradezu nach der besonderen Fürsorglichkeit durch Erwachsene und sorgt so für eine enge und anhaltende Eltern-Kind-Bindung. Diese wiederum ist Voraussetzung für eine ausgeprägte Phase des Lernens. Unterstützt wird diese Entwicklung durch das gegenüber Affen verlangsamte Körperwachstum des Kindes, das damit länger, nämlich bis zu dem abrupten Schub in der Pubertät, einen deutlichen Größenunterschied zum Erwachsenen bewahrt. Die beiden sind durch diese Ungleichheit für eine recht lange Zeitspanne von einem für Affen üblichen, von Rivalität geprägten Sozialverhalten entbunden und können stattdessen eine Lehrer-Schüler-Beziehung eingehen und die großen Köpfe der Kleinen mit Wissen füllen. Auch aus Sicht der Eltern lohnt sich die Beschäftigung mit dem Kind. Sie können als Erzieher die Überlebenschance ihres Nachwuchses erhöhen.

Fleisch

Warum ist unser Gehirn überhaupt so groß geworden? Auch diese Frage lässt sich wahrscheinlich nie abschließend beantworten. Als Triebkraft darf wohl schlicht der wachsende Gebrauch desselben, insbesondere durch Herausbildung der Sprache, gesehen werden.

Eine wichtige Voraussetzung dafür scheint aber auch eine Ernährungsumstellung gewesen zu sein. Als ziemlich sicher gilt, dass das Gehirnwachstum in engem Zusammenhang sowohl mit der Beschaffung als auch mit dem Verzehr von Fleisch zu sehen ist. Ein großes Gehirn verbraucht sehr viel Energie und ist daher für alle Tiere von Nachteil, die auch ohne es gut auskommen. *Homo* fing wahrscheinlich an, Fleisch zu essen, als andere Nahrungsquellen nicht mehr ausreichten. Da er kein Raubtier war, musste er die Mängel seiner Beinmuskulatur und seines Gebisses irgendwie kompensieren, um erfolgreich auf die Jagd gehen zu können. Also benutzte er sein Gehirn. Die Anforderungen an Kommunikation und Kooperation wuchsen, es entstanden erste Formen der Arbeitsteilung. Andererseits musste er auch immer mehr Fleisch besorgen, um sein weiter wachsendes Gehirn mit Energie zu versorgen. Wären wir Vegetarier geblieben, hätten wir unser Gehirnvolumen wohl niemals verdreifachen können. Damit ist wohlgemerkt nicht gesagt, dass das Gehirn eines heute lebenden Fleischverächters vom Schwund bedroht ist, denn mittlerweile stehen uns auch andere hochwertige Proteinquellen wie Soja zur Verfügung.

Werkzeuge

Außer Knochen finden sich in den alten Siedlungen und in den Gräbern unserer Vorfahren auch Steinwerkzeuge, aus denen Rückschlüsse auf ihre Lebensweise gezogen werden können.

Vor etwa 2 bis 3 Millionen Jahren begannen sie damit, einfache Hämmer, Schaber und Haumesser herzustellen. Zu diesem Zeitpunkt waren sie offensichtlich schon an die 5 Millionen Jahren auf den Hinterbeinen unterwegs, ohne ihre Hände in nennenswertem Umfang mit technischen Hilfsmitteln aufgerüstet zu haben. Einen qualitativen Sprung gab es erstmals beim Übergang zu *Homo erectus* vor rund 1,7 Millionen Jahren und dann nochmals vor 150 000 bis 100 000 Jahren, als sich der moderne Mensch *Homo sapiens* entwickelte.

Die allerersten Werkzeuge, die unsere Vorfahren möglicherweise schon vor 5 Millionen Jahren benutzten, waren Nussknacker. Es handelt sich um eine Technik, die man auch bei einigen Affen beobachten kann. Die Affen legen dabei die Nüsse auf Baumwurzeln und schlagen sie mit Steinhämmern entzwei. Um diese Technik zu erlernen, brauchen Jungtiere mehrere Jahre. Sie zählt zu den höchsten Kulturleistungen und wird nur von wenigen Schimpansengruppen beherrscht. Das leuchtet ein. Denn das Ausgangsniveau für die Entwicklung der menschlichen Kultur muss in etwa den kulturellen Höchstleistungen unserer nächsten Verwandten entsprechen.

Sprache

Ein entscheidender Motor der Menschwerdung war wohl die Sprache. Und obwohl es auf den ersten Blick sehr befremdlich erscheint, spricht nichts dagegen, dass auch das Sprachvermögen ein Resultat der einzigen Kraft der Natur ist, die angeborene, komplexe und nützliche Dinge schafft. Es ist das Ergebnis der biologischen Evolution und nach den gleichen Gesetzen entstanden wie der Rüssel des Elefanten oder der Gleitflug des Albatros. In unserem Kopf befindet sich ein Sprachorgan und dieses ist das Resultat genetischer Variation und natürlicher Auslese über Hunderttausende von Generationen hinweg.

Da der moderne Mensch sich biologisch, also in seinem Wesen und seinen grundsätzlichen Fähigkeiten, seit etwa 30 000 Jahren nicht mehr nennenswert verändert hat, muss davon ausgegangen werden, dass zu diesem Zeitpunkt auch das Sprachvermögen weitgehend ausgebildet war. Dieses besteht in der angeborenen Fähigkeit, eine menschliche Sprache (mühelos) zu erlernen.

Wann die Evolution des Sprachorgans begann, ist wahrscheinlich nie zu beantworten, da sich aus alten Knochen und Haumessern keine verlässlichen Rückschlüsse ziehen lassen. Es mag schon bei den Australopithecinen eine primitive Sprache gegeben haben. Wahrscheinlich ging es erst bei *Homo habilis* oder sogar erst bei *Homo erectus* los. Plausibel ist es, die Evolution des Sprachorgans ungefähr parallel zum Wachstum des Gehirns anzunehmen. Und hier ist das erste rasche Wachstum um etwa 50 Prozent beim Übergang zum *Homo habilis* zu verzeichnen.

Im nächsten Kapitel werden wir uns ausführlicher mit der Funktion des einzigartigen menschlichen Sprachorgans beschäftigen.

Der moderne Mensch

Aus Sicht der Anthropologen ereignete sich in der Kultur des Menschen vor etwa 50 000 Jahren etwas Ähnliches wie in der Tierwelt zur Zeit der kambrischen Explosion vor 540 Millionen Jahren. Plötzlich wimmelte es von Fundstücken. Wie aus dem Nichts tauchten während der so genannten jungpaläolithischen Revolution plötzlich in Europa haufenweise Überreste von Werkzeugen, Waffen, Schmuck und Kunstgegenständen auf. Darunter äußerst kunstvoll gefertigte Skulpturen, wie die zwei vor 15 000 Jahren aus Lehm modellierten Wisente in der Höhle de Tuc d'Audoubert im französischen Departement Ariège und beeindruckende Felsbilder, etwa in der von dem Anthropologen Melvin Konner als »Sixtinische Kapelle der Steinzeit« bezeichneten Höhle von Lascaux in der Dordogne. Bilder, die dem Betrachter keinen Zweifel lassen, dass unsere steinzeitlichen Vorfahren Menschen wie du und ich waren, die man – per Zeitmaschine in die Gegenwart eingeflogen – mühelos im Freundeskreis aufnehmen könnte. Die uralten Kunstwerke sind von fast unglaublicher Modernität. Unsere Urahnen benutzten teilweise Techniken wie die Perspektive und den Eindruck von Bewegung,

die von der neuzeitlichen Kunst erst in der Renaissance wiedererfunden wurden. Wie
der Anthropologe Richard Leakey schreibt, war hier »ein modernes menschliches
Bewusstsein am Werk, das Symbolik und Abstraktion in einer Weise miteinander ver-
wob, wie es nur dem *Homo sapiens* möglich gewesen wäre«. Der moderne Mensch war
auf der Bildfläche erschienen.

Wie wir mittlerweile wissen, ist er jedoch nicht damals entstanden, sondern lediglich in Europa angekommen, wo man 1868 in der Höhle Cro-Magnon in der Nähe des
Dorfes Les Eyzies in der Dordogne auch die ersten sterblichen Überreste von *Homo
sapiens sapiens* fand. Die Fundstelle barg Skelette von über einem halben Dutzend Individuen, deren Alter auf 28 000 Jahre datiert wurde. Sie sind mit dem modernen Europäer praktisch identisch.

Der Eindruck einer plötzlichen Kulturexplosion in Europa resultiert in erster Linie
aus der Tatsache, dass es in Europa besonders viele Höhlen und besonders viele neugierige Anthropologen gibt. Entstanden ist die moderne Form des *Homo sapiens* höchstwahrscheinlich aber schon vor 100 000 bis 140 000 Jahren in Afrika. Neueste Kno-
chenfunde, die in Äthiopien entdeckt wurden, werden auf ein Alter von 154 000 bis
160 000 Jahre geschätzt und unserem unmittelbaren Vorfahren, der neuen Unterart
Homo sapiens idaltu zugeordnet.

Nachdem sich die Forscher zunehmend auch dem schwarzen Kontinent zugewandt
hatten, konnten dort weitaus ältere, vielfältige und kunstvoll gefertigte Werkzeuge
gefunden werden, etwa scharfe Messerklingen, Dolche, Widerhaken und Pfeile. Die
ältesten solcher Funde sind rund 75 000 Jahre alt. Was nicht gefunden werden konnte,
sind Überreste etlicher anderer Werkzeuge, die nicht aus Stein gefertigt waren, etwa
Babytragegurte, Bumerangs, Pfeil und Bogen. Nichts spricht dafür, dass die frühen
Menschen ihre Werkzeuge nur aus dem schwer zu bearbeitenden Stein gefertigt haben.
Da jedoch nur Steinartefakte Hunderttausende von Jahren überstehen, wird der Werkzeuggebrauch wohl oft unterschätzt.

Auch rein körperlich lässt sich der moderne Mensch deutlich von seinen Vorfahren
abgrenzen. Seine Statur ist deutlich »moderner« als die von *Homo erectus* und *Homo heidelbergensis*. Er ist schlank, hoch gewachsen, weniger muskulös, hat ein flacheres
Gesicht, einen höheren Schädel, eine dünnere Gehirnschale und keine vorstehenden
Brauenwülste mehr. Unser fein geschnittenes Gesicht verdanken wir vor allem der Entwicklung von Werkzeugen, die Aufgaben übernahmen, die zuvor dem sehr viel kräfti-
geren Gebiss oblagen, das den kompakten und robusten Schädel wesentlich prägte. Als
unsere biologische Evolution den jetzigen Stand erreicht hatte, war auch der Größenunterschied zwischen den Geschlechtern deutlich zusammengeschrumpft. Dieser ist
ein Indiz dafür, wie stark die Männchen einer Art sich gegenseitig verprügeln, um an die
Weibchen ranzukommen. *Homo sapiens* hat eine Sozialstruktur, die durch das Leben in
Partnerbindungen innerhalb einer Gruppe und die Aufzucht von Kindern geprägt ist.

Männer sind daher nur 15 Prozent größer als Frauen, während beispielsweise das Goril-
lamännchen doppelt so groß ist wie das Weibchen und der See-Elefant gar viermal so
groß wie seine Haremsdamen.

Aus Afrika

Wahrscheinlich hat sich die Vorgeschichte des Menschen die ersten 5 Millionen Jahren
ausschließlich in Afrika abgespielt. Die bislang ältesten Überreste menschlicher Vorfahren hat ein internationales Forscherteam im Sommer 2002 im Tschad entdeckt. Das
Alter der sechs fossilen Knochenstücke, darunter ein Schädel, wird mit 6 bis 7 Millionen Jahren angegeben. Der Schädel weist eine Mischung aus menschen- und affenähn-
lichen Merkmalen auf. Die Abstammungslinie von Mensch und Affe hat sich demnach
vor mindestens 7 Millionen Jahren getrennt.

Doch erst vor etwa 1,7 Millionen Jahren verließ *Homo erectus* erstmals Afrika, um sich
in Asien und später Europa anzusiedeln. Wahrscheinlich hat er sich dort in vielerlei
Hinsicht weiterentwickelt. So sind etwa der berühmte Neandertaler, der Petralona-
Mensch, der Arago- und der Steinheim-Mensch entstanden, die man lange als archai-
sche Sapiens bezeichnete – moderner als der *Homo erectus*, aber primitiver als der
moderne *Homo sapiens*. Mittlerweile werden sie oft unter der Bezeichnung *Homo heidel-*

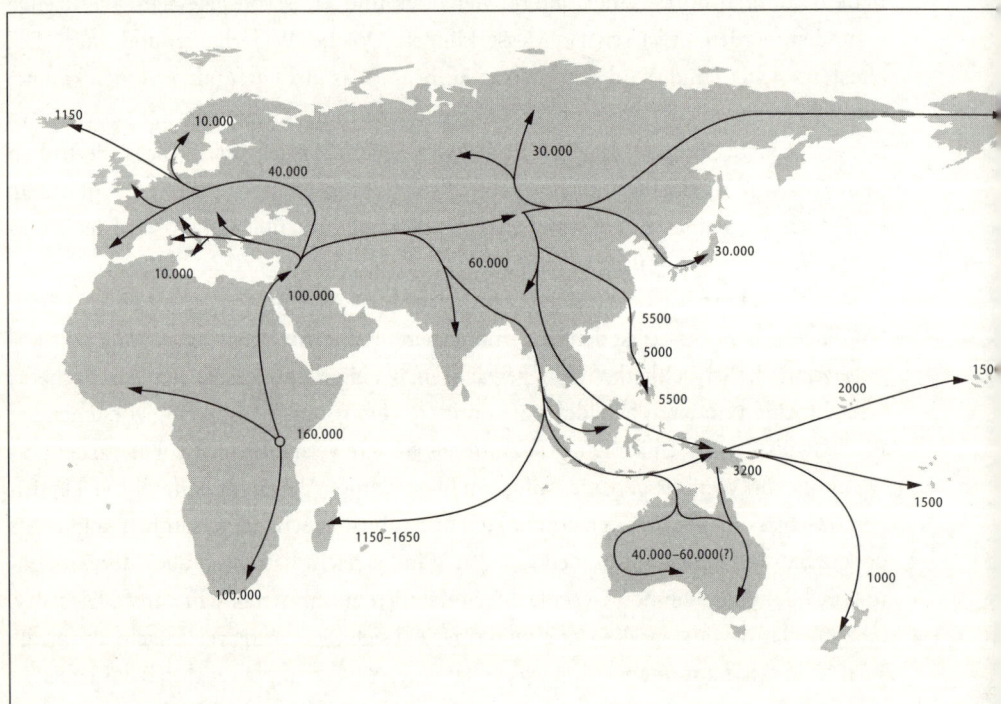

bergensis zusammengefasst, während der Neandertaler als eigene Spezies *Homo neander-thalensis* gesehen wird.

Doch wiederum nur in Afrika, wahrscheinlich im Subsahara-Gebiet, schaffte *Homo heidelbergensis* – nach der weithin anerkannten »Wiege-Afrika-Hypothese« – den Sprung zum modernen Menschen, um vor 100 000 Jahren ein drittes Mal Eurasien und später die anderen Kontinente zu erobern. Auch die Genomforschung stützt diese Hypothese. Eine Analyse der DNA der Mitochondrien, die ausschließlich über die Mütter vererbt wird, untermauert die Annahme, dass wir alle von einer einzigen Afrikanerin abstammen: der Eva der Mitochondrien, die vor etwa 170 000 Jahren gelebt haben soll.

Wie sich die Menschheit danach über den Globus verbreitete, ist nicht ganz klar. Die meisten Wissenschaftler gehen davon aus, dass *Homo sapiens* den primitiveren Verwandten in Europa und Asien in einem Konkurrenzkampf die Lebensgrundlage geraubt und sie verdrängt hat. Andere glauben, im Erbgut heutiger Menschen genetische Spuren von *Homo heidelbergensis* aus Zeiten der zweiten Auswanderungswelle vor etwa 400 000 bis 800 000 Jahren gefunden zu haben. Demnach soll keine vollständige Verdrängung, sondern auch eine Vermischung stattgefunden haben.

Auf jeden Fall hat *Homo sapiens* bis vor 40 000 Jahren ausschließlich in Afrika und Eurasien gelebt. Dann zog er weiter auf die indonesischen Inseln, die damals noch zu Fuß zu erreichen waren, da der Meeresspiegel rund 150 Meter tiefer lag als heute, aber

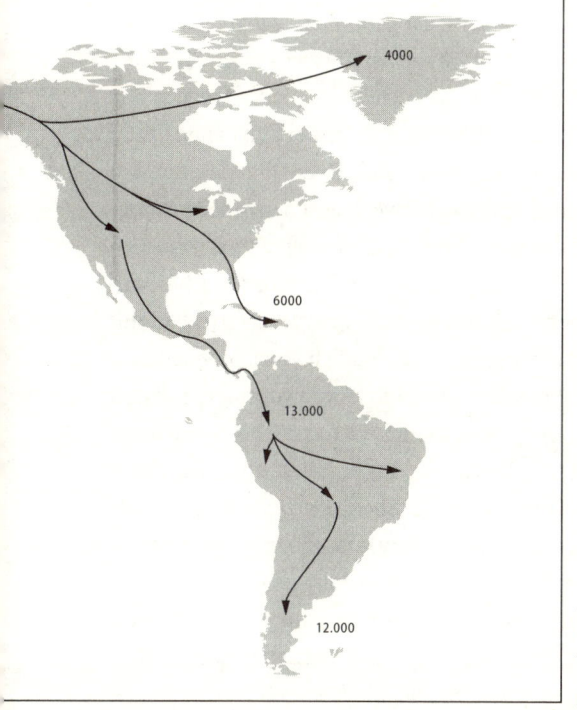

ABB. 4.3 *Die Ausbreitung des Homo sapiens, beginnend vor rund 160 000 Jahren in Afrika. Vor etwa 40 000 Jahren begann er mit der Besiedlung Mitteleuropas.*

auch über bis zu 80 Kilometer breite Tiefseerinnen weiter nach Australien und Neugui-nea (damals noch ein zusammenhängender Kontinent), um schließlich vor etwa 20 000 Jahren, nachdem auch die kalten nördlichen Gebiete Sibiriens erreicht waren, über die Beringstraße nach Nord- und letztlich vor 13 000 Jahren nach Südamerika zu gelangen.

Möglicherweise wurde die Menschheit erst vor etwa 70 000 Jahren nochmals erheb-lich auf nur 10 000 Individuen dezimiert. Einige Genetiker gehen davon aus, dass nur dadurch die sehr hohe genetische Übereinstimmung zwischen allen heute lebenden Menschen erklärbar ist. Ursache dieses prähistorischen Menschensterbens könnte der bisher letzte Ausbruch eines Supervulkans gewesen sein. Vor rund 74 000 Jahren schleuderte die gigantische Explosion des Toba auf Sumatra unvorstellbare Mengen Asche in die Atmosphäre, blockte die Sonnenstrahlen ab und verursachte eine welt-weite Abkühlung, die letzte große Eiszeit auf unserer Erde. Einen Eindruck vom Aus-maß der Explosion bekommt man, wenn man den Toba-See sieht, der aus dem Vul-kankrater entstanden ist. Er ist 100 Kilometer lang und 60 Kilometer breit. Doch diese Flaschenhalstheorie ist umstritten. Unstrittig ist, dass sich alle Menschen genetisch sehr ähnlich sind. Im Jahr 2001 stellten Forscher des Max-Planck-Instituts für evolutionäre Anthropologie in Leipzig fest, dass die genetischen Unterschiede zwischen zwei Men-schen beliebiger Herkunft (also etwa einem Tansanier und einem Schweden) geringer sind als zwischen zwei Schimpansenpopulationen, die nur wenige hundert Kilometer entfernt voreinander leben. »Genetisch gesehen sind wir alle Afrikaner. Einige leben auf diesem Kontinent, andere eben im Exil«, erklärte der Paläogenetiker Svante Pääbo.

Diese Ähnlichkeit wird sich wahrscheinlich noch weiter verstärken. Durch die große Mobilität der Menschen über Kontinente hinweg werden sich ihre Gene eher weiter ver-mischen, als dass sich die Menschheit in mehr Populationen als bisher aufspalten wird.

Angesichts dieser Erkenntnisse sind überkommene Vorstellungen, die Menschen in unterschiedliche Rassen einzuteilen, eindeutig widerlegt. Zwei Menschen mit schwarzer Hautfarbe sind sich genetisch nicht ähnlicher als ein Weißer und ein Schwarzer. Rasse im Sinne unterschiedlicher Hautfarbe wird aus heutiger Sicht nur noch als Oberflächen-phänomen ohne größere Bedeutung betrachtet. Kaukasier, Afrikaner, Asiaten oder Inuit sind keine unterschiedlichen Typen von Menschen, die sich deutlich von anderen ethni-schen Gruppen unterscheiden. Solches Denken lehnte bereits Darwin vollständig ab und ersetzte es durch das Populationsdenken. Populationen einer Art unterscheiden sich nur in ihren statistischen Durchschnittswerten. Bewohner unterschiedlicher Regionen haben sich genetisch mehr oder weniger an ihre Umgebungsbedingungen angepasst. Sie hatten jedoch nur relativ wenig Zeit dazu, da es, wie erwähnt, erst 100 000 Jahre her ist, dass unsere Vorfahren alle eine kleine, weitgehend homogene Gruppe bildeten.

Wann einzelne sichtbare Unterschiede entstanden, etwa die Aufhellung der Haut der Europäer, ist weitgehend unerforscht. Brasilianische Wissenschaftler haben kürz-lich untersucht, ob sich aus dem Aussehen heutiger Brasilianer Rückschlüsse auf deren

Vorfahren ziehen lassen. Die Bevölkerungsstruktur ist in Brasilien nach fünf Jahrhunderten der Vermischung von europäischen Einwanderern mit den Nachkommen afrikanischer Sklaven und indianischer Ureinwohner sehr inhomogen. Der Erbgutvergleich von 370 Personen erbrachte, dass es sich kaum an äußeren Merkmalen zeigt, ob ein Brasilianer vorwiegend portugiesische, afrikanische oder indianische Vorfahren hat. Die Forscher fanden ebenso »weiße« Brasilianer mit einem großen afrikanischen Anteil wie »schwarze« mit europäischen Genmerkmalen.

Die Kulturen

Die entscheidenden Unterschiede zwischen den Menschen verschiedener Regionen sind also kultureller Natur. Das war nicht immer so. Am Ende der globalen Expansion des Menschen vor etwa 14 000 Jahren war die Lebensweise der Menschen auf allen Kontinenten gleich. Sie lebten zwar in sehr unterschiedlichen Umwelten, jedoch alle als Jäger und Sammler, und verfügten über eine einfache, auf Steinen und Knochen basierende Technologie.

Als die Europäer Columbus, Magellan, Vasco da Gama und andere vor gut 500 Jahren ein zweites Mal die Welt eroberten, waren die kulturellen Unterschiede indes schon gewaltig. Inkas und Azteken hatten zwar Schmuckgegenstände aus Gold und Kupfer, ihre Werkzeuge waren jedoch nur aus Stein gefertigt mit Klingen aus vulkanischem Glas (Obsidian) und man fing gerade an, bei der Waffenherstellung mit Bronze zu experimentieren. Die Stammeskulturen im südlichen Afrika befanden sich in der Eisenzeit und alle Völker Australiens, Neuguineas, der pazifischen Inseln und großer Teile Nord- und Südamerikas verfügten noch immer lediglich über die einfachen Technologien der frühen Landwirtschaft oder waren sogar noch Jäger und Sammler. Das Europa der Klassik, Griechen und Römer bis hin zur Renaissance um 1500 verfügte zum Teil dagegen bereits über Schwerter, Lanzen, Dolche und erste Feuerwaffen, Reitpferde, komplette Transportsysteme mit Rädern, Schiffen, Transportmitteln zu Land und zu See, eine auf Nutz- und Arbeitstieren basierende Landwirtschaft, eine Schriftkultur und komplexe politische Organisationen. Die rassistische Erklärung für diese gewaltigen Unterschiede, die von simpler Technik und einfachen Gesellschaftsformen auf mindere Intelligenz der entsprechenden »Rassen« schließt, ist dennoch falsch.

Eine historische Betrachtung, die insbesondere biologische und geographische Faktoren der jeweiligen Umwelten analysiert, liefert uns sehr viel plausiblere Erklärungen für die großen Unterschiede. Der Biologe Jared Diamond hat sie in seinem Buch *Arm und Reich. Die Schicksale menschlicher Gesellschaften* ausführlich dargelegt.

Ausschlaggebend waren danach drei Faktoren. Erstens gab es nur in Eurasien domestizierbare Tiere. Eurasier beschleunigten durch Kuh, Schwein, Ziege und insbesondere Zugochse ihre landwirtschaftliche Entwicklung. Das Reitpferd brachte ihnen ungeahnte Mobilität. Diese Mobilität konnten sie zweitens hervorragend ausnutzen, da sich der eurasische Kontinent in Ost-West-Richtung erstreckt. So konnten Nutztiere und -pflanzen über große Entfernungen verteilt und dennoch in klimatisch vergleichbaren Regionen problemlos heimisch werden, was in Amerika und Afrika nicht möglich war. Diese beiden Kontinente hatten einen weiteren Nachteil. In Amerika herrschte generell ein eklatanter Mangel an domestizierbaren Großtieren, da bei der ersten Besiedlung, wie auch in Australien und praktisch allen Inseln, so gut wie alle ausgerottet worden waren. Der florentinische Bankier Amerigo Vespucci, der sich für die Expeditionen, die er zunächst nur finanzierte, so sehr begeisterte, dass er in seiner zweiten Lebenshälfte Astronomie studierte und sich selbst nach Amerika aufmachte, das wenige Jahre später nach ihm benannt wurde, berichtete von seiner Reise im Jahre 1501 ins heutige Brasilien: »Wer könnte die Waldtiere zählen, die Menge der Löwen, Panther, Katzen, ... so viele Luchse, Affen und Meerkatzen verschiedenster Art, und viele von gewaltigen Körpermaßen, und so viele andere Tiere sahen wir, dass ich glaube, so viele Arten hätten kaum in der Arche Noahs Platz gefunden, und so viele Wildschweine und Böcke und Hirsche und Damhirsche und Hasen und Kaninchen, aber Haustiere sahen wir keine.« Tatsächlich wurden von den einheimischen Tieren des gesamten Kontinents lediglich Lama und Alpaka domestiziert.

Afrika verfügt bis heute bekanntlich über eine Vielzahl imposanter Großtiere, die ihr Überleben der Tatsache verdanken, dass sie 7 Millionen Jahre Zeit hatten, sich an eine Koexistenz mit dem gefährlichen Raubtier Mensch anzupassen und sich daher nicht wie die überseeischen Spezies blöd glotzend abschlachten ließen, wenn ein paar Steinzeitjäger bei ihnen vorbeischauten. Doch – vielleicht genau deshalb – ließ sich keines der afrikanischen Tiere (südlich der Sahara) domestizieren.

Diamond schreibt: »Man stelle sich nur vor, welchen Gang die Weltgeschichte hätte nehmen können, wenn sich Nilpferde und Nashörner hätten zu Haustieren machen lassen! Dann hätte eine afrikanische Hippo- und Nashornkavallerie aus der europäischen Hackfleisch gemacht.« Bislang ist bekanntlich nur einer mit Dickhäutern in Europa in die Schlacht gezogen: der karthagische Feldherr Hannibal, der im Zweiten Punischen Krieg allerdings nur 37 Elefanten, dafür 8000 Reiter und 38 000 Fußsoldaten dabeihatte, als er 218 v. u. Z. von Spanien und Gallien über die Alpen gegen Rom zog. Von den Elefanten war nur noch einer am Leben, als Hannibal in Italien eintraf und mehrere Jahre siegreich durchs Land zog.

Nicht besser sah es in Australien aus, wo sich kein einziges Tier von den Ureinwohnern domestizieren ließ und nur eine Pflanze: die Macadamia-Nuss.

Drittens war Eurasien die größte Landmasse mit klimatisch menschenfreundlicher Umgebung. Was wiederum zur Folge hat, dass eine Vielzahl von schnell wachsenden Gesellschaften leicht miteinander in Kontakt treten und jede kulturelle bzw. technologische Neuerung sich schnell ausbreiten konnte. Die durch technologische Fortschritte bewirkte Effizienzsteigerung entband eine wachsende Zahl von Menschen von der Arbeit in der Landwirtschaft, sodass sie sich der Entwicklung anderer Fertigkeiten, dem Handwerk, der Religion, der Politik oder einfach nur dem Nachdenken und Beraten widmen konnten. Den Gegenpol zu diesen Entwicklungschancen stellt das kleine und vom Rest der Welt weitgehend isolierte Australien mit seinen gerade einmal 300 000 Jägern und Sammlern dar, die ohne die Möglichkeit zur Landwirtschaft und ohne Impulse von anderen Völkern in ihrer Entwicklung stagnierten. Übertroffen wurde deren Chancenlosigkeit lediglich von der jener 4000 Bewohnern Tasmaniens, die, nachdem die Insel vor 10 000 Jahren vom australischen Festland getrennt worden und von da an komplett isoliert war, in ihren Möglichkeiten sogar noch hinter den Stand der vor der Trennung dort lebenden Aborigines zurückfielen und bei ihrer Wiedervereinigung mit der Welt im 17. Jahrhundert weder Feuer machen noch Bumerangs oder Knochenwerkzeuge verwenden konnten und als Inselbewohner noch nicht einmal das Fischefangen beherrschten. Ihnen fehlte alles: Nutztiere, Nutzpflanzen, kritische Bevölkerungsdichte und kultureller Austausch.

So zeigt uns ein Vergleich des menschlichen Daseins rund um den Globus an zwei Zeitpunkten, dass die großen Unterschiede der Umweltbedingungen entscheidend das Tempo der kulturellen Evolution beeinflussen.

Mensch und Genom

Wie jedes andere Lebewesen verfügen auch wir Menschen über ein Genom, das alle Informationen enthält, die notwendig sind, um aus der Verbindung einer weiblichen Eizelle mit einer männlichen Samenzelle einen Körper wachsen zu lassen und sämtliche Organfunktionen zu steuern. Aber wir sind mehr als nur die Summe unserer genetischen Information. Wir sind intelligente Wesen und können daher analysieren, welche Rolle die Gene für Leben und Gesundheit spielen und wir können ihre Funktion in wachsendem Maße beeinflussen. Was wissen wir über unser Genom?

Jeder Zellkern enthält einen kompletten Satz des Erbguts, das Genom: die Gesamtheit aller Gene, zirka 30 000 pro Zelle. Gene bestehen aus einer langen Folge von vier chemischen Bausteinen, den Basen Adenin, Guanin, Cytosin und Thymin, die immer paarweise (AT und CG) angeordnet sind. Unser gesamtes Erbgut besteht aus 3,2 Milliarden dieser Basenpaare und wäre, würde man es auseinander ziehen, ein zwei Meter langer Strang, der im Zellkern auf insgesamt 46 größere, eng gewickelte Pakete, die Chromosomen, verpackt ist. Würde man das gesamte Erbgut aus sämtlichen Zellen eines einzigen Menschen in einem langen Faden aneinander kleben, so wäre dieser 160 Milliarden Kilometer lang, was etwa der tausendfachen Entfernung zwischen Erde und Sonne entspricht. Wir sehen: Unser Leben hängt an einem sehr langen und verdammt dünnen Faden. Seit 1953 wissen wir, wie er aussieht.

Die Struktur der DNA

Die Entdeckung der Struktur der DNA gehört zu den ganz großen Schlüsselereignissen der Wissenschafts- und Menschheitsgeschichte. Einer der beiden Akteure, James Watson, hat in einem kleinen Buch dargelegt, wie er persönlich dieses Abenteuer erlebt hat, und damit auch einen wichtigen Einblick in die Welt der Wissenschaft geliefert. Was er uns zeigt, sind normale Menschen mit ihren Stärken und Schwächen, die ihrem normalen Alltagsgeschäft nachgehen und dabei ihre individuellen Eigenarten haben. Wenig spektakulär? Genau!

Auf die Frage »Was macht eigentlich wissenschaftliche Arbeit aus?« gibt es zwar eine allgemeingültige Antwort: die Suche nach der Wahrheit, nach Erkenntnis und nach dem Ursprung der Dinge. Darüber hinaus geht es in der Wissenschaft aber zu wie sonstwo in der Welt auch. Nichts Menschliches ist ihr fremd. Was zählt, ist allein die Standhaftigkeit der Ergebnisse, die sich gegen methodische Kritik und widersprechende Hypothesen behaupten müssen. Ob man zu Lösungen durch Jahrzehnte harte und dröge Arbeit oder plötzliche Geistesblitze beim Surfen kommt, ist ganz egal. Ob man nebenbei seinen persönlichen Seelenfrieden finden oder den Nobelpreis ergattern will, spielt keine grundsätzliche Rolle.

Watson selbst nennt seine und Francis Cricks große Entdeckung »ein Abenteuer, für das einerseits jugendliche Arroganz charakteristisch ist und andererseits der Glaube, dass Wahrheit, hat man sie erst einmal gefunden, ebenso einfach wie hübsch aussehen muss«. Er schildert dieses Abenteuer aus den Jahren 1951 bis 1953 ausführlich in seinem Buch *Die Doppelhelix* unter anderem mit der Absicht, etwas gegen die »krasse Unwissenheit, wie Wissenschaft gemacht wird« zu tun, und bemerkt im Vorwort zu Recht, dass es »ebenso viele Stile wissenschaftlicher Forschung wie menschliche Eigenschaften« gibt. Wie zu erwarten war, wurde seine nonchalante Offenheit nicht allseits goutiert. Crick drohte mit einer Beleidigungsklage und die Harvard University, an der Watson lehrte, weigerte sich, das Buch im universitätseigenen Verlag zu publizieren. Es erschien dann 1968 in einem anderen Verlag und passte natürlich hervorragend in jene Zeit, in der die Studentenbewegung vehement am Altehrwürdigen gesellschaftlicher Institutionen rüttelte. Bezeichnend für die Wahrnehmung der Unterschiedlichkeit von Stilen durch Watson ist die kurze Bemerkung, mit der er sich auf einen Meilenstein wissenschaftlicher Literatur bezieht, der ihn faszinierte und inspirierte und der ihm den Weg zu seinen eigenen Erfolgen ebnete: Erwin Schrödingers *Was ist Leben?* Dieser Autor trug, so Watson, »in gepflegtem Stil die Ansicht vor, dass Gene die Schlüsselelemente der lebenden Zelle seien«. Schrödinger selber war zu diesem Buch angeregt worden durch den Nobelpreisträger Max Delbrück, der als Physiker im Jahre 1934 in Berlin-Buch erstmals Vorstellungen entwickelt hat, dass die Gene eine bestimmte molekulare Struktur haben mussten, die die Genveränderungen erklären können.

Watson war gerade 24 Jahre alt, als er das Modell der DNA präsentierte und damit das Tor zur Halle ewigen Ruhmes aufstieß. Gemeinsam mit Crick hatte er es aus Pappe, Metallscheiben und Draht gebastelt und auf diese Weise die richtige Struktur eher erraten als erarbeitet, wie Albrecht Fölsing in der Einleitung zu Watsons Buch anmerkt.

Als Watson und Crick sich an die Arbeit bzw. auf die Suche machten, war seit knapp 30 Jahren bekannt, dass Gene auf Chromosomen liegen. Vom Gen wusste man jedoch nur, dass es für die Vererbung verantwortlich war. Man hatte aber keine Ahnung, wie es aussehen könnte. Es war jedoch ebenfalls bekannt, dass Chromosomen aus DNA und Proteinen bestehen. Da DNA chemisch gesehen zu simpel erschien, wurden zunächst die Proteine als Träger der Gene vermutet. Schließlich galt es, Moleküle zu finden, die eine Unmenge an Information speicherten. 1944 lieferte ein Experiment dann den Beweis, dass doch die DNA der Träger des Erbguts sein musste. Es gelang durch Einfügen von gereinigter DNA, die Eigenschaften eines Bakteriums zu verändern und diese Veränderungen auch bei nachfolgenden Generationen zu beobachten. Zu Beginn der 1950er-Jahre lieferten dann erste Röntgendiffrakturmuster der DNA von Rosalind Franklin das Ausgangsmaterial für die Arbeit Watsons und Cricks. Ihr Ergebnis, die Doppelhelix, die heute jeder schon einmal irgendwo abgebildet gesehen hat, erklärte unmittelbar jene Eigenschaft, die am erklärungsbedürftigsten war, nämlich wie der Träger der Erbinformation mit hoher Präzision millionenfach kopiert und repliziert werden konnte. Sie stellt einen Doppelstrang aus zwei komplementären Polynucleotidketten dar, der sich der Länge nach auftrennen lässt, sodass jede der beiden Hälften sich durch Anlagern der sie ergänzenden Bausteine wieder zu einer vollständigen Doppelhelix komplettieren kann. Dieser Prozess wird von Proteinmaschinen, den so genannten Polymerasen, die an schätzungsweise 10 000 Stellen des menschlichen Genoms gleichzeitig beginnen, die beiden Stränge voneinander zu trennen, rasend schnell erledigt. Etwa 2000-mal so viele Buchstaben, wie dieses Buch enthält, werden in acht Stunden kopiert – inklusive Korrekturlesen, wobei im Durchschnitt nur zwei Fehler pro Verdopplung des gesamten Genoms zum Beispiel bei einer Zellteilung übrig bleiben.

Wir verzichten hier darauf, die chemische Struktur der DNA im Einzelnen zu beschreiben. Entscheidend ist ihre Funktion als Informationsträger. Hier ist die Natur dem menschlichen Geist sehr weit entgegengekommen. Sie hat einen linearen Code gewählt, der im Prinzip nicht anders funktioniert als unser Alphabet, allerdings nur vier Buchstaben verwendet. Wir bezeichnen sie mit den Anfangsbuchstaben der Namen der sie materiell darstellenden chemischen Basen in unserer Sprache: A für Adenin, G für Guanin, C für Cytosin und T für Thymin.

Genomforschung

In der Genomforschung geht es darum, die Gesamtheit der Gene eines Organismus, also die Konstruktions- und Kommandoebene des Körpers, in ihrem Wechselwirkungsgeflecht besser zu verstehen. Die Genomforschung folgt also einem systemischen Ansatz und ist daher außerordentlich komplex.

Zellen schalten ihre Gene ständig an und aus. Die Kommandos erhalten sie über Nervenimpulse, Hormone oder andere Botenstoffe, die ihre Existenz wieder der Aktivität anderer Gene verdanken. Es ist eine Interaktion und ein gegenseitiges Regulieren von gigantischen Ausmaßen. Jedes Gen ist der Bauplan für mehrere Proteine, und jedes Protein übernimmt in der Zelle eine bestimmte Aufgabe. Man geht davon aus, dass die 30 000 Gene Kommandogewalt über etwa 1 Million Eiweiße haben. Ziel der Genomforschung ist es, etwas Licht in all das Treiben zu bringen, um sinnvoll in dieses Wechselwirkungsuniversum eingreifen zu können. Und zwar nicht nur beim Menschen, sondern in der gesamten belebten Natur, die in der Gesamtheit nach dem gleichen Prinzip funktioniert.

Die erste Phase der jungen Wissenschaft war geprägt durch die großen Sequenzierprojekte, insbesondere das Humangenomprojekt, in dem zunächst alle 3,2 Milliarden Basenpaare (Buchstaben) des menschlichen Erbguts ermittelt wurden. Die vollständige Sequenz wurde am 14. April 2003 vorgestellt. Die ersten Lebensformen, deren Erbgut gelesen wurde, waren Viren. Sie haben meist nur sehr wenige Gene. Das allererste sequenzierte Virusgenom bestand aus lediglich zwei Genen. Es gehört dem Affenvirus 40 (SV 40). Auch das Human-Immundefizienz-Virus (HIV), das für Aids verantwortlich ist, hat lediglich neun Gene und wurde 1984 beschrieben. Ungleich größer sind die Genome von Lebewesen, die aus Zellen bestehen und sich selbst vermehren. Das erste Bakterium, dessen Erbgut komplett sequenziert wurde, ist das Bakterium *Haemophilus influenza*. Sein Genom wurde 1995 veröffentlicht. Es besteht aus 1,83 Millionen Buchstaben und 1720 Genen. Eine Fliege hat etwa 17 000 Gene, Maus, Ratte und Affe fast genauso viele wie der Mensch.

Das zunächst sequenzierte Genom des Menschen ist nicht exakt das Genom einer einzelnen Person, es wurde auf Basis von Spendenmaterial mehrerer Menschen erstellt. Dabei verwendete man Blut und Sperma von einem Dutzend anonymer Spender und kombinierte es miteinander. Für das privatwirtschaftliche Parallelprojekt der Firma Celera Genomics wurden zunächst 30 Personen ausgesucht, die sich auf eine Anzeige in der *Washington Post* gemeldet hatten. Man achtete dabei darauf, Männer und Frauen mit unterschiedlichem ethnischen Hintergrund auszuwählen. Die Gene von sechs der 30 gingen schließlich in die Analyse ein. Die im Humangenomprojekt ermittelte Gensequenz zeigt uns damit zunächst einmal das Strickmuster, nach dem der Mensch als solcher, also jeder von uns, konstruiert ist. Mit den feinen Unterschieden einzelner Individuen kann man sich noch Hunderte von Jahren beschäftigen.

Die Genomforschung hat endgültig Vorstellungen widerlegt, die manchmal als »Gendeterminismus« bezeichnet werden und nach dem Muster »Gen für Homosexualität entdeckt!« gerne von den Medien verbreitet werden. Wer sich einmal das Ausmaß der Komplexität des menschlichen (oder auch tierischen oder pflanzlichen) Organismus klar gemacht hat, der weiß, dass die Suche nach *dem* Gen für dieses und jenes in den allermeisten Fällen aussichtslos ist. Wir können davon ausgehen, dass so gut wie alle unsere Eigenschaften von Hunderten, wenn nicht Tausenden Genen beeinflusst werden. Für so etwas Einfaches wie die Farbe des Fells bei Mäusen sind beispielsweise 63 voneinander unabhängige Gene verantwortlich.

Dennoch kann man erfolgreich und kontrolliert in das Genom eingreifen. Es gibt einige tausend so genannte monogene Krankheiten, bei denen die Mutation eines einzigen Gens entscheidend ist und bei denen umgekehrt die Reparatur dieses Gens bzw. das Austauschen des defekten durch ein intaktes der Schlüssel zu Vermeidung oder Heilung dieser Krankheit sein kann. Hierzu zählen die klassischen Erbkrankheiten wie Veitstanz, Muskeldystrophie, Bluterkrankheit oder Mukoviszidose. Es ist weiter zu bedenken, dass, obwohl bei den meisten Eigenschaften viele hundert Gene eine Rolle spielen, es dennoch sein kann, dass man an einem einzelnen »drehen« und damit eine entscheidende Wirkung erzielen kann. So haben viele Faktoren einen Einfluss darauf, wie groß ein Mensch wird, aber ganz entscheidend beeinflussen kann man die Körpergröße durch spezielle Wachstumshormone, die durch einzelne Gene codiert werden.

Der Eingriff ins Genom, der inzwischen zielgerichtet und erfolgreich bei vielen Pflanzen- und Tierarten praktiziert wird, setzt also nicht voraus, dass sämtliche Zusammenhänge und Wechselwirkungen erforscht und berücksichtigt werden. Die Behandlung mit Wachstumshormonen funktioniert beispielsweise auch bei Mädchen mit Ullrich-Turner-Syndrom, deren Minderwuchs nicht durch einen Defekt auf einem Gen für einen Wachstumsfaktor, sondern durch ein fehlendes Geschlechtschromosom verursacht ist. In Einzelfällen kann man also auch auf Basis relativ geringer Kenntnisse sinnvoll eingreifen. Dennoch ist die Betrachtung des Genoms als Ganzem von ungeheurer Bedeutung, um die Funktion der einzelnen Gene zu verstehen und immer präziser und individueller Krankheiten behandeln oder besser noch verhindern zu können. Dieses ist aber wahrscheinlich eine Aufgabe, die sehr lange dauern und nie ganz zum Abschluss kommen wird.

Mittlerweile ist das menschliche Genom in seiner Sequenz bekannt. Was kommt nun? Man ist sich einig, dass nun die Arbeit erst richtig anfängt. Die endlos lange Zeichenkette muss erst verstanden werden. So wie mit den Buchstaben des Alphabets unendlich viele Texte geschrieben werden können, Unsinn genauso wie Weltliteratur, so können auch mit den Bausteinen des Genoms unendlich viele biologische Informationen weitergegeben werden. Die Genomforscher kennen jetzt das Alphabet und versuchen, im Buch des Lebens zu lesen. Das erfolgt in großen, interdisziplinären Forschungszentren, in denen das entsprechende Fachwissen zusammengeführt wird. Hierzu zählt in Deutschland auch das traditionsreiche Berlin-Buch. Als besonders hilfreich soll sich dabei der Vergleich mit ähnlichen langen Texten erweisen, die auch auf den fundamentalen vier Buchstaben A, C, T und G basieren.

Es gibt viele Tiergenome, Bakteriengenome, Pflanzengenome und Virengenome und auch einige Pilzgenome, die für uns hochinteressant sind und die entweder schon sequenziert wurden oder noch werden. Zum Beispiel das Genom der Maus. Das ist dem des Menschen ziemlich ähnlich und mittlerweile ebenfalls genau bestimmt. Ein Vergleich der beiden Genome zeigt, welche Gene Mensch und Maus gemein haben. Um herauszufinden, wozu sie gut sind, kann man bei der Maus etwas machen, was man beim Menschen niemals tun könnte: Man kann Gene ausschalten, also den Genotyp verändern, und schauen, was im Körper der Maus (dem Phänotyp) daraufhin passiert. Diese Methode nennt man »Knock-out-Technik«. Ist ein Gen ausgeknipst, kann der Organismus das entsprechende Protein nicht mehr bilden, und je nachdem, welche Rolle dieses Protein im Körper der Maus spielt, wird sich da einiges Sichtbare verändern, die Maus wird deutliche Symptome zeigen. Auch eher entfernte Verwandte des Menschen erweisen sich als ergiebige Vergleichsobjekte. So liefert etwa das Zebrafischgenomprojekt wertvolle Informationen über die Funktion von Augen, Nieren und Blutkreislauf bei Mensch und Fisch. Findet man bei sehr entfernten Verwandten des Menschen noch gleiche Gene, dann kann man zumindest davon ausgehen, dass diese Gene für ziemlich fundamentale Prozesse im Körper verantwortlich sind. Die Gene, die wir etwa mit dem Lanzettfischchen gemein haben, gehören sicher zu unseren wichtigsten, weil sie sich so lange in der Natur erhalten haben.

Der Vergleich mit Tieren, die vergleichende Genomforschung, ist also sehr hilfreich. Leider ist er aber auch ziemlich limitiert, denn selbst bei eng verwandten Spezies können identische Mutationen sehr unterschiedliche Auswirkungen auf den Organismus haben. Am besten können wir die Funktion unserer Gene und die Bedeutung von Gendefekten daher letztlich am Menschen selbst studieren, indem man nach Veränderungen in der DNA von Patienten sucht.

Genom und Umwelt

Auch die Umwelt kann direkt Einfluss darauf nehmen, welche Gene an- oder ausgeschaltet werden. Zieht man beispielsweise eine Siamkatze in einem kalten Raum auf, so wird sie schwarz, wird sie dagegen in warmer Umgebung groß, so werden Gesicht und Füße weiß. Die entsprechenden Gene sind also temperaturempfindlich. Ein noch erstaunlicheres Beispiel für den Einfluss der Umwelt auf die Aktivierung der Gene findet sich bei bestimmten Eidechsen. Sie entwickeln im Mutterleib eine unterschiedliche Körperform, je nachdem, ob im Lebensraum der Mutter Schlangen vorkommen oder nicht.

Gentechniker sind inzwischen in der Lage, Gene mit einer Art Schalter zu versehen, sodass sie von außen aktiviert oder deaktiviert werden können. Wissenschaftler der Universität von Virginia haben Mäuse im Jahr 2001 genetisch so verändert, dass sie mit einem einfachen Futterzusatz ihre Fellfarbe ändern. Sobald sie dem Trinkwasser eine bestimmte Substanz hinzufügen, wird ein genetischer Schalter betätigt, und das weiße Fell der Nager wird braun. Ist der Zusatz verbraucht, wird es wieder weiß. Dies sind Modellversuche, die sich später vielleicht in der Medizin nutzen lassen.

Auch Darmbakterien beeinflussen die Aktivität unserer Gene, wie an Experimenten mit Mäusen gezeigt werden konnte. Die Mikroorganismen greifen direkt in das körperliche Geschehen ein, indem sie steuern, welche Gene in den Darmzellen aktiviert sind. Sie sind in der Lage, Gene an- und wieder auszuschalten und spielen so eine wichtige Rolle bei unserer Verdauung. Insgesamt wird immer deutlicher, dass noch viele andere innere und äußere Faktoren einen Einfluss auf die Genaktivität haben. Daraus entwickelt sich ein ganz neuer Zweig der Wissenschaft.

Genetische Variation

Im Prinzip haben wir alle die gleichen Gene. Wenn davon die Rede ist, dass jemand ein Mukoviszidose-Gen hat, dann hat er nicht ein Gen, das andere nicht haben, sondern er hat auf diesem Gen einen kleinen Schreibfehler, eine Veränderung, die man Genmutation nennt und die für die Krankheit verantwortlich ist.

Die Genome zweier Menschen (gleichen Geschlechts) unterscheiden sich durchschnittlich in 0,1 Prozent der Basenpaare, während 99,9 Prozent identisch sind. Wir sind uns also alle ziemlich ähnlich. Allerdings sind wir auch ziemlich verschieden, denn 0,1 Prozent von 3,2 Milliarden sind immerhin noch gut 3 Millionen Unterschiede zwischen zwei beliebigen Menschen. Diese Unterschiede im Genom nennt man Polymorphismen. Die allermeisten dieser Unterschiede bestehen nur in jeweils einem veränderten Basenpaar, es sind die so genannten SNPs (Single Nucleotide Polymorphisms). Von diesen 3 Millionen Unterschieden spielt ein Großteil keine Rolle, weil sie entweder nicht auf einem Gen liegen oder bei der Übersetzung des Gens in ein Protein keinen Unterschied bewirken. Das ist oft der Fall: aus den vier Buchstaben des genetischen Alphabets werden nämlich 64 verschiedene dreibuchstabige Wörter (Codons) gebildet. Diese 64 Wörter sind die Anleitung für nur 20 Aminosäuren, die oben erwähnten Bausteine der Proteine. Es ist also wie in unserer Sprache auch: Es gibt mehrere Wörter für den gleichen Gegenstand. Wenn jemand Ihren Sohn einmal nach seinem Vater und einmal nach seinem Papa fragt (oder nach seiner Mutter und Mama), wird der Kleine (hoffentlich) jedes Mal auf Sie zeigen. Ebenso führen die beiden Codons CAA und CAG beide zur Aminosäure Glutamin und für Serin gibt es sogar sechs Codons (AGC, AGU, UCA, UCC, UCG, UCU).

So verbleiben von den 3 Millionen SNPs rund 40 000, die das Individuum, den einzigartigen Menschen, der jeder von uns ist, auf molekularer Ebene von seinen Mitmenschen unterscheiden. Sie sind verantwortlich für die Unterschiede bei Größe, Haarfarbe, der Neigung, dick zu werden und so weiter. Auch für die Medizin spielen sie eine große Rolle. Es kann nämlich von den individuellen SNPs abhängen, ob man die Veranlagung (Disposition) für eine Krankheit hat, wie man auf Umwelteinflüsse reagiert oder wie gut ein Medikament bei einer Person wirkt und welche Nebenwirkungen auftauchen. Deshalb ist die Kenntnis der SNPs medizinisch so wichtig und Voraussetzung für die individuellen Medikamente der Zukunft. Die Genomanalyse schließt systematisch immer die Gesamtheit der Erbanlagen mit ein und betrifft alle Gene des Individuums. Einige der veränderten Gene werden von den Eltern auf die Nachkommen übertragen, zum Beispiel nach den von Mendel beschriebenen Regeln der Vererbungslehre, die wir im ersten Kapitel beschrieben haben. Wenn es um solche einzelne Gene geht, spricht man nicht von Genomik, sondern von Genetik.

Zellen

Die Gene sind also die Informationszentrale der Zellen. In den Zellen wird die Information genutzt, um alle Körpervorgänge auszuführen. Seit einem halben Jahrhundert erleben wir in der Biologie eine völlig neue Sichtweise. Unser Bild vom Körper hat sich unter dem tiefer und tiefer eindringenden Blick der Wissenschaft komplett gewandelt. Wir bestehen zwar immer noch aus Fleisch und Blut, aus Magen, Darm und Backenzahn. Doch zoomt man immer weiter hinein in die lebende Materie, dann lässt man das saftartige, wabernde, pulsierende, an- und abschwellende amorph Organische hinter sich und entdeckt plötzlich in den Zellen Äquivalente von jenen kleinen Maschinchen, Rädern, Scharnieren, Spiralen, Strickleitern, Klettergerüsten, Schlüsseln und Schlössern, die schon Descartes vor Augen gehabt haben mochte, als er sich Tiere als komplizierte Apparate dachte. Diese neuen Bilder aus dem Innersten der Körper verwandeln Biologie und Medizin. An den Universitäten erforschen Wissenschaftler an den Instituten für Biochemie, Biophysik, Molekularbiologie, Molekulargenetik und molekulare Medizin, was wirklich im Körper vor sich geht, wenn er gesund ist, und was schief läuft, wenn er krank wird.

Und der tiefe Blick in den Körper bleibt nicht ohne Auswirkungen auf unser Menschenbild. Der Gedanke der Machbarkeit erhält wieder Aufwind. Der »molekulare Mensch« wird nach dieser Vorstellung ein für den Techniker zugänglicher Mensch, ein formbarer und möglicherweise manipulierbarer Mensch, ein eventuell biologisch perfektionierbarer Mensch. Dies wird von manchen als Chance gesehen, von anderen als Bedrohung der »Heiligkeit« des Lebens, in die einzugreifen der Mensch sich nicht anmaßen dürfe.

Keimzellen

Ausgangspunkt der neuen Körpersicht ist die Zelle, die kleinste biologische Einheit, in deren Innerem die Zellmaschinerie vor sich hin rattert. Kommandozentrale ist das im Zellkern residierende Genom. Hier sitzen die Gene, und denen geht es, wie wir im ersten Kapitel ausführlich dargelegt haben, immer nur um eins: sich zu verbreiten. Da muss man sich fragen, was sie überhaupt in Körperzellen zu suchen haben. Körperzellen sind genetische Sackgassen. Sie sterben und ihre Gene werden gefressen oder verrotten. Des Rätsels Lösung: Unser Körper besteht nicht nur aus Körperzellen, sondern auch aus Keimzellen. Die Genome in den Körperzellen (somatische Zellen) sind dienstbare Klone der Genome in den Keimzellen, und unser ganzer Körper ist evolutionsbiologisch gesehen nichts als eine groß angelegte Veranstaltung zur Weitergabe der Gene in den Spermien und Eizellen an die nächste Generation.

Die Entwicklung des ganzen Menschen beginnt mit einer einzigen Zelle, einem von der Samenzelle befruchteten Ei, der Zygote. Diese teilt sich wiederholt ungeschlechtlich und wird so zu einem Klon von Zellen. Dieser Klon hat eine Struktur: Er kann die Form eines Gänseblümchens oder einer Eiche, eines Seeigels, Wals oder einer Maus annehmen. Aus Perspektive der sexuell entstandenen Ausgangszelle sind wir also alle nur Klone. Nicht alle Genome treiben einen solchen Aufwand und errichten riesige sterbliche Körper um sich herum. Bakteriengene duplizieren sich und bilden eine neue Zelle, duplizieren sich wieder, um die nächste Zelle zu bilden, und wandern so durch die Jahrmilliarden. Seit aber ein Einzeller auf den Dreh gekommen ist, sich durch eine zusätzliche sterbliche Zelle einen Vorteil bei der Fortpflanzung zu verschaffen, der die Kosten für ihn mehr als aufwog, wurde das Körperbauen zum prägenden Merkmal der lebendigen Welt und machte sie bunt, vielgestaltig, erfindungsreich und schließlich intelligent.

Was geschieht, wenn eine befruchtete Eizelle einen Körper baut? Sie teilt sich und gibt dabei ihr gesamtes Genom weiter, die entstehenden Zellen teilen sich wieder und wieder und geben stets die gesamte Erbanlage und damit alle Gene weiter. Gleichzeitig spezialisieren sich die Zellen aber auch, um zu einem arbeitsteiligen Gemeinschaftsdasein überzugehen. Sie verändern Schritt für Schritt die Genaktivität und damit auch die Form der Zelle und die in ihr ablaufenden Prozesse. So entstehen aus der so genannten totipotenten Ursprungszelle, der Zygote, die beim Menschen rund 200 differenzierten Typen von Körperzellen mit ihren speziellen Aufgaben in Leber, Haut, Herz, Niere, Gehirn und den anderen Körperorganen. Den noch lange nicht vollständig erforschten Prozess der Embryonalentwicklung haben wir in Grundzügen im ersten Kapitel beschrieben.

Somatische Zellen

Am Ende besteht der menschliche Körper aus rund 100 Billionen Zellen. In jeder dieser Zellen (außer in den roten Blutkörperchen) steht die gesamte Erbinformation des Menschen (also alle Informationen, die für das Entstehen und Funktionieren des Körpers erforderlich sind), verteilt auf etwa 30 000 Gene. Was aber machen die ganzen Gene in ihrer Zelle? Die meisten gar nichts. In jeder Zelle sind nur einige tausend Gene aktiv. In einer Leberzelle andere als in einer Herzzelle, und dort wieder andere als in einer Gehirnzelle und so weiter. Jedes Gen enthält die Bauanleitung für ein oder mehrere spezielle Proteine. Und die Proteine sind die eigentlichen Akteure in der Zelle. Ihr Wechselspiel ist für alle Funktionen des Körpers verantwortlich. Wie viele verschiedene Proteine es im menschlichen Körper gibt, ist noch unbekannt, man schätzt so etwa 1 Million, wobei sich in einer einzelnen Zelle über 10 000 verschiedene befinden können, die alle gleichzeitig oder nacheinander ihrer Arbeit nachgehen.

Für sich betrachtet sind die Aufgaben der Proteine leicht verständlich und plausibel. Sie dienen als Strukturproteine dem Aufbau der Zellen. Als Enzyme (Biokatalysatoren) beschleunigen sie Stoffwechselvorgänge. Als Antikörper schützen sie den Körper vor Giften, Bakterien und sonstigen gefährlichen Eindringlingen. Transportproteine bringen Stoffe über weite Strecken (zum Beispiel der Blutfarbstoff Hämoglobin den Sauerstoff). Hormone sind Nachrichtenübermittler und steuern wesentliche Körperfunktionen, Motorproteine erzeugen Bewegung, Speicherproteine speichern kleinere Moleküle, Rezeptorproteine nehmen Signale auf und Genregulatorproteine schalten Gene an und aus. Die Gene sind also nur die Informationsträger für ihre Produkte, die Eiweiße. Diese verrichten die eigentliche Arbeit mit unterschiedlichsten Funktionen und Aufgaben.

Auch wie die Proteine im Prinzip arbeiten, ist einfach. Alle Proteine erfüllen ihre speziellen Aufgaben, indem sie sich an andere Proteine oder an kleinere Moleküle und Ionen binden. So heften sich zum Beispiel Antikörper an Bakterien oder Viren, um wie Signalfahnen Abwehrzellen herbeizurufen. Die Bindungen sind hoch spezifisch wie die von Schlüssel und Schloss. Doch die astronomisch hohe Zahl von Antikörpern ermöglicht es, dass sie dennoch fast jedes Molekül fest binden können. Die Muskelkontraktionen werden von kleinsten Proteinfasern, den Filamenten, ausgelöst. Diese bestehen aus den Eiweißen Aktin und Myosin, die in Querstreifung wie Brücken übereinander angeordnet sind und den Muskel verkürzen können, indem sie sich übereinander schieben. Manche Proteine benutzen auch Werkzeuge. Sie lagern andere Moleküle ein, die für sie eine bestimmte Arbeit machen. Das Rezeptorprotein Rhodopsin in den Stäbchen der Retina hat zum Beispiel als Sensor ein kleines Molekül namens Retinal in seine Dienste gestellt, das seine Gestalt ändert, wenn es von Licht getroffen wird. Ein Hämoglobinmolekül enthält vier kleine Ringe mit je einem Eisenatom in der Mitte (Häm-Gruppen), mit dessen Hilfe es Sauerstoffatome festhalten und wieder loslassen kann. In der Lunge nimmt es den Sauerstoff auf, um ihn zum Beispiel in einem Muskel zur Energiegewinnung wieder abzugeben.

Für komplizierte Arbeiten wie das Kopieren der DNA, die Herstellung der Proteine und so weiter vereinigen sich unterschiedliche Proteine, um gemeinsam eine Proteinmaschine zu bilden, in der mehrere Arbeitsgänge koordiniert ablaufen.

Sehr komplex aber wird das Geschehen, wenn man nicht nur wissen will, was ein Protein tut, sondern wie es das tut. Denn jedes ist für sich schon eine sehr komplizierte Maschine. Ein Protein besteht aus einer im entsprechenden Gen festgelegten Abfolge von Einzelbausteinen, den Aminosäuren. Die meisten aus 50 bis 2000, manche sogar aus über 10 000. Das erste Protein, für das die genaue Abfolge dieser Bausteine ermittelt wurde, war 1955 das Insulin. Das Hämoglobin zum Beispiel besteht aus 574 Aminosäuremolekülen, die jedoch nicht schön in einer Reihe aneinander hängen, sondern vier Ketten bilden, die sich umeinander schlingen und eine hochkomplexe dreidimensionale Struktur bilden. Das Modell sieht in etwa wie ein Dornbusch aus, dessen Gestalt jedoch nicht zufällig, sondern exakt definiert ist und in der exakt identischen Struktur etwa 6000 Trillionen Mal in unserem Körper vorkommt. Der Körper besteht also nicht aus kleinen Kügelchen, Fasern oder Tröpfchen, sondern aus präzise gebauten Molekülen, deren Konstruktion alles in den Schatten stellt, wovon dekonstruktivistische Architekten träumen mögen. Während das Atomium in Brüssel noch durch Übersichtlichkeit besticht, wäre ein Hämoglobinium wohl geeignet, dem Betrachter den Glauben an die Verstehbarkeit der biologischen Welt zu rauben. Um das genaue Funktionieren der Proteine verstehen zu können, reicht es nicht, die Aminosäuresequenz zu kennen. Die ist mittlerweile für Zehntausende von Proteinen bekannt. Nachdem Proteine in ihren grundsätzlichen Bestandteilen nach Anleitung des Gens hergestellt wurden, können sie nämlich noch Teile verlieren, sich umfalten, diverse Zuckermoleküle andocken und durch all diese Variationen ihre Funktion verändern. Hinzu kommt, dass manche Gene ihre Proteine in einzelnen Abschnitten erzeugen, die dann in beliebiger Reihenfolge zu einer Vielzahl von Proteinen kombiniert werden. Man muss daher auch die dreidimensionale Struktur, also die genaue Anordnung der einzelnen Atome, ermitteln. Doch die Wissenschaft lässt sich nicht schrecken und treibt die Strukturaufklärung von Proteinen zügig voran. Hierzu werden zum Beispiel Proteinkristalle mit Röntgenstrahlen beschossen und aus dem Streuungsmuster und der bekannten Aminosäuresequenz die Struktur rekonstruiert.

Der menschliche Körper ist also im Innern höchst komplex und alles andere als statisch. Es herrscht nicht nur ein ständiger Material- und Nachrichtenaustausch zwischen den Billionen von Zellen. Die Zellen (mit Ausnahme der Keimzellen) selbst erneuern sich überdies auch permanent.

Zellteilung

Dickdarmzellen beispielsweise leben zehn Tage, rote Blutkörperchen, die als einzige keinen Zellkern und auch keine sonstigen zellulären Strukturen aufweisen, 120 Tage, Knochenzellen etwa zehn Jahre und Nervenzellen im Prinzip ein ganzes Leben. Bei der

Zellteilung ist strenge Präzision und äußerste Kontrolle gefragt, denn unkontrollierbare Zellteilung bedeutet oft Krebs oder Tod der Zelle.

Zellen dürfen nicht eigenmächtig handeln, sondern müssen sich sozusagen umweltkonform verhalten. Deshalb belauscht jede spezialisierte Zelle ständig ihre Umgebung und reagiert auf Signale, die sie in Form von Botenstoffen, zum Beispiel Wachstumshormonen, erhält. Diese können sie dazu bringen, sich zu teilen oder auch zu sterben.

Andererseits müssen Zellen unter allen Umständen zu ihren individuellen Eigenschaften stehen, diese bewahren und an ihre Nachfolger weiter geben. Der Charakter der Zelle ist durch die spezifische Aktivität der Gene, das Genexpressionsmuster, bestimmt, das während der Embryonalentwicklung entsteht und – wie der Charakter der meisten Menschen – ein Leben lang beibehalten wird.

Eine dritte wichtige Eigenschaft besteht in der Heimatverbundenheit der Zelle. Eine Gebärmutterzelle hat nichts im Eileiter zu suchen und umgekehrt. Nur Dienstleisterzellen, etwa die der Blutgefäße, müssen alle anderen Gewebe durchdringen. Deshalb ist die Oberfläche von Zellen so gestaltet, dass sie sich mit gleichartigen oder nur ganz bestimmten anderen Zellen zusammenschließen, mit denen sie gemeinsam ein Gewebe bilden.

Um Zellvermehrung und »Charakterfestigkeit« zu sichern, werden viele Zelltypen, die häufig erneuert werden müssen, nicht von differenzierten Zellen hervorgebracht, sondern kommen aus einem Reservoir von für das Nachwachsen schon vorbereiteten adulten Stammzellen, das sich ständig selbst erneuert und bei Bedarf Zellen in den Differenzierungsprozess schickt, damit nicht mehr funktionsfähige Zellen ausrangiert und durch neue spezialisierte Zellen ersetzt werden können. Die Aufgabe dieser adulten Stammzellen ist es also, ständig frische Zellen für ein Organ zu liefern. So bilden etwa die Blutstammzellen im Knochenmark sämtliche Typen von Blutzellen, wie die roten und weißen Blutkörperchen. Diese Vorgänge zu verstehen ist ein wichtiges Ziel der Stammzellenforschung.

Zelltod

Zellen können drei Tode sterben: durch Verletzung, Alter und Selbstzerstörung. Von besonderer biologischer Bedeutung ist der dritte, den man auch programmierten Zelltod oder Apoptose nennt. Jede Zelle hat einen Selbstmordmechanismus, der aus verschiedenen Anlässen aktiviert werden kann. Zunächst müssen während der Embryonalentwicklung ständig Zellen entfernt werden, damit unser Körper letztlich die Gestalt erhält, die in seinem genetischen Bauplan vorgesehen ist. Das bekannteste Beispiel für diesen Prozess ist die Bildung der Hände, die beim Embryo zunächst spatenartig, wie mit Schwimmhäuten versehen, aussehen und ihre fünf Finger erst erhalten, wenn die Zellen zwischen den Fingern planmäßig absterben. Des Weiteren werden auch im fertigen Körper ständig Zellen planmäßig ausrangiert. Im Knochenmark und Darm eines Erwachsenen sterben stündlich Milliarden von Zellen und werden durch neue ersetzt. Und schließlich gilt es noch der Gefahr zu begegnen, die von Zellen ausgeht, die etwa von Viren gekapert worden oder außer Kontrolle geraten sind und zu entarten drohen. Auch sie bekommen, wie vom Feind erwischte Spione in Agentenfilmen, eine Selbstmordorder. Im Vergleich zum Unfalltod ist der Selbstmord der Zelle eine relativ saubere Angelegenheit. Zellen, die durch Beschädigung sterben, schwellen an, platzen und verteilen ihren Inhalt über benachbarte Zellen, was zu Entzündungen führen kann. Beim »Freitod« schrumpft die Zelle hingegen und zeigt an ihrer Oberfläche durch Signale an, dass sie sich verabschiedet. Dadurch werden Nachbarzellen und spezielle Fresszellen animiert, ihre Bestandteile zu entsorgen.

Gene und Gesundheit

Ein guter Arzt wird auch in Zukunft nicht als erstes die Gene seines Patienten analysieren, sondern sich um den ganzen Menschen kümmern. Aber ein wichtiger Schlüssel zur Heilung von Krankheiten liegt heute im Verständnis des von den Genen gesteuerten Geschehens in der Zelle. Die Medizin, die sich aus dieser Forschung ergibt, wird als molekulare Medizin bezeichnet. Das Konzept vereinigt biologische Grundlagenforschung, klinische Praxis und Medikamentenentwicklung mit dem Ziel, Krankheiten und Anfälligkeiten früher erkennen, genauer charakterisieren und besser behandeln zu können oder sie durch geeignete Gegenmaßnahmen oder Verhaltensweisen von vornherein zu vermeiden. Kern des Konzepts der molekularen Medizin ist es, die unterschiedlichen Blickrichtungen zu verbinden, die ein Arzt und ein Wissenschaftler gewöhnlich einnehmen. Während der Forscher nach universellen Gesetzen und allgemeingültigen Aussagen über die uns umgebende Natur sucht, fragt der Arzt nach dem individuellen Befinden und dem besonderen Leiden seines ihm anvertrauten Patienten. Während es in der Klinik ganz konkret um einzelne Fälle zum Beispiel von Herz- und Kreislaufkranken geht, fragt der Forscher im Laboratorium eher abstrakt nach den gemeinsamen Faktoren, die in den entsprechenden Geweben oder Zellen unvollständig oder fehlerhaft funktionieren und möglicherweise zu Einschränkungen der Funktion führen.

Vertreter einer molekularen Medizin versuchen entsprechend, ein Verständnis von Krankheiten und Möglichkeiten für Diagnose und Therapie zu entwickeln, indem sie von der systematischen Analyse des Genoms und der Gesamtheit der molekularen Körpervorgänge sowie von einzelnen Genen und ihren Varianten (Mutationen) ausgehen. Tatsächlich steckt in den Genen sowohl das Allgemeine – etwa in Form der Erbgesetze, des universellen Vorhandenseins von DNA in nahezu allen Zellen und der umfassenden Gültigkeit des genetischen Codes – als auch das Besondere, da jeder Einzelne von uns mit individuellen Genen ausgestattet ist, die sich durch die dazugehörigen persönlichen, spezifischen DNA-Sequenzen charakterisieren lassen.

Die Idee solch einer chemischen oder organischen Individualität ist schon sehr früh im 20. Jahrhundert formuliert worden, und zwar durch den britischen Arzt Archibald Garrod, der kurz nach 1900 nicht nur bemerkte, dass es Krankheiten (in Form von Stoffwechselstörungen) gibt, die sich nach den mendelschen Regeln vererben, sondern der zugleich erkannte, dass es sich auch mit individuellen Anfälligkeiten etwa gegenüber Infektionen so verhält. Denn auch Krankheitsdispositionen werden in Familien von Generation zu Generation über veränderte Gene weitergegeben. Historisch gesprochen stellte Garrod der damals neuen Wissenschaft von der Vererbung – der Genetik – die Aufgabe, die chemische Basis für die Individualität zu erkunden, da diese Kenntnis seine Tätigkeit als Arzt erleichtern würde.

Die kürzlich erfolgte Offenlegung des menschlichen Genoms im Rahmen des Humanen Genomprojekts ist ein Schritt der Wissenschaft in diese Richtung. Mit den menschlichen Gensequenzen können wir erkennen, wie die Lösung von Garrods Aufgabe zu bewerkstelligen ist. Die Hoffnung auf genetische Analysen von Krankheiten beruhte damals mehr auf Optimismus als auf empirischer Evidenz. Erst als klinische Beobachtungen in Verbindung mit molekularbiologischen Forschungen deutlich vor Augen führten, dass zum Beispiel Krebs eine genetische Krankheit ist und die Bildung von Tumoren von DNA-Varianten beeinflusst wird, kam das Projekt in Schwung, das mittlerweile zur Sequenzierung des humanen Genoms geführt hat und das der Idee der molekularen Medizin öffentliche Anerkennung und umfassende Perspektiven für die Zukunft bietet.

Anfang der 1990er-Jahre hat dann endgültig eine neue Form der Zusammenarbeit auf dem Gebiet der Medizin begonnen, bei der genetisch orientierte Wissenschaftler mit biotechnischen Methoden klinisch relevante Fragestellungen zu beantworten versuchen und ihre jeweiligen Lösungen häufig zu neuen Produkten für den Gesundheitsmarkt führen. Das vergangene Jahrzehnt lieferte den Einstieg in die Biomedizin, indem nicht nur das Spektrum der Gendiagnostik enorm erweitert wurde, sondern auch viele neue molekulare Zielstrukturen erkannt wurden, die als Ausgangspunkt für die Entwicklung neuer Diagnoseverfahren und künftiger Medikamente dienen. Diese Entwicklung ist nicht nur durch ihre ungeheure Dynamik und das konsequent interdisziplinäre Vorgehen der Wissenschaft charakterisiert, sondern auch durch die enge Zusammenarbeit von Grundlagenforschung, Klinik und Industrie, die – so lässt sich vorhersagen – in Zukunft noch intensiviert wird.

Der molekularen Medizin ist es inzwischen gelungen, viele tausend mit Krankheiten assoziierte Genvarianten (»Krankheitsgene«) zu identifizieren und genetisch bedingte Krankheiten auf der molekularen Ebene zu verstehen. Diese molekulare Dimension der Medizin wird zunehmend genutzt. Hunderte dieser Krankheiten können bereits mit Gentests diagnostiziert werden. Die verlässliche Diagnose ist der erste Schritt zur Vorbeugung und kausalen Behandlung.

Gentests bzw. DNA-Analysen erlauben die Absicherung klinischer Verdachtsdiagnosen und therapierelevanter Entscheidungen. Sie geben Prognosen zum Krankheitsverlauf und Auskunft über die Empfindlichkeit gegenüber therapeutischen Maßnahmen. Sie ermöglichen darüber hinaus bei Individuen die Feststellung eines erhöhten familiären oder individuellen Risikos. Sie erlauben bei der Therapie die individuelle Anpassung der Dosis und helfen bei der Vermeidung von Nebenwirkungen.

Ohne Zweifel werden in den kommenden Jahren die Möglichkeiten und die Angebote, Gentests durchzuführen, sehr stark zunehmen. Dabei wird sich ein Wandel zu einer mehr präventiv ausgerichteten Medizin vollziehen, in deren Rahmen Patienten mit ärztlicher Hilfe versuchen, ihre Krankheitsdisposition zu erfahren, um darauf frühzeitig reagieren zu können. Wie in der Vergangenheit mit der »Gerätemedizin« und der »Labormedizin« ist auch bei der genetischen Analyse gewiss vor Missbrauch zu warnen. Die Interpretation der Ergebnisse ist oft sehr schwierig. Die Gendiagnostik bedarf, wie jede andere Maßnahme, der sorgfältigen ärztlichen Betrachtung und Beratung, die den ganzen Patienten einschließt.

Im Krankheitsfall werden individuelle Genprofile (die in Zukunft vielleicht aus DNA-Sequenzen auf CD-ROMs bestehen) Wege zu einer maßgeschneiderten Therapie eröffnen. Im Bereich der Krebstherapie wird eine solche personalisierte Medizin heute bereits in Einzelfällen umgesetzt. Langfristiges Ziel können und müssen individualisierte Maßnahmen zur Prävention sein, wobei dies im Rahmen einer genombasierten Gesundheitsversorgung erfolgen kann, die eine aktive Beteiligung der Patienten als die voraussetzt, die derzeit die Praxis der Medizin kennzeichnet.

Es könnte sein, dass über diesen Umweg verwirklicht wird, was einige Ärzte schon länger befürworten, dass nämlich die Bildung der Patienten das wichtigste Arzneimittel der Zukunft wird und die Kenntnisse der Gene vor allem auf diesem Weg zur Gesundheit beitragen.

Damit ist nicht nur gemeint, dass die Patienten zunehmend selbst bestimmen, wie sie mit ihrer Krankheit bzw. mit ihrer Disposition umgehen, und dass die Menschen sich von Objekten der Medizin, die sie bislang zu häufig immer noch sind, zu den Subjekten wandeln, die sie sein wollen und können. Dazu gehört auch, dass verstanden wird, dass ein Gentest einen Menschen nicht automatisch in einen Patienten verwandelt. Wenn genügend Gene getestet werden, werden sich immer potenziell krankheitsrelevante Varianten und Dispositionen zeigen, ohne dass damit eine klinische Krankheit entdeckt wäre. Gene haben die biologische Funktion, Leben in Gesundheit zu ermöglichen, genetische Krankheiten sind zum Glück die Ausnahme.

Die bereits oben erwähnte Bildung der Patienten wird benötigt, um zum einen zu verhindern, dass aus normalen Wechselfällen des Lebens und den ganz natürlichen Genveränderungen Krankheiten werden, und um zum zweiten dem paradoxen Trend zu begegnen, der darin besteht, dass trotz einer immer besseren medizinischen Versorgung der Bevölkerung die eigene Gesundheit immer schlechter bewertet wird. Die Tatsache, dass wir zwar objektiv gesünder sind, uns aber subjektiv genau gegenteilig fühlen, kann wahrscheinlich nur im Gespräch (Dialog) zwischen Arzt und Patient behandelt werden. Es wäre daher wünschenswert, neben den traditionellen Krankenanstalten »Gesundheitszentren« zu errichten, in denen das diagnostische Angebot der molekularen Medizin den Patienten im Gespräch und durch verständliche Information nahe gebracht wird, um so seine volle Qualität und Wirkung durch Einsichten des Rat und Hilfe Suchenden entfalten zu können.

Wie sehr es die genetischen Informationen sind, die der künftigen Medizin ihren Stempel aufdrücken (und zwischen Arzt und Patient verständlich zu erörtern sind), wurde im Rahmen der ersten publizierten Offenlegung des Humangenoms im Februar 2001 klar, als Szenarien vorgestellt wurden, die einen konkreten Zeitrahmen für die zu erwartenden Änderungen in der Medizin nennen:

- Bis zum Jahre 2010 wird erwartet, dass prädiktive Gentests für rund ein Dutzend Krankheiten (z. B. Krebs, Diabetes, Herzkrankheiten) leicht verfügbar sein und verbreitet Anwendung finden werden. Gleichzeitig müssen Gesetze zur Verhinderung genetischer Diskriminierung durch Versicherungen oder Arbeitgeber erlassen werden.
- In den folgenden Jahren wird sich die Krebsbehandlung möglicherweise nicht mehr nach dem Organ, sondern nach dem genetischen Fingerabdruck des Tumors richten; genetische Tests werden es erlauben, Patienten individuell zu helfen.
- Es wird eine umfassende Gesundheitsversorgung und Vorsorge geben, die sich wesentlich an der Genomanalyse orientiert. Die genetische Sequenzierung wird so zuverlässig und preisgünstig durchgeführt werden können, dass sie als Massentechnologie zum Einsatz kommt und vielleicht sogar zur Routineuntersuchung bei Einlieferung in ein Krankenhaus wird.
- Ein genombasiertes Gesundheitswesen wird den Menschen neue, individualisierte Präventionsmaßnahmen anbieten. Die diagnostischen Möglichkeiten werden dabei im Detail durch die Entwicklung der so genannten DNA-Chiptechnologie erweitert. DNA-Chips erlauben bereits heute viele tausend Gentests in einem Arbeitsgang. Ihre Einsatzmöglichkeiten werden dabei vor allem bei häufigen Krankheiten mit ausgeprägter genetischer Heterogenität (wie z. B. Krebs, Bluthochdruck, Kreislauferkrankungen oder Stoffwechselstörungen) gesehen.

Diese Vorhersagen beruhen vor allem auch auf der Annahme, dass mit Hilfe der Genomsequenzen eine neue Medizin begründet werden kann, die dem individuellen Genom eines Menschen Rechnung trägt, wenn er sein Medikament bekommt. Ein Hauptproblem der heutigen Medizin ist es, dass Tabletten alle gleich sind, Menschen aber alle verschieden. Mit ein und demselben Medikament werden Hunderte, Tausende und Hunderttausende von Patienten behandelt, von denen jeder ein individuelles Genom hat, das zu einer individuellen Krankheitsausprägung und einer individuellen

Reaktion auf die Therapie führt. Dieser Tatsache müssen wir in Zukunft gerecht werden, wenn es unser Ziel ist, Krankheiten zuverlässig und möglichst ohne Nebenwirkungen zu heilen. Die entsprechende Wissenschaft heißt Pharmakogenetik oder Pharmakogenomik. Sie basiert auf der Existenz von Genvarianten, deren unterschiedliche Wirkung auf Variationen der Buchstabenfolgen in einer einzelnen Stelle zurückgeführt werden kann, den Single Nucleotide Polymorphisms (Einzel-Nukleotid-Polymorphismen), kurz SNPs oder »Snips«. Für jeden Menschen lassen sich charakteristische »Snip«-Muster aufstellen, mit denen dann Schlüsse auf die individuelle Wirksamkeit von Medikamenten oder auf die entsprechende Anfälligkeit für bekannte Krankheiten möglich werden. Auch hier gilt jedoch, dass Genanalysen keine exakten Vorhersagen über das Einzelschicksal erlauben. Es gibt keinen genetischen Determinismus.

Ärztliche Diagnosen und Entscheidungen bleiben Sache des Arztes im Hinblick auf den ganzen Menschen. Das Recht auf Nichtwissen und der Grundsatz der Selbstbestimmung des Patienten bleiben von der Art der Diagnoseverfahren unberührt. Der mündige Patient, der von seinem Arzt als Hilfe suchender Mensch mit Fürsorge in verständlicher Weise informiert und aufgeklärt wird und bewusst selbst entscheidet, bleibt auch in der zukünftigen molekularen Medizin im Mittelpunkt ärztlicher Betreuung.

Gendefekte

Fast alle Krankheiten sind mehr oder weniger stark genetisch bedingt. Dabei können die Veränderungen mit der Erbsubstanz schon vererbt sein, sie können aber auch im Laufe des Lebens entstehen, denn die DNA ist vielen Angriffen ausgesetzt, etwa durch natürliche Strahlung, körpereigene Stoffwechselprodukte, aber auch durch Gifte von außen, so genannte Mutagene. Gendefekte können unmittelbare Auswirkungen haben. Es handelt sich oft um einzelne Punktmutationen, bei denen nur ein einziges der über 3 Milliarden Basenpaare verändert ist. Es können aber auch größere Genabschnitte verändert werden. Manchmal äußern sie sich auch in so genanntem molekularem Stottern. Dabei wird eine bestimmte Sequenz zu oft wiederholt. Ein Beispiel ist die Muskeldystrophie. Bei gesunden Menschen wird hier auf einem bestimmten Gen eine bestimmte Sequenz fünf- bis 30-mal wiederholt. Im defekten Gen dagegen findet sich dieselbe Sequenz in Hunderten oder Tausenden Wiederholungen.

Erbkrankheiten sind häufig auch Folgen von Fehlern beim Kopieren der DNA während der Zellteilung. Die sind erstaunlich selten, bedenkt man, dass ein Text mit 3,2 Milliarden Buchstaben abgeschrieben werden muss. Von 1 Milliarde Bausteinen wird pro Zellteilung nur einer fehlerhaft kopiert. Im Laufe des Lebens finden jedoch etwa 100 Billionen (10^{14}) Zellteilungen im Körper statt. So kommt schon einiges an Fehlern zusammen. Hinzu kommen durch Zigarettenrauch und andere Zellgifte induzierte

Mutationen. Allesamt kleine Piekser, die über die Jahre das Risiko für Krebs erhöhen können. Wenn zufällig eine Keimzelle betroffen ist, kann eine Mutation auch auf das aus ihr hervorgehende Kind übertragen werden und eine angeborene Krankheit verursachen. Die meisten nachteiligen Genvarianten sind jedoch nicht erst zufällig in Keimzellen unserer Eltern entstanden, sondern haben eine lange evolutionäre Geschichte. Oft hört man deshalb, dass die Natur schon gute Gründe gehabt habe, Krankheitsgene zu entwickeln und dass man nicht glauben sollte, man könnte diese leichtfertig einfach per Keimbahntherapie wieder ausschalten.

Haben also alle Krankheiten und die disponierenden Gene auch ihr Gutes für den Menschen und ist es daher grundsätzlich gefährlich, sie zu eliminieren? Das bekannteste Beispiel hierfür ist die Mutation, die zu der Blutkrankheit Sichelzellanämie führt. Die Mutation ist im südlichen Afrika weit verbreitet. Der Grund hierfür ist leicht zu finden. Der Gendefekt schützt nämlich vor der tödlichen *Malaria tropica*. Die Malaria sorgte also dafür, dass die Anzahl der Menschen mit Sichelzellmutation zunahm, denn sie konnten Malariaepidemien überleben. Auch andere große Krankheitsepidemien der Vergangenheit haben ihre Spuren in den menschlichen Genen hinterlassen. Menschen, die aufgrund irgendeiner genetischen Besonderheit sich als widerstandsfähiger gegen Pest, Masern, Pocken, Typhus, Grippe oder Syphilis erwiesen, hatten eine größere Chancen zu überleben und damit eine größere Chance, Nachkommen zu zeugen und ihre spezifischen Genmutationen an diese weiterzugeben. So stieg mit jeder Epidemie der Prozentsatz der Menschen mit »Resistenzgenen« – genauso wie bei jeder Antibiotikabehandlung der Anteil der antibiotikaresistenten Bakterien ansteigt. Dennoch kann man nicht sagen, dass diese speziellen Genmutationen sich nun für die Nachfahren zu allen Zeiten als positiv erweisen. Denn oft sind sie von den betreffenden Krankheiten gar nicht mehr bedroht. So ist ein Schutz gegen Malaria in vielen Gegenden der Welt nicht nötig. Es bleiben hingegen die möglichen negativen Wirkungen, nämlich schwere Krankheiten oder Anfälligkeiten, die auftreten, wenn ein Kind sowohl von der Mutter als auch vom Vater ein solches Resistenzgen erbt. Zu derartigen Krankheiten zählen neben der Sichelzellanämie und Thallassämie (Malariaresistenz) die Osteoporoseanfälligkeit und Tay-Sachs-Krankheit (TB-Resistenz), die Cystische Fibrose (Typhusresistenz) und wahrscheinlich noch einige mehr.

Außerdem kann man nur bei den sehr häufig vorkommenden Mutationen davon ausgehen, dass sie irgendwann einmal eine positive Wirkung hatten und sich deshalb vermehrt haben. Bei den allermeisten der restlichen über 14 000 bekannten Gendefekte handelt es sich um Launen der Natur, von denen nicht anzunehmen ist, dass sie gegen irgendetwas schützen.

Die meisten Krankheiten haben zwar eine genetische Komponente, werden aber nicht durch Gendefekte ausgelöst. Viele Genvarianten können die Wahrscheinlichkeit bestimmter Erkrankungen mehr oder weniger stark beeinflussen, sind aber nicht direkt für Erkrankungen verantwortlich zu machen. In der vergleichenden Genomforschung versucht man herauszufinden, ob es bestimmte Genvarianten gibt, die sich deutlich vorteilhaft auf die Gesundheit auswirken. Oft ist es aber sehr schwer zu sagen, ob ein Vorteil in einer Hinsicht nicht mit einem Nachteil in anderer Hinsicht verbunden ist. Im Grunde ist es mit der genetischen Konstitution wie mit der körperlichen. Manchmal ist es gut, groß zu sein, manchmal aber wäre es auch nützlich, etwas kleiner zu sein. Das Ganze ist ungeheuer komplex. Deshalb wird die Medizin sich wahrscheinlich noch lange nicht an die Veränderung solcher nur mittelbar krankheitsassoziierter Gene wagen.

Erbkrankheiten

4 bis 7 Prozent aller lebend geborenen Kinder kommen mit körperlichen Fehlbildungen zur Welt. Die häufigste angeborene Fehlbildung sind Herzfehler, hier ist jedes hundertste Kind betroffen, die Hälfte davon heilt aber von selbst aus. Fünf von 1000 Neugeborenen haben eine Chromosomenstörung, zehn von 1000 eine Erkrankung durch eine neue Veränderung im Erbgut. Und 25 von 1000 weisen eine Fehlbildung aufgrund mehrerer Faktoren auf.

Es ist nicht einfach zu sagen, was eine Erbkrankheit ist. Denn fast alle Krankheiten entstehen durch ein Wechselspiel zwischen den individuellen Genen eines Menschen und den Umwelteinflüssen, denen er ausgesetzt ist. Einige wenige jedoch werden unmittelbar durch einen genetischen Defekt ausgelöst. Ob sie zum Ausbruch kommen, kann nicht durch den Lebensstil, etwa die Ernährung beeinflusst werden, und sie benötigen auch keinen äußeren Auslöser. Diese Krankheiten kann man in der Tat als ererbte Krankheiten bezeichnen. Mittlerweile sind über 14 000 monogen vererbte Krankheiten, also solche, die durch einen Defekt an einem einzelnen Gen ausgelöst werden, bekannt. Bei mehr als der Hälfte davon ist das verantwortliche Gen lokalisiert. Einige davon sind extrem selten, sodass nur zwei oder drei Fälle auf der ganzen Welt beobachtet wurden.

Man unterscheidet zwischen dominant und rezessiv vererbbaren Defekten. Grundsätzlich liegt die genetische Information in jeder Zelle doppelt vor. Einmal von der Mutter, einmal vom Vater. Also kann auch der genetische Defekt, der zu einer bestimmten Krankheit führt, ein- oder zweimal vorliegen. Im Falle einer dominant vererbbaren Erkrankung genügt es, wenn der Gendefekt einmal vorliegt. Bei rezessiv vererbten Krankheiten muss der Defekt doppelt vorliegen, damit es zum Ausbruch der Erkrankung kommt. Eine rezessiv vererbbare Erkrankung bekommt man also nur, wenn beide Elternteile denselben Gendefekt tragen.

Wenn nur ein einzelnes mutiertes Gen verantwortlich für diese Krankheit ist, stellt sich die Frage, ob man nicht irgendwie verhindern kann, dass es an die Kinder vererbt wird.

In der Praxis ist das nicht so einfach, denn die meisten Möglichkeiten einer solchen

Vermeidung sind mit praktischen oder ethischen Problemen verbunden. Bei immer mehr Erbkrankheiten hat man die verantwortlichen Gene identifiziert und kann testen, ob jemand Träger eines solchen Gens ist. Im Falle rezessiv vererbter Krankheiten, wenn also sowohl Mutter als auch Vater Träger des Gens sein müssen, besteht eine Möglichkeit der Vermeidung in der entsprechenden Partnerwahl. Dies ist jedoch nicht vereinbar mit der Vorstellung von Liebe, die die meisten von uns haben. Wir wollen unseren Partner nicht danach aussuchen, ob er oder sie die passenden Gene hat. Doch die Gefahr, dass wir solche Kriterien anlegen, besteht, wenn zuverlässige Tests leicht verfügbar werden und wenn es zweitens keine anderen Möglichkeiten der Vermeidung von Erbkrankheiten gibt. Zu den Fragen der Gentests und deren Auswirkungen sowie eventuell notwendigen gesetzlichen Regelungen gibt es zurzeit intensive Diskussionen. Bei dominant vererbten Krankheiten reicht es, wenn man selbst Träger des entsprechenden Gens ist. Hier entsteht daher weniger ein Konfliktpotenzial bei der Partnerwahl als bei der Entscheidung, ob man überhaupt Kinder haben sollte.

Egal ob rezessiv oder dominant – wenn wir in nicht allzu ferner Zukunft die grundsätzliche Möglichkeit der Gendiagnostik für viele tausend Erbkrankheiten haben, dann müssen wir die Auswirkungen auf die Familienplanung individuell oder gesellschaftlich lösen. Es gibt verschiedene Möglichkeiten, damit umzugehen. Entweder man nimmt es einfach hin. Die Kriterien für Partnerwahl und Familienplanung waren auch bisher in ständigem Wandel begriffen. Oder man verbietet die meisten Gentests: Wenn keiner weiß, wie es um die eigenen Gene und die des potenziellen Partners bestellt ist, kann es auch keine sozialen Auswirkungen dieses Wissens geben. Man könnte in Zukunft aber auch dafür sorgen, dass durch Diagnostik und neue Therapien sichere Wege zur Verfügung stehen, Erbkrankheiten zu vermeiden. Diese dritte Option, die auf Selbstbestimmung fußt, kann helfen, Leid zu vermeiden. Dieser Weg wird in manchen Ländern schon beschritten, insbesondere in Fällen einer künstlichen Befruchtung, bei der Ei und Samenzelle sich im Reagenzglas vereinigen und der Embryo erst danach in die Gebärmutter eingepflanzt wird.

Krebs

Auch Krebs ist eine genetische Erkrankung. Jeder vierte Deutsche stirbt an Krebs, der insofern eine Zivilisationskrankheit ist, als es insbesondere durch verbesserte Ernährung, Sicherheit, Hygiene und Medizin dazu gekommen ist, dass immer mehr Menschen ein hohes Alter erreichen, in dem sie an Krebs erkranken. Die alternden Zellen in einem alternden Körper stellen für unsere Gene sozusagen eine unnatürliche Umgebung dar, an die sie sich in der Evolution nicht anpassen konnten. Im Alter lassen alle Körperfunktionen nach und damit auch die Versorgung und Entgiftung der Zellen. So wächst die Gefahr für »Verletzungen« des Erbguts, die zu Krebs führen. Außerdem hält die moderne Lebensweise diverse Belastungen bereit, die den geschwächten Zellen zusetzen: Rauchen, Alkohol, Sonnenbrand, Röntgenstrahlen, Umweltgifte und so weiter.

Der unmittelbare Auslöser von Alterskrebs ist eine Abfolge mehrerer Gendefekte. Krebs entsteht, wenn das Erbgut im Kern einer einzelnen Zelle durch Spontanmutationen und äußere Einflüsse wie radioaktive Strahlung, Gifte (zum Beispiel im Tabakrauch), die ultravioletten Strahlen der Sonne, bestimmte Schimmelpilze auf Lebensmitteln, Chemikalien oder Viren beschädigt wird und das Gleichgewicht zwischen Zellteilung, Zelldifferenzierung und programmiertem Zelltod gestört wird. Es kommt dann zu einem unkontrollierten Zellwachstum. Oder anders herum formuliert: Es kommt zu einem Versagen der Unterdrückung des Zellwachstums. Denn sich zu teilen und zu vermehren, ist ja die eigentliche Aufgabe der Zelle. Unsere Keimzellen sind Teil einer Kette von sich seit Beginn des Lebens auf der Erde unablässig teilenden Zellen. Und alle unsere Körperzellen entstehen aus der befruchteten Eizelle. Nun sollen sie, wenn der Körper fertig ist, plötzlich damit aufhören, sich zu teilen. Das ist leichter gesagt als getan. Um in 100 Billionen Zellen 80 Jahre lang dafür zu sorgen, dass der Teilungsmechanismus deaktiviert bleibt, musste unser Körper eine ganze Reihe von Sicherungssystemen entwickeln. Es wundert nicht, dass diese nicht vollkommen perfekt arbeiten und sich daher im Laufe der Jahre jene fünf oder sechs unabhängigen Mutationen ergeben können, die trotz aller Sicherungen eine normale Zelle in eine Krebszelle verwandeln. Bei erblicher Vorbelastung, wenn also einzelne dieser Mutationen schon von Geburt an vorhanden sind, tritt der Krebs in der Regel früher im Leben auf. Es entstehen Krebszellen, die man als bösartig bezeichnet, weil sie in umliegendes Gewebe einwachsen und es zerstören, in Blutbahnen und Lymphgefäße eindringen und mit dem Blut- und Lymphstrom in andere Körperorgane gelangen. Dort können sie sich ansiedeln und erneut vermehren – so entstehen Tochtergeschwulste (Metastasen), die wiederum die Organe und Gewebe, in denen sie wuchern, schädigen.

In der Regel müssen viele Faktoren, äußere und innere, zusammenwirken, um die Kontrollsysteme zu überwinden und eine Zelle in eine Krebszelle umzuwandeln. Ausgangspunkt der Tumorbildung kann im Prinzip jede beliebige Zelle des Körpers sein. Deshalb gibt es sehr viele, zirka 170 unterschiedliche Krebsarten. Und es gibt auch nicht die eine Krebsursache, sondern viele, und deshalb gibt es auch nicht die eine Therapie gegen Krebs. Was alle Krebserkrankungen jedoch gemeinsam haben, ist immer eine Veränderung von Kontrollgenen des Zellwachstums, was zu ungeregelter Zellteilung und Verlust gewebetypischer Eigenschaften führt.

Eine besondere Rolle hierbei spielen die zu unterdrückenden Onkogene (onko bedeutet Krebs) und die unterdrückenden Tumorsuppressorgene. Onkogene werden bei der Umwandlung einer normalen Zelle in eine Krebszelle aktiviert (solange sie noch nicht aktiviert sind, bezeichnet man sie als Protoonkogene). Sie veranlassen die Zelle zum krebsartigen Wachstum. In ihrer ursprünglichen Form werden die Protoonkogene für vorübergehende Einsätze gebraucht, nämlich bei Wachstum in der Embryonalphase und der Kindheit und bei Verletzungen, wenn es darum geht, eine Wunde zu schließen. Beim Krebs sind sie sozusagen zur falschen Zeit am falschen Ort aktiv.

Ihr Widerpart sind die Tumorsuppressorgene (Krebsunterdrückungsgene). Sie halten eine Zelle von unkontrollierter Teilung und weiteren Veränderungen ab. Fallen sie aus, vermehrt sich eine Zelle, bei der alle Signale auf Wachstum geschaltet sind, unbegrenzt weiter. Als ein solches Tumorsuppressorgen gilt das p53-Gen. Die Aufgabe des p53-Proteins ist es, in bestimmten Stresssituationen, nämlich wenn die Zelle beschädigt ist, Gene einzuschalten, die dafür sorgen, dass die Zelle entweder repariert wird, sich nicht mehr vermehrt oder in den planmäßigen Selbstmord (Apoptose) getrieben wird. Jede unserer Zellen verfügt nämlich über ein Selbstmord-Gen, vergleichbar einem geladenen Revolver, mit dem sie sich selbst umbringen kann, wenn sie in Feindeshand gerät. Bei vielen Krebszellen ist es defekt – sonst hätten sie keine Krebszellen werden können. Unser Körper ist also auch bei Krebs vom Prinzip her in der Lage, den Schaden selbst zu beheben. Die Zellen verfügen über Mechanismen, beschädigte Gene zu reparieren. Sie entfernen den mutierten Abschnitt aus der DNA und ersetzen ihn durch die Originalsequenz. Leider kann es in seltenen Fällen dazu kommen, dass sich die Zelle teilt, bevor die Reparatur durchgeführt wurde. Dann ist es zu spät, der erste Schritt zur Krebsentstehung ist getan. Nun muss der Körper den nächsten Krebsverhinderungsmechanismus in Gang setzen: die Immunabwehr. Sie kann die Krebszellen abtöten und so einen schnellen Sieg erringen. Wenn ihr das nicht gelingt, kann sie in einem Jahre währenden Kampf das Krebswachstum hemmen, in seltenen Fällen auch einen späten Sieg erringen, den man dann als Spontanheilung bezeichnet – wobei manchmal einem Wunderheiler statt dem Immunsystem der Pokal überreicht wird. Oft ist sie jedoch auf die Hilfe der Medizin angewiesen – um am Ende dennoch häufig zu unterliegen.

Derzeit wird Krebs vor allem operativ sowie durch Bestrahlung und Chemotherapie behandelt. Entscheidend für den Erfolg ist vor allem der Zeitpunkt der Diagnose. Wird ein Krebs erkannt, bevor er metastasiert hat, das heißt, sich im Körper verbreitet und viele Tochtergeschwulste gebildet hat, bestehen oft gute Chancen auf Heilung. Wird er zu spät entdeckt, kann in der Regel nur noch eine Verlangsamung des Krankheitsverlaufs und Linderung der Symptome erreicht werden. Einige Krebsarten wie zum Beispiel Blutkrebs (Leukämie) können mit den viel diskutierten Stammzellen sogar geheilt werden.

Stammzellen: Hoffnungsträger der Medizin

Stammzellen spielen in unserem Körper eine besondere Rolle. Bei der Zellteilung der Zygote entsteht zunächst der Zellhaufen (Morula) und dann ein Hohlraum (Blastozyste) mit einer inneren Zellmasse – den Stammzellen, aus denen sich der eigentliche Embryo und spätere Mensch mit all seinen verschiedenen Zelltypen entwickelt.

Da sich aus diesen embryonalen Stammzellen also (zumindest theoretisch) alle Gewebe und Organe des Menschen erzeugen lassen, misst man ihnen heute höchsten wissenschaftlichen und medizinischen Wert bei. Denn viele schwere Krankheiten – vor allem im Alter – resultieren aus dem Verlust der Funktion von Zellen. Könnte man diese ersetzen, wären schwere Krankheiten zu heilen. Neue Nervenzellen könnten neurodegenerative Erkrankungen wie Alzheimer und Parkinson sowie Lähmungen kurieren. Zellen der Bauchspeicheldrüse würden es Diabetikern wieder ermöglichen, selbst Insulin zu produzieren. Herzzellen würden zur Regeneration des Organs nach einem Infarkt sorgen. Mit Hautzellen, Knochenzellen, Blutzellen, Leberzellen, Nierenzellen ließen sich etliche Verletzungen und Krankheiten heilen. Aus eigener Kraft kann unser Körper mit den so genannten »adulten Stammzellen«, die im Organ selber vorkommen, leider nur in sehr begrenztem Umfang Zellen regenerieren. Deshalb liegt der Gedanke nahe – und hat in den letzten Jahren für heftige Debatten gesorgt –, die benötigten Zellen im Labor zu züchten. Doch wie kann das gelingen? In der natürlichen Embryonalentwicklung gehören Zellteilung und Differenzierung untrennbar zusammen. Wenn sich die anfangs totipotenten embryonalen Stammzellen vermehren, spezialisieren sie sich gleichzeitig. Es entstehen also nach und nach die über 200 verschiedenen Zelltypen des Menschen und aus dem Embryo wird ein Fötus und aus dem Fötus ein Baby.

Der entscheidende Durchbruch für die Stammzelltechnologie gelang 1981, als englische und amerikanische Forscher bei embryonalen Stammzellen den Prozess der Vermehrung von der Differenzierung trennten. Indem sie den Zellen im Reagenzglas vorgaukelten, sie befänden sich weiterhin in einem sehr frühen Embryo, brachten sie sie dazu, sich zu vermehren und immer weiter zu vermehren, ohne sich jedoch zu differenzieren. So konnten im Labor große Mengen undifferenzierter embryonaler Stammzellen von der Maus erzeugt werden. Die Möglichkeit, universelles Spendermaterial für alle Arten von Organdefekten gewinnen zu können, erschien erstmals am Forschungshorizont. Bis zum therapeutischen Einsatz beim Menschen ist es allerdings noch ein langer Weg. Auch heute lässt sich noch nicht sicher voraussagen, wann Stammzelltherapien überhaupt und wenn ja, für welche Krankheiten sie verfügbar sein werden. Zunächst muss, wie bei allen medizinischen Prozeduren, an Tieren experimentiert werden. Doch die Forschung schreitet schnell voran. Stammzellen lassen sich inzwischen bei vielen Tieren und beim Menschen aus embryonalem Gewebe gewinnen. Bei Mäusen ist es sogar schon gelungen, embryonale Stammzellen zu verschiedenen Zelltypen weiterzuentwickeln und die so gewonnenen Zellen auch erfolgreich in Tiere einzupflanzen.

Die Forschung am Menschen begann erst vor kurzem. Im Jahre 1998 gelang es John Gearhart erstmals, menschliche embryonale Stammzellen zu isolieren und im Labor zu kultivieren. Nun konzentriert man sich darauf herauszufinden, mit welchen Substanzen die embryonalen Stammzellen dazu gebracht werden können, sich zu den jeweils gewünschten spezialisierten Zellen zu differenzieren. Außerdem gilt es herauszufinden, ob die so gewonnenen Zellen tatsächlich in allen wichtigen Eigenschaften mit den normal im menschlichen Körper vorkommenden übereinstimmen oder ob sie sich anders verhalten, zum Beispiel schneller altern oder womöglich dazu neigen, zu Krebszellen zu entarten. Auch die Frage der Abstoßung ist noch offen.

Auseinandersetzungen gibt es auch hinsichtlich der Frage, welches die beste Quelle für Stammzellen sein wird. Denn es gibt nicht nur embryonale Stammzellen. Stammzellen lassen sich aus verschiedenen Geweben gewinnen: aus überzähligen Zygoten bei der Reagenzglasbefruchtung (IVF), aus Keimbahnzellen von abgetriebenen Föten (EG-Zellen), aus dem Nabelschnurblut, das man bei der Geburt gewinnen kann, aus Geweben Erwachsener, zum Beispiel dem Knochenmark (adulte Stammzellen) und aus differenzierten Zellen Erwachsener, die reprogrammiert werden, damit sie sich wieder wie Stammzellen verhalten.

Diese Stammzellen unterschiedlicher Herkunft unterscheiden sich in ihren Eigenschaften. Embryonale Stammzellen können sich noch in praktisch jede Zellart entwickeln, andere sind da eingeschränkter. Aus ihnen wird auf natürliche Art und Weise nur noch eine bestimmte Gruppe spezialisierter Zellen, zum Beispiel Blutzellen. Spezialisierte, so genannte adulte Stammzellen, beispielsweise Blutstammzellen, können sich nach bisheriger Kenntnis nur bis zu 15 verschiedenen Zelltypen entwickeln, und sie sind sehr schwer im Körper aufzuspüren und zu isolieren. Doch vielleicht sind auch diese als multipotent bezeichneten Stammzellen flexibler, als man lange dachte. Es hat sich mittlerweile gezeigt, dass auch aus spezialisierten Stammzellen erwachsener Menschen noch eine Reihe von anderen Zelltypen gewonnen werden kann. So kann man aus Stammzellen des Knochenmarks offenbar auch Lebergewebe und Hirnzellen entwickeln.

Manche Forscher sind gar der Meinung, dass sich alle Zelltypen auch aus Blutstammzellen, die dem Knochenmark entnommen werden können, züchten lassen. Bewahrheitet sich diese Theorie, dann ist das Knochenmark neben den embryonalen Stammzellen die zweite Quelle für Ersatzgewebe. Diese zweite Quelle mag zwar medizinisch der ersten nicht überlegen sein, sie dürfte jedoch auf weniger ethische Einwände stoßen, sodass hier schneller Therapien entwickelt und schließlich Patienten geheilt werden können.

Bevor die Wissenschaft all die offenen Fragen angehen und hoffentlich lösen kann, muss die Gesellschaft sich entscheiden, ob sie die Stammzellforschung, insbesondere die Forschung mit embryonalen Zellen, überhaupt wünscht. Hier gehen die Meinungen sehr auseinander.

Während wir an diesem Buch arbeiten, findet eine große Debatte um Chancen und Risiken der Stammzellforschung und des Klonens statt. Die verantwortungslosen, effektheischenden Ankündigungen der Geburten von zwei angeblichen Klonbabys, bezeichnenderweise zur Weihnachtszeit, haben die Diskussionen über das reproduktive Klonen und auch das »therapeutische Klonen« Ende 2002 neu entfacht. Leider herrscht vielfach Unkenntnis vor, worum es überhaupt geht.

Ein gewichtiges Argument in der Debatte ist der Schutz von Embryonen. Das Embryonenschutzgesetz von 1990 hat in Deutschland strikte und weitgehende gesetzliche Schranken für die Arbeit an Embryonen festgelegt. Menschliches Leben steht ab der Verschmelzung der Kerne von Ei- und Samenzelle unter dem Schutz des Gesetzes. Daraus ergibt sich das Verbot einer Verwendung menschlicher Embryonen und des Klonens von menschlichem Leben sowohl für die Reproduktion als auch für die medizinische Forschung. Bei genauerer Betrachtung sieht man, dass Embryonenschutz differenziert betrachtet werden muss, sonst wäre Empfängnisverhütung mit der Spirale wie auch die »Pille danach« und natürlich die Abtreibung ein Tötungsdelikt. Um sich selbst ein Urteil bilden zu können, muss man zunächst wissen, dass schon die befruchtete Eizelle (die Zygote) und die aus ihr dann entstehenden Zellgebilde, die Morula und die Blastozyste, als Embryo bezeichnet werden. Bei der Befruchtung im Labor können mehr befruchtete Eizellen entstehen, als benötigt werden, um eine Schwangerschaft zu ermöglichen. Normalerweise werden diese überzähligen Embryonen tiefgefroren und früher oder später vernichtet. In vielen Ländern, zum Beispiel in Großbritannien, Schweden, Israel, den USA und Japan, ist es erlaubt, hieraus Stammzellen zu gewinnen.

Wie oben dargelegt, haben diese Stammzellen ein großes Potenzial. Sie können sich im Prinzip zu allen Zellarten weiterentwickeln. Diesen Entwicklungsprozess möchte die Stammzellforschung besser verstehen und plädiert daher dafür, die Zellen nicht wegzuwerfen, sondern zu untersuchen. Untersuchen heißt in diesem Fall auch, sie sich im Labor zu einer Zellkultur vermehren zu lassen, jedoch nicht, sie zu einem Fötus heranwachsen zu lassen.

Am Ende der Forschung könnten Therapien stehen, bei denen Körperzellen dann ersetzt werden, wenn sie ihre Aufgaben nicht mehr oder nicht mehr ausreichend erfüllen können. Dieses betrifft weite Bereiche der Medizin, zum Beispiel Zellen des Gehirns, die bestimmte Nervenüberträgerstoffe nicht mehr ausreichend produzieren und dann zu schweren Hirnerkrankungen führen wie etwa bei der Parkinsonschen Krankheit. Bei dieser Erkrankung ist der Neurotransmitter Dopamin nicht mehr ausreichend vorhanden, was in der Folge zu schweren Ausfällen führt, insbesondere im Bereich der motorischen Bewegung. Ein anderes Beispiel sind Störungen der Hormondrüsen, wie zum Beispiel der Inselzellen der Bauchspeicheldrüse, die Insulin produzieren, das für die Regulation des Blutzuckers und der Energieversorgung in den Zellen verantwortlich ist und die beim Diabetes ihre Funktion nicht mehr ausreichend erfüllen.

Bei diesen und anderen weitverbreiteten Krankheiten (Herzinfarkt, Immunabwehr) denkt man seit langer Zeit daran, die kranken Zellen zu ersetzen oder durch neue Zellen mit voller Funktion zu unterstützen, um damit die Krankheit zu lindern oder zu heilen.

Gezielte Zellvermehrung, Zelldifferenzierung und Zellkerntransplantation: das so genannte »Therapeutische Klonen«

Dem schottischen Wissenschaftler Ian Wilmut war es im Jahre 1996 gelungen, durch den Transfer des Erbguts einer normalen Körperzelle in eine zuvor entkernte weibliche Eizelle eine so genannte totipotente Zelle zu erzeugen, die sich wie eine befruchtete Eizelle zu einem Embryo und schließlich zu dem ausgewachsenen Klonschaf »Dolly« entwickelte. Dieses reproduktive Klonen bedeutet also, einen ungeschlechtlich entstandenen »Embryo« heranwachsen zu lassen, der mit dem Zellkernspender der Körperzelle genetisch identisch ist, also sein Zwilling bzw. Klon.

Dolly ist Anfang 2003 im Alter von sechs Jahren wegen schwerer Erkrankungen und verfrühter Altersschwäche eingeschläfert worden. Dieser frühe Tod stärkt den Verdacht, dass beim reproduktiven Klonen ein hohes Risiko besteht, dass die Tiere nicht gesund sind. Zudem ist die Rate der Fehlgeburten extrem hoch. Unabhängig von ethischen Überlegungen verbietet sich daher eine Anwendung der Technik beim Menschen.

Das so genannte »therapeutische Klonen« unterscheidet sich in der Zielsetzung vom reproduktiven Klonen komplett und hat mit diesem nur den ersten Schritt gemein: das Einfügen von Erbgut aus einer Körperzelle eines zu behandelnden Patienten in eine gespendete Eizelle, die dann angeregt wird, sich zu teilen. Es entsteht wie bei der Invitro-Fertilisation eine Blastozyste, aus der Stammzellen gewonnen werden können. Diese Stammzellen haben den großen Vorteil, dass sie über das gleiche Genom verfügen wie der Patient, der sie empfangen soll. Es dürfte somit nicht zu einer Immunabwehr kommen, die bei jeder Art der Transplantation eine Schwierigkeit darstellt.

Wissenschaftliches und medizinisches Ziel ist also die ungeschlechtliche Zellgenerierung, eine spezifische Zellvermehrung und Zelldifferenzierung mit gewünschten Eigenschaften. Daher wird dafür plädiert, den missverständlichen Ausdruck »therapeutisches Klonen« aufzugeben. In der Anwendung geht es um Zellregeneration, Zelltransplantation oder Zellersatz.

Pro und Contra

Zum Thema Stammzellforschung haben sich in jüngster Zeit viele Personen und Institutionen geäußert, etwa der Nationale Ethikrat, die Enquete-Kommission »Recht und Ethik der modernen Medizin« des Deutschen Bundestags, Kirchen, Parteien, Behinderten- und auch Umweltschutzorganisationen. Für die Forschung mit und die mögliche spätere Anwendung von Stammzellen spricht der Erkenntnisgewinn in Hinblick auf die grundlegenden Prozesse der Differenzierung und Spezialisierung von Zellen und der Ausblick auf die Heilung von schweren, weit verbreiteten Krankheiten.

Die Gegenseite verweist auf Embryonenschutz, Lebensschutz und die Würde des Menschen. Beim »therapeutischen Klonen« lautet das erste Argument, es handele sich um eine Herstellung von Embryonen zu Forschungszwecken und dies sei grundsätzlich verwerflich. Dieses Argument bezieht seine Legitimation aus der Definition des »Embryo« als einer Zelle, die das Potenzial hat, zu einem ganzen Menschen zu werden. Der tatsächliche Sachverhalt ist also die künstliche Herstellung von Zellen. Das Argument setzt moralisch einzelne Zellen mit Menschen gleich und impliziert damit eine Vorstellung vom Wesen eines Menschen, die sehr stark biologisch geprägt und nur sehr schwer nachzuvollziehen ist. Viele haben intuitiv Probleme, eine Zelle oder einen Zellhaufen mit einem Menschen gleichzusetzen – so auch die Autoren.

Der zweite Einwand gegen das »therapeutische Klonen« variiert das Dammbruchargument. Er lautet: Wenn die Methode des Zellkerntransfers erst im Rahmen des »therapeutischen Klonens« angewendet wird, besteht die Gefahr, dass sie auch zum reproduktiven Klonen, also zum Herstellen von genetisch identischen Menschen missbraucht wird.

In Deutschland und in vielen anderen Ländern ist das reproduktive Klonen jedoch verboten und fast alle Länder treten für das Verbot eines solchen missbräuchlichen Einsatzes ein. Insofern ist diese Gefahr voraussichtlich nicht real, zumal das reproduktive Klonen von Menschen vielleicht gar nicht möglich, bisher jedenfalls nicht gelungen ist. Wann »therapeutisches Klonen« aufhört und reproduktives anfängt, lässt sich juristisch klar eingrenzen. Eine versehentliche Einpflanzung einer Blastozyste in eine Gebärmutter, Voraussetzung für jede Weiterentwicklung zum Menschen, kann es nämlich nicht geben. Außerdem basiert unser Rechtssystem in allen anderen Situationen auf der Strategie, Straftaten zu definieren, zu verbieten und zu verfolgen. Es versucht nicht, Straftaten von vornherein unmöglich zu machen, denn das würde zum Beispiel bedeuten, Medikamente, die bei Überdosis schädlich sind, zu verbieten, oder alle spitzen Gegenstände, mit denen jemand erstochen werden könnte, zu konfiszieren. Trotzdem steht nach herrschender Rechtsauffassung in Deutschland auch dem »therapeutischen Klonen« das Embryonenschutzgesetz entgegen. Ob eine solche gesetzliche Regelung im Sinne des kranken Patienten, des fürsorgenden Arztes, des verantwortungsvollen Wissenschaftlers und letztlich der Gesellschaft ist, ist fraglich. Denn es geht hier um nichts anderes als das tradierte und allgemein akzeptierte ärztliche Ethos des Helfens und Heilens, allerdings mit Hilfe von pluripotenten embryonalen Stammzellen. Es geht nicht um Menschenproduktion.

Ein dritter Einwand besteht in der Verurteilung der für das Verfahren erforderlichen Spende von Eizellen. Solange man Eizellen keinen höheren moralischen Wert als Blutzellen zubilligt, ist jedoch die Eizellspende nicht moralisch verwerflich, sondern könnte wie das Blutspenden ein Akt der Nächstenliebe sein. Darüber hinaus ist durchaus möglich, dass die Verwendung von Eizellen in Zukunft gar nicht mehr erforderlich sein wird. Theoretisch gibt es verschiedene Möglichkeiten, die methodisch sogar Vorteile haben könnten. Es wäre denkbar, dass der Zellkern einer Patientenzelle in ganz andere Zellen implantiert werden könnte, zum Beispiel in pluripotente Stammzellen, die sich dann möglicherweise leichter zu den Drüsen-, Nerven- oder Blutzellen differenzieren, die für die Therapie erwünscht sind. Bei besserer Kenntnis des Differenzierungsvorganges ist es auch denkbar, dass Vorwärtsdifferenzierung in Richtung ausdifferenzierter Körperzellen oder Rückdifferenzierung in Richtung embryonalem Zustand sowie Transdifferenzierung von einer Organzelle in eine andere unter geeigneten Bedingungen biotechnisch beherrschbar wird und auf diese Weise der Weg über die Eizelle und somit auch die totipotente embryonale Stammzelle unnötig ist. Schließlich ist es kürzlich Hans Schöler und seiner Mitarbeiterin Karin Hübner von der Universität Pennsylvania sogar gelungen, bei Mäusen auch Eizellen aus Stammzellen herzustellen, sodass diese also nicht mehr gespendet werden müssten. Doch um all diese Möglichkeiten weiter verfolgen zu können, muss man erst an embryonalen Zellen forschen.

Bisherige Erfahrungen mit der Stammzelltherapie

Stammzelltherapien sind keine Zukunftsmusik, sondern medizinischer Alltag. Bisher wird jedoch nur mit adulten Stammzellen gearbeitet, die nicht aus Embryos gewonnen werden, sondern aus Geweben erwachsener Menschen, insbesondere mit Blutstammzellen, die sich im Knochenmark befinden. Aus diesen entstehen normalerweise zunächst die so genannten Vorläuferzellen und dann alle Blutkörperchen, die wir kennen: die roten Blutzellen, die Sauerstoff transportieren, die weißen Blutkörperchen, die für die Infektionsabwehr verantwortlich sind, die Lymphozyten, die die Antikörper bilden und das immunologische System stärken, und die Blutplättchen, die wesentlich für die Gerinnung sind. Diese Blutzellen sind kurzlebig und werden beständig nachgebildet. Die roten Blutkörperchen haben nur eine kurze Lebensdauer von 120 Tagen. Die Stammzellen im Knochenmark müssen sich entsprechend häufig teilen, um den Nachschub zu liefern. In leider nicht so seltenen Fällen läuft diese Teilung der Stammzellen nicht kontrolliert ab, sondern die Zellen teilen sich unkontrolliert und zu schnell: Es entsteht Blutkrebs mit unreifen, undifferenzierten und untypischen Blutkörperchen.

Blutkrebs wird mit der Stammzelltherapie relativ erfolgreich behandelt. Die

Behandlungsmethode besteht darin, im ersten Schritt alle Blut bildenden Zellen, einschließlich der Stammzellen im Knochenmark, vollständig durch Bestrahlung oder durch Behandlung mit chemischen Giften, den Zytostatika, abzutöten. Einen solchen radikalen Eingriff würde der Patient jedoch nicht überleben, wenn nicht die Möglichkeit bestände, diese Stammzellen zu ersetzen. Dies erfolgt durch Implantation von Stammzellen, die man von Knochenmarkspendern gewonnen hat. Die Heilung von Leukämie zeigt, dass Stammzelltherapien sinnvoll eingesetzt und damit Leben gerettet werden kann.

Tatsächlich hat ein Leukämiepatient heute immerhin die Chance, einen geeigneten Knochenmarkspender zu finden. Auch Kinder mit schwerer Sichelzellanämie, die schon in der Kindheit Schlaganfälle oder Organinfarkte erlebt hatten, wurden in einer Studie seit 1988 erfolgreich mit Stammzellen behandelt, die von Geschwistern gespendet wurden. Leider ist es nicht immer möglich, geeignete Knochenmarkspender zu finden. Deshalb lohnt die Suche nach alternativen Optionen.

Für viele andere ist die Situation schlimmer, da es bei vielen Organen bisher keine Möglichkeit gibt, adulte Stammzellen für eine Transplantation zu gewinnen.

Die Übertragung der Forschung auf die Anwendung beim Menschen

Die hier diskutierten Methoden mögen neu und kontrovers sein. Die Mechanismen, wie Neues in der Medizin erforscht und eventuell angewendet wird, sind indes alt, erprobt und bewährt. Die etablierten und von allen akzeptierten Kriterien für die Einführung neuer Behandlungsformen gelten auch für die Zellersatztherapie. Das Neue muss besser sein als das Vorhandene, um als Therapie akzeptiert zu werden. Eine Zelltransplantation müsste sehr gut und nebenwirkungsarm etabliert sein, bevor diese Therapie die bekannten wirksamen Behandlungen ablöst. Zelltransplantation käme zunächst als Alternative in Frage bei nicht mit herkömmlichen Therapien zu behandelnden Fällen.

Es gibt international etablierte Regeln für die Einführung von Medikamenten und Therapien, die von den Zulassungsbehörden überwacht werden. Hier gilt, dass zunächst die experimentellen Daten sehr überzeugend erarbeitet sein müssen, bevor ein klinischer Versuch in der Phase I, das heißt die Erstanwendung beim Patienten unter ethischen und medizinischen Gesichtspunkten, gerechtfertigt scheint. Diese Phase I der klinischen Prüfung betrifft zunächst eine sehr kleine Gruppe von Personen. Im Allgemeinen wird hier nur die Verträglichkeit und Machbarkeit dieser neuen Therapieform geprüft. Phase II prüft dann erstmals, ebenfalls in sehr kleinen Patientengruppen, die therapeutische Wirksamkeit der neuen Therapieform. In der Phase III der klinischen Prüfung wird dann in einem größeren Patientenkollektiv die Wirksamkeit der Behandlung unter realistischen Bedingungen erprobt.

Die meisten Medikamente, die in die klinische Prüfung kommen, genügen diesen Anforderungen nicht und kommen damit nicht zur Markteinführung. Es ist aus guten

Gründen ein langer und schwieriger, auch sehr kostspieliger Weg bis zur Einführung neuer Therapien. Er garantiert den hohen medizinischen und ethischen Standard heutiger Behandlungsmethoden. Von den ersten experimentellen Untersuchungen bis zur Einführung eines Medikamentes vergehen im Allgemeinen zehn bis 15 Jahre. Alle einzelnen Phasen dieser Einführung neuer Therapien werden von unabhängigen Ethikkomitees begleitet, die an international akzeptierte Konventionen, wie die Deklaration von Helsinki, gebunden und insofern bezüglich der Standards international streng reglementiert sind. Dieses Verfahren betrifft jede Form einer neuen Therapie, auch die mögliche Einführung von Zellersatztherapie und Zelltransplantation bei den oben genannten oder anderen Indikationen.

Es ist also weder zu erhoffen noch zu befürchten, dass wir plötzlich eine komplette Umkehr therapeutischer Möglichkeiten haben. Auch medizinischer Fortschritt kommt mühsam und für verzweifelte Patienten häufig unerträglich langsam voran. Die Gentherapie ist hierfür ein gutes Beispiel. Andererseits ist das wissenschaftliche Potenzial der Zellersatztherapie und Zelltransplantation so viel versprechend, dass es kaum zu rechtfertigen wäre, sie wissenschaftlich nicht weiter zu bearbeiten, um ihre Möglichkeiten zu testen. Nicht funktionsfähige Zellen durch gesunde Zellen auszutauschen und wie beim Blutkrebs dadurch Heilung zu erreichen ist eine faszinierende Option. Die Stammzellforschung und die spezifische Zellvermehrung und Zelldifferenzierung erlauben erstmals die systematische Erforschung dieses Therapieprinzips.

Forschung ist nicht vorhersehbar

Die Erfahrung zeigt, dass die möglichen therapeutischen Anwendungen im Laufe der Forschungsanstrengungen erheblich modifiziert werden. Hierfür gibt es viele klassische Beispiele in der Medizin. Auch für die Zelltransplantation und gezielte Zelldifferenzierung werden sich voraussichtlich ganz neue und überraschende, bisher nicht bekannte Indikationen ergeben. Ein solches Beispiel wurde kürzlich publiziert: In experimentellen Versuchen bei Ratten wurden Herzen transplantiert. Diese Herzen werden, wenn die Gewebeverträglichkeit nicht vorher ausgetestet wurde, nach kurzer Zeit abgestoßen. Die vorherige Injektion von embryonalen Stammzellen führte nun aber dazu, dass die Herzen nicht abgestoßen wurden und fehlerfrei arbeiteten. Offensichtlich konnte durch einen neuen, noch unbekannten biologischen Effekt Toleranz bei den transplantierten Tieren erzeugt werden. Wenn sich solche Versuche auf den Menschen übertragen lassen, könnte damit ein großes Problem in der Transplantationsmedizin gelöst werden.

Forschung lebt immer vom Neuen und Unerwarteten. Bei dem bisherigen Stand des Wissens ist das Forschungsgebiet der Stammzellen besonders geeignet, den Erkenntnisfortschritt zu fördern und die Differenzierung, Transdifferenzierung, Rückdifferenzierung von Zellen besser zu verstehen. Es besteht offensichtlich ein Kontinuum von der totipotenten Stammzelle bis hin zur adulten und voll ausdifferenzierten Stammzelle über die verschiedenen Stadien der Pluri- und Multipotenz. Das Dolly-Verfahren hat gezeigt, dass adulte Stammzellen ganz offensichtlich wieder in einen embryonalen Zustand zurückgeführt werden können. Diese Mechanismen zu verstehen, ist das vorrangige Ziel der Forschung.

Freiheit der Forschung

Im Grunde geht es bei der Debatte der Zulässigkeit von Stammzellforschung und gezielter Zellvermehrung um grundsätzlichere Fragen. Es geht um das Selbstbestimmungsrecht des Einzelnen und die Einstellung der Gesellschaft zu Wissenschaft und Forschung.

Eine freie Forschung, die wir alle wollen, lebt zunächst von absoluter Gedankenfreiheit auch bei der Aufstellung von neuen Theorien, eventuell tabubrechenden Hypothesen und Vorstellungen. Diese werden immer stufenweise erarbeitet: zunächst im wissenschaftlichen, theoretischen und gesellschaftlichen Dialog, dann in der experimentellen Prüfung der Hypothesen, an einfachen Systemen und schließlich zunehmend unter Berücksichtigung der Komplexität. Alle Stufen wissenschaftlicher und gesellschaftlicher Entscheidungen sind eingebunden in unsere Regeln ethischer, finanzieller, projektorientierter und institutioneller Kontrollen. Wissenschaftlicher Fortschritt beruht darauf, dass alte Hypothesen verworfen und neue Hypothesen und Forschungsrichtungen aufgestellt werden.

Die Wissensgesellschaft der Zukunft beruht mehr und mehr auf Ergebnissen der Forschung, die gesellschaftliche, wirtschaftliche und natürlich auch persönliche Konsequenzen zur Folge hat. Forschung macht die Entwicklung der Wissensgesellschaft offen. Eine moderne Gesellschaft muss es aushalten, Bestehendes in Frage zu stellen und persönliche und institutionelle Unsicherheiten zu ertragen. Im Spannungsfeld zwischen der von vielen ersehnten Sicherheit auf der einen Seite und der genauso notwendigen Offenheit zukünftiger Entwicklungen auf der anderen Seite empfinden viele Menschen eine Verunsicherung. Hier ist es eine wichtige Aufgabe aller Bereiche der Gesellschaft und damit auch der Politik, eine Balance zwischen Sicherheitsbedürfnis und Zukunftsoffenheit herzustellen. Die Alternative dazu, nämlich auf Basis einer generellen Missbrauchsvermutung durch enge präventive Grenzziehungen, Autoritäten, Institutionen und Gesetze die Forschungsfreiheit und Zukunftsfähigkeit mehr als unbedingt geboten einzuengen, ist einer mutigen, selbstbewussten, offenen Demokratie nicht angemessen.

Wir müssen die Wissenschaft verstehen, um Chancen und Risiken wirklich einschätzen zu können. Dazu bedarf es nicht der vorauseilenden Vermeidung vermeintlichen Unglücks, sondern der Förderung der Forschung und Prüfung der medizinischen Möglichkeiten.

Der Zugriff aufs Genom

In den letzten 50 000 Jahren der Menschheitsgeschichte hat insbesondere die Kultur den Gang der menschlichen Entwicklung bestimmt. Heute ist die Wissenschaft an einen Punkt gekommen, an dem sich viele Gedanken darüber machen, ob die biologische Evolution eine neue Bedeutung gewinnen könnte, indem der Mensch sie selbst in die Hand nimmt. Gentechnik und biohybride Technologien beginnen damit, die Werkzeuge hierfür zu liefern. Rodney Brooks, Direktor des Labors für Künstliche Intelligenz am Massachusetts Institute of Technology, ruft dazu auf, uns der Herausforderung zu stellen, »dass der Mensch eine Maschine ist und als solche denselben technischen Manipulationen unterliegt, wie wir sie gewohnheitsmäßig an unseren Maschinen vornehmen«. Die Natur des Menschen steht zur Disposition. Und die einen träumen von einem Transhumanismus, der dem menschlichen Körper und Geist die grenzenlose Perfektionierung in Aussicht stellt, während andere mit großer Vehemenz vor Technisierung, Entmenschlichung und Katastrophe warnen. Eines ist beiden gemeinsam. Sie beleuchten die Ränder des Denkbaren und malen höchstwahrscheinlich kein realistisches Bild der Zukunft. Entscheidend ist, dass wir diese selbst gestalten wollen und die Möglichkeiten hierfür erhalten. Wir Menschen werden im Bewusstsein unserer Verantwortung die Technologien weiterentwickeln, so wie wir alles in der uns erreichbaren Welt gestalten. Wir haben längst damit begonnen. So werden die Lebensbedingungen des 22., 23. und 527. Jahrhunderts entstehen. Wir müssen uns darüber klar sein, dass wir nie alle Konsequenzen unseres Handelns absehen können und es daher ratsam und wichtig ist, nicht alles zu tun, was technisch möglich ist. Aber menschliches Handeln folgt immer menschlichen Bedürfnissen und nie reinen Machbarkeitserwägungen.

Die Verbesserung des menschlichen Körpers ist uns nicht fremd. Die chirurgische »Verschönerung« ist bereits ein Massenphänomen mit manchmal zweifelhaften Ergebnissen. Hier ist zur medizinischen Motivation auch die kosmetische getreten. Auch die funktionale Verbesserung ist grundsätzlich möglich. Nehmen wir als Beispiel das Sehen. Jeder, der schon einmal beim Augenarzt war, weiß, dass man die Sehkraft in Prozent angeben kann. 100 Prozent sind okay, manche haben auch 120, die sind besonders scharfsichtig. Wer unter 100 hat, kann sich eine Brille verschreiben lassen. So war es jedenfalls bis zum Ende des 20. Jahrhunderts. Mittlerweile gibt es Möglichkeiten, die Sehschärfe durch Behandlung mit Lasern auf über 150 Prozent des bisherigen Standards zu erhöhen. Hier handelt es sich weder um Krankheitsbekämpfung noch um Verschönerung. Die neuen Methoden zielen in der Tat auf funktionale Verbesserung.

Der von der Natur hervorgebrachte Standard kann weiterhin als gesund gelten, doch zur funktionalen Verschlechterung durch Krankheit (Kurzsichtigkeit) kommt nun auch die funktionale Verbesserung über das durch die Natur erreichte Maß hinaus. Der Genetiker Lee Silver hält es für wahrscheinlich, dass in nicht allzu ferner Zukunft noch ganz andere Optimierungen möglich sein werden, beispielsweise Menschen, die auch im Infrarotbereich sehen können.

Die Verbesserungsvisionen mancher Autoren ranken sich um drei Varianten zukünftiger Menschen: genmanipulierte, geklonte und mit Hightech aufgemotzte, die auf den Namen Cyborg hören. Schauen wir uns an, was da auf uns zukommen könnte. Jeder mag sich sein eigenes Urteil bilden, welche der Entwicklungen er für wünschenswert oder verwerflich hält. Die Gesellschaft als Ganzes muss entscheiden, was nicht dem persönlichen Ermessen überlassen werden kann, sondern über Gesetze und Konventionen begrenzt werden soll.

Genmanipulierte Menschen

Genmanipuliert heißt zunächst einmal absichtsvoll und gezielt genetisch verändert. Dass sich das Erbgut verändern lässt, steht außer Frage, denn es hat sich ja schon immer verändert. Es ist von Natur aus kein statisches Gebilde, sondern ein dynamischer Stoff. Ohne die ständige Veränderung der Erbsubstanz aller Lebewesen hätte es all die verschiedenen Tiere und Pflanzen und den Menschen nie gegeben. Die Variation der Gene ist der Grundmechanismus der Evolution. Der jetzige Zustand der Biologie des Menschen ist ein gefrorenes Standbild dieses dynamischen Prozesses. In Gestalt der Züchtung ist die Beeinflussung von Biologie und Evolution auch ein Grundmechanismus unserer Kultur. Denn all die Pflanzen, die wir essen, und all unsere Haus- und Nutztiere wären in der Natur von alleine nie entstanden. Vollkornbrot und Biokäse sind kultivierte und damit auch künstliche Produkte. Der Cockerspaniel ist nichts anderes als ein von Menschen durch Züchtung genetisch gezielt veränderter Wolf.

Neu wäre, dass die natürliche Variation der Gene beim Menschen durch eine künstliche ersetzt würde. Nicht so neu ist, dass die natürliche Selektion bereits seit langem nicht mehr stattfindet. Die Anzahl der Kinder einer Person hat heute fast nichts mehr damit zu tun, wie vorteilhaft ihre Gene im Kampf ums Überleben sind, sondern hängt hauptsächlich mit ihrer sozialen Situation zusammen und setzt damit ein Grundprinzip der natürlichen biologischen Evolution außer Kraft.

Das Mittel der Wahl für die gezielte Veränderung der Gene eines noch nicht geborenen Menschen wäre die so genannte Keimbahnveränderung. Bei der somatischen Gentherapie werden Gene in Körperzellen des Patienten geschleust, um Krankheiten zu heilen. Bei einer Keimbahntherapie würde man hingegen die entsprechenden Gene direkt in eine befruchtete Eizelle einbauen. Dadurch würde erreicht, dass die genetische Veränderung automatisch in jeder einzelnen Zelle des entstehenden Menschen erfolgt, ohne dass man in jede einzeln eingreifen muss. Die Effekte des Eingriffs könnten auf bestimmte Zellen begrenzt werden, sodass die Gene nur dort aktiv werden, wo dies beabsichtigt ist. Technisch gesehen gilt es zwei Hürden zu nehmen, bevor eine Keimbahnintervention beim Menschen erfolgen könnte. Die erste ist die Prozedur für Veränderungen in der menschlichen Eizelle. Dieser Eingriff müsste sicher, verlässlich und vor allem unkompliziert sein und der Rest des genetischen Programms dürfte nicht tangiert werden. Die zweite Voraussetzung wäre, dass wir die wirklich wichtigen, vielversprechenden genetischen Verbesserungen überhaupt kennen, damit der Eingriff sich lohnt.

Im Moment wird die Keimbahn von Tieren noch verändert, indem man ein Gen einfügt oder ein vorhandenes Gen auf einem existierenden Chromosom verändert. Diese Technik ist für Menschen ungeeignet, weil viel zu unpräzise. Ein neuer Ansatz, der seit kurzem bei Tieren erprobt wird, besteht darin, neue Gene auf einem neuen, zusätzlichen Chromosom einzuführen. Mit dieser Methode könnte man mehrere und auch sehr große Gene einbauen. Man hätte außerdem mehr Kontrolle über die eingefügten Gene, denn sie befinden sich auf einem separaten Chromosom ohne direkten Kontakt zu den anderen Genen. Ein künstliches menschliches Chromosom ist 1997 erstmals von Huntington F. Willard an der Medizinischen Fakultät der Universität Case-Western-Reserve in Cleveland hergestellt worden.

An Mäusen wurde gezeigt, dass solche Chromosomen wie ihre natürlichen Vorbilder weitervererbt werden. Sie verfügen zunächst nicht über eigene Gene, sondern lediglich über ein Gerüst, in das neue Gene von Enzymen eingebaut werden können. Somit eignen sie sich als universelles Vehikel für unterschiedliche Gensätze, denn man kann beliebige Gene auf ihnen platzieren. Irgendwann könnte es Hunderte solcher Gensätze geben, die alle möglichen Verbesserungen – von der Aids-Resistenz bis zur Langlebigkeit – bewirken würden. Das künstliche Chromosom könnte den zukünftigen Eltern in Reproduktionskliniken angeboten werden. Diese Kliniken führen routinemäßig In-vitro-Befruchtungen (IVF) durch. So stellt es sich zumindest einer der Vordenker der Reprogenetik, der Biophysiker Gregory Stock, von der Universität Kalifornien in Los Angeles vor.

Die neuen Chromosomen würden weitere Eigenschaften benötigen. Es könnte wünschenswert sein, dass bestimmte Gensätze so lange inaktiv bleiben, bis der Empfänger alt genug ist, selbst zu entscheiden, ob er sie im eigenen Körper aktivieren will oder nicht. Dies wäre eine technische Lösung für die Problematik, die sich aus dem medizin-ethischen Imperativ des »informed consent« ergibt, jener ausdrücklichen, wohl überlegten Zustimmung des Betroffenen, die auch heute für alle medizinischen Eingriffe gefordert wird. Es wäre auch wichtig, die Chromosomen so zu bauen, dass sie einfach zu handhaben sind, dass Gene leicht eingefügt werden können und man leicht und sicher feststellen kann, ob das Chromosom und die darauf transportierten Gene erfolgreich in die Eizelle eingebracht worden sind. Am wichtigsten jedoch wäre ein Mechanismus, der es verhindert, dass das Chromosom an die nächste Generation vererbt wird. Ein zentraler und berechtigter Kritikpunkt gegenüber der Keimbahnintervention moniert, dass die genetischen Veränderungen an alle nachfolgenden Generationen weitergegeben würden, diese sie aber vielleicht gar nicht haben wollen. Halten wir am allgemein akzeptierten Gebot der Selbstbestimmung fest, dürfen genetische Veränderungen nicht zum festen Bestandteil des menschlichen Genpools werden. Auch wenn die Keimbahnintervention eine sichere Prozedur wäre, was bisher nicht der Fall ist, würden Kinder, die ein zusätzliches Chromosom erhalten haben, ihren eigenen Kindern, wenn überhaupt, dann sicher nicht die »veralteten« Gene vererben wollen, die sie selbst eine Generation zuvor erhalten haben, sondern nur solche, die dem neuesten Stand der Technik entsprechen. Es wäre schwierig, die Vererbung von genetischen Veränderungen zu verhindern, wenn sie sich irgendwo im Genom befinden. Doch wenn die Veränderungen auf ein einziges zusätzliches Chromosom beschränkt werden, könnte dieses als nicht vererbbar konstruiert werden.

So viel zum vereinfachten technischen Szenario einer gentechnischen Optimierung. Nun kommt der Haken: Es reicht nicht, Gene einfügen zu können, man braucht auch welche, die einzufügen sich lohnt. Für das, was wir unseren Kindern gerne mitgeben würden, sei es Musikalität, Intelligenz oder ein gesundes, langes Leben, sind ja nicht einzelne Gene verantwortlich, sondern unzählige, die sich in einem komplexen Wechselwirkungsgeflecht untereinander und mit der Umwelt befinden. Wir kennen zwar viele einzelne Genvarianten, die einigermaßen eingrenzbare, oft sehr deutliche Veränderungen bewirken. Doch das sind genau die, die wir nicht haben wollen, nämlich so genannte »Krankheitsgene«. Und das ist kein Zufall. Es ist eben unvergleichbar viel leichter, ein nahezu perfekt abgestimmtes System zu stören, indem man durch einen simplen Eingriff einfach Teile demoliert, als es zu optimieren. Daher sind alle diese Überlegungen eher theoretischer und experimenteller Art. Die Voraussetzungen einer Anwendung beim Menschen sind nicht gegeben.

Viele mag es beruhigen, manche werden es bedauern: Die genetische Verbesserung des Menschen ist aus heutiger Sicht noch sehr fern. Die Tatsache, dass Gene zwar wichtig sind, aber weder die Biologie noch den Menschen als Ganzen bestimmen, lässt viele Mediziner vermuten, dass die Technologien zur Keimbahnintervention aus ethischen und medizinischen Gründen niemals beim Menschen eingesetzt werden. Da wir jedoch nie wissen können, was die Zukunft an Überraschungen bringt, ist es wichtig, dennoch darüber nachzudenken und zu diskutieren, was möglich und was unmöglich, was gewollt und was nicht gewollt ist.

Klone

Seit das Schaf Dolly 1996 das Licht der Welt erblickte, gehört das Klonen von Lebewesen zu den großen Kontroversen, die eine breite Öffentlichkeit bewegen. Ums Verbessern geht es hierbei nicht direkt, sondern um das Duplizieren eines – von wem und aus welchen Gründen auch immer – im wahrsten Sinne des Wortes für vorbildlich erachteten Individuums.

Auch vor Dolly gab es schon geklonte Tiere, die nach dem gleichen Muster erzeugt wurden, nach dem auch in der Natur eineiige Zwillinge entstehen: durch so genanntes Embryonensplitting. Wenn sich ein früher Embryo in seine einzelnen Zellen aufteilt, entstehen natürlicherweise Zwillinge, Drillinge, Vierlinge oder auch Achtlinge. Eineiige Mehrlinge sind aber nichts anderes als Klone. Klone dieser Art sind, wie wir wissen, in der Natur nicht selten. Und sie sind auch seit langem künstlich zu erzeugen. Schon im Jahre 1902 klonte der deutsche Entwicklungsbiologe Hans Spemann (1869–1941) einen Molch durch Embryonenteilung, 1981 entstand die erste auf diese Weise geklonte Kuh. Doch Dolly war etwas ganz anderes und stellte deshalb eine wissenschaftliche Sensation dar. Dolly war wirklich ein Klon der nächsten Generation. Natürliche Klone sind Geschwister, sie kommen mehr oder weniger genau zur selben Zeit zur Welt. Dolly jedoch ist der Klon ihrer Mutter, nicht ihrer Schwester. Sie ist genetisch identisch mit einem ausgewachsenen Schaf, das Jahre vor ihr zur Welt gekommen war. Auch diese Art der Fortpflanzung durch Klonen gibt es in der Natur, allerdings nur bei Mikroorganismen, manchen Insekten, Korallen und Pflanzen (hier nennt der Gärtner die Klone Ableger). Die wahren Meister im Klonen sind Blattläuse. Ein Blattlausweibchen kann eine geklonte Tochter zur Welt bringen, die bei der Geburt schon eine ebenfalls geklonte Enkeltochter in sich trägt. Alle drei haben exakt die gleichen Gene.

Dolly ist das Kind eines einfachen Grundgedankens. Der lautet: Wenn in jeder einzelnen Zelle unseres Körpers der komplette Satz unseres Erbguts enthalten ist, dann lässt sich theoretisch auch aus jeder einzelnen Zelle von uns ein kompletter neuer Mensch hervorbringen – und zwar einer, der uns sehr ähnlich sieht. Zumindest beim Schaf und mittlerweile auch bei Kühen, Schweinen und anderen Tieren wurde aus der Theorie Realität. Man nimmt eine Eizelle, entfernt deren Zellkern und ersetzt ihn durch den Zellkern einer Körperzelle des ausgewachsenen Tieres. Anschließend pflanzt man den Embryo in eine (Leih-)Mutter ein und überlässt ihn seiner üblichen Entwicklung. Im Detail ist das Vorgehen sehr viel komplizierter. Das Erstaunlichste bei dieser Prozedur ist, dass es gelungen ist, den übertragenen Zellkern rückzuprogrammieren. Denn in der Körperzelle eines erwachsenen Tieres ist ja nur noch ein kleiner Teil der Gene aktiv. Die Zelle ist bereits weitgehend spezialisiert. Damit mit dieser Erbinformation ein Embryo entstehen kann, muss sie in den entwicklungsoffenen embryonalen Urzustand zurückversetzt werden. Dies ist im Falle von Dolly (und bei den vielen anderen Tieren, die seitdem geklont wurden) gelungen. Dennoch ist die Technik noch längst nicht vollständig beherrscht. Für Dolly benötigten die Forscher 277 Versuche. Eine solche Trefferquote wäre beim Menschen ethisch nicht vertretbar. Klonen von Menschen soll daher nach allgemeiner Überzeugung verboten bleiben.

Cyborgs

Am meisten wehrt sich unsere Intuition von der Natur des Menschen vielleicht gegen den Cyborg, den wir aus Sciencefictionfilmen als monströse Verschmelzung von

Mensch und Technik kennen. Halb Mensch, halb Maschine wirkt er weit weniger sympathisch als jene anthropomorphen Kameraden, etwa Lieutenant Commander Data oder auch C3PO, die zwar ganz Maschine, aber dennoch so überaus menschlich sind. Tatsächlich weilen indes die ersten Cyborgs längst unter uns. Walther Zimmerli, ehemaliger Präsident der Privaten Universität Witten/Herdecke, weist darauf hin, dass wir Menschen uns längst mit einer technischen Peripherie ausgestattet haben: »Wir sind nicht bloß *Homo sapiens*, sondern wir sind Zentauren. Wir sind Wesen, die in einer symbiotischen Verbindung mit den uns umgebenden Technologien leben. Wir Menschen verändern uns kaum jemals direkt genetisch, sondern wir verändern uns mechanisch, elektrisch, elektronisch, indem wir Teil eines solchen symbiotischen Mensch-Maschine-Systems sind.«

Cyborgs sind demnach nicht so spektakulär oder Besorgnis erregend, wie es auf den ersten Blick scheinen mag. Wir begegnen heute täglich mit Technik aufgerüsteten Menschen, der Einbau von künstlichen Gelenken gehört zu den häufigsten chirurgischen Eingriffen überhaupt. Auch der Gedanke, jenes Organ, das Herz, das vielen noch bis vor nicht allzu langer Zeit als Sitz der Seele galt, mit einem elektrischen Schrittmacher zu verbinden, schockiert nicht mehr.

Cyborgs sind das Ergebnis einer Entwicklung, bei der durch Miniaturisierung die Technik immer mobiler wird und daher immer näher an den menschlichen Körper angekoppelt und schließlich auch in ihn inkorporiert wird. Ein Prozess, der von der Lupe zur Brille, zur Kontaktlinse und zum implantierten Seh-Chip führt, welcher zu Beginn dieses Jahrtausends den ersten Patienten mit Makuladegeneration eingepflanzt wurde. Ein gradueller Prozess, der dazu führen könnte, dass in Zukunft immer mehr technische Zusatzmodule aus Silizium und Stahl für den menschlichen Körper entwickelt und angeboten werden. So wie heute jedem freigestellt ist, ob er seinen Körper zum Zwecke der schnellen Fortbewegung mit einer automobilen Hülle umgibt, so wird er in Zukunft eben auch andere technische Erweiterungen des Körpers nutzen können und sich der Einfachheit halber dafür entscheiden, viele davon direkt und dauerhaft in seinen Körper zu integrieren. Er muss deshalb von diesen Instrumenten nicht abhängiger sein als heute vom Auto, auf dessen sicheres Funktionieren wir vertrauen, wenn wir mit 130 Sachen oder schneller auf der Autobahn fahren.

Doch wie die Genmanipulation muss auch die Prothetik an der Stelle Halt machen, wo das Wesen des Menschen berührt wird, bei der Menschlichkeit und bei den höheren geistigen Leistungen. In öffentlichen Diskussionen und demokratischen Prozessen werden wir wie in der Vergangenheit auch mit besonderer Aufmerksamkeit in der Zukunft darauf achten müssen, dass jeder informiert und zur Selbstbestimmung befähigt bleibt.

Fortschritt und Selbstbestimmung

Die Möglichkeiten des Zugriffs aufs Genom, wie wir ihn in den vorherigen Abschnitten ausgeführt haben, bereitet manchem verständliches Unbehagen. Es ist sehr schwer, allgemeingültige moralische Grundsätze zu finden, die hier gelten sollen. Einige halten es für eine moralische Pflicht, die »menschliche Natur«, was immer man darunter verstehen mag, in ihrer gegenwärtigen Ausprägung zu erhalten. Andere sehen eine Pflicht zur Verbesserung. Der Philosoph Kurt Bayertz schreibt: »Man kann daher sowohl intuitiv als auch unter Berufung auf eine ehrwürdige Tradition des kulturellen, theologischen und philosophischen Denkens die Auffassung vertreten, dass die Pflicht des Menschen bezüglich seiner eigenen Natur dieselbe ist wie seine Pflicht bezüglich der Natur aller übrigen Dinge, nämlich nicht, ihr zu folgen, sondern sie zu verbessern.« Der Biologe Hubert Markl fragt: »Ist es nicht gerade das zentrale Humanum menschlicher Kulturfähigkeit, der Natur nicht einfach ihren Lauf zu lassen – wie jedes Rindvieh das muss –, sondern in eigener Verantwortung Hand anzulegen, also ganz wörtlich: zu manipulieren, um menschliches Leben zu ermöglichen, zu erhalten, zu erleichtern und auch zu verbessern?«

Generell können wir sagen, dass die in jüngster Zeit, in Deutschland vor allem zu Beginn und zum Ende des 20. Jahrhunderts, verstärkt zu beobachtende Besinnung auf »natürliches Leben« in Form von »natürlicher Ernährung«, »Naturheilmitteln«, »natürlicher Geburt«, »natürlichem Wohnen« und so weiter eine *kulturelle* Option ist, die der Einzelne in Einklang mit bestimmten Weltanschauungen oder Religionen wählen kann. Doch basiert diese »Natürlichkeit« als Lebensstil immer auch auf einem technisch-zivilisatorischen Sicherungssystem, auf das im Ernstfall zurückgegriffen wird, wenn etwa ein Notkaiserschnitt durchgeführt, ein Kind mit schwerer Lungenentzündung mit Antibiotika behandelt oder Kurzsichtigkeit mit Kontaktlinsen ausgeglichen wird. Bearbeitung und Überwindung der natürlichen Zwänge und Beschränkungen bilden den Kern der historischen Entwicklung des Menschen, und Teil dieser Entwicklung war es häufig, Tabus in Frage zu stellen und Grenzüberschreitungen zu wagen. So war es etwa für die Medizin von enormer Bedeutung, im 16. Jahrhundert das Sektionsverbot zu überwinden und so die Anatomie des menschlichen Körpers endlich im Detail kennen zu lernen. Im 20. Jahrhundert brach die Einführung der Pille ein Tabu und stellte einen wirklich historischen Fortschritt für die Selbstbestimmung der Frauen dar. Auch Herztransplantationen, die heute jedes Jahr Tausende von Menschenleben retten, wurden zu Beginn als nicht akzeptabler Eingriff in die Natur bekämpft. Heute gibt es ähnlich heftige Diskussionen in Hinblick auf Pränatal- und Präimplantationsdiagnostik, Stammzell- und Gentherapie. Das bedeutet nicht, dass alles Machbare auch gemacht werden wird. Für fast alle neuen eingreifenden Technologien gibt es in der Praxis gesellschaftliche, moralische oder gesetzliche, zum Teil strafbewehrte Einschränkungen, um den von vielen befürchteten »Dammbruch« oder einen »Pietätsverlust« zu vermeiden.

Bei den zurzeit intensiven Debatten um Entwicklung und Anwendung biomedizinischer Technologien geht es im Kern darum, wie weit die Selbstbestimmung des Menschen reichen soll, die besonders seit der Aufklärung ein zentraler Wert nicht-autoritärer Gesellschaften ist. Einigkeit dürfte darüber herrschen, dass keiner der genannten Eingriffe in den menschlichen Körper ohne die freie Entscheidung des Betroffenen erlaubt sein darf. Da gilt für die Implantation eines Chips dasselbe wie für einen Dolchstoß in die Brust. Was aber darf der einzelne Mensch tun, wenn er weiß, was er tut, und sich selbst dazu entschieden hat? Viele Menschen, die für ein Verbot von Gentests, Keimbahnveränderung oder den Einsatz anderer Technologien eintreten, gehen wie selbstverständlich davon aus, dass für sie selbst ein solches Verbot nicht erforderlich wäre, da sie selbst in der Lage seien, die »richtige« Entscheidung zu treffen. Anderen jedoch sprechen sie manchmal ab, die für sie »richtigen« Entscheidungen selbst treffen zu können. In der Tat hat schon mancher eine Entscheidung bereut, weil er hinterher erkannt hat, dass er die Konsequenzen nicht richtig eingeschätzt hat oder sich durch eine Zwangslage zu einer Entscheidung genötigt sah, die er sonst vielleicht anders getroffen hätte. Dem Ideal der Aufklärung entspricht, die Fähigkeit zur mündigen und freien Entscheidung zu fördern und am Selbstverständnis des Menschen als Gestalter der Natur festzuhalten, der auch grundsätzlich in der Lage ist, sein gestalterisches Tun selbst zu verantworten, und weiß, dass er zur Verantwortung gezogen wird, wenn er anderen Schaden zufügt.

Dieses moderne Selbstverständnis des Menschen, dem Selbstbestimmung zugebilligt und Verantwortung zugemutet werden kann, ist eine wichtige Basis für Freiheit, Kreativität, Individualität und Menschenwürde. Die Würde des Menschen wird im medizinischen Kontext dann gewahrt, wenn die Gesellschaft ihm eine autonome Entscheidung erlaubt und Wissenschaft und Technik ihm verlässliche Methoden für sein selbstbestimmtes Handeln liefern. Immanuel Kant antwortete in seiner *Kritik der praktischen Vernunft* aus dem Jahre 1788 auf diese Fragen mit dem kategorischen Imperativ: »Handle so, dass die Maxime deines Willens jederzeit zugleich als Prinzip einer allgemeinen Gesetzgebung gelten könnte.« Aus dem Wert der Selbstbestimmung ergibt sich selbstverständlich auch, dass immer dann, wenn nicht der eigene Körper, sondern der anderer Menschen betroffen ist, hohe moralische und juristische Barrieren zu errichten sind.

Eugenik, Selektion, Auswahl

Einer besonderen Betrachtung bedürfen Situationen, wo es um Eingriffe an Menschen geht, die der Selbstbestimmung beraubt oder nicht zu ihr fähig sind. Der Begriff Eugenik ist zu Recht belastet und diskreditiert wie kaum ein anderer. In verschiedenen Zusammenhängen wird auch von Selektion oder Auswahl gesprochen. Gemeint sind Verfahren, die dazu beitragen, dass Nachkommen mit oder ohne bestimmte Merkmale geboren bzw. nicht geboren werden. 1883 von Francis Galton (1822–1911), einem Verwandten Charles Darwins, begründet, wurde die Eugenik als »Lehre von den edlen Genen« zu Beginn des letzten Jahrhunderts vor allem in den USA, Großbritannien und Deutschland, aber auch in Skandinavien und vielen anderen Ländern zu einer Pseudowissenschaft voll von rassistischen und sozialen Vorurteilen und schließlich von der Politik instrumentalisiert. In vielen Bundesstaaten der USA wurden Sterilisierungsgesetze verabschiedet und tausendfach angewendet; vor allem wurden psychisch Kranke, Behinderte und Kriminelle zwangssterilisiert. Gleichzeitig schränkte das Einwanderungsgesetz von 1924 (U.S. Immigration Restriction Act) den Zuzug von Menschen aus »biologisch minderwertigen« Regionen der Welt stark ein. Ihre schrecklichste Ausprägung fand die eugenische Ideologie in der »Rassenhygiene« durch den organisierten Massenmord der Nazis. In der Nazizeit gab es indes weder Gentechnik noch Genomforschung. Die Programme zur Verbesserung der so genannten arischen Rasse kamen im Prinzip ganz ohne Wissenschaft aus – wenngleich sich auch viele Wissenschaftler in den Dienst des Hitler-Regimes stellten. Selbst die Abstammung des Menschen vom Affen wurde abgelehnt, wofür etwa der Berliner Anatom Max Westenhöfer die Begründung lieferte: »Wären Art-, ja nur spezialisierte Rassenumwandlungen möglich, so wäre unsere ganze Rassenhygiene und Rassengesetzgebung hinfällig, was die Herren von der Affentheorie gar nicht zu bemerken scheinen.«

Diese verhängnisvolle Epoche unserer Geschichte zeigt, wie wichtig es ist, dass die Wissenschaft frei bleibt von ideologischer und politischer Einflussnahme. Ein totalitäres Regime kann auch die Wissenschaft korrumpieren und zum Deckmantel degenerieren lassen.

Auch heute warnen viele, besonders in Zusammenhang mit der Reproduktionsmedizin, vor den Gefahren einer neuen Eugenik. Doch offensichtlich ist mit dem Wort nun etwas ganz anderes gemeint. Als »Eugenik« bezeichnet werden die Pränataldiagnostik als Entscheidungsgrundlage für die Abtreibung, die Präimplantationsdiagnostik und die – heute noch nicht durchführbare – Veränderung der genetischen Ausstattung eines noch ungeborenen Kindes durch Keimbahntherapie. Um diese Maßnahmen zu beurteilen, muss man sie in zweierlei Hinsicht bewerten. Erstens, ob ein Zwang ausgeübt wird. Zweitens, welches Ziel eine Maßnahme hat, insbesondere ob das eugenische Ziel der »Verbesserung« des Genpools einer »Rasse« bzw. der Menschheit verfolgt wird, oder ob es sich um eine selbstbestimmte individuelle Wahl handelt. Paare, die die genannten diagnostischen Möglichkeiten nutzen, haben nicht das Ziel, Gene oder gar Menschen auszumerzen. Sie haben das frei gewählte Ziel, ein gesundes Kind zu bekommen.

Diese kurze Diskussion macht deutlich, wie sehr Begriffe, Vorstellungen und gesellschaftliche Werte von persönlichen und nationalen Erfahrungen geprägt sind. Entsprechend unterschiedliche Positionen sind zu diesen Fragen daher in anderen Kulturen und Religionen anzutreffen. Die selbstbestimmte Inanspruchnahme medizinischer

Tests kann man nicht mit dem gleichsetzen, was üblicherweise als »Eugenik« bezeichnet wird. Es ist ein gewaltiger Unterschied, ob ein Elternpaar sich entscheidet, kein Kind oder kein behindertes Kind zu wollen und deshalb ein Abtreibung vornimmt, oder ob ein Staat entscheidet, alle Behinderten zwangszusterilisieren oder zu ermorden.

Der gesunde Körper und der kranke Mensch

Kommen wir zurück zu unserem Körper. Wer schon einmal ein zentnerschweres Anatomielehrbuch in Händen gehalten hat, weiß, dass wir hier ein weites Feld betreten. Doch da die meisten von uns keine Chirurgen sind oder werden wollen, brauchen wir nicht zu wissen, dass *Radix dorsalis* zwischen Hinterhorn und Spinalganglion im Rückenmark zu finden ist, oder was der – für den Lateiner freilich ohne weiteres erahnbare – Unterschied zwischen Hodentorsion und Hodeninversion ist.

Doch wozu eigentlich die Milz da ist, was mit dem Essen im Magen geschieht oder wie wir uns Krankheitserreger vom Leib halten, sind durchaus Fragen, deren Beantwortung für einen bewussten Umgang mit dem eigenen Körper und die Gestaltung des persönlichen Lebensstils bedeutsam sein kann.

Machen wir also einen kleinen Streifzug durch unseren Körper. Wir werden sehen, dass man ihm seine jüngere Vergangenheit als Affe und auch seine etwas fernere als Reptil durchaus noch ansehen kann und dass auch so mancher »Designfehler«, der uns plagt, den verschlungenen Wegen der Evolution durch die Jahrmillionen hindurch geschuldet ist. Diese Sichtweise hat zur »evolutionären Medizin« geführt, die durch die Genomforschung ganz neue Erkenntnismöglichkeiten gewonnen hat. Zu den offenkundigsten dieser Designfehler zählt die Kreuzung von Luft- und Speiseröhre in unserer Kehle. Dieser »Missgriff« der Evolution, den schon unzählige Menschen mit dem Erstickungstod bezahlt haben, ereignete sich bereits vor rund 500 Millionen Jahren, als die ersten Wirbeltiere entstanden. Entsprechend viele Tiere von Forelle bis Rotkehlchen müssen heute damit leben. Und sie tun es ganz gut, weil sie Wege gefunden haben, das Speise-Luft-Verkehrsproblem zu lösen. Besonders schlimm hat es aber uns Menschen erwischt, weil wir die Sprache entwickelten und dazu den Mundraum ein wenig umgestalten mussten. Daher verlieren wir, wenn wir als Babys anfangen zu brabbeln, die Fähigkeit, gleichzeitig zu trinken und zu atmen, und fangen stattdessen an, uns zu verschlucken.

Im Gegensatz zu solchen uralten Unzulänglichkeiten zeigt sich erstaunlicherweise, dass fast alle Krankheiten, mit denen wir heute zu kämpfen haben, und auch einige, die wir besiegt haben, ausgesprochen jung sind und weit mehr mit unserer Lebensweise während der letzten 10 000 Jahre zu tun haben als mit unserer Natur. Das gilt nicht nur für Allergien, Kreuzschmerzen oder Bluthochdruck, sondern auch für alle akut verlaufenden und epidemisch auftretenden Infektionskrankheiten von Grippe bis Cholera und Aids. Diese können Menschen (und Tiere) nur dann ereilen, wenn eine ausreichende Bevölkerungsdichte gegeben ist, sodass sie rasch und effektiv auf andere überspringen. Sie entstanden daher erst, als die Menschen sesshaft wurden, Siedlungen bildeten, dort inmitten ihrer eigenen Exkremente und noch dazu in enger Gemeinschaft mit Haus- und auch Nagetieren, die von den Nahrungsvorräten angezogen wurden, lebten und so beste Voraussetzungen für das Auftreten von Epidemien schufen. Viele unserer Infektionskrankheiten sprangen von unseren Haustieren auf uns über, etwa Masern und Tuberkulose vom Rind, Grippe vom Schwein und die Pocken wahrscheinlich vom Kamel. Ratten, Mäuse, Ungeziefer und verseuchte Wasser- und Nahrungsquellen halfen bei der Übertragung. Die Problematik verschärfte sich erwartungsgemäß, als aus Dörfern Städte wurden.

In den kleinen Populationen der Jäger-und-Sammler-Kulturen hatten dagegen nur Infektionskrankheiten eine Chance, die für die heutigen Bewohner der westlichen Welt, die nicht mehr in engem Kontakt mit Tieren und unter guten hygienischen Verhältnissen leben, keine große Rolle mehr spielen. Hierzu zählen solche, deren Erreger auch außerhalb des Menschen, in Tieren oder im Boden, leben können, etwa das Gelbfieber, das vom Affen auf den Menschen übergreifen kann. Außerdem langsam verlaufende Krankheiten wie Lepra, die dem Erkrankten genug Zeit lassen, weitere Menschen anzustecken, auch wenn er nur gelegentlich welche trifft. Und schließlich Krankheiten, die einen mehrmals im Leben erwischen können, da sie nach akutem Verlauf nicht zu einer Immunisierung führen. Das sind vor allem durch Hakenwürmer und andere Parasiten verursachte Krankheiten.

Heutige Krankheiten sind also in erster Linie typisch für unseren Lebensstil. Die Natur findet für jeden Lebensstil ihre Nischen und somit die passenden Krankheitserreger. Anders kann es in der Evolution ja auch gar nicht sein.

Die dritte große Gruppe moderner Krankheiten sind jene, die uns ereilen, weil wir nicht rechtzeitig sterben – »der Preis dafür, dass man nicht mit zehn oder 30 Jahren einem Löwen zum Opfer fällt«, schreiben der Mediziner Randolph M. Nesse und der Evolutionstheoretiker George C. Williams, »ist unter Umständen ein Herzinfarkt mit 80«, oder eben Krebs oder Alzheimer.

Körperbau

Beginnen wir beim Äußerlichen. Der Mensch ist das einzige auf zwei Beinen gehende Säugetier. Doch erstaunlicherweise hat sich seine Wirbelsäule im Laufe der Evolution nicht wirklich an den aufrechten Gang angepasst. Sie erhält die typische Doppel-S-

Form erst, wenn Kinder das Laufen lernen, durch die dabei wirkenden Kräfte. Menschen, die aufgrund schwerer Krankheit von Geburt an bettlägerig sind, entwickeln keinen Hohlrücken. Bei Menschen, die sich in der Schwerelosigkeit des Weltraums aufhalten, nimmt die Wirbelsäule eine ähnliche Form wie beim Gorilla an. Was für die Wirbelsäule gilt, gilt auch für den Rest unserer Körperbaus. Er ist geprägt von Kompromissen, die sich aus 400 Millionen Jahren auf allen vieren, gefolgt von 7 Millionen Jahren aufrechten Ganges, davon die letzten zwei Millionen Jahre mit deutlich vergrößertem Kopf, ergeben haben.

Der Mensch als Wirbeltier

Die Grundkonstruktion ist sogar noch älter und stammt von den im Wasser lebenden gemeinsamen Vorfahren von Mensch und Fisch. Sie ist gekennzeichnet durch einen symmetrischen Körperbau, dessen Längsachse, wie bei allen Vertebraten, die Wirbelsäule bildet. Genau genommen handelt es sich um eine gebrochene Symmetrie, denn unsere linke und unsere rechte Körperhälfte sind nicht genau gleich. Das Herz sitzt bekanntlich nicht am »rechten Fleck«, sondern in der Regel links, und auch die anderen inneren Organe sind nicht fein säuberlich entlang der Wirbelsäule angebracht. Ursprünglich war dies allerdings so. Leber, Milz und Bauchspeicheldrüse haben erst im Verlauf der Evolution ihre symmetrische Form verloren und sich nach einer Seite des Körpers hin verschoben. Kleinere Symmetriebrechungen zeigen sich auch am meist etwas tiefer hängenden und etwas größeren rechten Hoden und an der etwas tiefer liegenden rechten Niere. Chris McManus vom University College London erhielt im Jahr 2002 den Ig-Nobelpreis (eine Art Anti-Nobelpreis für besonders abwegige Forschung) in der Sparte Medizin für die Erforschung der Hodenasymmetrie bei Männern und bei antiken Skulpturen. McManus untersuchte 107 anatomisch korrekte männliche Statuen und ermittelte, dass bei den meisten Statuen tatsächlich der linke – und nicht wie beim lebenden Objekt der rechte – Hoden größer ist. Warum das so ist, wurde nicht aufgeklärt. Vielleicht liegt es ja an der Rechtshändigkeit der meisten Bildhauer, die nach links immer ein wenig kräftiger zuschlagen.

Der Niere verzeihen wir diesen kleinen Makel gern. Ihre doppelte Anwesenheit, die sich nicht selten als lebensrettend erweist, macht ihn mehr als wett. Auch das Gehirn hat, wie wir im nächsten Kapitel sehen werden, zwei durchaus unterschiedliche Hälften.

Der Mensch als zweibeiniger Affe

Mit unseren Greifhänden mit gegenüber stellbarem Daumen, flachen, kurzen (geschnittenen) Nägeln, Füßen mit großem Zeh, großem Hirnvolumen und vielem mehr sind wir typische Menschenaffen. Einzigartige Strukturen, die anderen Primaten fehlen, konnten beim Menschen nicht entdeckt werden. Unsere Zweibeinigkeit hat jedoch zu einigen Besonderheiten geführt: Die Wirbelsäule übernimmt eine Federungsfunktion, indem sie durch die Doppel-S-Form die Stöße beim Gehen auffängt und die Rumpfmasse über die Stützfläche der Füße bringt. Das Becken hat eine große Last zu tragen, die Beckenschaufeln treten daher breit auseinander und werden durch das gleichfalls verbreiterte Kreuzbein in ihrer tragenden Funktion unterstützt. Ebenfalls breiter und zugleich flacher wurde der Brustkorb. Die Schulterblätter sind von der Seite auf den Rücken verschoben, wodurch die Arme viel Bewegungsspielraum gewonnen haben. Die Beine müssen den Körper allein tragen und fortbewegen, sind daher länger und muskulöser. Der Fuß ist nur noch zum Laufen, nicht mehr zum Greifen da. Die Zehenglieder sind daher deutlich verkürzt.

Der Schädel muss frei balanciert werden, die Nackenmuskulatur ist entsprechend schwächer ausgebildet. Das große Hirn fand vor allem in einer Ausdehnung des Schädels nach oben hin Platz. Hinterhaupt und Seitenwände haben an Stabilität eingebüßt, das Gesicht ist abgeflacht, die Schnauze ist anatomisch weitgehend verschwunden, der Ausdruck aber geblieben.

Insgesamt ist die Anpassung an den aufrechten Gang noch recht unvollständig. Das liegt erstens daran, dass wir für die Umstellung bisher nur wenige Millionen Jahre Zeit hatten. Zweitens bringt es die Evolution mit sich, dass keine grundsätzlichen Veränderungen im Körperbau erfolgen können, sondern immer das alte Design so gut es eben geht an die neuen Erfordernisse angepasst wird. Charakteristische Folgen der Zweibeinigkeit sind die Neigung zu Bandscheibenvorfällen, Meniskusschäden, Senk- und Plattfüße, X- und O-Beine, Arthrose sowie Krampfadern. Zwischen unseren Wirbeln befinden sich kleine Gallertpölsterchen, die von einem Band zusammengehalten werden und daher Bandscheiben heißen. Wird man älter und hat vielleicht auch ein paar Pfund zu viel auf den Rippen, lassen die Bänder allmählich nach, der weiche Kern kann seitlich ein wenig herausrutschen und gegen Rückenmark oder Nerven drücken. Man hat einen Bandscheibenvorfall, unter Umständen starke Schmerzen und, wenn es ganz schlimm kommt, sogar Lähmungserscheinungen. Fein dosierte Übungen können helfen, das System in Form zu halten und nützen häufig mehr als Medikamente, solche Schäden zu vermeiden.

Knochen, Gelenke, Muskeln

Unser Skelett ist strikt symmetrisch. Ein ausgewachsener Mensch verfügt über mehr als 200 Knochen, von denen sich rund die Hälfte in Händen und Füßen befindet. 22 Knochen bilden den Schädel, 32 die Wirbelsäule, drei das Brustbein und vier den Brustgürtel, 60 gehören zu Armen und Händen, zwei zur Hüfte, 59 zu Beinen und Füßen, 24 sind Rippen.

Verbunden sind die Knochen über gut 100 Gelenke. Die Gelenkflächen sind innen von glattem Knorpel umhüllt und daher gleitfähig. Größere Gelenke enthalten zusätzlich eine schleimige Flüssigkeit, die die Reibung an den Berührungsflächen verringert.

Wenn das Knie nicht mehr so recht will, außerdem seltsam schnappt und knackst, ist meist der Verschleiß eines der jeweils zwei halbmondförmigen kleinen Knorpel namens Meniskus schuld. Die zwei Menisken zwischen Ober- und Unterschenkel stabilisieren das Kniegelenk und verteilen die Last. Ein völlig unbeschädigter und unverbrauchter Meniskus sieht aus wie ein Gummibärchen. Er hat eine ganz glatte Oberfläche und ist milchig trüb. Ständiges Kneten und Herumziehen führt zu kleinen Rissen. Sind genügend kleine Risse vorhanden, reicht schon ein geringer Anlass, um das Gummibärchen so zu verdrehen, dass sich die kleinen Risse zu einem großen verbinden. Als Nächstes ist dann das Gelenk selbst dran und entwickelt eine Arthrose. Deshalb wird fast immer operiert.

Arthrose ist nichts anderes als eine Abnutzung der Innenauskleidung der Gelenke, die uns alle irgendwann mehr oder weniger stark erwischt. Nur jeder fünfte kann sich im Alter von über 50 noch ganz intakter Gelenke erfreuen. Hauptsächlich betroffen sind Knie- und Hüftgelenke mit starker mechanischer Belastung. Allerdings gilt auch hier, dass dosiertes Training hilft, die Regenerationsfähigkeit zu fördern. Überbeanspruchung, wie bei Profifußballern und Rugbyspielern, führt zu vorzeitigem Verschleiß.

Weit größer als die der Gelenke ist die Zahl der Muskeln. Es sind über 600. Alle, die mit äußeren Körperbewegungen betraut sind, sind quergestreift, hören auf bewusste Kommandos des Gehirns und werden daher als willkürliche Muskulatur bezeichnet. Der Rest macht von selbst, was er soll, nämlich zum Beispiel den Darm so bewegen, das sein Inhalt den Weg von oben nach unten und nach draußen findet. Das ist die glatte bzw. unwillkürliche Muskulatur.

Der Sammelbegriff Rheuma bezeichnet Schmerzen, die in erster Linie Muskeln, Sehnen, Knochen oder Gelenke erfassen, ohne dass man sich verletzt hat. Die Ursache sind nicht mechanische Konstruktionsfehler, sondern unser großartiges, aber eben nicht ganz perfektes Immunsystem, das sich irrtümlich gegen Teile des eigenen Körpers richtet, Entzündungen hervorruft und zu allmählicher Zerstörung führt. Unter den Oberbegriff Rheuma fallen rund 400, zum Teil sehr unterschiedliche einzelne Erkrankungen. Am häufigsten sind Gelenke betroffen. Dann spricht man von Arthritis. Es können jedoch auch Augen, Herz, Niere, Darm, Blutgefäße, Nerven und Gehirn in Mitleidenschaft gezogen werden. Mehr dazu im Abschnitt über das Immunsystem.

Der Mensch als vielseitiger Sportler

Der Mensch ist ein Gehirntier. Wir besetzen im Tierreich mit außerordentlichem Erfolg die »kognitive Nische«. Unsere Überlegenheit resultiert eindeutig aus geistiger Leistung. Für alle Arten von körperlicher Betätigung finden wir Tiere, im Vergleich zu denen wir eine ziemlich schlechte Figur machen. So wurden wir sogar schon als »Homo inermis«, als schutzloses Mängelwesen charakterisiert. Doch der Schein trügt: In Einzeldisziplinen mögen wir unterliegen, aber im Mehrkampf, in Sachen Vielseitigkeit stehen wir selbst in körperlicher Hinsicht an der Spitze. Ein normaler Erwachsener kann in der Regel ohne besonderes Training, was kein anderes Tier schafft: 25 Kilometer am Stück wandern, 150 Meter schnell sprinten, 1500 Meter zügig joggen, auf einen Baum klettern, über einen 2 bis 3 Meter breiten Graben springen, 2 Meter tief tauchen und 200 Meter einigermaßen flott schwimmen.

Nervensystem

Das Zentrum unseres Nervensystems bilden Gehirn und Rückenmark. Von diesem aus verbinden die Nerven des peripheren Nervensystems unser Zentralorgan mit allen Körperteilen. Was man sich gemeinhin unter einem Nerv vorstellt, ist ein Bündel aus sensorischen und motorischen Nervenfasern, Blutgefäßen und Bindegewebe.

Mal abgesehen vom Denken, das sich hauptsächlich im Großhirn abspielt, hat unser Nervensystem zwei Jobs: die Sensomotorik und die vegetative Steuerung.

Das sensomotorische Nervensystem beschäftigt sich mit der Außenwelt. Es empfängt Sinneseindrücke (Sehen, Hören, Schmecken, Fühlen – Temperatur, Schmerz u. a.), die Rezeptoren anregen und dann über die Nervenfasern ans Gehirn weitergeleitet werden, wo die bewusste Wahrnehmung entsteht. Außerdem gibt es Bewegungsbefehle an die Muskeln.

Das vegetative bzw. autonome Nervensystem kontrolliert das Innenleben des Körpers, also zum Beispiel Blutdruck, Herzschlag, die Ausschüttung zahlreicher Hormone, die Funktion des Magen-Darm-Traktes und der Drüsen, Atmung, Wasserhaushalt sowie die Sexualorgane. Es reagiert ebenfalls auf Sinneseindrücke, die im Gehirn jedoch nicht bewusst gemacht werden, da die erforderlichen Reaktionen kein Nachdenken erfordern. So kann zum Beispiel eine gefüllte Harnblase Blutdruckveränderungen hervorrufen oder ein gefüllter Magen eine Serie von Verdauungsvorgängen beeinflussen. Ganz grob gesehen besteht das vegetative Nervensystem aus zwei Abteilungen, die wieder einmal ein Erbe aus vergangenen Zeiten darstellen: auf der einen Seite Aktivität, Flucht und Jagd und auf der anderen Verdauung und Ruhe. Diesen entsprechen die beiden Prinzipien Sympathikus und Parasympathikus. Bei Sympathikusaktivierung kommt es zu Adrenalinausschüttung, Herzschlagbeschleunigung, schneller Atmung und feuchten Händen, zur Verminderung der Darmdurchblutung mit Umverteilung des Blutes in die Muskulatur, um bei Gefahr reagieren, zum Beispiel davonrennen zu können. Bei Überwiegen des Parasympathikus beobachten wir verlangsamten Herzschlag, verminderte Muskeldurchblutung, Sammlung des Blutes im Magen-Darm-Trakt und aktivierte Verdauung, um wieder Energie aufzutanken.

Eine dritte Abteilung bildet das intramurale System, das die Wände von Hohlorganen (Herz, Magen, Darm, Blase, Uterus) durchzieht, die in ihrer Funktion eine gewisse Selbstständigkeit aufweisen.

Zu den häufigsten Erkrankungen des Nervensystems gehören die Alzheimersche und die Parkinson-Krankheit, auf die wir im folgenden Kapitel näher eingehen. Obwohl äußerst selten, hat in den letzten Jahren die Creutzfeldt-Jakob-Krankheit (CJK) die Gemüter bewegt und den Appetit auf Rindfleisch vorübergehend gezügelt. Aus medizinischer Sicht ist CJK interessant, weil es sich um eine Prionenerkrankung handelt. Prionen sind die minimalistischsten Krankheitserreger: Sie haben noch nicht einmal eigene Gene. Sie sind nur einzelne Proteine, aber sie besitzen die Fähigkeit, anderen Proteinen der gleichen Art ihre spezielle Raumstruktur aufzuzwingen und damit schwere Krankheiten wie die Rinderseuche BSE oder eben CJK beim Menschen zu bewirken.

Die CJK, bei der das Gehirn sich zersetzt und löchrig wird, ist eine sehr seltene Krankheit beim Menschen, die pro Million Menschen und Jahr etwa einmal auftritt. Sie wird verursacht durch die zufällige Mutation des Prion-Gens in einer Gehirnzelle, die in Folge das Prion mit leicht veränderter Raumstruktur produziert, welches daraufhin andere Prionen im Gehirn infiziert, also ihre Raumstruktur verändert, sodass die Prionen nicht mehr löslich sind, verklumpen, sich im Gehirn ablagern und gesunde Nervenzellen verdrängen. Es gibt auch eine erbliche Form der Creutzfeldt-Jakob-Krankheit, die sich Gerstmann-Sträussler-Scheinker-Syndrom nennt. Hier liegt die Mutation bereits in den Keimzellen vor.

Von Mensch zu Mensch wird CJK nur sehr selten übertragen. Die Infektion kann entweder über den Verzehr des Gehirns eines Erkrankten, über schlecht sterilisierte Operationswerkzeuge (Prionen sind extrem widerstandsfähig und ertragen sogar Hitze bis 120 Grad) oder durch Präparate, die aus dem Gehirn von Toten gewonnen werden, übertragen werden. Die Gefahr für Letzteres bestand bis zur Einführung des gentechnisch erzeugten Wachstumshormons. Zuvor wurden nämlich Patienten mit einer Wachstumsstörung mit einem Wachstumshormon behandelt, das aus den Hirnanhangdrüsen von Leichen gewonnen wurde.

Allgemeine Bekanntheit erlangte diese seltene Krankheit erst mit der Epidemie der Rinderseuche BSE in Großbritannien in den 1980er-Jahren. BSE wurde durch den Verzehr von Rindfleisch wahrscheinlich auch in einigen Fällen auf Menschen übertragen und führte zu einer speziellen, sehr früh einsetzenden Form von CJK. In Deutschland sind bisher noch keine Fälle aufgetreten.

Hormonhaushalt

Das endokrine System bildet neben dem Nervensystem den zweiten Computer in unserem Körper. Dieser arbeitet im Gegensatz zum ersten nicht mit elektrischen, sondern ausschließlich mit chemischen Signalen, ist daher langsamer und in seiner Wirkungsweise diffuser. Dass wir zwei so unterschiedliche Systeme zur Informationsverarbeitung haben, liegt wie üblich an der Evolution; das chemische Übertragungssystem ist das ältere. Hormone werden auch von Lebewesen genutzt, die kein Nervensystem haben, zum Beispiel Pflanzen. Beide Systeme haben sich gemeinsam entwickelt und ergänzen sich. Genauso wie alle Organe über das Nervensystem miteinander in Verbindung stehen, sind sie auch über das Hormonsystem miteinander verbunden. Zwischen beiden besteht eine sehr enge Wechselbeziehung. Das Gehirn ist zum Beispiel auch eine bedeutende Hormondrüse, die über den Hypothalamus und die Hirnanhangdrüse, die Hypophyse, auf alle Körperfunktionen hormonell Einfluss nimmt. Es ist zugleich Zielorgan zahlreicher Hormone. Hormonsystem und vegetatives Nervensystem teilen sich die Arbeit bei der Regulation der Prozesse im Körper.

Hormone werden meist am Ort ihrer Erzeugung in die Blutbahn entlassen. Sie verteilen sich im Körper und zeitigen Wirkungen dort, wo spezielle Rezeptoren sie aufnehmen können. Die spezifische Bindung des Hormons an seinen Rezeptor löst eine Signalkaskade aus, die schließlich die typische Antwort der Zielzelle provoziert. Alle Zielzellen besitzen Rezeptoren für verschiedene Hormone. So kann eine Zelle auch zu widersprüchlichen Reaktionen angeregt werden. Ebenso zeigt ein bestimmtes Hormon häufig in Zielzellen verschiedener Gewebe auch verschiedene Wirkungen. Adrenalin vermindert zum Beispiel die Durchblutung des Verdauungstraktes, erhöht aber gleichzeitig die der Skelettmuskeln. Es gibt also wie beim Radio Sender und Empfänger und dazwischen eine gleichmäßige, ungerichtete Ausbreitung des Signals. Während Nerven in Bruchteilen von Sekunden Informationen übermitteln, brauchen Hormone dafür Minuten oder gar Stunden.

Die Hormone ausschüttenden endokrinen Drüsen sitzen an verschiedenen Stellen des Körpers. Zu ihnen gehören Hypothalamus, Hypophyse und Epiphyse im Gehirn, Schilddrüse, Nebenschilddrüse, Epithelkörperchen in der Nähe des Kehlkopfs, Thymus hinter dem Schlüsselbein, Nebenniere über den Nieren, Langerhanssche Inseln in der Bauchspeicheldrüse, die Eierstöcke neben der Gebärmutter und die Hoden, die zur besseren Temperaturkontrolle außen angebracht sind. Außer den endokrinen Drüsen können auch die meisten Gewebe Hormone bilden, die jedoch nur lokal wirken.

Eine weit verbreitete Störung des Hormonhaushalts ist die Zuckerkrankheit. Bei Diabetes wird wegen zu geringer Insulinausschüttung der Blutzuckerspiegel nicht richtig reguliert. Es kommt zur Überzuckerung. Die Billionen Zellen unseres Körpers müssen mit Zucker versorgt werden. Die Hauptaufgabe des Insulins ist es, den Zucker in die Zellen hineinzubefördern. Es hat als Hormon die Funktion eines Schlüssels, mit dem die Zellen aufgeschlossen werden. Fehlt Insulin, kann das gefährlich werden. Der Zucker bleibt im Blut, der Blutzuckerspiegel beginnt zu steigen und Zucker wird im Urin zusammen mit viel Wasser ausgeschieden. Um trotzdem genügend Energie bereitzustellen, muss der Organismus sich auf den Abbau von Fettstoffen beschränken. Dadurch werden aber giftige Stoffwechselprodukte freigesetzt. Der Körper trocknet aus, die Konzentration an Giftstoffen nimmt zu und die Energieversorgung bleibt unzureichend. Schließlich kann der Kreislauf zusammenbrechen und der Patient in das so genannte diabetische Koma fallen.

Gesunde produzieren Insulin in ausreichender Menge in den so genannten Inselzellen, die sich in der Bauchspeicheldrüse befinden. Es gibt zwei Hauptarten von Diabetes, die von ihrer Entstehung her ganz unterschiedliche Erkrankungen sind, beide aber zu einer Erhöhung des Blutzuckers führen. Typ-1-Diabetes ist selten, Typ 2 häufig. Als Ursache des Typ-1-Diabetes nimmt man heute ein Zusammenwirken mehrerer Faktoren an. Vererbt wird nur eine Veranlagung, nicht die Krankheit selbst. Es bedarf weiterer Faktoren, damit sie zum Ausbruch kommt. Es wird angenommen, dass ein Virusinfekt entscheidend zur Entstehung beiträgt. Für den Ausbruch der Krankheit ist letztlich eine Autoimmunreaktion verantwortlich, bei der der Körper seine eigenen Inselzellen angreift und zerstört.

Bei Typ-2-Diabetes bleiben die Inselzellen intakt und produzieren Insulin. Trotzdem wird der Blutzuckerspiegel nicht richtig reguliert. Denn einerseits wird das Insulin von den Betazellen nicht in ausreichendem Maße freigegeben, wenn der Blutzuckerspiegel steigt, andererseits gibt es Schwierigkeiten, die Zielzellen für die Glucose zu öffnen, der Zucker wird also nicht in ausreichendem Maße aufgenommen. Schuld daran ist nach neuesten Erkenntnissen unter anderem ein Hormon namens Resistin, das von Fettzellen produziert wird. So erklärt sich zum Teil der Zusammenhang zwischen Übergewicht und Diabetes. Geringes Körpergewicht und gesunde Ernährung sowie Sport helfen häufig besser als Medikamente, diese Krankheit zu vermeiden.

Auch bei den Geschlechtshormonen kann deren Gleichgewicht untereinander gestört werden. Die von Teenagern gefürchteten Pickel der Akne entstehen durch die Überaktivität und bakterielle Entzündung kleiner Talgdrüsen im Gesicht und am Oberkörper. Schuld ist die gesteigerte Produktion der »männlichen« Geschlechtshormone (Androgen, Testosteron) bei Mädchen und Jungen in der Pubertät. Schwere Akne kann beim Heilen vernarben und so zu einem bleibenden kosmetischen Makel werden.

Insgesamt lassen viele schwere Störungen des Hormonhaushalts sich durch Hormonersatz gut behandeln. Manche der Hormone werden mittlerweile gentechnisch hergestellt und sind daher nicht mehr mit tierischen oder menschlichen Begleitstoffen verunreinigt.

Die meisten Hormone werden jedoch nicht eingenommen, um Krankheiten zu behandeln, sondern um zu kontrollieren, wann und wie viele Kinder eine Frau bekommen möchte. Die Pille, die seit 1960 zur Verhütung eingesetzt wird, enthält die Hormone Östrogen und Gestagen. Östrogene haben je nach Menge unterschiedliche Wirkungen im Körper. Normalerweise fördern geringe Mengen Östrogen die Reifung eines

Eies im Eierstock, den Eisprung und damit die Empfängnisfähigkeit. Ist jedoch eine Schwangerschaft eingetreten, produziert der Körper mehr Östrogen, das nun die Reifung eines neuen Eies und den Eisprung unterdrückt. Die Gestagene verdicken den Schleim, der den Gebärmuttermund verschließt und machen ihn so für Spermien undurchlässig. Außerdem verändern sie den Aufbau der Gebärmutterschleimhaut, um für das befruchtete Ei gute Wachstumsmöglichkeiten zu schaffen. Die gleichen Effekte macht sich die Pille zu Nutze. Sie täuscht auf hormoneller Ebene eine Schwangerschaft vor und verhindert so eine wirkliche. Die so genannte Minipille und die »Pille danach« enthalten nur Gestagene.

In der Menopause ist bei Frauen die Hormonproduktion in den Eierstöcken deutlich reduziert, was häufig zu unangenehmen Wirkungen wie Hitzewallungen, trockener Haut und Osteoporose führt. Eine Hormonsubstitution, bei der die Hormone wie bei der Pille als Tablette eingenommen werden, wird heute meist beschränkt auf die Symptombehandlung. Mit einer dauerhaften »Anti-Aging«-Therapie sind die meisten Ärzte eher zurückhaltend.

Atmung

Jede Zelle unseres Körpers braucht Sauerstoff. Daher atmen wir täglich rund 19 000 Liter Luft ein, was fast 4000 Litern reinen Sauerstoffs entspricht. Da der Körper den Sauerstoff nicht speichern kann, brauchen wir ein sehr verlässlich funktionierendes Atemsystem, das 24 Stunden am Tag und jahrzehntelang ohne jede Unterbrechung arbeitet. Verantwortlich dafür ist hauptsächlich das Zwerchfell, das Brustraum und Lunge ausdehnt, sodass ein Unterdruck entsteht und Luft einströmt. Sie gelangt durch den Kehlkopf in die Luftröhre, die sich in die zwei Hauptbronchien und dann den rechten und linken Lungenflügel verzweigt. Die Bronchien verästeln sich immer weiter, bis die Luft schließlich in die 300 Millionen Lungenbläschen gelangt. Jedes dieser Bläschen ist von einem feinen Netz von Blutgefäßen umgeben, in denen das Hämoglobin der roten Blutkörperchen den Sauerstoff aufnimmt. Nach jedem Einatmen hat das Zwerchfell Pause, denn zum Ausatmen brauchen wir fast keine Energie. Die elastische Lunge zieht sich von selbst wieder zusammen. Gesteuert wird die Atmung über das Atemzentrum im Gehirn, das ständig den Kohlendioxidgehalt im Blut misst und die Atmung beschleunigt, wenn er zu hoch ist. Stoppt die Sauerstoffzufuhr, erleidet das Gehirn nach fünf bis sieben Minuten irreparable Schäden und der Tod tritt rasch ein.

Da die Luft voller Krankheitserreger ist, sind die Atemwege besonders infektionsgefährdet. Daher hat der Körper Mechanismen entwickelt, um das Eindringen möglichst zu verhindern. Der Mundspeichel wirkt antibakteriell und in der Schleimhaut der Lunge sorgen so genannte Flimmerzellen dafür, dass eingeatmete Schmutzteilchen zusammen mit dem produzierten Schleim nach oben transportiert werden und ausgehustet werden können. Werden diese zerstört, können sich Keime ansiedeln und eine chronische Bronchitis kann entstehen. Hauptursache dafür ist das Rauchen. 90 Prozent aller Menschen mit chronischer Bronchitis sind Raucher oder Ex-Raucher. Jeder zweite Raucher über 40 Jahre leidet an einer chronischen Bronchitis. Wenn die Krankheit fortschreitet und es zu Verkrampfung der Bronchienmuskulatur und Ausweitung der Lungenbläschen kommt, spricht man daher auch von einer Raucherlunge, die im Gegensatz zur gesunden, rosigen Lunge aschgrau aussieht.

Die Grippe (Influenza) ist eine Infektion der Atemwege durch Influenza-Viren, die die Schleimhaut der Atemwege schädigen und es Giften und Bakterien ermöglichen, in den Körper einzudringen. Es kommt zu hohem Fieber, Abgeschlagenheit, Glieder- und Kopfschmerzen und Reizhusten, der sich über Wochen hinzieht. Das Immunsystem wird geschwächt, sodass sich oft weitere Infektionen anschließen können. Die Grippe ist sehr ansteckend und tritt daher oft als Epidemie oder Pandemie in großen Regionen auf. Bei der Pandemie von 1918/19 (Spanische Grippe) starben mehr als 20 Millionen Menschen. Da der Erreger sich häufig verändert und mit tierischen Influenza-Viren vermischt, müssen ständig neue Impfstoffe entwickelt werden. Neue Stämme entstehen zum Beispiel auf Bauernhöfen in Asien, wo Menschen, Enten und Schweine auf engem Raum zusammenwohnen und die verschiedenen Influenza-Viren ihre Gene bequem austauschen können. Nicht mit einer richtigen Grippe zu verwechseln ist die sehr viel harmlosere Erkältung, die von über 200 verschiedenen Viren ausgelöst wird und zu Husten, Schnupfen, Heiserkeit führt. Dass Kinder ständig erkältet sind, liegt an der großen Zahl der Viren, die das Immunsystem im Laufe der Kindheit erst kennen lernen muss, um sie in Zukunft schon ausschalten zu können, bevor sich Symptome zeigen.

Zu den großen Killern der Vergangenheit zählt die Tuberkulose. Ende des 19. Jahrhunderts fielen der Tuberkulose, auch »weiße Pest« genannt, rund 20 Prozent der europäischen Bevölkerung zum Opfer. Auslöser ist *Mycobacterium tuberculosis*, ein Bakterium, das auch heute noch in 2 Milliarden Menschen, einem Drittel der gesamten Menschheit, heimisch ist, von den meisten aber in Schach gehalten wird. Dabei bedient sich der Körper auch einer Abwehrstrategie, die sich im Kampf gegen Würmer und andere Parasiten bewährt hat, heute jedoch eher selten ist. Er umschließt die Bakterienklumpen mit einer Membran, um sie vom Körper abzusondern. Die so entstehenden Einschlüsse heißen Tuberkel. Kommt es jedoch zu einer Schwächung des Immunsystems, dann gewinnt der Erreger die Oberhand und die Krankheit bricht aus. Unbehandelt führt TB in mehr als der Hälfte der Fälle in weniger als zwei Jahren zum Tod. Noch heute sterben täglich rund 8000 Menschen an Tuberkulose – darunter auch etwa ein Drittel aller Aids-Patienten, die besonders gefährdet sind.

Blutkreislauf

Das Blut hat im Wesentlichen fünf Jobs. Es transportiert Sauerstoff zu den Zellen und CO_2 nach draußen. Es transportiert zudem Nährstoffe wie Kohlenhydrate, Eiweiße, Fett sowie Hormone und Vitamine. Es schafft Abfallstoffe zu den Ausscheidungsorganen Niere, Leber und Lunge. Es verteilt die Wärme im Körper. Und es führt Abwehrzellen des Immunsystems mit sich, um überall im Körper Eindringlinge bekämpfen zu können.

Die Gesamtblutmenge beträgt 7 bis 8 Prozent des Körpergewichtes, bei einem 70 Kilogramm schweren Menschen rund 5,6 Liter. Es besteht zu 44 Prozent aus festen Bestandteilen und zu 56 Prozent aus Blutplasma, das wiederum zu 93 Prozent aus Wasser und zu 7 Prozent aus gelösten Stoffen besteht. Die festen Bestandteile sind zu 90 Prozent rote Blutkörperchen (Erythrozyten), die den Sauerstoff transportieren. Sie enthalten den Farbstoff Hämoglobin, der das sauerstoffreiche Blut rot aussehen lässt. Die roten Blutkörperchen werden im Knochenmark gebildet und haben eine Lebensdauer von etwa vier Monaten. Zur Bildung von roten Blutkörperchen benötigt der Körper unter anderem Eisen, Vitamin B12 und Folsäure.

Der Rest sind weiße Blutkörperchen (Leukozyten) und Blutplättchen (Thrombozyten). Die weißen Blutkörperchen dienen der Abwehr von Krankheitserregern und Fremdstoffen. Die Blutplättchen sind für die Blutgerinnung notwendig. Bei Verletzungen verkleben sie die Wände des Blutgefäßes und scheiden einen Stoff aus, der zusammen mit anderen Fibrin erzeugt. Dieses bildet ein Netz über der Wunde, in dem die roten Blutkörperchen gefangen werden und so einen Thrombus bilden, der die Wunde verstopft und die Blutung beendet. Wandert ein solcher Thrombus im Blutgefäß weiter, kann es zu einer Thrombose kommen, einem Blutgerinnsel, das sich häufig in den Venen der Beine festsetzt. Löst es sich wieder, kann der Pfropfen in der Vene über das Herz in die Lungenarterien gespült werden und diese verstopfen. Eine solche Lungenembolie mit Brustschmerzen, Husten und Atemnot kann mit schweren Komplikationen einhergehen und führt häufig zum Tod. Beim Festsetzen der Gerinnsel im Gehirn spricht man von einem Hirnschlag, im Herzen vom Herzinfarkt. Hauptrisikofaktoren für die Bildung von Thrombosen sind langes Liegen oder sonstige Inaktivität, etwa das bewegungslose Sitzen im Flugzeug (»Economy Class Syndrom«).

Unser Gefäßsystem besteht aus Arterien, Kapillaren und Venen. In den Arterien fließt das Blut vom Herzen weg. Sie spalten sich auf und verzweigen sich, bis sie nur noch dünne Haargefäße sind. Diese verdichten sich dann wieder zu Venen, die zum Herzen führen. Die Haargefäße sind viel dünner als die Haare auf unserem Kopf. Deshalb konnte sie erst im Jahre 1660 der Italiener Marcello Malpighi (1628–1694) unterm Mikroskop entdecken und so die Theorie des Blutkreislaufs bestätigen. In den Venen sorgen die Venenklappen dafür, dass das Blut nur in Richtung des Herzen fließen kann.

Sind diese nicht mehr intakt, kommt es zum Blutstau, zu Krampfadern in den Beinen und zu Hämorrhoiden im Analbereich.

Das Herz

Unser Kreislauf ist wie bei allen Säugetieren zweigeteilt in einen großen Körper- und einen kleinen Lungenkreislauf. Über die Lungenvenen fließt sauerstoffreiches Blut zum linken Vorhof des Herzens und in die linke Herzkammer. Von dort aus wird es durch den Herzschlag in die Hauptschlagader gepumpt, um dann bis in den letzten Winkel des Körpers weiterzufließen und den Zellen Sauerstoff zu liefern und gleichzeitig Abfallprodukte, vor allem CO_2, mitzunehmen. Das CO_2-reiche Blut gelangt über die Venen zum rechten Vorhof und in die rechte Herzkammer. Von hier aus wird es über Lungenschlagader und Lungenarterien in die Lunge gepumpt, wo das CO_2 beim Ausatmen in die Luft abgegeben wird. Das Herz ist nichts anderes als ein Hohlmuskel. Um in beiden Kreisläufen gleichzeitig Blut fließen zu lassen, ist es in zwei Kammern und jeweils zwei Ventile (Herzklappen) aufgeteilt. Die rechte Herzhälfte versorgt den kleinen Kreislauf, die linke den großen.

Das Herz kann wie andere Muskeln in der Größe je nach körperlicher Aktivität des Besitzers erheblich variieren. Ein Durchschnittsherz ist etwa 12 bis 13 Zentimeter lang, 10 Zentimeter breit und wiegt um die 300 Gramm. Es kann etwa 0,6 bis 1 Liter Blut aufnehmen und schlägt in Ruhe 70 Mal pro Minute.

Das Herz ist von Blutgefäßen umgeben, die es mit Blut und Sauerstoff versorgen. Wird eines dieser Gefäße durch ein Blutgerinnsel bei einem Herzinfarkt verstopft, kann das Blut nicht mehr zirkulieren. Die Sauerstoffzufuhr ist unterbrochen, und das Gewebe geht zugrunde. Wird das Blutgerinnsel nicht umgehend behandelt, stirbt ein Teil des Herzmuskels ab. Abgestorbenes Herzmuskelgewebe vernarbt und wird von Bindegewebe ersetzt. Je größer das betroffene Gebiet im Herzen, desto schlechter pumpt das Herz. Schwere Infarkte verringern die Pumpleistung des Herzens und damit die Leistungsfähigkeit des Patienten.

Beim akuten Herzinfarkt kommt es vor allem darauf an, das Blutgerinnsel schnell aufzulösen. Hierzu wird heute ein Medikament namens Plasminogenaktivator r-tPA zur Aktivierung von Blutgerinnsel auflösenden Stoffen eingesetzt. Das kleine »r« steht für »rekombinant« und bedeutet »gentechnisch hergestellt«. In unserem Blut befindet sich ständig körpereigenes tPA. Aber nur in ganz geringen Mengen. Es bewirkt, dass schon kleinste Klümpchen, die auch bei gesunden Menschen vorkommen, aufgelöst werden. Bildet sich wie bei einem Schlaganfall oder Herzinfarkt ein größeres Gerinnsel, so aktiviert das injizierte r-tPA das Plasminogen, das das Fibrinnetz des Blutgerinnsels angreift und auflöst.

Die häufigste Ursache des Herzinfarktes ist die Arteriosklerose. Arterienverkalkung ist ein natürlicher Alterungsprozess, der durch Bluthochdruck jedoch beschleunigt wird. Blutfette und weiße Blutkörperchen reichern sich an der Gefäßwand an und verengen diese. In den Gefäßablagerungen können sich kleine Risse entwickeln. Geschieht das, bildet sich ein kleines Gerinnsel aus Blutplättchen, das eigentlich den Riss schließen soll, im ungünstigen Fall jedoch das ohnehin verengte Gefäß vollends verstopft und einen Herzinfarkt auslöst.

In Deutschland sterben jährlich rund 400 000 Menschen an einer Erkrankung des Herz-Kreislauf-Systems, davon 77 000 unmittelbar an einem Herzinfarkt. Herz-Kreislauf-Erkrankungen sind mit rund 50 Prozent der Todesfälle die mit Abstand häufigste Todesursache hierzulande.

Sinnesorgane

Die menschliche Wahrnehmung erfolgt in drei Stufen. Mit Augen, Ohren, Nase, Zunge und Haut empfangen wir physikalische Reize unserer Umwelt. Die übersetzen wir in elektrische Nervenimpulse und schicken diese ins Gehirn. Dort werden Bewusstseinsinhalte daraus gestaltet. Was wir von der Außenwelt mitbekommen, ist also nur die Interpretation einer Übersetzung eines Reizes. Hierzu mehr im folgenden Kapitel. An dieser Stelle beschränken wir uns auf die Reizaufnahme.

Gesichtssinn

Das Auge registriert Lichtteilchen (Photonen), die entweder direkt von einer Lichtquelle kommen oder von Objekten reflektiert werden. In der Natur gibt es neun verschiedene Typen von Augen. Das menschliche Auge funktioniert nach dem Kameraprinzip. Ein solches Kameraauge besteht wie ein Fotoapparat aus einer lichtempfindlichen Schicht hinter einer mit einer Blende versehenen Linse, die die Lichtstrahlen bündelt, sodass ein relativ scharfes und relativ helles Bild entstehen kann.

Die Lichtbrechung und Bündelung übernehmen Hornhaut und Linse. Für die Feineinstellung sorgt dabei die Linse, die ihre Gestalt im Gegensatz zu Glaslinsen in Kameras stufenlos ändern kann. Sie ist an Fasern aufgehängt. Sind diese angespannt, ist die Linse relativ flach und das Auge auf Weitsicht eingestellt. Lassen die Muskeln die Ziliarfasern locker, krümmt sich die Linse stärker und man kann stufenlos Objekte in näheren Entfernungen scharf sehen.

Wird die Augenlinse alt, kann sie sich trüben und an Flexibilität einbüßen. Dann sieht man nicht mehr so scharf. Diese Erscheinung namens Grauer Star oder Katarakt betrifft rund 99 Prozent der über 65-Jährigen. Die Krankheit verschlimmert sich allmählich und kann in sehr hohem Alter auch zur Erblindung führen. Im Spätstadium wird die Graufärbung der Pupille auch von außen sichtbar. Auf Fotos mit Blitzlicht bekommen die Betroffenen keine roten Augen mehr.

Mit Hilfe der Iris (Regenbogenhaut) passt sich das Auge an unterschiedliche Lichtverhältnisse an. Sie ist technisch gesprochen die Blende und hat eine zentrale, runde, bewegliche Öffnung, die Pupille. Durch zwei Muskeln kann sich die Pupille verengen oder erweitern und so weniger oder mehr Licht durchlassen. Mit einer Taschenlampe kann man leicht die Reaktionsfähigkeit der Linse prüfen. Der Pigmentgehalt der Iris bestimmt ihre Farbe: Blaue Augen sind wenig pigmentiert, braune Augen stark.

Das Bild, das wir sehen, entsteht zunächst als Muster auf der Netzhaut im Inneren des Auges, das anschließend vom Gehirn interpretiert wird. Die Netzhaut besteht aus einer Schicht aus lichtempfindlichen Rezeptoren und dünnen Nervenzellen, die die Photonen des Lichts einfangen und entsprechende Signale ans Gehirn weiterleiten. Es gibt zwei Arten von Photorezeptoren: Stäbchen und Zapfen. Die 120 Millionen Stäbchen sind für das Erkennen von Bewegungen und das Sehen im Dämmerlicht zuständig, erkennen also Schwarzweiß-Kontraste. Mit Hilfe der 6,5 Millionen Zapfen können wir lesen, weit entfernte Objekte gut erkennen und farbig sehen. Am Ort des schärfsten Sehens, der Makula, befinden sich ausschließlich Zapfen. Bei der altersbedingten Makuladegeneration gehen also die besten Teile des Auges zugrunde. Das Bild wird unscharf, Farben werden schwer unterscheidbar, gerade Linien wellig oder geknickt und in der Mitte des Bildes entsteht ein grauer Schatten und mit der Zeit ein leerer Fleck. Der Verlust tritt zunächst nur an einem Auge auf. Bei der Hälfte der Patienten folgt jedoch innerhalb von fünf Jahren das andere nach. Es gibt eine langsam und eine schnell verlaufende Form. Die Ursachen sind nicht endgültig geklärt.

Leider hat auch unsere Retina eine kleine Macke in Gestalt eines blinden Punktes an jener Stelle, wo der Sehnerv aus dem Auge austritt. Denn die Nerven und Blutgefäße, die zu den Netzhautzellen führen, verlaufen dummerweise im Inneren des Auges. Das Licht muss also erst durch sie hindurch, um auf Stäbchen und Zäpfchen zu treffen. An der Austrittsstelle aus dem Auge bleibt dann kein Platz für eben diese. Deshalb sehen wir bei starrem Blick mit einem Auge 20 Grad rechts bzw. links von der Blickrichtung nichts. Natürlich haben wir längst gelernt, mit diesem Problem, das ebenfalls auf die Zeit der Entstehung der Wirbeltiere zurückgeht, umzugehen. Wir zucken beim Sehen einfach ständig ein bisschen hin und her. So kann uns nichts entgehen und unser Gehirn baut aus dem Gewackel ohne Mühe ein schönes, klares Bild. Das hat der Tintenfisch nicht nötig. Bei dem befinden Nerven und Blutgefäße sich auf der »richtigen« Seite des Auges.

Beim Grünen Star oder Glaukom gehen ebenfalls altersbedingt die Sehnerven allmählich zugrunde, was schließlich zu einer Erblindung führen kann. In der Regel geht das ohne Schmerzen vor sich und die Einbußen im Gesichtsfeld werden vom Patienten erst dann bemerkt, wenn sie das Zentrum erreicht haben. Hauptursache dafür ist eine Abflussverstopfung. Die im Inneren des Auges ständig neu gebildete Flüssigkeit kann nicht mehr richtig in die umgebenden Blutgefäße abgegeben werden. Dadurch steigt der Augeninnendruck, was sich vor allem an der Stelle bemerkbar macht, wo der Sehnerv zum Gehirn einmündet. Der Druck zerquetscht nach und nach den Sehnerv, der aus einer Million feinster Fasern besteht, die das Auge mit dem Sehzentrum im Gehirn verbinden. Der Sehnerv stirbt so allmählich ab. Sobald ein Glaukom erkannt ist, kann es mit Augentropfen gut behandelt und eine weitere Verschlechterung vermieden werden.

Bei der Kurzsichtigkeit funktioniert das Auge ganz normal, der Augapfel ist lediglich etwas länglicher geformt. Die Netzhaut befindet sich daher hinter dem Brennpunkt. Die gebündelten Lichtstrahlen sind schon wieder etwas auseinander gelaufen, wenn sie dort auftreffen. Weitsichtigkeit ist entsprechend durch einen zu kurzen Augapfel bedingt. Beides hat bereits Johannes Kepler im Jahre 1604 beschrieben.

Gehör

Das Gehör registriert Veränderungen des Luftdrucks. Die Schallwellen dringen über die Ohrmuschel in den Gehörgang und stoßen an dessen Ende auf das Trommelfell, das sie zum Schwingen bringen. Hinter dem Trommelfell sitzen die berühmten drei kleinsten Knochen des Menschen: Hammer, Amboss und Steigbügel. Die drei waren ursprünglich – bei den Reptilien, die keine Ohren haben – Teile des Kiefergelenks. Ihre Hörfähigkeit entwickelten sie auf simple Art, indem sie Vibrationen des Bodens übertrugen, wenn die Echsen ihren Kopf auf die Erde drückten. Heute tastet der Hammer das Trommelfell ab, der Amboss leitet die Schwingungen weiter, der Steigbügel überträgt sie ins Innenohr, wo er die Flüssigkeit in der Gehörschnecke zusammenpresst und eine Welle erzeugt. Diese wiederum erregt die Basilarmembran und die mit ihr verbundenen Haarzellen, welche einen Nervenimpuls über den Gehörnerv zum Hörzentrum des Gehirns weiterleiten.

Wir haben zwei Ohren, damit wir nicht nur hören können, sondern auch lokalisieren, woher ein Geräusch kommt. Die Schallwellen erreichen das eine Ohr nämlich etwas später als das andere und dieser klitzekleine Unterschied wird vom Gehirn registriert und zur Berechnung des Standorts der Schallquelle genutzt. Töne, die exakt von vorne oder hinten kommen, erreichen beide Ohren gleichzeitig und sind daher schwer zu lokalisieren.

Eine Schwerhörigkeit kann in allen Teilen des Ohres entstehen. Relativ gut dran ist man, wenn die Schallleitung im Gehörgang oder Mittelohr betroffen ist. Das kann oft wieder in Ordnung gebracht werden. Ursachen sind vor allem Verstopfungen, Verletzungen, Verengungen und Entzündungen mit vielen unterschiedlichen Ursachen sowie Lärm und Alterung. Schlechter sieht es aus, wenn eine Störung der Schallempfindung durch Innenohr, Hörnerven und Gehirn die Ursache ist. Ist ein Mensch in einem bestimmten Frequenzbereich schwerhörig, sind die feinen Haarzellen im Innenohr, die für diese spezielle Frequenz zuständig sind, lädiert. Dies kann auch mit Phantomgeräuschen einhergehen. Denn die angekoppelten Nervenzellen, die normalerweise den entsprechenden Ton ins Gehirn weiterleiten, haben nichts mehr zu tun und gehen nun unter Umständen ihrem Geschäft in Eigenregie nach. Solche Geräuschwahrnehmungen, die das Gehör selbst erzeugt, werden als Tinnitus bezeichnet. Die häufigste Ursache für einen Tinnitus, also ein ständiges Sausen, Pfeifen, Brummen, Rauschen, Knacken oder Zischen im Ohr, sind jedoch Durchblutungsstörungen der kleinsten Innenohrgefäße, meist in Folge von Lärm, Stress, Entzündungen, Verletzungen und Stoffwechselstörungen.

Riechen und Schmecken

Die Riech- und Schmeckzellen registrieren chemische Substanzen: Moleküle, die von den Dingen und Lebewesen um uns herum freigesetzt werden. Die Riechzellen (olfaktorische Sinneszellen) befinden sich im oberen Bereich der Nase. Wenn ein chemischer Stoff in die Nase gelangt, wird er im Nasenschleim gelöst und von ihnen wahrgenommen. Jede Nervenzelle enthält einen von etwa 1000 verschiedenen Rezeptortypen, die jeweils auf mehrere Stoffe reagieren. So entsteht ein eindeutiges Signalmuster für rund 10 000 von uns unterscheidbare Gerüche. Im Vergleich zu anderen Säugetieren, deren Existenz maßgeblich vom Herumschnüffeln abhängt, ist das wenig. Doch es genügt, um uns einiges Vergnügen beim Essen und Trinken zu bereiten.

Die Schmeckzellen (gustatorische Sinneszellen) befinden sich in den Geschmacksknospen in Mund und Rachen. Sie können gerade einmal sechs Grundqualitäten des Geschmacks erkennen: süß, sauer, salzig, bitter, fett und umami (japanisch: köstlich). Umami ist der Geschmack der Aminosäure Glutamat, er haftet natürlicherweise vor allem Sojaprodukten an. Die Rezeptoren sind in evolutionärer Sicht von großer Bedeutung. Denn für das Überleben unserer Vorfahren war es entscheidend, möglichst viel zu essen, was süß und salzig und fettig schmeckt, also Energie und Mineralstoffe liefert, dafür Saures, das einem den Magen verdirbt, und Bitteres, das einen vergiftet, zu meiden. Diese Geschmäcker sind Resultat der Koevolution von fressenden Tieren und gefressen werdenden Pflanzen. Pflanzen verfügen aus ihrer Sicht nur über eine Sache, die verspeist werden soll: die Frucht, die daher süß und attraktiv ist. Alle anderen Teile sollen gemieden werden und sind daher mit Giftstoffen gespickt, die oft bitter schmecken, damit das Tier zum eigenen Vorteil als auch dem der Pflanze gleich beim ersten Bissen aufhört. Die evolutionäre Bedeutung des Umami-Geschmacks ist noch nicht endgültig geklärt, wahrscheinlich dient er als Hinweis auf proteinreiche Kost. Er haftet aber auch gekochten und fermentierten Lebensmitteln sowie sehr reifen Früchten an. Im fernen Osten ist die Verkörperung des Umami-Geschmacks die Sojasauce, in Europa Parmesankäse.

Zu den sechs Geschmacksempfindungen mischen sich die Eindrücke des Fühlnerves (*Nervus trigeminus*). Er nimmt über Tausende von Nervenendigungen in den Schleimhäuten von Nase und Mund zum Beispiel das Brennen und Stechen wahr, das durch Zigarettenrauch, Essig oder Pfeffer verursacht werden kann, oder den kühlenden Effekt von Menthol. Zum endgültigen Geschmackserlebnis beim Essen und Trinken tragen auch die Gerüche, die gefühlte Konsistenz und die Temperatur der Leckereien bei. Letztlich sind die Gerüche für den Geschmack wesentlich wichtiger als die reine Schmeckwahrnehmung im Mund. Würde man sich beim Schlemmen die Nase zuhalten, wäre der Genuss dahin.

Tastsinn

Die Tastrezeptoren in der Haut registrieren Berührung, Temperatur und Schmerz. In einem Quadratzentimeter Haut finden sich etwa zwei Wärme-, zwei Kälte-, 25 Druck- und 200 Schmerzrezeptoren, besonders dicht gepackt sind sie an Lippen, Zunge und Fingerspitzen.

Die Merkel-Zellen in der Oberhaut und die Meissner-Tastkörperchen in der Lederhaut übernehmen die Druckwahrnehmung beim Tasten. Sie reagieren auf eine Eindellung der Haut ab 0,01 Millimeter und Gewichtsunterschiede von 4 Milligramm. Die Vater-Pacini-Lamellenkörperchen in der Lederhaut und oberen Unterhaut erkennen Vibrationen.

Dicht unter der Oberhaut liegen die Krause-Kältekörperchen, die besonders stark im Bereich zwischen 17 und 36 Grad Celsius reagieren. Etwas tiefer befinden sich die Ruffini-Wärmekörperchen mit einem Erregungsmaximum zwischen 40 und 47 Grad. Bei Temperaturen über 45 Grad Celsius signalisieren sie Schmerz anstelle eines Wärmeempfindens. Schmerz und Juckreiz werden außerdem über 4 Millionen freie Nervenendigungen übermittelt.

Der Tastsinn entsteht sehr früh in der Entwicklung der Embryos, die schon bei einer Größe von 2,5 Zentimetern beginnen, ihren Lebensraum zu ertasten.

Gleichgewichtssinn

Die beiden Gleichgewichtssensoren in unserem linken und rechten Innenohr registrieren die Bewegung der in ihnen enthaltenen Flüssigkeit, wenn wir unseren Kopf drehen. Sie bestehen aus drei durch ein Schlauchsystem miteinander verbundenen Bogengängen, die zum Teil mit Flüssigkeit gefüllt sind. An den Wänden der Kanäle befinden sich Tast- oder Sinneshaare. Wenn wir uns bewegen, bewegt sich auch die Flüssigkeit in den Bogengängen. Dadurch werden die Sinneshärchen gereizt und leiten die Reize an das Kleinhirn weiter.

Das Gleichgewichtsorgan ist eine Erfindung der Landtiere. Es existiert in der heutigen Form seit etwa 45 Millionen Jahren und ist im Wasser eher hinderlich. Daher hat es sich wohl bei Walen, die bekanntlich vom Land ins Wasser übersiedelten und am nächsten mit der Kuh verwandt sind, offenbar sehr schnell zurückgebildet. Es ist beim Blauwal, dem größten Säugetier der Welt, kleiner als beim Menschen. Die Desensibilisierung des Gleichgewichtssinns hat es den Walen und Delfinen ermöglicht, ohne Schwindelgefühl auf kurvenreichen Bahnen durch die Ozeane zu ziehen

Zur Wahrnehmung von Beschleunigung in senkrechter und waagrechter Richtung besitzen wir ebenfalls im Innenohr zwei Schweresinnesorgane mit Namen Sacculus und Utriculus. Sie bestehen aus Haarbüscheln, die in eine gallertartige Masse ragen und Trägheitskräfte messen.

Zusätzlich zu diesen Informationen erhält das Gehirn Mitteilungen von den Muskeln, von den Augen, vom räumlichen Gehör der Ohren und von Sehnen- und Gelenkrezeptoren. All diese Informationen zusammen ermöglichen es dem Kleinhirn, unsere Bewegungen zu koordinieren.

Innere Organe

Zu den inneren Organen zählen der Verdauungstrakt mit Magen, Dünndarm, Dickdarm und Mastdarm, die gemeinsam darauf hinwirken, aus dem, was wir essen, das, was wir brauchen, rauszuholen und den Rest wieder nach draußen zu befördern.

Des Weiteren treffen wir bei einem Besuch im Körperinneren Nieren, Leber, Milz und Bauchspeicheldrüse bei der Arbeit.

Magen

Der Magen speichert Nahrung und zersetzt sie durch Säure und Enzyme zu einem halb verdauten Brei, den er dann allmählich in den Dünndarm weitergibt. Er besteht aus einem gekrümmten, muskulösen Schlauch. In ungefülltem Zustand ist er etwa 20 Zentimeter lang, sein Fassungsvermögen beträgt 1,5 bis 2,5 Liter. Magensaft ist eine wässrige Flüssigkeit, die Salzsäure (pH 0,9 bis 1,5) und das Eiweiß spaltende Verdauungsenzym Pepsin enthält. Sie wird – über nervale wie auch hormonelle Signale (Gastrin) gesteuert – über Drüsen in den Magen abgegeben. Die Magenschleimhaut schützt sich durch eine dicke Schleimschicht davor, selbst verdaut zu werden. Entzündungen der Magenschleimhaut (Gastritis) führen zu Appetitlosigkeit, Völlegefühl, diffusem Druck in der Magengegend, saurem Aufstoßen und Blähungen. Es gibt drei Ursachen. Typ A ist eine seltene Autoimmunreaktion gegen die Belegzellen der Magenschleimhaut. Typ B wird durch das Bakterium *Helicobacter pylori* verursacht und ist insbesondere bei Menschen über 50 weit verbreitet. Typ C ist eine Vergiftung durch aus dem Zwölffingerdarm zurückfließenden Verdauungssaft oder durch Medikamente und Alkohol. Die häufigste Komplikation einer chronischen Gastritis ist das Magengeschwür: eine Wunde in der Schleimhaut und der Wand des Magens oder des Zwölffingerdarms. Typisches Symptom ist der drückende oder brennende Schmerz im Oberbauch. Es kann zu Blu-

tungen kommen, die man an schwarzem Stuhlgang (Teerstuhl) erkennt. Ein Geschwür
entsteht generell, wenn die Schleimhaut nicht genug Schleim produziert, um sich vor
der Magensäure zu schützen. Bei 75 Prozent der Magengeschwüre und über 95 Prozent
der Zwölffingerdarmgeschwüre kann das Bakterium *Helicobacter pylori* nachgewiesen
werden. Bis zur Entlarvung von *Helicobacter pylori* galt das Magengeschwür weithin als
psychosomatische Folge von zu viel Stress. Doch da nahm man die Redewendung, dass
einem etwas auf den Magen schlage, wohl zu ernst. Fatale Folge war, dass man nicht mit
Antibiotika behandelte, mit denen heute die Bakterien erfolgreich bekämpft und die
Krankheit geheilt werden kann.

Tatsächlich gibt es auch einen so genannten Stressulkus. Unter Stress wird hier
jedoch nicht in erster Linie Ärger mit dem Chef, sondern zum Beispiel große Operationen, Unfälle oder Verbrennungen verstanden.

Darm

Der Darm besteht aus knapp 5 Metern Dünndarm, 1,5 Metern Dickdarm und 20 Zentimetern Mastdarm.

Im Dünndarm wird das Essen, das im Magen präpariert wurde, mit Gallensaft und
Bauchspeichel traktiert und vollends in seine Bestandteile zerlegt. Um die Oberfläche
zu vergrößern, hat sich die Dünndarmschleimhaut in Darmzotten und Falten drapiert.
Die enthalten Drüsen, die unerwünschte Stoffwechselprodukte des Körpers in den
Darm verabschieden und umgekehrt Nährstoffe ins Blut aufnehmen.

Der Dünndarm mündet in den Dickdarm, der den aller verwertbaren Stoffe beraub-
ten Nahrungsbrei durch Rückgewinnung von Wasser und Salzen wieder eindickt, um
ihn dann dem Mastdarm zu übergeben, der ihn über den After hinausbefördert.

Der Darm spielt auch bei der Immunabwehr eine zentrale Rolle. Da ein Großteil der
Krankheitserreger über den Magen-Darm-Trakt mit der Nahrung aufgenommen wird,
befinden sich bis zu 80 Prozent der Antikörper produzierenden Zellen in der Darmwand. So haben es die Antikörper nicht weit bis zum Feind.

Es gibt eine Vielzahl von Erregern, die zu Magen- und Darminfektionen führen. Die
grundsätzlich sinnvolle Reaktion des Körpers ist der Versuch, durch Entleerung von
Magen und Darm in beide Richtungen die Eindringlinge wieder loszuwerden. Am häufigsten ist der Übeltäter das Rotavirus. Zu den bakteriellen Erregern zählen unter anderem Salmonellen, Shigellen und Kolibakterien.

Bei schweren Infektionen wie der Cholera ist der Krankheitsverlauf oft sehr heftig.
Die Betroffenen verlieren sehr schnell viel Flüssigkeit und können innerhalb eines Tages
an Organausfällen infolge der Austrocknung sterben, wenn keine Gegenmaßnahmen
ergriffen werden. Der Durchfall ist jedoch auch im Interesse des Erregers, der so möglichst schnell in neue Wirte gelangen kann. Daher war die wichtigste Maßnahme zur
Bekämpfung der Cholera die Versorgung der Bevölkerung mit sauberem Wasser. Auf

diese Weise wird dem Erreger sein bevorzugter Übertragungsweg genommen, was zur Folge hatte, dass die Cholerainfektionen in Südasien heute weit harmloser sind als früher.

Bei Lebensmittelvergiftung bilden Bakterien (besonders Staphylokokken) Giftstoffe, die den Magen-Darm-Trakt angreifen und schon nach wenigen Stunden zu Symptomen führen. Die wichtigste Maßnahme ist die ausreichende Zufuhr von Flüssigkeit und Salzen (Elektrolyte). Das Hausrezept lautet: 2,5 Gramm Speisesoda, 1,5 Gramm Kaliumchlorid, 3,5 Gramm Kochsalz und 20 Gramm Traubenzucker auf einen Liter Wasser.

Der Blinddarm ist ein Überbleibsel aus vergangenen Zeiten, als sich unsere Vorfahren noch mit sehr minderwertiger pflanzlicher Nahrung begnügen mussten, die sie im Wurmfortsatz (Caecum) verdauten, wie es zum Beispiel Hasen noch heute tun. Dieser ist lang und dünn, was ihn besonders anfällig macht. Wenn er sich entzündet und anschwillt, kann dadurch die ihn versorgende Arterie abgeklemmt werden. Ohne Blut hat er dann keine Chance mehr, sich gegen die Entzündung zu verteidigen, am Ende platzt er und die Infektion greift auf die gesamte Bauchhöhle über, was durchaus tödlich enden kann. Wahrscheinlich liegt in der Neigung zu einem schweren Entzündungsverlauf evolutionär der Grund dafür, dass wir den Blinddarm überhaupt noch haben und er sich nicht völlig zurückbilden konnte. Denn ab einem gewissen Punkt der Verkleinerung stieg die Gefahr für schwere Infektionen deutlich an, wodurch die entsprechenden Individuen früh verstarben und daher die Gene für einen noch kleineren Blinddarm nicht weitergeben konnten. So kommt es, dass heute die Entfernung des entzündeten Blinddarms die häufigste Darmoperation ist.

Bauchspeicheldrüse
Die Bauchspeicheldrüse liefert die Verdauungssäfte für den Darm. Selbst gerade mal 100 Gramm schwer, produziert sie pro Tag 2 bis 3 Liter davon. Im Bauchspeichel sind Salze und mehr als 20 verschiedene Verdauungsfermente enthalten. Die werden aber erst im Dünndarm aktiviert, damit sich die Bauchspeicheldrüse nicht selbst verdaut.

Als Shop im Shop befinden sich in der Bauchspeicheldrüse die Langerhansschen Inseln, ihres Zeichens Produktionsstätten des berühmten Insulins sowie einiger anderer Substanzen, die der Steuerung des Zuckerstoffwechsels dienen.

Leber
Die Leber widmet sich der Aufarbeitung unserer Nahrung. Sie stellt aus dem, was sie über den Darm aus unserer Nahrung erhält, Substanzen her, die der Körper braucht, und zerlegt andere so, dass sie entsorgt werden können.

Sie zerlegt Eiweiße in ihre Bestandteile, die Aminosäuren, und baut dann neue menschliche Eiweiße daraus, etwa Hormone, das Hämoglobin des Blutes. Zerlegte

Kohlenhydrate speichert sie in Form von Glykogen. Benötigt der Körper wieder mehr Energie, wandelt sie dieses wieder in Glucose um und gibt es in die Blutbahn ab. Fettbausteine (Fettsäuren und Glycerin) werden zum Aufbau komplizierter Folgeverbindungen wie beispielsweise Cholesterin genutzt.

Schädliche Stoffe werden von der Leber aufgenommen und inaktiviert oder in wasserlösliche und damit leichter ausscheidbare Substanzen umgewandelt. Besonders wichtig ist die Ammoniakentgiftung. Das Ammoniak, das beim Abbau der Aminosäuren in der Leber anfällt, ist sehr giftig. Die Leber entgiftet das Ammoniak über den so genannten Harnstoffzyklus. Dabei wird es in ungiftigen Harnstoff umgewandelt und mit dem Urin ausgeschieden.

Weitere Aufgaben der Leber sind die Speicherung der fettlöslichen Vitamine A, D, E und K sowie Folsäure und Vitamin B12 und die Produktion von Gallensaft, der umgewandelte körperfremde Substanzen nach draußen schafft, im Darm bei der Verdauung von Fetten hilft und unserem Kot seine typisch braune Färbung verleiht. Die Gallenflüssigkeit wird auf ihrem Weg von der Leber in den Dünndarm in der Gallenblase gesammelt und eingedickt. Dabei können Steine entstehen. Die Ursache ist wahrscheinlich eine veränderte Zusammensetzung der Galle mit zu viel Cholesterin und zu wenig Säure. Die meisten Gallensteine bestehen zu über 70 Prozent aus Cholesterin. Daher gelten erhöhte Blutfettwerte als wichtiger Risikofaktor. Zum Glück haben etwa drei Viertel der Gallensteinbesitzer wenig Ärger mit und auch keine Ahnung von ihren Steinen, da diese sich unauffällig verhalten. Wenn sie sich bemerkbar machen, dann in der Regel durch einen starken Schmerz rechts oben im Bauch, die Gallenkolik, die entsteht, wenn sich ein Gallenstein im Gallenblasengang oder Gallengang verklemmt.

Entzündet sich die Leber, spricht man von einer Hepatitis. Ursachen sind die Infektion mit Hepatitis-Viren oder anderen Krankheiten, etwa dem Pfeifferschen Drüsenfieber oder der Malaria, und Giften, etwa Alkohol, überdosiertem Paracetamol oder dem Gift des Knollenblätterpilzes.

Bisher sind sieben verschiedene Hepatitis-Viren bekannt, die zu unterschiedlichen Familien gehören, unterschiedliche Übertragungswege nutzen und zu einem unterschiedlichen Krankheitsverlauf führen – alles in allem also wenig gemein haben. Gefährlich ist insbesondere das Hepatitis-C-Virus, das häufig zu einem chronischen Verlauf und in fast einem Drittel der Fälle zu einer Leberzirrhose führt und für das es keinen Impfstoff gibt. Schuld ist seine hohe Wandlungsfähigkeit. Es verändert bei der schnellen Vermehrung ständig seine Zusammensetzung. Das Immunsystem wird dadurch irregeführt und muss immer wieder neu auf die Suche und in den Kampf gehen. Zudem gibt es meist keine akute Phase mit Gelbfärbung der Haut oder grippeähnlichen Symptomen, weshalb die Erkrankung häufig unentdeckt bleibt.

Da das Hepatitis-C-Virus erst seit 1989 bekannt ist, konnte es bis zirka 1990 durch Transfusionen und Blutprodukte im Krankenhaus übertragen werden, sodass rund 0,5

Prozent der Bevölkerung in Deutschland infiziert sind, unter den Blutern waren es 1995 etwa 87 Prozent, unter den Drogenabhängigen 79 Prozent. Heute erfolgt eine Übertragung fast nur über kontaminierte Spritzen von Drogenabhängigen. Ein gewisses Risiko besteht wohl auch beim Tätowieren, bei Piercings und Akupunktur. Infektionsgefahr besteht für Ungeimpfte bei der Hepatitis B, die in 90 Prozent der Fälle nicht chronisch verläuft.

Die Symptome einer Hepatitis sind oft, insbesondere bei Kindern, sehr mild. Man fühlt sich einfach nur krank und etwas schlapp. Da jedoch durch die Krankheit Leberzellen zerstört werden, kann es bei einer unbemerkten chronischen Hepatitis schließlich zu Leberkrebs oder einer Leberzirrhose kommen. Dabei wird Lebergewebe zerstört und vernarbt. Wenn viel funktionsfähiges Gewebe fehlt, wird die Leistung des Organs eingeschränkt, was eine Vielzahl von Symptomen und Komplikationen mit sich bringt.

Die Hauptursache für eine Leberzirrhose ist jedoch übermäßiger Alkoholkonsum. Alkohol wird in der Leber zu Fett abgebaut, das nicht vollständig aus den Zellen entfernt werden kann. Die mit Fett überladenen Zellen entzünden sich und sterben ab. Außerdem entstehen Giftstoffe, die weiteres Gewebe zerstören. Unbehandelt führt die Zirrhose durch den Zusammenbruch aller Leberfunktionen (Leberkoma) zum Tod.

Nieren

Unsere beiden Nieren befinden sich beidseits der Wirbelsäule etwa in Höhe der unteren Rippen, die rechte unterhalb der Leber, die linke unterhalb der Milz. Aufgabe der Nieren ist es, das Blut zu reinigen. In der Nierenrinde befinden sich rund 1 Million kleine Blutgefäßknäuel, die Nierenkörperchen. Diese funktionieren wie kleine Filter, durch die Glukose, Harnstoff, Elektrolyte und Wasser aus dem Blut in die Niere gelangen und in den Tubuli aufgefangen werden. Pro Minute wird auf diese Weise etwa ein Achtelliter Primärharn gebildet, pro Tag rund 180 Liter! So viel Wasser können wir beim besten Willen nicht lassen. Der Großteil des Primärharns wird wieder resorbiert, der Rest bildet den konzentrierten eigentlichen Harn, den Urin. Von diesem verlassen knapp anderthalb Liter pro Tag den Körper und transportieren so Abbauprodukte nach draußen, die wir drinnen nicht haben wollen und die als harnpflichtig bezeichnet werden.

Die Nierenkörperchen werden alle bereits vor der Geburt gebildet und können später nicht mehr ersetzt werden. Daher liegt die Leistungsfähigkeit der Nieren zunächst weit über dem erforderlichen Maß. Nur so ist es möglich, dass sie auch im hohen Alter, wenn nur noch die Hälfte oder gar ein Viertel der Nierenkörperchen funktionsfähig ist, ihre Arbeit tun können.

Die Niere ist auch ein wichtiger Hormonproduzent. Sie gibt Erythropoetin ans Blut ab, das die Bildung der roten Blutkörperchen im Knochenmark anregt. Sie bildet auch das Hormon Renin, das den Blutdruck reguliert. Bei schweren Schädigungen der Niere wird zu viel Renin gebildet und es entsteht Bluthochdruck (Hypertonie). Hemmer des Renin-Systems sind wirksame Medikamente gegen diese Krankheit.

Milz

Die Milz sitzt links oben in der Bauchhöhle und macht sich dem Hobbysportler gelegentlich durch Seitenstechen bemerkbar.

Beim ungeborenen Kind besteht ihre Hauptaufgabe in der Bildung roter Blutzellen. Damit hört sie nach der Geburt auf und überlässt diese Arbeit ganz dem Knochenmark, kann aber im Notfall wieder einspringen. Normalerweise aber obliegt ihr die Blutreinigung. Sie entfernt Krankheitserreger, Abfallstoffe und verbrauchte rote Blutzellen und recycelt das Eisen aus dem Hämoglobin der roten Blutzellen zur späteren Wiederverwertung. Bei starker Anstrengung drückt sie Blutreserven in den Kreislauf und verursacht so Seitenstechen.

Haut

Die Haut ist das größte Organ des Menschen. Sie kann bis zu 2 Quadratmeter groß und 10 Kilogramm schwer werden. Sie schützt uns vor der Außenwelt, insbesondere vor Krankheitserregern und ultravioletter Strahlung, reguliert Körpertemperatur und Wasserhaushalt, nimmt Temperatur- und Berührungsreize auf und verrät uns durch Erröten.

Sie ist in drei Schichten aufgebaut: Unterhaut, Lederhaut und Oberhaut. Die 1 bis 10 Zentimeter dicke Unterhaut ist eine Fett- und Bindegewebsschicht, die vor allem der Wärmeisolierung dient. Die bis zu 3 Millimeter dicke Lederhaut besteht aus einem dichten Netz elastischer Fasern und sorgt für Reißfestigkeit. In jedem Quadratzentimeter Lederhaut befinden sich rund 1 Meter Blutgefäße und 4 Meter Nerven, außerdem Lymphgefäße, Zellen der Immunabwehr und eine Vielzahl von Schweiß- und Talgdrüsen sowie Haarwurzeln.

Die nur 0,1 Millimeter dicke Oberhaut (Epidermis) besteht hauptsächlich aus Keratinozyten. Den sichtbaren Teil bildet eine Hornschicht, die von abgestorbenen Zellen gebildet wird. Sie wird ständig erneuert, indem Keratinozyten aus der darunter liegenden Basalzellschicht degenerieren und absterben. Um für die nachrückenden Platz zu machen, rieseln beständig kleine Hautschüppchen von uns herab – 10 Millionen pro Tag – und bilden einen Teil des Hausstaubes. Sie sind Hauptnahrungsmittel von Hausstaubmilben, die in unseren Betten und Teppichen leben. Hausstauballergiker sind in Wirklichkeit nicht gegen Hausstaub, also ihre eigenen abgestorbenen Hautzellen, sondern gegen eine bestimmte Substanz im Kot dieser Milben allergisch. An Stellen mit besonders starker Belastung ist die Schuppenbildung reduziert, die Haut wird dicker und bildet Schwielen oder auch Hühneraugen. Auch Sonnenlicht führt zu einer Verdickung der Haut. Sie wird dadurch weniger lichtdurchlässig, jedoch auch faltiger.

Für besondere Aufgaben sind in die Oberhaut weitere Zelltypen integriert. Melanozyten produzieren Pigmente, die wie Miniatursonnenschirme wirken und unsere Zellen vor erbgutverändernder UV-Strahlung schützen. Das Sonnenlicht tötet Hautzellen, indem es bestimmte Moleküle verändert. Obwohl die Sonne wahrlich nicht erst seit kurzem auf diesen Planeten scheint, handelt es sich beim Sonnenbrand um eine Zivilisationskrankheit. Schuld ist jedoch in erster Linie nicht etwa das Ozonloch. Die Ursache ist auch nicht zu häufiges, sondern, evolutionär betrachtet, zu seltenes Sonnenbaden. Erst seit wir nicht mehr den größten Teil des Tages draußen verbringen, produziert die Haut des Bleichgesichts nicht mehr genug Melanin, um auch bei starker Sonneneinstrahlung nicht zu »verbrennen«. Die eigentliche Gefahr liegt dann im Hautkrebs, der als Spätfolge von Sonnenbränden auftreten kann. Vor allem Sonnenbrände in der Kindheit sollen das Risiko erhöhen, Jahrzehnte später an einem bösartigen malignen Melanom, das von den Pigmentzellen der Haut ausgeht, oder einem Basaliom zu erkranken. Dieses entsteht aus der Entartung von Basalzellen der Oberhaupt und ist deutlich harmloser als das Melanom, da es in der Regel nicht metastasiert.

Weitere Zellen mit Spezialaufgaben sind die für den Tastsinn zuständigen Merkel-Zellen und die der Immunabwehr dienenden Langerhans-Zellen und T-Lymphozyten.

Abgesehen von den Lippen und der Eichel des Penis finden sich auf jedem Quadratzentimeter der Haut etwa 100 Schweißdrüsen. Wichtigste Bestandteile des Schweißes sind Wasser, Natriumchlorid, Harnstoff, Ammoniak und Harnsäure. Das Schwitzen hat zwei Funktionen: der Schweiß trägt zur Ausbildung eines Säureschutzmantels bei und schützt so gegen Krankheitserreger. Außerdem verdunstet er und kühlt uns dabei. Der Mensch kann pro Tag mehrere Liter ausschwitzen.

Zudem wachsen überall, außer an Hand- und Fußflächen, Härchen, die von kleinen Talgdrüsen begleitet werden, welche sie und die umgebende Haut einfetten und so wasserdicht machen.

Trotz dieser Schutzmechanismen können Viren, Bakterien und Pilze die Haut befallen. Besonders unangenehm sind die Herpesviren HSV 1 und HSV 2, die sich in vielen von uns häuslich niedergelassen haben, in der Regel nicht weiter auffallen, sich aber ausgerechnet dann sehr unangenehm bemerkbar machen, wenn es uns ohnehin schon schlecht geht.

Es sind die Erreger von *Herpes simplex labialis* (Lippenherpes). Nummer eins befällt Mund und Lippen, Nummer zwei die Geschlechtsteile. Ihre Spezialität sind juckende Bläschen. Die meisten von uns stecken sich im Kindergartenalter das erste Mal an. Das Virus greift zunächst die obersten Zellen der Haut an und verursacht die nässenden Bläschen. Dann dringt es weiter zu den Nervenwurzeln, wo es seinen Winterschlaf hält, aus dem es immer dann erwacht, wenn unser Immunsystem wegen Stress oder Krankheit geschwächt ist.

Ausgesprochen unschön sind die Produkte des Humanen Papilloma-Virus: die Warzen. Anstecken kann man sich durch den Kontakt zu Warzen anderer Leute, insbesondere wenn man kleine Risse in der Haut hat. Glücklicherweise ist nicht jeder empfänglich. Warzen legen Wert darauf, sich gut ins allgemeine Bild einzufügen, und bevorzugen daher schlecht durchblutete, kalte oder schwitzige Hände und Füße.

Geschlechtsorgane

Aus evolutionärer Sicht ist das Einzige, das zählt, der Fortpflanzungserfolg. Der Mensch pflanzt sich wie jedes andere Säugetier durch Vereinigung einer männlichen Samenzelle mit einer weiblichen Eizelle und die anschließende Embryonalentwicklung im Mutterleib fort. Beim gemeinen Säugetier liegt praktisch die gesamte Last dieser Angelegenheit beim Weibchen. Sie liefert die große Eizelle und sie trägt den Fötus in sich, ernährt ihn von ihrem Blut und säugt ihn nach der Geburt. Vom Männchen kommt nichts außer den Spermien, einem extrem simplen und billigen Massenprodukt, das – pro Stück gerade einmal ein Zehnbillionstel Gramm schwer – en masse verschleudert werden kann.

Der Weg des Samens beginnt im Hoden und führt zunächst über Nebenhoden durch den Samenleiter zur Prostata, wo er in die Samenflüssigkeit gemischt wird. Die wohl verbreitetste Alte-Männer-Krankheit ist die gutartige Vergrößerung der Vorsteherdrüse (Prostata), die bei der Hälfte der 60-Jährigen und praktisch allen Männern über 70 auftritt und bei etwa jedem fünften davon zu Beschwerden führt. Im Gegensatz zum Prostatakrebs erfolgt das gutartige Wachstum der Drüse vor allem im inneren Bereich, wo die Prostata die Harnröhre umschließt. Daher kommt es oft zu einer Einengung der Harnröhre und Problemen beim Wasserlassen. Im Endstadium können durch den Urinstau auch die Nieren in Mitleidenschaft gezogen werden.

Der Blick auf diese Etappe der Samenwanderung lässt uns einiges über unsere Vergangenheit lernen. Der Grund dafür, dass der Samenleiter nicht Hoden und Penis auf geradem Weg verbindet, sondern einen langen, schleifenförmigen Umweg beschreibt, liegt in unserer Reptilienvorgeschichte. Damals befanden sich die Hoden noch in der Bauchhöhle. Als wir das wechselwarme Dasein aufgaben, mussten sie da raus, weil es zu warm wurde. So wanderten sie allmählich immer tiefer, bis sie sich in einem Säckchen außerhalb des Körpers wiederfanden, wo es ausreichend kühl war.

Die Größe der Hoden verrät uns etwas über das Sexualleben unserer urzeitlichen Vorfahren. Unsere Hoden sind im Verhältnis zum Körper kleiner als die der Schimpansen, aber größer als die der Gorillas und Gibbons. Das lässt den Schluss zu, dass unsere Vorfahren die Kombination Partnerbeziehung plus Seitensprung bevorzugten. Die Größe der Hoden kann nämlich als Maß für die Promiskuität gelten. Wenn jeder mit jeder kopuliert, mischt sich im Körper der Frau das Sperma mehrerer Männer. Den größeren Fortpflanzungserfolg hat dann der, der am meisten Sperma hineinbefördert. Deshalb sind die Hoden der promiskuitiven Schimpansen viermal so groß wie die der Gorillas, die in stabilen Haremsbeziehungen leben – obwohl der Gorilla selbst viermal so viel wiegt wie der Schimpanse.

Weiter geht der Weg des Samens über den in die Vagina eingedrungenen Penis zum Muttermund am Scheidenende. An diesem Sammelplatz können die rund 150 Millionen Samenzellen eines Ergusses im Zweifelsfall bis zu vier Tagen ausruhen, bevor die beschwerliche Passage durch den Gebärmutterhals beginnt, der an unfruchtbaren Tagen von einem zähen Schleimpfropf blockiert wird und praktisch nicht zu passieren ist. An fruchtbaren Tagen aber wird der Schleim flüssig und die Samenzellen schwimmen durch die Gebärmutter in den Eileiter, den immerhin noch rund 1000 von ihnen erreichen, um dort auf eine oder zwei Eizellen zu treffen.

Warum haben Männer einen Penis und Frauen eine Vagina? Weil es in der Logik der Evolution einfacher war, einen Apparat zum Transport klitzekleiner und überdies turbogetriebener Spermien in einen anderen Körper zu entwickeln als einen für die große, antriebslose Eizelle. Wie fast immer hat die Natur natürlich auch Ausnahmen hervorgebracht: Bei den Seepferdchen legt das Weibchen ihre Eizelle in eine dem Uterus vergleichbare Bruttasche des Männchens.

Mit welcher Vehemenz die Spermien ihrem Ziel entgegenstürmen, beschreibt die Künstlerin Laurie Anderson: »Hätte ein Spermatozoon die Größe eines Wals, betrüge seine Reisegeschwindigkeit mehr als 24 000 Stundenkilometer oder Mach 20. Stellen Sie sich nun bitte 400 Millionen blinde und zum Äußersten entschlossene Pottwale vor, die von der Pazifikküste Nordamerikas losschwimmen und mit einer Geschwindigkeit von 24 000 Stundenkilometern und nach knapp 45 Minuten in den japanischen Küstengewässern ankommen. Wie würden sie empfangen?«

Nun, aus Sicht der in Japan wartenden Eizelle natürlich freudig, obgleich sie nur einen einzigen Pottwal hereinließe und dann die Schotten dichtmachte. Sobald ein Spermium drin ist, ändert sich nämlich die Eizellmembran und verhindert ein weiteres Eindringen von Samen.

Wie geht es weiter? Am ersten Tag nach dem Eindringen des Samens sind mütterliches und väterliches Erbgut in der Eizelle noch getrennt verpackt. Im Laufe des zweiten Tages kommt es zur Verschmelzung der beiden Kerne und es entsteht ein neuer Zellkern mit dem kombinierten Erbgut der beiden Eltern. Erst dann ist die Befruchtung abgeschlossen und ein Embryo, den man zu diesem Zeitpunkt als Zygote bezeichnet, ist entstanden. Die Zygote beginnt sich zu teilen und wandert in die Gebärmutter, wo sie sich etwa sieben Tage nach dem Eisprung in die Gebärmutterschleimhaut einnistet –

wenn sie Glück hat und nicht zu jenen drei Vierteln gehört, die auf der Strecke bleiben. Dabei nutzen Embryonen eine Art Klettverschluss. Sie bilden winzige Eiweiße auf ihrer Oberfläche aus, die an spezielle Zuckermoleküle auf der Gebärmutterschleimhaut andocken und sie so im Gewebe verankern.

Der Weg der Eizelle ist kürzer als der des Samen. Von den etwa 1 Million Eizellen, die sich bei jeder Frau von Geburt an in den Eierstöcken befinden, reift jeden Monat nur eine heran. Sie wird dann durch Eisprung mittels eines kleinen platzenden Bläschens in den trichterförmigen Eingang zum Eileiter geschleudert. Den wandert sie ein paar Zentimeter entlang, bis sie auf befruchtungswillige Samenzellen trifft, oder – wenn sie keinen begegnet – eben weiter bis in die Gebärmutter, wo sie in der Regelblutung mit der Schleimhaut abgebaut und ausgeschieden wird.

Eine Frau ist nur in den sechs bis zwölf Stunden nach dem Eisprung, in denen sich das Ei im Eileiter befindet, empfängnisbereit.

Schafft es das befruchtete Ei nicht bis zur Gebärmutter und nistet sich stattdessen im Eileiter, in sehr seltenen Fällen auch in den Eierstöcken, im Gebärmutterhals oder der Bauchhöhle ein, entwickelt sich meist kein Embryo. Tut er es doch, wird es gefährlich. Der Embryo stirbt in aller Regel vor dem dritten Monat und geht ab, dabei kann die Eileiterwand platzen und es kann zu schweren, mitunter lebensbedrohlichen Blutungen kommen. Daher wird ein solcher Embryo, wenn er entdeckt wird, operativ entfernt.

Ein skurriles Kuriosum wurde im Jahre 2002 aus Marokko gemeldet. Dort wurde bei einer 75 Jahre alten Frau ein Fötus, der sich in der Bauchhöhle entwickelt hatte und erst im neunten Monat gestorben war, 46 Jahre nach der Schwangerschaft entfernt. Der Körper der Frau hatte den 3,7 Kilogramm schweren Fötus mit einer kalkhaltigen Hülle überzogen und so gewissermaßen mumifiziert.

Sekundäre Geschlechtsmerkmale

Ein Außerirdischer, der die Titelblätter von Illustrierten studierte, würde schnell erkennen, dass die weibliche Brust für die menschliche Zivilisation von außerordentlicher Bedeutung ist, und sich vielleicht fragen, woher diese stammt. Selbstverständlich ist sie keinesfalls, denn der Mensch ist das einzige Säugetier, dessen weibliche Exemplare deutliche Rundungen aufweisen, auch wenn sie nicht stillen. Es gibt dafür drei Hypothesen. Die erste geht davon aus, dass der aufrechte Gang der Frau ihren Busen beschert hat. Dieser hat dazu geführt, dass der Po, der für Menschenaffen den wichtigsten sexuellen Reiz darstellt, nicht mehr auf Augenhöhe der Männchen war. Der Busen wäre demnach eine Art Ersatz-Po, der zum Schlüsselreiz beim Menschen wurde. Die zweite Erklärung verweist auf die Mechanismen der sexuellen Auslese, auf die wir im ersten Kapitel eingegangen sind: Demnach zeigen große Brüste an, dass ihre Trägerin eine gute Ernährerin für Babys sei. Die dritte Erklärung sieht in den Brüsten einen Trick der Frauen, mit dem sie die Männer hinters Licht führen. Die pralle Brust soll demnach ständige Schwangerschaft signalisieren. So können die Männchen nicht mehr wissen, wann die fruchtbaren Tage sind. Wollen sie sicherstellen, dass ihre Partnerin nicht von einem anderen geschwängert wird, müssen sie immer bei ihr bleiben. So könnte mit Hilfe der weiblichen Brust entgegen den reproduktiven Interessen der Männchen evolutionär die heute vorherrschende (relative) Monogamie durchgesetzt worden sein. Keine dieser Hypothesen ist auszuschließen oder zu beweisen. Evolutionär möglich sind sie alle.

Geschlechtskrankheiten

Geschlechtskrankheiten werden durch sexuellen Kontakt übertragen und betreffen mit Ausnahme der HIV-Infektion meist in erster Linie die Geschlechtsorgane. Am häufigsten ist die Chlamydien-Infektion, die sowohl Frauen als auch Männer trifft und kaum Beschwerden verursacht. Sie wird daher auch selten erkannt und dafür umso häufiger chronisch, was bei einer Entzündung der Eileiter oft zu Sterilität führt und Eileiterschwangerschaften verursachen kann. Zu den Symptomen zählen Ausfluss vom Penis oder vom Gebärmutterhals, pochende Schmerzen im Unterleib und ein brennendes Gefühl beim Wasserlassen. Einmal erkannt, lassen sich Chlamydien problemlos und erfolgreich mit Antibiotika bekämpfen.

Ganz ähnlich und auch oft unbemerkt verläuft die Gonorrhoe (Tripper), die durch die Bakterien *Neisseria gonorrhoeae*, auch Gonokokken genannt, ausgelöst wird. Die Bezeichnung Tripper kommt von dem niederdeutschen drippen (tropfen) und bezieht sich auf den charakteristischen Ausfluss. Die Gonorrhoe ist global noch immer weit verbreitet, mittlerweile durch die Verwendung von Kondomen jedoch stark rückläufig. Das insgesamt größte Problem besteht in einer Ansteckung des Kindes bei der Geburt, was früher die häufigste Ursache für die Erblindung von Kindern in der westlichen Welt war. Um dies zu verhindern, wird Neugeborenen Silbernitrat in die Augen geträufelt. Bei Erwachsenen ist die schwerste Komplikation Unfruchtbarkeit.

Sehr viel gefährlicher ist die Syphilis. Hier können sich die Bakterien über die Blutbahn im Körper ausbreiten und viele Jahre nach der Ansteckung zu Komplikationen bei lebenswichtigen Organen wie Herz, Gehirn und Rückenmark führen. Der Beginn der Krankheit erscheint eher harmlos. Es entsteht ein schmerzloses, eher unauffälliges rötliches Geschwür am Penis, den Schamlippen, am After, manchmal im Mund und an den Lippen, das nach etwa einer Woche wieder verschwindet. Einige Monate später folgen ein rötlicher Ausschlag zum Beispiel auf der Brust, dem Rücken, den Armen, Beinen, Händen oder den Fußsohlen und grippeähnliche Beschwerden. Wird in diesem Stadium die Krankheit nicht behandelt, taucht sie unter, um dann nach vielen Jahren mit einem Paukenschlag als Spätsyphilis in Gestalt von Herzversagen, Lähmungen, Muskel- und Hautzerstörung oder vielfältigen neurologischen Symptomen bis hin zu Debilität und Tod richtig zuzuschlagen. In den frühen Stadien kann die Syphilis mit Antibiotika zum Stillstand gebracht werden. Als es noch keine Antibiotika gab, bestand eine Therapie der tertiären Syphilis darin, die Patienten zusätzlich mit Malaria zu infizieren, um mit dem so hervorgerufenen hohen Fieber die Syphilis zu besiegen. Tatsächlich konnte auf diese Weise der Anteil der Heilungen von 1 auf 30 Prozent gesteigert werden. Der österreichische Mediziner Julius Wagner von Jauregg (1857–1940) erhielt für diese Entdeckung 1927 den Nobelpreis.

Durch Papilloma-Viren hervorgerufene, stark wuchernde Warzen am Penisschaft oder an den Schamlippen nennt man Feigwarzen. Sie begünstigen die Entstehung von Krebs an den Geschlechtsorganen. In Gebärmutterhalskrebszellen kann in über 99,7 Prozent der Fälle Erbmaterial bestimmter Virus-Typen nachgewiesen werden – die so genannten Hochrisiko-Papilloma-Viren. Zunächst verursachen sie gutartige Veränderungen in der Gebärmutterschleimhaut. In den meisten Fällen bilden sich diese wieder zurück. Doch bei jeder 20. Frau entarten diese Veränderungen langsam und führen mit einer Zeitverzögerung von bis zu 40 Jahren zu Krebs. Die Erkenntnis, dass eine Krebsart durch Viren verursacht wird, was mittlerweile für mindestens 15 Prozent aller Krebserkrankungen angenommen wird, gibt Anlass zur Hoffnung. Denn gegen Viren kann man Impfstoffe entwickeln. Am Deutschen Krebsforschungszentrum wurde ein Impfstoff gegen eine Infektion mit den entsprechenden Papilloma-Viren und damit gegen den Gebärmutterhalskrebs entwickelt, der voraussichtlich in den nächsten Jahren als Medikament zugelassen wird.

Immunsystem

Wenn man den Menschen als kampferprobt bezeichnen kann, dann vor allem, was die Abwehr von Bakterien, Viren und Parasiten angeht. Während wir uns erst seit einigen zehntausend Jahren gegenseitig bekriegen, geht es im Kampf gegen die kleinen und kleinsten, vermeintlich dummen und dümmsten Lebewesen schon seit Hunderten von Millionen Jahren heiß her. Und die Front verläuft quer durch unseren Körper.

Die wesentlichen Schwachstellen unseres Körpers sind natürlich die Bereiche, die mit der Außenwelt in Kontakt kommen, allen voran das große Einfalltor im Gesicht. Deshalb hat unser Körper einige Barrieren errichtet, um den Eindringlingen den Weg ins Innere zu versperren. Die Haut verfügt über einen Säureschutzmantel gegen das Eindringen fremder Keime, die Tränenflüssigkeit enthält Enzyme, die Bakterien abtöten, der Speichel ebenfalls. Bakterien, die es bis in den Magen schaffen, wird dort ein böser Empfang bereitet: Salzsäure. Absolutes Sperrgebiet ist die Lunge. Alle Bronchien sind mit einer Schleimhaut ausgekleidet, die von hauchfeinen Flimmerhärchen bedeckt ist. Diese Härchen sind immer feucht. Einerseits feuchten sie so die eingeatmete Luft an. Andererseits werden durch ihre Bewegung eingeatmeter Staub, Pollen und Bakterien nach außen befördert. Blase und Harnröhre werden durch den Harn, der übrigens auch angesäuert wird, laufend gespült und sind so gegen das Einnisten von Bakterien geschützt. In der Scheide schützen kleine Helfer mit dem hübschen Namen Döderlein-bakterien die inneren Genitalorgane gegen Infektionen. Sie produzieren aus der abge-schilften Scheidenschleimhaut Milchsäure und beugen so einer Besiedelung mit krank-heitserzeugenden Bakterien vor.

Dennoch dringt immer eine Vielzahl unliebsamer Erreger in den Körper ein und muss durch das Immunsystem bekämpft werden. Das verfügt grundsätzlich über Instrumente, gegen alle uns bedrohenden Krankheitserreger vorzugehen – und davon gibt es nicht eben wenige. Ohne Immunsystem würden wir kaum ein paar Wochen überleben. Gegen die permanenten Angriffe unzähliger Bakterien, Parasiten und Viren wäre unser Körper machtlos, hätte er sich nicht gemeinsam mit seinen Feinden immer weiter entwickelt. So sind wir immerhin in der Lage mitzuhalten und die kleinen Bies-ter in Zaum zu halten. Es schmarotzen zwar Milliarden Lebewesen in jedem von uns, aber sie bringen uns in den meisten Fällen nicht um. Einige sind sogar nützlich, etwa für die Verdauung. Man nennt dies limitierten Parasitismus – die kleinen Feinde stoßen an ihre Grenzen.

Antikörper

Unterschiedliche Lebewesen haben unterschiedliche Abwehrmethoden. Insekten töten Angreifer durch kleine Eiweißmoleküle, so genannte Peptide. Pflanzen können Infek-tionsherde eingrenzen und absondern, indem sie die befallenen Zellen rundherum selbst abtöten und vom gesunden Gewebe abtrennen. Komplexere Lebewesen haben so genannte Fresszellen, die im Blutsystem patrouillieren und Bakterien aufnehmen und vernichten. Alle Tiere mit Rückenmark – vom Hai bis zum Menschen – haben einen noch komplizierteren Abwehrapparat: ein adaptives Immunsystem. Der besondere Clou an unserem System ist, dass es lernfähig ist und daher sehr präzise und gezielt gegen unterschiedliche Feinde vorgehen kann. Es ist – durch die Kombination ver-schiedener Gensegmente – theoretisch in der Lage, 100 bis 1000 Milliarden unter-schiedlicher maßgeschneiderter Defensivwaffen herzustellen: die Antikörper. Hinzu kommen noch einmal mindestens ebenso viele spezialisierte T-Zellen. B- und T-Zellen bilden gemeinsam das erworbene Immunsystem, das die klassischen Waffen des ange-borenen Immunsystems (die Fresszellen und natürlichen Killerzellen sowie Enzyme und andere Eiweißstoffe) ergänzt.

Antikörper werden von den B-Lymphozyten und ihren Nachkommenzellen, den Plasmazellen, produziert. Interessant ist, dass jede Art B-Zelle nur einen speziellen Antikörper hervorbringen kann. Jede hat ein anderes, durch zufällige Kombination hervorgebrachtes Antikörper-Gen. Jede ist programmiert, einen ganz speziellen, ein-zigartigen Antikörper zu produzieren. Der Kern unseres Abwehrsystems ist somit eine

Art natürliches gentechnisches Labor mit eingebautem Zufallsgenerator. So gibt es in unserem Körper viele Millionen verschiedener B-Zellen, die sich dadurch unterscheiden, dass sie unterschiedliche Antikörper auf ihrer Oberfläche haben. Viele von ihnen treffen niemals auf einen Eindringling, auf den ihr Antikörper passt. Wenn sie aber doch einem begegnen, wird die Zelle zur Teilung angeregt, sie vervielfältigt sich und ihre Tochterzellen (Klone) beginnen damit, den Antikörper in großen Mengen zu produzieren und ins Blut abzugeben. Dort neutralisiert der Antikörper dann den Eindringling durch feste Bindung. Dabei kommt noch einmal ein natürlicher gentechnischer Kniff ins Spiel. Während der Zellteilung tritt eine Vielzahl von Mutationen auf, so entstehen immer neue Varianten des Antikörpers, von denen einige noch besser auf den Krankheitserreger passen. Immunologen sprechen hier von Affinitätsreifung. Da der Prozess eine Weile dauert, werden wir erst nach einer Krankheitsphase (hoffentlich) wieder gesund. Begegnet uns aber der gleiche Krankheitserreger ein zweites Mal, dann sind schon viel mehr und leichter aktivierbare spezifische so genannte Gedächtnis-B-Zellen (und T-Zellen) da, die ihn erkennen können. Und die Antikörper, die sie tragen, sind durch die Affinitätsreifung während der Erstinfektion noch effektiver, sodass wir den Feind zerstören können, noch bevor er uns krank macht. Auf diesem Mechanismus beruht das Prinzip der Impfung.

Antikörper bestehen aus drei Teilen. Zwei davon treten immer paarweise auf und sind von Antikörper zu Antikörper verschieden. Sie passen genau auf das jeweilige Antigen (eine spezielle Oberflächenstruktur auf dem Eindringling, an den der Antikörper andocken soll). Man kann sie sich als Greifer vorstellen (korrekt: antigenbindende Fragmente). Indem sich der Antikörper mittels der Greifer an einen Mikroorganismus heftet, kann er in vielen Fällen allein dadurch die krank machenden Eigenschaften neutralisieren. Ein Virus, an dem lauter Antikörper hängen, schafft es zum Beispiel nicht mehr, in eine Zelle einzudringen. Einem Giftstoff ergeht es ähnlich: Die Antikörper hindern ihn daran, sich an unsere Zellen zu hängen und sie zu schädigen. Der dritte Teil (Fc-Fragment) ist bei allen Antikörpern gleich, er ist der Rufer, der andere Zellen des Immunsystems herbeiruft, zum Beispiel die Fresszellen oder die natürlichen Killerzellen, die in der Lage sind, den Eindringling zu zerstören.

Leider halten natürlich auch unsere kleinen Feinde mit diesem ausgeklügelten System Schritt und haben Methoden entwickelt, es zu überlisten. Einige von ihnen ändern zum Beispiel ihr Aussehen, sodass immer neue Antikörper gefragt sind. Besonders perfide Exemplare beachten dabei sogar ein genaues Timing. Der Erreger der Schlafkrankheit scheint genau zu wissen, dass unser Immunsystem zehn Tage braucht, um genug Antikörper zu produzieren und ihn fertig zu machen. Deshalb ändert er nach neun Tagen seine Oberflächenmerkmale so, dass die Antikörper ihn nicht mehr erkennen können. Andere, etwa die Streptokokken, verkleiden sich als körpereigene Zellen, um nicht als fremd erkannt zu werden. Folge dieser Strategie sind Autoimmunerkrankun-

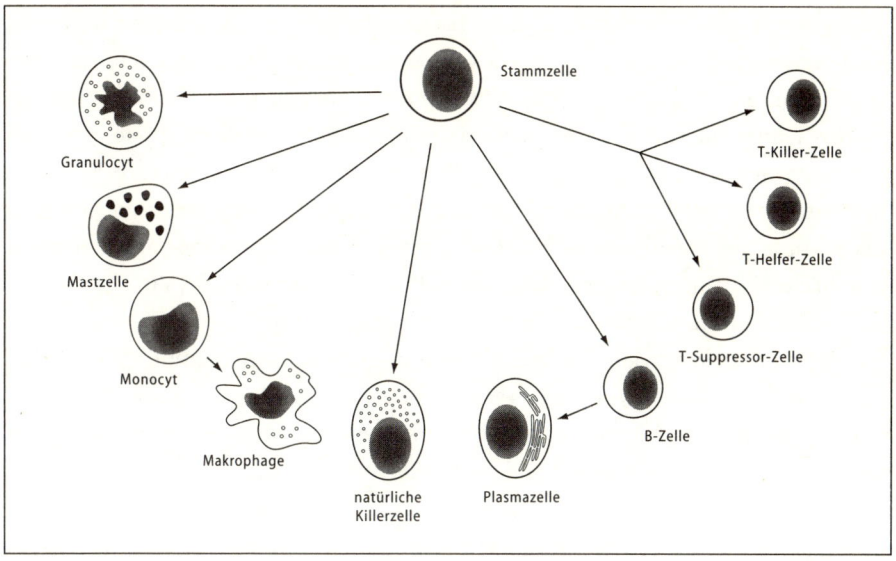

ABB. 4.4 *Eine Stammzelle differenziert sich zu den verschiedenen Zellen des Immunsystems, die unterschiedliche Aufgaben wahrnehmen und immer wieder neu gebildet werden müssen.*

gen. Bildet das Immunsystem nämlich dennoch Antikörper gegen die Bakterien, so greifen diese auch die sehr ähnlichen eigenen Zellen an.

Impfung

Das Immunsystem ist unser wichtigster Helfer im Kampf gegen Krankheiten. Daher besteht eine vorrangige Aufgabe der Medizin darin, an die Fähigkeiten des Immunsystems anzuknüpfen und es zu unterstützen. Dies können wir insbesondere mit Impfstoffen. Sie sind Abbilder von Krankheitserregern und versetzen einen in Alarmbereitschaft, werden einem aber nicht selbst gefährlich. Sie simulieren eine Infektion und regen so das Abwehrsystem des Menschen zur Antikörperbildung an. Dadurch erhält der Organismus für eine später eintretende Infektion eine Immunität. Diese Immunitätsbildung gibt es auch von Natur aus. Kinderkrankheiten wie Röteln, Masern oder Mumps bekommt man nur einmal im Leben. Danach ist man immun. Es gibt allerdings Krankheiten, die man auch nicht ein einziges Mal bekommen will, etwa Diphtherie, Pocken oder Kinderlähmung. Deshalb hat man Impfstoffe entwickelt, die selbst nicht zur Erkrankung führen, dem Körper aber dennoch einen abgeschwächten oder abgetöteten Krankheitserreger präsentieren, sodass das Immunsystem sich darauf einstellen kann. Die erste derartige Impfung am Menschen wurde schon im Jahr 1796 durchgeführt. Der erste geimpfte Mensch, ein 8-jähriger Junge namens James Phibb, erhielt damals von Edward Jenner (1749–1823) den Erreger für Kuhpocken verabreicht. Diese harmlose Infektion schützte ihn gegen die gefährlichen Pocken, mit denen der englische

Landarzt Jenner sein menschliches Versuchskaninchen einige Wochen später infizierte. Auch davor wurde schon gegen die Pocken geimpft, indem Kinder mit dem richtigen Pockenvirus infiziert wurden, um einen schwereren Ausbruch später im Leben zu vermeiden. Jenner nutzte den für Menschen ungefährlichen Erreger der Kuhpocken *Orthopoxvirus vaccinia*, weshalb Impfstoffe generell noch heute als Vakzine bezeichnet werden.

Heute benutzt man zunehmend gentechnisch hergestellte Impfstoffe, die nur noch aus bestimmten charakteristischen Teilen der Virushülle bestehen, nämlich jenen Oberflächenproteinen, an denen das menschliche Immunsystem das Virus normalerweise erkennt. Geforscht wird außerdem an genetischen Impfungen. Die entsprechenden Impfstoffe bestehen aus Genen, auf deren Grundlage erst im Geimpften der eigentliche Impfstoff gebildet wird. Man verabreicht also nicht eine bestimmte Substanz, sondern nur den Bauplan für diese Substanz. Eine weitere wichtige Entwicklung zeigt sich darin, dass die Kooperation mit dem Immunsystem nicht nur zur Prävention, sondern auch zur Heilung von Krankheiten gesucht wird. Die so genannten therapeutischen Impfungen werden vor allem zur Bekämpfung von Krebs und Aids entwickelt. Um aktiv gegen Krebszellen vorgehen zu können, müssen die T-Zellen-Vorläufer des Immunsystems trainiert werden. Sie müssen lernen, das richtige Antigen (ein Muster, an dem die Krebszelle als gefährlicher Eindringling erkannt werden kann, sozusagen die Piratenflagge der Krebszelle, auch als Tumorantigen bezeichnet) zu erkennen. Solange sie das noch nicht können, nennt man sie auch naive T-Zellen. Wenn naive Zellen auf ein Antigen treffen, verbleiben sie regungslos. »Trainierte« Zellen hingegen vermehren sich stark und gehen zum Angriff über.

Die Rolle des Trainers übernehmen im Körper die dendritischen Zellen. Sie sammeln fremde Proteinbestandteile und zeigen sie den anderen Zellen des Immunsystems, die dann in Zukunft alle Zellen eliminieren, an deren Oberfläche sie die gezeigten Merkmale finden. Um diese Trainingseinheiten zu verbessern, kann man dem Patienten dendritische Zellen entnehmen, sie mit Eiweißbestandteilen des Tumors (Piratenflaggen) bestücken und wieder in den Körper zurückgeben. Es ist heute möglich, die Tumorantigene synthetisch herzustellen und in der Zellkulturschale auf die dendritischen Zellen zu laden. Eine therapeutische Impfung könnte auch in Form einer genetischen Impfung erfolgen. Dabei werden Gene eingeführt, die die Erkennungszeichen der Krebszellen produzieren und so wird das Immunsystem aktiviert. Mittlerweile gibt es hier eine Reihe ermutigender Ergebnisse, ein Durchbruch steht jedoch noch aus.

Schwächung des Immunsystems

Auch das Abwehrsystem als solches kann natürlich angegriffen werden. Der zurzeit bekannteste Angreifer ist gewiss das Humane Immundefizienzvirus (HIV). Wie alle Viren ist es nicht alleine lebensfähig. Nach seiner Aufnahme in die Immunabwehrzellen, die Lymphozyten, vermehrt es sich dort und zerstört gleichzeitig die Zellen. Der

HIV-Infizierte hat am Anfang zumeist keine Beschwerden. In seinem Körper vermehrt sich aber das Virus und befällt immer mehr Blutzellen. Nach wenigen Jahren ist das Abwehrsystem so schwach, dass es auch mit relativ harmlosen Krankheitserregern nicht mehr fertig wird. Erst zu diesem Zeitpunkt spricht man von Aids. HIV stammt, wie man inzwischen weiß, von einem Tier, und zwar höchstwahrscheinlich von unserem nächsten Verwandten, dem Schimpansen. Das mit dem beim Menschen vorkommenden identische HIV1-Virus konnte bei einer Schimpansin, die 1959 aus Afrika in die USA importiert wurde, nachgewiesen werden. Genetische Analysen haben ergeben, dass das auf Menschen übertragbare HIV-1 bei Schimpansen durch Verschmelzung zweier SI-Viren entstanden ist. Auch das weniger gefährliche HIV-2 stammt vom Affen, allerdings nicht vom Schimpansen, sondern wahrscheinlich von Makaken und Mangaben.

Heute ist klar, dass wir gegen Aids sowohl eine medizinische Prävention in Form einer Impfung benötigen als auch eine Therapie. Eine der Schwierigkeiten bei der Entwicklung einer Impfung besteht darin, dass ein Impfstoff außer an Menschen nur an Schimpansen getestet werden kann. Andere Tiere sind gegen HIV resistent, da sie nicht die passenden Andockstellen (Rezeptoren) auf der Zelloberfläche haben. Eine weitere Schwierigkeit liegt in der extremen Verwandlungsfähigkeit des Virus. Nicht nur, dass es Dutzende von Untertypen gibt, diese ändern auch noch ständig ihre Oberflächeneigenschaften, sodass hier mit konventionellen Impfstoffen nichts auszurichten ist. Die Verwandlungsfähigkeit des Virus liegt in seiner Fehleranfälligkeit begründet. Es werden relativ ungenaue Kopien des eingedrungenen Virus in einer Zelle erstellt, die dann unter Umständen besser resistent sind gegen antivirale Mittel oder dem Impfstoff unähnlicher sind und deshalb dem Immunsystem entgehen.

Neben der erworbenen Immunschwäche Aids gibt es auch eine Reihe angeborener Defekte des Immunsystems. Die schwerwiegendste ist X-SCID, die schwere kombinierte Immunschwäche. Von X-SCID sind nur männliche Kinder betroffen. Sie sterben, wenn sie nicht behandelt werden, in der Regel im ersten Jahr nach der Geburt, weil ihr Immunsystem nicht funktioniert. Für sie ist jede kleine Infektion lebensbedrohlich. SCID-Patienten können nur in keimfreier Umgebung, etwa einem Sauerstoffzelt, überleben. Auf molekularbiologischer Ebene stellt sich die Krankheit so dar: Die Blutstammzellen im Knochenmark der Babys können sich nicht zu weißen Blutkörperchen entwickeln, weil sie ein bestimmtes Signal, das von anderen Zellen kommt, um die Herstellung auszulösen, nicht empfangen können. Es fehlt ihnen ein hierzu erforderliches Protein. Daher haben die Patienten keine weißen Blutkörperchen und damit auch kein Immunsystem. Die Behandlung der SCID-Erkrankung erfolgt durch eine Knochenmarktransplantation von einem Verwandten oder Fremdspender. Steht kein geeigneter Spender zur Verfügung, kann die Erkrankung nur mit Gentherapie geheilt werden, das heißt durch den künstlichen Transfer »gesunder« Gene in Blutstammzellen der Erkrankten. Bei einigen SCID-Patienten wurden seit 1999 erfolgreich Gentherapien durchgeführt. Die Kinder können ein normales Leben führen und sind nicht mehr gezwungen, in einem keimarm gehaltenen Isolationszelt zu leben. Die bisher angewandte Methode ist jedoch riskant, da es als Nebenwirkung zu leukämieähnlichen Erkrankungen kommen kann und in bisher zwei Fällen auch gekommen ist.

Nicht nur schwere Erbkrankheiten können das Immunsystem beeinträchtigen, sondern auch vermeintlich harmlose Infektionen. Die Maserninfektion führt zu einer vorübergehenden Immunschwäche von etwa sechs Wochen Dauer. In dieser Zeit können schwere Komplikationen auftreten. Die Kombination aus der zellschädigenden Wirkung des Virus und dem schweren Immundefekt kann zu Mittelohrentzündung, Lungenentzündung, Hirnhaut- und Gehirnentzündung führen.

Da der Mensch der einzige Wirt des Virus ist und dieses sich kaum verändert und ein guter Impfstoff zur Verfügung steht, ist eine weltweite Elimination der Masern grundsätzlich möglich und wird auch angestrebt.

Fehlfunktionen des Immunsystems

Manchmal reagiert unser Immunsystem in unangemessener Weise. Bei Allergien zeigt der Körper eine heftige Abwehr gegen Eindringlinge, die für ihn gar nicht gefährlich sind, beispielsweise Blütenstaub, Erdnüsse oder Katzenhaare. Allergien sind also überschießende Reaktionen des Immunsystems. Die Neigung zu einer solchen Reaktion ist wahrscheinlich angeboren. Derzeit schätzt man, dass etwa 30 Prozent der Bevölkerung allergisch auf einen oder mehrere Stoffe reagieren. Gründe für das immer häufigere Auftreten von Allergien liegen auch im Lebensstil. Risikofaktoren sind beispielsweise die erhöhte Milbenbelastung in modern isolierten Wohnungen, übertriebene Hygienemaßnahmen, der zunehmende Straßenverkehr, unsere Ernährungsgewohnheiten, mehr Haustiere und weniger Geschwister, Passivrauchen und Teppichböden in der Wohnung.

Bei der allergischen Reaktion werden große Mengen von Abwehrstoffen (Antikörper vom Typ IgE) gebildet. Diese führen zur Freisetzung von Gewebshormonen, vor allem Histamin. Das Histamin ist die Ursache für Hautrötung, Schwellung, Verengung der Luftwege oder Erhöhung der Durchlässigkeit von Blutgefäßen.

Es hat den Anschein, als ob die IgE-Abteilung des Immunsystems einzig dazu da sei, Allergien auszulösen. Das kann natürlich nicht stimmen. Es gibt zumindest zwei bessere Hypothesen. Entweder waren derartige Reaktionen für das Überleben unserer nicht allzu fernen Vorfahren von Nutzen, oder Allergien sind in Wirklichkeit keine Fehlfunktion, sondern eine Funktion mit unbekanntem Nutzen. Die meisten neigen heute zur ersten Erklärung und vertreten die Theorie, dass IgE eigentlich der Abwehr gegen allerlei unangenehme Bewohner unserer Gedärme, insbesondere Parasiten diente, in dieser Funktion aber im Gegensatz zu früher, als es noch haufenweise Rundwürmer, Bandwürmer, Hakenwürmer und Saugwürmer von den Darmwänden zu spülen galt, in der industrialisierten Welt nicht mehr gebraucht wird.

Es ist jedoch auch denkbar, dass es sozusagen gute und schlechte Allergien gibt. Dass also einige allergische Reaktionen tatsächlich sinnvoll sind und die Betroffenen vor Giftstoffen schützen, gegen die sie persönlich besonders empfindlich sind, viele andere jedoch nicht. Bedenkt man, dass sich unsere Körper im Umgang mit verschiedenen Substanzen, etwa Medikamenten, erheblich unterscheiden, ist diese Möglichkeit zumindest nicht grundsätzlich von der Hand zu weisen.

Die meisten Allergien verlaufen zum Glück relativ leicht und sind vor allem lästig. Doch manche Menschen sind so starke Allergiker, dass sie doch erheblich beeinträchtigt sind. In seltenen Fällen können allergische Reaktionen auch zu einem anaphylaktischen Schock mit Blutdruckabfall, Kreislaufkollaps, Bewusstlosigkeit und sogar zum Tode führen.

Richet sich das Immunsystem irrtümlich gegen körpereigene Stoffe, dann spricht man von einer Autoimmunerkrankung. Diese ist eine Art Allergie nach innen. Das Immunsystem reagiert gegen Bestandteile des eigenen Körpers und verursacht dadurch eine chronische Entzündung. Ursache sind falsch programmierte Antikörper, die man Auto-Antikörper nennt, und fehlgesteuerte T-Zellen. Betroffen sein können alle möglichen Körperorgane oder Gewebe, beispielsweise die Schilddrüse (Basedowsche Krankheit), die Bauchspeicheldrüse (Diabetes), Gehirn und Rückenmark (Multiple Sklerose) oder Bindegewebe (Rheuma). Der Angriff des Abwehrsystems läuft ohne Behandlung in der Regel lebenslang oder bis zur vollständigen Zerstörung des Organs.

Auch Krankheiten, von denen man es nicht vermutet, könnten aus Fehlfunktionen des Immunsystems resultieren. So wurde etwa ein Zusammenhang zwischen Zwangsneurosen und Streptokokken-Infektionen nachgewiesen. Man nimmt an, dass die Antikörper, die gegen die Streptokokken gebildet wurden, nach erfolgreicher Abwehr der Eindringlinge bestimmte Zellen des eigenen Gehirns angreifen, die Ähnlichkeiten mit den Streptokokken haben, was dann die psychischen Symptome verstärkt.

Warum Autoimmunreaktionen entstehen, ist noch nicht endgültig geklärt. Auffällig ist jedoch, dass die Veranlagung, eine Autoimmunerkrankung zu bekommen, in manchen Familien gehäuft vorkommt, sodass ein großer genetischer Faktor vermutet wird.

Ernährung

Gesunde Ernährung ist heute integraler Bestandteil westlichen Lifestyles und ein heftig umkämpftes Wachstumssegment der Wirtschaft. Das Sendungsbewusstsein der Ernährungsberater jedweder Provenienz – von Ökobauern bis zu den Freunden synthetischer Weltraumnahrung aus der Tube – verbindet sich da mit dem Eifer der Marketingstrategen. Vor so viel Scheinexpertentum auf der einen und Konsumentengläubigkeit auf der anderen Seite könnte die Wissenschaft kapitulieren.

Sie kann heute praktisch keiner der unzähligen Ernährungslehren und -empfehlungen ihren uneingeschränkten Segen geben und beschränkt sich daher zumeist darauf, jene zu bekräftigen, von denen zumindest anzunehmen ist, dass sie nicht schaden, und vor einigen wenigen, deren Einseitigkeit problematisch ist, zu warnen. Sicher ist jedoch auch, dass die Bedeutung der Ernährung nicht unterschätzt werden sollte. In den westlichen Ländern wird meist zu fett, zu süß, zu viel gegessen und (Alkohol) getrunken. In vielen anderen Ländern dagegen herrschen noch immer Unter- und Mangelernährung. Als Faustregel für eine gesunde Lebensweise kann gelten: Übergewicht und Einseitigkeit vermeiden und durch Bewegung und Sport für Umsatz der Energie im Körper sorgen!

Steinzeitdiät als Messlatte?

Auch bei der Ernährung lohnt natürlich ein Blick in unsere biologische Vergangenheit, um zu sehen, an welches Essen wir von Natur aus angepasst sind. Doch hieraus Empfehlungen für die Gegenwart abzuleiten ist nicht so einfach, wie es scheint. Denn aus der Tatsache, dass unser Körper daran angepasst ist, mit dem von der Natur bereitgestellten Nahrungsangebot der Steinzeit zurechtzukommen, kann man nicht folgern, dass die Steinzeitdiät Messlatte für die heutige »artgerechte« Ernährung sein sollte und heutige, von der Landwirtschaft erzeugte Lebensmittel weniger gesund seien. Es wird ja auch kaum jemand verlangen, wir sollten auf unser warmes Bett verzichten, nur weil unser Körper (zumindest leidlich) an das Schlafen in feuchtkalten Höhlen angepasst ist. Dennoch können wir natürlich aus der Entstehungsgeschichte unseres Körpers etwas über eine sinnvolle Ernährung lernen, wobei wir zum Schluss gelangen, dass es vor allem auf eines besonders ankommt: ein paar Gelüste im Zaum zu halten und ansonsten zu essen, was uns schmeckt.

Zunächst einmal sind wir Säugetiere, was allerdings wenig aussagt über den Speiseplan. Die Kuh frisst alles, was auf der Wiese wächst, der Wal ernährt sich von Plankton, der Koalabär beschränkt sich ausschließlich auf Blätter des Eukalyptusbaums, der Wolf frisst andere Tiere, ob tot oder lebendig. Ergebnis: Säugetiere können das, was ihr Körper braucht, aus den unterschiedlichsten Quellen gewinnen, und manche ernähren sich sogar äußerst einseitig. Allzu hohe Ansprüche scheint der Säugetierkörper also nicht zu haben. Trotzdem kann der Wolf nicht auf Gras umstellen und die Kuh nicht auf Kaninchen, denn der Verdauungstrakt ist beim Wolf auf Fleischverwertung, bei der Kuh auf Pflanzenverwertung ausgerichtet. Wir Menschen verdauen zum Glück beides ganz gut. Die Nährstoffe, die wir brauchen, finden sich überall, und wir sind überdies in der Lage, sie aus sehr vielen unterschiedlichen Quellen zu gewinnen. Dass wir hoch flexible Allesfresser sind, bezahlen wir mit dem Preis, schlechtere Grünzeugverwerter zu sein als

Schafe und schlechtere Fleischverwerter als Hunde. Deshalb haben Vegetarier einerseits und Obstverächter andererseits ein paar Probleme. Die ersten müssen schauen, wie sie an genügend Proteine und Eisen kommen. Die anderen müssen daran denken, dass ihr Körper Vitamin C nicht selbst herstellen kann – eine Tatsache, die wir der Lebensweise unserer Primatenvorfahren zu verdanken haben. Die haben sich hauptsächlich von Früchten ernährt und wahrscheinlich daher die Fähigkeit zur Vitamin-C-Synthese verloren. Dann fehlt uns noch das Enzym Uricase. Deshalb kann bei Menschen, die übermäßig Fleisch essen, Gicht auftreten. Die bei der Fleischverdauung entstehende Harnsäure wird nicht wie bei Hund oder Katze in leicht lösliches Allantoin umgewandelt, sondern lagert sich in den Gelenken ab. Der Zusammenhang von ausgiebigem Fleischverzehr und Gicht zeigt sich darin, dass in Mangelzeiten, wie zum Beispiel nach Kriegen, die Gichthäufigkeit stark abnimmt (wie übrigens auch Diabetes und Bluthochdruck) und früher fast nur in höheren gesellschaftlichen Schichten vorkam. Vielleicht ist dieses scheinbare Manko jedoch auch von Vorteil, denn Harnsäure ist ein starkes Antioxidans, das den Alterungsprozess verlangsamt.

Gift im Essen

Heute stehen »natürliche« oder »naturbelassene« Nahrungsmittel hoch im Kurs. Doch warum sollte die Natur gesunde Nahrung hervorbringen? Aus wissenschaftlicher Perspektive ist genau das Gegenteil der Fall. Pflanzen und Tiere wollen überleben und tun alles, was in ihrer Macht steht, damit kein Stück von ihnen gefressen wird. Die einzige Ausnahme bilden Früchte. Sie sind von Natur aus dafür bestimmt, gefressen zu werden. Denn die Frucht transportiert den Samen. Und damit liegt es im Interesse jeder Pflanze, dass ihre Früchte von großen Tieren gefressen werden (jedoch nicht von kleinen zerknabbert) und sich die darin enthaltenen Samen über die Exkremente der Fruchtfresser, die einen vorzüglichen Dünger darstellen, möglichst weit verbreiten. Deshalb haben die Pflanzen dafür gesorgt, dass die Früchte süß und ungiftig sind. Zu den Früchten zählt übrigens auch nichts, was wir als Gemüse bezeichnen, etwa Tomaten, Paprika oder Zucchini.

Alle anderen Teile der Pflanze sind dagegen von Natur aus bestrebt, nicht gefressen zu werden, und daher mit unzähligen Gift- und Bitterstoffen versehen. Im vielleicht bedeutendsten Rüstungswettlauf der Evolution, dem so genannten Pflanzen-Herbivoren-Wettrüsten, haben die Pflanzenfresser viele Verdauungsmechanismen entwickelt, um ihr Futter doch genießbar zu machen, während die Pflanzen immer neue Gifte nachgeschoben haben. So haben Pflanzenfresser den langen Magen-Darmtrakt entwickelt, auf den beispielsweise der Wolf verzichten kann.

Den ultimativen Vorteil im »Kampf« mit der Pflanze hat uns jedoch unsere Kultur – also unser Hirn – geliefert. Die moderne Pflanzenzüchtung hat den entscheidenden Beitrag geleistet, um das Gift in Kopfsalat und Kartoffel zu neutralisieren und so für die tägliche Ernährung nutzbare und ertragreiche Pflanzen zu erhalten. Die Kulturtechnik des Kochens sorgt dafür, dass vieles, was nur bedingt bekömmlich ist, unbesorgt verspeist werden kann, denn Hitze zerstört viele Gifte. Kartoffeln kocht man, weil sie unter anderem ein Gift namens Solanin enthalten, das ungefähr so giftig ist wie Strychnin und von dem bereits 200 Milligramm genügen, um einen Menschen zu töten. Rohe Kartoffeln schmecken uns deshalb auch nicht. Auch Getreide kann nicht einfach so gegessen werden. Es ist kein Zufall, dass kein Mensch der Welt Gerste, Weizen und Roggen roh isst. Erst im Malzkasten der Brauer und im Gärbottich der Bäcker wird die Nahrung aufgeschlossen, ein Teil der Abwehrstoffe abgebaut und die Kost damit bekömmlicher. Weißmehl ist keine Erfindung der modernen Nahrungsmittelindustrie. Schon Aristoteles wusste zu berichten, dass die (armen) Menschen, die sich von grober Gerste ernährten, schwächlich wirkten, die Weizengebäckesser dagegen ungemein gesund.

Tatsächlich ist die in den letzten Jahrzehnten propagierte »Vollwerternährung« mit ihrem hohen Anteil an Körnerprodukten für die meisten Menschen auf Dauer eher ungesund, da ihre Verdauung nicht damit zurechtkommt. Aus evolutionsbiologischer Perspektive sind einseitige »Vollwert-« und Rohkost-Ernährung und auch die viel gepriesenen Wildkräuter mit Skepsis zu genießen. Wildkräuter sind eher als Medizin zu betrachten und in entsprechend kleiner Dosis zu verabreichen, sodass ihre jeweiligen Gifte einen gewünschten Effekt bewirken können. Blätter von Pflanzen sind von Natur aus eher als Drogen denn als Nahrungsmittel geeignet – und werden von den Menschen auch so genutzt. Beispiele dafür sind Tabak, Hanfblätter mit dem Inhaltsstoff Cannabis und die Cocablätter. Eher genießbar sind neben reifen Früchten Nüsse mit harter Schale sowie schwer zugängliche Pflanzenteile wie Wurzeln und Knollen. Aber auch hier ist, wie wir bei Kartoffel oder Maniok sehen, Vorsicht geboten. Leicht erreichbare vermeintliche Leckerbissen wie die nährstoffreichen Eicheln sind so giftig, dass unsere Steinzeit-Vorfahren am Ende eines harten Winters zu Recht die Finger von ihnen ließen, selbst wenn ihnen der Hungertod drohte, während die besser an diese giftige Kost angepassten Hirsche die Eicheln genüsslich verspeisten. Erst später fand man Methoden, die Tannine zumindest teilweise aus den Eicheln zu entfernen.

Der Toxingehalt der Nahrung war bei unseren Vorfahren, die aus Mangel an Fleisch und Früchten notgedrungen auch viele andere Pflanzenteile zu sich nahmen, weit höher als in der heutigen Zeit, in der sich die Menschen vor geringsten Spuren von Pestiziden fürchten. Unsere heutige Ernährung ist vielleicht sogar so giftarm, dass uns daraus schon wieder Nachteile erwachsen. Wissenschaftler haben die Hypothese geäußert, dass unser an Giftnahrung adaptiertes Enzymsystem chronisch unterfordert sei und daher nicht effektiv genug arbeitet, wenn tatsächlich einmal eine ordentliche Ladung Pflanzengift im Essen ist. In der Leber gibt es bestimmte Enzyme, deren Aufgabe die Entgiftung ist und die aktiver sind, wenn sie gefordert werden. Das soll nicht heißen, dass wir gerne mehr Gifte in der Nahrung sehen würden. Aber wie beim Immunsystem und in vielen anderen Bereichen ist es gut, alle Abwehr- und Trainingssysteme des Körpers nicht zu unterfordern.

Vitamine

Als Inbegriff gesunder Ernährung gelten vitaminreiche Lebensmittel, die wiederum vor allem unter den pflanzlichen Produkten vermutet werden. Vitamine sind Substanzen, die der Körper neben den Nährstoffen in geringen Mengen unbedingt zum Leben braucht, da sie als Katalysatoren für bestimmte Vorgänge im Körper wirken, die er selbst aber nicht oder nicht in ausreichender Menge herstellen kann. Spezifischer Vitaminmangel führt zu Mangelsyndromen. Daher müssen Vitamine mit der Nahrung aufgenommen werden, wenn wir nicht krank werden wollen. Der Begriff wurde 1912 geprägt. Seitdem haben immer mehr Substanzen den Titel »Vitamin« erhalten, darunter auch einige, deren Bedeutung unklar oder zweifelhaft ist. Weit auseinander gehen die Meinungen bei der Frage, welche Mengen ratsam sind.

Insbesondere scheint es schwierig, einen spezifischen Vitaminmangel als Ursache entsprechender Krankheiten eindeutig zu identifizieren. Der Gesundheitszustand der betroffenen Menschen in armen Ländern ist oft durch allgemeine Unter- und Mangelernährung, ein geschwächtes Immunsystem sowie schlechte Gesundheitsvorsorge und mangelnde Hygiene geprägt. Pickt man ein fehlendes Vitamin als Ursache heraus, trifft man selten ins Schwarze.

Ein Beispiel für eine solche Fehlinterpretation liefert die Geschichte des Vitamin-B1-Mangels. Der niederländische Tropenhygieniker Christiaan Eijkman (1858-1930) stellte 1896 fest, dass Hühner, die er mit geschältem Reis gefüttert hatte, eine Krankheit entwickelten, die als Hühnervariante der damals in Japan grassierenden Beriberi-Krankheit gewertet wurde. Infolge dieser Entdeckung wurde das Fehlen von Vitamin B1, das im Silberhäutchen des Reis enthalten ist, für Beriberi verantwortlich gemacht, die in Asien seit Einführung der Reismühlen, in denen der Reis poliert wird, grassierte. Eijkman erhielt für diese Entdeckung 1929 den Nobelpreis, erschien jedoch nicht zur Verleihung, da er selbst schon ahnte, dass an der Sache etwas faul sein könnte. Mittlerweile wissen wir, dass es sich bei der in Japan verbreiteten schweren Krankheit nicht um ein Vitaminmangelsyndrom handelte, sondern um die Folge einer Schimmelpilzvergiftung. 1971 wies der Japaner Kenji Uraguchi den Pilz *Penicillium citreonigrum* als Ursache nach. Das Problem entstand also nicht beim Schälen von Reis, sondern bei der Lagerung. Die Krankheit trat auch nicht erst mit Einführung der Reismühlen auf, sondern wurde erstmals 1642 von den holländischen Ärzten Bontius und Nicolaes Tulp (1593–1674) beschrieben. Tulp gehört heute übrigens zu den bekanntesten Ärzten der Welt. Allerdings kennen nur wenige seinen Namen, Millionen dafür sein Gesicht: Er ist die zentrale Figur in Rembrandts berühmtem Gemälde »Anatomische Vorlesung des Dr. Nicolaes Tulp« von 1632.

Vorkehrungen gegen Schimmelpilzbildung bei der Reisverarbeitung und ein Verbot des Verkaufs von gelbem (verschimmelten) Reis haben dem Yellow-Rice-Syndrome den Garaus gemacht. Ganz so falsch war die Verbindung zum geschälten Reis übrigens nicht, denn Vitamin B1 wirkt als Gegengift bei bestimmten Schimmelpilzvergiftungen. Verwirrenderweise werden die Folgen einer auf geschältem Reis basierenden Mangelernährung nach wie vor als Beriberi (bzw. true beriberi) bezeichnet; deren Symptome sind jedoch weit weniger gravierend als die der durch Vergiftung hervorgerufenen »acute cardiac beriberi«. In westlichen Ländern tritt das Mangelsyndrom fast ausschließlich als Folge von Alkoholismus auf.

In zu hohen Mengen genommen hat Vitamin B1 erhebliche Nebenwirkungen, die von Herzrhythmusstörungen bis zu Magen-Darm-Blutungen reichen. Das mussten vor allem in den 1940er- und 50er-Jahren, als B1 das aktuelle Modevitamin war, zahlreiche Menschen schmerzhaft erfahren. Eine gravierende Folge von Vitamin-B6-Vergiftungen wiederum besteht im Verlust der Körperwahrnehmung. Nicht viel besser sieht die Bilanz bei späteren Modevitaminen aus.

Heute sind in westlichen Ländern wirkliche Vitaminmangelerkrankungen grundsätzlich unbekannt. Ganz selten einmal kommt ein Vitamin-B12-Mangel vor. Hauptrisikogruppe dafür sind Menschen, die sich streng vegetarisch (vegan) ernähren, also gänzlich auf tierische Produkte einschließlich Milch und Eier verzichten. Bei Kindern von Veganerinnen kann es wegen Vitamin-B12-Mangels zu schweren Entwicklungsstörungen bis hin zum Tod kommen. Alle anderen Vitaminmangelzustände weisen auf komplexere, meist die Verdauung betreffende Funktionsstörungen hin oder sind durch Medikamente bzw. Drogen verursacht. In ärmeren Regionen der Erde führen indes Unterernährung und mangelnde Vielfalt häufig zu Vitaminmangel. Am weitesten verbreitet ist die Unterversorgung mit Vitamin A in asiatischen Ländern, deren Ernährung auf Reis basiert, sowie mit Vitamin C. Folgen sind insbesondere bei Kindern Sehschwäche und Erblindung und die schwere Tropenkrankheit Kwashiorkor, bei der man sich leider nicht einig ist, ob sie die Folge von Proteinmangel, Vitaminmangel oder wie bei Beriberi einer Schimmelpilzvergiftung ist. Auch für das vermeintliche Vitamin-B6-Mangelsyndrom namens Pellagra wird mittlerweile ein Schimmelpilz, der Mais befällt, verantwortlich gemacht. Um dem Vitaminmangel zu begegnen, wurde inzwischen von den beiden deutschen Biowissenschaftlern Ingo Potrykus und Peter Beyer mit gentechnischen Methoden eine Reissorte entwickelt, die Vitamin A enthält und als »Goldener Reis« bezeichnet wird.

Historisch betrachtet ist ernährungsbedingter Vitaminmangel ein Phänomen, das mit der Erfindung der Landwirtschaft und der Entwicklung der Monokultur erstmals auftrat und im 20. Jahrhundert zumindest in den Industrienationen endete. Vor Erfindung der Landwirtschaft aßen die Menschen vor allem Fleisch und Obst sowie, wenn nötig, leidlich genießbare sonstige Pflanzenteile. So gehören zwar Vergiftungen und

Hunger bei den Jägern und Sammlern zur Tagesordnung, Vitamin- oder Mineralstoff-
mangel waren dafür unbekannt. Mit der Einführung des Ackerbaus kam viel weniger
Fleisch und Obst auf den Tisch und so tauchte vor etwa 10 000 Jahren die Zivilisationskrankheit Vitaminmangel auf. Wer sich aber die Viehhaltung leisten konnte und Milch-
produkte zu essen bekam, war weniger betroffen.

Für die Armen, die sich fast ausschließlich mit dem billigen Kalorienlieferanten
Getreide begnügen mussten, blieb der Vitaminmangel bis ins 20. Jahrhundert ein ständiger Begleiter, selbst wenn tatsächliche Mangelkrankheiten wie Skorbut bei Seefah-
rern, die sich von Schiffszwieback ernährten, nie große Bevölkerungsteile ereilten. Das
Ende der Zivilisationserscheinung Vitaminmangel kam mit der wachsenden Ernäh-
rungsvielfalt infolge wachsenden Wohlstands sowie der Entdeckung, wissenschaftlichen Erforschung und künstlichen Erzeugung von Vitaminen im letzten Jahrhundert.

Hoch dosierte Vitamine

Seit einigen Jahrzehnten jagt ein Trendvitamin das andere. In letzter Zeit steht neben
dem Longseller Vitamin C auch Vitamin E hoch im Kurs und wird millionenfach zugeführt. Doch auch hier ist ein spezifischer Nutzen der zusätzlichen Einnahme für Gesunde nicht belegt. Eine positive Wirkung konnte lediglich bei der Therapie einer seltenen
Darmfunktionsstörung gezeigt werden. Wie bei allen anderen Vitaminen verweisen
die Befürworter eines erhöhten Bedarfs vor allem auf die vorbeugende Wirkung gegen
diverse Erkrankungen, die aber nur in sehr aufwändigen Studien nachgewiesen werden
könnte. Ob ein ausgiebiger Vitaminkonsum Gesundheit und langes Leben fördert,
bleibt also eine Glaubensfrage. Definitiv falsch ist im Hinblick auf Vitamine die Annahme »Viel hilft viel«. Wie bei allen anderen Substanzen gilt vielmehr »Die Dosis macht
das Gift«. Besonders gefährlich sind Hochdosierungen der Vitamine A und D, die daher
nur auf ärztliche Anweisung eingenommen werden dürfen. Vitamin D ist andererseits
wirklich ein Kandidat für plausiblen Vitaminmangel. Es kann zwar von uns selbst hergestellt werden, die Synthese erfolgt jedoch nur unter Einwirkung von Sonnenlicht auf
die Haut. Ein unbekleideter Jäger in der afrikanischen Savanne bekam davon natürlich
erheblich mehr ab als ein meist voll bekleideter Europäer, der den ganzen Tag im Büro
sitzt. Dies ist wahrscheinlich der Grund, weshalb die Haut der nicht in Afrika lebenden
Menschen in den vergangenen Jahrzehntausenden ihre Pigmentierung deutlich reduziert hat, um mehr Sonnenlicht für die Vitamin-D-Synthese durchzulassen. Trotz dieser Maßnahme der Evolution trat bis zur Einführung routinemäßiger Vitamin-D-
Gaben an Kleinkinder die Mangelkrankheit Rachitis noch häufig auf.

Einige Tiere sind uns bei der körpereigenen Vitaminproduktion weit überlegen. Aus
Sicht der Evolution ist das einsichtig, denn wenn Vitamine per Definition überlebens-
notwendige Substanzen sind, kann der Körper auf die eigene Herstellung nur dann verzichten, wenn sie in der ihm verfügbaren Nahrung ausreichend vorhanden sind. Daher

gibt es zum Beispiel nur wenige Tiere, die wie wir nicht selbst Vitamin C produzieren können. Deutlich wurde das bei den Ratten, die seit jeher als blinde Passagiere zur See fahren, jedoch im Gegensatz zu den Seeleuten nie an Skorbut erkrankten. Diese Tatsache brachte kürzlich den US-Wissenschaftler Craig Nessler auf die Idee, ein paar Rattengene in Salat zu übertragen. Der Erfolg war beeindruckend: Der Vitamin-C-Gehalt des Salats stieg auf das Siebenfache. Da Konsumenten, die gerne aus dem Bauch heraus entscheiden, die Herkunft von Genen sehr kritisch beäugen, ist an eine Vermarktung des Salats natürlich nicht zu denken. Einen anderen, allerdings unpassenden Genlieferanten entdeckten russische Forscher. Sie identifizierten ausgerechnet die Kakerlake als bisher einziges Tier, das selbst Provitamin A synthetisieren kann.

Radikalfänger

Zurzeit besonders beliebt im Gesundheitsgeschäft sind Radikalfänger oder Antioxidantien, von denen man sich wahre Wunderdinge verspricht, nimmt man nur genug davon zu sich. Bemerkenswerterweise handelt es sich bei den angebotenen Produkten unter anderem wieder um die altbekannten Vitamine A (bzw. Beta-Carotin), C und E, die nun, da sich der Markt für gesundes Leben – den demographischen Tendenzen folgend – in einen Markt für Anti-Aging ausweitet, eben auch einen neuen Namen bekommen haben und vor allem vor den Gefahren des Alters namens Krebs und Herzinfarkt schützen sollen.

Die Gewebe des Körpers sind tatsächlich einem ständigen Angriff durch so genannte Freie Radikale ausgesetzt. Das sind Moleküle, die chemisch sehr reaktiv sind und unsere Zellen schädigen. Sie sind somit die direkte Ursache von Alterungsprozessen. Wenig verwunderlich ist jedoch auch, dass unser Körper Wege gefunden hat, sich gegen sie zu wehren. Er beschäftigt hierfür die besagten Radikalfänger, allen voran das Enzym Superoxiddismutase (SOD), aber auch viele andere, etwa die genannten Vitamine und die bereits erwähnte Harnsäure.

Dass der Körper von hohen Dosen zusätzlich zugeführter Antioxidantien profitiert, ist bislang nicht belegt. Für die Lebensmittelindustrie sind Radikalfänger nichts Neues. Sie fristen dort seit Jahrzehnten ein wenig glamouröses Dasein als Konservierungsstoffe und haben Namen wie E 320 (Butylhydroxyanisol) oder E 321 (Butylhydroxytoluol), die sie nicht zum Verkaufsschlager prädestinieren. Einer der stärksten bekannten Radikalfänger hat sogar ein noch viel schlechteres Image. Es ist das Krebs erregende Kondensat im Zigarettenrauch und beileibe nicht das einzige Gift mit ausgezeichneter antioxidativer Wirkung.

Leckeres Essen

Das größte Fehlernährungsproblem haben wir uns nicht eingehandelt, weil wir uns zu sehr von einer »artgerechten« oder »natürlichen« Ernährung entfernt haben, sondern weil unser Essverhalten noch immer einem natürlichen Imperativ aus vergangenen Mangelzeiten folgt, der lautet: »Iss, wenn etwas da ist, so viel wie möglich und hau vor allem bei Süßem, Salzigem und Fettigem mächtig rein!« Die Folge dieser sehr verlässlichen Verhaltensdisposition ist bei vielen Menschen eine unerwünschte Leibesfülle, die eine Vielzahl von Gesundheitsbeeinträchtigungen nach sich ziehen kann. Doch die entsprechenden Gelüste kommen nicht von ungefähr. Auf unserem Marsch vom Affen zum Menschen des 20. Jahrhunderts mussten wir lange Zeit auf die Segnungen der Supermärkte verzichten und mit einem dürftigen Nahrungsangebot leben. Daher sind unsere Körper darauf ausgelegt, Nahrung effizient zu verwerten, in guten Zeiten für schlechte vorzusorgen und Reserven in Form von Glykogenspeichern, Muskelmasse und Fettpolstern anzulegen. Besonders die Bildung dichter Energiespeicher in Form von Fettdepots war zur Überbrückung von ausgedehnten Hungerperioden notwendig. So haben wir uns nach dem Motto »Survival of the Fattest« die Gene fürs Dickwerden eingehandelt.

Viele der heute heiß geliebten Lebensmittel vom überirdisch süßen Pfirsich bis hin zur Schokoladentorte oder den Salzstangen fallen in die Kategorie des supranormalen Stimulus. Diesen Begriff prägten Verhaltensforscher. Das Lehrbuchbeispiel ist das Verhalten der Gans, die von Natur aus bestrebt ist, nahe an ihrem Nest liegende Eier, von denen sie mit einigem Recht annehmen kann, dass sie zur eigenen Brut gehören, zurückzurollen. Legt man ihr jedoch ein Ei und einen größeren, kugelrunden Tennisball neben das Nest, dann bevorzugt sie den Tennisball, der offenbar ihrer Idealvorstellung vom Ei näher kommt als ihr kleineres eigenes Produkt. Das Gleiche passiert, wenn man in einen Kühlschrank eine Packung Milch und eine Kindermilchschnitte legt. Der Nahrung suchende humane Kühlschranköffner greift in der Mehrzahl zur verfeinerten Schnitte statt zur Milchtüte.

Das Hauptproblem westlicher Ernährung resultiert also nicht aus einem niedrigen Vitamin- oder hohen Fettgehalt, sondern aus der genetisch verankerten Disposition, uns so zu ernähren, wie es uns von Natur aus am besten gefällt, gleichzeitig aber nicht mehr der Nahrungsknappheit unterworfen zu sein. Das mag gesundheitlich nicht optimal sein, ist aber immerhin besser als die Mangel- und Unterernährung, unter der unsere Vorfahren zu leiden hatten, und trägt unmittelbar – Schokoriegel für Schokoriegel – zum Wohlbefinden bei. Einen gewissen Ausgleich schafft unsere ebenfalls in der Evolution entstandene Neigung, nicht immer dasselbe, sondern viele unterschiedliche Nahrungsmittel zu uns zu nehmen. Sie ist nach wie vor funktional und sorgt damals wie heute dafür, dass die Ernährung nicht zu einseitig wird, womit sowohl schweren Mangelerscheinungen als auch tödlichen Vergiftungen weitgehend vorgebeugt wird.

Alter und Tod

Evolutionstheoretikern scheint es ein Leichtes, zu beantworten, warum wir nicht alt werden. Ganz einfach: Weil der Mensch, als er sozusagen noch als Tier in der freien Wildbahn lebte, ohnehin kaum die Chance hatte, sein 30. Lebensjahr zu erreichen. Wozu sollte die Evolution da einen Körper entwickeln, der 200 oder 500 Jahre halten würde? Doch diese Erklärung greift zu kurz. Denn sie gibt keine Antwort auf die Gegenfrage: Warum nicht? Ein Körper, der nicht altert, hätte schon in relativ jungen Jahren, etwa mit 25, einen Vorteil, sodass er eigentlich von der Evolution begünstigt werden müsste. Die plausibelste Erklärung bietet wohl die pleiotrope Theorie des Alterns. Als pleiotrop bezeichnet man Gene, die mehr als einen Effekt haben. Altern resultiert demnach aus Genen, die für den Körper in der Jugend und in der proliferativen Phase der Vermehrung von Vorteil sind und sich daher verbreitet haben, ihm aber im Alter Probleme bereiten. Dabei sind offensichtlich Männer noch mehr als Frauen bereit, für ihre hohe Fitness in der vom Konkurrenzkampf bestimmten Jugend mit weniger Jahren im Alter zu bezahlen. Ihr Leben endet im Schnitt sieben Jahre früher als das der Frauen und bei allen anderen Arten, bei denen Männchen um Zugang zu Weibchen konkurrieren, ist es ebenso.

Grundsätzlich muss man bedenken, dass es in der Evolution darum geht, dass Gene fortbestehen, nicht Organismen. Ein Körper muss daher nur so lange halten, bis er seine Gene an genug Nachkommen weitergegeben hat. Ist das fortpflanzungsfähige Alter vorbei, ist aus evolutionärer Sicht auch die Daseinsberechtigung hinüber. Bei Frauen endet das zeugungsfähige Alter mit 45 bis 50 Jahren. Danach lässt ihnen die Natur noch an die 20 Jahre, um die letztgeborenen Kinder großzuziehen. Auch das Ende der Zeugungsfähigkeit ist kein Zufall. Die Wechseljahre fallen in ein Lebensalter, in dem die Qualität der Eizellen, die sich in unreifem Zustand alle bereits seit der Geburt im Körper der Frau befinden, stark nachgelassen hat. Alle Zellen sind erbgutschädigenden Einflüssen wie der natürlichen kosmischen Strahlung oder Giften und Oxidantien ausgesetzt und sammeln so über die Jahre ihrer Existenz Mutationen an, die zu Erbschäden führen können. Es wäre also riskant, weitere Nachkommen in die Welt zu setzen. Doch vielleicht greift auch diese Erklärung wieder zu kurz. Denn man kann fragen: Warum hat die Evolution dann nicht bessere DNA-Reparaturmechanismen hervorgebracht? Und so kommt man zu einer weiteren Erklärung für die Existenz der Menopause. Sie geht davon aus, dass die Zahl der Kinder von der Evolution grundsätzlich begrenzt sein muss, damit genug Ressourcen der Mutter übrig bleiben, um die Kinder großzuziehen. Der Zeitpunkt der Menopause ergibt sich demnach aus der Optimierung der Anzahl der Kinder, die mit Hilfe der elterlichen Fürsorge selbst das reproduktionsfähige Alter erreichen.

Von Natur aus sind wir also nicht für ein hohes Alter konstruiert. Können wir unsere Lebenserwartung dennoch weiter steigern? Wir leben nicht mehr inmitten wilder Tiere und haben Mittel und Wege gefunden, uns gegen Krankheiten zu wehren. Viele von uns könnten also uralt werden, wenn da nicht der natürliche Tod wäre. Für die Evolution gab es keinen Grund, den Menschen besonders langlebig werden zu lassen. Für den Menschen gibt es aber durchaus Gründe, denn zumindest die meisten von uns sind aufs Sterben nicht besonders erpicht – auch wenn es noch so naturgemäß ist. Kein Wunder, dass Anti-Aging-Programme für Privatkliniken und Vitaminverkäufer zu einem guten Geschäft geworden sind.

Leicht ist die Angelegenheit wahrlich nicht, denn der Prozess des Alterns ist sehr komplex. Doch dass auch hieran zu drehen ist, daran besteht kaum ein Zweifel. Bei Fruchtfliegen haben Forscher durch die Veränderung eines einzigen Gens namens »Ich bin noch nicht tot« (I'm not dead yet, kurz: INDY) die Lebenserwartung verdoppelt. Bei Mäusen ist es ihnen gelungen, durch genetische Veränderungen die Lebenszeit um 30 Prozent zu verlängern. Hierfür wurde das Gen p66 ausgeschaltet. Und Mäuse gehören zu unseren nächsten Verwandten, sie haben ein sehr ähnliches Genom wie wir und viele Gene mit uns gemein – darunter auch p66. Dennoch bleiben biomedizinische Methoden, die direkt darauf zielen, das Leben zu verlängern, reine Zukunftsmusik und die bisher vermarkteten Vitamin- und Hormoncocktails ohne wissenschaftlich gesicherte Wirkung. Es ist kein Zufall, dass bei Säugetieren abgestorbenes Gewebe, von wenigen Ausnahmen wie der Leber abgesehen, nicht einfach nachwachsen kann. Um geschädigtes Gewebe regenerieren zu können, müsste unser Körper viel leichtsinniger mit Wachstumsfaktoren umgehen, als er es tut. Dieser Leichtsinn hätte wahrscheinlich seinen Preis und der heißt Krebs. Wo Zellwachstum leicht fällt, kann es auch leicht zu ungewünschtem Wuchern kommen. Eingriffe, wie man sie bei Mäusen testet, sind höchstwahrscheinlich sehr gefährlich, denn p66 spielt eine wichtige Rolle beim programmierten Zelltod. Diesen auszuschalten dürfte jedoch unter normalen Umständen schwer wiegende Auswirkungen haben, denn der Zelltod führt nicht nur zu unserem natürlichen Tod im Alter, sondern lässt auch geschädigte Zellen, insbesondere Krebszellen, absterben. Hier gibt es noch viel zu forschen, bis sichere Methoden der Lebensverlängerung gefunden werden. Dennoch ist das Forschungsgebiet hochinteressant. So wurde etwa beim Zebrafisch gezeigt, dass er seinen Herzmuskel in kurzer Zeit durch Bildung neuer Zellen regenerieren kann. Wird der genaue genetische Steuerungsmechanismus gefunden, könnte vielleicht auch eine Therapie für Herzinfarktpatienten gefunden werden.

Eine technisch sehr viel einfachere Methode der Lebensverlängerung, die auch bei Mäusen und Ratten gut funktioniert, ist das Hungern. Bei deutlich verminderter Nahrungsaufnahme können diese ein bis zu 30 Prozent höheres Alter erreichen. Sie bezahlen diese durch Askese gewonnenen Jahre jedoch mit dem Fehlen von Nachkommen. Daher ist diese Strategie aus evolutionärer Sicht völlig unbrauchbar. Hungern wäre demnach allenfalls Eltern und Großeltern mit abgeschlossener Familienplanung anzuraten.

Die durchschnittliche Lebenserwartung beim Menschen wird zunächst wahrscheinlich moderat weiter steigen. Immerhin hat sie sich in den letzten 100 Jahren schon verdoppelt. Sie wird steigen, weil wir Wege finden, die Kindersterblichkeit zu minimieren und auch die Krankheiten, an denen Menschen sterben, zu bekämpfen. Therapien gegen Krebs, Herzversagen und Alzheimer werden es sein, die unsere Lebenserwartung um ein paar, jedoch nicht viele Jahre anheben werden. Auch gesündere Lebensmittel und eine wissenschaftlich begründete, individuelle Optimierung der Ernährung werden ihren Teil beitragen – zumindest bei denen, die auf gesunde Ernährung setzen (eine Wahl, die bekanntlich keineswegs selbstverständlich ist). Lebenserwartungssteigernde Arzneimittel werden sich mittelfristig dazugesellen. So wird es zunächst weitergehen. Wie schnell und wie weit, vermag heute wohl niemand zu sagen. Die Pessimisten sind der Meinung, dass die biologische Lebenserwartung von etwa 120 Jahren niemals überschritten werden kann, weil dann die Alterserscheinungen einfach zu vielfältig werden, als dass sie noch beherrscht werden könnten. Man darf sich von der im letzten Jahrhundert verdoppelten Lebenserwartung nicht täuschen lassen. Sie hat sich in erster Linie aus der Vermeidung von Tod in frühem Alter, insbesondere bei Neugeborenen, ergeben. Die maximale Lebensdauer ist dagegen seit vielen hundert Jahren gleich geblieben. Die Ältesten werden immer gleich alt.

Heute wird, wenn ein alter Mensch stirbt, meist eine dieser Krankheiten als Todesursache angegeben: Krebs, Herzinfarkt, Lungenentzündung. Früher galt als Ursache meist Altersschwäche. Und vieles spricht dafür, dass auch heute der Sachverhalt mit dieser Ursache treffender beschrieben würde. Denn mit 85 stirbt man meist nicht an einer Krankheit, die man sich unglücklicherweise eingefangen hat, sondern an dem Alterungsprozess, der mit der sexuellen Reife begonnen hat. Betrachtet man die einzelnen Organe des menschlichen Körpers, so kann man sehen, dass es mit allen erstaunlich gleichmäßig bergab geht. Nesse und Williams beschreiben die traurige Wahrheit: »Altern ist keine Krankheit im eigentlichen Sinne, sondern das Ergebnis einer stetigen Abnahme jeder einzelnen körperlichen Fähigkeit, sodass wir für Myriaden von Krankheiten – nicht nur für Krebs und Schlaganfälle, sondern auch für Infektionen, Autoimmunkrankheiten und sogar für Unfälle – immer anfälliger werden.«

Optimisten, beispielsweise der britische Humangenetiker John Harris, der die Regierung Großbritanniens in Fragen der Gentechnik berät, lehnen die prinzipielle Begrenzung der Lebensspanne ab und plädieren für ein offenes Ende. Sie glauben, dass die Menschheit, genauso wie sie immer mehr über das Leben lernen kann und nie alle Rätsel gelöst haben wird, auch immer älter werden könne – aber sicher nie unsterblich.

5. Leben mit Bewusstsein und Gehirn

Zuerst die gute Nachricht: »Die Untersuchung des menschlichen Verstandes ist unterhaltend und nützlich.« So lautet der erste Satz in John Lockes 1689 erschienenem *Versuch über den menschlichen Verstand*. Nun die schlechte: Das Denken über das Denken ist eine schwierige Sache – vor allem das Denken über das eigene Denken. Man schmort im wahrsten Sinne des Wortes im eigenen Saft, ist zugleich Subjekt und Objekt der Untersuchung und kann allzu leicht in Verwirrung geraten. Sich selbst beim Denken zu beobachten war dennoch verständlicherweise lange die vorherrschende Methode der Erforschung des menschlichen Geistes. Sie wird nach wie vor alltäglich von uns praktiziert, etwa wenn wir uns fragen, was wir uns bei dieser oder jener Dummheit eigentlich gedacht haben. Die Selbstbeobachtung ist ein altehrwürdiges Unterfangen und vielleicht sogar der Ursprung des menschlichen Denkens, der Schlüssel zur schnellen Entwicklung unser geistigen Fähigkeiten, die uns von unseren tierischen Freunden durch eine nicht erklimmbare Steilwand trennen. Gleichwohl ist die Introspektion als wissenschaftliche Methode an Grenzen gestoßen.

Die Kognitionsforschung hat sich daher einer breiteren Herangehensweise verschrieben. Die Erforschung des Geistes ist eine interdisziplinäre Anstrengung von Evolutionsbiologen, Anthropologen, Genetikern, Informatikern, Mathematikern, Neurologen, Psychologen und Philosophen geworden. Sie betreiben eine besondere Art der vergleichenden Denkforschung, bei der sie durch die Gegenüberstellung von Mensch, Tier und Maschine die jeweiligen Besonderheiten herausarbeiten. Hinzu kommt die evolutionäre Perspektive, aus der die naturgeschichtliche Entstehung von Wahrnehmung, Denken und Sprechen rekonstruiert wird. Geist und Intelligenz sind Produkte der Evolution. Sie müssen daher auf prinzipiell die gleiche Art und Weise entstanden sein wie der Rüssel des Elefanten oder der Tanz der Bienen.

So will man herausfinden, wie der Mensch zum Denken kam. Als ebenso aufschlussreich sollte sich erweisen, zu beobachten, wie das Kind zum Denken kommt. Eines der größten Wunder des Alltags ist ja noch immer die zauberhafte Verwandlung eines schreienden Neugeborenen in ein pfiffiges, grammatikalisch korrekt sprechendes dreijähriges Kind. Als vierter Erkenntnisgenerator dient der wahrhaftige Nachbau von

Intelligenz im Computer. Je menschenähnlicher man diese Künstliche Intelligenz hinbekommt, desto mehr erfährt man gleichzeitig über die menschliche Intelligenz.

Die Erforschung des menschlichen Geistes war immer eng verbunden mit der Entwicklung der Wissenschaft insgesamt. Denn die Grenzen der Wissenschaft fallen zusammen mit den Grenzen der menschlichen Erkenntnisfähigkeit. Jener Teil der Realität, der die Möglichkeiten unseres Gehirns und unserer Sinnesorgane übersteigt, wird uns nie zugänglich sein. Die Frage ist: Wie viel von der Wirklichkeit macht dieser Teil aus? Die Meinungen gehen bis heute auseinander. Sie reichen von der Vorstellung, es gebe überhaupt keine wirkliche Welt, alles existiere nur in unserer Vorstellung, wie etwa Arthur Schopenhauer in seinem Werk *Die Welt als Wille und Vorstellung* behauptet, bis zum Postulat, dass es nichts gebe, was wir nicht erkennen können.

Es ist kein Wunder, dass die Beschäftigung mit der menschlichen Erkenntnisfähigkeit genau in jener Zeit besonders intensiv erfolgte, als die Wissenschaften insgesamt sich zum mächtigsten Vermögen der Menschheit aufschwangen. Zunächst stand die Frage im Mittelpunkt, woher das Wissen in unserem Kopf eigentlich komme. Lord Herbert of Chirbury postulierte 1645, dass schon bei der Geburt bestimmte moralische Vorstellungen in unserem Geist vorhanden seien – weshalb alle Religionen auf denselben Vorstellungen beruhten und versöhnt werden könnten. Der englische Philosoph John Locke (1632–1704) hielt in dem eingangs zitierten Werk mit der empiristischen Vorstellung vom unbeschriebenen Blatt (blank slate) dagegen, wonach nichts im Geiste sein könne, was nicht zuvor über die Sinne dorthin gelangt sei – »Nihil in intellectu quod prius non fuerit in sensu« hatte vier Jahrhunderte zuvor auch schon der große Philosoph des Mittelalters, Thomas von Aquin (1225–1274), formuliert. Letztlich geht diese Grundauffassung des Empirismus auf den Griechen Aristoteles zurück.

Laut Empirismus sollte alle Erkenntnis aus der Erfahrung stammen, laut Rationalismus stammt sie aus der logisch rationalen Ableitung auf der Grundlage angeborener Ideen. Beide Grundauffassungen können nicht ganz überzeugen. Albert Einstein, der sich intensiv mit erkenntnistheoretischen Fragen beschäftigte, sprach einmal von der »aristokratischen Illusion von der unbeschränkten Durchdringungskraft des Denkens« und der »mehr plebejischen Illusion des naiven Realismus«.

Immanuel Kant machte in seiner 1781 erschienenen *Kritik der reinen Vernunft* einen Versuch, das Dilemma zu lösen. Ihn störte die Unfähigkeit des Empirismus, beweisen zu können, wie aus Erfahrung Erkenntnis werden kann. Also schlug er einen Kompromiss zur Güte vor: Ohne die Sinne wären wir uns keines Gegenstandes bewusst, ohne den Verstand aber könnten wir uns keine Vorstellung von ihm bilden. »Der Verstand vermag nichts anzuschauen, und die Sinne nichts zu denken. Nur daraus, dass sie sich vereinigen, kann Erkenntnis entspringen.« Angeboren seien uns reine Begriffe wie Raum und Zeit, Substanz, Ursache, Kraft, Realität, die man sich ohne Inhalt nicht vorstellen könne. Dieses angeborene Wissen nannte Kant Kenntnisse »a priori«, während unsere Wahrnehmung uns Kenntnisse »a posteriori« liefert. Da die Begriffe des Denkens nicht von außen kommen, kann auch keine Übereinstimmung unserer Vorstellungen mit der wirklichen Welt garantiert werden. Kant führte deshalb als Gegenstand der wahren Welt das »Ding an sich« ein, das wir nie erkennen können. Seitdem müssen wir damit leben, dass wir einen Stein beschreiben und wissenschaftlich analysieren können, das »Ding an sich«, das sich hinter dem Stein verbirgt, uns indes verborgen bleibt, was laut Kant aber nicht weiter schlimm ist, da danach in der Erfahrung ja nie gefragt werde. Das »Ding an sich« ist lediglich ein Begriff, der das bezeichnet, worüber man schlechterdings nichts wissen kann. Es ist also für Philosophie und auch Naturwissenschaft irrelevant.

Tatsächlich liefert die Wahrnehmungspsychologie viele Bestätigungen dafür, dass das, was wir aus der Welt aufnehmen, nur ein Ausschnitt derselben ist. So können unsere Ohren nur in einem bestimmten Frequenzbereich hören, unsere Augen nur den als sichtbar bezeichneten Teil des Lichts sehen. In dritten Kapitel haben wir dargelegt, warum wir uns kein anschauliches Bild einer vierdimensionalen Welt machen können. Die moderne Physik folgt ausdrücklich Kants Aufforderung, sich über die sinnliche Anschauung hinwegzusetzen und sich den Erscheinungen durch den reinen Verstand zu nähern. So hat Werner Heisenberg bei der Vorstellung seiner Unbestimmtheitsrelation in dem Aufsatz *Über den anschaulichen Inhalt der quantentheoretischen Kinematik und Mechanik* ein neues Verständnis von Anschaulichkeit beansprucht. Anschaulich sei demnach nicht das, was »bildlich darstellbar«, sondern was »physikalisch sinnvoll« ist.

In den Wissenschaften hat sich heute weitgehend ein hypothetischer Realismus durchgesetzt, der Kants »größtmöglichem Verstandesgebrauch« entspricht. Kurz gesagt: wir kümmern uns nur begrenzt um das Ding an sich und versuchen einfach, alle Erscheinungen der Welt immer genauer zu erklären.

Offen blieb bei Kant die Frage, wie die angeborenen reinen Begriffe in unseren Verstand gelangt sind und warum sie uns so dienlich sind. Kant wunderte sich über die »Zusammenstimmung der Natur zu unserem Erkenntnisvermögen«. Hier kommt die Biologie ins Spiel. Darwin vermerkte in seinen Tagebüchern: »Platon sagte, unsere ›notwendigen Ideen‹ entstünden aus der Präexistenz der Seele und ließen sich nicht aus der Erfahrung ableiten – lies Affen für Präexistenz.« Wenn der Mensch ein Resultat der natürlichen Evolution ist, dann gibt es einen zweiten Weg, wie etwas in seinen Kopf gelangen konnte. Nicht nur durch Augen und Ohren im kurzen Leben eines Individuums, sondern auch durch die Gene im Lauf der Naturgeschichte. Demnach ist das menschliche Erkenntnisvermögen als Produkt der Natur zu betrachten. Diesen Gedanken hat zuerst in den 1940er-Jahren der Verhaltensforscher Konrad Lorenz (1903–1989) formuliert. Was wir durch unsere Sinne wahrnehmen können, sind die Aspekte der Wirklichkeit, die sich im Laufe der Evolution zu verschiedenen Zeiten als für unser Überleben bedeutsam erwiesen haben. Die Fähigkeiten, die unser Verstand umfasst, um aus dem Wahrgenommenen sinnvolle Vorstellungen zu machen und mit diesen Vorstellungen zu operieren, sind solche, die unsere Fitness erhöht haben.

Mit dem Übergang des Menschen vom Natur- zum Kulturwesen ist eine weitere Form der Evolution hinzugekommen: Die Entwicklung von Anwendungsweisen unserer biologisch erworbenen Verstandesmodule in einer Umwelt, die nicht mehr in erster Linie aus natürlichen Gegenständen besteht, sondern aus Artefakten, also Wissen repräsentierenden Gegenständen, und reinen Informationen. Fitness in dieser Welt bedeutet Erfolg im Umgang mit einer von Menschen geschaffenen Umgebung. Die Kunst, das Gehirn zu benutzen, wird kulturell tradiert und durch Lernen erworben. Der Bogen dieses Kapitels erstreckt sich damit vom Wahrnehmungsvermögen der Amöbe über die Frage nach dem Wesen des menschlichen Bewusstseins bis hin zum Jagen und Sammeln im World Wide Web. Das Hauptaugenmerk liegt auf dem Verständnis des menschlichen Geistes. Auf die biologischen Grundlagen des Geistes im Gehirn gehen wir im ersten Teil ein. Gehirn und Geist sollten in der Betrachtung nicht vermengt werden. Die Erforschung des Gehirns hat derzeit noch in erster Linie eine medizinische Zielsetzung, bei der Erforschung des Geistes geht es um die Frage, was den Menschen ausmacht und von anderen Lebewesen unterscheidet.

Aufbau des Gehirns

»Das Gehirn, das in seinem maßgefertigten Gehäuse aus Schädelknochen über dem Rumpf thront, hat eine Konsistenz, die an ein weich gekochtes Ei erinnert, und verfügt über keinerlei bewegliche Innenteile«, verrät uns die renommierte Hirnforscherin Susan Greenfield. Viel mehr war während des allergrößten Teils der Wissenschaftsgeschichte nicht herauszufinden.

Ein aus Sicht des Körpers so zweckfreies Gebilde konnte nach Auffassung der alten Griechen nur Residenz der unsterblichen Seele sein. Diese Vorstellung durchkreuzte vor etwa 2500 Jahren der griechische Arzt Alkmaion von Kroton (ca. 570–500 v. u. Z.), der Verbindungen von den Augen ins Gehirn entdeckt hatte und jenem daher die Funktion des Denkens zuschrieb. Später beschrieb Herophilos (ca. 330–250 v. u. Z.) in Alexandria die Hohlräume des Gehirns, die so genannten Hirnkammern, als mögliche Orte des *pneuma psychikon*, des Geisteshauchs. Im Weltbild der Antike und des Mittelalters bewohnte die Seele diese drei flüssigkeitsgefüllten großen Hirnkammern. Die »Kammerndoktrin« war das erste funktionale Modell des Gehirns. Die vorderste Kammer sollte für die Wahrnehmung, die zweite für das Denken und die dritte für das Gedächtnis zuständig sein.

Die Wissenschaft näherte sich dem Gehirn erst im 18. Jahrhundert, als der Schweizer Physiologe Albrecht von Haller (1708–1777) die Nerven näher unter die Lupe nahm, von denen man bis dahin glaubte, sie seien hohl und dienten als Kanäle für eine Flüssigkeit oder den Windhauch des *Spiritus animalis*. Haller zeigte im Experiment, dass Nerven reizbar waren und so die Bewegung von Muskeln auslösten. Er zeigte auch, dass alle Nerven zum Gehirn oder Rückenmark führen. Am Tierversuch beobachtete er, welche Auswirkungen die Reizung oder Beschädigung verschiedener Gehirnpartien hatte.

In dieser Richtung wurde auch im 19. Jahrhundert weiter experimentiert, um Zusammenhänge zwischen Hirnarealen und Leistungen des Gehirns herauszufinden. Die Forschung gelangte zu zwei unterschiedlichen Auffassungen. Die eine sah das Gehirn als homogenes, ganzheitliches Organ, die andere teilte es in Areale, die unterschiedliche Funktionen wahrnehmen. Über allem schwebte die Frage, in welchem Verhältnis Geist und Gehirn zueinander stehen.

Der französische Physiologe Jean Pierre Marie Flourens (1794–1867) entfernte Anfang des 19. Jahrhunderts bei verschiedenen Versuchstieren Stück für Stück immer größere Teile des Gehirns und beobachtete, wie sich das Verhalten der armen Kreaturen veränderte. Es stellte sich heraus, dass nicht eine Funktion nach der anderen ausfiel, sondern alle gemeinsam immer schlechter wurden, was man als Beweis für die Homogenität wertete. Gleichzeitig konnte damit die Identität von Gehirn und Geist begründet werden. »Welchen stärkeren Beweis für die Identität von Seele und Gehirn will man verlangen, als denjenigen, den das Messer des Anatomen liefert, indem es stückweise die Seele herunterschneidet?«, fragt Ludwig Büchner, Bruder des berühmten Dichters Georg Büchner, in seinem Hauptwerk *Kraft und Stoff*, das, 1855 erschienen, zu einem viel diskutierten Bestseller wurde. In seiner streng materialistischen Weltsicht ist »Seele« ein Kollektivbegriff für die Gehirnfunktionen, Gott ist identisch mit der Natur. So viel unverblümter Materialismus war zu der Zeit aber nicht gern gesehen. Büchner wurde nach Veröffentlichung seines Buches gezwungen, seine Lehrtätigkeit als Privatdozent aufzugeben. Sein Einfluss blieb dennoch beachtlich. Albert Einstein bezeichnete *Kraft und Stoff* später als eines von zwei oder drei Büchern, die ihn in seiner Jugend am meisten beeindruckt und zur Wissenschaft gebracht hätten.

Büchners Argument ist schlagend und wird auch heute noch immer wieder in Variationen angeführt, wenn man etwa danach fragt, warum ein paar Schnäpse oder eine Gehirnverletzung es vermögen, den vermeintlich immateriellen Geist bzw. die unsterbliche Seele eines Menschen bis zur Unkenntlichkeit zu verändern. Die Wirkung des Alkohols beschrieb treffend schon Heraklit, als er sagte, die Seele liebe es, befeuchtet zu werden, was ihr jedoch nicht bekomme, denn ein Betrunkener stolpere und wisse nicht wohin, weil seine Seele feucht sei.

Trotz so mancher richtigen Einsicht konnte sich die mechanistische Sichtweise des vorletzten Jahrhunderts in der Kognitionsforschung nicht halten. Aus heutiger Sicht sind etwa Imaginationen, obwohl sie zweifellos immateriell sind, als etwas durchaus Reales zu betrachten, wie wir weiter unten ausführen werden.

Dem einfachen Materialismus entsprach auch die Annahme, dass ein Gehirn wohl umso leistungsfähiger sein muss, je größer es ist. Ein Vergleich der Tiere lieferte hier eine gute Bestätigung.

»Im Allgemeinen ist die Gestalt und die Zusammensetzung des Gehirns der Vierfüssler beinahe die gleiche, wie beim Menschen. Dasselbe Aussehen, dieselbe Anordnung überall, jedoch mit dem wesentlichen Unterschiede, dass der Mensch von allen Thieren am meisten Gehirn – und dieses am meisten gewunden – im Verhältniss zu seiner Körpermasse hat; dann kommen der Affe, der Biber, der Elephant, der Hund, der Fuchs, die Katze etc., nehmlich die Thiere, welche am meisten dem Menschen gleichen ... Nach allen Vierfüsslern sind es die Vögel, welche am meisten Gehirn haben. Die Fische haben einen dicken Kopf, aber er ist leer an Verstand, wie der Kopf vieler Menschen. Sie haben kein corpus callosum und sehr wenig Gehirn, das auch den Insecten mangelt«, lesen wir bei dem französischen Aufklärer Julien Offray de La Mettrie, der durch den Titel seines Hauptwerks seinen Ansatz schon unmissverständlich klar macht: *Der Mensch eine Maschine* erschien im Jahre 1747 in Holland, nachdem es zuvor in seiner Heimat Frankreich verbrannt wurde. La Mettrie setzte sich nach Berlin ab, wo er eine Anstellung als Vorleser und Arzt des großen aufgeklärten Preußenkönigs Friedrichs II. erhielt. Tatsächlich ist der Grundbauplan des Gehirns bei allen Säugetieren gleich. Alle bestehen aus denselben Zelltypen, nutzen dieselben chemischen Substanzen, unterscheiden sich aber in der Größe sowohl einzelner Teile als auch des gesamten Gehirns.

Von Schädeln und Charakteren

Die Feststellung eines Zusammenhangs zwischen relativer Größe und Leistungsfähigkeit war im Großen und Ganzen richtig, brachte im wirklichen Verständnis des Gehirns jedoch auch nicht so recht weiter. Die Hirnforschung blieb ein weißer Fleck auf der Karte der Wissenschaften, der sich trefflich mit Spekulationen füllen ließ. So kam im frühen 19. Jahrhundert die Phrenologie in Mode. Begründet durch den Wiener Arzt Franz Gall (1758–1828) postulierte sie eine umfangreiche Charakterkunde auf Basis der Schädelformen. Gall ging durchaus empirisch vor. Er studierte die Schädel Verstorbener und die Beschreibungen ihres Charakters und stellte so Korrelationen zwischen körperlichen und geistigen Eigenschaften her. Das Ergebnis war eine Liste von 27 Charakterzügen, die verschiedenen Wölbungen auf der Schädeloberfläche entsprechen sollten. So gab es je ein Organ für den Geschlechtstrieb, die Kinder- oder Jungenliebe, die Erziehungsfähigkeit, den Ortssinn, den Personensinn, den Farbensinn, den Tonsinn, den Zahlensinn, den Wortsinn, den Sprachsinn, den Kunstsinn, die Freundschaft und Anhänglichkeit, den Raufsinn, den Mordsinn, die Schlauheit, den Diebsinn, den Höhesinn, die Ruhmsucht und Eitelkeit, die Bedächtlichkeit, den vergleichenden Scharfsinn, den philosophischen Scharfsinn, den Witz, das Induktionsvermögen, die Gemütigkeit, die Theosophie, die Festigkeit und die Darstellungsgabe. Daraus ließen sich schöne Karten und phrenologische Modelle des in entsprechende Areale eingeteilten Gehirns entwerfen und ein Gerät zur Charaktermessung basteln. Dieses bestand aus einer Art Hut mit beweglichen Stiften. Je nachdem, wie weit die Stifte an den verschiedenen Stellen herausgedrückt wurden, ergaben sich Ausprägungen der korrespondierenden Charaktereigenschaft. Das Geschäft mit dieser »wissenschaftlich fundierten« und »objektiven« Charaktermessung lief richtig gut, überall in Europa und Amerika entstanden phrenologische Gesellschaften. Es wurde chic, sich phrenologisieren zu lassen und Arbeitgeber ließen für Stellenbewerber phrenologische Gutachten erstellen. Auch Kunst und Literatur nahmen die Mode auf. In etlichen Romanen der Weltliteratur, etwa Werken von Honoré de Balzac, Clemens Brentano, Charlotte Brontë, Georg Büchner, Charles Dickens, Alexandre Dumas, Gustave Flaubert, Johann Wolfgang Goethe, Thomas Hardy, Victor Hugo, Karl May, Mark Twain und Walt Whitman taucht die neue Charakterkunde oder sogar Doktor Gall auf.

»Nun jagt der gemeine Russe mit seinen Stahlknochen über kleine und große Steine polternd hinweg, dass die Haare fliegen, und fragt nicht, was Brust und Schenkel des Reisenden dabei empfinden. Das wirft und stößt und dröhnt von dem heiligen Bein bis in die Zirbeldrüse, sodass Gall einige Minuten nachher gewiss kein einziges seiner Organe an dem Hirnkasten würde finden können«, schildert Johann Gottfried Seume eine Kutschfahrt in seinem Reisebericht *Mein Sommer 1805*. Die Erwähnung der Zirbeldrüse kommt nicht von ungefähr, sondern spielt auf die von Descartes begründete Theorie an, wonach diese eine Art Koordinierungsstelle für das Zusammenspiel von Seele und Körper sei. Heute ist sie uns unter dem Namen Epiphyse bekannt. Ihre Funktion besteht gemeinsam mit einem Hirnkern des Hypothalamus, dem *Nucleus suprachiasmaticus*, darin, unseren Körper mit dem 24-Stunden-Rhythmus des Tages zu synchronisieren. Sie produziert das Hormon Melatonin, das auch zur Behandlung des Jetlag nach Langstreckenflügen eingesetzt wird. Doch auch ihre mystische Bedeutung lebt in esoterischen Kreisen fort, etwa als »drittes Auge«, das Mensch und Kosmos verbinde.

Um 1850 war der phrenologische Spuk schon wieder vorbei; er gilt heute – ähnlich wie der Mesmerismus, die Lehre von der angeblichen Heilkraft eines so genannten animalischen Magnetsimus – als soziologisch interessantes Phänomen einer Zeit, in der die alte Ordnung zerbrochen war und Theorien, die auch nur den Anschein von naturwissenschaftlichen Grundlagen boten, begierig aufgegriffen wurden. Nur eine der drei großen Scheinwissenschaften des 19. Jahrhunderts erfreut sich noch heute großer Beliebtheit und bringt Millionenumsätze: die Homöopathie.

So irrational das Ganze heute klingt, muss man doch zugeben, dass der große Hokuspokus zwei Grundannahmen enthielt, die auch aktuellen Theorien zugrunde liegen. Zum einen natürlich die materialistische Sicht des Gehirns als Organ des Geistes, zum anderen die von der Modularität des Gehirns bzw. des Geistes. Sie wurde von dem französischen Neuroanatom Paul Broca (1824–1880) aufgegriffen, der als Erster ein Sprachzentrum identifizierte und damit die Lokalisationslehre begründete, und von Cecilie und Oskar Vogt (1870–1959) in Berlin-Buch am Kaiser-Wilhelm-Institut für Hirnforschung im Zeitraum 1928 bis 1937 fortgeführt. Sie legten die Grundlagen für die funktionelle und anatomische Kartierung der Hirnrinde.

Das Gehirn und seine Teile

Nicht Beulen am Schädel, sondern Löcher im Gehirn sollten in der Folge die entscheidenden Hinweise auf die Funktionen der einzelnen Hirnareale liefern.

Der Kopf, mit dem alles anfing, ist noch heute im Museum der Harvard-Universität zu besichtigen. Er gehörte dem Eisenbahnarbeiter Phineas Gage und hat seit dem 13. September 1848 ein 4 Zentimeter großes Loch. An diesem Tag bohrte sich dem unglücklichen Herrn Gage bei einer Sprengung für die neue Eisenbahn eine Eisenstange in den Kopf. Das Loch klaffte in seinem Kopf, doch er schien guter Dinge. Die Zeitungen berichteten, er habe wenige Minuten nach dem Unfall gesprochen, sei auf einem Ochsenkarren sitzend zum Gasthof des Ortes gefahren und, ein wenig gestützt von seinen Kollegen, zur Veranda gelaufen. Als der Arzt eintraf, habe er ihn mit den Worten begrüßt: »Hier gibt es reichlich für Sie zu tun, Doktor.« Gage überlebte, er war nicht gelähmt, er konnte sprechen, sein Gedächtnis war intakt. Doch er war nicht mehr der Alte. Aus dem fleißigen Vorarbeiter wurde ein fluchender Taugenichts, der keine Arbeit mehr lange durchhielt und schließlich als Säufer auf dem Jahrmarkt endete. Der Fall Gage zeigte, dass Hirnverletzungen zu sehr speziellen Ausfällen des Geistes führen können, wenngleich damals niemand sagen konnte, welche Funktionen bei Gage betroffen waren.

Wenige Jahre später begann man mit der systematischen Untersuchung von Hirnschädigungen. 1861 untersuchte Paul Broca einen Mann, der nicht sprechen konnte. Er stellte ein geschädigtes Hirnareal im vorderen Teil der linken Hirnhälfte fest, das seitdem Broca-Areal heißt. Wenig später lokalisierte Carl Wernicke (1848–1905) an ganz anderer Stelle ein weiteres Sprachzentrum. Sein Patient konnte perfekt sprechen, doch was er sagte, ergab überhaupt keinen Sinn. So wurde klar, dass tatsächlich bestimmte Bereiche im Gehirn mit bestimmten geistigen Leistungen zu tun hatten, dass jedoch für das Sprechen nicht ein bestimmtes Areal zuständig war, sondern mehrere auf das Gehirn verteilte.

Damit war die Marschrichtung für die Hirnforschung der nächsten 100 Jahre vorgegeben. Die so genannte »Lokalisationslehre« leistete mit wissenschaftlichen Methoden, was die Phrenologie mit unwissenschaftlichen versucht hatte: die Kartierung des Gehirns. Wichtigstes Handwerkszeug war hierfür lange der berühmte Hirnatlas, den der Hirnforscher Korbinian Brodman (1868–1918) im Jahr 1909 veröffentlichte. Er verzeichnet die charakteristischen Regionen, zu denen sich die Neuronen der Großhirnrinde anordnen. In den beiden Weltkriegen stieg die Zahl von Patienten mit Gehirnverletzungen deutlich an. Bei ihnen konnten Korrelationen zwischen geschädigten Hirnbereichen und Veränderungen in Denken, Sprechen und Verhalten ermittelt werden. Der Neurologe Valentin Braitenberg beschreibt den Forschungsalltag in den späten 1940er-Jahren: »Oben, im anatomischen Labor, wurden immer feinere, immer weiter ins Detail gehende Karten des Gehirns angefertigt, auf denen jede Windung, jedes kleine Faserbündel mit einem besonderen Namen eingetragen war. Wenn dann die Zeit gekommen war, lag das Gehirn des Patienten auf dem Seziertisch im Labor. Aus dem Krankenblatt wurde die Schilderung seiner Symptome vorgelesen. Auf den mit einem langen Messer hergestellten Querschnitten durch das Gehirn wurde die genaue Ausdehnung des zerstörten Gebiets festgestellt.«

Das dunkelste Kapitel erlebte die Hirnforschung zweifellos in der Zeit des Dritten Reiches. Eine Vielzahl von deutschen Hirnforschern mussten ihre Position aufgeben, viele emigrierten. Einige beteiligten sich jedoch direkt an den Nazi-Verbrechen, indem sie Untersuchungen an den Gehirnen von in Euthanasie-Programmen ermordeten geistig Kranken oder Behinderten vornahmen. Ein Großteil dieser Experimente geht auf das Konto von Julius Hallervorden am Kaiser-Wilhelm-Institut für Hirnforschung in Berlin. Nachdem der ursprünglich auf Lebenszeit berufene Direktor Oskar Vogt 1937 wegen seiner antifaschistischen Einstellung das Amt hatte abgeben müssen, wurde Hugo Spatz als sein Nachfolger berufen. Kurz darauf wurde Hallervorden dessen Stellvertreter und erhielt von Adolf Hitler den Titel Professor. Hallervorden war sich seines Tuns bewusst. Er war persönlich bei der Tötung von Kindern anwesend, deren Gehirne er anschließend sezierte. Nach 1945 blieb er bis zu seiner Emeritierung im Jahre 1956 wissenschaftlich in der Hirnforschung tätig.

Die Summe der Teile

Die Lokalisationslehre allein kann nicht zu einem wirklichen Verständnis des Gehirns führen. Wenn alle Einzelteile beschrieben und benannt sind, stellt sich nämlich die Frage, wie sie sich zu einem Ganzen fügen. Zur Klärung dieser Frage ist es sinnvoll, die Entstehungsgeschichte des Gehirns zu untersuchen. Aus dem Vergleich der Gehirne unterschiedlicher Tiere lässt sich einiges ableiten. Da sich komplexere Gehirne nur aus einfacheren entwickelt haben können, ist eine Kontinuität zu erwarten, bei der neue Strukturen auf alten aufbauen. Manche Bereiche bleiben dabei weitgehend unverändert, woraus man schließen kann, dass sie bei Karpfen und Menschen etwa gleiche Aufgaben erfüllen. Dies trifft vor allem auf den Hirnstamm zu. Andere Bereiche variieren.

So dominiert zum Beispiel bei Fischen das Kleinhirn und macht 90 Prozent der Hirnmasse aus, der Mensch dagegen verfügt über eine stark gefaltete Großhirnrinde, deren Oberfläche die unseres nächsten Verwandten, des Schimpansen, um das Dreifache übertrifft, wobei insbesondere Areale an Bedeutung gewonnen haben, denen sich keine spezielle Funktion zuschreiben lässt (in der Abbildung 5.1 ohne Schraffur). Ein detaillierter Vergleich der bekannten Areale des Großhirns bei verschiedenen Tieren bestätigt, was der Darwinismus bereits für die Entwicklung der Arten erkannt hat: dass es nicht einfach eine stetige Höherentwicklung gemäß der guten alten Stufenleiter des Seienden gibt, sondern eine Spezialisierung, die den unterschiedlichen Lebensweisen der unterschiedlichen Arten in ihren unterschiedlichen ökologischen Nischen entspricht. Aufgrund der Sonderstellung des Menschen im Hinblick auf die geistige Leistungsfähigkeit sprechen Wissenschaftler davon, dass wir, die wir bekanntlich jede natürliche Umwelt dieser Erde zu unserer Heimat gemacht haben, im System der Lebewesen die »kognitive« Nische besetzen. In dieser Nische ergibt sich die Fitness in erster Linie aus den höheren geistigen Fähigkeiten.

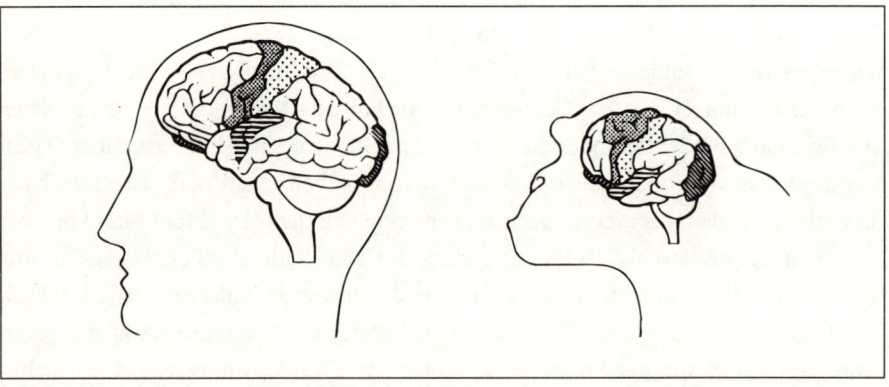

ABB. 5.1 *Vergleich der Großhirnrinde bei Mensch und Schimpanse. Auffällig ist die Zunahme an Arealen, für die es beim Affen keine Entsprechung gibt und die höheren geistigen Funktionen dienen (in der Darstellung ohne Schraffur).*

Der Vergleich der Gehirne verschiedener Tiere zeigt weiterhin überaus deutlich, dass man aus der Betrachtung des Gehirns wenig über den jeweiligen Geist und die spezifischen Fähigkeiten lernen kann. Die Gehirnchemie ist bei allen höheren Tieren im Wesentlichen gleich, die kognitiven Programme, die auf diesen substanziell gleichen Gehirnen laufen, sind für jede Tierart anders. So ist auch das spezifisch menschliche Denkvermögen aus der Anatomie des Gehirns nicht abzuleiten. Der Schriftsteller und Naturforscher Georg Christoph Lichtenberg (1742–1799) beschreibt das Dilemma in seinen »Sudelbüchern«: »Die Nähe hilft uns nichts, denn das Ding, dem wir uns nähern können, ist nicht das, dem wir uns nähern wollen. Wenn ich bei Betrachtung der untergehenden Sonne einen Schritt gegen sie tue, so nähere ich mich ihr, so wenig es auch ist. Bei dem Organ der Seele ist es ganz anders. Ja, es wäre möglich, dass man sich durch allzu große Näherung, etwa mit dem Mikroskop wieder selbst von dem entfernte, dem man sich nähern kann.«

Wenn wir uns dem Organ der Seele nähern wollen, müssen wir das aus zwei Richtungen tun. Von der einen Seite durch die Beschreibung des Gehirns, von der anderen durch eine Theorie des Geistes, die dann in Einklang mit unserem Wissen über die Gehirnphysiologie zu bringen ist. Wir suchen nach einem Geist, der in der Art von Gehirn, die wir haben, seine Entsprechung findet. Auf den Geist gehen wir weiter unten ein, unser Gehirn stellt sich aus heutiger Sicht in etwa wie folgt dar: Es wiegt 2,5 bis 3 Pfund, wobei zwischen zwei Menschen schon ein paar hundert Gramm Unterschied sein können, die jedoch nur sehr wenig über die Intelligenz aussagen. Die Hauptteile des Gehirns sind der Hirnstamm, die Großhirnrinde, die den Thalamus umgibt, sowie die Basalganglien, der Hippocampus und das Kleinhirn.

Großhirnrinde und Thalamus bilden zusammen das thalamo-kortikale System. Der Thalamus ist das Empfangssystem für Sinneseindrücke und andere Inputs, die er an verschiedene Bereiche der Großhirnrinde (Cortex) weiterleitet. Beide sind in viele Areale unterteilt, die wir nicht im Einzelnen darstellen. Grob gesagt werden die Sinneseindrücke weiter hinten im Gehirn verarbeitet, während sich hinter der Denkerstirn der planende Teil des Gehirns verbirgt. Innerhalb der sensorischen Areale sind kleinere Bereiche weiter spezialisiert auf Sehen, Hören und so weiter und dann noch weiter untergliedert, etwa nach Zuständigkeit für bestimmte Formen, Farben oder Bewegungen. All diese Bereiche dienen dazu, in unserem Kopf ein möglichst nützliches Bild der Welt zu erzeugen. Da der Mensch, wie alle Primaten, ein Augentier ist, haben wir besonders viele und sehr spezielle Module für das Sehen. Dabei geht es keineswegs nur um Kanten und Ecken, sondern um so komplexe, aber für soziale Wesen ungemein wichtige Dinge wie die Gesichtserkennung. Welche Einzelleistungen hier vollbracht werden, zeigt sich, wenn einzelne Module ausfallen und sich daraus seltsame Konsequenzen ergeben.

Für jeden von uns ist es selbstverständlich, dass wir etwa unsere Mutter erkennen, wenn wir sie sehen. Wir wundern uns auch nicht, wenn wir einen alten Freund, den wir zufällig nach 20 Jahren wieder treffen, auf Anhieb erkennen. Doch es gibt Menschen, die erkennen weder den alten Freund noch die eigene Mutter, die sie am Vortag noch gesehen haben. Sie leiden unter Prosopagnosie (von griechisch prosopon, was Gesicht bedeutet, und agnosia, was Nichterkennen heisst). Sie können Gesichter genauso gut sehen wie andere, sie können sie jedoch nicht zuordnen. Alle Menschen sehen für sie gleich aus und alle sind gleich fremd. Ein solcher Ausfall kann durch eine Gehirnverletzung entstehen, er kann aber auch angeboren sein. Wer von Geburt an betroffen ist, hat es leichter, da er dann von Anfang an andere Merkmale nutzt, um seine Mitmenschen zu identifizieren, etwa die Stimme, den Geruch, die Figur, die spezielle Körperhaltung und so weiter. Für die Betroffenen kann das Gesicht nie zu dem besonderen Merkmal werden, das es für uns andere ist. Aber sie kommen dennoch gut zurecht. Es fällt lediglich auf, dass sie auf der Straße oder im Supermarkt ihre Bekannten nicht grüßen.

Das Identifiziermodul hat die Aufgabe, ein Gesicht mit im Gedächtnis gespeicherten Gesichtern zu vergleichen. Findet es ein übereinstimmendes, werden der Name und andere Eigenschaften der Person ins Bewusstsein geholt. Findet es kein passendes Gesicht im Archiv, wird das neue zusammen mit einigen Informationen abgespeichert. Da es dem Modul nur um Identifizierung geht, werden alle hierfür bedeutungslosen Merkmale ausgeblendet. Deshalb können wir jemanden auch erkennen, wenn er sich in den Jahren deutlich verändert hat, und es fällt uns unter Umständen an dem Freund, der letzte Woche noch einen Vollbart hatte und uns heute mit glattem Kinn begegnet, nichts auf, weil unsere Identitätserkennung derart leicht veränderliche Merkmale nicht berücksichtigt.

Neben dem Identifizieren verfügen bestimmte Neuronengruppen in unserem Gehirn noch über eine ganze Reihe von anderen Spezialfähigkeiten beim Betrachten von Gesichtern. Eine dient dem Schätzen des Alters, eine der Bestimmung des Geschlechts, eine dem Gesichtsausdruck (glücklich, wütend usw.), eine stellt fest, worauf die Aufmerksamkeit der Person gerichtet ist, insbesondere, ob sie auf uns gerichtet ist. Und ab einem bestimmten Alter, etwa der Pubertät, gibt ein Modul auch sofortige Meldung über die Attraktivität einer Person. All diese Deutungen laufen automatisch und unbewusst ab, wenn wir jemandem ins Gesicht sehen.

Neben der Gesichtsblindheit gibt es noch unzählige andere spezifische Ausfälle, die die Modularität des Gehirns gut belegen, etwa die Unfähigkeit des Wiedererkennens von Gegenständen, der Verlust des Entfernungsschätzens, die Unfähigkeit, Gegenstände durch Betasten zu erkennen, den Verlust des Musikverständnisses (Amusie), die Worttaubheit, die Unfähigkeit, Gefühle zu identifizieren (Alexithymie) und so weiter.

So gibt es einerseits eine Spezialisierung und Zergliederung, andererseits auch intensiven Austausch zwischen den einzelnen Neuronengruppen, die miteinander zu Mustern verknüpft sind, weil sie zum Beispiel auf gemeinsam auftretende oder in der Art ähnliche Reize reagieren. Die verbundenen Gruppen müssen keineswegs Nachbarn sein, sie können an sehr verschiedenen Stellen des Gehirns liegen. Insgesamt besteht das thalamo-kortikale System aus mehreren hundert Arealen mit jeweils Zehntausenden von neuronalen Gruppen, die durch ein riesiges Netz reziproker (wechselwirkender) Verknüpfungen verbunden sind. In Hinblick auf die beiden erwähnten Grundvorstellungen vom Gehirn kann man wohl sagen: Es ist eine Synthese aus Modularität und Ganzheitlichkeit, aus Spezialisierung und Generalisierung. Der Neurologe Oliver Sacks beschreibt diese Synthese so: »Es gibt zum Beispiel etwa 50 visuelle Zentren, die alle auf eine Art unabhängig und autonom voneinander arbeiten. Sie alle sind mit unterschiedlichen Aspekten der visuellen Welt beschäftigt, mit Farbe, Bewegung, Eindrücken von Raum, Winkeln, Formen, Kontrast und so weiter. Und doch gibt es am Schluss keinen Bildschirm, auf den diese Eindrücke zusammen projiziert werden und auf den Sie, der Beobachter, schauen... Aber offensichtlich gibt es eine ständige Konversation zwischen diesen 50 Zentren... Letztlich müssen wir uns Tausende solcher Zentren vorstellen und Tausende von Stimmen – ein tausendköpfiges Orchester. Es spielt – oder konstruiert – die Musik der Realität.«

In Kleinhirn, Basalganglien und Hippocampus ist von einer solchen Vernetzung nichts zu sehen. Diese Regionen scheinen ausgelagerte geistige Routine-Dienstleistungen für den Cortex zu erledigen, die wenig Flexibilität, dafür viel Effizienz erfordern. Sie erhalten jeweils aus verschiedenen Arealen des Cortex Inputs, verarbeiten diese über mehrere Schritte und senden sie dorthin zurück, wo sie hergekommen sind. Das Kleinhirn scheint mit der Koordination von Bewegung sowie bestimmten Aspekten von Denken und Sprechen betraut zu sein. Die Basalganglien spielen eine wichtige Rolle bei der Planung und Durchführung komplexer motorischer und kognitiver Aufgaben. Der Hippocampus ist vor allem für die Vorbereitung von Informationen zur Abspeicherung im Langzeitgedächtnis zuständig.

Dann gibt es noch eine Reihe von kleineren Kernen in Hirnstamm und Hypothalamus, die eher diffus auf große Teile des Gehirns wirken und die Gesamtaktivität beeinflussen, wenn sie es für nötig erachten, wenn etwa Maschinengewehrgeknatter Gefahr andeutet. Da sie wohl mit einer Art übergeordneter Gesamteinschätzung befasst sind, werden sie Bewertungssysteme genannt. Sie dürften viel mit Stimmungen und Gefühlen zu tun haben und sind damit außerordentlich wichtig für unsere Entscheidungen. Im Einzelnen ist über diese Kerne noch recht wenig bekannt. Nichtsdestotrotz spielen sie in der Medizin eine entscheidende Rolle, denn fast alle Medikamente für psychische Erkrankungen wirken auf Zellen der Bewertungssysteme – und somit indirekt auf große Teile des Gehirns.

Alle hier beschriebenen Einheiten des Gehirns sind für den menschlichen Geist unerlässlich. Lange glaubte man, allein die Großhirnrinde sei der Ort des menschlichen Geistes, von dem man annahm, er sei erst spät in der Evolution auf das Säugetierhirn draufgesattelt worden. Doch wie wir im ersten Kapitel gesehen haben, entstehen in der Natur keine neuen Module, die oben drauf gesetzt werden. Alle Entwicklung läuft graduell und kontinuierlich, die geistigen Funktionen wachsen mit dem Gehirn als Ganzem, es kommen nicht einfach von allein neue Spezialmodule dazu. Heute ist klar, dass an allen kognitiven Leistungen, die den Menschen auszeichnen, die Großhirnrinde zwar beteiligt ist, die anderen Teile des Gehirns jedoch ebenfalls unerlässlich sind. Unser Überleben wird nicht von der Großhirnrinde gesteuert. Es können sogar Teile der Großhirnrinde entfernt werden, ohne dass es zu so dramatischen Ausfällen kommt, wie wenn man Teile des Hirnstammes entfernte.

Linkes Hirn und rechtes Hirn

Rund 150 Jahre nachdem die Phrenologie ihre kurzen Triumphe feierte, geriet das Gehirn einmal mehr ins Rampenlicht einer Modeströmung. In den Illustrierten, den Management-Seminaren und Kindergärten wurde zur Rettung der rechten Gehirnhälfte aufgerufen.

»Eltern, Erzieher und Institutionen wollten die Schulen auf den Kopf stellen, denn sie warfen ihnen vor, die ganzheitlichen, intuitiven und künstlerischen Anteile der rechten Gehirnhemisphäre generationenlang systematisch vernachlässigt und sich engstirnig nur auf die verbalen, logischen und analytischen Fähigkeiten der linken Hemisphäre konzentriert zu haben«, schreibt der amerikanische Neurologe Richard E. Cytowic. Stoff für den Rechtshirnigkeitsboom boten neuere Erkenntnisse der Lokalisationslehre, deren Begründer Paul Broca ja schon 1861 ein Sprachzentrum auf der linken Seite entdeckt hatte. Tatsächlich sitzt bei 97 Prozent der Rechtshänder und immerhin 84 Prozent der Linkshänder die Sprache links im Hirn. Insgesamt ist die linke Hirnhälfte differenzierter und spezialisierter und eher mit einem Computer zu vergleichen als die rechte, deren Module stammesgeschichtlich älter sind und mehr für das Emotionale, das Konkrete und Persönliche verantwortlich zeichnen.

Nach einigen Jahren legte sich die Aufregung wieder. Gerade die Tatsache, dass rechts weniger spezialisierte Operationen ausgeführt werden, bedeutet, dass diese Funktionen weniger gut trainiert werden können. Zudem wird die simple Unterteilung »rechts Musik, Poesie und Kreativität; links Sprache, Zahlen und logisches Denken« der komplexen Realität im Innern unserer Köpfe nicht gerecht. Im Gehirn gibt es keine Schubladen und fix abgegrenzte Kompetenzen, sondern eine ausgesprochen kooperative Arbeitsteilung. Ein bestimmtes Hirnareal erfüllt mehrere Funktionen zugleich. Umgekehrt lassen sich spezifische Funktionen nicht strikt eingrenzen, sondern verteilen sich über mehrere Hirnareale. Welche geistigen Funktionen in der rechten und welche in der linken Hirnhälfte ausgeführt werden, variiert von Mensch zu Mensch stark und kann sich auch im Verlauf eines Lebens ändern. Fast jede Funktion kann nach dem Ausfall der für sie zuständigen Hirnregion von anderen Regionen übernommen werden – sogar über die Hemisphärengrenzen hinweg. Außerdem ging es bei der ganzen Angelegenheit nicht so sehr ums Gehirn, sondern darum, dass in der Schule verstärkt Bilder, Farben, Musik und Rhythmik eingesetzt werden sollten, um mit »Kopf, Herz, Hand und Bauch« zu lernen. Solche didaktischen Überlegungen haben zweifellos ihre Berechtigung. Sie lassen sich lern- und motivationspsychologisch jedoch gut begründen, ohne die Gehirnforschung bemühen zu müssen und zu behaupten, in unserer Kultur ließe man die eine Hälfte des Gehirns verkümmern.

Informationsverarbeitung

Irgendwann war auch für die Gehirnforschung der Zeitpunkt gekommen, nicht mehr nur zu beschreiben, zu kartieren und katalogisieren, sondern zu ermitteln, welche Art von Vorgängen sich in unserem Gehirn abspielten. Ein Impuls hierzu kam aus der Computerentwicklung. Anfang der 1940er-Jahre bewiesen der US-amerikanische Neurologe Warren McCulloch und der Mathematiker Walter Pitts, dass ein so genanntes neuronales Netz ganz formal aussagenlogisch arbeiten kann wie ein Gehirn. Wegen dieses Beweises verglich der Mathematiker John von Neumann die funktionale Organisation eines Gehirns mit der logischen Struktur eines digital arbeitenden Computers. 1948 erschien in den USA das Buch *Cybernetics* von Norbert Wiener (1894–1964), das mit der Inkommensurabilität von Natur und Technik aufräumt und einen Ansatz propagiert, der für beide gleichermaßen gilt und von Wiener wie folgt definiert wird:

»Kybernetik ist die Wissenschaft von der Steuerung und Regelung, das heißt der zielgerichteten Beeinflussung von Systemen sowie der Informationsverarbeitungsprozesse und deren Automatisierung, die das Wesentliche der Steuerungs- und Regelungsvorgänge ausmachen. Sie ist auf beliebige Systeme anwendbar und dient dazu, die Gesetzmäßigkeiten von Steuerungs- und Regelungsvorgängen sowie informationsverarbeitenden Prozessen in Natur und Technik zu erkennen und diese dann bewusst zur Synthese technischer bzw. zur Verbesserung natürlicher Systeme einzusetzen.«

Was dabei alles herauskommen könnte, zeigten Sciencefictionautoren wie Martin Caidin in dem Roman *Cyborg* von 1972 oder William Gibson in *Neuromancer* von 1984, der ein neues Genre namens Cyberpunk begründete, in dem die reale mit der virtuellen Welt verschmilzt. Wenn man heute ins Cyber Café geht und im Cyberspace surft, trifft man Click auf Click Cybernauts, Cyber Terrorists, Cyber Thiefs, Cyber Pets, Cyber Libraries, Cyber Homes, Cyber Miners, Cyber Rambler, Cyber Schools, sogar Cyber Cigars und so weiter, und so fort. Man kann auch das Cyber Museum of Neurosurgery (http://www.neurosurgery.org/cybermuseum) besuchen – um aufs Thema zurückzukommen.

Seit Mitte des letzten Jahrhunderts versucht also die Forschung, natürliche informationsverarbeitende Systeme zu verstehen, und dazu zählen vor allem Gehirne. Informationsverarbeitung klingt heute nach einem ziemlich alten Hut. Doch Menschen, die vor 1970 geboren sind und zu denen sicher auch einige unserer Leser zählen, haben noch einen Alltag erlebt, in dem man nicht einmal Taschenrechnern begegnete. Die Idee, Frösche, Menschen und Thermostate als informationsverarbeitende Systeme zu sehen, war also zu einer Zeit, als es fast nur »natürliche Informationstechnologie« gab, durchaus originell.

1956 fand im Dartmouth-College in Hanover, New Hampshire, eine Konferenz statt, die oft als Startschuss zur Künstlichen Intelligenz (KI) bezeichnet wird. Diese Konferenz hatten der damalige Assistant Professor für Mathematik John McCarthy und sein

Freund Marvin Minsky vom Massachussetts Institute of Technology (MIT) organisiert. Angeregt von dieser Konferenz bildeten Minsky und McCarthy (1959) eine KI-Gruppe am MIT. Mitte des Jahrhunderts also bekam die Künstliche Intelligenz Ort und Namen und erlebte gleich zu Beginn wahrscheinlich ihre euphorischste Phase. Der englische Mathematiker und Logiker Alan Turing (1912–1954) sagte schon 1952: »Sage mir, was du glaubst, worin genau sich ein Computer von einem Menschen unterscheidet, und ich werde einen Computer bauen, der deinen Glauben widerlegt.« Da man damals weder über Computer noch über Gehirne allzu viel wusste, war diese Aussage lediglich ein grundsätzliches Postulat der Machbarkeit Künstlicher Intelligenz, mit der die Forschungsdisziplin begründet wurde. Dabei führte Turing auch gleich das entscheidende Erfolgskriterium ein, das die pragmatische Ausrichtung der Forschungsrichtung widerspiegelt, nämlich den später so genannten Turing-Test. Der fordert, dass wir an eine Maschine die gleichen Anforderungen stellen wie an einen Menschen. Es gibt keine Methode, um zu erkennen, dass ein Mensch, mit dem wir reden, nicht in Wirklichkeit ein Roboter ist. Solange man ihn nicht aufschrauben darf, kann man nur mit ihm reden. Zumindest versuchen wir normalerweise nicht, Menschen aufzuschrauben, um zu sehen, ob sie in Wirklichkeit Roboter sind. Wir beobachten sie und kommen zu dem Schluss, dass sie sich intelligent verhalten, also vernunftbegabt sein müssen. Wenn eine Maschine sich also auf eine Weise mit einem Menschen unterhält, die keine Entscheidung darüber zulässt, ob das Gegenüber Mensch oder Computer ist, und eine Jury keinen Anlass hat, an der Intelligenz des Probanden zu zweifeln, dann hat sie den Test bestanden und wir können ihr mit gleichem Recht den Besitz von Geist zugestehen, wie wir ihn unseren Mitmenschen zugestehen. Turing hat den Test übrigens 1950 erstmals als Imitationsspiel beschrieben, bei dem es nicht darum geht, Mensch und Maschine, sondern Mann und Frau zu unterscheiden: »Gespielt wird von drei Personen, einem Mann (A), einer Frau (B) und einem Fragesteller (C)... Der Fragesteller befindet sich in einem von den übrigen Mitspielern getrennten Raum. Für ihn besteht das Ziel des Spiels darin herauszufinden, wer von den beiden anderen der Mann und wer die Frau ist... Er darf an A und B Fragen richten... Das Ziel des Spiels besteht für A darin, C über seine wahre Identität zu täuschen... Die Mitspielerin B hat die Aufgabe, dem Fragesteller zu helfen.«

Damit war also die Idee des Elektronenhirns in wissenschaftliche Programmatik gegossen, und diese Kühnheit ermutigte auch die Gehirnforscher. Wenn andere ankündigten, intelligente Maschinen bauen zu wollen, dann durften sie es auch wagen, über die bis dahin als unfassbar komplex geltenden Gehirnfunktionen nachzudenken und versuchen, herauszufinden, wie das Gehirn funktioniert. Bis heute zeigte sich dabei indes, dass es wenig Ähnlichkeit zwischen Computern, wie wir sie bisher kennen und bauen, und dem Gehirn gibt. Der Grund, weshalb das Gehirn zwar weiterhin ganz allgemein als Computer gedacht wird, wir jedoch von einem Computermodell des Gehirns noch weit entfernt sind, liegt vor allem in der hochgradig komplexen und überaus variablen Vernetzung des Gehirns. Computer einer Serie sind alle identisch, Gehirne sind jedoch sogar bei eineiigen Zwillingen sehr unterschiedlich und sie verändern sich permanent.

Kleine graue Zellen

Die unglaubliche Komplexität des Hirns resultiert aus der extremen Vernetzung der Nervenzellen. Deren Entdeckung ist einem Zufall zu verdanken. Der sehr am Hirn interessierte italienische Arzt Camillo Golgi (1844–1926) hatte in seiner Küche, die halb zum Labor umgebaut worden war, im Jahre 1872 eine Scheibe Gehirn versehentlich mehrere Wochen in einer Silbernitratlösung liegen lassen. Erneut unters Mikroskop gelegt, erkannte er in dem Präparat nicht wie üblich einfach nur eine homogene Masse, sondern ein netzartiges, von Tröpfchen unterbrochenes Geflecht. Durch Färbung waren die Neuronen sichtbar geworden. Glücklicherweise jedoch nicht alle, sonst wäre wieder nichts zu erkennen gewesen, sondern nur 1 bis 10 Prozent der Nervenzellen.

Doch es war zunächst unklar, auf welche Weise das Geflecht aus Einzelzellen zusammengefügt war. Im Jahre 1891 formulierte der deutsche Anatom Heinrich Wilhelm Gottfried von Waldeyer-Hartz (1836–1921) die Neuronentheorie, die besagte, dass die Fasern feine Fortsätze der Nervenzellen seien und mit diesen eine Einheit bildeten und dass das gesamte Nervensystem aus diesen Neuronen bestehe. Waldeyer zeigte auch, dass die Ausläufer der Zellen sich sehr nahe kommen können, ohne sich jedoch zu berühren. Die Kontaktstellen von einer Nervenzelle zur anderen nannte man später Synapsen.

Der Berliner Physiologe Emil Du Bois-Reymond (1818–1896) entdeckte in den 1840er-Jahren, dass Nervenimpulse mit einer Änderung des elektrischen Zustands des Nervs verbunden waren. Hermann von Helmholtz (1821–1894) ermittelte um 1850 die Geschwindigkeit der Erregungsleitung in Nervenbahnen. Der deutsche Physiologe Otto Loewi (1873–1961) konnte im Jahre 1921 nachweisen, dass der Nervenimpuls, der innerhalb des Neurons elektrisch geleitet wird, den synaptischen Spalt überquert, indem er in ein chemisches Signal, den Nervenüberträgerstoff Acetylcholin, verwandelt wird.

Neuronen können sehr unterschiedlich aussehen. Sie bestehen jedoch alle aus einem Zellkörper, einer Vielzahl verzweigter, baumartiger Fortsätze (Dendriten) und einem bis zu mehrere Meter langen Fortsatz, dem Axon, das über so genannte synaptische Verbindungen Verknüpfungen zu Dendriten oder dem Zellkörper anderer Neuronen herstellt. Diese Kommunikationsverbindungen sind die Spezialität, die Nervenzellen von anderen Körperzellen unterscheidet. Grob gesagt funktionieren die Dendriten als Antenne, die Axone als Sender. Dabei gibt es zwei Grundtypen von Neuronen: Anfeurer und Beruhiger (exzitatorische und inhibitorische Neuronen). Die Signalübertragung verläuft zwischen den Zellen fast immer durch chemische Substanzen (Neurotransmitter), die den winzigen synaptischen Spalt durchschwimmen, innerhalb der Zelle dagegen elektrisch.

Die Anzahl der möglichen Schaltkreise summiert sich auf die bei weitem größte aller in diesem Buch vorkommenden Zahlen. Sie ist unvorstellbar viel größer als die Zahl der Teilchen im Universum, eine 1 mit mindestens einer Million Nullen hintendran. Die Zahl der tatsächlich realisierten Verbindungen im Gehirn liegt etwa in der gleichen Größenordnung wie die Zahl der Blätter im Amazonas-Regenwald, der immerhin mehr als 12-mal so groß wie Deutschland ist. Ständig empfängt jedes Neuron Tausende von Impulsen entlang seiner weit verzweigten Aufnahmesysteme. Überschreitet der Gesamtimpuls eine bestimmte Schwelle, so verwandelt sich das Ruhe- in ein Aktionspotenzial, das sich durch die Nervenzelle fortpflanzt und dabei Tausende weitere Nervenzellen beeinflusst. Bis zu 1000 Aktionspotenziale pro Sekunde vermag ein Neuron zu erzeugen. Das häufig benutzte Bild vom »Neuronengewitter« ist für dieses Feuerwerk noch viel zu harmlos. Sich ein exaktes Modell eines auf Fußballgröße verkleinerten, derart bewegten Regenwalds zu machen, übersteigt natürlich bei weitem die Möglichkeiten der Neuroanatomie. Die Untersuchung sämtlicher Schaltkreise ist also kein gangbarer Weg zum Verständnis unseres menschlichen Gehirns.

Neuronen sind nicht der häufigste Zelltyp im Gehirn. Von den so genannten Gliazellen gibt es zehnmal mehr. Sie haben vielfältige unterstützende Aufgaben und erhalten zunehmend Beachtung in der Hirnforschung.

Entwicklung des Gehirns

Die Entwicklung des Gehirns beginnt beim menschlichen Embryo am zwölften Tag nach der Befruchtung. Der Embryo besteht aus drei Zellschichten, die oberste wird als Neuralplatte bezeichnet, ihre Zellen werden sich später zu Nervenzellen weiterentwickeln. Nach etwa einem Monat verfügt der Embryo bereits über ein einfaches Gehirn. Die Zellen teilen sich in hohem Tempo. Es entstehen bis zu 250 000 neue Neuronen pro Minute. Beim Erwachsenen sind es schließlich rund 100 Milliarden Nervenzellen, die jeweils Zehntausende von Verbindungen zu anderen Nervenzellen aufweisen. Die Verbindungen sind jedoch nicht von Geburt an da, sie entstehen mit der Benutzung des Gehirns in den ersten Lebensjahren. Auch das Gehirn selbst hat bei der Geburt längst noch nicht seine spätere Größe. Es wächst in den ersten vier Lebensjahren auf das vierfache Volumen an und ist dann zu 95 Prozent ausgewachsen. Dieses nachgeburtliche Gehirnwachstum erfolgt nicht durch eine Zunahme an Nervenzellen. Die sind schon bei der Geburt fast alle vorhanden und an ihrem Platz. Wie die Abbildung zeigt, erfolgt das Wachstum hauptsächlich durch die ungeheure Zunahme an Axonen, die Neuronen miteinander verbinden. Diese Komplexitätsexplosion ist die entscheidende Phase der Intelligenzentwicklung. Sie kann aus zwei Gründen erst nach der Geburt erfolgen. Erstens ist vorher nicht genug Platz.

Wie im vorigen Kapitel dargestellt, müssen Menschenkinder sehr früh den Bauch der Mutter verlassen, weil sie sonst zu groß würden und nicht mehr durch den schmalen Geburtskanal in die Außenwelt gelangen könnten, was für Mutter wie Kind fatal wäre. Darin liegt die eigentliche Ursache, weshalb die Entwicklung des Menschen ab einem sehr frühen Zeitpunkt »draußen« erfolgt. Für die Gehirnentwicklung kann dieses unreife In-die-Welt-Gelangen als großer Vorteil gewertet werden. Denn draußen gibt es mannigfaltigen Input über die Sinnesorgane. Nur durch diese Interaktion mit einer komplexen Umwelt kann das Gehirn sich so intensiv vernetzen. Es können sich dadurch spezielle Funktionen entwickeln, die allein durch genetische Determinierung, also angeboren, nicht möglich wären, zum Beispiel das dreidimensionale Sehen mit zwei Augen. In der Tat ist das fertige Gehirn letztlich ein Produkt seines Gebrauchs in der Zeit seiner Reifung, und diese ist beim Menschen erst mit 16 bis 20 Jahren weitgehend abgeschlossen. Ein Zeitpunkt, der nicht von ungefähr in etwa mit dem Ende der »Lehrjahre« und dem Übergang zum Erwachsenenalter zusammenfällt. Auch danach ist das Gehirn noch flexibel und kann sich durch Lernen weiterentwickeln. Die Lernerfahrung im Alltag ist jedoch bei den meisten Menschen nach dieser Zeit nicht mehr sehr intensiv, alle grundsätzlichen kognitiven Fähigkeiten sind entwickelt. Der große evolutionsbiologische Vorteil des Gehirns liegt also darin, dass wichtige Hirnfunktionen durch die spezifische Umgebung bzw. Lebensweise ausgebildet werden, Nervenbahnen sich nach der Geburt durch Lernanreize bilden und damit jeder Mensch sich optimal an eine sich ständig ändernde Umwelt anpassen kann. Das gibt es in dieser Ausprägung sonst nirgendwo im Tierreich. Es besteht also durchaus Anlass zur Hoffnung, dass wir mit unserem lernenden, plastischen Gehirn auch zukünftige, neue Anforderungen unserer Umwelt meistern können.

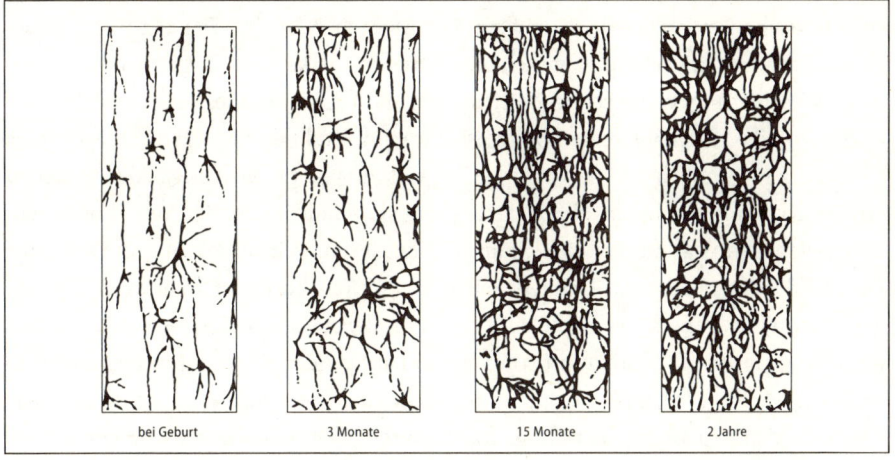

| bei Geburt | 3 Monate | 15 Monate | 2 Jahre |

ABB. 5.2 *Die Entwicklung der neuronalen Verbindungen beim Menschen nach der Geburt. In den ersten vier Lebensjahren wächst das Gehirn durch intensive Vernetzung auf das Vierfache an.*

Den grundsätzlichen Aufbau unseres Gehirns bestimmen Gene. Der genetische Bauplan sieht auch die einzelnen funktionalen Module vor. Sie sind bei der Geburt angelegt, müssen aber noch aktiviert und in einer Vielzahl von Parametern an die spezifische Umwelt angepasst werden. Der Nichtgebrauch bestimmter Neuronengruppen während kritischer Zeitabschnitte in der frühen Kindheit hat deshalb fatale Folgen. Werden etwa die Neuronen der Sehrinde in den ersten Wochen nicht mit Informationen aus einem Auge versorgt, vielleicht weil es zugeklebt ist, dann geht das Gehirn davon aus, dass von diesem Auge auch in Zukunft kein »Input« kommen wird und vergibt die Zielneuronen an das andere Auge. Das Kind bleibt dann auf diesem Auge blind, obwohl das Auge selbst vollkommen funktionsfähig ist. Es hat keine Adresse mehr, an die es seine Eindrücke melden kann. Man beachte, dass es sich nicht um ein Verkümmern wegen Nichtgebrauch handelt. Die vorgesehenen Neuronen gehen, weil sie nichts zu »sehen« bekommen, ja nicht zugrunde, sondern sie werden für einen anderen Zweck eingesetzt. Dies ist ein extremes Beispiel, doch es scheint, dass nicht nur die Sehrinde, sondern alle Module des Gehirns sich in direkter Abhängigkeit von ihrem Gebrauch entwickeln. Da das Sehen sich aus unzähligen Teilaspekten zusammensetzt, kann es bei unzureichendem Input auch zu sehr viel spezielleren Unfähigkeiten kommen. Der britische Neurologe Colin Blakemore hat das an Katzen demonstriert, die er in besonders präparierten Umgebungen aufwachsen ließ. Die einen hatten eine Umwelt, in der es nur waagrechte Linien gab, die anderen eine voller senkrechten. Das Ergebnis war, dass die einen tatsächlich später einen Stock nicht erkannten, wenn man ihn waagrecht hielt, während die anderen für senkrechte Stöcke blind waren. Die Untersuchung ihrer Gehirne ergab, dass sie keine Neuronen für die jeweilige Linienausrichtung ausgebildet hatten.

Das Gehirn ist auch in materieller Hinsicht ein Produkt des Lernens. Es kann und muss trainiert werden. Lernen heißt dabei aktives Lernen. Bloß zuschauen, zum Beispiel fernsehen, reicht nicht. Nur wenn der Mensch oder das Tier aktiv mit seiner Umwelt in Interaktion tritt, bewirken die Sinneseindrücke Veränderungen der neuronalen Verschaltung. Wenn schon Zweijährige darauf drängen, alles »selber machen« zu dürfen, hat das durchaus seinen biologischen Sinn. Und der wichtigste pädagogische Grundsatz in Hinblick auf die kognitive Entwicklung lautet, vielfältige Aktivitäten zu ermöglichen und Kinder das tun zu lassen, was sie gerade interessiert und ihnen Freude bereitet. Denn das merken sie sich und es reizt sie zur Wiederholung, zum Training. Das Handeln formt also das Denken. Selbst Fähigkeiten, bei denen man wenig Abhängigkeit von der Umwelt vermutet, sind durch diese deutlich geprägt, etwa das Hören, genauer gesagt die Identifikation von Lauten. Laute, die in unserer Muttersprache so nicht existieren, werden für uns nicht unterscheidbar. So kommt es, dass nur wenige Deutsche als Erwachsene die richtige französische oder englische Aussprache lernen. Sie hören es einfach nicht besser. Bekanntestes Beispiel ist das Unvermögen von Asiaten, »l« und »r« zu unterscheiden. Die beiden Phoneme verschmelzen bei ihnen, da sie in ihren Sprachen keinen Unterschied machen. Babys können im Gegensatz zu ihren Eltern noch sämtliche Laute, die in irgendeiner Sprache vorkommen, unterscheiden. Sie verlernen es mit etwa sechs bis zehn Monaten, wenn sie beginnen, die Muttersprache zu verstehen. Dieses Verlernen ist sinnvoll, denn jede gehörte Unterscheidung, auf die es in der Sprache nicht ankommt, führt nur zu Verwirrung. Es ist wie beim Schreiben. Unnötige Unterscheidungen sind unnötige Fehlerquellen. Würde bei einer Rechtschreibreform die Unterscheidung zwischen »dass« und »das« wegfallen, gäbe es keine Probleme beim Satzverständnis, da (wie beim englischen »that«) aus dem Zusammenhang klar hervorgeht, wann »das« als Konjunktion und wann als Relativpronomen gebraucht wird. Den Kindern blieben einige Fehler beim Diktat erspart und sie könnten ihre kostbaren Neuronen mit wichtigeren Dingen beschäftigen.

Für die verschiedenen geistigen Fähigkeiten gibt es bestimmte Zeitfenster, in denen die entsprechenden Gehirnregionen eine hohe Formbarkeit aufweisen und aus Möglichkeiten Fähigkeiten werden können. Die Erstsprache wird zum Beispiel völlig mühelos im dritten bis fünften Lebensjahr erlernt. Dabei prägen sich oft Merkmale ein, etwa eine dialektale Färbung, die später nicht oder nur mit großer Mühe wieder abgelegt werden können. Auch motorische Fertigkeiten wie das Fahrradfahren oder das Spielen von Musikinstrumenten sollten in jungen Jahren geübt werden, Jugendliche und Erwachsene tun sich schwer damit. Beim Führerschein gilt die pauschale Regel, dass die Anzahl der erforderlichen Fahrstunden gleich der Anzahl der Lebensjahre ist. Die Zeitfenster im Leben für den Erwerb (oder auch Verlust) bestimmter Fähigkeiten sind aber nicht starr, sondern variieren von Person zu Person je nach Entwicklungsgeschwindigkeit.

Die Hirnforschung vermag ungefähre Aussagen darüber zu machen, was am besten zu welcher Zeit gelernt werden kann. Idealerweise müssten Lerninhalte und Fertigkeiten jedoch für jedes einzelne Kind individuell an dessen jeweiligen Entwicklungsstand angepasst werden, wobei das Interesse eines Kindes der allerbeste und zuverlässigste Indikator für den richtigen Zeitpunkt ist. Wenn man sie lässt, schaffen Kinder in geeigneter Umgebung sich die Lernmöglichkeiten, die sie gerade brauchen. Im Ermessen der Einzelnen bleibt auch, was überhaupt im Angebot sein soll. Denn auch das Lernen kennt Kapazitätsgrenzen. »Weil es im Gehirn keine Leerstellen gibt, steht zu erwarten, dass sich das eine nur auf Kosten des anderen ausbreiten kann. Dies auch deshalb, weil die verfügbare Zeit nicht dehnbar ist. Wer Geige übt, kann nicht gleichzeitig sozial kommunizieren und umgekehrt. Übertraining und Deprivation gehen oft zusammen, weil die Zeit und die Lernfähigkeit von Gehirnen begrenzt ist. Es ist eine Mär, die von Wochenendtrainern gewinnträchtig vermarktet wird, dass der Mensch nur einen ganz kleinen Teil seiner neuronalen Ressourcen nutzt«, schreibt Wolf Singer, Direktor am Max-Planck-Institut für Hirnforschung in Frankfurt am Main.

Neuraler Darwinismus

So ist die Kindheit und Jugend eine Zeit ständiger Reorganisationen des Gehirns. Insbesondere in der Großhirnrinde entstehen unablässig neue Verbindungen – und vergehen zum großen Teil auch wieder. Nur etwa ein Drittel aller angelegten Verbindungen bleibt bestehen. In unserem Gehirn scheint etwas stattzufinden, das stark an den im ersten Kapitel beschriebenen »Kampf ums Überleben« erinnert. Das Gehirn passt sich an die Umwelt an. Die Lebensweise von Menschen zu verschiedenen Zeiten und an verschiedenen Orten spiegelt sich direkt in der »Verdrahtung« ihrer erwachsenen Gehirne wider. Daher sprechen Hirnforscher inzwischen von »neuralem Darwinismus«.

Unser Gehirn unterliegt demnach zwei Selektionsprozessen. Zunächst der natürlichen biologischen Selektion, die aus den Gehirnen unserer Vorfahren in kleinen Schritten im Verlauf von Hunderten von Millionen Jahren durch Veränderungen im Genom das menschliche Gehirn hat entstehen lassen. Dieser Prozess verläuft sehr langsam und erlaubt in Zeitspannen von wenigen zehntausend Jahren keine nennenswerten Änderungen. Daher nimmt man an, dass das Gehirn eines heutigen Neugeborenen sich kaum von dem eines Cro-Magnon-Babys unterscheidet, das vor 30 000 Jahren das Licht der Welt erblickte. Der Rohbau, die grundsätzliche Hirnanatomie ist also ein Produkt unserer Naturgeschichte. Die geistigen Leistungen der Menschen in den frühen Hochkulturen, im Mittelalter und in der Jetztzeit sind daher auch als gleichwertig zu betrachten. Zumindest biologisch besteht kein Grund zum Hochmut.

Doch nach der Theorie des Hirnforschers Gerald Edelman gibt es einen zweiten Selektionsprozess, den er somatische Selektion nennt. Das ist eine Auslese unter den Neuronen eines Lebewesen, die sehr viel schneller, aber nach dem gleichen Prinzip wie die natürliche Auslese erfolgt. Aus einer Vielzahl von Varianten überleben wie bei den Genen bevorzugt jene, welche die Fitness des Individuums erhöhen. Die somatische Selektion führt also dazu, dass ein Organ sich optimal an die Umwelt anpasst. Auch das menschliche Immunsystem nutzt, wie im vorigen Kapitel dargestellt, diesen grundlegend ähnlichen und wunderbar effizienten Mechanismus.

Beim Gehirn beginnt die somatische Selektion bereits im frühen embryonalen Stadium. Neuronen senden unzählige Fortsätze in alle Richtungen aus und schaffen ein riesiges Repertoire an neuralen Schaltkreisen. Man kann sich das ähnlich wie Wegverbindungen vorstellen. Neuronen, deren Aktivität in engem Zusammenhang steht, bilden eine starke Verbindung – so wie auf einem Festplatz, wo die Leute zwar kreuz und quer durcheinander laufen, in kurzer Zeit jedoch bevorzugte Trampelpfade zwischen Biertheke und Toilettenhäuschen oder Kinderkarussell und Zuckerwattebude sichtbar werden. Neurologen sagen: »Neurons wire together, if they fire together.« Dieser Prozess wird als Entwicklungsselektion bezeichnet und sorgt für die Herausbildung der Gehirnanatomie.

Doch auch wenn im Gehirn die grundsätzlichen Verbindungen hergestellt sind bzw.

die unbrauchbaren verschwunden sind, bleibt es nicht für den Rest des Lebens fest ver-
drahtet, sondern entwickelt sich kontinuierlich durch seine oft unbewussten Auseinandersetzungen mit der Realität und mit einschränkenden Werten und Emotionen weiter. Dieser Prozess der Erfahrungsselektion sorgt dafür, dass Schaltkreise je nach
Gebrauch durch Veränderungen der Synapsen verstärkt oder abgeschwächt werden.
Abbildung 5.3 zeigt schematisch diese beiden Entwicklungsprozesse im Gehirn.

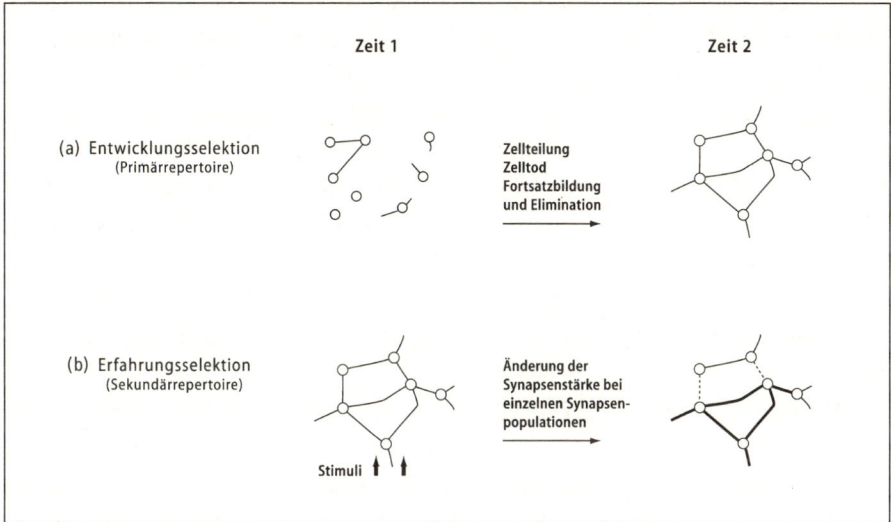

ABB. 5.3 *Das Gehirn entwickelt sich in aktiver Auseinandersetzung mit seiner Umwelt. Die Darstellung veranschaulicht die Ausbildung der neuralen Verbindungen durch die Prozesse (a) Entwicklungsselektion und (b) Erfahrungsselektion (Abbildung in Anlehnung an G. M. Edelman/G. Tononi:* Gehirn
und Geist. Wie aus Materie Bewusstsein entsteht, *München 2002).*

Den dritten Prozess nennt Edelman reentrante Wechselwirkungen (Reentry). Wenn
viele Schaltkreise gemeinsam aktiviert sind, die jeweils einzelne Informationen liefern,
dann sorgen sie dafür, dass eine Integration der Einzelinformationen stattfindet und so
für uns ein Zusammenhang entsteht. Dieser Prozess macht bewusste Wahrnehmung
erst möglich. So können wir etwa in einem Gewimmel aus lauter Flecken etwas erkennen, weil die Gehirnareale, welche die Bewegung anzeigen, und andere, die Formen
abgrenzen, gemeinsam aktiv sind und reentrant wechselwirken.

Das Ganze ist nicht leicht anschaulich zu machen. Edelman und Tononi versuchen
es mit dem Bild eines Streichquartetts: »Stellen Sie sich ein besonderes (vielleicht ein
bisschen verrücktes) Streichquartett vor, in dem jede Stimme ihre eigenen Vorstellungen und Eindrücke, aber auch alle möglichen sensorischen Ereignisse ihrer Umgebung
in Improvisationen umsetzt. Da es keine Partitur gibt, spielt jeder Streicher und jede
Streicherin eine eigene, charakteristische Melodie, zu Beginn aber sind diese verschie-

denen Klangsequenzen nicht mit denen der anderen Spieler koordiniert. Stellen Sie sich nun weiter vor, die Körper der Musiker seien über Myriaden feiner Fäden miteinander verbunden, die jedem der Beteiligten alle Aktionen und Bewegungen der anderen sehr rasch durch eine Änderung der Fadenspannung signalisierten und auf diese Weise zusammenwirkten, um die Bewegungen jedes Spielers denen der anderen anzupassen. Signale, die alle vier Beteiligten im selben Augenblick miteinander verbänden, würden zu einer Korrelation der produzierten Töne führen; aus den bis dahin unabhängigen Bestrebungen jedes Musikers gingen somit neue, enger miteinander zusammenhängende, integrierte Klänge hervor. Dieser korrelierende Prozess sollte darüber hinaus auch die nächstfolgende Tongebung jeder Stimme beeinflussen, sodass sich der Vorgang jedes Mal mit bereits ein wenig besser abgestimmten Melodieführungen wiederholte, die sich in einem weiteren Durchlauf einander noch weiter annäherten. Ohne einen Dirigenten, der ihr Spiel führte oder koordinierte, und obwohl jeder Mitspieler weiterhin dem eigenen Stil und der eigenen Rolle verpflichtet bliebe, tendiert die Gesamtleistung zu mehr Integration und Koordination, und diese Integration ließe eine kohärente Musik entstehen, die jeder Beteiligte für sich allein nicht zu produzieren imstande wäre.«

Man beachte den fehlenden Dirigenten! Oder anders gesagt: das Entstehen eines virtuellen Dirigenten aus der bloßen Wechselwirkung. Die Autoren sind der Meinung, dass dieser Prozess auch die Entstehung eines Bewusstseins erklären kann. Wir wissen nicht, wie genau der dargestellte Prozess der Realität in unseren Gehirnen entspricht, doch letztlich muss etwas Vergleichbares für die Emergenz des Geistes aus den zu einem Gehirn angeordneten Neuronen und ihren Verbindungen verantwortlich sein.

Das Gehirn als degeneriertes System

Das gigantische Netzwerk in unserem Kopf kann nur funktionieren, wenn eine Vielzahl von Varianten in der Struktur am Ende aufs selbe hinauslaufen. Wäre für eine bestimmte Gehirnfunktion ausschließlich eine ganz bestimmte exakte Verkabelung erforderlich, dann würde jeder kleine Fehler gleich zu großen Ausfällen führen und wir müssten alle mit ziemlichen Behinderungen herumlaufen. Verwirrenderweise wird diese entscheidende positive Eigenschaft in der Fachsprache als »Degeneriertheit« bezeichnet. Sie ist auch auf der Ebene des Genoms von hoher Bedeutung. Auch dort haben die Abweichungen, bei denen nur einzelne Buchstaben vertauscht wurden, meist keinen Effekt. Intuitiv einleuchtender wäre der Begriff »Fehlertoleranz«. Leider ist er nicht ganz zutreffend. Man könnte sagen: Degeneriertheit ist eine Art Fehlertoleranz in einem System, in dem es keine richtige Lösung gibt. Sie ist der Schlüssel zum Erfolg komplexer biologischer Systeme. Hätte die Natur nicht die Degeneriertheit hervorgebracht, wäre sie schnell an Komplexitätsgrenzen gestoßen.

Gedächtnis

Auch unser Gedächtnis ist »degeneriert«. Es hat mit den uns bekannten technischen Datenspeichern, etwa einer DVD, einem Foto oder einem Notizzettel, wenig gemein. Wenn wir uns erinnern, rufen wir nicht abgelegte, eindeutige Daten in ihrer exakten Form wieder ab, sondern wir denken Gedachtes, das Spuren im Gehirn hinterlassen hat, noch einmal, und zwar mehr oder weniger ähnlich wie beim ersten Mal. Wir aktivieren ein Muster aus einem Schaltkreiskollektiv, dessen Mitglieder alle ungefähr auf den schon einmal gedachten Gedanken bzw. das schon einmal gesehene Bild, die schon einmal erlebte Szene und so weiter passen. Wir sprechen hier zwar von einem Bild, aber das ist nur eine Metapher, denn es hat nie ein Bild im Sinne einer Fotografie in unserem Kopf gegeben. Nicht einmal beim unmittelbaren Akt des Sehens. Auch der erzeugt keine Bitmap, keine exakte Anordnung von kleinen Punkten, sondern eine Vorstellung, die wir uns aufgrund der unterschiedlichen Aktivität von Sehneuronen und unseres Wissens über die Welt gemacht haben. Diese Vorstellung entspricht einem Muster in der Gehirnaktivität und diese oder eine vergleichbare (oder auch eine aufgrund zwischenzeitiger Ereignisse verfälschte) Gehirnaktivität wiederholt sich beim Erinnern.

Wenn ein kleiner Junge lernt, bei der Begrüßung der Oma die Hand zu geben, dann speichert er die Bewegung nicht und ruft sie beim nächsten Mal exakt ab, um sie identisch zu reproduzieren, sondern er gibt ihr eben wieder die Hand – so ähnlich wie beim letzten Mal. Das ist auch besser so. Denn würde er eine exakte Kopie der Bewegung wiederholen, hätte er gute Chancen ins Leere zu greifen, weil die Oma sich vielleicht nicht genau gleich weit zu ihm hinneigt wie beim letzten Mal – oder weil der Kleine schon wieder ein Stück gewachsen ist. Vielleicht gibt er ihr auch diesmal die linke statt der rechten Hand, was ja durchaus einen Unterschied macht. Ist der Junge 50 Jahre älter und die Oma längst gestorben und er möchte sich an ihr Aussehen erinnern, dann versucht er, die »Denkbewegung« beim Sehen der Oma zu wiederholen, aber es fällt ihm schwer, weil er sie lange nicht mehr gemacht hat, und vielleicht ähnelt seine Vorstellung eher der Mutter als der Großmutter, weil die heute ein bisschen so aussieht wie Omi vor 25 Jahren.

Die Vorstellung, Erinnerungen seien ein Abruf exakt gespeicherter, aber mittlerweile irgendwie verschütteter Bilder aus der Vergangenheit, ist in bestimmten psychotherapeutischen Schulen noch verbreitet. Sie hat Ende des 20. Jahrhunderts kriminalgeschichtliche Relevanz in den USA erlangt, als spezielle Therapeuten vorgaben und größtenteils wohl selbst glaubten, versteckte Erinnerungen, insbesondere an Missbrauchserlebnisse in der Kindheit, Jahrzehnte später »ausgraben« zu können, die entsprechenden Vorstellungen jedoch bei den Patienten in Wirklichkeit erst durch Suggestion hervorriefen. Die derart erinnerten »Beweise« wurden bei Gericht zunächst akzeptiert. Nach und nach brachen jedoch die allermeisten dieser Geschichten zusammen und ein neues Krankheitsbild war geschaffen: das Syndrom Falscher Erinnerungen. Die Justiz hatte weiter zu tun, da die Geschädigten nun zum Teil gegen die Therapeuten klagten. Das Problem der Unzuverlässigkeit auch um Wahrheit bemühter Augenzeugen ist jedoch im Grunde seit langem bekannt.

Aus der Tatsache, dass das Gehirn keine Datenspeicherung im technischen Sinn kennt, folgt, dass es auch keinen Ort gibt, an dem die Festplatte eingebaut ist. Unser Gedächtnis ist dezentral und hängt von sehr vielen verschiedenen Systemen im Gehirn ab.

Der Schriftsteller Jean Paul schrieb vor etwa 200 Jahren, der Materialist müsse »im Gehirnbrei die Millionen Bilderkabinette von 70 Jahren versteinern«. Heute wissen wir, dass sie eben nicht versteinern, sondern sehr beweglich bleiben.

Es ergibt sich auch, dass Erinnerung und Wahrnehmung sich gegenseitig beeinflussen. Wahrnehmung ist keineswegs passiv, sondern ein schöpferischer Akt, das Hervorbringen einer Vorstellung, in die sowohl die unmittelbaren Sinneseindrücke als auch die durch Erinnern geprägte Sichtweise mit eingehen. Und das Erinnern ist ein Akt der Fantasie, in dem schon einmal Gedachtes neu gedacht wird und dabei auch anders gedacht werden kann. Nirgends kann man die Rolle der Fantasie für die Erinnerung besser beobachten als bei kleinen Kindern, die von ihren Erlebnissen erzählen.

Die Beobachtung des Gehirns

Die Untersuchung der Gehirne von Toten hat der Neuroanatomie ein umfassendes Bild vom Aufbau des Gehirns geliefert und es erlaubt, eine Vielzahl von Regionen mit spezifischen Fähigkeiten in Zusammenhang zu bringen. Doch natürlich wollen Hirnforscher ihren Forschungsgegenstand auch gerne in Aktion beobachten. Seit einigen Jahren gelingt das immer besser. Der Anfang wurde mit der Elektroenzephalographie (EEG) gemacht, die im Jahre 1929 von dem deutschen Psychiater Hans Berger (1873–1941) erfunden wurde und die viele von uns beim Arzt schon einmal als Untersuchungsmethode kennen gelernt haben. Im Gehirn fließen elektrische Ströme, zum Beispiel bei der Verarbeitung von äußeren Reizen und der Übertragung von Informationen entlang der Nervenfasern. Damit ein elektrischer Strom fließen kann, muss eine Spannungsdifferenz auftreten. Bei der Elektroenzephalographie werden mit vielen Elektroden die elektrischen Spannungen am Kopf gemessen. Dabei zeigt es sich, dass das Gehirn keineswegs in Ruhe ist, sondern zum Beispiel periodische Änderungen der elektrischen Spannungen auftreten, die eine Gehirntätigkeit begleiten.

Aus dem täglichen Leben wissen wir, dass mit einem elektrischen Strom ein Magnetfeld verbunden ist, dies gilt natürlich auch für die Hirnströme. Die von dem Gehirn erzeugten Magnetfelder sind jedoch außerordentlich klein, etwa eine Million Mal kleiner als das Magnetfeld der Erde. Um das Magnetfeld des Gehirns mit Hilfe der Magnetenzephalographie (MEG) zu messen, bedarf es daher hoch empfindlicher Magnetfeldsensoren und einer Messkabine, die die Magnetfelder der Umgebung sehr gut abschirmt. Die von den Gehirnströmen erzeugten Magnetfelder treten ungehindert durch das Gewebe nach außen. Mit aufwändigen mathematischen Methoden wird nun versucht, aus den am Kopf gemessenen elektrischen Spannungen oder aus den gemessenen Magnetfeldern die Verteilung der elektrischen Ströme und Stromquellen im Gehirn zu berechnen und so Rückschlüsse auf die aktiven Bereiche des Gehirns zu ziehen. Die Magnetenzephalographie und die Elektroenzephalographie sind gewissermaßen zwei Seiten einer Medaille. Mit beiden Verfahren werden also keine anatomischen Bilder des Gehirns gewonnen, sondern ein Bild, das seinen elektrophysiologischen Zustand und damit die Nerventätigkeit widerspiegelt. Beide Verfahren können zum Beispiel eingesetzt werden, um die Aktivität von Gehirnbereichen bei verschiedenen geistigen Aufgaben zu beobachten.

Denken ist sehr energieintensiv, das Gehirn deckt seinen Energiebedarf durch Verbrennen (Oxidation) von Zucker mit Sauerstoff. Führt das Gehirn eine Aufgabe aus, so werden die beiden Substanzen in den betroffenen Hirnregionen vermehrt benötigt und der Blutfluss in diese Regionen zum Transport von Zucker und Sauerstoff erhöht. Man kann deshalb diese Regionen dadurch erkennen, dass man Änderungen der Konzentration der beiden Substanzen im Gehirn misst. Bei der Positronen-Emissions-Tomographie (PET) wird Zucker, welcher mit radioaktivem Fluor (^{18}F) markiert ist, gespritzt, oder es wird radioaktiver Sauerstoff (^{15}O$_2$) eingeatmet. Beim radioaktiven Zerfall dieser Substanzen entstehen Positronen, die die Anti-Teilchen der negativ geladenen Elektronen sind (siehe dazu im dritten Kapitel den Abschnitt über Antimaterie). Trifft im Gehirn ein Positron auf ein Elektron, so vernichten sich die beiden Teilchen, und es werden zwei Gammastrahlen (γ-Quanten) in entgegengesetzter Richtung gleichzeitig ausgesendet. Diese hoch energetischen γ-Quanten durchqueren das Gehirn und werden außerhalb des Kopfes durch zwei gegenüberliegende Detektoren gleichzeitig registriert.

Die Positronen-Emissions-Tomographie besitzt einige entscheidende Vorteile. Das Verfahren ist sehr empfindlich, es genügen winzigste Mengen an radioaktiv markierten Substanzen für eine Untersuchung. Weiterhin wird durch die beiden in entgegengesetzter Richtung ausgesendeten γ-Strahlen eine natürliche Sichtachse (Projektionsrichtung) festgelegt, sodass mit vielen um den Kopf angeordneten Detektoren eine dreidimensionale (tomographische) Aufnahme der Verteilung der Radioaktivität und damit der Konzentration von Zucker oder Sauerstoff im Gehirn gemacht werden kann. Die Positronen-Emissions-Tomographie liefert ebenfalls keine anatomischen Bilder des Gehirns, sondern Bilder, die seinen Metabolismus und die Aktivität beschreiben.

Besonders instruktiv können die Aktivitäten der verschiedenen Bereiche des Gehirns, die bei der Lösung einer Aufgabe beteiligt sind, dargestellt werden, wenn man anatomische Bilder mit hoher räumlicher Auflösung, wie sie mit der Röntgen-Computer-Tomographie (CT) oder der Kernspin-Tomographie (magnetic resonance imaging,

MRI) erhalten werden, mit Bildern kombiniert, die mit EEG, MEG oder PET gewonnen wurden und die die Funktion des Gehirns zeigen. Meist werden die aktiven Gebiete des Gehirns mit so genannten »Falschfarben« im Computer markiert und über die in verschiedenen Graustufen dargestellten anatomischen Bilder gelegt. Die Kernspin-Tomographie ist dabei das einzige Verfahren, welches sowohl anatomische Bilder mit hoher räumlicher Auflösung als auch funktionelle Bilder (functional magnetic resonance imaging, fMRI) aufzunehmen gestattet.

Bei der Kernspin-Tomographie wird der Mensch in ein starkes, homogenes Magnetfeld gebracht, das zwanzig- bis sechzigtausendmal stärker als das Magnetfeld der Erde ist. Hierdurch wird das Wasser im Gehirn magnetisiert. Strahlt man einen kurzen Radiofrequenz-Impuls (UKW) ein, so beginnt die Magnetisierung des Wassers sich um das starke Magnetfeld zu drehen (präzedieren). Diese Drehbewegung der Wassermagnetisierung erzeugt in einer Spule eine elektrische Spannung, ähnlich wie bei einem Dynamo eine elektrische Spannung erzeugt wird. Durch Anlegen von kleinen, sich örtlich ändernden magnetischen Feldern zusätzlich zum starken homogenen magnetischen Hauptfeld lassen sich die Spannungssignale unterscheiden, die von verschiedenen Bereichen des Gehirns stammen. Die Größe der Spannungen wird als Graustufe dargestellt und ein anatomisches, dreidimensionales Bild mit hoher örtlicher Auflösung (1 bis 2 Millimeter) erhalten. Die Drehbewegung der Wassermagnetisierung ist gedämpft, sie kommt nach kurzer Zeit völlig zum Erliegen. Magnetische Substanzen, wie sauerstoffarmes Blut, verstärken diese Dämpfung, nicht dagegen sauerstoffreiches Blut, da es nicht magnetisch ist. Da der Blutfluss mit sauerstoffbeladenem Blut in aktivierte Gebiete des Gehirns verstärkt wird, ist die Dämpfung der Drehbewegung der Wassermagnetisierung geringer als in Gebieten des Gehirns mit vorwiegend sauerstoffarmem Blut. Dies beeinflusst die Größe der an der Detektorspule auftretenden elektrischen Spannung und damit die Bildhelligkeit, sodass aktivierte Bereiche des Gehirns sichtbar werden. Durch die Kombination von fMRI, PET und MEG können Bilder mit sehr hoher räumlicher Auflösung gewonnen werden, die gleichzeitig die Aktivierung der verschiedenen Hirnareale zeigen. Sie ermöglichen es, die Lokalisationsforschung am kranken und am gesunden Patienten weiterzuführen und insbesondere auch das Zusammenspiel verschiedener Areale zu beobachten.

Mit den neuen Verfahren konnten viele sehr spezifische Funktionen lokalisiert werden, etwa spezialisierte Sehbereiche für die Form von Objekten, für räumliche Anordnung, für Farbe, für dreidimensionales Sehen, für bestimmte Bewegungen oder Sprachbereiche, für das Aussprechen von Wörtern, für das Lesen von Wörtern, für das Hören von Wörtern und so weiter. Es hat sich jedoch auch gezeigt, dass die Funktionen nicht in kleinen Kästchen fein säuberlich aneinander gereiht sind, sie verteilen sich vielmehr oft unregelmäßig auf mehrere Gebiete. »Ein mentales Modul ist in der Regel nicht mit bloßem Auge als fest umrissenes Gebiet der Gehirnoberfläche zu erkennen wie Keule und

Filet auf dem Schaubild hinter der Fleischertheke. Es sieht wahrscheinlich eher aus wie ein überfahrenes Tier auf der Straße: Es verteilt sich unordentlich über die Windungen und Furchen des Gehirns«, beschreibt diese Tatsache durchaus anschaulich Steven Pinker.

Erkrankungen des Gehirns

Das Gehirn steuert den Körper und bringt den Geist hervor. Die Erkrankungen des Gehirns betreffen daher sowohl Körper als auch Geist. Bei den verbreiteten Gehirn/Geist-Krankheiten steht am einen Ende des Spektrums die Epilepsie mit ihrer in der Regel rein körperlichen Symptomatik, am anderen die Schizophrenie mit ausgeprägt geistigen Symptomen. Entscheidend für das Verständnis dieser Erkrankungen sind jedoch nicht Symptome, sondern ihre Ursachen. Wir haben es mit verschiedenen Arten von Veränderungen im Gehirn zu tun. Am deutlichsten zu erkennen sind diese bei den so genannten neurodegenerativen Erkrankungen wie Alzheimer und Parkinson, bei denen Gehirnzellen zugrunde gehen. Bei der Epilepsie handelt es sich um eine Fehlfunktion, die offenbar sehr verschiedene Auslöser haben kann. Die Ursachen der affektiven Störungen (Depression und Manie) sind eher in Veränderungen der Gehirnchemie zu suchen, während es sich bei der Schizophrenie häufig um eine Gehirnreifungsstörung handelt.

Bei allen Störungen scheinen verschiedene sowohl genetische als auch Umweltfaktoren eine Rolle zu spielen. Nur bei zwei der klassischen Geisteskrankheiten liegt eine einfache Ursache vor. Eine vom 16. bis zum beginnenden 20. Jahrhundert weit verbreitete Ursache geistiger Verwirrung wurde als Infektionskrankheit, und zwar als das Spätstadium der Syphilis entlarvt. Fast ein Viertel aller Patienten in psychiatrischen Krankenhäusern war davon betroffen. Zu den bekannten Opfern zählt der Maler Paul Gauguin. Der Erreger, das Bakterium *Treponema pallidium*, wurde 1905 entdeckt und die Neurosyphilis nach Einführung der Antibiotika weitgehend ausgerottet. Weniger erfreulich ist die Situation bei der Huntington-Krankheit, die zu schwerem geistigen Verfall führt. Sie wurde als rein genetische Krankheit identifiziert. Die Ursache ist durch die Genforschung eindeutig geklärt, doch gibt es bisher weder Behandlung noch Prävention. Der Defekt befindet sich in einem Gen auf Chromosom 4. Der Fehler besteht darin, dass eine bestimmte Aufeinanderfolge von Bausteinen (CAG) in dem »Huntington-Gen« zu oft wiederholt wird. Die Krankheit ist umso schlimmer und bricht umso früher aus, je häufiger CAG an dieser Stelle auftaucht. Kommt es zehn-, zwölf- oder 20-mal, maximal aber 35-mal hintereinander vor, ist alles in Ordnung. Der Mensch bleibt gesund. Kommt es häufiger vor, ist sicher mit dem Ausbruch der schweren Krankheit zu rechnen. Bei 39 Wiederholungen beträgt das durchschnittliche Erkrankungsalter 66 Jahre, bei 40 Kopien 59 Jahre, bei 41 Kopien 54 Jahre und so weiter. Patienten mit 50 CAG-Sequenzen erwischt es im Schnitt schon mit 27 Jahren. Ein Gentest in der Jugend kann Auskunft geben, ob man später erkranken wird. Viele der potenziell Betroffenen machen jedoch von dieser Möglichkeit, das eigene Schicksal vorherzusagen, nicht Gebrauch, da sie bei positivem Befund bisher keine Chance haben, irgendetwas gegen den Ausbruch der Krankheit zu tun. Hier zeigt sich, wie wichtig es ist, dass Gentests unter ärztlicher Beratung und Berücksichtigung der Selbstbestimmung bis hin zum »Recht auf Nichtwissen« durchgeführt werden.

Epilepsie

Die Epilepsie ist eine lange bekannte, »traditionsreiche« Erkrankung mit vielen prominenten Patienten von Cäsar bis Dostojewski. Sie wurde früher als Krankheit der Götter bezeichnet, da die daran Erkrankten bei einem Anfall allem Irdischen entrückt schienen. Heute genießt sie weit weniger Ansehen und wird oft fälschlich als Geisteskrankheit betrachtet.

Epileptiker werden von Anfällen geplagt, wenn einige Neuronengruppen im Gehirn plötzlich gleichzeitig anfangen, wie wild zu feuern. Wie genau dieses Neuronengewitter zustande kommt, ist nicht endgültig geklärt. Ursachen können Gehirnverletzungen, -fehlbildungen oder -erkrankungen sowie Vergiftungen, hohes Fieber, Stress und Drogenmissbrauch sein. Bei vielen Patienten entsteht die Krankheit auch ohne erkennbare Ursachen. Jeder zehnte bis zwanzigste Mensch hat in seinem Leben mindestens ein solches Erlebnis. Mindestens jeder Hundertste leidet unter wiederkehrenden Anfällen.

Die Schwere der Anfälle ist sehr unterschiedlich. Sie reicht vom wenige Sekunden dauernden Aussetzer des Bewusstseins, der so genannten »Absence«, bis zum »Grand mal«, der den Betroffenen zu Boden gehen lässt und mit Muskelkrämpfen und Zuckungen am ganzen Körper einhergeht.

Alzheimer-Krankheit

Die Alzheimer-Krankheit ist die häufigste Demenzerkrankung und in der entwickelten Welt die vierthäufigste Todesursache der über 65-Jährigen, die 90 Prozent der Patienten ausmachen. Je älter man wird, desto eher bekommt man Alzheimer. 5 Prozent der über 65-Jährigen und 20 Prozent der über 80-Jährigen sind betroffen. Wie bei anderen Demenzen lassen die intellektuellen Funktionen wie Denken, Erinnern und Verknüpfen von Denkinhalten nach, bis es den Patienten unmöglich wird, alltäglichen Betätigungen nachzugehen.

Im Gegensatz zur Huntington-Krankheit, deren Symptomatik ähnlich wie bei Alzheimer ist – beide sind Demenzen –, gibt es für die Alzheimer-Krankheit keine eindeutige genetische Ursache, wenngleich über Risikogene diskutiert wird. Man weiß aber, dass das Problem Ablagerungen im Gehirn sind. Der Hauptbestandteil dieser Ablagerungen (Plaques) ist ein Eiweißmolekül namens beta-A4 (oder Beta-Amyloid). Bei Alzheimer sammelt sich im Gehirn zwischen den Nervenzellen Beta-Amyloid an, was damit einhergeht, dass Nervenzellen absterben und das Gehirn bis zu 20 Prozent schrumpfen kann. Ein weiteres für die Entstehung von Alzheimer wichtiges Eiweißmolekül ist das APP (Amyloid Precursor Protein). APP und beta-A4 spielen eine zentrale Rolle im Krankheitsverlauf. Ein sehr kleiner Teil der Alzheimer-Fälle ist dominant erblich und wird durch eine Mutation im APP-Gen, welches auf dem Chromosom 21 liegt, auf die Nachkommen übertragen. Weitere krankheitsrelevante Gene wurden auf den Chromosomen 1, 14 und 19 gefunden. Deutliche Korrelationen zu Gehirnverletzungen wurden gefunden. Auch das Bildungsniveau scheint eine Rolle zu spielen. Während für Menschen mit schlechter Bildung das Erkrankungsrisiko für eine Demenz im Alter von 70 Jahren bei 40 Prozent liegt, beträgt es bei gut Ausgebildeten nur 10 Prozent. Hierbei ist aber zu beachten, dass eine gute Ausbildung meist auch mit einem höheren Lebensstandard korreliert. Dabei hat eine Studie gezeigt, dass es im Gehirn der Gebildeten (nach ihrem Tod) nicht besser aussieht, sie aber offenbar die Zerstörungen besser kompensieren können. Der Niedergang der geistigen Leistungen fiel bei gleicher Menge an Plaques deutlich geringer aus, wenn der Betroffene einen hohen akademischen Grad erreicht hatte. Bildung erhöht offenbar die Anpassungsfähigkeit des Gehirns, weshalb es trotz bereits vorhandener Schäden sich wenigstens zum Teil noch zu regenerieren vermag.

Generell scheint zu gelten, dass Geist wie Körper von regelmäßigem Training und viel Bewegung bis ins hohe Alter profitieren. Auch ausgewogene Ernährung scheint nicht unwichtig zu sein. Das Äquivalent zum Waldlauf mag das Kreuzworträtsel sein oder besser noch die anspruchsvolle Lektüre, die angeregte intellektuelle Diskussion oder das gemeinsame Surfen im Internet mit den Enkelkindern nebst anschließendem Gespräch.

Die Erforschung der Amyloidablagerungen bietet die Chance, in Zukunft Medikamente zur Verfügung zu haben, die nicht nur Spätstadien der Krankheit symptomatisch beeinflussen, sondern frühzeitig kausal und präventiv wirken. Derzeitige Therapieansätze versuchen einerseits die Entstehung von Beta-Amyloid zu verringern, andererseits die Beseitigung der Substanz aus dem Gehirn zu unterstützen. Ein Durchbruch in der Alzheimer-Therapie könnte in Form einer Impfung gelingen. Im Tierversuch wurde Alzheimer-Mäusen synthetisch hergestelltes Beta-Amyloid als Nasenspray verabreicht. Bei den so geimpften Mäusen entstanden deutlich weniger Ablagerungen im Gehirn als bei nicht behandelten. Wahrscheinlich wurde das Beta-Amyloid durch Antikörper erkannt und daraufhin entfernt. Eine Studie beim Menschen führte leider in einigen Fällen zu Gehirnentzündungen und wurde daher Anfang 2002 zunächst abgebrochen. Die Wissenschaftler geben nicht auf, aber die medizinische Forschung braucht langen Atem.

Parkinson-Krankheit

Parkinson tritt bei ungefähr 1 Prozent der über 60-Jährigen auf und befällt etwas häufiger Männer als Frauen. In Deutschland sind rund 250 000 Menschen betroffen. Es ist unklar, wodurch Parkinson ausgelöst wird. Es gibt eine seltene erbliche Form. In 80 bis 90 Prozent der Fälle tritt die Krankheit ohne erkennbaren Grund auf. Welche Rolle genetische Faktoren spielen, ist noch umstritten. Bei der Parkinson-Krankheit fehlt dem Gehirn der Nervenüberträgerstoff Dopamin. Ursache ist der Verlust von Dopamin produzierenden Zellen in einer *Substantia nigra* genannten Region des Mittelhirns. Dopamin spielt für die Bewegungskontrolle als hemmender Botenstoff eine wichtige Rolle, da es verhindert, dass alle beteiligten Nervenzellen gleichzeitig feuern. Fehlt das Dopamin, kommt es durch die nun synchron feuernden Nervenzellen zu einer Überaktivität der Muskeln, welche das unkontrollierbare Zittern beispielsweise der Hände auslöst, aber auch zu einer erhöhten Muskelspannung: Dies führt zur Starre und dem typisch maskenhaften Gesicht der Parkinson-Patienten. Im Spätstadium der Parkinson-Krankheit können lang anhaltende Bewegungsblockaden zum Tod führen. Eine Heilung gibt es bisher nicht. Die Behandlung erfolgt in der Regel medikamentös durch L-Dopa, eine Vorstufe des fehlenden Dopamins, oder so genannte Dopaminagonisten, die im Gehirn ähnlich wie Dopamin wirken.

Schon seit den 1970er-Jahren wird daran geforscht, die defekten Dopamin produzierenden Zellen bei Parkinson-Patienten zu ersetzen. Mehreren hundert Patienten weltweit, deren Symptome sich medikamentös nicht mehr beherrschen ließen, wurden fetale Neuronen ins Gehirn transplantiert. Die transplantierten Zellen können im Gehirn längere Zeit überleben und Dopamin produzieren. Zurzeit wird intensiv an der Nutzung embryonaler Stammzellen geforscht.

Erprobt werden auch elektrische Hirnschrittmacher. Bei der Tiefenhirn-Stimulation wird über ein kleines Bohrloch im Schädel eine Elektrode genau in der erkrankten Hirnregion platziert. Ein im Bereich des Schlüsselbeins implantierter Impulsgeber versorgt die Elektrode über ein Kabel, das unter der Haut verläuft, mit Strompulsen mit einer Frequenz von 120 Hertz. Durch diese Hochfrequenz-Stimulation werden krankhaft überaktive Hirngebiete ausgeschaltet. Bei einem neuen Verfahren werden die elektrischen Pulse nicht mehr als Dauerstimulation, sondern einzeln und bedarfsgesteuert gesendet. Ziel dieser Methode ist es, die überaktiven Gehirnbereiche immer dann, wenn die Nervenzellen übermäßig synchron feuern wollen, durch einen gezielten Reiz aus dem Takt zu bringen.

Als Tiermodell für die Erforschung der Parkinson-Krankheit und möglicher Therapien werden übrigens vorwiegend gentechnisch veränderte Taufliegen, aber auch Ratten und Mäuse genutzt, bei denen künstlich Parkinson ausgelöst wird. Ohne solche Versuchsmodelle ließen sich neue Behandlungsmethoden nicht erforschen.

Schizophrenie

In einem Saal mit 100 Menschen ist durchschnittlich einer schizophren. Entgegen landläufiger Vorstellung sind dann jedoch nicht 101 Persönlichkeiten anwesend. Schizophrene Patienten glauben nicht wie die gespaltene Persönlichkeit Dr. Jekyll und Mr. Hyde in der Erzählung von Robert Louis Stevenson, eine andere oder mehrere andere Personen zu sein. Ihr Problem ist, dass sie zeitweise nicht recht zwischen der Realität und ihren eigenen Vorstellungen unterscheiden können, wirres Zeug reden, ein Durcheinander der Gefühle erleben und nicht mehr wissen, wer oder was sie sind. Zu den vielfältigen Symptomen zählen Halluzinationen, Wahnideen, affektives Abstumpfen und Beeinträchtigung des zielgerichteten Verhaltens, wobei kein Patient alle diese Symptome hat, die Krankheit also sehr unterschiedlich zum Ausdruck kommen kann. Auf neurologischer Ebene handelt es sich um ein so genanntes Fehlverschaltungssyndrom. Das Problem liegt nicht in Degeneration oder Überaktivität bestimmter Regionen, sondern in falschen Verbindungen zwischen den Regionen.

Die Ursachen sind nicht eindeutig geklärt. Schizophrenie hat eine deutliche genetische Komponente. Wenn beide Eltern erkrankt sind, liegt das Risiko für die Kinder, auch wenn sie nicht im Elternhaus aufwachsen, bei 40 bis 50 Prozent. Ist nur ein Elternteil betroffen, liegt die Wahrscheinlichkeit für Kinder bei 10 Prozent. Mehr als bei den anderen Gehirn/Geist-Krankheiten wurden und werden bei der Schizophrenie oft psychosoziale Ursachen vermutet und Eltern quälen sich mit der Frage, was sie nur falsch gemacht haben könnten. Tatsächlich haben sie jedoch keinen Einfluss auf das Entstehen der Krankheit und können auch nichts tun, um sie zu verhindern oder aufzuhalten. Es handelt sich aus heutiger Sicht um eine Reifungsstörung des Gehirns, bei der wahrscheinlich mehrere Stadien der Gehirnentwicklung in Mitleidenschaft gezogen sind, wobei der entscheidende Fehler erst im letzten »Wachstumsschub« beim Übergang zum Erwachsenenalter auftritt und zum Ausbruch der Krankheit führt. In dieser Phase findet ein übermäßiges Wachstum an Nervenzellverbindungen statt, wobei der Überschuss anschließend wieder abgebaut werden muss.

Eine Reihe von Beobachtungen spricht auch dafür, dass für die fehlerhafte Gehirnentwicklung neben genetischen Einflüssen auch die Umstände bei der Geburt verantwortlich sind. So tritt zum Beispiel die Schizophrenie häufiger bei Menschen auf, die im Winter und während Grippeepidemien zur Welt kamen, was auf einen Zusammenhang mit Virusinfektionen hindeutet. Auch wurden überdurchschnittlich häufig Verletzungen während der Geburt festgestellt.

Für die Schizophrenie ist bisher keine Heilung in Sicht, die Behandlung hat sich jedoch im Verlauf des 20. Jahrhunderts deutlich verbessert. Neben der medikamentösen Behandlung wird mittlerweile auch versucht, durch Training, ähnlich wie bei der Rehabilitation von Schlaganfallpatienten, zu erreichen, allmählich neue Verschaltungen im Gehirn auszubilden. Denn wie wir oben dargestellt haben, ist die Gehirnentwicklung nie ganz abgeschlossen, unser Zentralorgan bleibt grundsätzlich »formbar«.

Depression und Manie

Auch die affektiven Störungen, die sich entweder in großer Niedergeschlagenheit und Antriebslosigkeit (Depression) oder aber in einer Achterbahnfahrt zwischen himmelhoch jauchzend und zu Tode betrübt äußern (manisch-depressive oder bipolare Störung), werden häufig auf äußere Einflüsse, insbesondere traurige Erfahrungen und Stress zurückgeführt. Diese spielen sehr wahrscheinlich eine Rolle bei der Entstehung, charakteristisch ist jedoch eine Veränderung in der Gehirnchemie, die auch andere Ursachen haben kann.

Typisch für die Erkrankung sind unter anderem eine überschießende Kortisolproduktion, die nicht mehr richtig reguliert wird, und ein Mangel an Serotonin bzw. Noradrenalin in bestimmten Regionen des Gehirns. Die Behandlung erfolgt daher vor allem mit Substanzen, die die Verfügbarkeit dieser beiden Neurotransmitter erhöhen.

Auch von einer genetischen Veranlagung ist auszugehen, da eine familiäre Häufung zu beobachten ist. Hat man ein Geschwister, das erkrankt ist, besteht ein 30-prozentiges Risiko, selbst auch zu erkranken. Hierbei handelt es sich um eine rein statistische Wahrscheinlichkeit, die keine Voraussage für das individuelle Einzelschicksal zulässt.

Solange die höheren Hirnfunktionen noch weitgehend unerforscht sind, haben wir auch von den Hirnerkrankungen und ihren Ursachen nur grobe Vorstellungen. Die Suche nach wirksamen Therapien bleibt trotz aller Erfolge ein wichtiges Forschungsgebiet für die Zukunft.

Anatomie des Denkens

Geist und Gehirn

Zu den schwierigsten Fragen zählt bis heute, wie man sich das Verhältnis von Geist und Gehirn vorstellen soll. Ausgangspunkt der Überlegungen ist Descartes' Dualismus, der eine strikte Trennung von Körper und Geist vorsah. Die zwei waren wesensverschieden, standen aber über die Zirbeldrüse in regem Austausch. Der Geist bestand danach aus einem nicht-materiellen, geheimnisvollen Stoff, über den prinzipiell nichts in Erfahrung gebracht werden könne, womit sich das weitere Nachdenken über den Geist erübrigte. Genauso geheimnisvoll musste die Natur des Geistes im Vitalismus bleiben, nach dem der Geist zwar zum Körper gehörte, aber jener ominösen Lebenskraft bedurfte, die das ganze Wesen belebte.

Zweifellos ist der Dualismus noch heute die vorherrschende Art, wie Menschen sich selbst sehen. Er wurde von Philosophen in verschiedenen Varianten durchgespielt. Etwa als dualistischer Interaktionismus, der sich nur wenig von Descartes' Vorstellung entfernt, wonach der Geist mit der Maschine Körper interagiert, sie also steuert, aber auch Signale von ihr empfängt. Diese Grundvorstellung kommt im Titel des Buches *Wie das Selbst sein Gehirn steuert* des neuseeländischen Neurophysiologen John Eccles zum Ausdruck. Die Interaktion erfolgt bei dem Nobelpreisträger John Eccles jedoch nicht in der Zirbeldrüse, sondern der Geist nimmt in Form der chemischen und elektrischen Nervenfortleitung an den Synapsen durch ein quantenmechanisches Wahrscheinlichkeitsfeld Einfluss auf das Gehirn. Indem er sich auf Quantentheorie bezieht, nutzt Eccles gewissermaßen ein »Schlupfloch«, in das sich im modernen naturwissenschaftlichen Weltbild der autonome Geist wenigstens theoretisch noch retten kann.

Als Parallelismus bezeichnet man die Vorstellung, wonach Geist und Gehirn ein komplett isoliertes Dasein haben und auf rätselhafte Weise in Einklang bleiben. Gottfried Wilhelm Leibniz hat diese prästabilisierte Harmonie zwischen Geist und Körper vor etwa 200 Jahren am Beispiel zweier synchronisierter Uhren veranschaulicht, die auch dann dieselbe Zeit anzeigen, wenn zwischen ihnen keinerlei kausaler Zusammenhang besteht.

Der Okkasionalismus, der auf die Philosophen Arnold Geulincx (1624–1699) aus den Niederlanden und Nicole Malebranche (1638–1717) aus Frankreich zurückgeht, nimmt wie der Parallelismus an, dass es zwischen mentalen und körperlichen Zuständen systematische Entsprechungen gibt. Der Grund dafür liegt jedoch nicht in einer vorbestimmten Harmonie, sondern ist Gott selbst. Wenn das von einem Tisch reflektierte Licht über das Netzhautbild in die Sehrinde gelangt und dort einen bestimmten neuronalen Zustand hervorruft, dann greift Gott – anlässlich dieses neuronalen Zustands – ein und erzeugt im Geist den Wahrnehmungseindruck eines Tisches.

Der Epiphänomenalismus wiederum gesteht dem Geist lediglich zu, eine Begleiterscheinung zu sein, die jedoch nicht kausal auf den Körper wirken kann. Als Erster formulierte diese These Darwins Mitstreiter Thomas H. Huxley (1825–1895), der das Gehirn mit einer Lok verglich: »Sie (die psychischen Ereignisse) sind wie die Töne der Dampfpfeife einer Lokomotive, die vom physischen Mechanismus mit betrieben wird, selbst aber keine Arbeit leistet.«

In der Emergenztheorie schließlich geht der Geist sozusagen aus dem Körper hervor, zeichnet sich jedoch dann durch Unabhängigkeit aus. Das Gehirn gebiert gewissermaßen einen Geist, der sein eigenes Leben führen kann. Die Identitätstheorie setzt geistige Zustände mit Gehirnzuständen gleich wie Blitze mit elektrischen Entladungen. Da man mittlerweile jedoch gesehen hat, dass es aufgrund der unermesslichen Komplexität und Veränderbarkeit keine zwei identischen Gehirnzustände gibt, wird heute die Ansicht vertreten, dass geistige Zustände »multirealisierbar« sind, also durch die unterschiedlichsten physischen Zustände realisiert sein können.

Blickt man auf die Geistesgeschichte zurück, erkennt man keine klare Abfolge von Leib-Seele-Theorien, sondern eher eine durchgängige Spaltung an der Frage, ob der Geist (bzw. die Seele oder das Bewusstsein) ein eigenständiges Dasein unabhängig vom Gehirn führen kann.

Der Geist als die Tätigkeit des Gehirns

Die Mehrzahl der zeitgenössischen Philosophen bezieht heute eine materialistische Position und vertritt die Identitätstheorie oder die Emergenztheorie, die beide den Geist als Tätigkeit oder Eigenschaft des Gehirns sehen.

Als emergente Eigenschaften werden ganz allgemein Eigenschaften komplexer Systeme verstanden, die ihre Einzelteile (noch) nicht besitzen. Aus der Chemie ist uns das wohl bekannt. Sauerstoff (O) und Wasserstoff (H) haben als Elemente ganz spezifische Eigenschaften. Verbinden sie sich, entsteht Wasser (H_2O) mit ganz anderen Eigenschaften, die nichts mehr mit denen der Elemente zu tun haben. Flüssigen Wasserstoff oder Sauerstoff zu trinken, würde uns jedenfalls nicht gut bekommen. Das Gleiche trifft offenbar auf das Gehirn zu. Die Milliarden von Neuronen, aus denen das Gehirn gebaut ist, sind ganz normale biologische Zellen, die sich in ihrer genomischen Ausstattung und Funktion prinzipiell nicht von Herz-, Haut- oder Leberzellen unterscheiden. Es sind kleine Akteure, die bestimmte Aufgaben erfüllen können. Jede von ihnen ist eine komplizierte, jedoch ganz und gar geistlose Maschine. Das dürfte heute kaum jemand bestreiten. Hundert Milliarden von diesen Nervenzellen bilden unser Gehirn und entwickeln gemeinsam Fähigkeiten, die wir dennoch intuitiv nicht mehr als maschinenmöglich betrachten wollen.

Gene und Umwelt

Bis heute heftig umstritten ist die Frage, wie viel von dem, was wir können, wissen, fühlen, denken, angeboren ist. Ist der Geist ein Produkt der Kultur oder der Natur? Das Thema ist ideologisch schwer belastet. Die nativistische Grundhaltung, die davon ausgeht, vieles sei angeboren, wird traditionell gerne dem politisch konservativen Lager zugerechnet und gerät leicht in den Dunstkreis rassistischer Haltungen, die besonders die nicht veränderlichen, natürlichen Unterschiede zwischen den Menschen hervorheben. Wer die beobachtbare Tatsache, dass die Kinder der Reichen reich, die der Mächtigen mächtig und die der Armen arm blieben, legitimieren wollte, postulierte angeborene Intelligenzunterschiede, die eben auch nicht durch gleiche Bildungschancen nivelliert werden konnten. Wer dagegen Werte wie Gleichheit, Brüderlichkeit und Chancengleichheit zu seinen politischen Idealen erhoben hat, musste geradezu traditionell die große Formbarkeit des menschlichen Geistes und die Bedeutung von Umwelt und Erziehung betonen.

Je wichtiger die Rolle des Angeborenen sei, so dachte man, desto weniger kann das Lernen eine Rolle spielen. Wer dem Lernen einen hohen Wert zubilligen wollte, neigte also dazu, das Angeborene gegen Null gehen zu lassen.

Beide Haltungen gehen fälschlich von einem Gegensatz zwischen Angeborenem und Erlernbarem aus. Aber nur wenige durchbrachen in der Vergangenheit dieses ideologisch motivierte, borniere Lagerdenken und wiesen den Weg zu einer differenzierteren Betrachtung. Zu den Bedeutendsten von ihnen zählt gewiss der Linguist Noam Chomsky. Er vertrat als Erster die Position, Sprache sei grundsätzlich angeboren. Gleichzeitig zählt er seit Jahrzehnten zu den profiliertesten Kapitalismuskritikern der USA. Laut Chomsky verfügen Menschen über die Fähigkeit zu grammatikalisch korrekter Sprache wie Vögel über die Fähigkeit zu fliegen. Der Mensch lernt genauso wenig zu sprechen wie der Vogel zu fliegen. Er fängt einfach in einem bestimmten Alter damit an. Sprache wird unwillkürlich erworben. Das Beispiel zeigt, weshalb es für Chomsky kein Problem ist, seine linksliberale Einstellung mit der Überzeugung von der Bedeutsamkeit angeborener geistiger Fähigkeiten zu verbinden. Die angeborene Sprache macht ja keinen Unterschied zwischen den Menschen, sondern ist eine Gemeinsamkeit aller Menschen. Jeder gesunde Mensch spricht mit vier Jahren mindestens eine Sprache fließend und weitgehend korrekt – egal in welchem sozialen Umfeld er aufwächst. Das Gleiche gilt für eine Vielzahl anderer geistiger Fähigkeiten, die uns angeboren sind und die wir weiter unten ausführlicher beschreiben.

Die Struktur des menschlichen Geistes ist, weil er angeboren ist, universell. Steven Pinker betont dies, wenn er schreibt: »Der Unterschied zwischen Einstein und einem Schulabbrecher ist geringfügig im Vergleich zur Kluft zwischen einem Schulabbrecher und dem besten existierenden Roboter oder zwischen dem Schulabbrecher und einem Schimpansen.«

Ein »Nativismus«, der davon ausgeht, dass sehr vieles angeboren und damit das Denkvermögen aller Menschen prinzipiell gleich ist, erscheint plötzlich nach diesen Kategorien nicht mehr politisch rechts, sondern links. Doch man kann ihn auch schnell wieder nach rechts rücken, indem man feststellt, dass alles, was angeboren ist, auch der interindividuellen genomischen Variation unterliegt, es also dort, wo es viele angeborene Strukturen gibt, auch viele angeborene Unterschiede geben muss. Am Ende kann man nur eines lernen: dass man seine politischen Überzeugungen am besten beiseite legt, wenn man vorurteilsfrei Wissenschaft betreiben will.

Der wichtigste Denkfehler, der dem falschen Gegensatz von »angeboren« und »erlernbar« zugrunde liegt, ist der, dass es sich hier um ein Nullsummenspiel handele, das der Logik folgt, je mehr vom einen es gibt, desto weniger vom anderen müsse da sein. Dieser Logik entspricht eine verbreitete Auffassung vom Unterschied zwischen

Mensch und Tier, wonach das Tier zwar viele Instinkte, dafür aber ein geringes Lern-
vermögen habe. Der Mensch dagegen habe wenige oder gar keine Instinkte und deshalb
umso mehr Raum fürs Lernen. Tatsächlich ist es jedoch so, dass Menschen zwar andere, aber mehr Instinkte im Sinne von angeborenen Strukturen des Geistes haben und
gerade deshalb auch mehr lernen können als Tiere. Ganz einfach gesagt: Je mehr man
im Kopf hat, desto mehr kann man auch lernen. Je mehr von unserer Hirnleistung geno-
misch bzw. biologisch vorstrukturiert ist, umso größer wird der Einfluss der Umwelt
und des persönlichen Lernens. Zu den angeborenen Modulen des Geistes gehören
nämlich auch viele, deren Aufgabe es ist, Lernen zu ermöglichen. Die Frage, welchen
Anteil die Gene an der Intelligenz haben, ist also sinnlos, weil die Intelligenz keine Fla-
sche ist, die mit zwei Flüssigkeiten gefüllt wird. Schon Leibniz beschrieb in seinen *Neuen
Abhandlungen über den menschlichen Verstand* zutreffend, welches Bild wir uns von der
Struktur des Geistes machen sollten, wenn wir verdeutlichen wollen, dass er bei der
Geburt weder leer noch entwickelt ist: »Ich habe mich auch der Vergleichung mit einem
Stücke Marmor, das Adern hat, lieber bedient, als der mit einem ganz einartigen Mar-
morstücke oder einer leeren Tafel, nämlich einer solchen, welche bei den Philosophen
tabula rasa heißt; denn wenn die Seele dieser leeren Tafel gliche, so würden die Wahrheiten in uns enthalten sein, wie die Figur des Herkules im Marmor, wenn der Marmor
vollständig gleichgültig dagegen ist, diese oder irgendeine andere Gestalt zu erhalten.
Gäbe es aber in dem Stein Adern, welche die Gestalt des Herkules eher als andere
Gestalten anzeigten, so würde dieser Stein dazu mehr angelegt sein, und Herkules wäre
ihm in gewissem Sinne wie angeboren, wenn auch Arbeit nötig wäre, um diese Adern
zu entdecken und sie durch die Politur zu säubern, indem man alles entfernt, was sie zu
erscheinen hindert. In dieser Weise sind uns die Vorstellungen und Wahrheiten als Neigungen, Anlagen, Fertigkeiten oder natürliche Kräfte angeboren, nicht aber als Tätigkeiten, obgleich diese Kräfte immer von gewissen, oft unmerklichen Tätigkeiten, welche ihnen entsprechen, begleitet sind.«

Theorien des Geistes

Seit sich in der wissenschaftlichen Welt eine materialistische Sicht des Geistes durchgesetzt hat, ist derselbe in viel größerem Maße zum Gegenstand der Forschung geworden als zuvor. Solange er in dualistischer Perspektive übernatürlichen Status hatte, war
der Geist de facto nicht wissenschaftlich zu untersuchen. Nun durfte man sich ihm
nähern, doch die Schwierigkeit, ihn zu fassen zu bekommen, blieb. Psychologen und
Philosophen versuchten sich dennoch mit sehr unterschiedlichen Ansätzen an der
schwierigen Materie und kamen zu einer Reihe grundsätzlicher Modelle des allgemeinen Funktionierens des menschlichen Geistes, bzw. der Seele, der Psyche.

Der Geist als unbewusstes Kräftespiel

Der Begründer der Psychoanalyse, Sigmund Freud (1856–1939), bescherte uns das bekannte Modell, wonach unser Geist dreigeteilt ist in die Instanzen Ich, Es und Über-Ich. Das Ich ist fürs rationale Handeln zuständig, das Es für die Triebe, das Über-Ich für die Moral. Jeder psychische Akt – egal ob Handlung oder Gefühl – ist demzufolge das Ergebnis eines Kräftespiels, in dem das Ich zwischen dem Es, dem Über-Ich und der Außenwelt vermittelt. Diese Aufteilung ist ganz brauchbar zur Beschreibung des Verhaltens. Jeder kann sie leicht nachvollziehen. Das Ich fragt: Soll ich noch ein Stück Torte nehmen? Das Es antwortet: Lecker, hau rein! Das Über-Ich sagt: Denk ans Cholesterin. Und das Ich nimmt dann ein halbes Stück. Ökonomisch gesehen ist das Es für Freud das Hauptreservoir der psychischen Energie. Letztlich kann das psychoanalytische Modell jedoch nicht erklären, weshalb unser Geist gerade diese drei Abteilungen haben soll. Sie können also nicht als tatsächlich existierend aufgefasst werden, sondern geben nur ein Hilfsmittel ab, um Verhalten zu beschreiben. Es sind Symbolisierungen der Konzepte Trieb, Gewissen und Realitätssinn, die zu einem Modell des Psychischen gemacht wurden.

Als großes Verdienst bleibt Freud die Einführung des Unbewussten und der Idee des Kräftespiels. Freud hat dem Menschen mitgeteilt, dass er nicht Herr im eigenen Haus sei. Wir haben zwar das Gefühl, genau zu wissen, weshalb wir etwas tun. Tatsächlich haben wir jedoch kaum eine Ahnung. Wir kennen die tieferen Beweggründe nicht. Damit hat Freud eine große Frage aufgeworfen, nämlich die nach der Motivation einer Handlung und dem so genannten freien Willen, worauf wir weiter unten noch zu sprechen kommen. Er hat mit seinem Konzept des Es und seiner Triebtheorie eine viele Menschen intellektuell stimulierende, sehr persönliche Antwort auf diese Frage gegeben.

Der Geist als Black Box

Mit völliger Missachtung strafte dagegen der so genannte Behaviorismus den Geist. Diese in der ersten Hälfte des 20. Jahrhunderts in den USA starke Denkrichtung postulierte, dass man nur Verhalten beobachten könne, nicht aber, was im Kopf vorgehe, und dass dies auch völlig genüge. Das Verhalten eines Menschen bestehe vornehmlich aus der Reaktion auf Reize. Was dabei in der »Black Box« Geist vor sich gehe, sei unerheblich. Der berühmteste Proband des Behaviorismus ist wohl bis heute der Pawlowsche Hund, benannt nach dem russischen Psychologen Ivan Petrovich Pawlow (1849–1936). Sein Experiment beruht darauf, dass ein hungriger Hund beim Anblick von Nahrung Speichel absondert. Das ist ein sinnvoller Reflex, denn Speichel wird zur Einweichung und Verdauung der Nahrung gebraucht. Pawlow ließ nun jedes Mal, wenn dem Hund Nahrung gezeigt wurde, gleichzeitig eine Klingel schrillen. Schließlich lief dem Hund auch dann das Wasser im Mund zusammen, wenn er nur die Klingel hörte, ohne dass er Nahrung sah. Der Hund hatte einen »bedingten Reflex« gelernt.

Die Begründer des Behaviorismus, John B. Watson (1878–1956) und Edvard Lee Thorndike (1874–1949), waren der Auffassung, dass ihre Psychologie durch die rein äußerliche Betrachtungsweise erst echte Wissenschaftlichkeit erlange und Teil der Naturwissenschaften sei. Gefühl und Erleben wurden aus dem Gebiet der Psychologie ausgeklammert. Diese Haltung kam in den USA, wo pragmatisches Denken geschätzt wurde, gut an, in Europa, wo die Psychologie einer geisteswissenschaftlichen Tradition verbunden war, dagegen gar nicht. Der behavioristische Mensch denkt und fühlt nicht, er verhält sich und sein Verhalten wird durch Lernen bestimmt. Das Lernen erfolgt entweder als »klassische Konditionierung« wie bei Pawlows Hund oder wird durch Belohnung und Bestrafung gesteuert. Der einflussreichste Vertreter behavioristischer Positionen war der Psychologe Burrhus Frederic Skinner (1904–1990). Er machte vor allem Experimente mit Ratten und Tauben und formulierte Mitte der 1950-Jahre die Verstärkungstheorie. Diese postuliert, dass Menschen sich am wahrscheinlichsten in einer gewünschten Art und Weise verhalten, wenn sie dafür belohnt werden. Belohnungen sind am effektivsten, wenn sie unmittelbar auf das erwünschte Verhalten folgen. Verhalten, das nicht belohnt oder gar bestraft wird, wird wahrscheinlich nicht wiederholt.

Der Behaviorismus war eine radikale Form der Milieutheorie, wonach Verhalten und Persönlichkeit ausschließlich Produkte der Umwelt sind. Berühmt ist Watsons Behauptung, er könne aus einer Anzahl Kinder alles machen, Genies oder Kriminelle.

Die behavioristische Theorie war gut brauchbar zur Beschreibung sehr einfacher Lernprozesse. Sie lieferte aber kein umfassendes Modell des Geistes. Heute wird das behavioristische Verstärkungslernen vor allem noch in der Tierdressur und der Werbung genutzt.

Der Behaviorismus wurde erst in den 1970er-Jahren im Zuge der so genannten kognitiven Wende in der Psychologie weitgehend ad acta gelegt. Die Vorstellung des passiv reagierenden Menschen wurde durch die vom planenden, selbsttätig handelnden und wahrnehmenden Individuum abgelöst. Man gestand dem Menschen zu, eigenständig zu denken. Anknüpfend an die europäische Psychologie der ersten Jahrhunderthälfte suchte man nun nach den allgemeinen Gesetzen der geistigen Tätigkeit und rückte unter Bezug auf das Paradigma der Informationsverarbeitung das Denken ins Zentrum. Die Fähigkeit zum Verständnis, zu rationalem, zielgerichtetem und verantwortungsvollem Handeln wurde grundsätzlich bei allen Menschen vorausgesetzt.

Der Geist als Kulturprodukt

Wenn auch die Anhängerschar des reduktionistischen Behaviorismus schnell schrumpfte, hielt sich doch bei vielen die Auffassung, dass die Umwelt die entscheidende formende Kraft, der Geist also in hohem Maße kulturabhängig sei, während universellen Merkmalen wenig Bedeutung zukommt.

Der deutsche Biologe Ernst Haeckel (1834–1919) war überzeugt, dass die geistigen

Fähigkeiten zwischen den Menschen unterschiedlicher Völker sehr unterschiedlich ausgeprägt seien: »Das Bewusstsein der höchstentwickelten Affen, Hunde, Elefanten und so weiter ist von demjenigen des Menschen nur dem Grade, nicht der Art nach verschieden, und die graduellen Unterschiede im Bewusstsein dieser ›vernünftigen‹ Zottentiere und der niedersten Menschenrassen (Weddas, Australneger, Patagonier) sind geringer als die entsprechenden Unterschiede zwischen Letzteren und den höchstentwickelten Vernunftmenschen (Spinoza, Goethe, Lamarck, Darwin, Kant usw.).«

Aus heutiger Sicht würden die meisten Menschen eine solche Auffassung sofort als rassistisch verurteilen – einige aber dennoch insgeheim glauben, dass was dran sein könnte. Denn die kulturalistische Sicht des Menschen ist nach wie vor verbreitet. Es gilt mittlerweile sogar als politisch korrekt, im Sinne einer »multikulturalistischen« Weltsicht die Unterschiede zwischen den Menschen verschiedener Kulturen zu betonen und zu behaupten, dass es fundamentale Unterschiede im Denken gebe. Die Annahme einer grundsätzlichen Abhängigkeit des Geistes von der Kultur zeigt sich deutlich im Begriff »Volksgeist«, der in der Völkerpsychologie des 19. Jahrhunderts gebraucht wurde und heute durch den Begriff »Mentalität« ersetzt ist. Es ist jedoch verpönt, diese Unterschiede explizit zu bewerten. Die Begründer der Evolutionspsychologie, John Tooby und Leda Cosmides, bezeichnen wegen ihrer Dominanz diese Sicht des Geistes als Produkt der Kultur und nicht der Natur als das »sozialwissenschaftliche Standardmodell (SSM)«. Die Frage, wie formbar der Geist ist bzw. wie störrisch er unter allen Umständen, also in allen kulturellen Umgebungen, seine Natur behauptet, beantwortet das SSM mit dem Postulat, dass abgesehen von wenigen Trieben wie Hunger und Angst alle unsere Bedürfnisse, Vorlieben und Fähigkeiten im weitesten Sinne erlernt bzw. anerzogen seien.

Der Geist als Naturprodukt

Die evolutionäre Psychologie plädiert im Gegensatz zum SSM für sehr differenzierte angeborene geistige Strukturen, die dazu führen, dass Menschen überall auf der Welt grundsätzlich die gleichen Gefühle, Wünsche und kognitiven Fähigkeiten besitzen.

Getreu der Maxime des russisch-amerikanischen Zoologen und Genetikers Theodosius Dobzhansky (1900–1975), nichts in der Biologie mache Sinn außer im Lichte der Evolution, hat die Verhaltensforschung bei Tieren in den 1970er-Jahren eine Wende genommen, um die Theorie des Darwinismus nicht nur auf körperliche Merkmale, sondern auch auf das Verhalten der Tiere anzuwenden. Denn selbstverständlich sind nicht nur eine Schnabelform und die Speichelzusammensetzung für den Überlebens- und Fortpflanzungserfolg verantwortlich, sondern beispielsweise auch das Jagd- und Balzverhalten. Der neue Ansatz bekam den Namen Soziobiologie. Als Begründer gilt der Ameisenforscher Edward O. Wilson, der 1975 das Standardwerk *Sociobiology. The New Synthesis* veröffentlichte, in dem er das neue Fach als die »systematische Untersuchung der biologischen Grundlage jedweden sozialen Verhaltens« definierte. Das Unterfangen geriet zu Recht dann in die Kritik, wenn aus Menschen Tiere gemacht wurden und versucht wurde, für jedes Verhalten eine biologische Erklärung zu liefern.

Erklärungen, die allein nach einem evolutionsbiologischen Sinn suchen, greifen nur bei Tieren. Der moderne Mensch unterliegt praktisch nicht mehr einer natürlichen Auslese. Nach dem evolutionsbiologischen Sinn des Fußballspielens, des Zölibats oder des abendlichen Fernsehens zu suchen ist also verfehlt. Menschliche Verhaltensweisen unterliegen in erster Linie der kulturellen Evolution, in der sich Bräuche, Techniken, Vorlieben und so weiter unabhängig von ihrem biologischen Nutzen herausbilden und verbreiten. Man muss die Sache etwas differenzierter angehen und sich auf jene Aspekte des Verhaltens beschränken, die sich aus unserer biologischen Vergangenheit als nur biologische Wesen erklären lassen. Und tatsächlich gibt es viele Fragen, die nach einer solchen Antwort verlangen, etwa: Warum mögen wir Süßigkeiten und kühle Getränke? Warum haben viele von uns von Geburt an Angst vor Spinnen? Die Antwort auf solche Fragen lautet immer: Weil ein solches Verhalten im Leben der Menschen über Zehntausende von Generationen hinweg bis in die jüngste Vergangenheit von Vorteil war. Hinzufügen muss man, dass dieser Vorteil heute oft keiner mehr ist. Hinzufügen muss man auch, dass all jene Verhaltensdispositionen, die sozusagen ein evolutionäres Erbe bilden, durch bewusstes Verhalten teilweise überwunden oder in vielfältiger Art und Weise kulturell überformt werden können. Deshalb dürfen wir stets nur von Verhaltenstendenzen sprechen, die von Mensch zu Mensch sehr unterschiedlich ausgeprägt sein können. Dennoch ist es für soziologische und psychologische Fragestellungen durchaus sinnvoll, nach den biologischen Wurzeln unseres Verhalten zu suchen, und so hat sich die Disziplin der evolutionären Psychologie herausgebildet, die sich mit eben diesen Fragen beschäftigt.

Wichtigster Untersuchungsgegenstand der evolutionären Psychologie ist nicht das Verhalten selbst, denn nicht das Verhalten eines Menschen oder Tieres wird durch die natürliche Auslese hervorgebracht, sondern der Geist als das verhaltenserzeugende Organ. Als Produkt der Evolution sind unsere geistigen Fähigkeiten für ein Leben als Jäger und Sammler angelegt, was unser Verhalten auch heute noch entscheidend prägt. Will man also Verhalten verstehen und voraussagen, muss man diese natürliche Struktur des Geistes genauer beschreiben. Das hat auch den Vorteil, dass man natürliche Verhaltenstendenzen, sind sie einmal bewusst geworden, besser überwinden kann, wenn man dies zum Beispiel aus moralischen Gründen möchte. Den Geist als Produkt der Natur zu sehen besagt weder, dass unser Verhalten genetisch determiniert oder »naturgemäßes« Verhalten moralisch per se gut ist, noch, dass man sich nicht im Zweifelsfall vor Gericht dafür verantworten muss.

Aus Sicht der evolutionären Psychologie besteht der Geist aus einer Vielzahl angeborener Module, die im Grunde wie andere Organe des Körpers zu betrachten sind. Ihre grundsätzliche Funktionsweise ist durch unser Gene bestimmt und bei allen Menschen gleich. Dennoch ist jedes Gehirn und damit jeder Geist ein Unikat. Die Module unseres Geistes sind im Laufe der Evolution entstanden und seit einigen zehntausend Jahren praktisch unverändert. Sie helfen uns dennoch recht gut dabei, uns im Großstadtdschungel, in postmodernen Familienstrukturen und Datennetzen zurechtzufinden und sogar – mit Hilfe einiger selbst entwickelter Hilfsmittel – die großen Abstraktionen von Wissenschaft und Kunst zu erzeugen und zu verstehen.

Der Geist als intentionales System

Eine typisch philosophische Frage lautet: Woran erkennt man einen Geist, wenn man ihm begegnet? Die meisten von uns dürften der Auffassung sein, dass sie einen erkennen, wenn sie mit ihm zu tun haben. Jeder von uns traut sich zu, die Rolle des Testers in einem Turing-Test zu übernehmen. Aber hinterher genau zu sagen, weshalb man zur Überzeugung gelangt sei, es mit einem Menschen oder eben nur mit einer Maschine zu tun zu haben, ist schon schwieriger.

Wir haben mit dem Geist also mehr theoretische als praktische Probleme. Versuchen wir daher über die Praxis weiterzukommen. Was tun wir, wenn wir ein Wesen auf Geist überprüfen? Wir versuchen herauszufinden, inwieweit es so ist wie wir selbst. Wenn wir zur Überzeugung gelangen, das Ding sei wie du und ich, dann gestehen wir ihm menschliches Bewusstsein, also die aus unserer Sicht höchste Form des Geistes zu. Wenn das Wesen immer nur grunzt und davonrennt, sobald man einen Stock schwingt, denken wir, das Vieh ist eher blöd, aber wenigstens hat es Angst vor uns.

Der Philosoph Daniel Dennett, Professor für Wissenschaftstheorie an der Tufts-Universität, schlägt vor, Geist als eine Eigenschaft intentionaler Systeme zu betrachten. Ein intentionales System erkennt man daran, dass man sein Verhalten verstehen kann, indem man ihm Überzeugungen und Wünsche unterstellt, die dem Verhalten zugrunde liegen. Von uns selbst wissen wir, dass wir Überzeugungen und Wünsche haben. Von unseren Mitmenschen wissen wir es streng genommen nicht. Aber wir gehen davon aus, dass sie in dieser fundamentalen Hinsicht so sind wie wir. Von dem gerade erwähnten grunzenden Schwein nehmen wir es ebenfalls an, denn wir unterstellen, dass es wegrennt, weil es *glaubt*, dass wir es schlagen wollen, dies aber nicht *will*. Das Verhalten eines geistbegabten Wesens hat also keine kausalen Ursachen, sondern psychologische: Das Wesen hat Gründe für sein Verhalten.

Wie kommt Dennett zu so einer seltsamen Sicht des Geistes? Er übernimmt sie gewissermaßen aus unserer natürlichen Art zu denken. Der intentionale Standpunkt ist unser geistiges Werkzeug zum Erklären und Voraussagen des Verhaltens von geistbegabten Wesen. Wir beobachten, was sie tun, und versuchen dann, auf ihre Wünsche und Überzeugungen zu schließen. Und wenn wir so herausgefunden haben, wie sie »ticken«, versuchen wir, ihr Verhalten vorherzusagen. Wir können nicht in ihren Kopf hineinsehen und daher nicht wissen, ob sie Überzeugungen und Wünsche haben. Dennoch unterstellen wir es. Denn wir müssen es unterstellen, weil wir sonst nicht zur sozialen Interaktion in der Lage wären. Würden wir unsere Mitmenschen als unberechenbare oder auch berechenbare Roboter sehen, wären die Formen des Zusammenlebens, die wir kennen, nicht denkbar. Obwohl diese Sichtweise für den Umgang mit Artgenossen von der Evolution »entwickelt« wurde, wenden wir sie auch auf viele Tiere und in jüngster Zeit auch auf Maschinen an. Wenn der Hund vor der Tür sitzt und jault, unterstellen wir ihm den Wunsch, in die warme Stube zu kommen, und die Überzeugung, uns durch Jaulen dazu bringen zu können, die Tür zu öffnen. Wenn wir gegen einen Schachcomputer spielen, müssen wir unterstellen, dass er gewinnen *will*.

Dieses geistige Werkzeug ist nichts anderes als angeborene intuitive Psychologie. Es ist nicht die einzige Möglichkeit, Verhalten vorauszusagen, jedoch die beste. Intentionale Begriffe wie Wunsch, Hoffnung, Angst, Freude, Spaß, Überzeugung sind von uns erfunden worden, weil sie eine exakte und effiziente Beschreibung ermöglichen. Diese nützliche Definition von Geist besagt somit, dass er ein System ist, das sich mit dieser Art von Begriffen am besten beschreiben lässt. Man kann einen Schritt weiter gehen und postulieren, dass die Wünsche und Überzeugungen materiell in unserem Kopf existieren bzw. dass Tiere, denen wir Wünsche zuschreiben, diese Wünsche auch subjektiv empfinden, man muss diesen Schritt aber nicht unbedingt gehen. Die Frage, was etwas ist, ist aus Sicht der Wissenschaft gleichbedeutend mit der Frage, wie etwas am besten beschrieben werden kann. Wenn die beste Beschreibung des Lichts ist, dass es zugleich Welle und Teilchen ist, dann ist Licht eben eine elektromagnetische Welle und ein Strom von Photonen zugleich. Wir haben keinen Grund, für die Definition des Geistes andere Kriterien zu fordern.

Laut Dennett ist der Geist eines Menschen ein intentionales System höherer Ordnung. Ein intentionales System erster Ordnung hat Überzeugungen und Wünsche, die sich auf alles Mögliche richten können, jedoch nicht auf Überzeugungen und Wünsche. Die Überzeugungen und Wünsche eines intentionalen Systems zweiter Ordnung richten sich dagegen auf Überzeugungen und Wünsche, und zwar auf die eigenen und auf die anderer. Ist dieser Schritt getan, ist der Weg nach oben offen. Wer Vermutungen anstellen kann, was ein anderer wohl gerade denkt, kann auch überlegen, was der andere wohl glaubt, was er von ihm denkt und so weiter.

In der individuellen Entwicklung des einzelnen Menschen ist der Übergang zur Intentionalität zweiter Ordnung im frühen Alter von neun bis zwölf Monaten zu beobachten. Der Psychologe Michael Tomasello spricht von der »Neunmonatsrevolution.« Charakteristisches Merkmal dafür ist die interagierende Aufmerksamkeit. Babys beginnen, die Sicht der Erwachsenen zu übernehmen und die eigene Aufmerksamkeit auf einen Gegenstand oder ein Bild zu richten, das sie gemeinsam mit ihrer Mama anschauen. Sie erkennen, worauf sich die Aufmerksamkeit ihrer Mitmenschen richtet und fangen umgekehrt an, diese Aufmerksamkeit zu lenken, indem sie auf Dinge zeigen. Sie stellen also Hypothesen auf, wofür sich Mama interessiert. Wenn man sie in den Arm nimmt und Richtung Bettchen trägt, fangen sie an zu schreien, weil sie glauben, dass man sie schlafen legen will. Sie sind nun in der Lage, andere Wesen – und sich selbst – als intentionale Systeme zu sehen, die Ziele verfolgen bzw. Absichten haben.

Der Geist als Computer

»Geist ist nichts weiter als ein Produkt aus geistlosen, aber intelligent miteinander verschachtelten Ober- und Unterprogrammen«, sagt Marvin Minsky, einer der Begründer der Künstliche-Intelligenz-Forschung. Tatsächlich betrachten die meisten Forscher, die sich heute mit dem Geist beschäftigen, ihn in einem sehr grundsätzlichen Sinn als Computer. Sie vergessen jedoch fast nie hinzuzufügen, dass er mit den Computern, wie wir sie heute kennen, wenig Ähnlichkeit hat.

Der menschliche Geist wird als informationsverarbeitendes System beschrieben. Diese Sicht verträgt sich durchaus mit der Vorstellung, dass er durch subjektives Erleben geprägt ist. Die Computertheorie betrachtet Überzeugungen und Wünsche als Informationen in Gestalt materieller Zustände der Neuronen und ihrer Verbindungen oder eben auch als Zustände von Chips in einem Computer. Diese materiellen informationstragenden Zustände können aufeinander einwirken und neue Symbole hervorbringen, die anderen Überzeugungen entsprechen.

Dass Informationen in Gestalt materieller Zustände vorliegen, ist nichts Seltsames. Eine Überzeugung kann ja auch leicht niedergeschrieben in Form von Druckerschwärze auf Papier vorliegen. Der Satz »Paralel schreibt man mit einem l in der Mitte« formuliert eine Überzeugung. Ist der gleiche Satz in einer Textdatei im Computer gespeichert und ich aktiviere das Rechtschreibprogramm, kollidiert er mit einer Überzeugung in Form einer Liste korrekt geschriebener Wörter und verändert sich in den Satz »Parallel schreibt man mit einem l in der Mitte«. Wir sehen, auch im Computer als Materiezustände realisierte Überzeugungen können sich gegenseitig beeinflussen. Das Beispiel zeigt auch, dass dabei aus einer falschen Überzeugung eine andere falsche Überzeugung werden kann, aber das tut hier nichts zur Sache. Uns geht es nur darum zu zeigen, dass Überzeugungen, also Merkmale des Geistes, in materieller Form vorliegen und miteinander interagieren können.

Die Computertheorie des Geistes ist in erster Linie ein Forschungsprogramm. Es geht letztlich darum, Roboter zu bauen, die den Turing-Test bestehen. Ein menschenähnlicher Roboter muss die Funktionsweise des menschlichen Geistes imitieren. Er muss also aus einer Vielzahl von Modulen bestehen, die jeweils dem Lösen ganz spezieller Probleme dienen. Die Künstliche-Intelligenz-Forschung steht in ihren Grundannahmen im Einklang mit der evolutionären Sichtweise des menschlichen Geistes und der Modularitätstheorie der Gehirnforschung.

Evolution des Geistes

Während die Gehirnforschung herauszufinden versucht, wie es den 100 Milliarden Neuronen in unserem Kopf gelingt, geistige Arbeit zu verrichten, nähert sich die Erforschung der Evolution des Geistes aus einer ganz anderen Richtung dem gleichen Gegenstand. Sie fragt, weshalb sich die unterschiedlichen geistigen Fähigkeiten der einzelnen Tierarten entwickelt haben, und versucht, die Natur und Funktionsweise des Geistes aus seiner Entstehungsgeschichte heraus zu verstehen.

Wann kam Geist in die Welt? Einem evolutionären Verständnis des Geistes nach kann der erste Geist nur mit dem ersten Gehirn in die Welt gekommen sein und beide waren eher primitiv. Vorsichtig nennen wir diese Anfänge Protogeist. Noch vor dem Geist kam die Handlung in die Welt. Im Anfang war die Tat. Handlungen kann man auch ohne Geist ausführen. Ein geistloses Virus kann recht komplizierte Handlungen durchführen, nämlich in einen Körper eindringen, dort bestimmte Zellen suchen und finden, die Zellen öffnen, sich in die Operationszentrale der Zelle begeben, dort das Erbgut umprogrammieren, damit es Duplikate des Virus herstellt, schließlich die Wirtszelle zerstören und weiterziehen. Dabei ist ein Virus noch nicht einmal ein richtiges Lebewesen. Ähnlich geistlos handeln die ersten Lebewesen und bis heute die Bakterien, Protozoen, niedere Tiere und Pflanzen. Wir können diese Wesen ohne weiteres mit Robotern vergleichen. Und dennoch stellen sie die Anfänge des menschlichen Geistes dar. »Um es drastisch auszudrücken: Ihre Ur-Ur-Ur... großmutter war tatsächlich ein Roboter!«, schreibt Daniel Dennett. Wir erinnern uns, dass Goethe sich im *Faust* mit ganz ähnlichen Fragen beschäftigte.

Der bewegte Geist

Der Protogeist war ein Organ der ersten mehrzelligen Tiere. Tiere heißen nicht von ungefähr *animalis* von lateinisch anima, was gleichermaßen Atem, Seele, Leben und Geist heißt. Nur Lebewesen, die sich fortbewegen, haben Gehirne. Denn sie müssen sich in einer ständig wechselnden Umgebung zurechtfinden. Pflanzen nehmen zwar auch ihre Umwelt wahr, wenden ihre Blätter zum Licht, reagieren mit der Bildung von Giftstoffen auf Fraßfeinde. Ihre Unbeweglichkeit schränkt ihre Handlungsfähigkeit jedoch so stark ein, dass sie keine zentrale Datenverarbeitung benötigen, wie sie bei Tieren schon allein für die Bewegungssteuerung erforderlich ist. Den Übergang vom Protogeist zum Geist kann man in der Ergänzung des autonomen durch ein zentrales Nervensystem sehen. Jetzt ging es nicht mehr nur darum, die Körpervorgänge zu regulieren, sondern eine aktive, wenn auch längst noch nicht bewusste Rolle in der Welt zu übernehmen. Wer eine aktive Rolle spielt, muss Entscheidungen treffen. Und wer Entscheidungen nach dem Zufallsprinzip trifft, hat im Kampf ums Überleben einen

Nachteil gegenüber dem, der erst nachdenkt, bevor er sich entscheidet. Für Wesen, die Entscheidungen treffen müssen, bringt ein Apparat, der es ermöglicht, Informationen aufzunehmen und zu verarbeiten, einen Nutzen, der offenbar die Kosten für die Bereitstellung spezieller Zellen für die Informationsverarbeitung aufwiegt und übersteigt.

Von der Reizbarkeit zur Wahrnehmungsfähigkeit

Da jede Informationsverarbeitung auch Informationsaufnahme voraussetzt, folgt daraus, dass die Wahrnehmung für den Geist eine zentrale Rolle spielt. Denn erst durch Wahrnehmung erhält man Informationen von der Außenwelt. Die Wahrnehmung liefert die Information, mit der der Geist arbeitet. Er benutzt die Information, um Vorhersagen zu machen und auf dieser Basis zu handeln.

Im Grunde verfügt jedes Objekt, das in der Lage ist, auf Reize von außen zu reagieren, über eine Art von Wahrnehmung. Dies trifft auch auf Pflanzen oder sogar einzelne Moleküle zu. Ein Chlorophyllmolekül kann zum Beispiel durch Absorption von Licht in einen Anregungszustand geraten und als Reaktion Elektronen abgeben. Je größer die Wahrnehmungsfähigkeit, desto differenzierter die Weltsicht. Die Weltsicht eines Chlorophyllmoleküls beschränkt sich auf Licht einer bestimmter Wellenlänge. Nachtschattengewächse haben dabei ein anderes Sensorium für Licht als Sonnenblumen, die ihre Blüten immer der Mittagssonne zuwenden. Für alles andere ist es »blind«.

Genau betrachtet ist Chlorophyll als Molekül sogar völlig blind. Seine Wahrnehmung von Photonen kann man nicht als »Sehen« bezeichnen. Die Pflanze reagiert zwar auf Licht, auf chemische Reize, auf Berührung, auf Temperatur und auf Schwerkraft, doch sie sieht nichts, schmeckt nichts, riecht nichts, ertastet nichts, hat keine Schmerzen, ihr wird nicht warm und sie fühlt nicht die Last ihrer schneebedeckten Zweige. Nirgendwo in der Pflanze entsteht ein Bild oder eine andere Repräsentation der Umwelteinflüsse. Der Reiz führt unmittelbar zur Reaktion.

Der Einzeller Amöbe, auch Pantoffeltierchen genannt, kann immerhin schon unterscheiden, ob er auf etwas Essbares gestoßen ist oder ob er bestimmten schädlichen Umwelteinflüssen ausgesetzt ist, die ihn zu Vermeidungsverhalten veranlassen. Er handelt also in einem sehr beschränkten Rahmen rational. Die Amöbe kann aber nicht lernen und nichts im Geiste durchspielen. Doch was in ihr vorgeht, muss jenem entfernten Vorfahr unserer Denkfähigkeit ähnlich sein. Der Philosoph Karl Popper (1902–1994) hat am Beispiel der Amöbe, dem Inbegriff der Dummheit, ausgeführt, worin sich diese von Albert Einstein, einer Ikone des wissenschaftlichen Denkens, unterscheidet. Die Amöbe analysiert mit ihren Möglichkeiten die Umwelt und meidet schädliche Erfahrungen, wie Säure, die sie umbringen könnte. Der Wissenschaftler sollte genau umgekehrt vorgehen. Er beobachtet mit seinen Methoden zwar auch sehr genau die Umwelt und stellt Hypothesen auf. Dann aber macht er Experimente, wobei er bewusst und systematisch die Umweltbedingungen verändert, um seine Hypothese kritisch zu prüfen (im übertragenen Sinne »umzubringen«). Eine falsifizierte (widerlegte) Ausgangshypothese, die zur Untermauerung einer neuen Hypothese führt, nennt der Forscher wissenschaftlichen Fortschritt. Dazu wäre die Amöbe nie in der Lage.

Unser Denken ist in vielen kleinen Schritten aus dem Protodenken unserer tierischen Vorfahren hervorgegangen. Das Protodenken ist als Reiz-Reaktions-Vermittlung aus der Interaktion mit der Umwelt entstanden. Alle Lebewesen sind in irgendeiner Form reizbar, doch nicht unbedingt wahrnehmungsfähig. Bei den einfachen mehrzelligen Tieren entstanden spezialisierte Zellen oder Zellverbände, deren Funktion darin besteht, Umweltreize wie Licht, Duftstoffe oder mechanische Reize aufzunehmen und weiterzuleiten. Sobald ein Tier mit spezialisierten Zellen Reize aufnimmt und mit anderen darauf reagiert, kann man von einfachen Sinnesorganen sprechen. Aus Reizbarkeit wird Wahrnehmungsfähigkeit. Schon primitive wirbellose Tiere schließen spezialisierte Zellen in Verbänden zusammen und bilden so einfache Gehirne, die im Verlauf der Evolution sowohl an Volumen als auch an Komplexität zunahmen – sofern die Lebensweise das erforderte, also eine Erhöhung der Fitness im Kampf ums Überleben erreicht wurde. Wie im ersten Buchkapitel dargestellt, geht es in der Evolution jedoch keineswegs immer notwendig bergauf. So gibt es auch Lebensweisen, bei denen ein Gehirn nur unnötigen Ballast darstellt. Die Seescheide schwimmt im Larvenstadium umher und hat ein Vibrationsorgan und ein Lichtsinnesorgan, also ein primitives Auge. Ist die Seescheide jedoch dem Larvenstadium entwachsen, heftet sie sich fest an einen Felsen und ernährt sich von dem, was sie umspült. Ihren »Denkapparat« braucht sie nicht mehr und schmilzt ihn ein. Sie braucht nicht einmal im primitivsten Sinne zu handeln, also braucht sie auch keinen Geist mehr.

Probleme lösen

Die Seescheide ist nur ein einfaches Manteltierchen, der Frosch jedoch ein munterer Lurch, der sich von flinker Fliegenbeute ernährt, also für sein Überleben weit mehr leisten muss, als planktonhaltiges Wasser durch einen Kiemendarm fließen zu lassen. Daher hat er gute Augen und ein entwickeltes Sehhirn. Doch der Sinn für schöne Sonnenuntergänge am Teich fehlt ihm. Sein Geist ist auf andere Probleme ausgelegt. Er interessiert sich im Wesentlichen nur für kleine, schnell bewegte Objekte (Fliegen) und große Schatten (Störche). Wenn die Ersteren auftauchen, schleudert er seine lange Zunge hin zu jener Stelle in der Luft, an der just dann, wenn die Zunge dort angekommen ist, seinen Berechnungen zufolge auch die Fliege sich befinden sollte. (Er kann höchst komplizierte Berechnungen anstellen – ohne jedoch etwas davon zu ahnen.) Erscheinen aber die großen Schatten, springt er schnell ins Wasser und taucht unter. Er hat also kein Auge, mit dem er ganz allgemein verfolgen kann, was so um ihn geschieht, sondern eigentlich nur einen Fliegen- und Storchdetektor. Je weniger ein Lichtreiz an Fliegen oder Störche erinnert, desto geringer ist die Aktivität der Netzhautzellen. Der

Frosch verfügt demnach über angeborene Ideen. In sein Sehorgan ist eine einfache Vorstellung von den Tieren, von denen er sich ernährt, und denen, die sich von ihm ernähren, schon fest eingebaut.

Was für das Sehen des Frosches gilt, gilt für jede Wahrnehmung aller Lebewesen. Sie ist angepasst an die für die jeweilige Art relevanten Aspekte der Umwelt. Das sind beim Menschen andere als beim Frosch. Bei uns gehört zum Sehen nicht nur die Unterscheidung zwischen Storch und Fliege, sondern auch die zwischen den Gesichtern unserer Mitmenschen und zwischen verschiedenen Gesichtsausdrücken. Interessanterweise fällt es uns aber schon schwerer, Menschen mit fremdem Gesichtsausdruck, die wir als Kinder selten oder nie zu sehen bekommen haben, etwa Chinesen, auseinander zu halten bzw. wiederzuerkennen. Genauso kommen den Japanern die Europäer wie ziemlich ähnliche »Langnasen« vor. Die Fähigkeit der Gesichtserkennung haben unsere Vorfahren wahrscheinlich schon vor langer Zeit erworben. Auch Rhesusaffen unterscheiden eindeutig die Gesichter ihrer Artgenossen, und ihre Entwicklungslinie trennte sich von der unseren vor etwa 20 bis 25 Millionen Jahren. Die Gesichtserkennung entstand also evolutionär mit dem Leben auf den Bäumen, als sich das alte geruchsgestützte Erkennungssystem als nicht mehr brauchbar erwies, um zwischen verwandten und anderen Artgenossen zu unterscheiden.

Fliegen zu schnappen und vor Störchen in Deckung zu gehen sind nur zwei Aufgaben unter unzähligen, welche Tiere bewältigen müssen. Der Geist jeder einzelnen Tierart lässt sich somit als Ansammlung von kognitiven Modulen zur Lösung der ihrer Lebensweise entsprechenden Probleme bezeichnen. Als Produkt der Evolution kann der Geist kein einzelnes Organ sein, sondern nur ein System von Organen, denn die Evolution bringt immer nur spezifische Lösungen hervor. Die geistigen Leistungen sind so vielfältig wie die körperlichen, und unseren Körper sehen wir ja auch nicht als ein Organ, sondern als ein System von vielen Einzelfunktionen – wobei anatomisch als Einzelorgane identifizierte und benannte, etwa Leber oder Bauchspeicheldrüse, in Wirklichkeit auch Systeme sind, die mehrere sehr unterschiedliche Funktionen erfüllen. Körper und Geist sind beides modulare Systeme mit ausgeprägtem »Multitasking«.

Der Aufstieg zum gregorianischen Wesen

Wiewohl auch der Geist keine Stufenleiter emporsteigt, kann man doch grob Stufen unterscheiden, um die Lebewesen in unterschiedliche intellektuelle Niveaus einzuteilen. Daniel Dennett unterscheidet drei Stufen der Evolution des Geistes. Ganz unten angesiedelt sind die »darwinschen Geschöpfe«. Ihnen fehlt jede Lernfähigkeit. Ihr Verhalten ist bei der Geburt festgelegt. Auf der zweiten Stufe befinden sich die »skinnerschen Geschöpfe«, die sich, wie von dem Behavioristen Skinner beschrieben, konditionieren lassen. Sie verfügen über ein variables Verhalten und über Mechanismen, die das für sie vorteilhafte verstärken, sodass sie dieses Verhalten nach der Verstärkung häufiger zeigen. Es findet eine Art natürliche Selektion von Verhaltensweisen statt, die als Fortsetzung der natürlichen Selektion von Eigenschaften betrachtet werden kann. Die meisten Tiere kann man als skinnersche Geschöpfe bezeichnen. Auch der Spielzeugrobothund AIBO, der Ende der 1990er von Sony entwickelt wurde, vermag auf diesem Niveau zu interagieren.

Auf der nächsten Stufe probieren Tiere nicht blind herum, sondern treffen eine Vorauswahl. Sie sortieren zunächst Möglichkeiten aus, die sie aus guten Gründen lieber erst gar nicht versuchen wollen. Wer dazu in der Lage ist, zählt zu den »popperschen Geschöpfen«, die ihren Namen in Anlehnung an Karl Poppers Formulierung haben, »dass unsere Hypothesen an unserer Stelle sterben«. Um solcherart vorausschauendes Verhalten zu zeigen, muss man fähig sein, in seinem Kopf viel Wissen über die gefährliche Welt draußen zu speichern, um verschiedene Handlungsmöglichkeiten im Geiste durchspielen zu können. Der Mensch ist natürlich auf dieser Stufe. Aber er ist dort nicht allein. Alle Säugetiere können in gewissem Maße vorausschauend handeln. Und nicht nur sie: auch Vögel, Amphibien, Reptilien und Fische und sogar einige Wirbellose. Der poppersche Geist kam schon recht früh in die Welt und ist noch steigerungsfähig. Übertroffen wird er von Geschöpfen, die ihre Informationen über die Umwelt aus gestalteten Teilen der Umwelt beziehen können. Dennett nennt sie »gregorianische Geschöpfe« – nach dem britischen Psychologen Richard Gregory, der das Konzept der potenziellen Intelligenz als Eigenschaft von Artefakten formuliert hat. Vom Menschen gemachte Gegenstände haben demnach das Potenzial, den Menschen, die sie nutzen, Intelligenz zu verleihen. Gregorianische Geschöpfe nutzen (geistige) Hilfsmittel aus ihrer kulturellen Umwelt und verbessern damit sowohl ihre Fähigkeit, Verhaltensmöglichkeiten zu erzeugen, als auch, sie im Geiste durchzuspielen. Ein solches Hilfsmittel kann ein Werkzeug sein, etwa eine Zange. Das wichtigste Reservoir potenzieller Intelligenz ist jedoch die Sprache, denn sie hat unbegrenzte Kapazitäten, um die Erfahrungen anderer dem Einzelnen verfügbar zu machen.

Der Übergang vom Tier zum Menschen

Unser Geist ist aus dem unserer tierischen Vorfahren hervorgegangen. Kann es dennoch prinzipielle Unterschiede geben? Jeder sollte über genug Selbstwertgefühl verfügen, um diese Frage zu bejahen. Vieles, was Tiere können, vermag unser Geist (zumindest ohne Hilfsmittel) schlechter oder gar nicht, zum Beispiel Fliegen fangen, Frösche fangen oder sich beim Flug durch die Nacht an den Sternen orientieren. Viele unserer geistigen Module haben durchaus Entsprechungen im Tierreich, etwa das dreidimensionale Sehen, das skinnersche Lernen oder die Gesichtsidentifizierung. All das ist nichts Besonderes. Es gehört in mehr oder minder großer Zahl zur Grundausstattung jedes Tiers einschließlich des Menschen. Die Kluft zwischen Tier und Mensch markieren nicht einzelne Spitzenleistungen, sondern eine Fähigkeit, die uns zu Allround-

Talenten macht: die Fähigkeit, geistige Werkzeuge selber zu erzeugen und zu benutzen. Wie ein mechanisches Werkzeug den Umgang mit materiellen Dingen ermöglicht, erlaubt ein geistiges Werkzeug den Umgang mit geistigen Dingen wie Wissen.

Tiere tun sich bereits mit mechanischem Werkzeug sehr schwer. Untersuchungen an den Tieren, die als besonders intelligent gelten, zeigen, dass bei ihnen selbst die Benutzung einfacher Werkzeuge nur äußerst begrenzt gelingt. Ein Schimpanse, dem man einen Rechen gibt, mit dem er Futter zu sich herüberziehen kann, ist nicht in der Lage, herauszufinden, dass er den Rechen mit den Zinken nach unten halten muss. Er versteht es selbst dann nicht, wenn man es ihm deutlich vormacht. Er sieht zwar, wie der Versuchsleiter den Rechen umdreht, ist aber außerstande, den Grund für dieses Verhalten nachzuvollziehen oder zu verstehen. Er kann Handlungen nachahmen. Doch solange er keine Hypothesen über die Gründe dieser Handlungen anstellt, macht es für ihn keinen Unterschied, ob die Zinken nach oben oder nach unten zeigen.

Ein entscheidender Übergang ist erreicht, wenn ein Lebewesen Hypothesen über das Denken und Wollen des anderen formuliert, sich also in seine Lage versetzt. Das Denken bekommt sofort eine neue Qualität, wenn es vom Denken anderer handelt. Erst dann kann aus einer individuellen Erfindung eine Technik werden. Würde der Affe das Tun des Versuchsleiters nicht als bloßes Tun, sondern als eine effektive Technik sehen, könnte er diese Technik (als geistigen Gegenstand) übernehmen, reproduzieren und auch variieren. Er könnte zum Beispiel probieren, ob es vorteilhaft ist, den Rechen in einem bestimmten Winkel zu halten. Diese Form der Imitation durch Aneignung einer Technik wird etwa von der Psychologin Susan Blackmore als Grundlage der Entstehung des menschlichen Geistes gesehen. Sie sieht drei Voraussetzungen für diese Fähigkeit: die Übernahme der Perspektive des anderen; die Fähigkeit, Entscheidungen zu treffen, was man imitieren möchte; und die Fähigkeit, Bewegungen genau nachzumachen. Im Tierreich ist Imitation allenfalls bei wenigen Tieren in Ansätzen zu beobachten. Kleine Kinder beginnen jedoch schon im ersten Lebensjahr damit, alle möglichen Bewegungen nachzumachen und werden darin schnell immer besser. Sie winken, stampfen mit dem Fuß in Pfützen und löffeln aus der Schüssel. Wenn eine Technik imitiert wird, übernimmt man die Anweisung für ein bestimmtes Verhalten, die Blackmore und andere Memetiker als Mem bezeichnen. Das Mem ist ein geistiger Gegenstand, dem man wie seinem biologischen Counterpart, dem Gen, die Tendenz unterstellen kann, sich ausbreiten zu wollen. Und zwar unabhängig von den Genen.

Würde sich das Mem für das Heranziehen von etwas durch einen langen, vorne gekrümmten Gegenstand in den Köpfen von Affen wie in denen von Menschen ausbreiten, würden die Affen mit der Zeit gemeinsam die Kunst des Heranziehens entwickeln, wobei sie einer Verbesserung die nächste folgen ließen, da das Mem wie das Gen auch der Variation unterliegt und sich verbesserte Heranziehmethoden erfolgreicher ausbreiten und ineffizientere verdrängen würden, wie wir es in der menschlichen Technikgeschichte beobachten können. Doch die Affen können nur das Tun variieren, nicht jedoch die Technik. Jeder von ihnen probiert rum, aber sie verfügen nicht über die spezifisch menschliche Möglichkeit der Reproduktion von Memen. Es gibt für sie nur Bewegungen, keine Techniken. Ihre Gehirne bilden keinen »Lebensraum« für Meme.

Die Fähigkeit zur Perspektivübernahme und aneignender Imitation veränderte nicht nur das Denken, sondern auch das Sozialleben. Sie ist die Grundlage für menschliche Kooperation und Arbeitsteilung und sie setzte ein geistiges Wettrüsten in Gang. »Wenn niemand Kleider hätte, gäbe es keinen Konkurrenzdruck, welche zu haben. Doch einmal erfunden, ist man weniger gegen Kälte und Verletzungen geschützt und hat schlechtere Überlebenschancen, wenn man keine hat«, schreibt Susan Blackmore. Kultur auf Basis von Memen war demnach von Anfang an ein Selbstläufer. Die geistigen Gegenstände sorgten in dieser Sichtweise selbst für die Entstehung eines leistungsfähigen Geistes und des dazugehörigen Gehirns. Mit dem Auftauchen der ersten Meme wurde eine zweite Evolution in Gang gesetzt. Auf der Erde entwickelte sich nach der Biosphäre auch die Memosphäre, besser bekannt unter dem Namen »Kultur«.

Wie und wann genau es zu dieser folgenschweren Anpassung kam, die entwicklungsgeschichtlich als Grundlage des Menschseins gewertet werden kann, ist unklar. Es ist jedoch plausibel, dass ein enger Zusammenhang mit der wachsenden Kommunikation und Kooperation in der Gruppe besteht. Kommunikation wird erst dann sinnvoll, wenn es etwas mitzuteilen gibt, wenn man also etwas kennt, das nicht jeder andere auch kennen kann, wenn es nützlich wird, sich in die Lage des anderen zu versetzen. Die Fähigkeit zur Imitation ist für das Herstellen von Werkzeugen erforderlich.

Menschliche Wahrnehmung

Der deutsche Physiologe Johannes Müller (1801–1858) formulierte 1826 das »Gesetz der spezifischen Sinnesenergien«, wonach Reize in jedem Sinnesorgan die dessen Struktur adäquaten Empfindungen hervorrufen; Erfahrung richtet sich also nach der Struktur der Sinnesorgane. Die Augen, Ohren und die dazugehörigen Hirnareale sind speziell auf die Belange der jeweiligen Tierart abgestimmt. Was bedeutet das für den Menschen?

Die Grenzen der Wahrnehmung

Wir sehen nur die Ausschnitte der Welt, die wir sehen können. (In mancher Hinsicht auch nur die, die wir sehen wollen.) Das Gleiche gilt natürlich für unsere anderen Sinne auch.

Im späten 17. Jahrhundert bewies Isaac Newton, dass die von uns wahrgenommenen Farben nicht einem Objekt selbst innewohnen, sondern ein Ergebnis des Lichts sind, das von dem Gegenstand teilweise absorbiert, teilweise reflektiert wird, und dass Weiß

durch die Kombination aller Wellenlängen des sichtbaren Lichtspektrums zusammengesetzt werden kann. Diese Wellenlängen entsprechen sieben einzelnen Farben. Das
von Newton in seinen Experimenten identifizierte Spektrum des sichtbaren Lichts
stellt, wie wir heute wissen, jedoch nur einen kleinen Teil des elektromagnetischen
Spektrums dar, das von Wellen niedriger Frequenz und großer Wellenlängen (wie
Radiowellen) bis hin zu hoch frequenten Wellen kurzer Längen (wie Röntgenstrahlen)
reicht. Zwischen Infrarot- und Ultraviolettwellen liegt das Spektrum des sichtbaren
Lichts, das wir in aufgefächerter Form im Regenbogen beobachten können, der einen
Wellenlängenbereich von 700 Nanometer (rot) bis 400 Nanometer (violett) umfasst
und ein Kontinuum darstellt.

Ein grünes Blatt erscheint grün, weil seine atomare Struktur so beschaffen ist, dass
Licht aus dem Wellenlängenbereich zwischen etwa 500 und 580 Nanometer reflektiert
wird und alle anderen Wellenlängen absorbiert werden. Die Netzhaut und die Sehrinde verarbeiten das reflektierte Licht und erzeugen so unsere Wahrnehmung der Farben.
Farben existieren also nur in unserem Kopf. Farben sind optische Deutungen. Draußen
in der Welt gibt es lediglich unterschiedlich energiereiches Licht. Unsere Fähigkeit, dieses Licht zu verarbeiten, hängt von der Netzhaut des menschlichen Auges und von der
Sehrinde des Gehirns ab. Die Netzhaut enthält drei Rezeptoren oder Zapfen, die auf
Licht bestimmter Wellenlängen und zwar im roten, grünen und blauen Bereich reagieren. Sie ist eine Art Außenstelle des Gehirns mit der Aufgabe, visuelle Informationen zu
verarbeiten. Bei einfacheren Wirbeltieren wie Reptilien und Amphibien, deren Augen
ganz ähnlich denen der Säugetiere konstruiert sind, findet die gesamte Informationsverarbeitung direkt in der Netzhaut statt – und nicht, wie beim Menschen, im eigentlichen Gehirn.

Das Farbsehen entstand in der Evolution allmählich und ersetzte bei unseren Vorfahren die Orientierung an Sexualduftstoffen (Pheromonen). Genetische Analysen
haben ergeben, dass vor etwa 23 Millionen Jahren entsprechende Gene für die Geruchs-
wahrnehmung ihre Funktion verloren, nachdem die männlichen Affen zuvor ihre
Fähigkeit zum Farbsehen verbessert hatten. Bis dahin konnten nur die Weibchen Rot
und Grün unterscheiden, da hierfür zwei X-Chromosomen erforderlich waren. Eine
Genverdopplung führte dazu, dass nun ein X-Chromosom genügte. Dass sie Farben
sehen konnten, führte dazu, dass auch die Affen selbst bunter wurden und farben-
prächtige Signale auf der Haut entstanden, mit denen Sexualpartner beeindruckt werden sollen.

Was für das Sehen gilt, gilt auch für die anderen Sinneswahrnehmungen. Was wir
hören, riechen und schmecken können und wie wir diese Sinneseindrücke bewerten,
ist Produkt der Evolution. Wie im Kapitel MENSCHENLEBEN ausgeführt, verfügen
wir lediglich über sechs grundlegende Geschmackswahrnehmungen. Diese dienen als
positive oder negative Verstärker und sagen uns (und anderen skinnerschen Geschöp-

fen), was wir bevorzugt essen sollen. Sie sind also ein Prüfsystem für Qualität und Bekömmlichkeit. Bei den Gerüchen geht es sehr viel bunter zu. Duftmarkierungen sind ein sehr altes Kommunikationssystem, die zu so elementaren Mechanismen wie der Mamataxis, dem Erkennen der eigenen Mutter am Geruch, oder auch der Bewertung von Nahrungsmitteln, der Partnerwahl und vielen mehr dienen. Was wir riechen können und was nicht, ist genetisch festgelegt. Es muss ein Rezeptor für das entsprechende Molekül in unserer Nase vorhanden sein, und der befindet sich dort nur, wenn in unserer Vergangenheit damit ein Nutzen verbunden war. Viele Gerüche nehmen wir wahr, ohne uns dessen bewusst zu werden. So wurde etwa in Experimenten gezeigt, dass, wenn wir in ein leeres Wartezimmer kommen, die Platzwahl davon abhängt, wer zuvor auf den nun freien, jedoch noch nach den Vorsitzern »duftenden« Stühlen gesessen hat. Andere Eindrücke hingegen werden einerseits sehr deutlich bewusst und führen andererseits wiederum zu unwillkürlichen Handlungen, etwa Verwesungsgeruch zum spontanen Erbrechen. Die biologische Funktion ist hier so deutlich wie die Reaktion selbst. Einen Geruch erlernen, für den unser Riechorgan nicht ausgerüstet ist, kann man genauso wenig wie das Infrarotsehen. Daher haben wir bei manchen Gefahren neueren Datums, etwa bestimmten giftigen Gasen, ohne technische Hilfsmittel keine Chance, sie zu erkennen. Man kann lediglich die Unterscheidung von Gerüchen trainieren. Interessanterweise kann man dennoch auch Gerüche unterscheiden, für die wir keine speziellen Riechrezeptoren haben. Das liegt daran, dass die meisten Rezeptoren nicht nach dem Schlüssel-Schloss-Mechanismus funktionieren, also nur auf ein ganz bestimmtes Molekül reagieren, sondern Duftstoffe eher Dietrichen ähneln, mit denen man verschiedene Schlösser öffnen kann, allerdings unterschiedlich gut. Ein Duft wird durch die unterschiedlich starke Aktivierung mehrerer Rezeptoren gleichzeitig identifiziert.

Auch Töne gibt es natürlich nur im Kopf, draußen gibt es nur Schallwellen mit unterschiedlich hoher Frequenz. Die Maßeinheit lautet Hertz (Hz). Ein Hertz entspricht einer Schwingung pro Sekunde. Menschen können Schwingungen zwischen 16 und 20 000 Hertz wahrnehmen, sofern sie im richtigen Lautstärkebereich liegen. Die höchste Empfindlichkeit zeigt das menschliche Ohr für Frequenzen zwischen 500 und 5000 Hertz. Dieser Bereich entspricht der Frequenzspanne der menschlichen Sprache. Durchaus sinnvoll für eine Spezies, deren größter evolutionärer Trumpf die Kommunikation ist.

Es findet also alles nur im Gehirn statt. Die Nervenimpulse, die uns von der Netzhaut erreichen, sind die gleichen wie die, die uns aus den Riechzellen erreichen. Dass die einen im Kopf ein Bild erzeugen, die anderen einen Geruch, liegt allein an der Signalerfassungsstelle Auge oder Nase. Diese Eigenständigkeit des Gehirns zeigt sich sehr deutlich bei Menschen, deren Schaltkreise ein wenig unkonventionell gestaltet sind. Sie riechen zum Beispiel nicht nur »Gerüche«, sondern auch »Farben«. Präziser gesagt: Erhält das Sehzentrum bestimmte Impulse, wird gleichzeitig auch das Riechzentrum aktiv. Die häufigste Form dieser Synästhesie ist das »Farbenhören« (coloured hearing). Hierbei werden Töne, Musik oder Sprache zugleich auch als Farben erlebt. Synästhesien kommen sehr viel häufiger bei Frauen als bei Männern vor. Sie sind angeboren und werden wahrscheinlich über das X-Chromosom vererbt.

Ein noch eindrucksvollerer Beleg dafür, dass die Wahrnehmung im Zweifelsfall auch ohne Außenwelt auskommt, liefern Halluzinationen, die bei manchen Erkrankungen und unter Drogenwirkung auftreten oder auch durch Reizung einzelner Stellen der Hirnrinde bei Hirnoperationen ausgelöst werden können.

Das menschliche Maß

Unsere Alltagssinne sind also eigentlich eine Ansammlung von spezialisierten Detektoren, die die Außenwelt auf das Maß zurechtstutzen, das unseren Vorfahren erlaubte, sich gut in der Welt zurechtzufinden. Den gesamten Mikrokosmos nehmen wir glücklicherweise überhaupt nicht wahr, sonst wären wir von dem ganzen Gewimmel und Gewusel der allgegenwärtigen Bakterien vollkommen verwirrt. Vor der Erfindung des Mikroskops konnten wir uns von nichts einen Begriff machen, was kleiner als etwa ein Zehntel Millimeter war. Wie unsere Wahrnehmung war natürlich auch unser Denken auf die makroskopische Welt beschränkt. Zellen, Bakterien und Moleküle gehören nicht dazu. Wie im dritten Kapitel beschrieben, bestehen massive Gegenstände, etwa Steine, bei ausreichender Vergrößerung fast nur noch aus leerem Raum.

Ebenso wenig wie mit dem ganz Kleinen können wir mit dem ganz Großen etwas anfangen. Die Entfernung zu Sonne, Mond und Sternen abzuschätzen, ist uns unmöglich. Ein ganz wichtiger Faktor ist auch die Geschwindigkeit. Viele Prozesse sind zu langsam für unsere Wahrnehmung. Die Welt erscheint uns statisch, weil die Verschiebung der Kontinente und die Veränderung der Arten nur sichtbar werden, wenn man Millionen Jahre überblickt. Vieles entgeht unserer Wahrnehmung wiederum, weil es zu schnell abläuft. So sehen wir Bewegungen im Kino als kontinuierlich, obwohl in Wirklichkeit pro Sekunde 24 aufeinander folgende Standbilder gezeigt werden.

Für alle Sinnesempfindungen gilt außerdem, dass sie erst ab einer gewissen Intensität wahrgenommen werden. Wenn nur ein einzelnes Photon in unser Auge trifft, gibt die entsprechende Nervenzelle noch kein Signal und wir sehen nichts. Wenn eine Schallwelle einen zu geringen Druck hat, hören wir nichts, wenn sie einen zu hohen Druck hat, empfinden wir Schmerz, anstatt zu hören. Eine Wirkung der Außenwelt auf unsere Sinne existiert erst, wenn eine Reizschwelle übertreten wird. Die untere Empfindlichkeitsschwelle unseres Gehörs liegt beim informationslosen Rauschen des Blutstroms und der brownschen Molekularbewegung. Wir hören also glücklicherweise »schlecht« genug, um auch Stille erleben zu können.

Aus dem geringen Auflösungsvermögen und der begrenzten Empfindlichkeit resultiert in gewisser Hinsicht eine Sinnestäuschung. Unsere Augen und auch unsere Hände spiegeln uns einen massiven Stein dort vor, wo in »Wirklichkeit« nur ein Vakuum ist, in dem ein paar Protonen, Neutronen und Elektronen herumschwirren oder vielleicht auch nur Superstrings schwingen. Doch dieses Defizit stellt keinen Nachteil dar, sondern eine großartige Anpassungsleistung, die uns die Welt so wahrnehmen lässt, dass wir uns möglichst gut in ihr zurechtfinden. Würden die Empfindlichkeit und das Auflösungsvermögen zunehmen, würde sich die Welt um uns im wahrsten Sinne des Wortes auflösen.

Nun mag man zu Recht einwenden, dass es doch für unser Überleben schon immer sehr wichtig hätte sein müssen, Krankheitserreger wahrzunehmen. Weshalb sehen oder riechen wir sie dennoch nicht? Dafür gibt es gute Gründe. Augen und Nase sind schlicht ungeeignete Sinnesorgane. Was würde es uns nützen, wenn es ständig nach Bakterien röche und die ganze Welt vor Gekrabbel und Bewegung einen unscharfen Eindruck machte? Ein Bakterium müssen und sollten wir nur dann erkennen, wenn es uns angreift. Und für diesen Fall haben wir ein ausgezeichnetes Sinnesorgan entwickelt: unser Immunsystem, das in der Lage ist, kleinste Strukturen auf der Oberfläche von Bakterien und Viren zu erkennen, ohne dass wir uns bewusst darum kümmern müssten.

Die Konstruktion von Bildern

Es kommt nicht nur darauf an, welche Wellenlängen des Lichts von uns registriert werden, sondern auch darauf, was wir aus den Bildern auf der Netzhaut im Kopf machen. Sehen scheint zunächst eine relativ einfache Angelegenheit zu sein. So eine Art Fotografieren etwa. Aber das ist eine falsche Vorstellung. Mit dem Fotografieren lässt sich nur der physikalische Teil des Sehens vergleichen, der im vierten Kapitel beschrieben wurde und an der Stelle endet, wo Licht auf die Nervenzellen der Netzhaut trifft. Dahinter erst wird es interessant. Da steht nämlich keine Maschine, die das Bild entwickelt und auch kein kleines Männchen, das es sich anschaut und dann ins Fotoalbum (Gedächtnis) klebt. Wirft man einen Blick ins Gehirn, dann sind da nur Nervenzellen, die andere Nervenzellen anregen, und Nervenzellen, die andere hemmen. Wirft man einen Blick auf den Geist, so kann man überhaupt nichts sehen. Aber man kann rekonstruieren, was er leisten muss. Und daraus können wir schon einiges lernen. Sein Input ist das Netzhautbild. Das besteht lediglich aus farbigen und schwarz-weißen Lichtpunkten. Diese Helligkeits- und Farbverteilungen werden nun in neuronale Erregungsmuster umgewandelt und weitergeleitet.

Doch die Information des Auges nützt dem Geist nichts, wenn er nicht in der Lage ist, fehlende Informationen zu ergänzen. Und es fehlen viele Informationen. Aus dem Netzhautbild geht beispielsweise nicht hervor, wo ein Objekt aufhört und der Hintergrund anfängt oder ob der Hintergrund nicht eigentlich der Vordergrund ist, ob eine weiße Stelle wirklich eine weiße Stelle oder aber ein Lichtreflex ist und so weiter. In der primären Sehrinde sind Neuronen, die auf ganz bestimmte Merkmale des Netzhautbildes ansprechen, etwa auf die Orientierung von Konturen und deren Bewegungsrichtung. Diese Informationen werden dann parallel an eine Vielzahl von Großhirnrindenarealen weitergegeben, die sich jeweils mit einem Teilaspekt des Bildes beschäftigen. Dabei muss der Geist den visuellen Input mit seinem Wissen über die Welt ergänzen. Er muss wissen, dass Autos glatte, spiegelnde Oberflächen haben und in der Regel einfarbig lackiert sind, dass das Licht bei Tag draußen von der Sonne kommt und daher immer aus einer Richtung, weshalb eine dunkle Fläche, die in die »falsche Richtung« zeigt, kein Schatten sein kann, dass ein Gegenstand, der bei Sonnenuntergang rotes Licht reflektiert, bei Tageslicht dennoch weiß ist, dass sich Lichtpunkte, die sich gemeinsam bewegen, meist zu einem Objekt gehören.

All dieses spezielle Wissen müssen wir uns nicht einprägen und beim Sehen vergegenwärtigen, es ist fest in unsere Wahrnehmung eingebaut, die so an die Welt, in der wir leben, angepasst ist. Sehen ist also alles andere als passives Empfangen von Bildern, es ist aktives Konstruieren von Bildern auf der Basis eines auf die Netzhaut einprasselnden Photonenbombardements. In einer anderen Welt würden wir mit unserem speziellen Gesichtssinn in gehörige Schwierigkeiten geraten und die anderen Teile unseres Geistes würden statt mit verlässlichen Abbildern der Umwelt mit Illusionen versorgt werden. »Angenommen, wir setzen einen Menschen in eine Umwelt, die nicht gleichmäßig von Sonnenlicht durchflutet ist, sondern von einem heimtückisch unregelmäßigen Lichtmosaik. Wenn das Oberflächenwahrnehmungsmodul eine gleichmäßige Beleuchtung unterstellt, müsste es nun getäuscht werden und Gegenstände halluzinieren, die gar nicht vorhanden sind. Und das geschieht jeden Tag. Solche Halluzinationen nennen wir Diashows, Filme und Fernsehen«, schreibt Steven Pinker.

Wie dumm unser Geist doch ist. Man zeigt ihm eine Leinwand mit flackernden Lichtpunkten, und er sieht John Wayne auf sich zustapfen. Wie schlau er aber auch wiederum ist, denn er weiß, dass der Mann mit dem Colt, den er sich nähern sieht, in Wirklichkeit schon lange tot ist. Glücklicherweise lernt das eine Modul vom anderen Modul nicht, dass Fernseher nur Illusionen erzeugen. Es lässt sich auch nach Jahrzehnten vor dem Bildschirm noch immer so täuschen wie beim ersten Mal. Wir sehen, wie abhängig unsere moderne Zivilisation von der Unzulänglichkeit unserer Wahrnehmungsorgane ist. Ohne die Täuschbarkeit des Sehorgans müssten wir in einer Welt ohne Bilder leben.

Optische Täuschungen

Das bevorzugte Mittel der Psychologen zur Untersuchung unseres Wahrnehmungsapparats sind Sinnestäuschungen. Diese sind, wie wir dargelegt haben, keine Fehlfunktionen, sondern ergeben sich gerade aus den Konstruktionsleistungen unseres Gehirns. Betroffen ist insbesondere das Sehen. Präsentiert man dem Auge untypische Sehreize, interpretiert das Gehirn das Gesehene falsch und wir können so erkennen, was es tut, wenn es das Netzhautbild verarbeitet. Generell lässt sich sagen, dass das Gehirn die verschiedenen Informationen, die es erhält bzw. schon hat, vergleicht und »Korrekturen« vornimmt, etwas weglässt oder etwas hinzufügt, damit alle Infos zusammenpassen. Sehr deutlich wird die Interpretationsleistung des Gehirns bei Kippfiguren, die einem zwei verschiedene Sichtweisen ermöglichen. Das in Abbildung 5.4 links gezeigte Beispiel erlaubt eine zweidimensionale Interpretation (Saxophonist von der Seite) und eine dreidimensionale (Mädchengesicht von vorn).

ABB. 5.4 *Lösung:* *Hase und Ente, Saxophonist und Mädchengesicht*

In seltenen Fällen lassen wir uns auch in Situationen täuschen, die nicht eigens dafür konstruiert wurden, etwa bei der Beobachtung des Mondes. Der erscheint uns größer, wenn er tief steht. Er braucht zwar auf der Netzhaut genauso viel Platz, wie wenn er über uns am Himmel ist. Wir glauben aber, er sei weiter weg, weil wir wissen, dass Gegenstände, die sich am Horizont befinden, sehr weit weg sind. Daher vergrößern wir ihn im Geiste. Dieser Eindruck wird noch verstärkt, da zwischen Mond am Horizont und Betrachter viel mehr Gegenstände (Bäume, Häuser, Hügel usw.) liegen als zwischen Mond oben am Himmel und Betrachter. Das Gleiche gilt natürlich für Sonnenauf- und -untergänge, die auf Fotos immer enttäuschend ausfallen, da die Kamera sich nicht täuschen lässt. Auch ohne Fotoapparat lässt sich die Illusion schnell beenden. Man muss den Mond nur durch eine Papprröhre betrachten, dann schrumpft er sofort wieder auf normales Maß zusammen, da die Kontextinformationen wegfallen. Grundsätzlich halten wir den Mond für viel kleiner, als er ist, da unser Gehirn Entfernungen in irdischen Dimensionen einschätzt und mit einem Abstand von 384 405 Kilometern nicht umgehen kann.

Sprache

Sprache ist *das* besondere Charakteristikum des Menschen.

»Denn es ist sehr merkwürdig, dass selbst der stumpfsinnigste und dümmste Mensch, ja sogar die Verrückten einzelne Worte verbinden und daraus eine Rede herstellen können, wodurch sie ihre Gedanken mitteilen, während selbst das vollkommenste und besterzeugte Tier dies nicht vermag«, schrieb Descartes im *Discours*.

Er deutet damit an, dass Sprache offensichtlich unabhängig vom übrigen geistigen Vermögen und unabhängig von der Umwelt oder Kultur jedem Menschen gegeben sei. Man müsste daher geneigt sein, Sprache als angeborene Fähigkeit des Menschen zu betrachten. Andererseits ist die intuitive Überzeugung sehr stark, etwas so Kompliziertes wie die Sprache könne keinesfalls angeboren sein. Man traut es den Genen einfach nicht zu. Da die Sprache das Medium der Kultur ist, hat man sie lange einfach auch als Produkt der Kultur gesehen. Erst in den 1950er-Jahren wagte der Linguist Noam Chomsky die kühne These, Sprache sei ein angeborenes geistiges Organ. Damit eröffneten sich für die Linguistik ganz neue Felder. Das eine war die Suche nach der natürlichen Struktur der Sprache an sich, die allen auf der Welt gesprochenen Sprachen eigen ist. Das zweite war die Spracherwerbsforschung. Beide stehen in engem Zusammenhang.

Paradoxerweise erschien der Prozess des Spracherwerbs zuvor der Forschung wenig interessant. Man dachte, Kinder würden Sprache eben genauso lernen wie Rechnen oder Schreiben. Dass das nicht sein kann, wird eigentlich jedem klar, der nur ein bisschen darüber nachdenkt, wie kompliziert Sprachen sind, und gleichzeitig sieht, wie mühelos ein Zweijähriger korrekte Vergangenheitsformen und Nebensätze bildet, während er noch nicht einmal bis fünf zählen und verlässlich Rot von Blau unterscheiden kann. Und zwar ohne dass man ihn anleiten und mit ihm üben muss. Dies ist nur möglich, wenn das Kind bereits über eine Universalgrammatik verfügt, bevor es anfängt zu sprechen. In welchen Schritten es dann mit dieser angeborenen Ausstattung seine jeweilige Muttersprache erlernt, ist Gegenstand der Spracherwerbsforschung. Indem man eine »angeborene Sprache« postuliert, ist das Thema also nicht beendet, sondern die Forschung fängt erst an. »Die Suche nach angeborenen Aspekten menschlicher Kognition ist in dem Maße wissenschaftlich fruchtbar, in dem sie uns dabei hilft, die Entwicklungsprozesse zu verstehen, die bei der menschlichen Ontogenese am Werk sind«, konstatiert der Psychologe Michael Tomasello. Die in den 1950er-Jahren vorherrschende behavioristische Lerntheorie war mit der Frage nach dem Spracherwerb hoffnungslos überfordert. Die Annahme, ein Kind würde sprechen lernen, weil es für richtige Sätze belohnt würde, ist schlicht falsch.

Ganz grundsätzlich gesprochen, erlaubt das angeborene Sprachmodul dem Kind, aus beliebigem Sprachmaterial, das es im Alltag zu hören bekommt, die grammatikalischen Regeln der Muttersprache herauszufiltern und anzuwenden, und zwar ohne dass sie ihm bewusst werden. Mit bloßem Nachplappern hat dieser Prozess nichts zu tun. Mehr noch: Kinder, die nur eine fetzenartige, ungrammatikalische Sprache zu hören bekommen, erfinden dennoch von alleine eine differenzierte, regelhafte Sprache. Solche von Kindern erfundenen Sprachen heißen Kreolsprachen und verdanken ihre Existenz dem traurigen Umstand der Sklaverei. Um sich untereinander verständigen zu können, entwickelten die aus verschiedenen Ländern und Kulturen zusammengeraubten Menschen das so genannte Pidgin. Pidgin ist eine notdürftige Möglichkeit der Verständigung von der Art »Ich Tarzan, du Jane«. Die Sklaven nahmen einfach Brocken aus der Sprache der Plantagenbesitzer und bastelten daraus eine Art Behelfssprache aus abgehackten Wortketten mit einer nur rudimentären Grammatik. Ihre Kinder jedoch entwickelten aus diesen Versatzstücken wundersamerweise wieder eine vollwertige Sprache.

Auch Kinder, deren Eltern als Erwachsene in ein anderes Land ausgewandert sind und die neue Sprache nur sehr schlecht beherrschen, lernen, diese korrekt zu sprechen, obwohl sie die grammatikalisch inkonsistente Sprache der Eltern als Vorbild haben. Man mag einwenden, dass sie meist noch zu einer Vielzahl von anderen Sprechern Kontakt haben, fernsehen und so weiter. Das stimmt und macht die Sache natürlich leichter. Es lassen sich jedoch auch spezielle Umstände aufspüren, bei denen ausschließlich die Eltern als »schlechtes« Vorbild dienen. Untersucht wurde dieser Fall bei gehörlosen Kindern mit hörenden Eltern. Die Eltern haben, um mit ihrem Kind sprechen und ihm so das »Sprechenlernen« ermöglichen zu können, die Taubstummensprache erst als Erwachsene und daher schlecht gelernt. Die Sprache des gehörlosen Kindes ist nach einiger Zeit jedoch weit weniger fehlerhaft als die der Eltern. Denn es verfügt über die angeborene Fähigkeit, eine regelhafte Sprache hervorzubringen – welche auch immer. Das komplette Grammatik-Modul ist schon in seinem Kopf. Es müssen gewissermaßen nur noch einige Parameter eingetragen werden, die für die jeweilige Muttersprache spezifisch sind, also eine Art Feinjustierung für Deutsch, Japanisch oder die Gebärdensprache ASL. Man kann diese Universalgrammatik durchaus mit dem universellen Körperbauplan aller Wirbeltiere vergleichen. Deutsch und Japanisch wären demnach gerade mal so verschieden wie Eidechse und Fledermaus, deren Anatomien bei genauer Betrachtung lediglich zwei Variationen des gleichen Schemas sind.

Auf das zweite offensichtliche Argument für ein angeborenes Sprachmodul stößt man, wenn man sich an einen beliebigen Platz der Welt begibt. Sobald man auf Menschen trifft, stellt man – meist ohne Erstaunen – fest, dass sie sprechen. Im Laufe des letzten Jahrhunderts wurden Hunderte von zuvor unbekannten Sprachen kleiner Naturvölker entdeckt. Und alle diese Sprachen erfüllen ihren Zweck gleich gut – wenngleich der beobachtete Wortschatz und auch die Grammatik natürlich sehr unterschiedlich sein können. Sie sind so vielfältig und doch so gleich wie Autos. Die Annahme aber, die Sprache von Naturvölkern würde sich zu der Goethes verhalten wie ein Ochsenkarren zu einem S-Klasse-Mercedes, ist falsch. Die Analyse zahlreicher Stammessprachen hat ergeben, dass ihre Grammatik ebenso komplex ist wie die deutsche, englische oder französische. Das Gleiche gilt für den vermeintlich grauenvollen Jargon, den gebildete Menschen bei verwahrlosten Jugendlichen entdecken. Auch der steht der gewählten Sprache des kultivierten Bildungsbürger an Komplexität und Regelhaftigkeit in nichts nach. Für Professor Henry Higgins aus dem Musical *My Fair Lady* wäre es genauso schwierig gewesen, den Slang des Blumenmädchens Eliza Doolittle korrekt zu erlernen und in einer Eckkneipe den Test zu bestehen, wie es für Eliza schwierig war, das Englisch der feinen Gesellschaft zu erwerben und den Turing-Test beim Empfang zu Ehren der Königin von Transsylvanien zu bestehen.

Sprache an sich ist ein hoch entwickeltes Werkzeug. Im Gegensatz zum Werkzeug Auto ist das Werkzeug Sprache jedoch an unzähligen Orten der Welt von selbst aufgetaucht. Daher können wir davon ausgehen, dass das Auto ein Kulturprodukt ist, die Sprache jedoch ein Naturprodukt.

Das dritte starke Argument gegen die grundsätzliche Erlernbarkeit von Sprache offenbart sich, wenn man die Arbeit von Affenforschern und Roboterprogrammierern beobachtet und vor der Engelsgeduld den Hut zieht, mit der sie versuchen, Nicht-Menschen Sprechen beizubringen. Bei Menschenaffen sind die Ergebnisse mehr als dürftig und es besteht keine Chance, dass sich daran je etwas ändern wird. Bei Robotern besteht wenigstens Hoffnung, denn hier wird ja nicht versucht, einem Gehirn das Sprechen beizubringen, sondern ein Gehirn zu bauen, das selbst sprechen lernen kann. So eines, wie es die Evolution für die Spezies Mensch und nur für diese Spezies entwickelt hat. Eine gute Vorübung für Roboter ist das Übersetzen von einer Sprache in die andere. Wie folgende Passage zeigt, ist das Ergebnis brauchbar, jedoch noch immer mangelhaft:

»Nach einem Abend an der Oper, fangen die Mitglieder der hohen Gesellschaft an, heraus auf die Straßen von London verschüttet zu werden und vermischen sich mit den commoners. Professor Higgins hört Eliza, das Blumemädchen und spricht und fängt, Anmerkungen zu nehmen an. Eliza findet dieses Verhalten misstrauisch und nimmt sofort an, dass sie in irgendeiner Art der Mühe ist. Sie protestiert, dass sie falsches nichts tat und der Professor hält, Anmerkungen zu nehmen. Er erklärt schließlich sich und sein Interesse an der Linguistik durch das Singen *warum nicht Englisch erlernen kann zu sprechen.*«

Ein Siebtklässler hätte diese Übersetzung aus dem Englischen wahrscheinlich besser hinbekommen als das Übersetzungsprogramm der Internet-Suchmaschine Google – dafür allerdings nicht in einem Bruchteil von einer Sekunde.

Den vierten deutlichen Hinweis darauf, dass Sprechen eine eigenständige Fähigkeit ist und nicht eine von einem ganz allgemein intelligenten Geist erlernte Kulturtechnik, liefern Menschen mit seltenen Behinderungen. Menschen mit dem Williams-Beuren-Syndrom fehlen mehrere Gene auf Chromosom 7. Sie sind meist geistig stark behindert mit einem Intelligenzquotienten um die 50, sie können oft weder zwei und zwei zusammenzählen noch links und rechts unterscheiden. Aber sie können fast perfekt plaudern und unterscheiden sich nach anfänglich verzögertem Spracherwerb von normalen Kindern vor allem dadurch, dass sie die Tendenz haben, sich sehr gewählt auszudrücken und ungewöhnliche Wörter zu benutzen. Steven Pinker berichtet: »Bittet man ein normales Kind, einige Tiere aufzuzählen, so kommt die übliche Haus- und Hofbesetzung dabei heraus: Hund, Katze, Pferd, Kuh, Schwein. Fragt man ein Kind mit dem Williams-Beuren-Syndrom, so wird es eine interessante Menagerie präsentieren: Einhorn, Pteranodon, Yak, Steinbock, Wasserbüffel, Seelöwe, Säbelzahntiger, Geier, Koala, Drachen und – vor allem für Paläontologen interessant – Brontosaurus Rex. Ein elfjähriges Kind schüttete ein Glas Milch in den Spülstein und sagte: Ich muss es evakuieren.« Diese Auffälligkeit ist nicht nur ein starker Beleg für ein autonomes Grammatikmodul, sie legt auch durchaus die Vermutung nahe, dass sich auch in Hinblick auf Phänomene wie Wortkargheit, ein loses Mundwerk oder die Neigung, Fremdwörter zu benutzen, die Suche nach genetischen Grundlagen lohnen könnte.

In Hinblick auf die Lokalisierung des Grammatikmoduls haben Experimente an der Universität Hamburg kürzlich interessante Hinweise ergeben. Die Forscher gaben ihren Versuchspersonen italienische und japanische Vokabeln zu lernen und erklärten ihnen dazu entweder die richtigen grammatikalischen Regeln oder Fantasieregeln, die nicht den allgemeinen Gesetzen der Universalgrammatik nach Chomsky folgen. Mit einem Kernspin-Tomographen wurden die Gehirne der Probanden beim Üben beobachtet. Bei der Verwendung der richtigen Regeln zeigte sich das Broca-Areal aktiv, bei den Fantasieregeln verweigerte es sich jedoch zunehmend und gab die Aufgabe an andere Hirnregionen ab. Das Broca-Areal könnte demnach Sitz der Universalen Grammatik sein.

Der Ursprung des Sprechens

Denken und Sprechen sind zwei getrennte Erfindungen der Evolution. Das Denken ist eine Form der Informationsverarbeitung, das Sprechen eine Form der Kommunikation. Die Annahme liegt nahe, die Sprache als Weiterentwicklung tierischer Kommunikation sehen. Sie ist jedoch falsch.

Es gibt bei nichtmenschlichen Tieren drei Arten von Kommunikationssystemen. Affen und andere Tiere benutzen ein begrenztes Repertoire von Rufen mit unveränderlicher Form und fester Bedeutung (etwa: Achtung, Leopard!). Bienen tanzen und zeigen durch den Schwung des Tanzes die Menge der Nahrung, die sie entdeckt haben, durch den Winkel die Richtung und durch die Dauer die Entfernung an. Sie nutzen also nur ein einziges Signal, dessen Stärke, Länge und räumliche Ausrichtung sie verändern.

Vögel zwitschern zufällige Variationen eines Themas, um über die eigene Artzugehörigkeit zu informieren sowie Anwesenheit und Geschlechtsreife zu signalisieren.

Wenn der Mensch kommuniziert, tut er etwas komplett anderes: Er nutzt eine grammatikalische Sprache, die als kombinatorisches System unendlich viele Aussagen generieren kann.

Die Rufe von Menschenaffen kommen von einem ganz anderen Ort im Gehirn als die menschliche Sprache, nämlich wie bei uns Schluchzen, Lachen, Seufzen und Schmerzschreie (gelegentlich auch in Form von Flüchen) aus Hirnstamm und limbischem System, wo Emotionen entstehen. Es sind Affektlaute, die niemals etwas bezeichnen und daher mit der Sprache des Menschen nicht zu vergleichen sind. Sie dienen lediglich dem psychologischen Kontakt mit den Artgenossen. Alle Versuche, Schimpansen oder Gorillas eine Sprache beizubringen, scheiterten kläglich, auch wenn bis heute viele angebliche Erfolge durch die Literatur geistern. Sie verfügen schlicht nicht über ein geistiges Sprachorgan. Die für den Menschen typische enge Verbindung von Sprechen und Denken fehlt völlig. Daher sind alle Versuche, sie sprechen zu lehren, etwa so sinnvoll wie Menschen das Fliegen beizubringen. Wir müssen davon ausgehen, dass die Sprache sich in der Zeit nach der Trennung der Entwicklungslinien von Schimpanse und Mensch, also in den letzten 7 Millionen Jahren, entwickelt hat.

Damit sich Sprache entwickeln konnte, mussten vorhandene Strukturen im Gehirn und Vokaltrakt durch evolutionäre Prozesse allmählich verändert werden. Tatsächlich finden sich kleinere Entsprechungen für Broca- und Wernicke-Areal auch bei Langschwanzaffen. Die Wernicke-Region dient bei Affen dazu, Lautabfolgen zu erkennen und die Schreie anderer Affen von ihren eigenen zu unterscheiden. Die Broca-Region dient unter anderem der Steuerung der Muskulatur von Gesicht, Mund, Zunge und Kehlkopf. Damit ist ein plausibler Ausgangspunkt für die Entwicklung unserer Sprachzentren identifiziert

Da das Oberflächenrelief des Gehirns in der Schädelinnenwand einen schwachen Abdruck hinterlässt, konnte man durch Schädelfunde bereits für *Homo habilis* ein ausgeprägtes Broca-Areal nachweisen, was natürlich kein Beweis dafür ist, dass unser Vorfahr vor 2 Millionen Jahren dieses Areal auf die gleiche Art wie wir genutzt hat.

Insgesamt lässt sich schon bei den Australopithecinen das typisch menschliche Gehirnmuster nachweisen. Menschen und Affen haben zwar eine identische Grundstruktur, jedoch unterschiedliche Gewichtungen der Hirnbereiche. Insbesondere ist bei Hominiden der Vorderhauptlappen relativ größer als bei Schimpansen, der Hinterhauptlappen dagegen kleiner. Man kann daher schon vor mehr als 3 Millionen Jahren eine etwas verbesserte Fähigkeit zu Planung, Vorausschau, Entwicklung flexibler Verhaltensmuster, Aufmerksamkeit und Ähnlichem vermuten, was zur Entwicklung der Sprache beigetragen haben dürfte.

Oder ist Sprache doch erst eine ganz neue Erfindung? Im August 2002 meldeten Forscher vom Leipziger Max-Planck-Institut für evolutionäre Anthropologie, ein menschliches »Sprachgen« entdeckt zu haben. Das Gen FOXP2 ist bei Menschen und Affen unterschiedlich. Irgendwann in der Entwicklung des Menschen hat sich das Gen verändert und unsere Vorfahren dazu befähigt, Mund und Kehlkopf differenzierter zu bewegen. Das veränderte Gen tauchte wahrscheinlich vor etwa 100 000 Jahren auf, schätzen die Wissenschaftler – also in dem Zeitraum, in dem der moderne Mensch erschien. Die Genetiker bestätigten so die These des Paläontologen Philip Lieberman, der durch die Untersuchung von Fossilfunden mit Hilfe von Computermodellen zum Schluss gekommen war, dass der Vokaltrakt des Menschen sich erst beim Übergang zum modernen *Homo sapiens* umgebildet hatte. Weder Neandertaler noch *Homo erectus* waren laut Lieberman stumm. Doch ihr Sprechapparat glich mehr dem heutiger Babys. Der Kehlkopf saß höher im Hals als beim modernen Menschen, sodass der Rachenraum kleiner war. Die deutlich längere Zunge konnte nur die Mundhöhle, nicht aber den Rachenraum zum Hervorbringen bestimmter Laute verformen. Lieberman interpretiert dieses Ergebnis dahingehend, dass es kein angeborenes Sprachmodul geben könne, da die Sprache viel zu jung sei. Es ist jedoch klar, dass die Fähigkeit, die Vokale, die wir heute nutzen, artikulieren zu können, keine notwendige Voraussetzung für das Entwickeln irgendeiner Sprache ist. Die mit Händen gesprochene Taubstummensprache ist ebenso komplex wie die mit Zunge und Lippen gesprochene. Und wie das Lied *Drei Chinesen mit dem Kontrabass* zeigt, kann man auch ganz gut mit einem einzigen Vokal auskommen. Es ist jedoch plausibel, dass sich durch diese Mutation die Sprachfähigkeit deutlich verbesserte.

Insgesamt scheint heute vieles dafür zu sprechen, dass die Anfänge der Sprache schon relativ weit zurückliegen. Es ist jedoch auch plausibel, dass das Sprachorgan mit allem drum und dran aus recht vielen verschiedenen Teilen besteht, sodass die Komplettierung, die zu voller Leistungsfähigkeit führte, erst spät erfolgte und es keine große Lücke zwischen voll entwickelter Sprache und kultureller Revolution des modernen Menschen gab. Der Informationsaustausch von Gehirn zu Gehirn durch menschliche Sprache war ein so großer Vorteil, dass es für die Verbesserung des Sprechapparats einen großen Selektionsdruck gab.

Eigentlich hat die systematische Forschung als interdisziplinäres Projekt von Linguisten und Evolutionsbiologen, Anthropologen, Psychologen und Gehirnforschern gerade erst begonnen. Noam Chomsky, Marc D. Hauser und W. Tecumseh Fitch haben kürzlich eine Hypothese vorgeschlagen, die uns zu einem differenzierteren Verständnis des Evolutionsprozesses führen soll. Sie gehen davon aus, dass verschiedene Komponenten unterschiedlichen evolutionären Ursprungs gemeinsam unsere Sprache bilden und nur eine davon spezifisch menschlich ist. Diese entspricht dem Grammatik-Modul, das der Sprache ihre einzigartige kombinatorische Fähigkeit verleiht, beliebig viele Wörter und Sätze zu generieren.

Der Rest besteht aus Fähigkeiten, die auch bei Tieren zu finden sind. Hierzu zählen erstens Fähigkeiten für Sprachwahrnehmung und Sprachproduktion, etwa die Unterscheidung verschiedener Phoneme oder der Sprachrhythmen verschiedener Sprachen, die Lautbildung, die Fähigkeit des Imitationslernens (Nachplappern). Interessanterweise verfügen Vögel und Delphine über diese letzte Fähigkeit, Affen dagegen nur in äußerst begrenztem Umfang, sodass davon auszugehen ist, dass der Mensch sie nicht von seinen Vorfahren übernehmen konnte. Die Tatsache, dass Vögel dazu in der Lage sind, Lieder von ihren Eltern zu lernen, wobei sie wie menschliche Babys am Anfang eine Lallphase durchmachen, weist andererseits darauf hin, dass die Fähigkeit zur lautlichen Imitation für die natürliche Evolution wohl nur eine »mittelschwere Aufgabe« darstellte. Doch Imitation ist nicht gleich Imitation. Es muss betont werden, dass der Mensch sich durch Nachmachen nicht irgendetwas aneignet, sondern richtige Wörter, und zwar Zigtausende, mit denen er in kurzer Zeit sein Lexikon auffüllt. Für diese Wörter findet sich jedoch keine wirkliche Entsprechung im Tierreich. Wörter sind an Bedeutungen gebunden. Tierische Ausdrücke an Funktionen. Es spricht somit einiges dafür, dass der Aufbau des Wortschatzes auch zum rein menschlichen Kern der Sprachfähigkeit gehört.

Weiterhin gehören zur menschlichen Sprache Denk- und Gedächtnisleistungen, die sich durchaus auch bei anderen Tieren finden. So wissen zum Beispiel Schimpansen gut darüber Bescheid, wer mit wem verwandt ist und wer der Boss ist, sie können aber nicht darüber sprechen. Viele Tiere verfügen auch über Konzepte (also Wörter auf »Mentalesisch«) und können im Geist mit Zahlen, Farben und geometrischen Figuren hantieren. Wie oben erwähnt, können Schimpansen in begrenztem Maße sogar anderen gegenüber die intentionale Haltung einnehmen, was sie zum Beispiel in die Lage versetzt, Geheimnisse zu haben. Sie verfügen also über eine intuitive Theorie des Geistes. Der Psychologe Marc Hauser von der Harvard-Universität vergleicht intelligente Tiere mit Gregor Samsa, der in Franz Kafkas Erzählung *Die Verwandlung* eines Morgens als sprachloses Insekt erwachte. »Den meisten Tieren geht es wie dem unglücklichen Gregor Samsa nach seiner Verwandlung«, schreibt Hauser. »Sie sind kafkaeske Wesen, Organismen mit einem reichen Spektrum an Gedanken und Emotionen, denen leider ein System abgeht, vermittels dessen sie das, was sie denken, in etwas übersetzen können, das sich anderen mitteilen ließe.« Durch diese geistige Isolation ist auch das Sozialleben von Tieren von ganz anderer Qualität als das der Menschen, die neben der Sprache auch ein reiches Repertoire an nonverbalen Möglichkeiten entwickelt haben, sich einander mitzuteilen, etwa durch Tanz, bildende Kunst und Musik.

Der Kern der Kultur ist die Sprache. Das Sprachvermögen lässt sich in eine Vielzahl von Fähigkeiten aufgliedern. Um ein gutes Verständnis zu erlangen, wie wir Schritt für Schritt zu unserer Sprache gekommen sind, wird es erforderlich sein, die einzelnen Bestandteile noch detaillierter zu bestimmen, sie mit den Fähigkeiten der Tiere zu vergleichen und den spezifischen Kontext, in dem sie sich herausbilden konnten, zu rekonstruieren. Die Suche nach dem Ursprung der Sprache wird noch eine Weile weitergehen.

Sprechen und Denken

Sprechen und Denken sind trotz ihrer verschiedenen Ursprünge eng miteinander verknüpft. Wir haben gesehen, dass die Kunst, wenn nicht der geschliffenen Rede, so doch der flüssigen Sprache recht unabhängig von anderen geistigen Fähigkeiten ist, und argumentiert, dass ein Modul im Gehirn sich die jeweilige Muttersprache aktiv und autonom aneignet. Wir haben außerdem gezeigt, dass Sprache das wichtigste geistige Werkzeug ist, dass Wörter und Sätze »potenzielle Intelligenz« enthalten. Die Sprache ermöglicht uns daher, unseren geistigen Horizont beständig zu erweitern.

Eine bis heute umstrittene Frage ist, ob Sprache uns nicht nur etwas bietet, sondern uns und unser Denken regelrecht manipuliert, bzw. ob Denken in Wirklichkeit nur inneres Sprechen sei.

Wilhelm von Humboldt (1767–1835) prägte den Begriff der »Völkerpsychologie« und stellte die These auf, dass das Denken im Wesentlichen von der Sprache bestimmt werde, die letztlich auch Ursache der unterschiedlichen Weltansichten der Völker sei. Diese Vorstellung wurde in ihrer stärksten Form wohl in der so genannten Sapir-Whorf-Hypothese formuliert. Diese folgt der Theorie vom Geist als Kulturprodukt und sagt, das Denken der Mitglieder eines Volkes sei durch ihre Sprache geprägt, die wiederum Produkt ihrer Kultur sei. So wurde etwa darauf verwiesen, dass Eskimos etliche Wörter für Schnee haben und dadurch ihre Wahrnehmung der Welt und ihr Denken entscheidend bestimmt seien. Wahrscheinlicher scheint, dass Eskimos viel mit Schnee zu tun haben und daher auch ein passendes Vokabular entwickelt haben. Dass dem Marokkaner der differenzierte Blick in den Schnee mangelt, hat wohl mehr mit seiner Umwelt zu tun als mit seiner Sprache. Wörter denkt man sich dann aus, wenn man sie braucht. Seit das Skifahren zum Volkssport geworden ist, verfügt auch der Deutsche über ein stattliches Repertoire an Schneewörtern: Pulverschnee, Pappschnee, Neuschnee, Firn, Eis, Sulz, Graupel und so weiter.

Zu allem Überfluss ist mittlerweile bekannt, dass der Schneewortreichtum der Eskimos ohnehin nur eine Legende ist. Der Anthropologe Franz Boas (1858–1942) hatte 1911 beiläufig erwähnt, die Eskimos hätten vier Wörter für Schnee. Benjamin Whorf (1897–1941) machte daraus sieben. Die These kam gut an und so wurden es in Lehrbüchern, Aufsätzen und Zeitungsartikeln immer mehr – bis zu 400, wie der Linguist Geoffrey Pullum später in seinem Aufsatz *Der große Eskimo-Vokabular-Schwindel* aufzeigte. Tatsächlich verfügen die Eskimos bei großzügiger Auslegung über etwa ein Dutzend Bezeichnungen.

Die Vorstellung des linguistischen Determinismus verstößt so offenkundig gegen den gesunden Menschenverstand, dass wir sie hier nur anführen, weil sie erstens akademisch bedeutsam geworden ist und zweitens auch im »politischen« Denken bis heute eine Rolle spielt. Seit den 1970er-Jahren gibt es Initiativen, die durch Eingriffe in die Sprache das Denken verändern möchten. Es wird etwa versucht, durch geeignete Pluralbildung die politische Realität zu beeinflussen. Wenn statt von Politikern und Piloten immer von PolitikerInnen und PilotInnen geredet wird, soll in uns der Gedanke gestärkt werden, dass auch Frauen einen Platz in jenen Männerdomänen haben. Ohne diese sprachliche Hilfestellung, so glaubt man wohl, könne im einfachen Volk nicht die Idee aufkommen, eine Frau in ein hohes Amt zu wählen. In Wirklichkeit aber denkt das Volk mit. Tatsächlich stellte es sich vor hundert Jahren tatsächlich eine Gruppe adretter Herren vor, wenn von Studenten die Rede war. Wenn heute das identische Wort »Studenten« in der männlichen Pluralform verwendet wird, denkt sich das gemeine Volk dazu wahrscheinlich eine bunt gemischte Gruppe junger Menschen beiderlei Geschlechts, die den lieben langen Tag im Bistro sitzen und Milchkaffee schlürfen. Unser Denken ist also weit davon entfernt, in nennenswerter Weise von der Sprache beeinflusst zu sein, die Realität bietet uns genug andere Quellen, aus denen wir unsere Vorstellungen nähren können.

Die Sprache bestimmt keineswegs in der einfachen geschilderten Weise das Denken. Die spezifisch menschliche Verbindung von Sprechen und Denken besteht im sprachlichen Denken, jener intellektuellen Leistung, bei der sich das Denken des Werkzeugs Sprache bedient. Während Sprechen und Denken, jedes für sich, Produkte der natürlichen Evolution sind, ist das sprachliche Denken ein Produkt der historisch-kulturellen Entwicklung der Menschen. Ein Teil unseres Denkens, insbesondere das technische Denken, kommt im Prinzip ohne Sprache aus; auch können wir sprechen, ohne zu denken, etwa wenn wir ein Gedicht runterleiern oder schwadronieren. Ein großer Teil unseres Denkens besteht jedoch aus innerem Sprechen. Kinder lernen mit Sprache umzugehen wie mit anderen Werkzeugen. Gibt man ihnen einen Hammer, hämmern sie einigermaßen unkontrolliert damit herum und lernen erst allmählich, ihn richtig und sinnvoll einzusetzen. Genauso verhält es sich mit Wörtern. Zweieinhalbjährige löchern einen unentwegt mit Warum-Fragen und haben dabei doch erst einen sehr rudimentären Begriff von Kausalität. Auch wenn Kinder ihre allerersten Wörter benutzen, etwa »Mama«, »Wauwau«, »Auto« oder »Blume«, ist ihnen nicht bewusst, dass Wörter dazu dienen, den Gegenstand zu bezeichnen. Sie haben die Symbolfunktion der Sprache noch nicht verstanden. Vielmehr glauben sie, das Wort sei eine Eigenschaft des Gegenstands. So erwerben wir durch das Sprechen unsere Werkzeuge des Denkens. Der russische Psycholinguist Lew Wygotski schreibt: »Die sprachlichen Strukturen, die sich das Kind zu Eigen macht, werden zu den Grundstrukturen seines Denkens.« Die sprachlichen Strukturen sind jedoch, wie oben ausgeführt, in allen Sprachen grundsätzlich gleich.

Mentalesisch

Dass wir unser Denken zu einem wesentlichen Teil unserer Sprache verdanken, heißt nicht, dass die innere Sprache des Denkens mit der äußeren identisch ist. Dies erleben wir jeden Tag, wenn wir – manchmal mit viel Mühe – nach den richtigen Worten suchen, um einen Gedanken auszudrücken. Würde der Gedanke schon aus eben diesen Wörtern bestehen, gäbe es kein Ringen um Worte. Es gäbe auch keine Literatur, keinen Humor, keine Ironie, keine Metaphern, sondern nur Gebrauchsanweisungen.

Wir müssen für Gedanken also eine Gedankensprache annehmen, für die sich der Name »Mentalesisch« eingebürgert hat. Wir denken nicht in unserer Muttersprache, aber wir denken in einer Sprache. Die Sprache, die wir sprechen, ist das Mittel, um Gedanken außerhalb des Kopfes zu transportieren.

Woraus Mentalesisch besteht, ist schwer zu sagen, denn wir haben ja nur gewöhnliche Sprachen, um es auszudrücken. Die Wörter des Mentalesischen werden meist als »Konzepte« bezeichnet. Sie beinhalten den gesamten Begriffsumfang, den eine Person mit dem Wort unwillkürlich mehr oder weniger deutlich assoziiert. Unser Konzept von einem Schrank beinhaltet das Bild eines aufrecht stehenden Kastens, der dazu dient, darin Dinge aufzubewahren und dessen Türen sich nach vorne öffnen. Lassen wir ihn langsam an Höhe verlieren und seine Tür nach oben wandern, wird aus ihm eine Truhe und aus der Tür ein Deckel.

Unser Konzept von einem Studenten beinhaltet eine männliche an einer Hochschule immatrikulierte Person, die (wenn in allgemeiner Weise von ihr gesprochen wird und beispielsweise die »Pflichten eines Studenten« erörtert werden) auch eine weibliche Person sein kann.

Die Übersetzungen eines Wortes in Mentalesisch können von Person zu Person sehr unterschiedlich sein. »Relativitätstheorie« im Kopf der meisten Leuten in etwa übersetzt als: »Etwas, wovon ich keine Ahnung habe, außer dass dieser Einstein es sich ausgedacht hat.« Wollten wir das entsprechende Konzept im Kopf eines Physikers wieder in gesprochene Sprache rückübersetzen, bräuchten wir hingegen recht viel Platz. Einstein selbst sagte über sein Denken: »Die Wörter oder die Sprache, wie sie geschrieben oder gesprochen werden, scheinen in meinem Denkapparat keine Rolle zu spielen. Die psychischen Einheiten, die als Elemente beim Denken dienen, sind gewisse Zeichen und mehr oder weniger klare Bilder, die nach Belieben erzeugt und kombiniert werden können.« Wörter lassen sich fast beliebig mit Bedeutung aufladen. Wygotski verweist zur Veranschaulichung auf die Titel der großen Werke der Weltliteratur, die – oft selbst nur ein einziges Wort, etwa »Hamlet« – als Konzept den Inhalt des ganzen Werkes in sich aufgesogen haben.

Während so einzelne Wörter in ganze Werke übersetzt werden können, gibt es für viele Wortarten gesprochener Sprachen, etwa Artikel oder Pronomen, in Mentalesisch überhaupt keine Entsprechung. Auf alles für das Verständnis Unnötige kann im Kopf verzichtet werden. Wichtig sind nur Konzepte und Relationen zwischen Konzepten. »Wörtliche« Rückübersetzungen würden also eher holprig klingen. Etwa »Blumentopf fallen Straße verursachen Scherben«.

Ein treffendes Bild für die Übersetzungsleistung hat Lew Wygotski gefunden. Er schreibt in seinem Buch *Denken und Sprechen*: »Was im Denken simultan enthalten ist, entfaltet sich in der Sprache sukzessiv. Den Gedanken könnte man mit einer hängenden Wolke vergleichen, die sich durch einen Regen von Wörtern entleert. Darum ist der Übergang vom Gedanken zur Sprache ein recht verwickelter Vorgang der Zergliederung des Gedankens und seiner Neuschaffung in Wörtern.«

Sprache als Transportmittel

Warum aber wird der Gedanke überhaupt in Wörtern neu geschaffen? Der französische Diplomat Charles-Maurice de Talleyrand (1754–1838) gibt eine Antwort: »Die Sprache wurde erfunden, damit die Menschen ihre Gedanken voreinander verbergen können.« Dies ist in der Tat ein nicht ganz unwesentlicher Teil der Wahrheit. Um die ganze zu erhalten, müssen wir natürlich ergänzen: »...und damit die Menschen ihre Gedanken einander mitteilen können.« Doch das ist auch noch nicht alles. Sie wurde auch erfunden, damit der einzelne Mensch sich selbst seine Gedanken mitteilen kann.

Menschen können sich in andere Menschen hineinversetzen, Tiere nicht. Wir alle können einander über uns und unsere Sicht der Dinge erzählen, Tiere nicht. Sprache ist ein Werkzeug zum Austausch von Wissen. Ein solches Werkzeug ist extrem wertvoll. Auf diese Art ist Wissen sehr viel billiger zu haben. Statt etwas selbst auszuprobieren, was häufig sehr riskant ist, muss man nur fragen. Dadurch kann man in kurzer Zeit sehr viel mehr Wissen erwerben.

Aus individuellem Wissen wird so gemeinsames Wissen und es entsteht Kultur, deren Kern der gemeinsame Wissenspool ist, der prinzipiell für jedes Mitglied zur Aneignung zur Verfügung steht, wofür beim Menschen die Zeit der Kindheit besonders wichtig ist. Die Wissensweitergabe durch Sprache dürfte auch zu erheblichen Veränderungen im Sozialleben geführt haben. So erwiesen sich ältere Menschen für die Cro-Magnon-Gruppen trotz körperlicher Schwächen als Vorteil, weil sie die Kenntnisse der Gruppe an die nächste Generation weitergeben konnten, und es scheint plausibel, dass sie deshalb besser versorgt wurden.

Sprache als Werkzeug des Denkens

Der ungeheure Wert des Werkzeugs Sprache ergibt sich aus ihrer doppelten Variabilität. Wir können uns beliebige Wörter ausdenken und wir können sie beliebig kombinieren, um immer neue Bedeutungen zu generieren. Sprache ist ein diskretes kombinatorisches System. Ein solches zeichnet sich dadurch aus, dass die Elemente, die man zusammenfügt, sich nicht vermischen, sondern etwas Neues bilden. Aus den Buchstaben lassen sich beliebig viele Wörter bilden, aus den Wörtern beliebig viele Wortkombinationen. Dank Morphologie und Syntax ist unsere Fähigkeit, Vorstellungen zu formulieren, unendlich. Und sobald sie ausgesprochen wurden, sind sie Gegenstände der äußeren Welt und damit ein gefundenes Fressen für unser Denken.

Wir können Wörter – etwa Schinkenrolle oder Zweckgemeinschaftsverbarrikadierung – beliebig erzeugen und uns anschließend überlegen, was man darunter verstehen könnte. Eine seltsame Übung, mag mancher da einwenden. Normalerweise kommt doch wohl erst der Gedanke und dann das Wort. Stimmt. Meist denken wir uns erst vorher etwas und erfinden dann ein Wort – etwa Sprachinstinkt oder Ich-AG –, das sich gut dazu eignet, die Idee zu transportieren.

Doch in jungen Jahren bekommen wir tatsächlich erst das Wort geliefert und lernen dann, uns einen Reim darauf zu machen. Kinder werden mit Wörtern bombardiert, aber in ihrem Kopf fehlen die Konzepte, um die Wörter verstehen zu können. Kinder beginnen im zweiten Lebensjahr Wörter zu wiederholen. Sie wissen aber nicht, was sie sagen. Sie registrieren nur, dass bestimmte Wörter und Phrasen in bestimmten Zusammenhängen an bestimmten Orten und so weiter benutzt werden. Allmählich verbinden sie etwas mit den Wörtern wie »heiß«, »nein«, »komm!«, »Vorsicht!«. Wenig später erfreuen sie ihre Eltern mit Kommentaren wie »Ach, du meine Güte«, »wird schon wieder gut«, »das will ich aber hoffen«, die man mit etwas gutem Willen als halb verstanden bezeichnen kann.

»Wie die kostbarsten Diamanten in die Hände der Kinder, so können auch die glänzendsten Gedanken in das Gehirn, oder vielmehr die witzigsten Worte in den Mund derselben kommen, ohne dass darum die Gedanken oder die Diamanten ihnen angehören«, schrieb Jean Jacques Rousseau im Jahr 1762.

Kinder begreifen auch sehr schnell, dass man Wörter kombinieren kann, um neue Gedanken auszuprobieren. Als dem zweieinhalbjährigen Sohn eines der Autoren erklärt wurde, was ein Sonnenbrand ist, dachte er kurz nach und fragte dann: »Gibt es auch Windbrände?«

Je mehr ein Kind mit den Wörtern zu tun hat, je mehr es über die Beziehungen der Wörter zueinander mitbekommt, desto näher kommt es dem Punkt, an dem es schließlich nicht nur über das Wort verfügt, sondern auch über dessen Bedeutung. Laut Dennett ist das Wort der Prototyp des Begriffs. Als unsere Vorfahren anfingen zu sprechen, waren keine Erwachsenen da, die mit Wörtern um sich warfen. Die Wörter wurden Stück für Stück erfunden und für jedes neue Wort bildete sich allmählich ein relativ einheitlicher Gebrauch und so auch eine Bedeutung heraus, die wohl auch dem Erfinder des jeweiligen Wortes noch nicht bewusst gewesen war. Wörter wurden zu zweien kombiniert wie bei Kindern in der Zwei-Wort-Phase, dann kam es vielleicht zur ersten Satzbauregel und so weiter.

Indem sie es den Gedanken erlaubte, den Kopf zu verlassen, wurde die Sprache zu

Geburtshelferin sowohl des menschlichen Geistes wie auch der menschlichen Kultur. Ein Gedanke, der in Wörter übersetzt wird, konkretisiert sich, das Wort erhält durch den Gebrauch eine vereinheitlichte, relativ stabile Bedeutung, die außerhalb des individuellen Denkens existiert. Aussprüche können sich auch verselbstständigen und nicht mehr zurückgeholt werden. Als der damalige Vorstandsprecher der Deutschen Bank, Hilmar Kopper, 1996 die von dem Pleite gegangenen Baulöwen Schneider unbezahlten Handwerkerrechnungen in Höhe von 50 Millionen Mark als »Peanuts« bezeichnete, ahnte er wohl nicht, was er in der öffentlichen Wahrnehmung damit anrichtete.

Seit die Sprache in der Welt ist, bilden immer weniger eigene Erfahrungen oder Beobachtungen das Ausgangsmaterial des Denkens, sondern gehörte, seit Erfindung der Schrift auch gelesene Aussagen und Fragen. Die Sprache ist zum Instrument des Denkens geworden. Wie Heinrich von Kleist es in seinem bekannten Aufsatz mit dem Titel *Über die allmähliche Verfertigung der Gedanken beim Reden* ausgedrückt hat, hilft sie uns, unsere Gedanken zu entwickeln und selbst zu verstehen: »Wenn du etwas wissen willst und es durch die Meditation nicht finden kannst, so rate ich dir, mein lieber, sinnreicher Freund, mit dem nächsten Bekannten, der dir aufstößt, darüber zu sprechen. Es braucht nicht eben ein scharfdenkender Kopf zu sein, auch meine ich es nicht so, als ob du ihn darum befragen sollst: nein! Vielmehr sollst du es ihm selber aller erst erzählen. Ich sehe dich zwar große Augen machen, und mir antworten, man habe dir in früheren Jahren den Rat gegeben, von nichts zu sprechen, als von Dingen, die du bereits verstehst. Damals aber sprachst du wahrscheinlich mit dem Vorwitz, ›andere‹ [zu belehren], ich will, daß du aus der verständigen Absicht sprechest, ›dich‹ zu belehren, und so könnten, für verschiedene Fälle verschieden, beide Klugheitsregeln vielleicht gut nebeneinander bestehen. Der Franzose sagt, l'appétit vient en mangeant, und dieser Erfahrungssatz bleibt wahr, wenn man ihn parodiert, und sagt, l'idée vient en parlant.«

Menschliche Intelligenz

Intelligenz ist kein klar definierter Begriff. Er ist traditionell verbunden mit der Intelligenzmessung. Den ersten Intelligenztest entwickelten 1905 Alfred Binet und Theodore Simon im Auftrag der französischen Regierung als Entscheidungshilfe dafür, welche Kinder in eine Sonderschule gehen sollen. Wenn von Intelligenz die Rede ist, geht es in der Regel um Unterschiede in den geistigen Fähigkeiten mehrerer Menschen. Gleichzeitig beanspruchen Intelligenztests, nicht Bildung zu messen, sondern eine tiefer liegende »Fähigkeit zum Fähigkeitserwerb«. Je intelligenter ein Mensch ist, desto leichter lernt er. Durchaus unterschiedliche Auffassungen gibt es jedoch in Hinblick auf die Fähigkeiten, die zur Intelligenz zählen und bei der Intelligenzmessung berücksichtigt werden sollen. Klassische Intelligenztests orientieren sich stark am sprachlichen Denken. In der zweiten Hälfte des 20. Jahrhunderts bekamen Aspekte wie Geschicklichkeit, Einfühlungsvermögen oder Fantasie ein größeres Gewicht. Der Intelligenzbegriff wurde weiter gefasst, etwa in der Art: alles, was einem helfen kann, erfolgreich durchs Leben zu kommen. Mit dieser Öffnung hat man sich den evolutionären Ursprüngen der menschlichen Intelligenz genähert. Denn wie bereits dargestellt, ist das sprachliche Denken eine späte Errungenschaft der Menschheitsgeschichte, dem eine Zeit der vorintellektuellen Sprache und der nicht-sprachlichen Intelligenz vorausging, wie wir sie heute bei Menschenaffen beobachten können. Um zu einem Verständnis menschlicher Intelligenz zu kommen, beginnen wir mit dieser Grundausstattung, auf der die kulturelle Entwicklung der sprachlichen Intelligenz beruht.

Kognitive Module

Die evolutionäre Perspektive bietet die Möglichkeit, die einzelnen Komponenten des Denkens zu identifizieren und auch zu erklären, weshalb wir über genau diese geistigen Fähigkeiten verfügen und nicht über andere. Wir müssen dazu rekonstruieren, zu welchem Zweck sie entstanden sind.

Der Blick auf die Tiere zeigt sehr deutlich, dass es unzählige Spezialbegabungen gibt. In der Evolution nimmt die Intelligenz nicht einfach zu, sie entwickelt immer die für die jeweilige Lebensweise einer Art notwendigen Problemlösefähigkeiten. Viele Tiere erscheinen dabei zu Recht als Fachidioten, der Mensch dagegen als ein echter Universalist. Daher ist es auch nicht verwunderlich, dass die menschliche Intelligenz lange für eine Art allgemeine Problemlösefähigkeit gehalten wurde. Die Logik der Evolution schließt es jedoch aus, dass die über Millionen von Jahren entwickelten speziellen Intelligenzleistungen unserer Vorfahren einfach vor 2 Millionen Jahren aus unserem Kopf entfernt und durch ein Modul für allgemeine Intelligenz ersetzt worden sein sollen.

Der Schlüssel zum Verständnis der jeweiligen Intelligenz eines Tieres liegt in dessen Lebensweise, also in seiner speziellen Strategie im Kampf ums Überleben. Diese ist natürlich geprägt durch das spezifische Umfeld, das man insgesamt als die Nische bezeichnet, in der die Art lebt: dazu gehören die direkten Feinde, die Nahrung, die klimatischen Verhältnisse.

Und hier taucht schon das erste große Problem auf. Welche Nische besetzt der Mensch? Welche Nische besetzt ein Tier, das ein Allesfresser ist und an jedem Ort der Erde leben kann? Der Psychologe John Tooby und der Anthropologe Irven DeVore antworten: Er besetzt die kognitive Nische. Mit anderen Worten: Wichtigstes Merkmal seiner Lebensweise ist, dass er denkt. Aber landen wir so nicht wieder bei der allgemeinen Intelligenz?

Die Strategie der Fledermaus ist es, durch ein Echoortungssystem, also mit den

Ohren, nachts ein räumliches Bild der Umwelt wahrzunehmen, das einem gesehenen Bild funktional gleichwertig ist. So kann sie im Dunkeln jagen. Die Strategie des Igels ist es, sich zur Feindabwehr zusammenzurollen und zu pieksen. Die Strategie des Menschen ist es, über seine Umwelt nachzudenken, und zwar in einer Weise, die es ihm ermöglicht, als Jäger und Sammler in unterschiedlichen Umgebungen erfolgreich zu sein.

Nach den Ergebnissen der evolutionären Psychologie umfasst unsere kognitive Grundausstattung wahrscheinlich neben der Sprachfähigkeit auch das Bilden von unscharfen und scharfen Kategorien, von intuitiven Theorien über tote Gegenstände, lebende Gegenstände, menschliches Verhalten, Artefakte, Gefahr, Kontamination, Status, Herrschaft, Gerechtigkeit, Liebe, Freundschaft, Kinder, Verwandte und das eigene Ich. Der Begriff Theorie ist hier natürlich in einem sehr einfachen Sinne zu verstehen, etwa als Annahmen über die Funktionsweise von Teilen der Welt. Diese angeborenen Theorien geben den Rahmen für das Lernen vor, sie bilden die Struktur des Geistes, die Aussagen darüber zulässt, was, wann, wie und warum gelernt wird. Lernen heißt Erfahrungen einzuordnen und nutzbringend zu verallgemeinern. Wenn wir etwas, das wir sehen oder hören, nicht einordnen können, sind wir verwirrt und lernen nichts. Intuitive Theorien ermöglichen es uns zu lernen.

Schubladendenken

Zum Einordnen eignen sich Schubladen und geistige Schubladen nennt man Kategorien. Ihr evolutionärer Nutzen liegt auf der Hand. Man muss nur wenig beobachten, um viel zu wissen. Stoßen wir auf ein Tier mit Federn, ordnen wir es der Kategorie Vögel zu. Und schon wissen wir, dass es höchstwahrscheinlich fliegen kann, ohne dass wir beobachten müssen, wie es fliegt. Wir wissen auch, dass es Eier legt und Nester baut und vieles mehr. Wenn wir es einer Unterkategorie von Vögeln zuordnen, können wir noch mehr Schlussfolgerungen ziehen. Erkennen wir es als Storch, wissen wir, dass es Frösche frisst, im Winter nach Südafrika fliegt und anderes mehr. Kategorien erlauben uns also, nur einen Teil der Eigenschaften beobachten zu müssen und sich den Rest denken zu können. Je enger die Kategorie gefasst ist, desto genauer wird die Aussage. Im Alltagsgebrauch hat sich eine mittlere Auflösung bewährt. Die Kategorien, die wir bilden, sind keineswegs willkürlich, sondern haben durchaus Entsprechungen in der Welt, sonst wäre ihr Wert gering. Wir fassen geschuppte Tiere, die im Wasser leben, zu Fischen zusammen, aber wir fassen nicht alle Tiere mit großen Augen zu Großaugentieren zusammen. Unsere Kategorien spiegeln natürliche (und soziale) Gesetzmäßigkeiten wider, die dafür sorgen, dass bestimmte Merkmale immer gemeinsam auftreten, man also von dem einen auf das andere schließen kann. Eine Kategorie, die das nicht leistet, ist von geringem Nutzen und findet daher auch keine Entsprechung als Wort einer Sprache. Die Kategorien entstehen also spontan aus unserer Wahrnehmung der Welt, ohne dass die zugrunde liegenden Gesetzmäßigkeiten bekannt sind.

Wir benutzen jedoch auch noch eine zweite Art von Kategorie, die nicht spontan aus dem Gruppieren nach Ähnlichkeit folgt, sondern exakt, um etwas zu definieren. Statt zusammenzufassen wird abgegrenzt, wobei man von einer bekannten Gesetzmäßigkeit ausgeht. Die Kategorien »Rotstift«, »Primzahl« oder »männlich« haben eine solche exakte Bedeutung. »Gehört zur Kategorie der Primzahlen« ist gleichbedeutend mit »ist nur durch sich selbst und eins teilbar«. »Gehört zur Kategorie der Rotstifte« ist gleichbedeutend mit »hinterlässt auf Papier Linien, die nur den roten Anteil von weißem Licht reflektieren«. Aus den unscharfen Kategorien lassen sich scharfe machen, indem man die zugrunde liegenden Gesetze findet und die Definition daraus ableitet. Das ist der Grund, weshalb viele Begriffe eine wissenschaftliche und eine umgangssprachliche Bedeutung haben. Deshalb werden umgangssprachlich noch häufig Delfine als Fische bezeichnet, wissenschaftlich jedoch als Säugetiere. Aus scharfen Kategorien werden Schlussfolgerungen gesetzmäßig und nicht intuitiv abgeleitet. Da viele Begriffe beiden Arten von Kategorien zugeordnet werden können, machen scheinbar paradoxe Sätze Sinn. Gibt man jemandem zehn Fotos von Männern und weist ihn an: »Sortieren Sie bitte diese Männer nach ihrer Männlichkeit«, dürfte er kaum Schwierigkeiten haben, die Aufforderung zu verstehen.

Natürlich benutzen wir auch im Alltag beide Arten von Kategorien. Wir begnügen uns nicht immer mit bloßer Ähnlichkeit, sondern wir versuchen den zugrunde liegenden Gesetzen auf die Spur zu kommen, um gesetzmäßige Voraussagen zu machen. Denn leider sind die Ähnlichkeiten, die uns die Natur zur Kategorisierung offeriert, nicht sehr nützlich. Sie bietet uns etwa die Kategorie »rote Beeren« an, wir hätten aber lieber eine Kategorie namens »essbare Beeren«. Die Wissenschaft ist ein Unterfangen, das darauf zielt, die Welt weitgehend, im Fall von Physik und Chemie sogar ausschließlich, mit Kategorien der zweiten Art zu beschreiben.

Die Fähigkeit zum Schubladendenken ist also ein grundlegendes Merkmal unseres Geistes. Es gibt jedoch nur sehr wenige Kategorien, die als solche angeboren sind. Wie schon im Zusammenhang mit den Agnosien erwähnt, gehören hierzu die Kategorien Geschlecht und Alter, aus denen wir automatisch und unbewusst Schlüsse ziehen und unser Verhalten entsprechend anpassen. Die Kategorie Rasse gehört indes, wie psychologische Experimente gezeigt haben, nicht zu diesen evolutionsbedingten Kategorien, nach denen Menschen sich automatisch gegenseitig einordnen, um nützliche Schlüsse über einander ziehen zu können. Die Evolution liefert also keine Erklärung für Rassismus. Und selbst wenn sie eine lieferte, böte das auch keine Legitimation.

Intuitive Theorien

Um nach kognitiven Modulen für den Umgang mit der unbelebten Umwelt zu suchen, machte man viele Experimente mit Säuglingen. Natürlich müssen angeborene Fähigkeiten nicht schon beim Säugling sichtbar sein. Wie gezeigt, verfügt ein Neugeborenes nicht über eine Sprache, wohl aber über einen Apparat zum Erwerb jeder beliebigen natürlichen Sprache. Doch je früher sich Fähigkeiten bei Kindern beobachten lassen, desto stärker ist das als ein Indiz für angeborene kognitive Strukturen zu sehen. Natürlich kann man auch nicht beliebig früh mit Babys Denktests durchführen. Sie müssen mindestens so alt sein, dass sie schon irgendwie zeigen, was sie denken. Das tun sie immerhin schon im Alter von drei Monaten, und zwar, indem sie wegschauen, wenn sie gelangweilt sind, weil sie etwas schon kennen, und intensiv hinschauen, wenn sie überrascht sind. Daraus lassen sich Schlussfolgerungen darüber ableiten, was sie denken.

So wurde festgestellt, dass Säuglinge Objekte, die sich gemeinsam bewegen, als ein Objekt wahrnehmen und nicht als mehrere. Und das auch dann, wenn sie nicht sehen konnten, ob sie wirklich einen gemeinsamen Umriss hatten. Testen kann man das ganz einfach mit einem Stock und einem Tuch. Ist der Stock hinter dem Tuch, sodass nur links und rechts ein Stück herausschaut, und bewegen sich die beiden sichtbaren Stücke gemeinsam, dann ist das Baby überrascht, wenn man das Tuch wegzieht und es sieht, dass es sich um zwei Stöcke gehandelt hat. Schauen die beiden Stöcke links und rechts heraus, ohne sich zu bewegen, wundert es sich hingegen nicht, wenn beim Verschwinden des Tuches zwei Stöcke sichtbar werden. Es verfügt also bereits über die Theorie: Wenn sich Teile gemeinsam bewegen, bilden sie ein zusammenhängendes Objekt. Mit ähnlichen Versuchen wurden folgende weitere Bestandteile der intuitiven Physik gefunden:

- Objekte bewegen sich auf einer zusammenhängenden Bahn. Sie sind nicht in einem Augenblick hier und im nächsten 2 Meter weiter und dazwischen nirgends. Solche Sprünge gibt es, wie im dritten Kapitel dargestellt, nur in der Quantenmechanik und man hat sich bei der Formulierung denkbar schwer damit getan, gegen die intuitive Theorie zu verstoßen.
- Objekte bilden ein fest zusammenhängendes Ganzes. Wenn man einen Würfel oben anfasst und die Hand hebt, bleibt nicht die Hälfte des Würfels auf dem Tisch stehen.
- Objekte können einander nur durch Kontakt in Bewegung versetzen. Wenn eine Billardkugel 20 Zentimeter vor einer zweiten, auf die sie zurollt, plötzlich stehen bleibt und gleichzeitig die andere plötzlich davonschießt, weiß jedes Kind, dass hier etwas nicht mit rechten Dingen zugehen kann.

Andere physikalische Gesetze sind den Kleinen dagegen durchaus fremd. Mit der Schwerkraft nehmen sie es nicht so genau. Schiebt man einen Teller über die Tischkante, wundern sie sich zwar, wenn er nicht herunterfällt, aber erst nachdem er wirklich nicht mehr den geringsten Kontakt zum Tisch hat. Auch Trägheitskräfte leuchten ihnen nicht intuitiv ein. Doch was die Natur ihnen mitgegeben hat, reicht aus, um vieles andere herauszufinden, während sie ohne diese Grundausstattung aufgeschmissen wären. Würden sie die Welt nicht in Objekte zerlegen und davon ausgehen, dass diese Bestand haben und sich nicht verselbstständigen, wäre es unmöglich, die Welt zu erforschen.

Auch auf den Umgang mit anderen Lebewesen hat die Natur uns vorbereitet. Die erste Regel der intuitiven Biologie lautet: Verstößt ein Objekt gegen die vierte Regel der intuitiven Physik und setzt sich in Bewegung, ohne geschubst, gezogen oder geschoben zu werden, dann muss es leben. Diese Unterscheidung der Welt in belebte und unbelebte Objekte machen auch Primaten und Babys im Alter von wenigen Monaten. Später unterscheiden Menschen Tiere und Pflanzen und die volkstümlichen Kategorien entsprechen überall auf der Welt der im ersten Kapitel vorgestellten Einteilung nach dem Gattungsbegriff von Linné und folgen auch dessen essentialistischer Auffassung von Lebewesen. Gegenüber von Menschen gemachten Gegenständen, Artefakten, verhalten sich Menschen anders als gegenüber Tieren oder toten Naturdingen. Sie suchen nach der Funktion. Als Marcel Duchamp 1917 ein Pissoir zum Kunstwerk erklärte, bestand der künstlerische Akt unter anderem darin, die natürliche Sichtweise zu durchbrechen, im symbolischen Akt, ein Artefakt seiner Funktion zu berauben.

Die intuitive Psychologie, über die jeder Mensch verfügt, wurde bereits oben als die Fähigkeit, andere als Wesen mit Überzeugungen und Wünschen zu sehen, beschrieben. Diese Strategie, Verhalten zu verstehen und vorauszusagen, zeigt sich bei Kindern ab einem Alter von etwa neun Monaten und ist die kognitive Basis dessen, was oft als »soziale Kompetenz« oder »emotionale Intelligenz« bezeichnet wird. Es wurde die Hypothese formuliert, dass ein Fehlen dieser Fähigkeit die Ursache von Autismus sei, den man so als Geistesblindheit bezeichnen könnte, also die Unfähigkeit, geistbegabte Wesen als solche zu erkennen.

Eine Vielzahl weiterer Universalien des menschlichen Denkens, die unsere Grundausstattung ausmachen, wurde ermittelt, darunter logische Schlüsse, einfache Rechenleistungen, der Umgang mit Wahrscheinlichkeiten und das Verstehen sozialer Zusammenhänge. Die intuitiven Theorien unterscheiden sich von wissenschaftlichen Theorien dadurch, dass sie an die Bedürfnisse des Alltags angepasst sind. Oberstes Kriterium ist Nützlichkeit, nicht Wahrheit.

Kultur und Intelligenz

Der Alltag heute ist indes ein anderer als der vor 20 000 Jahren. Wir schreiben das Jahr 2003 und nur ganz wenige Menschen auf unserem Planeten leben noch als Jäger und Sammler, nutzen also ihr biologisches Denkvermögen für jene Lebensweise, für die es einmal entwickelt wurde.

Der Rest von uns liest Bücher, schaut fern, macht sich Gedanken, ob seine Aktien steigen oder fallen, plant seinen nächsten Urlaub, sucht nach neuen Supraleitern, Marketingmethoden oder Erklärungen für den menschlichen Geist.

Es liegt nahe zu fragen, was unser heutiges Denken noch mit unserem ursprünglichen Denken gemein hat. Wenn die Denkmodule in unserem Kopf evolutionären Ursprungs sind, können sie sich in der kurzen Zeit seit Erfindung von Ackerbau und

Viehzucht eigentlich so gut wie nicht verändert haben. Unser Geist ist derselbe wie vor 20 000 Jahren, unsere Welt ist eine völlig andere. Wie findet er sich in dieser fremden Welt zurecht? Im Großen und Ganzen können wir nicht klagen. Manche klagen zwar über die Komplexität der modernen Zeiten, aber der Alltag lässt sich doch in aller Regel mühelos meistern. Das ist kein Wunder. Denn so sehr unsere heutige Lebenswelt sich von der natürlichen unterscheidet, so nahe ist sie doch unserem Geist, denn er hat sie schließlich hervorgebracht: Unsere Umwelt besteht praktisch ausschließlich aus Produkten des menschlichen Geistes: aus Büchern, Werkzeugen, Gebäuden, Theorien, Melodien, Nutztieren, Kulturlandschaften, Fernsehserien, Computern und so weiter.

In den letzten Jahren wurden interessante Parallelen zwischen dieser geistigen und der biologischen Welt gezogen. Auch in der Welt der Ideen scheint es Einheiten zu geben, die – wie die Gene – einer darwinistischen Evolution unterliegen. Sie werden Meme genannt, sind wie Gene Replikatoren, verbreiten sich jedoch nicht in der freien Natur (von Zellkern zu Zellkern und Lebewesen zu Lebewesen), sondern in unseren Köpfen, in Büchern und so weiter. Ihre Existenz verdanken sie der einzigartigen menschlichen Fähigkeit zur Imitation. Denn durch Imitation gelangt ein Mem von Gehirn zu Gehirn. Wenn wir eine Bewegung nachmachen, ein neues Wort lernen oder uns angewöhnen, zum Essen Wein zu trinken, wird ein Mem in unser Gehirn kopiert.

Ein Mem verhält sich wie ein Gen. Es folgt dem fundamentalen Grundgedanken des Darwinismus, dass alles Leben sich durch den unterschiedlichen Überlebenserfolg sich replizierender Einheiten entwickelt. Es verbreitet sich, indem es dafür sorgt, dass Kopien von ihm hergestellt werden. Und es unterliegt kleinen Veränderungen, vergleichbar den Mutationen, die wiederum darüber entscheiden, wie erfolgreich es sich in einer bestimmten Umgebung weiter verbreiten kann. Deshalb setzen sich manche Varianten durch und andere verschwinden wieder. Was aber ist ein Mem und wo existiert es? Es ist zum Beispiel eine Melodie, eine Idee, eine wissenschaftliche Theorie oder einfach ein Wort. Und es existiert in unseren Köpfen, in Büchern, Schallplatten, Filmen und anderen Kulturgütern, zum Beispiel Häusern. Wie bei Genen findet also eine Auslese statt. Es gibt erfolgreiche Meme, etwa Ohrwürmer, das Rad, der Glaube an ein Leben nach dem Tod oder überzeugende wissenschaftliche Theorien, und solche, die es nie zu großer Verbreitung bringen (Beispiele zu nennen, erübrigt sich, da sie per Definiton so gut wie keiner der Leser kennen kann) oder bald wieder aussterben, wie etwa die weiter oben erwähnte Lehre der Phrenologie oder das Hitler-Bärtchen. Über Verbreitung und Überleben entscheidet die geistige Umwelt, die wir in ihrer Gesamtheit als Kultur bezeichnen, weshalb wir in Analogie zur natürlichen Auslese von kultureller Auslese bzw. selektiver Imitation sprechen können.

Ein sehr erfolgreiches Mem ist das Haus, das sich überall auf der Welt erfolgreich verbreitet hat. Dabei herrschen an unterschiedlichen Orten unterschiedliche Formen vor. In Hongkong und Manhattan beispielsweise scheinen Häuser besonders erfolgreich, wenn sie möglichst hoch in den Himmel ragen. In Fremdenverkehrsorten an der Ostsee scheint die Umgebung dagegen solchen mit Reetdächern besonders bei der Vermehrung zu helfen. Innerhalb von Häusern ist ein extrem erfolgreiches Mem das für die Tür. Wir finden es in fast allen Arten von Häusern und auch in Containern, Schreibtischen und Kuckucksuhren. Wie Gene bilden auch Meme zum Teil sehr große Komplexe, die gemeinsam weitervererbt werden, beispielsweise Religionen.

Ein wesentlicher Unterschied zwischen Mem und Gen besteht bei der Variation. Während Gene zufällig mutieren, werden Meme häufig bewusst abgewandelt, um sich zum Beispiel in eine neue kulturelle Nische ausbreiten zu können. Außerdem verbreiten sich Meme zwar auch vertikal, werden also von Generation zu Generation weitergegeben, jedoch im Gegensatz zum Gen auch horizontal, etwa wie Viren. Weit länger als die Gentechnik beherrschen die Menschen die Memtechnik. Werbefachleute arbeiten mit memtechnischen Methoden, wenn sie ein Produkt so manipulieren, dass zusätzliche Käufergruppen erreicht werden. So wird aus Gymnastik Aerobic, aus Aerobic Callanetics und so weiter. Ingenieure machen aus Rädern Zahnräder und aus Kopierern Faxgeräte.

Die Memetik bietet eine Erklärungsmethode für die Beschreibung der kulturellen Evolution und auch des wissenschaftlichen Fortschritts. In der Wissenschaft ist die Analogie zur biologischen Evolution besonders weit reichend, denn hier erfolgt die Auslese sehr systematisch, indem jede Hypothese bzw. Theorie mit alternativen Erklärungsmodellen konkurriert, ihre Fitness beweisen muss und, falls sie falsifiziert werden kann, ausstirbt.

Hilfsmittel des Geistes

Viele der Produkte des menschlichen Geistes sind zugleich Hilfsmittel des Geistes. Allen voran natürlich jene Maschinen, die eigens zur Erledigung geistiger Leistungen konstruiert sind. Doch sie sind beileibe nicht die einzigen Gegenstände, die uns das Denken erleichtern oder von bestimmten Denkleistungen entlasten. Straßen zeigen uns den Weg von einem Ort zum anderen, den wir uns sonst mühselig durch das Einprägen von Wegmarkierungen merken müssten. Die ganze Welt ist voller Schilder, Aufschriften und Anleitungen. Menschliche Artefakte speichern wie das menschliche Gehirn Informationen und fungieren so als ausgelagerte Intelligenzleistungen. Wie abhängig wir von einfachsten Hilfsmitteln sind, zeigt sich, wenn man von uns verlangt, simple Intelligenzleistungen ohne Papier und Bleistift zu erledigen. Die wenigsten von uns wären, solcherart Teile ihrer Intelligenz beraubt, in der Lage, einfache Aufgaben zu lösen, etwa zwei dreistellige Zahlen miteinander zu multiplizieren, die Wörter dieses Satzes alphabetisch nach Anfangsbuchstaben zu sortieren oder sich die Beschreibung des Weges von der Bushaltestelle bis zur Wohnung des Freundes, der einen zur Party eingeladen hat, zu merken.

Das Gehirn bewältigt also nur einen kleinen Teil unserer intelligenten Hervorbringungen, ohne Hilfsmittel wäre es aufgeschmissen. Unser Gehirn und unsere Kultur bilden eine Einheit. Michael Tomasello schreibt: »Organismen erben ihre Umwelt so, wie sie ihr Genom erben. Das kann nicht genug betont werden. Fische sind dazu geschaffen, sich im Wasser zu bewegen, und Ameisen sind dazu geschaffen, in Ameisenhaufen zu leben. Menschen sind dazu geschaffen, in einer bestimmten Art sozialer Umwelt zu leben, und ohne eine solche würden die Jungen (vorausgesetzt, man könnte sie am Leben halten) sich weder sozial noch kognitiv normal entwickeln. Diese bestimmte Art sozialer Umwelt ist es, was wir Kultur nennen.« Mit anderen Worten: Unsere Natur ist heute die Kultur. Unser Denken basiert nach wie vor auf intuitiven Theorien, ist jedoch durch eine Vielzahl sprachlicher und anderer Hilfsmittel sehr viel leistungsfähiger geworden.

Künstliche Intelligenz

Es gibt zwei Arten von Intelligenztests. Der bereits genannte Turing-Test ist ein Intelligenztest für Maschinen. Die »handelsüblichen« Intelligenztests sind Tests für Menschen. Paradoxerweise kann man heute Computer programmieren, die einige Tests für Menschen bestehen, jedoch nicht den Test für Maschinen, den jeder Mensch per Definition schon bestanden hat, ohne ihn zu machen.

Im Mai 1997 besiegte das Computerprogramm Deep Blue den Schachweltmeister Garri Kasparow mit vier zu zwei. Das war keine Sensation, denn Schachcomputer gibt es schon lange und sie werden natürlich immer besser. Dennoch wurde dem Match ein gewisser symbolischer Wert beigemessen. Es wurde zum Kampf zwischen menschlicher und Künstlicher Intelligenz (KI), ja zum intellektuellen Kräftemessen von Mensch und Maschine stilisiert. Kasparow selbst sprach im Vorfeld der Begegnung davon, es gehe für ihn darum, die »Ehre der Menschheit« zu retten. Sein Berater Frederic Friedel bemerkte zum Ausgang des Matches: »Intelligenz ist die einzige Monopolstellung, die der Mensch noch hat. Das Ergebnis ist erschütternd.«

Solche Aussagen verfehlen indes den Punkt. Weder personifiziert Kasparow die Intelligenz der Menschheit, noch verkörperte Deep Blue den damaligen Stand der Künstlichen Intelligenz. Deep Blue tut ausschließlich das, wofür er programmiert wurde. Er ist in der Lage, bestimmte wohldefinierte Probleme zu lösen. Er wäre auch leicht zu programmieren, einen konventionellen Intelligenztest (bestehend aus zu vervollständigenden Zahlenreihen, Übungen für räumliches Vorstellungsvermögen, Wortähnlichkeit usw.) perfekt und rasend schnell zu bestehen. In diesem Sinne ist es nicht verfehlt, ihn intelligent zu nennen. Schon vor über 30 Jahren hat ein Computerprogramm eine College-Prüfung in Mathematik mit sehr gut bestanden – eine Leistung, die beim Menschen als Bescheinigung seiner Intelligenz gewertet würde. Dennoch sind Deep Blue und Konsorten weit entfernt von den Möglichkeiten des menschlichen Denkens.

Es mag paradox erscheinen, dass Computer heute Denkaufgaben bewältigen, die die meisten Menschen nie bewältigen könnten, und gleichzeitig bei den einfachsten Dingen, die jeder Mensch kann, zum Beispiel mit Bauklötzchen spielen, passen müssen. Das liegt daran, dass Expertenwissen im Vergleich zum Alltagswissen unglaublich simpel ist. Deshalb verfügen wir heute bereits über eine Vielzahl sehr gut arbeitender Expertensysteme, während der Common-Sense-Computer noch reine Sciencefiction ist. Das Lösen wohldefinierter Probleme macht nämlich nur einen kleinen Teil der menschlichen Intelligenz aus, ein weitaus komplexerer Teil besteht in der Fähigkeit, aus der unendlich vielfältigen Welt Probleme herauszuschälen, das heißt die Wirklichkeit zu begreifen und zu gestalten.

Der zweite, entscheidende Aspekt, der die menschliche Intelligenz von jeder anderen Form der Intelligenz unterscheidet, ist ihre soziale Ausprägung. Das menschliche Gehirn ist eine Maschine und funktioniert im Prinzip (auf der biochemischen Ebene) nicht anders als das von Tieren. Sein wesentliches Potenzial liegt allerdings außerhalb seiner selbst, in der menschlichen Kultur. Was es ausmacht, ist der lernende, aneignende, kreative Umgang mit dieser gigantischen, von allen Wissenschaftlern und anderen Denkern aller Zeiten geschaffenen Wissensbasis und die Generierung neuen Wissens. Der Mensch ist also nur als Teil der Menschheit intelligent, nicht als Einzelwesen. Ein neugeborenes Baby verfügt noch nicht über menschliche Intelligenz, sondern lediglich über die biologischen Voraussetzungen dafür.

Menschliche Intelligenz zeichnet sich durch eine ungeheuere Wissensbasis aus, jenes Weltwissen, das in Bibliotheken und im Internet gesammelt wird und das sich der Einzelne immerhin teilweise aneignen kann durch die Fähigkeit, sich (in durchaus mehrdeutigem Sinne) Probleme zu schaffen und sie von verschiedenen Seiten zu betrachten, sowie durch die Fähigkeit, über das eigene Denken nachzudenken. Tiere verfügen über nichts von alledem auch nur ansatzweise. Maschinen dagegen können in Zukunft über diese Merkmale in einer mehr oder weniger menschenähnlichen Ausprägung verfügen.

Noch steht daher die menschliche Intelligenz weit über allem, was es sonst noch gibt auf der Welt. Dennoch scheinen wir uns nicht so recht in Sicherheit wiegen zu können. Der Gedanke an den den Menschen übertrumpfenden oder ihn gar beherrschenden Roboter ist seit langem Schrecken wie auch Faszinosum, denn er geht uns an die Substanz. Vorstellen können wir uns solche Wesen sehr gut. Und wir stellen sie uns naheliegenderweise eben recht menschenähnlich vor. Der entscheidende Übergang scheint dort zu liegen, wo die Computer anfangen, selbstständig zu handeln und nicht nur Programme ausführen.

Sehr schön illustriert findet sich dieser Übergang auf der Enterprise (*Next Generation*). Der Bordcomputer ist ganz klar ein Computer. Er ist programmiert, alle Systeme auf dem Schiff zu steuern und fungiert außerdem als gigantische Datenbank. Man kann ganz normal mit ihm reden, er verfügt also über eine perfekte Spracherkennung, doch niemand kommt auf die Idee, etwas anderes zu ihm zu sagen als »Computer, [Frage]?« oder »Computer, [Anweisung]!« Keiner verabschiedet sich von ihm mit »Tschüs dann, ich geh mal was essen.« Er ist eine Auskunft- und Ausführmaschine.

Jenseits des Übergangs zur Menschenähnlichkeit befindet sich dagegen Commander Data, der über ein ähnliches Wissen verfügt wie der Bordcomputer, jedoch keine niederen Arbeiten wie zum Beispiel die Steuerung der Klimaanlage übernimmt, sondern in Menschengestalt auf dem Raumschiff herumspaziert und eben selbstständig agiert. Ihn behandelt niemand wie eine Maschine. Was ihn vom Menschen trennt, ist nur noch sein (angeblich) fehlendes Gefühlsleben. Auf der Enterprise ist also nicht mehr die Intelligenz das letzte Monopol der Menschheit, sondern das Gefühl. Das humanoide Wesen Data gilt als hochintelligent, als handlungs- und verantwortungsfähig.

Doch die Enterprise ist samt ihrer Besatzung nach wie vor Sciencefiction. Wo stehen wir heute? Müssen wir Deep Blue als handelndes Subjekt betrachten? In gewisser Hinsicht sollten wir diese Frage bejahen. Deep Blue und niemand anderes hat die Partie gegen Kasparow gespielt, dabei jede einzelne Entscheidung getroffen und am Ende gewonnen. Es ist falsch zu sagen, seine Programmierer hätten in Wirklichkeit gewonnen – genauso falsch, wie wenn man sagen würde, Kasparows Trainer und Berater hätten die Partie gespielt und verloren. Deep Blue hat sich das Spiel nicht ausgesucht, aber er hat es gespielt.

Deep Blue ist zwar nur in sehr geringem Maße menschenähnlich, aber er ist in sehr hohem Maße schachspielerähnlich, besser noch gesagt: Er ist ein »unmenschlicher« Schachspieler. Kasparow sagte vor dem Match: »Für mich ist Deep Blue kein Computer. Er ist einfach ein Gegner mit einer Reihe von Merkmalen, durch die er sich von menschlichen Spielern ziemlich unterscheidet. Im Moment versuche ich einfach, eine Strategie auszuarbeiten, die mir hilft, ihn zu besiegen.«

Den Maßstab für künstlich intelligente Systeme bildet also nicht die Frage, inwieweit sie tatsächlich wie Menschen sind, sondern inwieweit wir uns ihnen gegenüber wie Menschen gegenüber, sozusagen von Mensch zu Mensch, verhalten können, inwieweit wir ihnen also auf Grundlage dessen, was wir von ihnen mitbekommen, Ziele, Überzeugungen, Gedanken, Hoffnungen und andere geistige Zustände zuschreiben können, die wir auch anderen Menschen zuschreiben. Sie sind damit jeweils so intelligent, wie sie uns erscheinen.

Bedenkt man nun, was Menschen außer Schach spielen noch alles können und wissen, so ist klar, dass es utopisch ist, einem Computer all diese Fähigkeiten durch Programmierung quasi von Hand einzugeben. Wenn der Computer dem Menschen ähnlich werden soll, muss daher auch seine Entstehung dem Menschen ähnlich werden. Und Menschen werden bekanntlich nicht programmiert, sondern sie lernen selbst, indem sie mit ihrer Umwelt in Interaktion treten. Genau das müssten auch Computer tun, um menschenähnlich zu werden.

Solche lernfähigen und auf bestimmten definierten Gebieten handlungsfähigen Computer werden in absehbarer Zukunft Interaktionspartner für die Menschen sein, und der Umgang mit ihnen wird dem unter Menschen immer ähnlicher werden; oder sagen wir einmal etwas vorsichtiger: Wir werden mehr mit ihnen anfangen können als mit unseren sonstigen, nichtmenschlichen Mitwesen, den Tieren.

Die KI-Forschung orientiert sich am Konzept der Modularität. Sie baut eine Fähigkeit des menschlichen oder tierischen Geistes nach der anderen nach oder ahmt sie zumindest nach. So entstehen Systeme, die einzelne Aufgaben menschenähnlich (manchmal besser als der Mensch) erledigen, zum Beispiel Schach spielen, Flugzeuge fliegen, medizinische Diagnosen stellen, Muster erkennen (sehen), das Wetter vorhersagen oder auch Smalltalk machen, psychologisch-therapeutische Gespräche führen, mit dem Hund Gassi gehen und dabei die Nachbarn mit Namen grüßen und sich nach ihrem Befinden erkundigen, das derart Gehörte ihrem Besitzer mitteilen und fragen, was er dazu meint. Nachdem eine vermeintliche Glanzleistung menschlicher Intelligenz, das Schachspiel, von Computern meisterlich beherrscht wird, stellt sich die Gemeinde der KI-Forscher nun wirklich großen Herausforderungen. Ein Ziel ist es, in den nächsten Jahrzehnten eine Robotermannschaft zu entwickeln, die die menschlichen Fußballweltmeister schlägt.

Mittelfristig wird die Weiterentwicklung der menschlichen Intelligenz und der künstlichen Intelligenz Hand in Hand gehen. Die Fortschritte in der Computertechnologie haben Auswirkungen auf das menschliche Denken, da wir immer mehr Aufgaben an Computer delegieren, und umgekehrt werden die Fortschritte der menschlichen Intelligenz, vor allem das wachsende Verstehen der eigenen Intelligenz, zu neuen Computersystemen führen. In diesem Sinne sind KI-Systeme Instrumente, die gleichzeitig der Erforschung, der Nachbildung und der Weiterentwicklung menschlicher Intelligenz dienen.

Computer und Menschen gehen einer Zukunft entgegen, in der die Grenzen zwischen Mensch und Maschine zwar bestehen bleiben, die Grenzen zwischen menschlicher und künstlicher Intelligenz im Sinne einer arbeitsteiligen Bewältigung intellektueller Aufgaben jedoch weiter verschwimmen. Was uns auch in Zukunft trennen wird, sind in erster Linie die subjektive Erfahrung des Menschseins und die menschlichen Gefühle.

Gefühle

Im Zellkern
die Furcht der Ratte
vor der Echse
Die Haare hochgesträubt
vor dem heißen Atem
eines Drachens

Auf dem emaillierten
Weiß der Badewanne
die zuckend schwarzen
Beine einer Spinne
Äonenalt ihr Tod
im Gebläse des Staubsaugers

Der Lyriker Florian Voß verweist in seinem Gedicht *Homo sapiens sapiens* darauf, wie unser Gefühlsleben von unserer Naturgeschichte geprägt ist. Die Angst vor Spinnen ist tatsächlich uralt, ein Relikt aus vergangenen Zeiten, das bei sehr starker Ausprägung sogar als psychische Krankheit namens Arachnophobie eingestuft wird.

Doch derart spezifische Ängste machen nur einen kleinen Teil unseres komplexen Gefühlslebens aus. Sie sind Beispiele für eine Anpassung, die heute nicht mehr funktional ist und lästig erscheint. Betrachtete man ausschließlich solche Ängste, könnte man zu der Auffassung gelangen, Gefühle seien mal lästige, mal erfreuliche Begleiterscheinung des Lebens. Dies ist nicht der Fall. Gefühle sind sehr eng mit dem Denken verbunden, beide können ohne einander nicht auskommen.

Den vermeintlichen Gegensatz Verstand versus Gefühl gibt es nicht. Unsere Gefühle sind nicht Gegenspieler, sondern integraler Bestandteil des Denkens. Ohne Gefühle kann es kein rationales Handeln geben. Erst die Gefühle geben dem Denken eine Richtung.

Der Neurologe Antonio Damasio sagt: »Emotionen sind keineswegs ein Luxus! Unglücklicherweise werden sie in der Wissenschaft und im Allgemeinen in der Kultur als eine Art Luxus angesehen oder als etwas Hinderliches, manchmal gut, wenn sie positiv sind, aber sehr lästig, wenn sie negativ sind. Und natürlich können Gefühle extrem hinderlich sein, wenn man etwas durchdenken will und ist innerlich aufgewühlt und sehr verstört, dann kann man in der Tat nicht gut denken. Das wissen wir, wir wissen, dass Emotionen eine vertrackte Sache sein können, aber es stimmt ebenfalls, dass wir ohne Emotionen sehr sehr dumm dastehen würden in Bezug auf unsere Entscheidungen.«

Mit anderen Worten: Ohne Gefühle wären wir komplett handlungsunfähig, unser Denken würde sich ständig heillos verzetteln, wenn es nicht übergeordneten Zielen folgen würde. Ein rein rationales Wesen ist eine Chimäre, die auch in der Literatur nicht konsequent gezeichnet werden kann. Angebliche Vertreter dieser »Spezies«, etwa der Vulkanier Mr. Spock und der Android Commander Data in den *Raumschiff-Enterprise*-Filmen sind bei genauer Betrachtung durchaus emotionsgeleitete Personen. Sie verfügen zumindest offensichtlich über ein ausgeprägtes Pflichtgefühl, über Loyalität, intellektuelle Neugier, Angst und Hilfsbereitschaft. Im Gegensatz zu »normalen Menschen« bringen sie keine Gefühle zum Ausdruck, sie können nicht wie wir von Gefühlen überwältigt werden, ihr Handeln ist jedoch ohne Gefühle nicht erklärbar. Die enge Verbindung von Gedanke und Gefühl zeigt sich darin, dass Gedanken emotional gefärbt sind. So kommen wir etwa zu einer bedrückenden Erkenntnis, formulieren eine aufregende Hypothese, erlangen traurige Gewissheit, erhalten eine beruhigende Information oder entwickeln eine Vorstellung, die Mut macht.

Zum besseren Verständnis, wie Gefühle unser Handeln leiten, trägt die Betrachtung der Naturgeschichte der Gefühle bei wie auch die Untersuchung der Rolle der Gefühle bei der Informationsverarbeitung.

Wir haben nicht nur ein apriorisches Wissen, sondern auch apriorische Gefühle, die sich in der Evolution herausgebildet und offensichtlich bewährt haben. Wie schon bei den kognitiven Leistungen scheint es auch bei den Gefühlen ein menschliches Grundrepertoire zu geben, das sich bei Menschen aus allen Kulturen der Welt findet. Hierzu zählen unter anderem Glück, Trauer, Wut, Angst, Ekel, Dankbarkeit, Scham, Liebe, Stolz, Hass, Mitleid, Schreck. Man kann sie als biologische Anpassungen sehen, die im Kampf ums Dasein einen Vorteil bedeuten. Ähnlich wie die sexuelle Lust und die Vorliebe für Süßes dienen sie dazu, bestimmte Verhaltensweisen zu verstärken. Wir brauchen uns nur einen Menschen vorzustellen, dem eines dieser Gefühle ganz fremd ist, um zu sehen, welche Probleme sich für ihn daraus ergeben. Wer keine Trauer empfindet, setzt sich nicht für ihm nahe stehende Personen ein, auf deren Kooperation er angewiesen ist. Wer keine Angst empfindet, stirbt schnell einen gewaltsamen Tod. Wer keinen Ekel empfindet, kann sich leichter vergiften oder mit Krankheiten anstecken.

Einige Forscher gehen noch einen Schritt weiter und fragen, warum Denken und Fühlen überhaupt als zwei Dinge betrachtet werden. Sie sind zum Schluss gekommen, dass das Paradigma der Informationsverarbeitung eine vereinheitlichte Theorie von Denken und Fühlen und überhaupt allen geistigen Abläufen zulassen sollte. Prominenter Vertreter dieser Forschungsrichtung ist der Bamberger Psychologe Dietrich Dörner, der »emotional« reagierende Computerprogramme entwickelt hat, deren Gefühle er für grundsätzlich den menschlichen vergleichbar erachtet. Dörner betrachtet Gefühle nicht als eigenständige Erscheinungen, sondern als Kombination verschiedener Faktoren wie Aktivierungsgrad, Aufmerksamkeit und Erregung. Ärger impliziert etwa, dass die Sinnesorgane in erhöhte Bereitschaft versetzt werden, die Konzentration zunimmt und die Wahrnehmung sich verengt. Die Programme namens Emo und Psi zeigen sogar sehr komplexe Gefühle, wie jene Kombination aus Leere und Überdruss, jener Bedürfnislosigkeit, die in ihr Gegenteil umschlägt und auch als »Ennui« bezeichnet wird. Dörner berichtet: »Beispielsweise haben wir unsere Computerseele in eine sehr positive, schlaraffenlandähnliche Umgebung gesetzt. Alles, was sie anpackte, gelang, und sie hätte sich sehr wohl fühlen müssen. Dann haben wir sie in eine sehr abweisende Umgebung gesetzt. Sie musste viel lernen, sich ständig bemühen und anstrengen. Am Ende stellten wir fest, dass Emo in der harten Umgebung recht zufrieden war, während es im Schlaraffenland eher in einer missbehaglichen Stimmung war. Im Schlaraffenland hatte Emo niemals eine große Spannung zwischen Sollwert und Istwert, weil seine Bedürfnisse ständig befriedigt wurden. Es hatte deshalb auch keine starken Gefühle. In der harten Umgebung dagegen wurde es ständig gefordert, musste sich übermäßig anstrengen und hatte daher auch entsprechende Befriedigungserlebnisse – ähnlich einem Menschen aus einer Wohlstandsgesellschaft, der beim Wildwasserkanufahren Spannung sucht.«

Bewusstsein und Ich

In der Philosophie wird das Bewusstsein meist als eine Art Selbstwahrnehmung des Geistes gesehen, wobei zum einen simples Sich-Selbst-Kennen bzw. -Beobachten gemeint ist, zum anderen das subjektive Empfinden des Selbstseins. Außerdem dient der Begriff auch der Abgrenzung zu unbewusstem Handeln. Das meiste, was unser Geist den lieben langen Tag treibt, ist uns nicht bewusst und kann uns nicht bewusst sein. Wenn wir mit den fünf Fingern einer Hand sieben Tassen an ihren Henkeln aus der Spülmaschine räumen, tun wir es einfach, ohne dass wir sagen können, welche Leistung unser Gehirn gerade vollbringt oder welcher Technik es bedarf, sieben Tassen mit einer Hand zu greifen. Bewusstsein taucht nur da auf, wo es erforderlich ist, das Gehirn die Angelegenheit also nicht ohne nachzudenken erledigen kann.

Bewusstsein im Sinne von »sich seiner selbst bewusst sein« ist trivial. Sich selbst zu beobachten ist nicht schwieriger, als einen anderen zu beobachten. Auch sich über die eigenen Gedanken Gedanken zu machen ist keine Kunst. Das Ich ist in diesem Sinne einfach das Resultat einer lebenslangen Selbstbeschreibung.

Das so genannte »phänomenale Bewusstsein« (like-to-be-ness) im Sinne von subjektivem Erleben zeigt sich dagegen als schwer fassbar. Der amerikanische Philosoph Thomas Nagel hat 1974 in einem Essay mit dem Titel *Wie es ist, eine Fledermaus zu sein* argumentiert, man brauche sich keine Mühe zu geben, sich in die Fledermaus hineinzuversetzen. Man könne sich allenfalls ausmalen, wie man selbst sich fühlen würde, wenn man mit einem Echoortungssystem durch die Nacht fliegen und Insekten jagen würde, aber man werde nie wissen, wie die Fledermaus sich fühlt. Bewusstsein ist demnach an subjektives Erleben gebunden und wird von vielen als nicht objektivierbar betrachtet. Das Ich ist das Gefühl des Selbst-Seins. Eine Theorie des phänomenalen Bewusstseins müsste etwa in der Lage sein, zu beschreiben, was passiert, wenn wir eine Oper oder auch eine gute Tasse Kaffee bewusst genießen. Viele sind mittlerweile der Meinung, dass ein solch unnahbares Bewusstsein sich letztlich als Spukgespenst erweisen muss. Susan Blackmore schreibt: »Manche glauben, dass Bewusstsein eine Illusion ist und dass die ganze Idee des Bewusstseins schließlich fallen gelassen werden wird, wie die Idee einer ›Lebenskraft‹ fallen gelassen wurde, als wir anfingen, die Mechanismen des Lebens zu verstehen.«

Immerhin sind die Psychologen und Gehirnforscher jenem Phänomen, dass uns manche Tätigkeiten unseres Gehirns bewusst sind, andere dagegen nicht, auf der Spur. Hier taucht meist der Begriff »Zugangsbewusstsein« auf, weil es darum geht, Zugang zu den eigenen Vorstellungen zu haben. Zugangsbewusstsein tritt auf, wenn bestimmte Informationen im Geist herausgehoben werden. Dies geschieht, wenn das Denken in Inneres Sprechen übergeht, etwa um die von Kleist beschriebene Verfertigung eines Gedankens oder auch das Treffen einer Entscheidung oder das Ausführen einer Handlung zu unterstützen. Wenn wir Handlungen nach Anweisungen ausführen, weil wir sie noch nicht automatisch ohne Zuhilfenahme des Bewusstseins beherrschen (»Kupplung treten – ersten Gang einlegen – leicht Gas geben – Kupplung langsam kommen lassen ...«). Oder wenn wir ein Problem lösen wollen und nicht mehr weiterwissen. Das Gehirn sagt: »Legen wir zunächst einmal alle Fakten auf den Tisch!«

Das Zugangsbewusstsein tritt in Aktion, wenn Inhalte der Wahrnehmung hervorgehoben werden. Es sorgt dafür, dass uns von dem, was wir sehen oder hören, nur das bewusst wird, was für uns in der jeweiligen Situation wichtig ist. Es blendet für uns die Geräuschkulisse auf der Party aus, damit wir uns auf das Gespräch mit unserem Gegenüber konzentrieren können.

Warum verfügen wir über diese Trennung von bewusster und unbewusster Geistestätigkeit? Es scheint plausibel, zu argumentieren, der primäre Vorgang dabei bestehe nicht im Bewusstmachen, sondern im Unbewusstmachen. Wenn wir es geschafft haben, einfach ins Auto zu steigen und loszufahren, ohne dass wir unser Gespräch unterbrechen müssen, um uns selbst Anweisungen zu geben, ist unser Leben leichter geworden. Der Geist entzieht also Routinetätigkeiten seine Aufmerksamkeit und schaltet das Bewusstsein nur ein, wenn es ohne nicht geht. Das kann manchmal eine Frage von Zentimetern sein. Wenn ein Spielzeugauto unters Sofa gefahren ist und wir sehen, dass es noch in Greifweite ist, ziehen wir es hervor, ohne zu überlegen, was zu tun ist. Ist es ein Stück weiter gefahren, müssen wir Handlungsoptionen prüfen: Sofa von der Wand rücken? Besenstiel holen?

Die Trennung von unbewusster paralleler Ausführung einer Vielzahl von Datenverarbeitungsprozessen und bewusster Verarbeitung eines hervorgehobenen Prozesses erzeugt die Vorstellung von einem Ich. Ein Teil unserer geistigen Tätigkeit wird der Beobachtung zugänglich, weil er so herausgehoben ist, dass wir ihn sprachlich mitvollziehen können. Wygotski verweist auf den engen Zusammenhang von Bewusstsein und Sprache, wenn er schreibt: »Das Bewusstsein spiegelt sich im Wort wie die Sonne in einem Wassertropfen. Das Wort verhält sich zum Bewusstsein wie die kleine Welt zur großen, wie die lebende Zelle zum Organismus, wie das Atom zum Kosmos. Das sinnvolle Wort ist der Mikrokosmos des Bewusstseins.«

In der Tat scheint Sprache die Voraussetzung für diese Art von bewusster Geistestätigkeit zu sein. Während wir »like-to-be-ness« auch bei manchen Tieren annehmen können, ist der ins Bewusstsein gerückte Denkvorgang ein spezifisch menschliches Phänomen. Affen mögen ein Bewusstsein haben, aber nur Menschen können bewusst handeln, indem sie mit Hilfe der Sprache das Denken zum Gegenstand ihres Denkens machen.

Indem das Bewusstsein bestimmte Inhalte herausgreift, übergibt es gewissermaßen die Informationsverarbeitung dem Ich. Das Ich ist in diesem Sinne das handelnde Subjekt bzw. der als frei empfundene Wille.

Freier Wille

»Ich glaube nicht an die Freiheit des Willens. Schopenhauers Wort: ›Der Mensch kann wohl tun, was er will, aber er kann nicht wollen, was er will‹ begleitet mich in allen Lebenslagen und versöhnt mich mit den Handlungen der Menschen, auch wenn sie mir recht schmerzlich sind. Diese Erkenntnis von der Unfreiheit des Willens schützt mich davor, mich selbst und die Mitmenschen als handelnde und urteilende Individuen allzu ernst zu nehmen und den guten Humor zu verlieren«, bemerkte einmal Albert Einstein und zeigte damit eine sehr pragmatische Einstellung hinsichtlich der Beantwortung der Frage nach der Möglichkeit bzw. Existenz eines freien Willens. Ähnlich pragmatisch kann man aus der Alltagserfahrung heraus aber auch für den freien Willen argumentieren, denn er scheint offensichtlich zu existieren. Schließlich fühlt niemand sich als Marionette.

Eine denkbar ungeeignete Art, sich dem Phänomen zu nähern, ist die physikalische Betrachtung, die wir dem Physiker Einstein nicht unterstellen wollen. Wer sich dazu verleiten lässt, kommt entweder sehr schnell zur kontraintuitiven Überzeugung, es könne den freien Willen nicht geben, da alles in der Welt Ursachen haben muss, so auch der Gehirnprozess, mit dem eine Entscheidung getroffen wird. Oder er sucht nach seltsamen Auswegen, indem er die Quantentheorie benutzt, die, wie im Kapitel LEBEN IM UNIVERSUM gezeigt, Schlupflöcher zu bieten scheint, um die Willensfreiheit zu retten. So schreibt etwa der Würzburger Neurobiologe Martin Heisenberg: »Seit der

Widerlegung des Determinismus durch die Quantenmechanik ist das Problem der Willensfreiheit zwar nicht gelöst, aber entkrampft.« Er plädiert dafür, dem Zufall eine zentrale Bedeutung für menschliches Handeln beizumessen.

Hier wird von einer fragwürdigen Prämisse ausgegangen, nämlich der Unvereinbarkeit von psychologischer Freiheit und physikalischer Determiniertheit. Das Wissen, dass alle Prozesse auf molekularer Ebene eine unendliche Kette von Ursache und Wirkung sind, ist weder ein Hinderungsgrund für die Annahme eines freien Willens, noch taugt diese Sichtweise zur Erklärung des Phänomens. Der freie Wille ist in dieser Sicht kein physikalisches, sondern ein psychologisches Phänomen. Die Vorstellung vom freien Willen beruht darauf, dass wir bewusste Entscheidungen treffen können und dass wir in sozialen Beziehungen leben, in denen wir uns gegenseitig für unser Verhalten verantwortlich machen. Deshalb kontrollieren wir unser Tun, dessen Beweggründe uns oft nicht bewusst sind, dessen Konsequenzen wir jedoch abschätzen können, und allein darauf kommt es an. Ab dem Niveau popperscher Wesen verfügt der Geist über die Fähigkeit, Hypothesen aufzustellen und auf dieser Basis Entscheidungen zu treffen und damit über einen Willen. Der freie Wille gregorianischer Wesen basiert auf der zusätzlichen Fähigkeit, die sozialen Folgen des eigenen Handelns abzuschätzen, und ist damit an die sozialen Konzepte von Verantwortlichkeit, Schuld, Belohnung und Bestrafung gekoppelt. In einer Welt, in der keiner für sein Tun verantwortlich gemacht würde, gäbe es keine Vorstellung von einem freien Willen. Umgekehrt bricht der Sinn von Verantwortlichkeit weg, wenn man den freien Willen zur Illusion erklärt, wie es etwa Friedrich Nietzsche in *Menschliches, Allzumenschliches* tut, um dann zu einer betrüblichen Folgerung zu kommen: »Die völlige Unverantwortlichkeit des Menschen für sein Handeln und sein Wesen ist der bitterste Tropfen, welchen der Erkennende schlucken muss, wenn er gewohnt war, in der Verantwortlichkeit und der Pflicht den Adelsbrief seines Menschentums zu sehen. Alle seine Schätzungen, Auszeichnungen, Abneigungen sind dadurch entwertet und falsch geworden: sein tiefstes Gefühl, das er dem Dulder, dem Helden entgegenbrachte, hat einem Irrtume gegolten; er darf nicht mehr loben, nicht tadeln, denn es ist ungereimt, die Natur und die Notwendigkeit zu loben und zu tadeln.«

Eine solche Sichtweise, die menschliches Handeln als natürlichen Vorgang wie das Herunterfallen eines Steins betrachtet, ist mit der Lebensweise des Menschen unvereinbar. Die Annahme eines freien Willens ist daher fester Bestandteil unseres Bewusstseins.

Psychologisch betrachtet haben unsere Entscheidungen keine Ursachen, sondern Gründe, und diese lassen sich aus einem Komplex von Wünschen und Überzeugungen rekonstruieren, die uns zum Teil bewusst, zum Teil nicht bewusst sind. Wollen wir also wie Einstein unseren Glauben an den freien Willen einschränken, so können wir das, indem wir auf die nicht bewussten Anteile verweisen. Die zentrale Bedeutung unbewusster Abläufe der Willensbildung, insbesondere unter der Kontrolle des limbischen Erfahrungsgedächtnisses, ist neurobiologisch inzwischen gut belegt. Diese sind verantwortlich dafür, dass wir nur bedingt Herr im eigenen Hause sind. Untersuchungen der Abläufe im Gehirn bei der Steuerung von Willkürhandlungen haben ergeben, dass, wie der Neurobiologe Gerhard Roth es formuliert, »beim Entstehen von Wünschen und Absichten das unbewusst arbeitende emotionale Erfahrungsgedächtnis das erste und das letzte Wort hat«.

Das eigentlich Interessante ist also die psychologische Determiniertheit unserer Entscheidungen. Unser Verhalten wird umso rätselhafter bzw. erscheint umso freier, je mehr wir nahe liegende Verhaltensoptionen ablehnen. In der Literatur (und natürlich auch der Realität) faszinieren uns Menschen, deren Verhalten unterdeterminiert scheint. Wir wollen sie verstehen, aber es gelingt uns nicht, weil der Autor ihre Psyche nicht bereitwillig vor uns ausbreitet, sondern uns Rätsel aufgibt. Helden sind typischerweise nicht einfach durchschaubar. Sie sind etwas Besonderes. Sie sind es aber genau deshalb, weil wir ihnen nicht einfach einen losgelösten, unerklärlichen freien Willen zugestehen, sondern versuchen, herauszufinden, was sie bewegt und antreibt, was sie fühlen, glauben und hoffen.

Wir haben die Wahl. Entweder ist der freie Wille, wie zum Beispiel der Hirnforscher Wolf Singer glaubt, ein soziales Konstrukt, eine Vorstellung, die wir seit langem pflegen und kulturell tradieren, weil sie für das soziale Leben unverzichtbar ist. Gerhard Roth, Direktor am Institut für Hirnforschung der Universität Bremen, spricht von einer »für unser komplexes Handeln absolut notwendigen Illusion«. Oder es ist tatsächlich eine evolutionär entstandene Funktion des Gehirns, die speziell die Aufgabe hat, im sozialen Kontext Entscheidungen hinsichtlich des eigenen Handelns zu treffen, wofür zum Beispiel Francis Crick plädiert, der sich Jahrzehnte nach seinem Jahrhunderterfolg mit der Aufklärung der Struktur der DNA der Neurowissenschaft zugewandt hat. Er schreibt: »Natürlich glaubt kein Wissenschaftler an einen Homunculus im Gehirn. Unglücklicherweise ist es aber einfacher, den Trugschluss des Homunculus darzulegen, als zu vermeiden, dass man ihm erliegt, denn wir alle kennen eine Illusion des Homunculus: das Ich. Vermutlich haben Stärke und Dauerhaftigkeit dieser Illusion ihre Ursache darin, dass es im Gehirn eine übergeordnete Kontrolle gibt. Nur: welcher Art diese Kontrolle ist, wissen wir bislang noch nicht.«

Der freie Wille, das Bewusstsein, das Ich sind psychologisch reale Phänomene, auch wenn sie letztlich als Funktionen eines materiellen Gehirns betrachtet werden müssen. Man kann sie mit guten Gründen als Illusion bezeichnen, ihr Stellenwert kann dadurch nicht geschmälert werden, denn im subjektiven Erleben bleiben sie uns immer erhalten. Antonio Damasio beruhigt all jene, die eine materialistische Sichtweise des Geistes fürchten: »Der Geist wird seine Erklärung überleben, so wie eine Rose noch immer süß riecht, auch wenn wir die molekulare Struktur ihrer Duftstoffe kennen.«

Wissenschaftliches Denken

Dieses Buch hat das Ziel, eine Auswahl der Erkenntnisse und Hypothesen zu präsentieren, die die naturwissenschaftliche Erforschung der Welt geliefert hat, aber auch ein Verständnis dessen zu vermitteln, was es bedeutet, die Natur zu erforschen.

Hierbei müssen wir unterscheiden zwischen wissenschaftlichem Denken und dem, was Wissenschaftler (bei der Arbeit) denken. »Es hat keinen Zweck, in wissenschaftliche Artikel zu schauen, denn sie verschleiern nicht nur das Denken, das in die betreffende Arbeit einfloss, sondern stellen es absichtlich falsch dar«, schrieb der britische Biologe Peter Medawar (1915–1987). Der Grund dafür ist, dass Wissenschaft als Institution, als kollektives, globales Unternehmen nach festen Regeln abläuft. Nach diesen Regeln wird auch publiziert und Wissenschaft als Prozess gesellschaftlich auf vielfältige Weise kontrolliert. Die Menschen, die Wissenschaft betreiben, lassen sich jedoch auch von Gefühl, Intuition, ästhetischem Empfinden, Widerspruchsgeist und so weiter leiten. Dieses Spannungsfeld aus Rationalität und Objektivität des wissenschaftlichen Prozesses und Subjektivität sowie Emotionalität des wissenschaftlichen Forschens lässt sich am Ergebnis selber und an der Publikation, die daraus folgt, kaum nachvollziehen.

Wissenschaftliches Denken basiert auf dem Alltagsdenken, auf den intuitiven Theorien über die Natur, die bei allen Menschen grundsätzlich gleich sind. Es ist jedoch in dreierlei Hinsicht eine Weiterentwicklung des »natürlichen Denkens«.

Erstens bedient es sich einer Reihe von Denkwerkzeugen, insbesondere der Logik, der Mathematik und des Experiments. Diese erlauben es, von der ganzheitlichen Wahrnehmung zu den zugrunde liegenden Gesetzen zu gelangen. Sie erlauben es auch, kontraintuitive Hypothesen, die dem gesunden Menschenverstand und unserer unmittelbaren Wahrnehmung widersprechen, aufzustellen und zu überprüfen. Dies ist deshalb so wichtig, weil unsere Wahrnehmung und unsere intuitiven Theorien als Produkte der Evolution ja nicht dafür geschaffen wurden, Wahrheit zu finden, sondern unsere Fitness zu erhöhen. Die Suche nach Wahrheit (und das Finden von Gültigkeit) ist keine biologische, sondern eine kulturelle Errungenschaft. Sie dient nicht dem Einzelnen, sondern der Menschheit. Wie wir mit Teleskop, Mikroskop und anderen Instrumenten die Grenzen unseres Wahrnehmungsvermögens überschritten haben, haben wir auch mit den Methoden des wissenschaftlichen Denkens unser Vorstellungsvermögen überschritten. Wir können uns keine intuitiv befriedigende Vorstellung davon machen, wie beim Urknall Raum und Zeit entstehen oder in unserem Gehirn Bewusstsein oder Gefühle. Selbst elektrischer Strom oder Informationsübermittlung in Glasfasern leuchten uns nur dann einigermaßen ein, wenn wir in aufwändigen Trickfilmmodellen vereinfacht gezeigt bekommen, was abläuft. Unser Vorstellungsvermögen ist nicht dafür gemacht. Dennoch können wir mit Hilfe der Wissenschaft etwa die Quantenrealität beschreiben und das gewonnene Wissen erfolgreich in technischen Anwendungen nutzen. Vereinfachte Modelle des Forschungsobjektes helfen uns, Komplexität zu verstehen. In diesem Punkt sind sich übrigens Wissenschaftler und Künstler in der Arbeitsweise sehr nahe, wie überhaupt die Verbindung von Wissenschaft und Kunst so viele Parallelen aufweist, dass es einen längeren Exkurs lohnen würde.

Zweitens basiert das wissenschaftliche Denken auf einer wissenschaftlichen Weltsicht. Diese besagt, dass die Welt grundsätzlich gesetzlich strukturiert und erklärbar ist und hierfür nur natürliche Erklärungen akzeptiert werden, niemals auf Götter, Dämonen, übernatürliche Kräfte und Ähnliches verwiesen werden kann. Ein Wissenschaftler kann an Gott glauben. Aber er kann nicht die Hypothese aufstellen, Diabetes entstehe, weil Gott die Produktion von Insulin in der Bauchspeicheldrüse drossele. Er kann auch keinen Aspekt der natürlichen Welt, zum Beispiel Gefühle oder Bewusstsein, als ewig unerklärlich deklarieren, sonst gibt er den wissenschaftlichen Anspruch auf.

Drittens unterwirft sich wissenschaftliche Erkenntnis systematischer Kritik. Sie beansprucht nie Wahrheit, sondern immer nur vorläufige Gültigkeit. Eine Theorie wird nur so lange akzeptiert, wie es nicht gelingt, sie zu widerlegen. Auf diese Tatsache hat insbesondere der Philosoph und Begründer des Kritischen Rationalismus Karl Popper hingewiesen, der in seinem Hauptwerk *Logik der Forschung* (1934) mit dem »Falsifikationsprinzip« betonte, dass man streng genommen eine Theorie nie beweisen, sondern immer nur falsifizieren könne. Das Falsifikationsprinzip ist nicht nur erkenntnistheoretisch zu verstehen, sondern auch als Forschungsstrategie: Wenn wir eine Theorie beweisen wollen, sind wir geneigt, das zu finden, was die Theorie stützt, dafür aber auszublenden, was ihr widerspricht. Dies führt im Extremfall zum Dogmatismus. Deshalb sollen wir immer versuchen, unsere Theorien zu widerlegen und sie dann durch veränderte zu ersetzen. Damit erreicht man zwar nie endgültige Wahrheiten, aber man nähert sich der Wahrheit an. Es handelt sich um eine antidogmatische und antikonservative Strategie, die sich als sehr fruchtbar erwiesen hat. Ein entscheidender Anstoß für Popper war Einsteins Spezielle Relativitätstheorie. Nichts war so sicher bewiesen und in der Praxis erfolgreich wie die newtonsche Physik. Und trotzdem wurde sie von Einstein widerlegt bzw. in ihrem Gültigkeitsbereich eingeschränkt.

Im Gegensatz zu einem Glaubenssatz verlangt eine Theorie also danach, widerlegt bzw. durch eine bessere ersetzt zu werden, die genauere Voraussagen zulässt oder einen größeren Geltungsbereich hat. Bert Brecht lässt in seinem Stück *Das Leben des Galilei* diesen sagen: »Ja, wir werden alles noch einmal in Frage stellen ... Und was wir heute finden, werden wir morgen von der Tafel streichen und erst wieder anschreiben, wenn wir es noch einmal gefunden haben. Und was wir zu finden wünschen, das werden wir, gefunden, mit besonderem Misstrauen ansehen.«

Historisch betrachtet ist die Entwicklung des wissenschaftlichen Denkens ein kontinuierlicher Prozess, ein durchgehender Aspekt der kulturellen Entwicklung der Menschheit. Als große Einzelschritte auf diesem Weg gelten die griechische Wissenschaft, die insbesondere die Grundlagen für die wissenschaftlichen »Sprachen« Logik und Mathematik ausarbeitete und die aristotelische Tradition der Naturbeobachtung begründete, sowie die wissenschaftliche Revolution in der frühen Neuzeit, die dem Experiment seinen seitdem zentralen Stellenwert gab und so Beobachtung und Theoriebildung systematisch zusammenführte.

Der englische Philosoph und Staatsmann Francis Bacon (1561–1626) suchte die »große Erneuerung der Wissenschaften« auf der Grundlage »unverfälschter Erfahrung« und Beobachtung, in der er die sicherste Quelle neuen Wissens sah. Er löste damit die Methode der Spekulation durch die Empirie ab. In seinem *Novum organum* beschrieb er das Verfahren der Induktion, der Ableitung allgemeingültiger Gesetze aus Einzelbeobachtungen, also den Weg vom Besonderen zum Allgemeinen, der eine Naturerkenntnis und schließlich Naturbeherrschung, Nutzbarmachung und Vervollkommnung ermöglichen sollte. Sein utopischer Roman *Nova atlantis* schildert einen auf diesem Wege entworfenen, technisch perfekten Zukunftsstaat. Im Gegensatz zur Induktion ist die Deduktion (die »Wegführung«) eine Ableitung von spezifischen Aussagen aus allgemeineren Hypothesen oder Axiomen. Unter der Methode der Reduktion versteht man die Rückführung auf Einfacheres bzw. Kleineres. So wurden etwa in der Physik alle Phänomene der Struktur der Materie auf die Wechselwirkungen zwischen Elementarteilchen reduziert oder in der Evolutionsbiologie alle körperlichen Merkmale und Verhaltensweisen auf den Kampf ums Überleben zwischen den Genen zurückgeführt.

Betrachtet man die Theoriebildung in einzelnen Disziplinen, erkennt man Phasen des allmählichen Ausbaus eines Theoriegebäudes und Phasen des Umbruchs, die der Wissenschaftstheoretiker Thomas Kuhn als »Paradigmenwechsel« bezeichnet hat und die eine neue Forschungstradition begründen. Solche historischen Umbrüche waren etwa die Etablierung der Evolutionsbiologie oder der Quantenphysik, die kognitive Wende in der Psychologie oder der Übergang zur molekularen Medizin und zur biologischen Betrachtung von Geisteskrankheiten.

Die wissenschaftliche Methode

Jeder, der wissenschaftlich arbeitet, hält sich an diese Voraussetzungen. Und er hält sich an die grundsätzlichen Vorgaben der wissenschaftlichen Methode, die fünf Schritte umfasst:

(1) Beobachtung,
(2) Hypothesenbildung,
(3) Experiment,
(4) Schlussfolgerung und Theorienbildung,
(5) Veröffentlichung der Ergebnisse.

Diese wissenschaftliche Methode gibt auch die Form vor, an der sich die wissenschaftlichen Artikel in den Fachzeitschriften orientieren. Nicht alles, was im Kopf der Wissenschaftler vorgeht, kann aber, wie Peter Medawar sagte, in der Veröffentlichung offenbart werden. Dieses konkrete wissenschaftliche Arbeiten ist ein subjektiv geprägter, kreativer Prozess. Die Darstellung wird jedoch von allem Subjektiven befreit. Wissen wird so organisiert, dass jeder, der auf diesen Erkenntnissen aufbauen möchte, die erforderlichen Informationen finden kann. Die notwendige Formalisierung, die Elimination von Gefühl und Glaube, verleiht der Wissenschaft manchmal den Hautgout kalter Sachlichkeit und mag dazu beitragen, dass das Bild des Forschers insbesondere in den letzten Jahrzehnten etwas gelitten hat, in denen die Wissenschaft sich zu einem weltumspannenden Netzwerk entwickelte, das von großen Teams und nicht mehr in dem Maße wie früher von Einzelpersönlichkeiten getragen wird. Tatsächlich arbeiten in den Labors der Welt aber Menschen mit den gleichen Stärken, Schwächen, Leidenschaften, Weltsichten, Intuitionen und Träumen wie anderswo auch. Dieses schließt ein, dass auch in der Forschung, wenn auch selten, geschummelt und betrogen wird. Doch nirgends fällt man mit Betrug so schnell auf die Nase wie in der Wissenschaft. Da grundsätzlich jedes Ergebnis von anderen überprüft wird, haben hier Lügen wirklich kurze Beine.

Evolutionäre Erkenntnistheorie

Um Wissenschaft betreiben zu können, müssen wir uns auch mit der Frage beschäftigen: Was können wir überhaupt wissen? Diese Frage wird durch die evolutionäre Erkenntnistheorie beantwortet. Unser Erkenntnisvermögen ist ein Ergebnis der biologischen Evolution. Wir können nur sehen, hören, riechen, beobachten und wahrnehmen, worauf unsere Sinnesorgane ausgerichtet wurden. Außerhalb unserer Welt, in der wir zu Hause sind, versagen oder täuschen uns unsere Sinne. Sinnesorgane und kognitive Strukturen passen deshalb für unsere reale Welt, weil sie sich in Anpassung an diese Welt herausgebildet haben. Der Ausschnitt der Realität, den wir wahrnehmen, entspricht einem Mesokosmos, konstituiert durch das sichtbare Licht, kleine und mittlere Geschwindigkeiten, Kräfte und Zeiten, für die wir intuitives Urteilsvermögen entwickelt haben. Sensorische Wahrnehmung und Erfahrung sind geprägt durch die Exploration dieses Mesokosmos, die Wissenschaft geht jedoch darüber hinaus.

Der Philosoph Gerhard Vollmer, einer der Begründer der evolutionären Erkenntnistheorie, unterscheidet daher drei Stufen der Erkenntnis: »In der Wahrnehmung erfolgt die interne Rekonstruktion und Identifikation von Objekten, also das Erkennen, in der Regel *unbewusst* und *unkritisch*, meist sogar unkorrigierbar. In der Erfahrung, die sprachliche Formulierungen, einfache logische Schlüsse, Beobachtung und Verallgemeinerung, Abstraktion und Begriffsbildung einschließt, erfolgt sie dagegen *bewusst*, allerdings ebenfalls noch unkritisch. In der Wissenschaft schließlich, die auch Logik, Modellbildung, mathematische Strukturen, Kunstsprachen, externe Datenspeicher, Künstliche Intelligenz und eine instrumentell erweiterte Erfahrung zu Hilfe nimmt, erfolgt die Rekonstruktion bewusst und *kritisch*; freilich muss dafür häufig Unanschaulichkeit der postulierten Strukturen in Kauf genommen werden.«

Wenn wir unseren Geist, unseren »Erkenntnisapparat« als Produkt der natürlichen Evolution sehen, müssen wir davon ausgehen, dass er insgesamt sehr gut in der Lage ist, die reale Welt durch Wahrnehmung in unserem Kopf zu rekonstruieren. Gäbe es diese »Passung« nicht, wären wir längst ausgestorben. Die evolutionäre Perspektive erlaubt aber auch, die Grenzen unserer Erkenntnisfähigkeit aufzuzeigen. Vereinfacht gesagt, sind wir auf die Erfassung des »Mesokosmos« geeicht und können das sehr Kleine wie auch das sehr Große, das sehr Schnelle und das sehr Langsame eben nicht erkennen. Wir können diese Beschränkungen jedoch mit Hilfe von kulturellen Errungenschaften, Mikroskopen, Teleskopen, Computern, aber auch mathematischen Formeln und Algorithmen überwinden und so zu einer umfassenden Rekonstruktion der Welt gelangen, die über unsere biologisch evolutionären Grenzen hinausreicht. Dieses Ziel verfolgt die Wissenschaft. Sie ist noch lange nicht am Ende.

AUSBLICK

Auf dem Weg zu einer humanen Wissensgesellschaft

»Was zu entdecken bleibt, ist selbstredend nicht identisch mit dem, was entdeckt werden wird. Wir können zwar angeben, welche ungelösten Probleme sich uns heute stellen, aber nicht, auf welche Weise diese vielleicht eines Tages gelöst werden«, schreibt John Maddox im Vorwort seines Buches *Was zu entdecken bleibt. Über die Geheimnisse des Universums, den Ursprung des Lebens und die Zukunft der Menschheit.* Maddox muss es wissen. Er war bis 1996 fast drei Jahrzehnte lang Herausgeber von *Nature*, der weltweit bedeutendsten naturwissenschaftlichen Fachzeitschrift. Als begeisterter Wissenschaftsjournalist hatte er intensiven Kontakt mit den herausragenden Forschern unserer Zeit und war dadurch wie kaum ein anderer in der Lage, den Werdegang der Forschung in den letzten Jahrzehnten hautnah mitzuverfolgen und vor allem dabei den Überblick zu behalten.

Die Geschichte der Naturwissenschaften zeigt in der Tat seit ihren Ursprüngen, dass Forscher immer wieder von ihren Entdeckungen überrascht worden sind und wie solche Überraschungen Weltsicht und Alltag der Menschen nachhaltig veränderten. Die Voraussehbarkeit solcher historischen Entwicklungsschritte hält sich in engen Grenzen. Das 18. Jahrhundert in Europa war noch geprägt von harter körperlicher Arbeit für den Broterwerb. Die meisten Menschen waren Analphabeten, viele wurden nicht älter als 40 Jahre und die Kindersterblichkeit war sehr hoch. Kaum jemandem wäre es in den Sinn gekommen, dass im 19. Jahrhundert zahlreiche wissenschaftliche Durchbrüche und soziale Umwälzungen dazu führen würden, dass mehr und mehr Menschen aus Unwissen und Armut befreit werden konnten. Das Wissen wurde nicht nur rasant vermehrt und der Lebensstandard dramatisch gesteigert. Es kamen auch freiheitliche politische Kräfte zum Tragen, die alte Feudalsysteme zum Einsturz brachten. Als Heinrich Hertz 1887 die ersten freien elektromagnetischen Wellen erzeugte, dachte noch niemand daran, dass sie wenige Jahrzehnte später das Fernsehen in die gute Stube bringen würden und noch einige Jahrzehnte später die Menschen sich wegen »Elektrosmogs« sorgen würden. Als Louis Pasteur 1865 in der Keimtheorie postulierte, dass Krankheiten von Mikroorganismen übertragen werden, vermochte niemand abzusehen, dass gut 60 Jahre später ausgerechnet ein Schimmelpilz uns die wichtigste Waffe gegen diese Krankheitserreger liefern würde: das Penicillin, mit dem seither etliche Millionen Menschenleben gerettet wurden. Als Anton Zeilinger 1997 das erste Mal Lichtquanten teleportierte, wurde in Sciencefiction-filmen zwar schon seit langem munter »gebeamt« und auch schon von Quantencom-putern geredet. Doch was im Jahr 2035 tatsächlich aus jener von Einstein entdeckten »spukhaften Fernwirkung« für unseren Alltag resultieren wird, weiß bis heute niemand zu sagen.

Wir haben in diesem Buch eine Fülle wissenschaftlicher Erkenntnisse und Durch-brüche beschrieben, die überraschende Einblicke in das Leben und das komplexe Sys-tem Erde ermöglichten. Doch es gibt keinen Grund anzunehmen, dass die Tage der Überraschungen vorbei sind. Das wirklich Neue ist immer unvorhersehbar und nicht rational abgeleitet aus dem Bekannten. Die Intuition, das Gefühl, der Traum des Wis-senschaftlers sind manchmal wichtiger als das Vorwissen auf seinem Forschungsgebiet. Es wäre ganz gewiss falsch auszuschließen, dass die Menschheit früher oder später in der Lage sein wird, auf die offenen Fragen unserer Zeit Antworten zu finden. Woraus bestehen dunkle Materie und Energie im Weltall? Expandiert das Universum tatsäch-lich seit dem Urknall? Wie kam das Leben auf die Erde? Gibt es auf anderen Planeten intelligente Lebensformen? Wie funktioniert unser Gehirn? Wird es uns jemals gelin-gen, Organe des Körpers nachwachsen zu lassen, Materie von einem Ort zum anderen zu beamen oder intelligente menschenähnliche Roboter zu bauen?

Unser Streben, naturwissenschaftliche Erkenntnisse anzuwenden, um die Lebens-bedingungen weiter zu verbessern, lässt sich ebenso wenig aufhalten wie der Prozess der Erforschung der Welt, denn er ist Teil der menschlichen Natur und Bestandteil sei-ner Existenz und Bestimmung. Maddox ist zu Recht der Ansicht, dass die immer wie-der auftauchenden ungelösten Probleme, vor denen die Menschen stehen und stehen werden, »unsere Kinder und deren Kinder und so weiter über die nächsten Jahrhunder-te und vielleicht sogar bis ans Ende der Zeit beschäftigen« werden. Wie sollte man es anders sehen? Wenn man die Perspektive öffnet und fragt, welche Lehre aus dem in Jahrtausenden angesammelten Wissen über die Natur, das Leben und den Kosmos zu ziehen ist, dann wohl die, dass die Entwicklung immer weitergeht. Angesichts der Fülle von Entdeckungen und technischen Neuerungen in den letzten Jahrzehnten könnte man zwar meinen, wir näherten uns den Grenzen des Erreichbaren. Doch das glaubten auch schon vor 100 Jahren viele Menschen – ganz zu schweigen von dem festen Welt-bild mancher Religionen und Ideologien, in dem sich Voraussagen erübrigen, da die feste Ordnung dort ohnehin ewig Bestand haben sollte. Heute sind solche Vorstellun-gen wohl am ehesten unserer schwachen Vorstellungskraft und unserer mal mehr, mal weniger ausgeprägten Skepsis gegenüber Fortschritt und Veränderung geschuldet. Wir müssen uns auch immer wieder klar machen, dass viele unserer Probleme von Menschen gemacht sind – die Gefährdung der Umwelt zum Beispiel, die wir nur schwer in den Griff bekommen.

Dass es in der Entwicklung des Kosmos und der Entfaltung des Lebens keinen Stillstand gibt, ist gewiss, denn die Evolution ist nichts, was in Geschichtsbüchern abschließend behandelt werden kann, sondern ein stetiger Prozess. Aus ihm werden wie schon immer wieder neue Prozesse hervorgehen. Vor etwa 4 Milliarden Jahren entwickelte sich das erste Leben. Die Moleküle der ersten Stunde finden sich noch heute bei hoch entwickelten Lebewesen und bei uns Menschen. Leicht umgebaut und zum Teil mit neuen Funktionen tragen wir 4 Milliarden Jahre Entwicklungsgeschichte mit uns herum. Mehrfach wurde das Leben auf der Erde weitgehend ausgelöscht. Seit dem Auftauchen der ersten Vertreter der Gattung Mensch vor etwa 2 Millionen Jahren entwickeln wir uns beständig weiter. Mit dem Entstehen von Sprache und Kulturfähigkeit hat der moderne Mensch einen Sprung gemacht, der ihn deutlich vom Rest der Tierwelt abhebt. Mit der Entwicklung der Wissenschaft hat er in den letzten zwei Jahrtausenden die Grundlage für ein umfassendes Verständnis aller natürlichen Prozesse gelegt, in die wir seit der neolithischen Revolution vor etwa 10 000 Jahren immer erfolgreicher und präziser gestalterisch eingreifen. Ob wir wollen oder nicht, wir Menschen werden uns und mit uns die Welt weiterentwickeln – unaufhaltsam und ziemlich sicher mit gleicher Dramatik wie in der Vergangenheit. Unser heutiges Leben ist nur ein gefrorenes Standbild im laufenden Film der Evolution. Die Menschheits- und Naturgeschichte lehrt uns in der alten heraklitischen Sicht – »Niemand steigt zweimal in denselben Fluss« und »Alles fließt!« – den richtigen Blick auf jene Momentaufnahme, die wir Heute oder Gegenwart nennen, und sie lehrt uns die notwendige Bescheidenheit, um die Gegenwart und nahe Zukunft vernünftig zu gestalten.

Lässt sich die Zukunft vorhersagen?

Inwieweit ist es möglich, wenigstens für den Zeitraum eines Menschenlebens Zukunftsprognosen abzugeben? Es gab immer wieder Versuche, die Entwicklung der Naturwissenschaften und damit auch unsere Lebensweise auf lange Sicht vorherzusagen und diese Vorhersagbarkeit theoretisch zu begründen. Häufig geschah (und geschieht) dies durch die Extrapolation aktuell vorherrschender Trends. Man betrachtet sich die jüngere Vergangenheit und die Gegenwart, verzeichnet einige Eckdaten auf einer Zeitkurve, verbindet die Punkte mit einer Linie und führt diese auf der Zeitskala weiter in die Zukunft.

Das Ganze kann man auch von Computern berechnen lassen und gewisse Fehlergrenzen einräumen. Mit solchen Extrapolationen können alle möglichen Zukunftsprognosen angefertigt werden. Man kennt solche zum Guten oder Schlechten weisenden Szenarien zur Genüge. Im letzten Drittel des vergangenen Jahrhunderts nahmen einige den Anstieg des globalen Energieverbrauchs als Ausgangspunkt und prognostizierten auf kurze Sicht das Versiegen der Erdölquellen und fast sämtlicher anderer natürlicher Ressourcen, einen gravierenden Klimawandel, Hungerkatastrophen, globale Wasserknappheit und Ähnliches.

Andere betrachteten eher die Sonnenseiten des Lebens und schwärmten von neuen Technologien, stetig wachsender Arbeitsproduktivität, der bevorstehenden 20-Stunden-Woche und unaufhörlich steigenden Aktienindizes. Solche Berechnungen können zwar interessante Anhaltspunkte liefern. Doch aufgrund ihrer Beschränkung auf einige ausgewählte Parameter und vor allem, weil sie nicht beachten, dass im Zeitraum der Vorhersage viele neue Erfindungen und historische Entwicklungen den Gang der Dinge beeinflussen werden, gleichen sie oft mehr einem Lotteriespiel als einer wissenschaftlich ernst zu nehmenden Prognose.

Im letzten Jahrhundert waren solche Zukunftsprognosen sehr populär. Das gesellschaftliche Denken war in den meisten westlichen Industriestaaten vom Glauben an eine bessere Zukunft geprägt. Es gab auch Gegenbewegungen. In der Einleitung zu diesem Buch sind wir hierauf eingegangen. Viele Wissenschaftler versuchten damals, sich gegenseitig in der Genauigkeit ihrer Prognosen für das Jahr 2000 hinsichtlich der dann zur Verfügung stehenden Technik und der gesellschaftlichen Entwicklung bis dahin zu überbieten. Das Wort Futurologie kam in Mode, und der damals viel gelesene und einflussreiche Autor Robert Jungk wagte es, die »Futurologie als exakte Wissenschaft« vorzustellen.

In anderen Szenarien der 1960er-Jahre, die beispielsweise unter dem Titel *Menschen im Jahr 2000* in den Buchhandlungen standen, wurde geradezu prophetisch »der Einsatz atomarer Sprengköpfe in Tief- und Bergbau« verkündet und man erfuhr, dass es spätestens im Jahre 2000 Mondstationen geben werde, »von denen aus interplanetarischer Verkehr möglich« sein werde. Überdies errechnete man, dass »der Energiebedarf des Jahres 2000 zu mehr als 30 Prozent durch Kernenergie gedeckt würde«, und es schien außerdem klar, dass »man zur Energieerzeugung um die Jahrtausendwende auch die Kernfusion benutzen« werde. In diesem Klima des Fortschrittsglaubens glaubte man auch wie selbstverständlich, dass heutzutage langfristige Wettervorhersagen längst langweilige Tagesordnung sein würden. Viele solcher Prognosen lagen daneben.

Der Philosoph Karl Popper erklärte den entscheidenden Denkfehler der Futurologen. Als er sich mit ihren zahlreichen Vorhersagen beschäftigte, fiel ihm auf, dass sie zutreffenderweise alle annahmen, dass das jeweilige Leben in einer wissenschafts- und technikabhängigen Gesellschaft von dem angesammelten Wissen abhing, das verfügbar war. Weiter gingen die Zukunftsforscher davon aus, dass man mit zunehmendem Wissen immer mehr über die Dinge der Welt sagen kann. Auch das schien Popper plausibel. Daraus schlossen die Analysten allerdings, dass sie mit dem wachsenden Gesamtwissen auch besser über das Bescheid wüssten, was in der Zukunft passieren würde. Und hier liegt der Trugschluss, auf den Popper hinwies und den es sorgfältig im Auge zu behalten gilt: Der Denkfehler besteht darin, dass wir zwar mit Hilfe der Wissenschaft immer mehr Wissen anhäufen, dass wir aber eines mit Sicherheit nicht wissen können, nämlich das, was wir in Zukunft wissen werden. Wenn dem so wäre, könnten wir schon heute über das Wissen von morgen und übermorgen verfügen. Mit anderen Worten: Gerade weil mit zunehmendem Wissen unser gegenwärtiges und kommendes Leben immer mehr von diesem Wissen abhängt, können wir einerseits immer gezielter Einfluss auf unser irdisches Schicksal nehmen und unsere Lebensqualität verbessern. Andererseits können wir aber immer weniger darüber sagen, wie die fernere Zukunft aussehen wird. So werden sich in 100 oder vielleicht schon in 50 Jahren Wissenschaftler mit Fragen beschäftigen, über die wir heute aufgrund fehlender Kenntnisse nicht einmal spekulieren können.

Der Philosoph Hermann Lübbe hat die Thesen Poppers einmal so umschrieben, dass sich mit wachsendem Wissen »die schwarze Wand der Zukunft nicht weiter von uns fort, sondern näher auf uns zu« bewege. Und das geschehe zudem immer schneller. Man kann dies auch positiv wenden: Die Zukunft bleibt uns nicht nur offen, das anwachsende Wissen erst erweitert die Perspektiven und vergrößert diese Offenheit, die mit jeder Erkenntnis immer wieder neu und unmittelbarer vor uns steht.

In weiten Teilen des Wissenschaftsbetriebs hat man aus den Erfahrungen mit falschen Vorhersagen der Zukunftsforscher Konsequenzen gezogen. So redet man heute lieber von einer Prospektion als von einer Prognose und setzt sich dabei die zwar kleinere, aber dafür keineswegs unwichtigere Aufgabe, »Forschungsaufgaben zu identifizieren, deren Bearbeitung dazu beitragen soll, neue Erkenntnisse in sich herausbildenden oder bisher vernachlässigten Gebieten zu gewinnen«. So hieß es stellvertretend für die neue Sicht in einer vor wenigen Jahren veröffentlichten »Pilotstudie zu einer Prospektion der Forschung« des Wissenschaftsrates. Das betrifft also Fragen der Prioritätensetzung in der Forschung und deren Bedeutung für die gesellschaftliche Entwicklung. Wollen wir verstärkt über den Ursprung des Weltalls, über das System Erde oder über die Funktion des menschlichen Körpers forschen?

So verlockend für manchen Wissenschaftler der Gedanke sein mag, die Zukunft der Naturwissenschaften und der Menschheit detailliert vorherzusagen: Man sollte dabei auf dem Boden der Tatsachen bleiben und seine spekulativen Einschätzungen auch als solche kennzeichnen.

Das soll nicht heißen, dass überhaupt keine Zukunftsbilder möglich sind. Jedoch fehlt dabei oft das hierfür zwingend angebrachte Maß an Besonnenheit und Umsicht. Das zeigt sich zum Beispiel an den Diskussionen um künstlich geschaffene, intelligente Lebensformen. Manche schwärmen in diesem Zusammenhang von den »fast gottgleichen Fähigkeiten, das Leben nach Belieben zu manipulieren« – obwohl die meisten diesbezüglichen Szenarien beim heutigen Stand der Forschung bestenfalls als mangelhaft verstandene Biologie oder Sciencefiction gelten können. Wir haben in den letzten

Jahrzehnten ohne Zweifel bedeutende Fortschritte in den Lebenswissenschaften, in der Hirnforschung und in der Computertechnologie erzielt. Das ist so unbestreitbar wie die Tatsache, dass wir, was die gezielte Einflussnahme auf molekulare Prozesse angeht, in vielen Bereichen erst am Anfang stehen. Was die komplexen Interaktionen in einem Organismus auf molekularer Ebene angeht, wird sich erst noch zeigen müssen, inwieweit wir sie überhaupt verstehen können. Der Computerwissenschaftler und Musiker Jaron Lanier hat zu Recht darauf hingewiesen, dass hierzu wachsende Rechnerleistungen allein nicht ausreichen werden. Das Problem liege vielmehr an der Programmierung neuer Computersysteme, die das Kunststück fertig bringen müssten, mit den für den menschlichen Geist nicht erfassbaren Komplexitätsgraden natürlicher Systeme sinnvoll umzugehen. Man kann heute aber noch nicht einmal abschätzen, wie viele Parameter in einem solchen Rechnerprogramm mit welcher Gewichtung und mit welchen differenzierten Verzweigungsoptionen eingebaut werden müssten. Womöglich werden wir deshalb, so die Einschätzung Laniers, schon bald an Komplexitätsgrenzen stoßen – »Grenzen, die nicht notwendigerweise durch den Bau größerer und schnellerer Computer überwunden werden können«.

Noch ungewisser ist unter diesem Aspekt der Komplexität die Zukunft der Hirnforschung. Auch hier gelangte man, wie im letzten Kapitel erläutert, in den letzten Jahren zu vielen neuen und bedeutenden Erkenntnissen, dank deren es beispielsweise möglich werden könnte, wirksamere Therapieformen gegen psychische Krankheiten wie schwere Depression, Schizophrenie oder Alzheimer zu entwickeln. Die Entwicklung eines umfassenden Verständnisses der neuronal verzweigten Organisation von Wahrnehmung, Verarbeitung, Gedächtnis, Emotion und Sprache und damit der Möglichkeit der gezielten Einflussnahme hierauf und die Vorstellung fundierter Theorien über das Wesen und die Beschaffenheit des menschlichen Geistes dürfte aber noch einiges an Zeit in Anspruch nehmen – wenn es denn überhaupt gelingen wird. Von der Erkenntnis, dass alle lebenden Organismen sich auf molekularer Ebene beschreiben lassen, bis zur Umsetzbarkeit einer daraus abgeleiteten Vision, den Menschen beliebig umbauen zu können, ist es ein weiter Weg. Ob wir ihn bis ans Ende werden gehen können und ob wir das wollen, kann niemand sagen. Zwischen der Vision und dem Erreichen des Ziels liegen jedenfalls Welten, genauso wie zwischen dem Wissen von der Existenz eines Millionen Lichtjahre entfernten Planeten und der Bereitstellung einer Technologie, die es uns ermöglicht, ihn zu besuchen oder gar zu besiedeln. Und schließlich, so der Biologe Hubert Markl, früher Präsident der Max-Planck-Gesellschaft, kann in freien, demokratischen Rechtsstaaten nichts, »aber auch gar nichts … Menschen dazu zwingen, mit sich machen zu lassen, was sie nicht mit sich machen lassen wollen«.

Mutige Zukunftsvisionen etwa über die Besiedlung des Mars – erst mit Mikroorganismen, später mit Menschen – oder die Produktion »intelligenter« Androiden können sicher dabei helfen, den Blick für die Zukunft offen zu halten. Aber sie können auch

Ängste hervorrufen, wenn sie allzu forsch nahe legen, wir stünden kurz vor solchen zwangsläufig und unwiderruflich über uns hereinbrechenden Zäsuren. Das ist unseriös und beunruhigt eine Gesellschaft, wenn nicht genügend über die ethischen und gesellschaftlichen Implikationen diskutiert wird oder aber wenn das Vertrauen in demokratische Strukturen erschüttert ist. Wir werden dann quasi genötigt, aus einer noch unqualifizierten Perspektive der Jetztzeit ein Urteil über Ungewissheiten der Zukunft abzugeben und dabei unsere heutigen Maßstäbe anzuwenden, statt uns den drängenden Fragen der Gegenwart und der näheren Zukunft zu widmen.

Elementare Fragen der Forschung

Was lässt sich über die nähere Zukunft der Naturwissenschaften sagen? Man kann ohne Zweifel davon ausgehen, dass sie beständig neues Wissen liefern werden. Wir werden also ganz sicher mehr über das menschliche Nervensystem, über Geist und Genom und ebenso viel Neues über das System Erde und den Kosmos erfahren. Aber auch hier gilt es, realistisch zu bleiben. In den nächsten Jahrzehnten wird die Suche nach erdähnlichen Planeten weiter im Mittelpunkt der Weltraumforschung stehen. Aufgrund der riesigen Entfernungen wird es dabei vor allem auf ausgefeiltere Beobachtungstechnologien ankommen. Weltraumforscher der NASA und ihre Kollegen bei der Europäischen Raumfahrtorganisation (ESA) arbeiten deshalb daran, in absehbarer Zeit leistungsstarke optische Systeme im Weltraum kreisen zu lassen. Damit sollen auch kleinere Planeten außerhalb unseres Sonnensystems erfasst werden. Wer weiß: Möglicherweise wird die Raumfahrt einmal so bedeutend, wie es die Schifffahrt im Mittelalter war.

Man kann sicher auch eine grobe Richtung angeben, in die sich die Naturwissenschaften derzeit entwickeln. Vieles spricht für eine engere Vernetzung der derzeit wohl bedeutendsten Forschungsgebiete, die sich um Physik und Biologie herum gebildet haben. Der Physik-Nobelpreisträger Sheldon Glashow hat im Rückblick auf die zentralen Erkenntnisse des vergangenen Jahrhunderts einen Vergleich mit dem Schachspiel gezogen. Seiner Meinung nach haben wir in den zentralen naturwissenschaftlichen Disziplinen Physik und Biologe die komplizierten Regelwerke einigermaßen durchschaut. So ist es mit Hilfe der Quantenmechanik gelungen, die Struktur und Beschaffenheit von Materie und Energie auf atomarer Ebene besser zu verstehen. Das ermöglichte den Bau vieler technischer Geräte, beispielsweise des Computers, der uns viel Rechenarbeit abnahm und heute Bestandteil fast aller technischer Geräte ist. Die Molekularbiologie und Genomforschung haben grundsätzliche Abläufe im Innern der Zelle geklärt. Dies hat es uns ermöglicht, durch Medikamente auf gestörte Abläufe des Körpers Einfluss zu nehmen und Krankheiten zu behandeln. Durch gentechnische Eingriffe können wir die Eigenschaften von Mikroorganismen, Pflanzen und Tieren verändern. Nachdem wir also im 20. Jahrhundert diese Grundregeln des Schachspiels einigermaßen verstanden haben, so Glashow weiter, stehen wir jetzt davor, vom Schachamateur zum Großmeister aufzusteigen, indem wir das gesammelte Wissen bündeln und die komplexen Wechselwirkungen auf atomarer und molekularer Ebene intelligent und inspiriert analysieren. Gleichzeitig sind wir uns aber klar darüber, dass die selbst definierten Regeln des von Menschen erdachten Schachspiels mit dem wirklichen Leben nichts zu tun haben.

Unter Forschern besteht weitgehend Einigkeit darüber, dass sich die Naturwissenschaften auf Grundlage der Erkenntnisse des 20. Jahrhunderts immer stärker auf die elementaren Fragen von Leben und Materie und Zeit und Raum fokussieren. Damit kommen wir in Bereiche, in denen Naturwissenschaften, Geisteswissenschaften und Philosophie noch weniger zu trennen sind als in der Vergangenheit. Der Physiker Michio Kaku von der Universität New York City hat in seinem Buch *Zukunftsvisionen. Wie Wissenschaft und Technik des 21. Jahrhunderts unser Leben revolutionieren* diesen Entwicklungsgang beschrieben. Er geht davon aus, dass wir die Grundprinzipien von Materie, Leben und Rechnen (per Computer) im Wesentlichen aufgeklärt und die großen Ideen der Naturwissenschaften durchdrungen und bestätigt haben. Zu Beginn des 21. Jahrhunderts stehen wir seiner Meinung nach an der Schwelle zu einem neuen Zeitalter, in dem wir uns »von passiven Beobachtern der Natur zu ihren aktiven Choreographen« entwickeln werden und »die Früchte von 2000 Jahren wissenschaftlicher Arbeit ernten« können.

Auch wenn von Kaku und anderen dargelegt wird, in welche Richtung sich die Forschung bewegt, bleibt ungewiss, welche Erkenntnisse als Nächste folgen werden und welche möglicherweise ganz neuen Fragen dadurch aufgeworfen werden. Die Geschichte lehrt, dass solche Durchbrüche nicht im luftleeren Raum entstehen, sondern auf bereits Erkanntem aufbauen. Wenn wir also die Gegenwart betrachten und vor allem jene Forschungsaspekte, die heute noch etwas verschwommen sind, kann man durchaus gewisse Vorhersagen treffen, in welchen Gebieten Erkenntnisse zu erwarten sind, die vielleicht sogar das Selbstverständnis der Menschen wieder einmal grundlegend ins Wanken bringen werden. In der Regel sind bahnbrechende Fortschritte wohl vor allem in den Zweigen zu erwarten, in denen es aktuell noch große Unklarheiten und Widersprüche gibt. Was dann aber letztlich bei der Forscherarbeit herauskommt, wann und wo der nächste große Durchbruch vermeldet und welche Konsequenzen das nach sich ziehen wird, ist nicht vorhersagbar.

Was immer man von den Prognosen und Prospektionen der Zukunftsforscher und Wissenschaftler hält, eines ist klar: Unabhängig von Poppers Verdikt lassen es sich die Menschen nicht nehmen, den Blick in die Zukunft zu richten und Versuche zu unternehmen, etwas über die bevorstehenden Zeiten zu erfahren. Dafür gibt es Gründe. Einer davon ist sehr grundsätzlicher Natur. Der Mensch weiß von seinem Tod. Er hat also eine ziemlich klare Vorstellung von seinem endlichen Leben. Da liegt es nahe, dass er etwas über die Zeit, die vor ihm liegt, wissen möchte, um sich darauf einzustellen und dem begrenzten Leben Sinn zu geben. Menschen haben deshalb zu allen Zeiten und in allen Kulturen versucht, die Zukunft vorherzusagen. Die ungebrochene Lust am Horoskop und die Hartnäckigkeit der Astrologie legen Zeugnis hiervon ab.

Pflicht zum Optimismus

Karl Popper hat mit seinen Bemerkungen zu den Futurologen dargelegt, dass der Gang der Naturwissenschaften ein offener Prozess ist. Er hat in diesem Zusammenhang aber auch von einer »Pflicht zum Optimismus« gesprochen, wenn es darum geht, über die Gestaltung unserer Zukunft nachzudenken. Diesen Ansatz halten wir für überaus aktuell und wichtig. Denn wenn die Experten in den unterschiedlichen wissenschaftlichen Disziplinen überhaupt eine schwierige und zugleich lohnenswerte Aufgabe zu erfüllen haben, dann doch wohl die, Szenarien für die nächsten Jahre und Jahrzehnte zu entwickeln, die gewünscht sind, die positiv bewertet werden können und gangbare Wege für die Gesellschaft aufzeigen. Der ständige, unermüdliche Versuch, die möglicherweise furchtbare und für uns persönlich mit unumstößlicher Sicherheit tödliche Zukunft so günstig wie nur eben möglich zu gestalten, ist ihre beständige Aufgabe. Je größer das Expertenwissen, umso größer ist die Verpflichtung.

Für negative Perspektiven oder Katastrophenszenarien bedarf es keiner Experten. Jeder Dummkopf kann davor warnen, dass etwas schief geht, nicht funktioniert oder keinen Zweck hat. Solche Schwarzseher finden oft spontanes Gehör, denn wir reagieren sehr rasch und fast berechenbar auf Schreckenszenarien, weil Angst als leicht erregbare Grundbefindlichkeit zu unserem Dasein gehört, denn ohne die Fähigkeit, sich zu sorgen und Risiken aus dem Weg zu gehen, hätte die Spezies Mensch nicht überlebt.

Der Siegeszug der Naturwissenschaften seit dem 19. Jahrhundert hat aber auch damit zu tun, dass ihre Theorien und die daraus entwickelten Technologien immer auch versprachen, mit der klassischen Angst vor den Naturgewalten besser fertig zu werden und gravierende Missstände wie Hunger, Armut und Krankheiten besser in den Griff zu bekommen. Die heutige Aufgabe der Wissenschaft besteht unter anderem wohl darin, die neuen, zum Teil berechtigten Sorgen in Hinblick auf neue Technologien und ihre möglichen Auswirkungen aufzugreifen und das Vertrauen in die Machbarkeit einer positiven und wissensbasierten Zukunft zu stärken. Unsere Fantasie wird zwar rascher geweckt, wenn es darum geht, sich das Schlimme und Schlechte zu denken, und unser Vorstellungsvermögen schleppt sich eher träge dahin, wenn es gilt, das Gute und die vorausschauenden Aufgaben zu entwickeln. Deshalb brauchen wir dringender als alles andere die schwierigere, aber positive Zukunftsperspektive mit humanem Hintergrund.

Aus dieser Haltung, dass nicht nur Wissenschaftler und Experten, sondern jeder Bürger, der Verantwortung übernehmen kann, das Ziel und die Verpflichtung haben, wünschenswerte, ja optimale Entwicklungen zu befördern, leitet sich die im Popperschen Sinne verstandene Pflicht zum Optimismus ab. Dieser Optimismus bedeutet nicht, naiv zu glauben, dass alles schon irgendwie gut werden wird »in dieser besten aller Welten«. Karl Popper erinnert vielmehr daran, dass jeder nach besten Kräften dazu beitragen sollte, die Zukunft im Interesse des Ganzen mitzugestalten – zwar in Bescheidenheit, aber mit der berechtigten Aussicht auf Verbesserung der Lebensverhältnisse.

Natürlich beinhaltet das auch Auseinandersetzungen über den richtigen Weg, denn das Machbare und das Wünschenswerte werden auch in Zukunft strittig bleiben. Niemand kennt den »richtigen« Weg. Jeder kann sich irren und muss grundsätzlich zur Umkehr bereit sein. Alles ist Hypothese und nur der Abstand von der alten Hypothese zur neuen, besseren Hypothese kann als Fortschritt bezeichnet werden, der Anlass zu Optimismus gibt.

Eine solche ergebnisoffene Streitkultur ist notwendig und konstruktiv, denn was von den neuen Entdeckungen schließlich Akzeptanz finden und was weiterentwickelt werden wird, das hängt ganz wesentlich ab vom gesellschaftlichen Diskurs. Dieser Diskurs kann nur erfolgreich sein, wenn einige fundamentale Grundsätze beachtet werden: Die Privatsphäre muss vor unbefugter, insbesondere staatlicher Einmischung geschützt werden. Die Anwendung jedweder Technik am Menschen muss immer ein absolut freiwilliger Akt sein. Die Gesellschaft muss demokratisch darüber entscheiden können, wohin sie sich entwickeln möchte, und es müssen Vorkehrungen getroffen werden, um den Missbrauch neuer Technologien zu unterbinden. Dieses zu gewährleisten ist keine einfache, aber eine besonders wichtige gesellschaftliche Herausforderung. Zur Förderung des vernünftigen Umgangs mit neuen Technologien muss der freie Bürger daher in seiner moralischen und rechtlichen Position gestärkt werden. Dies gilt für die Anwendungen in der Medizin, Biologie und Gentechnik in gleicher Weise wie für die Nutzung wissenschaftlicher Erkenntnisse in Physik, Chemie, Weltraumforschung und anderen Bereichen. Der moralische Grundsatz zur Respektierung individueller Freiheitsrechte im weitesten Sinne wird angesichts der Entwicklungen der Naturwissenschaften in der Zukunft seinen hohen Stellenwert behalten. Wir sollten ihn nicht aus dem Auge verlieren.

Eine konstruktive Streitkultur über die Möglichkeiten, die sich uns in der Zukunft bieten, führt damit letztlich auch zu anregenden Diskussionen über die Gegenwart, denn das Gegenwärtige kann zukünftig nur erneuert werden, wenn man es kennt, und man kennt es umso besser, je mehr man es reflektiert, schätzt und anerkennt. Unsere Pflicht zum Optimismus und die Lust auf morgen fängt also mit dem Gegebenen an und beginnt mit dem Vergnügen an dem, was sich uns heute bietet. Wir hoffen, mit dem vorliegenden Buch zu einem vergnüglichen Verständnis der Gegenwart beigetragen und Lust auf die gemeinsam gestaltete Zukunft geweckt zu haben.

Große Bücher der Wissenschaften

Die Geschichte der Wissenschaften ist geprägt von Schriften großer Denker, die ganze Generationen von Forschern beeinflussten und das gesellschaftliche Denken nachhaltig veränderten. Wir haben eine Auswahl der wichtigsten Werke in chronologischer Reihenfolge zusammengestellt.

Hippokrates: *Corpus Hippocraticum* (4. Jh. v. u. Z.)
Der griechische Arzt Hippokrates von Kos gilt als »Vater der Heilkunde«. Die Bedeutung seiner Schule liegt in der hohen ethischen Auffassung vom Arztberuf (Eid des Hippokrates) und der Abkehr von mystischen Heilslehren sowie der Hinwendung zur wissenschaftlich orientierten Medizin. Er dokumentierte auch die Erkenntnisse anderer Naturforscher. Daher sind die von Hippokrates überlieferten Schriften *Corpus Hippocraticum* nur zum Teil ihm selbst zuzuordnen.

Aristoteles: *Physik* (4. Jh. v. u. Z.)
Aristoteles war neben Platon der bedeutendste Philosoph der griechischen Antike. Die Welt war für ihn ein einziger Kosmos des Geistes und der Materie. Er begann die Katalogisierung der Artenvielfalt auf der Erde, begründet die Anatomie, die Embryologie und Physiologie und war auch für die Astronomie von großer Bedeutung. Aus der Überlegung, dass bei einer Reise in Richtung Süden oder Norden immer neue Sterne am südlichen bzw. nördlichen Horizont erscheinen, schloss er auf die Kugelgestalt der Erde. Neben zahlreichen philosophischen Werken sind auch naturwissenschaftliche Werke von ihm überliefert, darunter die in der Sammlung von Andronikos erschienenen Schriften *Physik* und *Vom Leben der Tiere*, in dem er Hunderte von Tierarten beschrieb.

Theoprast: *Historia plantarum* (*Naturgeschichte der Pflanzen*, 4. Jh. v. u. Z.)
Theoprast war Schüler von Aristoteles und widmete sich der systematischen Katalogisierung der Pflanzen. In seinen beiden Schriften *Historia plantarum* und *Da causis plantarum* (*Über die Ursachen im Pflanzenreich*) beschrieb er unter anderem detailliert die morphologischen, anatomischen und pathologischen Aspekte von rund 500 verschiedenen Gewächsen. Er war der Erste, der die Sexualität von Pflanzen diskutierte. Seine Schriften dienten 1500 Jahre lang als Standardwerke. 1483 wurden sie ins Lateinische übersetzt. Carl von Linné bezeichnete den weisen Griechen als »Vater der Botanik«.

Euklid: *Stoicheia* (*Die Elemente*, 13. Bd., 4. Jh. v. u. Z.)
Der griechische Mathematiker Euklid gegründet die mathematische Schule von Ale-

xandria. Sein Meisterwerk *Stoicheia* (samt der Ergänzung *Data*) gilt als einflussreichstes Mathematikbuch aller Zeiten. Es blieb über zwei Jahrtausende Grundlage der Mathematikausbildung und war nach der Bibel das verbreitetste Buch. Euklid vereinigte das gesamte mathematische Wissen seiner Zeit und systematisierte es durch die Anordnung nach Axiomen, Definition, Satz, Beweis. Er bewies zwei Sätze von Pythagoras und im Zusammenhang mit der Theorie der Zahlen zeigte er, dass es unendlich viele Primzahlen gibt. Euklid wurde zum Begründer der Geometrie.

Archimedes: *Über das Gleichgewicht ebener Flächen oder über den Schwerpunkt ebener Flächen* (3. Jh. v. u. Z.)
Archimedes von Syrakus war ein berühmter Mathematiker, Physiker und technischer Erfinder der griechischen Antike. Seine mathematischen Schriften behandelten unter anderem die Inhaltsbestimmung krummliniger Flächen und Körper sowie Statik und Hydrostatik. Archimedes war an der praktischen Umsetzung seines Wissens interessiert, erfand einen Flaschenzug, eine Wasserpumpe, eine Reihe von Kriegsgeräten, Hebelwerken, Steinschleudern sowie ein System von Konvexlinsen, mit dem durch die Bündelung von Sonnenlicht Feuer entfacht werden konnte. Von ihm stammt der berühmte Ausruf »Eureka!« (Ich habe es erfunden!). Nur wenige seiner Abhandlungen sind überliefert worden. Neu aufgelegte Übersetzungen ins Deutsche sind im Verlag Harri Deutsch erschienen. Sie beruhen auf einer Ende des 19. Jahrhunderts in Leipzig herausgegebenen *Werkausgabe des Archimedes*.

Pedianos Dioskurides: *De materia medica* (5 Bd., 1. Jh.)
Als Begründer der Pharmakologie gilt der römische Gelehrte P. Dioskurides (etwa 40–90). Unter dem Titel *De materia medica* beschrieb der Militärarzt, Botaniker und Pharmakologe bereits über 1000 Substanzen. Er schuf damit das erste Lehrbuch der Arzneimittelbereitung, das bis ins 18. Jahrhundert als Standardwerk gehandelt wurde.

Claudius Ptolemäus: *Megale syntaxis* (*Almagest*, 13 Bd., 2. Jh.)
Bis ins ausgehende Mittelalter dominierte das geozentrische Weltbild Naturforschung und Philosophie. Der griechische Astronom C. Ptolemäus gilt als sein wesentlicher Begründer. Sein erstes Hauptwerk *Megale syntaxis* wurde etwa im Jahre 800 von den Arabern übersetzt. Seither ist es unter dem arabischen Titel *Almagest* bekannt. Es umfasst 13 Bände und präsentiert das Wissen von Ptolemäus' Vorläufern sowie seine eigenen Beobachtungen. 1175 wurde *Almagest* erstmals ins Lateinische übersetzt und 1496 wurde das Werk in Venedig erstmals gedruckt. Das zweite, achtbändige Hauptwerk von Ptolemäus heißt *Geographike hyphegesis*. Es handelt sich dabei um die vollkommenste antike Länderkunde und das wichtigste geographische Lehrbuch des Mittelalters.

Claudius Galen: *Opera omnia* (2. Jh.)
Der Arzt und Philosoph C. Galen war der bedeutendste Heilkundler der römischen Antike. Er begann seine Laufbahn als Gladiatorenarzt und wurde später Leibarzt von Kaiser Marcus Aurelius. Er schuf ein bis ins 17. Jahrhundert gültiges ganzheitliches System der Medizin, in dem er Anatomie und Physiologie miteinander verknüpfte. Er verfasste über 400 Schriften, die weite Verbreitung fanden. Auch wenn seine Theorien später revidiert wurden, ist seine Lehre von »phlegmatischen«, »melancholischen« und »cholerischen« Personen bis heute geläufig. Von 1821-33 sind die erhaltenen Schriften Galens in dem 20-bändigen Werk *Opera omnia* neu herausgegeben worden.

Philippus Theophrastus Paracelsus: *Theologische und religionsphilosophische Schriften* (16. Jh.)
Paracelsus hieß eigentlich Theophrastus von Hohenheim. Er war Arzt, Alchemist, Philosoph und Wegbereiter der pharmazeutischen Chemie. Er entdeckte unter anderem Zink, Schwefelblüte und einige Quecksilberverbindungen und führte Arsen in die Therapie der Syphilis ein. Er verfasste etliche medizinische und religionsphilosophische Beiträge und brachte nach Luther das größte Fachschrifttum deutscher Sprache hervor. Seine überlieferten Werke sind zum Teil vom »Paracelsus-Projekt« des Medizinhistorischen Instituts und Museums der Universität Zürich editiert worden.

Andreas Vesalius: *De humani corporis fabrica (Über den Aufbau des menschlichen Körpers,* 1543)
Der flämische Arzt A. Vesalius war ein Meister der Sektion von hingerichteten Verbrechern und Tierkadavern und lieferte bahnbrechende Erkenntnisse über den menschlichen Organismus, die er in seinem Hauptwerk *De humani corporis fabrica* festhielt. Seine detaillierten und kunstvollen Abbildungen von freigelegten Muskeln, Nervenbahnen und Knochen wurden zu Symbolen für eine neue Medizin, die auf der modernen Anatomie beruhte.

Nikolaus Kopernikus: *De revolutionibus orbium coelestium libri VI (Sechs Bücher über den Umlauf der Himmelskörper,* 1543)
Der Astronom und Mathematiker N. Kopernikus ersetzte das geozentrische durch das heliozentrische bzw. kopernikanische Weltbild. Er widerlegte den alten Ptolemäus und erklärte, dass die Planeten um die Sonne kreisen, dass sich der Mond um die Erde und die Erde um sich selbst dreht. Diese Thesen veröffentlichte er bereits 1514 in seiner Schrift *Commentariolus.* Damit riss er Erde und Menschen aus der bevorzugten Stellung im Kosmos. Sein Hauptwerk *De revolutionibus orbium coelestium libri VI* erschien in Kopernikus' Todesjahr und wurde sofort zum Handbuch der Gelehrten. 1616 wurde es vom Papst auf den Index verbotener Schriften gesetzt.

William Gilbert: *De Magnete magneticisque corporibus et de magno magnete Tellure physiologia nova* (1600)

Der englische Mediziner W. Gilbert war einer der ersten experimentellen Wissenschaftler. Er verließ sich einzig auf seine Beobachtungsgabe und verzichtete auf mystische Spekulationen. Er wurde mit Francis Bacon zu einem bedeutenden Advokaten des Empirismus und beeinflusste das Denken über die physikalische Welt entscheidend. Gilbert konnte im Experiment beweisen, dass nicht der Himmel, sondern die Erde Sitz des natürlichen Magnetismus ist. Er schmiedete dafür zunächst einen runden Magneten und beobachtete, wie Magnetnadeln, die er auf die Oberfläche legte, sich wie Magneteisensteine auf der Erde ausrichteten. Er schloss daraus, dass »in den Polen selbst der Sitz, besser gesagt, der Thron einer großen und wunderbaren Kraft sein soll«.

Johannes Kepler: *Astronomia Nova* (1609)

J. Kepler beobachtete den Lauf der Planeten am Firmament und konnte als Erster erklären, warum die Planetenbahnen bestimmte Formen und Ausdehnungen hatten und wie dies mit der Zeit zusammenhing, die sie für einen Umlauf brauchten. Er nutzte eigene Beobachtungen und Messdaten von Tycho Brahe, um zu zeigen, dass sich der Mars nicht auf einer kreisrunden, sondern auf einer elliptischen Bahn um die Sonne bewegt. Die ersten beiden keplerschen Gesetze wurden 1609 in *Astronomia nova* veröffentlicht. 1619 erschien sein bedeutendstes Werk *Harmonices Mundi libri V*, das das dritte keplersche Gesetz enthielt. Bereits 1611 schuf er mit der Herausgabe der Schrift *Dioptrice* und der Formulierung einer Theorie der Optik die Voraussetzung für astronomische Teleskope.

Galileo Galilei: *Sidereus Nuncius* (*Sternenbotschaft*, 1610)

Den ersten mit eigenen Augen zu erkennenden Beweis für die Richtigkeit des heliozentrischen Weltbilds des Kopernikus lieferte der italienische Physiker, Mathematiker und Astronom G. Galilei, der auch als Begründer der Mechanik gilt und mit der Entwicklung einer klaren Methodenlehre das Zeitalter der exakten Naturwissenschaften einleitete. Galilei konnte am 7.1.1610 mit seinem eigens konstruierten Teleskop erstmals die vier hellsten Monde des Jupiter in ihrer Bahn verfolgen. Seine Beobachtungen präsentierte er wenige Wochen später in seinem Werk *Sidereus Nuncius* und geriet dadurch mit der Kirche in Widerstreit. Da er nicht einlenkte, kam es zu einem Prozess vor dem Inquisitionstribunal in Rom. Aus dieser Zeit stammt sein legendärer Ausspruch »Und sie bewegt sich doch!« Galilei wurde zu unbefristeter Haft verurteilt, die er in seinem Landhaus verbrachte. 1638 veröffentlichte er sein für die weitere Entwicklung der Physik wichtigstes Werk *Discorsi* (*Unterredungen und mathematische Demonstrationen über zwei neue Wissenszweige, die Mechanik und die Fallgesetze betreffend*). Darin widerlegte er die Lehre von Aristoteles, nach der schwere Objekte schneller fallen als leichte.

Francis Bacon: *Novum organum* (1620)
Der englische Staatsmann und Philosoph F. Bacon widmete sich nach seinem Ausscheiden aus dem Staatsdienst 1621 verstärkt den Naturwissenschaften und entwarf gegenüber der spekulativen Naturforschung ein neues, induktives Konzept der Wissenschaft auf Basis von Beobachtung und Experiment. Bacon gilt deshalb als Wegbereiter der modernen Naturwissenschaften. Zweck der Forschung war in seinen Augen die Naturbeherrschung und ihre Nutzbarmachung zur Bereicherung der Kultur. Das Diktum »Wissen ist Macht« geht auf ihn zurück. In seinem utopischen Roman *Nova atlantis* (1627) beschrieb er eine technisch perfekte Gesellschaft. In zahlreichen anderen Schriften widmete er sich dem Verfahren der Induktion.

William Harvey: *Exerciatio anatomica de motu cordis et sanguinis in animalibus* (*Anatomische Abhandlung über die Bewegung des Herzens und des Blutes von Tieren*, 1628)
Der englische Arzt W. Harvey war von Blut, Blutgefäßen und der Funktion des Herzens fasziniert. Im Rahmen einer der bedeutendsten Versuchsreihen seiner Zeit entdeckte er den geschlossenen Blutkreislauf und warf damit die alten Lehren von Aristoteles und Galen über den Leben spendenden »Spiritus« im Blut von Tieren über den Haufen. Seine Versuchsergebnisse erschienen 1628 in einem nur 78 Seiten dicken Büchlein.

René Descartes: *Discours de la méthode pour bien conduire sa raison et chercher la vérité dans les sciences* (*Abhandlungen über die Methode, richtig zu denken und die Wahrheit in den Wissenschaften zu suchen*, 1637)
R. Descartes ist der Hauptbegründer der neueren Philosophie. Er unterschied zwischen Geist und Materie und beflügelte damit die Naturwissenschaften bei ihrer Befreiung von religiösen Bindungen. Sein bedeutendstes Werk *Discours de la méthode* versah er mit einem umfangreichen Anhang, in dem er auch die Ergebnisse seiner vielseitigen naturwissenschaftlichen Arbeiten darlegte.

Isaac Newton: *Philosophiae naturalis principia mathematica* (*Mathematische Prinzipien der Naturlehre*, 1687)
I. Newton gehört zu den bedeutendsten Naturforschern der Menschheitsgeschichte. Er lieferte bahnbrechende theoretische Ansätze über die Natur des Lichts, über Gravitation und Planetenbewegungen und über mathematische Probleme. Sein Ruhm als Begründer der klassischen theoretischen Physik und der exakten Naturwissenschaften geht vor allem auf sein Hauptwerk *Mathematische Prinzipien der Naturlehre*, bekannt als *Principia*, zurück. Die von ihm geschaffene Grundlage der Mechanik wurde Anfang des 20. Jahrhunderts durch die einsteinsche Relativitätstheorie modifiziert.

Carl von Linné: *Systema naturae* (*Vollständiges Natursystem*, 1735)
Carl Linnaeus, der sich nach seiner Adeligsprechung Carl von Linné nannte, war der wichtigste biologische Systematiker seiner Zeit und legte die Grundsteine für die moderne Botanik und Zoologie. Er entwarf eine erste hierarchische Gliederung des Organismenreiches und führte eine Nomenklatur ein, nach der bis heute jede biologische Art mit einem zweiteiligen lateinischen Namen benannt wird. Sein 1735 erstmals erschienenes Werk umfasste 12 Seiten und wuchs bis zur 12. Auflage im Jahr 1768 auf 2340 Seiten an. Darin ordnete Linné erstmals den Menschen in das Tierreich ein.

Jean le Rond d'Alembert/Denis Diderot (Hrsg.): *Encyclopédie ou dictionnaire raisonné des sciences, des arts et des métiers* (28 Bd., 1751–72)
Der französische Mathematiker, Physiker und Philosoph d'Alembert wurde durch bedeutende Arbeiten auf den Gebieten der Mathematik und der theoretischen Physik bekannt. Zu seinen größten Leistungen zählt die exakte Definition des Grenzwertbegriffs. Er war auch Mitbegründer der Theorie der partiellen Differentialgleichungen. D. Diderot war ein einflussreicher Schriftsteller, den Goethe als »ein ursprüngliches und unnachahmliches Genie« bezeichnete. Die in ihrer Enzyklopädie versammelten Autoren (darunter Rousseau, Voltaire und Montesquieu) erstellten ein unübertroffenes Kompendium des Wissens ihrer Zeit über die neu entdeckte Welt.

Immanuel Kant: *Kritik der reinen Vernunft* (1781)
Große Bedeutung für die Wissenschaft hat I. Kants erkenntnistheoretisches Hauptwerk *Kritik der reinen Vernunft*. Darin leitet er die Erkenntnis aus dem Zusammenwirken zwischen der äußeren Welt (als Gegenstand der Erfahrung) und der erfahrungsunabhängigen Fähigkeit des Verstandes zur Synthese her. Seine naturwissenschaftlichen Arbeiten entstanden überwiegend in seiner frühen Schaffensperiode. Seine bedeutendste Leistung auf diesem Gebiet ist die *Allgemeine Naturgeschichte und Theorie des Himmels* (1755). Darin erklärte er, dass Sonnensysteme und Galaxien periodisch aus einem Urnebel entstehen, der sich zu einzelnen Planeten verdichtet. Wie sein Zeitgenosse Pierre Simon de Laplace lieferte er damit eine erste schlüssige Hypothese für die Entstehung der Erde und anderer Planeten.

James Hutton: *Theory of the Earth* (*Theorie der Erde*, 1785)
Der Schotte J. Hutton gilt als entscheidender Wegbereiter der modernen Geologie. Als Land- und Kanalvermesser hatte er reichlich Gelegenheit, die Formation von Gesteins- und Sedimentschichten zu studieren. Auf dieser Grundlage entwarf er einen »Kreislauf der Gesteine«, demzufolge neue Kontinente aus dem Schutt vormaliger Landmassen, die ihre Form und Zusammensetzung durch Hitze und Druck im Erdinneren ändern, hervorgehen. Dieser Prozess geschehe immerzu mit »keiner Spur eines Anfangs und

keiner Aussicht auf ein Ende«. Durch die Unterstützung von Charles Lyell und Charles Darwin wurde sein zunächst umstrittenes zweibändiges Werk im 19. Jahrhundert sehr bedeutend.

Antoine Laurent de Lavoisier: *Traité élémentaire de chimie* (*System der antiphlogistischen Chemie*, 2 Bd. 1789)
Der französische Chemiker A. L. de Lavoisier wurde zum Mitbegründer der Chemie als Naturwissenschaft. Er führte unter anderem quantitative Messmethoden (Waagen) ein, zeigte 1783, dass Wasser aus Wasserstoff und Sauerstoff besteht, präzisierte die Begriffe »Element«, »Säure«, »Base« und »Salz« und erstellte eine Liste mit den wesentlichen Elementen der bis heute aktuellen anorganischen Nomenklatur. Als einer der Generalpächter der französischen Steuern wurde er während der Wirren der Französischen Revolution angeklagt und 1794 guillotiniert.

Pierre Simon de Laplace: *Mécanique céleste* (*Himmelsmechanik*, 5 Bd., 1799–1825)
Laplaces Werk zur Himmelsmechanik enthält Theorien über die Gezeiten (unter Berücksichtigung der Trägheit von Wasser), die Bahnen des Erdmondes und anderer Planeten. Erstmals erbrachte er einen Nachweis des dauernden Bestands des Sonnensystems. Außerdem erkannte er die periodische und begrenzte Änderung der mittleren Entfernung der Planeten von der Sonne. Ähnlich wie sein Zeitgenosse Immanuel Kant folgerte er, dass sich die Sonne aus einem gigantisch großen, rotierenden Gasnebel gebildet hatte. Bedeutende Erkenntnisse lieferte er auch zur Wahrscheinlichkeitstheorie und zur mathematischen Physik.

Carl Friedrich Gauß: *Disquisitiones arithmeticae* (*Untersuchungen über höhere Arithmetik*, 1801)
C. F. Gauß arbeitete auf fast allen Gebieten der Mathematik und lieferte zudem bedeutende Beiträge zur Physik, Geodäsie und Astronomie. Schon als Student löste er ein seit über zwei Jahrtausenden bekanntes mathematisches Problem, in dem er bewies, dass auch ein Siebzehneck mit Zirkel und Lineal konstruiert werden kann. Wenige Jahre später lieferte er den vollständigen Beweis des Fundamentalsatzes der Algebra. Mit der Publikation seiner *Disquisitiones arithmeticae* begründete er die Zahlentheorie als selbstständige mathematische Disziplin. Zahlreiche weitere bedeutende Schriften und Entdeckungen folgten. Auf einer zu seinen Ehren geprägten Münze wurde er als »Princeps mathematicorum« ausgezeichnet.

John Dalton: *A New System of Chemical Philosophy* (*Ein neues System des chemischen Theiles der Naturwissenschaften*, 3 Bd., 1808–27)
Der englische Chemiker und Physiker J. Dalton lieferte zahlreiche bedeutende Theorien

und begründete die moderne Atomtheorie. Er erklärte, dass Atome aus winzigen runden Körpern einer bestimmten Masse bestehen, dass jedes chemische Element einen eigenen Atomtyp besitzt und dass sich Atome zu Molekülen verbinden. Seine umfassenden Forschungsarbeiten waren revolutionär für die Entwicklung der theoretischen und angewandten Chemie.

Jean-Baptiste Antoine Pierre de Monet Lamarck: *Philosophie zoologique* (*Zoologische Philosophie*, 2 Bd., 1809)
Lamarcks mehrbändige *Philosophie zoologique* behandelt die Klassifikation der Tiere von den einfachsten Tiergruppen bis hin zu den Säugetieren und Menschen. Lamarck gilt als Miterfinder des Begriffs »Biologie« und prägte die Bezeichnung von Tieren als »Wirbeltiere« und »Wirbellose«. Bei seinem Werk handelte sich um den ersten Versuch einer theoretischen Biologie – ein Ansatz, der wenig später von Charles Darwin aufgegriffen und revolutioniert wurde. Lamarck erkannte, dass es eine Evolution der Arten gibt und sah die Ursachen für die Entwicklung der Arten in sich ändernden, auf die Organismen einwirkenden Umweltfaktoren, die sie zu vererbbaren Anpassungen zwangen.

William Smith: *Die Geologische Karte von England und Wales* (1815)
W. Smith war Kanalbauingenieur und entwickelte die stratigrafische Methode zur Kartierung geologischer Schichten, die er kunstvoll betrieb. Er bestimmte die charakteristischen Fossilien der Erdschichten und erkannte ihre Bedeutung für die relative Altersbestimmung und Gliederung der geologischen Formationen. Dank seiner akribischen Feldstudien war er in der Lage, die tatsächliche und erwartete Lage von Gesteinsschichten über riesige Landschaften hinweg darzustellen. Seine 1815 erschienene Kartierung von England und Wales war wegweisend für die sich entwickelnden Geowissenschaften.

Charles Lyell: *Principles of Geology* (*Prinzipien der Geologie*, 3 Bd., 1830–33)
Der schottische Geologe C. Lyell prägte den Ausspruch »Die Gegenwart ist ein Fenster zur Vergangenheit« und postulierte damit, dass Naturphänomene nur durch Kräfte erklärt werden können, die in ihren Wirkungen beobachtbar sind. Seine *Principles of Geology* waren »ein Versuch, die früheren Veränderungen der Erdoberfläche durch den Bezug auf heute wirksame Ursachen zu erklären«. Sie zählten zu den meistgekauften naturwissenschaftlichen Büchern seiner Zeit und dienten Charles Darwin als Einführung in die Geologie. Lyell wird auch als »Darwin der Geologie« bezeichnet.

Justus von Liebig: *Die organische Chemie in ihrer Anwendung auf Agricultur und Physiologie* (1840)
Der deutsche Chemiker J. v. Liebig war bedeutend für die Entfaltung der Chemie. Er

wurde von A. v. Humboldt gefördert und zum Lehrvater zahlreicher wichtiger Forscher. Er führte das Chemiepraktikum ein und gilt als Mitbegründer der Agrarwissenschaften, der Agrikulturchemie und der Elementaranalyse. Er postulierte als Erster einen Kohlenstoffkreislauf in der Natur und führte erste Versuche mit chemischen Düngern durch.

Alexander von Humboldt: *Kosmos, Entwurf einer physischen Weltbeschreibung* (5 Bd., 1845–62)
A. v. Humboldt war einer der vielseitigsten Naturforscher und Entdecker. Er gilt als Mitbegründer der Geologie, der Tier- und Pflanzengeographie und der Klimatologie. Nach einer Reihe von Expeditionen, wissenschaftlichen Studien und etlichen wegweisenden Publikationen setzte er sich nach einer Reise ans Kaspische Meer das Ziel, die Naturwissenschaften seiner Zeit zusammenzufassen. Sein fünfbändiges Werk gilt als die erste echte wissenschaftliche Enzyklopädie der Geographie und Geologie. Sein Bruder Wilhelm von Humboldt war Begründer des klassisch-idealistischen Humanismus und die treibende Kraft bei der Reformierung des preußischen Bildungswesens und der Gründung der Universität Berlin im Jahre 1810.

James Clerk Maxwell: *On Faraday's Lines of Forces* (*Über Faradays Kraftlinien*, 1855)
Der englische Physiker J. C. Maxwell war der Wegbereiter der modernen Physik und der bedeutendste theoretische Physiker des 19. Jahrhunderts. Seine Arbeiten auf dem Gebiet der Elektrodynamik und der kinetischen Gastheorie bildeten einen Wendepunkt in der Physikgeschichte. In seinem Werk *Über Faradays Kraftlinien* entwickelt er seine bahnbrechende allgemeine elektromagnetische Feldtheorie. Maxwells Arbeiten wurden von dem österreichischen Physiker Ludwig Boltzmann weiterentwickelt. Beider Arbeiten bildeten an der Wende zum 20. Jahrhundert einen Ausgangspunkt für Einsteins Entwicklung der Relativitätstheorie.

Rudolf Virchow: *Die Cellularpathologie* (1858)
Der Ausspruch »Omnis cellula e cellula« (Jede Zelle entstammt einer Zelle) und R. Virchows Vorstellung von der zellulären Kontinuität wurden Ende des 19. Jahrhunderts zum neuen Lehrsatz der Biologie. Virchow hatte entscheidenden Einfluss auf die Neugestaltung der gesamten Medizin. Er konstatierte, dass Krankheiten aus Störungen der Entwicklungsprozesse auf zellulärer Ebene entstehen. Damit liefert er eine erste Theorie für das Entstehen von Tumoren. Virchow war zudem wegweisend im Bereich der öffentlichen Gesundheitspflege aktiv.

Charles Darwin: *On the Origin of Species by Means of Natural Selection, or the Preservation of Favoured Races in the Struggle of Life* (*Über die Entstehung der Arten im Thier- und Pflanzenreich durch natürliche Züchtung, oder Erhaltung der vervollkommneten Rassen im Kampfe um's Daseyn,* 1859)

C. Darwins Evolutionstheorie, die er in seinem berühmtesten Werk darlegte, löste eine revolutionäre Umwälzung in den Naturwissenschaften und in der Philosophie aus. Er setzte Erblichkeit, Veränderlichkeit und natürliche Auslese an die Stelle deterministischer und kirchlicher Vorstellungen. Sein Buch hat wie kein zweites das vorherrschende Weltbild erschüttert. Die Erstauflage mit nur 1250 Exemplaren war bereits nach wenigen Stunden vergriffen. In seinem 1871 erschienenen Werk *Die Abstammung des Menschen und die geschlechtliche Zuchtwahl* stellte er die Theorie der geschlechtlichen Zuchtwahl auf und reihte den Menschen in die Stammesgeschichte der Tiere ein.

Thomas Henry Huxley: *Evidence as to Man's Place in nature* (1863)
Der aus einer englischen Wissenschaftlerfamilie stammende T.H. Huxley arbeitete über vergleichende Anatomie von Wirbeltieren und Wirbellosen, widerlegte zahlreiche Abstammungstheorien und war einer der ersten entschiedenen Verfechter der Selektionstheorie Darwins. Er dehnte die Darwinsche Abstammungslehre noch vor dessen Schrift von 1871 auf den Menschen aus und rief damit in kirchlichen Kreisen großes Entsetzen hervor. Einige seiner Theorien, so die Annahme, dass sich die Evolution in drastischen Sprüngen vollzogen hatte, wurden später von Darwin widerlegt.

Hermann von Helmholtz: *Die Lehre von den Tonempfindungen als physiologische Grundlage für die Theorie der Musik* (1863)
Das vielseitige Werk des Naturwissenschaftlers H. v. Helmholtz erstreckt sich von den Grenzgebieten der Physiologie bis zur experimentellen und theoretischen Physik. Er lieferte eine exakte Begründung des Energieerhaltungssatzes, entwickelte die Maxwellsche Theorie des Elektromagnetismus und nahm ohne Zweifel eine herausragende Stellung unter den Naturwissenschaftlern ein. Entsprechend zahlreich waren seine Publikationen. Zu besonderem Ruhm gelangten seine Werke *Die Lehre von den Tonempfindungen als physiologische Grundlage für die Theorie der Musik* und das *Handbuch der Physiologischen Optik* (1856-66), in denen er seine Erkenntnisse aus den Forschungen an Nervenleitungen präsentierte.

Gregor Mendel: *Versuche über Pflanzenhybriden* (1865)
Der Augustinerpriester, Lehrer und Genetiker G. Mendel wurde durch seine Versuche mit Pflanzenhybriden bekannt. Durch statistische Auswertung gelang es ihm, grundlegende Gesetze der Vererbungslehre zu formulieren. Sein bedeutendster Aufsatz *Versuch über Pflanzenhybriden* erschien (wie auch andere Publikationen von ihm) in den *Verhandlungen des Naturforschenden Vereins Brünn*. Seine Forschungsergebnisse wurden

allerdings von seinen Zeitgenossen nicht anerkannt und erst postum gewürdigt. Die Mendelschen Gesetze bildeten später die Grundlage der modernen Genetik.

Dimitrij Iwanowitsch Mendelejew: *Über den Zusammenhang zwischen den Eigenschaften und dem Atomgewicht der Elemente* (1869)
Dem russischen Chemiker D. I. Mendelejew gebührt die Ehre, als Erster ein Periodensystem der chemischen Elemente publiziert zu haben. Seine Schrift umfasste die damals bekannten 69 Elemente. Seither ist das Periodensystem mehrfach erweitert worden. Kurz nach Mendelejew publizierte auch der deutsche Chemiker Julius Lothar Meyer ein Periodensystem. In beiden waren die Elemente nach ihren quantitativen und qualitativen Eigenschaften geordnet, wobei die damals am exaktesten bestimmbare Größe die Atommasse war.

Louis Pasteur: *Etudes sur la maladie des vers à soie* (1870)
Der französische Chemiker und Bakteriologe L. Pasteur wird als Begründer der Keimtheorie bezeichnet. Neben Robert Koch ist er einer der bedeutendsten Erforscher von Infektionskrankheiten. 1865 erkannte er Hefezellen und andere Mikroorganismen als Ursache von Gärung und Fäulnis. Bei der Untersuchung der Fleckenkrankheit der Seidenraupen entdeckte er Mikroben als deren Verursacher. Ab 1881 führte er Schutzimpfungen gegen Milzbrand und andere Infektionskrankheiten ein, zu denen er weit beachtete Beiträge verfasste.

Paul Broca: *Mémoires d'anthropologie* (5 Bd., 1871–88)
Der Pariser Chirurg, Anatom und Pathologe P. Broca folgte den Ansätzen von Franz Gall, der zu Beginn des 19. Jahrhunderts erstmals konstatiert hatte, unterschiedliche Hirnregionen seien für bestimmte psychologische Funktionen zuständig. Broca griff dieses Konzept der »zerebralen Lokalisierung« auf und wurde zum Begründer der Neurolinguistik. 1861 behauptete er, das Zentrum der Sprachfähigkeit liege in einem bestimmten Teil der linken Hirnhemisphäre (Broca-Areal). Auch wenn seine Vermutung später relativiert wurde, waren Brocas Arbeiten wegweisend für die Hirnforschung.

Walther Flemming: *Zellsubstanz, Kern und Zellteilung* (1882)
Der deutsche Anatom W. Flemming lieferte historische Arbeiten zur Kern- und Zellteilung. Er entdeckte das Chromatin und zelluläre Gemeinsamkeiten bei Tieren und Pflanzen. 1880 formulierte er den biologischen Grundsatz »Omnis nucleus e nucleo«. Mit seinen Arbeiten schuf er eine der grundlegenden Voraussetzungen für die Entwicklung der Chromosomentheorie und der Genetik.

Eduard Sueß: *Das Antlitz der Erde* (3 Bd., 1883–1905)

Der österreichische Geologe E. Sueß befasste sich mit der Entstehung von Gebirgen und erkannte als Erster, dass große Gebirgsketten gemeinsame Eigenschaften aufweisen und als geologische Einheit zu betrachten sind. Er bemerkte lange vor der Formulierung der Theorie der Plattentektonik Ähnlichkeiten zwischen den Alpen und dem Himalaja und schloss daraus, dass es auf der Südhalbkugel einmal einen großen Kontinent gegeben haben musste, durch dessen Bildung die Gebirgsketten aufgeschoben worden waren. Die Herausgabe seines Werkes *Die Entstehung der Alpen* (1875) hatte großen Einfluss auf die Geowissenschaften.

Heinrich Hertz: *Prinzipien der Mechanik* (1894)

Der deutsche Physiker H. Hertz war ein Schüler von Hermann von Helmholtz. Er schuf mit seinen experimentellen Arbeiten die Grundlagen für mehrere revolutionäre wissenschaftlich-technische Entwicklungen. So bestätigte er mit seiner Entdeckung freier elektromagnetischer Wellen die Lichttheorie von James Clerk Maxwell und lieferte die Grundlagen der drahtlosen Nachrichtenübertragung. 1886 erzeugte er das erste Funksignal. Die *Prinzipien der Mechanik* wurden in seinem Todesjahr veröffentlicht.

Marie Curie: *Recherches sur les substances radioactives* (*Untersuchungen über die radioaktiven Substanzen*, 1903)

Die Chemikerin und Physikerin M. Curie erfreute sich schon zu ihren Lebzeiten größter Popularität und Beliebtheit. 1897 veröffentlichte sie ihre erste wissenschaftliche Arbeit über magnetische Eigenschaften der radioaktiven Strahlen und begann Forschungen über Wesen und Herkunft der von Antoine Becquerel entdeckten Uranstrahlung. Gemeinsam mit ihrem Mann Pierre arbeitete sie an der Aufklärung des Phänomens, das sie selbst Radioaktivität nannte. 1903 promovierte M. Curie mit ihrer Arbeit zu *Untersuchungen über die radioaktiven Substanzen*. Fortan zählte sie zu den Pionieren der modernen Kernphysik, -chemie und Radiologie.

Alfred Wegener: *Die Entstehung der Kontinente und Ozeane* (1915)

Der 1880 in Berlin geborene und bei einer Grönlandexpedition 1930 auf tragische Weise ums Leben gekommene A. Wegener war Geophysiker und Meteorologe. Sein Buch *Die Entstehung der Kontinente und Ozeane* kam erst postum zu Ruhm und Ehre. Er erklärte darin seine Theorie der Kontinentalverschiebung, die von einflussreichen Zeitgenossen abgelehnt und erst ein halbes Jahrhundert später wieder aufgegriffen und zur Theorie der Plattentektonik entwickelt wurde. Wegeners Ansatz, nach der die Kontinente nicht ruhen und einst zum Superkontinent Pangäa vereint waren, war ein entscheidender Schritt zum Verständnis der Kräfte, die im Erdinneren aktiv sind.

Thomas Hunt Morgan: *The Mechanism of Mendelian Heredity* (1915)
Der amerikanische Genetiker T. H. Morgan konnte mit Hilfe von Experimenten mit der Taufliege *Drosophila melanogaster* als Erster zeigen, dass Gene auf Chromosomen linear angeordnet sind. 1911 veröffentlichte er die erste Chromosomenkarte der Taufliege. Im 1915 mit Forscherkollegen publizierten Werk *The Mechanism of Mendelian Heredity* wurde sie als Modell für mendelsche Gen-mapping-Experimente definiert. Morgan war sehr darum bemüht, die Erkenntnisse der Genetik mit Darwins Abstammungslehre zu verbinden und wurde zum Mitbegründer der Synthetischen Evolutionsbiologie.

Max Planck: *Einführung in die theoretische Physik* (5 Bd., 1916–30)
M. Planck war einer der führenden theoretischen Physiker seiner Zeit. Er lieferte wertvolle Beiträge zur Relativitätstheorie und zur Elektrolyttheorie und befasste sich auch mit den Gesetzen der Wärmestrahlung. 1900 entdeckte er, dass sowohl die Emission als auch die Absorption von Strahlung sprunghaft, in winzigen Energiequanten erfolgt. Die Entdeckung dieser »Energiequantelung« ebnete den Weg zum Verständnis der Vorgänge im Atom und bildete die Geburtsstunde der Quantentheorie, mit der das gesamte physikalische Denken revolutioniert wurde.

Albert Einstein: *Grundzüge der Relativitätstheorie* (1922)
A. Einstein gilt als größtes wissenschaftliches Genie aller Zeiten. Er entfaltete eine vielseitige Forschertätigkeit und wurde im 20. Jahrhundert zum berühmtesten Physiker der Welt. Er begründete mit der speziellen und der allgemeinen Relativitätstheorie eine neue Auffassung von Zeit, Raum und Schwerkraft. 1905 veröffentlichte er erste bedeutende Schriften zu Lichtquanten und zur brownschen Bewegung und legte gleichzeitig die Prinzipien der Speziellen Relativitätstheorie dar, die er in den Folgejahren entwickelte. Er folgerte, dass es eine Zeitdilatation, eine Längenkontraktion und eine Äquivalenz von Masse und Energie gibt, wodurch Physik und Astronomie grundlegend umgewälzt wurden. Ab 1916 veröffentlichte er Abhandlungen zur Allgemeinen Relativitätstheorie, die eine neue Theorie der Gravitation enthielten. Sein Werk *Grundzüge der Relativitätstheorie* zählt zu den bedeutendsten Büchern der Naturwissenschaften.

Niels Bohr: *Drei Aufsätze über Spektren und Atomaufbau* (1922)
Der dänische Physiker N. Bohr war einer der bedeutendsten Atom- und Kernphysiker des 20. Jahrhunderts. Er entwickelte 1913 das nach ihm benannte und 1915 weiterentwickelte bohrsche Atommodell, das grundlegend für die weitere Entwicklung der Physik und Chemie war. 1921 lieferte er eine theoretische Erklärung für den Aufbau des Periodensystems. Er erklärte, dass die Atomhülle eines Elements aus Elektronenschalen aufgebaut ist. Später widmete er sich der Quantenmechanik und formulierte 1926/27 mit W. Heisenberg die berühmte »Kopenhagener Deutung«.

Aleksandr Oparin: *Urspung des Lebens* (1924)
Der sowjetische Biochemiker A. Oparin steuerte wichtige Arbeiten zur Erforschung der abiogenen Entstehung des Lebens auf der Erde bei – der so genannten Urzeugung. Er ging von einer durch die Zersetzung von Carbiden und Nitriden entstandenen Ursuppe aus und prägte den Begriff »chemische Evolution«. Sein *Urspung des Lebens* gilt als Klassiker der »Ursuppentheorie«.

Werner Heisenberg: *Die physikalischen Prinzipien der Quantentheorie* (1930)
Der 1901 in Würzburg geborene W. Heisenberg gilt als einer der bedeutendsten theoretischen Physiker des vergangenen Jahrhunderts. Er lieferte 1925 die erste mathematische Formulierung der Quantenmechanik und sorgte mit seiner Unschärferelation für ein fundamentales Umdenken in der Physik. 1932 wies er den Aufbau der Atomkerne aus Protonen und Neutronen nach, entwickelte unter der Annahme besonderer Kernkräfte eine Quantentheorie der Atomkerne und eine Theorie der Kernspaltung. Gemeinsam mit dem Physiker Wolfgang Pauli bemühte er sich drei Jahrzehnte lang, eine einheitliche Theorie der Elementarteilchen, die so genannte »Weltformel« oder »Grand Unified Theory« zu entwickeln. Er publizierte zahlreiche bedeutende Werke.

Hermann Staudinger: *Die hochmolekularen organischen Verbindungen* (1932)
Der deutsche Chemiker H. Staudinger betrieb Grundlagenforschung über makromolekulare Verbindungen und zeigte, dass sich kleine Moleküle zu langen Ketten (Polymere) verbinden lassen. Er erfand die Polymersynthese und legte damit den entscheidenden Grundstein für die Entwicklung der Kunststoffindustrie.

Karl Popper: *Logik der Forschung* (1934)
Der 1902 in Wien geborene und 1994 in London verstorbene Sir Karl Raimund Popper zählt zu den berühmtesten Philosophen und Wissenschaftstheoretikern aller Zeiten. Er arbeitete auf dem Gebiet der Erkenntnislehre und zu wissenschaftstheoretischen Fragen aus Physik, Biologie und aus den Sozialwissenschaften. Er gilt als Begründer des klassischen Rationalismus und publizierte unzählige Bücher und Artikel. *Logik der Forschung* erschien in seiner frühen Schaffensperiode und gilt als eines seiner Hauptwerke. Darin erklärte er das »Falsifikationsprinzip«, nach dem man streng genommen eine Theorie nie beweisen, sondern immer nur falsifizieren kann.

Ernst Mayr: *Systematics and the Origin of Species* (1942)
Der deutsch-amerikanische Zoologe und Evolutionsbiologe E. Mayr ist einer der bedeutendsten Evolutionsbiologen des 20. Jahrhunderts. Mit seinem Werk *Systematics and the Origin of Species* trug er entscheidend zur Synthese der zoologischen Systematik mit der modernen Evolutionstheorie bei. Er gilt deshalb als Mitbegründer der Synthe-

tischen Evolutionstheorie (auch Neodarwinismus genannt), durch die Mendels Vererbungslehre und Darwins Evolutionstheorie miteinander in Einklang gebracht wurden.
Mayr entwickelte eine Theorie über die Entstehung neuer Arten, die als »geographische
Theorie der Artbildung« bezeichnet wird. Sie besagt, dass neue Arten entstehen können, wenn eine Unterpopulation einer Stammspezies geographisch isoliert wird.

Erwin Schrödinger: *Was ist Leben?* (1946)
Der österreichische Physiker E. Schrödinger arbeitete zur Quantentheorie, Radioaktivität, Farbenlehre, Thermodynamik, Gravitations- und Feldtheorie und befasste sich
ferner mit naturphilosophischen Fragen. In seinem einflussreichen Werk *Was ist Leben?*,
das 1946 in deutscher Sprache erschien, lokalisierte er das Geheimnis des Lebens in
einer geordneten Gruppe von Atomen.

Norbert Wiener: *Cybernetics, or Control and Communication in the Animal and the Machine*
(*Kybernetik, Regelung und Nachrichtenübertragung im Lebewesen und in der Maschine*, 1948)
Der amerikanische Mathematiker N. Wiener begründete mit seinem 1948 erschienenen
Werk *Cybernetics* die Kybernetik – der »Wissenschaft von der Steuerung und Regelung«,
die eine bedeutende Verständnisbrücke bei der Erforschung der funktionalen Organisation eines Gehirns und der logischen Struktur eines digital arbeitenden Computers zu
schlagen vermochte. Wiener war maßgeblich an der Entwicklung der Informations-
theorie beteiligt und lieferte wichtige Arbeiten über programmgesteuerte Rechenan-
lagen.

Nikolaas Tinbergen: *The Study of Instinct* (1950)
Der niederländisch-britische Zoologe N. Tinbergen wurde berühmt durch seine Untersuchungen zum Verhalten von Tieren und Menschen. Er gilt als Mitbegründer der
modernen Verhaltensforschung und schuf mit seinem Werk *The Study of Instinct* das
erste zusammenfassende Lehrbuch dieses jungen Wissenschaftszweiges. Bedeutend
waren auch verhaltensbiologische Analysen des kindlichen Autismus, die er mit seiner
Frau Elizabeth erarbeitete und 1972 mit dem Werk *Early Childhood Autism* vorlegte.

Francis Crick / James Watson: *Molecular Structure of Nucleic Acids* (*Die molekulare Struktur
von Nukleinsäuren*, 29.4.1953)
F. Crick und J. Watson gelang es, auf Grundlage der Röntgenstrukturanalyse die räumliche Struktur der DNA aufzuklären. In ihrem legendären Artikel in der Fachzeitschrift
Nature präsentierten sie erstmals die berühmte Doppelhelix. Außerdem wiesen sie
bereits darauf hin, wie sich ein DNA-Molekül verdoppeln kann und dass die Erbinfor-
mationen in den vier Basen Adenin (A), Cytosin (C), Guanin (G) und Thymin (T) codiert
sind. Watsons Buch *Die Doppelhelix* erschien 1968 und wurde zu einem Bestseller.

Noam Chomsky: *Syntactic Structures* (*Strukturen der Syntax*, 1957)
N. Chomsky, der bis heute als scharfsinniger politischer Kommentator von sich hören lässt, entwickelte zentrale Ansätze zum Verständnis der Sprache. Seine Arbeiten hatten großen Einfluss auf die Linguistik und Psychologie. Chomsky konstatierte, dass wir Sprache gemäß bestimmter Regeln (»generative Grammatiken«) anwenden, die für alle menschlichen Sprachen gelten. Aufgrund dieser gemeinsamen »Tiefenstruktur« könne jedes Kind jede beliebige Sprache lernen.

Max Delbrück: *Über Vererbungschemie* (1963)
Ohne die Arbeiten von M. Delbrück und seiner Phagengruppe wäre die Entstehung der Biophysik und der Molekularbiologie im 20. Jahrhundert nicht denkbar gewesen. Der 1906 geborene Deutsch-Amerikaner hatte bei Niels Bohr in Kopenhagen im Bereich Physik gearbeitet, bevor er sich der Biologie zuwandte. Bereits 1935 legte er gemeinsam mit dem Genetiker Nikolai Wladimirovich Timoféef-Ressovsky und dem Physiker Karl Günter Zimmer in der Schrift *Über die Natur der Genmutation und der Genstruktur* dar, dass es sich bei den Genen, die bis dahin nur als abstraktes Medium der Vererbung gesehen wurden, um große Moleküle handeln musste. Experimente von Delbrück und seinem Kollegen Salvador Luria zeigten, dass auch Bakterien Gene besitzen und sich ähnlich reproduzieren wie Tiere und Pflanzen. Diese Entdeckung war der Auftakt für zahlreiche Forschungsarbeiten, bei denen die Gene von Bakterien offen gelegt und ihre Verbreitungs- und Abwehrmechanismen geklärt wurden. Delbück, der 1981 in Kalifornien verstarb, veröffentlichte eine Reihe einflussreicher Fachbeiträge. Sein Buch *Wahrheit und Wirklichkeit. Über die Evolution des Erkennens* erschien postum im Jahre 1986. Es enthält Vorlesungen seiner späten Schaffensperiode.

Eric S. Lander / Lauren M. Linton / Bruce Birren / Chad Nusbaum / Michael C. Zody / Jennifer Baldwin / Keri Devon / Ken Dewar / Michael Doyle / William Fitzhugh / Roel Funke / Diane Gage / Katrina Harris / Andrew Heaford / John Howland / Lisa Kann / Jessica Lehoczky / Rosie Levine / Paul McEwan / Kevin McKernan / James Meldrim / Jill P. Mesirov / Cher Miranda / William Morris / Jerome Naylor / Christina Raymond / Mark Rosetti / Ralph Santos / Andrew Sheridan / Carrie Sougnez / Nicole Stange-Thomann / Nikola Stojanovic / Aravind Subramanian / Dudley Wyman / Jane Rogers / Johne Sulston / Rachael Ainscough / Stephan Beck / David Bentley / John Burton / Christopher Clee / Nigel Carter / Alan Coulson / Rebecca Deadman / Panos Deloukas / Andrew Dunham / Ian Dunham / Richard Durbin / Lisa French / Darren Grafham / Simon Gregory / Tim Hubbard / Sean Humphray / Adrienne Hunt / Matthew Jones / Christine Lloyd / Amanda McMurray / Lucy Matthews / Simon Mercer / Sarah Milne / James C. Mullikin / Andrew Mungall / Robert Plumb / Mark Ross / Ratina Shownkeen / Sarah Sims / Robert H. Waterston / Richard K. Wilson / Ladeana W. Hillier / John D. McPherson /

Marco A. Marra / Elaine R. Mardis / Lucinda A. Fulton / Asif T. Chinwalla / Kymberlie H. Pepin / Warren R. Gish / Stephanie L. Chissoe / Michael C. Wendl / Kim D. Delehaunty / Tracie L. Miner / Andrew Delehaunty / Jason B. Kramer / Lisa L. Cook / Robert S. Fulton / Douglas L. Johnson / Patrick J. Minx / Sandra W. Clifton / Trevor Hawkins / Elbert Branscomb / Paul Predki / Paul Richardson / Sarah Wenning / Tom Slezak / Norman Doggett / Jan-Fang Cheng / Anne Olsen / Susan Lucas / Christopher Elkin / Edward Uberbacher / Marvin Frazier / Richard A. Gibbs / Donna M. Muzny / Steven E. Scherber / John B. Bouck / Erica J. Sodergren / Kim C. Worley / Catherine M. Rives / James H. Gorrell / Michael L. Metzker / Susan L. Naylor / Raju S. Kucherlapati / David L. Nelson / George M. Weinstock / Yoshiyuki Sakaki / Asao Fujiyama / Masahira Hattori / Tetsushi Yada / Atsushi Toyoda / Takehiko Itoh / Chiharu Kawagoe / Hidemi Watanabe / Yasushi Totoki / Todd Taylor / Jean Weissenbach / Roland Heilig / William Saurin / Francois Artiguenave / Philippe Brottier / Thomas Bruls / Eric Pelletier / Catherine Robert / Patrick Wincker / Andre Rosenthal / Matthias Platzer / Gerald Nyakatura / Stefan Taudien / Andreas Rump / Douglas R. Smith / Lynn Doucette-Stamm / Marc Rubenfield / Keith Weinstock / Hong Mei Lee / Joann Dubois / Huanming Yang / Jun Yu / Jian Wang / Guyang Huang / Jun Gu / Leroy Hood / Lee Rowen / Anup Madan / Shizen Qin / Ronald W. Davis / Nancy A. Federspiel / A. Pia Abola / Michael J. Proctor / Bruce A. Roe / Feng Chen / Huaqin Pan / Juliane Ramser / Hans Lehrach / Richard Reinhardt / W. Richard McCombie / Melissa de la Bastide / Neilay Dedhia / Helmut Blocker / Klaus Hornischer / Gabriele Nordsiek / Richa Agarwala / L. Aravind / Jeffrey A. Bailey / Alex Bateman / Serafim Batzoglou / Ewan Birney / Peer Bork / Daniel G. Brown / Christopher B. Burge / Lorenzo Cerutti / Hsiu-Chuan Chen / Deanna Church / Michele Clamp / Richard R. Copley / Tobias Doerks / Sean R. Eddy / Evan E. Eichler / Terrence S. Furey / James Galagan / James G. R. Gilbert / Cyrus Harmon / Yoshihide Hayashizaki / David Haussler / Henning Hermjakob / Karsten Hokamp / Wonhee Jang / L. Steven Johnson / Thomas A. Jones / Simon Kasif / Arek Kaspryzk / Scot Kennedy / W. James Kent / Paul Kitts / Eugene V. Koonin / Ian Korf / David Kulp / Doron Lancet / Todd M. Lowe / Aoife McLysaght / Tarjei Mikkelsen / John V. Moran / Nicola Mulder / Victor J. Pollara / Chris P. Ponting / Greg Schuler / Jörg Schultz / Guy Slater / Arian F. A. Smit / Elia Stupka / Joseph Szustakowki / Danielle Thierry-Mieg / Jean Thierry-Mieg / Lukas Wagner / John Wallis / Raymond Wheeler / Alan Williams / Yuri I. Wolf / Kenneth H. Wolfe / Shiaw-Pyng Yang / Ru-Fang Yeh / Francis Collins / Mark S. Guyer / Jane Peterson / Adam Felsenfeld / Kris A. Wetterstrand / Richard M. Myers / Jeremy Schmutz / Mark Dickson / Jane Grimwood / David R. Cox / Maynard V. Olson / Rajinder Kaul / Christopher Raymond / Nobuyoshi Shimizu / Kazuhiko Kawasaki / Shinsei Minoshima / Glen A. Evans / Maria Athanasiou / Roger Schultz / Aristides Patrinos / Michael J. Morgan: *Initial sequencing and analysis of the human genome* (2001)

Die Veröffentlichung der ersten Version der Sequenz des Humangenoms in der Fachzeitschrift *Nature* im Jahre 2001 (409, S.860–921) war einer der jüngsten Meilensteine der Naturwissenschaften. Die große Zahl von Autoren ist charakteristisch dafür, wie heute Forschung in multinationalen Kooperationsprojekten betrieben wird. Tatsächlich sind die hier Genannten nur ausgewählte Mitglieder des »International Human Genome Sequencing Consortiums«, zu dem 20 Teams aus den USA, Großbritannien, Japan, Frankreich, Deutschland und China gehörten.

Bücher zum Weiterlesen

Es gibt viele gute Bücher, die dazu geeignet sind, unseren Überblick mit spannenden und detaillierten Einblicken in die weite Welt der Wissenschaft zu vertiefen und ergänzen. Zu diesem Zweck haben wir eine Auswahl von lesenswerten Büchern zusammengestellt.

1. DIE ENTFALTUNG DES LEBENS

Bruce Alberts / D. Bray / A. Johnson / J. Lewis / M. Raff / K. Roberts / P. Walter: *Lehrbuch der Molekularen Zellbiologie*, Weinheim 1999
»Der kleine Alberts« ist eine für Studenten geschriebene Einführung in die molekulare Zellbiologie. Sie verlangt dem Laien einiges ab. Der Stoff ist aber ausgezeichnet aufbereitet und das Buch eignet sich für all jene, die es nicht schaffen, es von vorne bis hinten durchzuarbeiten, als Nachschlagewerk, das man immer dann zur Hand nimmt, wenn man einmal ganz genau wissen will, was die Gene in der Zelle eigentlich so treiben.

Richard Dawkins: *Das egoistische Gen*, Berlin/Heidelberg 1978
R. Dawkins ist die Leitfigur des modernen Darwinismus und gleichzeitig ein so ausgezeichneter Autor und Redner, dass er mittlerweile eine Professur für »Public Understanding of Science« innehat. Wer verstehen will, was Evolution bedeutet, der muss Dawkins lesen. Bei der Lektüre darf man jedoch zweierlei nicht vergessen. Erstens: Dawkins schreibt über das Verhalten von Tieren, nicht über Menschen. Und zweitens: Das egoistische Gen ist eine Metapher.

Richard Dawkins: *Gipfel des Unwahrscheinlichen. Wunder der Evolution*, Reinbek 1999
Der Titel sagt es. Es geht hier um ein Erkennungsmerkmal einer guten wissenschaftlichen Theorie. Sie muss es schaffen, sehr unwahrscheinliche Ereignisse zu erklären. Davon gibt es genug. Wir brauchen uns nur umzuschauen und sehen überall Pflanzen und Tiere mit seltsamen Eigenarten. R. Dawkins rekonstruiert, wie sie alle Schritt für Schritt nach dem Mechanismus der natürlichen Selektion entstanden sind. Ausführlich geht er etwa darauf ein, wie die Evolution das Wunderwerk Auge mindestens 40 Mal unabhängig voneinander hervorgebracht hat.

Richard Fortey: *Leben. Eine Biographie*, München 2002
Der Paläontologe R. Fortey vom Natural History Museum in London zeigt, wie man auf Basis von unscheinbaren Fossilfunden die Geschichte der Entstehung und Entfaltung

des Lebens äußerst spannend erzählen kann. Er schafft es, dass man sich das Leben vor Hunderten von Millionen Jahren plastisch vorstellen kann, als würde man es im Kino bestaunen, und liefert nebenbei auch noch einen guten Einblick in das Forscherleben.

Michael Gleich / Dirk Maxeiner / Michael Miersch / Fabian Nicolay: *Life Counts. Eine globale Bilanz des Lebens*, Berlin 2000
Ein aufwändig illustriertes Buch, das in vielen Tableaus und kurzen Aufsätzen über die Artenvielfalt der Erde, ihre Erfassung, Nutzung und Bewahrung informiert.

Ilse Jahn (Hrsg.): *Geschichte der Biologie*, 3. neu bearbeitete und erweiterte Auflage, Berlin/Heidelberg 1998
21 Experten liefern auf über 1000 Seiten eine detaillierte Bestandsaufnahme der letzten 6000 Jahre systematischer Beschäftigung mit dem Leben auf der Erde, inklusive einer umfangreichen Bibliographie und Kurzbiographien von 1600 Biowissenschaftlern.

Lynn Margulis / Dorion Sagan: *Leben. Vom Ursprung zur Vielfalt*, Heidelberg/Berlin 1999
Die Biologin L. Margulis ist eine prominente Verfechterin der Gaia-Hypothese, die den Planeten Erde als einzigen großen Organismus zu beschreiben versucht. Sie schenkt daher komplexen Selbstregulationsprozessen und der alles durchdringenden Welt der Mikroorganismen besondere Beachtung.

Ernst Mayr: *... und Darwin hat doch recht. Charles Darwin, seine Lehre und die moderne Evolutionstheorie*, München 1994
E. Mayr zählt zu den Begründern der evolutionären Synthese, mit der in der Mitte des letzten Jahrhunderts der Darwinismus zur Basis der modernen Biologie gemacht wurde. Der Biologe liefert eine präzise, systematische, dennoch kurz gefasste Einführung in die moderne Evolutionsbiologie und eine Analyse der wissenschaftlichen und weltanschaulichen Auseinandersetzungen um Darwins Werk.

Michael Miersch: *Das bizarre Sexualleben der Tiere. Ein populäres Lexikon von Aal bis Zebra*, Frankfurt 1999
Ein sehr unterhaltsames Buch, in dem man nicht nur erfährt, dass es beim Sex nichts gibt, was es nicht gibt, sondern nebenbei auch allerlei Tiere kennen lernt, von denen man noch nie gehört hat, zum Beispiel das australische Thermometerhuhn, dessen Name natürlich etwas mit der Reproduktion zu tun hat. Aber was? Man erfährt es auf Seite 273.

Werner Nachtigall / Kurt G. Blüchel: *Das große Buch der Bionik. Neue Technologien nach dem Vorbild der Natur*, Stuttgart/München 2001

Der Mensch hat sich schon immer am Vorbild der Natur orientiert. Bionik behandelt die systematische Übertragung natürlicher Problemlösungen auf menschliche Technik und Materialien. Der reich bebilderte Band von W. Nachtigall und K. G. Blüchel gibt einen faszinierenden Überblick über alle nur denkbaren Anwendungsbereiche: Medizintechnik, Architektur, Raumfahrt, Schiffs-, Bahn- und Automobilbau, Design, Informationstechnologie und so weiter.

Peter Sitte (Hrsg.): *Jahrhundertwissenschaft Biologie. Die großen Themen*, München 1999
Ein Sammelband, in dem Wissenschaftler in gut verständlichen Übersichtsartikeln das Feld der Biologie abstecken, die als Wissenschaft in den letzten Jahren so enorm an Bedeutung gewonnen hat. Die Kapitel behandeln Evolution, Zellbiologie, Immunologie, Krankheitserreger, Medizin, Verhaltensbiologie, soziokulturelle Evolution, Hirnforschung, Entwicklungsbiologie, Altern und Tod, Ökologie, Bionik, Biotechnologie sowie Biophilosophie und Bioästhetik.

Gerhard Vollmer: *Biophilosophie*, Stuttgart 1995
Der Philosoph G. Vollmer liefert in diesem Buch eine Reihe von Aufsätzen, die sich mit dem Verhältnis von Philosophie und Biologie beschäftigen. Er lotet die Reichweite des Evolutionsbegriffs aus, führt in die Evolutionäre Erkenntnistheorie ein, steckt einen wissenschaftstheoretischen Rahmen für die Biologie ab und beschäftigt sich mit ihrer Wahrnehmung in der Öffentlichkeit.

Edward O. Wilson: *Der Wert der Vielfalt. Die Bedrohung des Artenreichtums und das Überleben des Menschen*, München 1995
Der Harvard-Biologe E. O. Wilson beschreibt in diesem Buch anhand zahlreicher anschaulicher Beispiele, wie die biologische Vielfalt entstanden ist. Im zweiten Teil widmet er sich dem aktuellen Massensterben, das auf den Einfluss der Menschen, insbesondere die Zerstörung von Regenwäldern zurückzuführen ist, und plädiert für eine ökologische Ethik, die auf Erhaltung der Biodiversität zum Wohle der Menschheit zielt.

Ernst-Ludwig Winnacker: *Viren. Die heimlichen Herrscher*, Frankfurt 1999
Der Biologe E.-L. Winnacker stellt in dem kompakten Band unter anderem dar, wie Viren die Stoffwechselmaschinerie ihrer Wirte umprogrammieren, um sich selbst zu vermehren, wie Pflanzen, Tiere und der Mensch sich gegen ihre Angriffe zur Wehr setzen, warum manche Menschen gegen manche Viren resistent sind und welche Möglichkeiten die Medizin heute hat. Dabei erfährt man nicht nur viel Wissenswertes über Aids, Herpes oder Hepatitis, sondern gleich auch noch einige Grundlagen der Molekulargenetik.

2. UNSER LEBENSRAUM

Michael Bockhorst: *ABC Energie. Eine Einführung mit Lexikon: Energieerzeugung und Energie-nutzung, Probleme und Lösungsansätze*, Bonn 2002
M. Bockhorst ist promovierter Physiker und hat sich die Mühe gemacht, dem unbe-darften Leser den Themenkreis Energie sachlich fundiert nahe zu bringen, »ohne eine Form der Energieerzeugung oder Energienutzung zu bevorzugen oder zu benachteili-gen«. Neben den physikalischen Grundlagen der Energie werden die Formen der Ener-gienutzung und schließlich ein Lösungsansatz für die Zukunft vorgestellt. Der Haupt-teil des Buches ist lexikalisch gehalten und erklärt so ziemlich alles von A wie Ampère bis Z wie Zirkaloy. Einen Vorgeschmack erhält man im Internet unter www.abc-ener-gie.de.

Rolf Emmermann / Reinhold Ollig (Hrsg.): *Feuer, Wasser, Erde, Luft*, Weinheim 2003.
R. Emmermann ist einer der führenden deutschen Geowissenschaftler und Präsident der Alfred-Wegener-Stiftung, R. Ollig Mitarbeiter im Bundesministerium für Bildung und Forschung. Ihr leicht verständliches und reich illustriertes Werk ist im Rahmen des Jahres der Geowissenschaften 2002 (www.planeterde.de) entstanden und bietet einen guten Einstieg zum Verständnis des Systems Erde.

Jan Klage: *Wetter macht Geschichte. Der Einfluss des Wetters auf den Lauf der Geschichte*, Frank-furt 2003
J. Klage erklärt anschaulich, wie Wetter entsteht und wie man versucht, es gezielt zu manipulieren. Eingebettet in seine »Wetterkunde« erzählt er, wie Sturm, Gewitter und Regen den Lauf der Geschichte drehten, zum Beispiel bei der Schlacht im Teutoburger Wald (9 n. Chr.), beim Spanisch-Englischen Seekrieg 1588 und bei der Kuba-Krise 1962.

Robert Kunzig: *Der unsichtbare Kontinent. Die Entdeckung der Meerestiefe*, Hamburg 2002
R. Kunzig führt den Leser in eine Welt, die uns fern erscheint, obwohl sie drei Viertel unseres Planeten bedeckt. Seine Erklärungen über die Entstehung, das Leben und die Erforschung der Ozeane sind sehr anschaulich und wissenschaftlich fundiert. »Noch nie wurde so spannend von den Geheimnissen der Tiefsee erzählt«, befand zu Recht eine Jury, die Kunzig für sein Buch den Aventis-Wissenschaftspreis 2001 verlieh.

J. D. Macdougall: *Eine kurze Geschichte der Erde. Eine Reise durch 5 Milliarden Jahre*, München 2000
Macdougall ist Professor für Erdwissenschaften und Ozeanographie an der Universität Kalifornien in San Diego, dem weltweit bedeutendsten geowissenschaftlichen For-schungszentrum. In seiner »Biographie der Erde« hat er das gesamte Wissen über unse-

ren Planeten zusammengefasst und für Laien verständlich aufbereitet. Er erklärt alle Entwicklungsstufen des Planeten und den Beginn des organischen Lebens und informiert auch über Klimaveränderungen und Naturkatastrophen sowie ihre Auswirkungen auf Flora und Fauna.

Rolf Meissner: *Geschichte der Erde. Von den Anfängen des Planeten bis zur Entstehung des Lebens,* München 1999
R. Meissner ist Meteorologe und Geophysiker und vermittelt in dem in der Reihe »Wissen« bei Beck erschienen kleinen Bändchen auf rund 140 Seiten ein differenziertes Bild der inneren und äußeren Einflüsse und Mechanismen, die die Geschichte unseres Planeten kennzeichnen.

Rolf Schick: *Erdbeben und Vulkane,* München 1997
R. Schick ist einer der wichtigsten Geophysiker Deutschlands. Er erläutert in seinem Buch, wie Erdbeben und Vulkane entstehen und welche Auswirkungen sie auf die Umwelt haben – und gibt dafür zahlreiche Beispiele. Er zeigt auch Möglichkeiten und Grenzen der Vorhersage solcher Naturkatastrophen.

Nico Stehr / Hans von Storch: *Klima, Wetter, Mensch,* München 1999
Der Mensch ist ein durch Klima bestimmtes Geschöpf. Klima ist aber gleichzeitig auch Ergebnis menschlichen Handelns. Das spiegelt sich auch in der Autorenzusammensetzung wider: N. Stehr ist Soziologe, H. v. Storch ist Meteorologe und Direktor am Institut für Gewässerphysik in Geesthacht. Die Autoren erklären den Unterschied zwischen und die Mechanismen von Wetter und Klima und beziehen auch Stellung zum umstrittenen Klimawandel.

3. LEBEN IM UNIVERSUM

Frank Close: *Luzifers Vermächtnis. Eine physikalische Schöpfungsgeschichte,* München 2002
F. Close vom Rutherford Appleton Laboratory in Großbritannien geht in diesem Buch der Frage nach, welche Rollen Symmetrien und Symmetriebrechungen bei der Entstehung der Welt spielten. Das klingt recht speziell, ist jedoch eingebettet in eine sehr schöne Einführung in die Grundlagen von Kosmologie und Physik. Der erste Satz des Buches hätte auch einen guten Romananfang abgegeben: »Die Welt ist ein asymmetrischer Ort voller asymmetrischer Wesen.«

Timothy Ferris: *Chaos und Notwendigkeit. Report zur Lage des Universums,* München 2000
Der amerikanische Astronom T. Ferris liefert eine hervorragende Einführung in die

Kosmologie, die vor komplizierten Sachverhalten der Astrophysik nicht zurückschreckt und es schafft, sie nicht nur gut verständlich zu präsentieren, sondern auch noch viel Lesevergnügen zu bereiten.

Richard P. Feynman: *Vom Wesen physikalischer Gesetze*, München 1990
Der Physiker und Nobelpreisträger R. P. Feynman, Begründer der Quantenelektrodynamik, galt als genialer Forscher und großartiger Redner und Lehrer zugleich. Der Band enthält die Feynman-Lectures von 1964, die eine Einführung in die Grundlagen physikalischen Denkens bieten und von Generationen von Physikstudenten als Einstieg in das Fach genutzt wurden.

Werner Heisenberg: *Quantentheorie und Philosophie. Vorlesungen und Aufsätze*, Stuttgart 1979
Eine Zusammenstellung von sechs Aufsätzen des großen deutschen Physikers, die es dem Leser erlaubt, einen Einblick in das Leben und Arbeiten der Forscher in jener Zeit zwischen den beiden Weltkriegen zu bekommen, in der die Physik revolutioniert wurde.

Gerald Holton: *Einstein, die Geschichte und andere Leidenschaften*, Braunschweig/Wiesbaden 1998
Der Physiker und Wissenschaftshistoriker G. Holton unternimmt in diesem Buch zweierlei. Er analysiert die im 20. Jahrhundert aufgebrochene Kluft zwischen Natur- und Geisteswissenschaften und er rekonstruiert das Denken Albert Einsteins, um daran aufzuzeigen, wie falsch die Vorstellungen vieler Menschen über wissenschaftliches Denken sind.

Gert-Ludwig Ingold: *Quantentheorie. Grundlagen der modernen Physik*, München 2002
Eine knappe, gut verständliche Einführung in die Quantentheorie. G.-L. Ingolf lehrt Theoretische Physik in Augsburg.

Michio Kaku: *Im Hyperraum. Eine Reise durch Zeittunnel und Paralleluniversen*, Reinbek 1994
M. Kaku, Professor für Theoretische Physik in New York und einer der Begründer der Superstringtheorie, schafft es, den Weg der modernen Physik von der Quantentheorie und Relativitätstheorie hin zu den noch anhaltenden Versuchen, eine einheitliche »Theorie für alles« zu formulieren, in überaus anschaulicher Weise nachzuvollziehen.

Carl Friedrich von Weizsäcker: *Große Physiker. Von Aristoteles bis Werner Heisenberg*, München 1999
Das Buch vereinigt eine Sammlung von Vorträgen und Aufsätzen, in denen C. F. v.

Weizsäcker die herausragenden Köpfe seiner Zunft kenntnisreich würdigt. Besonders lesenswert sind die Aufsätze über seine Zeitgenossen und Kollegen Bohr, Heisenberg und Dirac.

Anton Zeilinger: *Einsteins Schleier. Die neue Welt der Quantenphysik*, München 2003
Eine leicht lesbare Einführung in die Quantenphysik, verfasst von dem österreichischen Physiker A. Zeilinger, der durch seine Teleportationsexperimente Weltruhm erlangt hat.

4. MENSCHENLEBEN

Jörg Blech: *Leben auf dem Menschen. Die Geschichte unserer Besiedler*, Reinbek 2000
Sie leben zu Milliarden auf unserer Haut und in unseren Verdauungsorganen. Der Mensch ist besiedelt von Bakterien, Pilzen und kleinen Tieren. Der Wissenschaftsjournalist J. Blech hat eine Inventur vorgenommen und kann uns beruhigen. Die meisten sind nützliche Helfer, viele harmlos und nur sehr wenige können uns gefährlich werden.

Jared Diamond: *Arm und Reich. Die Schicksale menschlicher Gesellschaften*, Frankfurt 2000
Die entscheidenden Unterschiede zwischen den Menschen verschiedener Regionen sind kultureller Natur. Das war nicht immer so. Am Ende der globalen Expansion des Menschen vor etwa 14 000 Jahren war die Lebensweise der Menschen auf allen Kontinenten gleich. Der amerikanische Biologe J. Diamond schildert, welch verschiedenen Verlauf die Entwicklung der Menschen seitdem genommen hat und begründet schlüssig, dass für die Unterschiede in erster Linie biologische und geographische Faktoren verantwortlich sind.

Jan Klein / Naoyuki Takahata: *Where do we come from? The Molecular Evidence for Human Descent*, Berlin Heidelberg 2002
Die beiden Biologen J. Klein aus Tübingen und N. Takahata aus Hayama halten nicht viel von leichter Lektüre. Sie verlangen dem Leser einiges ab und liefern im Gegenzug eine fundierte Darstellung des Wissensstandes in der genetischen Anthropologie, angereichert mit etwas Gelehrsamkeit, aber frei von Anekdoten und sonstigem Beiwerk. Wissenschaft pur für den gebildeten Leser.

Richard Leakey: *Die ersten Spuren. Über den Ursprung des Menschen*, München 1999
Der Anthropologe R. Leakey, der in den Fußstapfen seiner Eltern jahrzehntelang Feldforschung in Afrika betrieben hat und einige der bedeutendsten Fossilien aus der Früh-

geschichte der Menschheit fand, schildert anschaulich und ohne wissenschaftliche Details den Prozess der Menschwerdung, wie er aus den paläontologischen Zeugnissen rekonstruiert werden kann.

Kenan Malik: *Man, Beast and Zombie. What Science can and cannot tell us about human nature*, London 2000
Das Buch könnte auch heißen »Mensch, Tier und Maschine«. Es bietet eine überzeugende Kritik der Menschenbilder, die im Rahmen der wissenschaftlichen Entwicklungen in der Evolutions- und Genforschung einerseits und den Kognitionswissenschaften – insbesondere der Forschung zur Künstlichen Intelligenz – andererseits an Bedeutung gewonnen haben. K. Malik zeigt, dass der Mensch weder durch seine Biologie determiniert ist noch als Maschine nachgebaut werden kann. Er stellt in einer ausgezeichneten historischen und wissenschaftstheoretischen Analyse dem erneuerten Darwinismus einen ebenfalls erneuerten Humanismus mit einem nicht-reduktionistischen, aber dennoch materialistischen Menschenbild zur Seite.

Reinhard Merkel: *Forschungsobjekt Embryo*, München 2002
Der Rechtsphilosoph R. Merkel analysiert die aktuelle bioethische Debatte um Stammzellen und Embryonenschutz, stellt die verschiedenen ethischen und rechtlichen Argumente vor und kommt zu dem Schluss, dass ein kategorisches Verbot der Forschung an menschlichen embryonalen Stammzellen nicht Ausdruck einer hohen, sondern einer irrigen Moral ist und keine verfassungsrechtliche Basis hat.

Randolph M. Nesse / George C. Williams: *Warum wir krank werden. Die Antworten der Evolutionsmedizin*, München 1997
Ein spannendes Buch, das einen sehr guten Einstieg in die evolutionsbiologische Sicht bietet und damit einen unkonventionellen Blick auf die Medizin wirft, die sich erst allmählich diese nützliche Betrachtungsweise zu Eigen macht und analysiert, wie Krankheiten naturgeschichtlich entstanden sind, um die Behandlung auf diese Erkenntnisse abzustimmen. R. M. Nesse ist Mediziner an der Universität von Michigan, G. C. Williams emeritierter Ökologe und Evolutionstheoretiker.

Steve Olson: *Herkunft und Geschichte des Menschen. Was die Gene über unsere Vergangenheit verraten*, Berlin 2003
»Steve Olsons Werk veranschaulicht auf verständliche und gleichzeitig faszinierende Weise, dass im Grunde alle Menschen miteinander verwandt sind. Dies ist ein Buch für jeden interessierten Leser«, befand Craig Venter. S. Olson erzählt die letzten 150 000 Jahre Menschheitsgeschichte anhand der Informationen, die sich aus unserer DNA ergeben. Damit räumt er auch mit sämtlichen Rassentheorien auf, denn die Gene aller Menschen gehen auf eine Urmutter zurück.

Udo Pollmer / Susanne Warmuth: *Lexikon der populären Ernährungsirrtümer. Mißverständnisse, Fehlinterpretationen und Halbwahrheiten von Alkohol bis Zucker*, Frankfurt 2000
Der streitlustige Ernährungswissenschaftler U. Pollmer und seine Co-Autorin S. Warmuth zeigen auf, wie erschreckend unfundiert, halb wahr oder falsch fast alles ist, was man alltäglich an Weisheiten über gesunde Ernährung hört. Unverzichtbar für alle, die sich den Genuss nicht vermiesen lassen wollen.

M. Raem u. a. (Hrsg.): *GenMedizin. Eine Bestandsaufnahme*, Berlin/Heidelberg 2001
Kein Fachbuch, aber ein Buch, das auf über 800 Seiten wirklich tief in die Materie eindringt. Die 38 Kapitel sind von führenden Wissenschaftlern geschrieben. Neben den Grundlagen der Genmedizin und exemplarischer Darstellung wichtiger Anwendungen in Therapie, Diagnostik und Ernährung werden auch rechtliche und ethische Aspekte erörtert.

Matt Ridley: *Alphabet des Lebens. Die Geschichte des menschlichen Genoms*, München 2000
Ein spannendes Buch, dessen 23 Kapitel sich jeweils Genen auf den 23 Chromosomenpaaren des Menschen widmen. Dem Wissenschaftsjournalisten M. Ridley gelingt, woran Forscher regelmäßig scheitern: er liefert eine Lesehilfe für das »Buch des Lebens«, das aus diesem sprödesten aller Texte, der nur aus der endlosen Abfolge der Buchstaben A, C, T und G besteht, einen unterhaltsamen Roman über Geschichte, Krankheit, Familie, Schicksal, Sex, Politik, Gott und die Welt macht und bleibt dennoch bei aller Leichtigkeit wissenschaftlich fundiert.

Lee M. Silver: *Das geklonte Paradies. Künstliche Zeugung und Lebensdesign im neuen Jahrtausend*, München 1998
Der amerikanische Genetiker L. M. Silver behandelt in provozierender Tabulosigkeit den wohl brisantesten Bereich der Biowissenschaft, nämlich die Techniken zum Eingriff in das menschliche Genom während der Reproduktion. Er schreibt über eine Zukunft, in der Designer-Babys nichts Ungewöhnliches mehr sind und die Menschheit sich schließlich in verschiedene Spezies aufspaltet. Aber er zeichnet diese Zukunft nicht als Schreckensszenario, sondern ohne jede Emotionalisierung und mit einigermaßen gefestigter Zuversicht, dass es den Menschen gelingen wird, die neuen technischen Errungenschaften sinnvoll und verantwortungsvoll einzusetzen.

James D. Watson: *Die Doppelhelix*, Reinbek 1969
J. D. Watson beschreibt im Rückblick, wie es so zuging in jener Zeit, als er und sein Mitstreiter Francis Crick der Struktur des Erbguts auf der Spur waren und schließlich die berühmte Doppelhelix entdeckten. Das Buch ist kein Wissenschaftsbuch. Es ist ein Art unrespektierliches Tagebuch eines jungen Wissenschaftlers, der – noch nicht einmal 25

Jahre alt und nach eigenen Angaben ein ziemlicher Dilettant – dem Nobelpreis nachjagt und die Entdeckung macht, die ihm zehn Jahre später denselben wirklich bringt. Kostprobe: »Die meiste Zeit verbrachte ich damit, dass ich in den Straßen spazieren ging oder Zeitschriftenartikel aus den frühen Tagen der Genetik las. Manchmal träumte ich mit offenen Augen, ich hätte das Geheimnis der Gene entdeckt, aber niemals hatte ich auch nur den Anflug von einer vernünftigen Idee; so war es schwer, dem beunruhigenden Gedanken auszuweichen, dass ich im Grunde gar nichts tat.«

Ian Wilmut / Keith Campbell / Colin Tudge: *Dolly. Der Aufbruch ins biotechnische Zeitalter*, München 2001
I. Wilmut ist der wissenschaftliche Vater der geklonten Dolly, des Schafes, das die Welt veränderte. Im Buch erzählen die Autoren nicht nur die Geschichte von Dolly und bieten damit einen überaus anschaulichen Einblick in die Welt der Forschungslabors, die den meisten von uns ganz fremd geblieben ist. Nebenbei führen sie auch in die Grundlagen der Gentechnik ein. Wer mehr über die »Wissenschaft vom Klonen« lernen möchte, um zu erkennen, dass es hier um weit mehr geht als um eine abstruse Idee skurriler Forscher, sollte auf die Lektüre dieses Buches nicht verzichten.

Ernst-Ludwig Winnacker: *Das Genom. Möglichkeiten und Grenzen der Genforschung*, Frankfurt 2002
E.-L. Winnacker gehört zu den führenden Genforschern Deutschlands. Sein 1996 erschienenes Buch ist zwar nach den rasanten Entwicklungen in der Genforschung zum Teil nicht mehr auf dem neuesten Stand. Lesenswert ist es dennoch, denn es vermittelt umfassend und verständlich anhand konkreter Beispiele die wissenschaftlichen Grundlagen der modernen Biowissenschaften. Winnackers Anliegen (und sein anhaltendes Bemühen), eine »weniger emotionale, sachlichere öffentliche Diskussion über unsere gentechnische Zukunft anzuregen«, hat an Aktualität nichts eingebüßt.

5. Leben mit Bewusstsein und Gehirn

Nancy Andreasen: *Brave New Brain. Geist – Gehirn – Genom*, Berlin Heidelberg 2002
N. Andreasen zählt zu den renommiertesten Neurowissenschaftlern der USA. Sie ist Herausgeberin des *American Journal of Psychiatry*. In ihrem Buch bietet sie zum einen eine gute Einführung in die wichtigsten psychiatrischen Krankheitsbilder und ihre Behandlung, zum anderen stellt sie den Stand der immer wichtiger werdenden Genforschung im Bereich der Neuropathologie dar. Das Buch ist auch für interessierte Laien gut verständlich.

Susan Blackmore: *The Meme Machine*, Oxford 1999
Die Psychologin S. Blackmore von der Universität Bristol ist eine der führenden Theo-
retikerinnen der jungen Disziplin der Memetik, die versucht, kulturelle Evolution in
Analogie zur biologischen zu verstehen und so einen neuen Zugang zu psychologischen und soziologischen Problemen zu schaffen.

Valentin Braitenberg: *Gescheit sein, und andere unwissenschaftliche Essays*, Zürich 1987
Der Südtiroler Gehirnforscher V. Braitenberg, der mit seinem Buch *Vehikel – Experimente mit kybernetischen Wesen* die theoretischen Grundlagen der Robotertechnik lieferte,
schreibt im Nachwort: »Die Aufsätze in diesem Band haben miteinander nicht viel mehr
gemeinsam, als dass sie deutsch geschrieben sind. Das heißt freilich auch, dass sie nicht
für meine Fachkollegen bestimmt waren, mit denen ich gewöhnlich auf englisch kom-
muniziere. Doch freue ich mich sehr, wenn sich der eine oder andere von ihnen zu
einem Spaziergang in die freundlichen Auen verführen lässt, die unsere streng gepflüg-
ten und gedüngten Äcker umgeben.«

Daniel C. Dennett: *Spielarten des Geistes. Wie erkennen wir die Welt?*, München 2001
Der Philosoph D. C. Dennett von der Tufts-Universität in Boston beschreibt klar, wit-
zig und präzise, ohne bedeutungsschweres philosophisches Brimborium aus materia-
listischer Perspektive, wie der menschliche Geist entstanden sein könnte und wie er sich
von dem anderer Lebewesen unterscheidet.

Gerald M. Edelman / Giulio Tononi: *Gehirn und Geist. Wie aus Materie Bewusstsein entsteht*,
München 2002
Die beiden Gehirnforscher stellen ihr auf empirischer Forschung basierendes Modell
des Funktionierens des Gehirns und der Entstehung von Bewusstsein aus komplexen
Wechselwirkungen vor und diskutieren es im Zusammenhang mit philosophischen
Konzepten.

Susan A. Greenfield: *Reiseführer Gehirn*, Heidelberg 1999
Eine knappe, leicht verständliche Einführung der Medizinerin aus Oxford in fünf Kapiteln: Gehirn und Gehirnzentren, Funktion und Lokalisation, Impuls und Impulsfortleitung, Neuronen und neuronales Wachstum, Gehirn und Geist.

Thomas S. Kuhn: *Die Struktur wissenschaftlicher Revolutionen*, Frankfurt 1976
Das englische Original von T. S. Kuhns Werk erschien 1962. Das Buch ist ein Klassiker
der Wissenschaftstheorie, das zum besseren Verständnis dazu beigetragen hat, wie wissenschaftlicher Fortschritt über längere Zeiträume betrachtet stattfindet.

Steven Pinker: *Der Sprachinstinkt*, München 1996
Der Kognitionswissenschaftler S. Pinker beschreibt unsere Sprache als ein »Wunderwerk der Natur«, das durch die biologische Evolution entstanden ist. So unterschiedlich uns die vielen Sprachen der Welt erscheinen, so universell ist die Tiefenstruktur, auf der sie alle basieren und die es einem Baby erlaubt, jede Sprache der Welt mühelos zu erwerben. Ein Standardwerk und zugleich spannende, witzige Lektüre, das in ausgezeichneter deutscher Übersetzung vorliegt.

Steven Pinker: *Wie das Denken im Kopf entsteht*, München 1998
Ein umfangreiches Werk, in dem Pinker den Wissensstand der evolutionären Psychologie zusammenfasst. Er präsentiert die Universalien menschlichen Denkens, deren Kenntnis es uns erlaubt, das alltägliche Verhalten der Menschen besser zu verstehen. Ebenso brillant geschrieben wie *Der Sprachinstinkt*.

Gero von Randow: *Roboter. Unsere nächsten Verwandten*, Reinbek 1997
Der Wissenschaftsjournalist G. v. Randow führt im Reportagestil in den Stand der Robotertechnik und Robotertheorie im Jahr 1997 ein – eine spannende und anschauliche Lektüre.

Oliver Sacks: *Der Mann, der seine Frau mit einem Hut verwechselte*, Reinbek 1987
Der New Yorker Psychiater O. Sacks hat mit seinen Büchern, in denen er Fallgeschichten von Patienten erzählt, Bestseller gelandet. In *Der Mann, der seine Frau mit einem Hut verwechselte* widmet er sich Syndromen, die aus Fehlfunktionen der rechten Gehirnhälfte resultieren und sich in äußerst seltsamen Veränderungen des Verhaltens zeigen. Die Skurrilität macht das Buch äußerst unterhaltsam. Gleichzeitig kann man viel über die Funktionsweise des Gehirns lernen.

Wolf Singer: *Der Beobachter im Gehirn. Essays zur Hirnforschung*, Frankfurt 2002
»Die in diesem Band versammelten Texte verbindet kein Rahmenthema. Sie sind keine konzentrischen Annäherungsversuche an bestimmte Probleme und entfalten keine argumentativen Synergismen.« Man sollte sich durch diesen ersten Satz des Vorworts nicht abschrecken lassen. Gemeint ist: Wir haben es mit einer abwechslungsreichen Sammlung von Gedanken zu und aus der Hirnforschung aus der Feder eines der führenden Köpfe in der deutschen Neurowissenschaft zu tun.

Michael Tomasello: *Die kulturelle Entwicklung des menschlichen Denkens. Zur Evolution der Kognition*, Frankfurt 2002
Der Psychologe M. Tomasello, derzeit Direktor am Max-Planck-Institut für Evolutionäre Anthropologie in Leipzig, beschäftigt sich mit den Grundlagen des menschlichen

Denkens. Er vertritt in diesem Buch die Theorie, dass eine einzelne, schwer wiegende Anpassung, nämlich eine neue Art der Identifikation mit den Artgenossen, die Weichen für die kognitive Überlegenheit der Menschen gegenüber allen anderen Tieren und die Vielfalt unserer geistigen Fähigkeiten stellte. Neben der biologischen Vererbung gibt es eine kulturelle Vererbung. Nur wenn man beide zusammen sieht, kann man den menschlichen Geist verstehen.

Lew Semjonowitsch Wygotski: *Denken und Sprechen*, Berlin 1964
Ein Klassiker der Psycholinguistik, im Original 1934 kurz nach dem Tod des Autors erschienen. Für den Laien nicht einfach, doch für jeden, der sich mit Fragen der Sprachentwicklung und des Bewusstseins beschäftigt, ein wichtiger und hervorragend geschriebener Basistext.

EINLEITUNG, AUSBLICK UND KAPITELÜBERGREIFENDE LITERATUR

Helmut Bachmaier / Ernst Peter Fischer (Hrsg.): *Glanz und Elend der zwei Kulturen. Über die Verträglichkeit der Natur- und Geisteswissenschaften*, Konstanz 1991
Die 13 Beiträge in diesem anspruchsvollen Buch sind das Ergebnis einer Ringvorlesung an der Universität Konstanz, die im Wintersemester 1989/90 durchgeführt wurde. Sein Titel geht auf den mitwirkenden Philosophen Jürgen Mittelstraß zurück, der seinen Vortrag zunächst so überschrieben hatte.

Brockhaus Mensch, Natur, Technik, 5 Bände, Leipzig/Mannheim 1999
Umfangreich, bunt bebildert, in solider Brockhaus-Qualität, über 3000 Seiten verständliche und lehrreiche Lektüre.

John Brockman: *Die dritte Kultur. Das Weltbild der modernen Naturwissenschaft*, München 1996
Der New Yorker Literaturagent J. Brockman hat neue originelle Formen gefunden, naturwissenschaftliches Denken zu vermitteln. Hier lässt er eine Vielzahl origineller und einflussreicher Wissenschaftler ihre Ansichten in aller Kürze vortragen und ergänzt diese Darstellungen durch Kommentare der anderen. Das Buch ist thematisch in vier Teile untergliedert: Evolution, Gehirnforschung, Kosmologie und Komplexitätsforschung.

John Brockman (Hrsg.): *Die wichtigsten Erfindungen der letzten 2000 Jahre. Ideen, die die Welt veränderten*, München 2000

So einfach kann man ein zumindest sehr anregendes Buch machen. Man fragt eine ausgewählte Schar von Wissenschaftlern per E-Mail nach der wichtigsten Erfindung der letzten 2000 Jahre und druckt die Antworten einfach ab.

John Brockman (Hrsg.): *Die nächsten fünfzig Jahre. Wie die Wissenschaft unser Leben verändert*, München 2002
Nach dem gleichen Muster entstanden wie das vorgenannte, nur diesmal mit Blick in die Zukunft.

Wolf Peter Fehlhammer (Hrsg.): *Deutsches Museum. Geniale Erfindungen und Meisterwerke aus Naturwissenschaft und Technik*, München 2003
Der reich bebilderte Jubiläumsband zum 100-jährigen Geburtstag des Deutschen Museums in München spiegelt die wechselvolle Geschichte des 20. Jahrhunderts, das von rasantem naturwissenschaftlichen und technischen Fortschritt geprägt war. Das wohl berühmteste Museum seiner Art (www.deutsches-museum.de) sollte jeder einmal leibhaftig besuchen.

John Emsley: *Parfum, Portwein, PVC … Chemie im Alltag*, Weinheim 1997
Der Titel klingt eher nach seichtem Sachbuch. Doch der britische Chemiker J. Emsley liefert fundiertes Hintergrundwissen und eine sehr anschauliche Einführung in die Chemie. Die Auswahl der Themen zeigt, dass es ihm auch um eine Korrektur des negativen Images der Chemie und der vielen irrigen Vorstellungen geht, die durch die Köpfe der Menschen spuken. Die neun Kapitel behandeln Parfum, Zucker und Süßstoffe, Alkohol, Cholesterin, Fette und Ballaststoffe, Kopfschmerzmittel, PVC, Dioxine, Nitrat und Kohlendioxid.

Ernst Peter Fischer: *Aristoteles, Einstein & Co. Eine kleine Geschichte der Wissenschaft in Porträts*, München 1995; ders.: *Leonardo, Heisenberg & Co. Eine kleine Geschichte der Wissenschaft in Porträts*, München 2000
Der Konstanzer Wissenschaftshistoriker E. P. Fischer führt in kurzen Aufsätzen in Leben und Werk 46 namhafter Wissenschaftler ein, beschreibt auch jeweils kurz den zeitgeschichtlichen Rahmen und bemüht sich, den jeweils besonderen Beitrag der Porträtierten herauszuarbeiten und sie uns auch als Menschen näher zu bringen.

John Gillot / Manjit Kumar: *Science and the Retreat from Reason*, London 1995
Die beiden Briten J. Gillot, ein Mathematiker, und M. Kumar, ein Physiker, analysieren, was die heutige allgemeine Begeisterung für die Natur und die ebenso verbreitete Skepsis gegenüber der Technik für die Wissenschaft bedeutet, die die Natur erforscht, um die Technik zu ermöglichen. Sie konstatieren einen grundlegenden Verlust des Glaubens

an wissenschaftlichen und auch gesellschaftlichen Fortschritt, der sich in vielerlei Hinsicht manifestiert.

Leslie Alan Horvitz: *EUREKA! Scientific Breakthroughs that Changed the World*, New York 2002
Der Ausruf »Eureka!« (Ich habe es erfunden!) geht auf Archimedes zurück – den großen Erfinder der griechischen Antike. In zwölf Kapiteln behandelt L. A. Horvitz Durchbrüche wie die Entdeckung des Sauerstoffs, der Struktur von Kohlenstoffverbindungen, des Periodensystems, der Gravitation, des Penicillins, der Kontinentalverschiebung, der Abstammungslehre, der Doppelhelix sowie der Erfindung der Laserstrahlen, des Fernsehers und der fraktalen Geometrie.

Michio Kaku: *Zukunftsvisionen. Wie Wissenschaft und Technik des 21. Jahrhunderts unser Leben revolutionieren*, München 2000
M. Kaku setzt an den aktuellen Fortschritten in den Bereichen Informations-, Bio- und Nanotechnologie an, um alle vornehme Zurückhaltung und Rücksicht auf zart besaitete Freunde der beschaulichen Welt der Gegenwart abzulegen und hemmungslos Szenarien auszubreiten, die geeignet sind, das Vorstellungsvermögen von Menschen, denen heute schon alles zu rasant geht, weit zu überfordern.

John Maddox: *Was zu entdecken bleibt. Über die Geheimnisse des Universums, den Ursprung des Lebens und die Zukunft der Menschheit*, Frankfurt 2000
Ein äußerst lesenswertes Buch des langjährigen Herausgebers der Fachzeitschrift *Nature*. J. Maddox fasst den grundlegenden wissenschaftlichen Kenntnisstand am Ende des 20. Jahrhunderts zusammen, um zu zeigen, wie es weitergehen mag, welche Lücken in den Theoriegebäuden sind und welche Entdeckungen anstehen. Er stellt fest, dass viele grundsätzliche Fragen geklärt sind, äußert jedoch auch seine Überzeugung, dass die Wissenschaft nie zu einem Ende kommen wird.

Hubert Markl: *Wissenschaft gegen Zukunftsangst*, München 1998
16 Aufsätze des Biologen, der sich unter anderem zunächst als Präsident der Deutschen Forschungsgemeinschaft und später der Max-Planck-Gesellschaft intensiv mit der Rolle und dem Wert der Wissenschaften für unser Leben und den gesellschaftlichen Fortschritt beschäftigt und bei vielen Gelegenheiten für die Forschungsfreiheit gestritten hat. Ein argumentationsstarkes Plädoyer für die Wissenschaft.

Hubert Markl: *Schöner neuer Mensch*, München 2002
H. Markl nimmt Stellung zu den umstrittensten Themen der Lebenswissenschaften (Stammzellforschung, Klonen, Präimplantationsdiagnostik, Bioethik usw.) – in

gewohnt pointierter, zukunftsoffener und anti-alarmistischer Art. Er erklärt, worum es bei der Gentechnik geht und denkt über Möglichkeiten, Grenzen und Gefährdungen der Wissenschaften nach. »Die Gentechnik wird uns weder bedrohen noch erlösen«, resümiert er, und er setzt bei der Weichenstellung auf den mündigen, aufgeklärten und freien Bürger.

Dirk Maxeiner / Michael Miersch: *Lexikon der Öko-Irrtümer. Überraschende Fakten zu Energie, Gentechnik, Gesundheit, Klima, Ozon, Wald und vielen anderen Umweltthemen*, Frankfurt 1998
Umweltschutz macht nur Sinn, wenn man wissenschaftlich analysiert, wo wirklich Gefahren für Mensch und Umwelt sind und wodurch sie verursacht werden. Genau dies tun die Autoren und kommen dabei zu ganz anderen Schlüssen als der Mainstream der ökologistischen Pressure Groups.

Peter B. Medawar: *Die Kunst des Lösbaren,* Göttingen 1972
Der Biologe und Nobelpreisträger P. Medawar zeigt sich in dieser Aufsatzsammlung als scharfsinniger Wissenschaftstheoretiker und -historiker. Er stellt sich die Frage: Was für eine Art von Menschen sind Wissenschaftler und was sind die Eigentümlichkeiten ihres Denkens?

Jürgen Mittelstraß: *Der Flug der Eule*, Frankfurt 1997
Der Philosoph J. Mittelstraß beschäftigt sich hier mit der Problematik des Auseinanderfallens zweier Rationalitätsformen, der wissenschaftlichen und der philosophischen. Er plädiert dafür, Wissenschaft wieder zu einem philosophischen Thema und Philosophie wieder zu einem Element wissenschaftlicher Forschung und Theoriebildung zu machen.

Eirik Newth: *Die Jagd nach der Wahrheit. Die unendliche Geschichte der Welterforschung.* München 1998
Ein gut geschriebenes Jugendbuch des norwegischen Physikers und Wissenschaftsautors E. Newth. Behandelt wird die Geschichte der Naturwissenschaften in den Bereichen Astronomie, Physik, Chemie, Biologie und Medizin in leicht lesbaren, kurzen Kapiteln, die von Entdeckung zu Entdeckung führen.

Josef H. Reichholf: *Die falschen Propheten. Unsere Lust an Katastrophen*, Berlin 2002
J. H. Reichholf ist Leiter der Wirbeltierabteilung der Zoologischen Staatssammlung in München und ein Streiter für mehr Sachlichkeit und Präzision in den Diskussionen um populäre Wissenschaftsthemen. In seinem provokanten Büchlein entlarvt er eine Reihe von Weissagern, Prognostikern und Vorhersagern, die auf von ihnen selbst angekün-

digte Katastrophen vergeblich warteten und sich dennoch nicht von neuen Kassandra-
rufen abbringen ließen. Dabei geht es um Themen wie Artensterben, Klimawandel,
Jahrhunderthochwasser und vieles mehr.

Carl Sagan: *Der Drache in meiner Garage. Oder die Kunst der Wissenschaft, Unsinn zu entlarven*
München 1997
Einer der bedeutendsten Astronomen des letzten Jahrhunderts, der Amerikaner C.
Sagan, hat dieses Buch geschrieben, um zu zeigen, wie sich wissenschaftliche Theorien
von unwissenschaftlichen oder pseudowissenschaftlichen Behauptungen unterschei-
den. Unterhaltsam und leicht verständlich nimmt er Ufologie, Astrologie und anderen
Firlefanz auseinander.

Thilo Spahl / Thomas Deichmann: *Das populäre Lexikon der Gentechnik. Überraschende Fakten von Allergie über Killerkartoffeln bis Zelltherapie*, Frankfurt 2001
Ein umfangreicher, 460-seitiger lexikalisch gehaltener Überblick über Methoden,
Anwendungsmöglichkeiten, Chancen und Risiken der Biotechnologie in Medizin,
Landwirtschaft, Umweltschutz und Lebensmittelproduktion. Die in Deutschland heiß
umstrittene grüne Gentechnik wird ausführlich erklärt, und die von ihren Gegnern
angeführten Gefahrenpotenziale (Pollenflug, Allergien, Superunkraut, Antibiotika-
resistenz, Artensterben usw.) werden sorgfältig anhand des aktuellen Wissensstands
überprüft – und in aller Regel entkräftet.

Peter Tallack (Hrsg.): *Meilensteine der Wissenschaft*, Heidelberg/Berlin 2002
250 Meilensteine, beginnend mit den Ursprüngen des Zählens vor 37 000 Jahren und
endend mit der Offenlegung der Rohfassung der Sequenz des menschlichen Genoms
im Jahr 2000, illustriert mit 250 großformatigen Bildern. Ein schöner Überblick mit
allerdings sehr knapp gehaltenen Texten.

ZEITTAFEL DER WISSENSCHAFTEN

Um den zeitgeschichtlichen Rahmen wissenschaftlicher Entdeckungen und technischer Erfindungen zu verdeutlichen, wurden in die Zeittafel auch ausgewählte historische Daten aus Politik, Gesellschaft, Alltag und Kunst aufgenommen.

2,5 Mio.	Beginn des starken Gehirnwachstums; Steinwerkzeuge
700 000	Nutzung von Feuer
160 000	Älteste Knochenfunde von modernen Menschen (*Homo sapiens*)
40 000	Erste Musikinstrumente; erste Grabbeigaben; Werkzeuge aus Knochen
35 000	Menschen zählen (Beleg: Pavianknochen mit 29 Einkerbungen)
30 000	Höhlenmalereien in Europa
20 000	Pfeil und Bogen
10 000 v. u. Z.	Domestizierung des Hundes
8500	Beginn des Ackerbaus
7000	Erster Webstuhl im Vorderen Orient; Anfänge der Keramik- und Metallherstellung
6500	Domestizierung des Rinds
5000	Erste Bewässerungsanlagen in Süd-Mesopotamien; Erfindung des Rads
4000	Zähmung von Pferden als Reittiere in der Ukraine; Holzpflüge einfachster Form in Europa
3900	Beginn der Kupferzeit in Ägypten und Mesopotamien
3600	Ägypter schmelzen Gold, Silber und Kupfer mit Blasrohröfen
3300	Holzhacke, Rinderpflug und andere Ackerbaugeräte in Ägypten

3200	Sumerer bauen vierrädrige Wagen; Erfindung der Töpferscheibe in Mesopotamien
3000	Sumerer entwickeln Keilschrift sowie Waffen und Werkzeuge aus geschmolzenem Kupfer und Silber; Babylonier erfinden Abakus und nutzen Blei; Ägypter entwickeln Hieroglyphenschrift und gelangen über See bis Somaliland; Webstuhl in Europa bekannt
2950	Ägypter brauen Bier
2850	Ägypten als einheitlicher Staat konsolidiert
2700	Älteste Funde von beschriebenem Pergament (Ägypten); Ägypter führen Kalender mit 365 Tagen ein; erste Sonnenuhren; Beginn der Bronzeherstellung aus Kupfer und Zinn
2675	Erstes schriftlich festgehaltenes Zahlensystem (gemischtes Zehner-Sechziger-System) der Sumerer
2590	Beginn des Baus der Pyramiden von Gizeh
2500	Beginn der Bronzezeit; Entwicklung der Astronomie in Babylonien
2400	Im Vorderen Orient lösen Speichenräder die Vollscheibenräder ab
2000	Herstellung von Glas; in Babylonien entsteht ein Verzeichnis von Sternbildern und Fixsternen;

	Eisengewinnung mit Herdöfen in Afrika und in Babylonien; Kuppelbacköfen in Mitteleuropa	650	Lydier erfinden das moderne Geld (Münzen aus Gold und Silber)
1850	Die Zahl Pi wird mit 3,16 bestimmt und zur Berechnung des Kreisumfangs genutzt	625	* Thales von Milet, begründet die Sicht des Universums als geordnetes Gefüge, das Gesetzmäßigkeiten unterworfen ist
1800	In Syrien entsteht ein Alphabet mit 28 Buchstaben	580	* Pythagoras, sieht Zahlen als das »Wesen der Dinge«
1705	Der *Codex Hammurabi* (babylonische Gesetzessammlung) wird in Stein gemeißelt	538	Theodoros aus Samos erfindet Eisengussverfahren
1700	Ältestes gedrucktes Dokument in Kreta (mit Prägestempeln auf Tontafel)	507	Verfassungsreformen des Kleisthenes, Beginn der Entwicklung der Demokratie in Athen
		500	Rechenschieber in Ägypten
1500	Hethiter erfinden Eisengewinnung; Beginn der Eisenzeit	477	Beginn des Perserkriegs (bis 431 v.u.Z.)
1410	Ägypter und Hethiter führen Briefverkehr über Boten ein	470	S Sokrates, Lehrer des Platon, entwickelte die Kunst der dialogischen Annäherung an die Wahrheit; Alkmaion seziert Menschen und betrachtet Gehirn als Denkorgan
1340	Ägypter messen die Zeit mit Wasseruhren		
1290	In Hattusa wird eine Tontafel-Bibliothek eingerichtet	460	S Demokrit, spricht von atomarer Struktur der Materie; S Hippokrates, Hinwendung zur wissenschaftlich orientierten Medizin
1250	Schifffahrtskanal zwischen Nil und Rotem Meer		
1125	Erfindung von Schlitten und Ski in Nordeuropa	431	Euripides: *Medea* (griechisches Drama); Beginn des Peleponnesischen Kriegs (bis 404 v.u.Z.)
1110	Fünfstufige Tonleiter wird eingeführt	387	Platon gründet in Athen die Akademie
910	Chinesen erfinden erste Druckerpresse	384	S Aristoteles, begründet die auf Beobachtung basierende Naturforschung
776	Erste Olympische Spiele in Olympia (Griechenland)		
753	Gründung der Stadt Rom	356	S Alexander der Große
700	Entstehung der griechischen Stadtstaaten (Polis); Homer: *Odyssee* (Versepos über die griechische Götterwelt, die Welt und das Menschenschicksal), Beginn der Literatur; erste Berichte über Feuersignaltechnik bei den Griechen	352	Chinesische Astronomen beobachten eine Supernova
		300	Theophrast: *Naturgeschichte der Pflanzen*; Euklid: *Die Elemente*
		288	Gründung der Bibliothek von Alexandria
600	Bau der ersten römischen Steinbrücken	287	S Archimedes, Begründer der systematischen Technikentwicklung

215	Bau der Chinesischen Mauer beginnt
150	Hipparch erstellt den ersten Fixsternkatalog
146	Beginn der Eroberung Griechenlands durch Rom
100	S Gajus Julius Cäsar
7 v.u.Z.	S Jesus von Nazareth
0	Beginn unserer Zeitrechnung
60	Dioskurides: *De materia medica*
79	Ausbruch des Vesuvs, Bewohner der römischen Stadt Pompeji werden durch giftige Gase getötet und von Ascheregen bedeckt, die Stadt erst im 18. Jahrhundert wieder ausgegraben
105	Der Chinese Tsai Lun erfindet das Papier
140	Ptolemäus: *Megale syntaxis (Almagest)*
185	Galen fasst das medizinische Wissen der Zeit zusammen
391	Christlicher Glaube wird zur römischen Reichsreligion
393	Christliche Textsammlung *Bibel* vollständig
400	Chinesische Seefahrer nutzen Kompass; Talmud entsteht; Augustinus: *Bekenntnisse*
410	Westgoten zerstören Rom
650	Koran entsteht
800	Karl der Große wird vom Papst zum Heiligen Römischen Kaiser Deutscher Nationen gekrönt; Chinesen benutzen die Zahl Null, die wahrscheinlich von den Indern im 5. Jahrhundert erfunden wird
850	Al-Chwarismi: *Al dschabr wa'l mukabalah* (Algebra)
868	Erstes, erhaltenes gedrucktes Buch (Diamanten-Sutra) in China
900	*Geschichten aus 1001 Nacht*
1096	Beginn der Kreuzzüge (bis 1291)
1170	Gründung der Universität von Paris
1202	Leonardo da Pisa stellt in dem Buch *Liber Abaci* die neue Arithmetik mit neun indischen Ziffern und der Null dar
1210	Wolfram von Eschenbach: *Parzival* (Vorläufer des modernen Romans)
1267	S Giotto di Bondone, Übergang zur naturalistischen Darstellung von Mensch und Natur in der Kunst
1288	Erste Kanone in China
1300	Erste mechanische Uhren; Ausdehnung der Steinkohleförderung im Aachener Revier und im Ruhrgebiet
1321	Dante Alighieri: *Göttliche Komödie*
1347	Pestpandemie (bis 1350) tötet etwa 25 Mio. Menschen
1353	Giovanni Boccacio: *Decamerone*
1386	Gründung der Universität von Heidelberg
1446	Erfindung des Buchdrucks mit beweglichen Lettern aus Blei und Handpresse durch Johannes Gensfleisch zum Gutenberg, Gutenberg-Bibel wird ab 1455 in einer Auflage von 800 gedruckt
1450	Erstes Gewehr (tragbare Kanone) in den Niederlanden
1492	Christoph Kolumbus entdeckt Amerika
1502	Peter Henlein baut die erste Taschenuhr
1504	Michelangelo: *David*
1506	Leonardo da Vinci: *Mona Lisa*
1513	Albrecht Dürer: *Ritter, Tod und Teufel*; Niccolo Macchiavelli: *Der Fürst*

1516	Thomas More: *Utopia*
1517	Luthers 95 Thesen, Reformation
1524	Großer Bauernkrieg in Deutschland (1524/25)
1530	Paracelsus schlägt erstmals die Verwendung chemischer Substanzen zu Heilzwecken vor
1536	Die erste gedruckte Zeitung ist die *Gazetta* in Venedig
1543	Andreas Vesalius: *De humani corporis fabrica*; Nikolaus Kopernikus: *De Revolutionibus Orbium Coelestium*
1557	Papst Paul IV lässt den ersten Index verbotener Bücher erstellen; Einführung des Gleichheitszeichens in der Mathematik
1564	S William Shakespeare
1565	Conrad Gesner: *De Rerum Fossilium*
1580	Tycho Brahe baut eine Sternwarte (vor der Erfindung des Fernrohrs)
1583	Galileo Galilei untersucht Pendelschwingungen und stellt die Abhängigkeit der Schwingungsdauer von der Pendellänge fest
1584	Giordano Bruno behauptet, dass das Universum unendlich und Fixsterne Zentren von anderen Planetensystemen sind; Einführung der Kartoffel in Europa
1590	Hans und Zacharias Janssen erfinden das Mikroskop
1605	Miguel de Cervantes: *Don Quijote*
1608	Hans Lippershey erfindet das Fernrohr
1609	Johannes Kepler: *Astronomia Nova*
1610	Galilei entdeckt vier Jupitermonde
1618	Beginn des Dreißigjährigen Kriegs (bis 1648)
1620	Francis Bacon: *Novum Organum*
1621	Robert Burton: *Anatomie der Melancholie*
1628	William Harvey entdeckt den Blutkreislauf
1635	Henry Gellibrand stellt fest, dass sich die Lage der Erdmagnetpole im Laufe der Zeit verändert; Diego Velásquez: *Die Übergabe von Breda*
1637	René Descartes: *Abhandlungen über die Methode, richtig zu denken und die Wahrheit in den Wissenschaften zu suchen*
1638	Galilei formuliert die Fallgesetze
1642	Rembrandt: *Die Nachtwache*
1650	Otto von Guericke erfindet die Luftpumpe und erzeugt ein Vakuum; in Leipzig erscheint die erste Tageszeitung der Welt, die *Einkommende Zeitungen*
1657	Gründung der »Academia del Cimento« in Florenz
1665	Robert Hooke entdeckt Zellen unterm Mikroskop; Jan Vermeer: *Junge Frau mit Wasserkanne am Fenster*
1666	Isaac Newton stellt das Gravitationsgesetz auf und studiert das Lichtspektrum
1668	John Wallis formuliert den Impulserhaltungssatz; Newton erfindet das Spiegelteleskop
1672	Newton formuliert Farbenlehre und Korpuskulartheorie des Lichtes
1673	Gottfried Leibniz baut eine mechanische Rechenmaschine, die addiert, subtrahiert, multipliziert und dividiert; Leibniz erfindet Infinitesimalrechnung (unabhängig von ihm auch Newton); Antony van Leeuwenhoek entdeckt Protozoen unterm Mikroskop und 1683 erstmals Bakterien
1675	Olaus Rømer bestimmt die Lichtgeschwindigkeit über die Umlaufzeit des Jupitermondes Io zu 228.000 km/s

1678	Christiaan Huygens formuliert Wellentheorie des Lichtes
1687	Newton: *Principia Mathematica*
1689	John Locke: *An Essay Concerning Human Understanding*
1700	Gründung der Akademie der Wissenschaften in Berlin
1714	Daniel Gabriel Fahrenheit baut das erste Quecksilberthermometer
1719	Daniel Defoe: *Robinson Crusoe*
1720	Der Londoner Gärtner Thomas Fairchild kreuzt erstmals Pflanzen zweier Arten, nämlich Gartennelke mit Bartnelke, Beginn der Pflanzenzucht; Erfindung des Hochofens
1723	Johann Sebastian Bach: *Johannespassion*
1725	Antonio Vivaldi: *Die vier Jahreszeiten*
1726	Jonathan Swift: *Gullivers Reisen*
1735	Carl von Linné: *Systema naturae*
1742	Benjamin Huntsman stellt Stahl her; Anders Celsius führt die nach ihm benannte Thermometerskala ein
1747	Benjamin Franklin schlägt den Blitzableiter vor
1751	Denis Diderot / Jean le Rond d' Alembert: *Encyclopédie* (erster Band)
1752	Benjamin Franklin erfindet den Blitzableiter
1754	Dorothea Erxleben aus Quedlinburg promoviert in Halle in Medizin, erste Frau mit Doktortitel
1755	Erdbeben von Lissabon tötet 60.000 Menschen
1762	Jean Jacques Rousseau: *Der Gesellschaftsvertrag*
1765	James Watt baut die erste Dampfmaschine (Verbesserung der Maschine von Thomas Newcomen 1712)

1768	*Encyclopaedia Britannica*
1769	Erstes motorisiertes Fahrzeug (Dampfwagen von Joseph Cugnot)
1774	Joseph Priestley entdeckt den Sauerstoff
1776	Adam Smith: *Der Wohlstand der Nationen*; Unabhängigkeitserklärung Amerikas von England
1777	Antoine Laurent de Lavoisier formuliert Sauerstofftheorie der Verbrennung
1781	Immanuel Kant: *Kritik der reinen Vernunft*; Richard Arkwright gründet die erste Fabrik (eine Spinnerei)
1783	Gebrüder Montgolfier erfinden den Heißluftballon
1784	Henry Cavendish und Lavoisier beschreiben, wie Wasser aus Sauerstoff und Wasserstoff entsteht und sich wieder in die Bestandteile zerlegen lässt
1785	Lazzaro Spallanzani führt an einer Hündin die erste künstliche Besamung durch; James Hutton: *Theory of the Earth*, Begründung der modernen Geologie
1787	Wolfgang Amadeus Mozart: *Don Giovanni*
1789	Französische Revolution; Antoine Laurent de Lavoisier: *Traité élémentaire de chimie*
1794	Erste Telegrafenlinie von Paris nach Lille
1796	Edward Jenner führt die erste Pockenimpfung mit Kuhpocken-Viren durch; Pierre Simon de Laplace formuliert Nebularhypothese der Planetenentstehung
1798	Thomas Robert Malthus: *Essay on the Principle of Population*
1799	Pierre Simon de Laplace: *Mécanique céleste*; das Archivmeter (Urmeter) und das Archivkilogramm (Urkilo-

gramm) werden in Sèvres bei Paris hinterlegt; Alexander von Humboldt beginnt seine Forschungsreise nach Südamerika

1800 Die durchschnittliche Lebenserwartung in Deutschland liegt für Männer und Frauen bei 28 Jahren; Friedrich Wilhelm Herschel entdeckt die infrarote Strahlung im Sonnenspektrum; Alessandro Volta erfindet die elektrische Batterie; Uraufführung der ersten Sinfonie von Ludwig van Beethoven

1802 Thomas Young zeigt Interferenz bei Licht und weist so den Wellencharakter des Lichtes nach

1804 Beginn der Herrschaft Napoleons (bis 1814/15)

1807 Georg Wilhelm Friedrich Hegel: *Phänomenologie des Geistes*

1808 John Dalton formuliert seine Atomtheorie (Kügelchenmodell, ohne Ladungen); Goethe: *Faust I*

1809 Jean Baptiste de Lamarck behauptet, dass sich heutige Arten aus früheren entwickelt haben

1812 *Grimms Märchen*

1813 Jane Austen: *Stolz und Vorurteil*

1814 Joseph von Fraunhofer erforscht im Spektrum des Sonnenlichts die nach ihm benannten Absorptionslinien

1818 Mary Shelley: *Frankenstein*; Caspar David Friedrich: *Wanderer über dem Nebelmeer*

1819 Arthur Schopenhauer: *Die Welt als Wille und Vorstellung*

1822 Joseph Nicéphoe Niepce stellt die erste fixierte Fotografie her

1825 William Sturgeon erfindet den Elektromagneten; erste Dampflokomotive

1826 Karl Ernst von Baer entdeckt die Eizelle eines Säugetiers; Georg

Simon Ohm stellt das Ohmsche Gesetz auf

1827 Robert Brown entdeckt die Bewegung sehr kleiner Teilchen in Flüssigkeiten (Brownsche Bewegung)

1828 Friedrich Wöhler stellt aus den anorganischen Ingredienzien Ammoniak und Blausäure den organischen Harnstoff her; der Londoner Zoo wird gegründet

1830 Charles Lyell: *Principles of Geology*

1831 Michael Faraday entdeckt elektromagnetische Induktion und baut einen Dynamo; Joseph Henry baut den ersten Elektromotor

1832 Carl Friedrich Gauß und Wilhelm Eduard Weber erfinden den elektrischen Telegraphen; Hippolyte Pixii baut den ersten Wechselstromgenerator, im Folgejahr den ersten Gleichstromgenerator

1833 Michael Faraday formuliert die Gesetze der Elektrolyse

1835 Samuel Morse konstruiert einen schreibenden Telegrafen, entwickelt 1840 das Telegrafen-Alphabet; Eröffnung der Eisenbahnstrecke Nürnberg-Fürth

1837 Louis Daguerre führt die Daguerrotypie ein (Verfahren zur Ablichtung der Natur), Erfindung der Fotografie

1838 Friedrich Wilhelm Bessel bestimmt die Entfernung des Sterns 61 Cygni (zehn Lichtjahre)

1839 Charles Goodyear stellt Gummi her; William Robert Grove erfindet die Brennstoffzelle

1840 Justus von Liebig: *Die organische Chemie in ihrer Anwendung auf Agricultur und Physiologie*

1844 Ignaz Philipp Semmelweis fordert, dass sich Ärzte vor Entbindungen die Hände waschen, was zu einem drastischen Rückgang des tödlichen Kindbettfiebers führt; Weberaufstand in Schlesien; Alexandre Dumas: *Die drei Musketiere*

1845   Emil Du Bois-Reymond entdeckt elektrische Impulsfortleitung in Nerven

1846   Erste Operation unter Vollnarkose in den USA

1847   Hermann von Helmholtz formuliert den allgemeinen Energieerhaltungssatz

1848   William Thomson (Lord Kelvin of Largs) postuliert die Existenz eines absoluten Temperaturnullpunkts; bürgerliche Revolutionen in Frankreich, Deutschland und Österreich (1848/49); Karl Marx / Friedrich Engels: *Manifest der kommunistischen Partei*

1850   Hermann von Helmholtz erfindet den Augenspiegel, mit dem das Innere eines lebenden Auges studiert werden kann; Gustave Courbet: *Das Begräbnis von Ornans*; Beginn des Realismus in der Malerei

1851   Jean Bernard Léon Foucault demonstriert die Erdrotation mit einem Pendel (67 m, 28 kg) im Panthéon zu Paris; Herman Melville: *Moby Dick*; erste Weltausstellung in London

1853   Charles Frederick Gerhardt erfindet Aspirin

1854   Georg Friedrich Bernhard Riemann begründet die nichteuklidische Geometrie (mit mehr als drei Dimensionen); George Boole: *The Mathematical Analysis of Logic*; John Snow erkennt, dass Cholera durch verunreinigtes Wasser übertragen wird; Heinrich Göbel baut die erste brauchbare Glühlampe; Beginn des Krimkriegs (bis 1856)

1856   Im Neandertal bei Düsseldorf wird das Skelett eines *Homo neanderthalensis* gefunden

1857   Gustave Flaubert: *Madame Bovary*

1858   Rudolf Virchow: *Die Cellularpathologie*; auf dem ersten Transatlantik-Kabel können 366 Telegramme übertragen werden

1859   Charles Darwin: *Über die Entstehung der Arten*, Begründung der modernen Evolutionstheorie; Gustav Robert Kirchhoff und Robert Bunsen entwickeln die Spektralanalyse; Beginn der Erdölförderung in der Lüneburger Heide und in Pennsylvania

1860   Fossilfunde des Urvogels Archaeopteryx; Erfindung der Rotationsdruckpresse

1861   Gustav Kirchhoff analysiert das Sonnenlicht und ermittelt, dass die Sonne unter anderem aus Natrium, Magnesium, Kalzium und Eisen besteht; Paul Broca identifiziert ein Sprachzentrum in der linken Hirnhälfte; Johann Philipp Reis erfindet das Telefon

1863   John Tyndall weist auf die Möglichkeit des anthropogenen Treibhauseffektes hin

1864   Jules Vernes: *Die Reise zum Mittelpunkt der Erde*; James Clark Maxwell stellt die nach ihm benannten Gleichungen der Elektrodynamik auf; Peter Mitterhofer baut aus Holz die erste Schreibmaschine

1865   Louis Pasteur formuliert die Keimtheorie; Gregor Mendel entdeckt durch Experimente an Erbsen die nach ihm bekannten Vererbungsgesetze; Lewis Caroll: *Alice im Wunderland*

1867   Alfred Nobel erfindet Dynamit; Joseph Lister desinfiziert chirurgische Instrumente und Verbände; Karl Marx: *Das Kapital*

1869 Dimitrij Iwanowitsch Mendelejew und (unabhängig von ihm) Julius Lothar Meyer entwickeln Periodensystem der Elemente; Leo Tolstoi: *Krieg und Frieden*

1871 Das Deutsche Reich wird unter preußischer Vorherrschaft gegründet

1872 Claude Monet: *Impression, soleil levant*, Beginn des Impressionismus in der Malerei

1873 James Clark Maxwell betrachtet Licht als elektromagnetische Welle

1875 Die internationale Meterkonvention wird zwischen 17 Staaten abgeschlossen (erstes internationales metrologisches Vertragswerk)

1876 Nikolaus August Otto erfindet den Viertakt-Gasmotor (Ottomotor); Carl Paul Gottfried von Linde erfindet die Ammoniak-Kältemaschine (Kühlschrank); Alexander Bell meldet Patent für seinen Telefonapparat an

1877 Thomas Alva Edison konstruiert den ersten Phonographen, zwei Jahre später eine Kohlefadenglühlampe; in Philadelphia eröffnet das erste Kaufhaus der Welt

1880 Erstes Elektrizitätswerk in London

1881 Hermann Hollerith entwickelt den ersten elektromechanischen Rechner; erste Fernsprechvermittlung in Berlin

1882 Robert Koch entdeckt Tuberkelbazillus; erste Straßenbeleuchtung mit Bogenlampen in Berlin

1884 Erste Müllabfuhr in Paris

1885 Gottlieb Daimler und Carl Friedrich Benz bauen die ersten Automobile; Otto Lilienthal baut den »Normal-Segelapparat«, seine bedeutendste Konstruktion

1887 Heinrich Rudolph Hertz erzeugt elektromagnetische Wellen; Sher-

lock *Holmes* taucht erstmals in einer Kurzgeschichte von Arthur Conan Doyle auf und stellt den Prototypen des wissenschaftlich denkenden Detektivs dar; Emil Berliner entwickelt das Grammophon und die Schallplatte

1889 Vincent van Gogh: *Selbstporträt mit verbundenem Ohr*

1890 Auf der Insel Java werden etwa 1,8 Mio. Jahre alte Knochen eines *Homo erectus* entdeckt; Paul Ehrlich begründet die Immunologie; Emil von Behring entwickelt die Serumtherapie mit Antitoxinen

1891 Wilhelm von Waldeyer formuliert Neuronentheorie; William K. Laurie Dickson und Thomas Edison bauen eine Kamera für bewegliche Bilder (Kinetograph)

1895 Erste öffentliche Filmvorführungen in Berlin; Wilhelm Conrad Röntgen entdeckt die nach ihm benannte Strahlung

1896 Antoine Henri Becquerel entdeckt die Radioaktivität; erster Comic-Strip in einer Tageszeitung: *The Yellow Kid*

1897 Joseph John Thomson entdeckt das Elektron; Karl Ferdinand Braun erfindet Elektronenstrahlröhre (Braunsche Röhre); Rudolf Christian Karl Diesel baut seinen Hochdruckverbrennungsmotor (Dieselmotor)

1898 Marie Curie und Pierre Curie entdecken die radioaktiven Elemente Polonium und Radium; H.G. Wells: *Krieg der Welten*; Martinus Beijerinck bezeichnet den Erreger der Tabakmosaikkrankheit als Virus; Karl Ferdinand Braun entwickelt den elektromagnetischen Schwingkreis zur Erzeugung elektromagnetischer Wellen für den drahtlosen Funkverkehr

1899   Bayer bringt Aspirin auf den Markt; erste drahtlose Telegraphie (zwischen Großbritannien und Frankreich) durch Guglielmo Marconi

1900   Die durchschnittliche Lebenserwartung in Deutschland liegt für Männer bei 45 und für Frauen bei 48 Jahren; Max Planck begründet die Quantentheorie; Mendels Gesetze werden wiederentdeckt; Boxeraufstand in China; Sigmund Freud: *Die Traumdeutung*

1901   Thomas Mann: *Buddenbrooks*; Karl Landsteiner entdeckt die Blutgruppen A, B, 0, AB

1902   Leon Teisserenc de Bort entdeckt, dass die Atmosphäre aus zwei Schichten besteht (Troposphäre und Stratosphäre)

1903   Erster erfolgreicher Motorflug der Gebrüder Wright; Bau der ersten elektrischen Vollbahnlokomotive durch Siemens und AEG

1905   Albert Einstein veröffentlicht die Lichtquantenhypothese zur Erklärung des lichtelektrischen Effekts, die spezielle Relativitätstheorie und die molekularkinetische Deutung der Brownschen Bewegung; Edmund Wilson und Nellie Stevens konstatieren, dass unterschiedliche X- und Y-Chromosomen für das Geschlecht verantwortlich sind; Alfred Binet und Theodore Simon entwickeln den ersten Intelligenztest; die Architekturstudenten Ernst Ludwig Kirchner, Erich Hekkel, Karl Schmidt-Rottluff und Fritz Bleyl gründen die Künstlervereinigung »Brücke«, Beginn des Expressionismus; Max Weber: *Die protestantische Ethik und der Geist des Kapitalismus*

1907   Fritz Henkel stellt das Waschmittel Persil vor

1909   Andrija Mohorovičič entdeckt die Grenze zwischen Erdkruste und Erdmantel; der Engländer Archibald Garrod weist die Erblichkeit von vier Stoffwechselkrankheiten nach

1911   Beno Gutenberg entdeckt Schichtgrenze zwischen Erdmantel und Erdkern; Ernest Rutherford macht Streuversuche mit Alpha-Teilchen durch Goldfolie und stellt neues Atommodell auf; Heike Kamerlingh Onnes entdeckt die Supraleitfähigkeit

1912   Alfred Wegener stellt Theorie der Kontinentalverschiebung auf; Max von Laue beweist mit Hilfe von Kristallgittern die elektromagnetische Struktur von Röntgenstrahlen

1913   Großtechnische Herstellung von Kunstdünger mit dem Haber-Bosch-Verfahren; Erfindung von PVC; Marcel Proust: *Auf der Suche nach der verlorenen Zeit* (erster Band); Niels Bohr entwickelt das Bohrsche Atommodell; Fließbandproduktion bei Ford; erster Zeichentrickfilm: *Gertie, der Dinosaurier*

1914   Beginn des Ersten Weltkriegs; Ernest Rutherford entdeckt das Proton; Panamakanal wird eröffnet

1915   Albert Einstein formuliert die allgemeine Relativitätstheorie; Thomas Hunt Morgan weist nach, dass die Gene linear auf den Chromosomen angeordnet und für die Vererbung verantwortlich sind

1916   Albert Einstein postuliert die stimulierte Emission von Licht (Grundlage für den Bau von Lasern)

1917   Oktoberrevolution in Russland; Marcel Duchamp: *Fountain*

1918   Als Folge einer weltweiten Influenza-Virusepidemie sterben mehr als 20 Mio. Menschen; Ende des Ersten

Weltkriegs; Novemberrevolution in Deutschland; Piet Mondrian: *Composition with Gray and Light Brown*

1919 Karl von Frisch beginnt, die Tanzsprache der Bienen zu entziffern; Arthur Stanley Eddington bestätigt durch Beobachtung die von Einstein in der allgemeinen Relativitätstheorie vorausgesagte Lichtablenkung in Gravitationsfeldern; Walter Gropius gründet das Staatliche Bauhaus in Weimar; Unterzeichnung des Versailler Friedensvertrags

1921 Otto Loewi beschreibt Signalübermittlung in Synapsen; Ludwig Wittgenstein: *Tractatus logico philosophicus*

1922 James Joyce: *Ulysses*; drahtlose Bildübertragung von Europa nach USA

1923 Louis Victor Raymond de Broglie schlägt vor, dass nicht nur das masselose Licht Wellencharakter hat, sondern alle Materie; Bertolt Brecht: *Die Dreigroschenoper*; erste Rundfunksendung in Deutschland

1924 Erste Funkausstellung in Berlin

1925 Wolfgang Pauli formuliert das für den Aufbau der Atomhüllen fundamentale »Pauli-Prinzip«; Werner Karl Heisenberg entwickelt die Matrizenmechanik; Erwin Schrödinger begründet die Wellenmechanik; Franz Kafka: *Der Prozess*; Sergej M. Eisenstein: *Panzerkreuzer Potemkin*

1926 Hermann Muller entdeckt, dass Röntgenstrahlen im Erbgut von Fruchtfliegen Mutationen auslösen können; Max Born beschreibt Wahrscheinlichkeitswellen (statistische Deutung der Quantenmechanik); Niels Bohr und Werner Heisenberg veröffentlichen »Kopenhagener Deutung« der Quantenmechanik

1927 Werner Heisenberg formuliert Unschärferelation; Fritz Lang: *Metropolis*; erster Tonfilm: *The Jazz Singer*; Albert Abraham Michelson bestimmt die Lichtgeschwindigkeit zu 299.798 km/s; Martin Heidegger: *Sein und Zeit*

1928 John von Neumann entwickelt die Spieltheorie; Alexander Fleming entdeckt Penicillin; Paul Dirac postuliert die Existenz von Antimaterie

1929 Edwin Hubble stellt fest, dass sich Galaxien voneinander entfernen; Hans Berger erfindet EEG; Warren A. Marrison erfindet die Quarzuhr; Felix Wankel erfindet den Drehkolbenmotor

1930 Robert Musil: *Der Mann ohne Eigenschaften*

1931 Konrad Zuse baut den ersten frei programmierbaren Rechner Z1 (1938 fertig gestellt); Karl Guthe Jansky stellt die Existenz kosmischer Radioquellen fest und begründet so die Radioastronomie; Wolfgang Pauli postuliert die Existenz des Neutrinos

1932 James Chadwick entdeckt das Neutron; Ernest Orlando Lawrence konstruiert das erste Zyklotron (Teilchenbeschleuniger); Aldous Huxley: *Schöne neue Welt*

1933 Machtergreifung Hitlers; Ernst August Friedrich Ruska baut das erste Elektronenmikroskop; Enrico Fermi formuliert Theorie des Beta-Zerfalls

1934 Irène Joliot-Curie und Jean Frédéric Joliot erzeugen künstliche Radionuklide; Karl Popper: *Logik der Forschung*

1935 Hideki Yukawa stellt Theorie der Kernkräfte vor; Beginn der Diskussion um »Schrödingers Katze«; Max Delbrück / Nikolai Wladimirovich

Timoféef-Ressovsky / Karl Günter Zimmer: *Über die Natur der Genmutation und der Genstruktur*; erstes regelmäßig gesendetes Fernsehen der Welt in Berlin

1936   Fritz Zwicky entdeckt 20 Supernovae; Alan Mathison Turing entwickelt ein abstraktes Modell für Computer (Turing-Maschine); John Maynard Keynes: *The General Theory of Employment, Interest and Money*

1937   Forscher der Firma Du Pont erfinden Nylon; Pablo Picasso: *Guernica*

1938   Bei Südafrika wird ein Quastenflosser gefangen, der als vor 80 Mio. Jahren ausgestorben galt; Otto Hahn und Fritz Straßmann spalten erstmals Atome, Deutung erfolgt maßgeblich durch Lise Meitner und Otto Robert Frisch; Hans Albrecht Bethe und Carl Friedrich von Weizsäcker beschreiben unabhängig voneinander den Fusionsprozess der Sonne

1939   Beginn des Zweiten Weltkriegs; Howard Florey und Ernst Chain stellen reines Penicillin her; Paul Hermann Müller identifiziert DDT als Insektizid; Norbert Elias: *Über den Prozess der Zivilisation*

1940   Igor Sikorsky erfindet den Hubschrauber

1941   Konrad Zuse baut die erste vollelektronisch arbeitende programmgesteuerte Rechenanlage (Z3); Orson Welles: *Citizen Kane*

1942   Enrico Fermi erzeugt erste kontrollierte Kettenreaktion im Forschungsreaktor in Chicago

1944   Oswald T. Avery und seine Kollegen entdecken, dass die Desoxyribonukleinsäure (DNA) Träger der genetischen Information ist; Erwin Schrödinger: *Was ist Leben?*

1945   Erste Atombombe wird getestet, Abwürfe auf Hiroshima und Nagasaki; Kapitulation Deutschlands und Ende des Zweiten Weltkriegs; Gründung der Vereinten Nationen; Astrid Lindgren: *Pippi Langstrumpf*

1946   Max Delbrück und Alfred Day Hershey weisen unabhängig voneinander nach, dass das Erbmaterial unterschiedlicher Viren miteinander zu einem neuen Virustyp kombiniert werden kann; Willard Libby erfindet die Atomuhr

1947   Willard Libby entwickelt Radiocarbon-Methode (C-14) zur archäologischen Altersbestimmung; George Gamow entwickelt die Urknall-Theorie zur Entstehung des Kosmos; Theodor W. Adorno / Max Horkheimer: *Dialektik der Aufklärung*

1948   Erster lochkartengesteuerter Großrechner (IBM 604); John Bardeen, Walter Houser Brattain und William Bradford Shockley entwickeln den ersten Transistor; Norbert Wiener: *Cybernetics*; Richard Phillip Feynman, Julian Seymour Schwinger, Sin-Itiro Tomonaga und Freeman John Dyson entwickeln neue Theorie der Quantenelektrodynamik (QED)

1949   Claude Shannon (MIT) konstruiert den ersten Schachspiel-Automaten; Gründung der Bundesrepublik Deutschland und der Deutschen Demokratischen Republik

1950   Erwin Chargaff findet heraus, dass die Erbsubstanz sich im Wesentlichen aus vier Bausteinen zusammensetzt: Guanin, Adenin, Thymin und Cytosin, Beginn des Koreakriegs (bis 1953) und des Kriegs in Indochina (bis 1975)

1951   Farbfernsehen; Carl Djerassi erfindet die Pille; Barbara McClintock veröffentlicht Theorie der springenden Gene

1952 Robert Briggs und Thomas King klonen Frösche; erste Wasserstoffbombe (Kernfusionswaffe) wird auf dem Eniwetok-Atoll im Pazifik getestet; erste Tagesschau; Samuel Beckett: *Warten auf Godot*

1953 James Watson und Francis Crick beschreiben die räumliche Struktur der DNA (Doppelhelix); William Maurice Ewing beschreibt die Meeresbodenausbreitung und erfindet den Seismograph; Fred Sanger ermittelt die Aminosäuresequenz von Rinderinsulin; Stanley L. Miller baut ein Reagenzglasmodell für die Entstehung des Lebens; Eugene Aserinsky und Nathaniel Kleitman entdecken den REM-Schlaf

1954 Erste Solarzelle und erste Nuklearbatterie entwickelt; John Backus entwickelt die erste Computer-Hochsprache FORTRAN (Formula translator); Jonas E. Salk entwickelt den Polio-Impfstoff gegen Kinderlähmung

1955 Owen Chamberlain und Emilio G. Segrè entdecken mit Forscherkollegen das Antiproton; erster Scanner; Vladimir Nabokov: *Lolita*

1956 Erster Computer mit Magnetplattenspeicher (IBM); erstes Großkernkraftwerk (Calder Hall); Beginn der Künstliche-Intelligenz-Forschung

1957 Hugh Everett III formuliert Viele-Welten-Interpretation der Quantenphysik; Sowjetunion schießt erste Satelliten (Sputnik 1 und Sputnik 2 mit der Hündin Laika) in die Umlaufbahn; Noam Chomsky begründet generative Linguistik

1958 Erfindung des Planarverfahrens zur Herstellung integrierter Schaltungen auf Silicium-Chips

1959 Lunik 2 erreicht als erster Raumflugkörper den Mond

1960 Theodore Harold Maiman baut den ersten Laser; Allan Rex Sandage entdeckt einen ersten Quasar

1961 Jurij Aleksejewitsch Gagarin umkreist als erster Mensch im All die Erde in einer Wostok-Raumkapsel; Frank Drake beginnt mit der Suche nach außerirdischen Zivilisationen

1962 Der Kommunikationssatellit Telstar überträgt erstmalig Fernsehbilder über den Atlantischen Ozean; Nick Holonyak erfindet die Leuchtdiode; Kubakrise; Alfred Hitchcock: *Die Vögel*; Thomas S. Kuhn: *Die Struktur wissenschaftlicher Revolutionen*

1963 Aufklärung des genetischen Code (Zusammenhang zwischen Genen und Proteinbildung); Murray Gell-Mann und (unabhängig von ihm) George Zweig stellen das Quark-Modell auf; Joseph Beuys: *Stuhl mit Fett*

1965 Arno Allan Penzias und Robert Woodrow Wilson entdecken die kosmische Hintergrundstrahlung; erster kommerzieller Nachrichtensatellit (Early Bird); in Indien wird neues Hochleistungssaatgut von Norman Borlaug eingesetzt (Grüne Revolution)

1966 Luna 9 setzt als erstes von Menschen gebautes Objekt weich auf dem Mond auf und sendet drei Tage lang Bilder

1967 Christiaan Barnard führt die erste erfolgreiche Herztransplantation durch; Lynn Margulis stellt Endosymbiose-These auf; Jocelyn Bell entdeckt schnell rotierende Neutronensterne (Pulsare); die Zeiteinheit Sekunde wird über eine Strahlung des Caesium-133-Atoms definiert; erstes Gezeitenkraftwerk bei St. Malo in der Bretagne; Sheldon Glashow, Abdus Salam und

Steven Weinberg formulieren Theorie der schwachen Kernkraft; Andy Warhol: *Marilyn Monroe*

1968   Dan McKenzie und Jason Morgan stellen die Theorie der Plattentektonik vor; Motoo Kimura beschreibt neutrale Evolution; erste internationale Empfehlung für Faxgeräte; Stanley Kubrick: *2001 – Odyssee im Weltall*

1969   Neil Alden Armstrong betritt als erster Mensch den Mond; erste Sendung der Sesamstraße in den USA

1971   Mariner 9 sendet Bilder und Daten aus einer Umlaufbahn vom Mars; Entwicklung der Flüssigkristallanzeige (Liquid Cristal Display, LCD); Bau des ersten Mikroprozessors; im Sternbild Schwan wird mit dem Objekt Cygnus X-1 erstmalig ein Schwarzes Loch entdeckt

1972   Erster Einsatz der Computertomographie in der Medizin durch Godfrey N. Hounsfield; Dennis L. Meadows: *Die Grenzen des Wachstums*

1973   In Stanford fügen Stanley Cohen und Herbert Boyer erstmalig fremde DNA in ein Bakterien-Plasmid, der erste rekombinante Organismus wird geschaffen

1974   Donald Johanson entdeckt das Skelett der Australopithecinen-Frau Lucy; Gene von Insekten und Wirbeltieren werden zum ersten Mal in Bakterienkulturen vermehrt, die Möglichkeit, DNA-Abschnitte verschiedener Herkunft miteinander zu verbinden, wird entdeckt; über das Radioteleskop in Arecibo wird eine dreiminütige Botschaft in Richtung Kugelsternhaufen M13 im Sternbild Herkules versandt, wo sie in rund 21.000 Jahren eintreffen wird; Niels Kai Jerne formuliert die Netzwerktheorie des Immunsystems

1975   Edward O. Wilson begründet die Soziobiologie; César Milstein stellt monoklonale Antikörper her; der erste PC erscheint auf dem Markt (Altair 8800); auf der Konferenz von Asilomar in Kalifornien wird über internationale Sicherheitsrichtlinien für Arbeiten in der Gentechnik beraten

1976   Viking 1 und Viking 2 landen auf dem Mars; Tom Kibble begründet die Stringtheorie; Bill Gates gründet Microsoft; Richard Dawkins: *Das egoistische Gen*

1977   George Lucas: *Krieg der Sterne*

1978   Das erste Retortenbaby kommt zur Welt; die Pocken sind weltweit ausgerottet

1979   Erste Compact Discs (CD) als Tonträger (Philips und Sony); erstes kommerzielles Mobilfunknetz (Handy) in Tokio

1980   Alan Guth stellt die Inflationstheorie vor; Jeff Schell entdeckt das *Agrobacterium tumefaciens* als einen Vektor, um Gene artübergreifend in Pflanzen einzuführen

1981   Stanley B. Prusiner isoliert Prionen (Erreger u. a. von BSE und Scrapie); englische und amerikanische Embryologen trennen bei embryonalen Stammzellen von Mäusen den Prozess der Vermehrung von der Differenzierung; Gerd Binning und Heinrich Rohrer erfinden das Raster-Tunnelmikroskop, mit dem einzelne Atome gesehen und bewegt werden können

1982   Das erste gentechnisch hergestellte Insulin kommt auf den Markt; AIDS wird als neue Krankheit definiert; Steven Spielberg: *ET – der Außerirdische*

1983   Das Aids-Virus HIV wird von Luc Montagnier und Robert Gallo identifiziert

1984 Das HIV-Genom wird sequenziert; erste Gentests zur Identifizierung von Krankheiten; Alec John Jeffreys entwickelt den genetischen Fingerabdruck; Svante Pääbo isoliert DNA aus der getrockneten Haut eines Quaggas (Zebraart, die seit 100 Jahren ausgestorben ist); Louis Sokoloff erfindet die Positronen-Emissions-Tomographie (PET)

1985 Kary Mullis entwickelt ein Verfahren, um mit Hilfe der Polymerase-Kettenreaktion (PCR) DNA zu vervielfältigen; Entdeckung des Ozonlochs über der Antarktis; erste Freilandversuche mit gentechnisch veränderten Pflanzen (Tabak); Freigabe des Satellitenempfangs für Privatpersonen in der BRD

1986 Reaktorunfall in Tschernobyl (Ukraine); Raumstation Mir wird in die Umlaufbahn gebracht

1988 Das erste Säugetier wird patentiert (die gentechnisch veränderte »Krebsmaus«); das Global Positioning System (GPS) ist weltweit verfügbar

1989 Der Satellit COBE (Cosmic Bakkground Explorer) misst die kosmische Hintergrundstrahlung; Ende des Kalten Krieges, Wiedervereinigung Deutschlands

1990 Das ursprünglich nur militärisch genutzte ARPAnet entwickelt sich zum Vorläufer des World Wide Web, für das Tim Berners-Lee am CERN das Programm schreibt; das Weltraumteleskop Hubble wird in die Umlaufbahn gebracht; erste Anwendung der Präimplantationsdiagnostik in den USA; Michael Crichton: *Jurassic Park*

1991 Erste Gentherapie am Menschen durch French Anderson; im europäischen Gemeinschaftsexperiment JET (Joint European Torus) in

Culham (England) kann für die Dauer von zwei Sekunden eine Kernfusionsleistung von 1,8 MW erzielt werden; das transgene Schaf Tracey produziert ein menschliches Protein (Antitrypsin) in der Milch; in den Ötztaler Alpen wird die 5300 Jahre alte Leiche von Ötzi entdeckt; Auflösung des Warschauer Paktes

1994 Nachweis des Top-Quarks bei CERN in Genf; die gentechnisch veränderte Flavr-Savr-Tomate kommt in den USA auf den Markt; das Brustkrebs-Gen BRCA1 wird entdeckt

1995 Eric Cornell und Carl Wiemann erzeugen ein Bose-Einstein-Kondensat; erstmals wird das Genom eines Bakteriums (*Haemophilus influenzae*) vollständig sequenziert; Herstellung von Antimaterie bei CERN in Genf; Michel Mayor und Didier Queloz entdecken erstmals einen Planeten außerhalb unseres Sonnensystems

1996 Das erste geklonte Säugetier, das Schaf Dolly, kommt in Schottland zur Welt

1997 Bau des ersten funktionsfähigen Atomlasers im Massachusetts Institute of Technology (MIT); Anton Zeilinger teleportiert Lichtquanten; das Computerprogramm Deep Blue besiegt Schachweltmeister Garri Kasparow

1998 John Gearhart isoliert und vermehrt erstmals menschliche embryonale Stammzellen; das Genom des ersten mehrzelligen Tierorganismus (des Fadenwurms *Caenorhabditis elegans*) wird vollständig sequenziert; die US-Firma ACT klont erstmals einen Menschen, dabei wird das Erbmaterial eines Mannes in eine entkernte Eizelle einer Kuh eingebracht, der daraus entstandene Embryo nach zwölf Tagen vernichtet; Beginn des Aufbaus der Internationalen Raumstation ISS

1999   Ingo Potrykus und Peter Beyer stellen den »Goldenen Reis« vor

2000   Die durchschnittliche Lebenserwartung in Deutschland liegt für Männer bei 75, für Frauen bei 80 Jahren; in Äthiopien werden Überreste der ersten menschenähnliche Spezies, des *Ardipithecus ramidus kadabba*, entdeckt

2001   Die Firma ACT erzeugt menschliche Embryonen durch Jungfernzeugung

2002   Das Alter des Universums wird mit 13,7 Mrd. Jahren angegeben; das Erbgut des Poliovirus wird im Reagenzglas anhand der Genomsequenz nachgebaut; der Anteil gentechnisch veränderter Soja an der globalen Ernte beträgt mehr als 50 Prozent; Forscher am Europäischen Kernforschungszentrum CERN stellen ganze (Wasserstoff-) Atome aus Antimaterie her; die NASA-Sonde Mars Odyssee stellt wasserstoffreiche Bodenschichten dicht unter der Marsoberfläche fest

2003   Das menschliche Genom ist vollständig sequenziert

PERSONENREGISTER

SACHREGISTER

Danksagung

Das Wissen in diesem Buch ist notwendigerweise mit Mut zur Lücke zusammengestellt und gewiss nicht frei von Fehlern. Das Projekt erforderte es, dass wir uns auch Wissensgebieten widmeten, die über die eigene Expertise weit hinausgehen. Wir bedanken uns bei vielen Kollegen, die uns geholfen haben, die Sachgebiete auf dem aktuellen Stand darzustellen, insbesondere Dr. Peter Dinkelaker, Prof. Rolf Emmermann, Prof. Ernst Peter Fischer, Prof. Helmut Kettenmann, Prof. Jürgen Mittelstraß, Prof. Antonio Pezzutto, Dr. Hans-Volker Pürschel, Prof. Herbert Rinneberg und Dr. Peter Seifried. Wir freuen uns über Hinweise und Anregungen aus unserem Leserkreis für die nächste Auflage.